JN196843

増補版

そのまま使える 包装設計図鑑

世界の「失効特許」包装形態集 2500

Available Cardboard Carton & Box Styles

著●笹崎 達夫

自動加工システムの

1 デザイン・設計

▶ 全システムを統合するCAD-MARK V

構造設計からレイアウト、パッケージ製造や抜型製造に特化したＣＡＤ機能はもちろん、製図機、レーザー加工機といった各自動加工機へのデータの自動コンバート、各自動機の制御まで行える、世界で唯一の統合型ＣＡＤ/ＣＡＭシステムです。

CAD-MARK V　CAD-MARK EV

2 サンプル製作

▶ 高速・高精度に、製図・切断・折り目加工

高度な技術を結集した、高剛性・多機能・高速・高精度な自動製図・サンプルカット・ミーリング加工機。
自社オリジナルのＨＳシリーズとOEM供給のZUNDシリーズを取り揃えています。

ZUND swiss cutting systems

ツンド

サンプルカット

3 ベース加工・刃材加工

▶ レーザー加工・ウォータージェットシステム

レザックが誇る抜型ベース加工用レーザー加工システムと跳ね出しゴム加工用ウォータージェット加工システム。さらに、打抜き用面板の製造システムが抜型製作を強力にバックアップ。

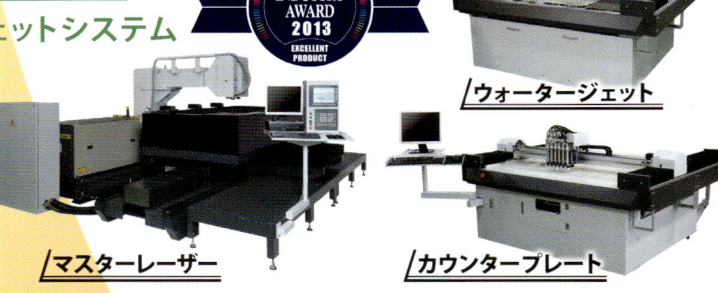

THE LASER SOCIETY OF JAPAN
LASER INDUSTRY AWARD 2013 EXCELLENT PRODUCT

ウォータージェット

マスターレーザー

カウンタープレート

▶ 刃材加工システム

抜型製作における帯状及びコイル状刃材をＣＡＤの図面どおりに切断、曲げ加工する、加工精度にこだわった自動加工システムです。刃の厚み、高さに対応した機種をご用意しています。

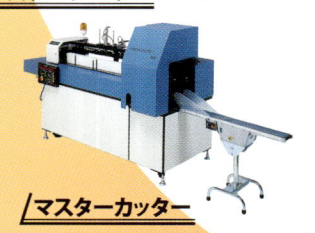

マスターカッター

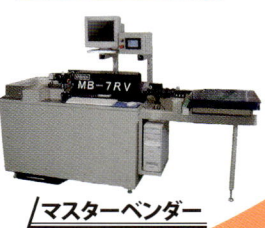

MB-7RV

マスターベンダー

植刃・抜型完成　　抜き加工

植刃・ゴム貼り後、抜型が完成。
面板とともに打抜き機にセットして、抜き加工を実行。

LASERCK

明日 を 切り拓く。

4 ブランキング

▶ ブランキングシステム

打抜き後のムシリ作業を自動化。
サイズ・配置の異なるピンを上下に用い、
多様な形状に対応。
自動供給による生産性向上、段取替えの
テンプレートで多品種・小ロットにも対応。

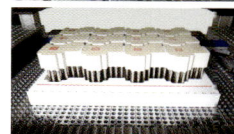

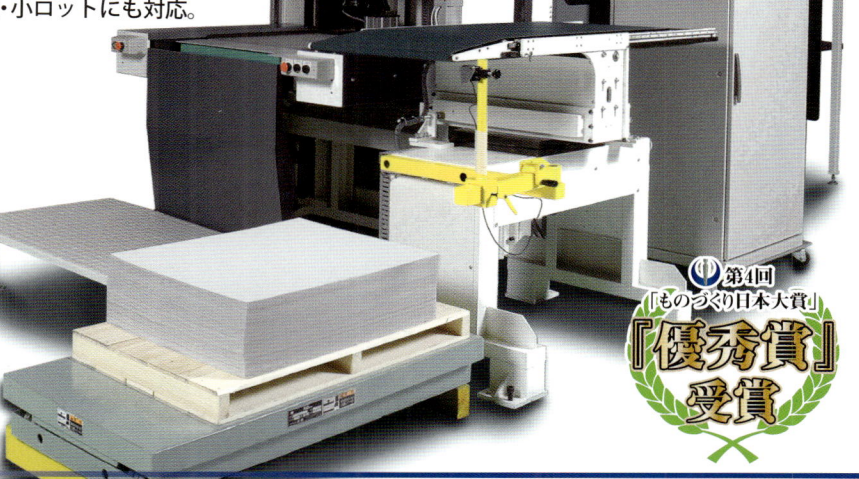

第4回「ものづくり日本大賞」
『優秀賞』受賞

打ち抜き後のムシリ作業を完全自動化。
マスターブランカー

小ロット向けサイド貼り専用機
マスターグルアー

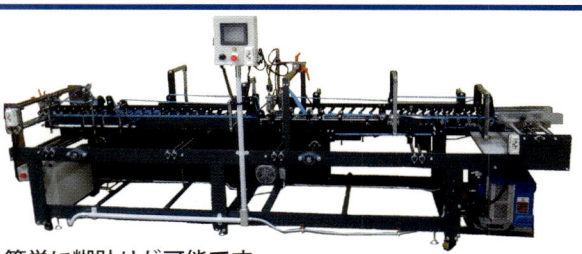

省スペース設計でホットメルトを使用し
即時に接着、品種の多い小ロット品でも
切り替え時間をかけず即座に貼れます。
手差しでブランクを供給する事で、誰でも簡単に糊貼りが可能です。

 LASERCK

株式会社 レザック

 ISO 9001 BUREAU VERITAS Certification

Email : info@laserck.com

www.laserck.com

本　　　社： 〒581-0038 大阪府八尾市若林町 2-91　　　　TEL 072-920-0394
東京事業部： 〒340-0831 埼玉県八潮市南後谷 10-1　　　　TEL 048-932-0394
海外事業部： 〒541-0053 大阪府大阪市中央区本町 1-5-7 西村ビル 805 号　 TEL 06-6210-3944

本図鑑の構成と利用法

　精密な打抜きができる打抜機と複雑な折りと糊貼りができる製函機の普及によってほぼ任意の形態設計が可能になった。この時期は米国においては1940年代で、日本では1950年代であろう。この時期から続く40〜50年間に先進国ではカートン・ボックスの匠たちによって優れたパッケージが創作された。この期間に世界の先進国で形態開発が進み、現在の箱形態に発展した。それらの箱形態の多くは特許出願された。そして権利期間を過ぎた箱形態は、続々と誰でも使用できる状態になった。この特許の状態は本書のサブタイトルにも使われているが、特許用語でいう「失効」という状態である。特許期間を過ぎて、権利が消滅したことを意味する。ちなみに本書に掲載した形態は効果・機能を失ったものではなく、有効なものばかりである。

　世界の包装文化の中心地である日本、アメリカ、欧州（ドイツ、イギリス、フランスが主）で産業所有権（特許、実用新案）が認められた後に失効した諸形態を著者はインターネット検索で一件ずつ訪ねた。箱設計の先達が発明した形態の中から、今なお生命力を持って光っている2500点を超える形態を厳選した。これらはネット検索の際に光り輝き、その存在をアピールしていたものである。

　これらの失効形態を活用することは現役の箱構造設計者、グラフィックデザイナーの業務にも、これから商品化しようとするプランナーの業務においても、大いに役立つと確信する。2010年に発刊したこの包装図鑑の旧版本が参考に供され、新たに優れた形態開発が行われたものと推察する。この旧版本の内容を増強し、さらに使い勝手を良くした改訂本は今までに増して役立つものと確信する。

1. 包装形態の抽出と分類

■ 失効形態の抽出基準

　紙・ダンボール包装の形態開発と製造に関しては40年の経験を持ち、かつ10年の特許調査・管理の経験を有する「目利き人」（自称）が独断で以下の点に考慮して抽出した。
- 現在も使用している形態、またそれと類似しているもの。
- 機能的で、かつ経済的に製造できるもの。
- 基本的な技法が含まれていて、応用可能なもの。

■ 失効認定の基準

①特許または実用新案（日本とドイツには実案制度がある）として登録公報に掲載され、権利期間を過ぎて失効したもの。本図鑑の改訂版発行が2018年であるから、登録年が1998年以前であれば出願時から20年が経過して、失効していることになる。

②通常であれば特許登録期間中であるが、その権利が放棄されたもの。日本特許の場合、権利消滅を個々の登録特許についての「経過情報」によって確認することができる。

③特許公開後に特許庁から拒絶査定を受けたもの、または未審査で取り下げになったもの。日本の特許と実用新案については、類似の先願の登録特許が存在しても失効していることになる年数を勘案して、自由に使えると判断した形態を収録している。

■ 包装形態の分類

　本図鑑では2500点を超える多種多様な包装形態を40の章に分類している。大まかには形の分類と技法による分類を行っている。そして分類が困難なものを中心に用途でも分類している。抽出した形態は、複数分野に関連している場合が殆どであり、本来は重複してそれぞれの分野に分類すべきだが、紙面の制約がためにいずれか一つの分野に入れている。

　活用に当たっては、一つの分野だけを調べるのではなく、他の分野にも手を広げてみることを念頭において頂きたい。

■ 図欄の構成

　40章に分けた各章の図欄は図形欄と検索情報欄で構成し、図形欄のトップに図欄番号を付与している。基本的には一つの形態を一つの図欄に収めている。

●図形欄について

　形態ごとに狭い図形欄に代表的図形、展開図を示しているが、スペースの関係で他の重要な応用形態の図形を割愛している場合がある。反対に構造をわかりやすくするために新たに図を作成して記入している場合がある。また多くの図形欄において、斜視図、展開図から番号等を消し、わかりやすくするために折り順や折り方向を示す矢印を加える等の加工をしている。したがって特許公報に記載されているものとは違った内容になっているものが多い。

　興味のある形態については特許検索をして、他に参考になる図面、図形があるかを調査することは発想に広がりを得る際には非常に重要になる。

●検索情報欄について

　図形欄にある形態が示されている特許公報、または実用新案公報を検索できるようにする

情報を示している。基本的には検索まで行かなくてもある程度、特許出願について大まかに判断できるように出願情報をまとめるようにしている。具体的には公開番号、登録番号、公告番号、出願年などをできるだけ多く提示するようにしている。

　実際の検索サイトでの特許検索においては、特許番号など一つがあれば十分である。一つの公報をパソコン画面に表示できれば、これに関係する情報、関連公報などを次々引き出すことができる。

2. 図鑑の利用法

■ 該当分野の調査

　例として、下図のような飲料缶のラップラウンド箱をイメージして、これが該当しそうな章を調べる場合について述べる。

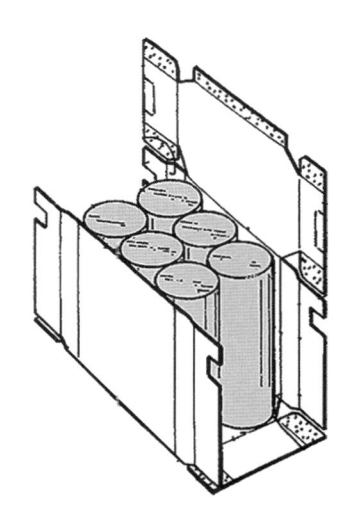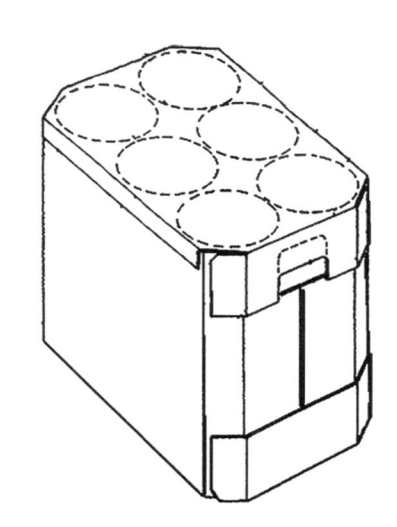

　まず「ラップラウンド箱」の4章を調べることになる。しかし、他のところに分散されて記載されている可能性もあるため、考えられる範囲にまで調べることになるが、大変な作業になる。

　そこで改訂本を作るにあたって、この煩雑な作業を簡便にするために、分散している場所（図欄番号を表示）をまとめた「関連リスト」を作成している。このリストは各章の最終ページの末尾に添付してある。

　もちろん新たな機能や便利性を「ラップラウンド箱」に組み込みたい場合には、その内容に応じて検索の対象を広げることになる。

■ 掲載形態の詳細調査

　図欄に記載されている形態の詳細を調査する場合には、日本特許庁、および欧州特許庁の特許検索サイトにアクセスする。米国特許、豪州特許などについては欧州特許庁サイトで検索するのが便利である。まれに欧州特許庁サイトで米国特許を検索した時にエラー表示になることがあるが、その時は米国の特許検索サイトで検索すると突破できる。

出願国	図鑑表示例	入力内容	検索サイト
日本	実公昭 62-9213	特許・実用新案番号照会の公告実用新案公報・実用新案登録公報（Y）の番号記入欄に、公告番号の1987-9213を入力する。(昭62を西暦表示に変更)	特許情報プラットフォーム（特許庁）の「特許・実用新案、意匠、商標の簡易検索」
米国	米国特許 US4779737（1988年）	番号検索欄に4779737を入力する。	米国特許商標庁（USPTO）のPatent Full-Text and Image Database
欧州 （独、仏、英、米、日、他）	(1) ドイツ実案 　DE8408539（1984年） (2) 米国特許 　US4779737（1988年）	番号検索欄にDE8408539を入力する。 番号検索欄にUS4779737を入力する。	欧州特許庁（EPO）のEspacenet Patent Search

※検索方法の詳細は欧州特許庁（日本語での解説あり）および日本特許庁のホームページを参照。

日本特許検索：https://www.j-platpat.inpit.go.jp
米国特許検索：http://patft.uspto.gov/
欧州特許検索：https://worldwide.espacenet.com

[相談窓口] 特許庁庁舎２階の『公報閲覧室』
　常時数人の係官がいて、国内外の全ての特許・実案をネット端末機で検索、コピーする方法等を教えてもらえる。またここでは 特許庁審査官が用いる機器と同等の性能をもつ機器を用いて、高度な検索・閲覧サービスを提供している。検索結果をコピーして持ち帰ることもできる。

■ 用語解説

本図鑑に記載されている用語の中から、主だったものについて簡単に日本の場合について解説する。

①日本特許とその権利期間

定義：自然法則を利用したもので、産業に有用で新たな発明（新規性あり）であり、従来にない効果を発揮し、機能的（進歩性あり）である発明。

特許の権利期間は20年と長い。形態を含む包装関係では、特許と実用新案のどちらでも出願できる。また弁理士費用を含む出願費用はほぼ同額であるが、「特許」で出願するメリットが大きい。

この特許は旧来の特許と新タイプの特許がある。権利期間は同じであるが、出願してから審査請求するまでの猶予期間は前者が7年であったのに対し、後者は3年と短いのが特徴である（したがって本図鑑で取り下げと表記されたものは、出願したまま7年が経過したために自動的に取り下げ処分になったものが含まれる）。

（欧米の特許の権利期間も20年）

②日本実用新案とその権利期間

定義：自然法則を利用した技術的創作のうち高度なもの（特許と同じものが対象になる）。

包装形態に代表される形が特徴的な発明は、考案とみなして実用新案出願する傾向があった。したがって本図鑑で採取した日本のカートン・ボックス形態の発明は実用新案で出願されているのがほとんどである（請求項の記述が異なれば、特許と実用新案の両方で出願できる）。

旧来の実用新案と新タイプの実用新案があり注意を要する。ただし、現在有効な実用新案の権利期間が関係するのは後者の方である。本図鑑で実用新案出願されているもので失効したものは、旧法下の実用新案である。

出願年と権利期間をまとめると次のようになる。

- 2005年（平成17年）4月1日以降：出願日から10年
- 1994年（平成6年）1月1日-2005年（平成17年）3月31日：出願日から6年
- 1988年（昭和63年）1月1日-1993年（平成5年）12月31日：登録日から10年かつ出願日から15年を超えない（旧法の下での実用新案権）

新タイプの実用新案（平成6年1月実施）は6年と短いことなどから出願件数が減少し、特許の方の出願数を減らす効果がなく、実用新案の権利期間は10年に延びた（平成17年より実施）。また出願から1年以内であれば実用新案から特許への切替えもできるようになった。

③消滅とは

権利の失効を意味する。特許法的に処理されて権利が失効した年を特許検索サイトで検索

調査して失効年を明らかにした場合と、著者が最長の有効年を計算で求めての失効年を示している場合とがある。

④拒絶とは

　特許検索（経過情報）によって判明する出願情報で、出願特許の形態が審査された後、特許庁から拒絶査定が出され、そしてこれが確定したことを意味する。つまり、出願人は公開後も登録される自信を持って審査段階に及んだものの、審査官から類似形態を含む先願の特許、または実用新案公報の発見があり、特許性が否定された段階を示す拒絶査定。または審査官が出願の形態は技術的に登録に値しないと審査官が判断したことを示す拒絶査定のこと。

⑤取り下げとは

　特許出願後に出願人の都合によって、審査段階に入る前において出願がなかったことにする手続き。または審査請求に入るまでに判断の猶予が認められている期間を過ぎて、審査請求の手続きがなかった場合（放置処理）、自動的に特許庁から取り下げとみなされる。

　この取り下げが公開前の処置である場合には、特許庁に出願データがファイルされることになっている。したがって、この審査資料として特許庁への情報提供を目的に、意図的に取り下げを前提として出願されることがある。

3. 参考—日米欧の形態開発の特徴比較

　カートン・ボックスの形態発明の歴史は米国で始まったことから、基本形態のほとんどは米国で発明されたといっても過言ではない。しかし、応用形態の開発段階になると、日本が活躍するようになる。欧州はこの中間に位置する。1970年代には、米国に出張した日本の包装技術者が米国で見た面白い形態を日本で出願する傾向があった。これは特許がインターネットで検索できない時代のことであり、日米で類似した形態が同時に登録される事態も発生していた。この頃までの日本の形態開発は、欧米の動向を今以上に追いかける傾向があった。

　しかし、1990年代からは日本独自の形態開発が行われるようになり、欧米には波及するパターンが見られるようになった。

　日米欧の形態開発の傾向をおおまかにまとめる。

■ 米国

　かつてはカートン・ボックスの包装開発設計を牽引していた。これらの包装機械に関連する基本の形態開発も米国主導で行われていた。本図鑑に収録した件数は、米国は日本の約2倍にのぼる。失効特許を総覧すると、かつての主要産業であったタバコ用のカートンであるフリップトップカートンが特徴的である。その後はファーストフード関連が活況を呈したこと

が出願からも明らかである。

　最近の米国はIT、金融以外の経済活動と同様に、包装の分野でもかつての勢いは失われているが、マルチパック、ファーストフード関連のパッケージに米国発の新規形態がみられる。しかし、米国は現在も一大消費大国であり続けていて、世界中から有力包装形態の出願が継続的に行われている。従って、最新米国特許を検索することによって世界のカートン・ボックスの開発トレンドを知ることができる。

■ ドイツを中心とする欧州

　日本と異なる形態開発の発想がみられる。細かな設計技法でも発想の転換があり興味深い。欧州は物流環境が整備され（道路状態は良好で、地理的にも輸送距離は比較的短くて済み、機械荷役が高度に進展した）、工業包装であっても商業包装の強度レベルで保護包装設計ができる環境があることから、商業包装的なカートン類の形態開発が盛んになったという背景がある。従って、カートン・ボックス産業は伝統工芸的な産業として成熟の度を増している。

　しかし、打抜きカートンの分野（ギルド的なエコマという産業集団がある）を中心にしてIT技術の導入を進めている。オンラインで形態の選定から見積もりまでを行うシステムがある。また欧州は、カートン・ボックス関連の生産技術の開発についても積極的な一面を有している。

　有効なカートン・ボックス関連の失効形態の出願数は、日本よりもはるかに少なく、欧州は日本の約半分になっている。

■ 日本

　ダンボールを中心にした包装産業が伸びた1960年代以降、日本は輸出立国をめざしたこともあり、工業包装の分野で盛んに箱形態の開発が行われた。各包材メーカーと顧客である家電製品のメーカーなどが競い合うように特許出願を行った。1990年代までの約30年間に実用新案と特許の出願が競って行われた。

注）本図鑑では例外を除き「段ボール」を「ダンボール」と表記している。JISの用語に準じれば「段ボール」と表記するところではあるが、本図鑑を活用することによって新しい包装形態を生み出してほしいという思いを込めて、軽快なイメージがあると思われる「ダンボール」を採用した。

著者　笹崎達夫

目　次

CONTENTS 目次

01

基本技法

基本技法は、形態の分野に関係なく応用できる基本的なテクニックである。

つまり、日常の形態設計に広く活用でき、新たな形態開発にも繋げられるものである。

ここにまとめているものは、基本技法の代表的なものであり、これに類するものが他の章にも多く含まれている。

接合の仕方、接合場所についても先人は細かく検討していたことがうかがえる。現在は常識化していることも、その当時は驚きの事実であったのである。しっかり出願されていたことがそれを物語っている。

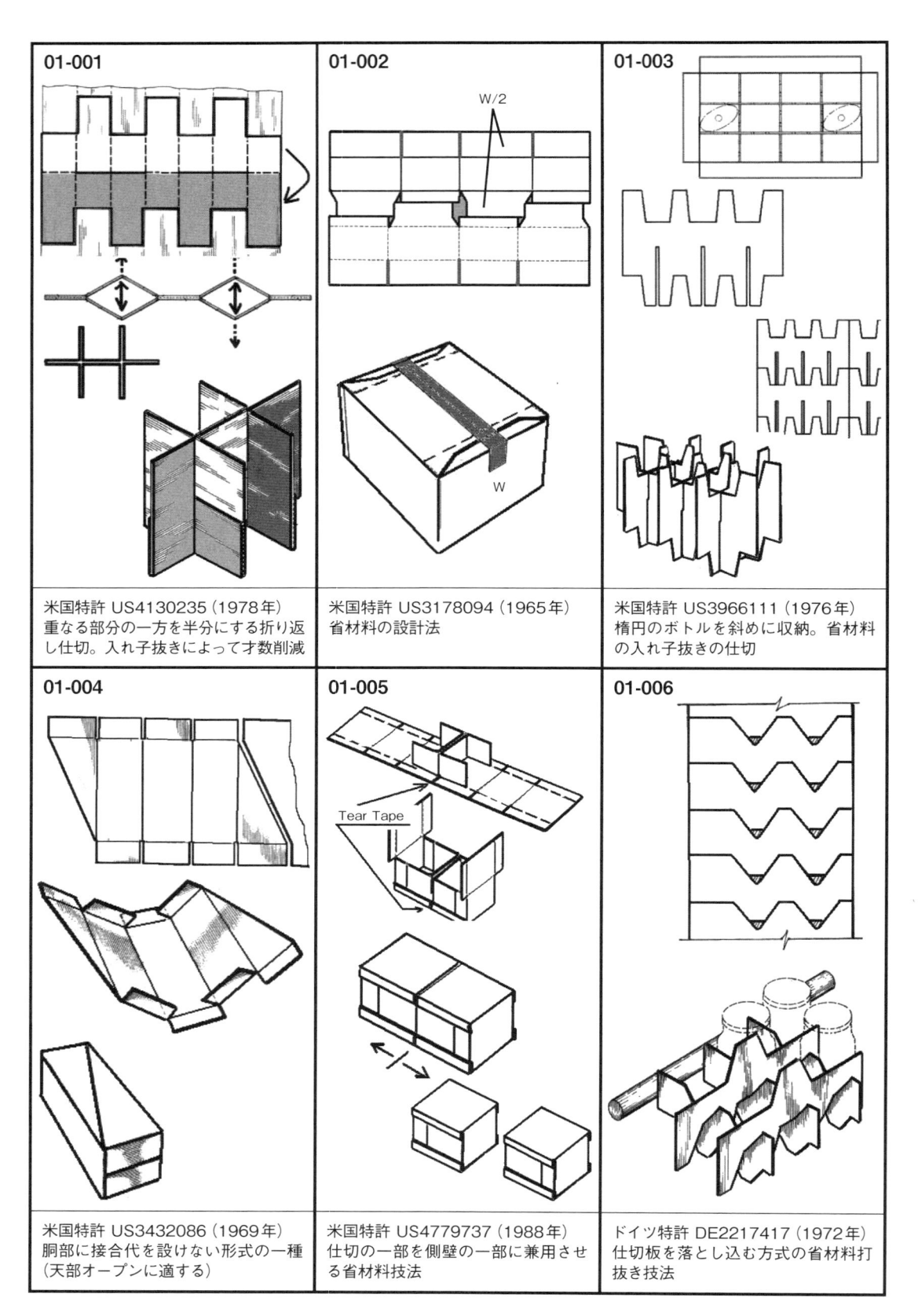

01-001	01-002	01-003
米国特許 US4130235（1978年）重なる部分の一方を半分にする折り返し仕切。入れ子抜きによって才数削減	米国特許 US3178094（1965年）省材料の設計法	米国特許 US3966111（1976年）楕円のボトルを斜めに収納。省材料の入れ子抜きの仕切
01-004	01-005	01-006
米国特許 US3432086（1969年）胴部に接合代を設けない形式の一種（天部オープンに適する）	米国特許 US4779737（1988年）仕切の一部を側壁の一部に兼用させる省材料技法	ドイツ特許 DE2217417（1972年）仕切板を落とし込む方式の省材料打抜き技法

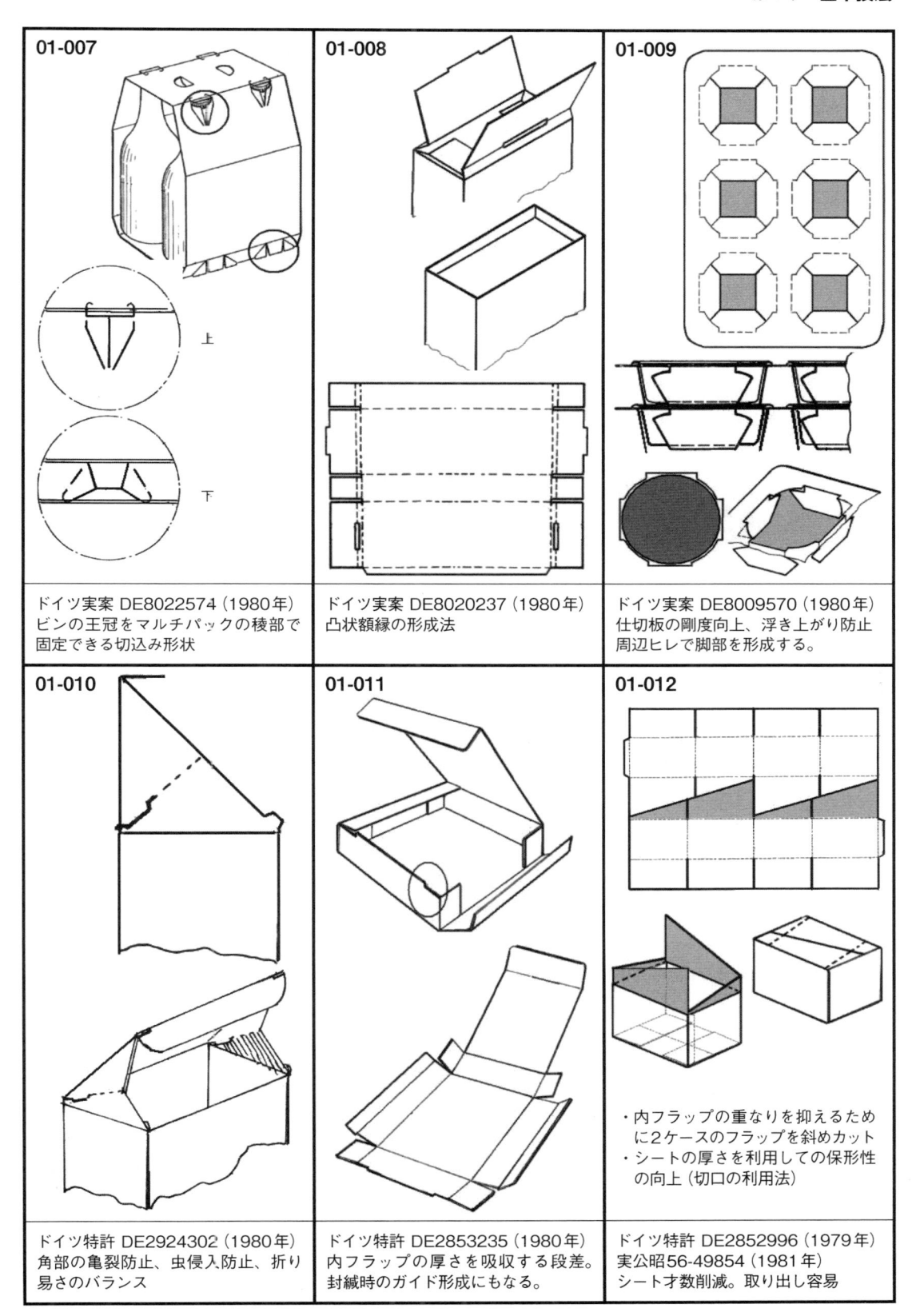

01-007

ドイツ実案 DE8022574 (1980年)
ビンの王冠をマルチパックの稜部で
固定できる切込み形状

01-008

ドイツ実案 DE8020237 (1980年)
凸状額縁の形成法

01-009

ドイツ実案 DE8009570 (1980年)
仕切板の剛度向上、浮き上がり防止
周辺ヒレで脚部を形成する。

01-010

ドイツ特許 DE2924302 (1980年)
角部の亀裂防止、虫侵入防止、折り
易さのバランス

01-011

ドイツ特許 DE2853235 (1980年)
内フラップの厚さを吸収する段差。
封緘時のガイド形成にもなる。

01-012

・内フラップの重なりを抑えるため
 に2ケースのフラップを斜めカット
・シートの厚さを利用しての保形性
 の向上 (切口の利用法)

ドイツ特許 DE2852996 (1979年)
実公昭56-49854 (1981年)
シート才数削減。取り出し容易

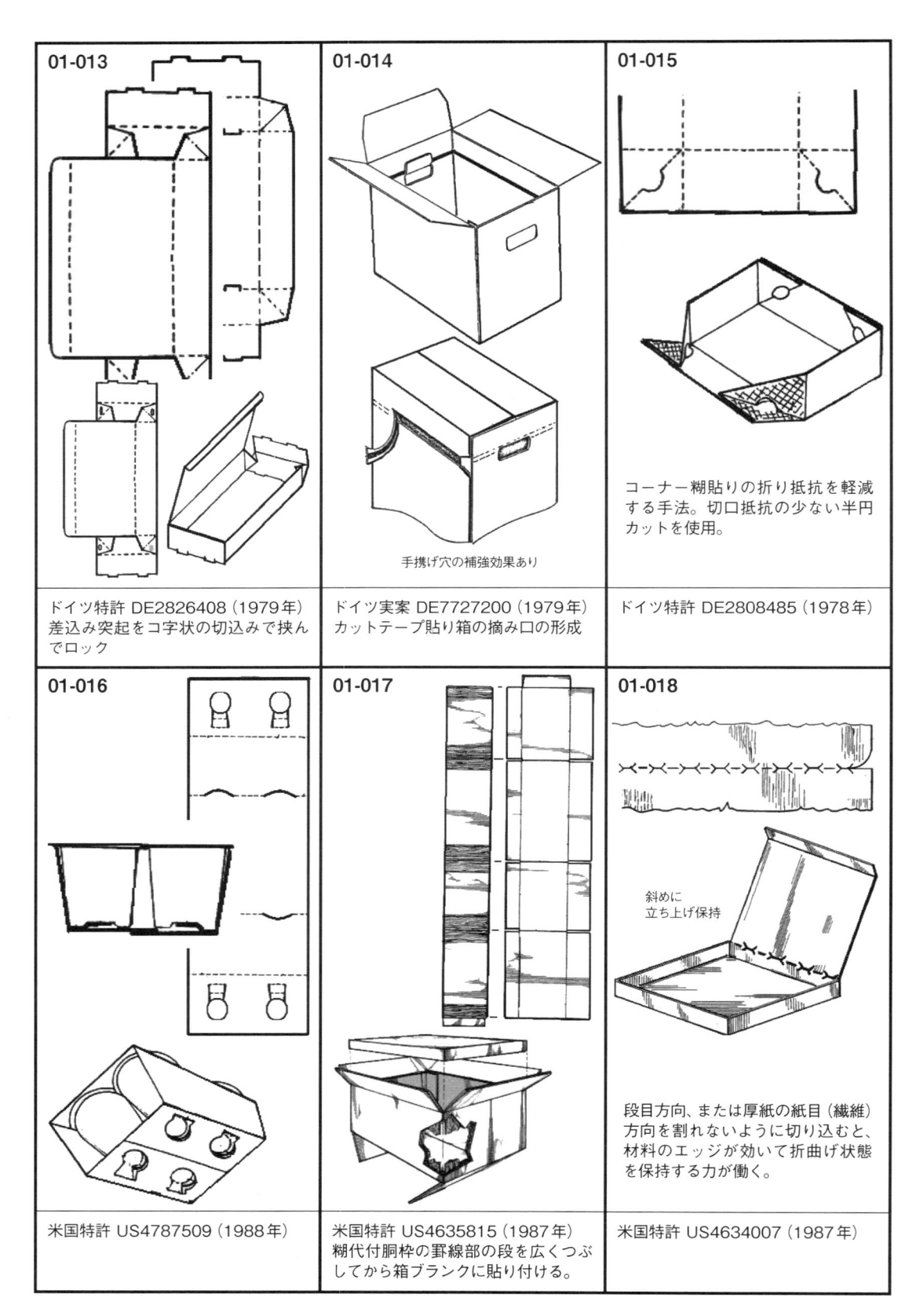

01-013

ドイツ特許 DE2826408（1979年）
差込み突起をコ字状の切込みで挟ん
でロック

01-014

手携げ穴の補強効果あり

ドイツ実案 DE7727200（1979年）
カットテープ貼り箱の摘み口の形成

01-015

コーナー糊貼りの折り抵抗を軽減
する手法。切口抵抗の少ない半円
カットを使用。

ドイツ特許 DE2808485（1978年）

01-016

米国特許 US4787509（1988年）

01-017

米国特許 US4635815（1987年）
糊代付胴枠の罫線部の段を広くつぶ
してから箱ブランクに貼り付ける。

01-018

斜めに
立ち上げ保持

段目方向、または厚紙の紙目（繊維）
方向を割れないように切り込むと、
材料のエッジが効いて折曲げ状態
を保持する力が働く。

米国特許 US4634007（1987年）

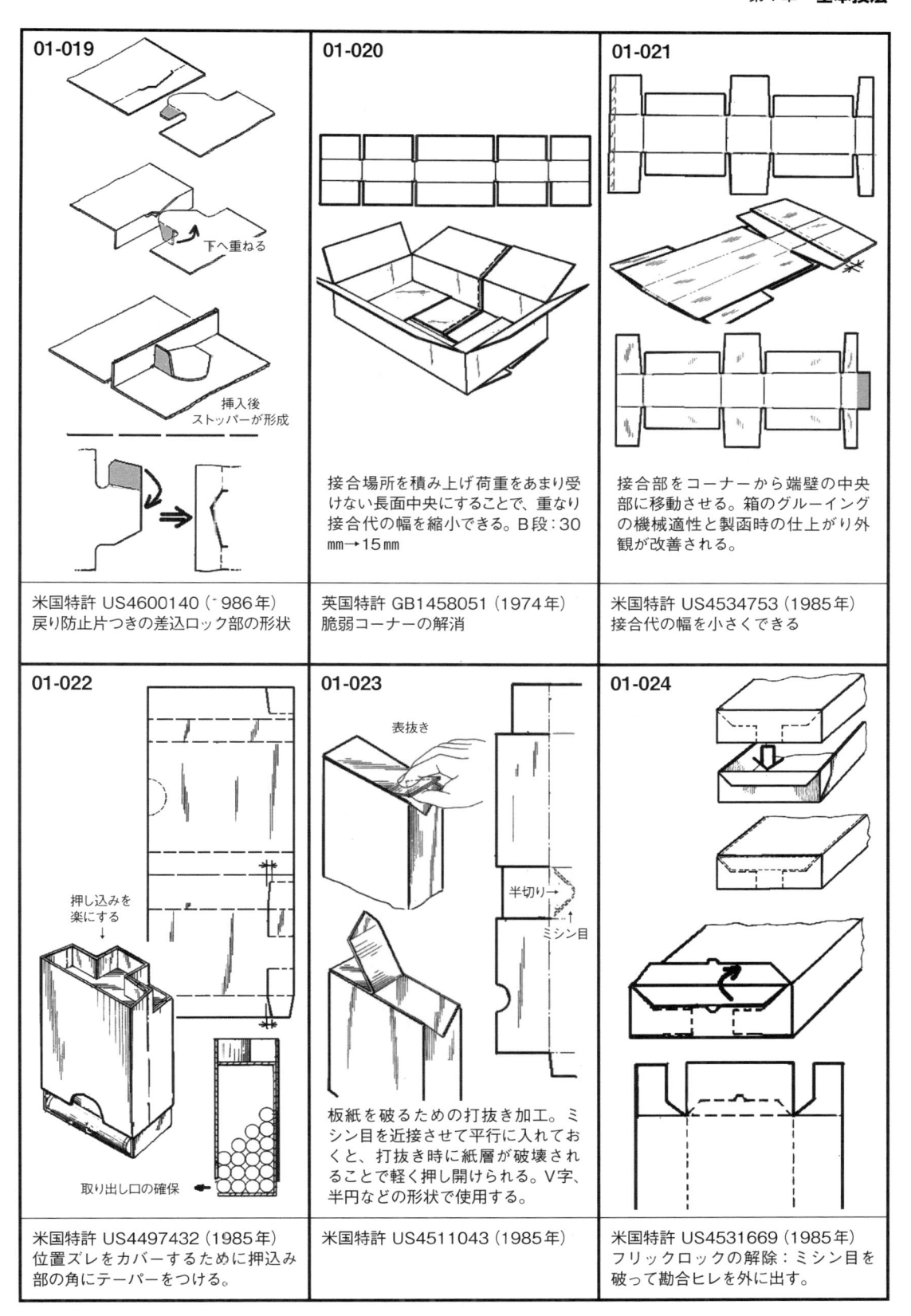

01-019

下へ重ねる

挿入後
ストッパーが形成

米国特許 US4600140（1986年）
戻り防止片つきの差込ロック部の形状

01-020

接合場所を積み上げ荷重をあまり受けない長面中央にすることで、重なり接合代の幅を縮小できる。B段：30mm→15mm

英国特許 GB1458051（1974年）
脆弱コーナーの解消

01-021

接合部をコーナーから端壁の中央部に移動させる。箱のグルーイングの機械適性と製函時の仕上がり外観が改善される。

米国特許 US4534753（1985年）
接合代の幅を小さくできる

01-022

押し込みを
楽にする

取り出し口の確保

米国特許 US4497432（1985年）
位置ズレをカバーするために押込み部の角にテーパーをつける。

01-023

表抜き

半切り

ミシン目

板紙を破るための打抜き加工。ミシン目を近接させて平行に入れておくと、打抜き時に紙層が破壊されることで軽く押し開けられる。V字、半円などの形状で使用する。

米国特許 US4511043（1985年）

01-024

米国特許 US4531669（1985年）
フリックロックの解除：ミシン目を破って勘合ヒレを外に出す。

15

01-025 輸送時 加熱時 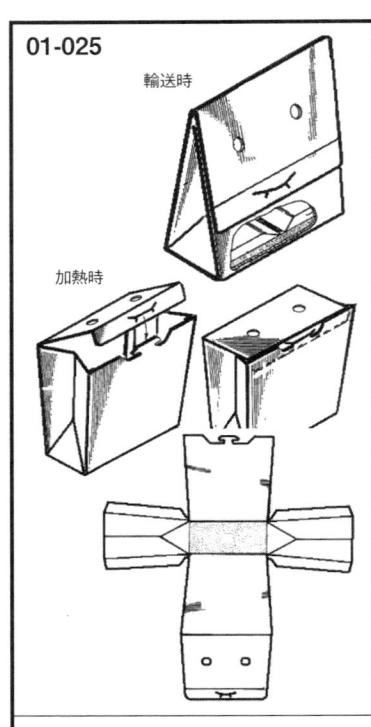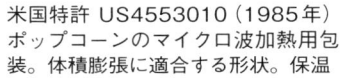	**01-026** 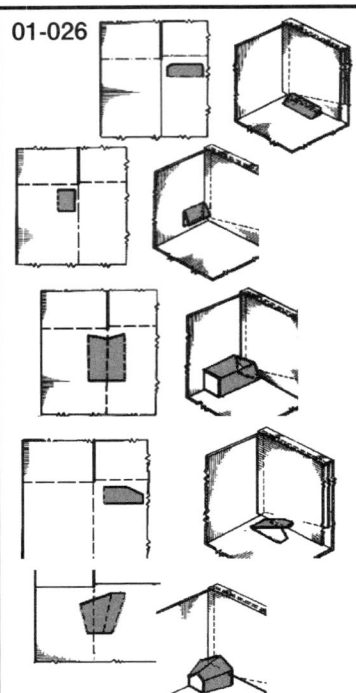	**01-027** 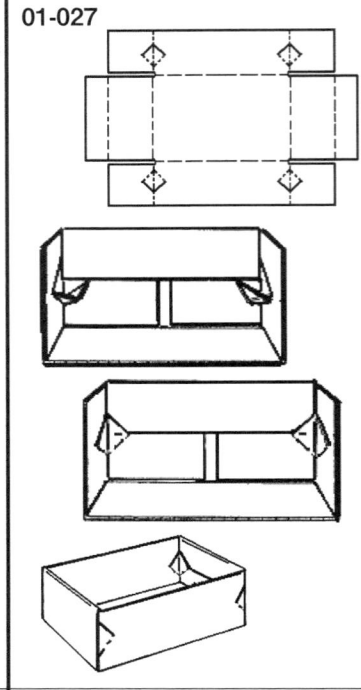
米国特許 US4553010（1985年） ポップコーンのマイクロ波加熱用包装。体積膨張に適合する形状。保温	米国特許 US4469273（1984年） トレーの端壁内パネルの押し出し突起による各種パネル固定方法	米国特許 US2525268（1950年） 短い折返し片の固定法
01-028 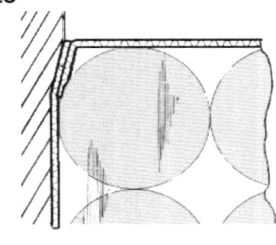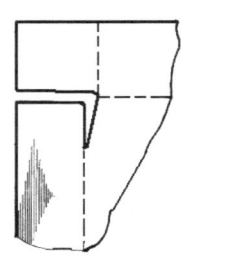	**01-029** 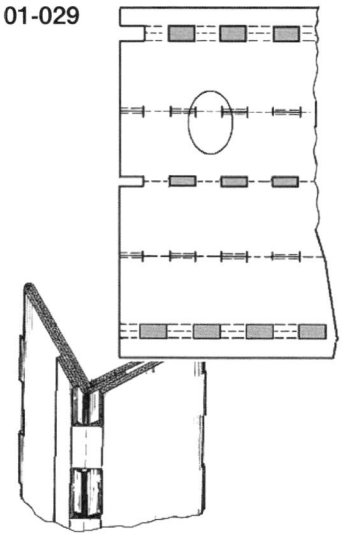	**01-030** 穴 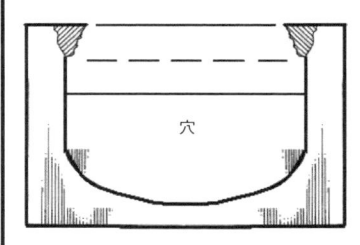 穴 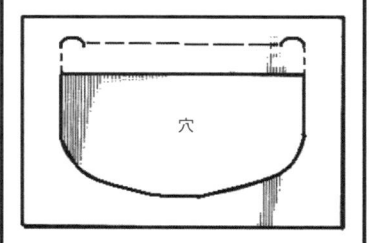
円柱の製品に対して、箱のコーナーに生じるスペースを減らすために、押さえ板で端壁を曲げながら接着させる。 （角部の変形抑制効果）	ダンボールのコーナーポストを積層させる際の基本技法（3本罫線ではなく2本罫線でも良い）。シートを180度折する箇所には罫部を挟んで直角に2本の切れ目を入れる。	引き上げヒレの根元の亀裂防止技法で、罫線端にアール状の切れ目を設ける。
米国特許 US4465226（1984年） 箱外寸の最小化	米国特許 US4399915（1983年）	米国特許 US4373661（1983年）

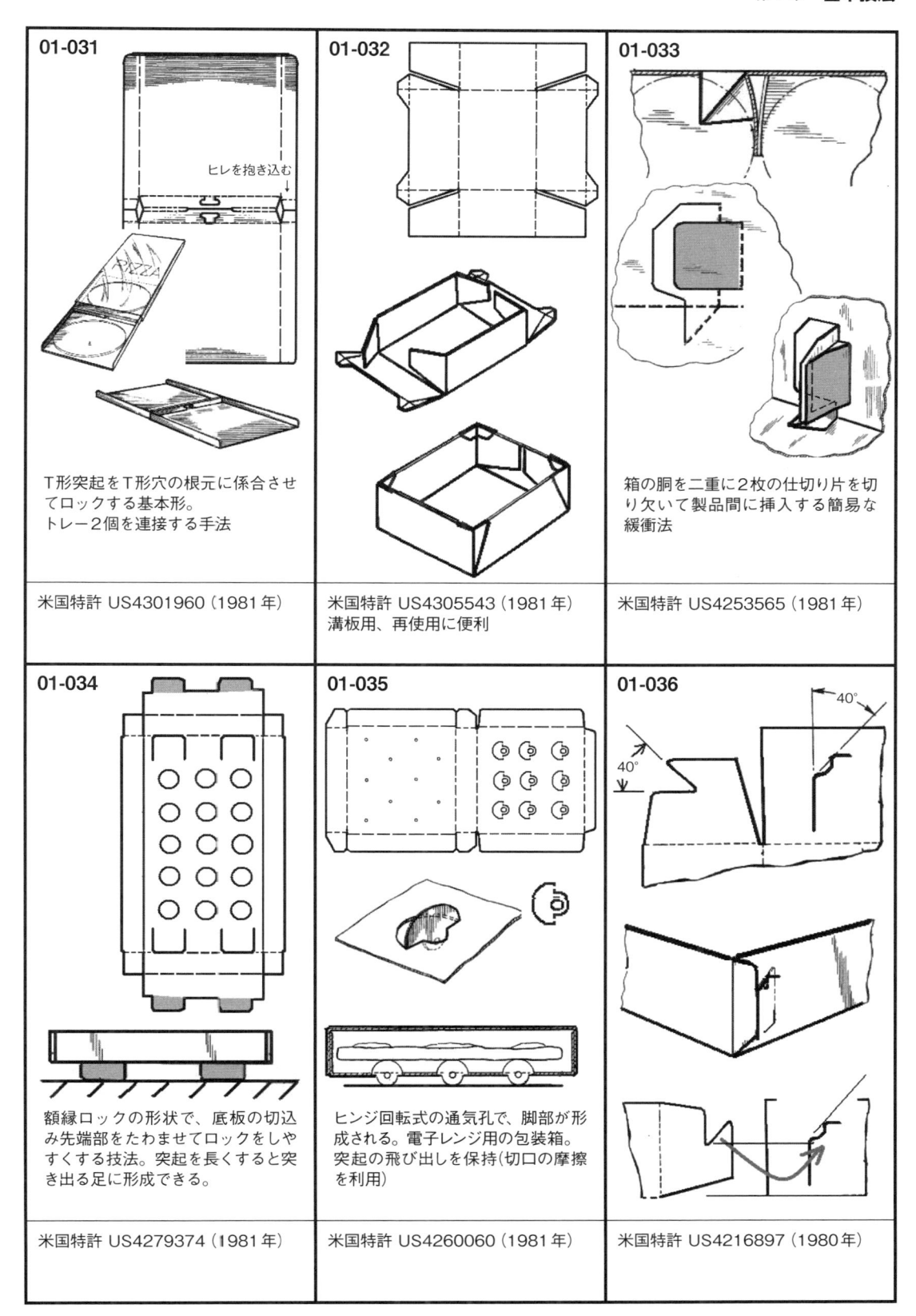

01-031

ヒレを抱き込む

T形突起をT形穴の根元に係合させてロックする基本形。
トレー2個を連接する手法

米国特許 US4301960 (1981 年)

01-032

米国特許 US4305543 (1981 年)
溝板用、再使用に便利

01-033

箱の胴を二重に2枚の仕切り片を切り欠いて製品間に挿入する簡易な緩衝法

米国特許 US4253565 (1981 年)

01-034

額縁ロックの形状で、底板の切込み先端部をたわませてロックをしやすくする技法。突起を長くすると突き出る足に形成できる。

米国特許 US4279374 (1981 年)

01-035

ヒンジ回転式の通気孔で、脚部が形成される。電子レンジ用の包装箱。突起の飛び出しを保持(切口の摩擦を利用)

米国特許 US4260060 (1981 年)

01-036

40°
40°

米国特許 US4216897 (1980 年)

01-037

ホットメルト封緘の際に、圧着力が掛かるように、内フラップの反発を生む表抜きの罫線を増やす。

米国特許 US4163494（1979年）
通気孔を二重の側板に安定な形状で形成。隣の箱との距離を保つ。

01-038

ホットメルト封緘の際に、圧着力が掛かるように、内フラップの反発を生む表抜きの罫線を増やす。

米国特許 US4124161（1978年）
天フラップの重なり厚さを減らす手法にもなる。

01-039

フラップの差込みロックの基本。狭い幅の所定長さの溝に、やや広めの差込み片を強引に押し込んで抜け防止を図る。

米国特許 US1141489（1915年）
差し込み片に片側かえし、又は両側かえしを付ける。

01-040

切り出しの指穴（2、3本）

米国特許 US3542192（1970年）

01-041

米国特許 US3827624（1974年）
足袋留め金具（こはぜ）方式の封緘ロック

01-042

折り返しする額縁パネルの固定法で、凸片を端壁に係合する方法

米国特許 US2227479（1941年）

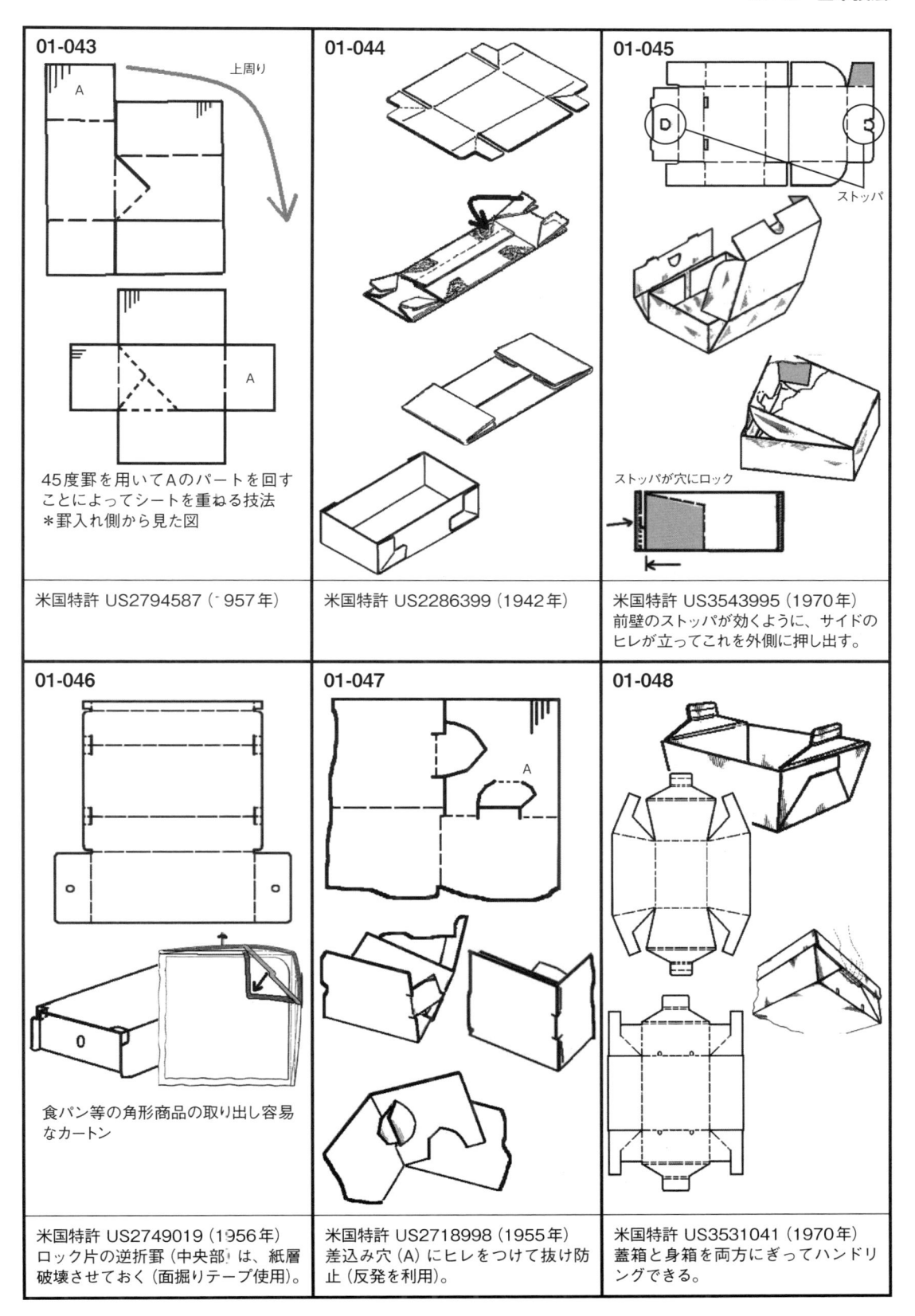

01-043

上周り

A

A

45度罫を用いてAのパートを回す
ことによってシートを重ねる技法
＊罫入れ側から見た図

米国特許 US2794587（1957年）

01-044

米国特許 US2286399（1942年）

01-045

D

C

ストッパ

ストッパが穴にロック

米国特許 US3543995（1970年）
前壁のストッパが効くように、サイドの
ヒレが立ってこれを外側に押し出す。

01-046

o

o

0

食パン等の角形商品の取り出し容易
なカートン

米国特許 US2749019（1956年）
ロック片の逆折罫（中央部）は、紙層
破壊させておく（面掘りテープ使用）。

01-047

A

米国特許 US2718998（1955年）
差込み穴（A）にヒレをつけて抜け防
止（反発を利用）。

01-048

米国特許 US3531041（1970年）
蓋箱と身箱を両方にぎってハンドリ
ングできる。

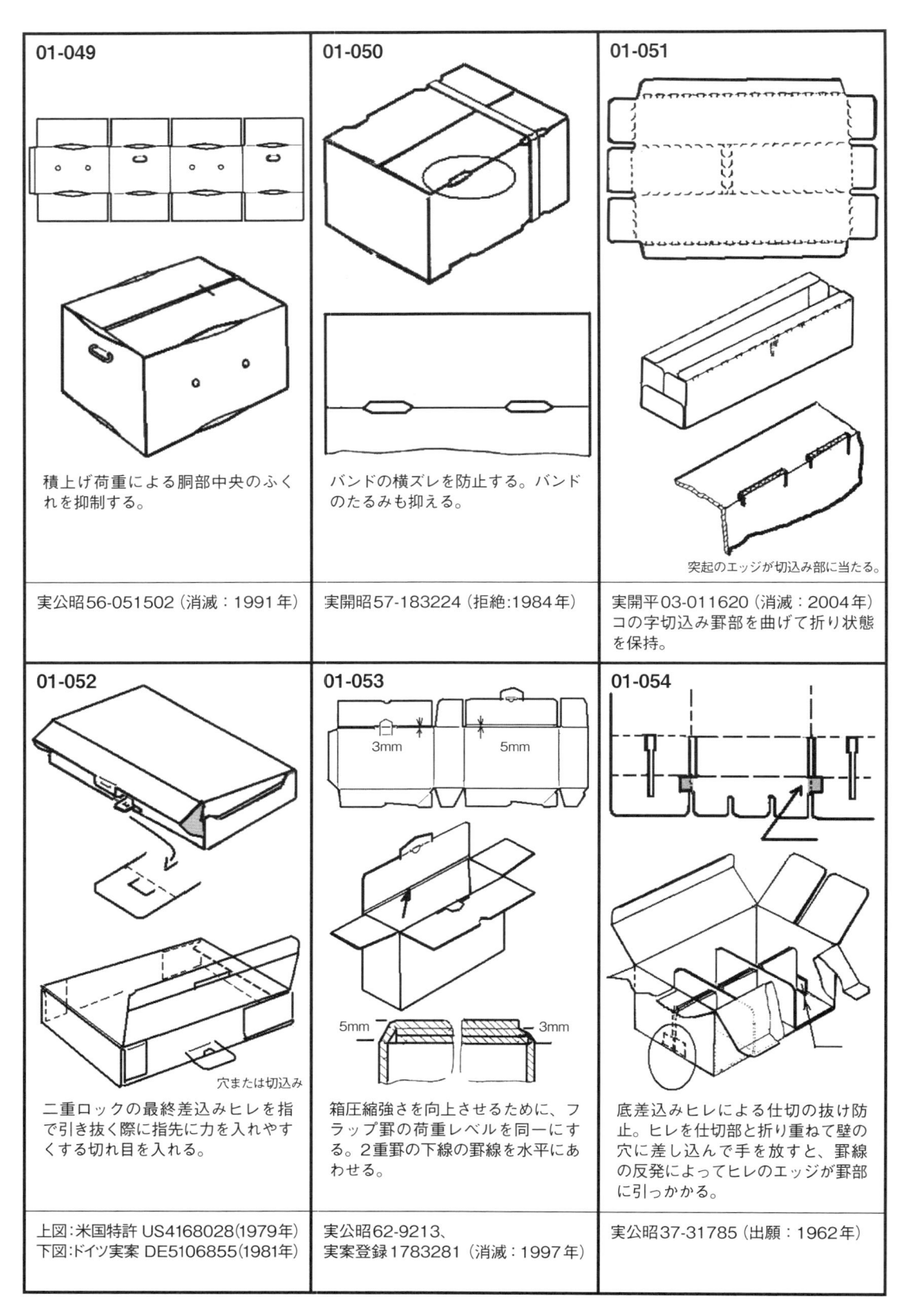

01-049

積上げ荷重による胴部中央のふくれを抑制する。

実公昭56-051502（消滅：1991年）

01-050

バンドの横ズレを防止する。バンドのたるみも抑える。

実開昭57-183224（拒絶：1984年）

01-051

突起のエッジが切込み部に当たる。

実開平03-011620（消滅：2004年）
コの字切込み罫部を曲げて折り状態を保持。

01-052

穴または切込み

二重ロックの最終差込みヒレを指で引き抜く際に指先に力を入れやすくする切れ目を入れる。

上図：米国特許 US4168028(1979年)
下図：ドイツ実案 DE5106855(1981年)

01-053

3mm　5mm

5mm　3mm

箱圧縮強さを向上させるために、フラップ罫の荷重レベルを同一にする。2重罫の下線の罫線を水平にあわせる。

実公昭62-9213、
実案登録1783281（消滅：1997年）

01-054

底差込みヒレによる仕切の抜け防止。ヒレを仕切部と折り重ねて壁の穴に差し込んで手を放すと、罫線の反発によってヒレのエッジが罫部に引っかかる。

実公昭37-31785（出願：1962年）

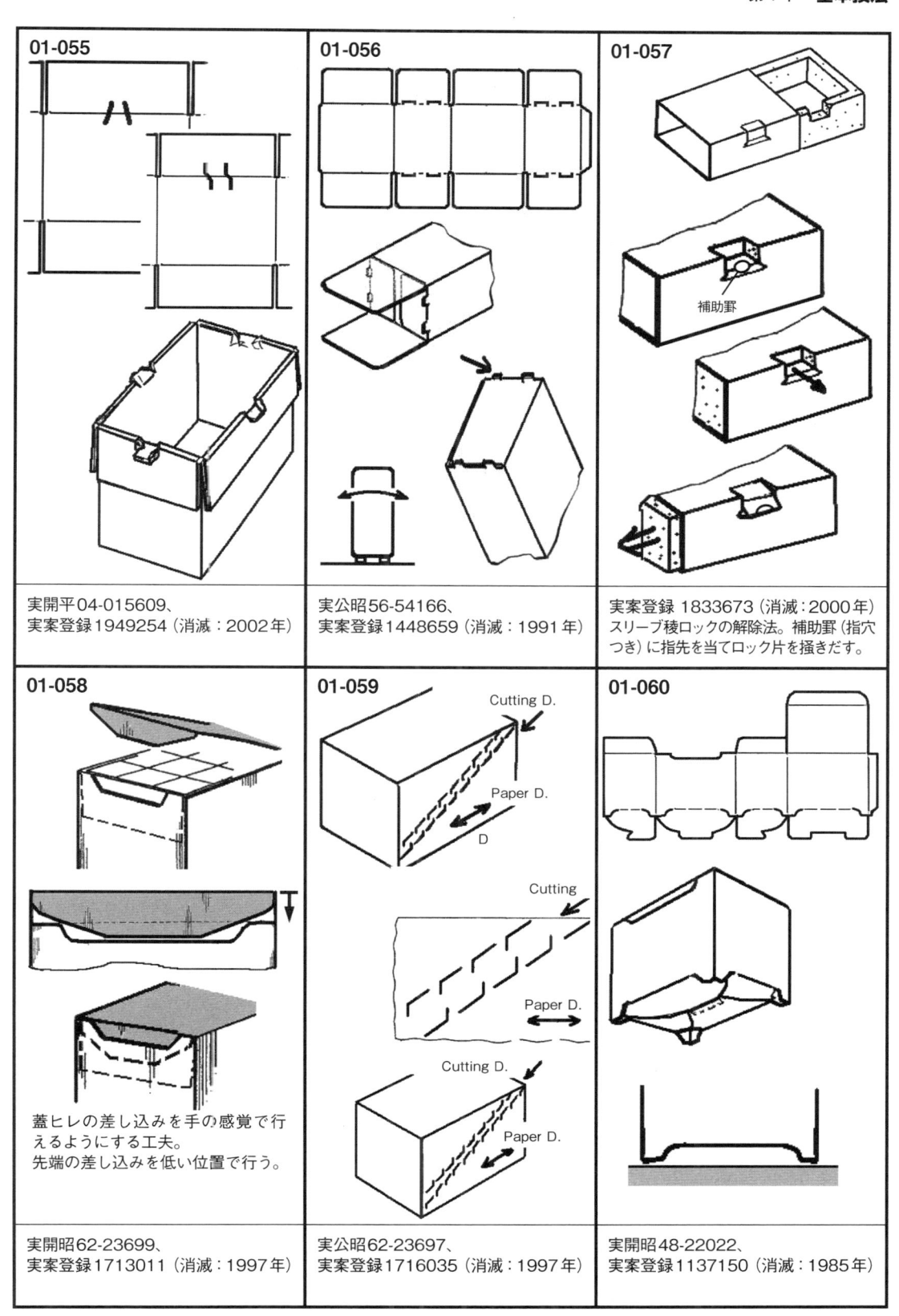

01-055

実開平04-015609、
実案登録1949254（消滅：2002年）

01-056

実公昭56-54166、
実案登録1448659（消滅：1991年）

01-057

補助罫

実案登録1833673（消滅：2000年）
スリーブ稜ロックの解除法。補助罫（指穴
つき）に指先を当てロック片を掻きだす。

01-058

蓋ヒレの差し込みを手の感覚で行
えるようにする工夫。
先端の差し込みを低い位置で行う。

実開昭62-23699、
実案登録1713011（消滅：1997年）

01-059

Cutting D.

Paper D.

D

Cutting

Paper D.

Cutting D.

Paper D.

実公昭62-23697、
実案登録1716035（消滅：1997年）

01-060

実開昭48-22022、
実案登録1137150（消滅：1985年）

21

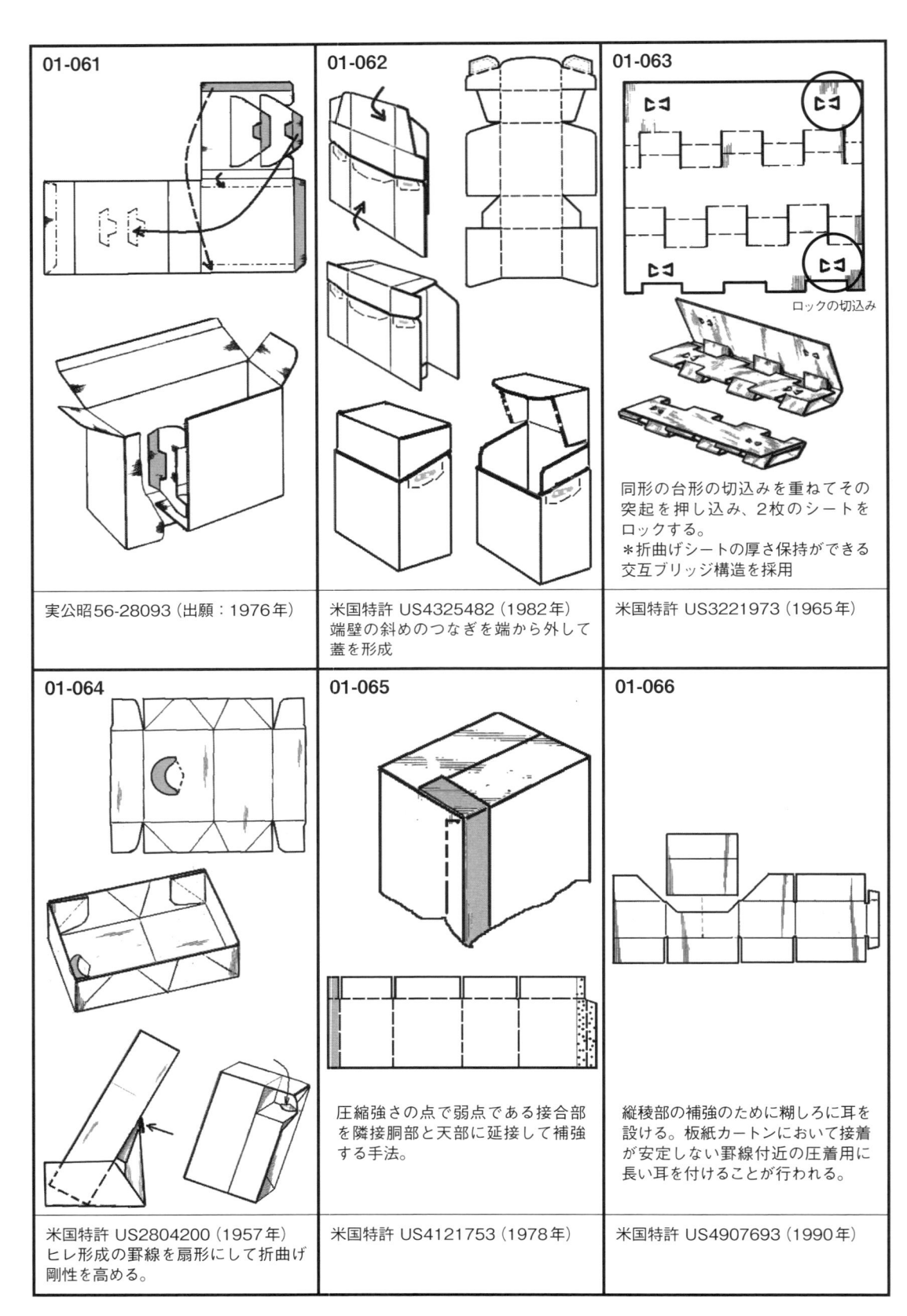

01-061

実公昭56-28093（出願：1976年）

01-062

米国特許 US4325482（1982年）
端壁の斜めのつなぎを端から外して
蓋を形成

01-063

ロックの切込み

同形の台形の切込みを重ねてその
突起を押し込み、2枚のシートを
ロックする。
＊折曲げシートの厚さ保持ができる
交互ブリッジ構造を採用

米国特許 US3221973（1965年）

01-064

米国特許 US2804200（1957年）
ヒレ形成の罫線を扇形にして折曲げ
剛性を高める。

01-065

圧縮強さの点で弱点である接合部
を隣接胴部と天部に延接して補強
する手法。

米国特許 US4121753（1978年）

01-066

縦稜部の補強のために糊しろに耳を
設ける。板紙カートンにおいて接着
が安定しない罫線付近の圧着用に
長い耳を付けることが行われる。

米国特許 US4907693（1990年）

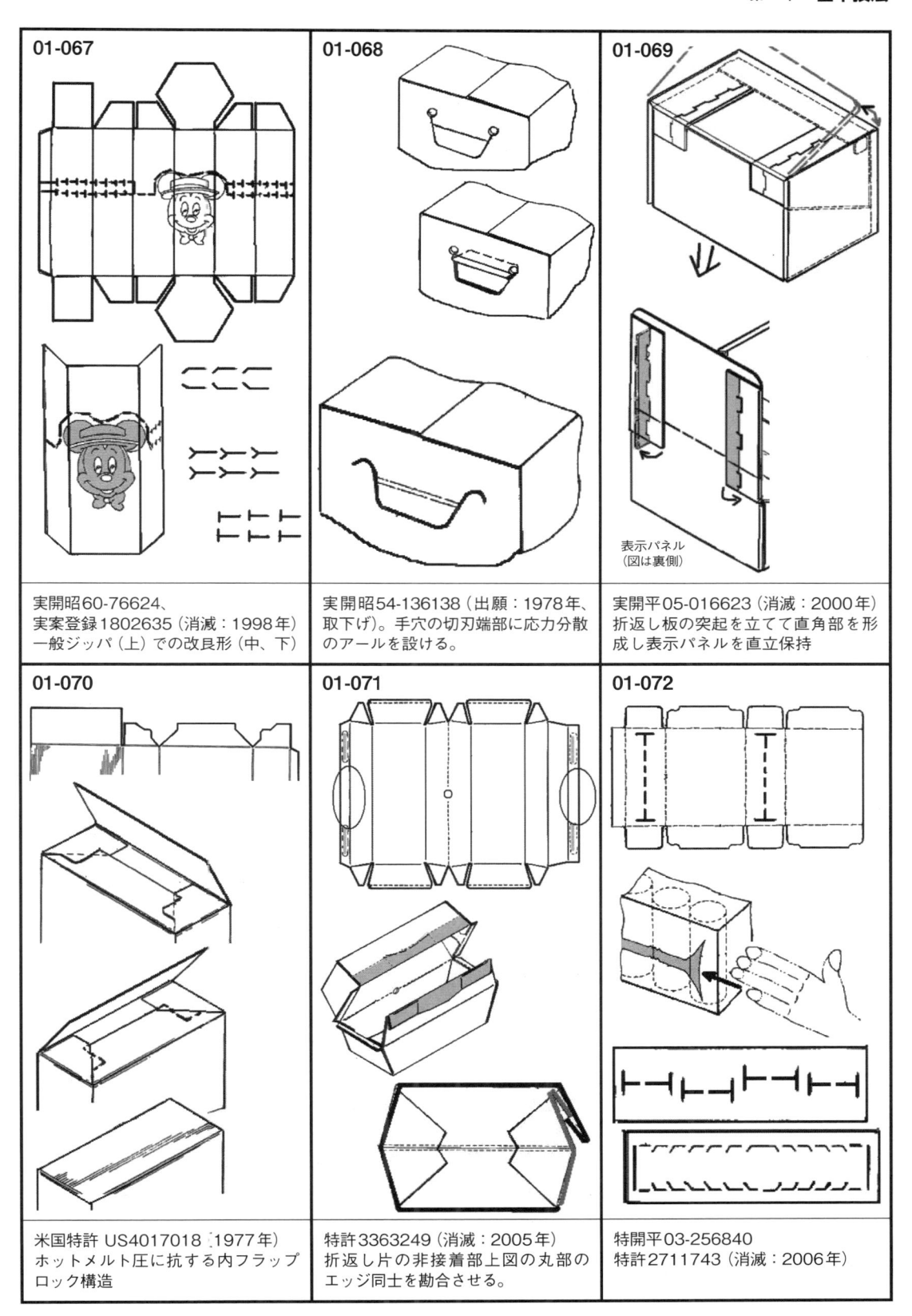

01-067

実開昭60-76624、
実案登録1802635（消滅：1998年）
一般ジッパ（上）での改良形（中、下）

01-068

実開昭54-136138（出願：1978年、
取下げ）。手穴の切刃端部に応力分散
のアールを設ける。

01-069

表示パネル
（図は裏側）

実開平05-016623（消滅：2000年）
折返し板の突起を立てて直角部を形
成し表示パネルを直立保持

01-070

米国特許 US4017018（1977年）
ホットメルト圧に抗する内フラップ
ロック構造

01-071

特許3363249（消滅：2005年）
折返し片の非接着部上図の丸部の
エッジ同士を勘合させる。

01-072

特開平03-256840
特許2711743（消滅：2006年）

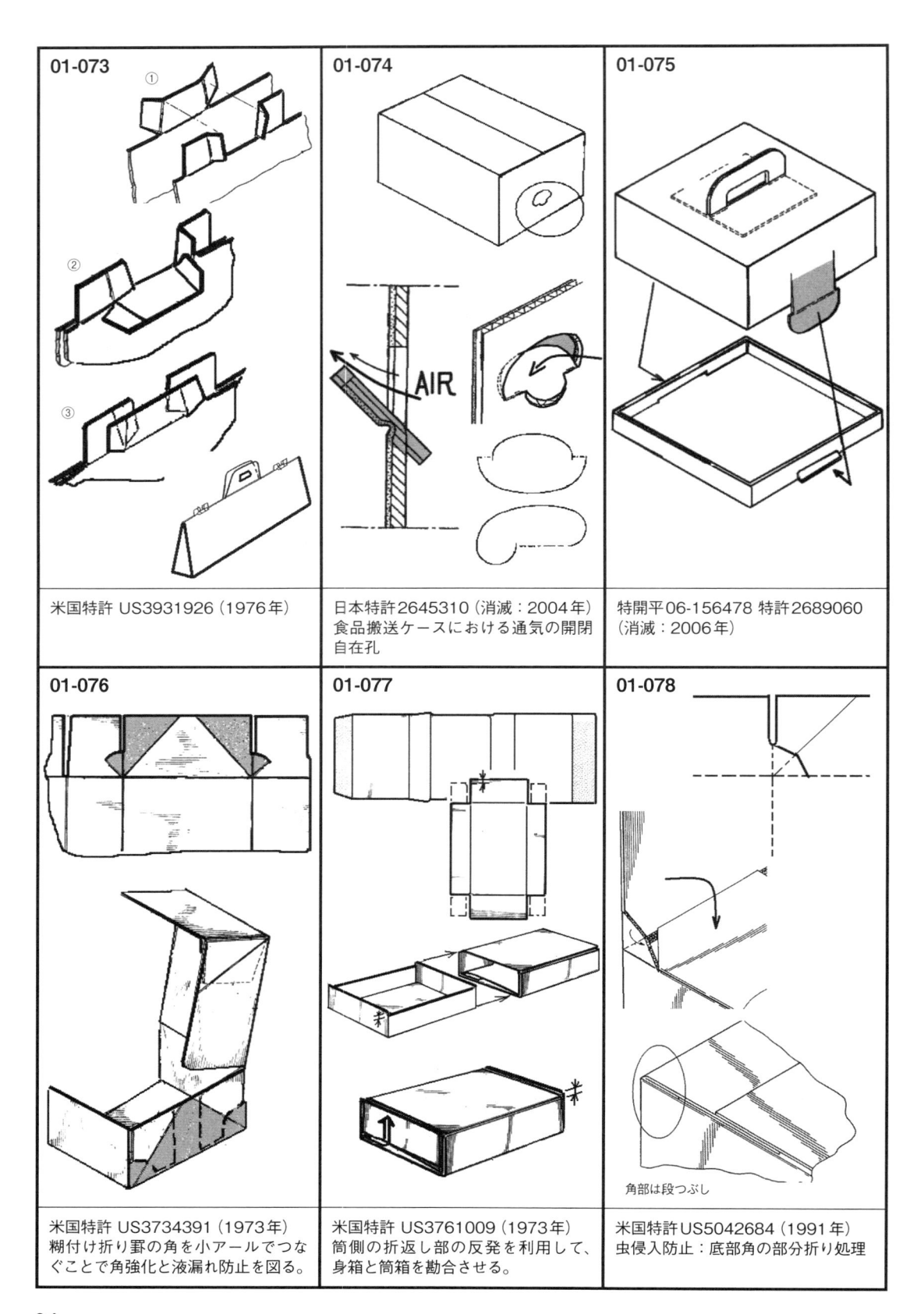

01-073

米国特許 US3931926（1976年）

01-074

日本特許2645310（消滅：2004年）
食品搬送ケースにおける通気の開閉
自在孔

01-075

特開平06-156478 特許2689060
（消滅：2006年）

01-076

米国特許 US3734391（1973年）
糊付け折り罫の角を小アールでつな
ぐことで角強化と液漏れ防止を図る。

01-077

米国特許 US3761009（1973年）
筒側の折返し部の反発を利用して、
身箱と筒箱を勘合させる。

01-078

角部は段つぶし

米国特許 US5042684（1991年）
虫侵入防止：底部角の部分折り処理

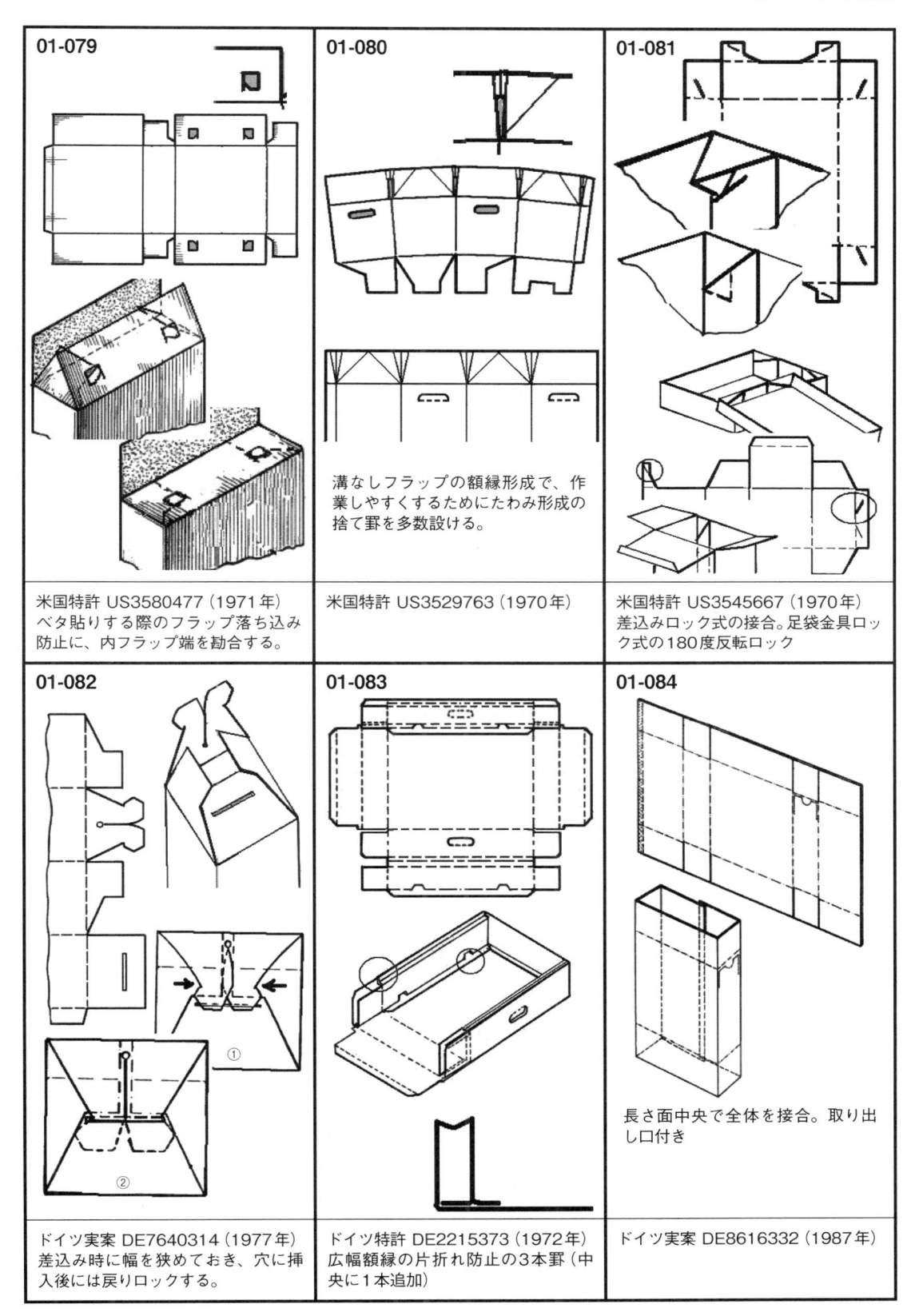

01-079

米国特許 US3580477 (1971年)
ベタ貼りする際のフラップ落ち込み
防止に、内フラップ端を勘合する。

01-080

溝なしフラップの額縁形成で、作
業しやすくするためにたわみ形成の
捨て罫を多数設ける。

米国特許 US3529763 (1970年)

01-081

米国特許 US3545667 (1970年)
差込みロック式の接合。足袋金具ロッ
ク式の180度反転ロック

01-082

①

②

ドイツ実案 DE7640314 (1977年)
差込み時に幅を狭めておき、穴に挿
入後には戻りロックする。

01-083

ドイツ特許 DE2215373 (1972年)
広幅額縁の片折れ防止の3本罫(中
央に1本追加)

01-084

長さ面中央で全体を接合。取り出
し口付き

ドイツ実案 DE8616332 (1987年)

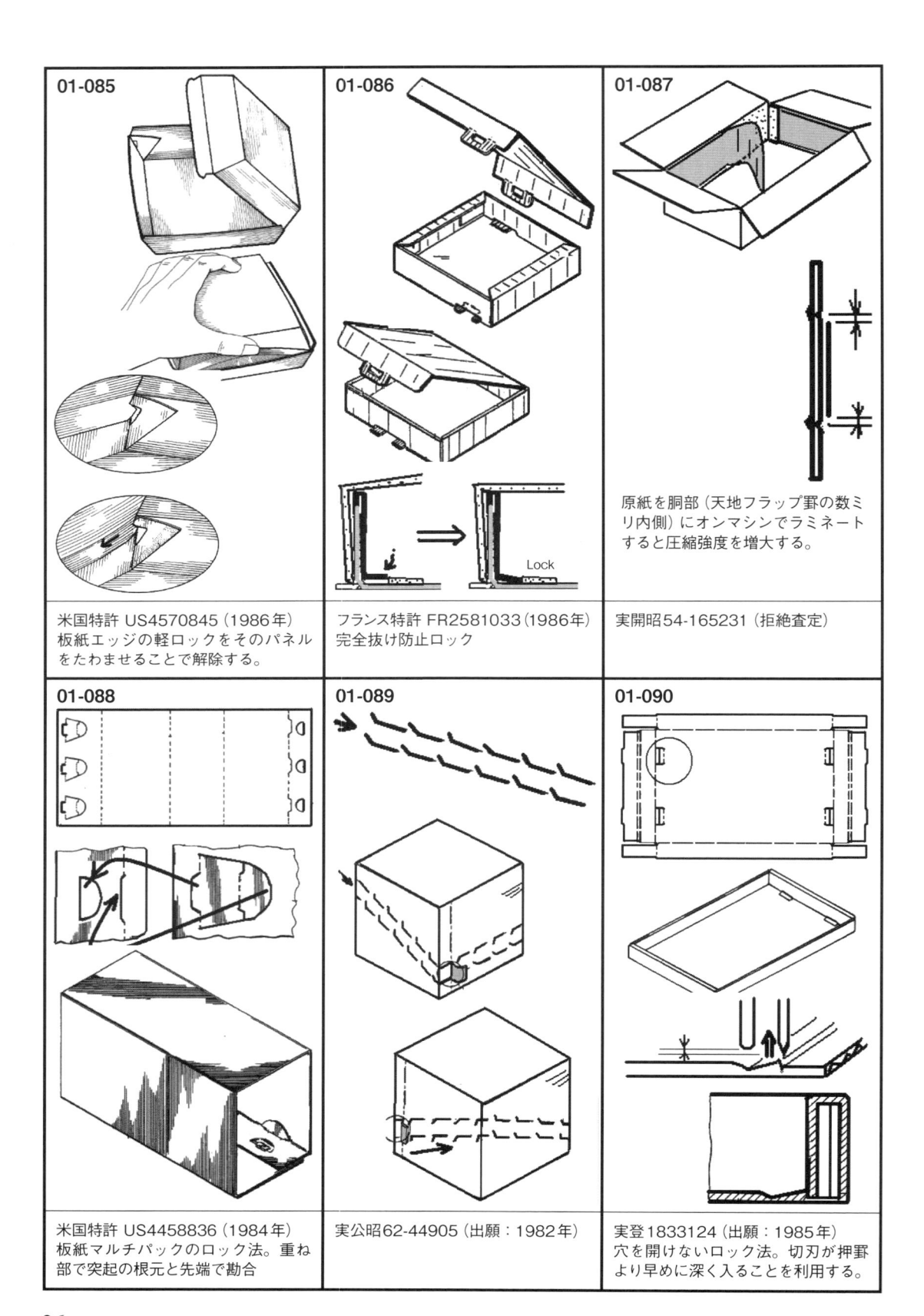

01-085

米国特許 US4570845（1986年）
板紙エッジの軽ロックをそのパネル
をたわませることで解除する。

01-086

Lock

フランス特許 FR2581033（1986年）
完全抜け防止ロック

01-087

原紙を胴部（天地フラップ罫の数ミ
リ内側）にオンマシンでラミネート
すると圧縮強度を増大する。

実開昭54-165231（拒絶査定）

01-088

米国特許 US4458836（1984年）
板紙マルチパックのロック法。重ね
部で突起の根元と先端で勘合

01-089

実公昭62-44905（出願：1982年）

01-090

実登1833124（出願：1985年）
穴を開けないロック法。切刃が押罫
より早めに深く入ることを利用する。

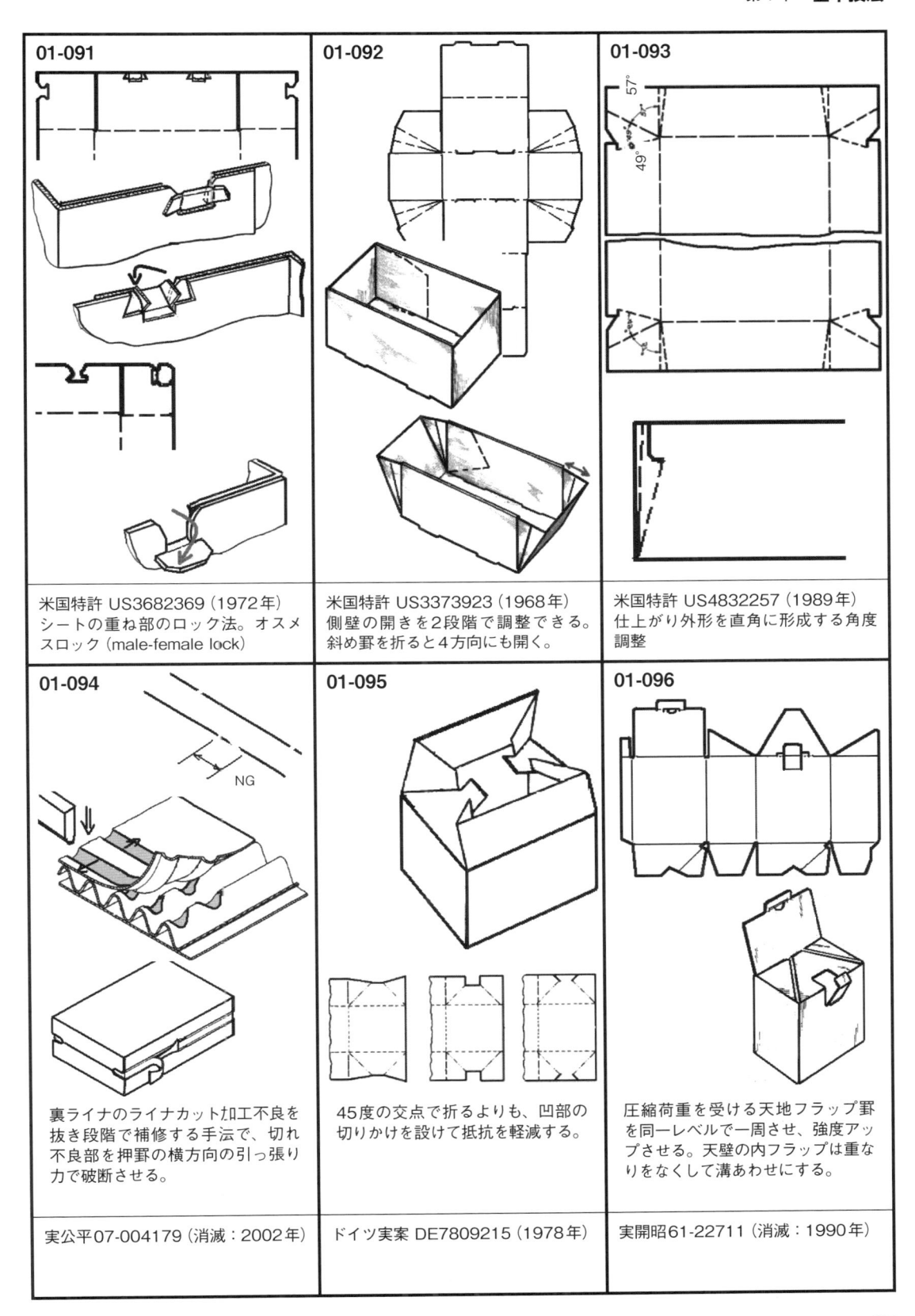

01-091

米国特許 US3682369（1972年）
シートの重ね部のロック法。オスメスロック（male-female lock）

01-092

米国特許 US3373923（1968年）
側壁の開きを2段階で調整できる。斜め罫を折ると4方向にも開く。

01-093

米国特許 US4832257（1989年）
仕上がり外形を直角に形成する角度調整

01-094

裏ライナのライナカット加工不良を抜き段階で補修する手法で、切れ不良部を押罫の横方向の引っ張り力で破断させる。

実公平07-004179（消滅：2002年）

01-095

45度の交点で折るよりも、凹部の切りかけを設けて抵抗を軽減する。

ドイツ実案 DE7809215（1978年）

01-096

圧縮荷重を受ける天地フラップ罫を同一レベルで一周させ、強度アップさせる。天壁の内フラップは重なりをなくして溝あわせにする。

実開昭61-22711（消滅：1990年）

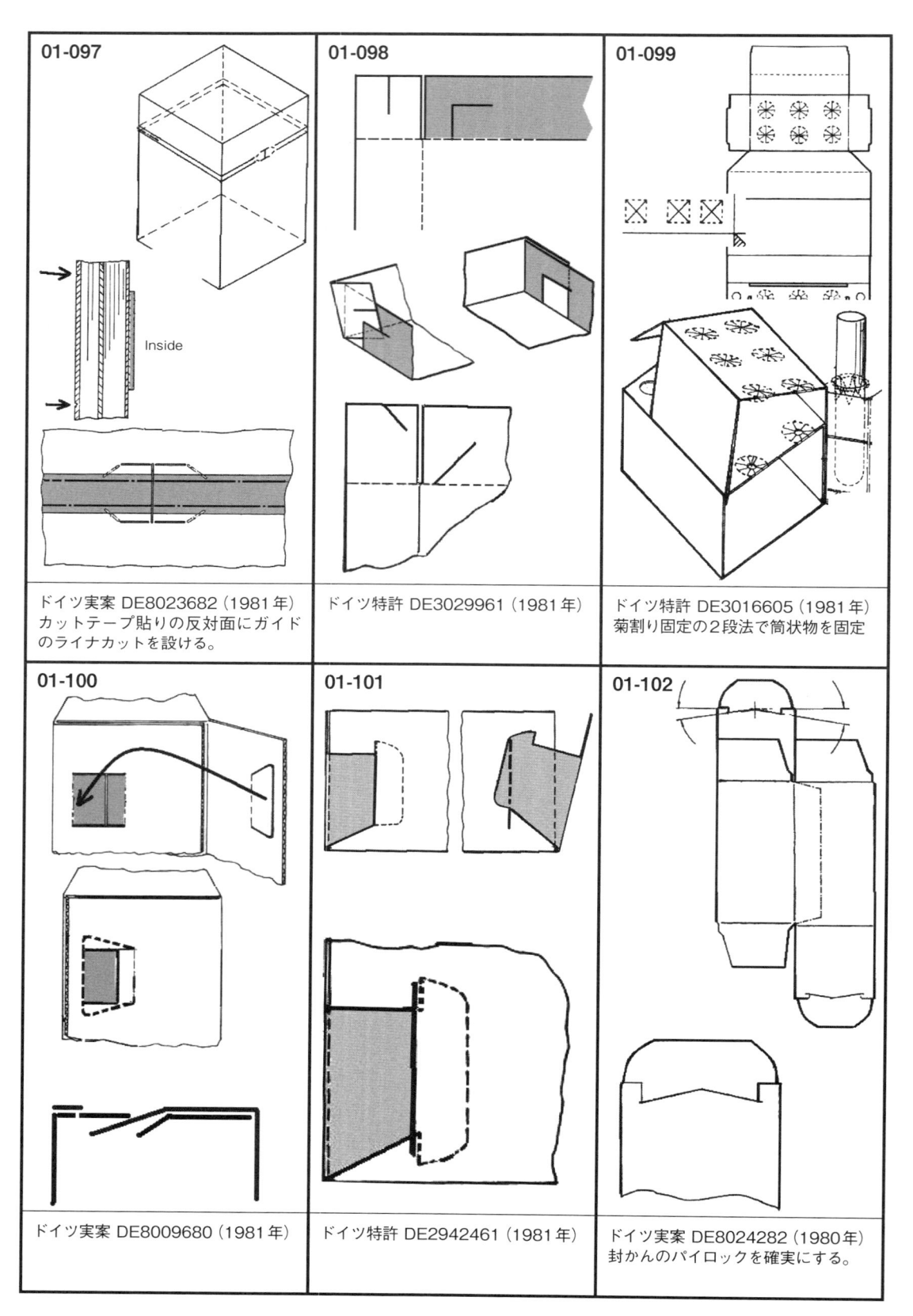

01-097	01-098	01-099
Inside		
ドイツ実案 DE8023682（1981年）カットテープ貼りの反対面にガイドのライナカットを設ける。	ドイツ特許 DE3029961（1981年）	ドイツ特許 DE3016605（1981年）菊割り固定の2段法で筒状物を固定
01-100	01-101	01-102
ドイツ実案 DE8009680（1981年）	ドイツ特許 DE2942461（1981年）	ドイツ実案 DE8024282（1980年）封かんのパイロックを確実にする。

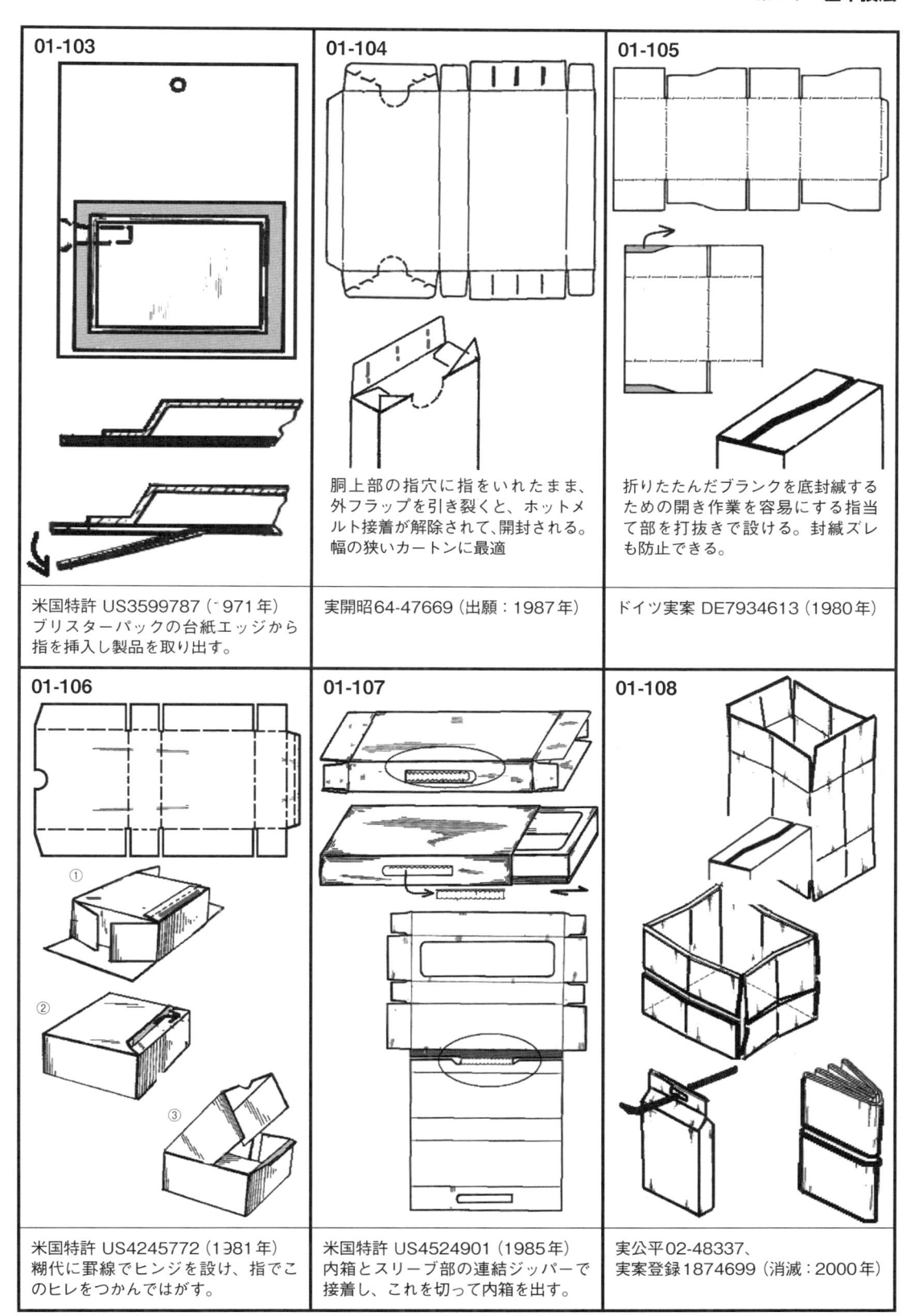

01-103

米国特許 US3599787（1971 年）
ブリスターパックの台紙エッジから
指を挿入し製品を取り出す。

01-104

胴上部の指穴に指をいれたまま、
外フラップを引き裂くと、ホットメ
ルト接着が解除されて、開封される。
幅の狭いカートンに最適

実開昭64-47669（出願：1987年）

01-105

折りたたんだブランクを底封緘する
ための開き作業を容易にする指当
て部を打抜きで設ける。封緘ズレ
も防止できる。

ドイツ実案 DE7934613（1980年）

01-106

① ② ③

米国特許 US4245772（1981 年）
糊代に罫線でヒンジを設け、指でこ
のヒレをつかんではがす。

01-107

米国特許 US4524901（1985年）
内箱とスリーブ部の連結ジッパーで
接着し、これを切って内箱を出す。

01-108

実公平02-48337、
実案登録1874699（消滅：2000年）

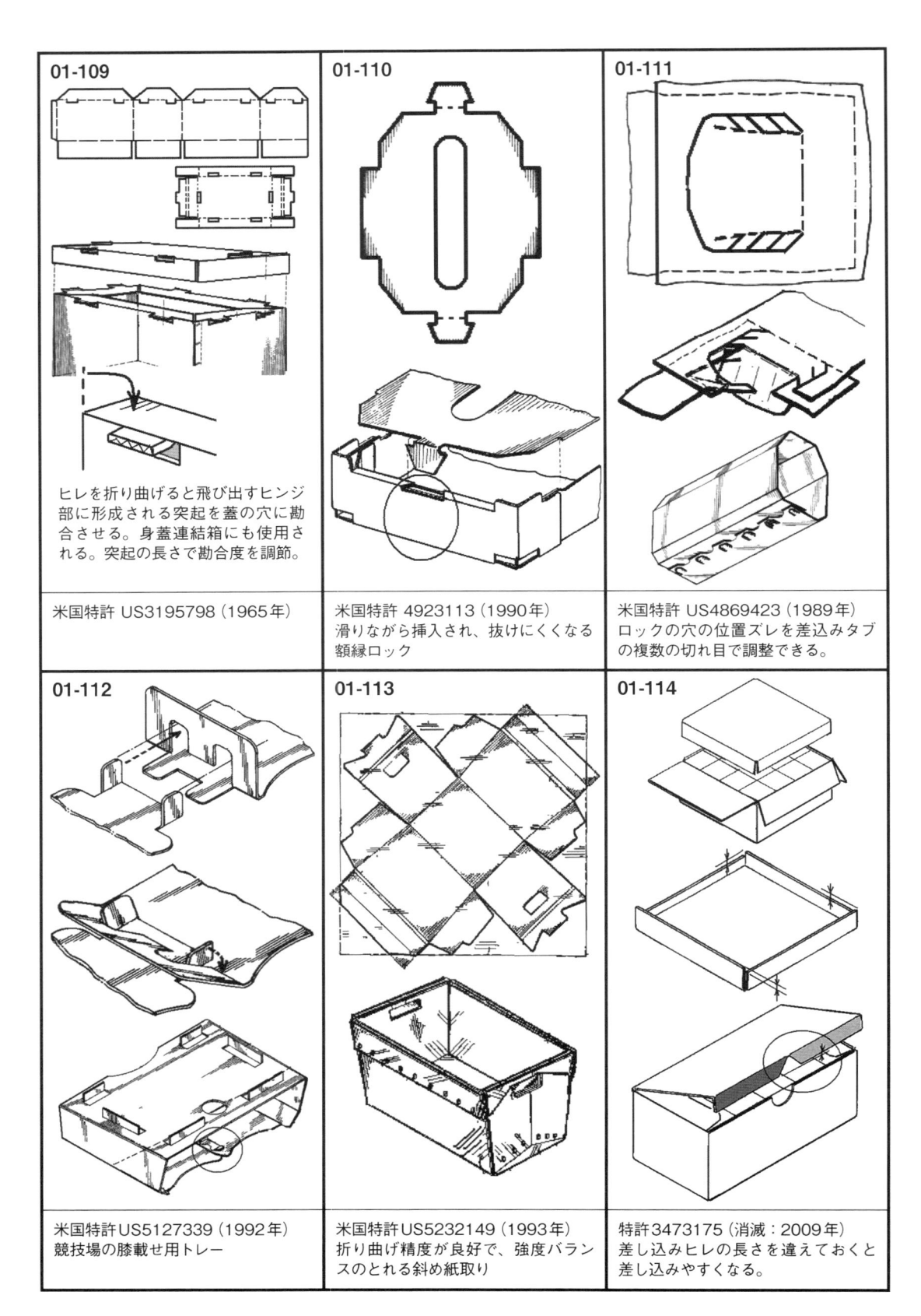

01-109

ヒレを折り曲げると飛び出すヒンジ部に形成される突起を蓋の穴に勘合させる。身蓋連結箱にも使用される。突起の長さで勘合度を調節。

米国特許 US3195798（1965年）

01-110

米国特許 4923113（1990年）
滑りながら挿入され、抜けにくくなる額縁ロック

01-111

米国特許 US4869423（1989年）
ロックの穴の位置ズレを差込みタブの複数の切れ目で調整できる。

01-112

米国特許 US5127339（1992年）
競技場の膝載せ用トレー

01-113

米国特許 US5232149（1993年）
折り曲げ精度が良好で、強度バランスのとれる斜め紙取り

01-114

特許3473175（消滅：2009年）
差し込みヒレの長さを違えておくと差し込みやすくなる。

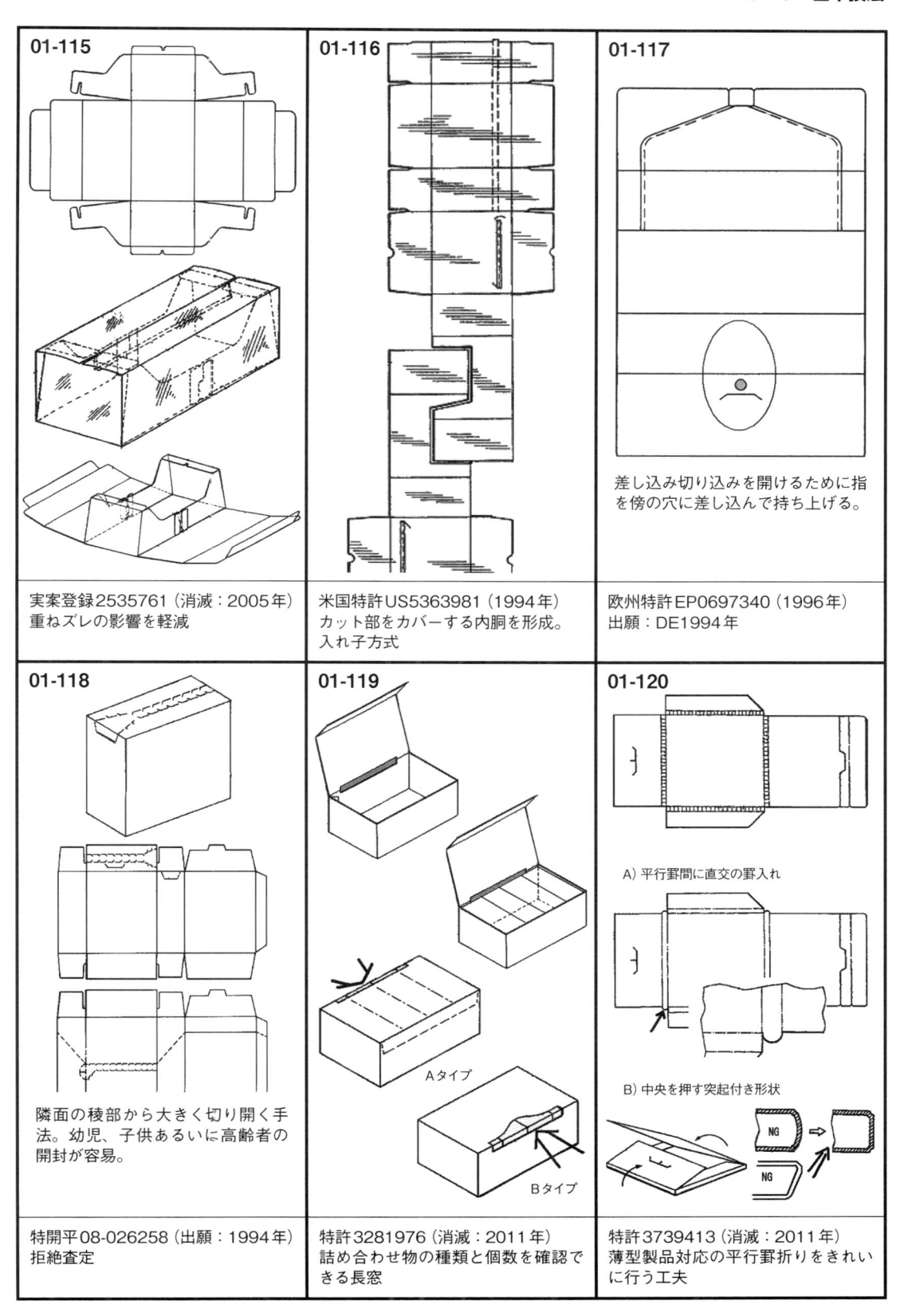

01-115

実案登録 2535761（消滅：2005 年）
重ねズレの影響を軽減

01-116

米国特許 US5363981（1994 年）
カット部をカバーする内胴を形成。
入れ子方式

01-117

差し込み切り込みを開けるために指
を傍の穴に差し込んで持ち上げる。

欧州特許 EP0697340（1996 年）
出願：DE1994 年

01-118

隣面の稜部から大きく切り開く手
法。幼児、子供あるいに高齢者の
開封が容易。

特開平 08-026258（出願：1994 年）
拒絶査定

01-119

A タイプ

B タイプ

特許 3281976（消滅：2011 年）
詰め合わせ物の種類と個数を確認で
きる長窓

01-120

A) 平行罫間に直交の罫入れ

B) 中央を押す突起付き形状

NG　NG

特許 3739413（消滅：2011 年）
薄型製品対応の平行罫折りをきれい
に行う工夫

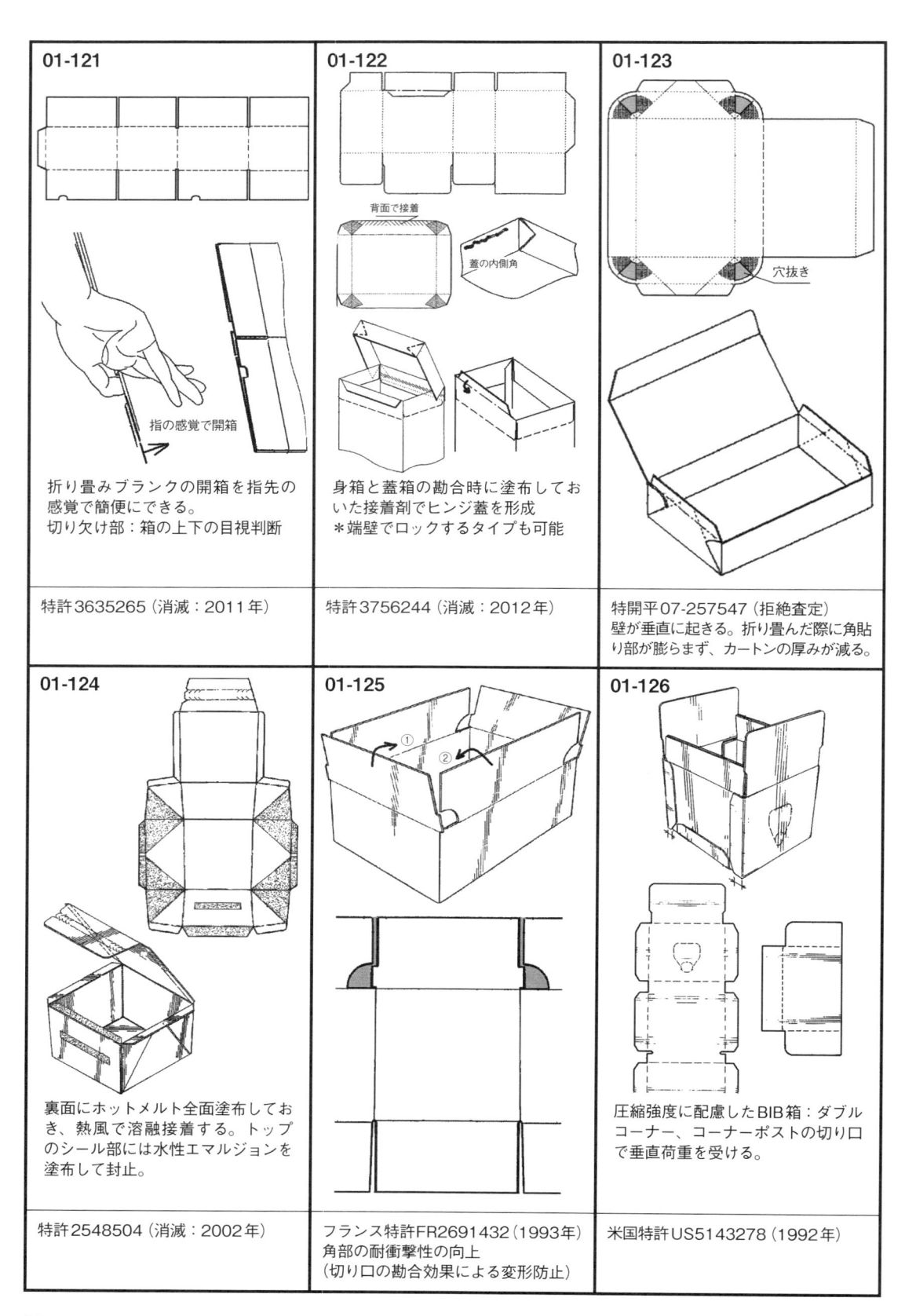

01-121	01-122	01-123
折り畳みブランクの開箱を指先の感覚で簡便にできる。切り欠け部：箱の上下の目視判断	背面で接着 蓋の内側角 身箱と蓋箱の勘合時に塗布しておいた接着剤でヒンジ蓋を形成 ＊端壁でロックするタイプも可能	穴抜き 壁が垂直に起きる。折り畳んだ際に角貼り部が膨らまず、カートンの厚みが減る。
特許3635265（消滅：2011年）	特許3756244（消滅：2012年）	特開平07-257547（拒絶査定）壁が垂直に起きる。折り畳んだ際に角貼り部が膨らまず、カートンの厚みが減る。

01-124	01-125	01-126
裏面にホットメルト全面塗布しておき、熱風で溶融接着する。トップのシール部には水性エマルジョンを塗布して封止。	① ②	圧縮強度に配慮したBIB箱：ダブルコーナー、コーナーポストの切り口で垂直荷重を受ける。
特許2548504（消滅：2002年）	フランス特許FR2691432（1993年）角部の耐衝撃性の向上（切り口の勘合効果による変形防止）	米国特許US5143278（1992年）

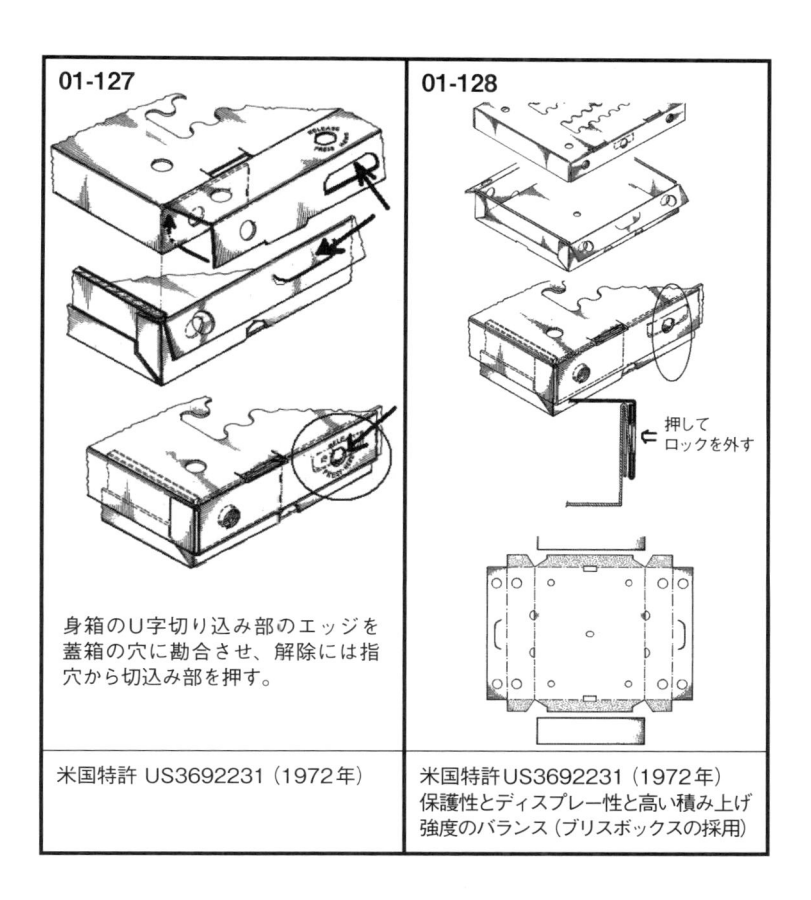

01-127

身箱のU字切り込み部のエッジを
蓋箱の穴に勘合させ、解除には指
穴から切込み部を押す。

米国特許 US3692231（1972年）

01-128

押して
ロックを外す

米国特許US3692231（1972年）
保護性とディスプレー性と高い積み上げ
強度のバランス（ブリスボックスの採用）

01 「基本技法」関連リスト				
02-008	04-020	15-001	17-036	27-001
02-033	04-038	15-002	17-037	27-010
02-044	04-050	15-004	17-080	36-172
02-087	08-005	17-027	20-027	36-182
02-093	12-054	17-029	20-034	
04-002	12-066	17-033	23-024	

02 トレー

　トレーは容器の基本形態として最も古くから存在し、多数の失効特許が存在する分野の一つになっている。個装、外装の箱として用いられ、部品用、農産物用、商品集合用が主な用途になっている。

　天部が開放状態になることから、商品抜き取りのリスクが付きまとう。これを防止するために、簡便な天板をつけたり、フィルムを巻いたりする（シュリンクパックの形態でも実施される）。開放部を向かい合わせにして塞ぐ手法も使われる。またホコリ侵入の問題も常に懸念されるところであるが、これについても種々のアイデアでカバーされている。

　この短所は内容物を手早く簡単に取り出せる長所に転換できる。21世紀にはいって欧州を中心にダンボールの新規開発分野として脚光を浴び、特許出願が活発に行われている「シェルフ・レディ・パッケージ」（即棚パッケージ）がその好例である。いかに販売棚の前で簡単に安全に、高い販促効果を持つ展示容器に変身させられるかを中心に開発が進められるパッケージである。

　天部の端壁側に桟を設ける形態も多い。これは積み付け時の落ち込み防止を考えてのことである。この機能を強化するために、この桟部に突起を設ける形態も多い。

　トレーは仕切一体タイプにすることが多い。トレーはハンドリング時に捻りが生じやすい欠点を有しているからである。

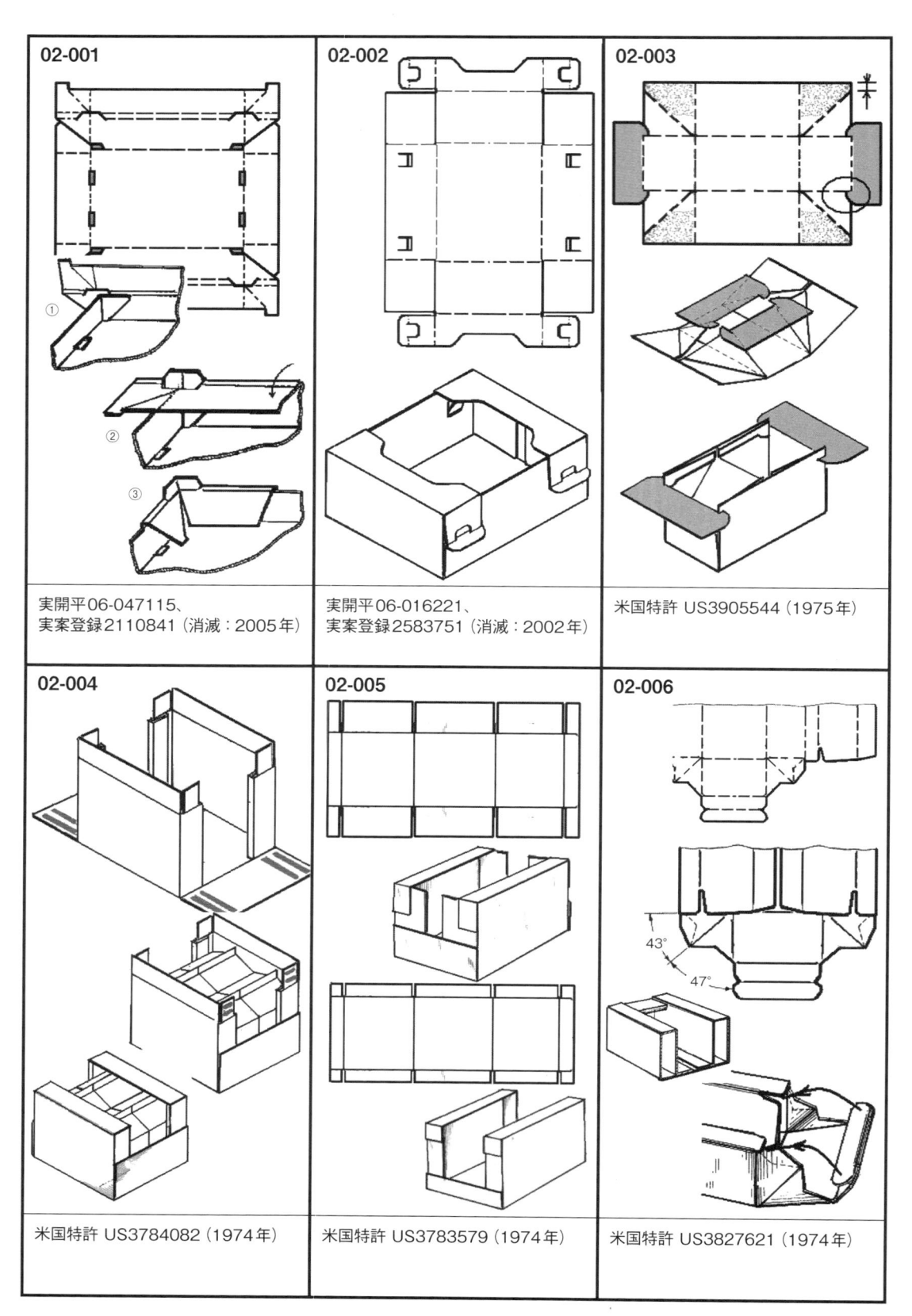

02-001	02-002	02-003
実開平06-047115、 実案登録2110841（消滅：2005年）	実開平06-016221、 実案登録2583751（消滅：2002年）	米国特許 US3905544（1975年）
02-004	02-005	02-006
米国特許 US3784082（1974年）	米国特許 US3783579（1974年）	米国特許 US3827621（1974年）

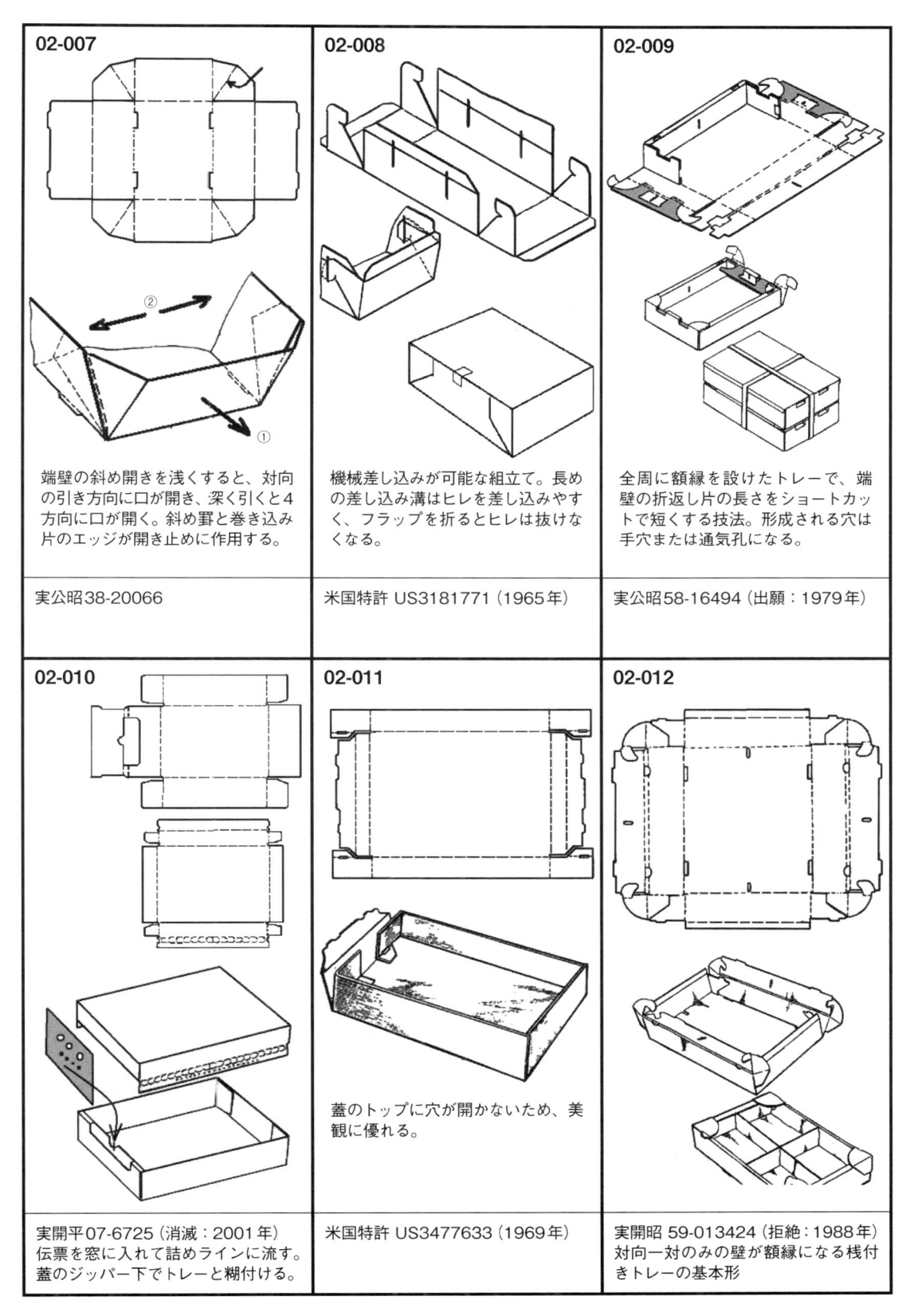

02-007

端壁の斜め開きを浅くすると、対向の引き方向に口が開き、深く引くと4方向に口が開く。斜め罫と巻き込み片のエッジが開き止めに作用する。

実公昭38-20066

02-008

機械差し込みが可能な組立て。長めの差し込み溝はヒレを差し込みやすく、フラップを折るとヒレは抜けなくなる。

米国特許 US3181771（1965年）

02-009

全周に額縁を設けたトレーで、端壁の折返し片の長さをショートカットで短くする技法。形成される穴は手穴または通気孔になる。

実公昭58-16494（出願：1979年）

02-010

実開平07-6725（消滅：2001年）
伝票を窓に入れて詰めラインに流す。蓋のジッパー下でトレーと糊付ける。

02-011

蓋のトップに穴が開かないため、美観に優れる。

米国特許 US3477633（1969年）

02-012

実開昭 59-013424（拒絶：1988年）
対向一対のみの壁が額縁になる桟付きトレーの基本形

37

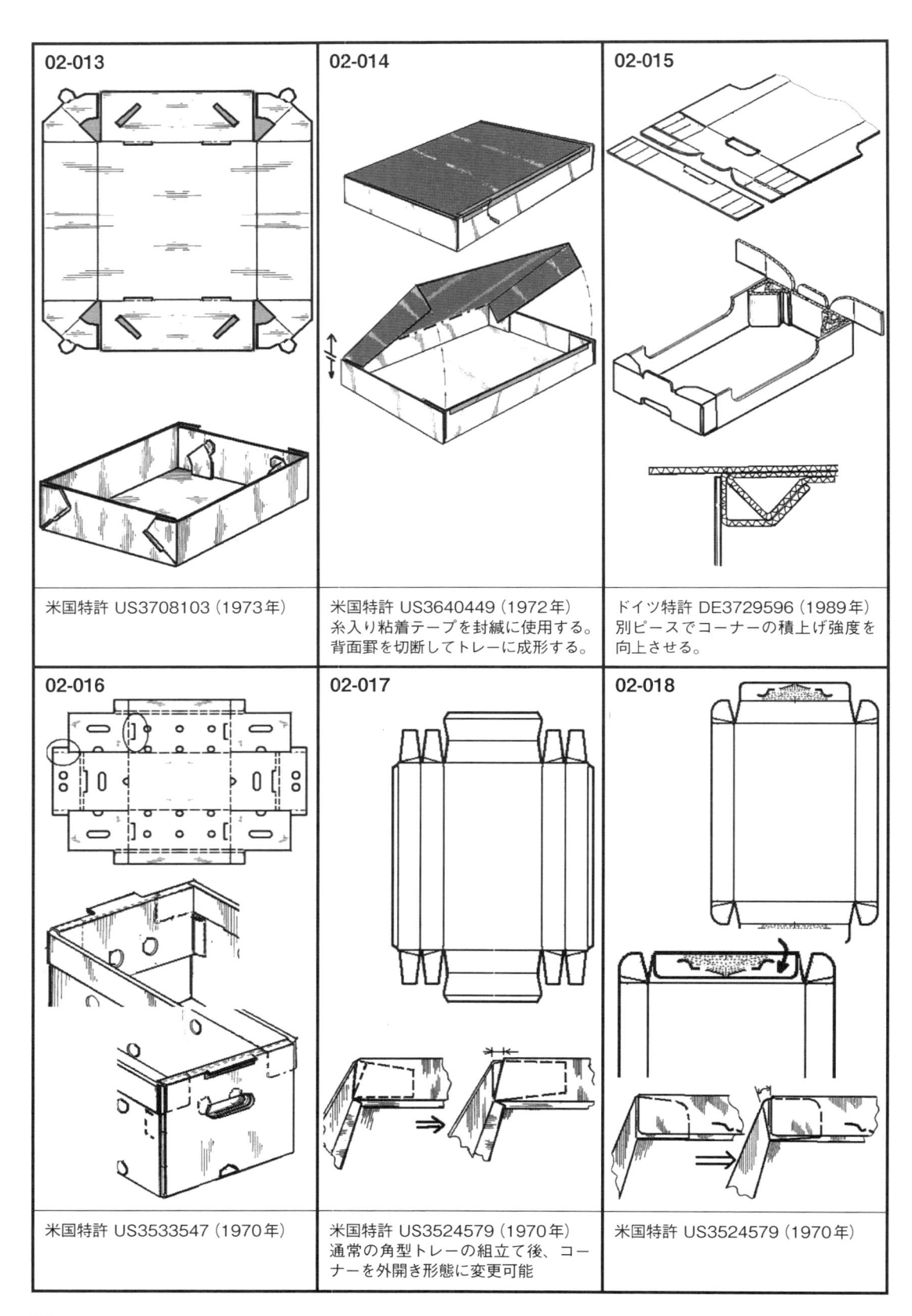

02-013	02-014	02-015
米国特許 US3708103（1973年）	米国特許 US3640449（1972年） 糸入り粘着テープを封緘に使用する。 背面罫を切断してトレーに成形する。	ドイツ特許 DE3729596（1989年） 別ピースでコーナーの積上げ強度を 向上させる。
02-016	02-017	02-018
米国特許 US3533547（1970年）	米国特許 US3524579（1970年） 通常の角型トレーの組立て後、コー ナーを外開き形態に変更可能	米国特許 US3524579（1970年）

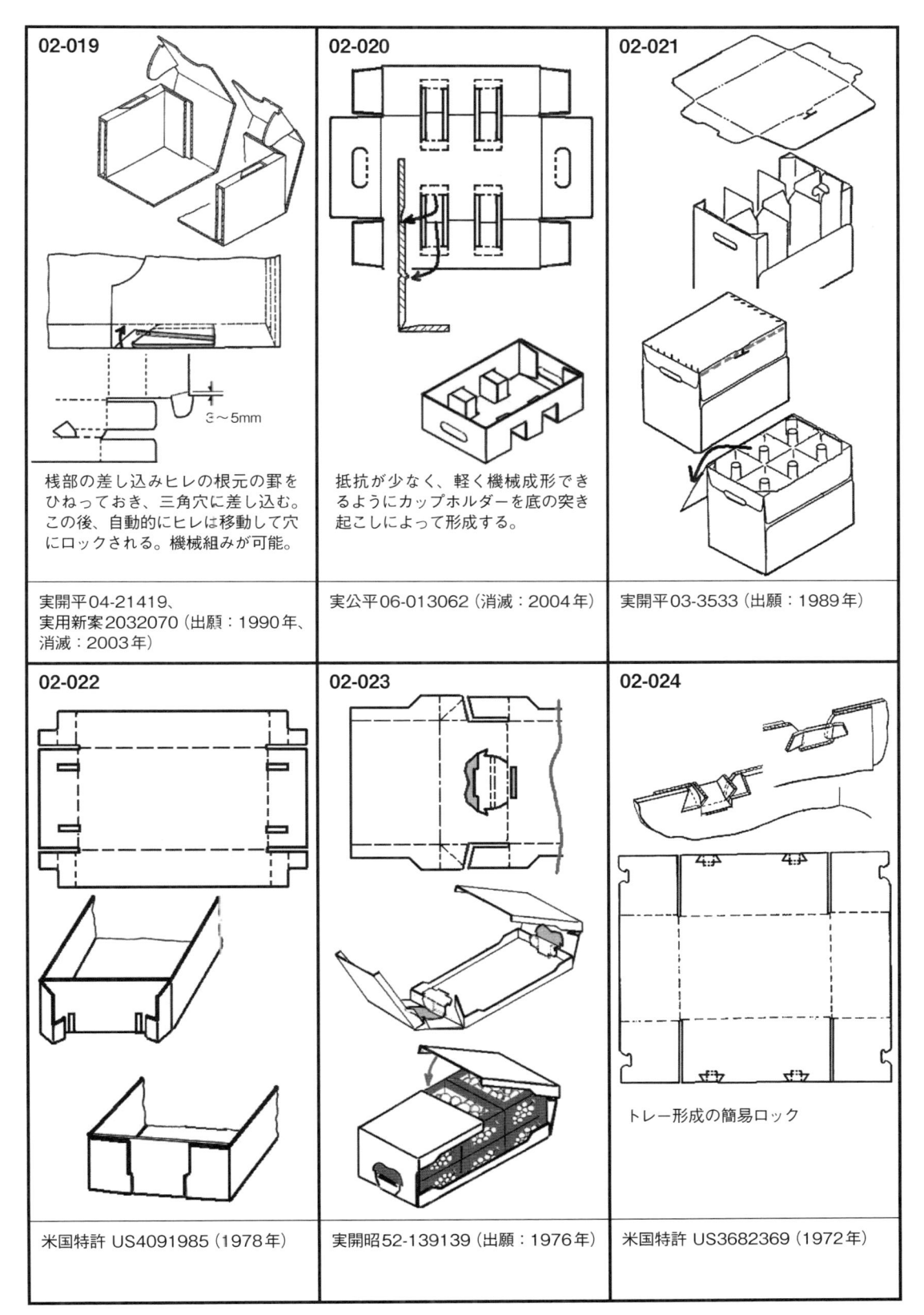

02-019

桟部の差し込みヒレの根元の罫を
ひねっておき、三角穴に差し込む。
この後、自動的にヒレは移動して穴
にロックされる。機械組みが可能。

3〜5mm

実開平04-21419、
実用新案2032070（出願：1990年、
消滅：2003年）

02-020

抵抗が少なく、軽く機械成形でき
るようにカップホルダーを底の突き
起こしによって形成する。

実公平06-013062（消滅：2004年）

02-021

実開平03-3533（出願：1989年）

02-022

米国特許 US4091985（1978年）

02-023

実開昭52-139139（出願：1976年）

02-024

トレー形成の簡易ロック

米国特許 US3682369（1972年）

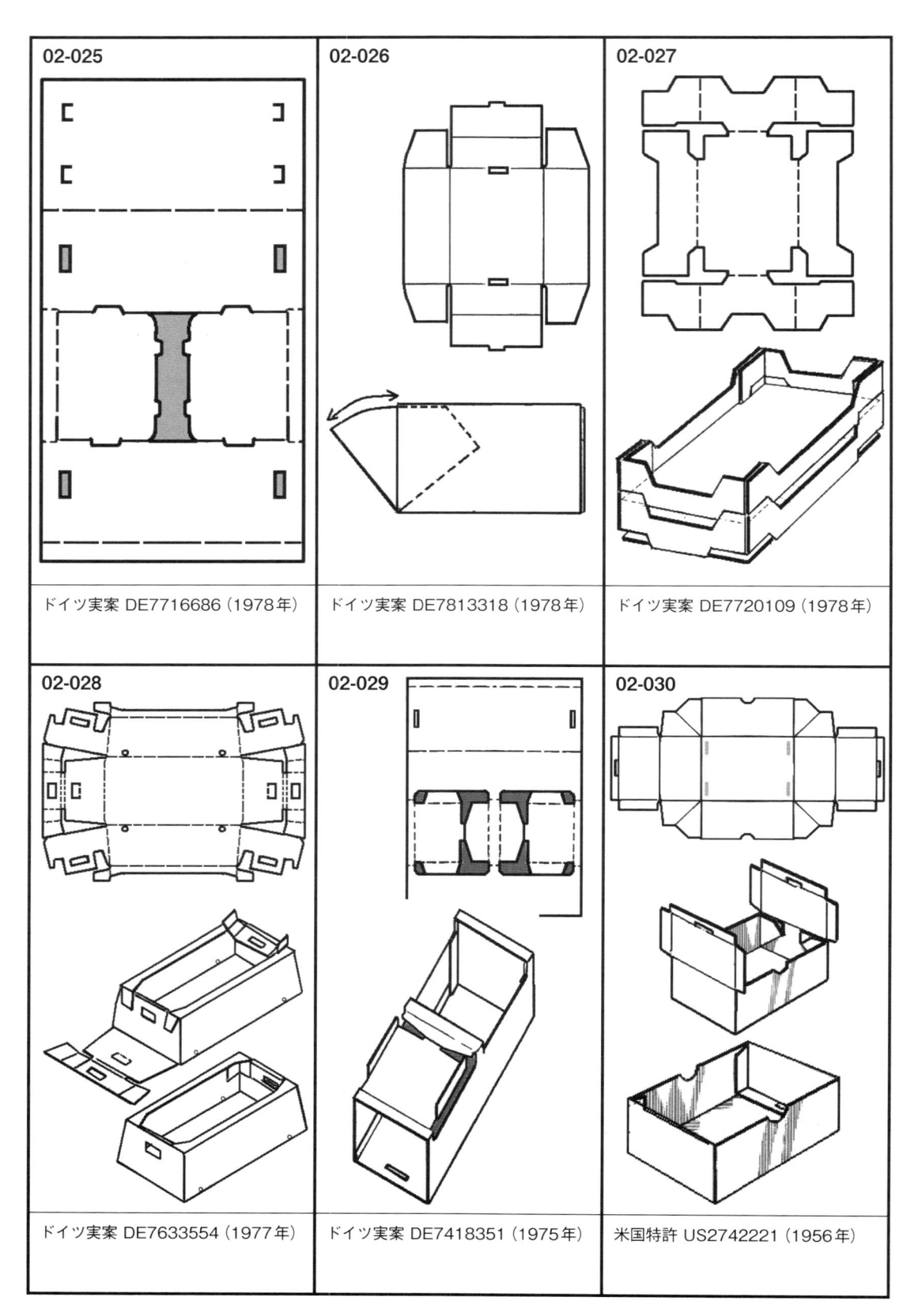

02-025	**02-026**	**02-027**
ドイツ実案 DE7716686（1978年）	ドイツ実案 DE7813318（1978年）	ドイツ実案 DE7720109（1978年）
02-028	**02-029**	**02-030**
ドイツ実案 DE7633554（1977年）	ドイツ実案 DE7418351（1975年）	米国特許 US2742221（1956年）

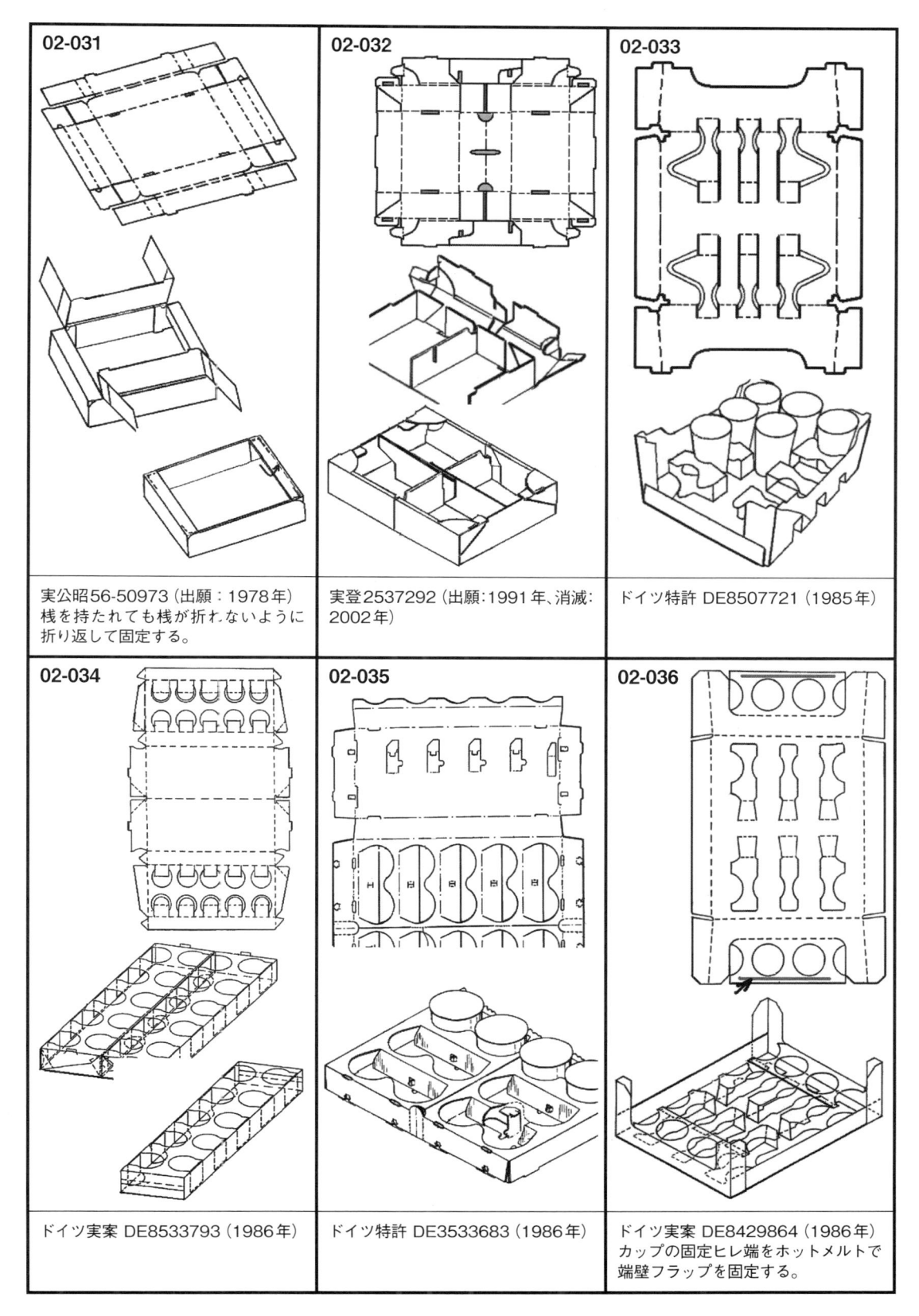

02-031

実公昭56-50973（出願：1978年）
桟を持たれても桟が折れないように
折り返して固定する。

02-032

実登2537292（出願:1991年、消滅：
2002年）

02-033

ドイツ特許 DE8507721（1985年）

02-034

ドイツ実案 DE8533793（1986年）

02-035

ドイツ特許 DE3533683（1986年）

02-036

ドイツ実案 DE8429864（1986年）
カップの固定ヒレ端をホットメルトで
端壁フラップを固定する。

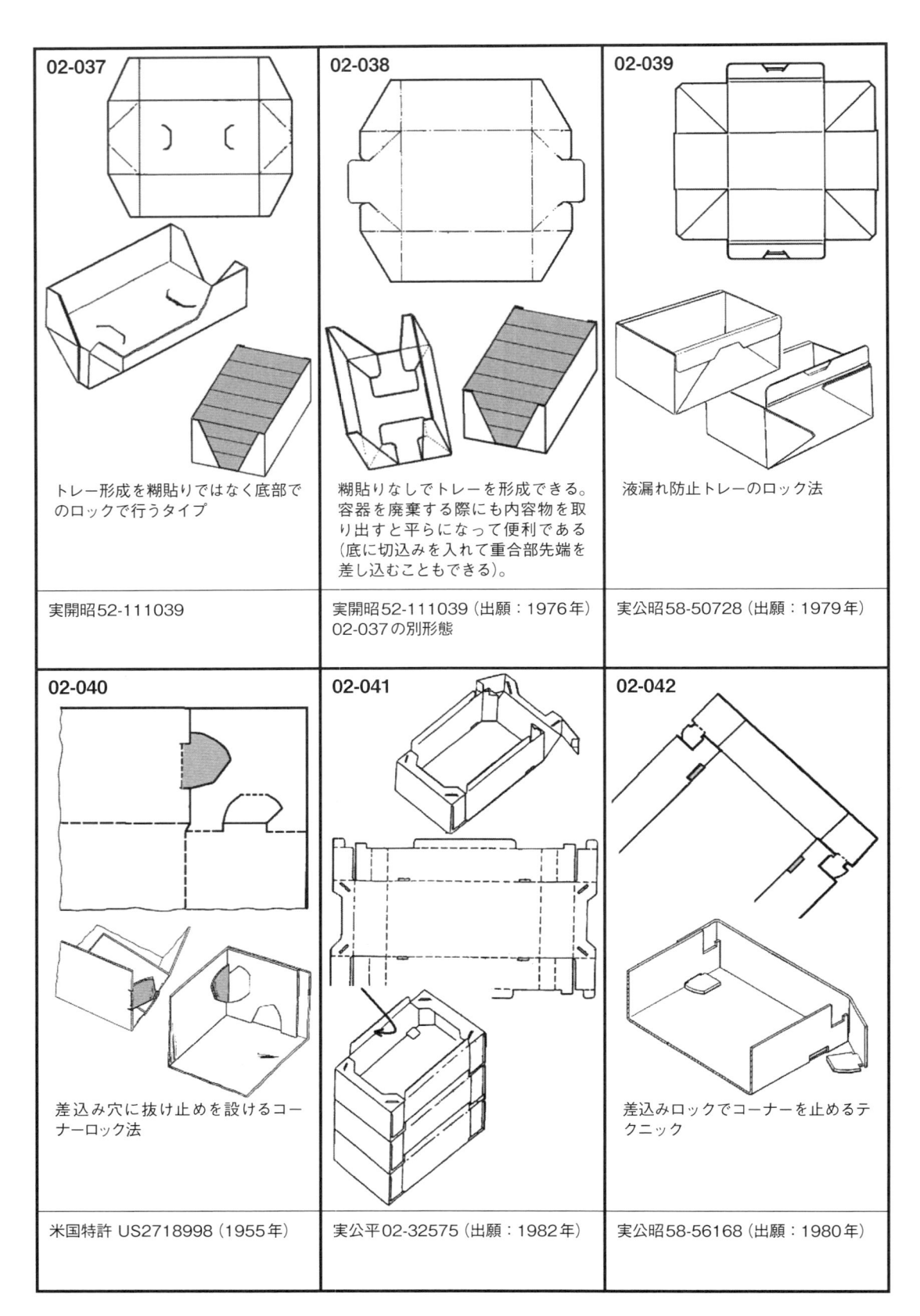

02-037

トレー形成を糊貼りではなく底部でのロックで行うタイプ

実開昭52-111039

02-038

糊貼りなしでトレーを形成できる。容器を廃棄する際にも内容物を取り出すと平らになって便利である（底に切込みを入れて重合部先端を差し込むこともできる）。

実開昭52-111039（出願：1976年）
02-037の別形態

02-039

液漏れ防止トレーのロック法

実公昭58-50728（出願：1979年）

02-040

差込み穴に抜け止めを設けるコーナーロック法

米国特許 US2718998（1955年）

02-041

実公平02-32575（出願：1982年）

02-042

差込みロックでコーナーを止めるテクニック

実公昭58-56168（出願：1980年）

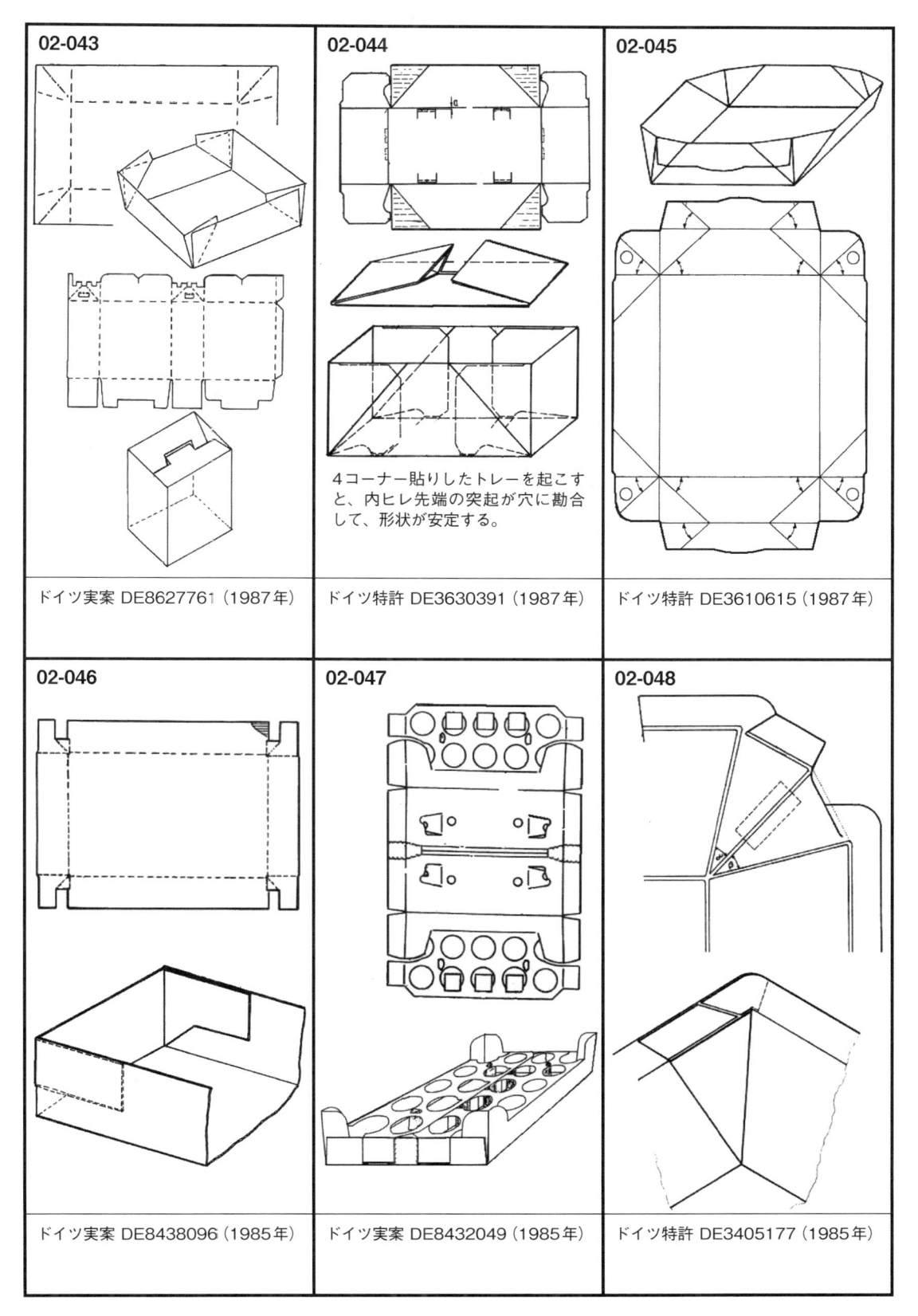

02-043

ドイツ実案 DE8627761（1987年）

02-044

4コーナー貼りしたトレーを起こす
と、内ヒレ先端の突起が穴に勘合
して、形状が安定する。

ドイツ特許 DE3630391（1987年）

02-045

ドイツ特許 DE3610615（1987年）

02-046

ドイツ実案 DE8438096（1985年）

02-047

ドイツ実案 DE8432049（1985年）

02-048

ドイツ特許 DE3405177（1985年）

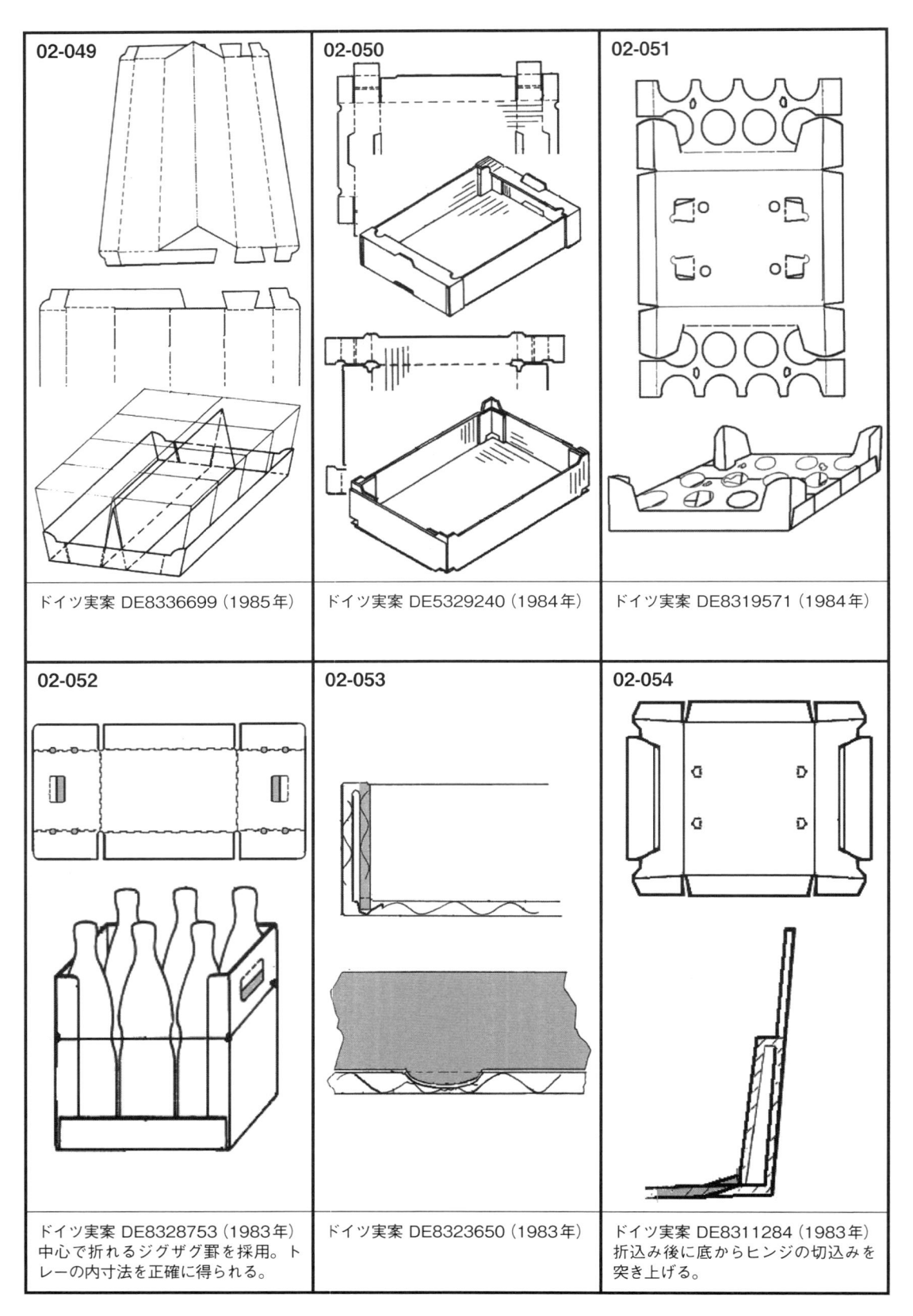

02-049	02-050	02-051
ドイツ実案 DE8336699（1985年）	ドイツ実案 DE5329240（1984年）	ドイツ実案 DE8319571（1984年）

02-052	02-053	02-054
ドイツ実案 DE8328753（1983年）中心で折れるジグザグ罫を採用。トレーの内寸法を正確に得られる。	ドイツ実案 DE8323650（1983年）	ドイツ実案 DE8311284（1983年）折込み後に底からヒンジの切込みを突き上げる。

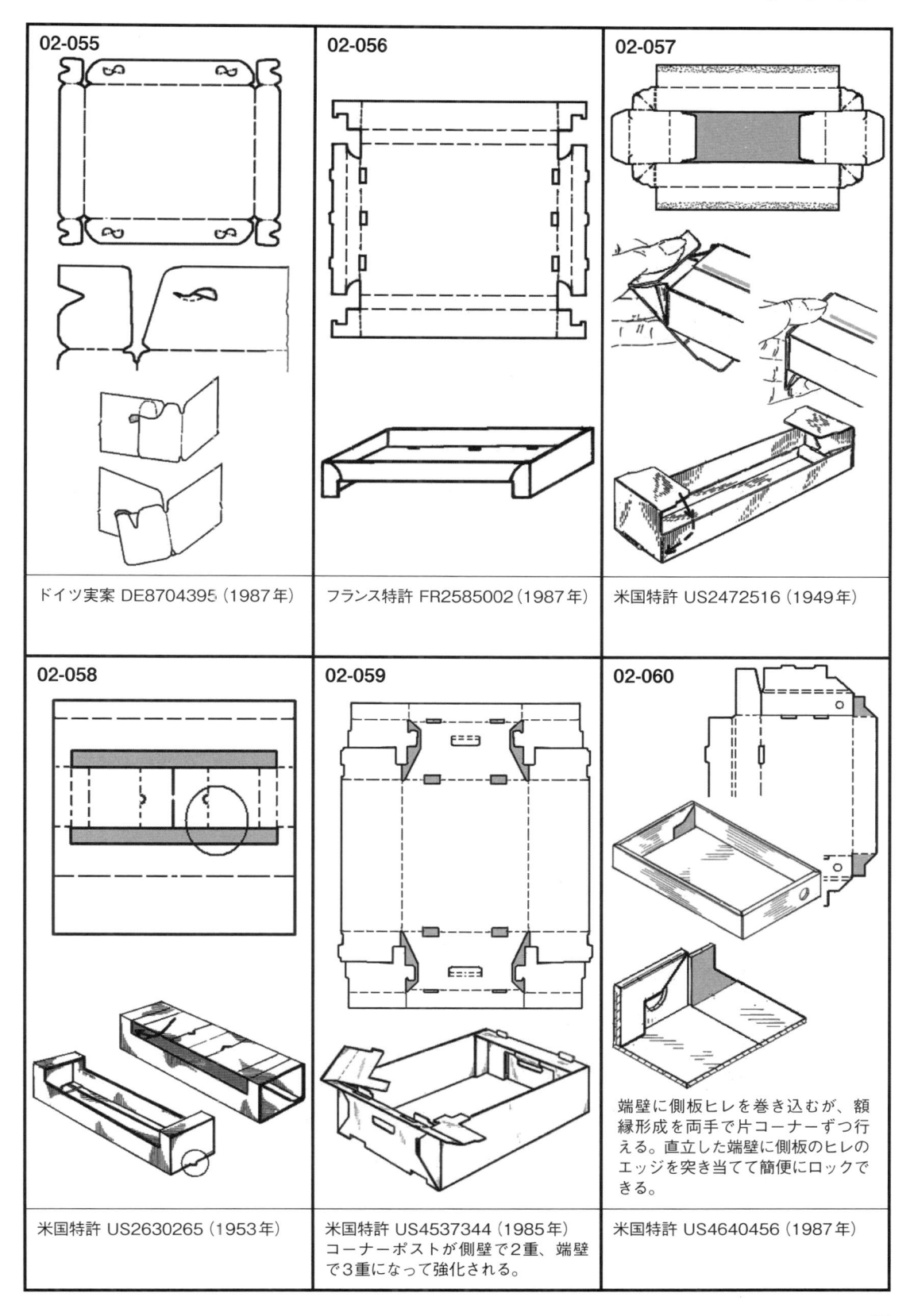

02-055	**02-056**	**02-057**
ドイツ実案 DE8704395（1987年）	フランス特許 FR2585002（1987年）	米国特許 US2472516（1949年）
02-058	**02-059**	**02-060**
		端壁に側板ヒレを巻き込むが、額縁形成を両手で片コーナーずつ行える。直立した端壁に側板のヒレのエッジを突き当てて簡便にロックできる。
米国特許 US2630265（1953年）	米国特許 US4537344（1985年）コーナーポストが側壁で2重、端壁で3重になって強化される。	米国特許 US4640456（1987年）

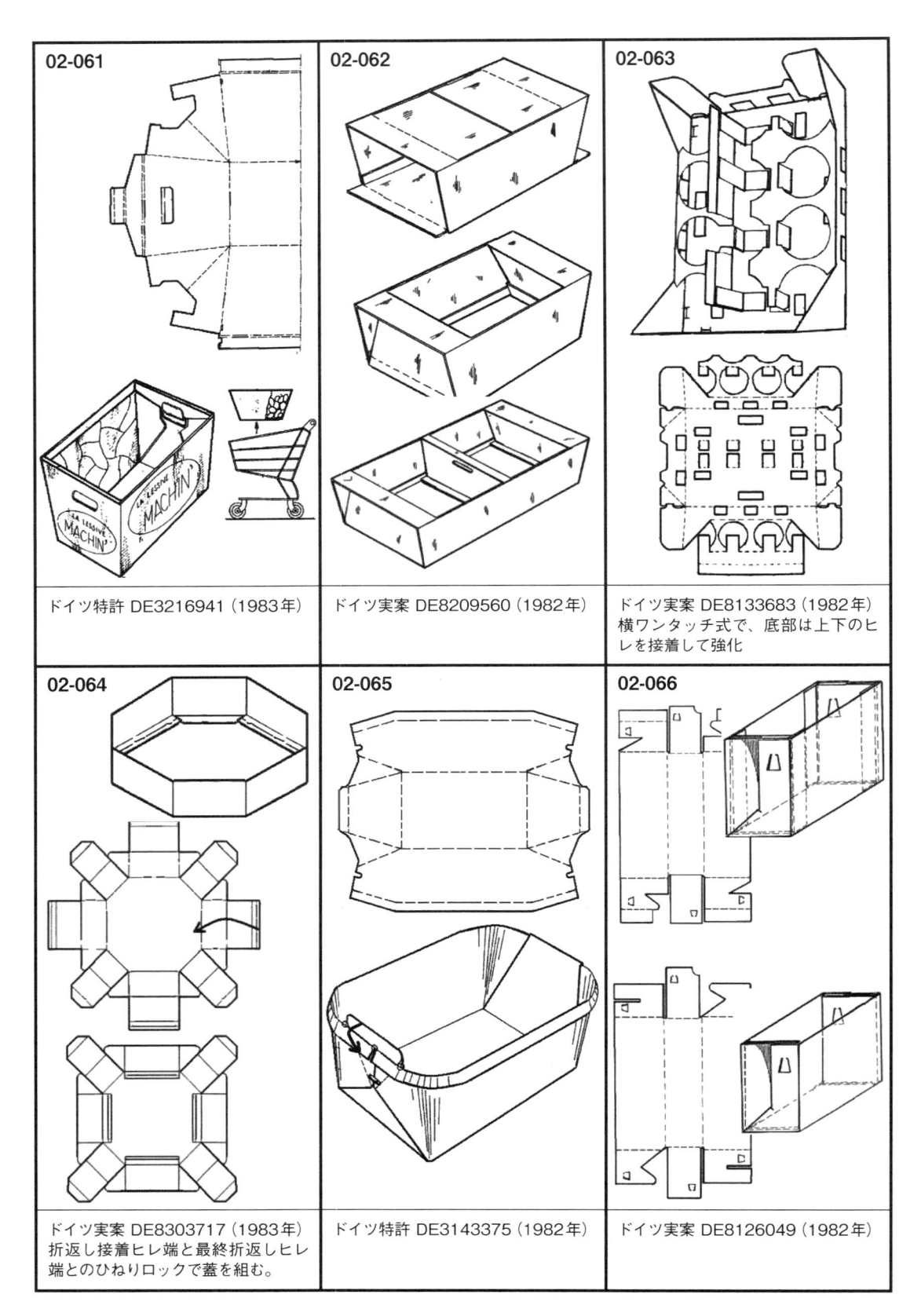

02-061

ドイツ特許 DE3216941（1983年）

02-062

ドイツ実案 DE8209560（1982年）

02-063

ドイツ実案 DE8133683（1982年）
横ワンタッチ式で、底部は上下のヒ
レを接着して強化

02-064

ドイツ実案 DE8303717（1983年）
折返し接着ヒレ端と最終折返しヒレ
端とのひねりロックで蓋を組む。

02-065

ドイツ特許 DE3143375（1982年）

02-066

ドイツ実案 DE8126049（1982年）

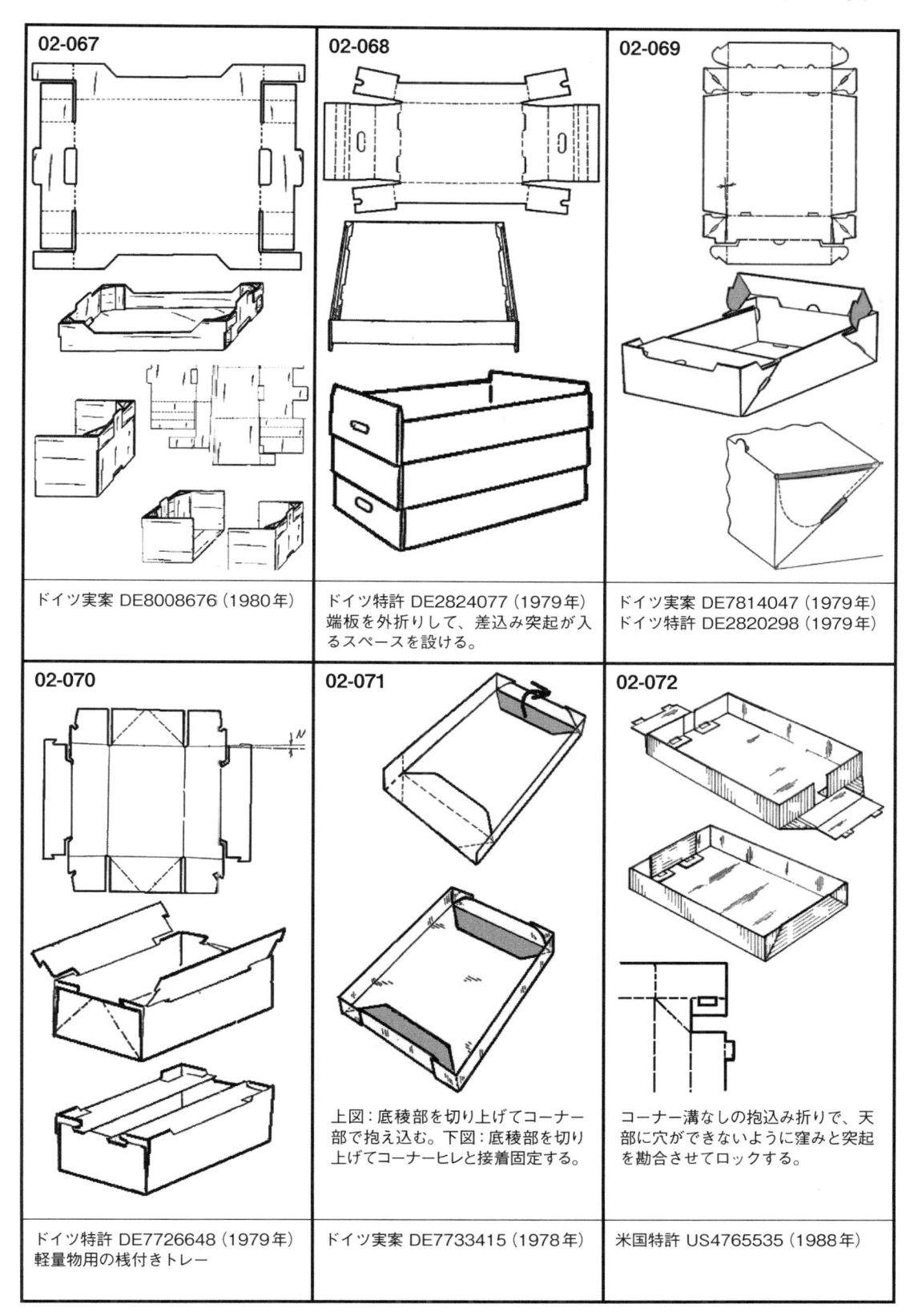

02-067

ドイツ実案 DE8008676（1980年）

02-068

ドイツ特許 DE2824077（1979年）
端板を外折りして、差込み突起が入
るスペースを設ける。

02-069

ドイツ実案 DE7814047（1979年）
ドイツ特許 DE2820298（1979年）

02-070

ドイツ特許 DE7726648（1979年）
軽量物用の桟付きトレー

02-071

上図：底稜部を切り上げてコーナー
部で抱え込む。下図：底稜部を切り
上げてコーナーヒレと接着固定する。

ドイツ実案 DE7733415（1978年）

02-072

コーナー溝なしの抱込み折りで、天
部に穴ができないように窪みと突起
を勘合させてロックする。

米国特許 US4765535（1988年）

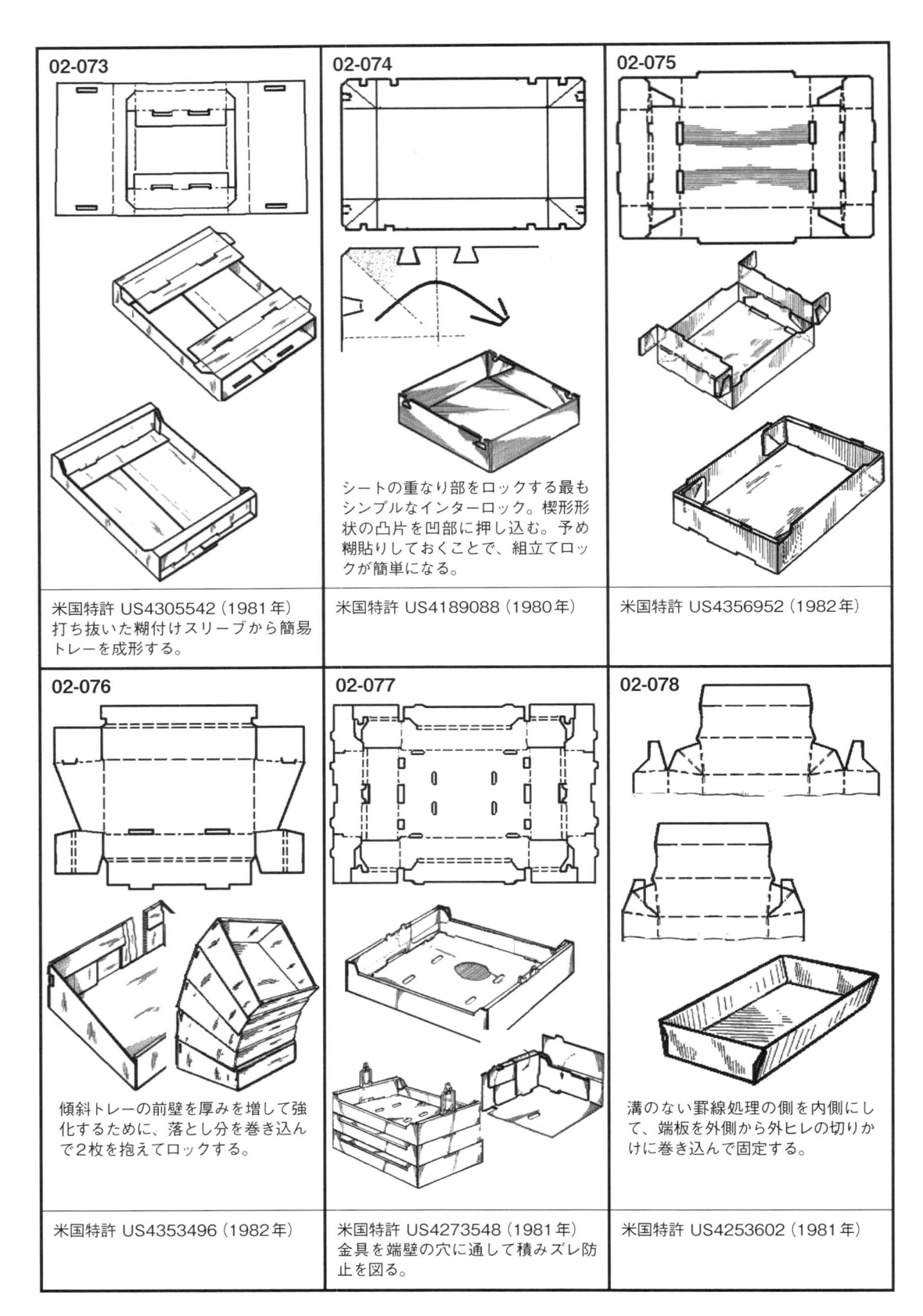

02-073

米国特許 US4305542（1981 年）
打ち抜いた糊付けスリーブから簡易
トレーを成形する。

02-074

シートの重なり部をロックする最も
シンプルなインターロック。楔形形
状の凸片を凹部に押し込む。予め
糊貼りしておくことで、組立てロッ
クが簡単になる。

米国特許 US4189088（1980 年）

02-075

米国特許 US4356952（1982 年）

02-076

傾斜トレーの前壁を厚みを増して強
化するために、落とし分を巻き込ん
で2枚を抱えてロックする。

米国特許 US4353496（1982 年）

02-077

米国特許 US4273548（1981 年）
金具を端壁の穴に通して積みズレ防
止を図る。

02-078

溝のない罫線処理の側を内側にし
て、端板を外側から外ヒレの切りか
けに巻き込んで固定する。

米国特許 US4253602（1981 年）

02

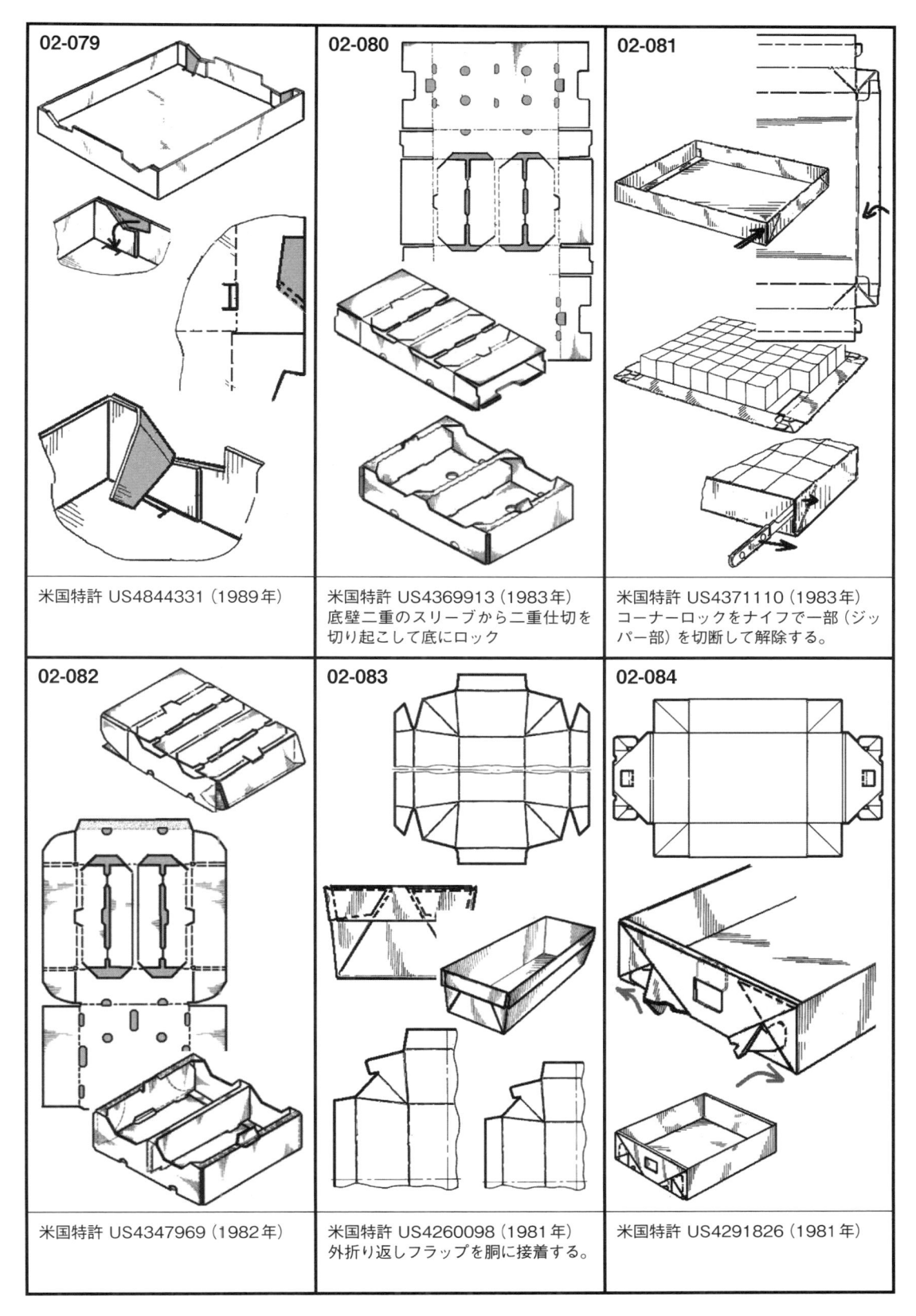

02-079	**02-080**	**02-081**
米国特許 US4844331（1989年）	米国特許 US4369913（1983年） 底壁二重のスリーブから二重仕切を 切り起こして底にロック	米国特許 US4371110（1983年） コーナーロックをナイフで一部（ジッパー部）を切断して解除する。
02-082	**02-083**	**02-084**
米国特許 US4347969（1982年）	米国特許 US4260098（1981年） 外折り返しフラップを胴に接着する。	米国特許 US4291826（1981年）

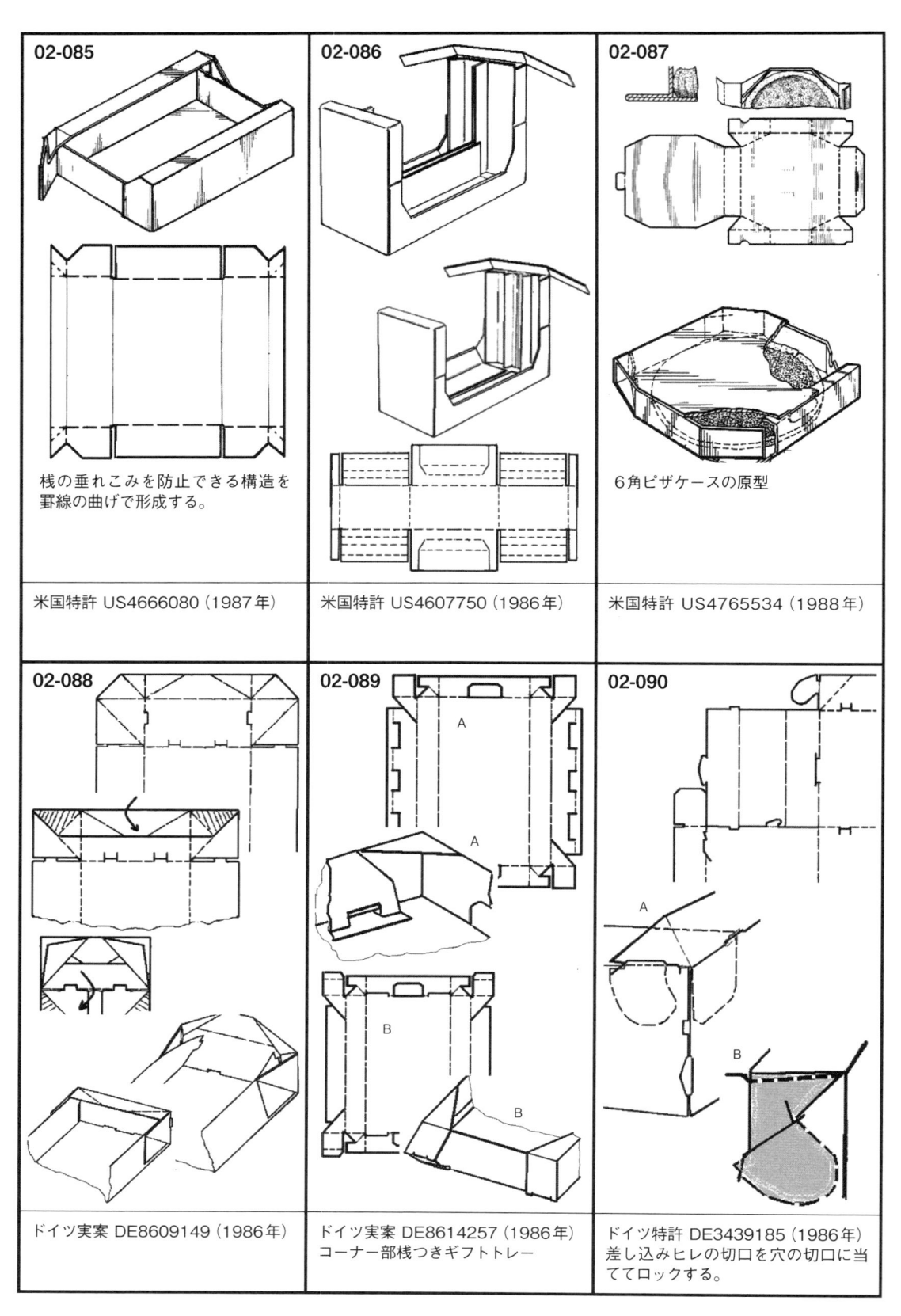

02-085

桟の垂れこみを防止できる構造を罫線の曲げで形成する。

米国特許 US4666080 (1987年)

02-086

米国特許 US4607750 (1986年)

02-087

6角ピザケースの原型

米国特許 US4765534 (1988年)

02-088

ドイツ実案 DE8609149 (1986年)

02-089

ドイツ実案 DE8614257 (1986年)
コーナー部桟つきギフトトレー

02-090

ドイツ特許 DE3439185 (1986年)
差し込みヒレの切口を穴の切口に当ててロックする。

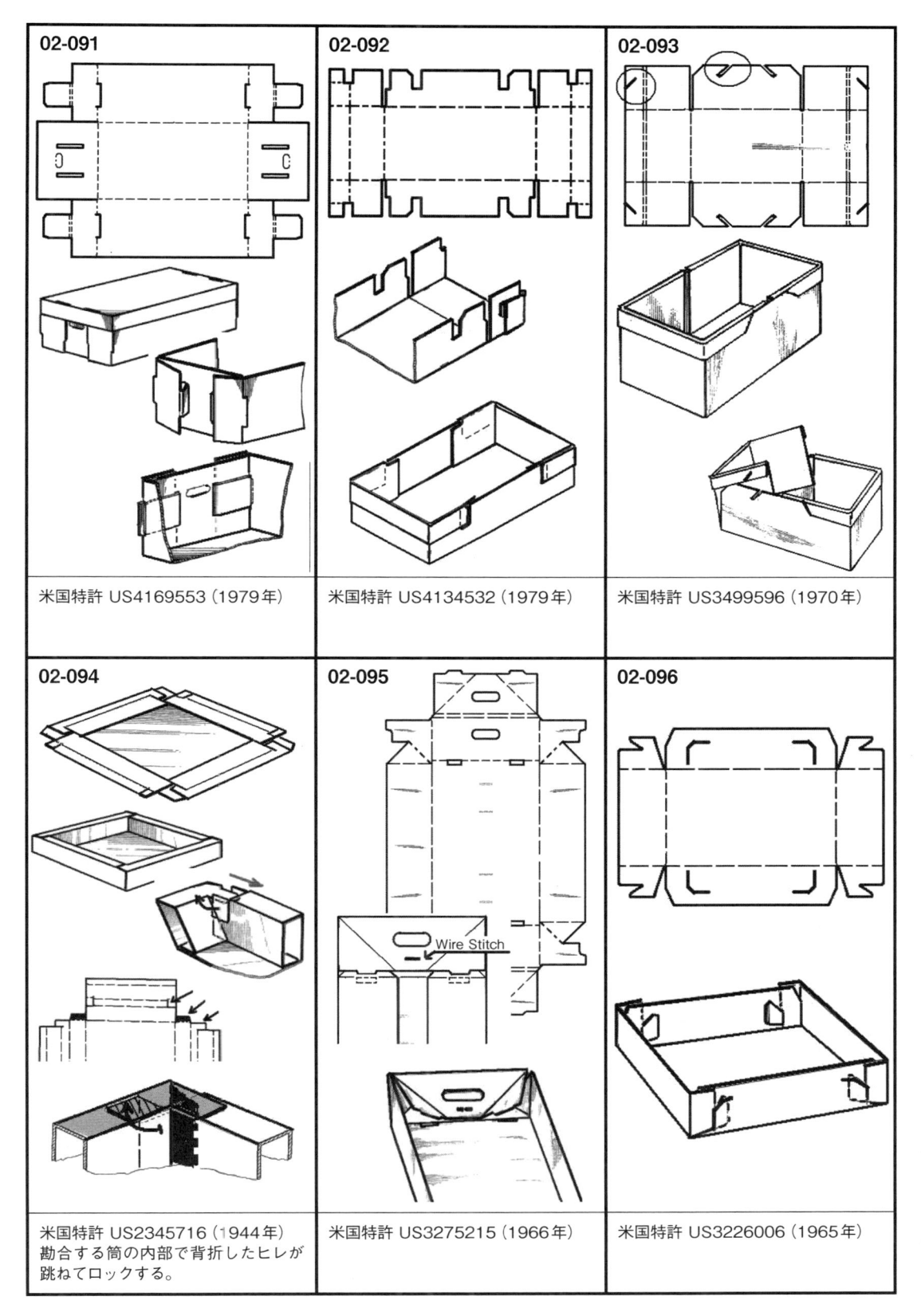

02-091	02-092	02-093
米国特許 US4169553（1979年）	米国特許 US4134532（1979年）	米国特許 US3499596（1970年）

02-094	02-095	02-096
米国特許 US2345716（1944年）勘合する筒の内部で背折したヒレが跳ねてロックする。	米国特許 US3275215（1966年）	米国特許 US3226006（1965年）

Wire Stitch

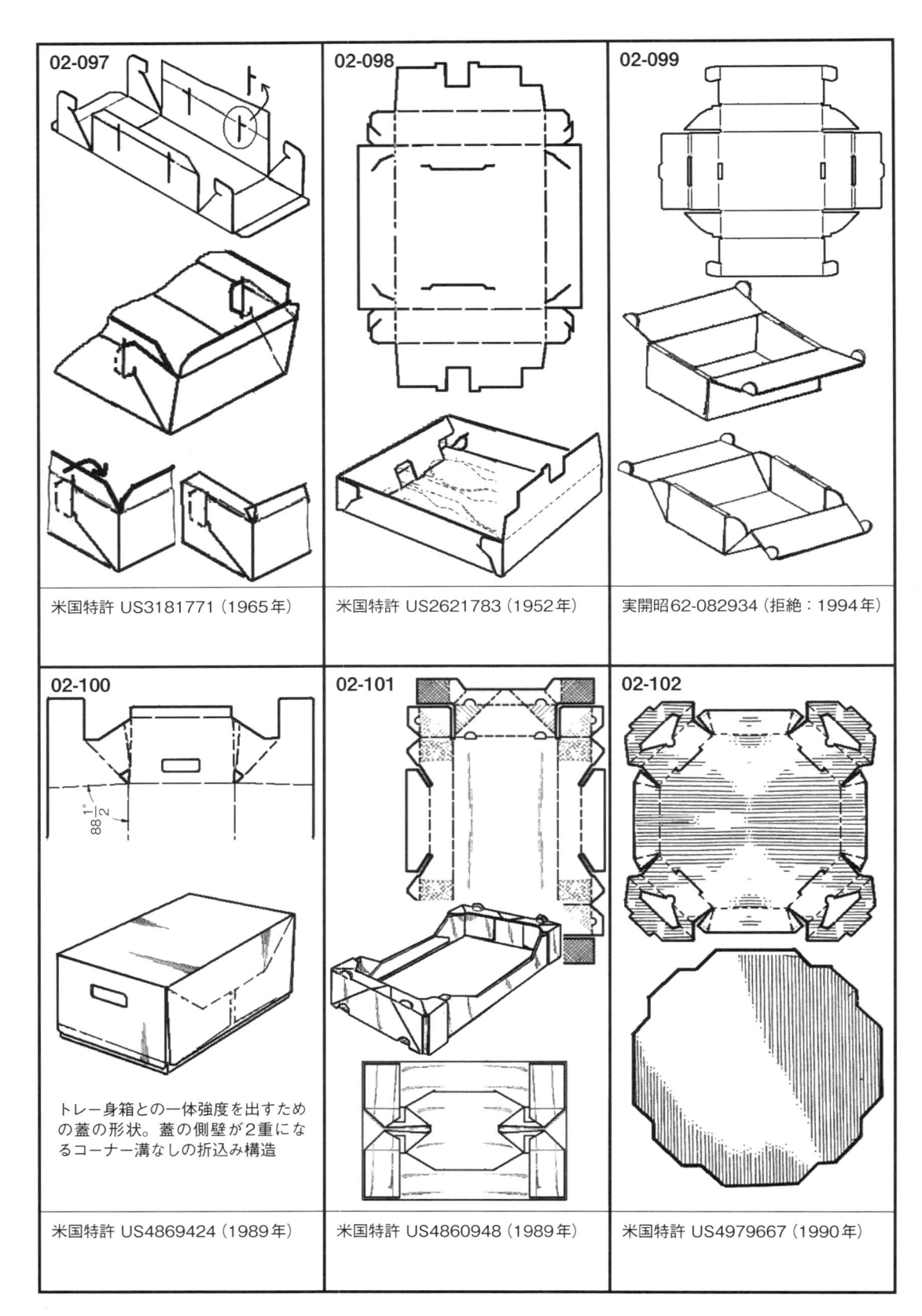

02-097	**02-098**	**02-099**
米国特許 US3181771（1965年）	米国特許 US2621783（1952年）	実開昭62-082934（拒絶：1994年）
02-100	**02-101**	**02-102**
$88\frac{1}{2}°$ トレー身箱との一体強度を出すための蓋の形状。蓋の側壁が2重になるコーナー溝なしの折込み構造		
米国特許 US4869424（1989年）	米国特許 US4860948（1989年）	米国特許 US4979667（1990年）

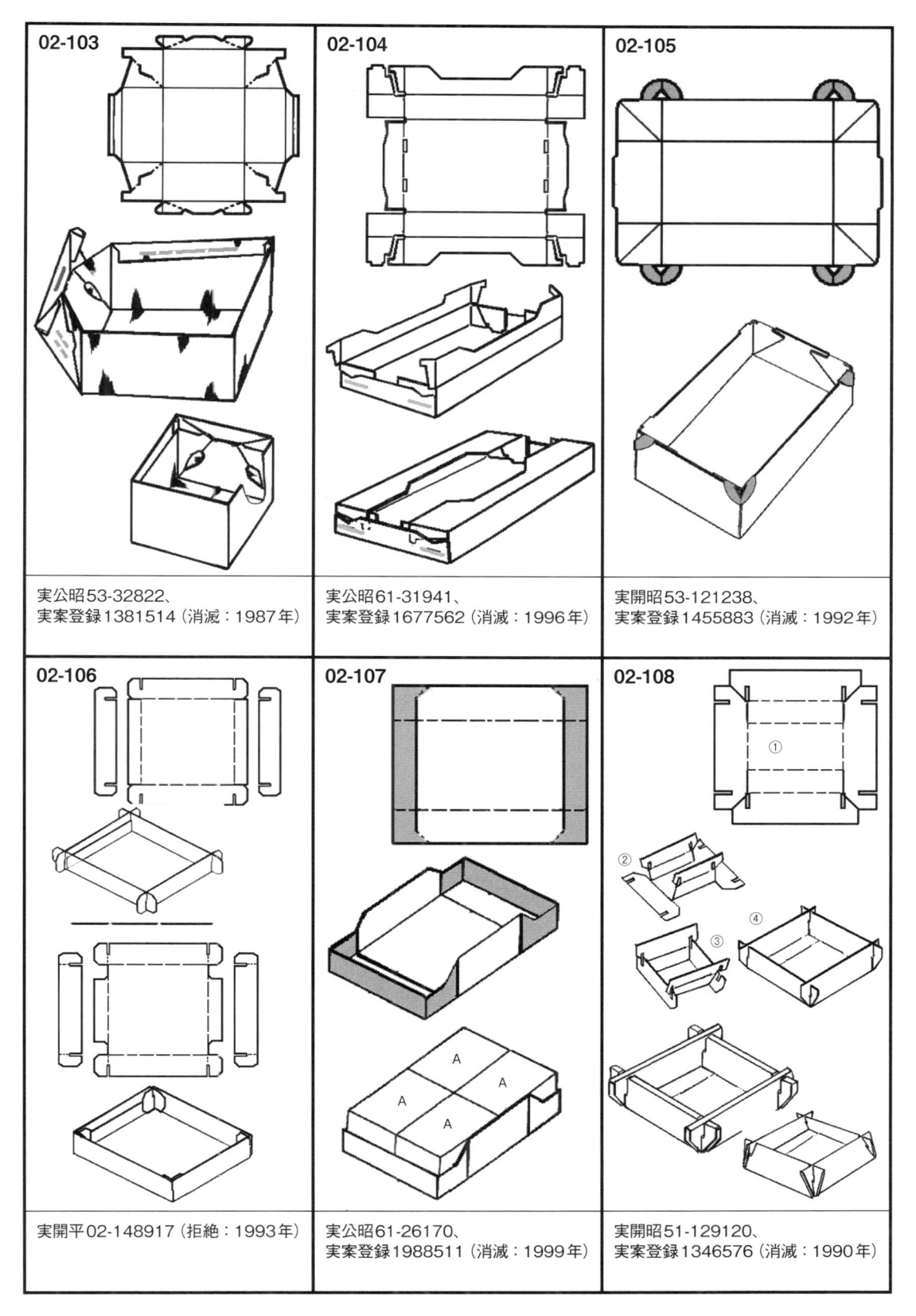

02-103	02-104	02-105
実公昭53-32822、 実案登録1381514（消滅：1987年）	実公昭61-31941、 実案登録1677562（消滅：1996年）	実開昭53-121238、 実案登録1455883（消滅：1992年）
02-106	02-107	02-108
実開平02-148917（拒絶：1993年）	実公昭61-26170、 実案登録1988511（消滅：1999年）	実開昭51-129120、 実案登録1346576（消滅：1990年）

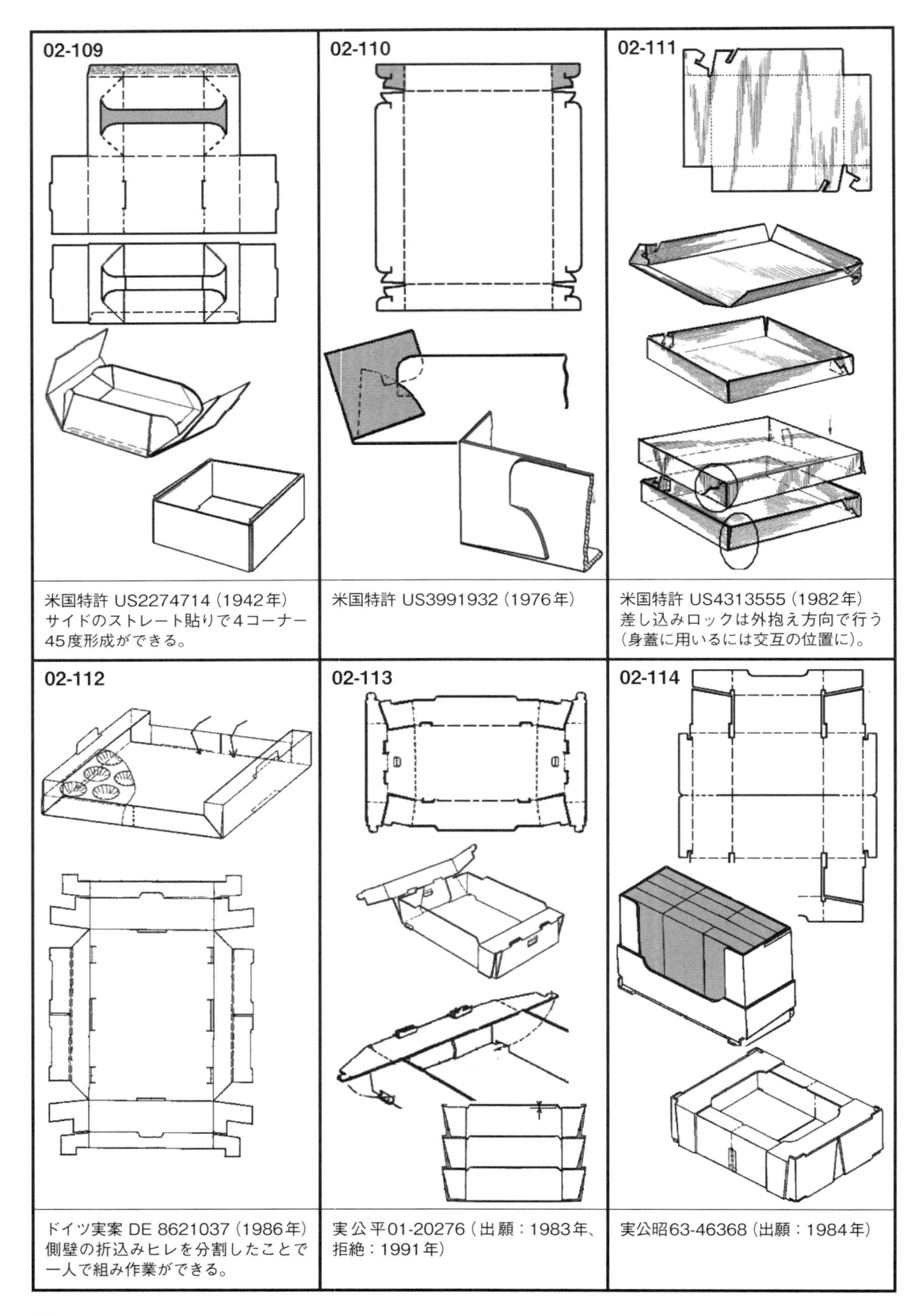

02-109

米国特許 US2274714 (1942年)
サイドのストレート貼りで4コーナー
45度形成ができる。

02-110

米国特許 US3991932 (1976年)

02-111

米国特許 US4313555 (1982年)
差し込みロックは外抱え方向で行う
(身蓋に用いるには交互の位置に)。

02-112

ドイツ実案 DE 8621037 (1986年)
側壁の折込みヒレを分割したことで
一人で組み作業ができる。

02-113

実公平01-20276 (出願：1983年、
拒絶：1991年)

02-114

実公昭63-46368 (出願：1984年)

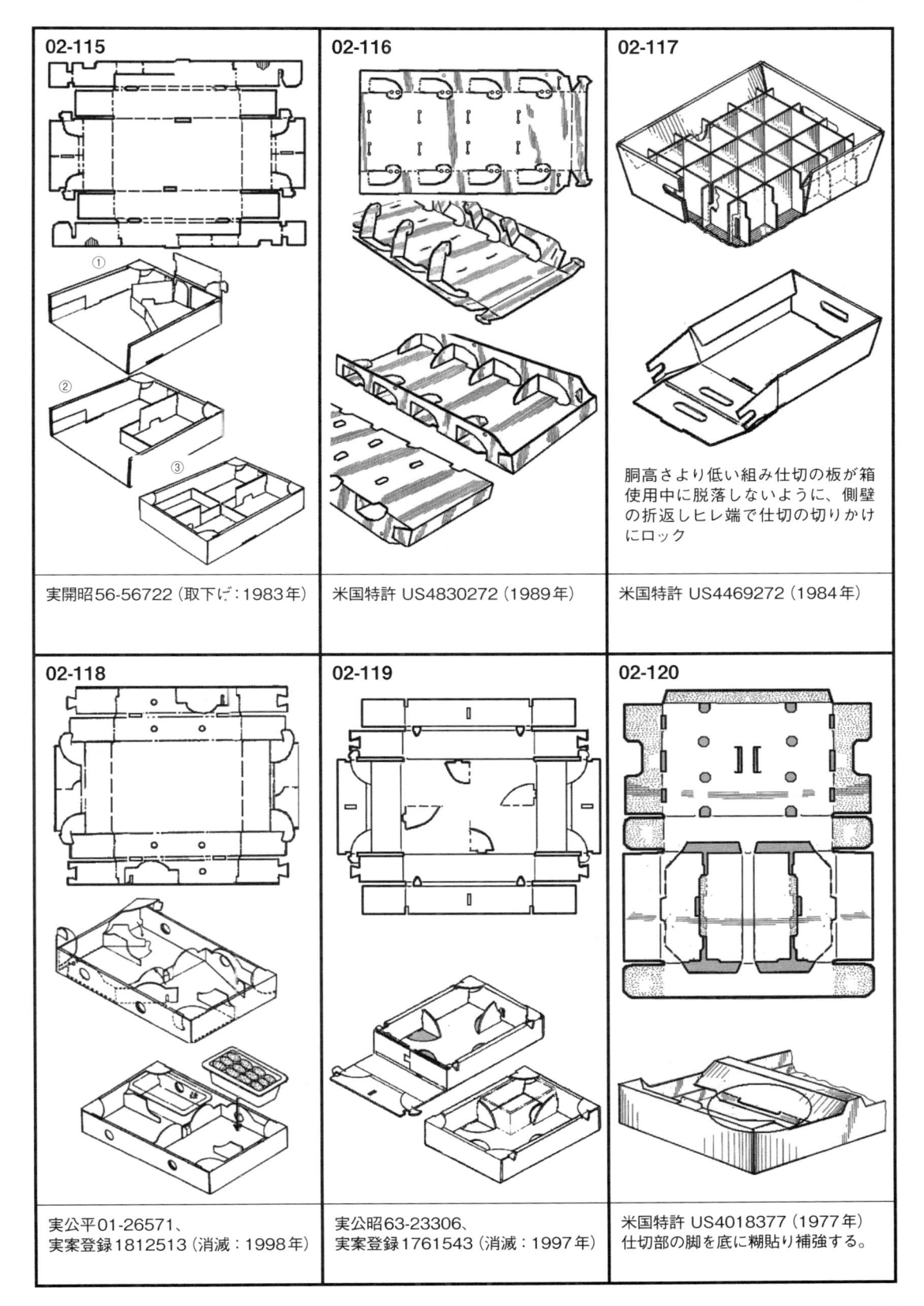

02-115

02-116

02-117

胴高さより低い組み仕切の板が箱
使用中に脱落しないように、側壁
の折返しヒレ端で仕切の切りかけ
にロック

実開昭56-56722（取下げ：1983年）

米国特許 US4830272（1989年）

米国特許 US4469272（1984年）

02-118

02-119

02-120

実公平01-26571、
実案登録1812513（消滅：1998年）

実公昭63-23306、
実案登録1761543（消滅：1997年）

米国特許 US4018377（1977年）
仕切部の脚を底に糊貼り補強する。

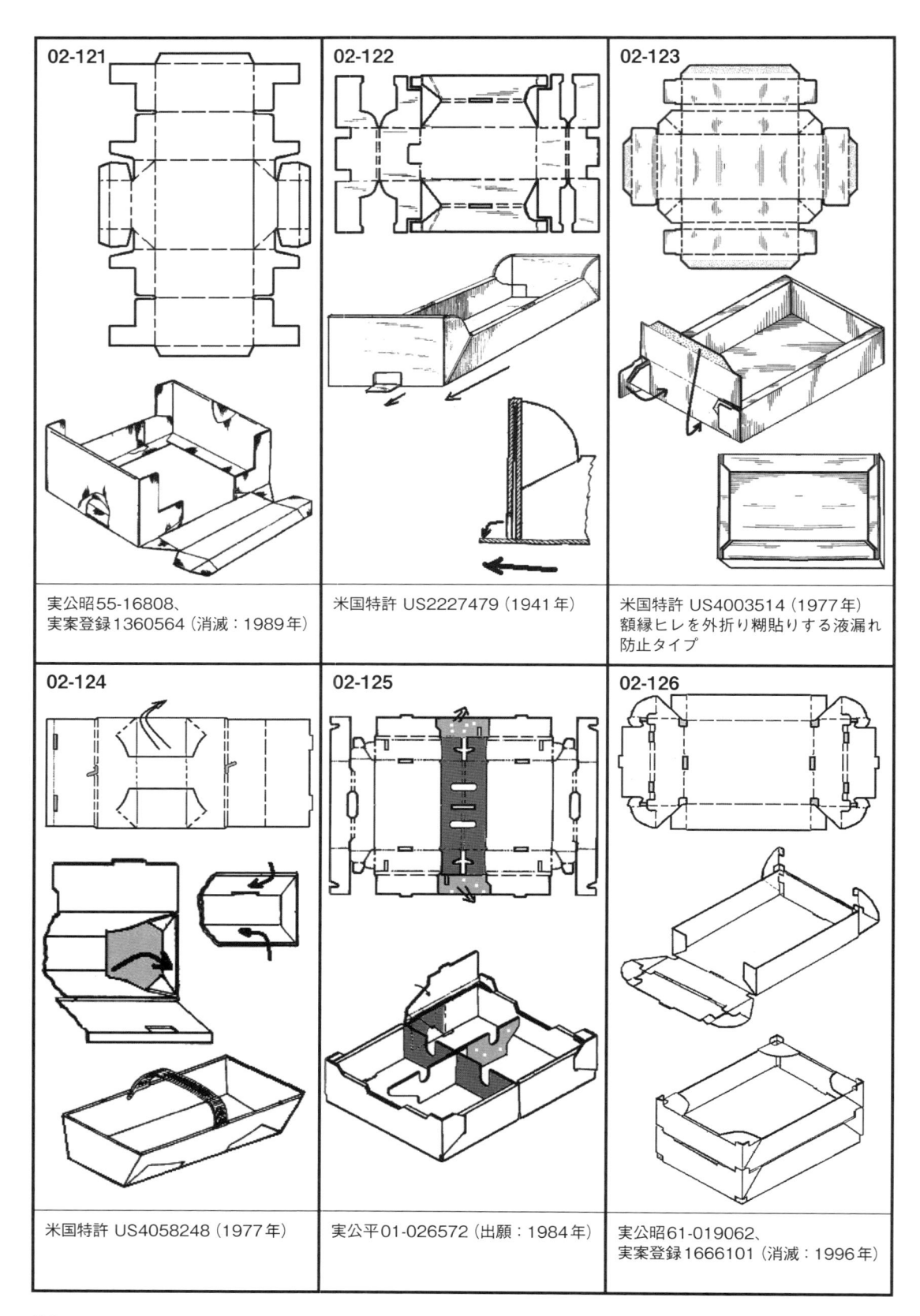

02-121

実公昭55-16808、
実案登録1360564（消滅：1989年）

02-122

米国特許 US2227479（1941年）

02-123

米国特許 US4003514（1977年）
額縁ヒレを外折り糊貼りする液漏れ
防止タイプ

02-124

米国特許 US4058248（1977年）

02-125

実公平01-026572（出願：1984年）

02-126

実公昭61-019062、
実案登録1666101（消滅：1996年）

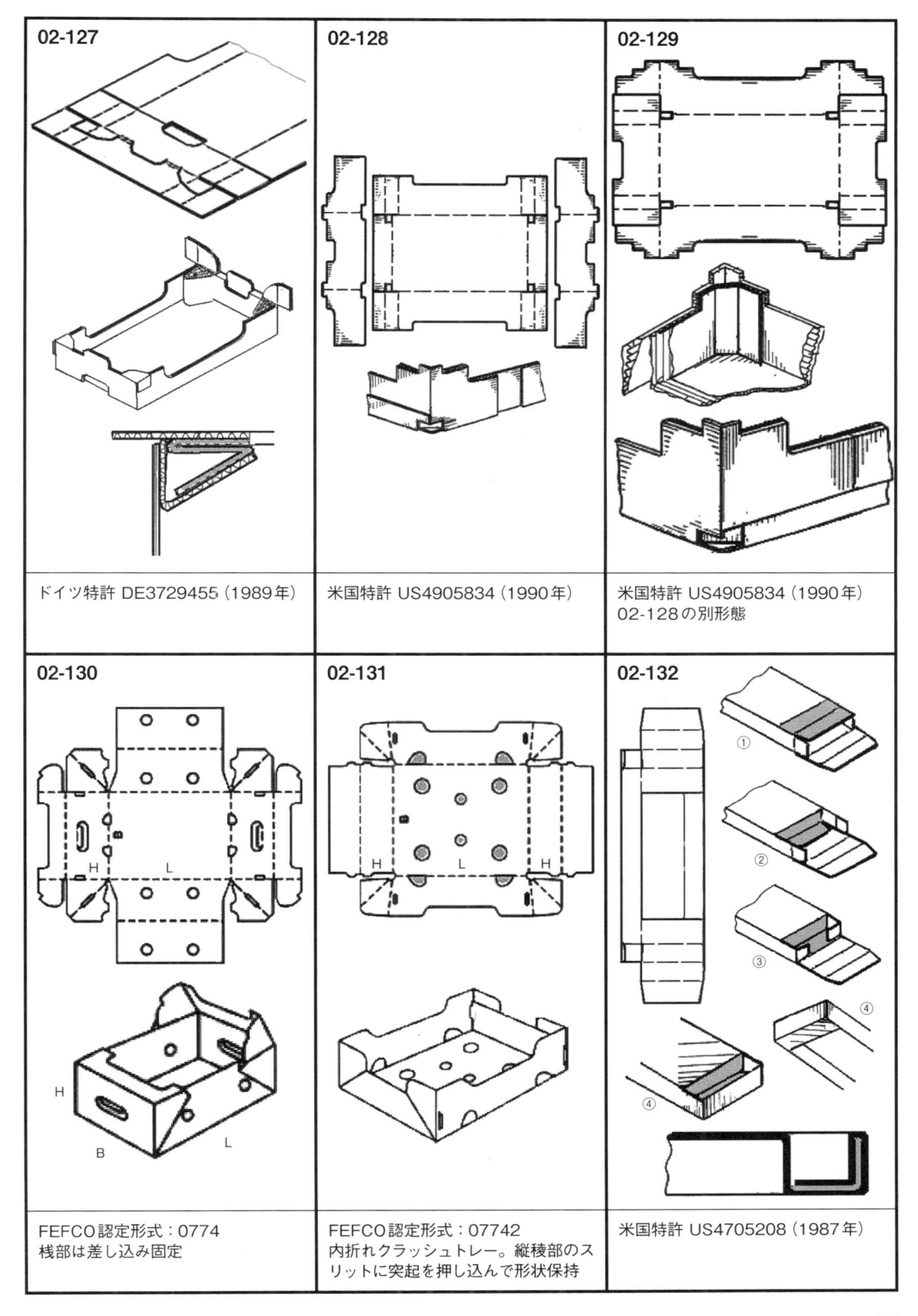

02-127

ドイツ特許 DE3729455（1989年）

02-128

米国特許 US4905834（1990年）

02-129

米国特許 US4905834（1990年）
02-128 の別形態

02-130

FEFCO認定形式：0774
桟部は差し込み固定

02-131

FEFCO認定形式：07742
内折れクラッシュトレー。縦稜部のス
リットに突起を押し込んで形状保持

02-132

米国特許 US4705208（1987年）

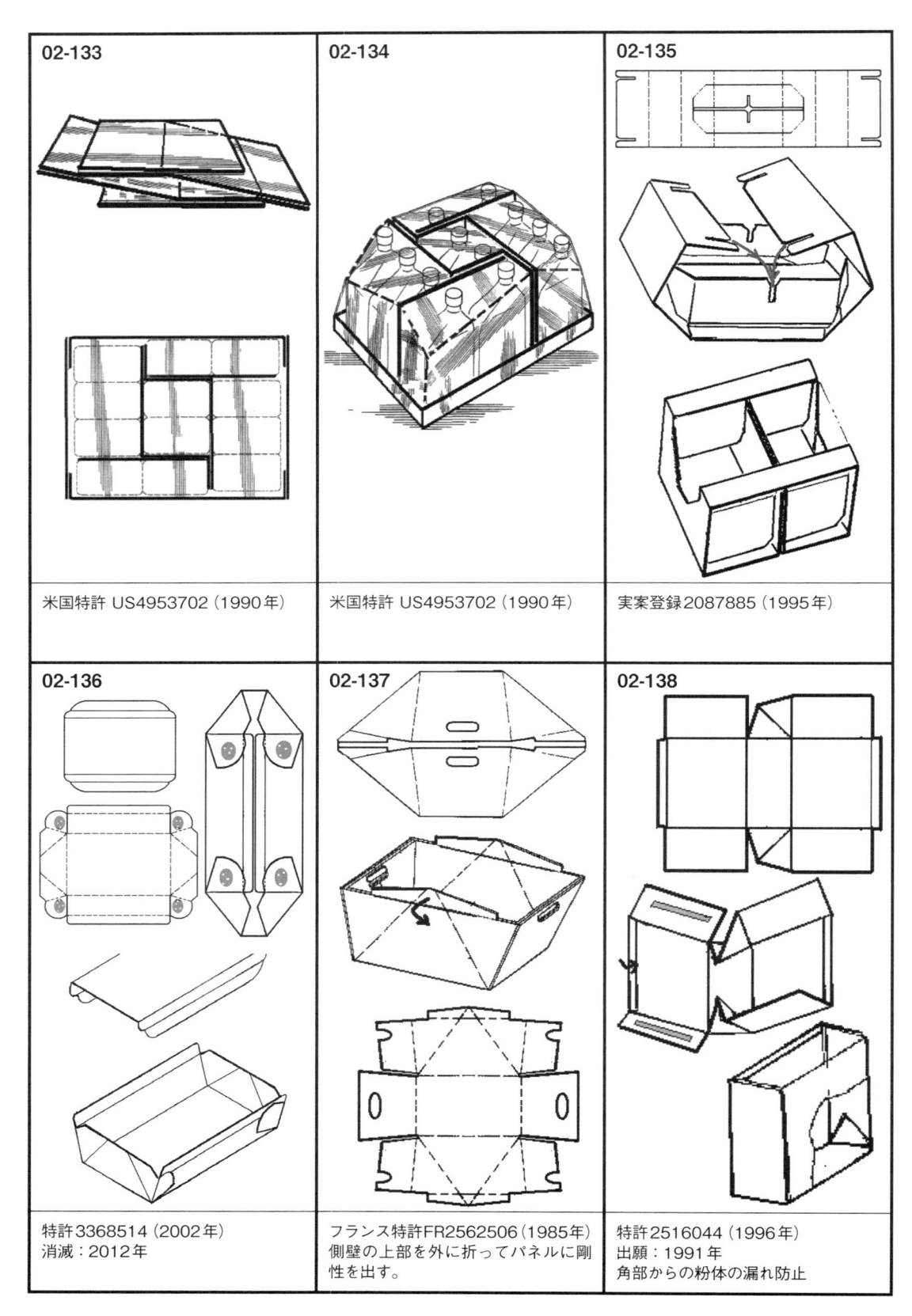

02-133	02-134	02-135
米国特許 US4953702（1990年）	米国特許 US4953702（1990年）	実案登録2087885（1995年）

02-136	02-137	02-138
特許3368514（2002年） 消滅：2012年	フランス特許FR2562506（1985年） 側壁の上部を外に折ってパネルに剛性を出す。	特許2516044（1996年） 出願：1991年 角部からの粉体の漏れ防止

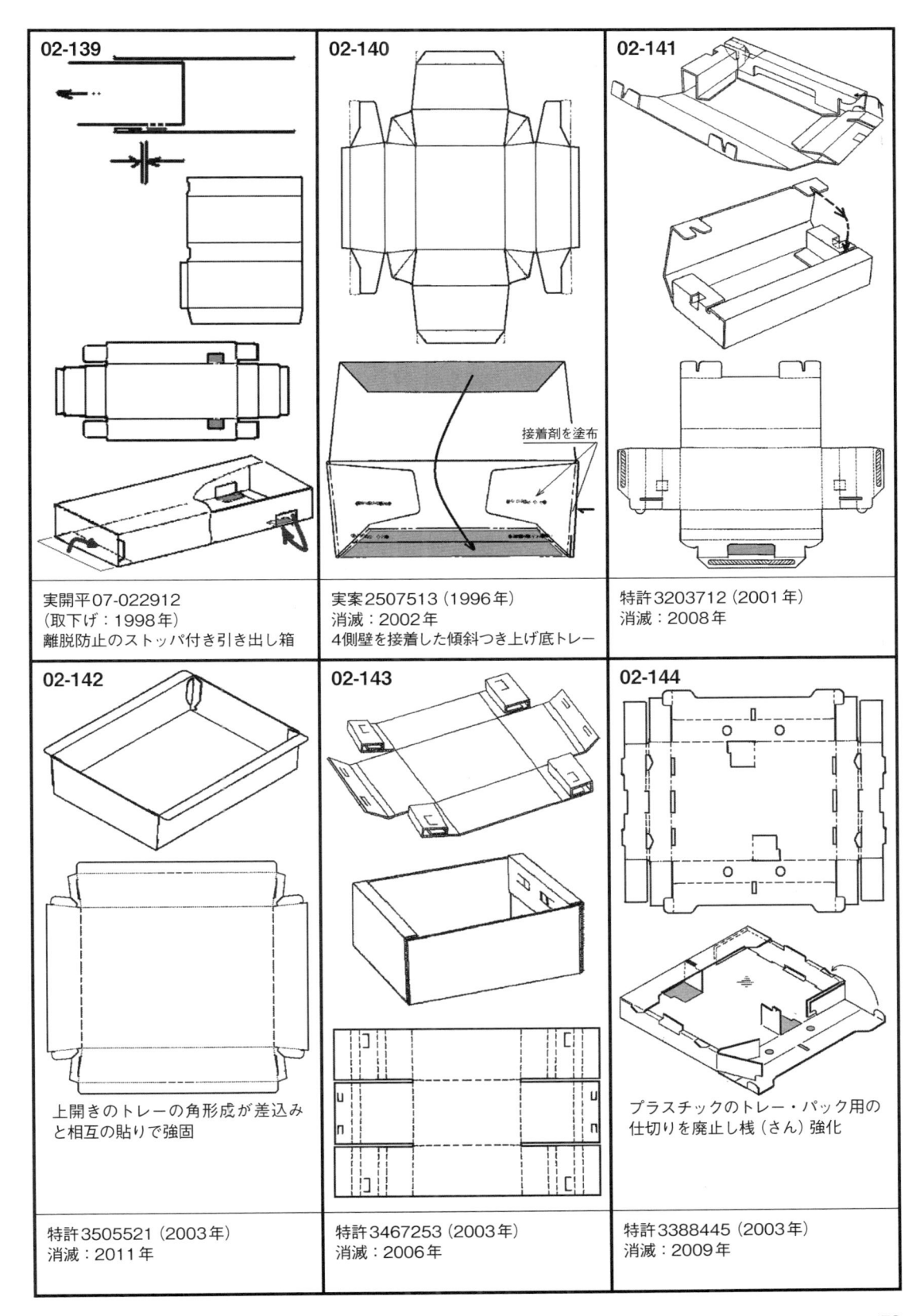

02-139

実開平07-022912
（取下げ：1998年）
離脱防止のストッパ付き引き出し箱

02-140

接着剤を塗布

実案2507513（1996年）
消滅：2002年
4側壁を接着した傾斜つき上げ底トレー

02-141

特許3203712（2001年）
消滅：2008年

02-142

上開きのトレーの角形成が差込み
と相互の貼りで強固

特許3505521（2003年）
消滅：2011年

02-143

特許3467253（2003年）
消滅：2006年

02-144

プラスチックのトレー・パック用の
仕切りを廃止し桟（さん）強化

特許3388445（2003年）
消滅：2009年

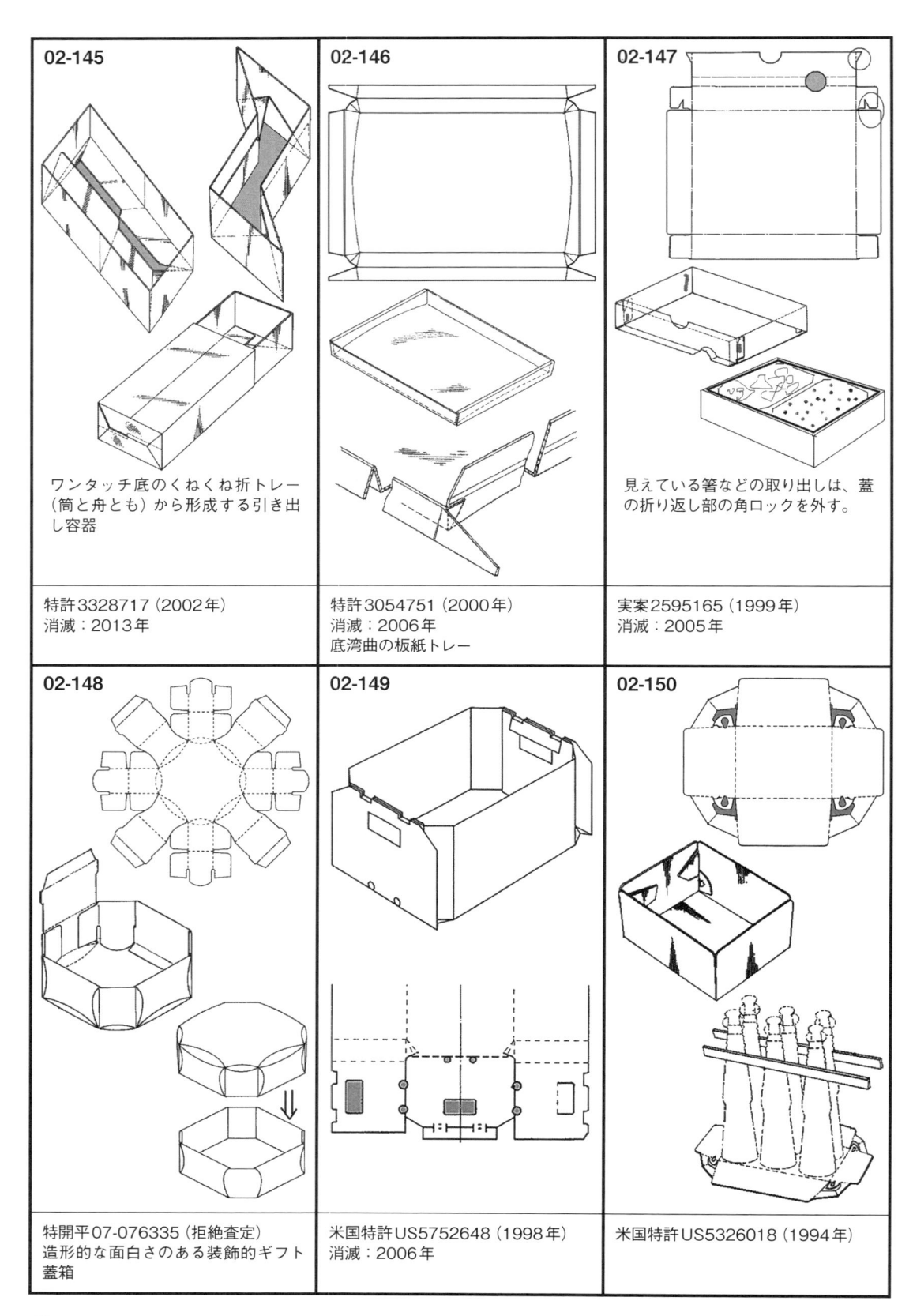

02-145

ワンタッチ底のくねくね折トレー
（筒と舟とも）から形成する引き出
し容器

特許3328717（2002年）
消滅：2013年

02-146

特許3054751（2000年）
消滅：2006年
底湾曲の板紙トレー

02-147

見えている箸などの取り出しは、蓋
の折り返し部の角ロックを外す。

実案2595165（1999年）
消滅：2005年

02-148

特開平07-076335（拒絶査定）
造形的な面白さのある装飾的ギフト
蓋箱

02-149

米国特許US5752648（1998年）
消滅：2006年

02-150

米国特許US5326018（1994年）

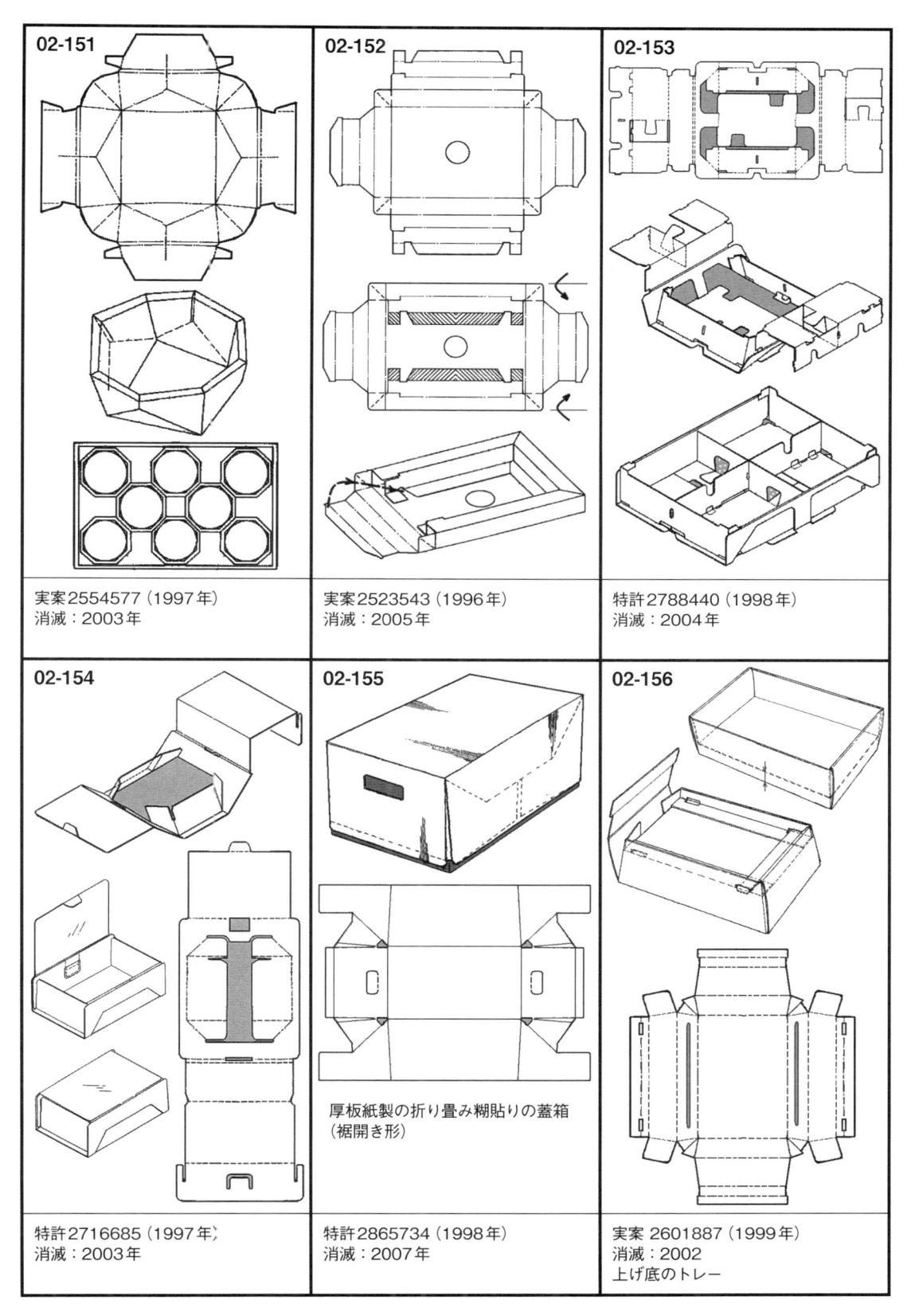

02-151

実案2554577（1997年）
消滅：2003年

02-152

実案2523543（1996年）
消滅：2005年

02-153

特許2788440（1998年）
消滅：2004年

02-154

特許2716685（1997年）
消滅：2003年

02-155

厚板紙製の折り畳み糊貼りの蓋箱
（裾開き形）

特許2865734（1998年）
消滅：2007年

02-156

実案2601887（1999年）
消滅：2002
上げ底のトレー

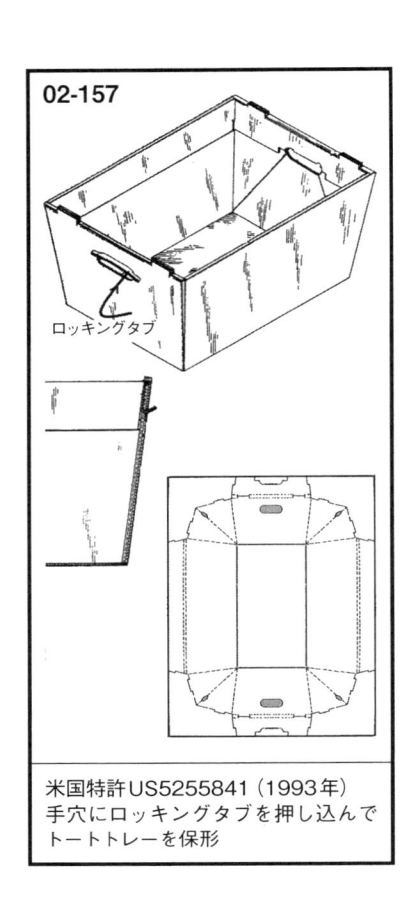

02-157

ロッキングタブ

米国特許US5255841（1993年）
手穴にロッキングタブを押し込んで
トートトレーを保形

02「トレー」関連リスト				
01-024	01-110	08-019	12-070	23-028
01-026	01-114	08-026	14-023	23-033
01-027	02-033	08-028	14-031	24-003
01-032	02-044	09-008	14-037	24-004
01-034	03-032	09-036	17-033	25-008
01-036	04-009	09-048	17-047	25-034
01-042	04-033	10-003	17-070	27-022
01-081	05-026	11-001	19-010	27-051
01-086	05-046	11-002	21-016	30-001
01-091	05-039	11-028	21-027	33-003
01-092	05-054	12-015	21-014	34-024
01-093	05-057	12-049	21-029	
01-098	08-004	12-051	23-011	

03

ズレ防止突起付きトレー

　主としてトレーの上部または下部に盛り上がりを設けて糊付けを安定させる形態のものをこの分野にまとめている。この目的を達成する突出させる形状は、A-1箱などにも存在するが限られている。

　基本的には突起であればズレ防止として機能するが、その相手は穴とパネルの間隔および切りかけ凹部である。

　ズレ防止突起の最大の欠点は、この突起が穴の位置と合わないと多種類の箱の積付けには邪魔になり、パレットロードを不安定にする。この問題を解決する手法として、トレーのサイズ、突起の位置とサイズのモジュール化が考案された。相互の関係を製作段階で調整しておく考えである。欧米でこの標準化が国境を越えて進んでいる。

　なお、この項目には積みズレによる影響を少なくする各種技法も包括している。

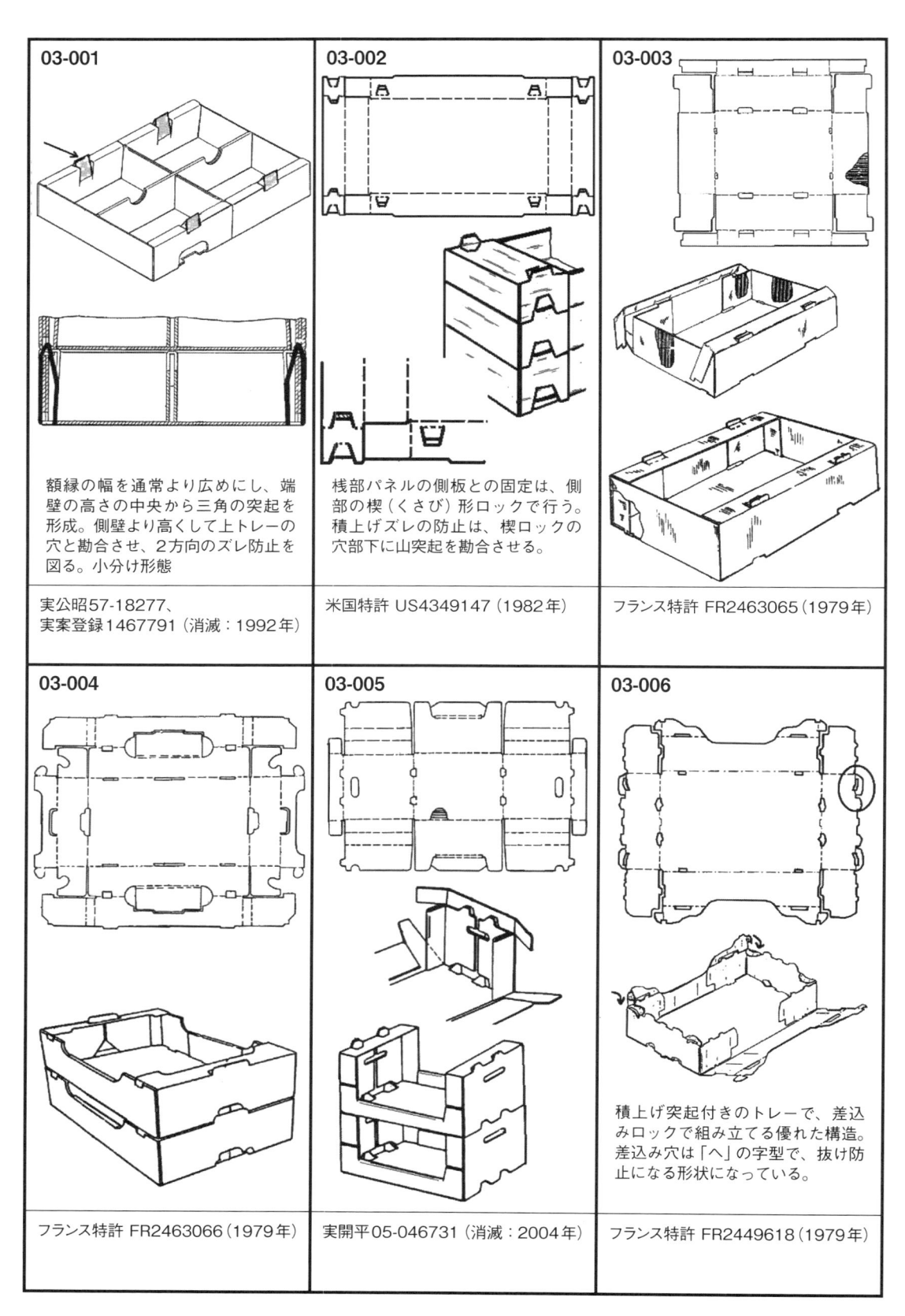

03-001

額縁の幅を通常より広めにし、端壁の高さの中央から三角の突起を形成。側壁より高くして上トレーの穴と勘合させ、2方向のズレ防止を図る。小分け形態

実公昭57-18277、
実案登録1467791（消滅：1992年）

03-002

桟部パネルの側板との固定は、側部の楔（くさび）形ロックで行う。積上げズレの防止は、楔ロックの穴部下に山突起を勘合させる。

米国特許 US4349147（1982年）

03-003

フランス特許 FR2463065（1979年）

03-004

フランス特許 FR2463066（1979年）

03-005

実開平05-046731（消滅：2004年）

03-006

積上げ突起付きのトレーで、差込みロックで組み立てる優れた構造。差込み穴は「へ」の字型で、抜け防止になる形状になっている。

フランス特許 FR2449618（1979年）

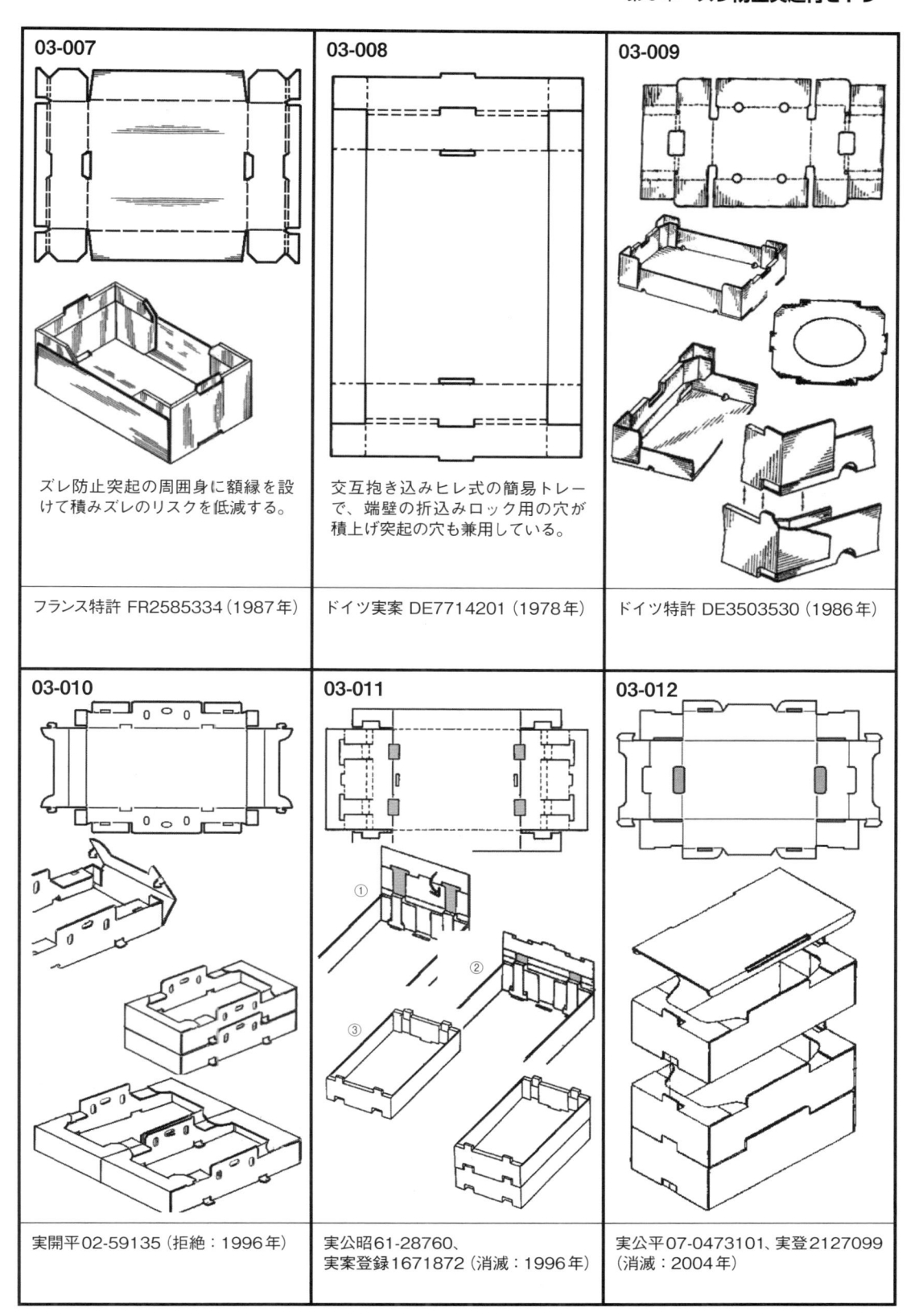

03-007

ズレ防止突起の周囲身に額縁を設けて積みズレのリスクを低減する。

フランス特許 FR2585334（1987年）

03-008

交互抱き込みヒレ式の簡易トレーで、端壁の折込みロック用の穴が積上げ突起の穴も兼用している。

ドイツ実案 DE7714201（1978年）

03-009

ドイツ特許 DE3503530（1986年）

03-010

実開平02-59135（拒絶：1996年）

03-011

実公昭61-28760、
実案登録1671872（消滅：1996年）

03-012

実公平07-0473101、実登2127099
（消滅：2004年）

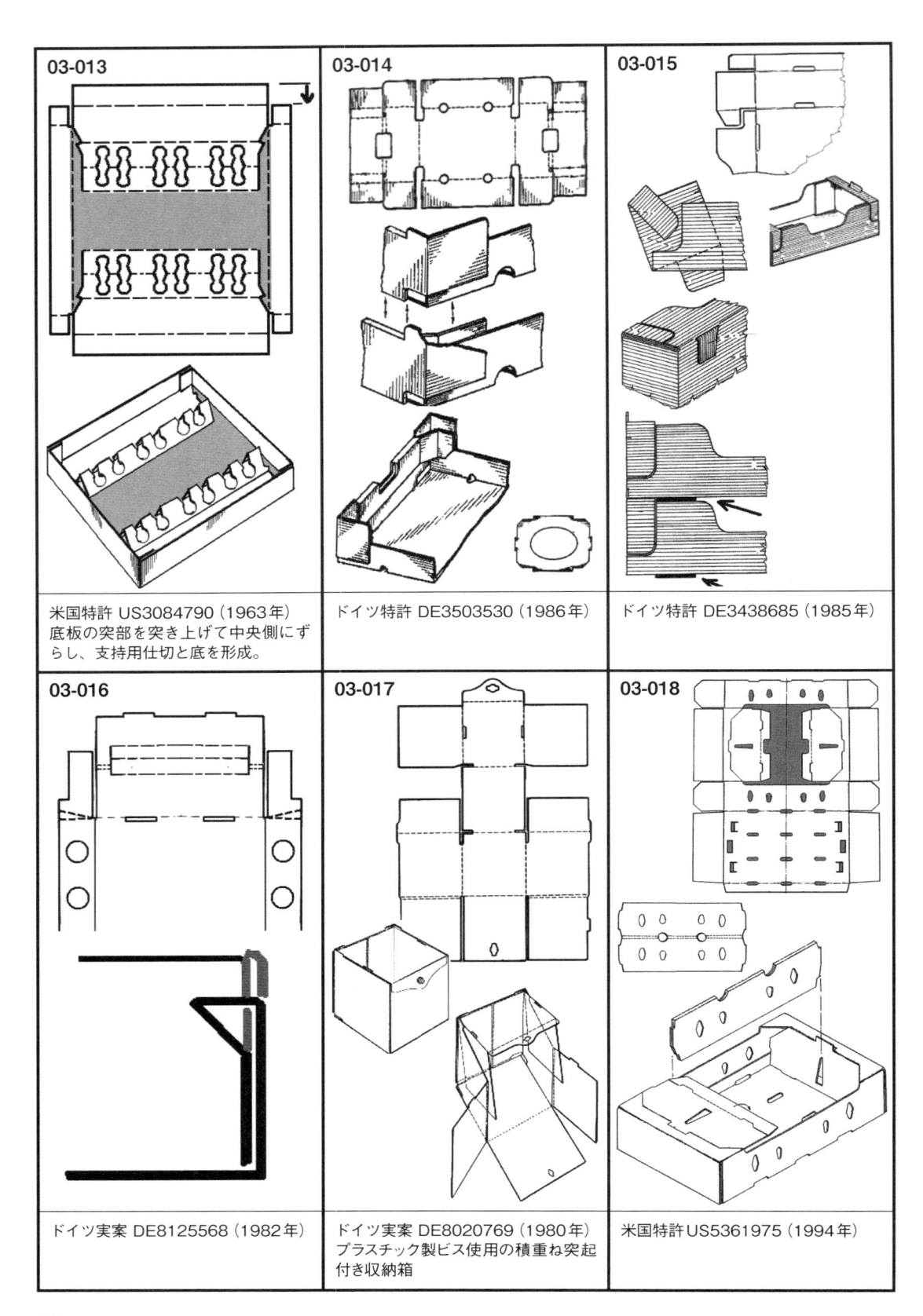

03-013

米国特許 US3084790（1963年）
底板の突部を突き上げて中央側にずらし、支持用仕切と底を形成。

03-014

ドイツ特許 DE3503530（1986年）

03-015

ドイツ特許 DE3438685（1985年）

03-016

ドイツ実案 DE8125568（1982年）

03-017

ドイツ実案 DE8020769（1980年）
プラスチック製ビス使用の積重ね突起付き収納箱

03-018

米国特許 US5361975（1994年）

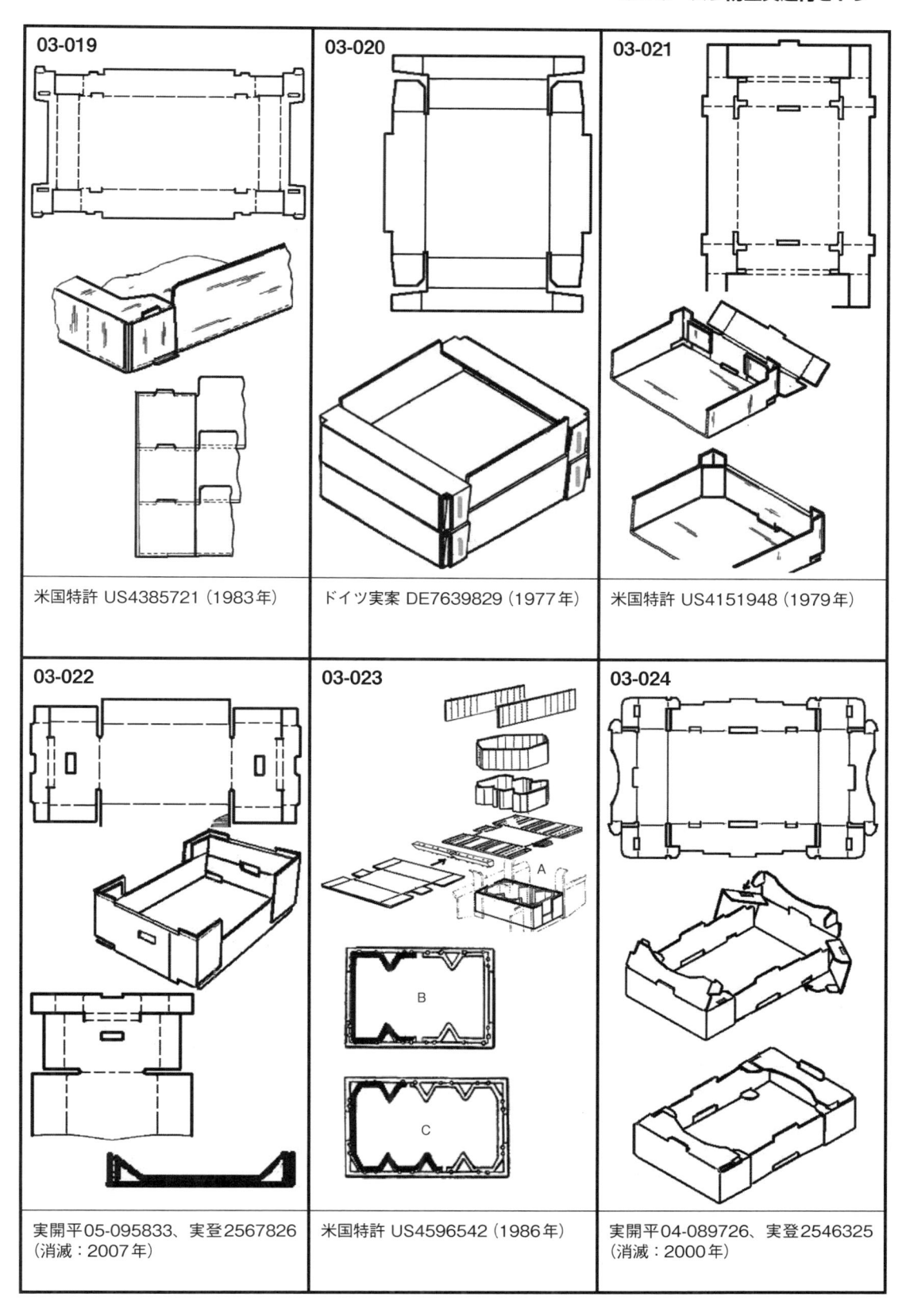

03-019

米国特許 US4385721（1983年）

03-020

ドイツ実案 DE7639829（1977年）

03-021

米国特許 US4151948（1979年）

03-022

実開平05-095833、実登2567826
（消滅：2007年）

03-023

米国特許 US4596542（1986年）

03-024

実開平04-089726、実登2546325
（消滅：2000年）

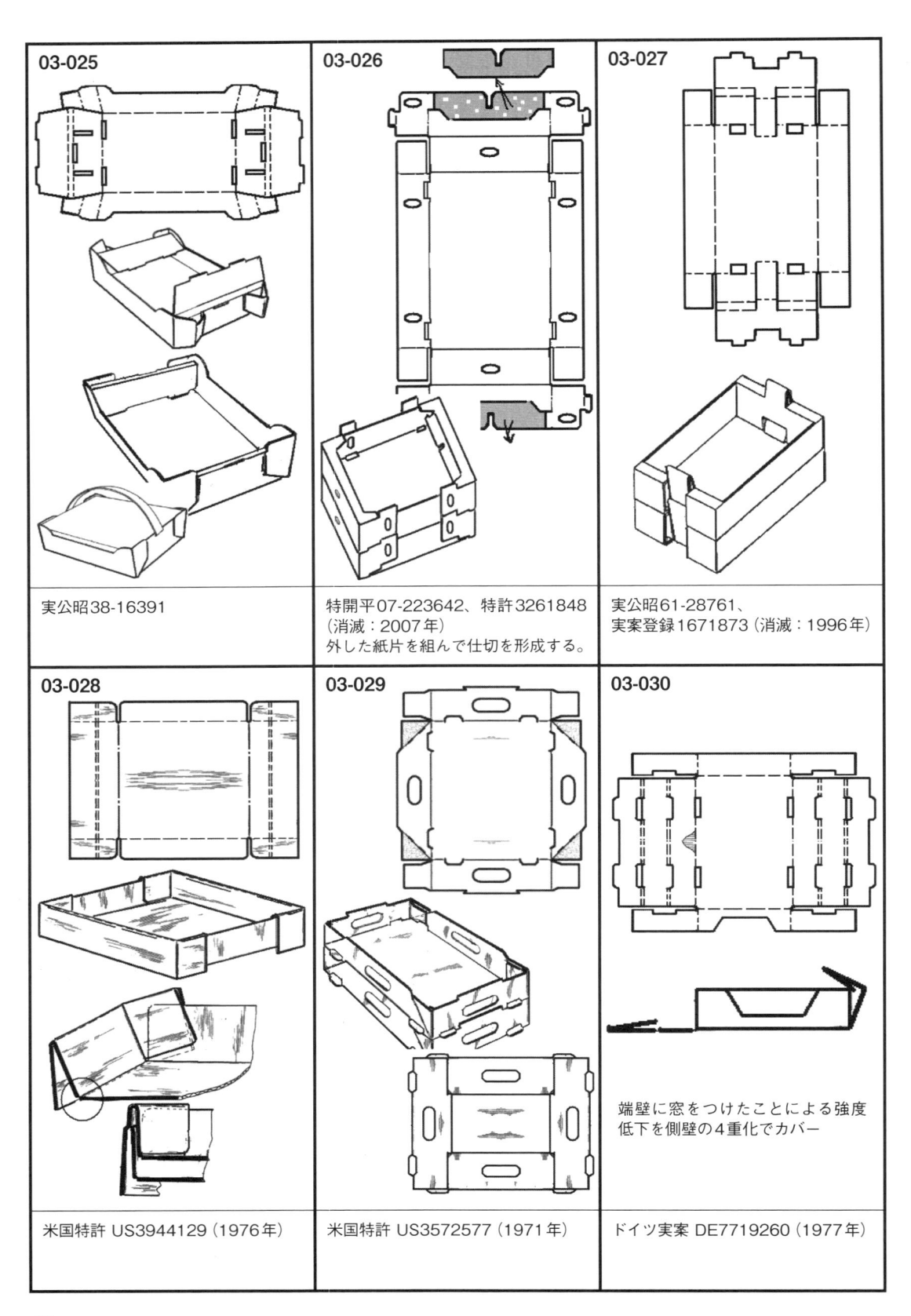

03-025	03-026	03-027
実公昭38-16391	特開平07-223642、特許3261848 （消滅：2007年） 外した紙片を組んで仕切を形成する。	実公昭61-28761、 実案登録1671873（消滅：1996年）
03-028	03-029	03-030 端壁に窓をつけたことによる強度 低下を側壁の4重化でカバー
米国特許 US3944129（1976年）	米国特許 US3572577（1971年）	ドイツ実案 DE7719260（1977年）

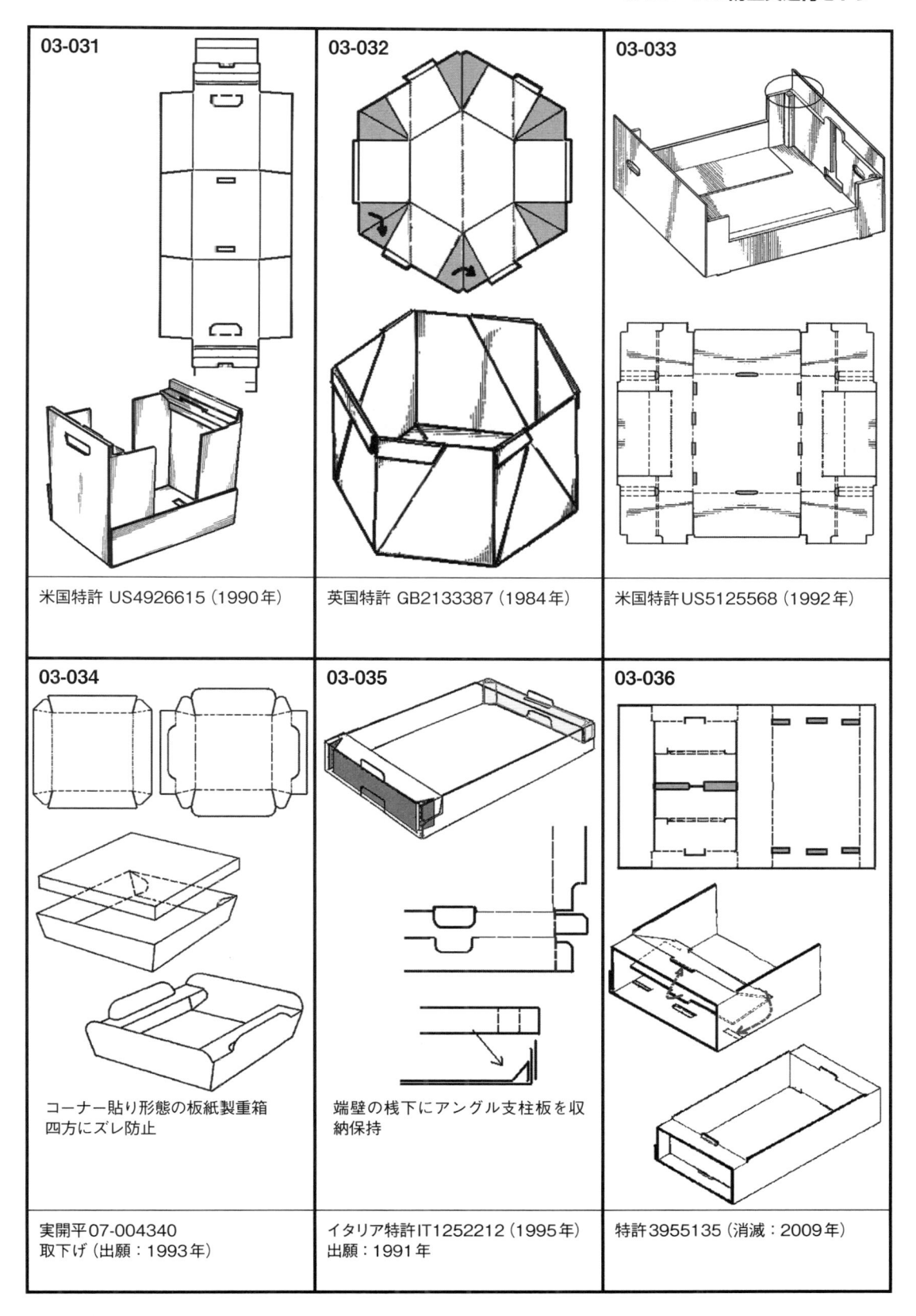

03-031	03-032	03-033
米国特許 US4926615（1990年）	英国特許 GB2133387（1984年）	米国特許 US5125568（1992年）

03-034	03-035	03-036
コーナー貼り形態の板紙製重箱 四方にズレ防止	端壁の桟下にアングル支柱板を収納保持	
実開平07-004340 取下げ（出願：1993年）	イタリア特許IT1252212（1995年） 出願：1991年	特許3955135（消滅：2009年）

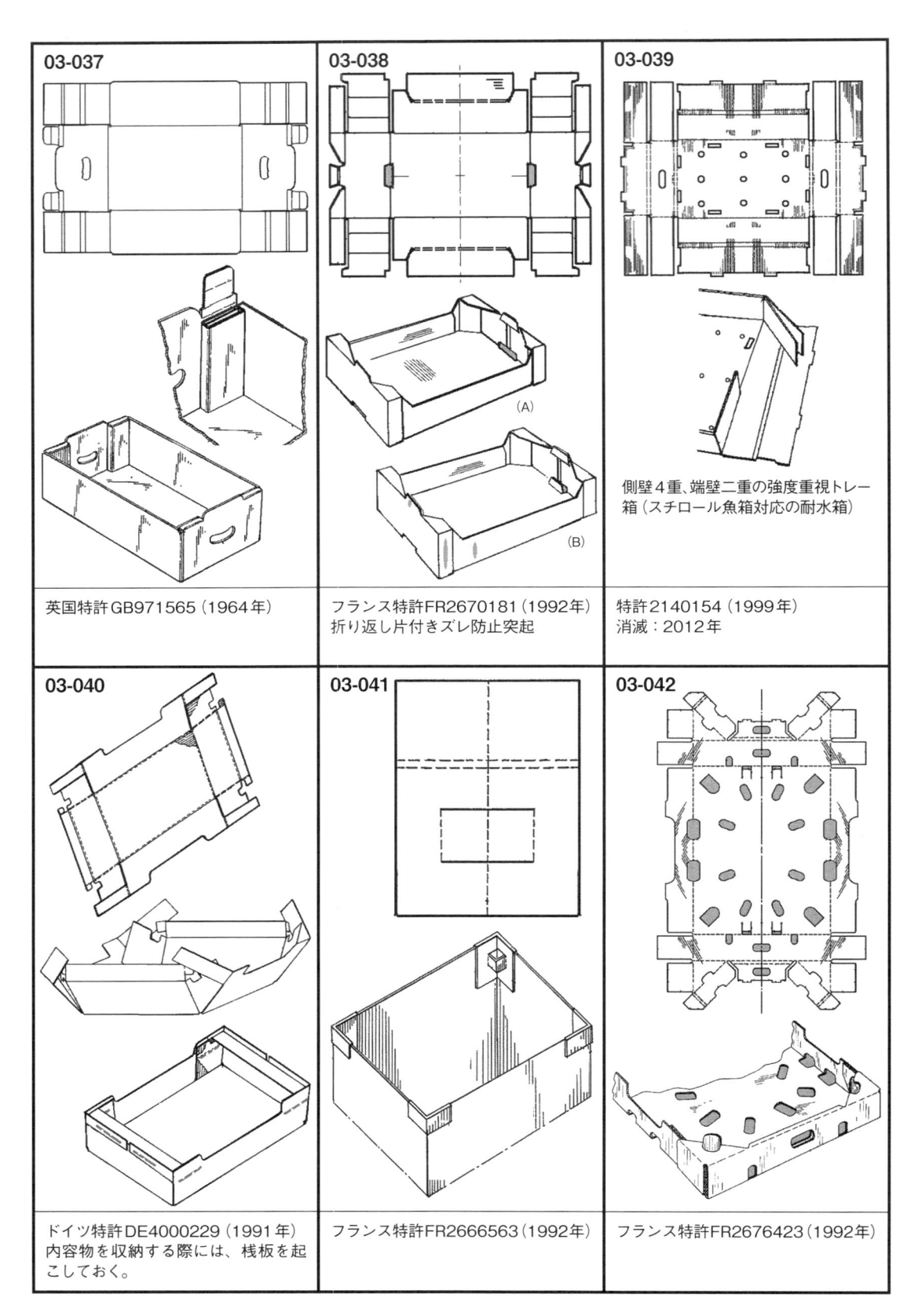

03-037

英国特許GB971565（1964年）

03-038

（A）

（B）

フランス特許FR2670181（1992年）
折り返し片付きズレ防止突起

03-039

側壁4重、端壁二重の強度重視トレー
箱（スチロール魚箱対応の耐水箱）

特許2140154（1999年）
消滅：2012年

03-040

ドイツ特許DE4000229（1991年）
内容物を収納する際には、桟板を起
こしておく。

03-041

フランス特許FR2666563（1992年）

03-042

フランス特許FR2676423（1992年）

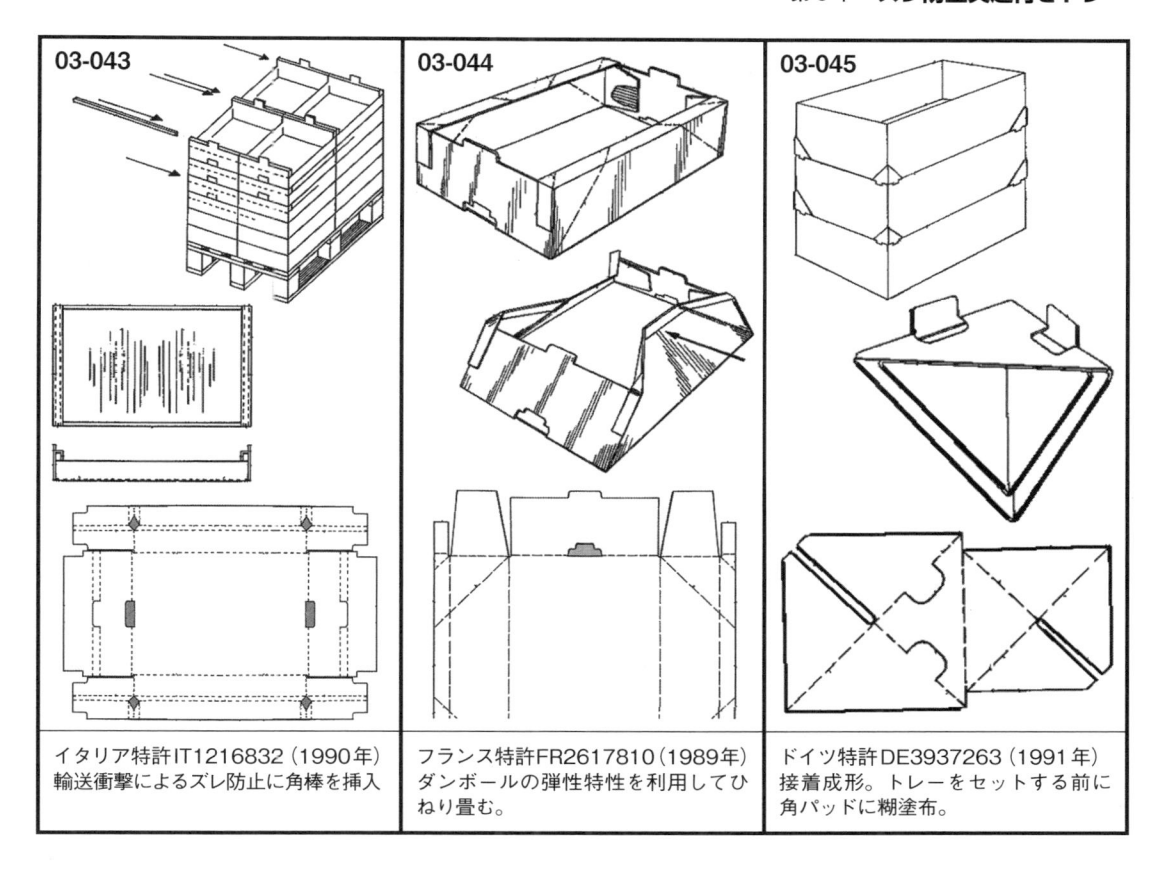

03-043	03-044	03-045
イタリア特許IT1216832（1990年）輸送衝撃によるズレ防止に角棒を挿入	フランス特許FR2617810（1989年）ダンボールの弾性特性を利用してひねり畳む。	ドイツ特許DE3937263（1991年）接着成形。トレーをセットする前に角パッドに糊塗布。

03 「ズレ防止突起付きトレー」関連リスト			
02-001	02-068	09-038	10-012
02-027	08-027	09-044	10-026
02-040	09-012	10-003	10-029

04 ラップラウンド箱

　ダンボール箱生産量の約半分を占めるラップラウンド箱を、さらに機能的にする検討が進んでいたことがわかる。内容物の取出しが容易になる形態、店頭で展示が即できる形態、再封緘ができる特許形態などが多数失効して利用可能になっている。

　単純な輪郭になるブランクに付加されるアイデアは、当然シンプルなものになる。しかし、この分野の発明群によって、「アイデアは無限である」ということの意味を納得させられる。仕切と同様に頭の体操に適した分野であるといえる。

　使用面積が少ない形態の代表格のラップラウンドであるが、これをさらに省材料にする取組みが多いことにも驚かされる。

　ラップラウンド型は、内容物の形状と強度を利用することを前提にしている。できるだけ包装材の剛性を必要としない形態、罫線形状などの部分形状の検討が進んでいる。まだ研究の余地があると感じている。

　この分野では、ホットメルト接着が主として用いられる。封緘に金属針を用いないことから解体作業が安全に行えるという利点が生じる。さらには差し込みロックを組み合わせて解体を容易にし、再封緘機能を付与する検討も平行的に行われている。

　ラップラウンド箱に不可欠な要素技術は、ミシン目、切れ目で構成するジッパーとカットテープおよびライナカットである。紙は破りやすい材料であることを最大限活用している。ジッパーの使用に当たっては繊維の並びである紙目、フルート目である段目との関係も絡めて最適形状を考えたい。

　ラップラウンド型の究極の省材料を追及すると、条件的に厳しい限界に近付く。これを突破するには、たわみの発生が生じにくい変六角形、変八角形を組み合わせたり、たわみが生じても目立たないようにする座屈線導入などの新しい要素技術との組合わせの検討もこれまで以上に強化するべきであろう。

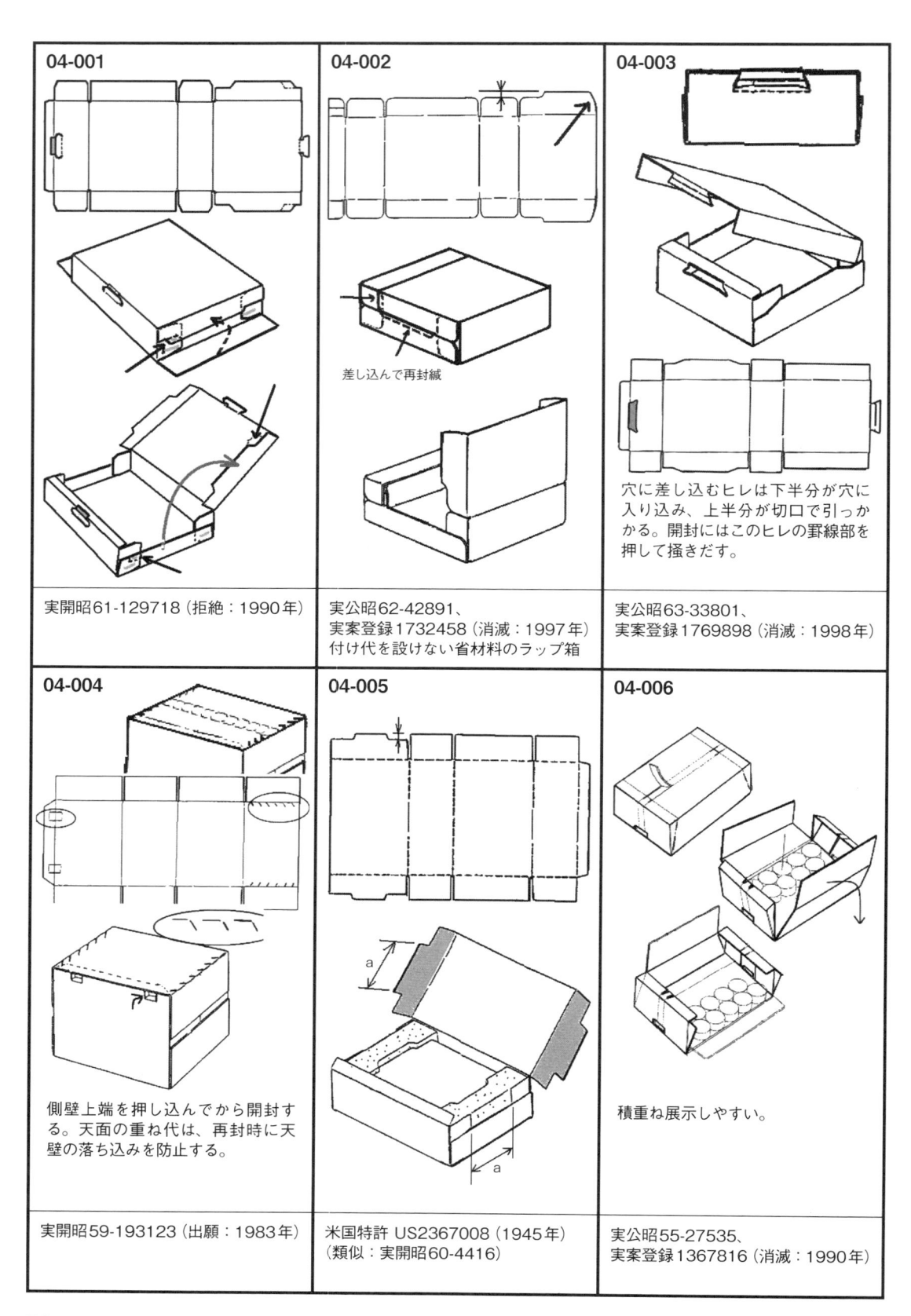

04-001

実開昭61-129718（拒絶：1990年）

04-002

差し込んで再封織

実公昭62-42891、
実案登録1732458（消滅：1997年）
付け代を設けない省材料のラップ箱

04-003

穴に差し込むヒレは下半分が穴に
入り込み、上半分が切口で引っか
かる。開封にはこのヒレの罫線部を
押して掻きだす。

実公昭63-33801、
実案登録1769898（消滅：1998年）

04-004

側壁上端を押し込んでから開封す
る。天面の重ね代は、再封時に天
壁の落ち込みを防止する。

実開昭59-193123（出願：1983年）

04-005

米国特許 US2367008（1945年）
（類似：実開昭60-4416）

04-006

積重ね展示しやすい。

実公昭55-27535、
実案登録1367816（消滅：1990年）

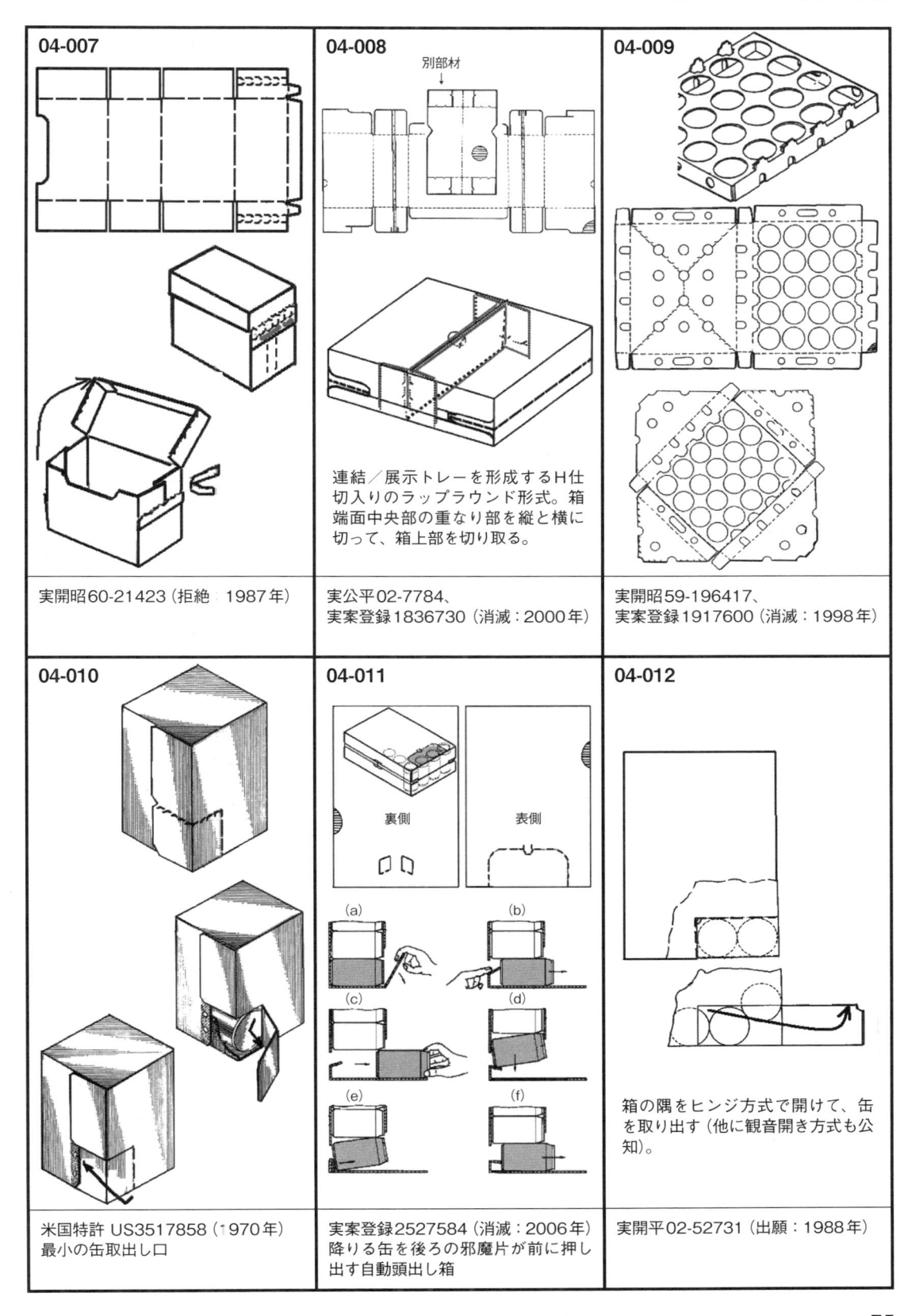

04-007

実開昭60-21423（拒絶：1987年）

04-008

別部材

連結／展示トレーを形成するＨ仕切入りのラップラウンド形式。箱端面中央部の重なり部を縦と横に切って、箱上部を切り取る。

実公平02-7784、
実案登録1836730（消滅：2000年）

04-009

実開昭59-196417、
実案登録1917600（消滅：1998年）

04-010

米国特許 US3517858（1970年）
最小の缶取出し口

04-011

裏側　　　表側

(a)　　　(b)
(c)　　　(d)
(e)　　　(f)

実案登録2527584（消滅：2006年）
降りる缶を後ろの邪魔片が前に押し出す自動頭出し箱

04-012

箱の隅をヒンジ方式で開けて、缶を取り出す（他に観音開き方式も公知）。

実開平02-52731（出願：1988年）

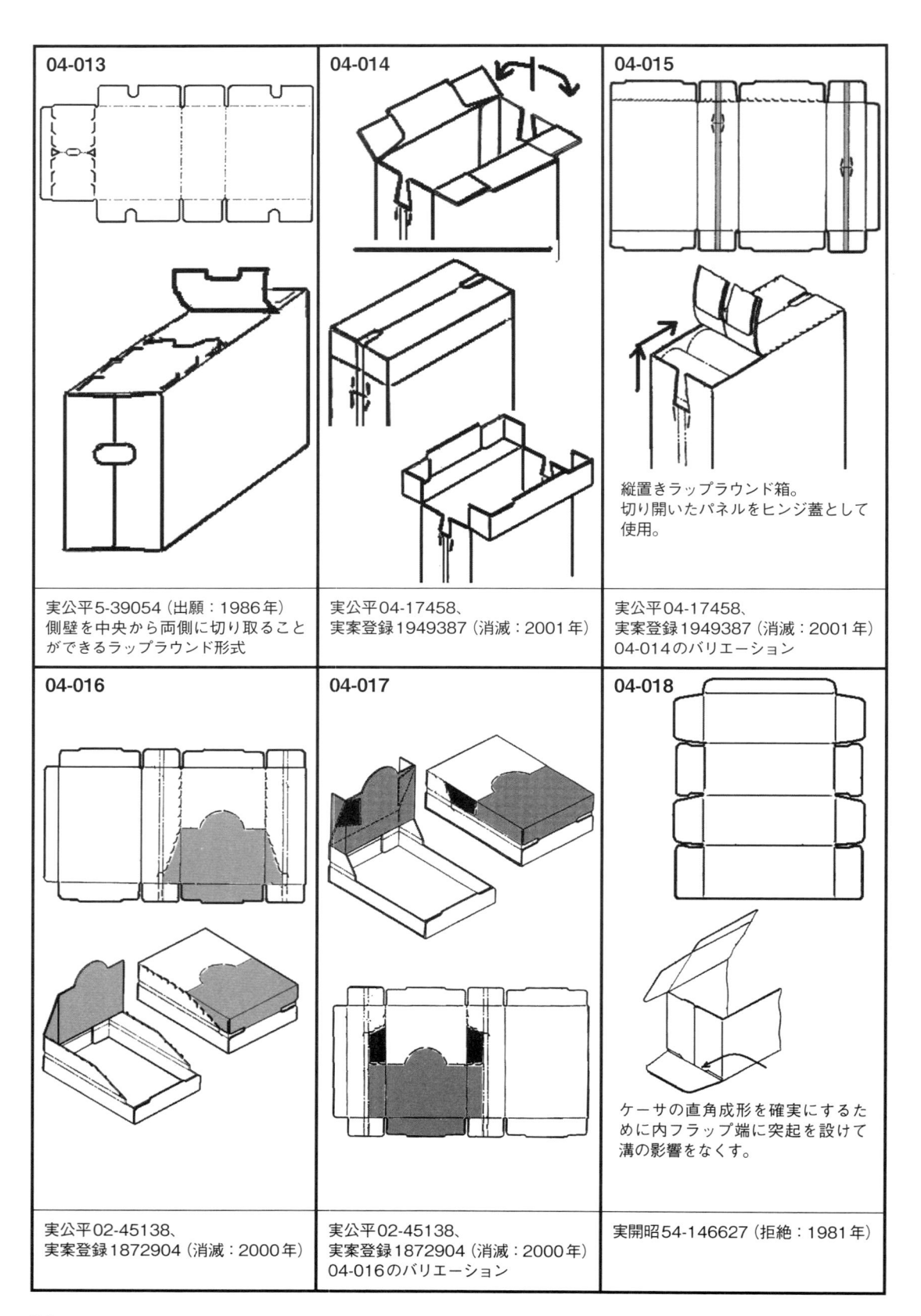

04-013	04-014	04-015
		縦置きラップラウンド箱。 切り開いたパネルをヒンジ蓋として使用。
実公平5-39054（出願：1986年） 側壁を中央から両側に切り取ることができるラップラウンド形式	実公平04-17458、 実案登録1949387（消滅：2001年）	実公平04-17458、 実案登録1949387（消滅：2001年） 04-014のバリエーション

04-016	04-017	04-018
		ケーサの直角成形を確実にするために内フラップ端に突起を設けて溝の影響をなくす。
実公平02-45138、 実案登録1872904（消滅：2000年）	実公平02-45138、 実案登録1872904（消滅：2000年） 04-016のバリエーション	実開昭54-146627（拒絶：1981年）

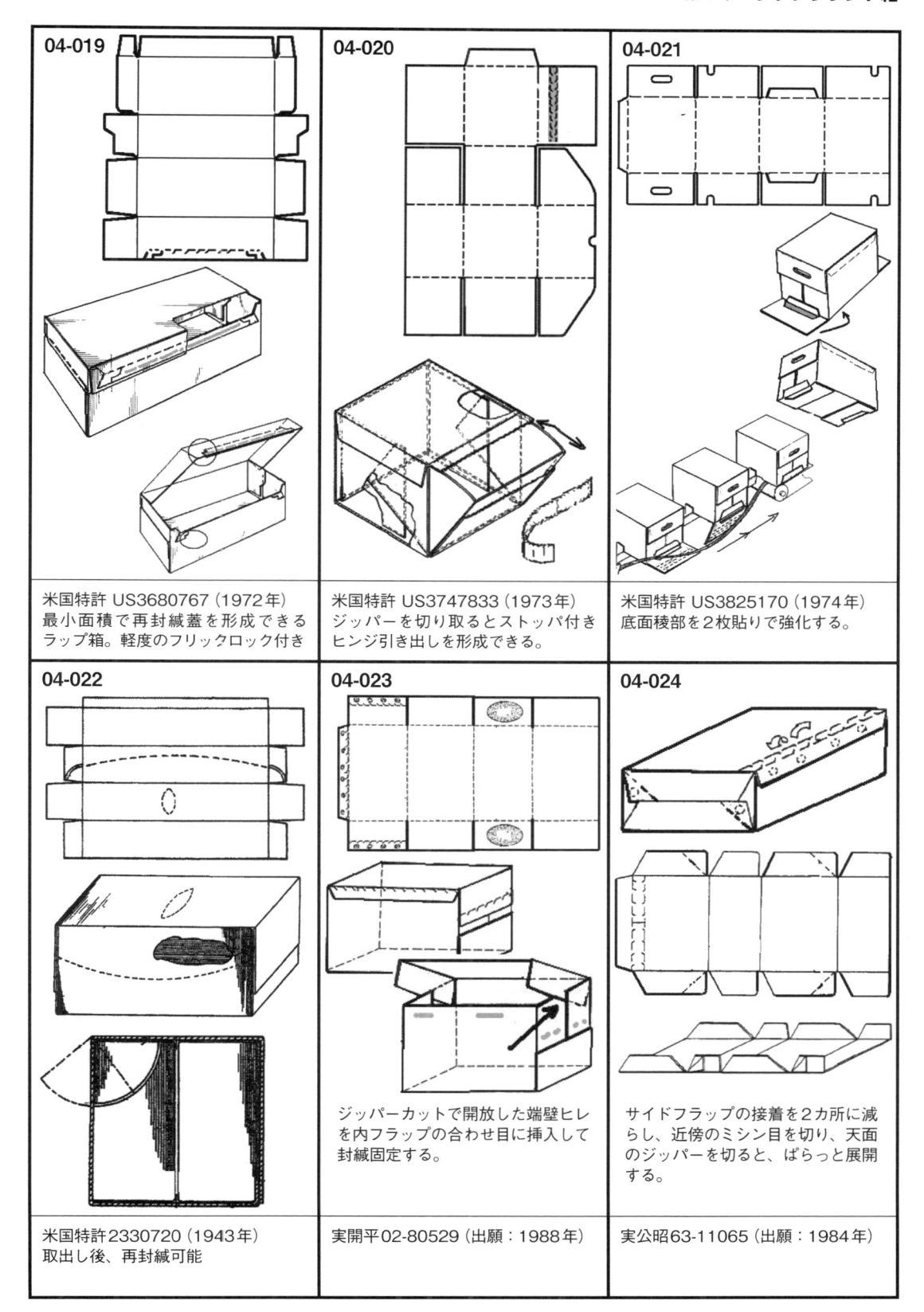

04-019

米国特許 US3680767（1972年）
最小面積で再封緘蓋を形成できる
ラップ箱。軽度のフリックロック付き

04-020

米国特許 US3747833（1973年）
ジッパーを切り取るとストッパ付き
ヒンジ引き出しを形成できる。

04-021

米国特許 US3825170（1974年）
底面稜部を2枚貼りで強化する。

04-022

米国特許 2330720（1943年）
取出し後、再封緘可能

04-023

ジッパーカットで開放した端壁ヒレ
を内フラップの合わせ目に挿入して
封緘固定する。

実開平02-80529（出願：1988年）

04-024

サイドフラップの接着を2カ所に減
らし、近傍のミシン目を切り、天面
のジッパーを切ると、ぱらっと展開
する。

実公昭63-11065（出願：1984年）

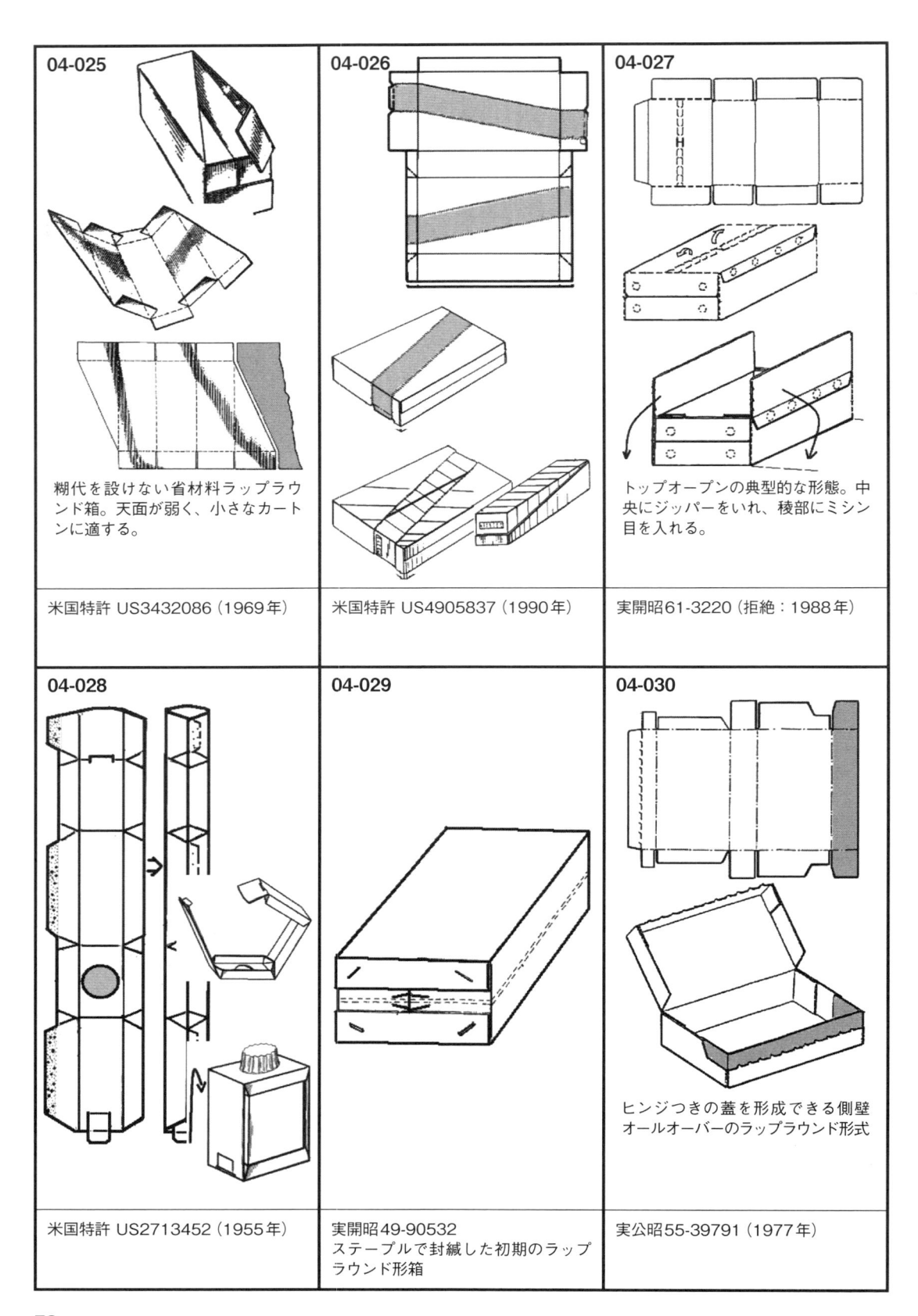

04-025

糊代を設けない省材料ラップラウンド箱。天面が弱く、小さなカートンに適する。

米国特許 US3432086 (1969年)

04-026

米国特許 US4905837 (1990年)

04-027

トップオープンの典型的な形態。中央にジッパーをいれ、稜部にミシン目を入れる。

実開昭61-3220 (拒絶：1988年)

04-028

米国特許 US2713452 (1955年)

04-029

実開昭49-90532
ステープルで封緘した初期のラップラウンド形箱

04-030

ヒンジつきの蓋を形成できる側壁オールオーバーのラップラウンド形式

実公昭55-39791 (1977年)

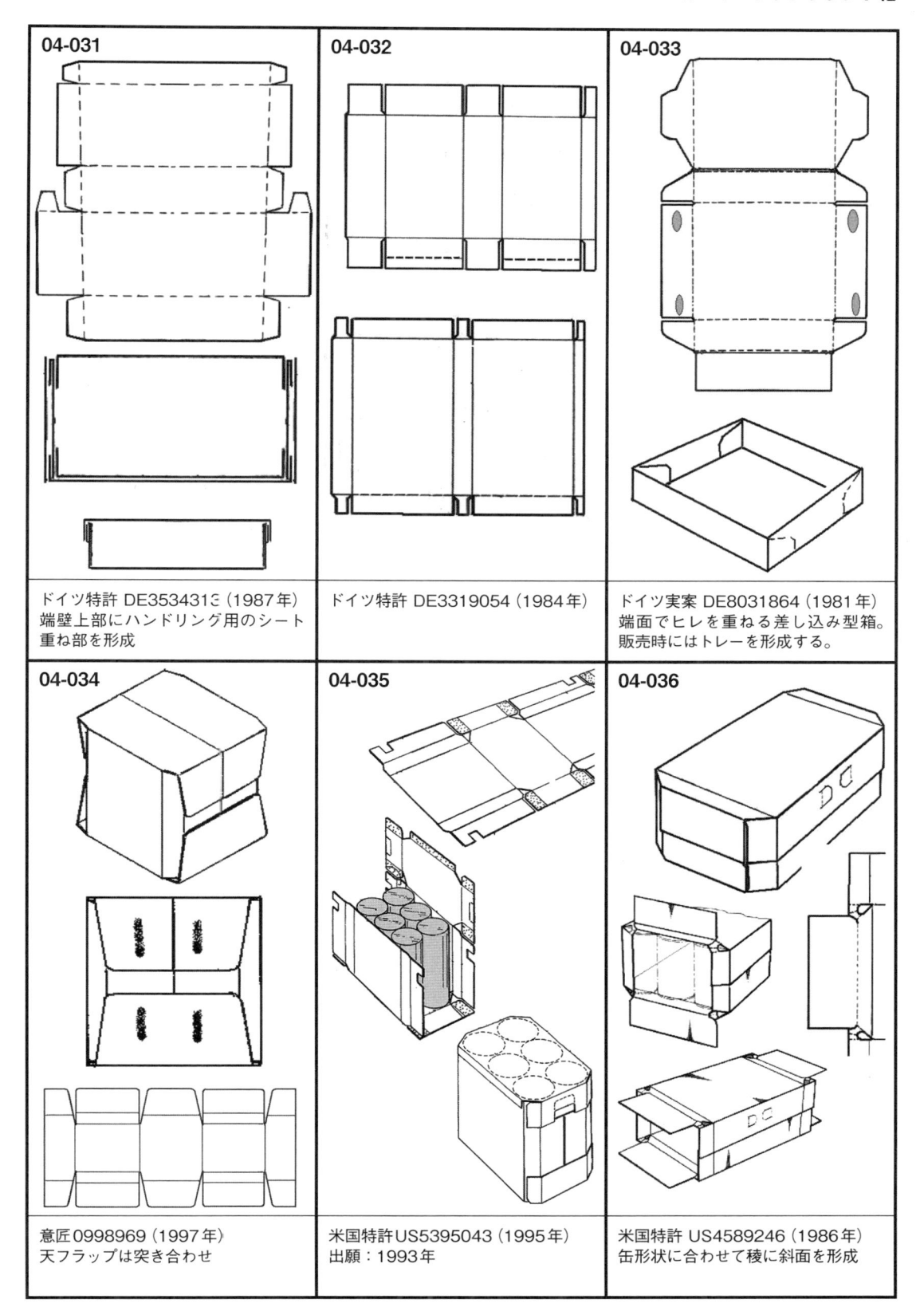

04-031

ドイツ特許 DE3534313（1987年）
端壁上部にハンドリング用のシート
重ね部を形成

04-032

ドイツ特許 DE3319054（1984年）

04-033

ドイツ実案 DE8031864（1981年）
端面でヒレを重ねる差し込み型箱。
販売時にはトレーを形成する。

04-034

意匠 0998969（1997年）
天フラップは突き合わせ

04-035

米国特許 US5395043（1995年）
出願：1993年

04-036

米国特許 US4589246（1986年）
缶形状に合わせて稜に斜面を形成

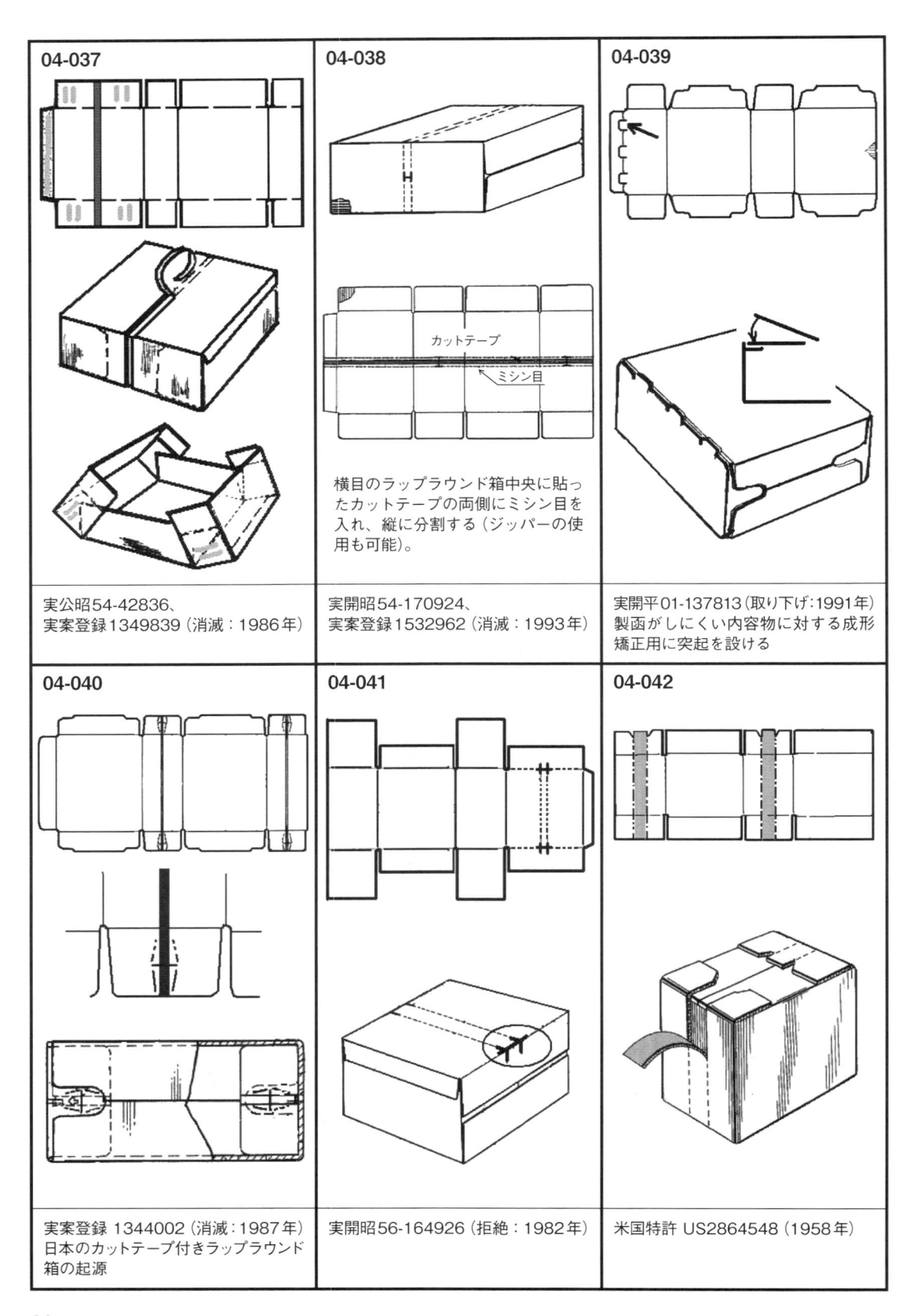

04-037

実公昭54-42836、
実案登録1349839（消滅：1986年）

04-038

カットテープ
ミシン目

横目のラップラウンド箱中央に貼っ
たカットテープの両側にミシン目を
入れ、縦に分割する（ジッパーの使
用も可能）。

実開昭54-170924、
実案登録1532962（消滅：1993年）

04-039

実開平01-137813（取り下げ：1991年）
製函がしにくい内容物に対する成形
矯正用に突起を設ける

04-040

実案登録 1344002（消滅：1987年）
日本のカットテープ付きラップラウンド
箱の起源

04-041

実開昭56-164926（拒絶：1982年）

04-042

米国特許 US2864548（1958年）

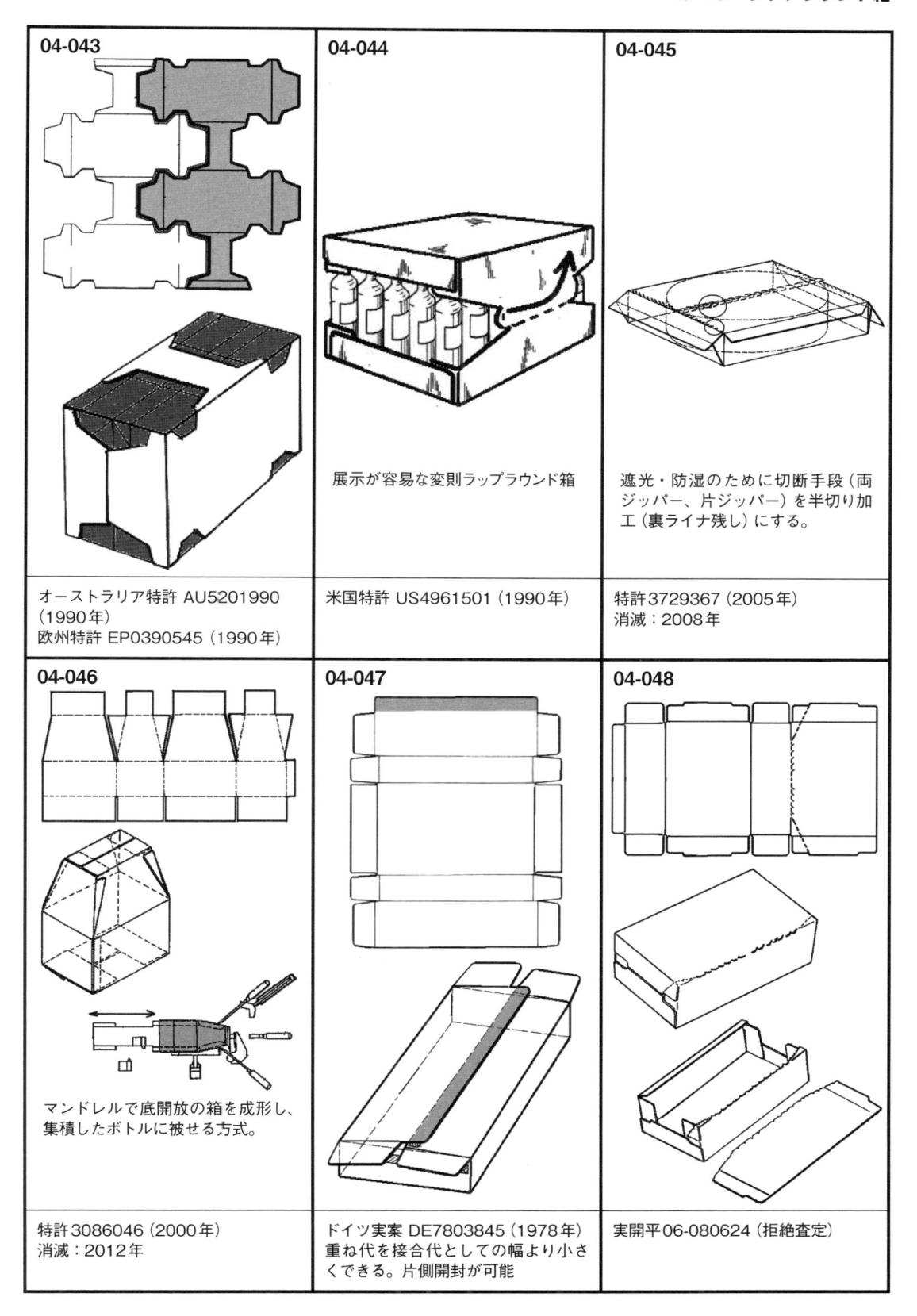

04-043

オーストラリア特許 AU5201990
（1990 年）
欧州特許 EP0390545（1990 年）

04-044

展示が容易な変則ラップラウンド箱

米国特許 US4961501（1990 年）

04-045

遮光・防湿のために切断手段（両
ジッパー、片ジッパー）を半切り加
工（裏ライナ残し）にする。

特許3729367（2005 年）
消滅：2008 年

04-046

マンドレルで底開放の箱を成形し、
集積したボトルに被せる方式。

特許3086046（2000 年）
消滅：2012 年

04-047

ドイツ実案 DE7803845（1978 年）
重ね代を接合代としての幅より小さ
くできる。片側開封が可能

04-048

実開平06-080624（拒絶査定）

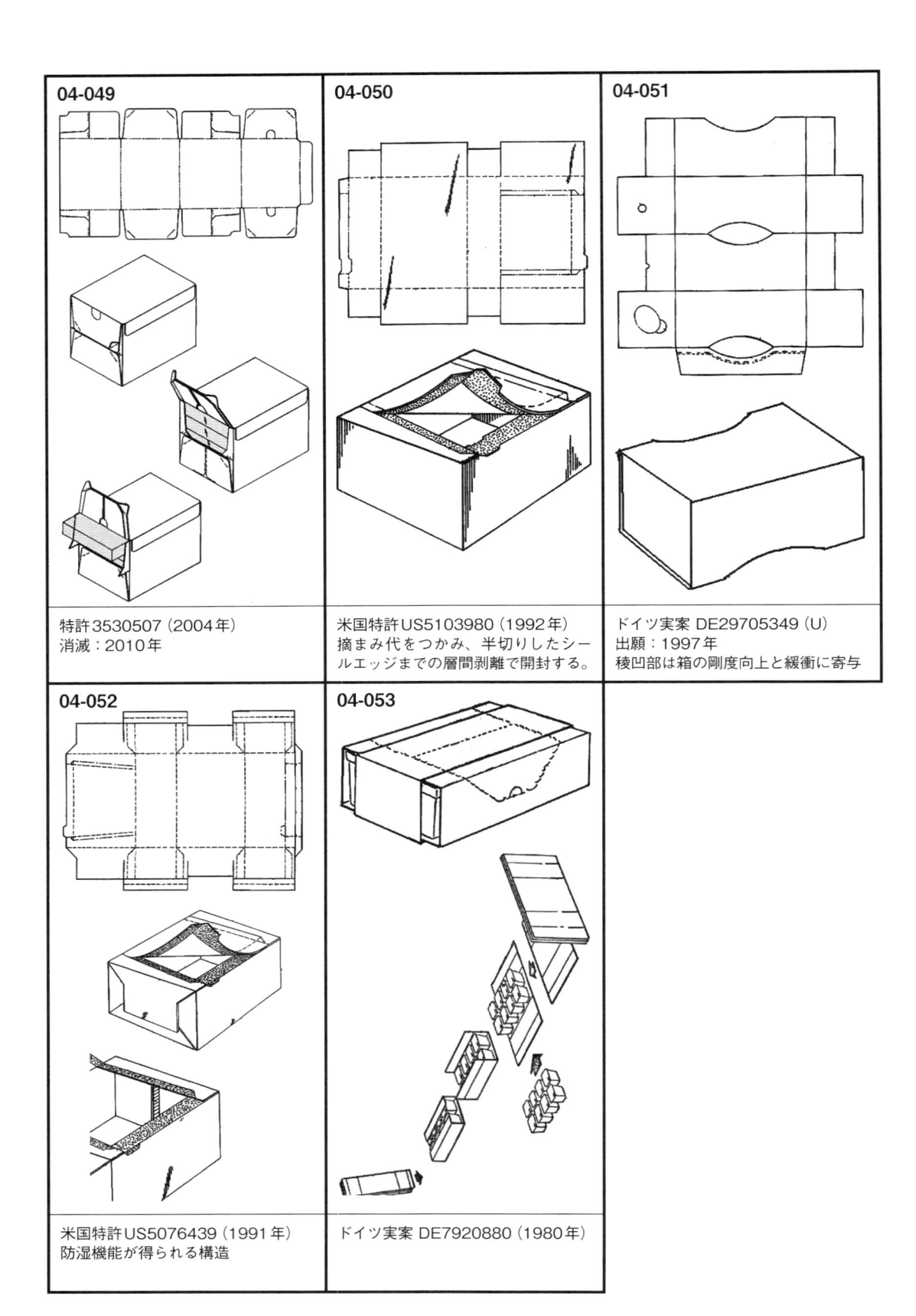

04-049

特許3530507（2004年）
消滅：2010年

04-050

米国特許US5103980（1992年）
摘まみ代をつかみ、半切りしたシールエッジまでの層間剥離で開封する。

04-051

ドイツ実案 DE29705349（U）
出願：1997年
稜凹部は箱の剛度向上と緩衝に寄与

04-052

米国特許US5076439（1991年）
防湿機能が得られる構造

04-053

ドイツ実案 DE7920880（1980年）

04「ラップラウンド箱」関連リスト				
01-004	10-019	31-004	34-026	36-060
01-035	14-070	31-007	34-043	36-080
02-005	23-024	31-015	34-045	36-081
05-026	23-057	31-028	36-001	36-082
05-032	28-019	31-040	36-010	36-163
06-003	28-024	31-044	36-011	36-172
09-019	28-028	31-046	36-057	37-004
09-023	31-001	34-001	36-058	
09-024	31-003	34-025	36-059	

84

05

輸送兼展示箱

多機能で高機能な箱の代表の一つになっている。販促物流費の軽減に活躍する分野で、輸送と販促の機能を両立させる箱である。

輸送箱の壁面の一部または稜部を切り取るか、それらの一部に切込みを入れて折り返し固定して内容物を露出させるかする。

輸送箱の材料を切る作業を容易化する技法、工夫が必要になる。また切出し口をつまみやすく、さらには失敗なく継続的に切断する工夫が多く見られる。

基本的には量産に適するラップラウンド箱、A-1箱、ブリス箱をベースにして、販促効果のある形態に仕上げる傾向が見られる。

ジッパーカットを加えると、箱圧縮強さの低下も顕著になるが、この劣化を補うために強度的に優れる一体型仕切付き（仕切端を糊づけ）のHボックス構造をベースにすることも行われている。

日本において最も普及している輸送兼展示箱は、スーパーでの展示を容易にするラップラウンド型ビール箱である。カットテープ、ライナカットなどを駆使してトレーにするカット法である。最近増えているのは、欧州発のシェルフ・レディパッケージング（即棚包装）である。種々の形態開発が進んでいる。

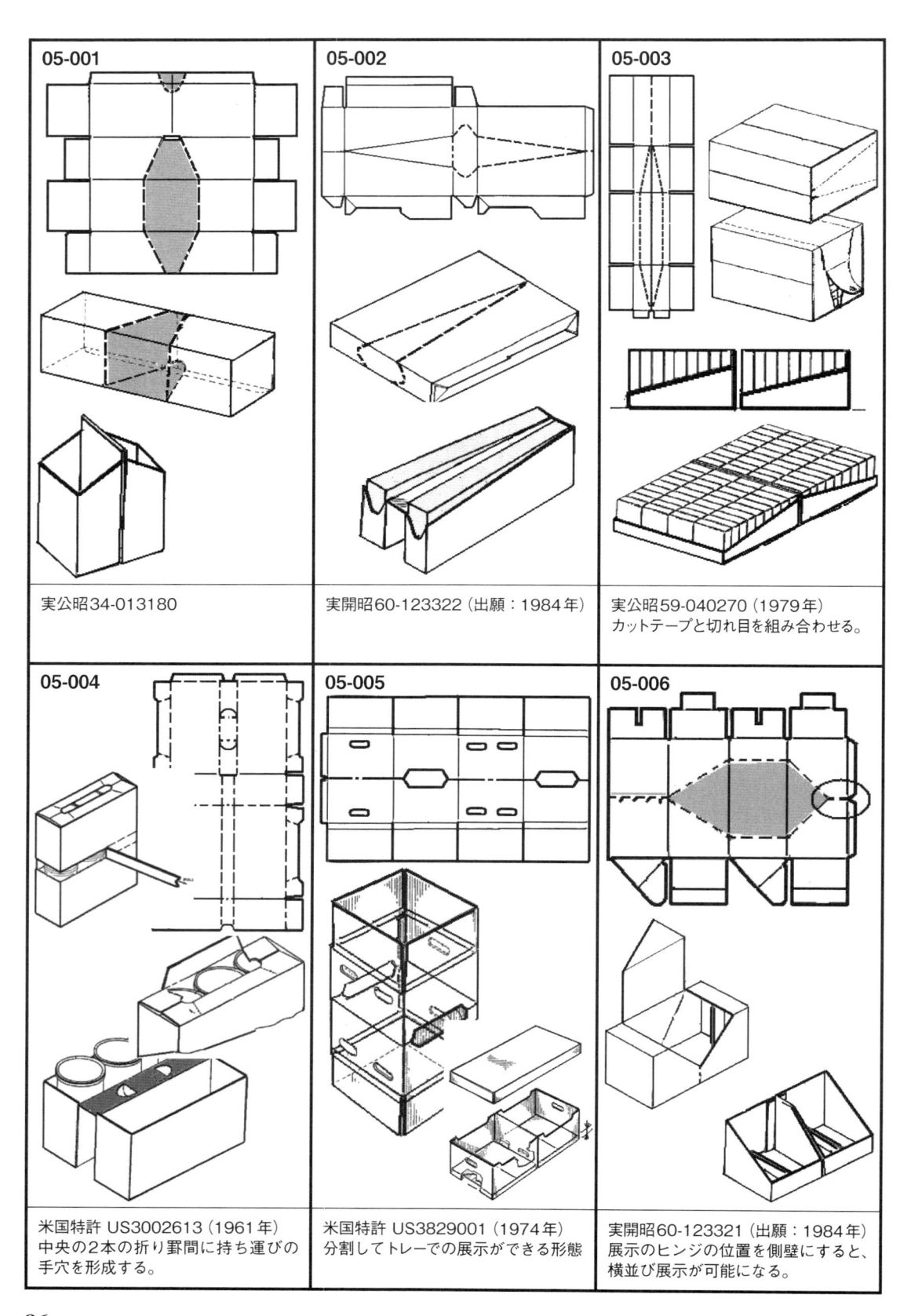

05-001	05-002	05-003
実公昭34-013180	実開昭60-123322（出願：1984年）	実公昭59-040270（1979年） カットテープと切れ目を組み合わせる。

05-004	05-005	05-006
米国特許 US3002613（1961年） 中央の2本の折り罫間に持ち運びの 手穴を形成する。	米国特許 US3829001（1974年） 分割してトレーでの展示ができる形態	実開昭60-123321（出願：1984年） 展示のヒンジの位置を側壁にすると、 横並び展示が可能になる。

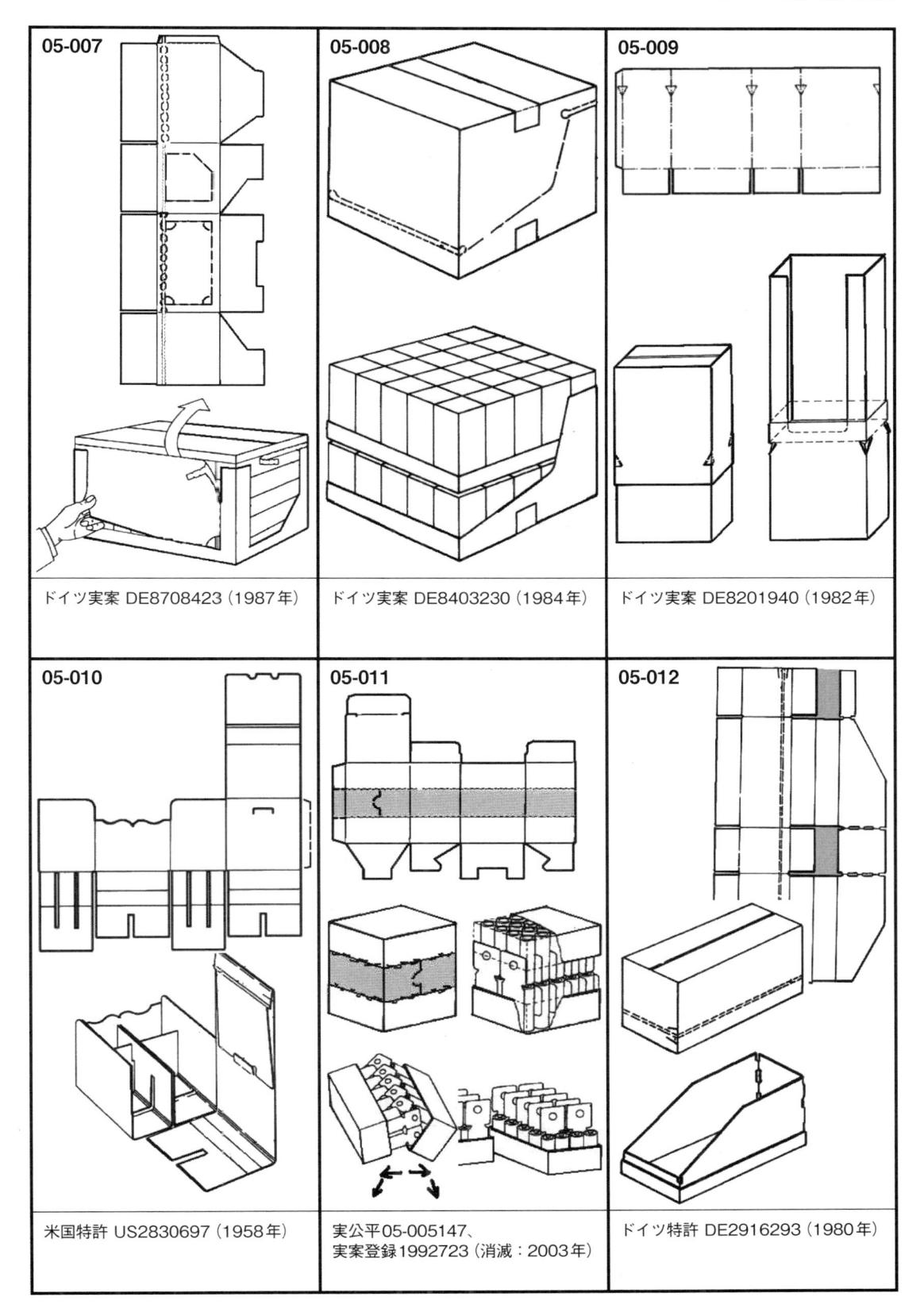

05-007

ドイツ実案 DE8708423 (1987年)

05-008

ドイツ実案 DE8403230 (1984年)

05-009

ドイツ実案 DE8201940 (1982年)

05-010

米国特許 US2830697 (1958年)

05-011

実公平05-005147、
実案登録1992723 (消滅：2003年)

05-012

ドイツ特許 DE2916293 (1980年)

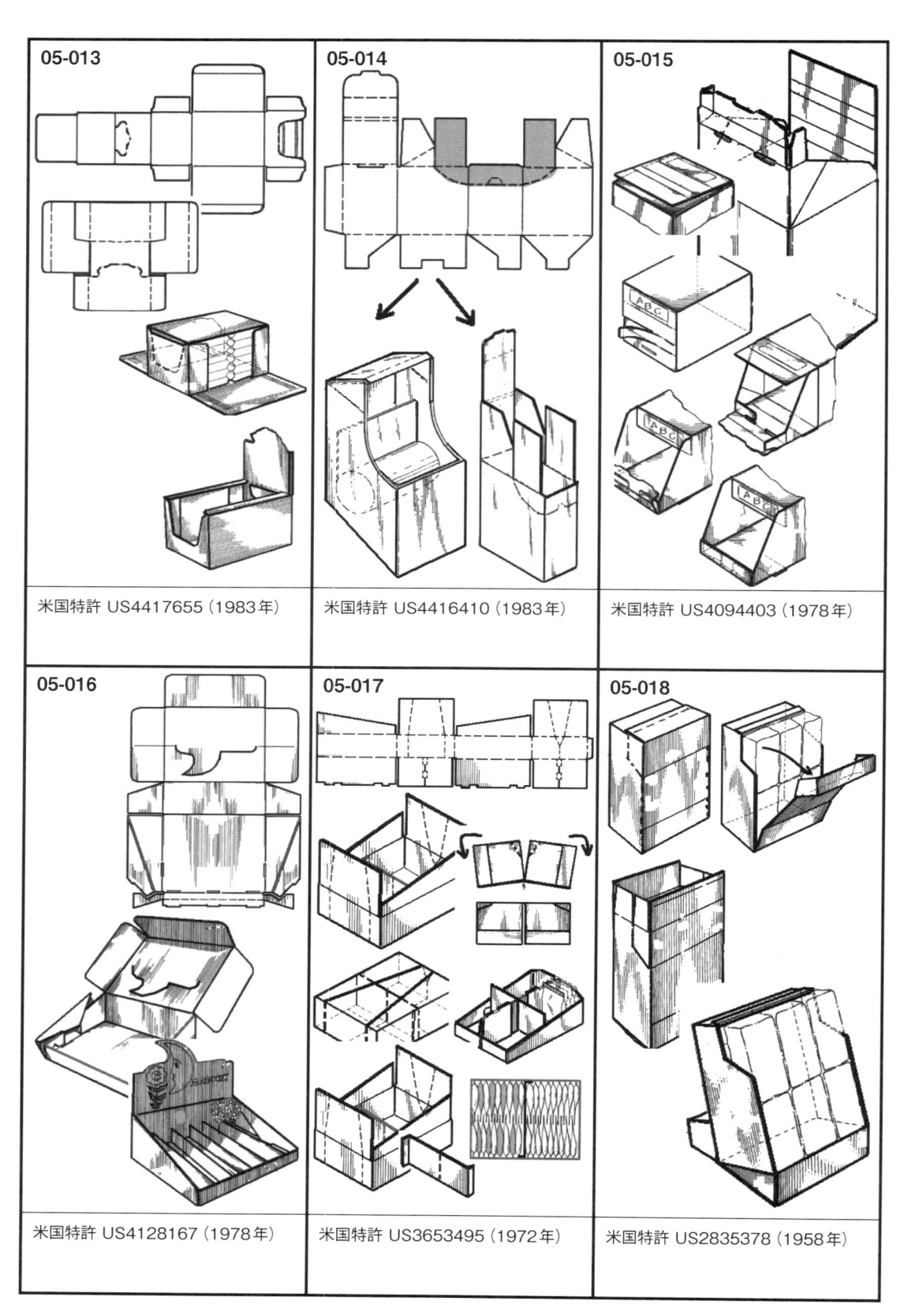

05-013	05-014	05-015
米国特許 US4417655（1983年）	米国特許 US4416410（1983年）	米国特許 US4094403（1978年）
05-016	05-017	05-018
米国特許 US4128167（1978年）	米国特許 US3653495（1972年）	米国特許 US2835378（1958年）

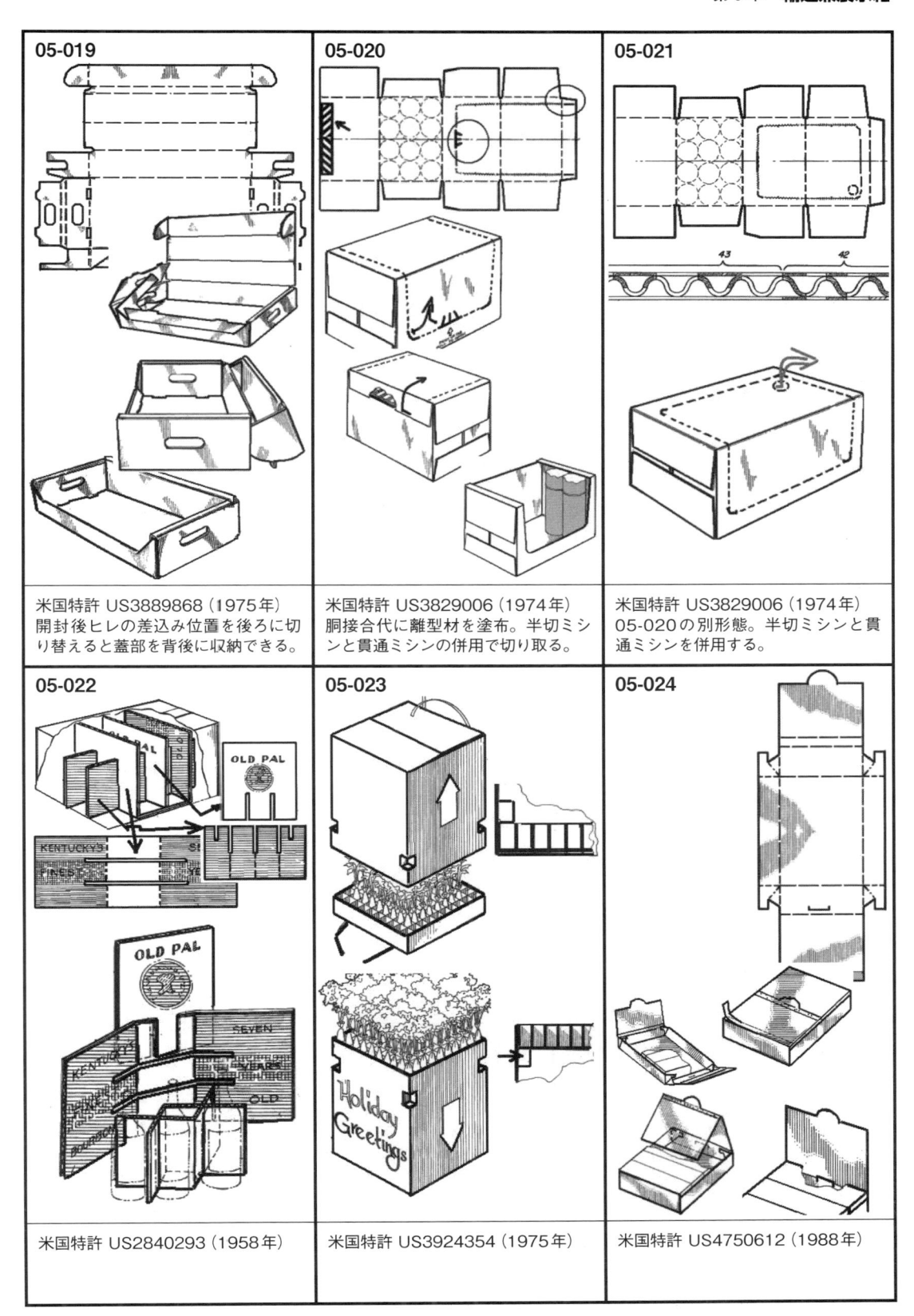

05-019	05-020	05-021
米国特許 US3889868（1975年）開封後ヒレの差込み位置を後ろに切り替えると蓋部を背後に収納できる。	米国特許 US3829006（1974年）胴接合代に離型材を塗布。半切ミシンと貫通ミシンの併用で切り取る。	米国特許 US3829006（1974年）05-020の別形態。半切ミシンと貫通ミシンを併用する。

05-022	05-023	05-024
米国特許 US2840293（1958年）	米国特許 US3924354（1975年）	米国特許 US4750612（1988年）

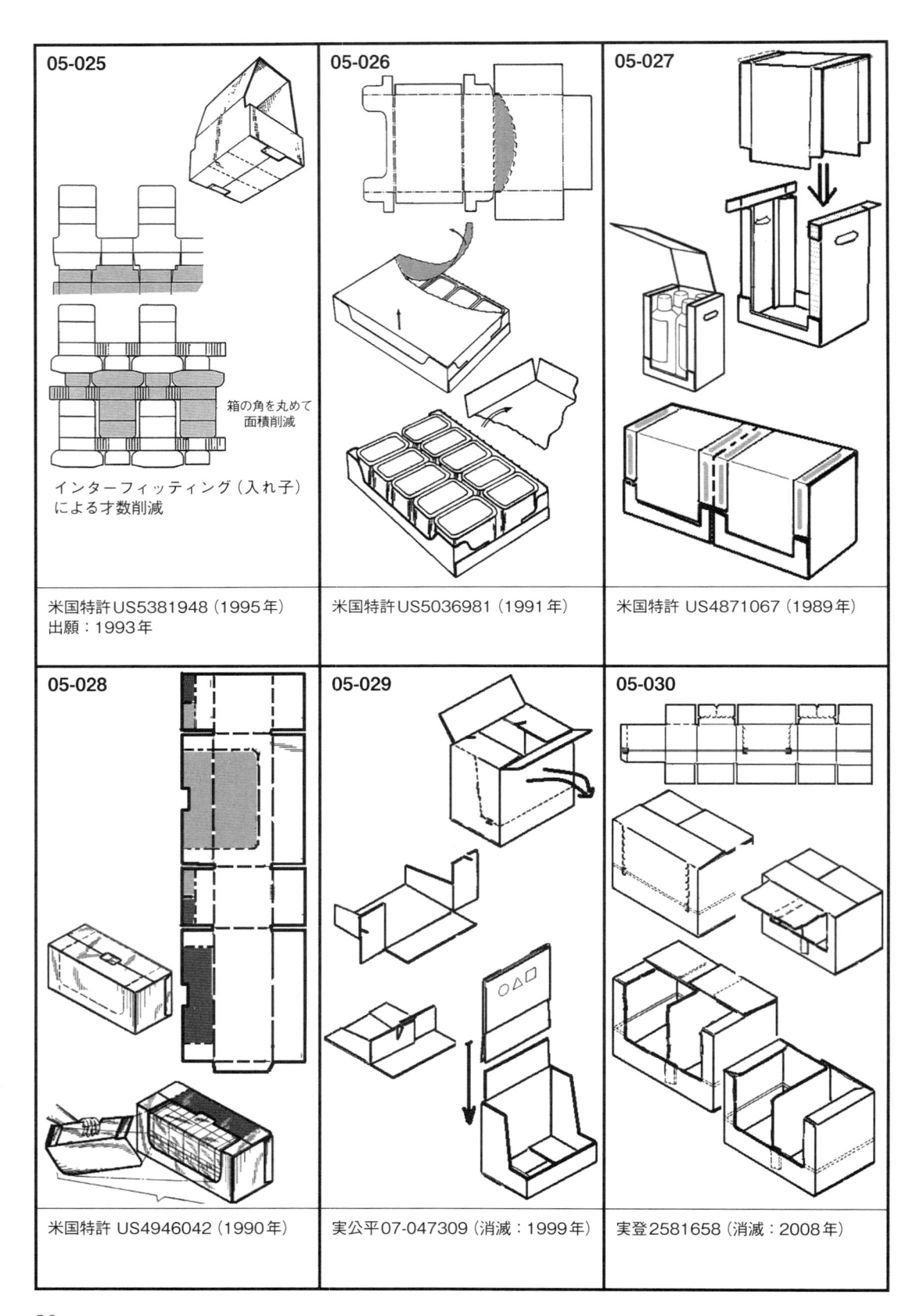

05-025

箱の角を丸めて
面積削減

インターフィッティング（入れ子）
による才数削減

米国特許US5381948（1995年）
出願：1993年

05-026

米国特許US5036981（1991年）

05-027

米国特許 US4871067（1989年）

05-028

米国特許 US4946042（1990年）

05-029

実公平07-047309（消滅：1999年）

05-030

実登2581658（消滅：2008年）

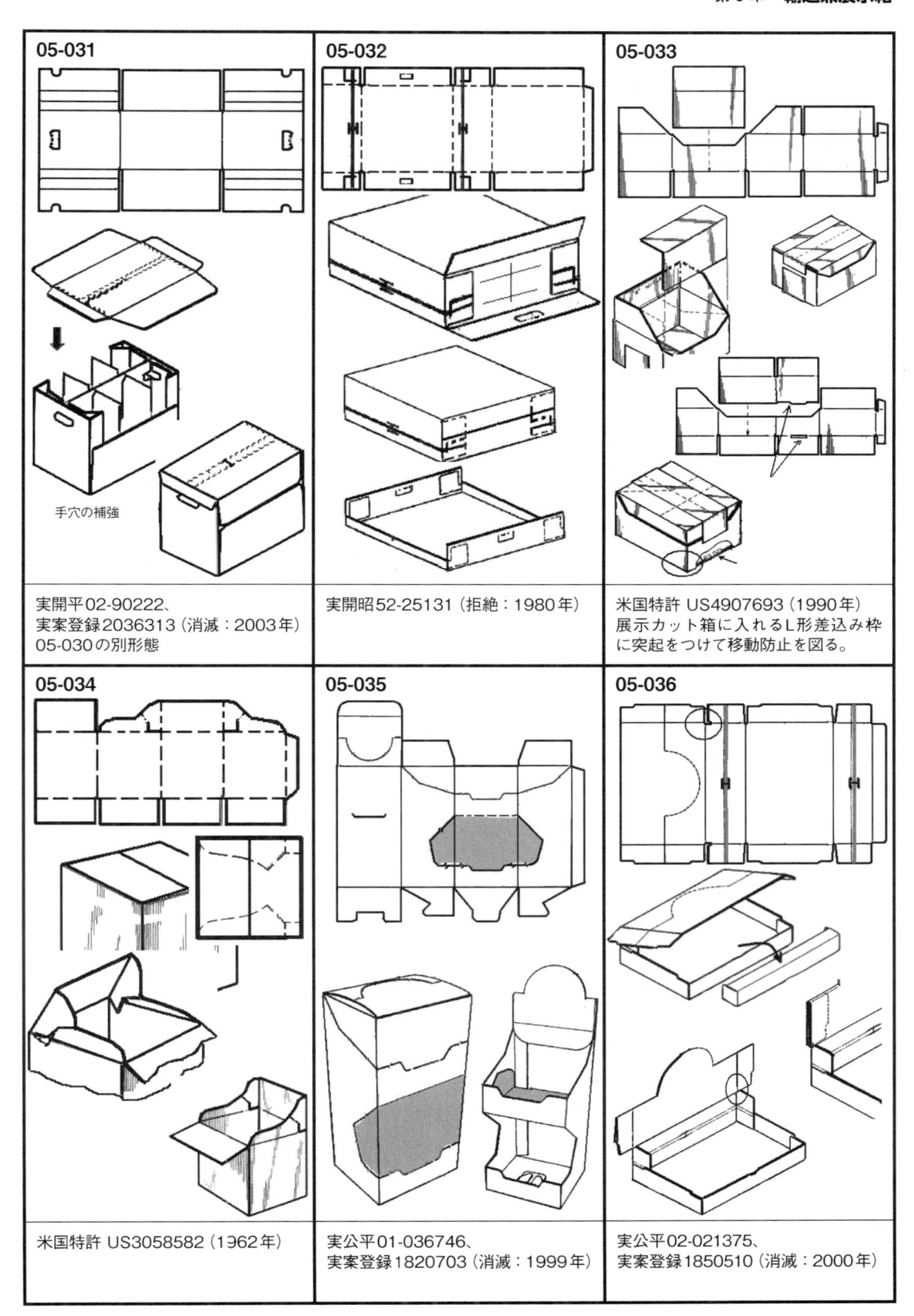

05-031

手穴の補強

実開平02-90222、
実案登録2036313（消滅：2003年）
05-030の別形態

05-032

実開昭52-25131（拒絶：1980年）

05-033

米国特許 US4907693（1990年）
展示カット箱に入れるL形差込み枠
に突起をつけて移動防止を図る。

05-034

米国特許 US3058582（1962年）

05-035

実公平01-036746、
実案登録1820703（消滅：1999年）

05-036

実公平02-021375、
実案登録1850510（消滅：2000年）

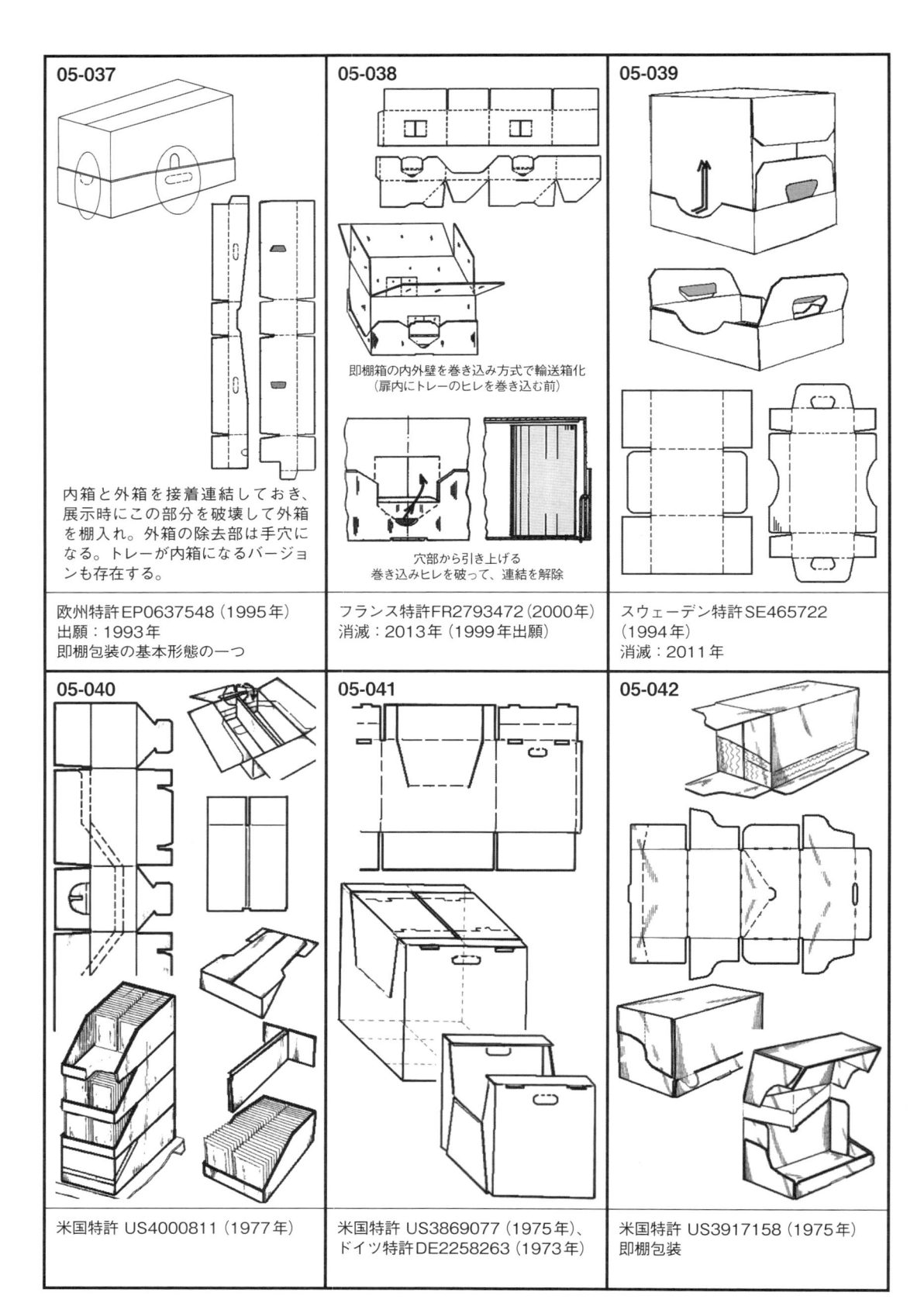

05-037

内箱と外箱を接着連結しておき、展示時にこの部分を破壊して外箱を棚入れ。外箱の除去部は手穴になる。トレーが内箱になるバージョンも存在する。

欧州特許EP0637548（1995年）
出願：1993年
即棚包装の基本形態の一つ

05-038

即棚箱の内外壁を巻き込み方式で輸送箱化
（扉内にトレーのヒレを巻き込む前）

穴部から引き上げる
巻き込みヒレを破って、連結を解除

フランス特許FR2793472（2000年）
消滅：2013年（1999年出願）

05-039

スウェーデン特許SE465722
（1994年）
消滅：2011年

05-040

米国特許 US4000811（1977年）

05-041

米国特許 US3869077（1975年）、
ドイツ特許DE2258263（1973年）

05-042

米国特許 US3917158（1975年）
即棚包装

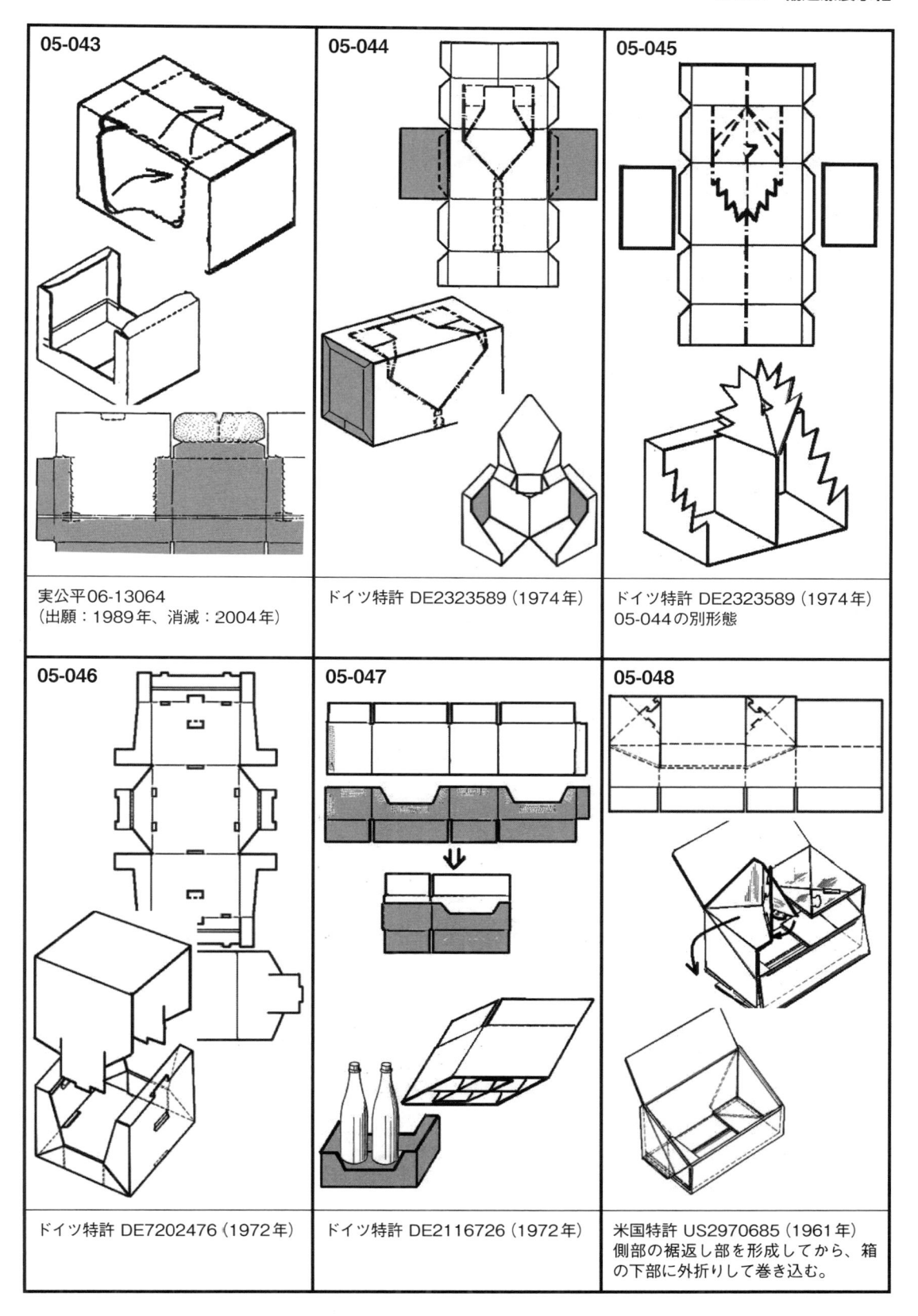

05-043

実公平06-13064
（出願：1989年、消滅：2004年）

05-044

ドイツ特許 DE2323589（1974年）

05-045

ドイツ特許 DE2323589（1974年）
05-044の別形態

05-046

ドイツ特許 DE7202476（1972年）

05-047

ドイツ特許 DE2116726（1972年）

05-048

米国特許 US2970685（1961年）
側部の裾返し部を形成してから、箱
の下部に外折りして巻き込む。

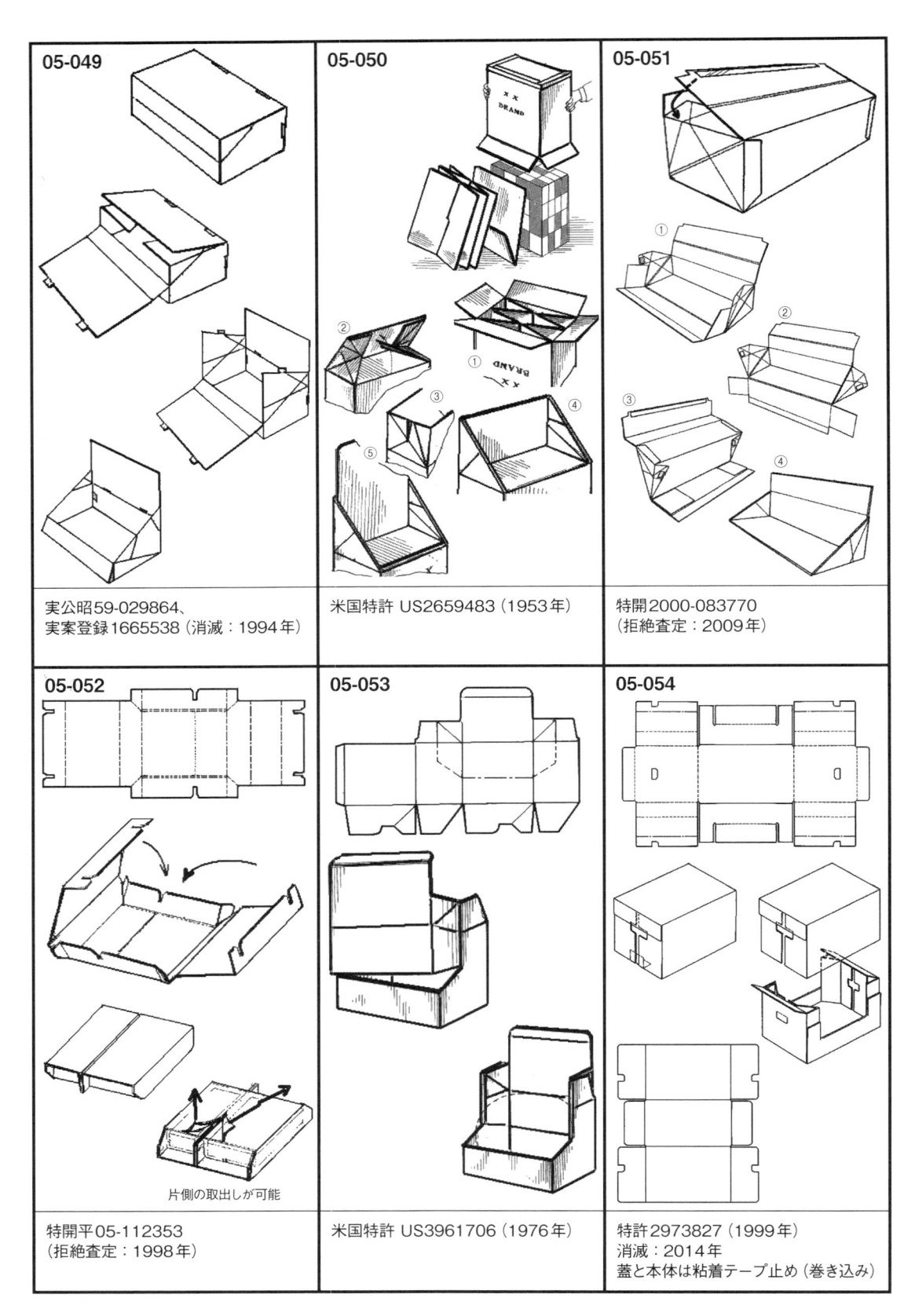

05-049

実公昭59-029864、
実案登録1665538（消滅：1994年）

05-050

米国特許 US2659483（1953年）

05-051

特開2000-083770
（拒絶査定：2009年）

05-052

片側の取出しが可能

特開平05-112353
（拒絶査定：1998年）

05-053

米国特許 US3961706（1976年）

05-054

特許2973827（1999年）
消滅：2014年
蓋と本体は粘着テープ止め（巻き込み）

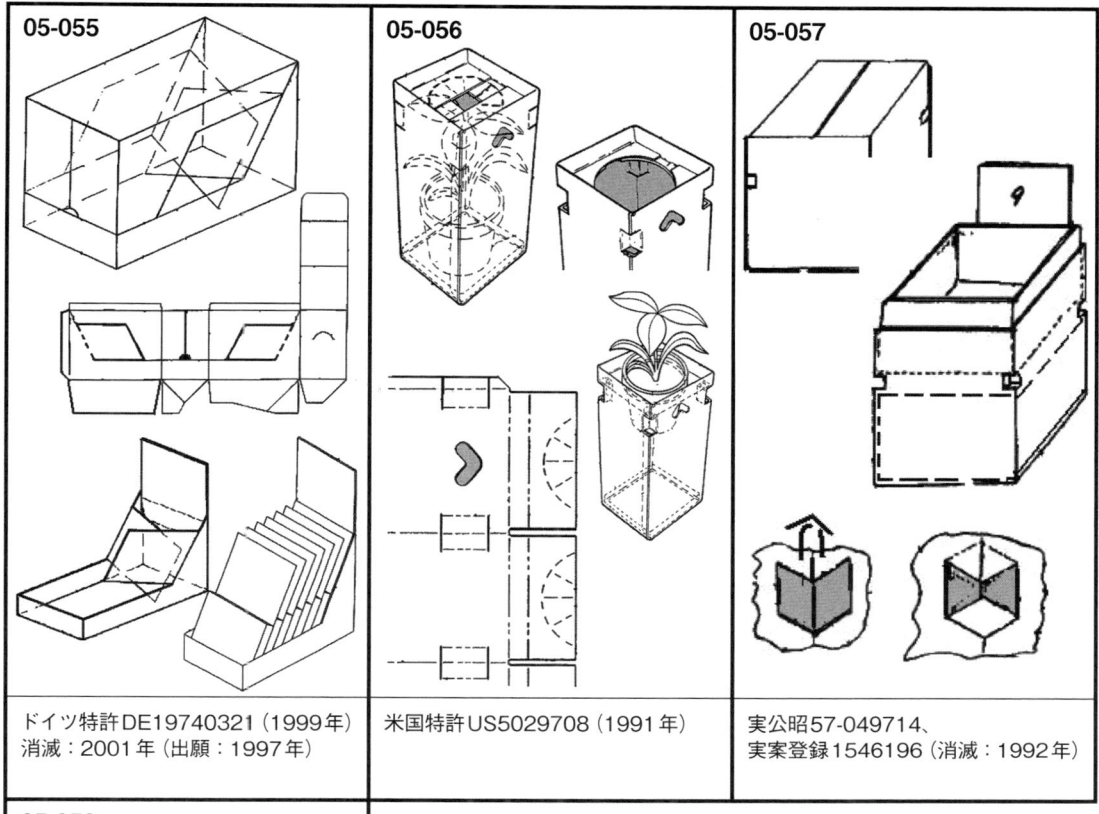

05-055

ドイツ特許DE19740321（1999年）
消滅：2001年（出願：1997年）

05-056

米国特許US5029708（1991年）

05-057

実公昭57-049714、
実案登録1546196（消滅：1992年）

05-058

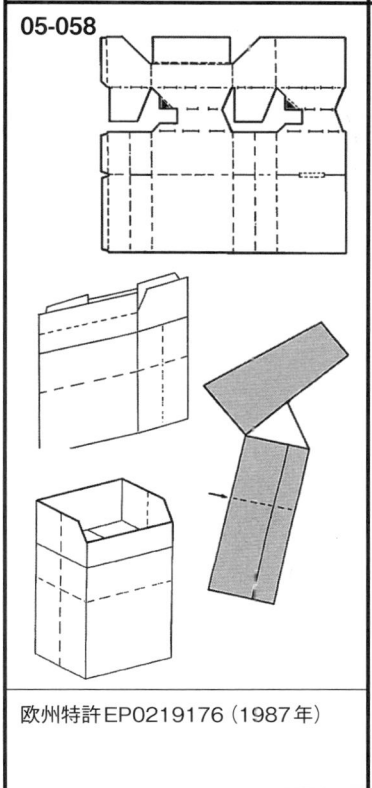

欧州特許EP0219176（1987年）

05「輸送兼展示箱」関連リスト	
02-004	07-002
02-086	09-011
04-006	10-018
04-008	15-001
04-016	17-021
04-017	22-037
04-026	23-001
04-044	33-012
07-001	34-039

06

三角箱

　内容物の形状が丸筒か三角柱状に限られる傾向が生じる。三角箱の最終封止は四角箱に比べるとやや困難になるが、次のメリットが通常得られる。

①三角箱形状は角部が鋭角になることで強固になる。したがって角部の緩衝保護能が比較的高くなる。特に円筒物を収納すると角部からの距離が広く保たれ、保護性が高まる。この種の形態は宅配便に使用されている。

②仕上がり外観はユニークな三角柱状になることで、ギフト用、デコレーション用に適するものになる。

③一般に手組みによる組立てが難しくなるが、これを克服するためにワンタッチ組立て機構の採用、捨て罫を入れての糊付け・折り畳み加工などが導入される。したがって、これらの形態は組立て容易で利便性が高く、保護性の高い箱、カートンに仕上がることになる。

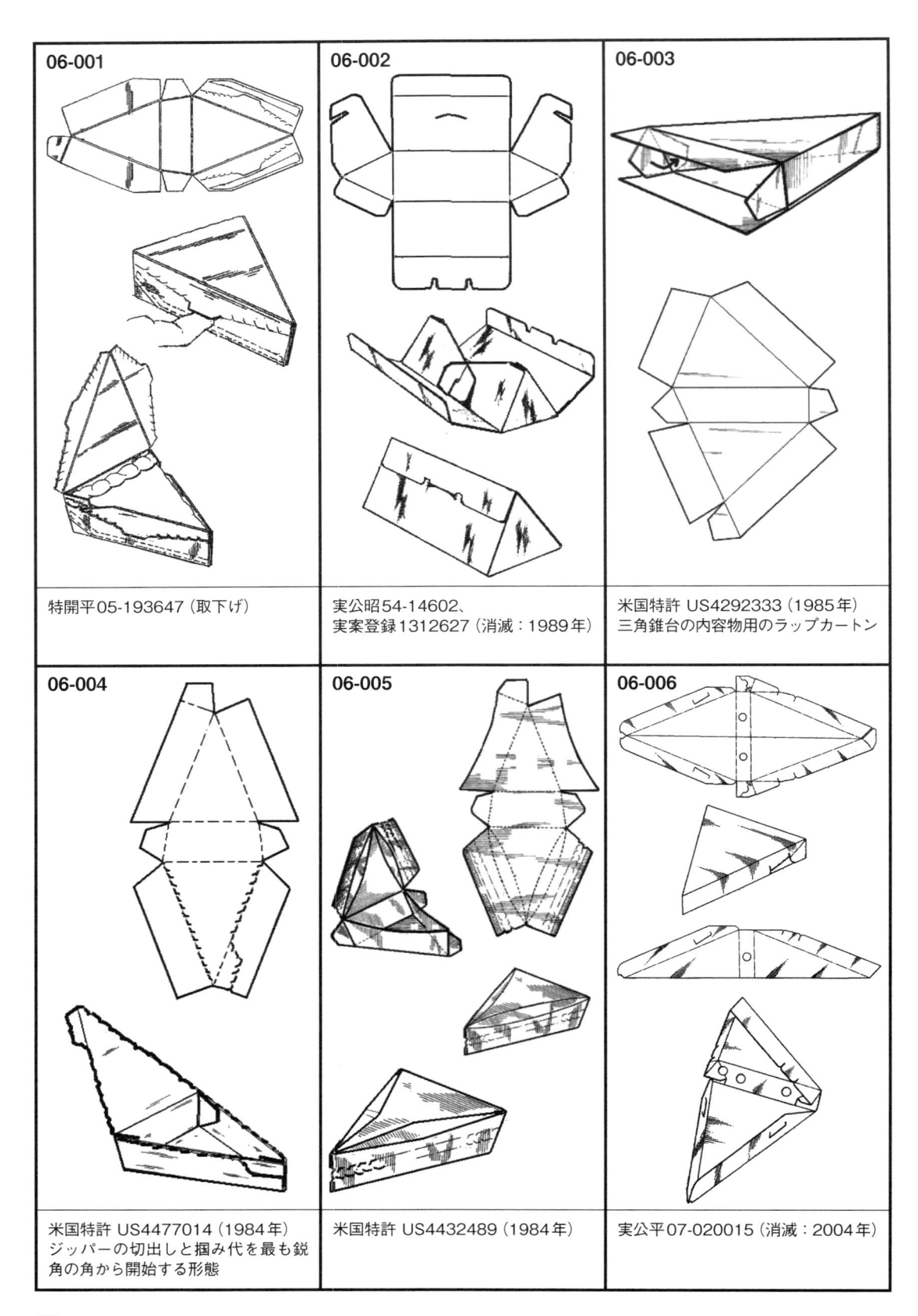

06-001	06-002	06-003
特開平05-193647（取下げ）	実公昭54-14602、 実案登録1312627（消滅：1989年）	米国特許 US4292333（1985年） 三角錐台の内容物用のラップカートン

06-004	06-005	06-006
米国特許 US4477014（1984年） ジッパーの切出しと掴み代を最も鋭 角の角から開始する形態	米国特許 US4432489（1984年）	実公平07-020015（消滅：2004年）

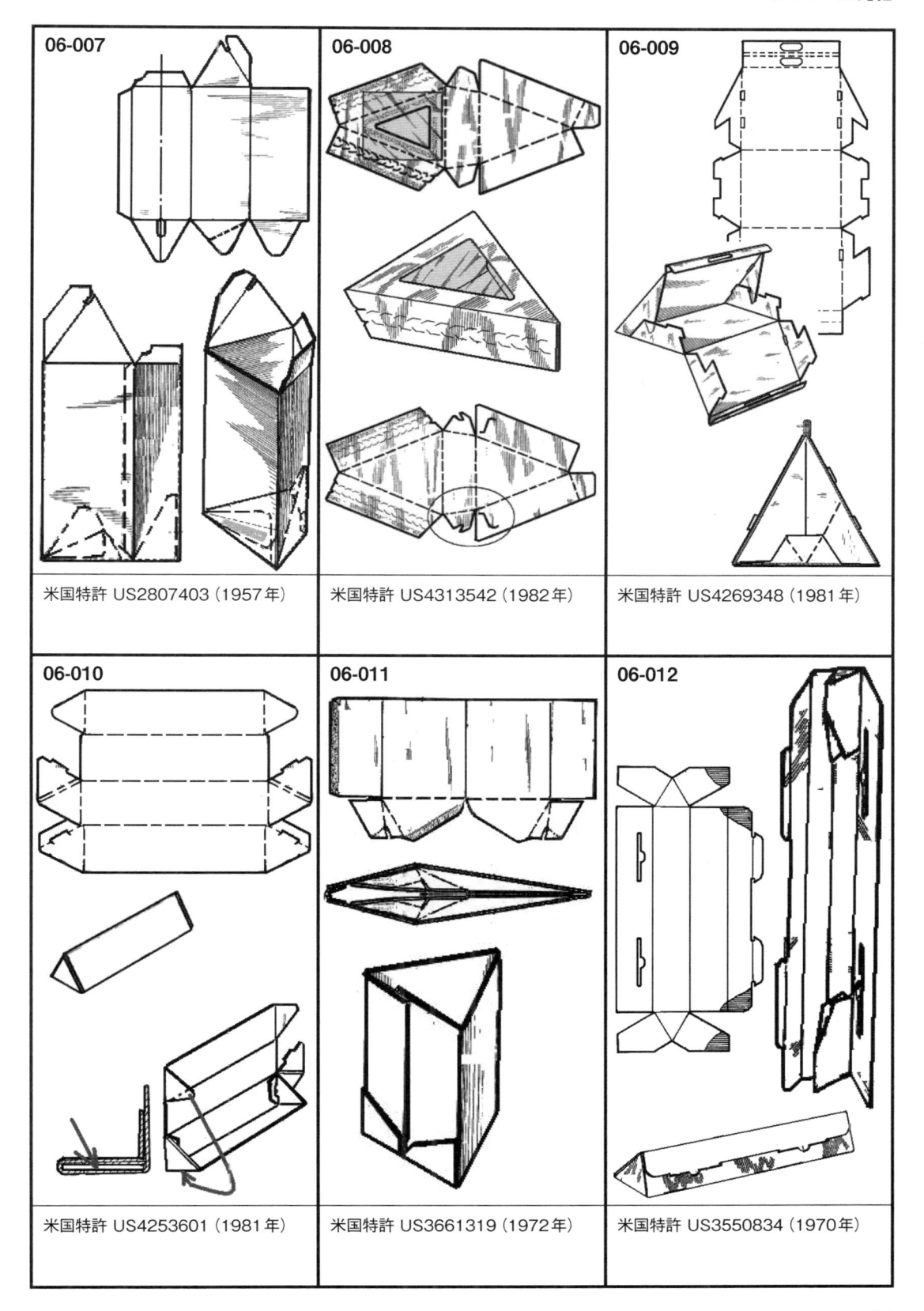

06-007

米国特許 US2807403（1957年）

06-008

米国特許 US4313542（1982年）

06-009

米国特許 US4269348（1981年）

06-010

米国特許 US4253601（1981年）

06-011

米国特許 US3661319（1972年）

06-012

米国特許 US3550834（1970年）

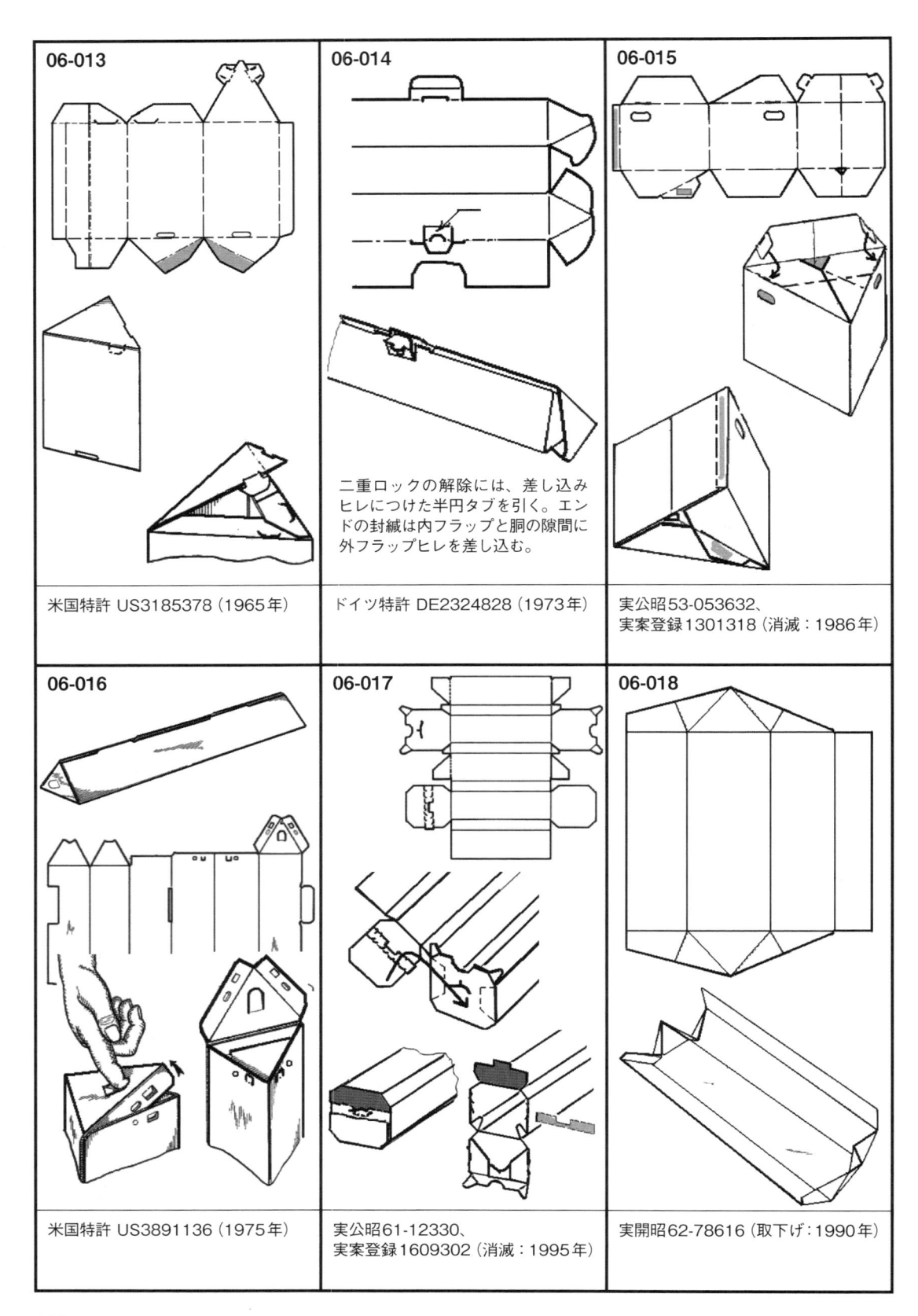

06-013

米国特許 US3185378（1965年）

06-014

二重ロックの解除には、差し込みヒレにつけた半円タブを引く。エンドの封緘は内フラップと胴の隙間に外フラップヒレを差し込む。

ドイツ特許 DE2324828（1973年）

06-015

実公昭53-053632、
実案登録1301318（消滅：1986年）

06-016

米国特許 US3891136（1975年）

06-017

実公昭61-12330、
実案登録1609302（消滅：1995年）

06-018

実開昭62-78616（取下げ：1990年）

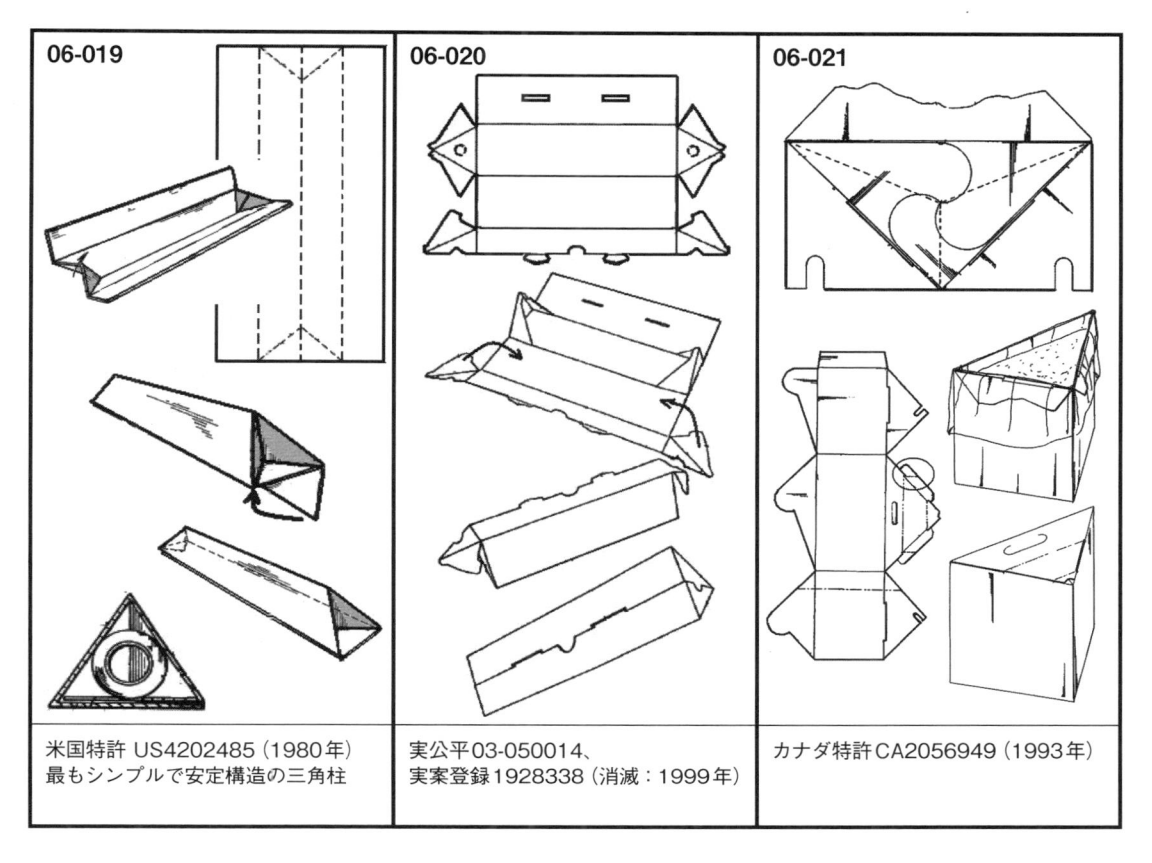

06-019	06-020	06-021
米国特許 US4202485（1980年） 最もシンプルで安定構造の三角柱	実公平03-050014、 実案登録1928338（消滅：1999年）	カナダ特許CA2056949（1993年）

06「三角箱」関連リスト		
01-025	17-045	28-012
13-020	25-024	31-045

07

大型箱

パレットデッキ面に一箱を積載するような四角箱、八角箱を大型箱として分類している。この分野は大量輸送をする米国で発達した。日本においては布製のフレコンが主流になってきている。米国ではプラスチック製の大型通いコンテナに転換しつつある。

スリップシートシステムが普及するにつれてスリップシートと箱をセットにする発明がいくつか行われた。

大型箱のリユースを図るために、パレットを箱の底に連結してパレットの紛失を防ぐ工夫、および回収時には箱をクラッシュダウンさせて小さな容積にする工夫が求められている。

胴枠とキャップとの組み合わせ形態で両者間を金属爪によるスライドロックで勘合させる方式の基本形態は失効している。

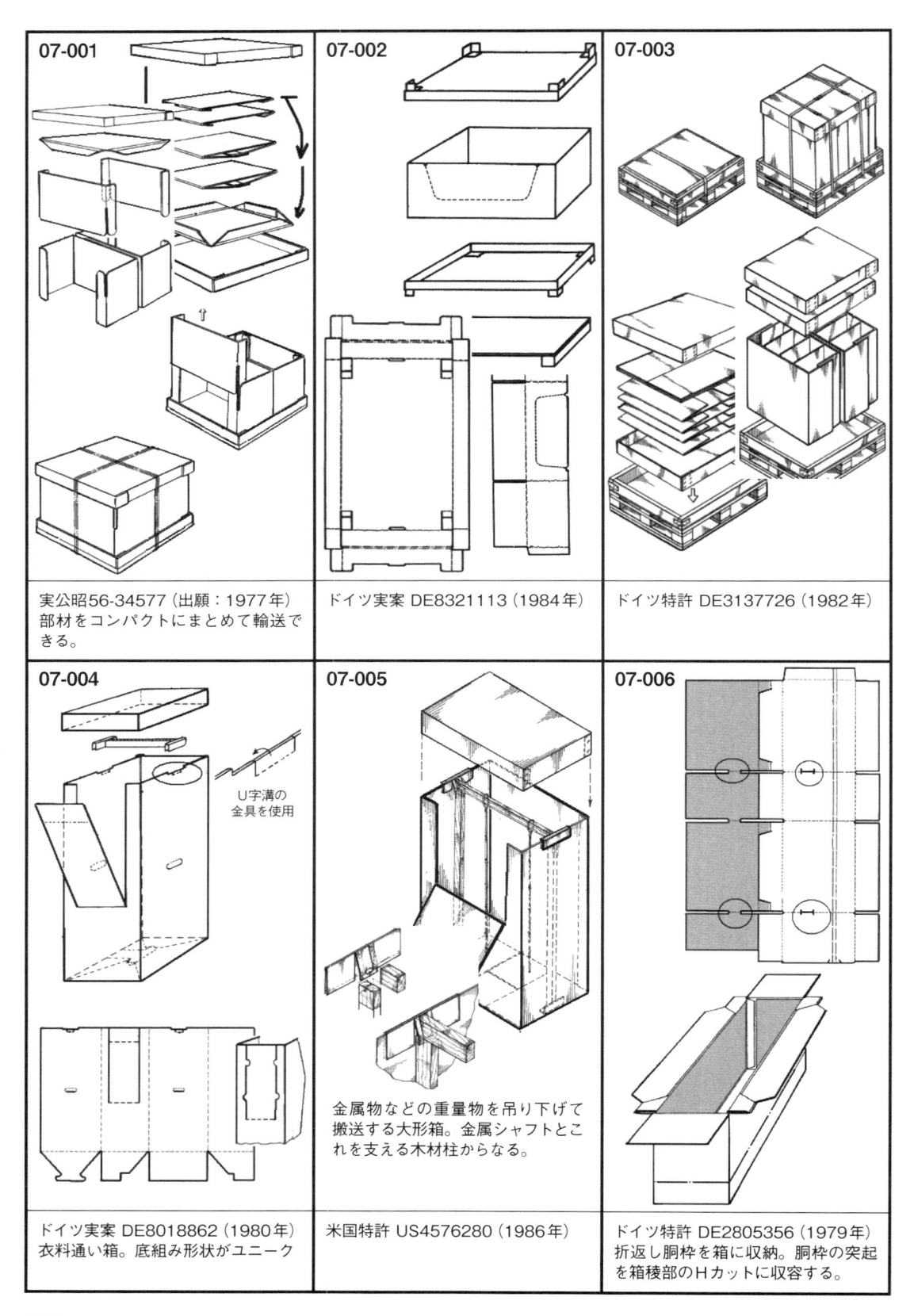

07-001

実公昭56-34577（出願：1977年）
部材をコンパクトにまとめて輸送で
きる。

07-002

ドイツ実案 DE8321113（1984年）

07-003

ドイツ特許 DE3137726（1982年）

07-004

U字溝の
金具を使用

ドイツ実案 DE8018862（1980年）
衣料通い箱。底組み形状がユニーク

07-005

金属物などの重量物を吊り下げて
搬送する大形箱。金属シャフトとこ
れを支える木材柱からなる。

米国特許 US4576280（1986年）

07-006

ドイツ特許 DE2805356（1979年）
折返し胴枠を箱に収納。胴枠の突起
を箱稜部のHカットに収容する。

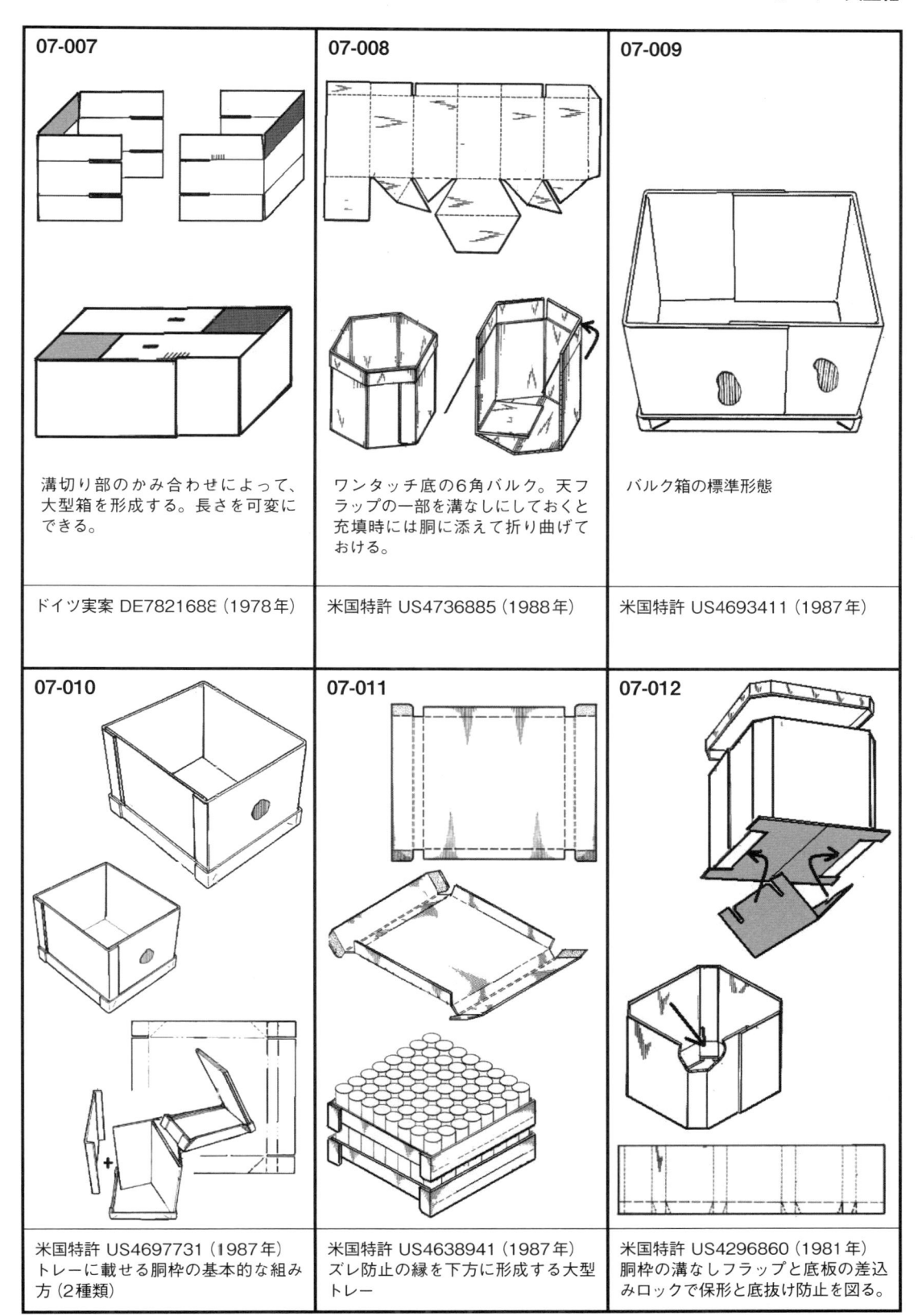

07-007

溝切り部のかみ合わせによって、大型箱を形成する。長さを可変にできる。

ドイツ実案 DE7821688（1978年）

07-008

ワンタッチ底の6角バルク。天フラップの一部を溝なしにしておくと充填時には胴に添えて折り曲げておける。

米国特許 US4736885（1988年）

07-009

バルク箱の標準形態

米国特許 US4693411（1987年）

07-010

米国特許 US4697731（1987年）トレーに載せる胴枠の基本的な組み方（2種類）

07-011

米国特許 US4638941（1987年）ズレ防止の縁を下方に形成する大型トレー

07-012

米国特許 US4296860（1981年）胴枠の溝なしフラップと底板の差込みロックで保形と底抜け防止を図る。

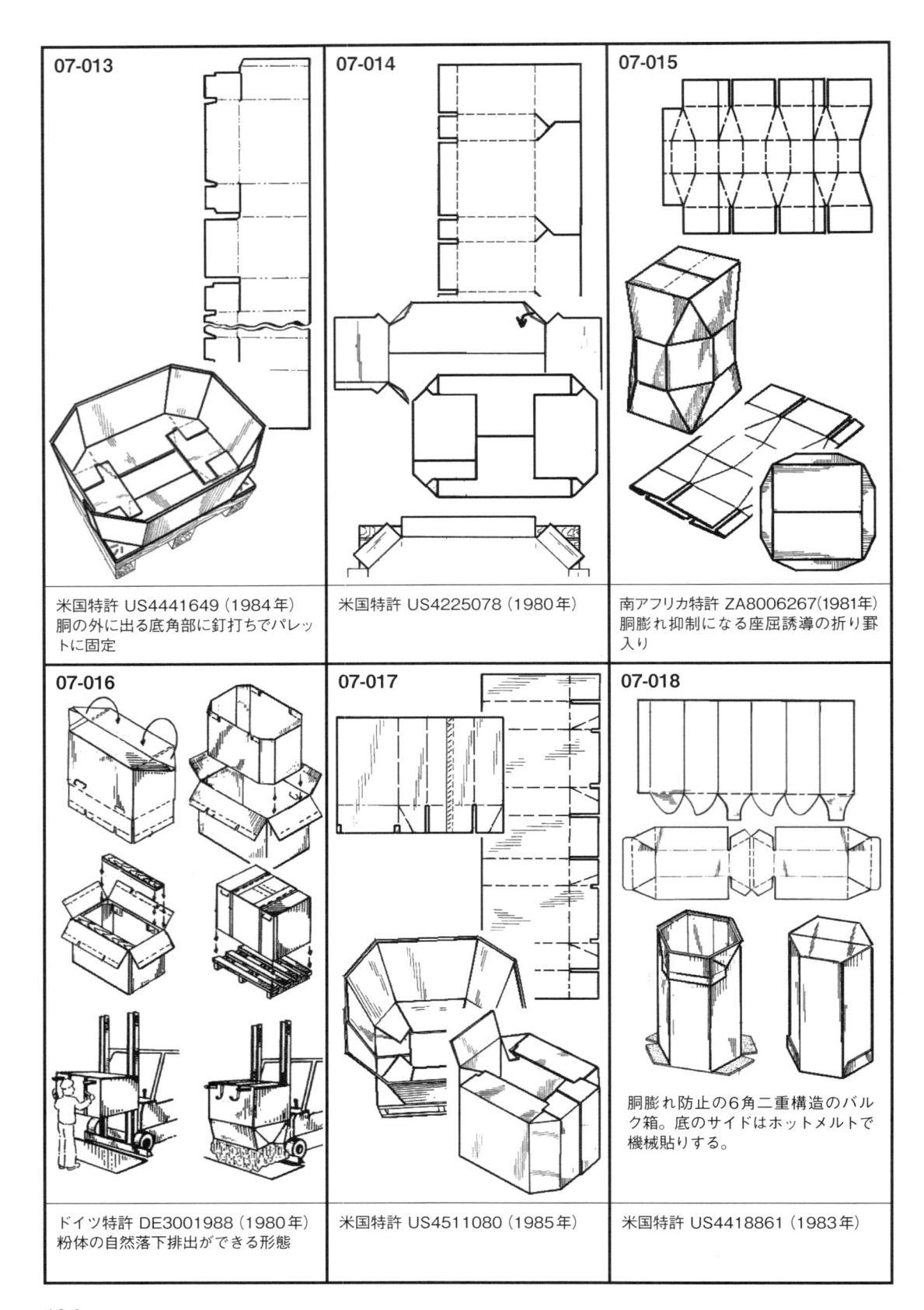

07-013

米国特許 US4441649（1984年）
胴の外に出る底角部に釘打ちでパレットに固定

07-014

米国特許 US4225078（1980年）

07-015

南アフリカ特許 ZA8006267(1981年)
胴膨れ抑制になる座屈誘導の折り罫入り

07-016

ドイツ特許 DE3001988（1980年）
粉体の自然落下排出ができる形態

07-017

米国特許 US4511080（1985年）

07-018

胴膨れ防止の6角二重構造のバルク箱。底のサイドはホットメルトで機械貼りする。

米国特許 US4418861（1983年）

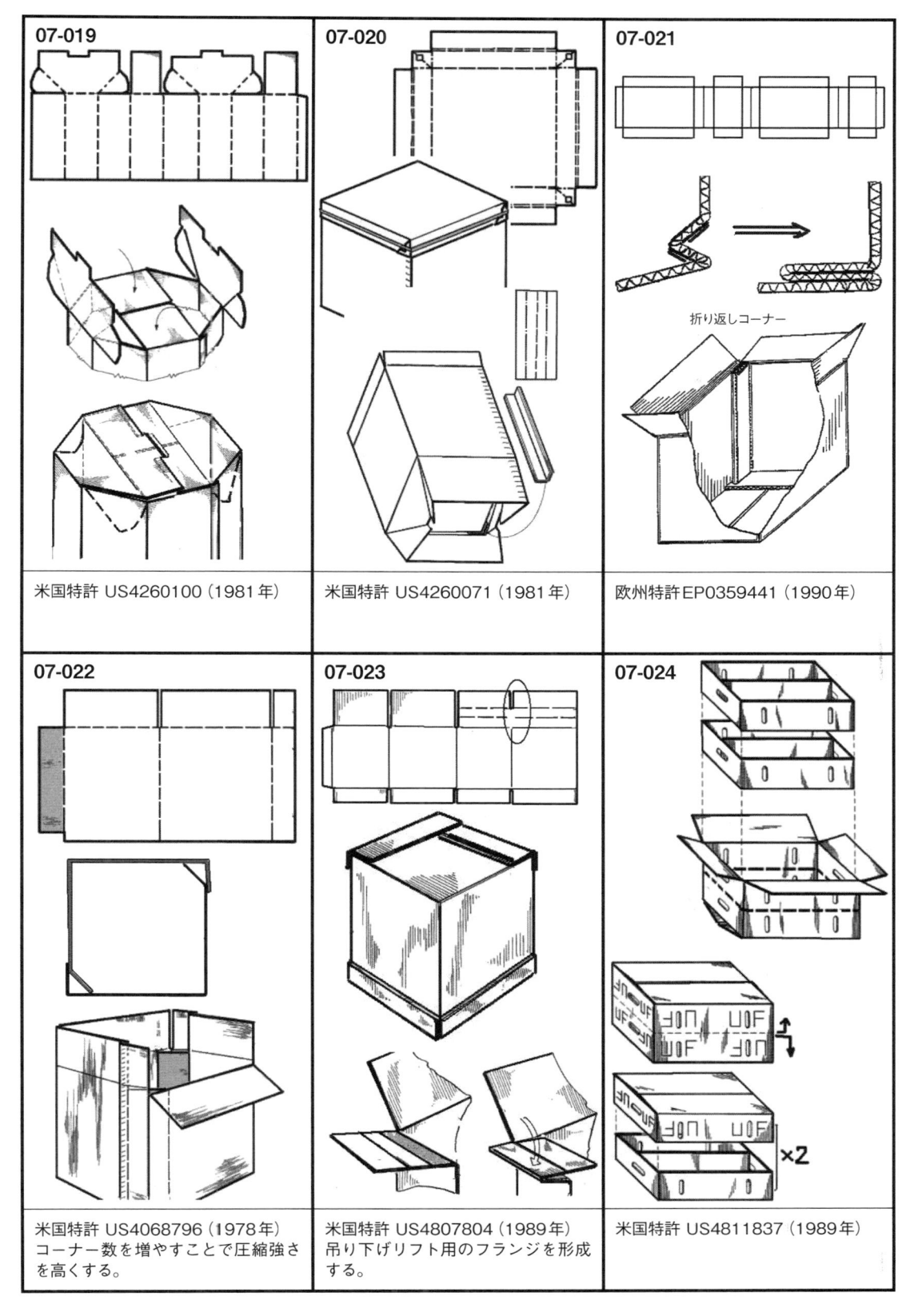

07-019	07-020	07-021
		折り返しコーナー
米国特許 US4260100（1981 年）	米国特許 US4260071（1981 年）	欧州特許 EP0359441（1990 年）

07-022	07-023	07-024
		×2
米国特許 US4068796（1978 年） コーナー数を増やすことで圧縮強さ を高くする。	米国特許 US4807804（1989 年） 吊り下げリフト用のフランジを形成 する。	米国特許 US4811837（1989 年）

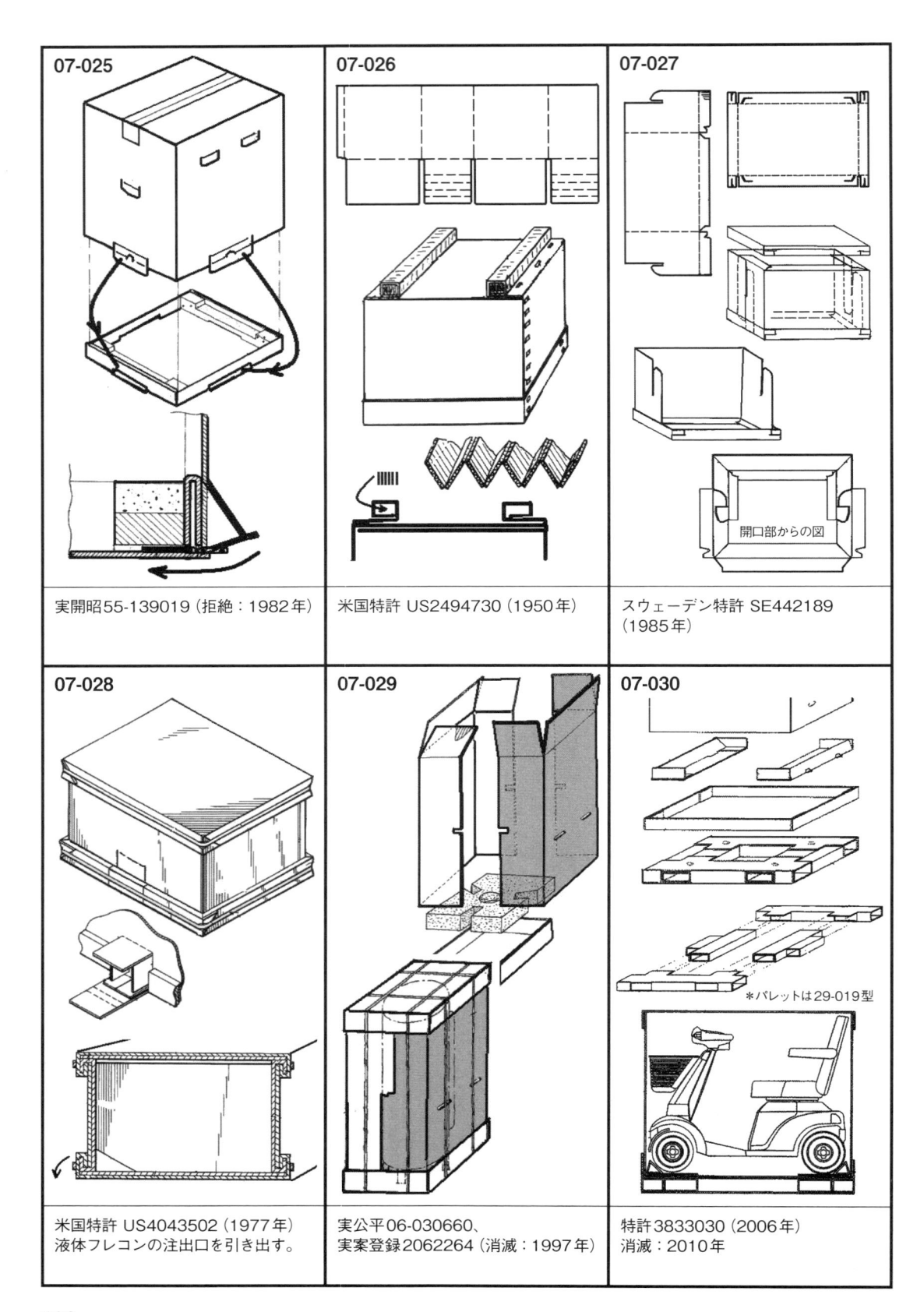

07-025	07-026	07-027
実開昭55-139019（拒絶：1982年）	米国特許 US2494730（1950年）	スウェーデン特許 SE442189 （1985年）

開口部からの図

07-028	07-029	07-030
米国特許 US4043502（1977年） 液体フレコンの注出口を引き出す。	実公平06-030660、 実案登録2062264（消滅：1997年）	特許3833030（2006年） 消滅：2010年

＊パレットは29-019型

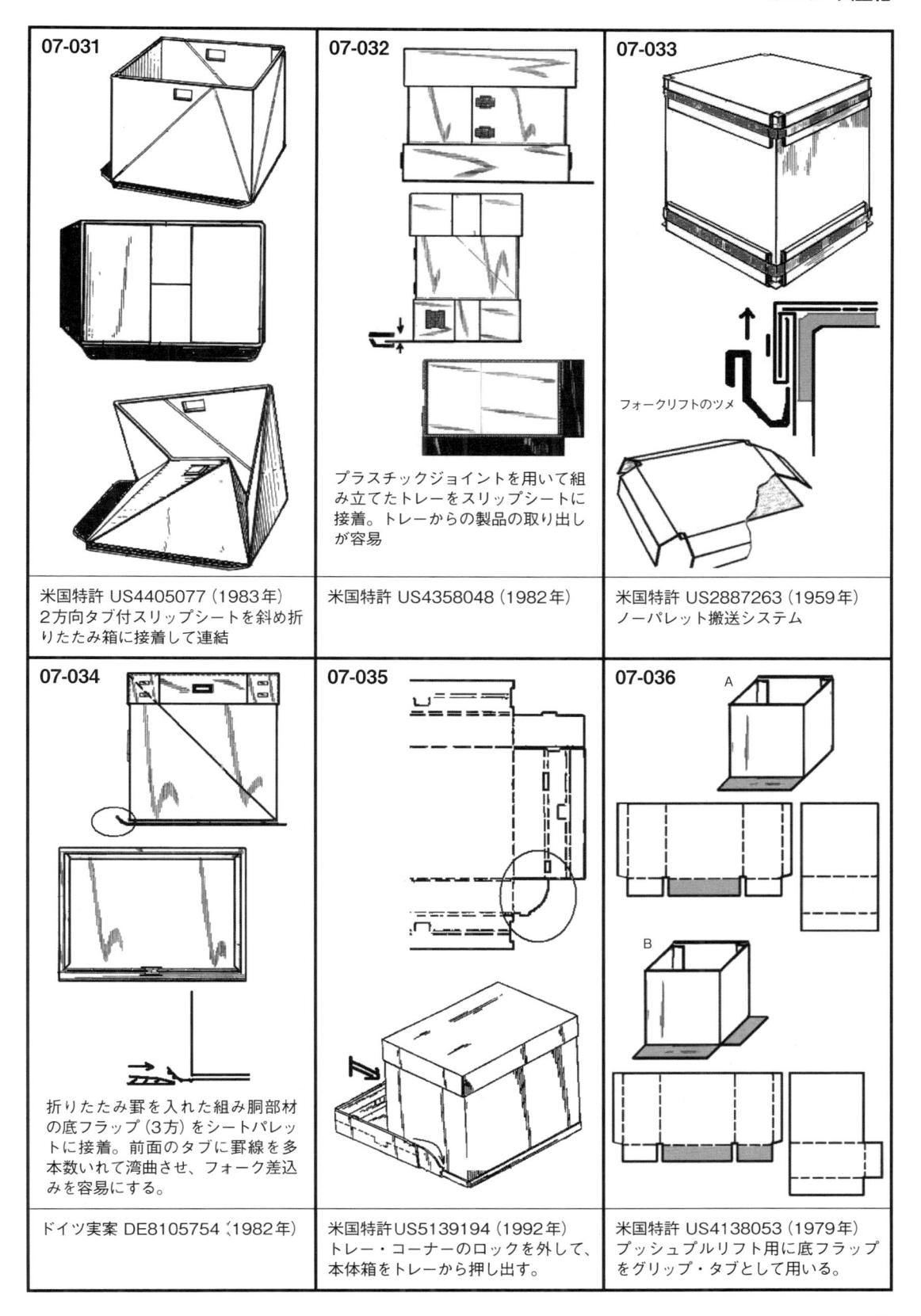

07-031

米国特許 US4405077（1983年）
2方向タブ付スリップシートを斜め折
りたたみ箱に接着して連結

07-032

プラスチックジョイントを用いて組
み立てたトレーをスリップシートに
接着。トレーからの製品の取り出し
が容易

米国特許 US4358048（1982年）

07-033

フォークリフトのツメ

米国特許 US2887263（1959年）
ノーパレット搬送システム

07-034

折りたたみ罫を入れた組み胴部材
の底フラップ（3方）をシートパレッ
トに接着。前面のタブに罫線を多
本数いれて湾曲させ、フォーク差込
みを容易にする。

ドイツ実案 DE8105754（1982年）

07-035

米国特許 US5139194（1992年）
トレー・コーナーのロックを外して、
本体箱をトレーから押し出す。

07-036

A

B

米国特許 US4138053（1979年）
プッシュプルリフト用に底フラップ
をグリップ・タブとして用いる。

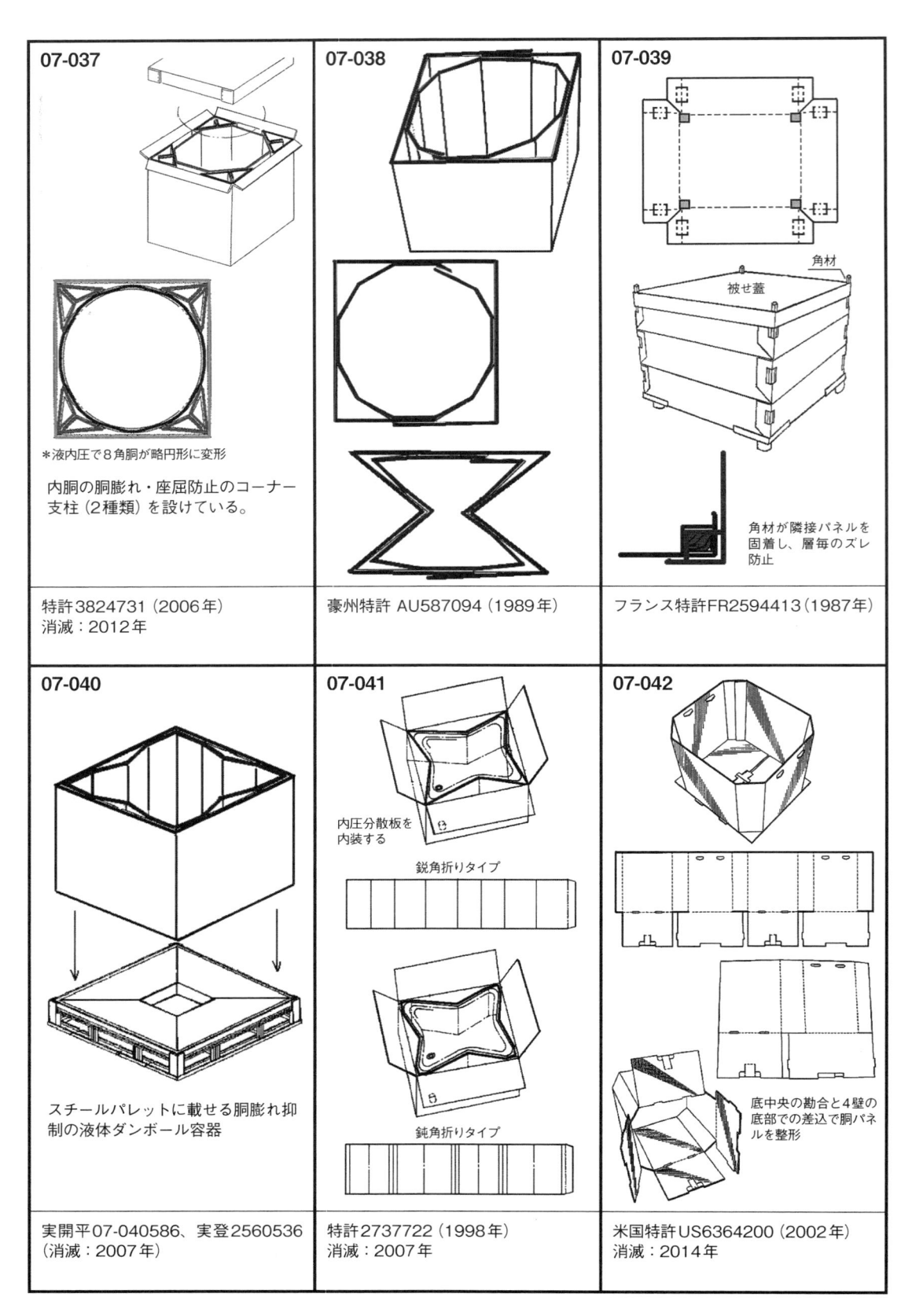

07-037

*液内圧で8角胴が略円形に変形

内胴の胴膨れ・座屈防止のコーナー
支柱（2種類）を設けている。

特許3824731（2006年）
消滅：2012年

07-038

豪州特許 AU587094（1989年）

07-039

角材

被せ蓋

角材が隣接パネルを
固着し、層毎のズレ
防止

フランス特許FR2594413（1987年）

07-040

スチールパレットに載せる胴膨れ抑
制の液体ダンボール容器

実開平07-040586、実登2560536
（消滅：2007年）

07-041

内圧分散板を
内装する

鋭角折りタイプ

鈍角折りタイプ

特許2737722（1998年）
消滅：2007年

07-042

底中央の勘合と4壁の
底部での差込で胴パネ
ルを整形

米国特許US6364200（2002年）
消滅：2014年

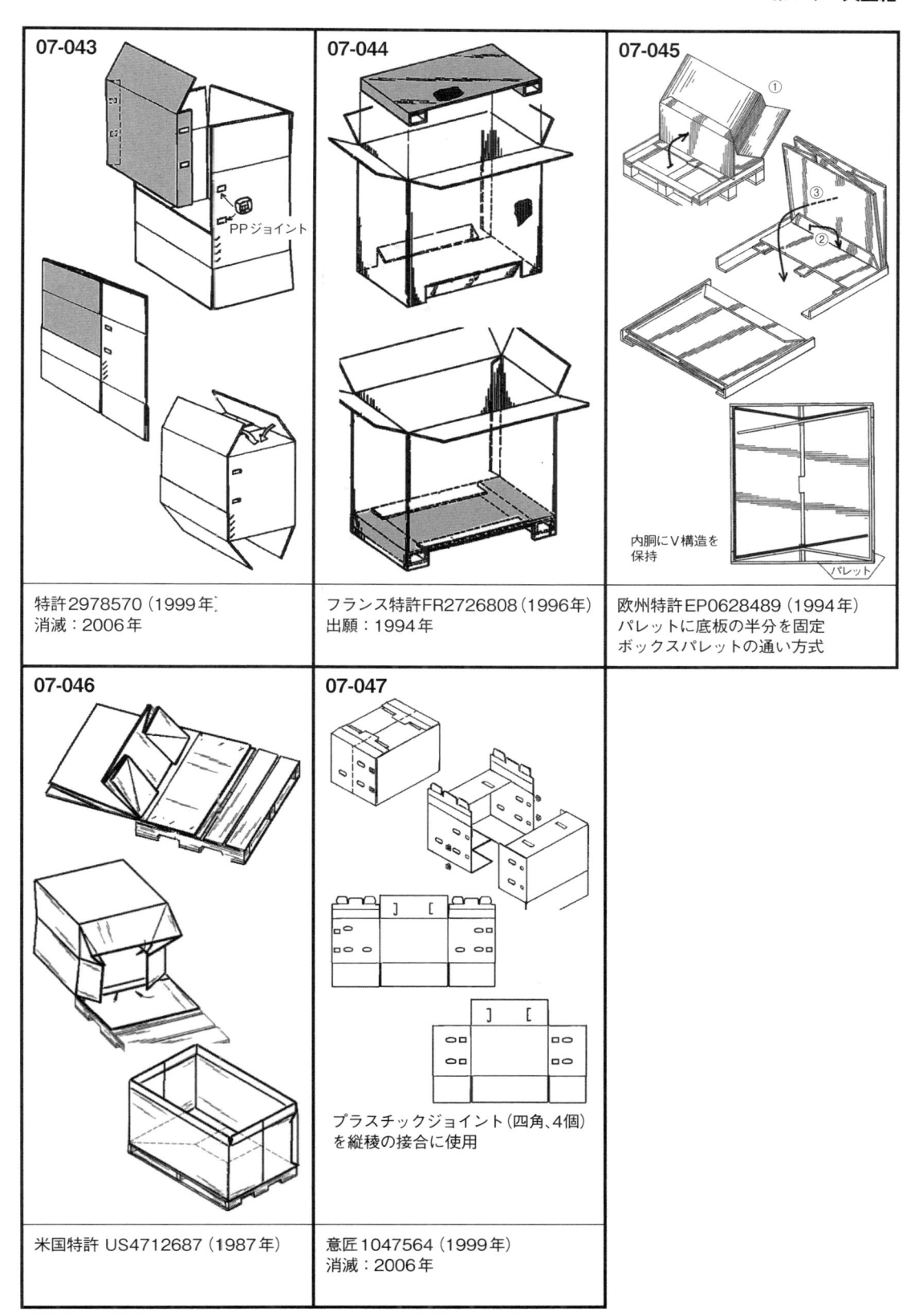

07-043

PP ジョイント

特許 2978570（1999年）
消滅：2006年

07-044

フランス特許 FR2726808（1996年）
出願：1994年

07-045

①
③
②

内胴にV構造を
保持

パレット

欧州特許 EP0628489（1994年）
パレットに底板の半分を固定
ボックスパレットの通い方式

07-046

米国特許 US4712687（1987年）

07-047

プラスチックジョイント（四角、4個）
を縦稜の接合に使用

意匠 1047564（1999年）
消滅：2006年

07「大型箱」関連リスト				
01-029	08-019	29-015	29-022	30-031
01-109	28-003	29-017	29-037	31-030
08-013	29-002	29-018	29-041	33-022

08

多角箱

この分野は大量に輸送するための大型箱とパッケージのユニークさを重視する商業包装箱に分かれる。

大型箱においては五角以上の角箱の利点を活用する。一般的には角柱の胴部とキャップ（天または地に、その両方に）の組み合わせになる。

多角箱は箱の組み立て時に胴部の角度が自動的に決まるための工夫を要する。通常は所定の角度を持つヒレをガイドにすることになる。

使用の形態は、機械荷役になる大型輸送箱または展示台である。後者については、フロアディスプレーとして展開が可能な形態開発が盛んになっている。

パレットサイズの大型輸送箱は、トリプルダンボール箱または胴枠付き二重箱を用いて物資を大陸間輸送する歴史の長い米国で形態開発の多くが行われた。

商業包装箱においては、組み立て易さを考慮して、底ワンタッチの形態が採用されることが多い。この種の形態は「ユニークな形態」（第39章）、「特殊用途」（第40章）の分野にもまたがっているため、広く検索することが有効である。

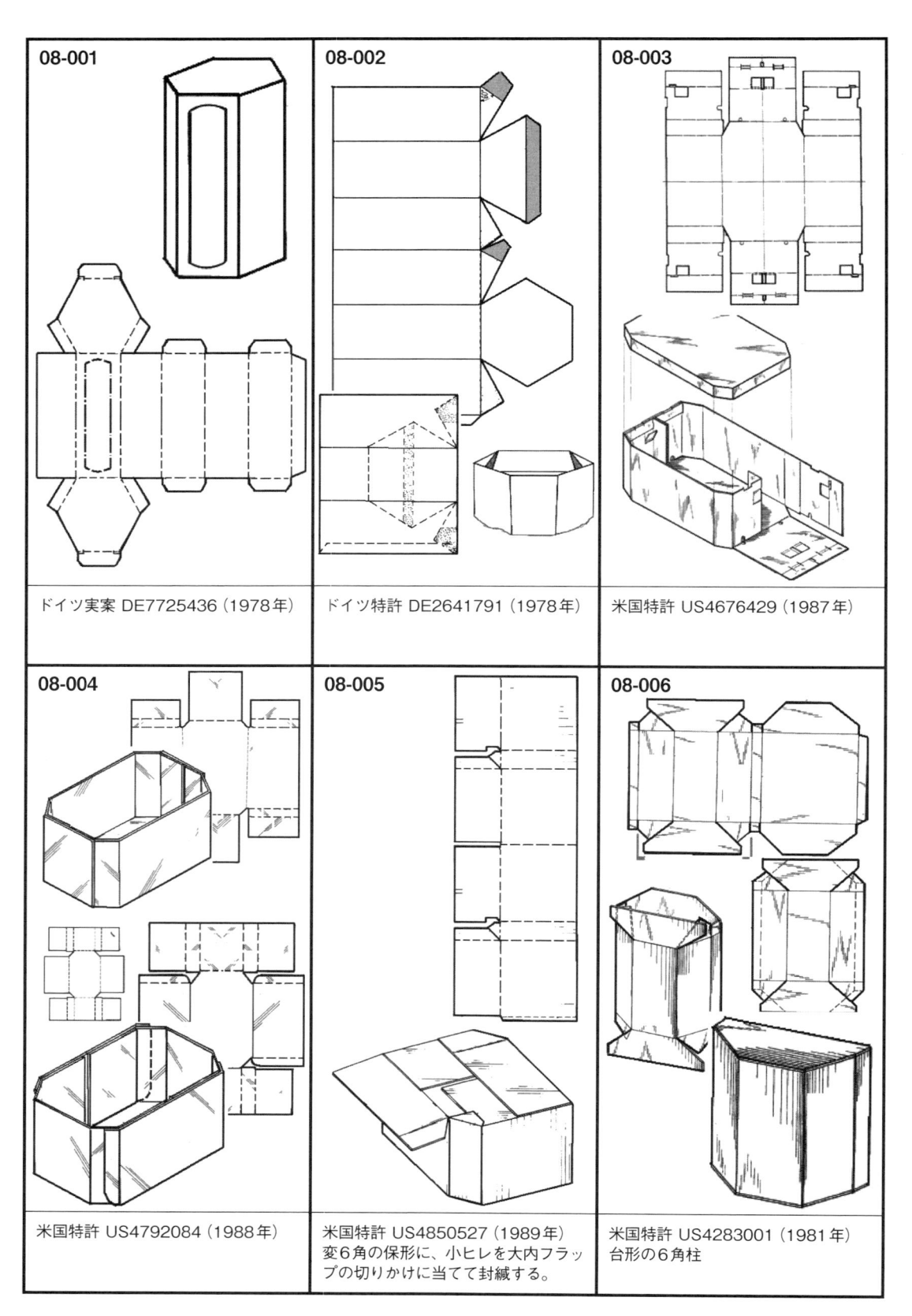

08-001	08-002	08-003
ドイツ実案 DE7725436（1978年）	ドイツ特許 DE2641791（1978年）	米国特許 US4676429（1987年）

08-004	08-005	08-006
米国特許 US4792084（1988年）	米国特許 US4850527（1989年） 変6角の保形に、小ヒレを大内フラップの切りかけに当てて封緘する。	米国特許 US4283001（1981年） 台形の6角柱

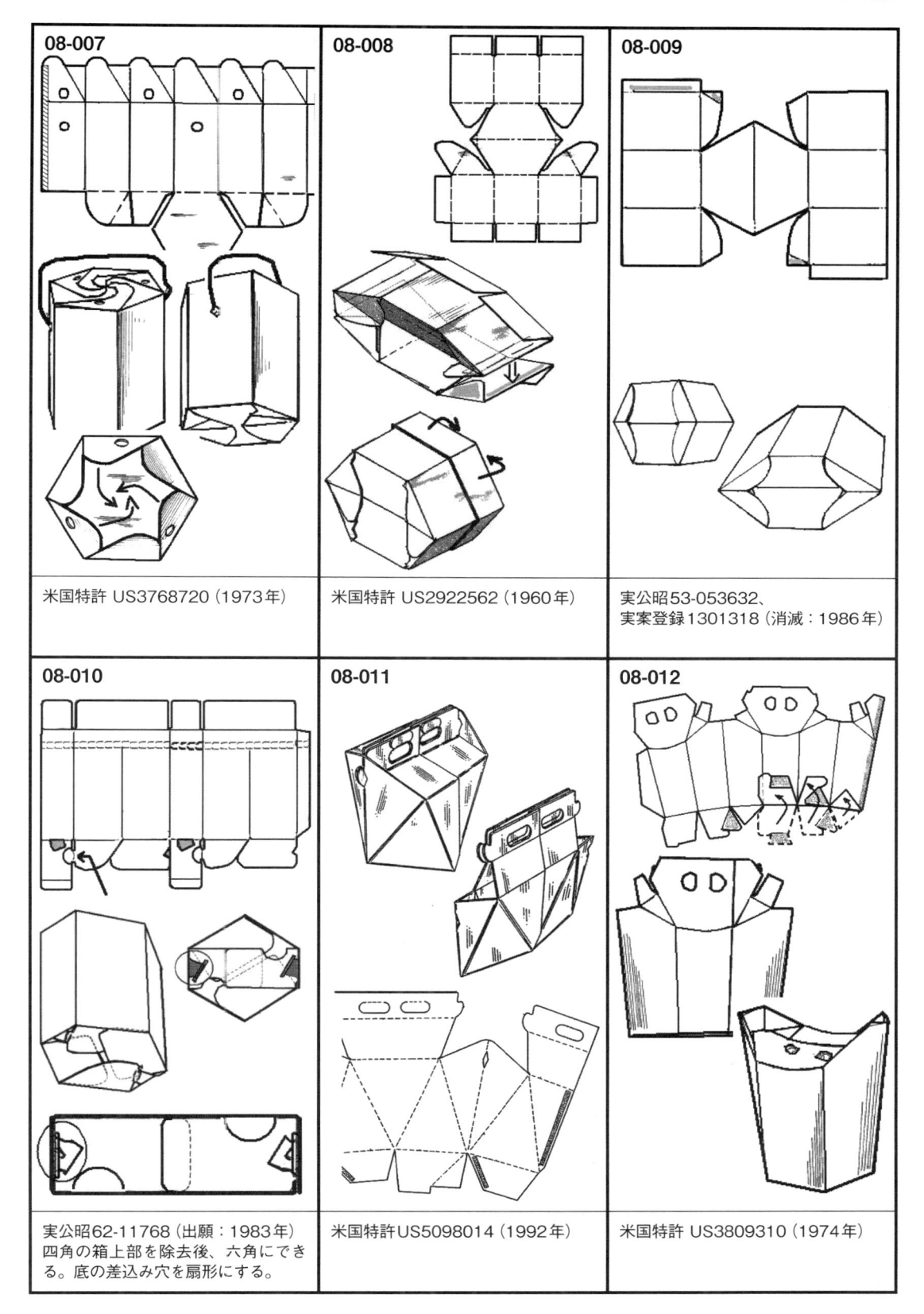

08-007

米国特許 US3768720（1973年）

08-008

米国特許 US2922562（1960年）

08-009

実公昭53-053632、
実案登録1301318（消滅：1986年）

08-010

実公昭62-11768（出願：1983年）
四角の箱上部を除去後、六角にでき
る。底の差込み穴を扇形にする。

08-011

米国特許US5098014（1992年）

08-012

米国特許 US3809310（1974年）

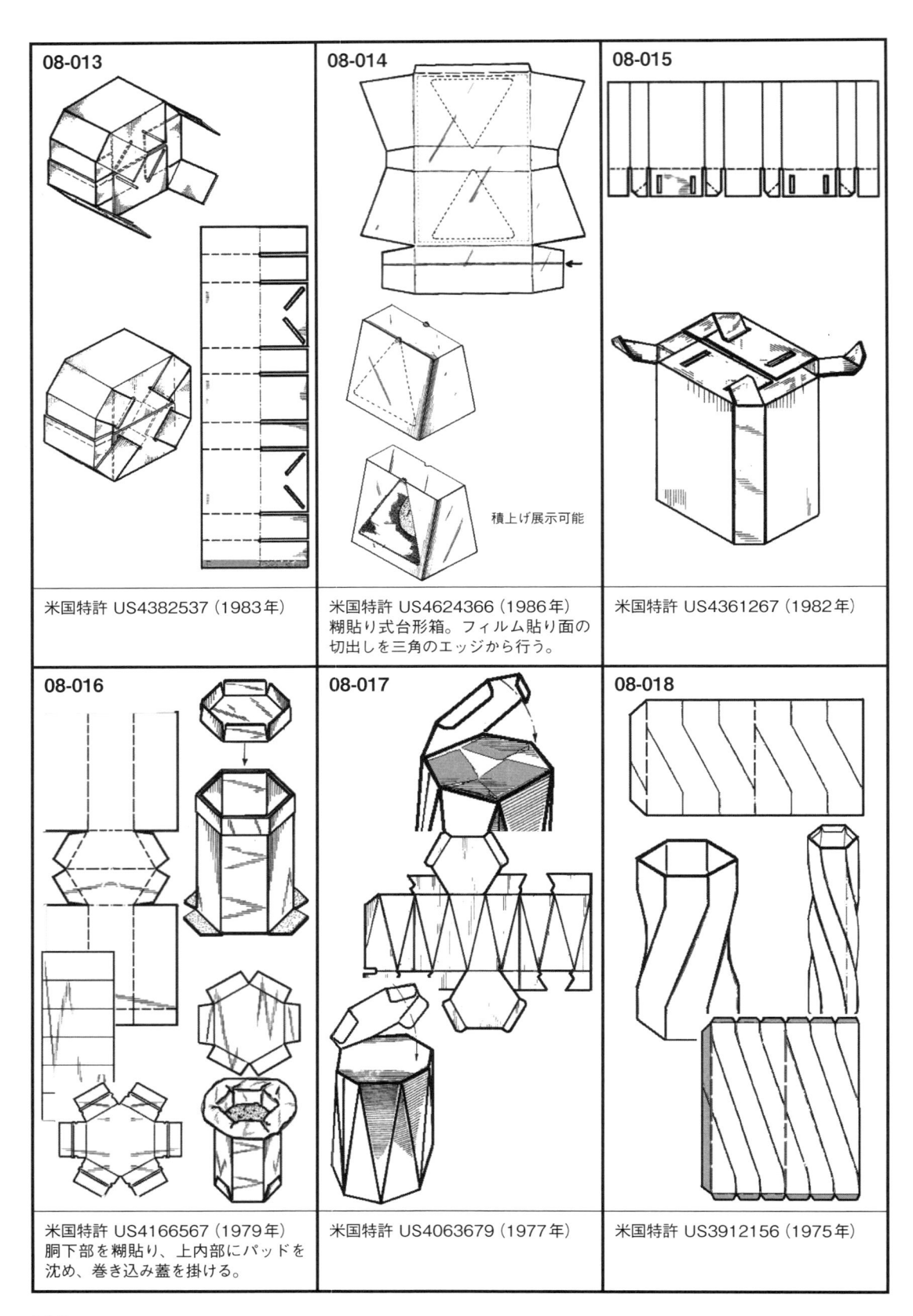

08-013

米国特許 US4382537（1983年）

08-014

米国特許 US4624366（1986年）
糊貼り式台形箱。フィルム貼り面の
切出しを三角のエッジから行う。

積上げ展示可能

08-015

米国特許 US4361267（1982年）

08-016

米国特許 US4166567（1979年）
胴下部を糊貼り、上内部にパッドを
沈め、巻き込み蓋を掛ける。

08-017

米国特許 US4063679（1977年）

08-018

米国特許 US3912156（1975年）

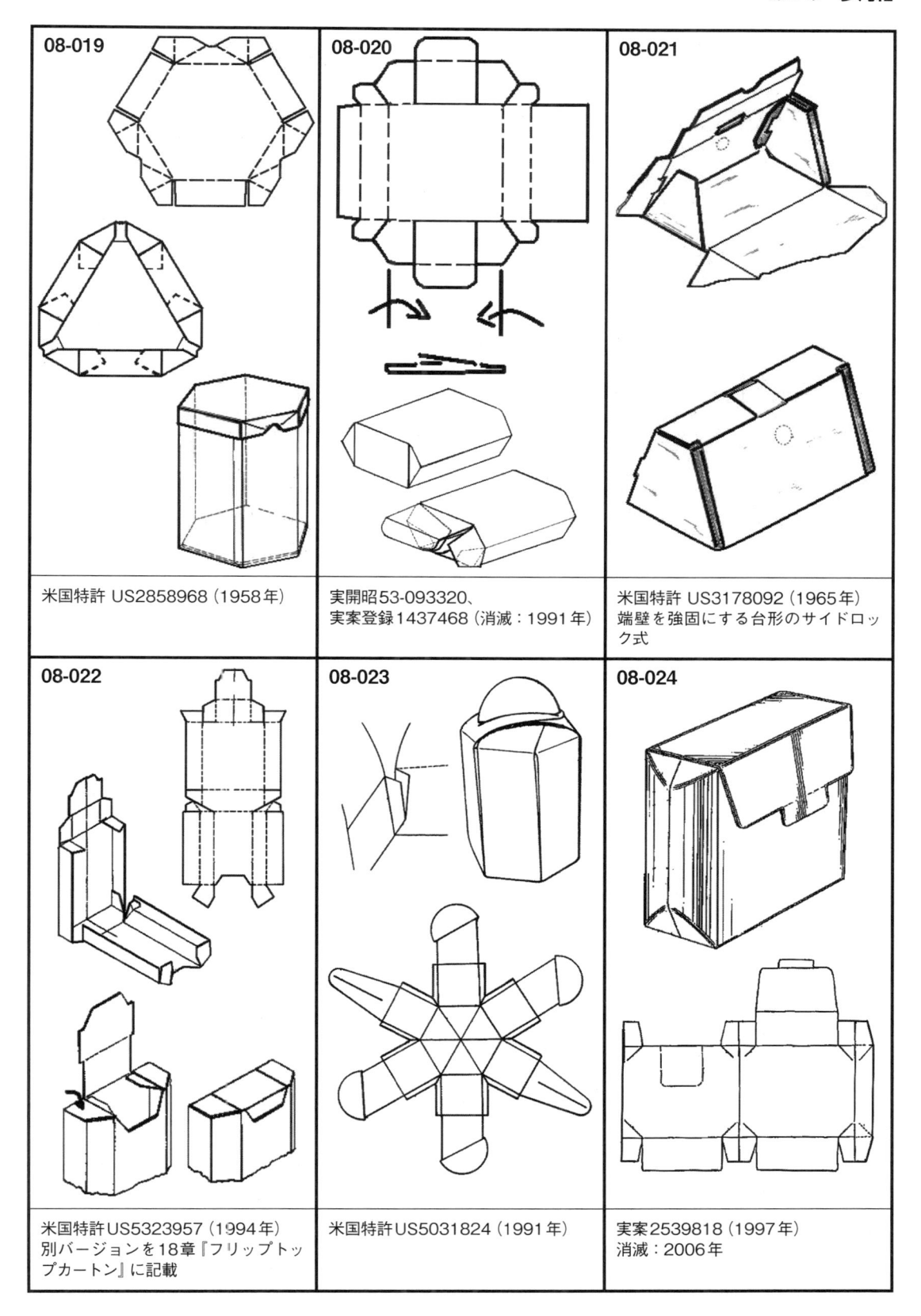

08-019

米国特許 US2858968（1958年）

08-020

実開昭53-093320、
実案登録1437468（消滅：1991年）

08-021

米国特許 US3178092（1965年）
端壁を強固にする台形のサイドロック式

08-022

米国特許 US5323957（1994年）
別バージョンを18章『フリップトップカートン』に記載

08-023

米国特許 US5031824（1991年）

08-024

実案2539818（1997年）
消滅：2006年

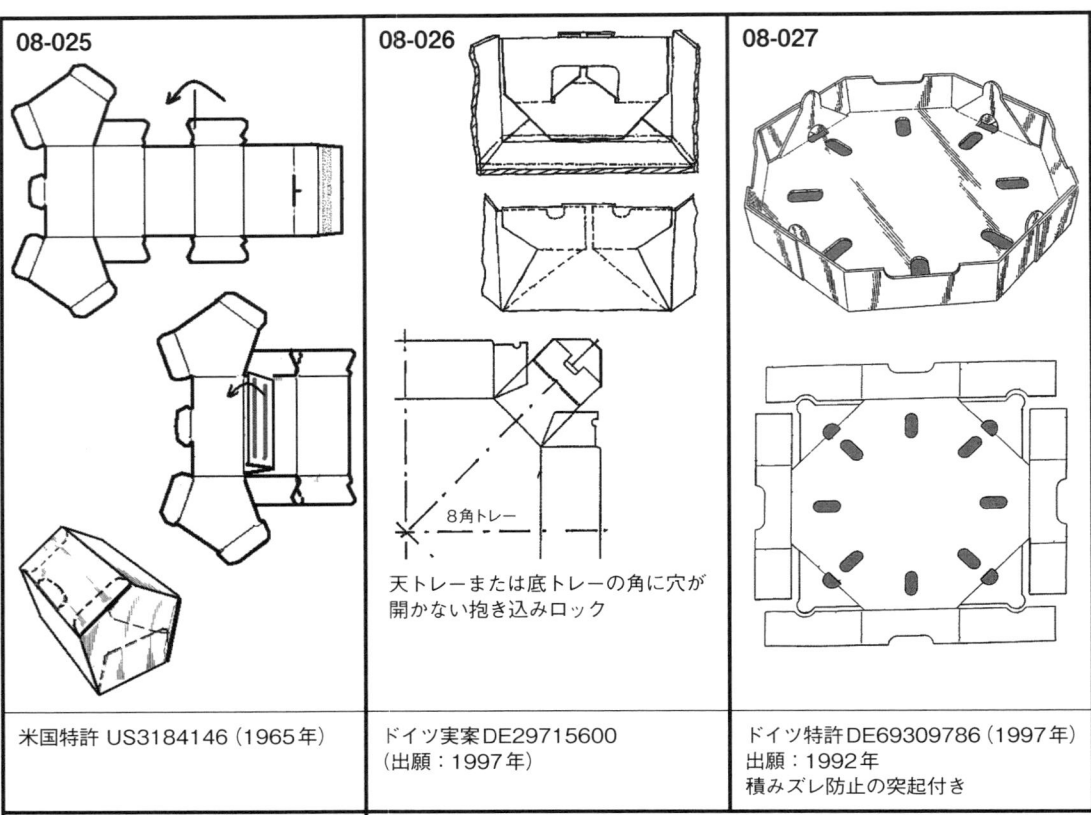

08-025

米国特許 US3184146（1965年）

08-026

ドイツ実案 DE29715600
（出願：1997年）

8角トレー
天トレーまたは底トレーの角に穴が
開かない抱き込みロック

08-027

ドイツ特許 DE69309786（1997年）
出願：1992年
積みズレ防止の突起付き

08-028

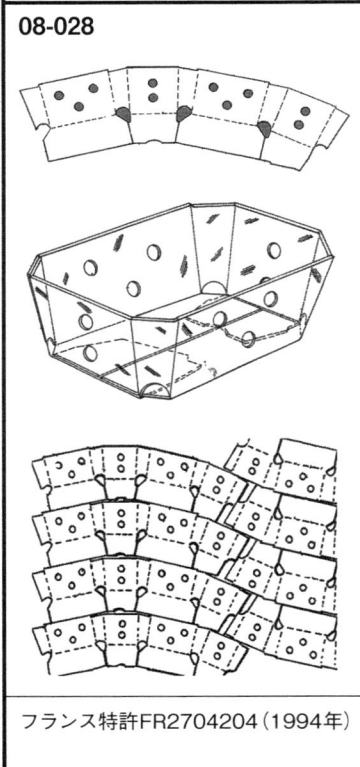

フランス特許 FR2704204（1994年）

08「多角箱」関連リスト	
02-064	13-005
02-087	13-033
06-017	13-040
07-018	16-012
07-019	16-016
09-041	16-021
09-042	23-069
10-002	25-051
12-015	25-052
12-019	28-085
12-032	31-119
12-069	31-120
13-003	

09

機械製函浅箱

　ラップラウンドとブリス以外の機械製函の箱で、ワンピースのブランクシートから製函する比較的浅い箱をまとめている。

　この種の箱の封緘は、差し込みロックまたはホットメルト接着のいずれか、または両方である。

　箱の底が一枚であり、ラップラウンド箱に類似して省材料になる条件を備えている。

　また機械製函の良さとして、折りたたみ箱に生じるコーナー部の段つぶれとコーナーの遊びが生じない点が挙げられる。

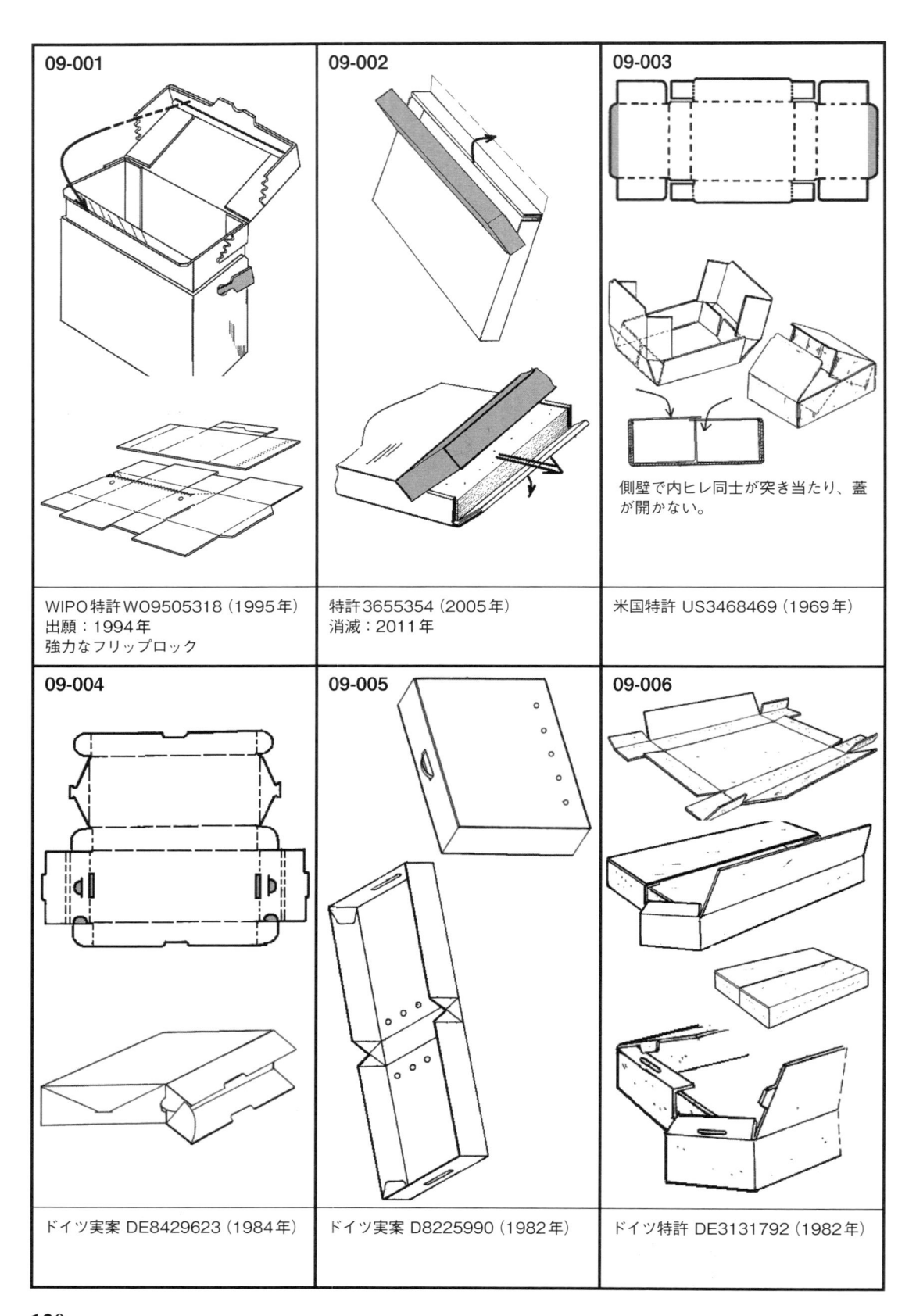

09-001	09-002	09-003
		側壁で内ヒレ同士が突き当たり、蓋が開かない。
WIPO特許 WO9505318（1995年） 出願：1994年 強力なフリップロック	特許 3655354（2005年） 消滅：2011年	米国特許 US3468469（1969年）
09-004	09-005	09-006
ドイツ実案 DE8429623（1984年）	ドイツ実案 D8225990（1982年）	ドイツ特許 DE3131792（1982年）

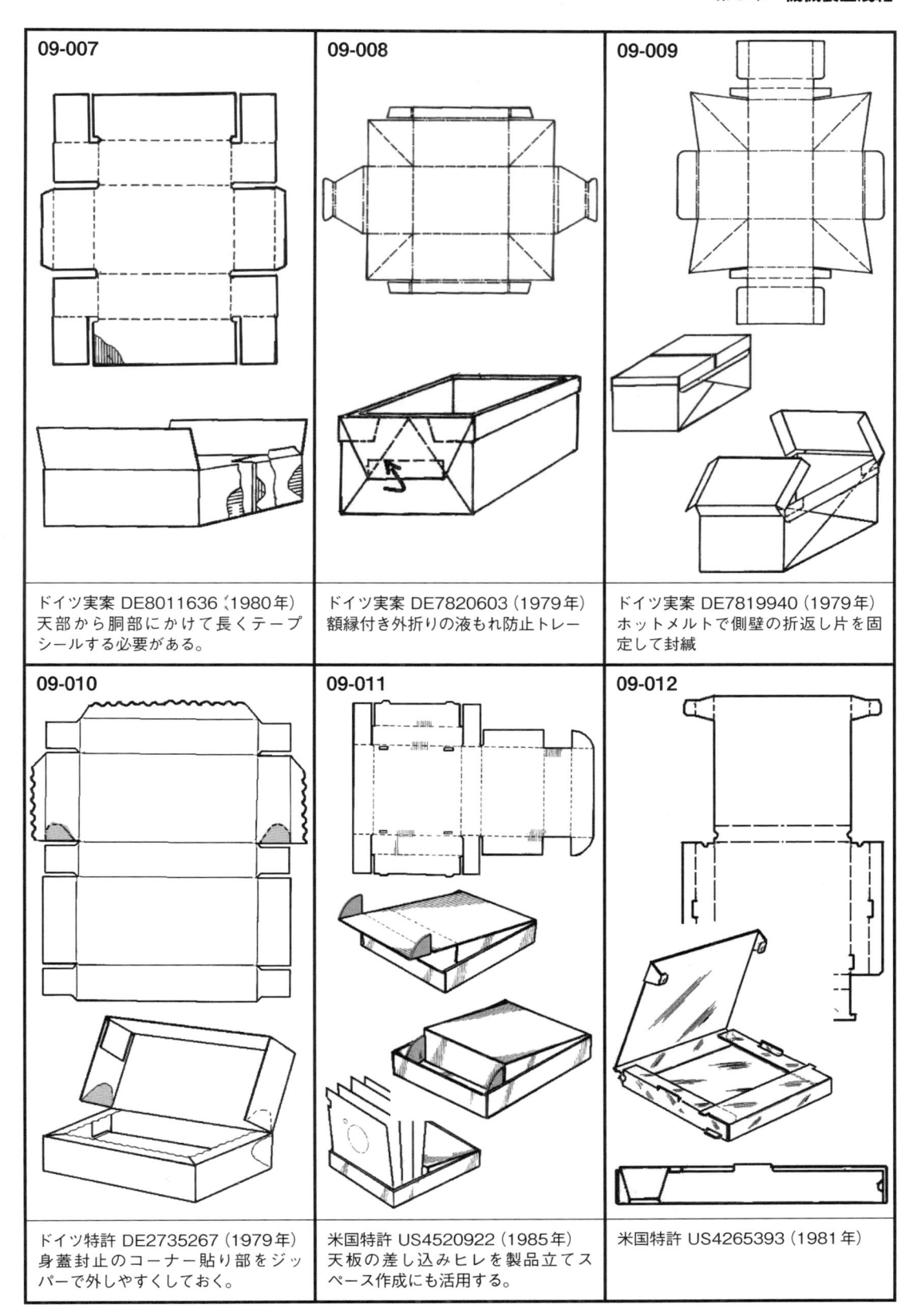

09-007

ドイツ実案 DE8011636（1980年）
天部から胴部にかけて長くテープ
シールする必要がある。

09-008

ドイツ実案 DE7820603（1979年）
額縁付き外折りの液もれ防止トレー

09-009

ドイツ実案 DE7819940（1979年）
ホットメルトで側壁の折返し片を固
定して封緘

09-010

ドイツ特許 DE2735267（1979年）
身蓋封止のコーナー貼り部をジッ
パーで外しやすくしておく。

09-011

米国特許 US4520922（1985年）
天板の差し込みヒレを製品立てス
ペース作成にも活用する。

09-012

米国特許 US4265393（1981年）

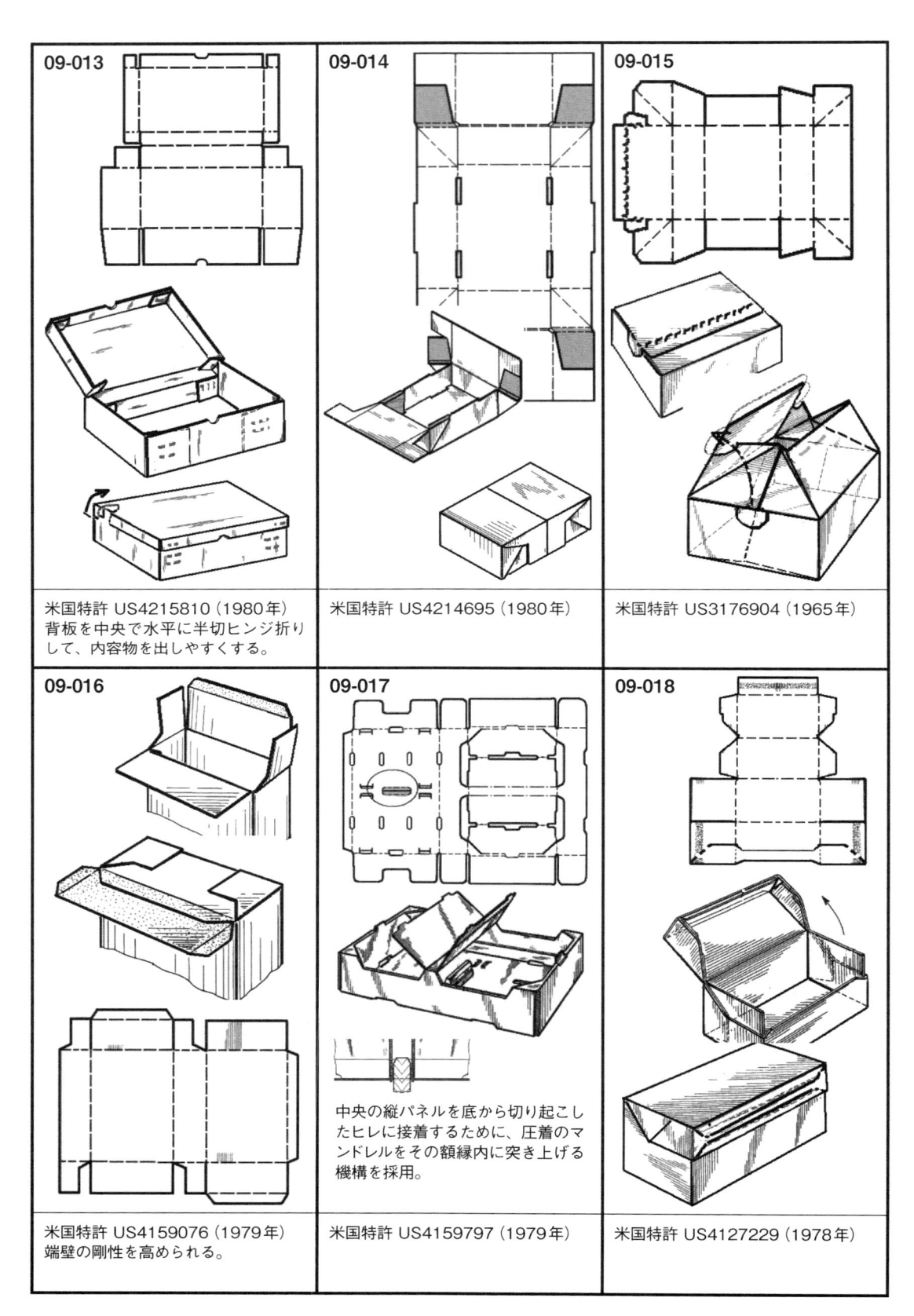

09-013

米国特許 US4215810（1980年）
背板を中央で水平に半切ヒンジ折り
して、内容物を出しやすくする。

09-014

米国特許 US4214695（1980年）

09-015

米国特許 US3176904（1965年）

09-016

米国特許 US4159076（1979年）
端壁の剛性を高められる。

09-017

中央の縦パネルを底から切り起こし
たヒレに接着するために、圧着のマ
ンドレルをその額縁内に突き上げる
機構を採用。

米国特許 US4159797（1979年）

09-018

米国特許 US4127229（1978年）

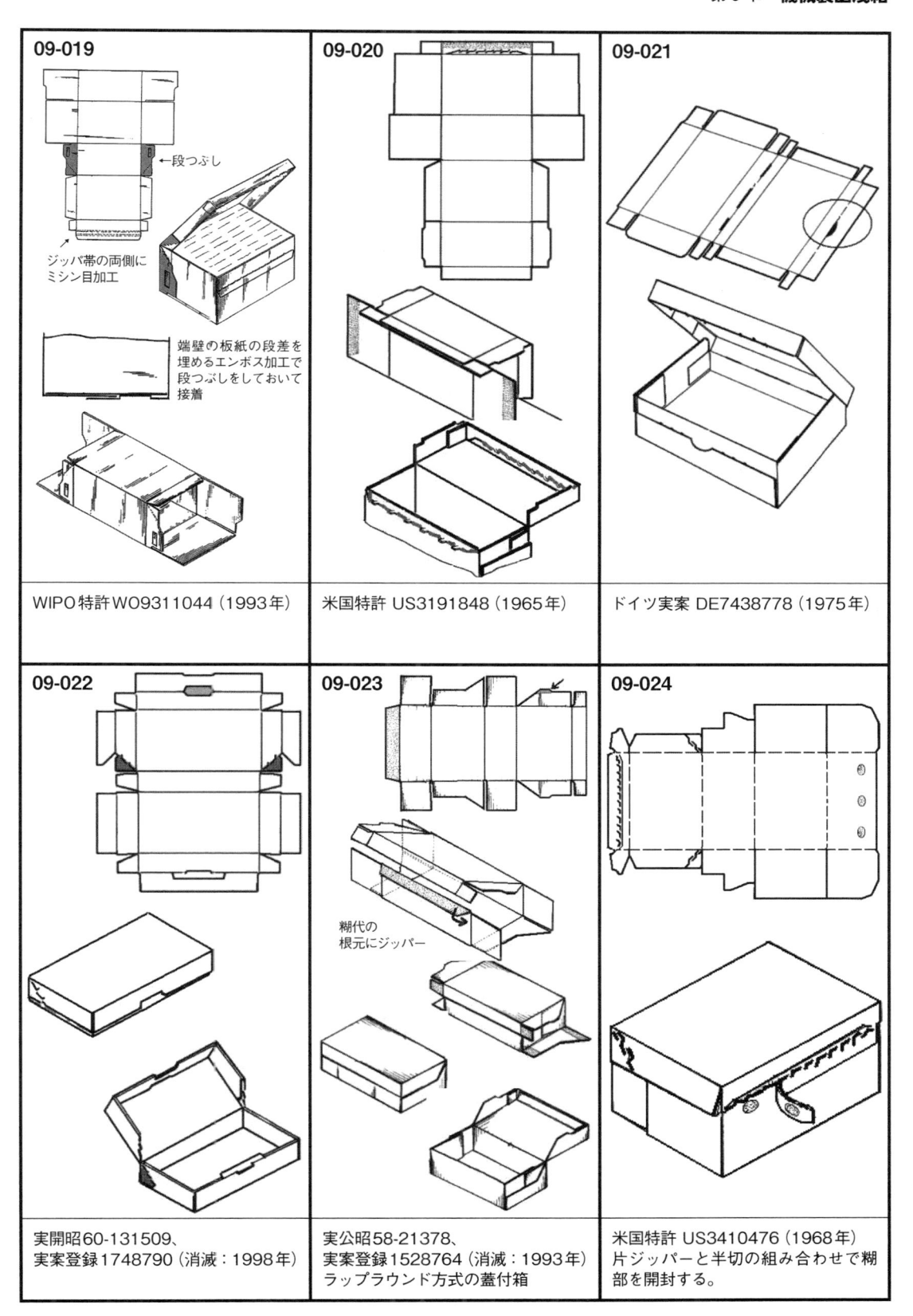

09-019

←段つぶし

ジッバ帯の両側に
ミシン目加工

端壁の板紙の段差を
埋めるエンボス加工で
段つぶしをしておいて
接着

WIPO 特許 WO9311044（1993 年）

09-020

米国特許 US3191848（1965 年）

09-021

ドイツ実案 DE7438778（1975 年）

09-022

実開昭60-131509、
実案登録1748790（消滅：1998年）

09-023

糊代の
根元にジッパー

実公昭58-21378、
実案登録1528764（消滅：1993年）
ラップラウンド方式の蓋付箱

09-024

米国特許 US3410476（1968 年）
片ジッパーと半切の組み合わせで糊
部を開封する。

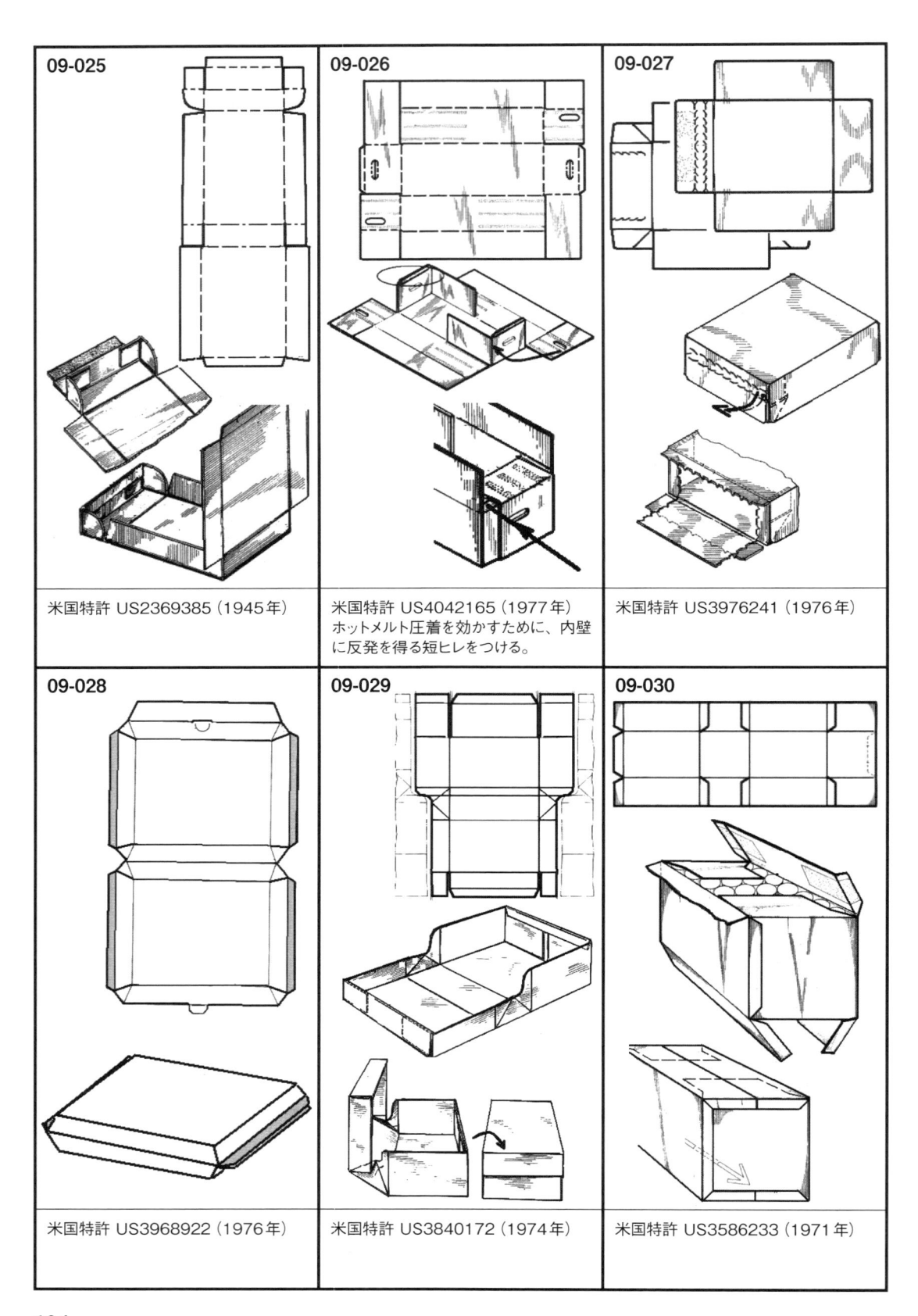

09-025	09-026	09-027
米国特許 US2369385（1945年）	米国特許 US4042165（1977年） ホットメルト圧着を効かすために、内壁に反発を得る短ヒレをつける。	米国特許 US3976241（1976年）
09-028	09-029	09-030
米国特許 US3968922（1976年）	米国特許 US3840172（1974年）	米国特許 US3586233（1971年）

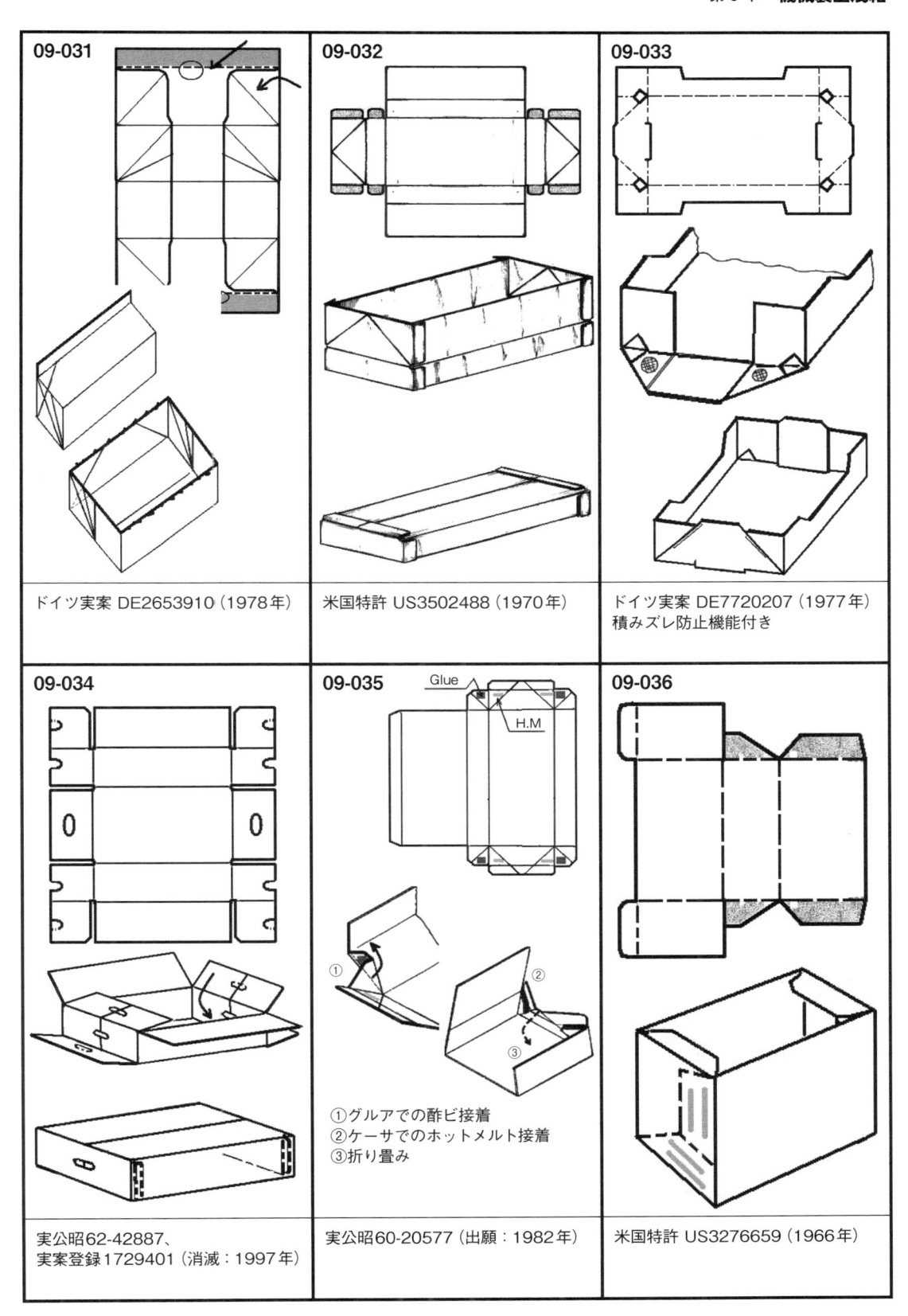

09-031	09-032	09-033
ドイツ実案 DE2653910（1978年）	米国特許 US3502488（1970年）	ドイツ実案 DE7720207（1977年） 積みズレ防止機能付き
09-034	09-035 ①グルアでの酢ビ接着 ②ケーサでのホットメルト接着 ③折り畳み	09-036
実公昭62-42887、 実案登録1729401（消滅：1997年）	実公昭60-20577（出願：1982年）	米国特許 US3276659（1966年）

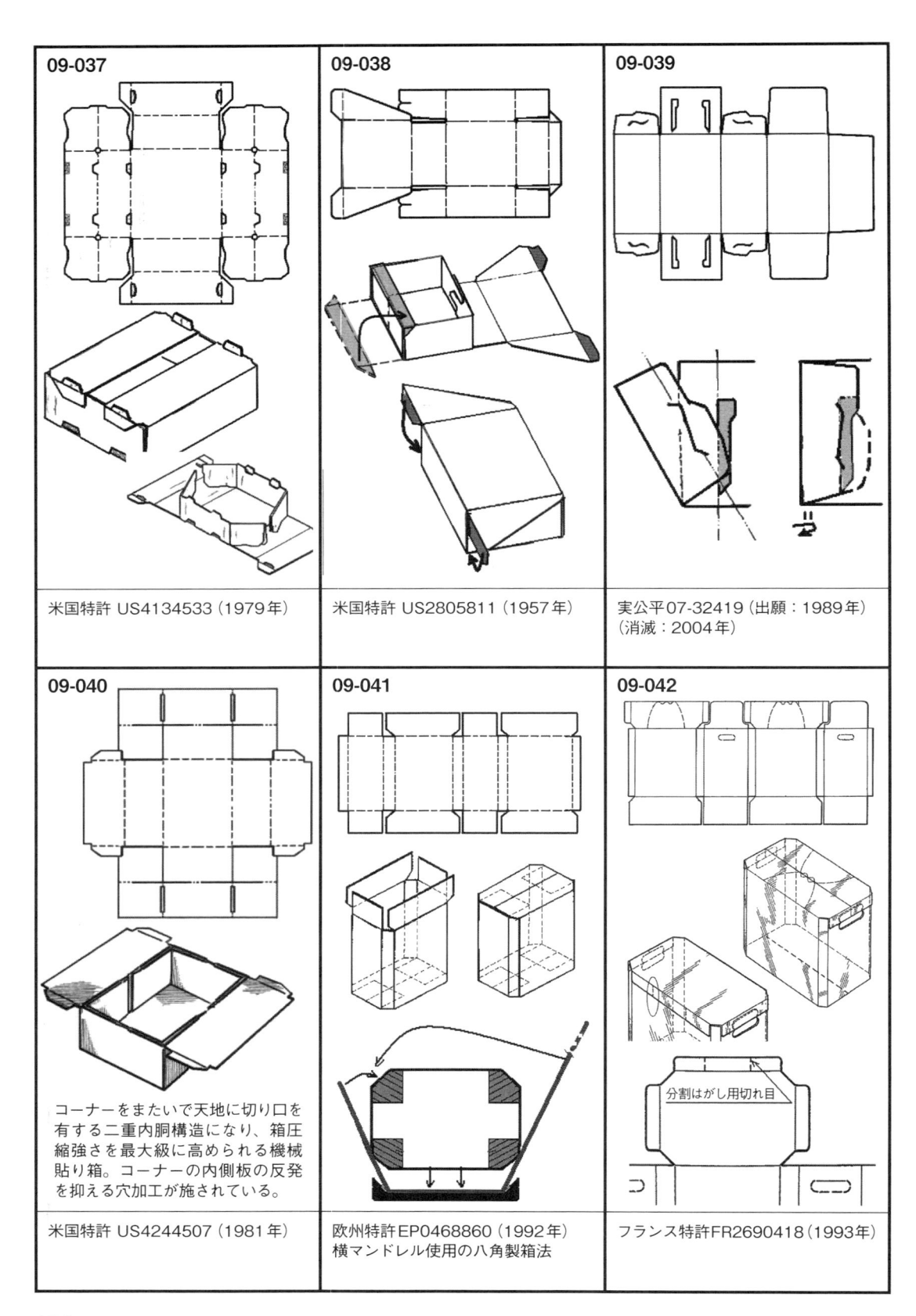

09-037	09-038	09-039
米国特許 US4134533（1979年）	米国特許 US2805811（1957年）	実公平07-32419（出願：1989年）（消滅：2004年）
09-040	09-041	09-042
コーナーをまたいで天地に切り口を有する二重内胴構造になり、箱圧縮強さを最大級に高められる機械貼り箱。コーナーの内側板の反発を抑える穴加工が施されている。		分割はがし用切れ目
米国特許 US4244507（1981年）	欧州特許 EP0468860（1992年）横マンドレル使用の八角製箱法	フランス特許FR2690418（1993年）

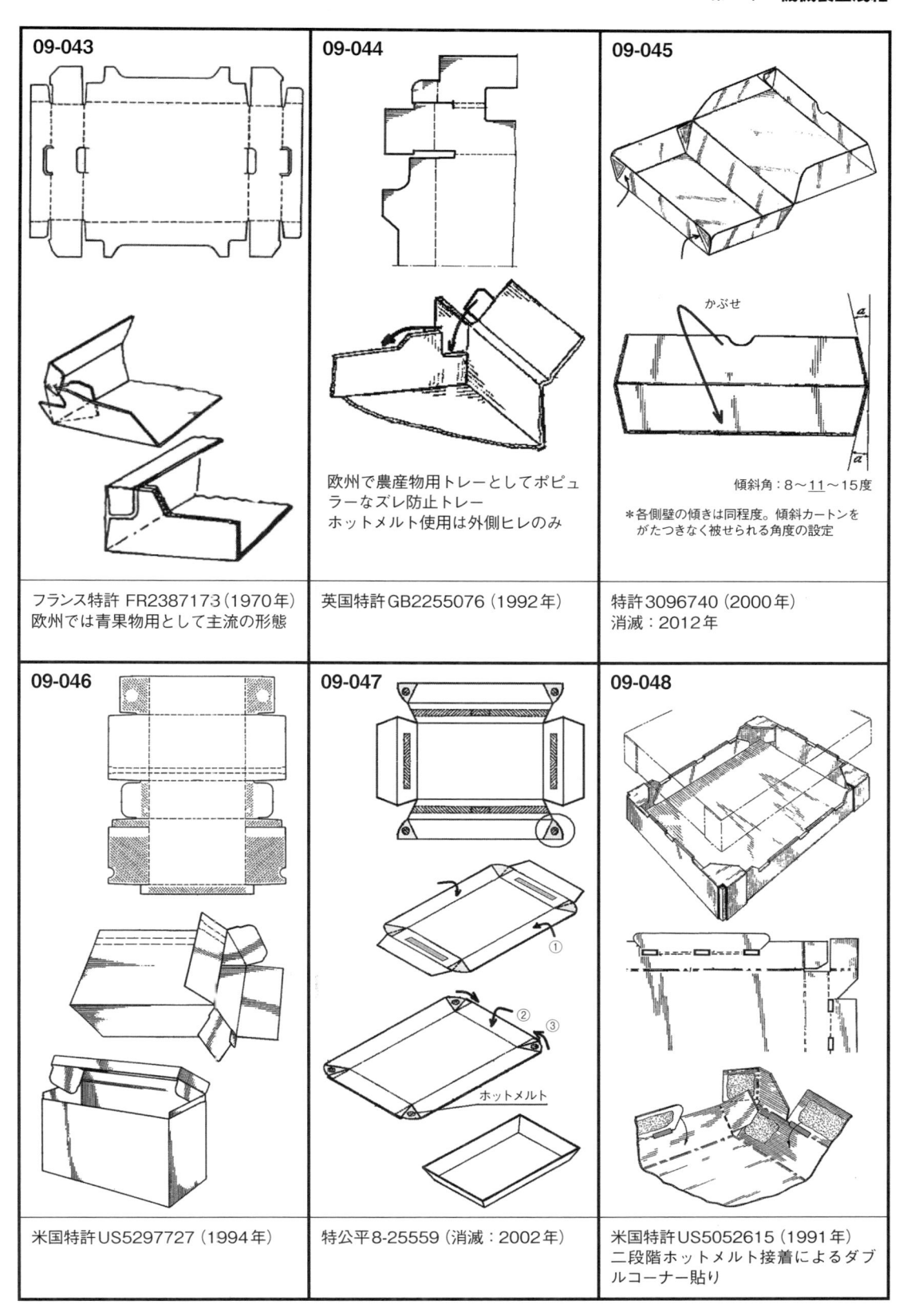

09-043

フランス特許 FR2387173（1970年）
欧州では青果物用として主流の形態

09-044

欧州で農産物用トレーとしてポピュ
ラーなズレ防止トレー
ホットメルト使用は外側ヒレのみ

英国特許 GB2255076（1992年）

09-045

かぶせ

傾斜角：8～11～15度

＊各側壁の傾きは同程度。傾斜カートンを
　がたつきなく被せられる角度の設定

特許3096740（2000年）
消滅：2012年

09-046

米国特許US5297727（1994年）

09-047

ホットメルト

特公平8-25559（消滅：2002年）

09-048

米国特許US5052615（1991年）
二段階ホットメルト接着によるダブ
ルコーナー貼り

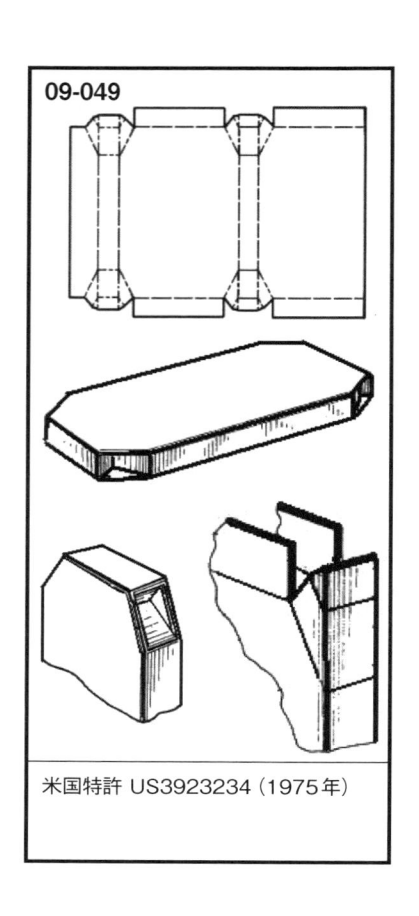

09-049

米国特許 US3923234（1975年）

09「機械製函浅箱」関連リスト				
01-124	02-102	17-022	21-029	31-118
01-126	02-120	18-041	21-042	35-061
02-019	02-123	20-027	24-010	35-073
02-067	03-020	20-040	24-018	39-034
02-080	03-038	20-041	25-030	
02-082	03-042	20-042	25-036	
02-083	04-053	21-014	25-038	
02-097	05-019	21-026	26-046	

10 ブリス箱

　ブリス箱はマンドレルを用いて3枚の打抜き板を接着で仕上げる強度重視の箱である。製函後は折りたたみを行わないため、かっちりした箱に仕上がる。しかし、外見は接合代の切り口が多めになることから無骨な印象になる。この欠点を修正する形態が開発されている。

　流行した形態として、基本構造にH字仕切板を追加的に組み込むタイプがある。これによって箱圧縮強度は格段に高められる。さらに分割手段を加えて小分けできるようにしたものが出現し、複雑化している。

　「ブリスボックス」という名称は、この形態の開発者名（Weyerhaeuser社のHerbert R. Bliss氏）に由来していると伝えられている。米国で自動製函機が開発されたのは1970年代初期で、ノードソン社が温度管理の可能なホットメルトアプリケータの開発に成功したことが背景にあった。日本には1972年に初めてテスト機が導入された。筆者はこのマシンの運転に立ち会った。米国でもブリスボックスは、BlissBoxとして正式名称になっている。

　これ以外の呼称としては、インターナル・フランジ型箱がある。

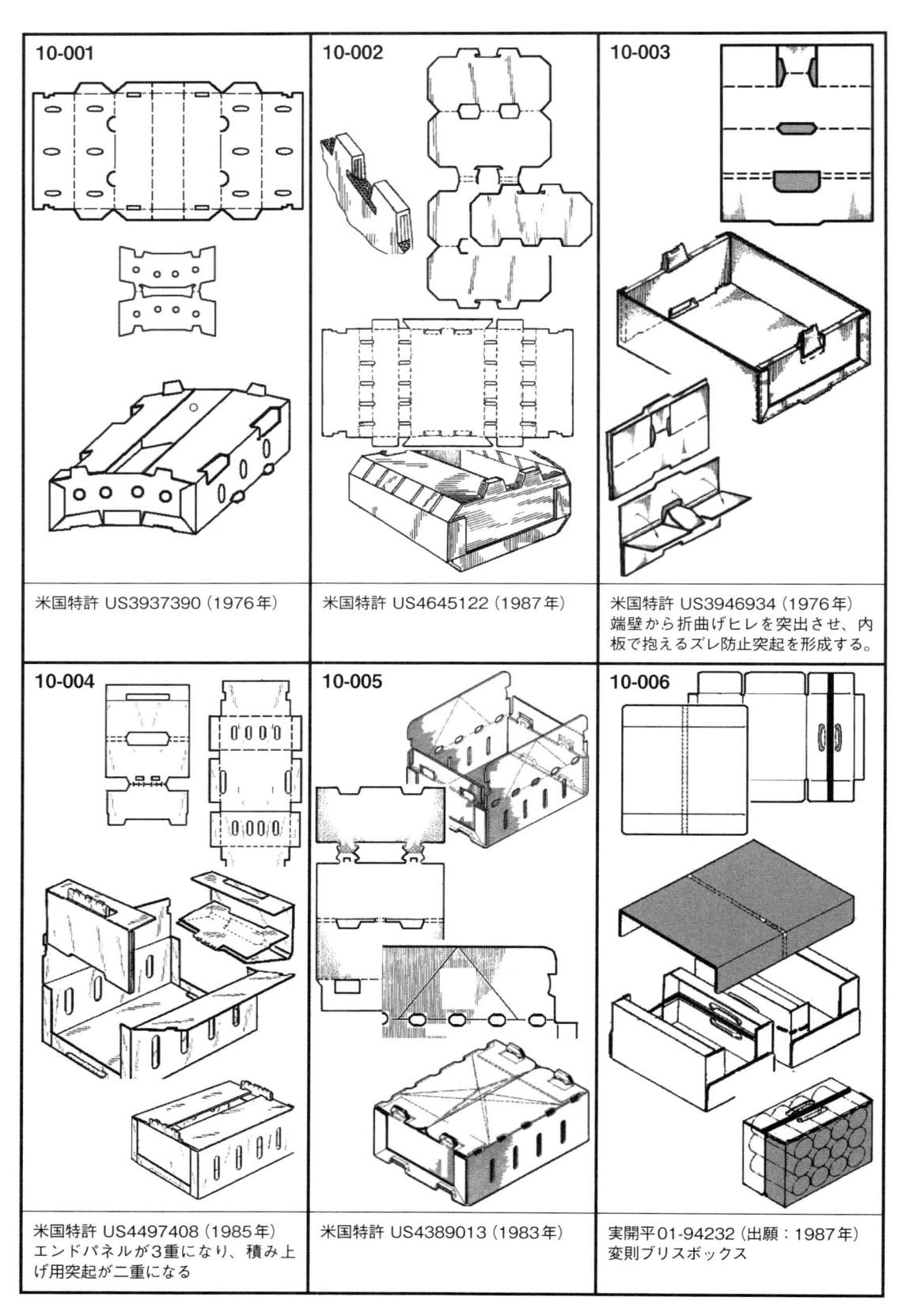

10-001	10-002	10-003
米国特許 US3937390（1976年）	米国特許 US4645122（1987年）	米国特許 US3946934（1976年）端壁から折曲げヒレを突出させ、内板で抱えるズレ防止突起を形成する。
10-004	10-005	10-006
米国特許 US4497408（1985年）エンドパネルが3重になり、積み上げ用突起が二重になる	米国特許 US4389013（1983年）	実開平01-94232（出願：1987年）変則ブリスボックス

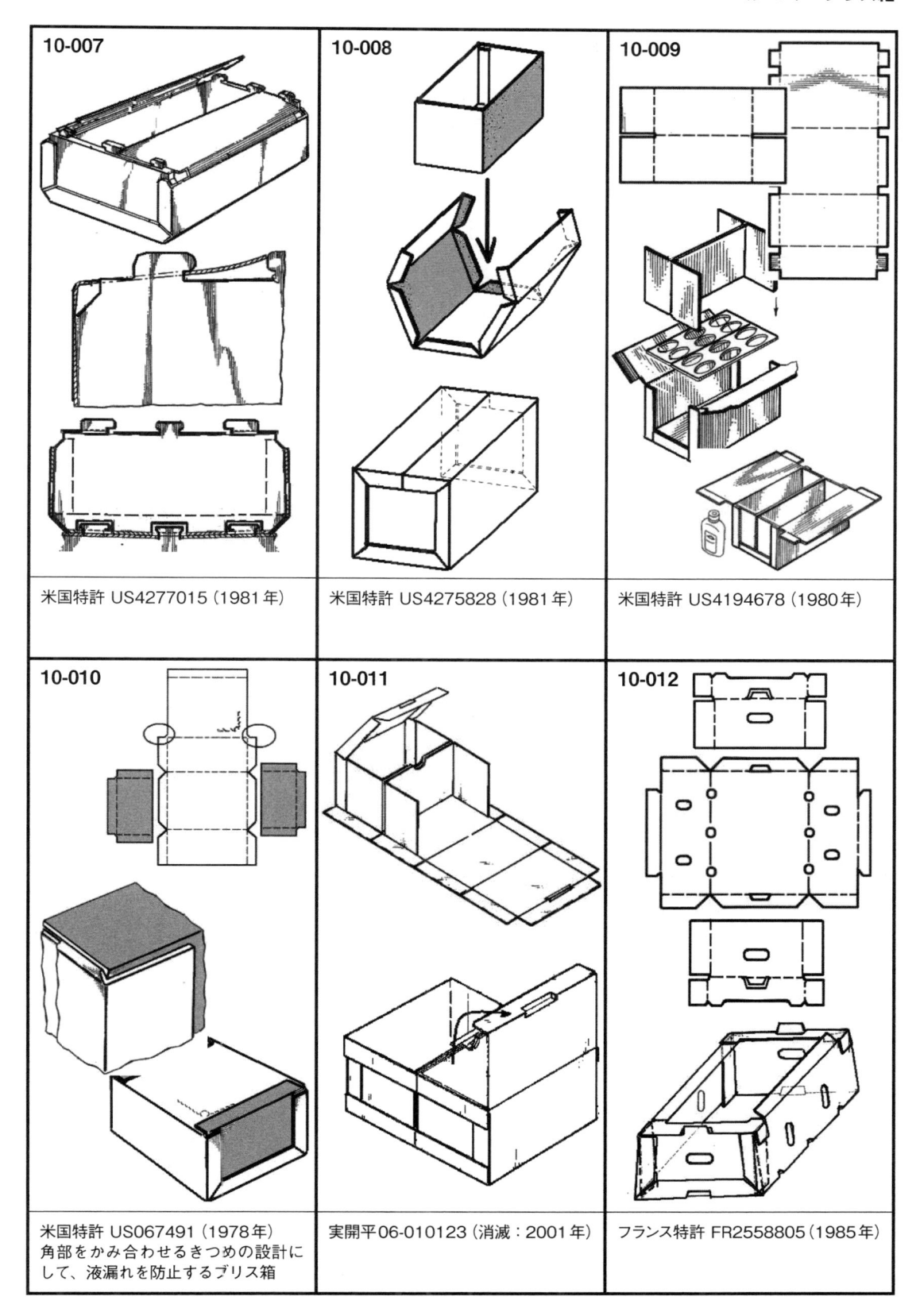

10-007

米国特許 US4277015（1981 年）

10-008

米国特許 US4275828（1981 年）

10-009

米国特許 US4194678（1980 年）

10-010

米国特許 US067491（1978 年）
角部をかみ合わせるきつめの設計に
して、液漏れを防止するブリス箱

10-011

実開平06-010123（消滅：2001 年）

10-012

フランス特許 FR2558805（1985 年）

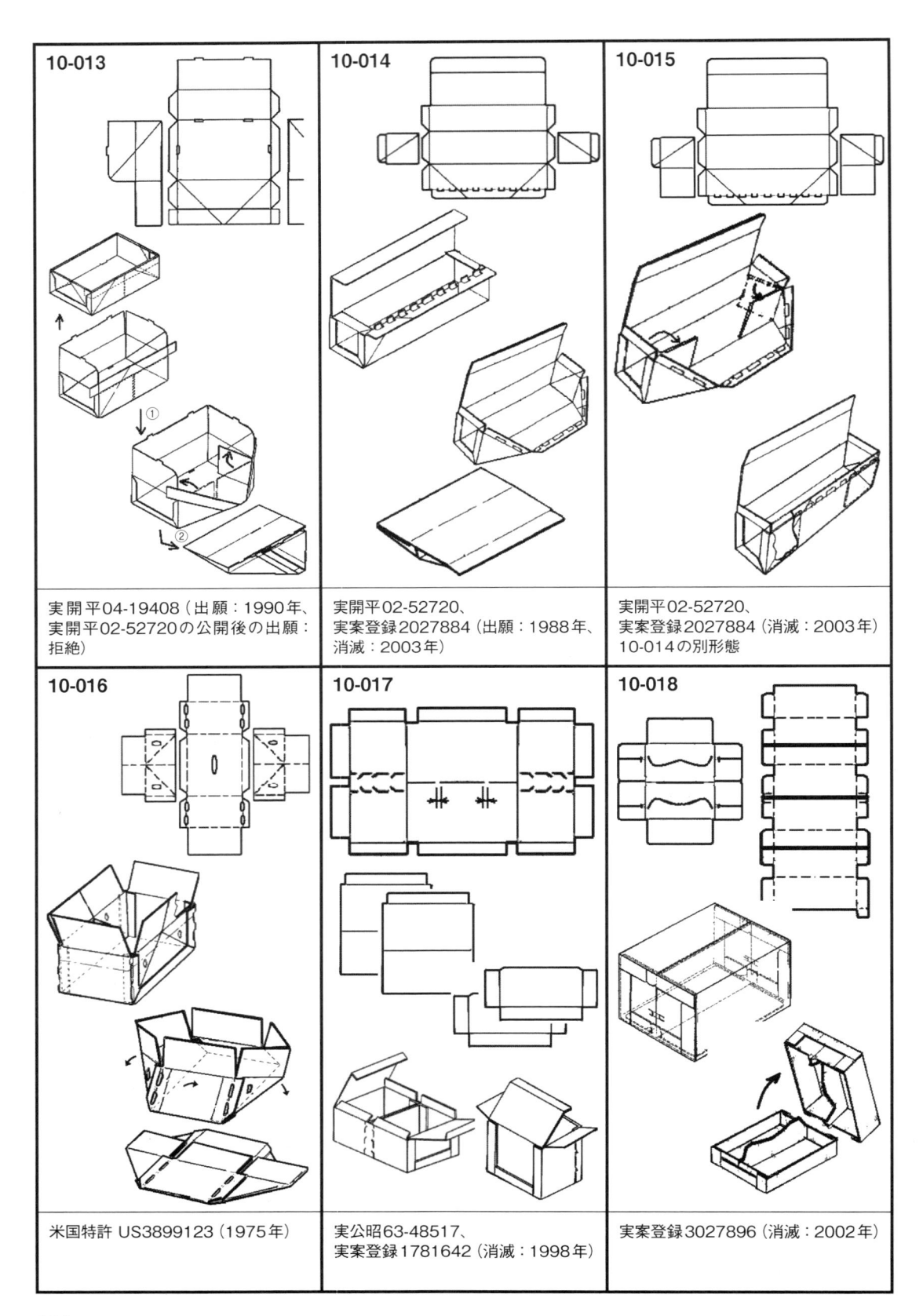

10-013

実開平04-19408（出願：1990年、
実開平02-52720の公開後の出願：
拒絶）

10-014

実開平02-52720、
実案登録2027884（出願：1988年、
消滅：2003年）

10-015

実開平02-52720、
実案登録2027884（消滅：2003年）
10-014の別形態

10-016

米国特許 US3899123（1975年）

10-017

実公昭63-48517、
実案登録1781642（消滅：1998年）

10-018

実案登録3027896（消滅：2002年）

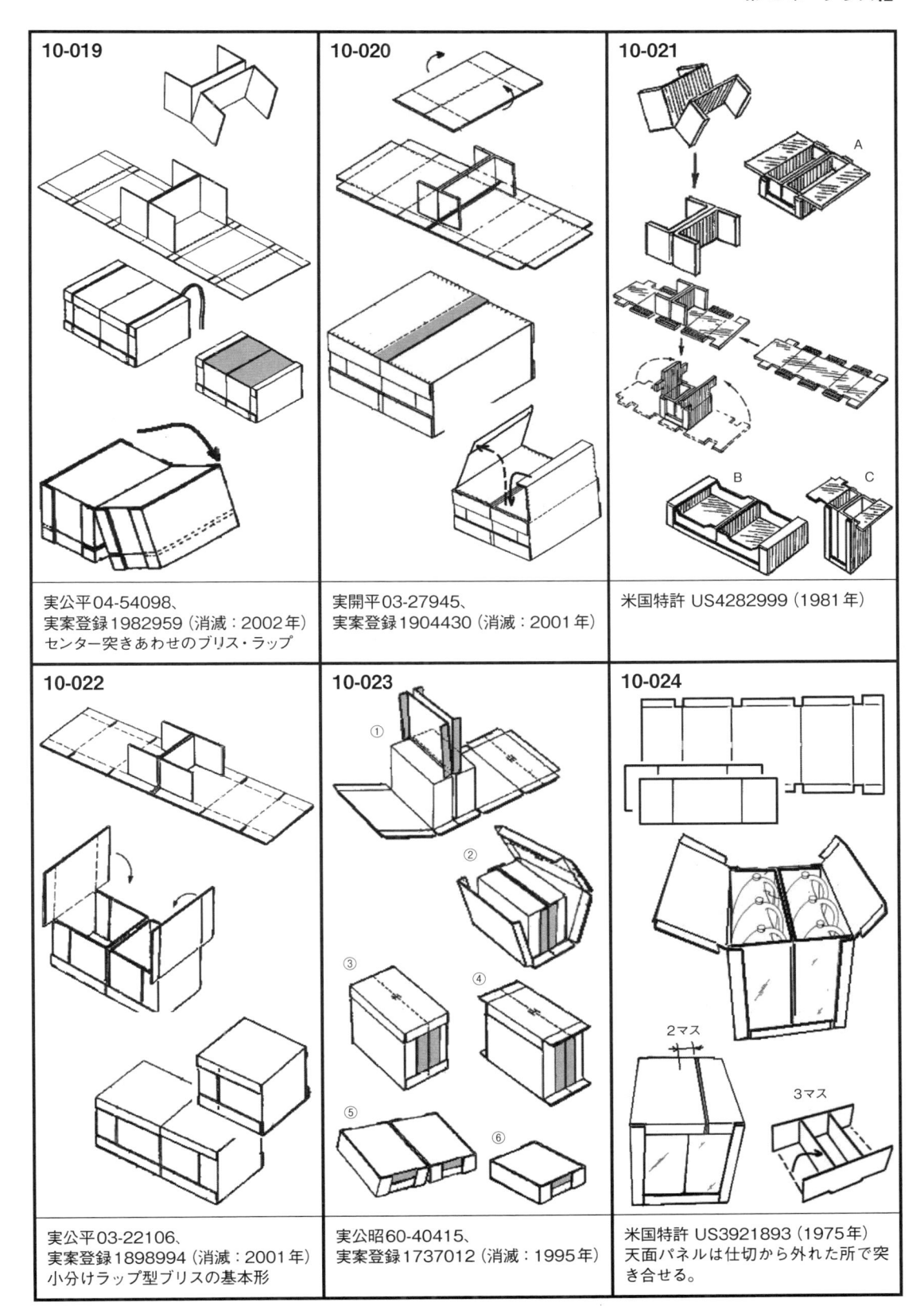

10-019

実公平04-54098、
実案登録1982959（消滅：2002年）
センター突きあわせのブリス・ラップ

10-020

実開平03-27945、
実案登録1904430（消滅：2001年）

10-021

A

B　C

米国特許 US4282999（1981年）

10-022

実公平03-22106、
実案登録1898994（消滅：2001年）
小分けラップ型ブリスの基本形

10-023

①
②
③　④
⑤　⑥

実公昭60-40415、
実案登録1737012（消滅：1995年）

10-024

2マス
3マス

米国特許 US3921893（1975年）
天面パネルは仕切から外れた所で突
き合せる。

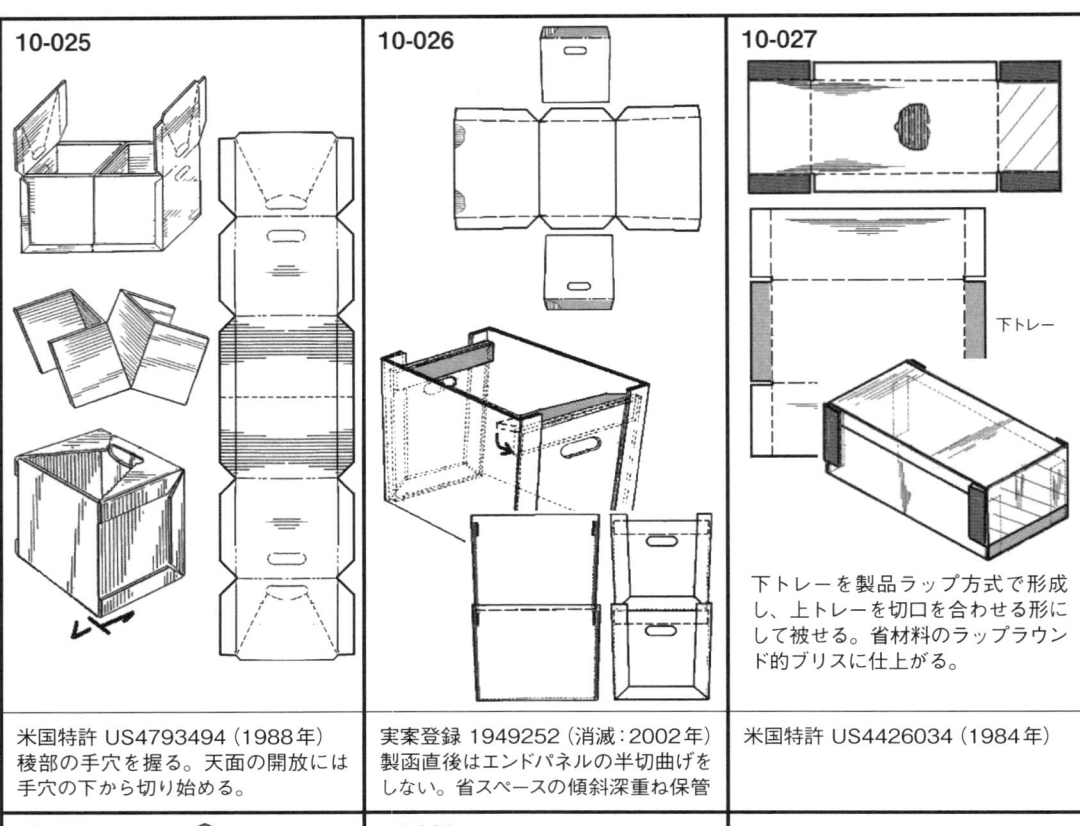

10-025	10-026	10-027
米国特許 US4793494（1988年）稜部の手穴を握る。天面の開放には手穴の下から切り始める。	実案登録 1949252（消滅：2002年）製函直後はエンドパネルの半切曲げをしない。省スペースの傾斜深重ね保管	下トレーを製品ラップ方式で形成し、上トレーを切口を合わせる形にして被せる。省材料のラップラウンド的ブリスに仕上がる。 米国特許 US4426034（1984年）

下トレー

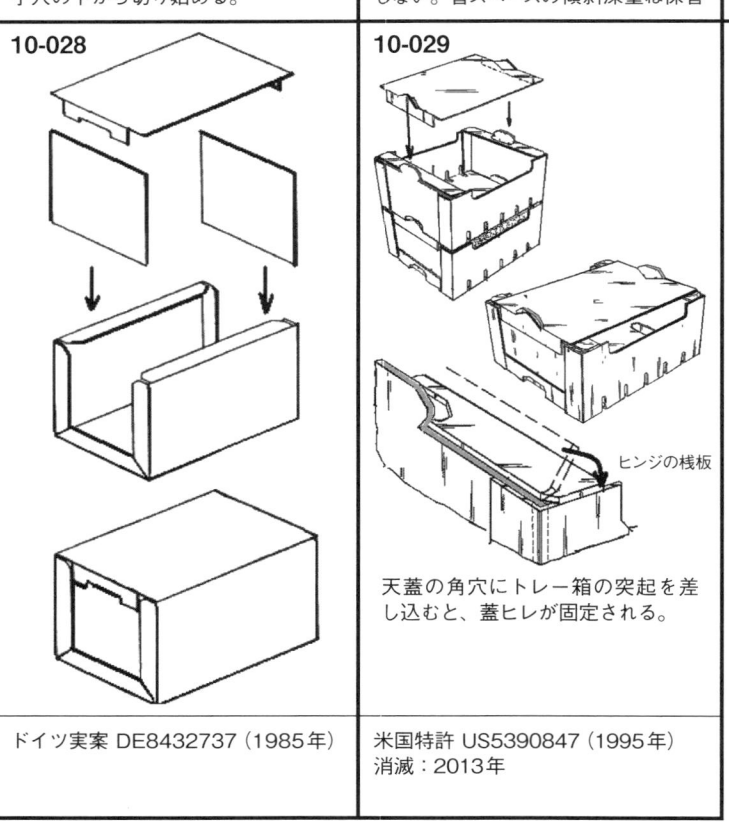

ヒンジの桟板

天蓋の角穴にトレー箱の突起を差し込むと、蓋ヒレが固定される。

10-028	10-029
ドイツ実案 DE8432737（1985年）	米国特許 US5390847（1995年）消滅：2013年

11

横ワンタッチ箱

底ワンタッチに対する横ワンタッチという用語を造語してこの章の分類を行った。カートンのグルアで周壁に貼り加工を行って折りたためる形態で、折曲げ、糊の塗布、圧着の工程を経て仕上げられる。欧米の用語としては、4コーナー貼り、6コーナー貼りがある（天ワンタッチの形態も含める）。

専用グルアを用いるこの貼り加工によって比較的複雑な形態の身蓋連結の箱などを製造することができる。この分野の形態開発は、沈静化する流れにある。

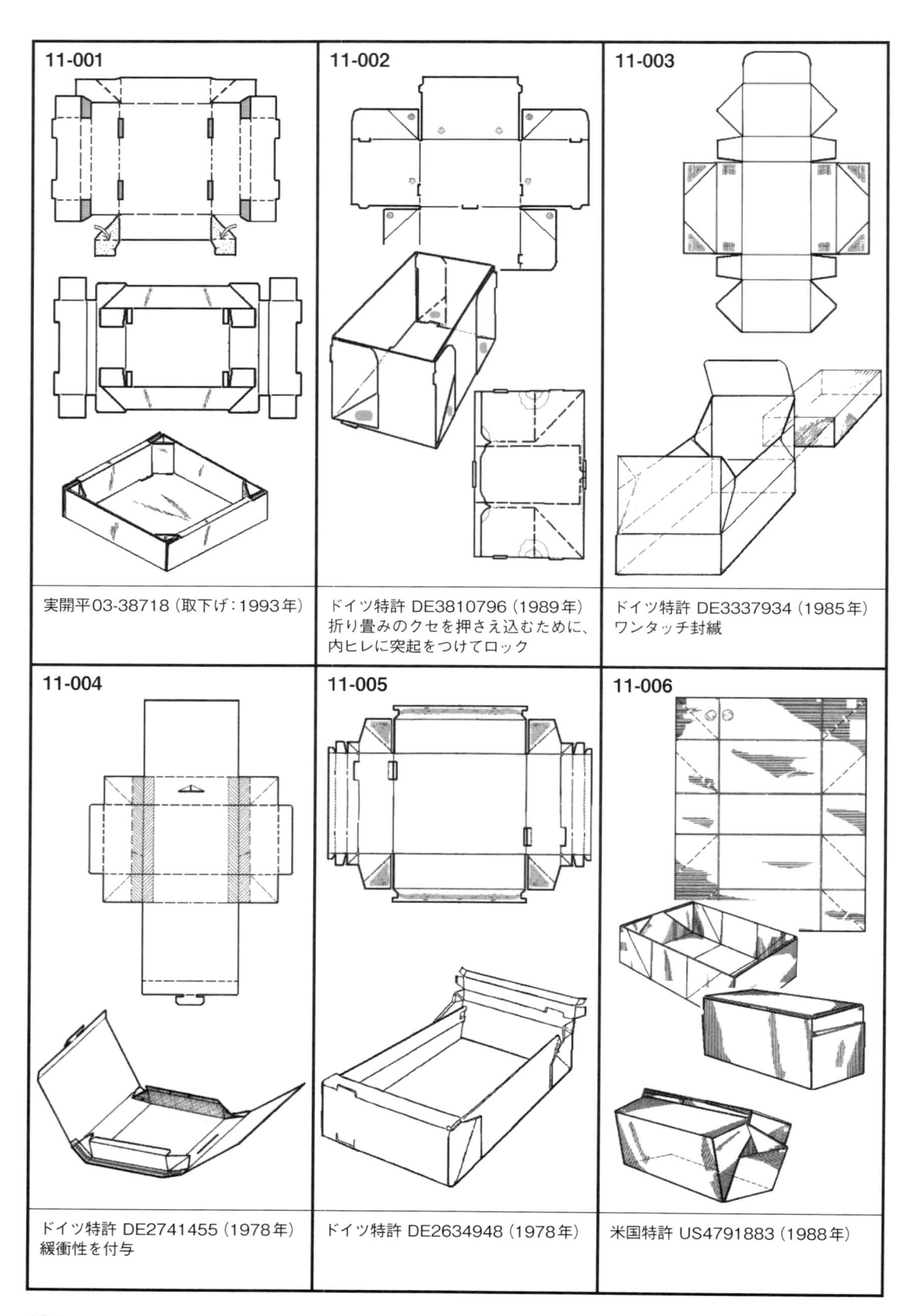

11-001

実開平03-38718（取下げ：1993年）

11-002

ドイツ特許 DE3810796（1989年）
折り畳みのクセを押さえ込むために、
内ヒレに突起をつけてロック

11-003

ドイツ特許 DE3337934（1985年）
ワンタッチ封緘

11-004

ドイツ特許 DE2741455（1978年）
緩衝性を付与

11-005

ドイツ特許 DE2634948（1978年）

11-006

米国特許 US4791883（1988年）

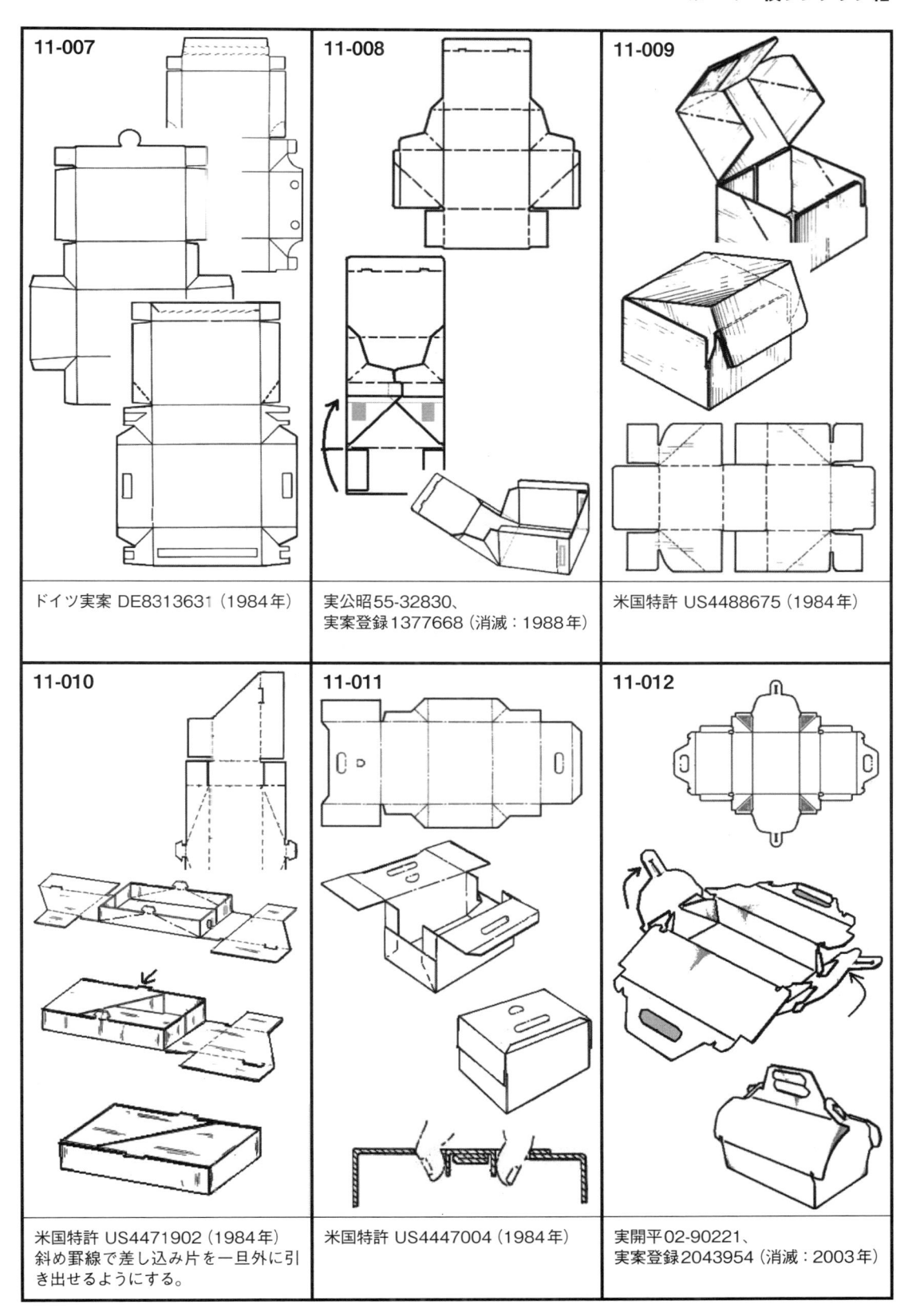

11-007

ドイツ実案 DE8313631（1984年）

11-008

実公昭55-32830、
実案登録1377668（消滅：1988年）

11-009

米国特許 US4488675（1984年）

11-010

米国特許 US4471902（1984年）
斜め罫線で差し込み片を一旦外に引
き出せるようにする。

11-011

米国特許 US4447004（1984年）

11-012

実開平02-90221、
実案登録2043954（消滅：2003年）

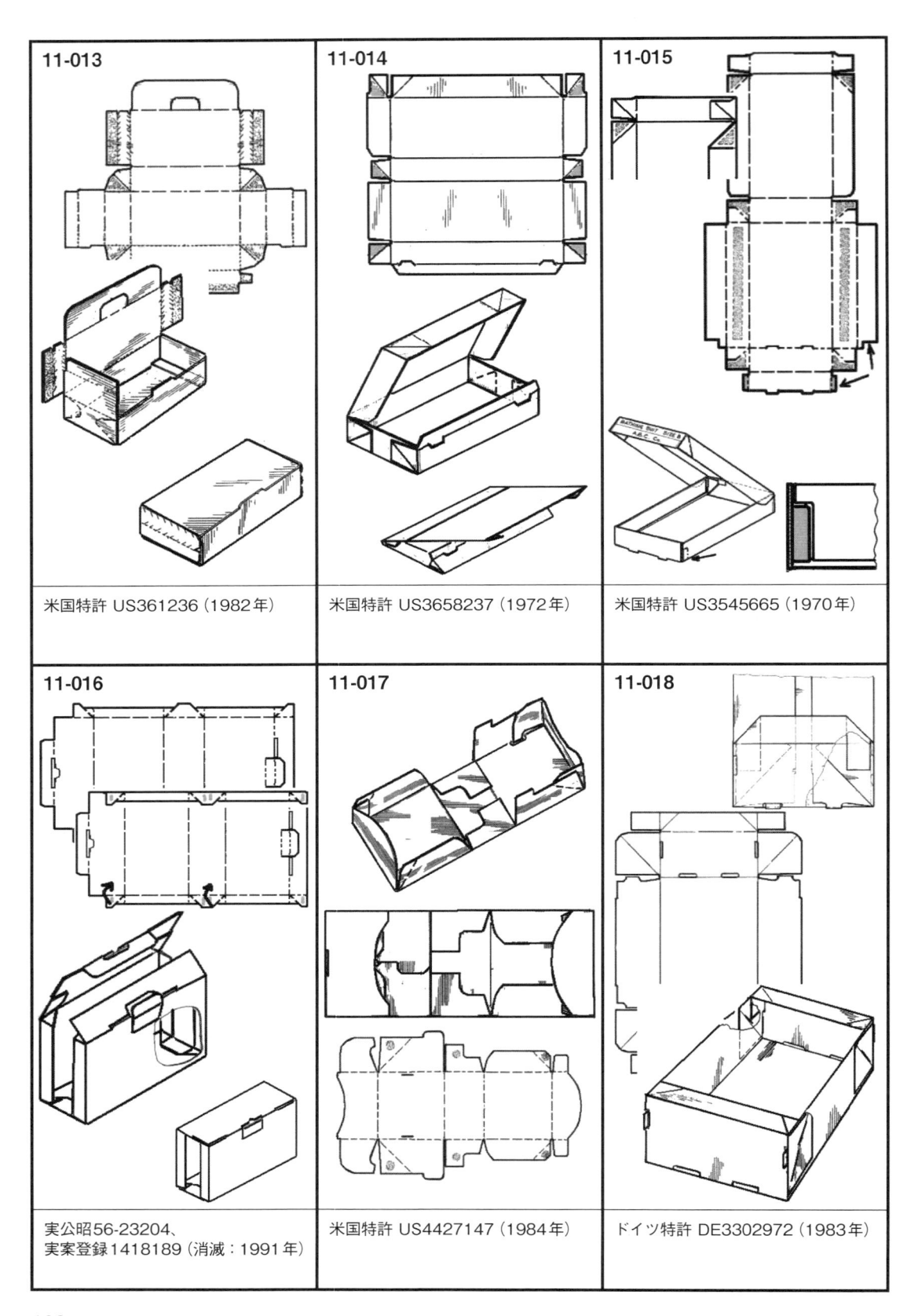

11-013 米国特許 US361236（1982年）	**11-014** 米国特許 US3658237（1972年）	**11-015** 米国特許 US3545665（1970年）
11-016 実公昭56-23204、 実案登録1418189（消滅：1991年）	**11-017** 米国特許 US4427147（1984年）	**11-018** ドイツ特許 DE3302972（1983年）

138

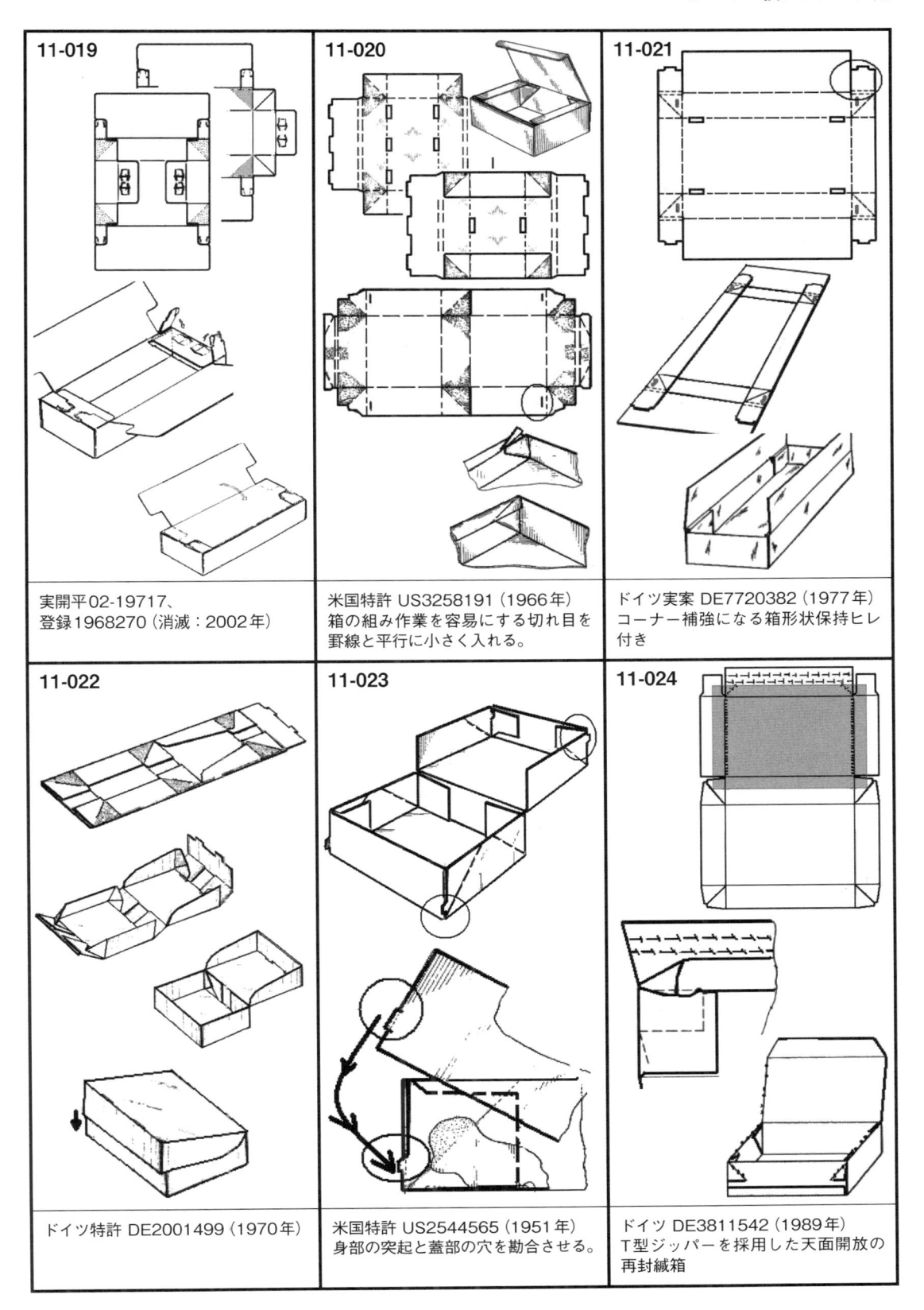

11-019

実開平02-19717、
登録1968270（消滅：2002年）

11-020

米国特許 US3258191（1966年）
箱の組み作業を容易にする切れ目を
罫線と平行に小さく入れる。

11-021

ドイツ実案 DE7720382（1977年）
コーナー補強になる箱形状保持ヒレ
付き

11-022

ドイツ特許 DE2001499（1970年）

11-023

米国特許 US2544565（1951年）
身部の突起と蓋部の穴を勘合させる。

11-024

ドイツ DE3811542（1989年）
T型ジッパーを採用した天面開放の
再封緘箱

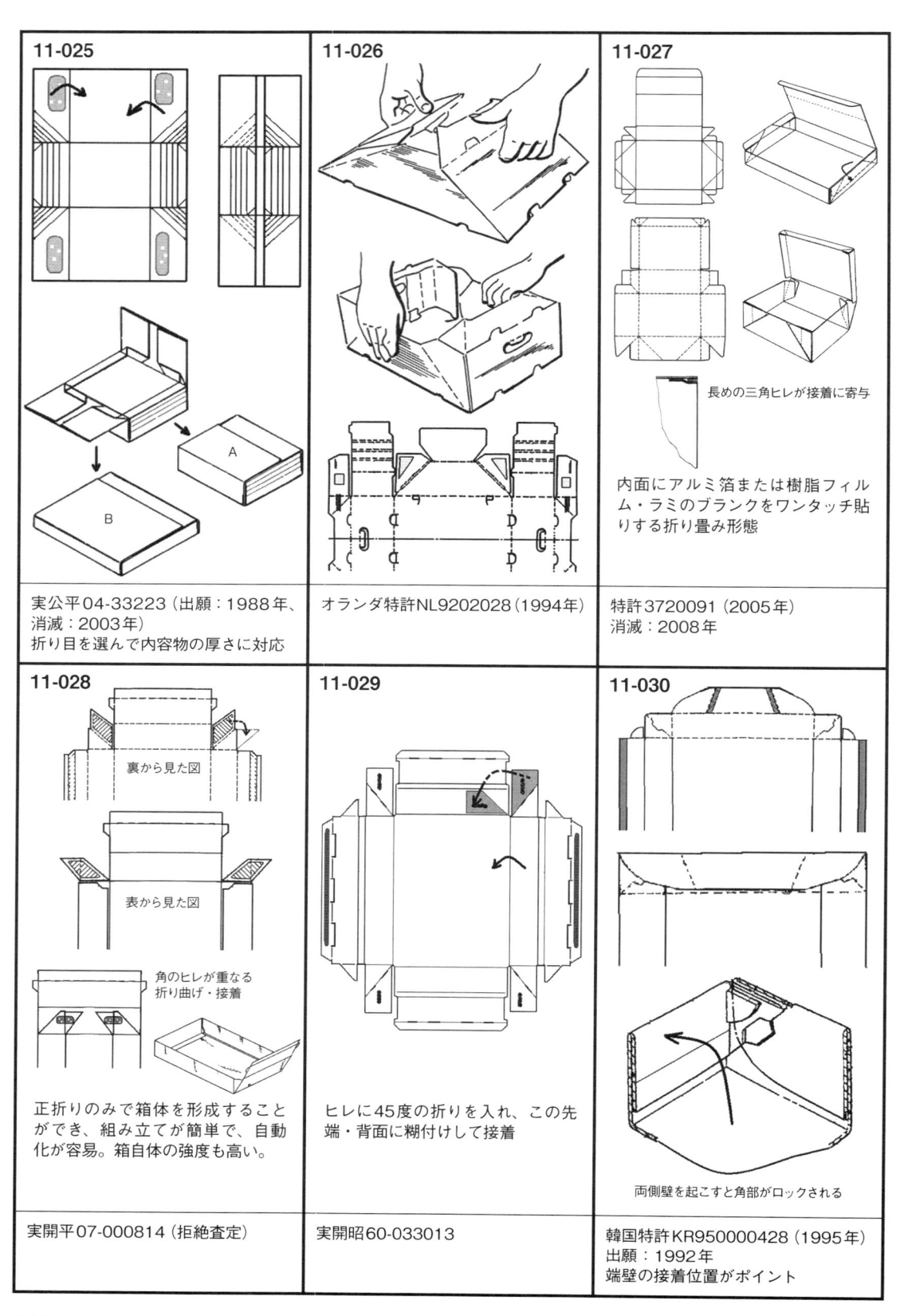

11-025

実公平04-33223（出願：1988年、消滅：2003年）
折り目を選んで内容物の厚さに対応

11-026

オランダ特許NL9202028（1994年）

11-027

長めの三角ヒレが接着に寄与

内面にアルミ箔または樹脂フィルム・ラミのブランクをワンタッチ貼りする折り畳み形態

特許3720091（2005年）
消滅：2008年

11-028

裏から見た図

表から見た図

角のヒレが重なる
折り曲げ・接着

正折りのみで箱体を形成することができ、組み立てが簡単で、自動化が容易。箱自体の強度も高い。

実開平07-000814（拒絶査定）

11-029

ヒレに45度の折りを入れ、この先端・背面に糊付けして接着

実開昭60-033013

11-030

両側壁を起こすと角部がロックされる

韓国特許KR950000428（1995年）
出願：1992年
端壁の接着位置がポイント

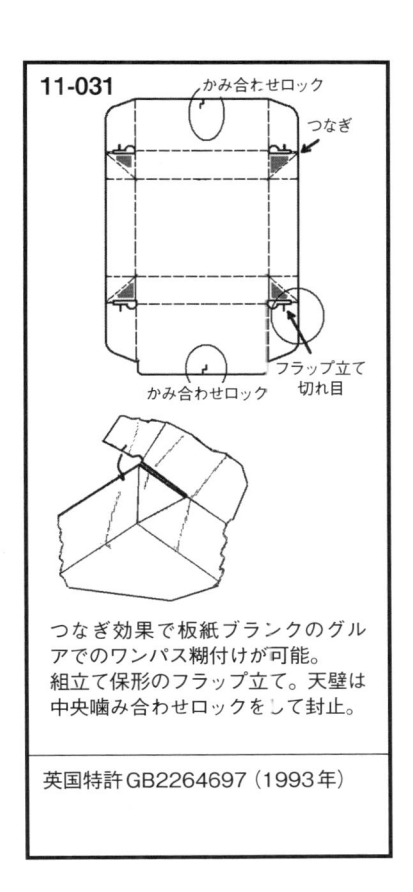

11-031

かみ合わせロック

つなぎ

フラップ立て
切れ目

かみ合わせロック

つなぎ効果で板紙ブランクのグル
アでのワンパス糊付けが可能。
組立て保形のフラップ立て。天壁は
中央噛み合わせロックをして封止。

英国特許 GB2264697（1993年）

11「横ワンタッチ箱」関連リスト				
01-044	02-044	02-088	02-136	09-035
01-123	02-069	02-095	02-137	14-027
02-003	02-070	02-109	03-029	20-012
02-034	02-074	02-131	08-019	37-003

12 底ワンタッチ箱

底部形成を素早く行えるため、箱の組み立て作業においては、天フラップの折り込みを少し複雑にする余裕が生まれる。折り曲げ部を増やしての付属品収納や緩衝構造の形成が可能になる。

また底フラップ自体を延長して仕切機能をつけることも盛んに行われてきた。

この分野の形態は、底部フラップの引っ掛り抵抗を少なく組み立てることに主眼を置きがちで、底面強度は相対的に弱くなりがちである。底部をたわみにくくする手法として、底フラップの重なりを若干多くする、底フラップ間でロックが掛かるようにする、などを加えた発明が行われてきた。

最近の傾向として内容物の軽量化、少量化が進み、従来ほど底たわみが懸念されなくなってきている。この分ワンタッチ底形態が採用されやすくなっている。しかし、材料使用量低減のニーズが発生し、強度、作業性とのバランスをとる形態研究が継続して行われている。

四角底の他に六角形、三角形、八角形も折りたたみ式で行える。奇数角の場合には補助罫線を入れて折りたたむことができる。

底ワンタッチ箱は、通い箱に適した形態であり、製品修理の発送箱に、また部品通い箱にも用いられる。

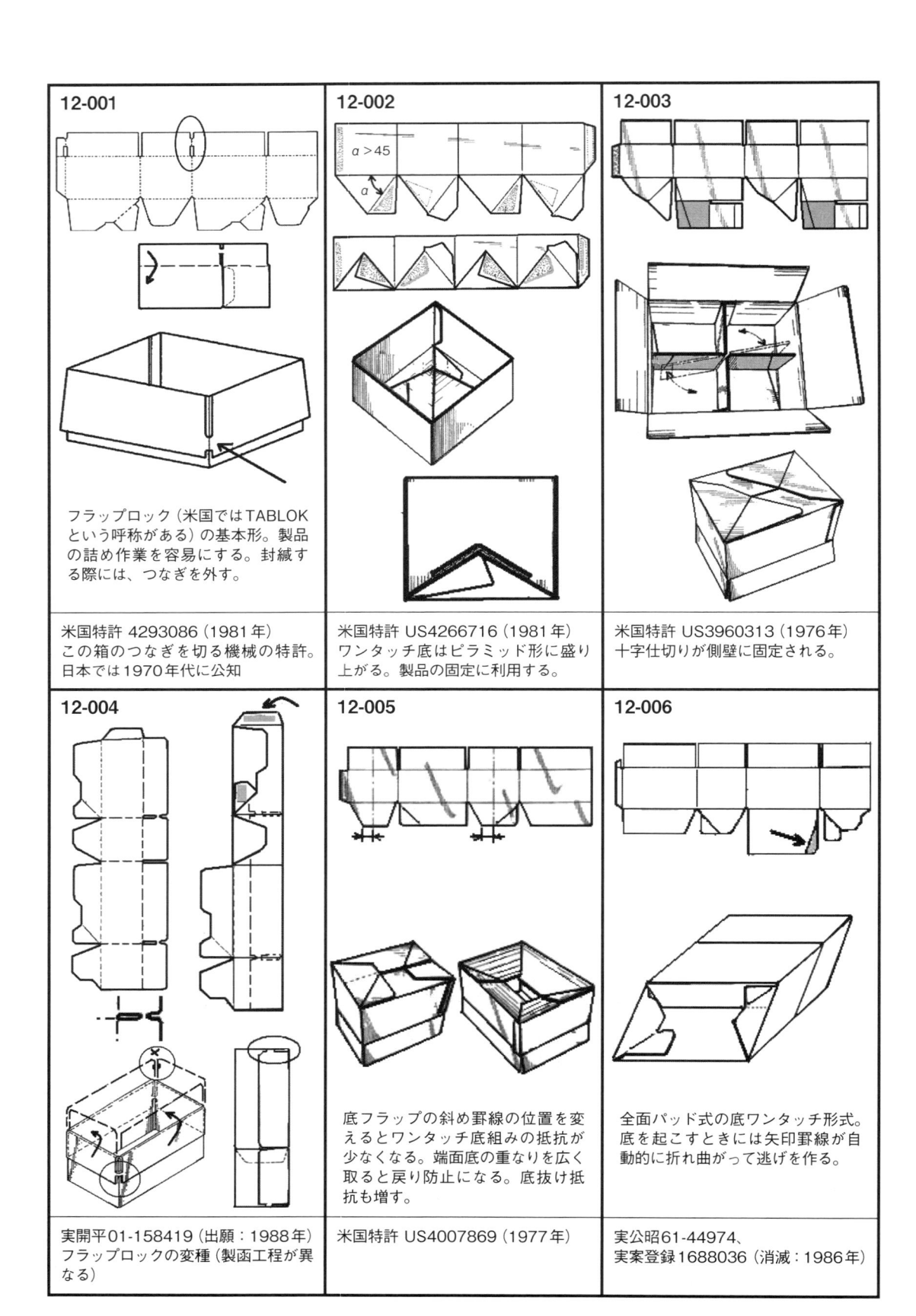

12-001

フラップロック（米国ではTABLOK という呼称がある）の基本形。製品 の詰め作業を容易にする。封緘す る際には、つなぎを外す。

米国特許 4293086（1981年） この箱のつなぎを切る機械の特許。 日本では1970年代に公知

12-002

$a > 45$

米国特許 US4266716（1981年） ワンタッチ底はピラミッド形に盛り 上がる。製品の固定に利用する。

12-003

米国特許 US3960313（1976年） 十字仕切りが側壁に固定される。

12-004

実開平01-158419（出願：1988年） フラップロックの変種（製函工程が異 なる）

12-005

底フラップの斜め罫線の位置を変 えるとワンタッチ底組みの抵抗が 少なくなる。端面底の重なりを広く 取ると戻り防止になる。底抜け抵 抗も増す。

米国特許 US4007869（1977年）

12-006

全面パッド式の底ワンタッチ形式。 底を起こすときには矢印罫線が自 動的に折れ曲がって逃げを作る。

実公昭61-44974、 実案登録1688036（消滅：1986年）

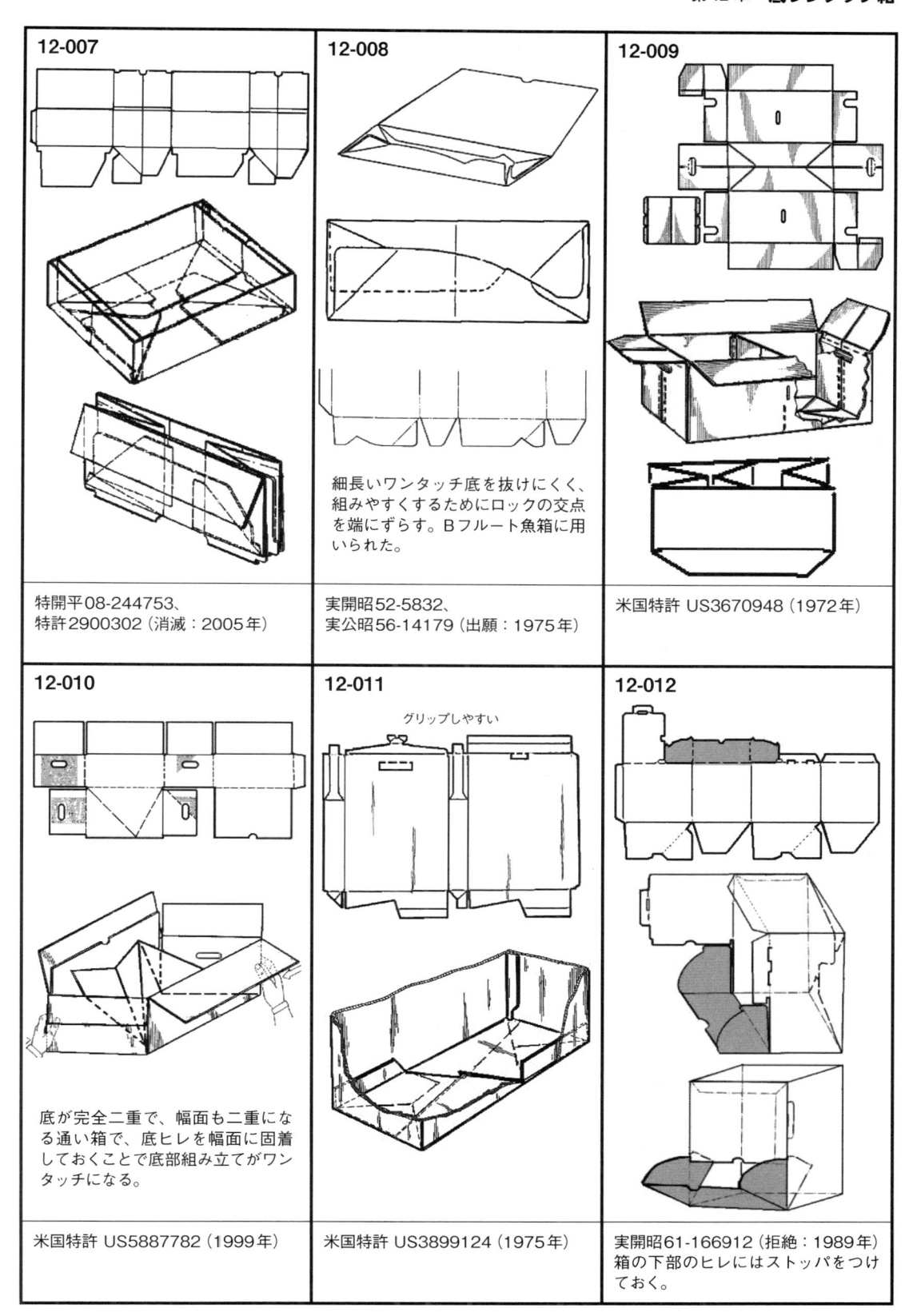

12-007

特開平 08-244753、
特許 2900302 (消滅：2005 年)

12-008

細長いワンタッチ底を抜けにくく、組みやすくするためにロックの交点を端にずらす。Bフルート魚箱に用いられた。

実開昭 52-5832、
実公昭 56-14179 (出願：1975 年)

12-009

米国特許 US3670948 (1972 年)

12-010

底が完全二重で、幅面も二重になる通い箱で、底ヒレを幅面に固着しておくことで底部組み立てがワンタッチになる。

米国特許 US5887782 (1999 年)

12-011

グリップしやすい

米国特許 US3899124 (1975 年)

12-012

実開昭 61-166912 (拒絶：1989 年)
箱の下部のヒレにはストッパをつけておく。

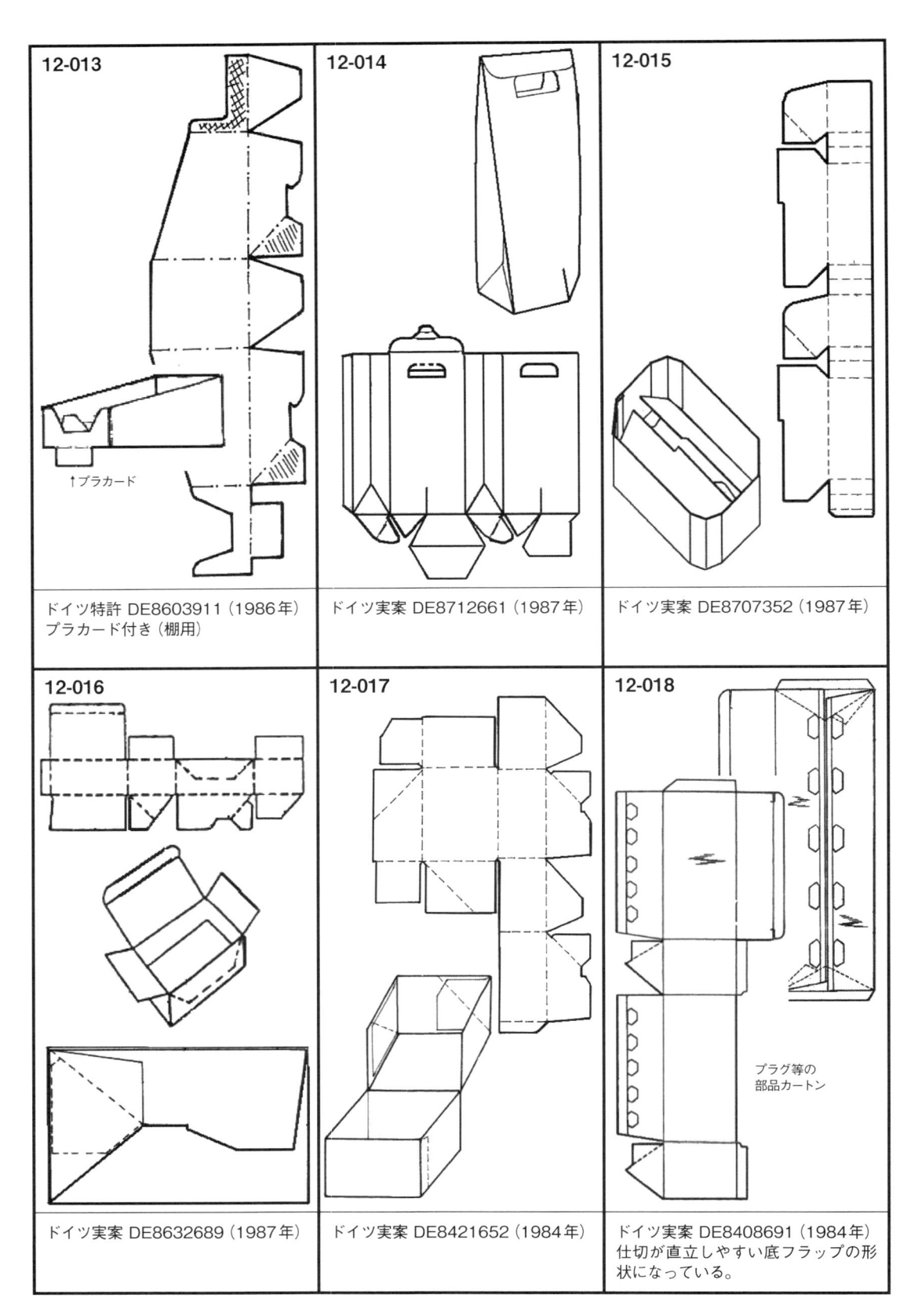

12-013	**12-014**	**12-015**
↑プラカード		
ドイツ特許 DE8603911（1986年） プラカード付き（棚用）	ドイツ実案 DE8712661（1987年）	ドイツ実案 DE8707352（1987年）
12-016	**12-017**	**12-018**
		プラグ等の 部品カートン
ドイツ実案 DE8632689（1987年）	ドイツ実案 DE8421652（1984年）	ドイツ実案 DE8408691（1984年） 仕切が直立しやすい底フラップの形 状になっている。

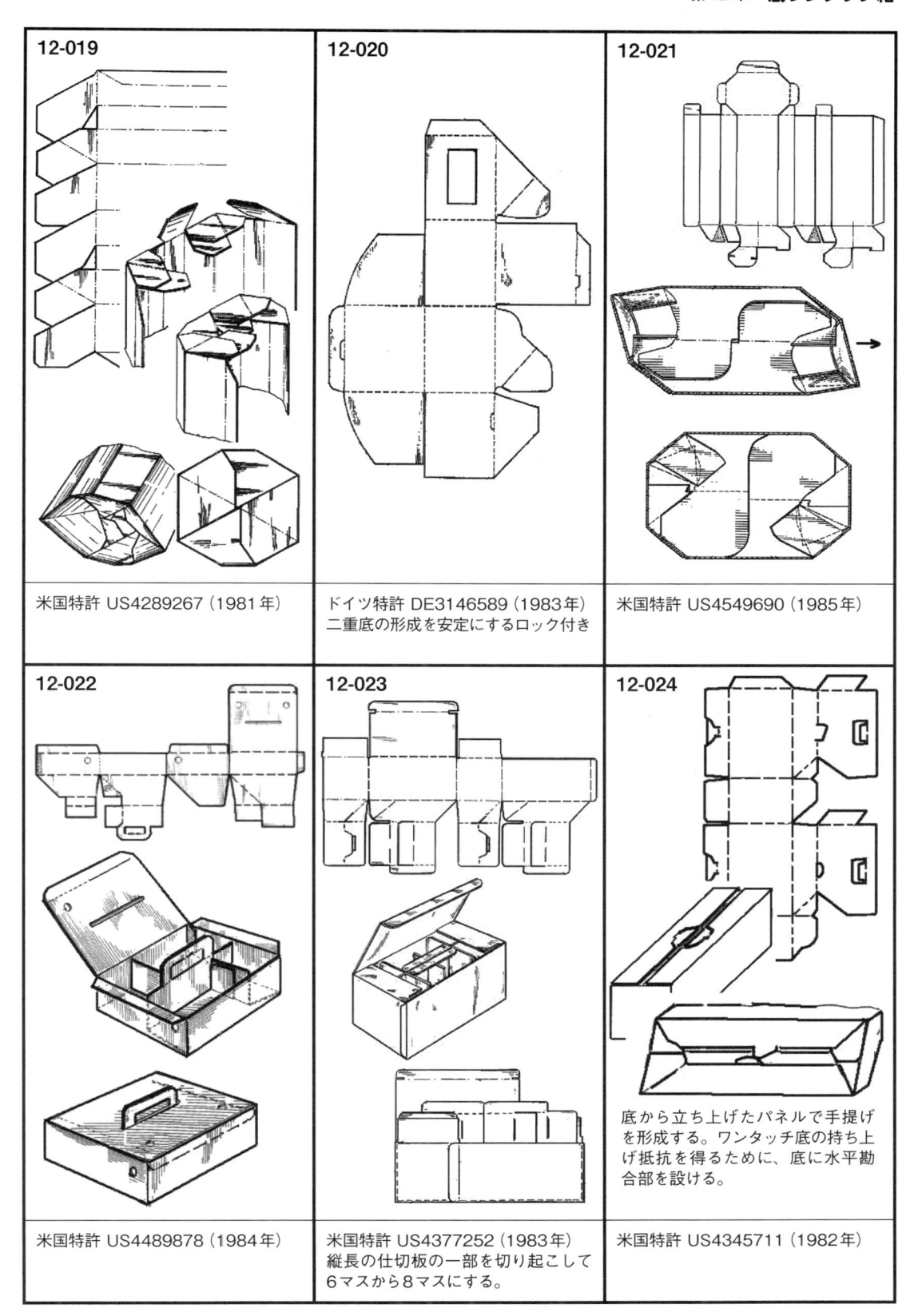

12-019

米国特許 US4289267（1981 年）

12-020

ドイツ特許 DE3146589（1983年）
二重底の形成を安定にするロック付き

12-021

米国特許 US4549690（1985年）

12-022

米国特許 US4489878（1984年）

12-023

米国特許 US4377252（1983年）
縦長の仕切板の一部を切り起こして
6マスから8マスにする。

12-024

底から立ち上げたパネルで手提げ
を形成する。ワンタッチ底の持ち上
げ抵抗を得るために、底に水平勘
合部を設ける。

米国特許 US4345711（1982年）

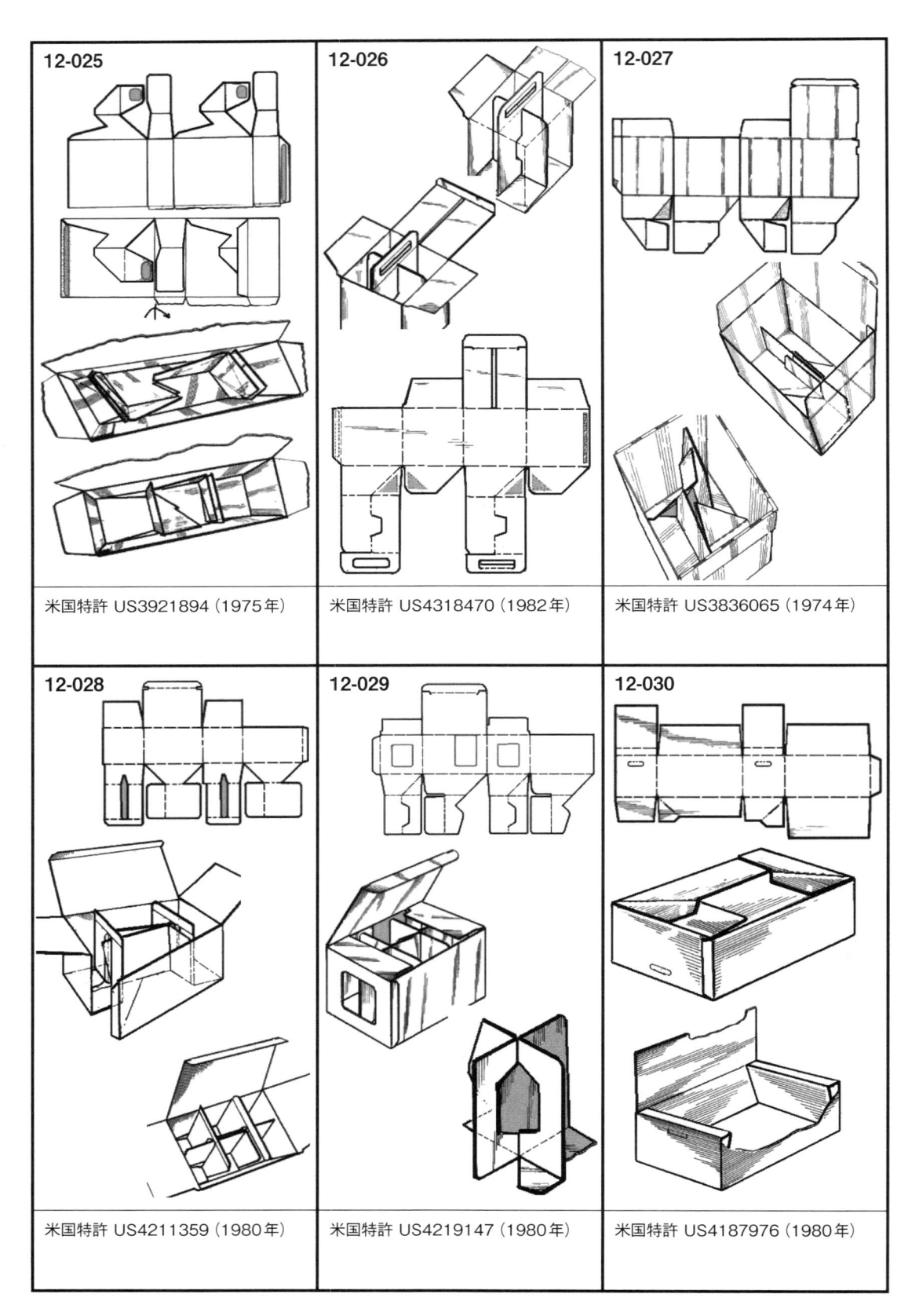

12-025	12-026	12-027
米国特許 US3921894（1975年）	米国特許 US4318470（1982年）	米国特許 US3836065（1974年）
12-028	12-029	12-030
米国特許 US4211359（1980年）	米国特許 US4219147（1980年）	米国特許 US4187976（1980年）

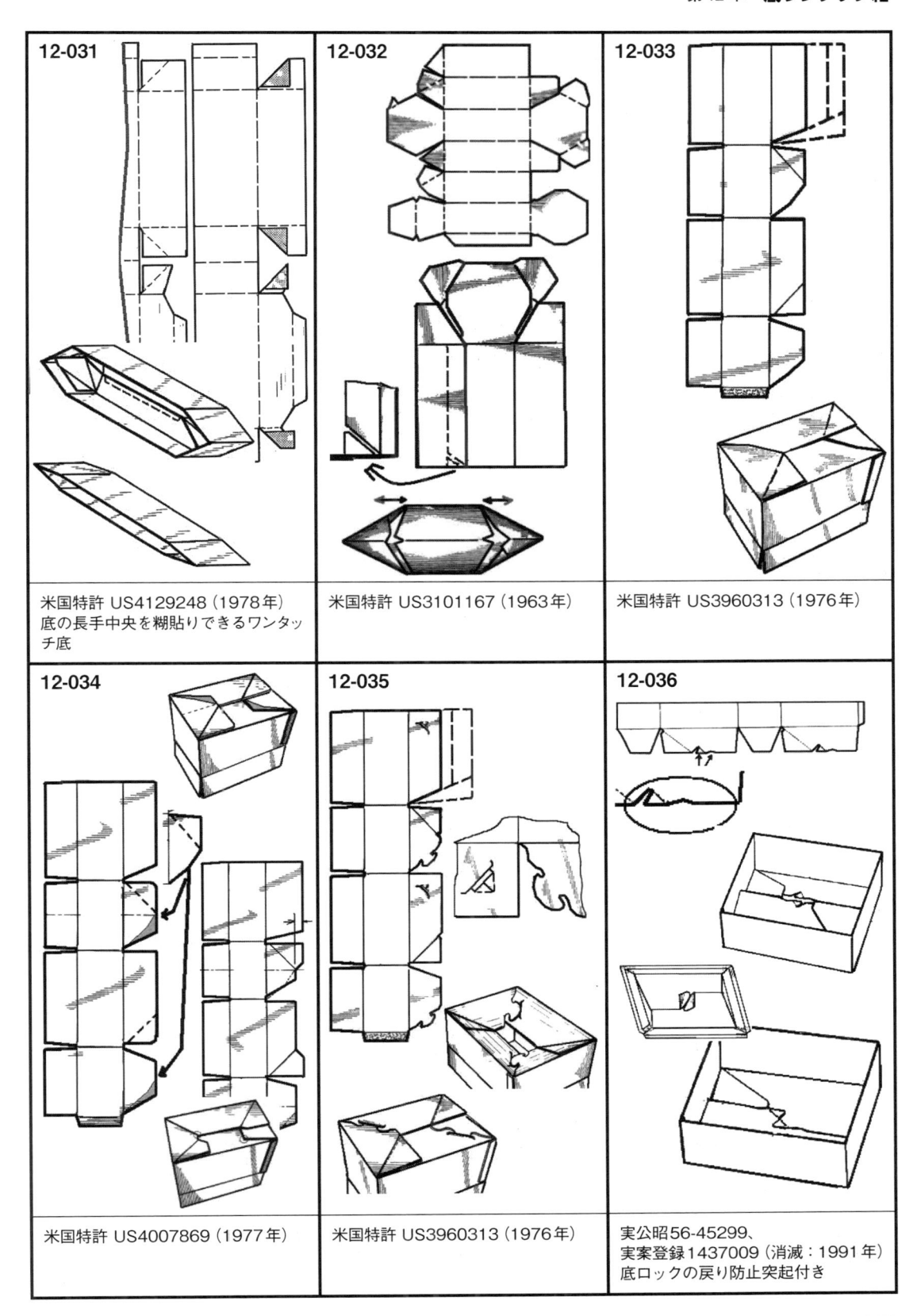

12-031

米国特許 US4129248（1978年）
底の長手中央を糊貼りできるワンタッチ底

12-032

米国特許 US3101167（1963年）

12-033

米国特許 US3960313（1976年）

12-034

米国特許 US4007869（1977年）

12-035

米国特許 US3960313（1976年）

12-036

実公昭56-45299、
実案登録1437009（消滅：1991年）
底ロックの戻り防止突起付き

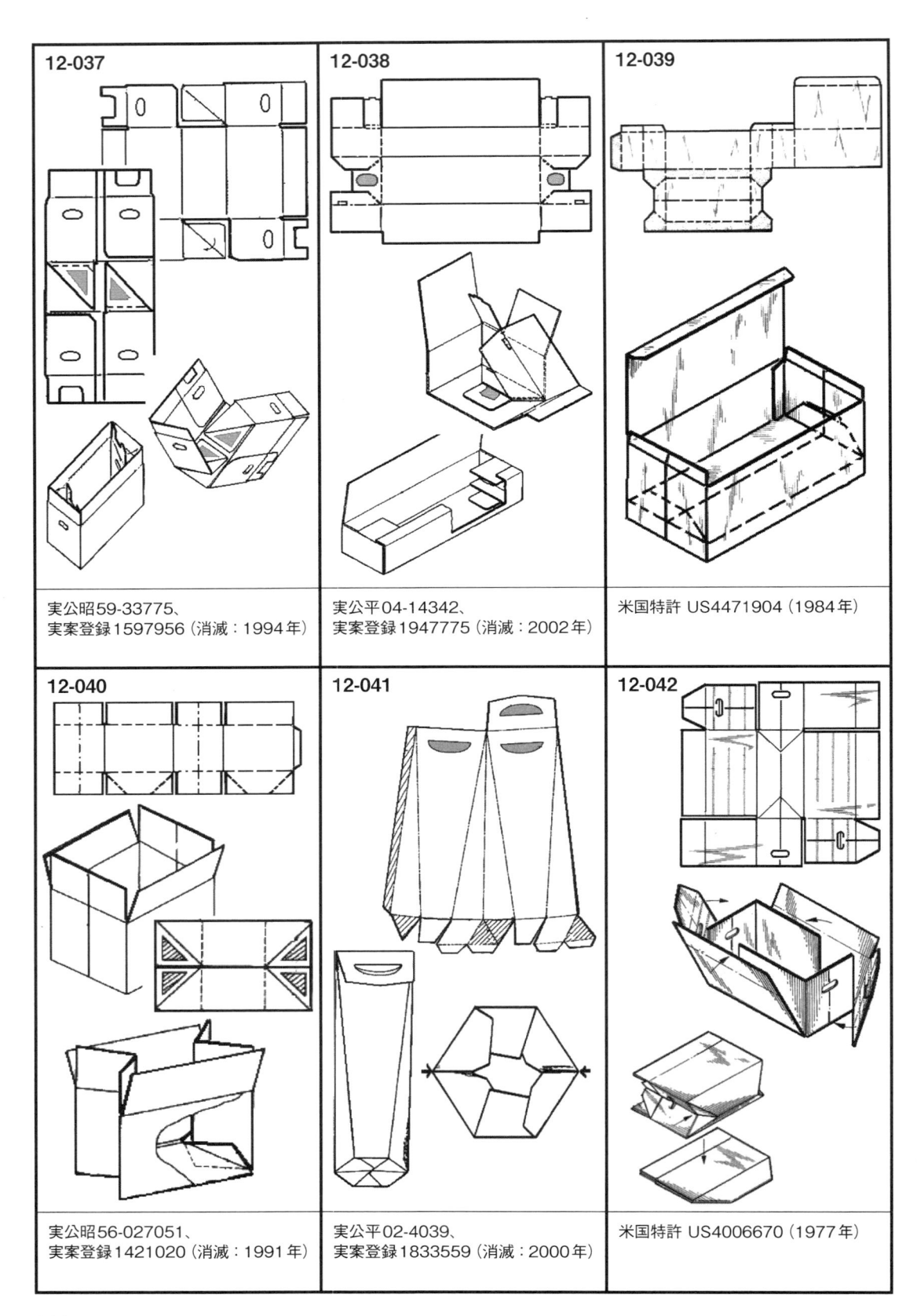

12-037

実公昭59-33775、
実案登録1597956（消滅：1994年）

12-038

実公平04-14342、
実案登録1947775（消滅：2002年）

12-039

米国特許 US4471904（1984年）

12-040

実公昭56-027051、
実案登録1421020（消滅：1991年）

12-041

実公平02-4039、
実案登録1833559（消滅：2000年）

12-042

米国特許 US4006670（1977年）

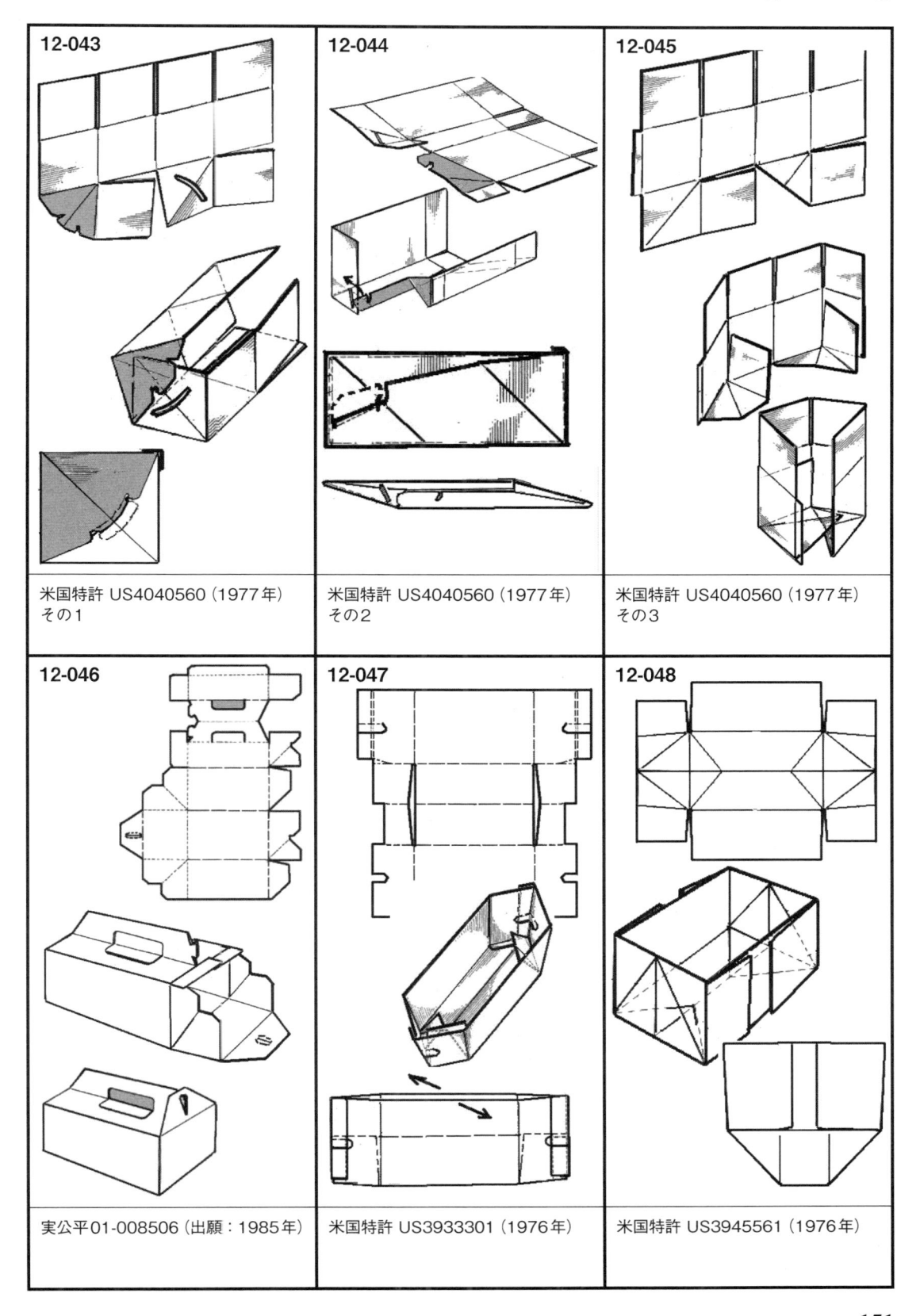

12-043
米国特許 US4040560（1977年）
その1

12-044
米国特許 US4040560（1977年）
その2

12-045
米国特許 US4040560（1977年）
その3

12-046
実公平01-008506（出願：1985年）

12-047
米国特許 US3933301（1976年）

12-048
米国特許 US3945561（1976年）

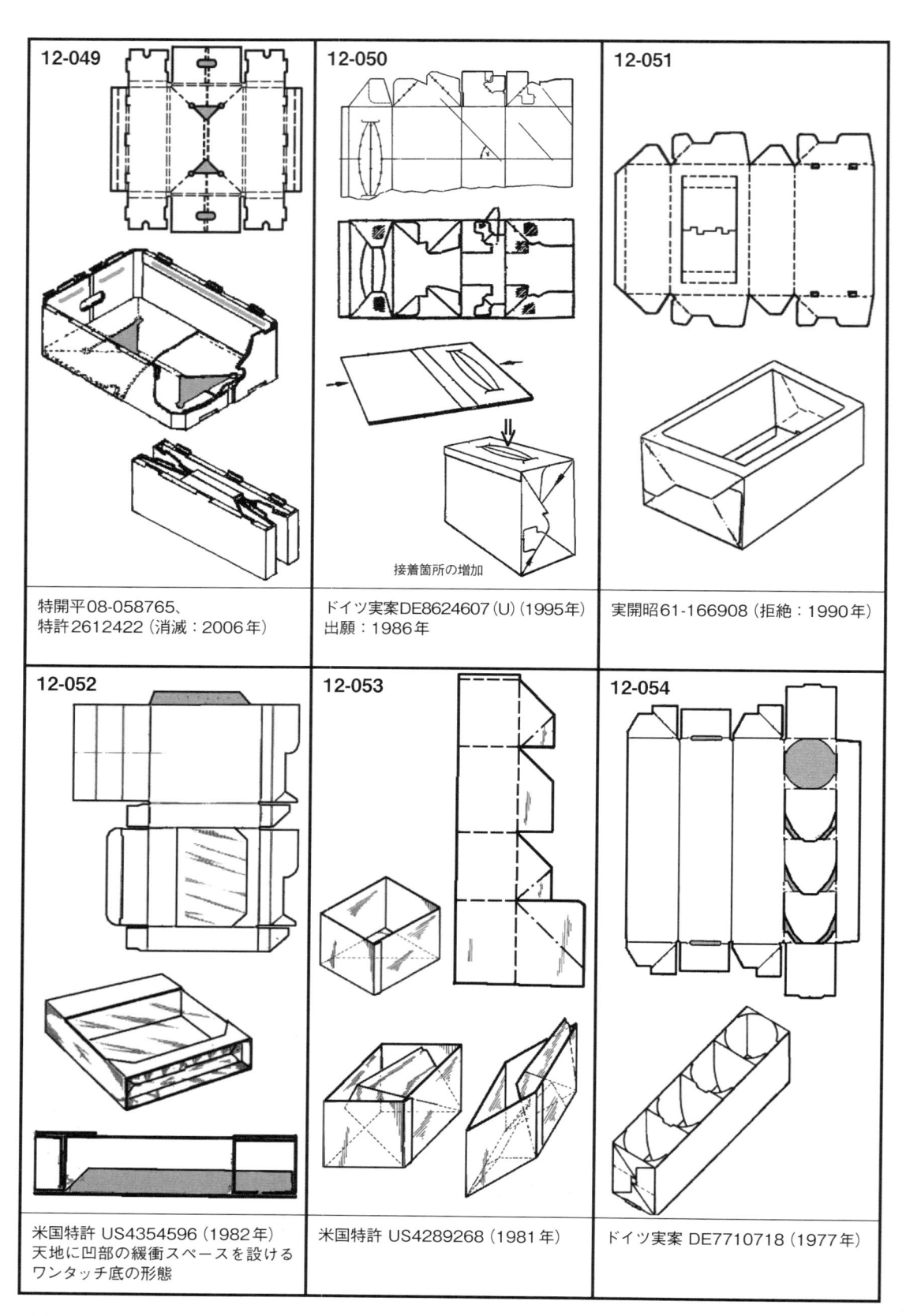

12-049

特開平08-058765、
特許2612422（消滅：2006年）

12-050

接着箇所の増加

ドイツ実案DE8624607（U）（1995年）
出願：1986年

12-051

実開昭61-166908（拒絶：1990年）

12-052

米国特許 US4354596（1982年）
天地に凹部の緩衝スペースを設ける
ワンタッチ底の形態

12-053

米国特許 US4289268（1981年）

12-054

ドイツ実案 DE7710718（1977年）

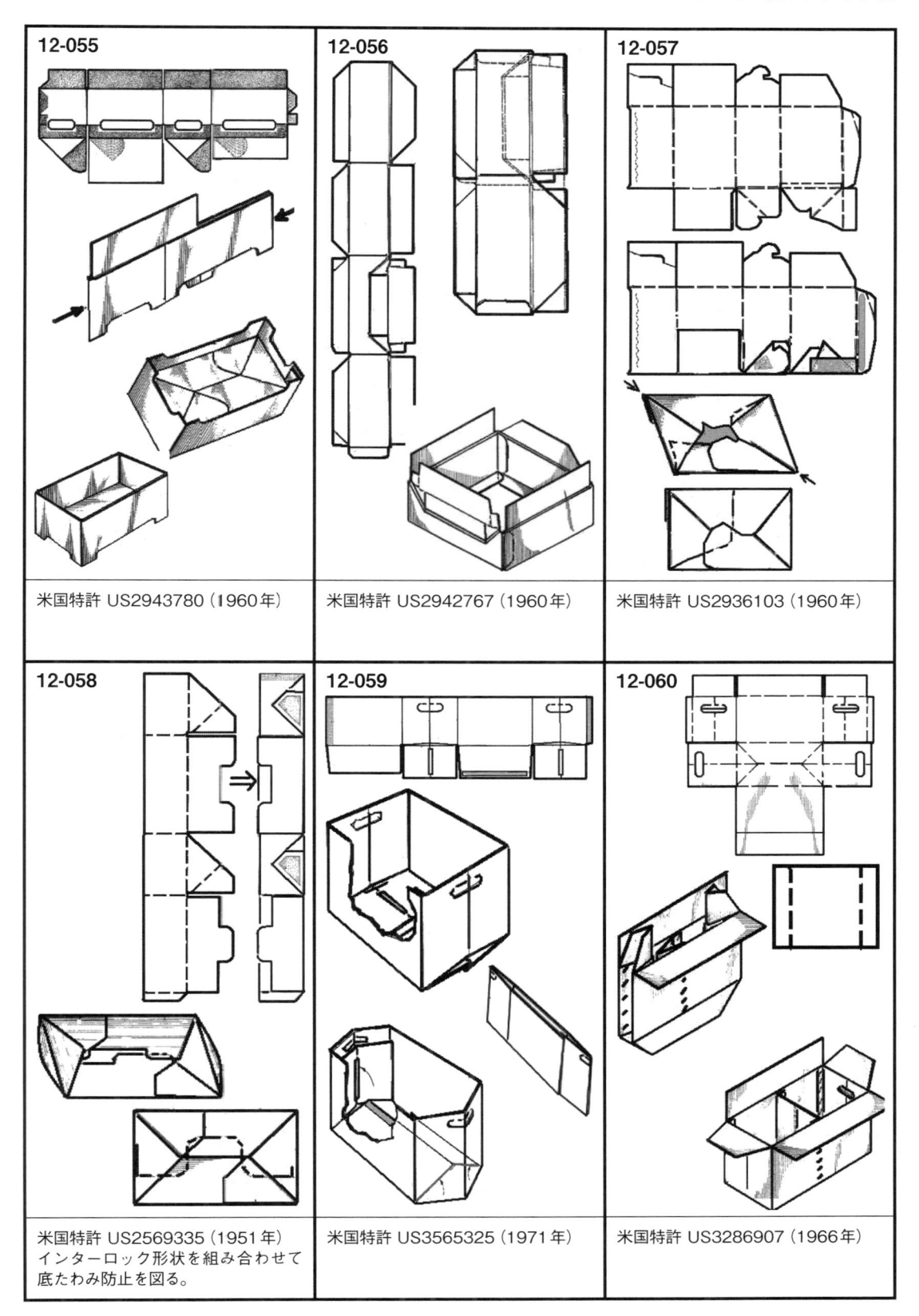

12-055

米国特許 US2943780（1960年）

12-056

米国特許 US2942767（1960年）

12-057

米国特許 US2936103（1960年）

12-058

米国特許 US2569335（1951年）
インターロック形状を組み合わせて
底たわみ防止を図る。

12-059

米国特許 US3565325（1971年）

12-060

米国特許 US3286907（1966年）

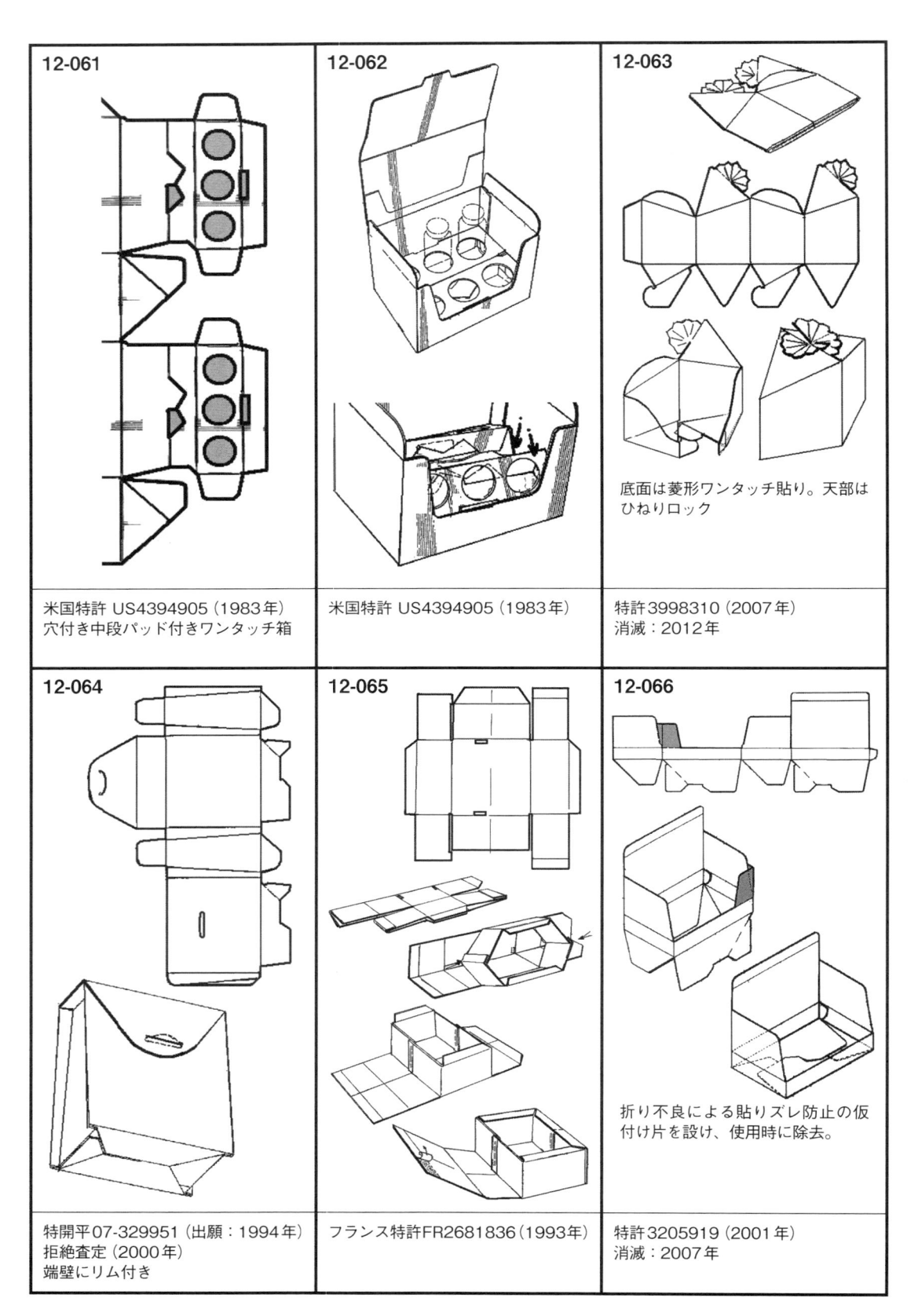

12-061	12-062	12-063
		底面は菱形ワンタッチ貼り。天部はひねりロック
米国特許 US4394905（1983年） 穴付き中段パッド付きワンタッチ箱	米国特許 US4394905（1983年）	特許3998310（2007年） 消滅：2012年

12-064	12-065	12-066
		折り不良による貼りズレ防止の仮付け片を設け、使用時に除去。
特開平07-329951（出願：1994年） 拒絶査定（2000年） 端壁にリム付き	フランス特許FR2681836（1993年）	特許3205919（2001年） 消滅：2007年

12-067

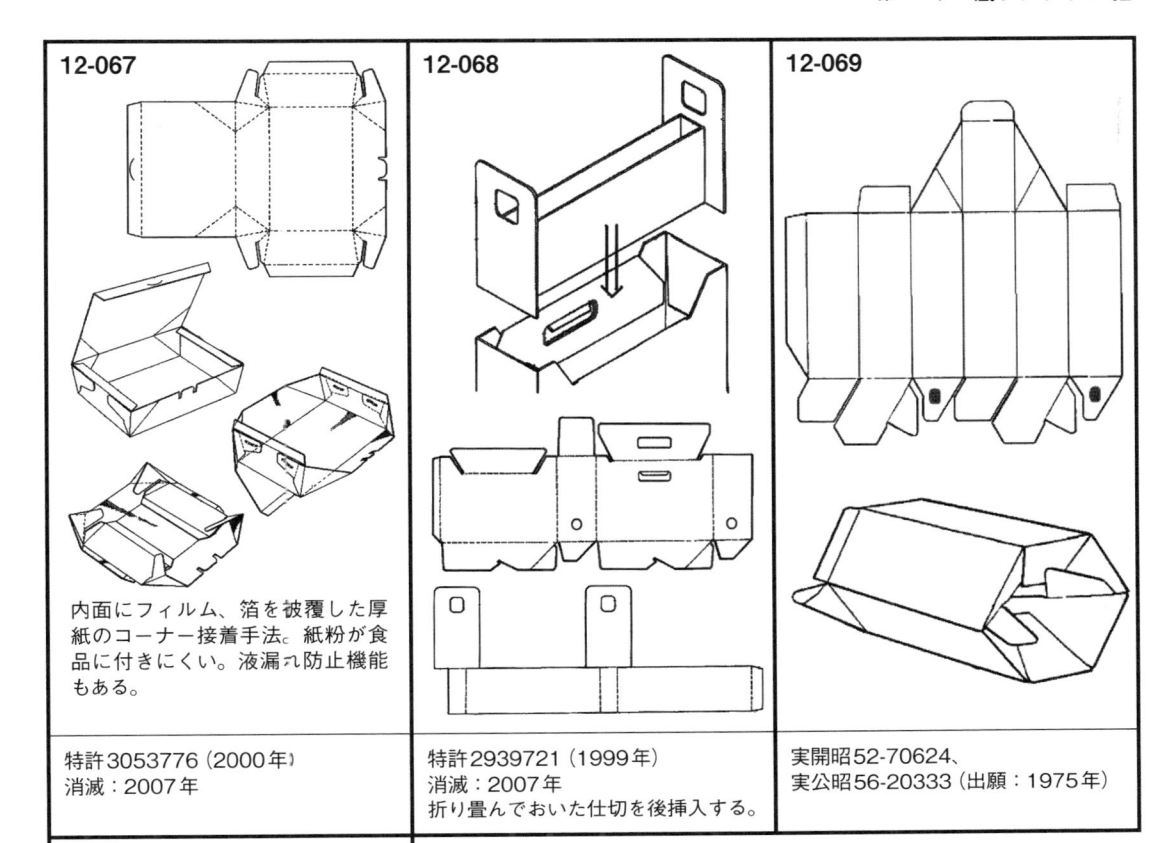

内面にフィルム、箔を被覆した厚紙のコーナー接着手法。紙粉が食品に付きにくい。液漏れ防止機能もある。

特許3053776（2000年）
消滅：2007年

12-068

特許2939721（1999年）
消滅：2007年
折り畳んでおいた仕切を後挿入する。

12-069

実開昭52-70624、
実公昭56-20333（出願：1975年）

12-070

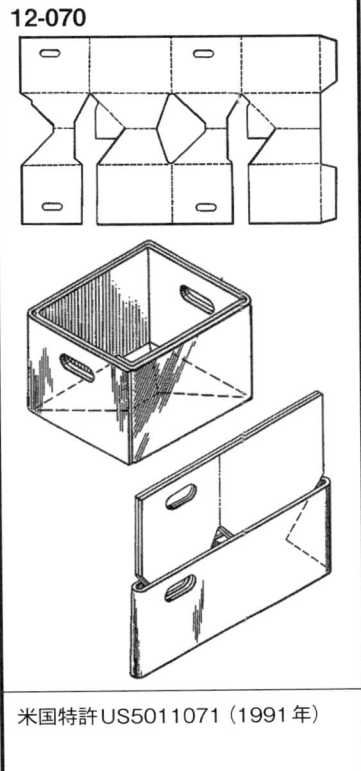

米国特許US5011071（1991年）

12「底ワンタッチ箱」関連リスト		
02-145	08-008	14-059
05-006	08-011	15-002
05-038	08-012	15-005
05-053	13-031	15-024
05-055	14-001	20-003
06-007	14-002	23-019
06-011	14-003	23-023
06-013	14-018	28-111
07-008	14-046	36-093
07-046	14-052	40-054
08-002	14-056	40-060
08-007	14-058	

13 底手組み箱

この分野は通常、「手組み折りたたみ箱」とされることが多い。この種の箱はワンタッチ箱と同様に底組みから組み作業を開始する。この作業を手早く済ますことが包装ラインの効率化につながるとして、手組みの代表的形態である底インターロック形式をはじめとして種々発明された。

底インターロック形態の代表は、いわゆる「アメリカンロック」とも称されるセルフロック（別称はスナップロック）方式である。この名称からして、米国で発達した形態であることが推察できる。米国において打抜機が開発され、その後日本に導入された歴史と重なる。

この種の箱の欠点としては、A-1箱に比較して底がたるみやすく不安定感が伴うことである。従って質量の重い内容物には不適当になる。

底の重なり面積を増やす発明、底に極力溝を設けない形態が発明された。底を完全に一枚板でカバーする形態、さらには板を重ねる面積を増やす形態も、作業性の悪化を防ぎながら、古くから発明されている。

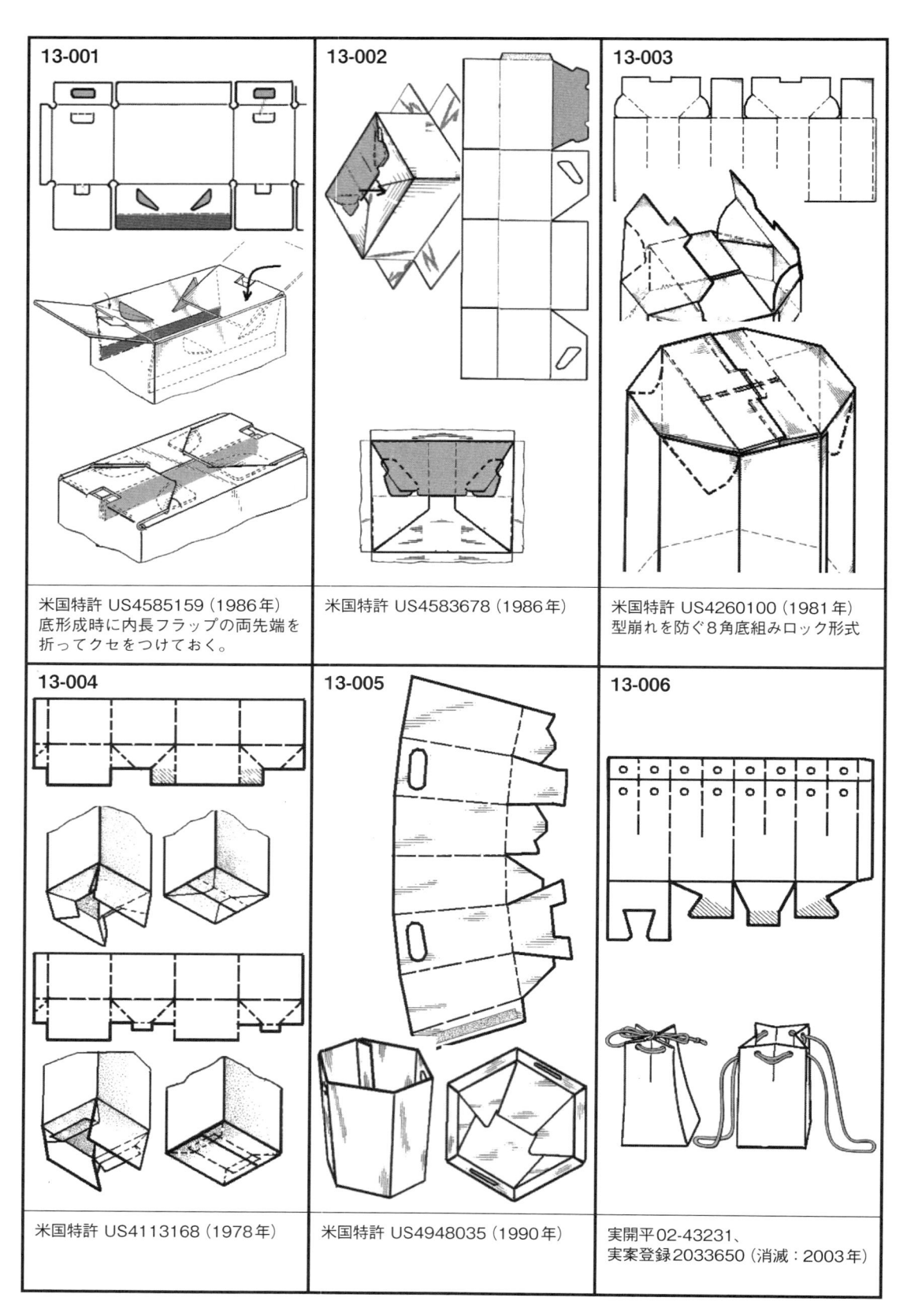

13-001

米国特許 US4585159（1986年）
底形成時に内長フラップの両先端を
折ってクセをつけておく。

13-002

米国特許 US4583678（1986年）

13-003

米国特許 US4260100（1981年）
型崩れを防ぐ8角底組みロック形式

13-004

米国特許 US4113168（1978年）

13-005

米国特許 US4948035（1990年）

13-006

実開平02-43231、
実案登録2033650（消滅：2003年）

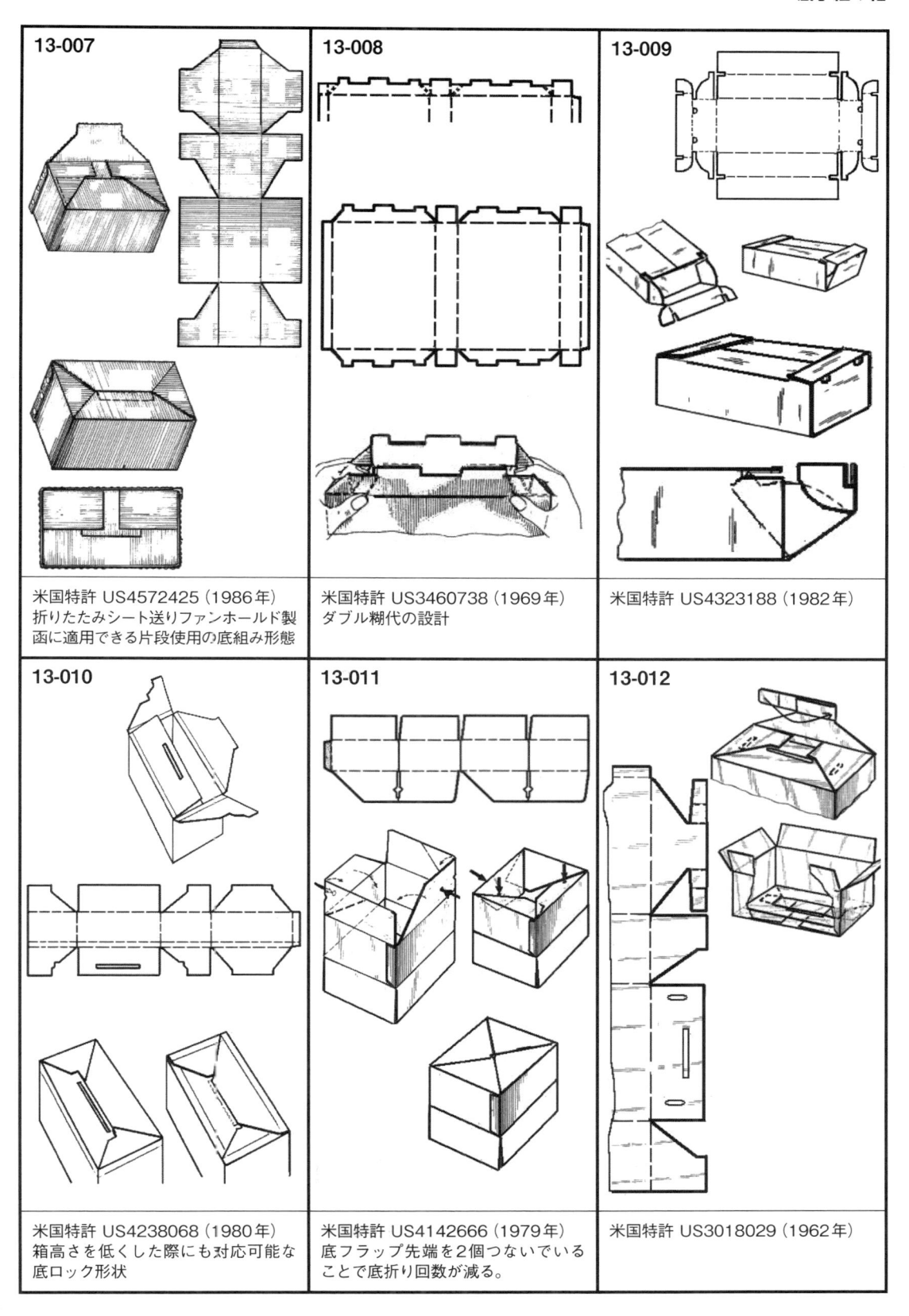

13-007

米国特許 US4572425（1986年）
折りたたみシート送りファンホールド製
函に適用できる片段使用の底組み形態

13-008

米国特許 US3460738（1969年）
ダブル糊代の設計

13-009

米国特許 US4323188（1982年）

13-010

米国特許 US4238068（1980年）
箱高さを低くした際にも対応可能な
底ロック形状

13-011

米国特許 US4142666（1979年）
底フラップ先端を2個つないでいる
ことで底折り回数が減る。

13-012

米国特許 US3018029（1962年）

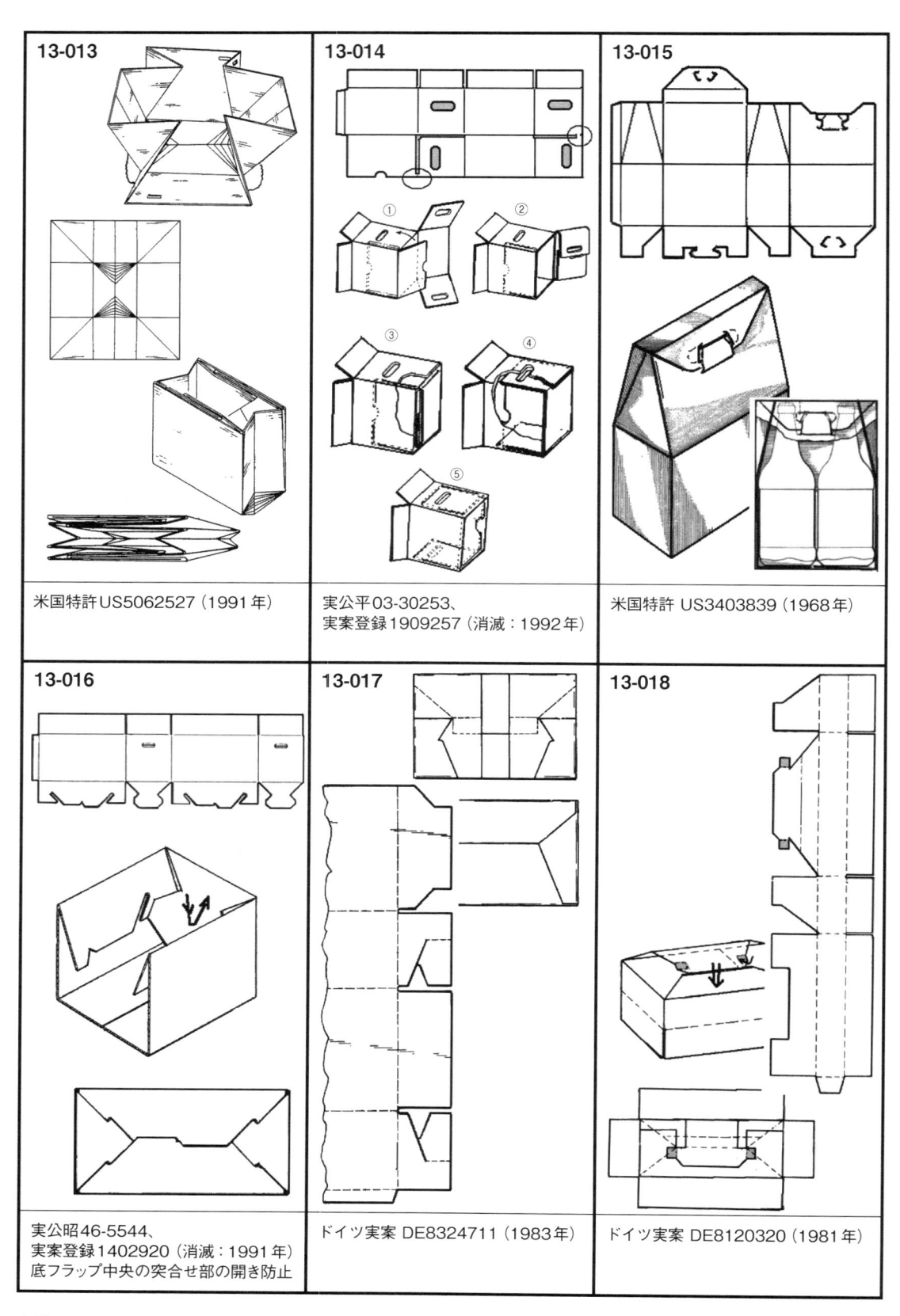

13-013

米国特許US5062527（1991年）

13-014

① ② ③ ④ ⑤

実公平03-30253、
実案登録1909257（消滅：1992年）

13-015

米国特許 US3403839（1968年）

13-016

実公昭46-5544、
実案登録1402920（消滅：1991年）
底フラップ中央の突合せ部の開き防止

13-017

ドイツ実案 DE8324711（1983年）

13-018

ドイツ実案 DE8120320（1981年）

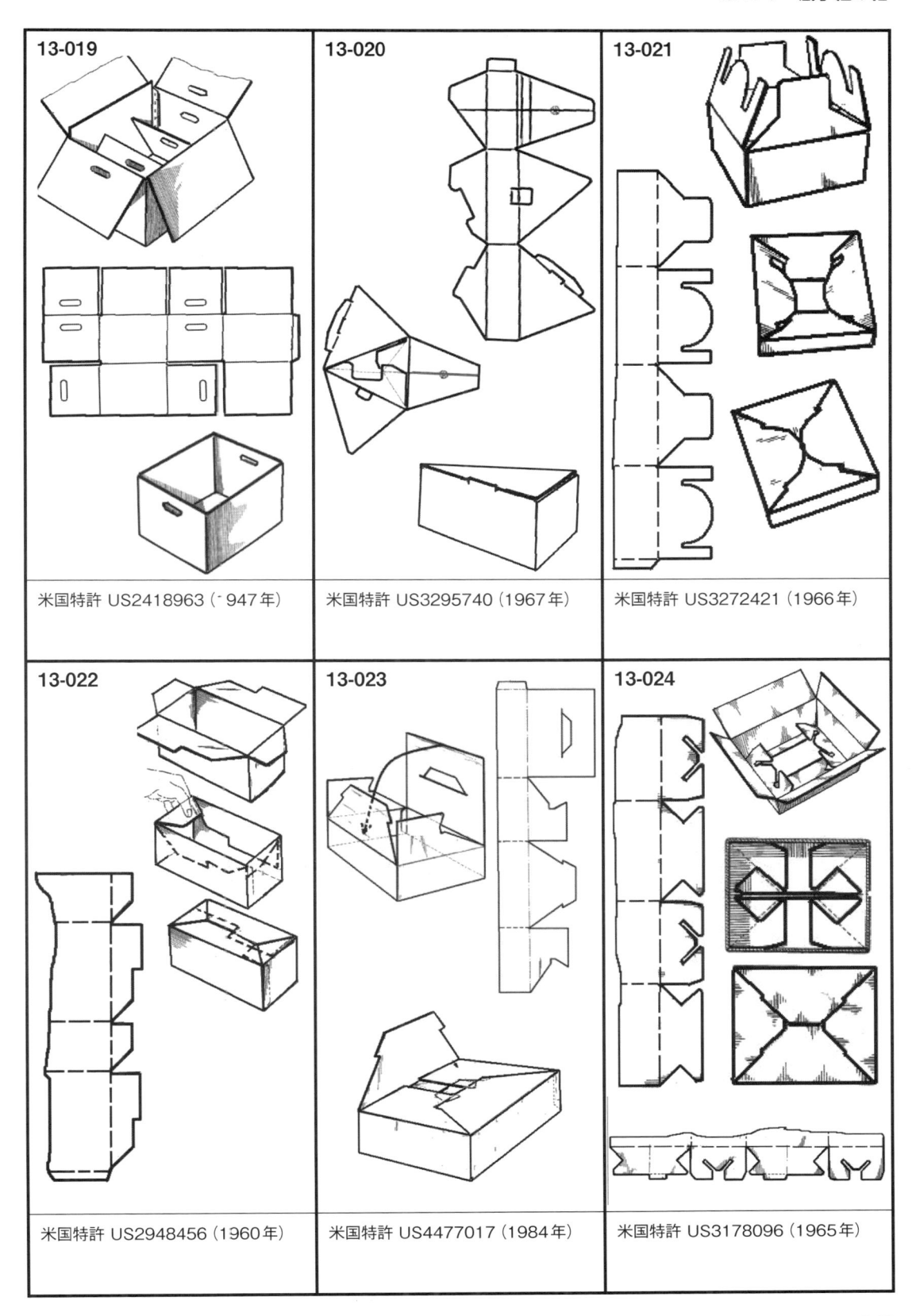

13-019	13-020	13-021
米国特許 US2418963（1947年）	米国特許 US3295740（1967年）	米国特許 US3272421（1966年）
13-022	13-023	13-024
米国特許 US2948456（1960年）	米国特許 US4477017（1984年）	米国特許 US3178096（1965年）

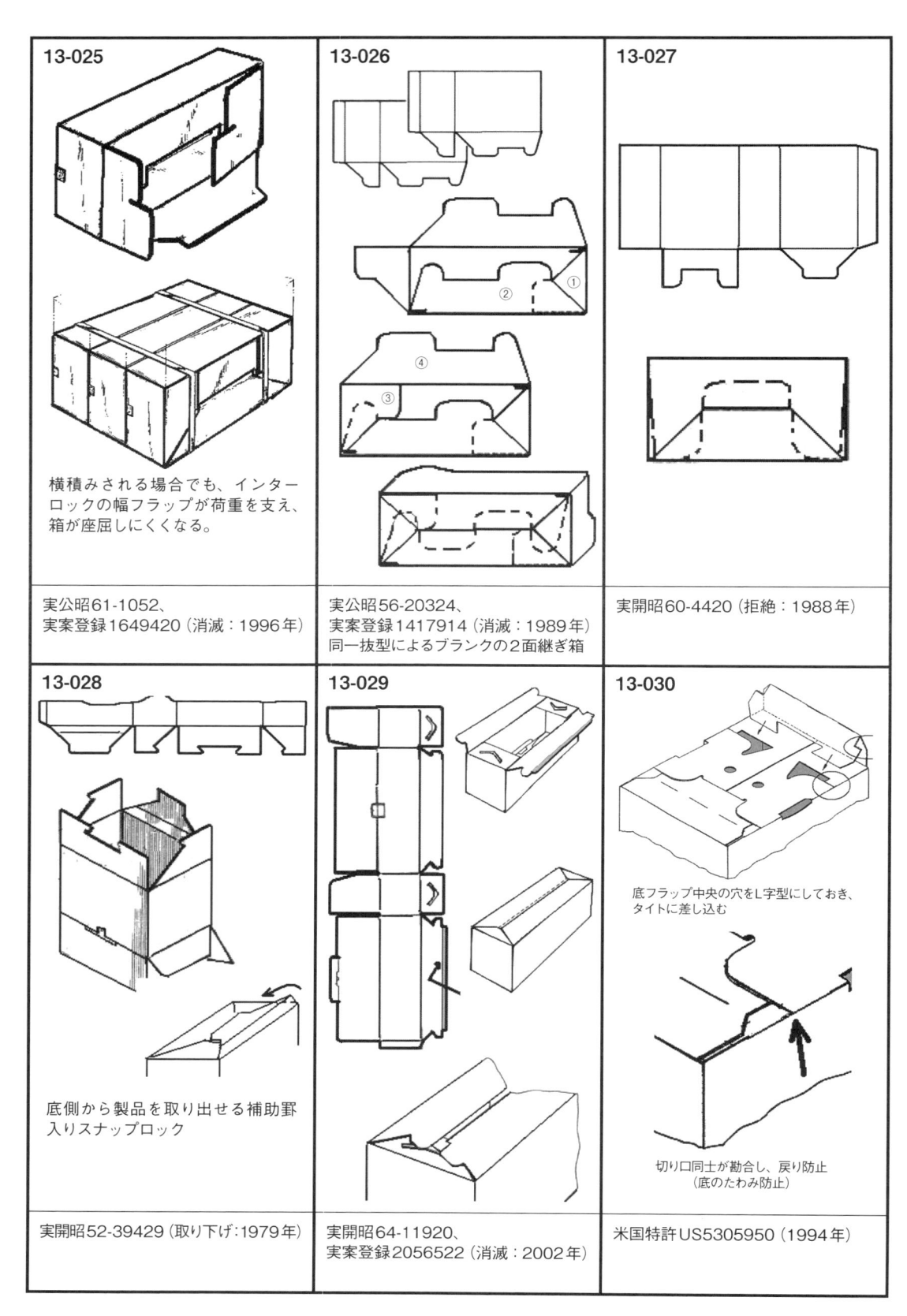

13-025

横積みされる場合でも、インターロックの幅フラップが荷重を支え、箱が座屈しにくくなる。

実公昭61-1052、
実案登録1649420（消滅：1996年）

13-026

実公昭56-20324、
実案登録1417914（消滅：1989年）
同一抜型によるブランクの2面継ぎ箱

13-027

実開昭60-4420（拒絶：1988年）

13-028

底側から製品を取り出せる補助罫入りスナップロック

実開昭52-39429（取り下げ：1979年）

13-029

実開昭64-11920、
実案登録2056522（消滅：2002年）

13-030

底フラップ中央の穴をL字型にしておき、タイトに差し込む

切り口同士が勘合し、戻り防止
（底のたわみ防止）

米国特許US5305950（1994年）

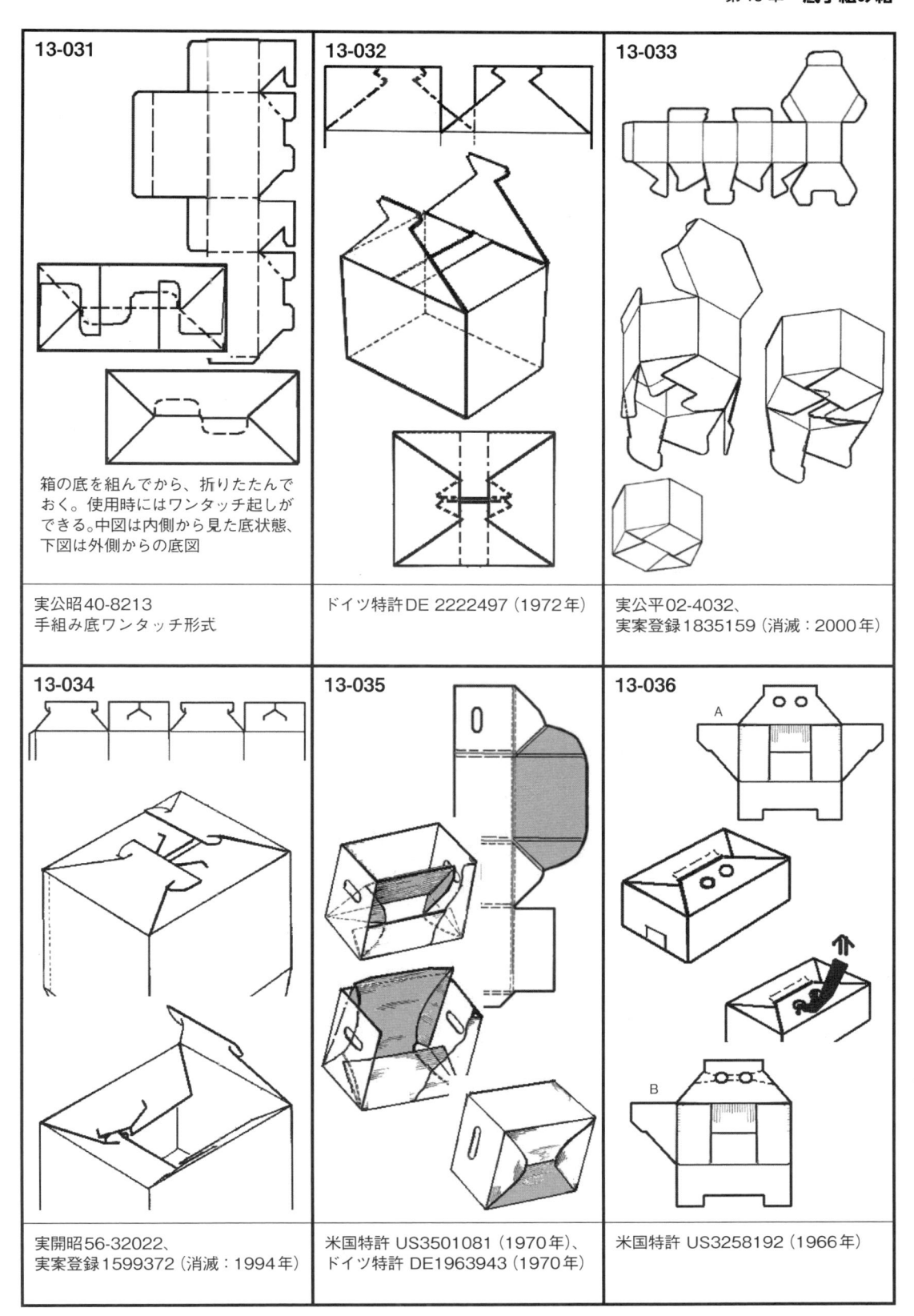

13-031

箱の底を組んでから、折りたたんで
おく。使用時にはワンタッチ起しが
できる。中図は内側から見た底状態、
下図は外側からの底図

実公昭40-8213
手組み底ワンタッチ形式

13-032

ドイツ特許DE 2222497（1972年）

13-033

実公平02-4032、
実案登録1835159（消滅：2000年）

13-034

実開昭56-32022、
実案登録1599372（消滅：1994年）

13-035

米国特許 US3501081（1970年）、
ドイツ特許 DE1963943（1970年）

13-036

A

B

米国特許 US3258192（1966年）

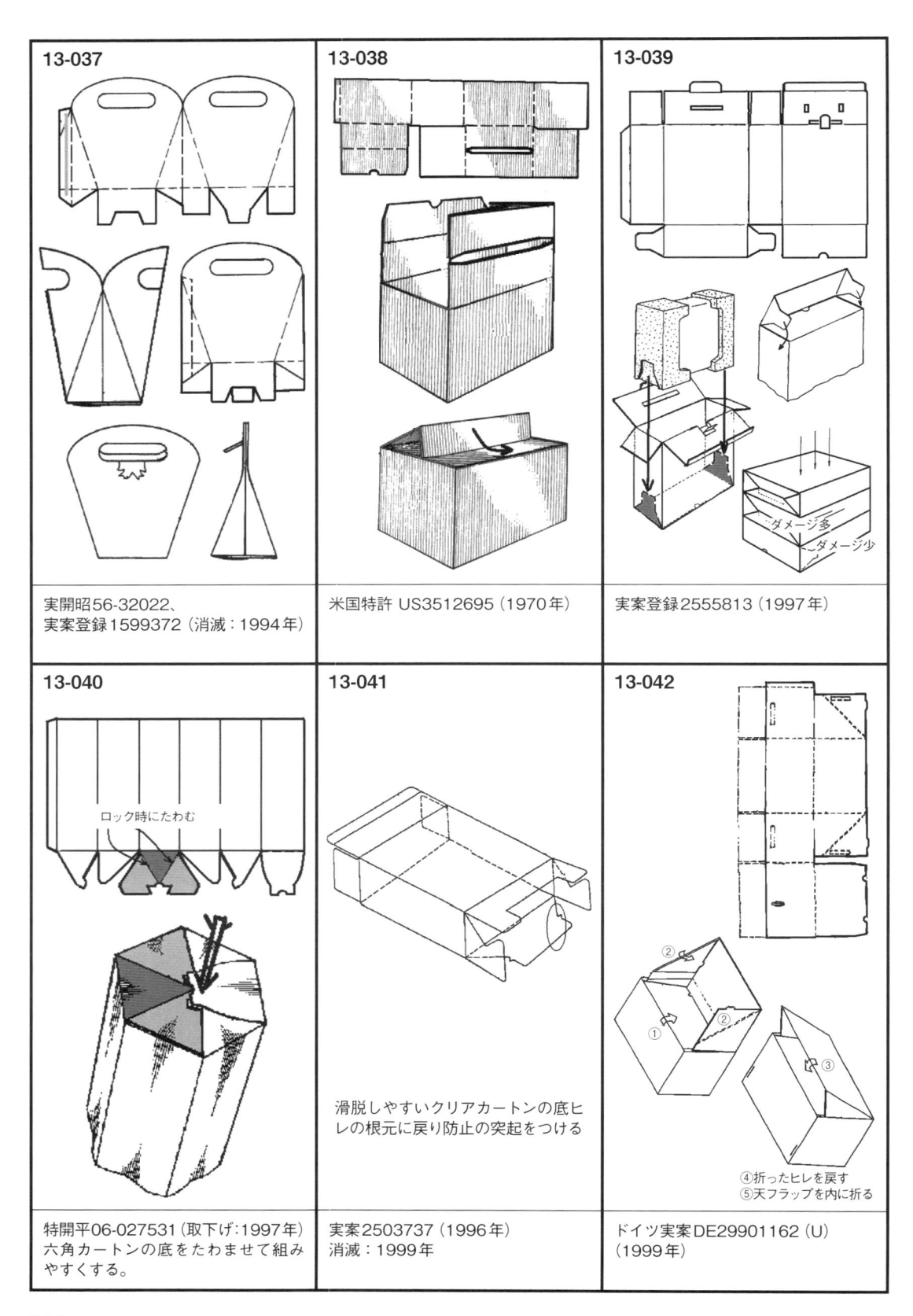

13-037

実開昭56-32022、
実案登録1599372（消滅：1994年）

13-038

米国特許 US3512695（1970年）

13-039

実案登録2555813（1997年）

13-040

ロック時にたわむ

特開平06-027531（取下げ：1997年）
六角カートンの底をたわませて組み
やすくする。

13-041

滑脱しやすいクリアカートンの底ヒレ
レの根元に戻り防止の突起をつける

実案2503737（1996年）
消滅：1999年

13-042

②
①
②
③

④折ったヒレを戻す
⑤天フラップを内に折る

ドイツ実案DE29901162（U）
（1999年）

13「底手組み箱」関連リスト				
01-064	07-042	14-032	20-010	31-029
02-043	08-010	14-042	20-019	31-064
05-040	08-013	15-011	20-020	31-074
06-021	08-015	15-029	23-029	38-005
07-013	14-006	16-006	23-106	
07-027	14-031	17-034	30-009	

14 仕切付き箱

　仕切付き箱は製品を収納する機能に高度な保護機能を付与した箱といえる。仕切る方法にはマスを形成する方法と穴付きパッドとして間隔を形成する方法がある。ここでは箱を形成するブランクの端の延長部またはその内部を用いて、箱と一体的に仕切を構成するタイプをまとめている（Hボックスと別部材を箱内に固着するタイプは除外）。

　比較的古い形態は、手組みフラップを利用して部分的な仕切を形成するものが主流であった。これが製函機の機能アップによって複雑な折りと接着が可能になり、種々の形態が発明された（当初は複雑な組み形態への対応というユーザーニーズが機械の改造につながった）。

　省材料の発想によって、箱の胴部に切込みを入れ、これを内側に折り込んで仕切の小片を設ける形態のグループがある。これは壁面が大きく切り取られるため、個装箱に適応される。

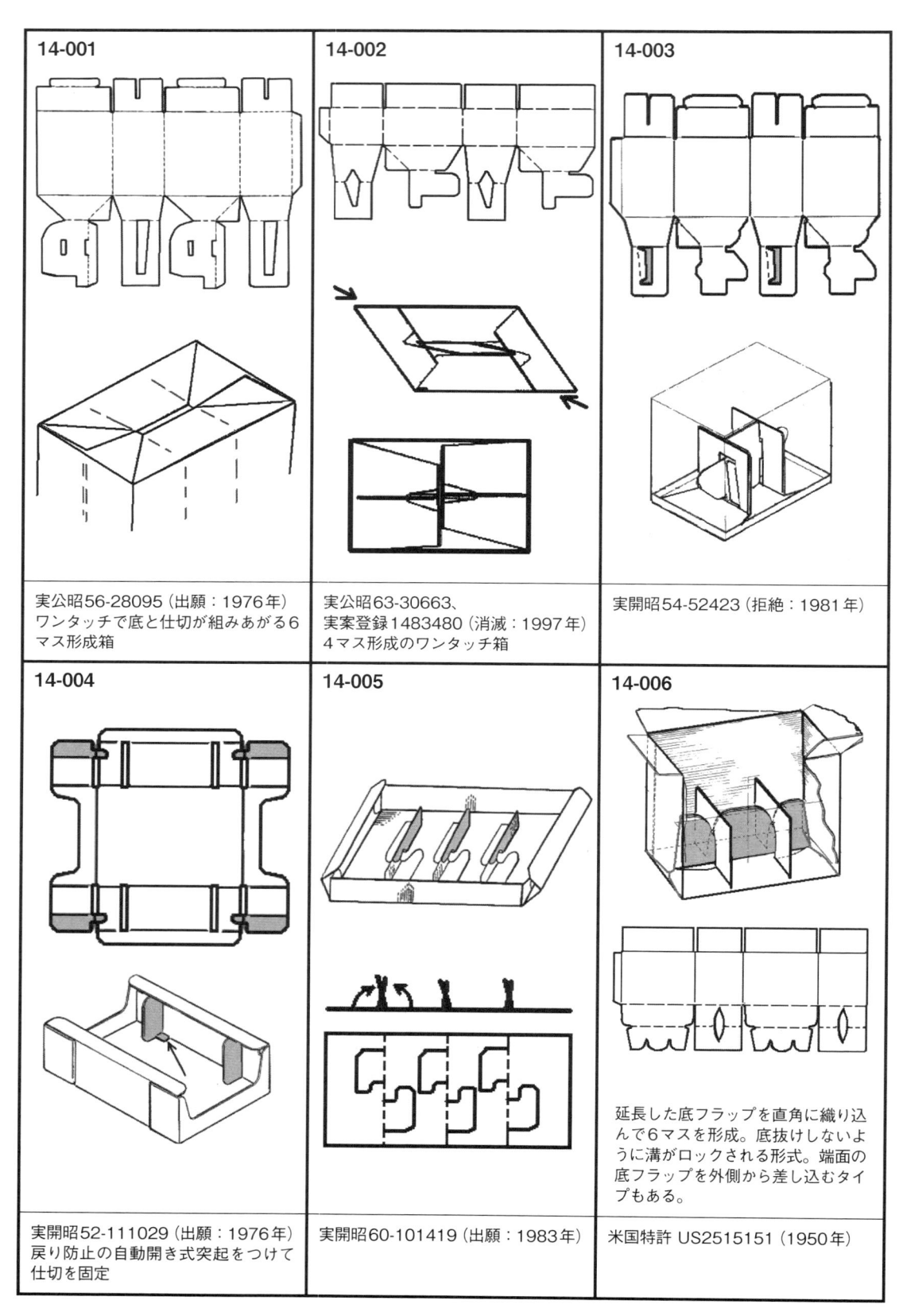

14-001

実公昭56-28095（出願：1976年）
ワンタッチで底と仕切が組みあがる6
マス形成箱

14-002

実公昭63-30663、
実案登録1483480（消滅：1997年）
4マス形成のワンタッチ箱

14-003

実開昭54-52423（拒絶：1981年）

14-004

実開昭52-111029（出願：1976年）
戻り防止の自動開き式突起をつけて
仕切を固定

14-005

実開昭60-101419（出願：1983年）

14-006

延長した底フラップを直角に織り込
んで6マスを形成。底抜けしないよ
うに溝がロックされる形式。端面の
底フラップを外側から差し込むタイ
プもある。

米国特許 US2515151（1950年）

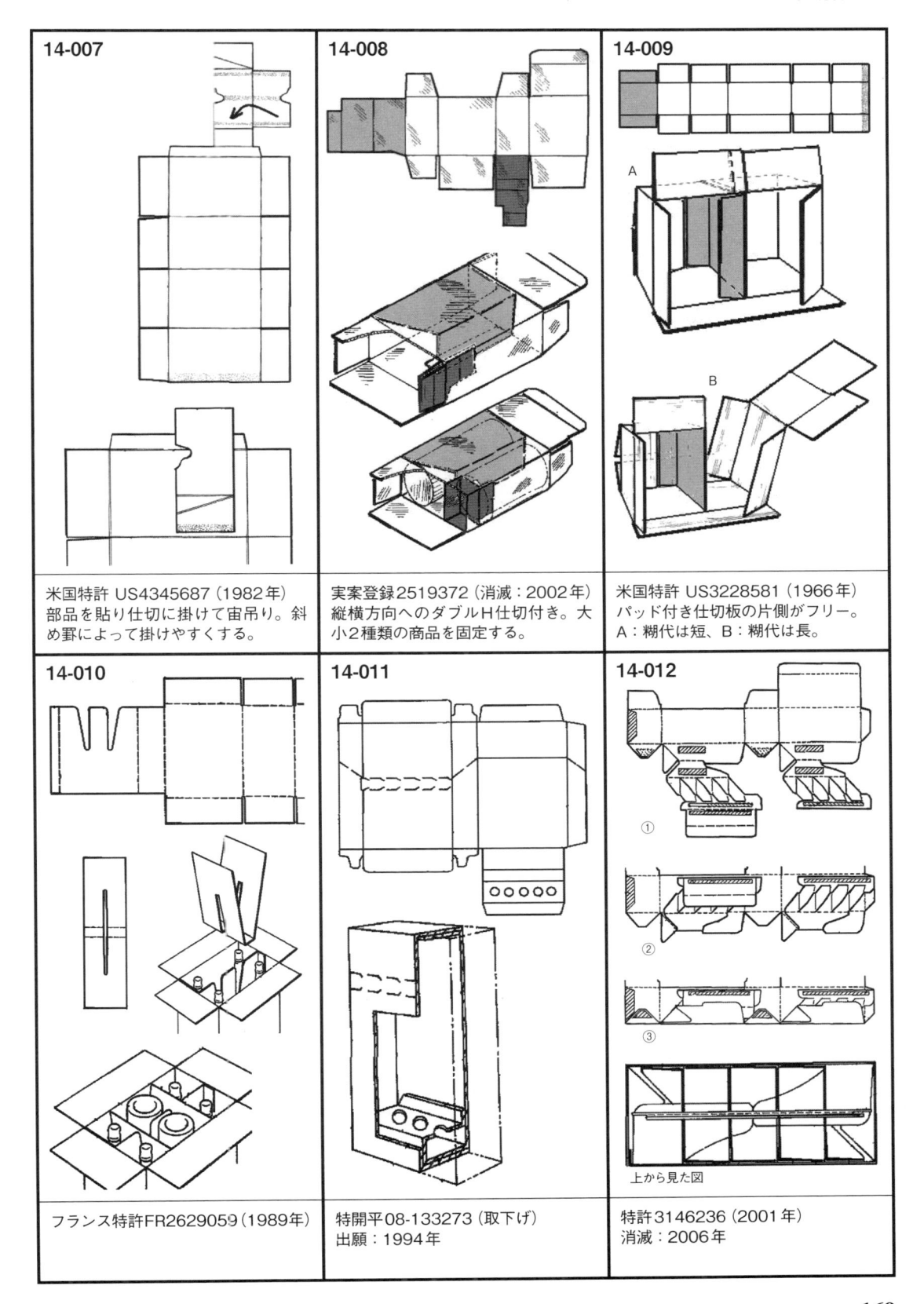

14-007

米国特許 US4345687（1982年）
部品を貼り仕切に掛けて宙吊り。斜
め罫によって掛けやすくする。

14-008

実案登録2519372（消滅：2002年）
縦横方向へのダブルH仕切り付き。大
小2種類の商品を固定する。

14-009

米国特許 US3228581（1966年）
パッド付き仕切板の片側がフリー。
A：糊代は短、B：糊代は長。

A

B

14-010

フランス特許FR2629059（1989年）

14-011

特開平08-133273（取下げ）
出願：1994年

14-012

①

②

③

上から見た図

特許3146236（2001年）
消滅：2006年

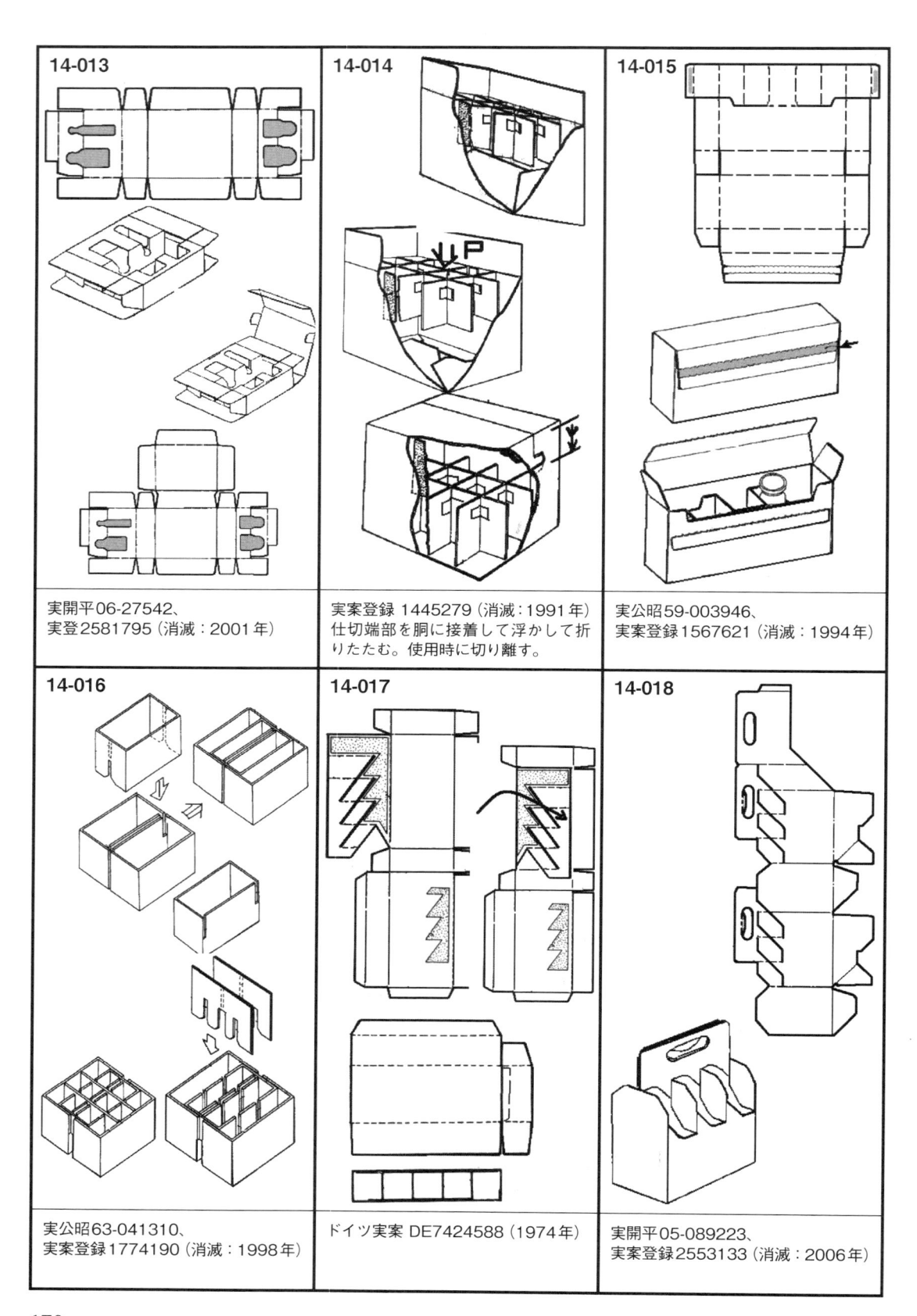

14-013

実開平06-27542、
実登2581795（消滅：2001年）

14-014

実案登録 1445279（消滅：1991年）
仕切端部を胴に接着して浮かして折りたたむ。使用時に切り離す。

14-015

実公昭59-003946、
実案登録1567621（消滅：1994年）

14-016

実公昭63-041310、
実案登録1774190（消滅：1998年）

14-017

ドイツ実案 DE7424588（1974年）

14-018

実開平05-089223、
実案登録2553133（消滅：2006年）

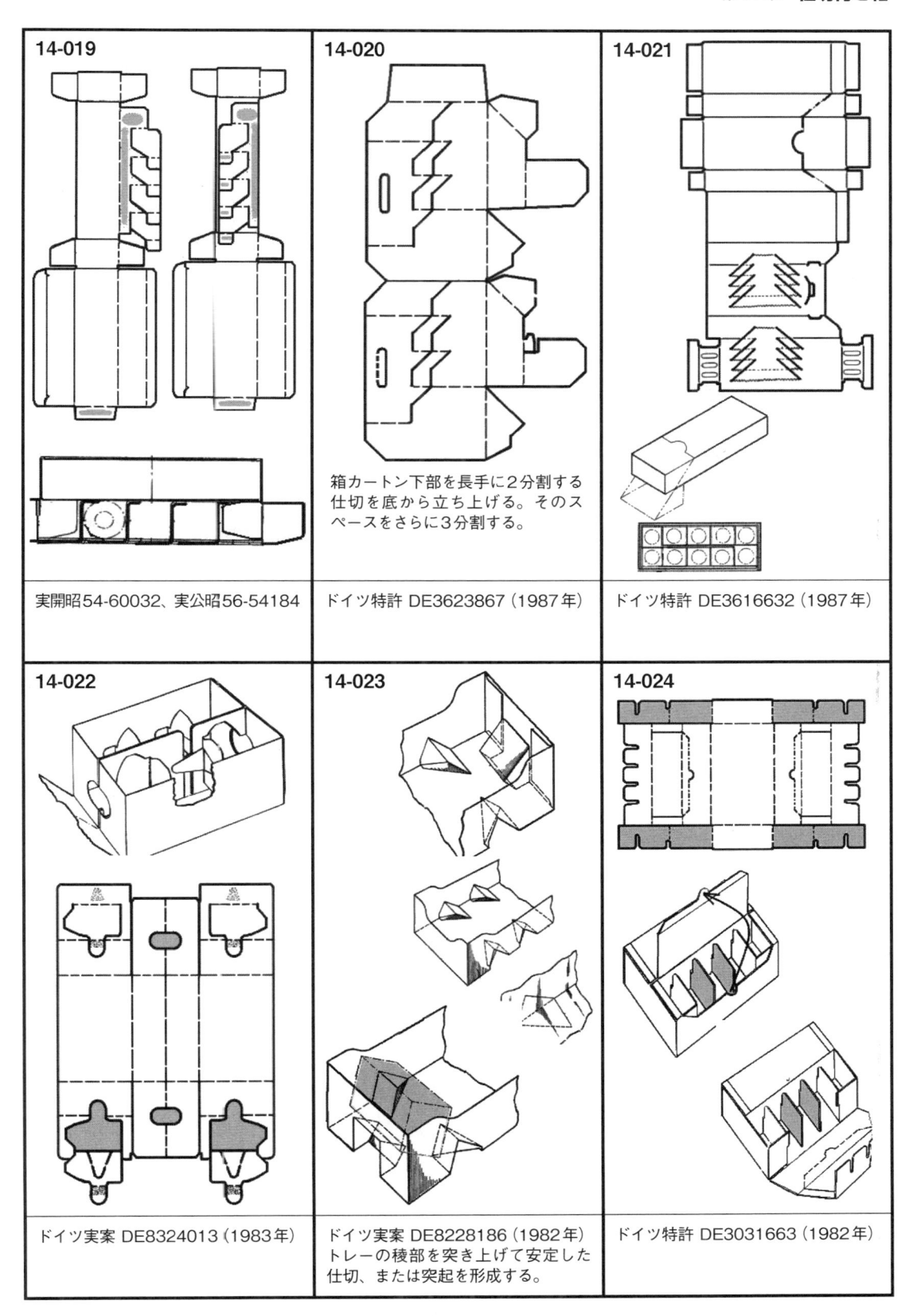

14-019

実開昭54-60032、実公昭56-54184

14-020

箱カートン下部を長手に2分割する仕切を底から立ち上げる。そのスペースをさらに3分割する。

ドイツ特許 DE3623867（1987年）

14-021

ドイツ特許 DE3616632（1987年）

14-022

ドイツ実案 DE8324013（1983年）

14-023

ドイツ実案 DE8228186（1982年）
トレーの稜部を突き上げて安定した仕切、または突起を形成する。

14-024

ドイツ特許 DE3031663（1982年）

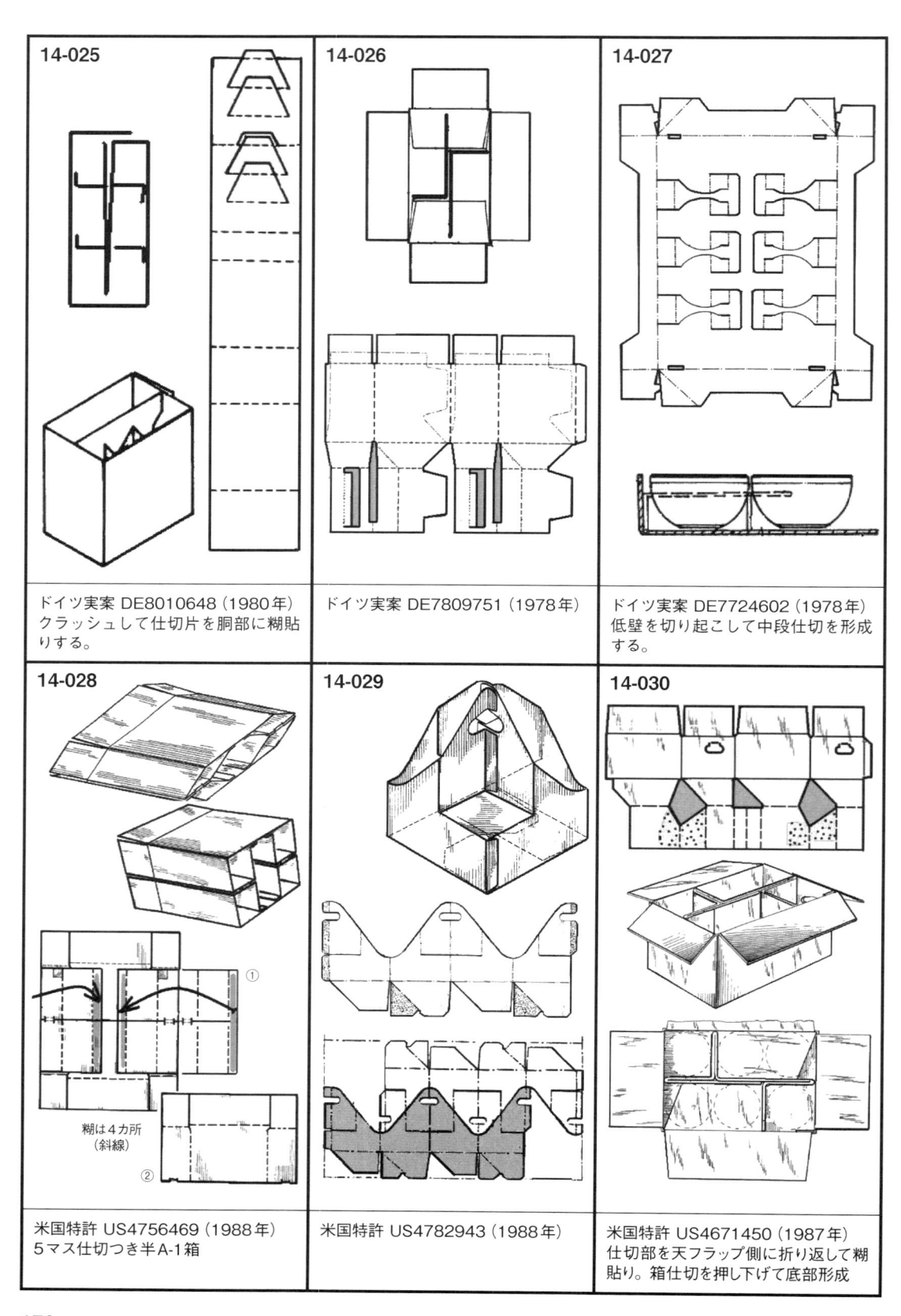

14-025	14-026	14-027
ドイツ実案 DE8010648 (1980年) クラッシュして仕切片を胴部に糊貼りする。	ドイツ実案 DE7809751 (1978年)	ドイツ実案 DE7724602 (1978年) 低壁を切り起こして中段仕切を形成する。
14-028	14-029	14-030
米国特許 US4756469 (1988年) 5マス仕切つき半A-1箱	米国特許 US4782943 (1988年)	米国特許 US4671450 (1987年) 仕切部を天フラップ側に折り返して糊貼り。箱仕切を押し下げて底部形成

糊は4カ所
（斜線）

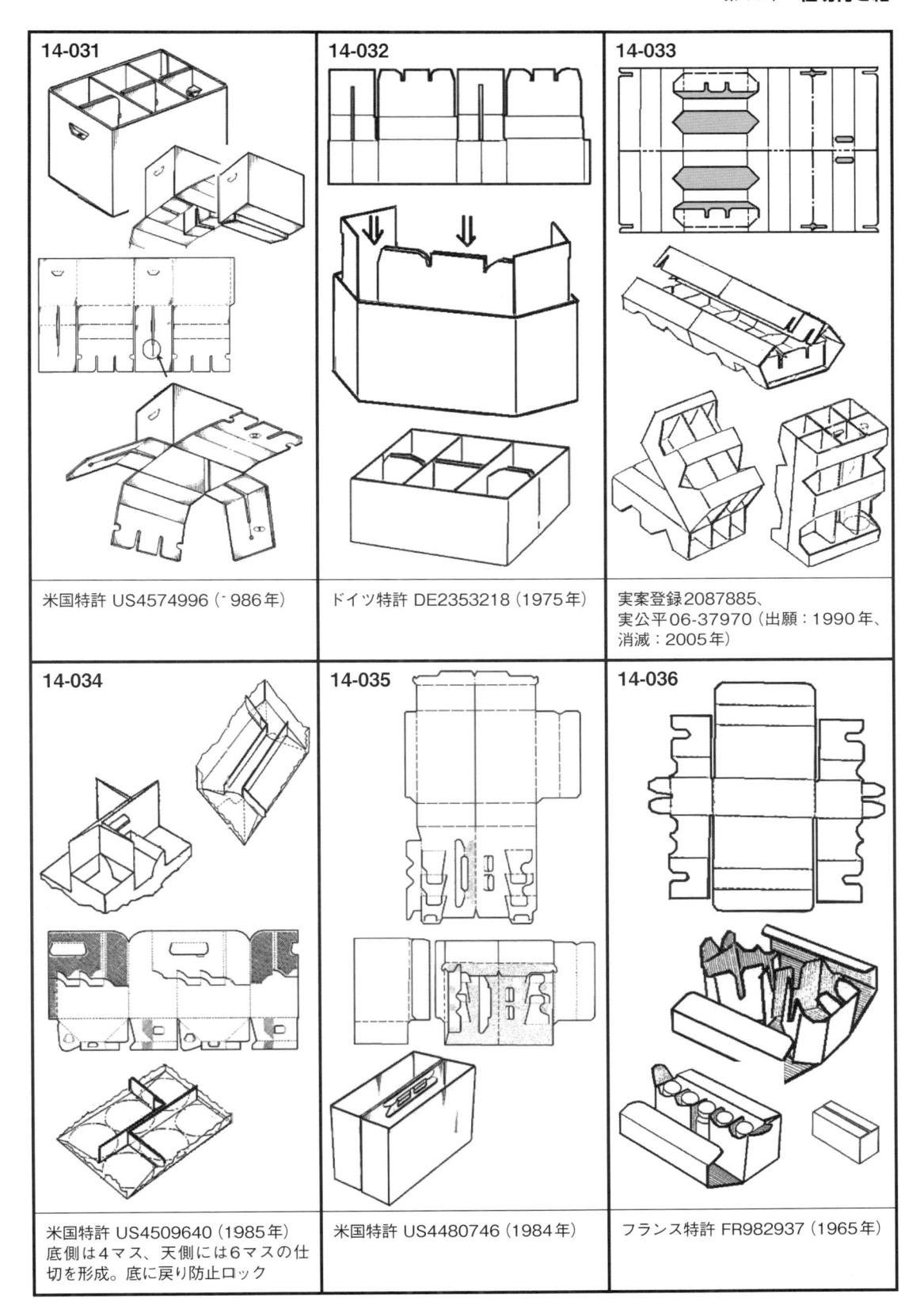

14-031　米国特許 US4574996（1986年）

14-032　ドイツ特許 DE2353218（1975年）

14-033　実案登録2087885、
実公平06-37970（出願：1990年、
消滅：2005年）

14-034　米国特許 US4509640（1985年）
底側は4マス、天側には6マスの仕
切を形成。底に戻り防止ロック

14-035　米国特許 US4480746（1984年）

14-036　フランス特許 FR982937（1965年）

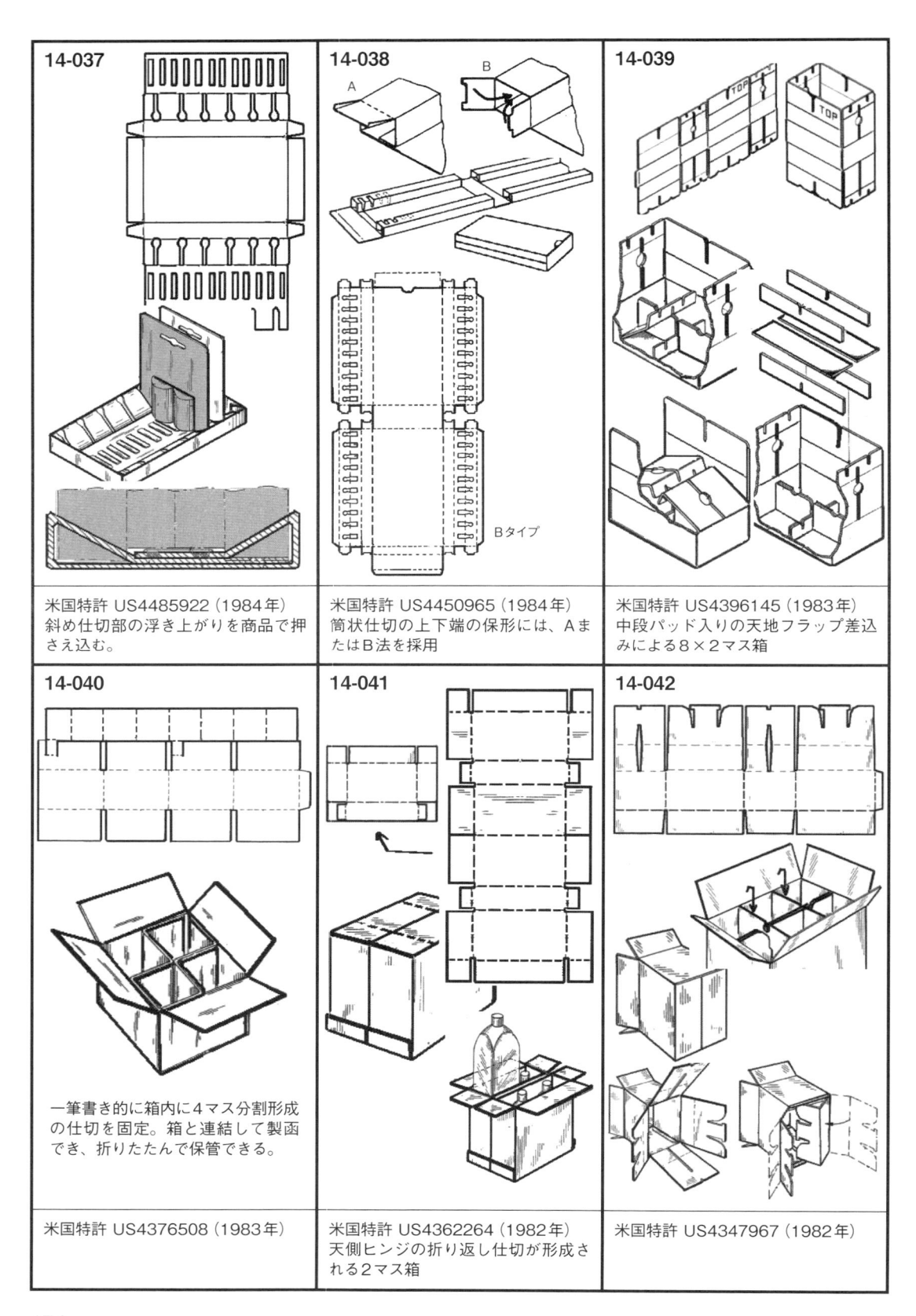

14-037

米国特許 US4485922（1984年）
斜め仕切部の浮き上がりを商品で押さえ込む。

14-038

A

B

Bタイプ

米国特許 US4450965（1984年）
筒状仕切の上下端の保形には、AまたはB法を採用

14-039

TOP

TOP

米国特許 US4396145（1983年）
中段パッド入りの天地フラップ差込みによる8×2マス箱

14-040

一筆書き的に箱内に4マス分割形成の仕切を固定。箱と連結して製函でき、折りたたんで保管できる。

米国特許 US4376508（1983年）

14-041

米国特許 US4362264（1982年）
天側ヒンジの折り返し仕切が形成される2マス箱

14-042

米国特許 US4347967（1982年）

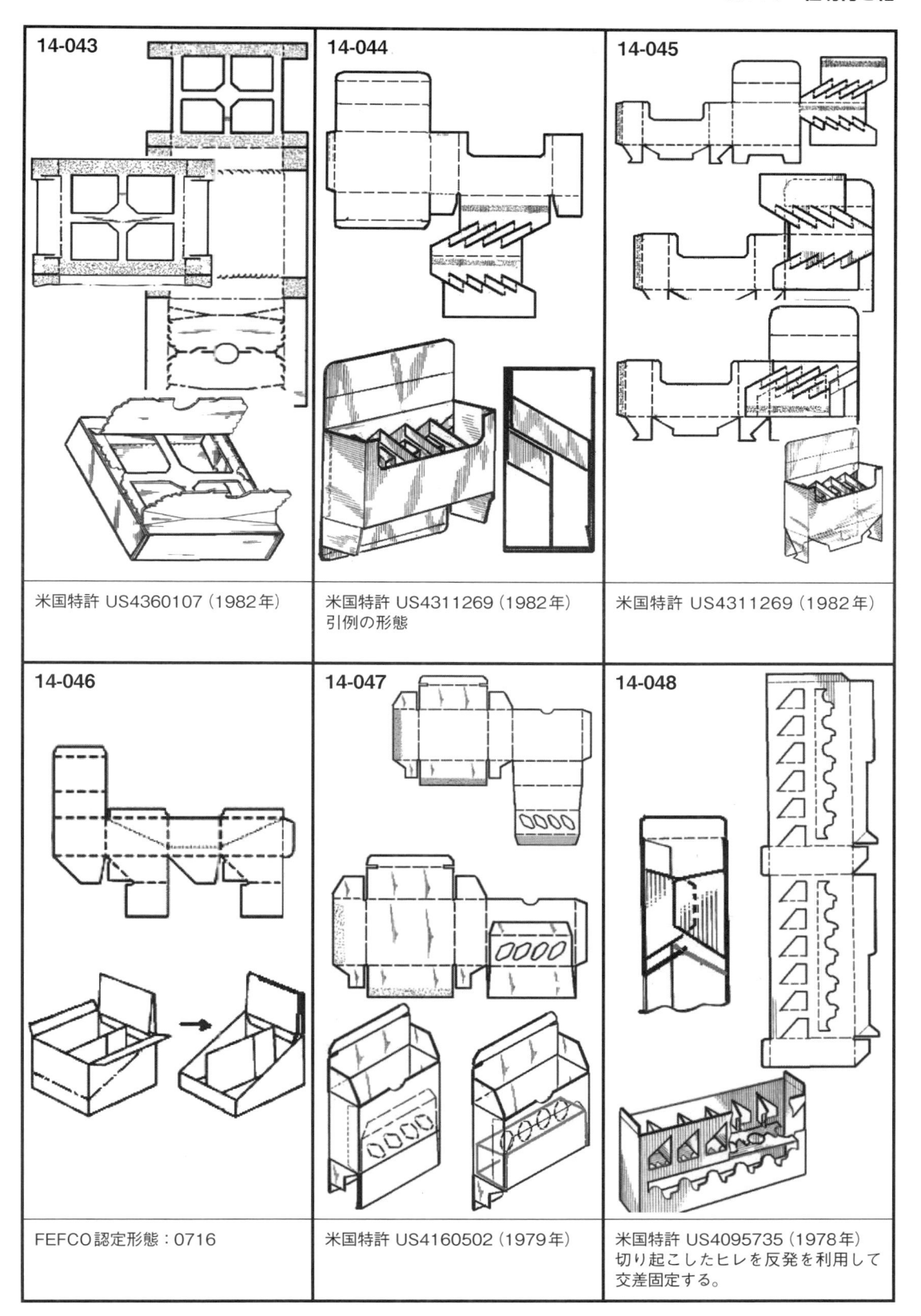

14-043

米国特許 US4360107（1982年）

14-044

米国特許 US4311269（1982年）
引例の形態

14-045

米国特許 US4311269（1982年）

14-046

FEFCO認定形態：0716

14-047

米国特許 US4160502（1979年）

14-048

米国特許 US4095735（1978年）
切り起こしたヒレを反発を利用して
交差固定する。

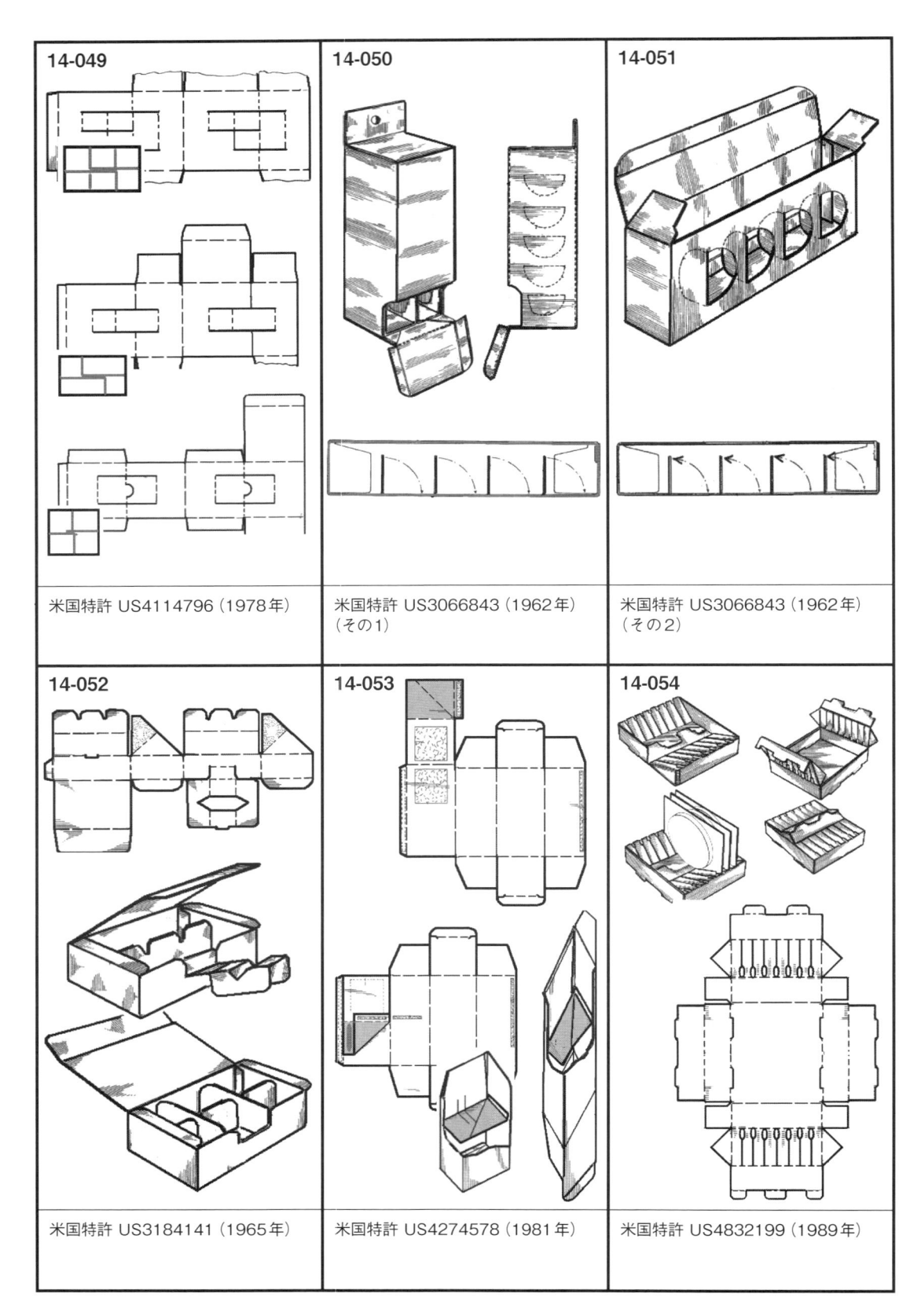

14-049	14-050	14-051
米国特許 US4114796（1978年）	米国特許 US3066843（1962年）（その1）	米国特許 US3066843（1962年）（その2）
14-052	14-053	14-054
米国特許 US3184141（1965年）	米国特許 US4274578（1981年）	米国特許 US4832199（1989年）

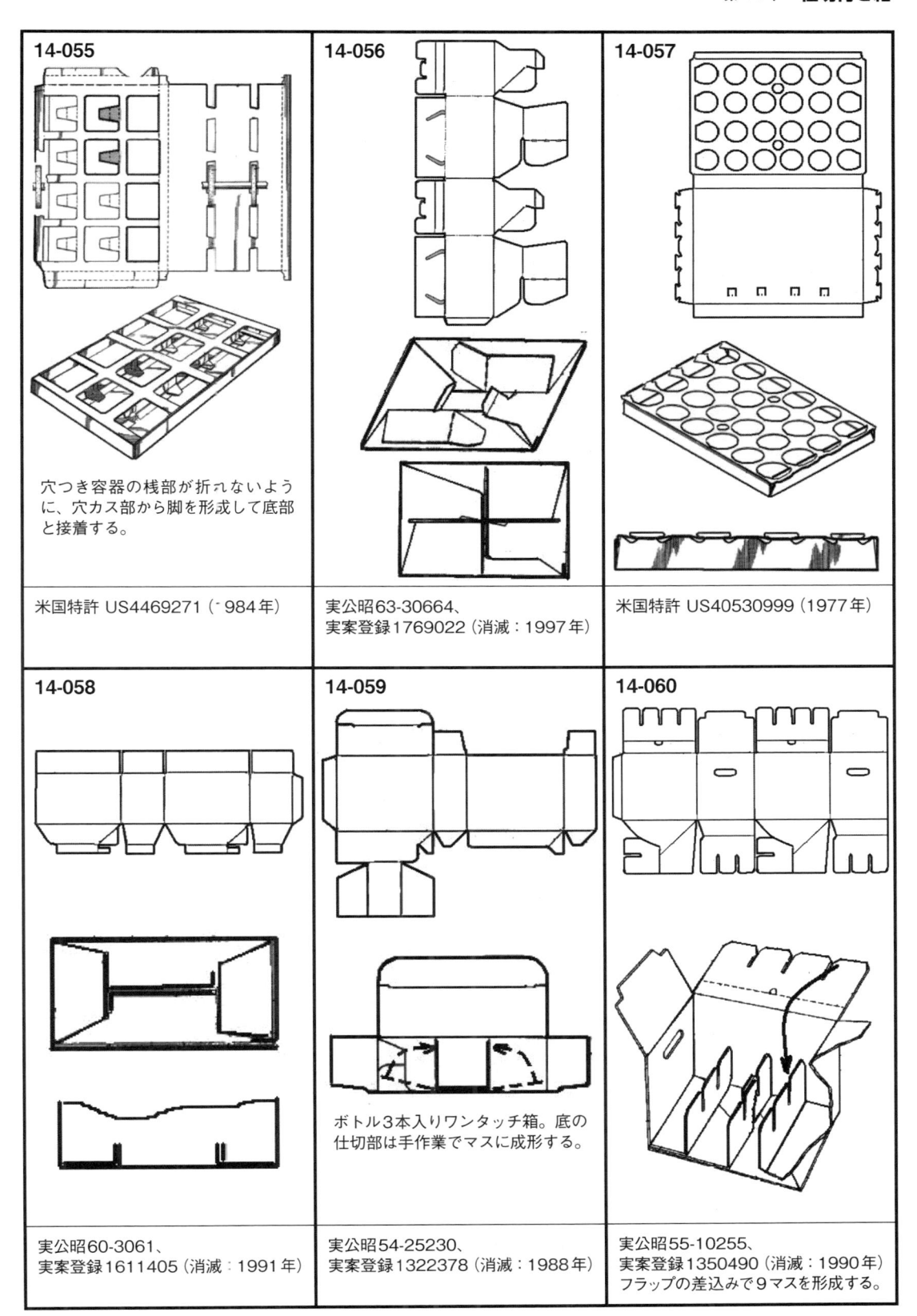

14-055

穴つき容器の桟部が折れないように、穴カス部から脚を形成して底部と接着する。

米国特許 US4469271（1984年）

14-056

実公昭63-30664、
実案登録1769022（消滅：1997年）

14-057

米国特許 US40530999（1977年）

14-058

実公昭60-3061、
実案登録1611405（消滅：1991年）

14-059

ボトル3本入りワンタッチ箱。底の仕切部は手作業でマスに成形する。

実公昭54-25230、
実案登録1322378（消滅：1988年）

14-060

実公昭55-10255、
実案登録1350490（消滅：1990年）
フラップの差込みで9マスを形成する。

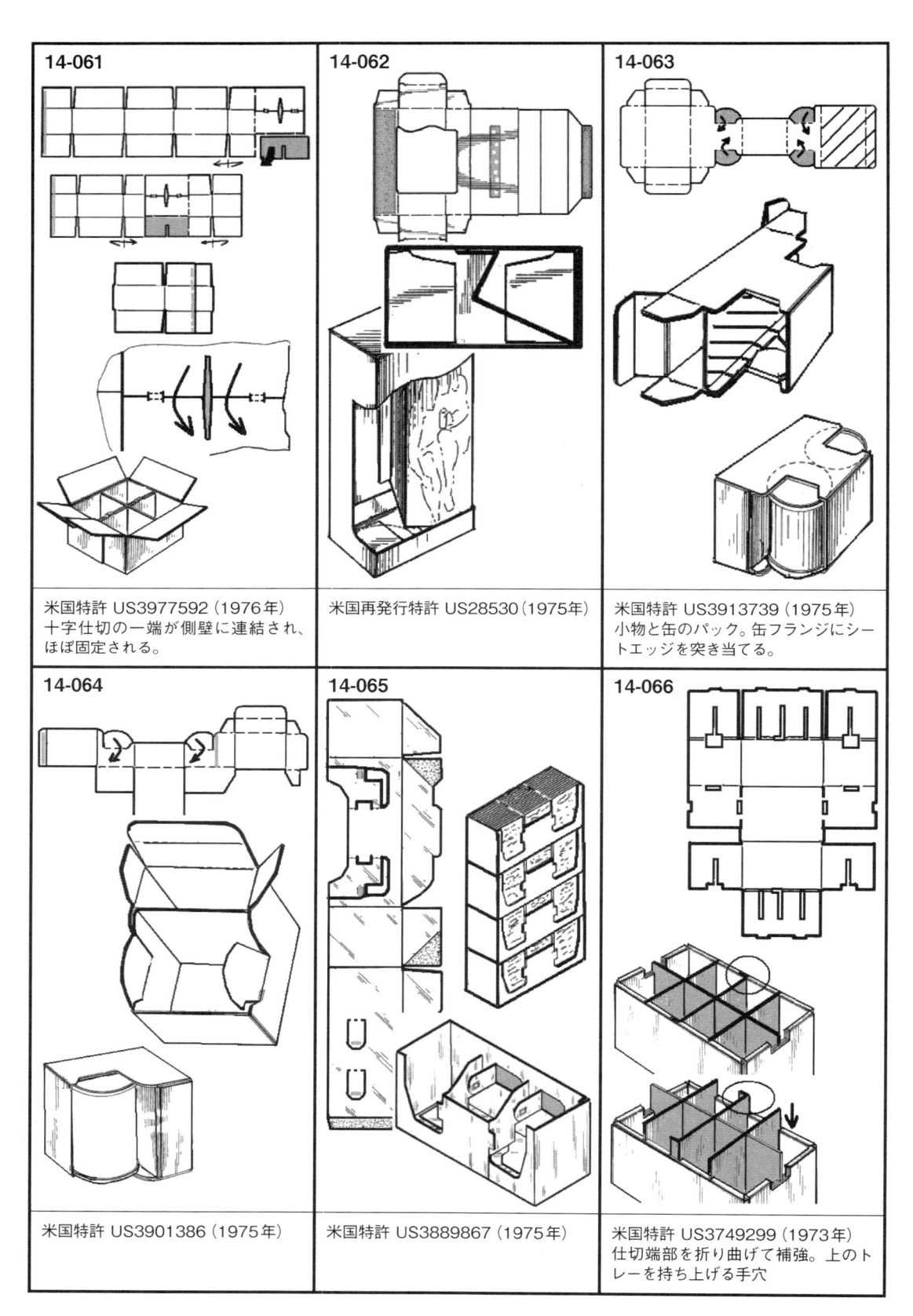

14-061

米国特許 US3977592（1976年）
十字仕切の一端が側壁に連結され、ほぼ固定される。

14-062

米国再発行特許 US28530（1975年）

14-063

米国特許 US3913739（1975年）
小物と缶のパック。缶フランジにシートエッジを突き当てる。

14-064

米国特許 US3901386（1975年）

14-065

米国特許 US3889867（1975年）

14-066

米国特許 US3749299（1973年）
仕切端部を折り曲げて補強。上のトレーを持ち上げる手穴

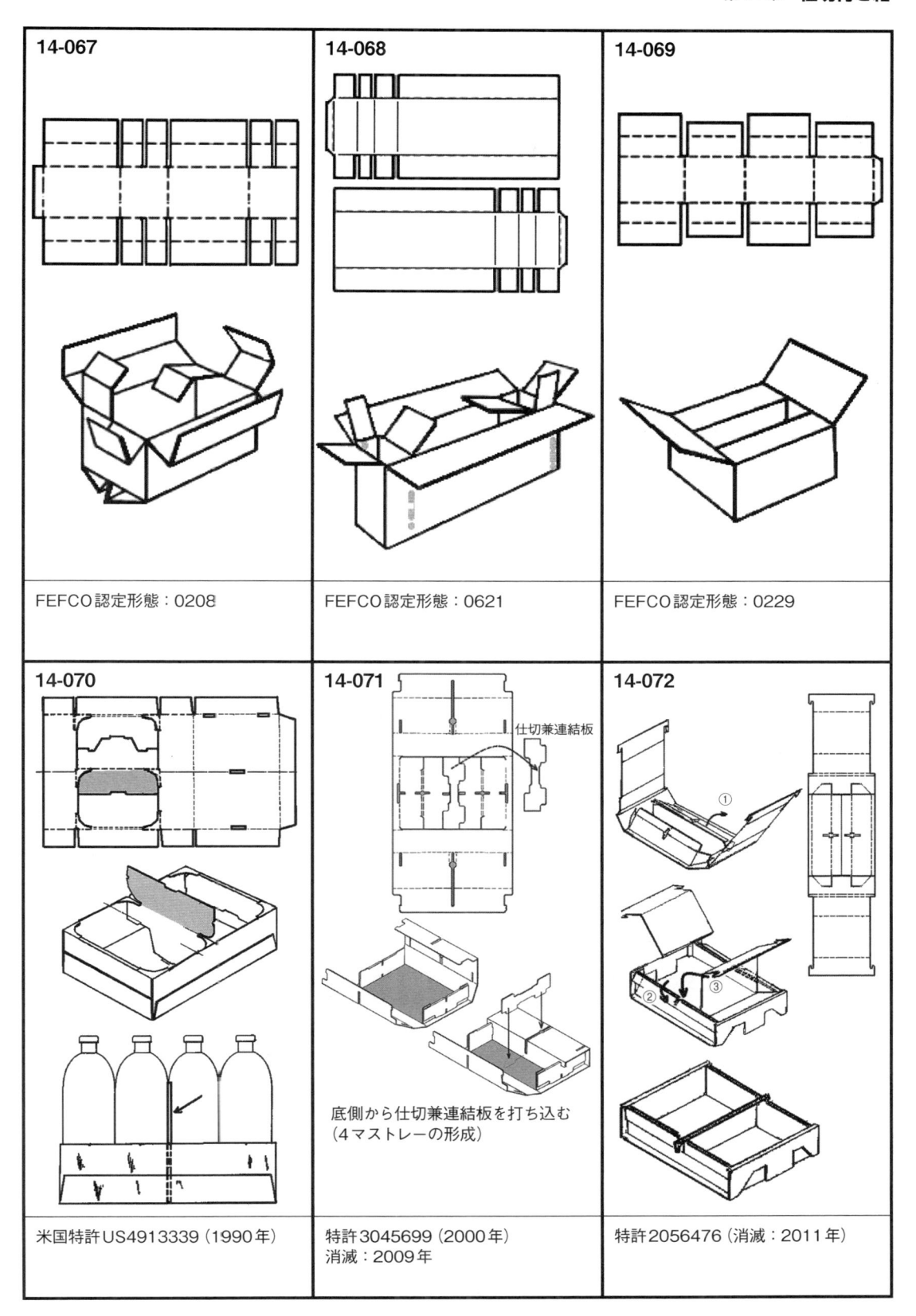

14-067

FEFCO 認定形態：0208

14-068

FEFCO 認定形態：0621

14-069

FEFCO 認定形態：0229

14-070

米国特許 US4913339（1990 年）

14-071

仕切兼連結板

底側から仕切兼連結板を打ち込む
（4 マストレーの形成）

特許 3045699（2000 年）
消滅：2009 年

14-072

①

②　③

特許 2056476（消滅：2011 年）

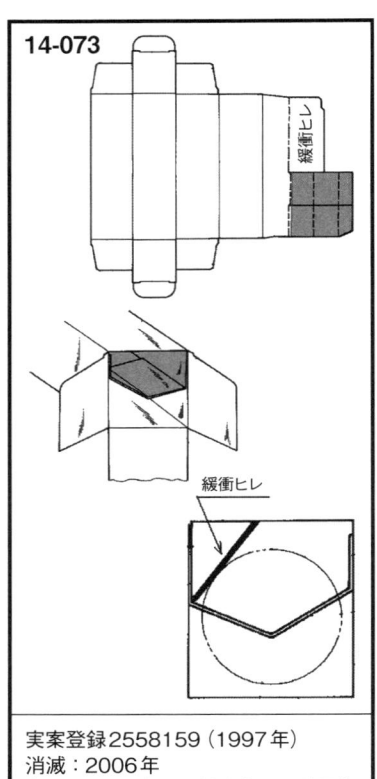

14-073

緩衝ヒレ

緩衝ヒレ

実案登録2558159（1997年）
消滅：2006年
高さの異なる商品の緩衝容器の共用化

14「仕切付き箱」関連リスト				
01-054	12-003	12-029	17-049	27-022
02-035	12-018	12-052	17-051	27-051
02-115	12-022	12-054	23-012	31-010
02-119	12-023	12-061	25-005	33-049
02-153	12-024	15-004	25-006	34-024
04-009	12-026	15-024	25-008	
05-010	12-027	15-031	25-011	
05-017	12-028	17-012	26-006	

15

Hボックス

　Hボックス（日本での呼称）は、製函時に仕切部が折りたたんだ箱の中に端部が壁面に接着されて保持される形態である。使用時の利便性が向上し、補強度が大幅にアップする。

　箱内において仕切の端にコーナーが自然に直角に形成されるため、増えたシート面積の比率以上に箱圧縮強さは増大する。

　箱内を縦に仕切るだけでなく、水平方向にも仕切る形態、または縦横に仕切る複雑タイプの形態も形成可能である。さらには斜めに仕切るもの、または複数の仕切を設けるものもある。発想の極めつけは、Hボックスの形の中で、仕切から仕切板をさらに切り起こすものである。

　ダンボール会社は各種グルアにアタッチメントを追加して対応している。

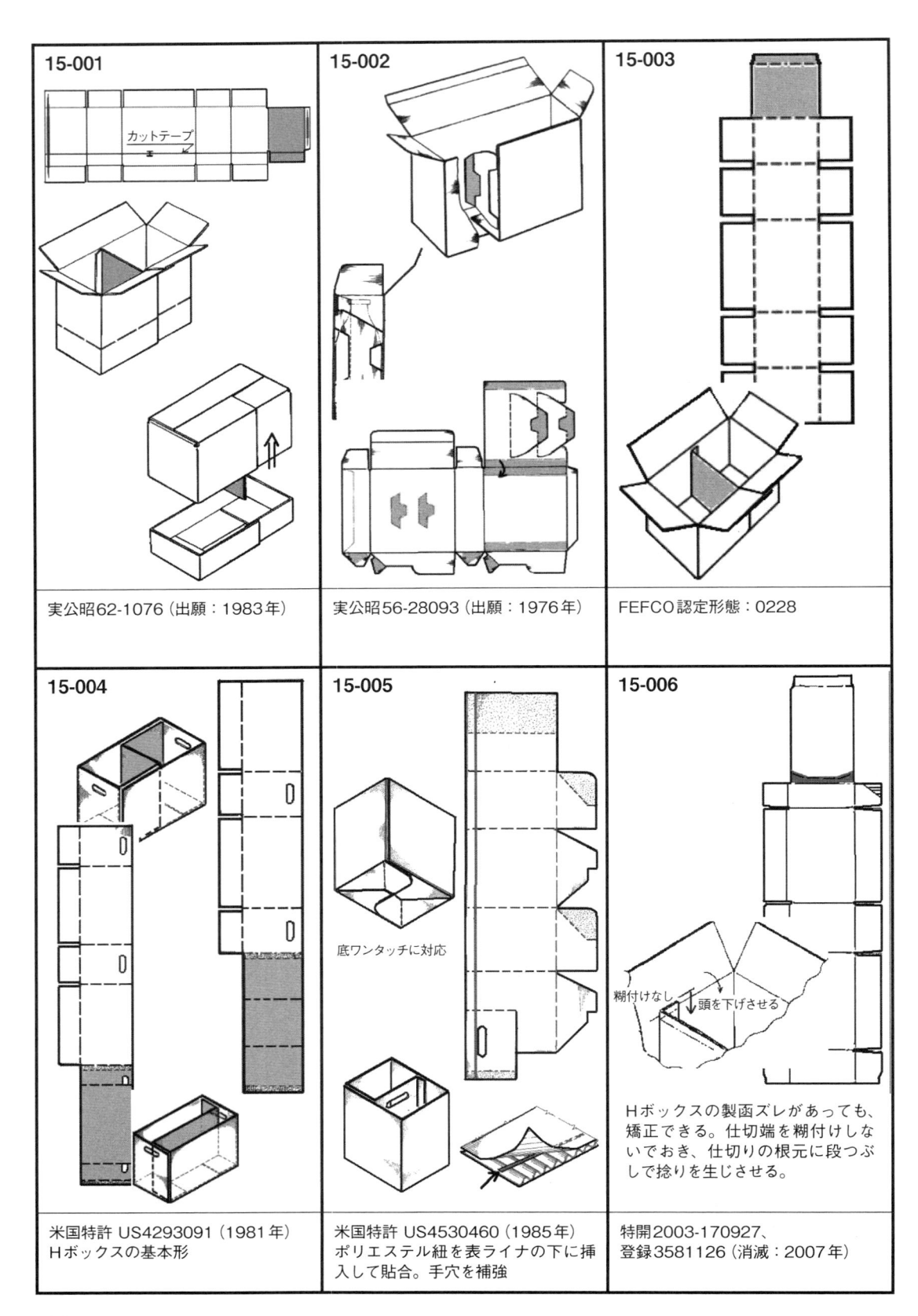

15-001	15-002	15-003
カットテープ		
実公昭62-1076（出願：1983年）	実公昭56-28093（出願：1976年）	FEFCO認定形態：0228

15-004	15-005	15-006
	底ワンタッチに対応	糊付けなし　頭を下げさせる
		Hボックスの製函ズレがあっても、矯正できる。仕切端を糊付けしないでおき、仕切りの根元に段つぶしで捻りを生じさせる。
米国特許 US4293091（1981年）Hボックスの基本形	米国特許 US4530460（1985年）ポリエステル紐を表ライナの下に挿入して貼合。手穴を補強	特開2003-170927、登録3581126（消滅：2007年）

182

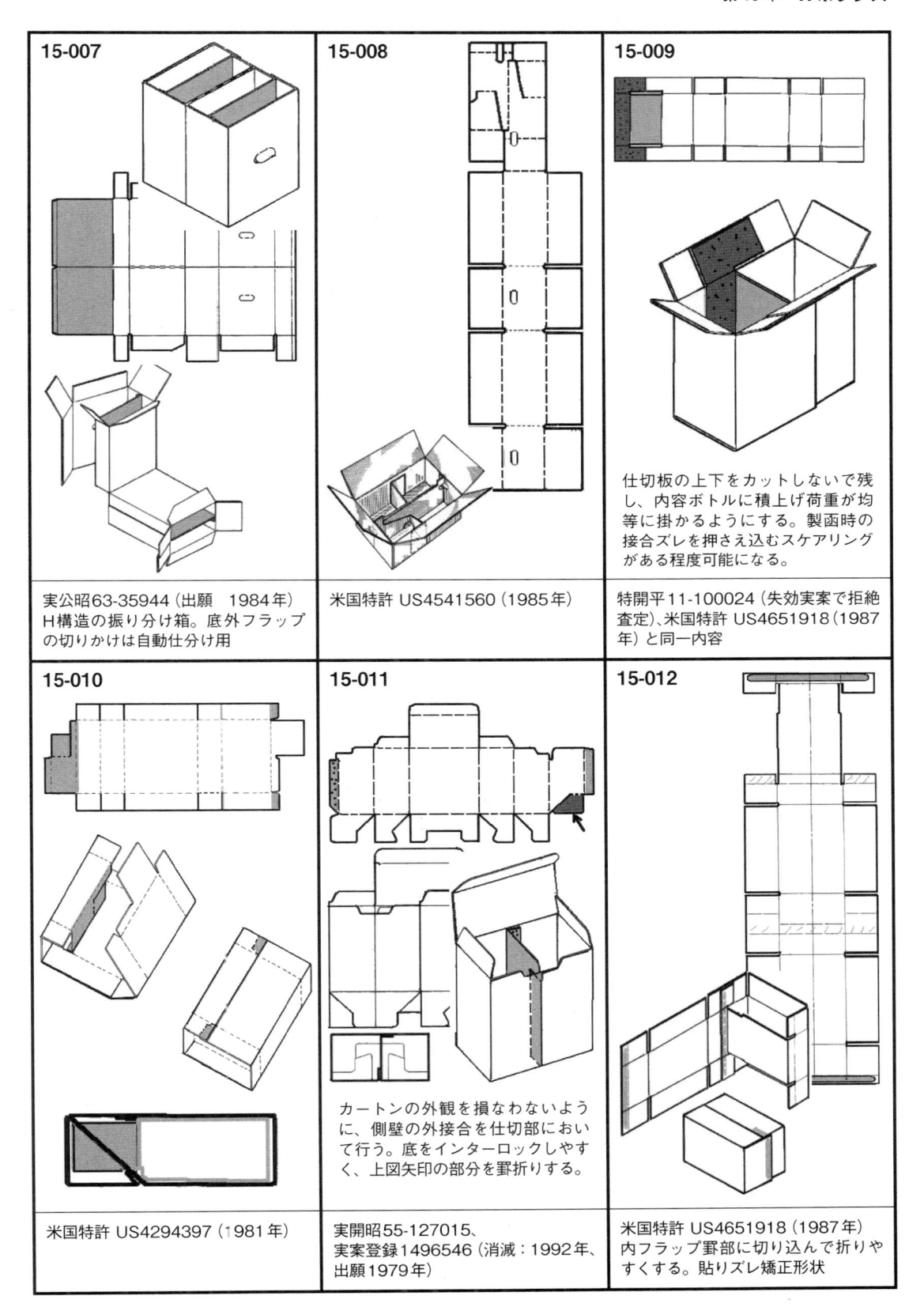

15-007

実公昭63-35944（出願　1984年）
H構造の振り分け箱。底外フラップ
の切りかけは自動仕分け用

15-008

米国特許 US4541560（1985年）

15-009

仕切板の上下をカットしないで残
し、内容ボトルに積上げ荷重が均
等に掛かるようにする。製函時の
接合ズレを押さえ込むスケアリング
がある程度可能になる。

特開平11-100024（失効実案で拒絶
査定）、米国特許 US4651918（1987
年）と同一内容

15-010

米国特許 US4294397（1981年）

15-011

カートンの外観を損なわないよう
に、側壁の外接合を仕切部におい
て行う。底をインターロックしやす
く、上図矢印の部分を罫折りする。

実開昭55-127015、
実案登録1496546（消滅：1992年、
出願1979年）

15-012

米国特許 US4651918（1987年）
内フラップ罫部に切り込んで折りや
すくする。貼りズレ矯正形状

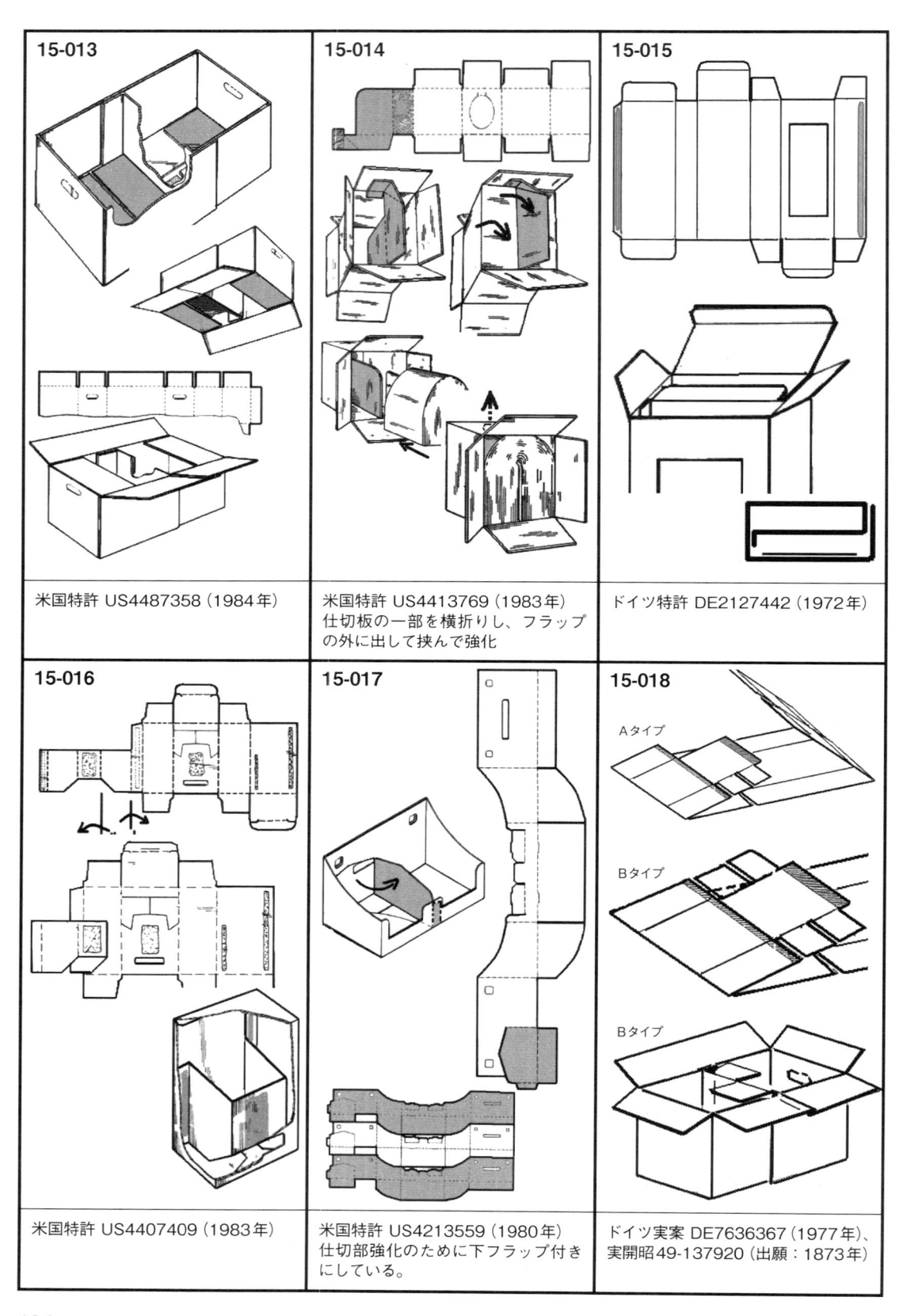

15-013	**15-014**	**15-015**
米国特許 US4487358（1984年）	米国特許 US4413769（1983年） 仕切板の一部を横折りし、フラップ の外に出して挟んで強化	ドイツ特許 DE2127442（1972年）
15-016	**15-017**	**15-018** Aタイプ Bタイプ Bタイプ
米国特許 US4407409（1983年）	米国特許 US4213559（1980年） 仕切部強化のために下フラップ付き にしている。	ドイツ実案 DE7636367（1977年）、 実開昭49-137920（出願：1873年）

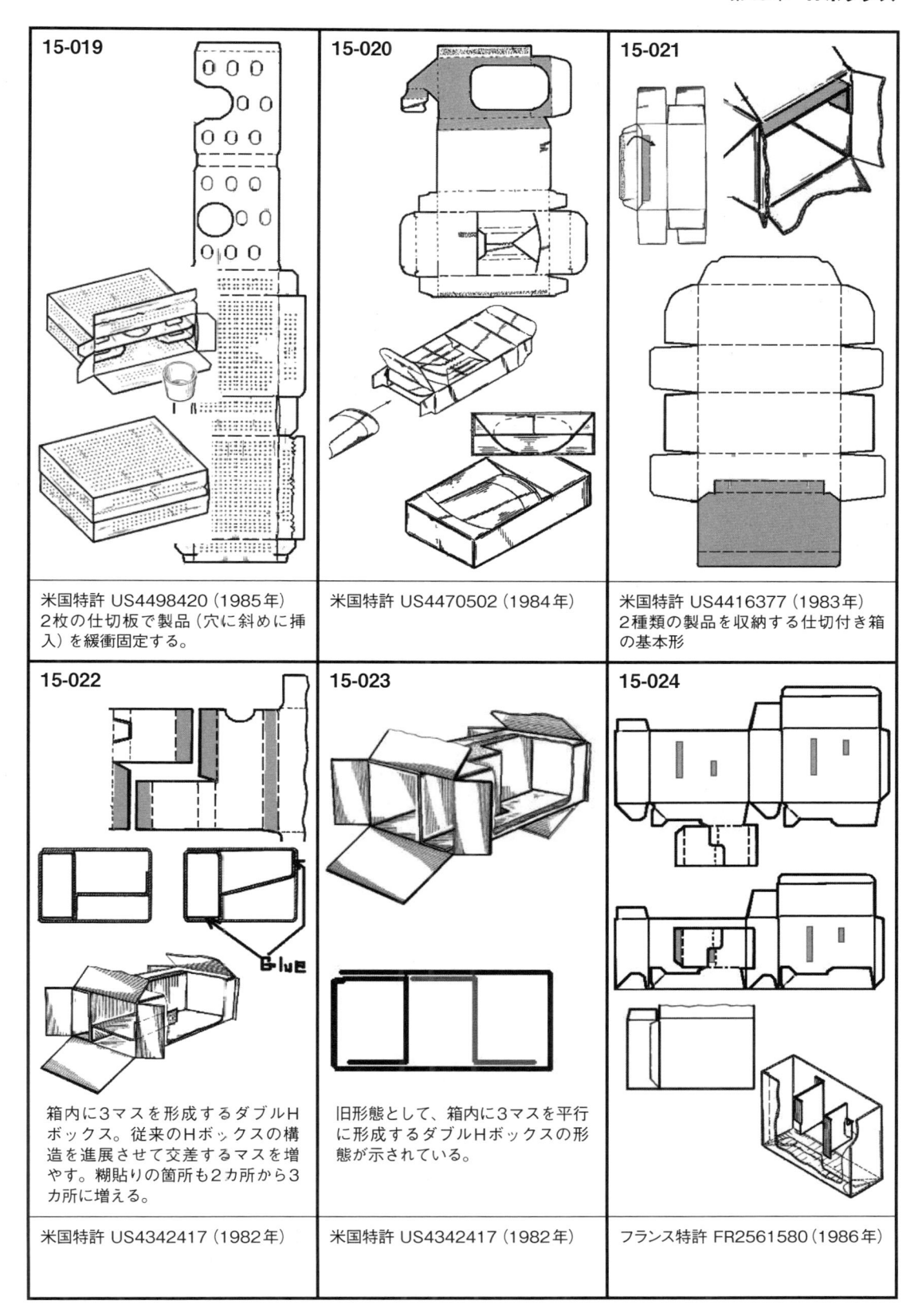

15-019

米国特許 US4498420（1985年）
2枚の仕切板で製品（穴に斜めに挿入）を緩衝固定する。

15-020

米国特許 US4470502（1984年）

15-021

米国特許 US4416377（1983年）
2種類の製品を収納する仕切付き箱の基本形

15-022

箱内に3マスを形成するダブルHボックス。従来のHボックスの構造を進展させて交差するマスを増やす。糊貼りの箇所も2カ所から3カ所に増える。

米国特許 US4342417（1982年）

15-023

旧形態として、箱内に3マスを平行に形成するダブルHボックスの形態が示されている。

米国特許 US4342417（1982年）

15-024

フランス特許 FR2561580（1986年）

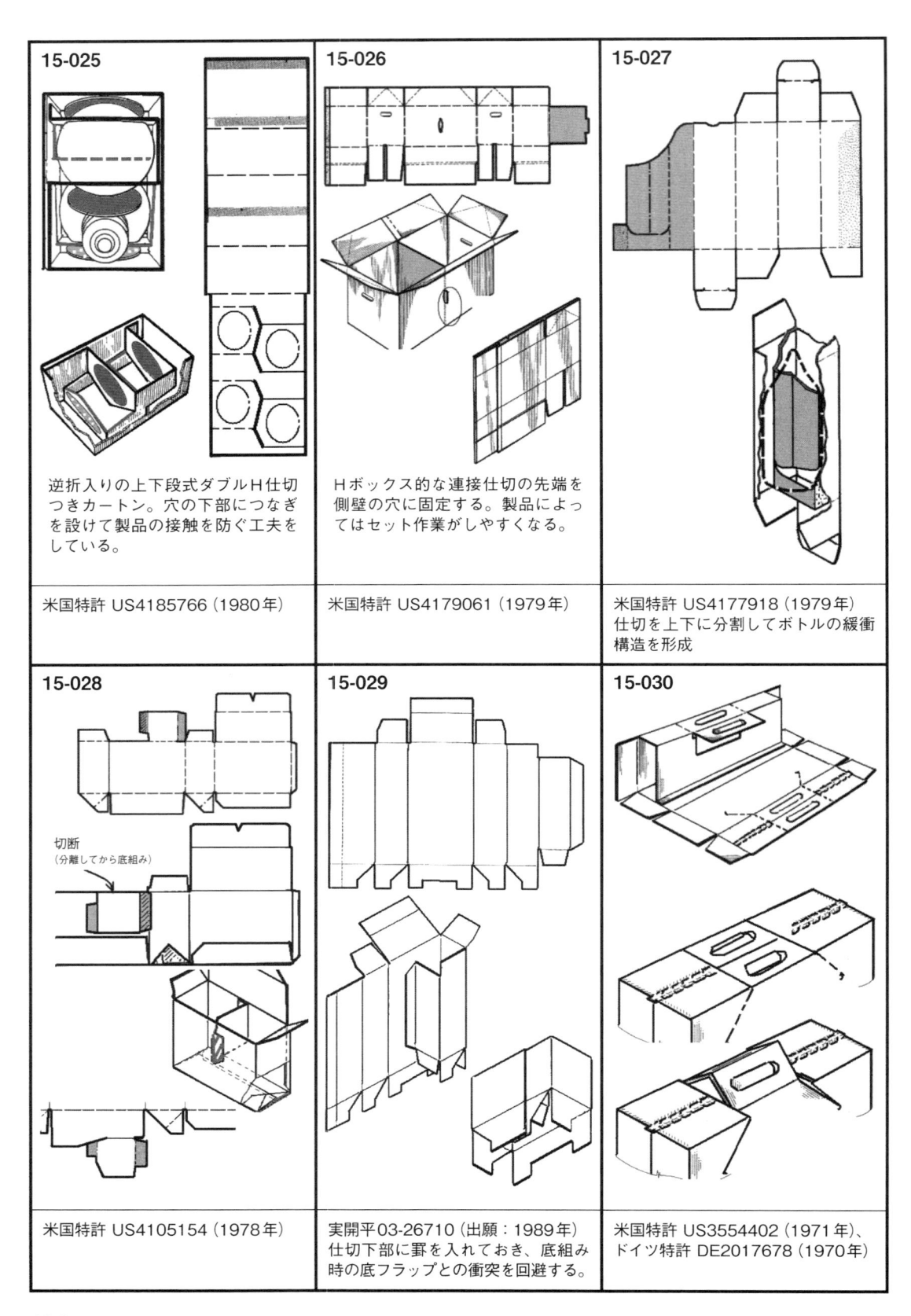

15-025

逆折入りの上下段式ダブルH仕切つきカートン。穴の下部につなぎを設けて製品の接触を防ぐ工夫をしている。

米国特許 US4185766（1980年）

15-026

Hボックス的な連接仕切の先端を側壁の穴に固定する。製品によってはセット作業がしやすくなる。

米国特許 US4179061（1979年）

15-027

米国特許 US4177918（1979年）
仕切を上下に分割してボトルの緩衝構造を形成

15-028

切断
（分離してから底組み）

米国特許 US4105154（1978年）

15-029

実開平03-26710（出願：1989年）
仕切下部に罫を入れておき、底組み時の底フラップとの衝突を回避する。

15-030

米国特許 US3554402（1971年）、ドイツ特許 DE2017678（1970年）

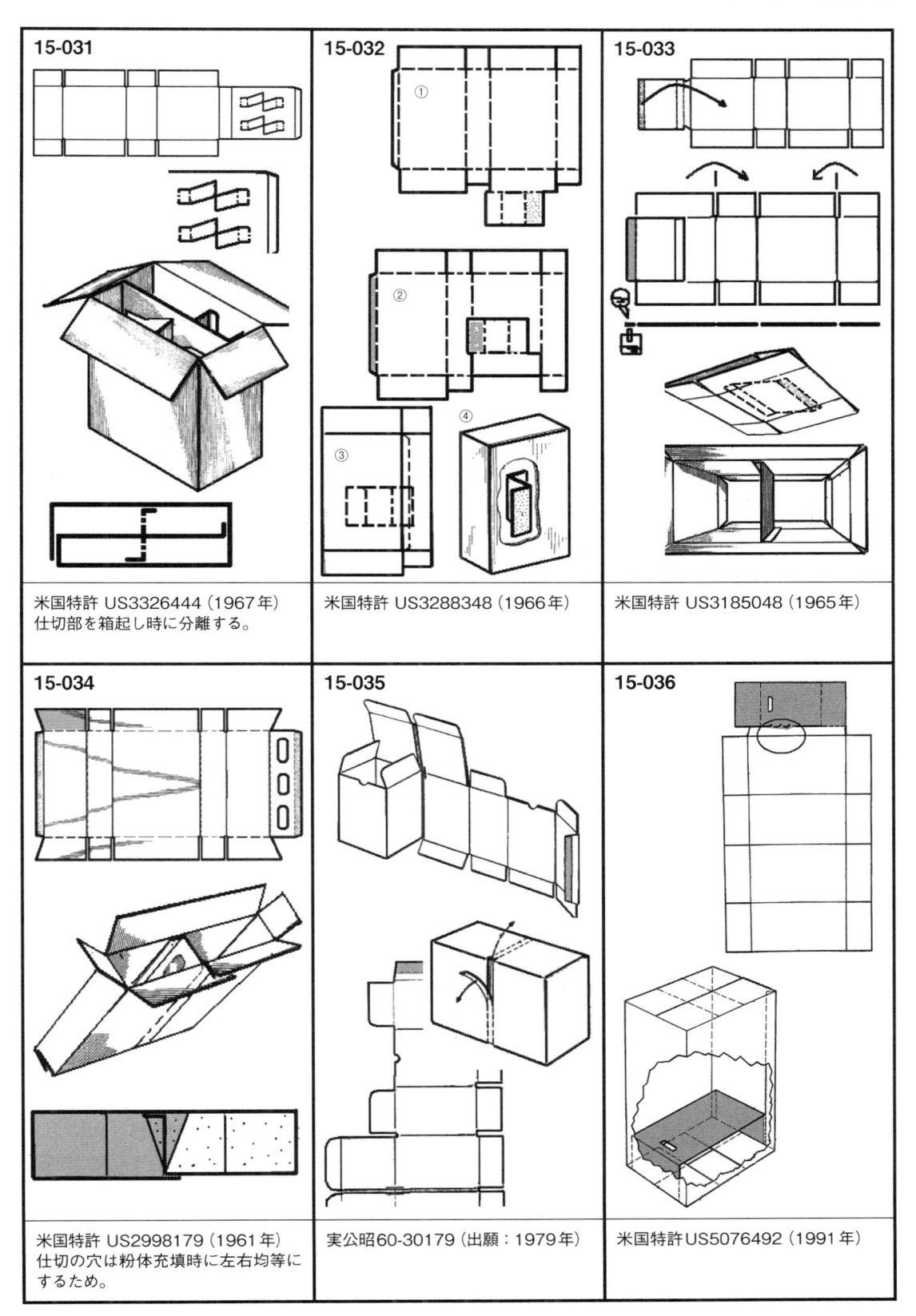

15-031	15-032	15-033
米国特許 US3326444（1967年）仕切部を箱起し時に分離する。	米国特許 US3288348（1966年）	米国特許 US3185048（1965年）
15-034	15-035	15-036
米国特許 US2998179（1961年）仕切の穴は粉体充填時に左右均等にするため。	実公昭60-30179（出願：1979年）	米国特許 US5076492（1991年）

15 「Hボックス」関連リスト				
04-008	12-060	14-010	31-010	34-039
05-030	14-008	14-063	34-006	34-044
12-009	14-009	28-028	34-006	

16 バッグインボックス(BIB)

　プラスチック製の内袋を一体成形で作成したものか、積層フィルムで製袋したものかによって用いる形態が異なる。つまり、内袋の破袋強さによって箱内の内袋の固定方法が分かれることになる。

①一体成形の場合：スパウト（注出口）をいかに箱の所定位置に固定するか、いかに容易な作業で完了させるかに注力する。これには通常ダンボール箱のフラップの切り込み形状を工夫して充填袋をセットしやすくする。

②ラミネート製袋の場合：破袋防止のために箱内での袋の揺れを防ぐために固定パッドの装着がなされ、いくつかの手法が開示されている。最も保護面で固定効果が高くなる手法は、変形カートンの内壁にフラット状態でこの内袋を接着しておくもの。この機械による前段階での貼付けによってカートンの組立て・充填は容易になる。この分野の形態開発はすでに終了している感はあるが、貼り付けるカートンにどれだけ機能的なものを採用するかの検討が残されている。

③胴膨れ防止もBIBの形態開発の大きなテーマの一つである。これにはカートン、箱の多角形化と捨て罫線の胴部への導入が行われている。

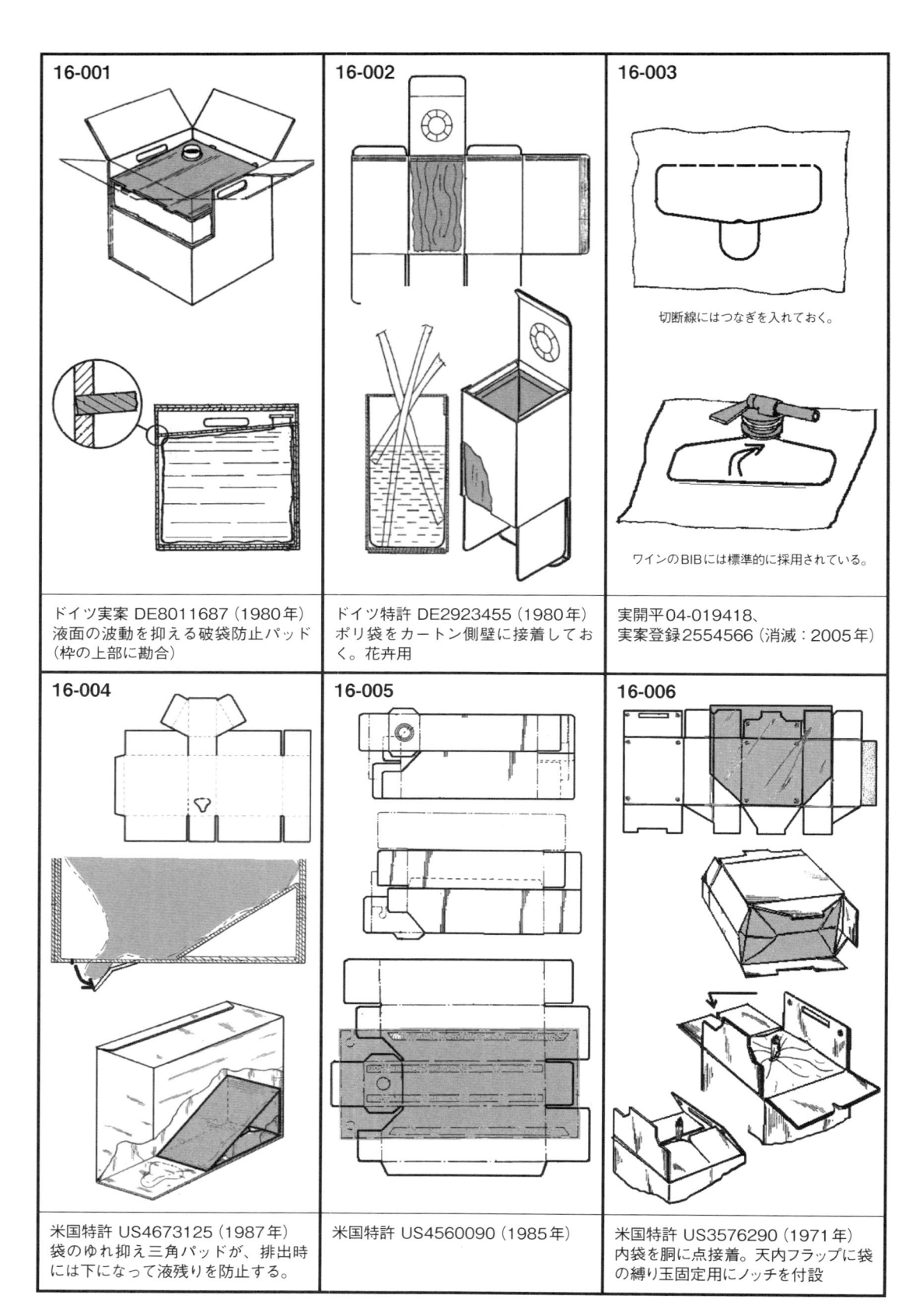

16-001	16-002	16-003
		切断線にはつなぎを入れておく。 ワインのBIBには標準的に採用されている。
ドイツ実案 DE8011687（1980年） 液面の波動を抑える破袋防止パッド（枠の上部に勘合）	ドイツ特許 DE2923455（1980年） ポリ袋をカートン側壁に接着しておく。花卉用	実開平04-019418、 実案登録2554566（消滅：2005年）
16-004	16-005	16-006
米国特許 US4673125（1987年） 袋のゆれ抑え三角パッドが、排出時には下になって液残りを防止する。	米国特許 US4560090（1985年）	米国特許 US3576290（1971年） 内袋を胴に点接着。天内フラップに袋の縛り玉固定用にノッチを付設

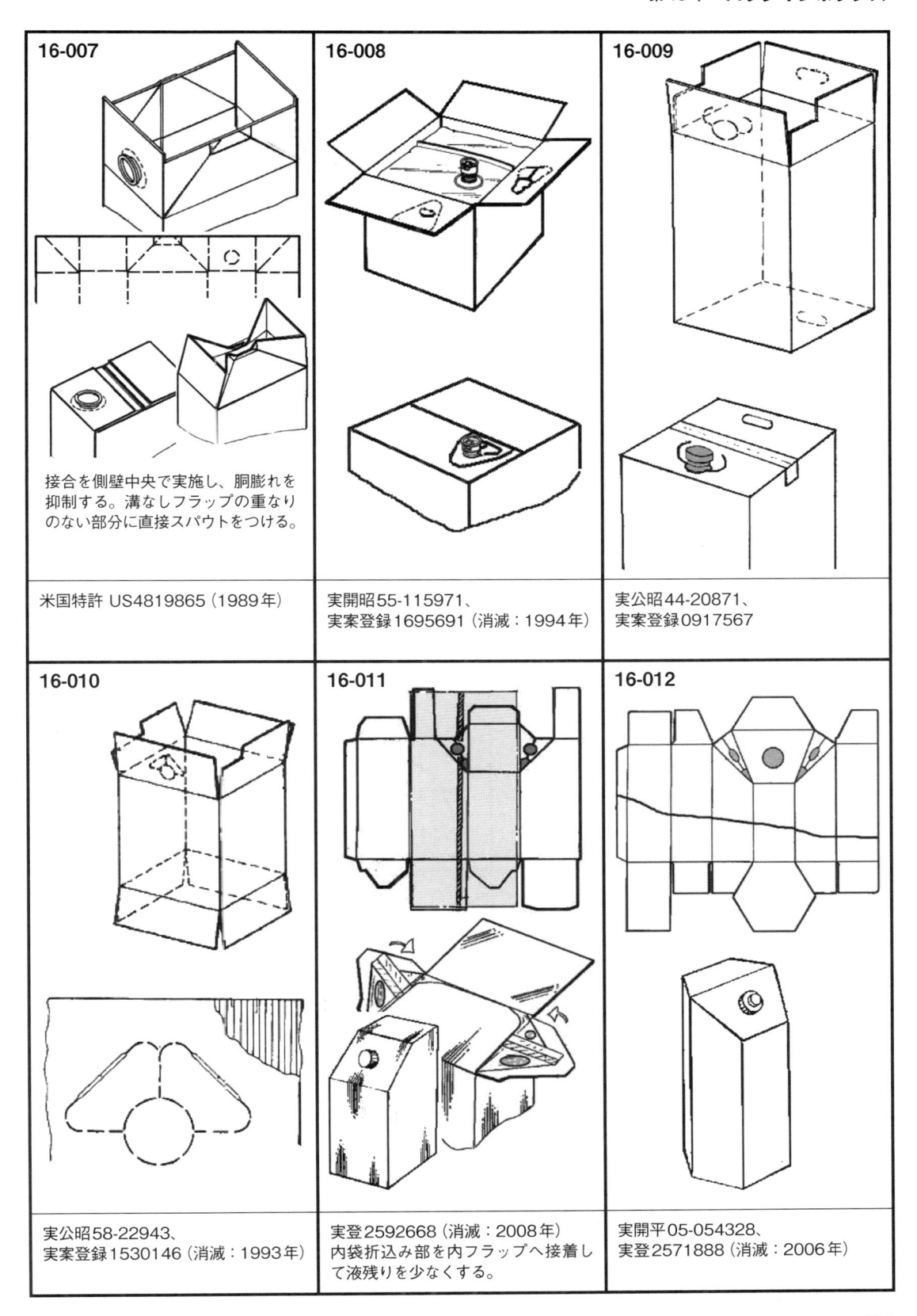

16-007

接合を側壁中央で実施し、胴膨れを
抑制する。溝なしフラップの重なり
のない部分に直接スパウトをつける。

米国特許 US4819865（1989年）

16-008

実開昭55-115971、
実案登録1695691（消滅：1994年）

16-009

実公昭44-20871、
実案登録0917567

16-010

実公昭58-22943、
実案登録1530146（消滅：1993年）

16-011

実登2592668（消滅：2008年）
内袋折込み部を内フラップへ接着し
て液残りを少なくする。

16-012

実開平05-054328、
実登2571888（消滅：2006年）

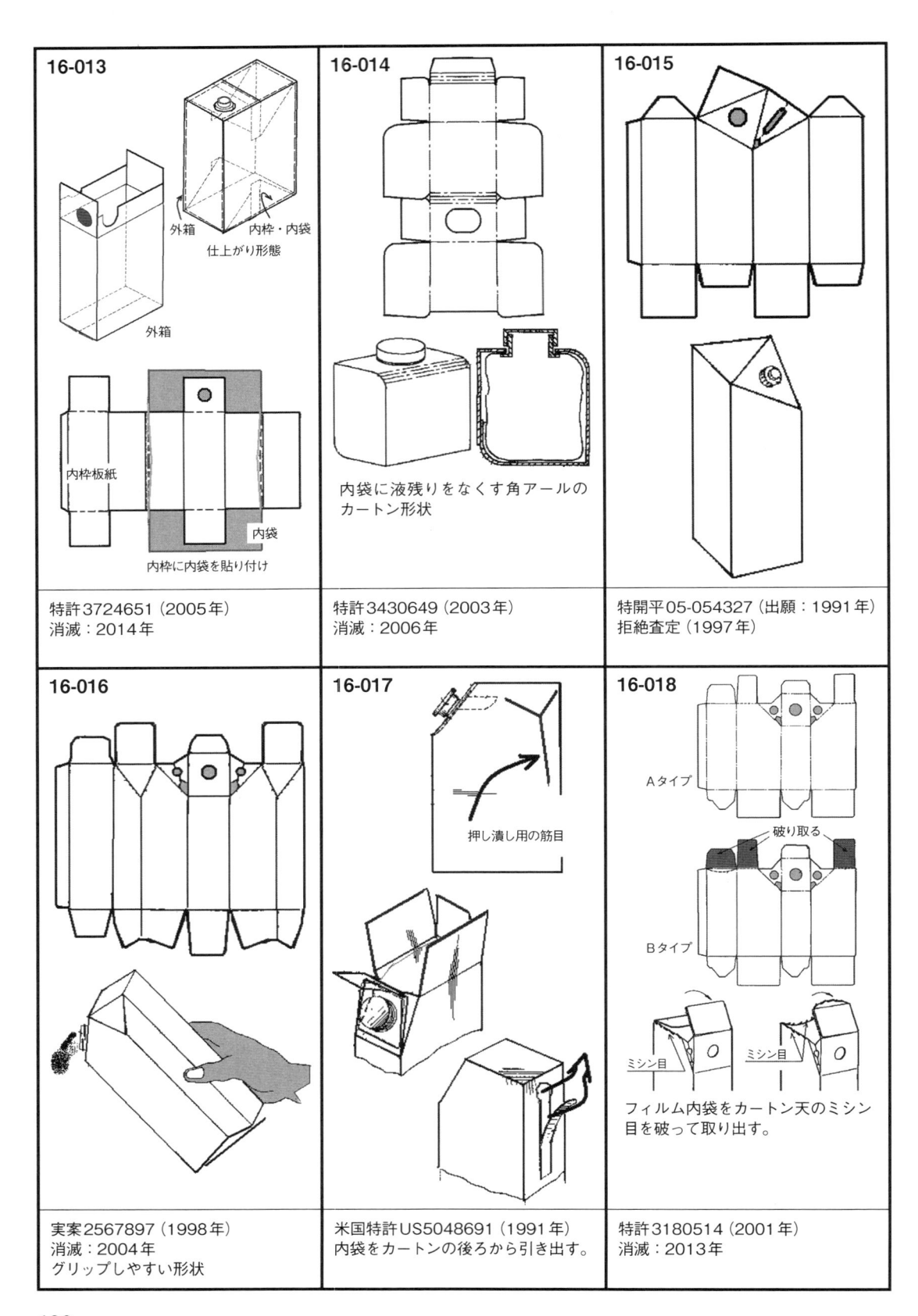

16-013

外箱

内枠・内袋
仕上がり形態

外箱

内枠板紙

内袋

内枠に内袋を貼り付け

特許3724651（2005年）
消滅：2014年

16-014

内袋に液残りをなくす角アールの
カートン形状

特許3430649（2003年）
消滅：2006年

16-015

特開平05-054327（出願：1991年）
拒絶査定（1997年）

16-016

実案2567897（1998年）
消滅：2004年
グリップしやすい形状

16-017

押し潰し用の筋目

米国特許US5048691（1991年）
内袋をカートンの後ろから引き出す。

16-018

Aタイプ

破り取る

Bタイプ

ミシン目　　ミシン目

フィルム内袋をカートン天のミシン
目を破って取り出す。

特許3180514（2001年）
消滅：2013年

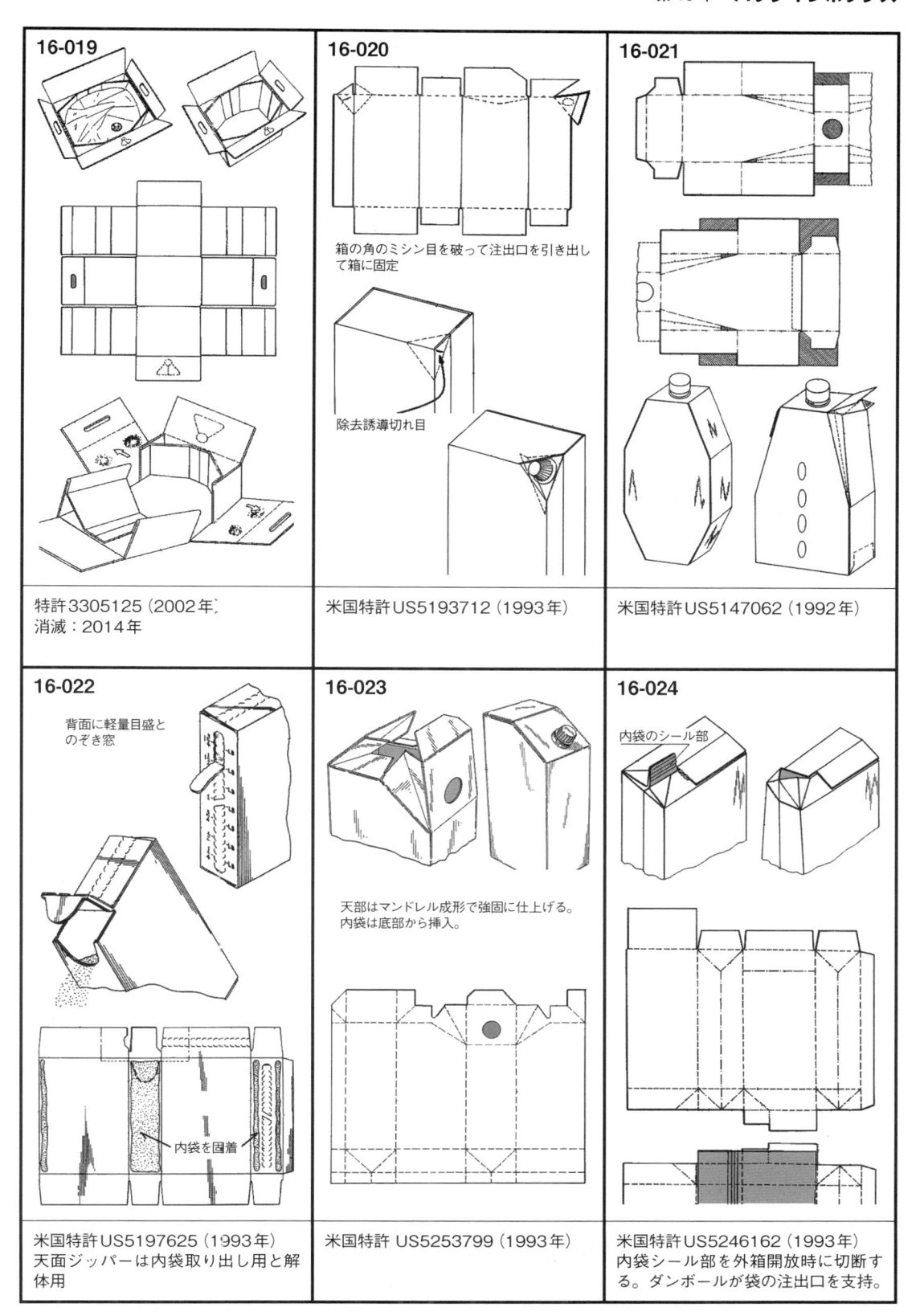

16-019

特許 3305125（2002年）
消滅：2014年

16-020

箱の角のミシン目を破って注出口を引き出して箱に固定

除去誘導切れ目

米国特許 US5193712（1993年）

16-021

米国特許 US5147062（1992年）

16-022

背面に軽量目盛とのぞき窓

内袋を固着

米国特許 US5197625（1993年）
天面ジッパーは内袋取り出し用と解体用

16-023

天部はマンドレル成形で強固に仕上げる。
内袋は底部から挿入。

米国特許 US5253799（1993年）

16-024

内袋のシール部

米国特許 US5246162（1993年）
内袋シール部を外箱開放時に切断する。ダンボールが袋の注出口を支持。

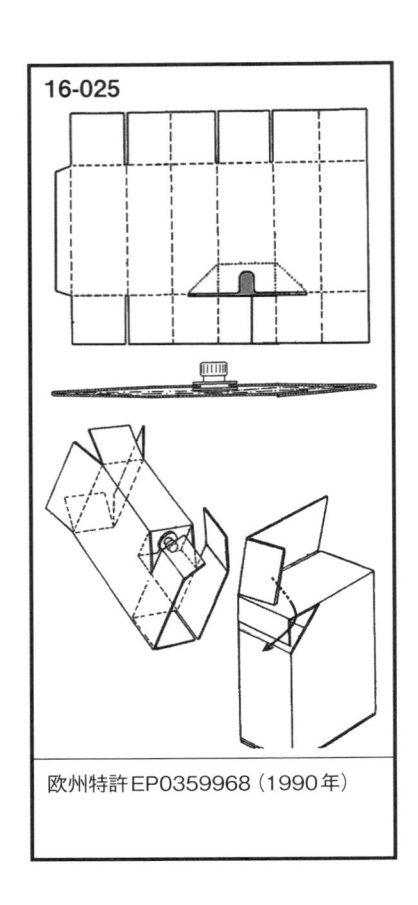

16-025

欧州特許 EP0359968（1990年）

16「バッグインボックス」関連リスト	
01-126	39-033

17

組み箱

　組み箱は使用時に接着加工なしの打抜きブランクから組み上げるタイプのもの。従って、組立ては手作業が全てであり、設計のテクニックが問われる分野になっている。

　従って、機械組立てに比べて組み作業に時間を要する傾向がある。折り紙の世界に最も近いカートン分野と言える。

　微細な形状の穴、スリット、突起付きヒレなどを用いて差し込みロックを完成させる。この場合、組立て時のヒレの衝突に配慮する必要がある。

　最も配慮すべきは、箱構造物としての圧縮強さである。壁面の安定を得にくいうえ、組みやすさを優先して、シートの厚さの影響を回避するための段差設定が通常行われるからである。

　この制約により通常個装箱、中箱などは外装箱に収納されて用いられる。組み箱の圧縮強さの改善には、内容品と箱の一体強度を高めるタイト設計が有効である。

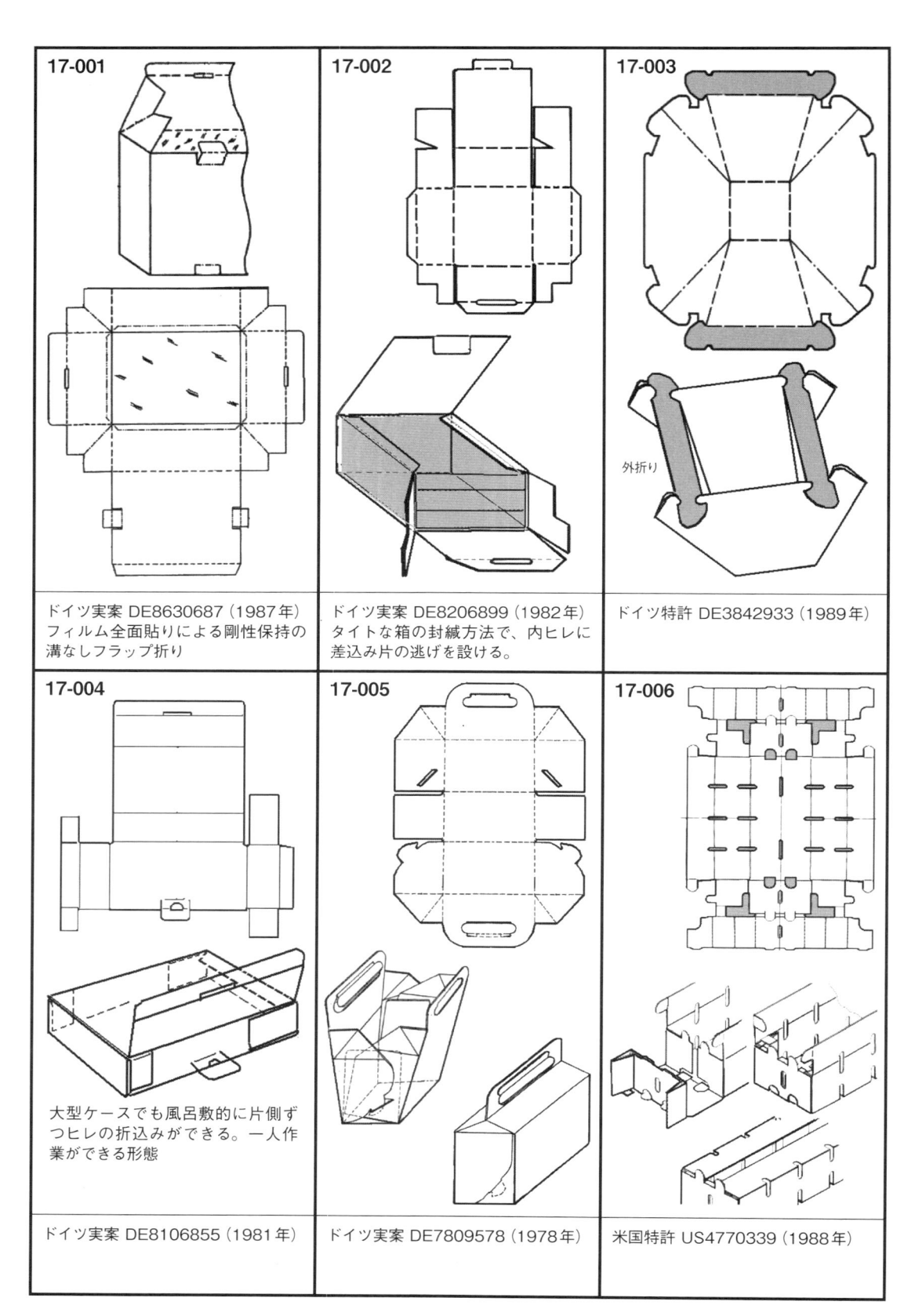

17-001

ドイツ実案 DE8630687（1987年）
フィルム全面貼りによる剛性保持の
溝なしフラップ折り

17-002

ドイツ実案 DE8206899（1982年）
タイトな箱の封緘方法で、内ヒレに
差込み片の逃げを設ける。

17-003

外折り

ドイツ特許 DE3842933（1989年）

17-004

大型ケースでも風呂敷的に片側ず
つヒレの折込みができる。一人作
業ができる形態

ドイツ実案 DE8106855（1981年）

17-005

ドイツ実案 DE7809578（1978年）

17-006

米国特許 US4770339（1988年）

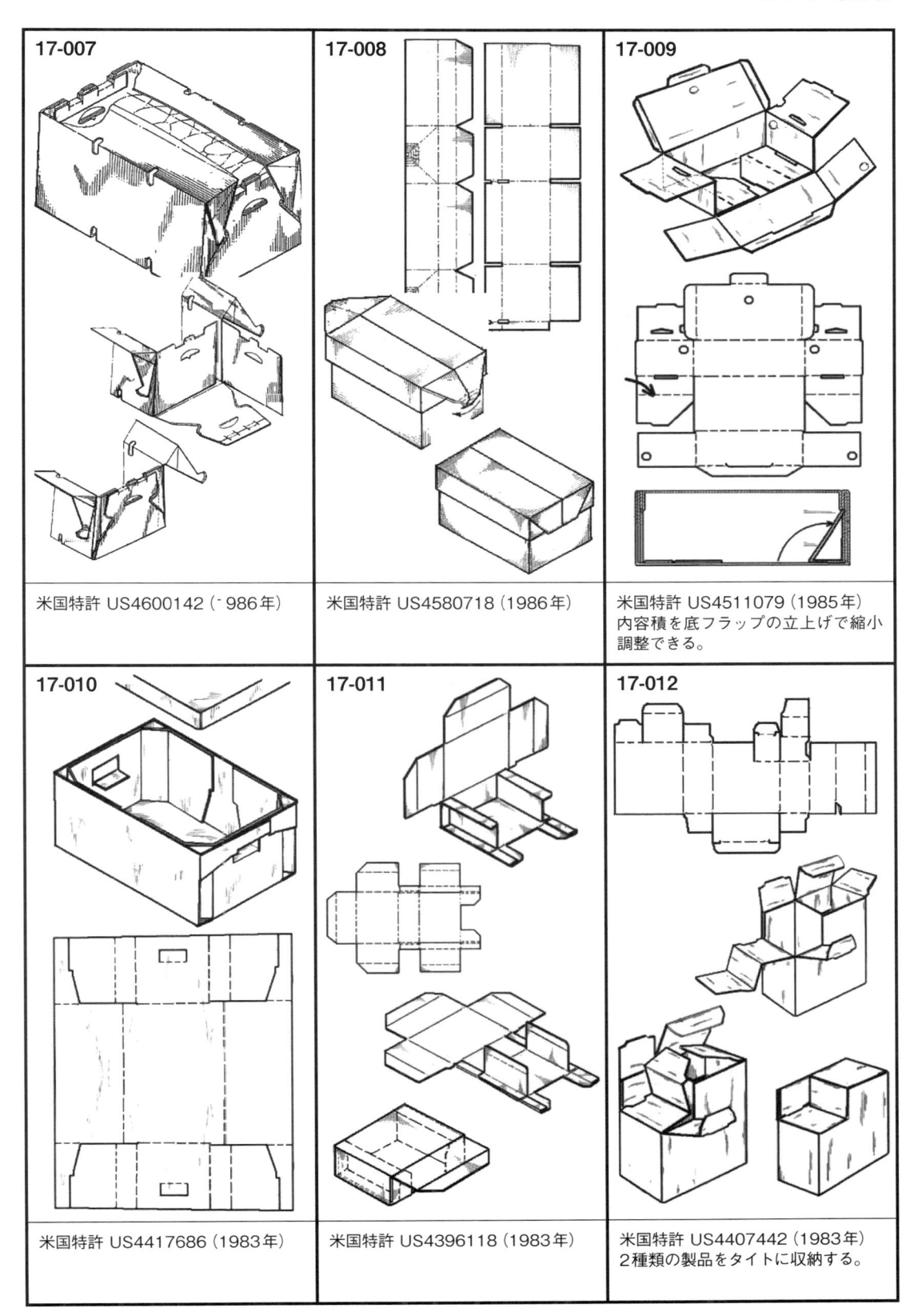

17-007

米国特許 US4600142（1986年）

17-008

米国特許 US4580718（1986年）

17-009

米国特許 US4511079（1985年）
内容積を底フラップの立上げで縮小
調整できる。

17-010

米国特許 US4417686（1983年）

17-011

米国特許 US4396118（1983年）

17-012

米国特許 US4407442（1983年）
2種類の製品をタイトに収納する。

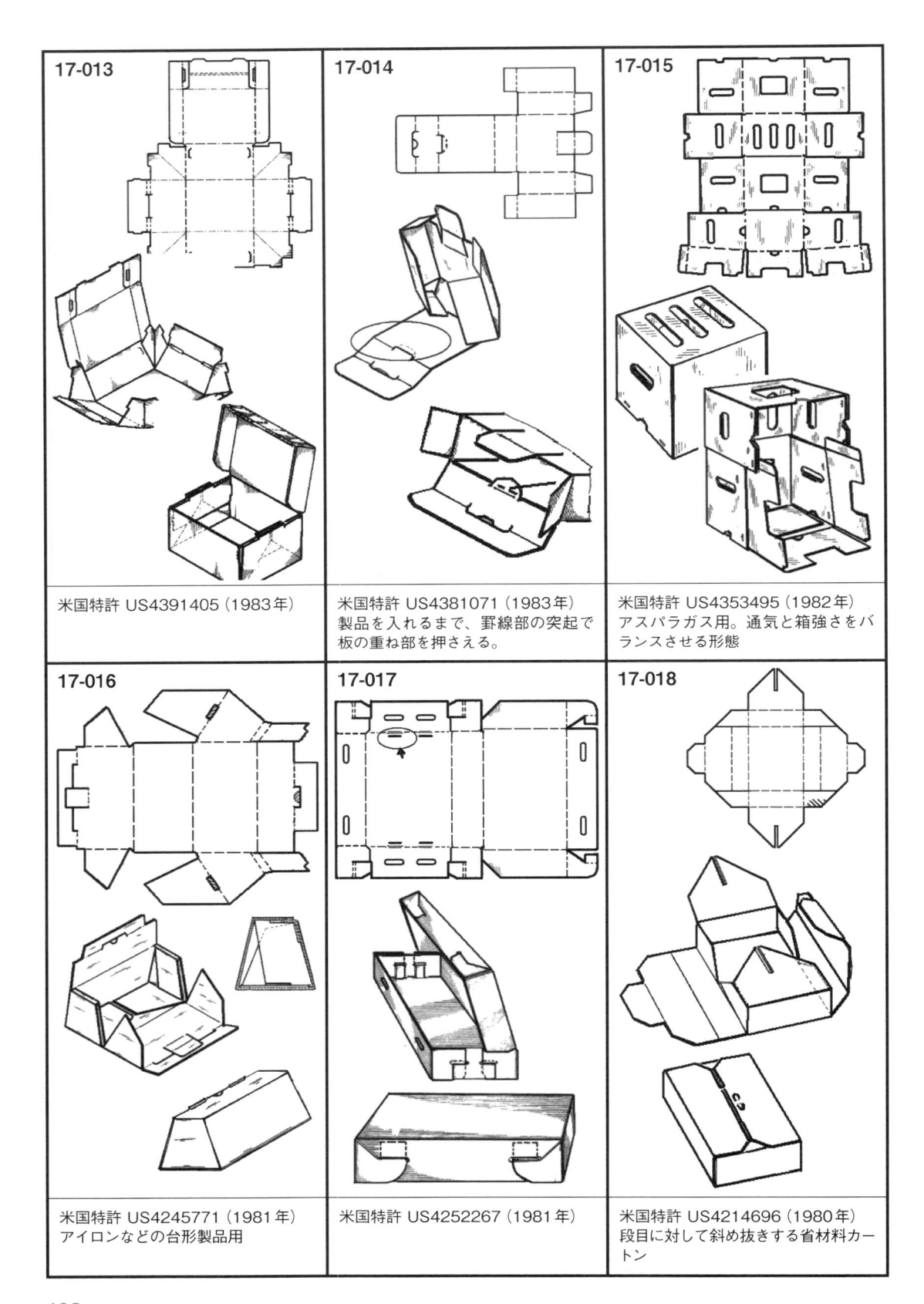

17-013	17-014	17-015
米国特許 US4391405（1983年）	米国特許 US4381071（1983年）製品を入れるまで、罫線部の突起で板の重ね部を押さえる。	米国特許 US4353495（1982年）アスパラガス用。通気と箱強さをバランスさせる形態
17-016	17-017	17-018
米国特許 US4245771（1981年）アイロンなどの台形製品用	米国特許 US4252267（1981年）	米国特許 US4214696（1980年）段目に対して斜め抜きする省材料カートン

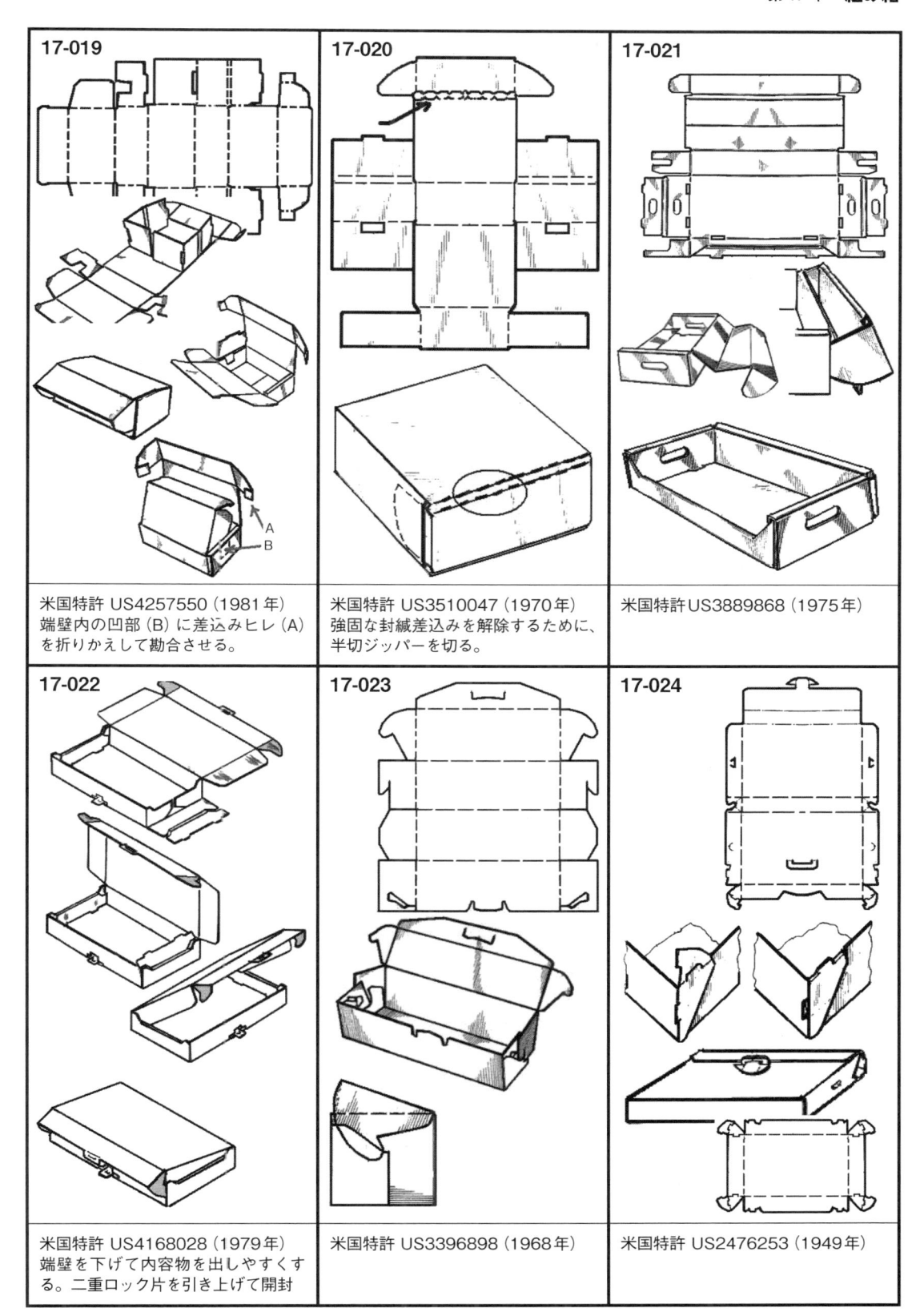

17-019

米国特許 US4257550（1981 年）
端壁内の凹部（B）に差込みヒレ（A）
を折りかえして勘合させる。

17-020

米国特許 US3510047（1970 年）
強固な封緘差込みを解除するために、
半切ジッパーを切る。

17-021

米国特許 US3889868（1975 年）

17-022

米国特許 US4168028（1979 年）
端壁を下げて内容物を出しやすくす
る。二重ロック片を引き上げて開封

17-023

米国特許 US3396898（1968 年）

17-024

米国特許 US2476253（1949 年）

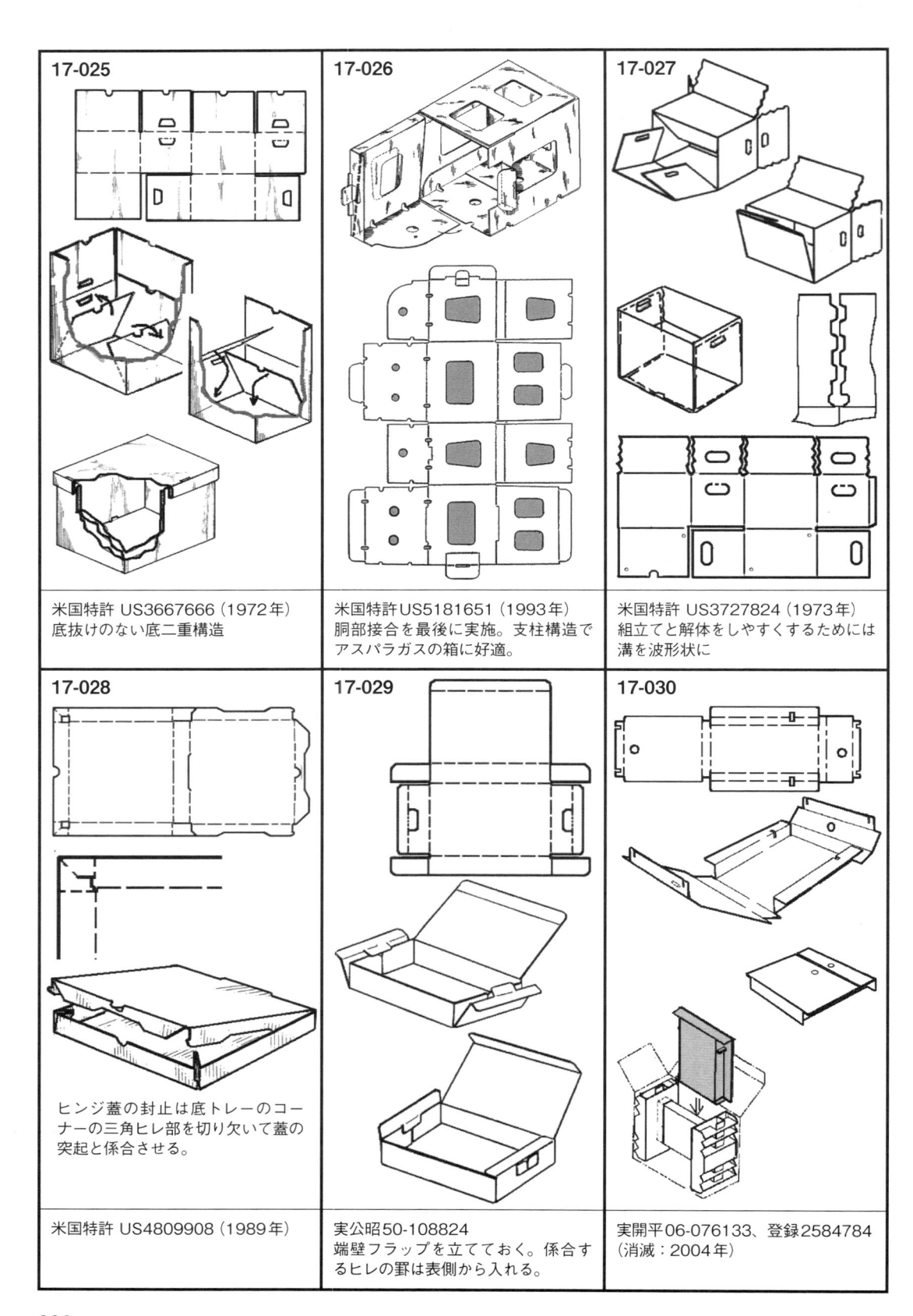

17-025

米国特許 US3667666（1972年）
底抜けのない底二重構造

17-026

米国特許 US5181651（1993年）
胴部接合を最後に実施。支柱構造で
アスパラガスの箱に好適。

17-027

米国特許 US3727824（1973年）
組立てと解体をしやすくするためには
溝を波形状に

17-028

ヒンジ蓋の封止は底トレーのコー
ナーの三角ヒレ部を切り欠いて蓋の
突起と係合させる。

米国特許 US4809908（1989年）

17-029

実公昭50-108824
端壁フラップを立てておく。係合す
るヒレの罫は表側から入れる。

17-030

実開平06-076133、登録2584784
（消滅：2004年）

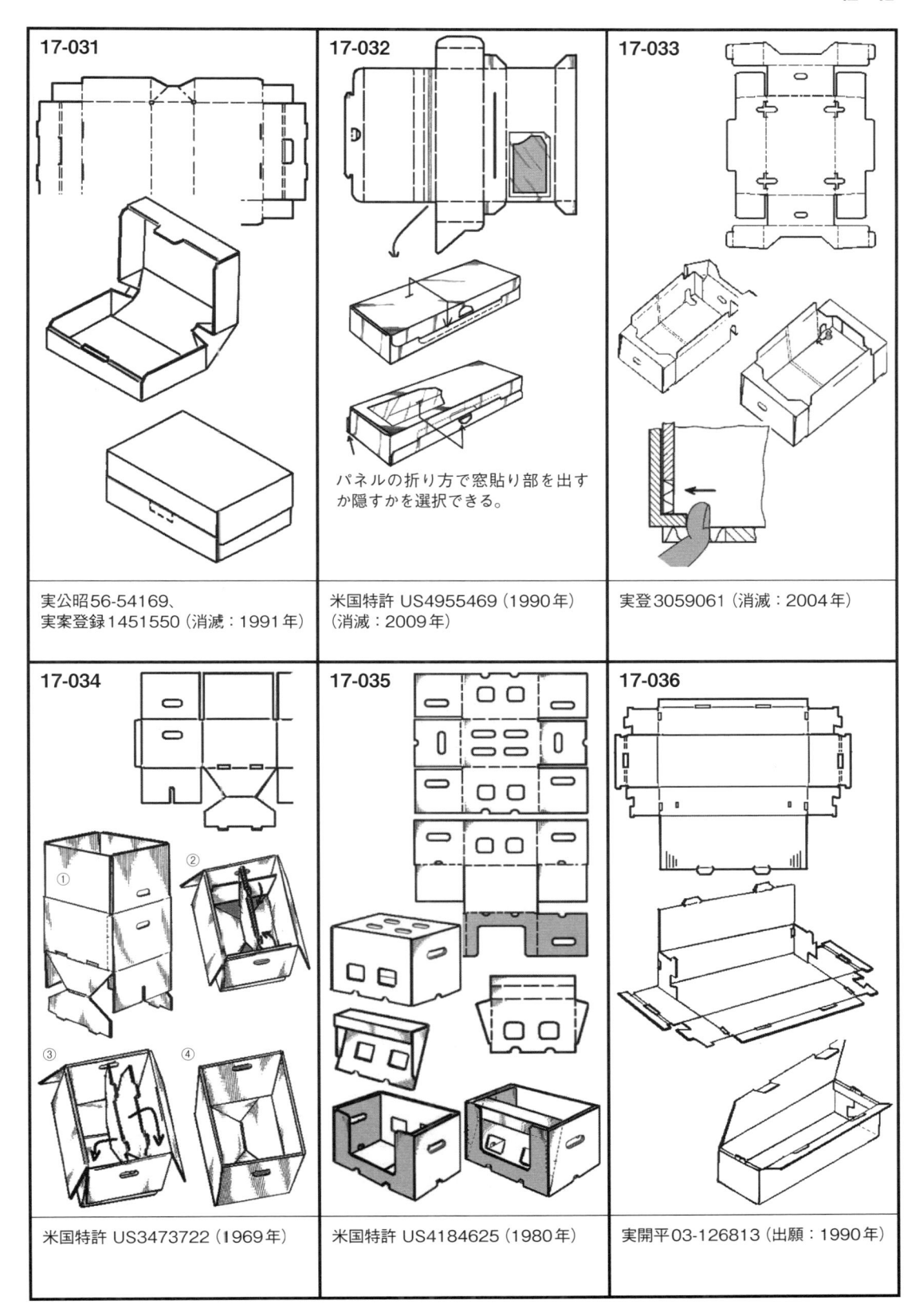

17-031

実公昭56-54169、
実案登録1451550（消滅：1991年）

17-032

パネルの折り方で窓貼り部を出す
か隠すかを選択できる。

米国特許 US4955469（1990年）
（消滅：2009年）

17-033

実登3059061（消滅：2004年）

17-034

① ② ③ ④

米国特許 US3473722（1969年）

17-035

米国特許 US4184625（1980年）

17-036

実開平03-126813（出願：1990年）

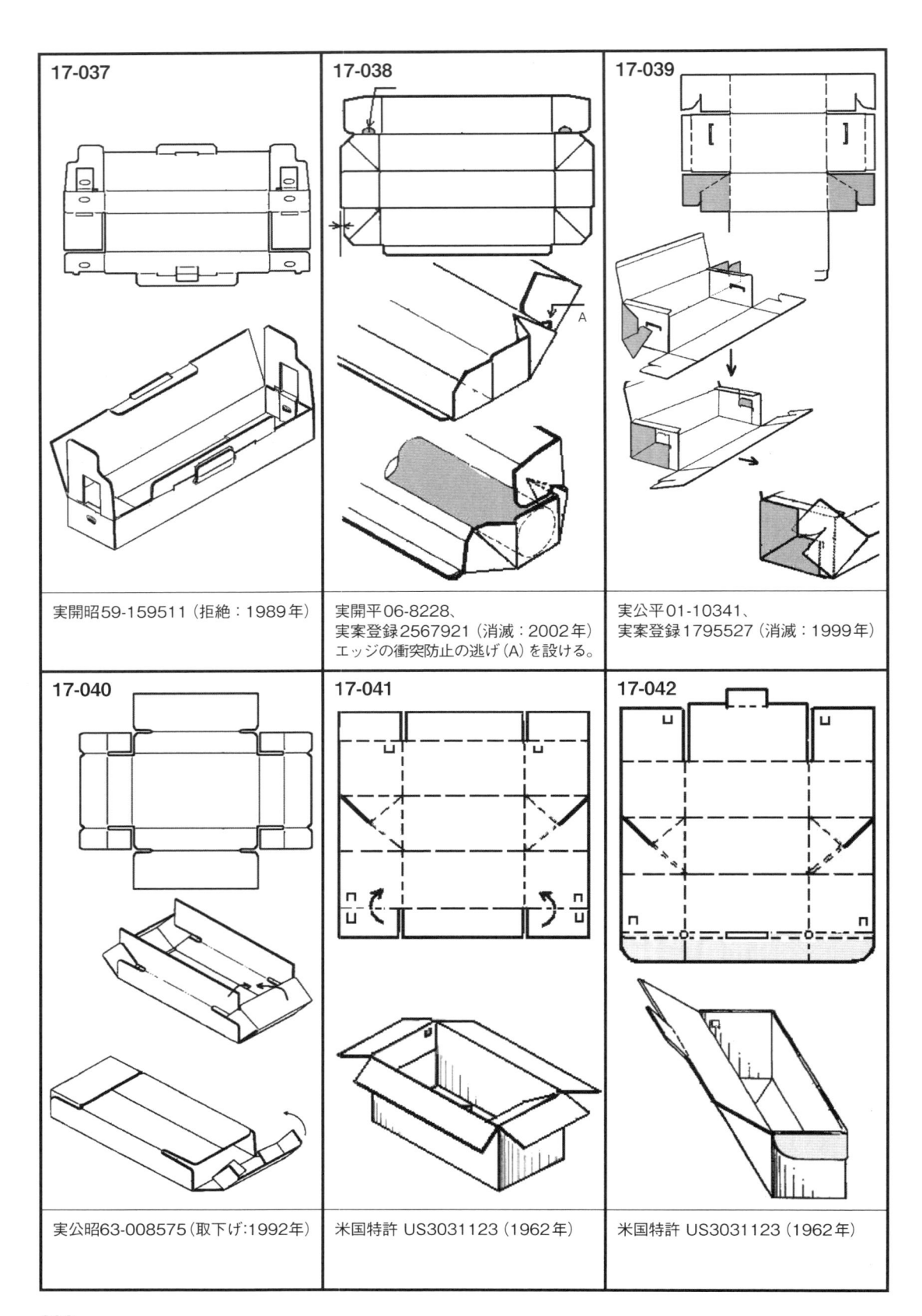

17-037	17-038	17-039
実開昭59-159511（拒絶：1989年）	実開平06-8228、 実案登録2567921（消滅：2002年） エッジの衝突防止の逃げ（A）を設ける。	実公平01-10341、 実案登録1795527（消滅：1999年）
17-040	17-041	17-042
実公昭63-008575（取下げ：1992年）	米国特許 US3031123（1962年）	米国特許 US3031123（1962年）

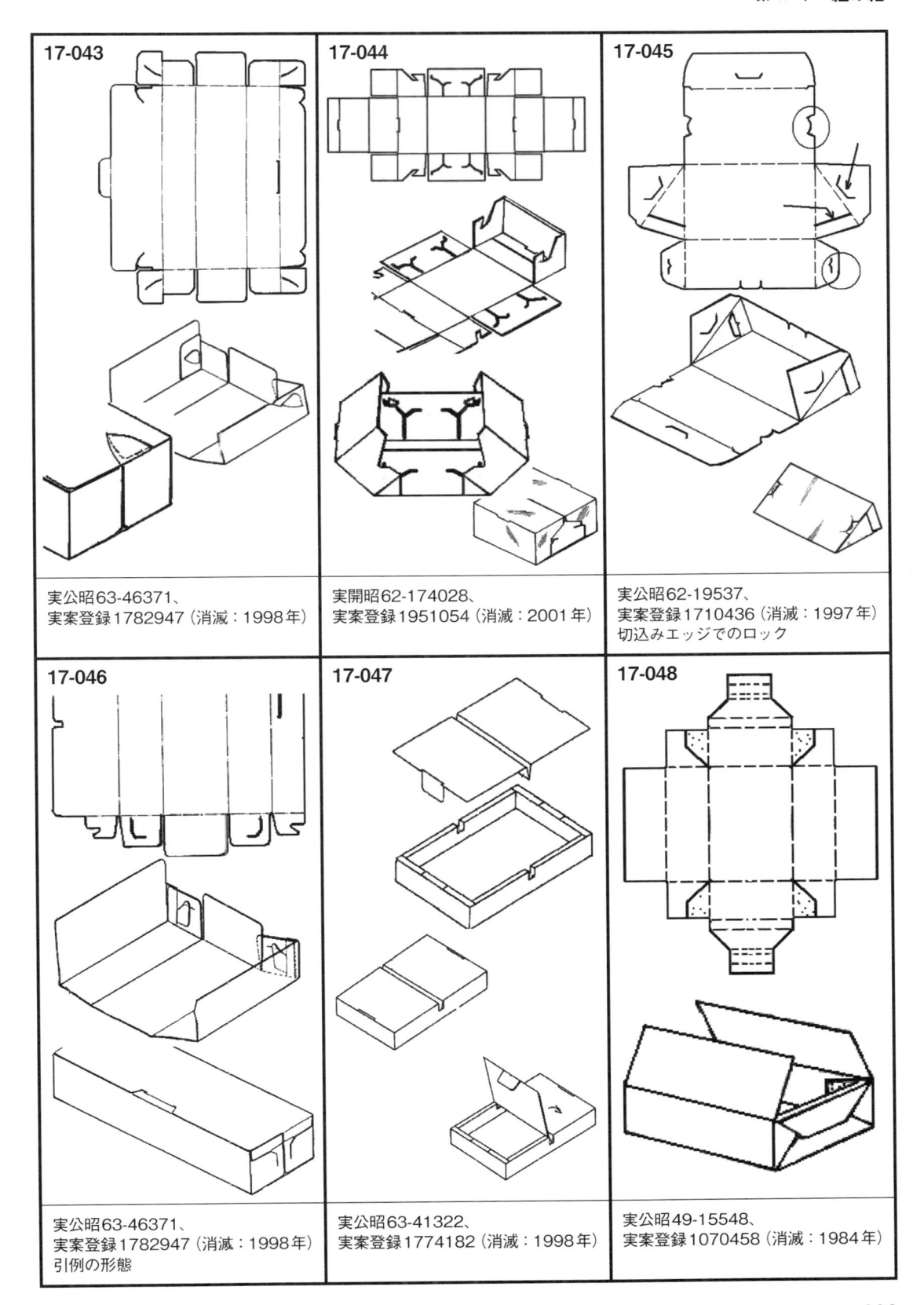

17-043

実公昭63-46371、
実案登録1782947（消滅：1998年）

17-044

実開昭62-174028、
実案登録1951054（消滅：2001年）

17-045

実公昭62-19537、
実案登録1710436（消滅：1997年）
切込みエッジでのロック

17-046

実公昭63-46371、
実案登録1782947（消滅：1998年）
引例の形態

17-047

実公昭63-41322、
実案登録1774182（消滅：1998年）

17-048

実公昭49-15548、
実案登録1070458（消滅：1984年）

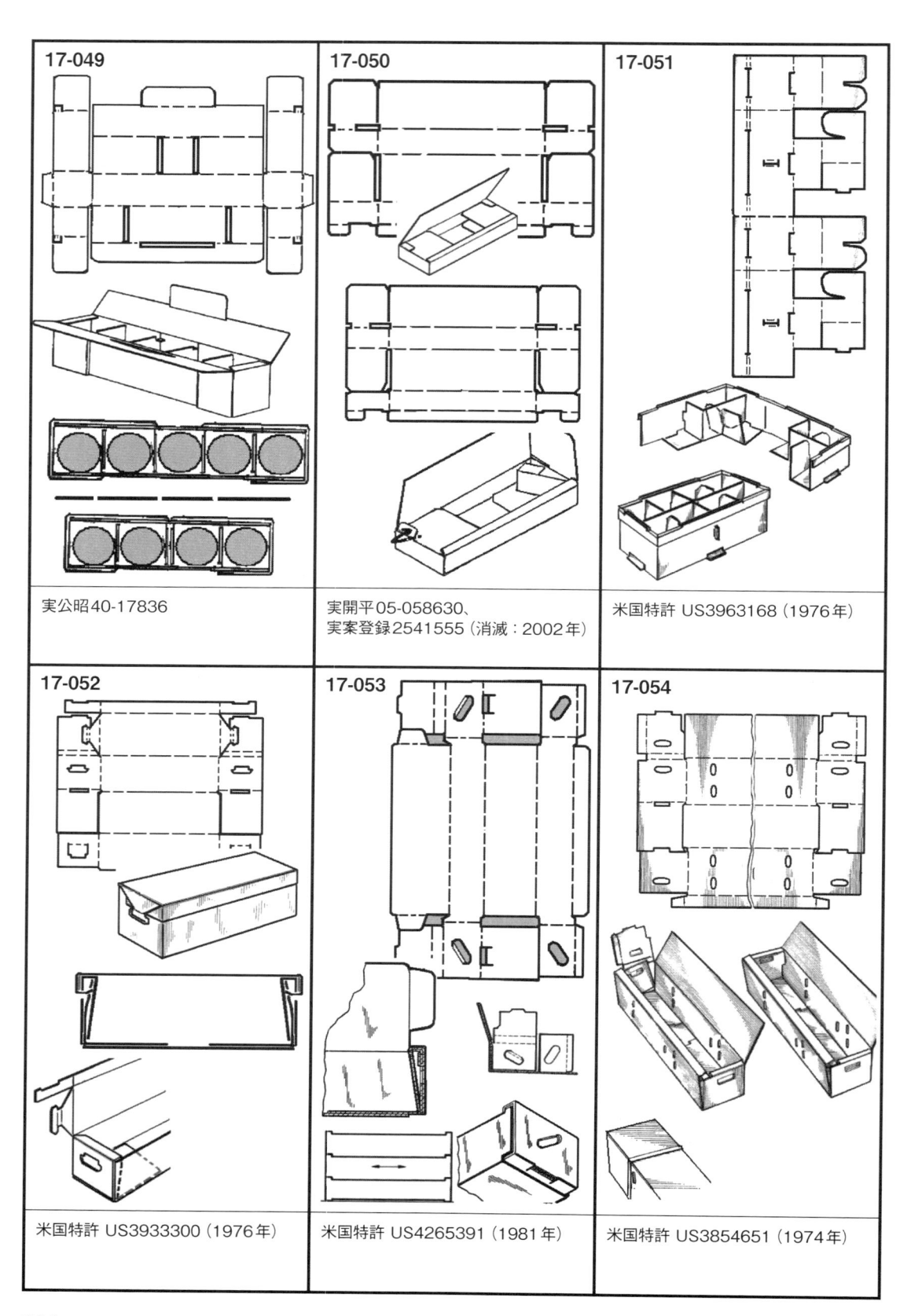

17-049	17-050	17-051
実公昭40-17836	実開平05-058630、 実案登録2541555（消滅：2002年）	米国特許 US3963168（1976年）
17-052	17-053	17-054
米国特許 US3933300（1976年）	米国特許 US4265391（1981年）	米国特許 US3854651（1974年）

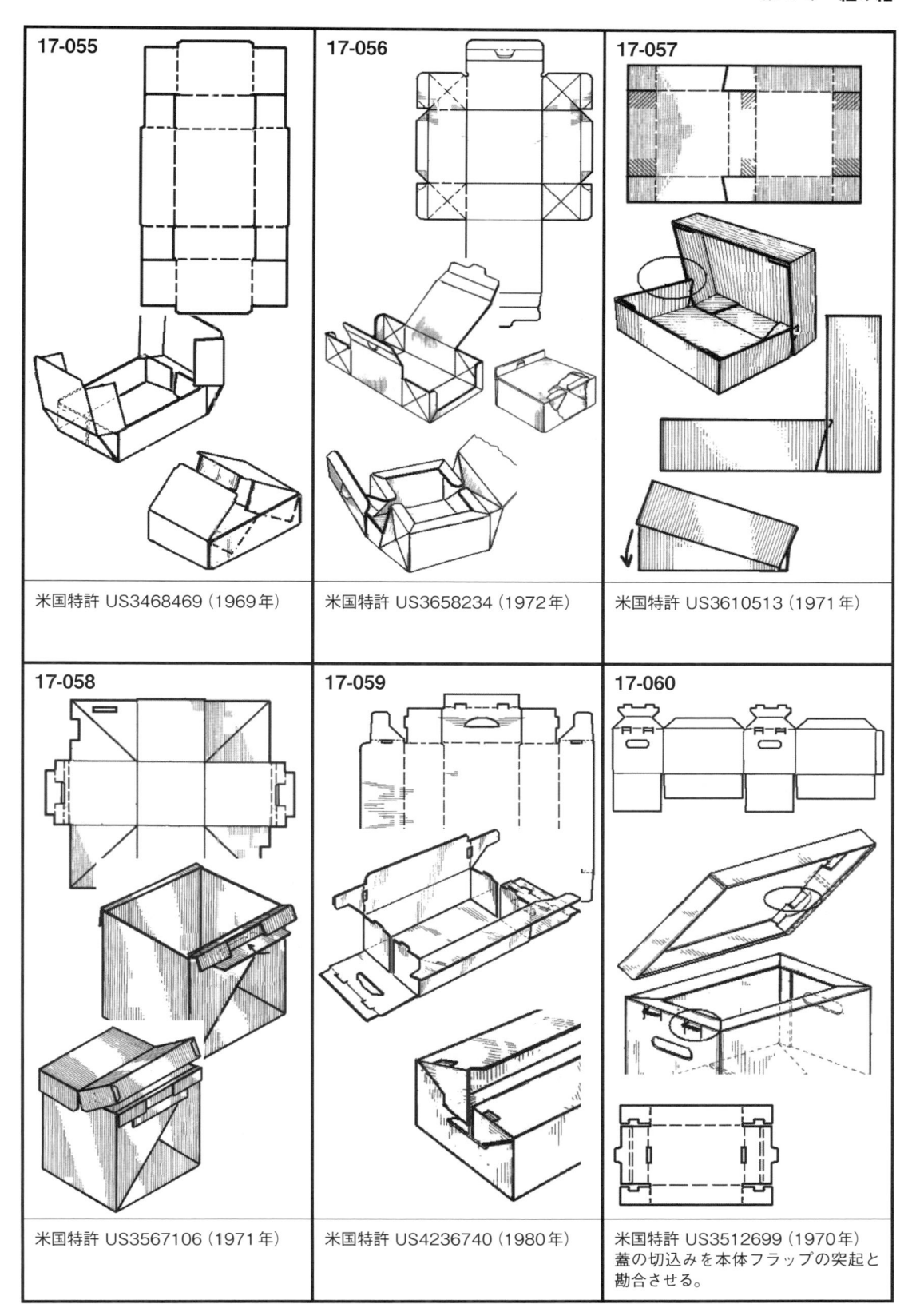

17-055

米国特許 US3468469 (1969年)

17-056

米国特許 US3658234 (1972年)

17-057

米国特許 US3610513 (1971年)

17-058

米国特許 US3567106 (1971年)

17-059

米国特許 US4236740 (1980年)

17-060

米国特許 US3512699 (1970年)
蓋の切込みを本体フラップの突起と
勘合させる。

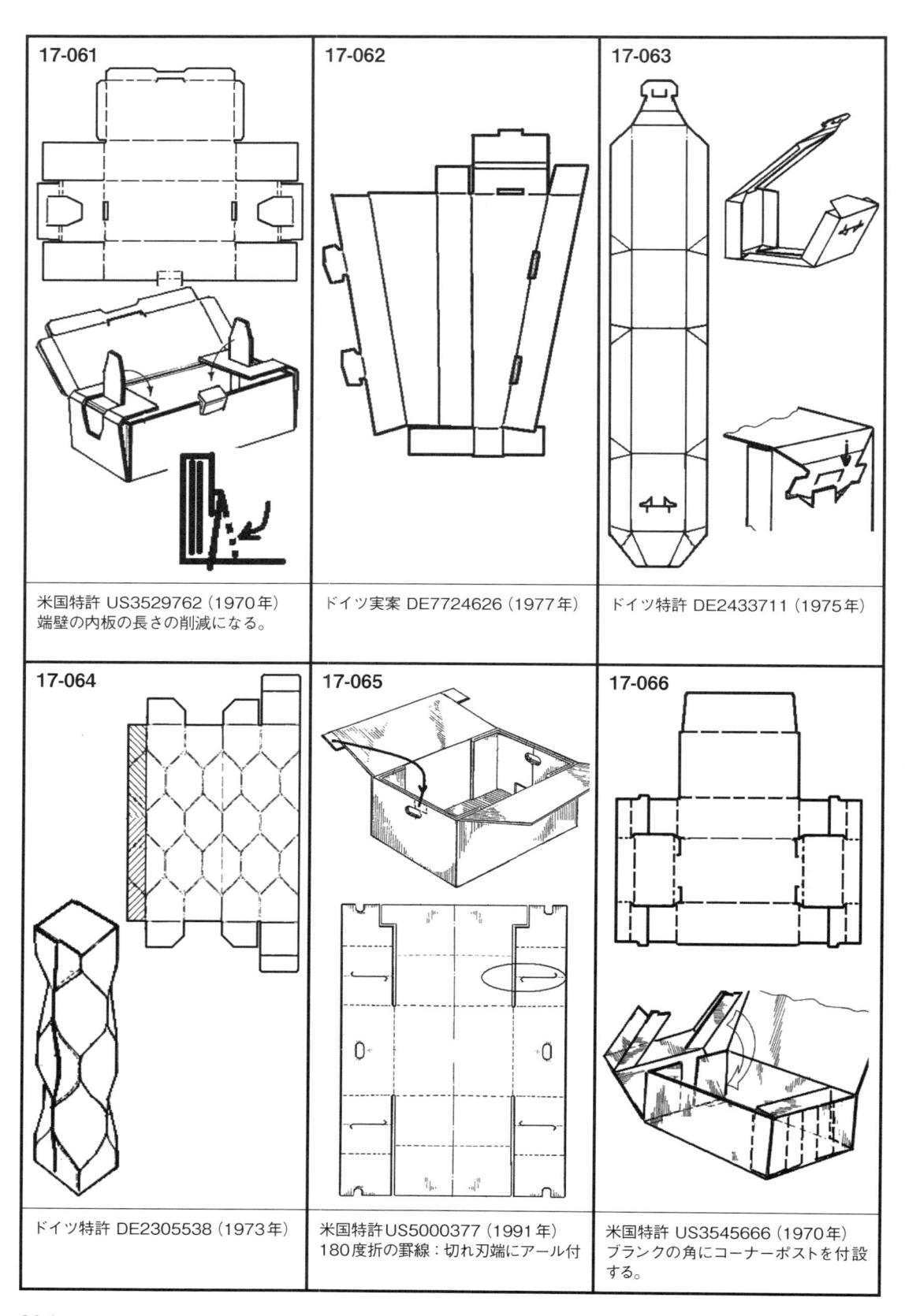

17-061	17-062	17-063
米国特許 US3529762（1970年） 端壁の内板の長さの削減になる。	ドイツ実案 DE7724626（1977年）	ドイツ特許 DE2433711（1975年）

17-064	17-065	17-066
ドイツ特許 DE2305538（1973年）	米国特許 US5000377（1991年） 180度折の罫線：切れ刃端にアール付	米国特許 US3545666（1970年） ブランクの角にコーナーポストを付設 する。

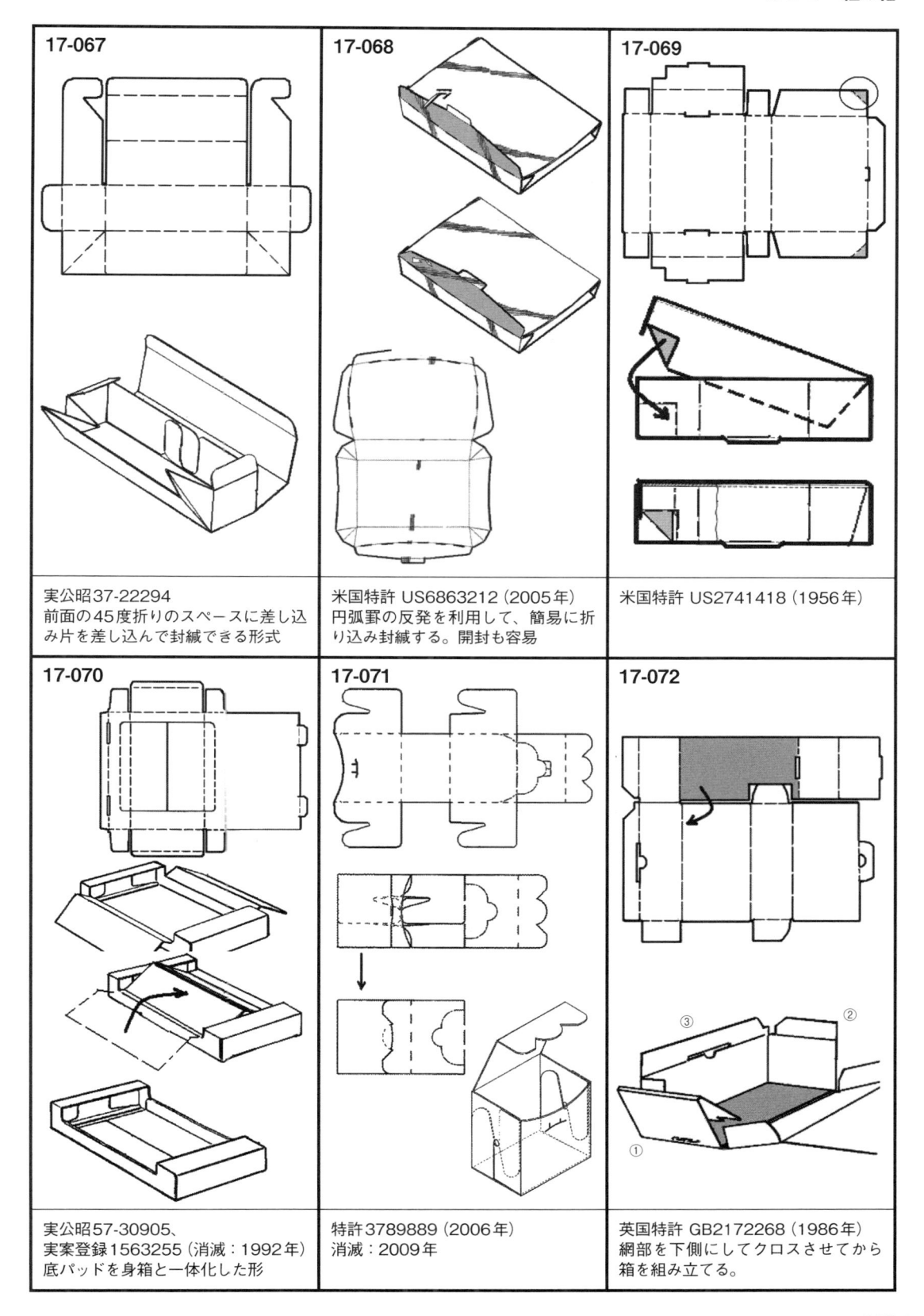

17-067

実公昭37-22294
前面の45度折りのスペースに差し込み片を差し込んで封緘できる形式

17-068

米国特許 US6863212（2005年）
円弧罫の反発を利用して、簡易に折り込み封緘する。開封も容易

17-069

米国特許 US2741418（1956年）

17-070

実公昭57-30905、
実案登録1563255（消滅：1992年）
底パッドを身箱と一体化した形

17-071

特許3789889（2006年）
消滅：2009年

17-072

英国特許 GB2172268（1986年）
網部を下側にしてクロスさせてから箱を組み立てる。

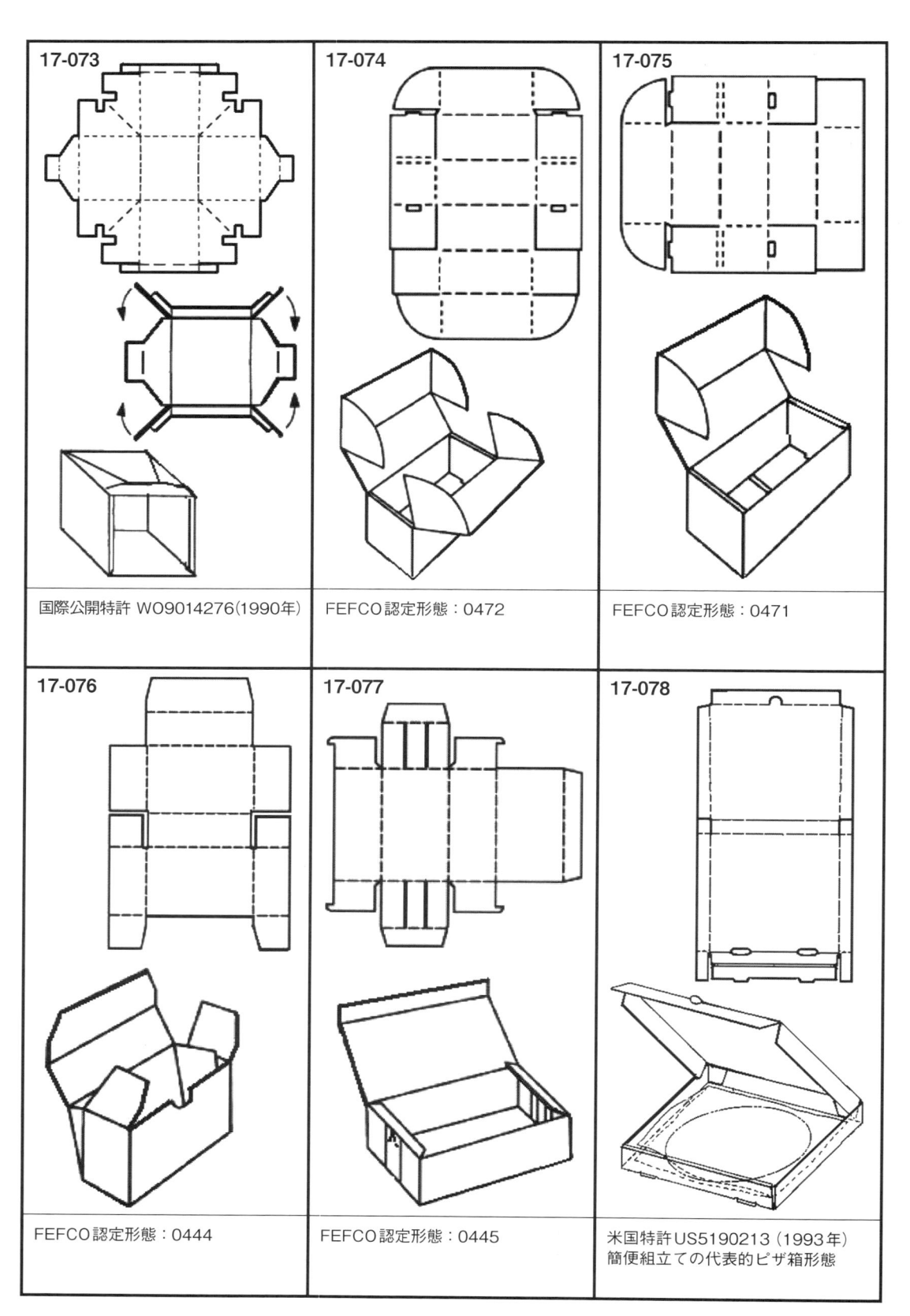

17-073

国際公開特許 WO9014276(1990年)

17-074

FEFCO認定形態：0472

17-075

FEFCO認定形態：0471

17-076

FEFCO認定形態：0444

17-077

FEFCO認定形態：0445

17-078

米国特許 US5190213（1993年）
簡便組立ての代表的ピザ箱形態

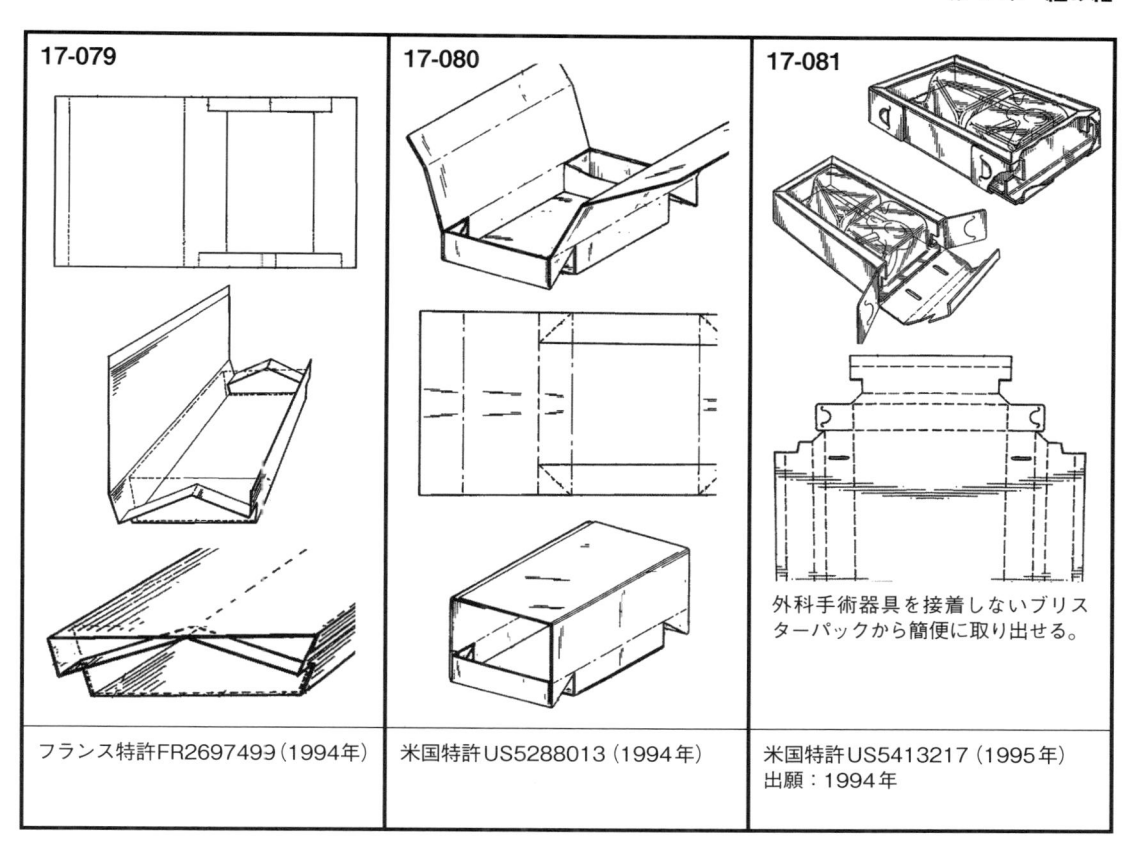

17-079	17-080	17-081
		外科手術器具を接着しないブリスターパックから簡便に取り出せる。
フランス特許FR2697493（1994年）	米国特許US5288013（1994年）	米国特許US5413217（1995年）出願：1994年

17 「組み箱」関連リスト				
01-032	02-106	09-003	21-014	33-022
01-045	02-108	09-006	21-015	34-041
01-115	02-152	09-011	21-016	34-042
02-002	03-039	13-009	21-029	37-024
02-016	05-019	14-004	23-030	38-006
02-064	05-052	14-033	25-009	39-003
02-066	06-002	18-001	30-024	39-051
02-068	06-009	19-005	32-015	
02-075	08-023	20-006	32-019	

18

フリップトップカートン

　米国で開発されたタバコ用の蓋付きカートンを起源とするフリップトップの形態に多数のバリエーションが生まれて発展している。現在では菓子類のカートンにも用いられている。このフリップトップカートンの形態は、板紙カートンの諸機能を最大に高めた形態の代表格で、封止時にカチッと音のする形態である。ここでは、このロック音のする形態のほかに、開封時にカートンの上部に蓋部をジッパーカットで形成するタイプを含めている。大まかな特徴を次にまとめる。

①板紙の折曲げ端部と差し込まれる側の切込みエッジをかみ合わせることをロックの基本とする。したがって専用機械で成形する製函工程を要することになる。

②カートンの機能を芸術の域にまで高めることに成功している。単に包む、運ぶ、取扱い利便性の付与、内容物の保護といった従来のものに加えて、新たにパッケージに楽しみを与えるものになっている。つまりエンタテインメントの要素が付与されている。

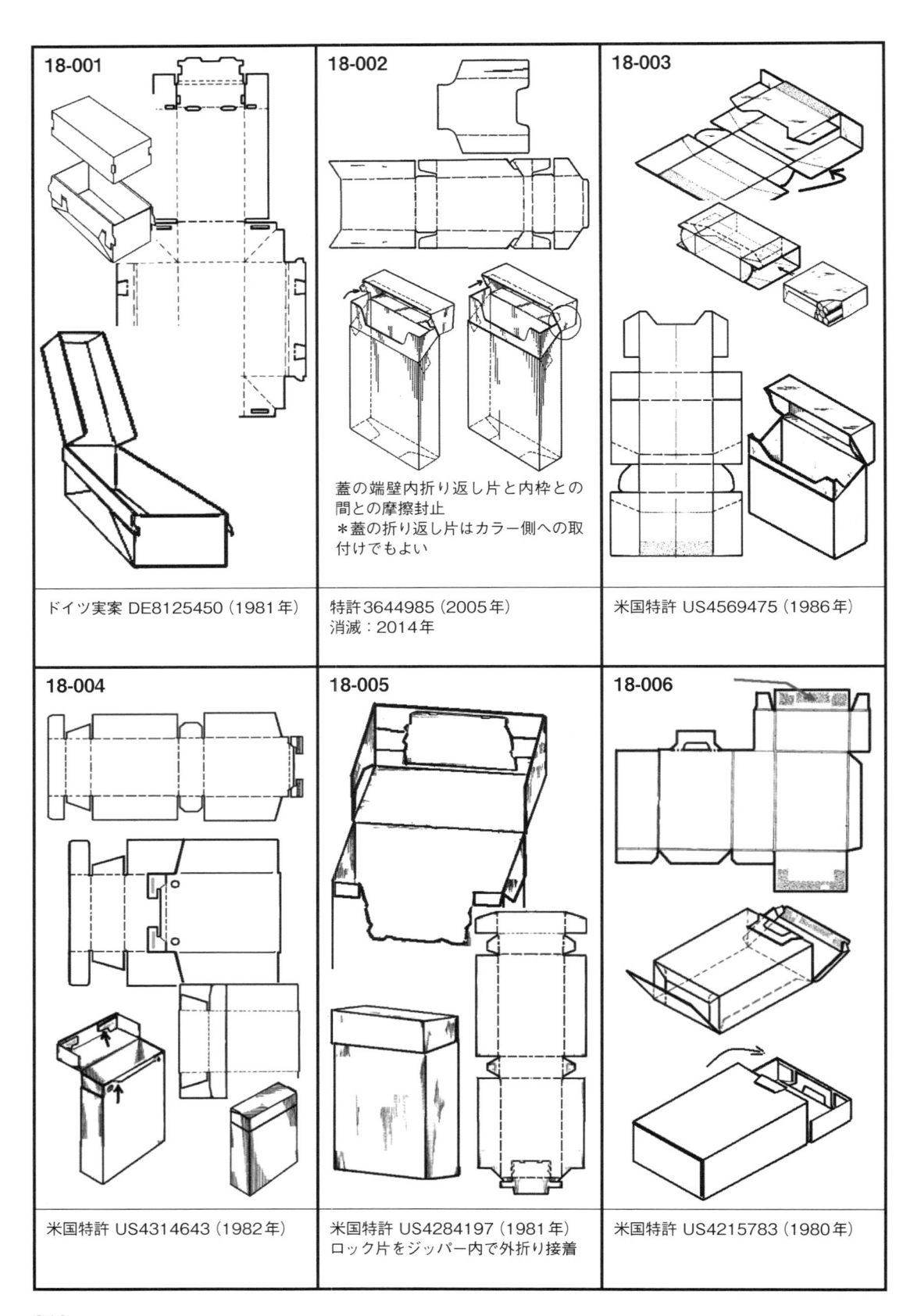

18-001 ドイツ実案 DE8125450（1981年）	**18-002** 蓋の端壁内折り返し片と内枠との間との摩擦封止 ＊蓋の折り返し片はカラー側への取付けでもよい 特許3644985（2005年） 消滅：2014年	**18-003** 米国特許 US4569475（1986年）
18-004 米国特許 US4314643（1982年）	**18-005** 米国特許 US4284197（1981年） ロック片をジッパー内で外折り接着	**18-006** 米国特許 US4215783（1980年）

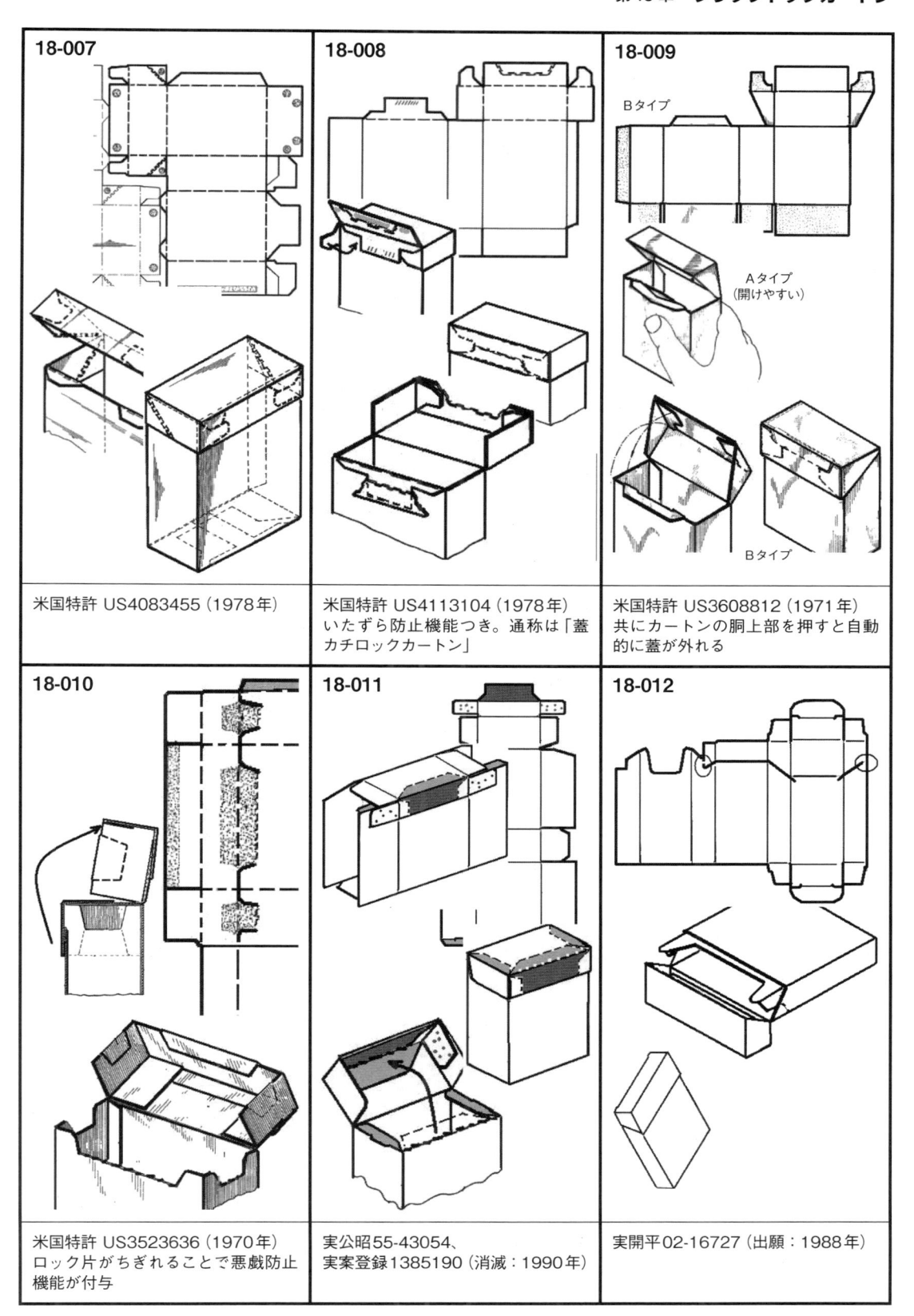

18-007

米国特許 US4083455（1978年）

18-008

米国特許 US4113104（1978年）
いたずら防止機能つき。通称は「蓋
カチロックカートン」

18-009

Bタイプ

Aタイプ
（開けやすい）

Bタイプ

米国特許 US3608812（1971年）
共にカートンの胴上部を押すと自動
的に蓋が外れる

18-010

米国特許 US3523636（1970年）
ロック片がちぎれることで悪戯防止
機能が付与

18-011

実公昭55-43054、
実案登録1385190（消滅：1990年）

18-012

実開平02-16727（出願：1988年）

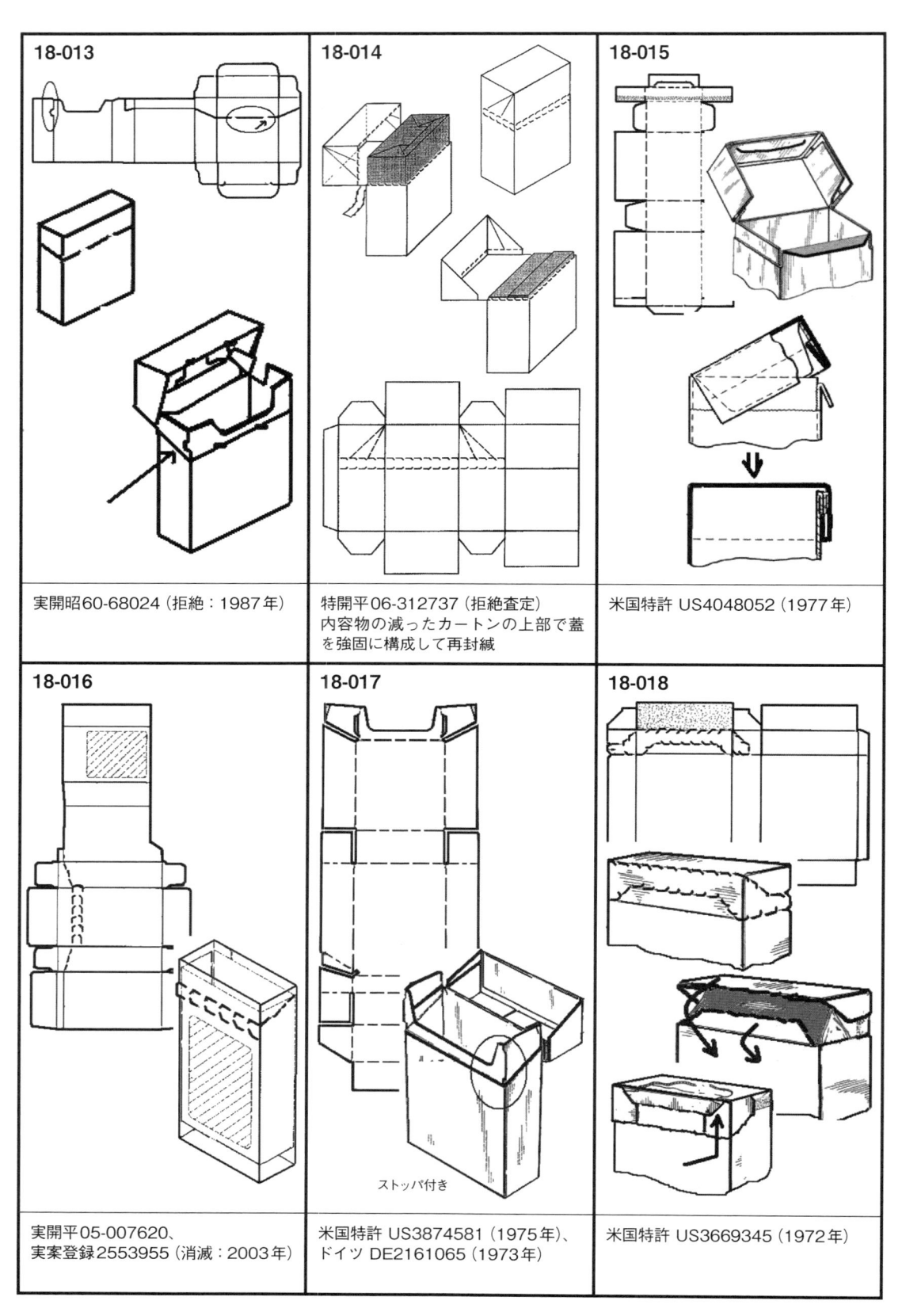

18-013	18-014	18-015
実開昭60-68024（拒絶：1987年）	特開平06-312737（拒絶査定） 内容物の減ったカートンの上部で蓋を強固に構成して再封緘	米国特許 US4048052（1977年）
18-016	18-017	18-018
実開平05-007620、 実案登録2553955（消滅：2003年）	米国特許 US3874581（1975年）、 ドイツ DE2161065（1973年）	米国特許 US3669345（1972年）

ストッパ付き

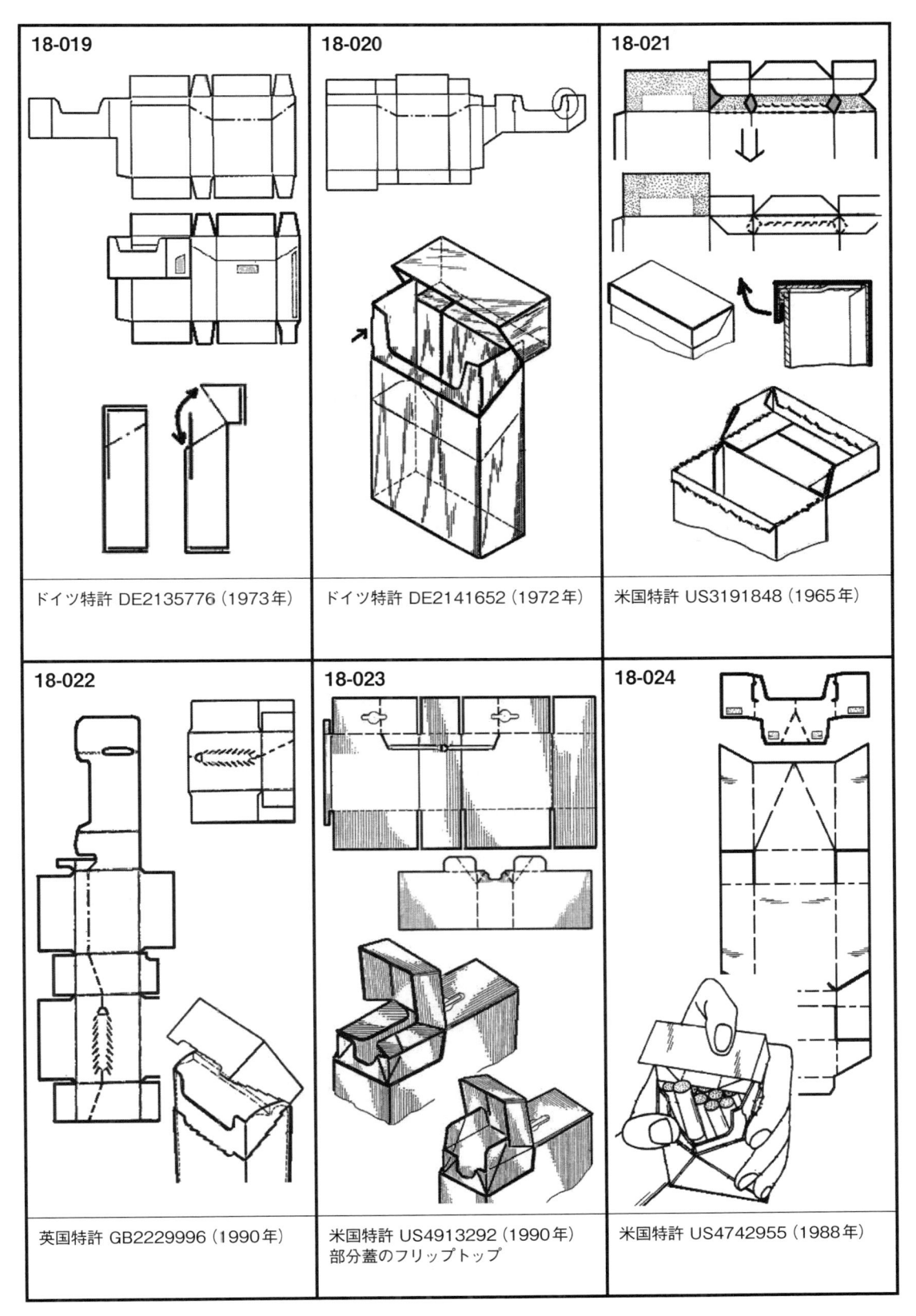

18-019

ドイツ特許 DE2135776 (1973年)

18-020

ドイツ特許 DE2141652 (1972年)

18-021

米国特許 US3191848 (1965年)

18-022

英国特許 GB2229996 (1990年)

18-023

米国特許 US4913292 (1990年)
部分蓋のフリップトップ

18-024

米国特許 US4742955 (1988年)

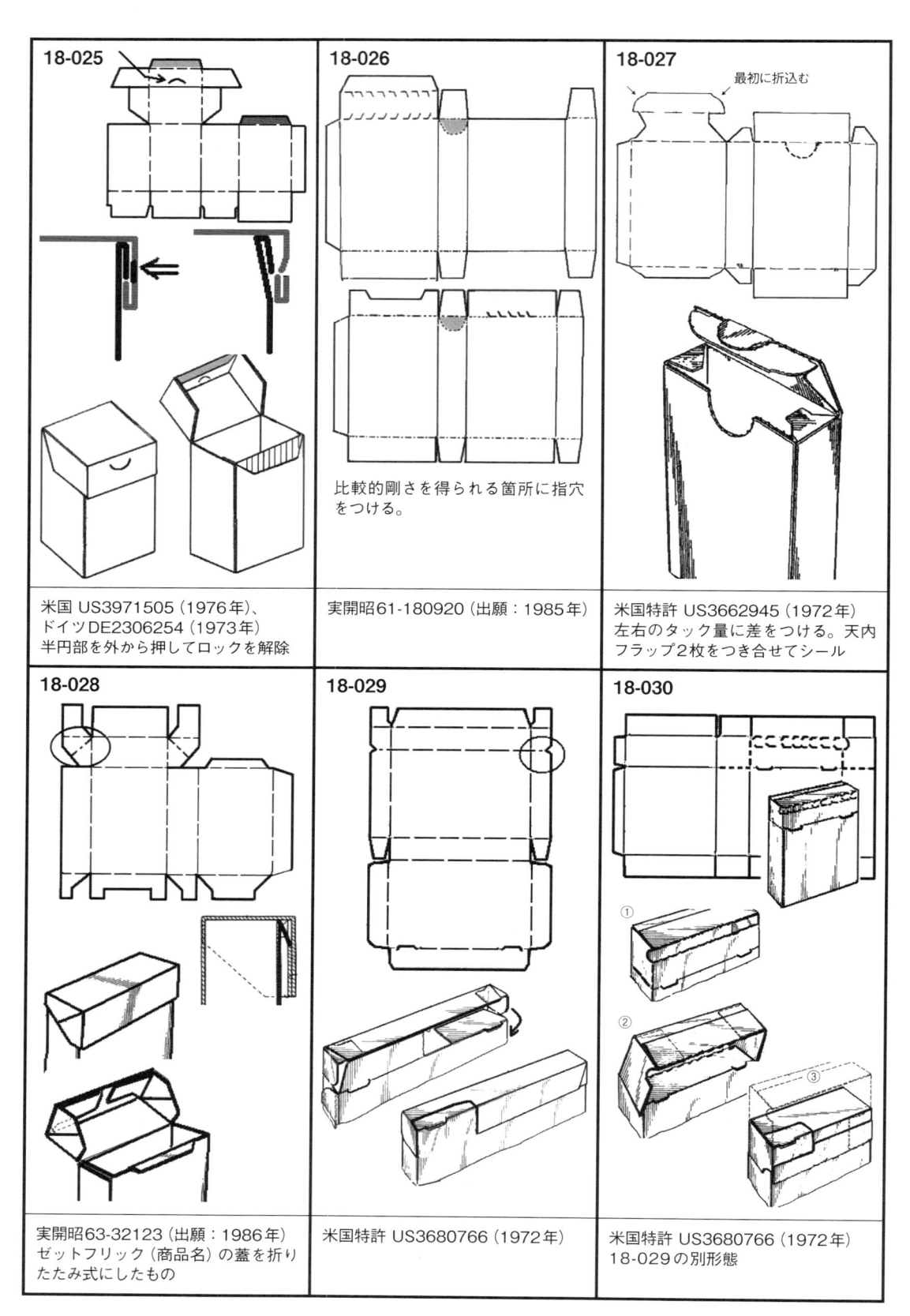

18-025

米国 US3971505（1976年）、
ドイツDE2306254（1973年）
半円部を外から押してロックを解除

18-026

比較的剛さを得られる箇所に指穴
をつける。

実開昭61-180920（出願：1985年）

18-027

最初に折込む

米国特許 US3662945（1972年）
左右のタック量に差をつける。天内
フラップ2枚をつき合せてシール

18-028

実開昭63-32123（出願：1986年）
ゼットフリック（商品名）の蓋を折り
たたみ式にしたもの

18-029

米国特許 US3680766（1972年）

18-030

① ② ③

米国特許 US3680766（1972年）
18-029の別形態

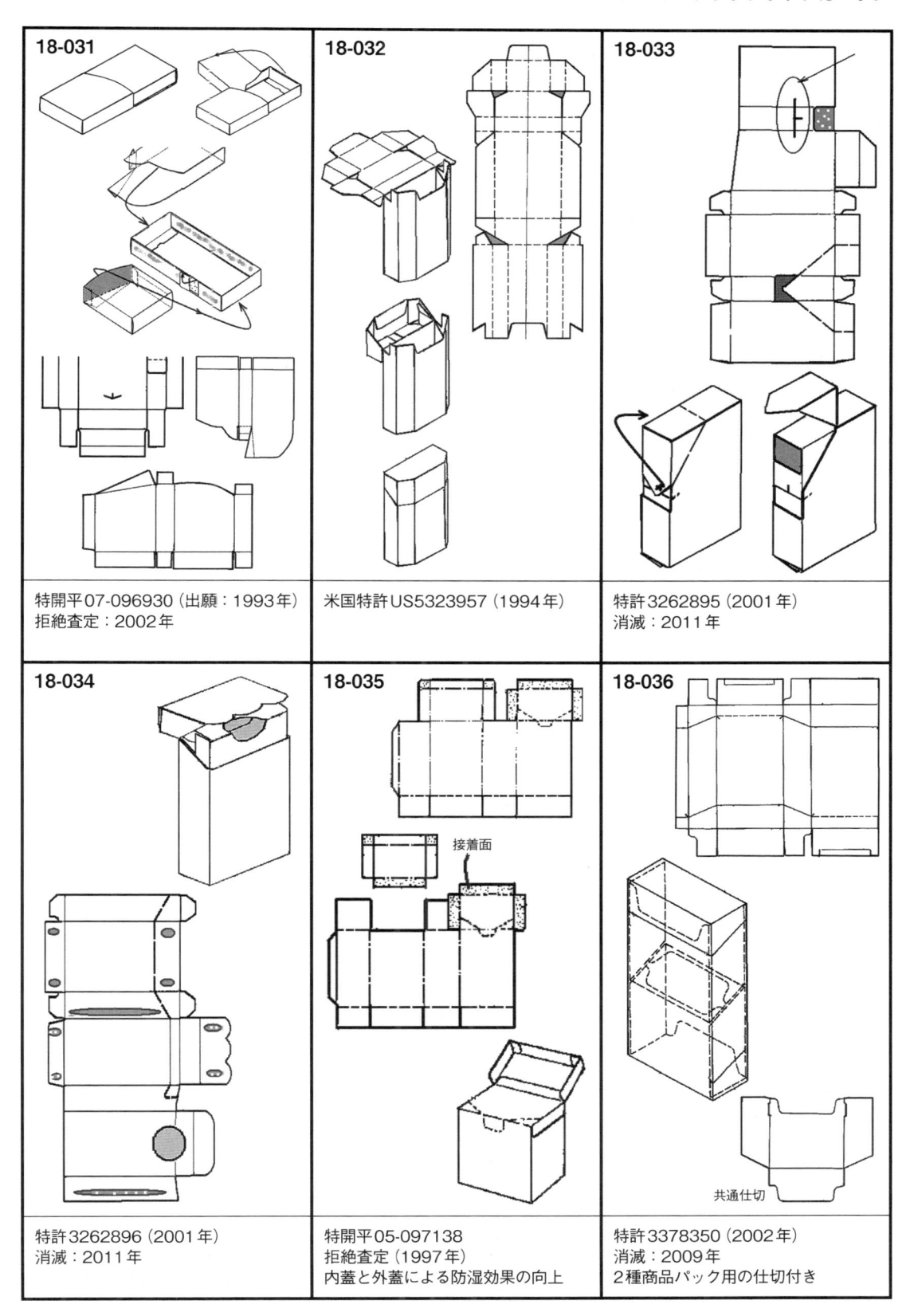

18-031

特開平07-096930（出願：1993年）
拒絶査定：2002年

18-032

米国特許US5323957（1994年）

18-033

特許3262895（2001年）
消滅：2011年

18-034

特許3262896（2001年）
消滅：2011年

18-035

接着面

特開平05-097138
拒絶査定（1997年）
内蓋と外蓋による防湿効果の向上

18-036

共通仕切

特許3378350（2002年）
消滅：2009年
2種商品パック用の仕切り付き

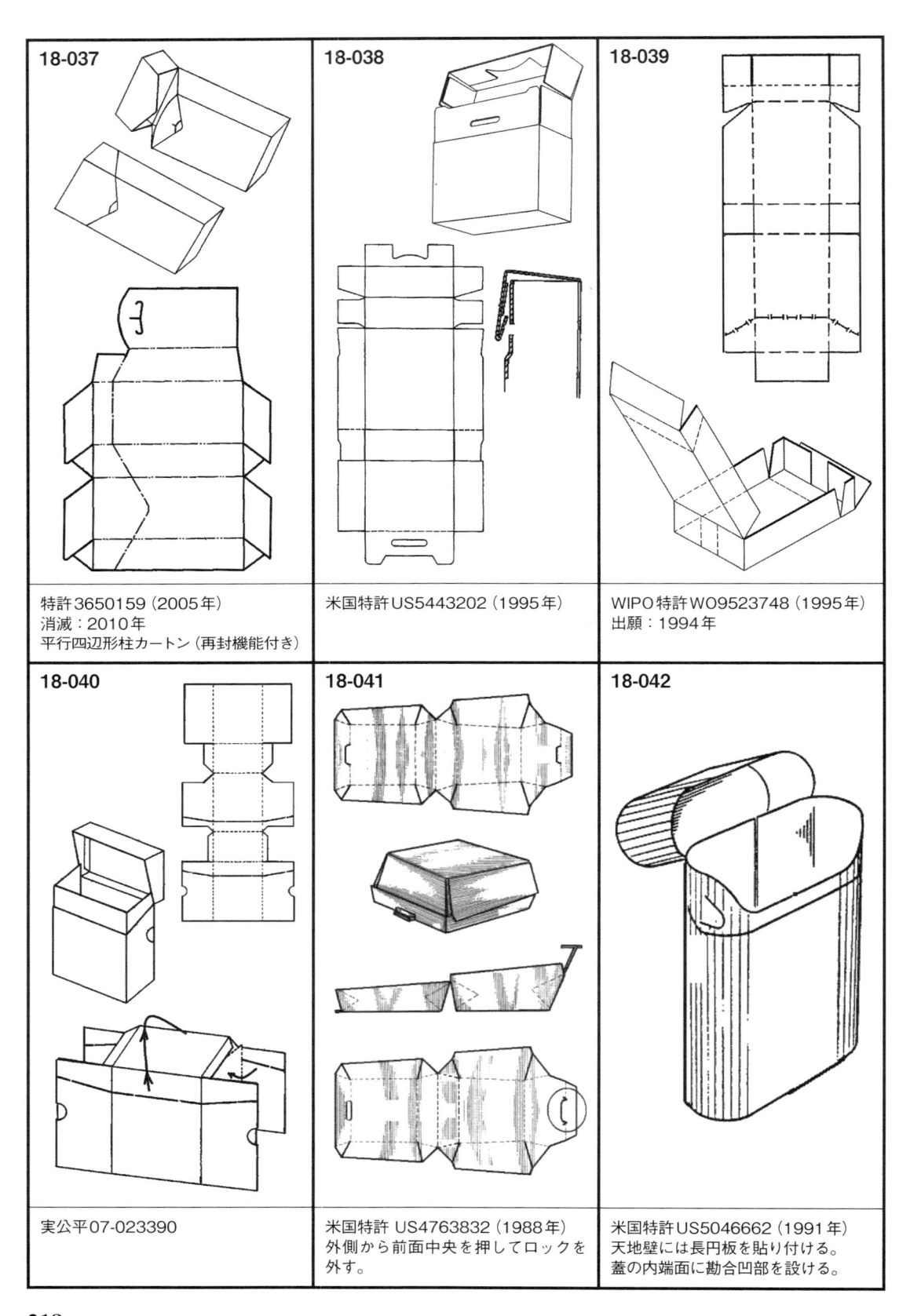

18-037 特許 3650159（2005年） 消滅：2010年 平行四辺形柱カートン（再封機能付き）	**18-038** 米国特許US5443202（1995年）	**18-039** WIPO特許WO9523748（1995年） 出願：1994年
18-040 実公平07-023390	**18-041** 米国特許 US4763832（1988年） 外側から前面中央を押してロックを 外す。	**18-042** 米国特許US5046662（1991年） 天地壁には長円板を貼り付ける。 蓋の内端面に勘合凹部を設ける。

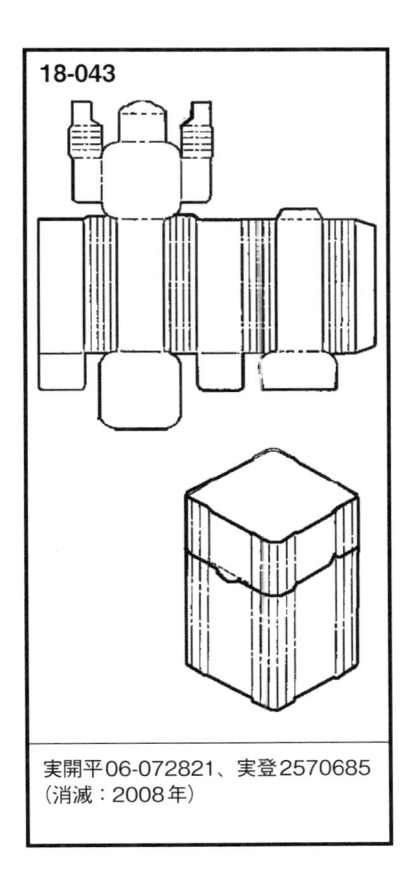

18-043

実開平06-072821、実登2570685
（消滅：2008年）

18「フリップトップカートン」関連リスト			
01-024	04-019	35-071	38-002
01-113	09-001	36-002	38-013

19 タックカートン

伝統的なタックカートンは蓋についている差し込み片の両サイドに突起（タック）を設けて胴の内ヒレを勘合させて封止する箱である。最近は種々の機能が付加されてきている。

日本の業界用語になっている「サック箱」は、サイド貼りグルア（通称はサックマシン）で仕上げるタックカートンを含む差込みカートンを意味する。

解説書付きゲームソフト、DVDなどに使用されており、箱の形態としてまったく色あせていない。またハンガーカートンの基本形にもなっている。

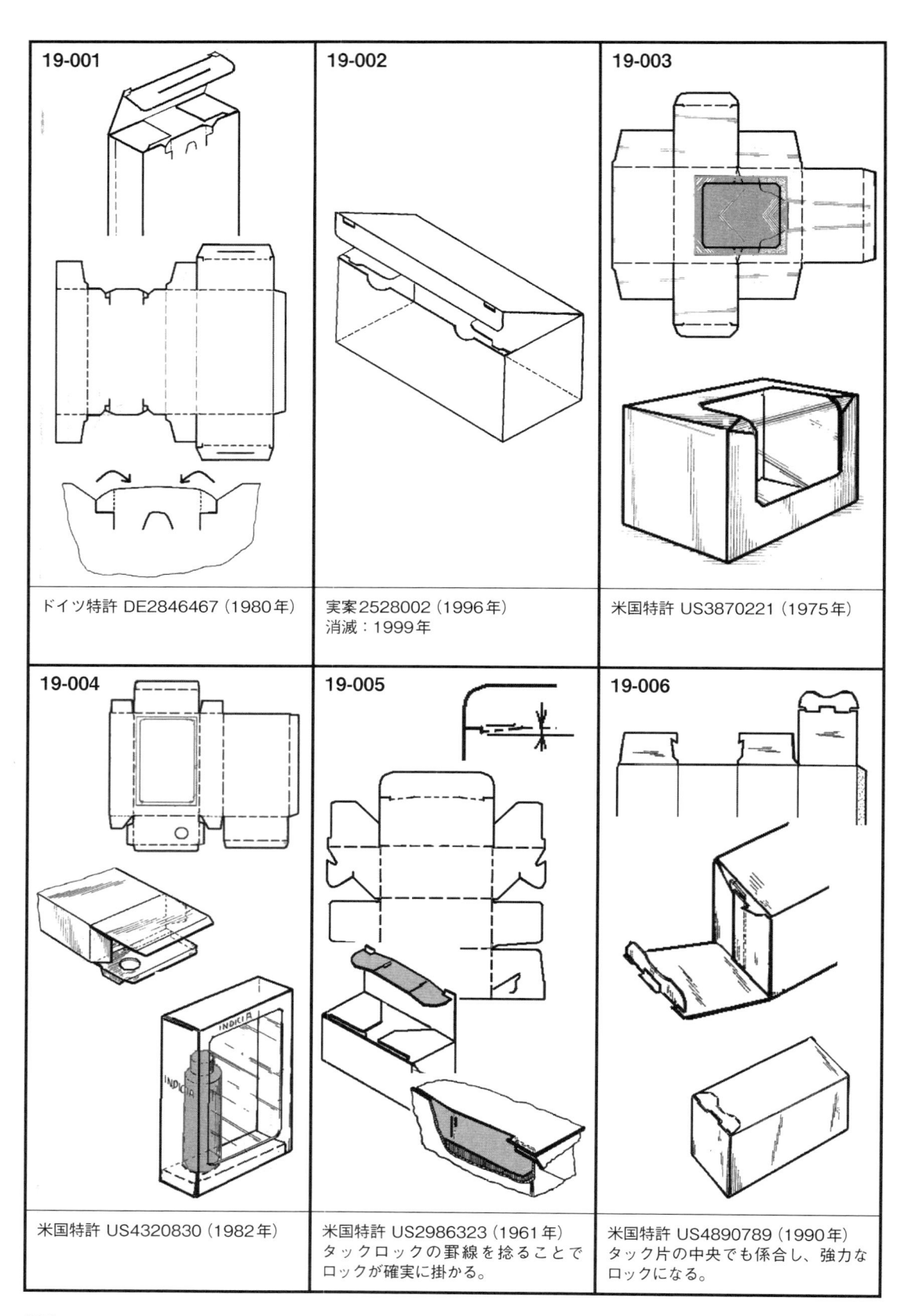

19-001 ドイツ特許 DE2846467（1980年）	**19-002** 実案2528002（1996年） 消滅：1999年	**19-003** 米国特許 US3870221（1975年）
19-004 米国特許 US4320830（1982年）	**19-005** 米国特許 US2986323（1961年） タックロックの罫線を捻ることで ロックが確実に掛かる。	**19-006** 米国特許 US4890789（1990年） タック片の中央でも係合し、強力な ロックになる。

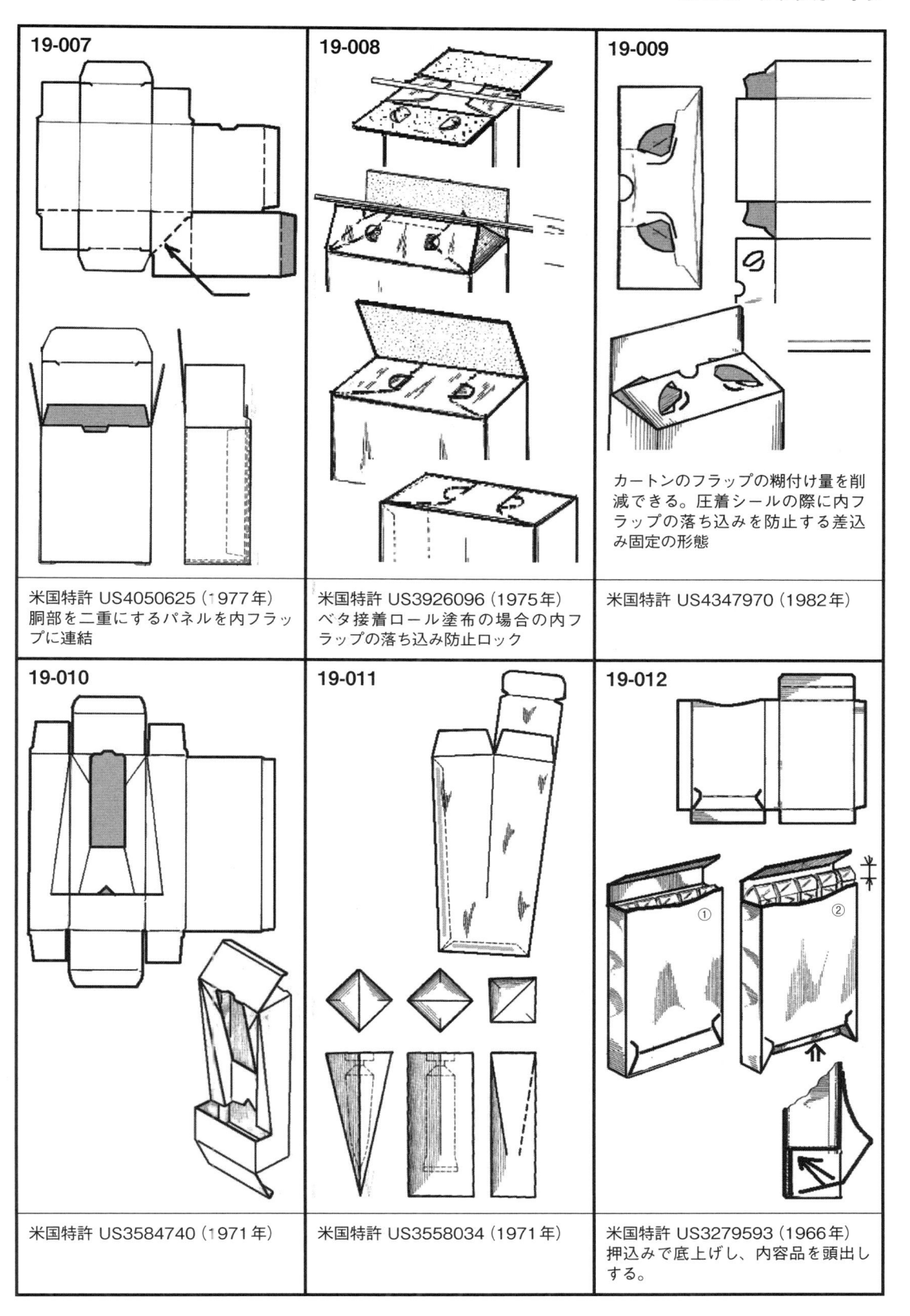

19-007

米国特許 US4050625（1977年）
胴部を二重にするパネルを内フラッ
プに連結

19-008

米国特許 US3926096（1975年）
ベタ接着ロール塗布の場合の内フ
ラップの落ち込み防止ロック

19-009

カートンのフラップの糊付け量を削
減できる。圧着シールの際に内フ
ラップの落ち込みを防止する差込
み固定の形態

米国特許 US4347970（1982年）

19-010

米国特許 US3584740（1971年）

19-011

米国特許 US3558034（1971年）

19-012

米国特許 US3279593（1966年）
押込みで底上げし、内容品を頭出し
する。

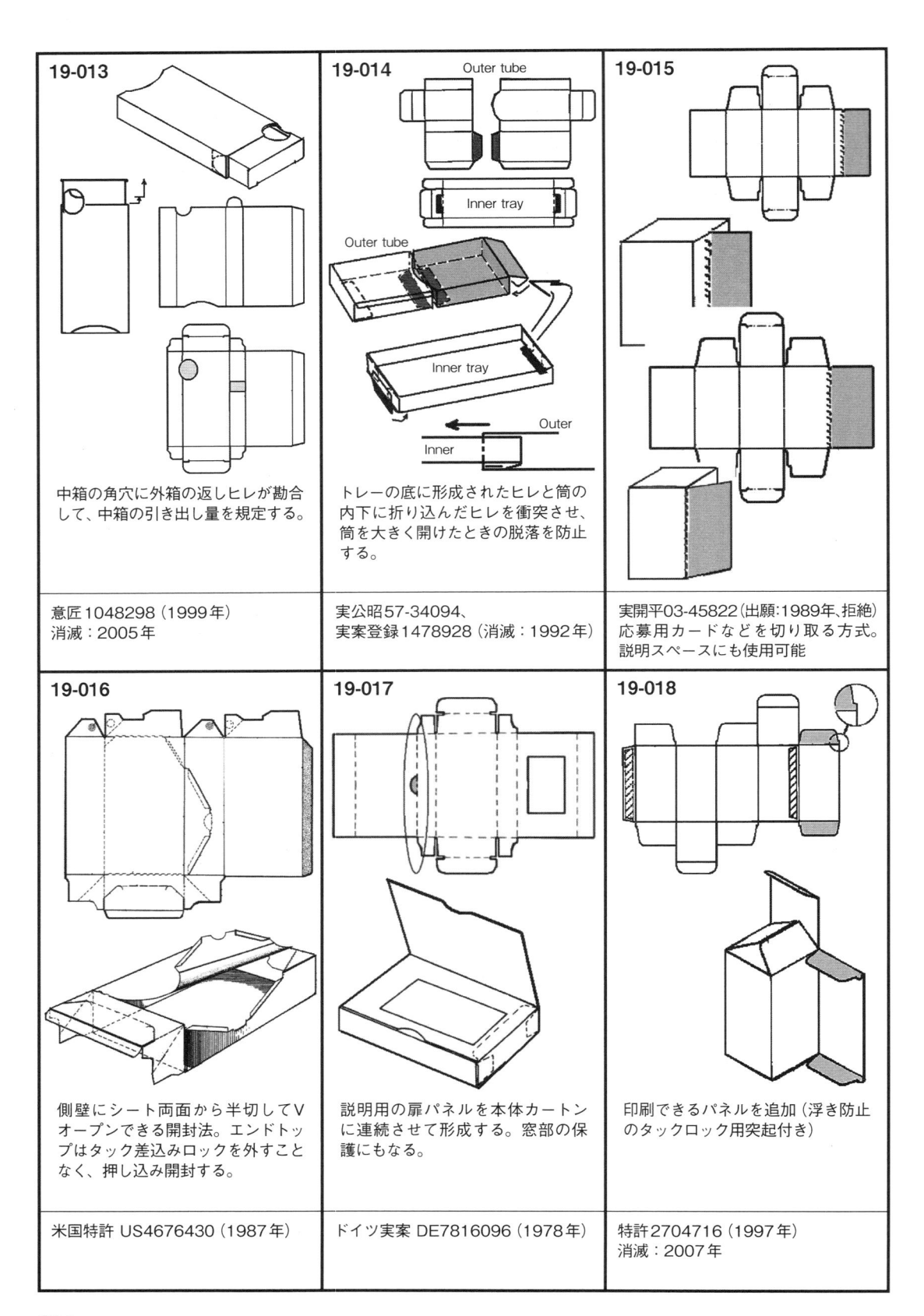

19-013

中箱の角穴に外箱の返しヒレが勘合して、中箱の引き出し量を規定する。

意匠1048298（1999年）
消滅：2005年

19-014

Outer tube

Inner tray

Outer tube

Inner tray

Outer

Inner

トレーの底に形成されたヒレと筒の内下に折り込んだヒレを衝突させ、筒を大きく開けたときの脱落を防止する。

実公昭57-34094、
実案登録1478928（消滅：1992年）

19-015

実開平03-45822（出願：1989年、拒絶）
応募用カードなどを切り取る方式。
説明スペースにも使用可能

19-016

側壁にシート両面から半切してVオープンできる開封法。エンドトップはタック差込みロックを外すことなく、押し込み開封する。

米国特許 US4676430（1987年）

19-017

説明用の扉パネルを本体カートンに連続させて形成する。窓部の保護にもなる。

ドイツ実案 DE7816096（1978年）

19-018

印刷できるパネルを追加（浮き防止のタックロック用突起付き）

特許2704716（1997年）
消滅：2007年

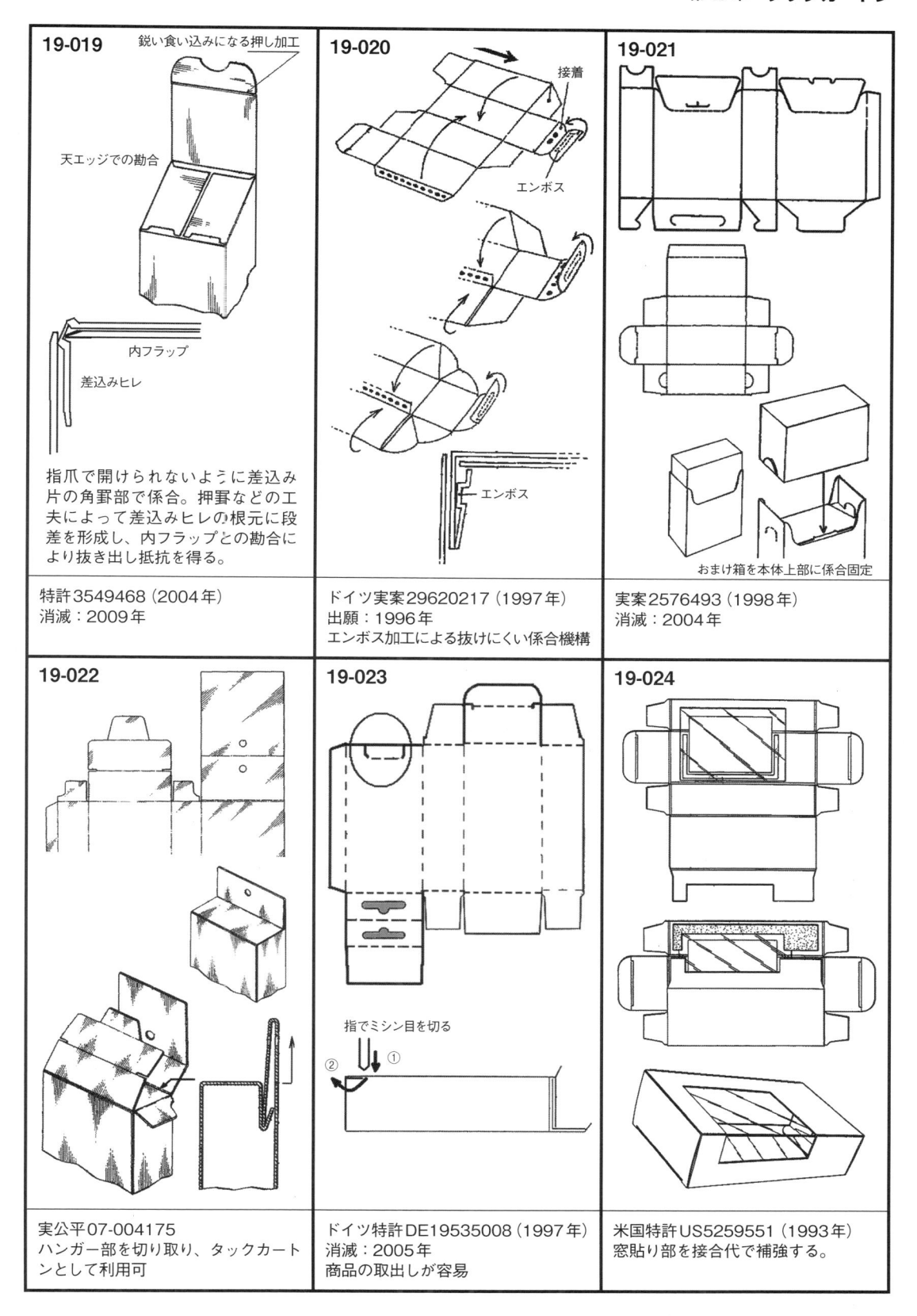

19-019

鋭い食い込みになる押し加工

天エッジでの勘合

内フラップ

差込みヒレ

指爪で開けられないように差込み
片の角罫部で係合。押罫などの工
夫によって差込みヒレの根元に段
差を形成し、内フラップとの勘合に
より抜き出し抵抗を得る。

特許3549468（2004年）
消滅：2009年

19-020

接着

エンボス

エンボス

ドイツ実案29620217（1997年）
出願：1996年
エンボス加工による抜けにくい係合機構

19-021

おまけ箱を本体上部に係合固定

実案2576493（1998年）
消滅：2004年

19-022

実公平07-004175
ハンガー部を切り取り、タックカート
ンとして利用可

19-023

指でミシン目を切る
② ①

ドイツ特許DE19535008（1997年）
消滅：2005年
商品の取出しが容易

19-024

米国特許US5259551（1993年）
窓貼り部を接合代で補強する。

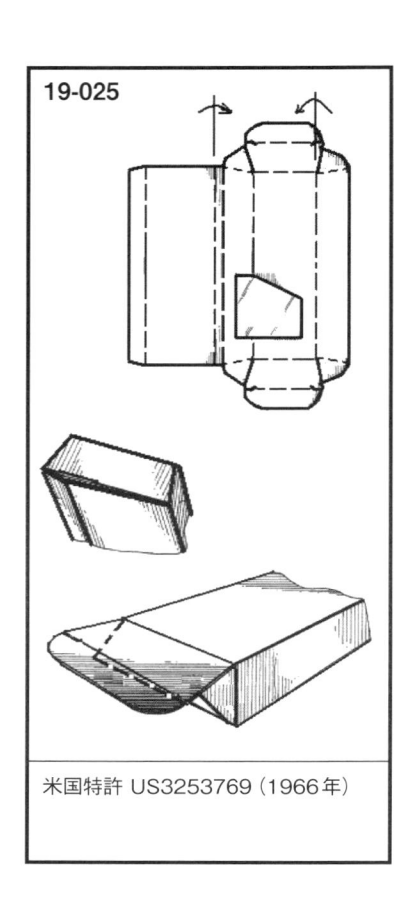

19-025

米国特許 US3253769（1966年）

19「タックカートン」関連リスト			
01-010	17-032	22-008	34-011
01-102	18-012	31-060	34-036
17-012	18-027	33-013	38-001

20 曲面カートン

　板紙またはマイクロフルートのダンボールを打ち抜いて加工すると、柔らかい曲面を有するユニークなカートン形状に仕上げることができる。この種のカートンの特徴は次のようにまとめられる。

①カートン形状の面白さを商品訴求力につなげられる。また、柔らかい平面パネルのたわみを効果的に抑制することができる。

②曲面を形成するために導入するアール形状の罫線には、折り曲げて形成した曲面に戻り防止の効果を発揮させることができる。つまり扁平な形状の商品に対しては、フラップを形成する罫線をアール罫にすることによる封止機能によって、差込みを行わない形態に仕上げることができる。

③形態上の欠点としては、外箱に収納する際の個装箱の収納効率が低下する点が挙げられる。個装箱の壁面がフラットにならないことが、その要因となっている。また積上げ荷重を長期にカートンで受ける設計にすると、カートンに永久ひずみが生じやすくなる。

④レーザー彫刻のベーク板による面切り加工が一般化したことで、複雑な罫線形状の採用が可能になっている。例えばジグザグ形状のアール罫の導入によって複雑な二段階の曲面形状の形成が可能になっている。

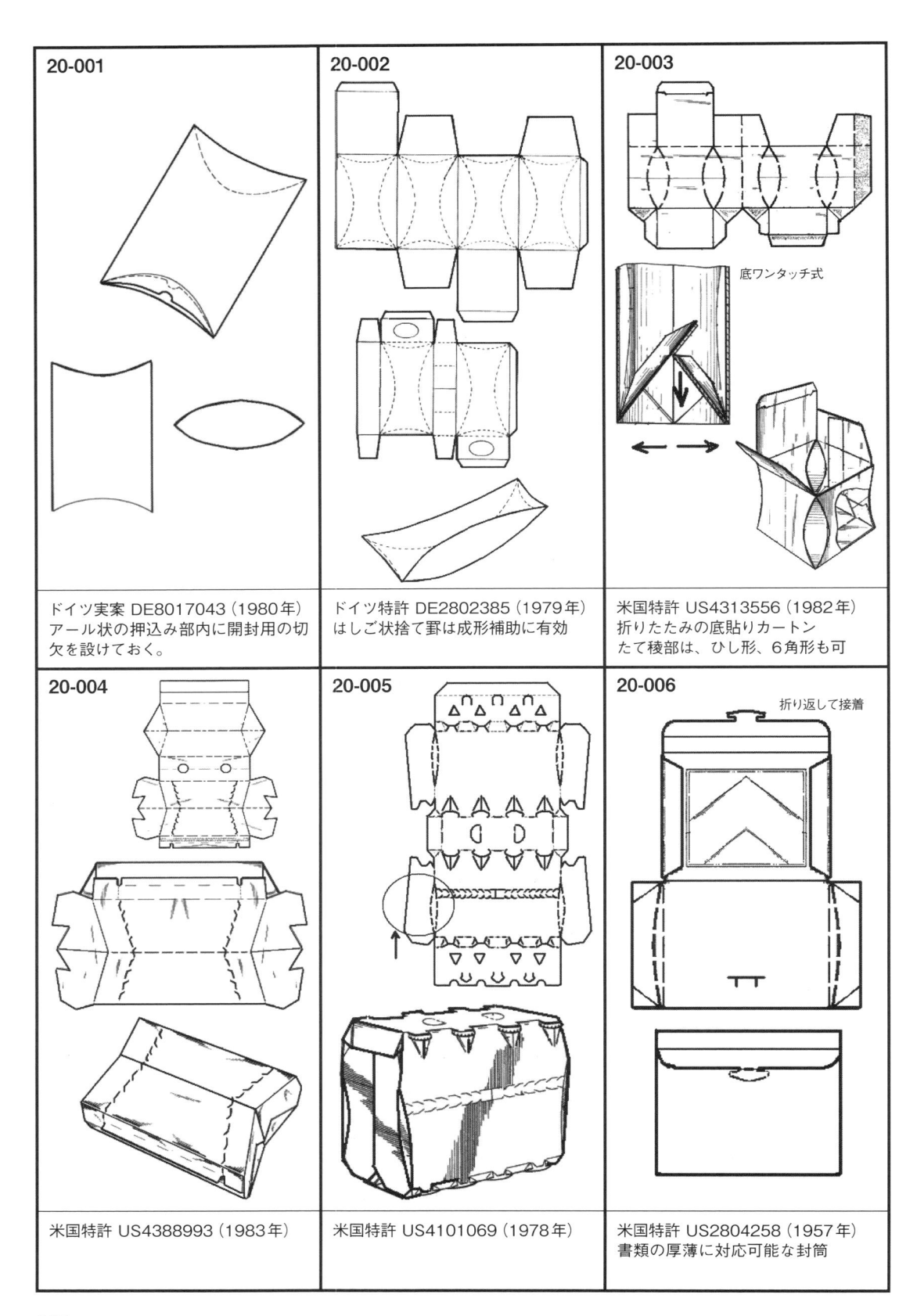

20-001	20-002	20-003
ドイツ実案 DE8017043（1980年） アール状の押込み部内に開封用の切欠を設けておく。	ドイツ特許 DE2802385（1979年） はしご状捨て罫は成形補助に有効	米国特許 US4313556（1982年） 折りたたみの底貼りカートン たて稜部は、ひし形、6角形も可 底ワンタッチ式

20-004	20-005	20-006
米国特許 US4388993（1983年）	米国特許 US4101069（1978年）	米国特許 US2804258（1957年） 書類の厚薄に対応可能な封筒 折り返して接着

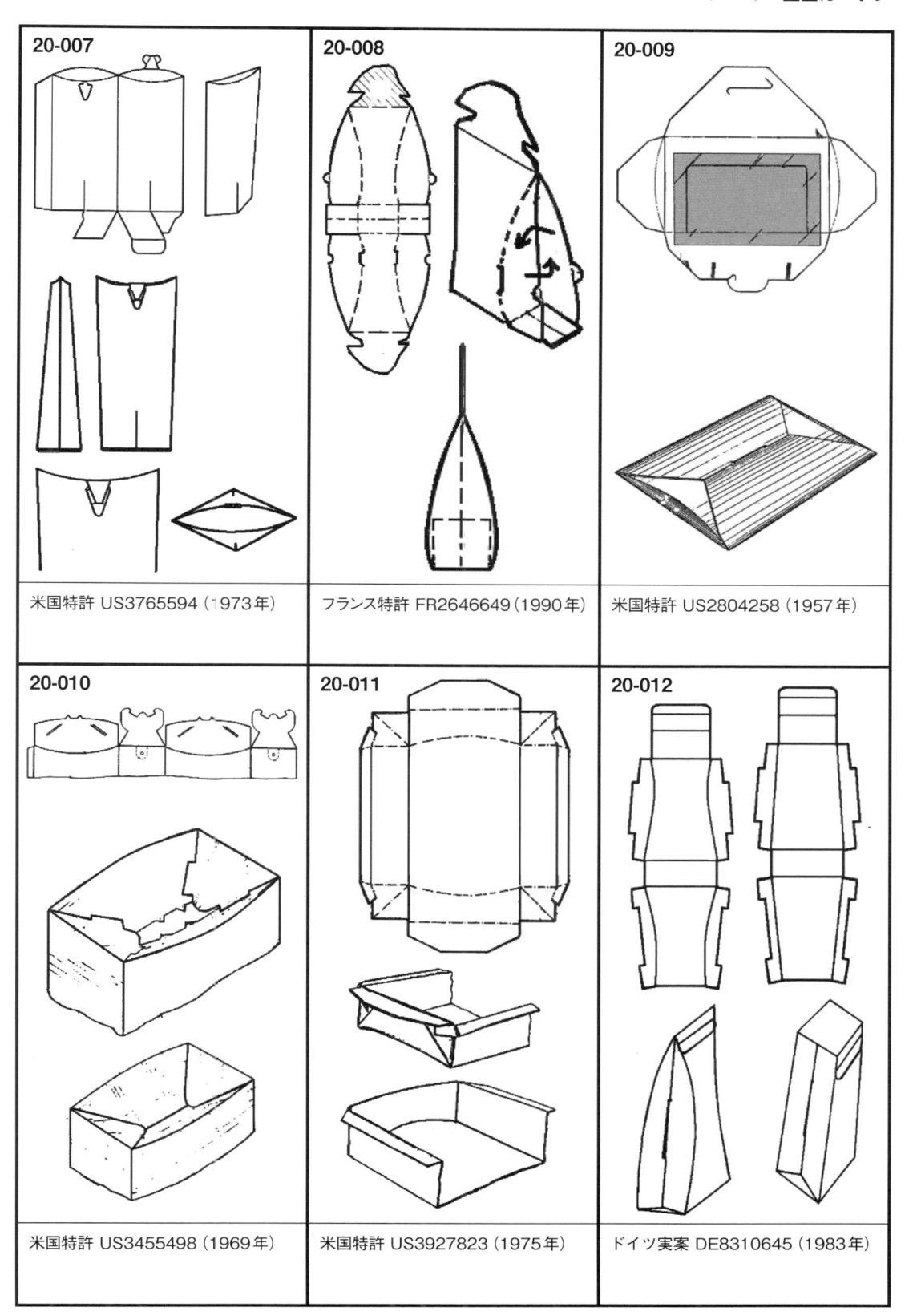

20-007

米国特許 US3765594（1973年）

20-008

フランス特許 FR2646649（1990年）

20-009

米国特許 US2804258（1957年）

20-010

米国特許 US3455498（1969年）

20-011

米国特許 US3927823（1975年）

20-012

ドイツ実案 DE8310645（1983年）

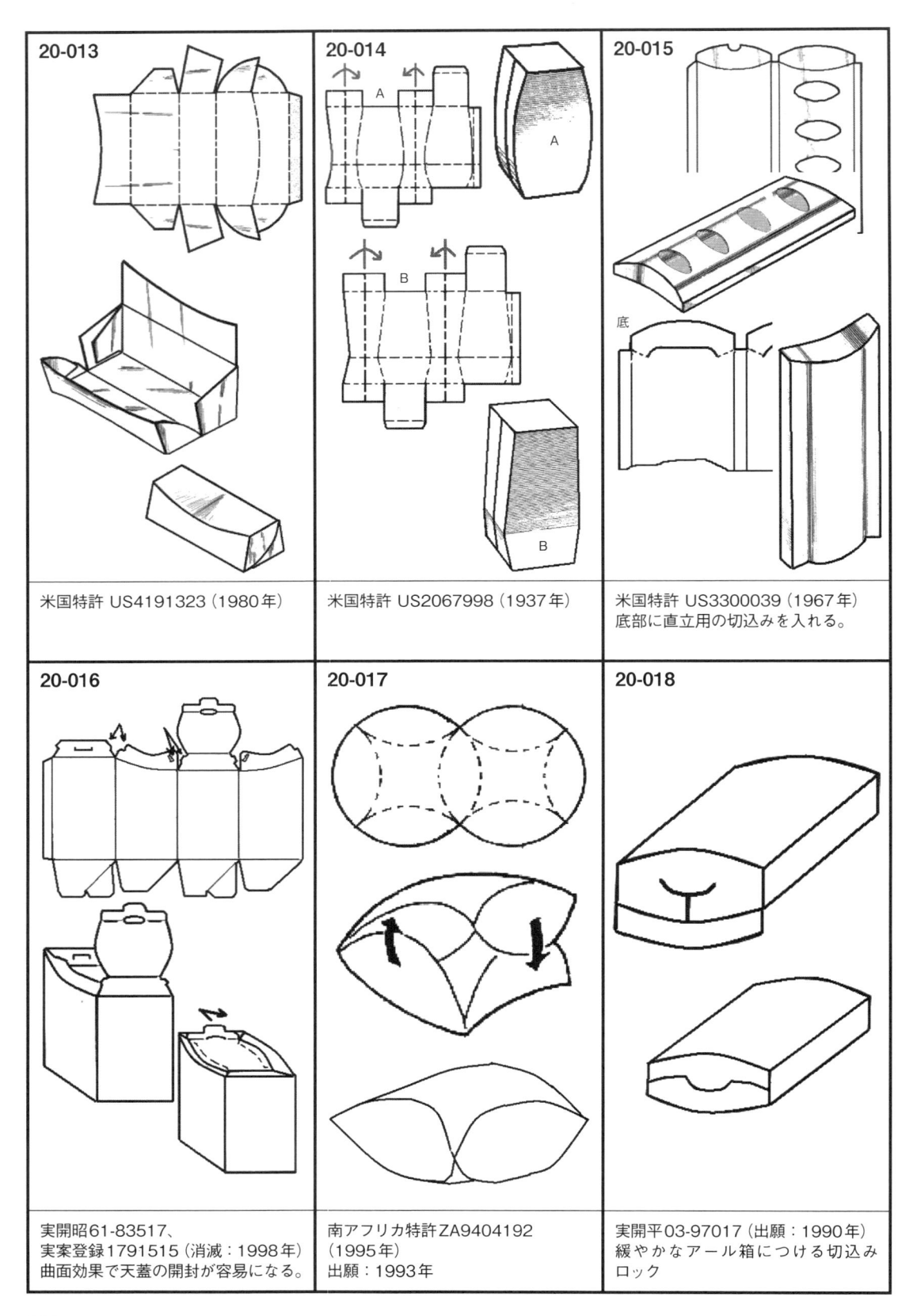

20-013	20-014	20-015
米国特許 US4191323（1980年）	米国特許 US2067998（1937年）	米国特許 US3300039（1967年） 底部に直立用の切込みを入れる。

20-016	20-017	20-018
実開昭61-83517、 実案登録1791515（消滅：1998年） 曲面効果で天蓋の開封が容易になる。	南アフリカ特許 ZA9404192 （1995年） 出願：1993年	実開平03-97017（出願：1990年） 緩やかなアール箱につける切込み ロック

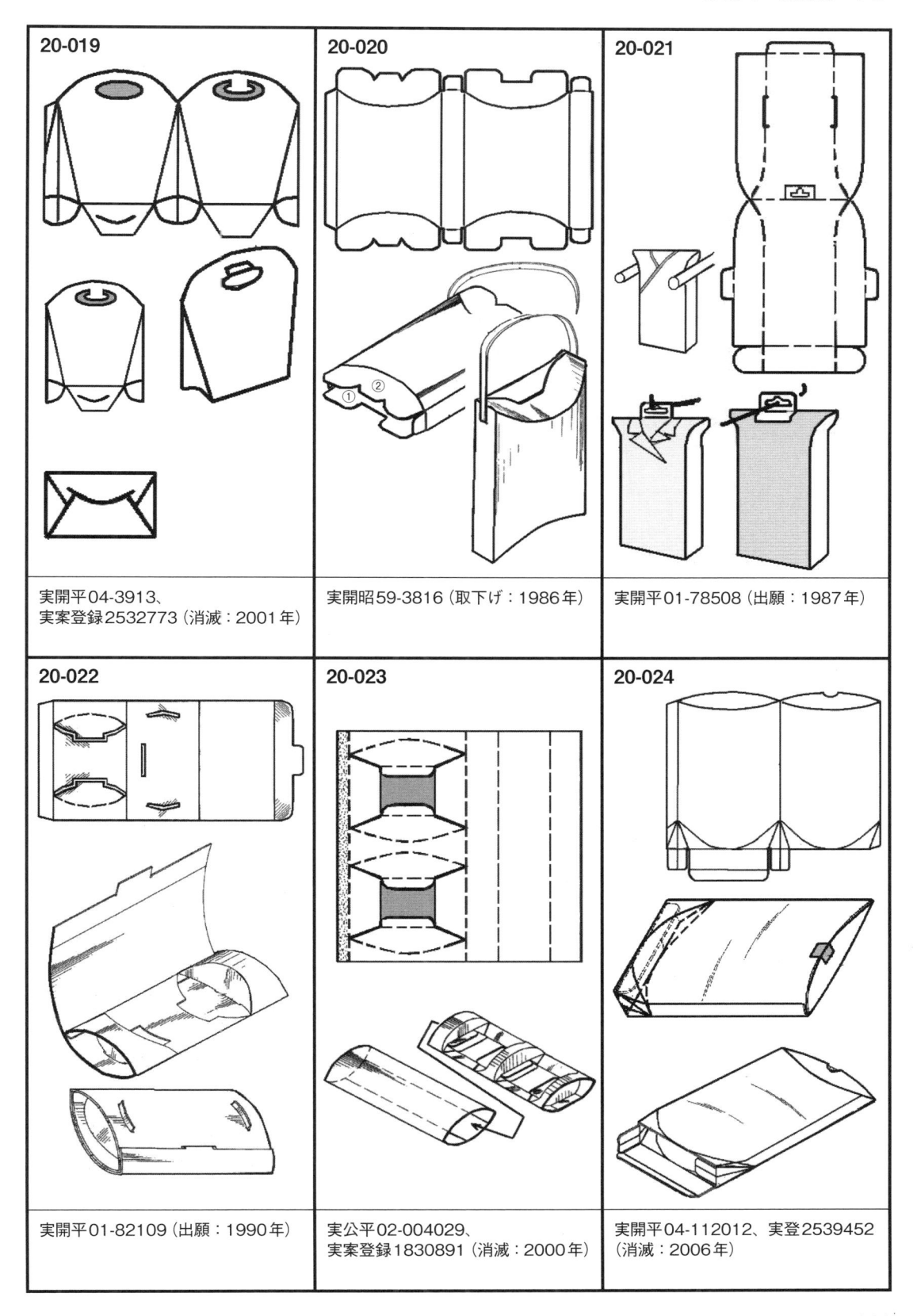

20-019

実開平04-3913、
実案登録2532773（消滅：2001 年）

20-020

実開昭59-3816（取下げ：1986年）

20-021

実開平01-78508（出願：1987年）

20-022

実開平01-82109（出願：1990年）

20-023

実公平02-004029、
実案登録1830891（消滅：2000 年）

20-024

実開平04-112012、実登2539452
（消滅：2006 年）

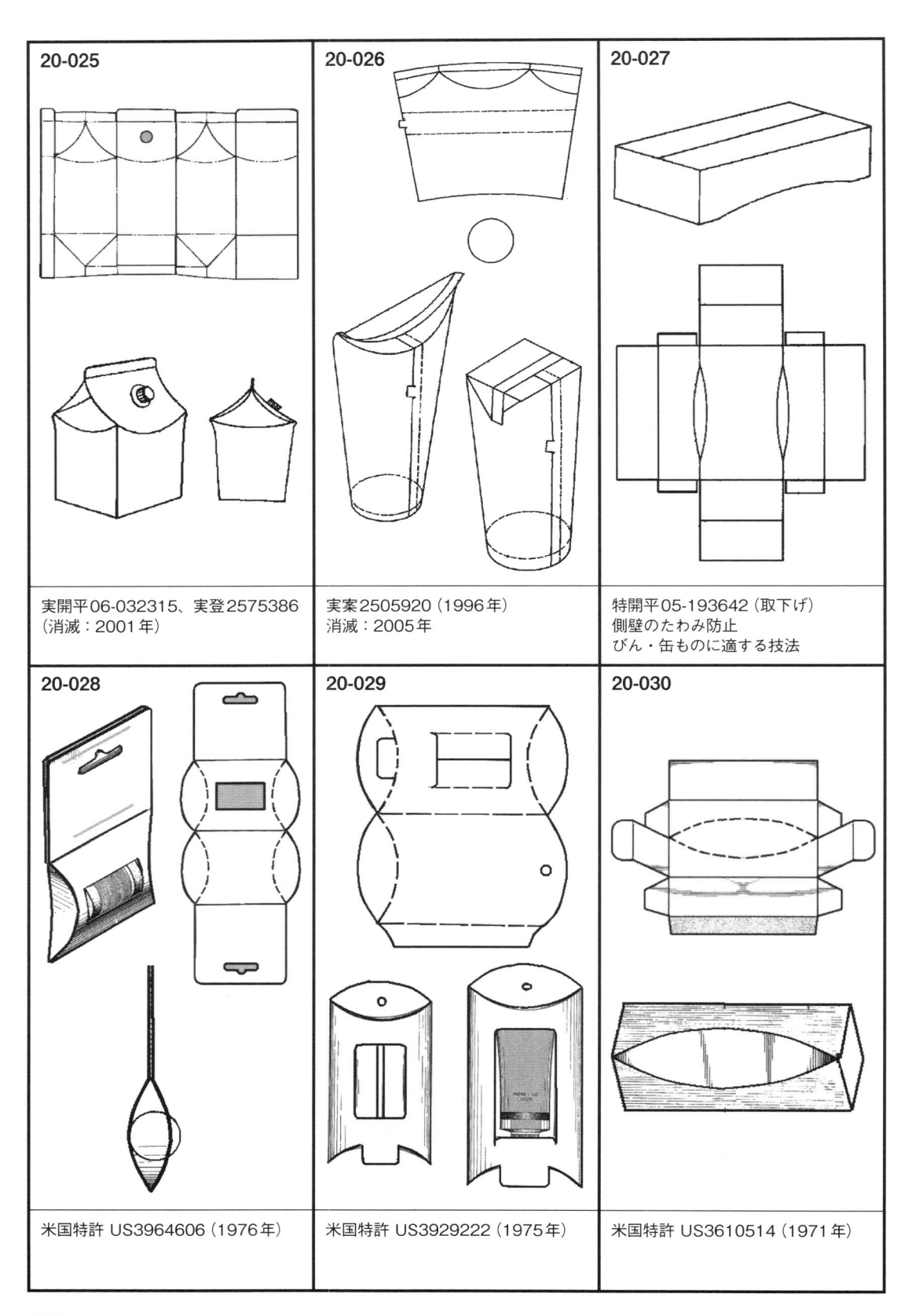

20-025	**20-026**	**20-027**
実開平06-032315、実登2575386 （消滅：2001年）	実案2505920（1996年） 消滅：2005年	特開平05-193642（取下げ） 側壁のたわみ防止 びん・缶ものに適する技法
20-028	**20-029**	**20-030**
米国特許 US3964606（1976年）	米国特許 US3929222（1975年）	米国特許 US3610514（1971年）

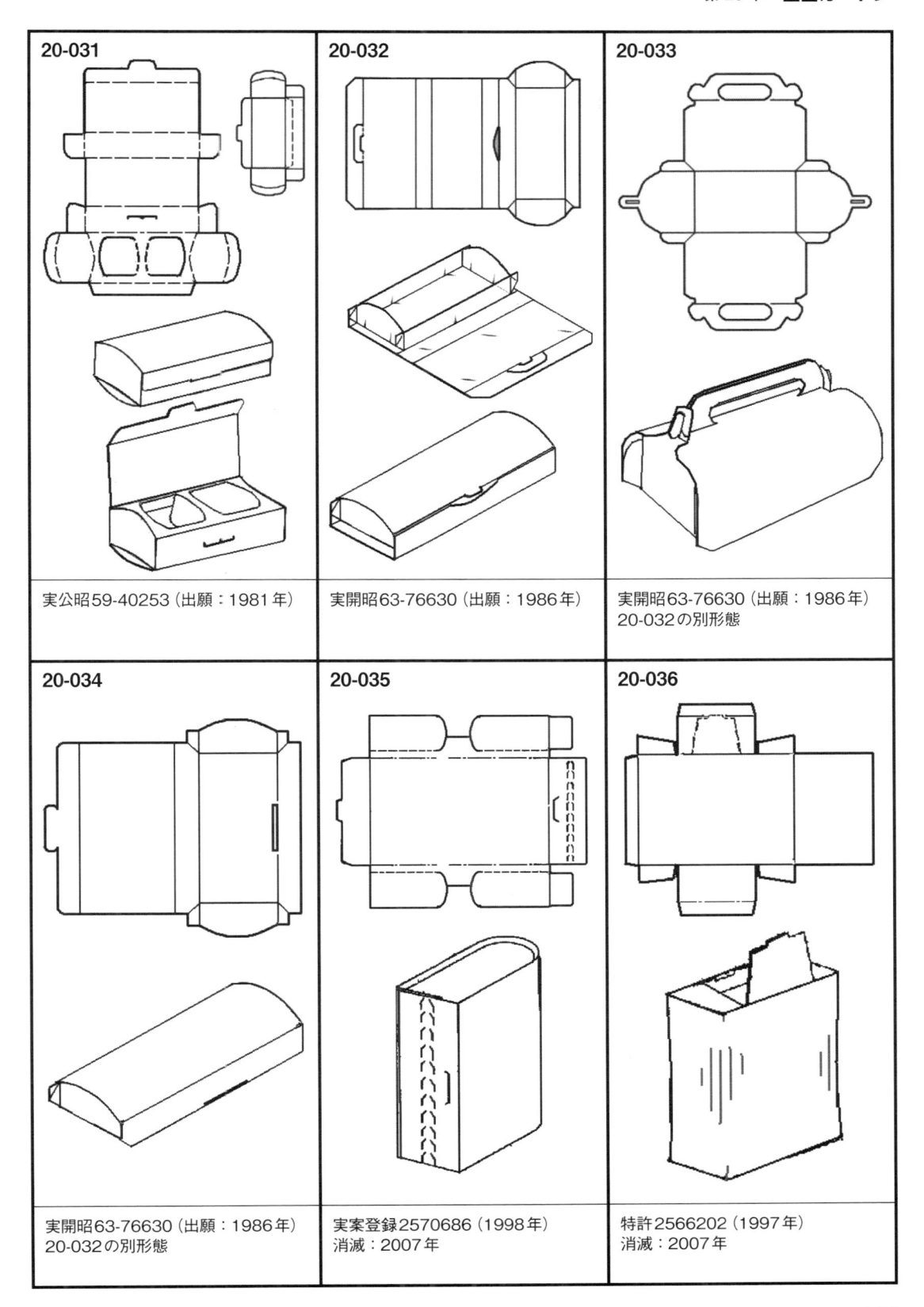

20-031　実公昭59-40253（出願：1981年）

20-032　実開昭63-76630（出願：1986年）

20-033　実開昭63-76630（出願：1986年）
20-032の別形態

20-034　実開昭63-76630（出願：1986年）
20-032の別形態

20-035　実案登録2570686（1998年）
消滅：2007年

20-036　特許2566202（1997年）
消滅：2007年

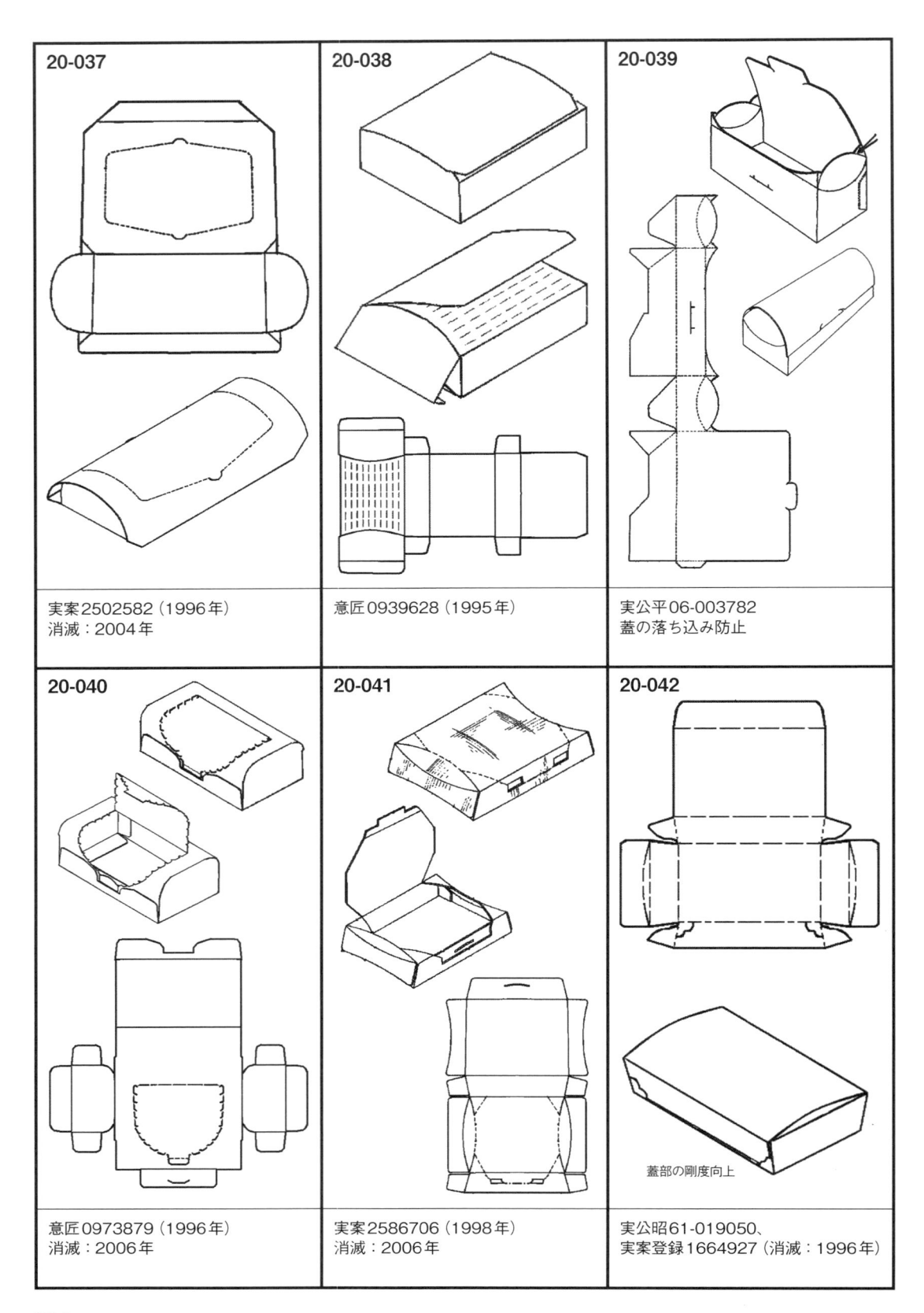

20-037

実案2502582（1996年）
消滅：2004年

20-038

意匠0939628（1995年）

20-039

実公平06-003782
蓋の落ち込み防止

20-040

意匠0973879（1996年）
消滅：2006年

20-041

実案2586706（1998年）
消滅：2006年

20-042

蓋部の剛度向上

実公昭61-019050、
実案登録1664927（消滅：1996年）

20「曲面カートン」関連リスト				
02-143	08-024	16-014	19-003	35-047
06-005	10-001	18-042	31-059	39-042
08-010	12-014	18-043	31-076	

21 ギフトボックス

　ギフト箱には量産加工適性、装飾性、緩衝保護性、組立て易さが求められる。

　家庭に届いたギフト箱・カートンは資源ごみとして回収されるので、壊しやすさが追求されるべきである。

　しかし、リサイクルが包装産業の重要な課題になった20世紀末からは、壊しやすさを追求した形態に関する特許・実案が増えた。

　板紙製の額縁付きトレーは、カス取り部の検討を含めて生産性を高く維持しなければならないが、使用時の組みやすさも追求される。この種のトレーは、極めて小さな突起でロックすることになり、マルチパックと同様の緻密な技法が求められる技術分野になっている。

　現在用いられているギフトカートンの形態は、失効形態の中にその多くが含まれている。

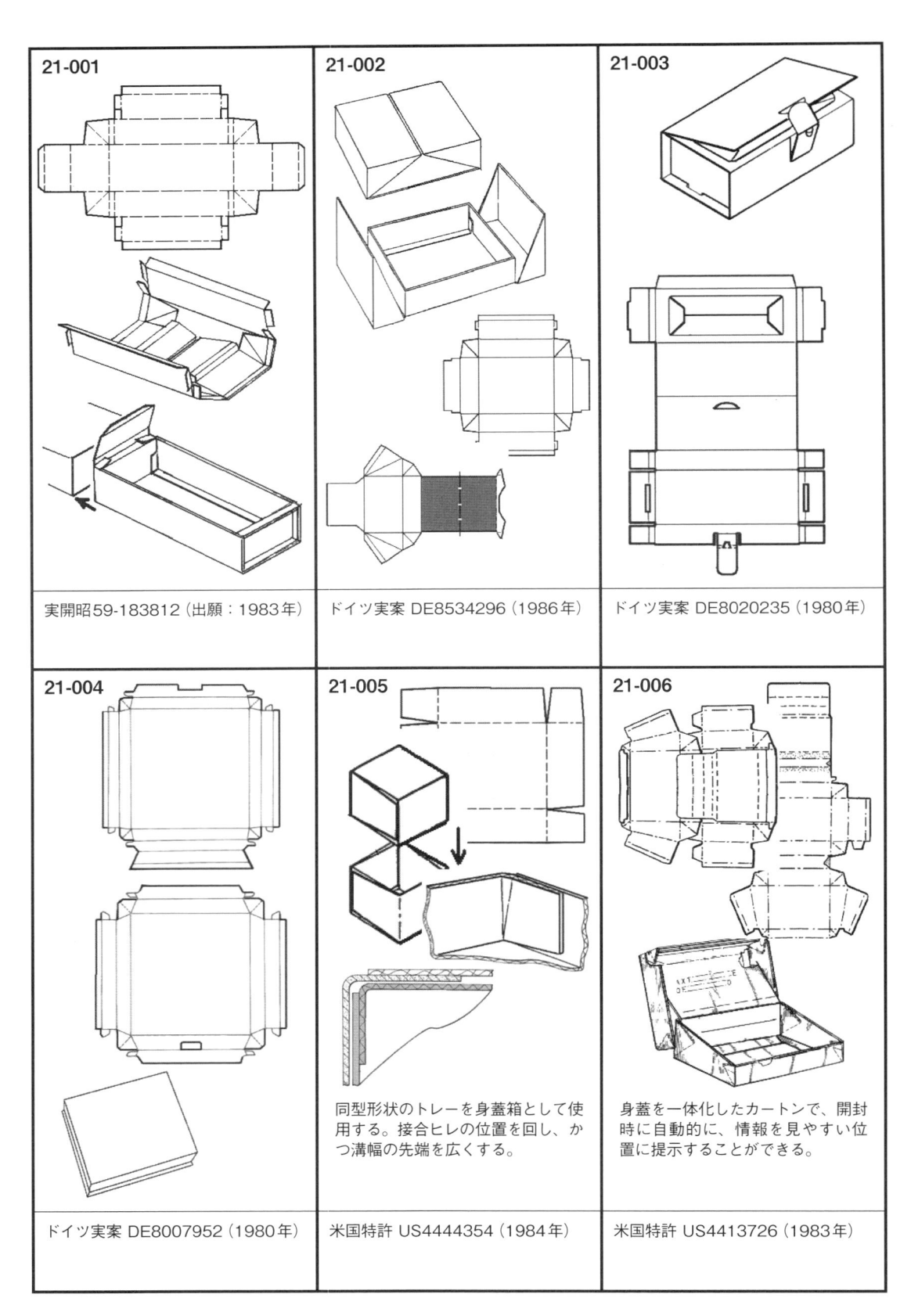

21-001	21-002	21-003
実開昭59-183812（出願：1983年）	ドイツ実案 DE8534296（1986年）	ドイツ実案 DE8020235（1980年）

21-004	21-005	21-006
	同型形状のトレーを身蓋箱として使用する。接合ヒレの位置を回し、かつ溝幅の先端を広くする。	身蓋を一体化したカートンで、開封時に自動的に、情報を見やすい位置に提示することができる。
ドイツ実案 DE8007952（1980年）	米国特許 US4444354（1984年）	米国特許 US4413726（1983年）

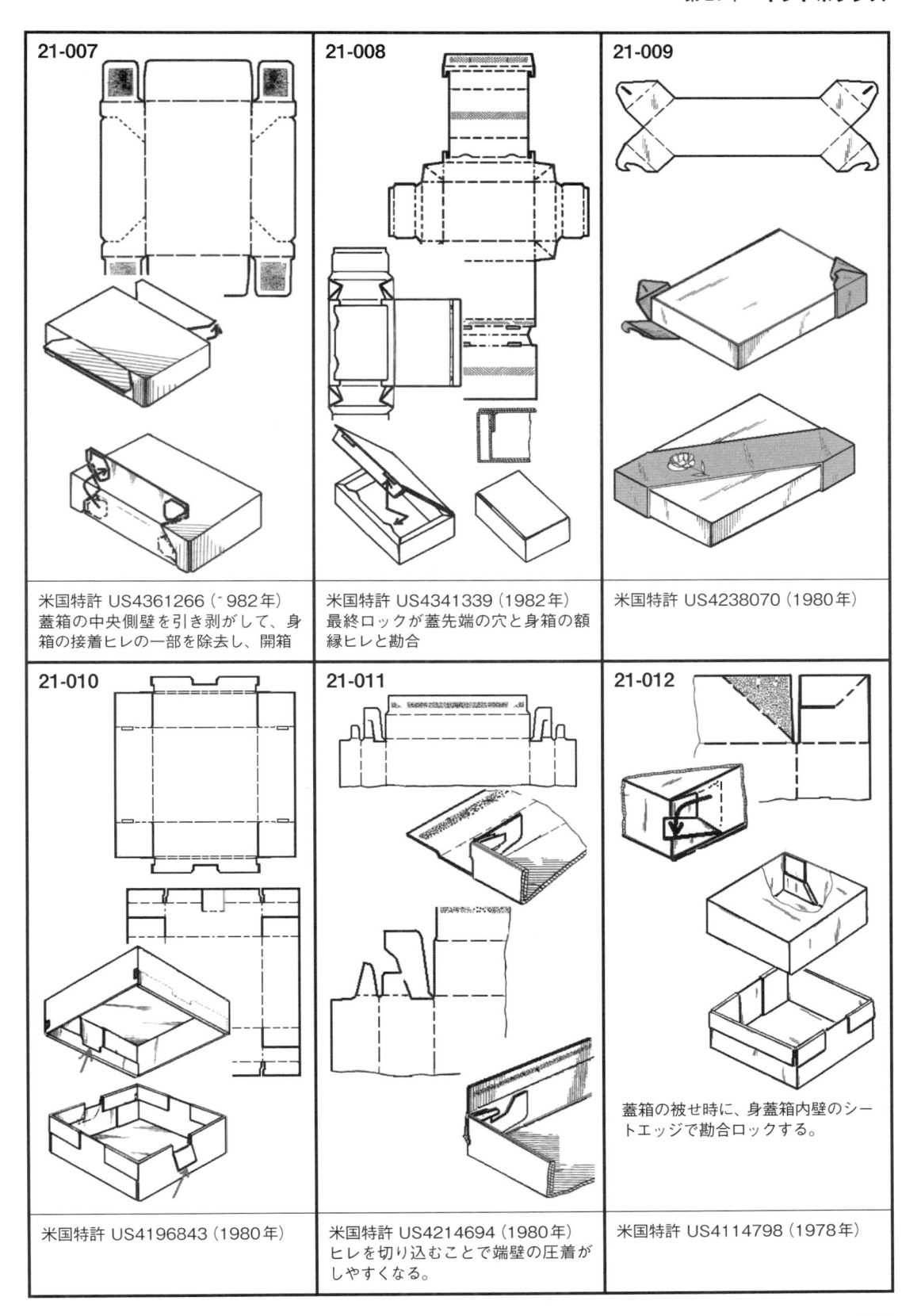

21-007

米国特許 US4361266（'982 年）
蓋箱の中央側壁を引き剥がして、身箱の接着ヒレの一部を除去し、開箱

21-008

米国特許 US4341339（1982 年）
最終ロックが蓋先端の穴と身箱の額縁ヒレと勘合

21-009

米国特許 US4238070（1980 年）

21-010

米国特許 US4196843（1980 年）

21-011

米国特許 US4214694（1980 年）
ヒレを切り込むことで端壁の圧着がしやすくなる。

21-012

蓋箱の被せ時に、身蓋箱内壁のシートエッジで勘合ロックする。

米国特許 US4114798（1978 年）

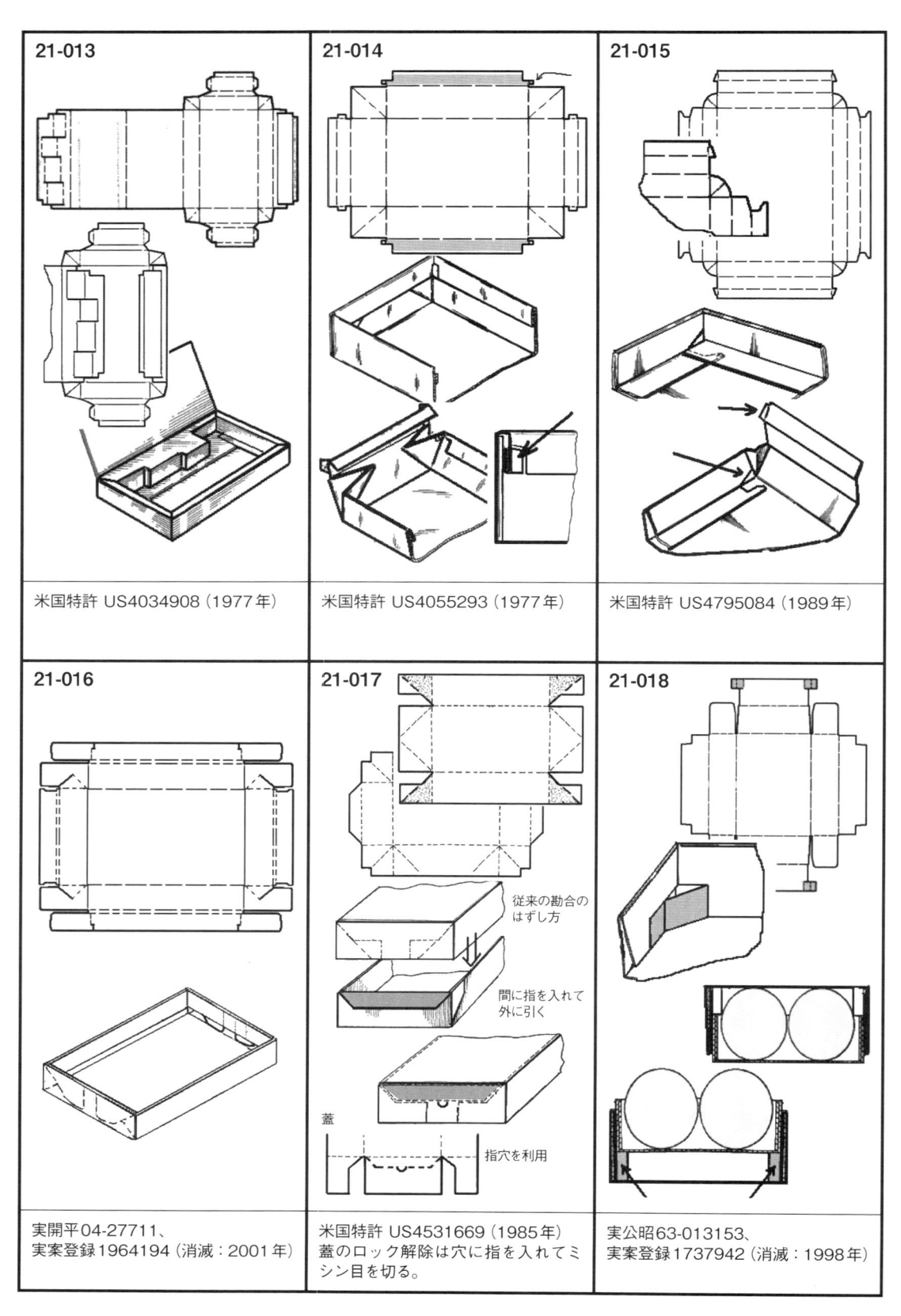

21-013	21-014	21-015
米国特許 US4034908（1977年）	米国特許 US4055293（1977年）	米国特許 US4795084（1989年）

21-016	21-017	21-018
	従来の勘合のはずし方 間に指を入れて外に引く 蓋 指穴を利用	
実開平04-27711、 実案登録1964194（消滅：2001年）	米国特許 US4531669（1985年） 蓋のロック解除は穴に指を入れてミシン目を切る。	実公昭63-013153、 実案登録1737942（消滅：1998年）

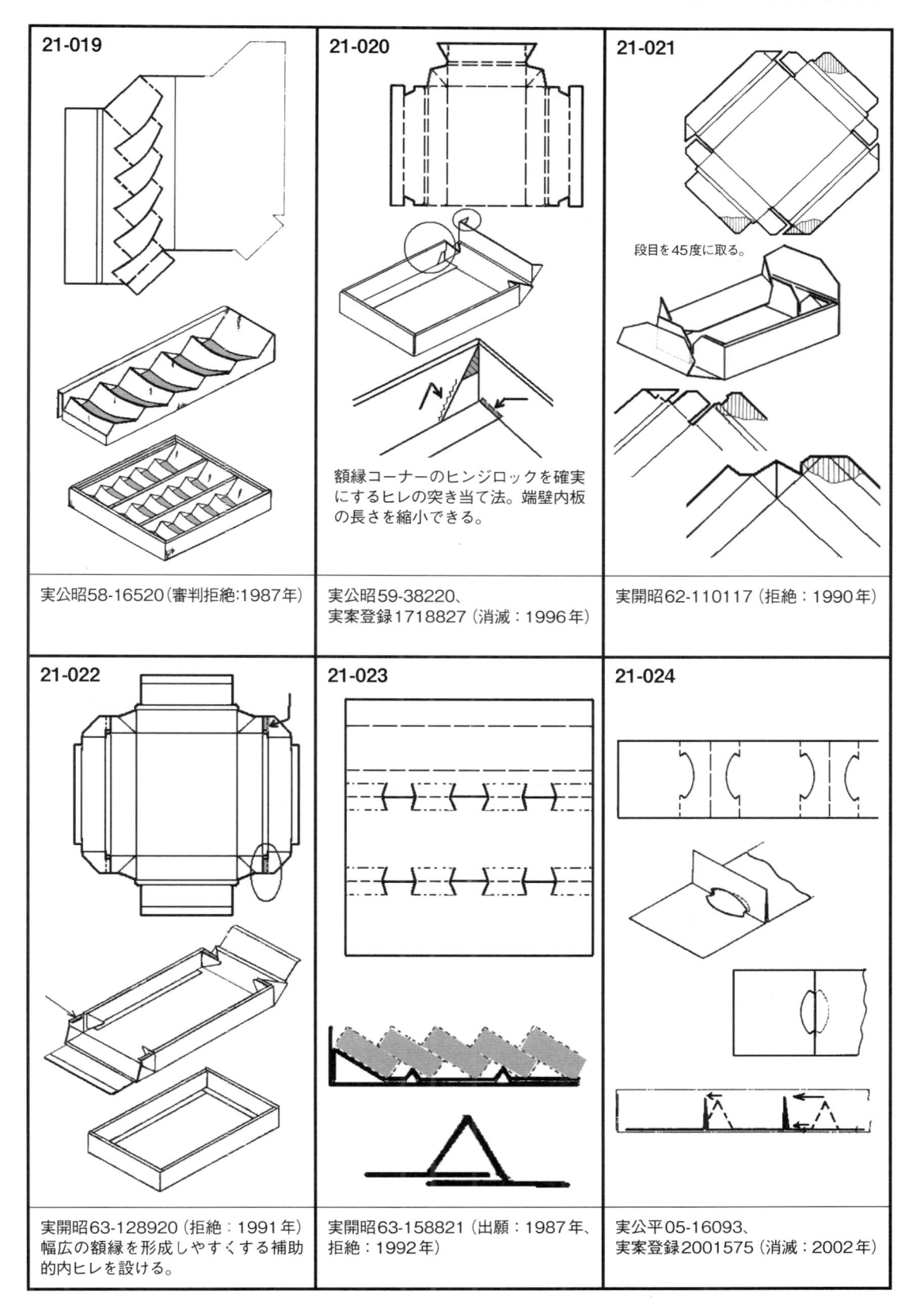

21-019

実公昭58-16520（審判拒絶:1987年）

21-020

額縁コーナーのヒンジロックを確実にするヒレの突き当て法。端壁内板の長さを縮小できる。

実公昭59-38220、
実案登録1718827（消滅：1996年）

21-021

段目を45度に取る。

実開昭62-110117（拒絶：1990年）

21-022

実開昭63-128920（拒絶：1991年）
幅広の額縁を形成しやすくする補助的内ヒレを設ける。

21-023

実開昭63-158821（出願：1987年、
拒絶：1992年）

21-024

実公平05-16093、
実案登録2001575（消滅：2002年）

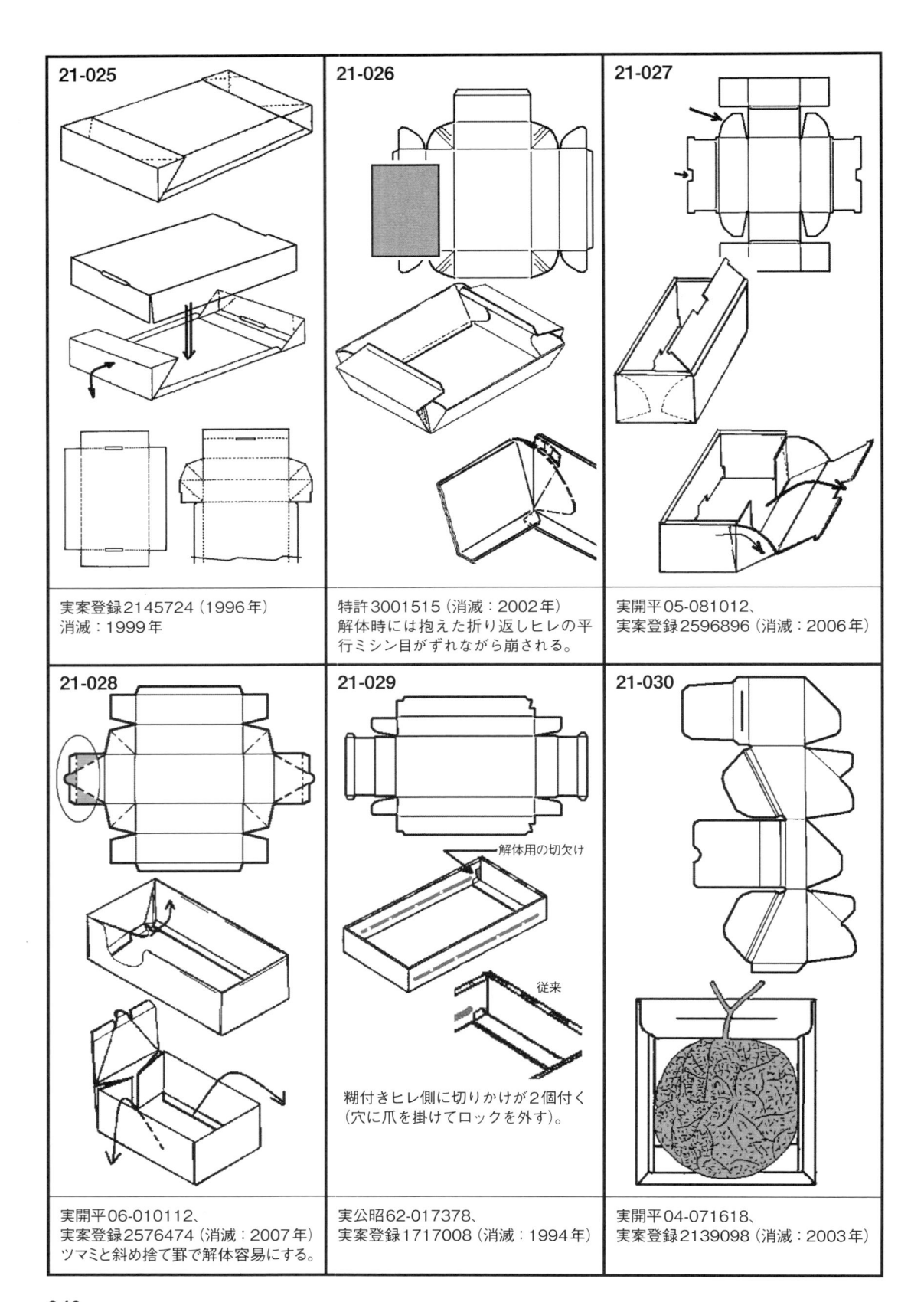

21-025

実案登録2145724（1996年）
消滅：1999年

21-026

特許3001515（消滅：2002年）
解体時には抱えた折り返しヒレの平
行ミシン目がずれながら崩される。

21-027

実開平05-081012、
実案登録2596896（消滅：2006年）

21-028

実開平06-010112、
実案登録2576474（消滅：2007年）
ツマミと斜め捨て罫で解体容易にする。

21-029

解体用の切欠け

従来

糊付きヒレ側に切りかけが2個付く
（穴に爪を掛けてロックを外す）。

実公昭62-017378、
実案登録1717008（消滅：1994年）

21-030

実開平04-071618、
実案登録2139098（消滅：2003年）

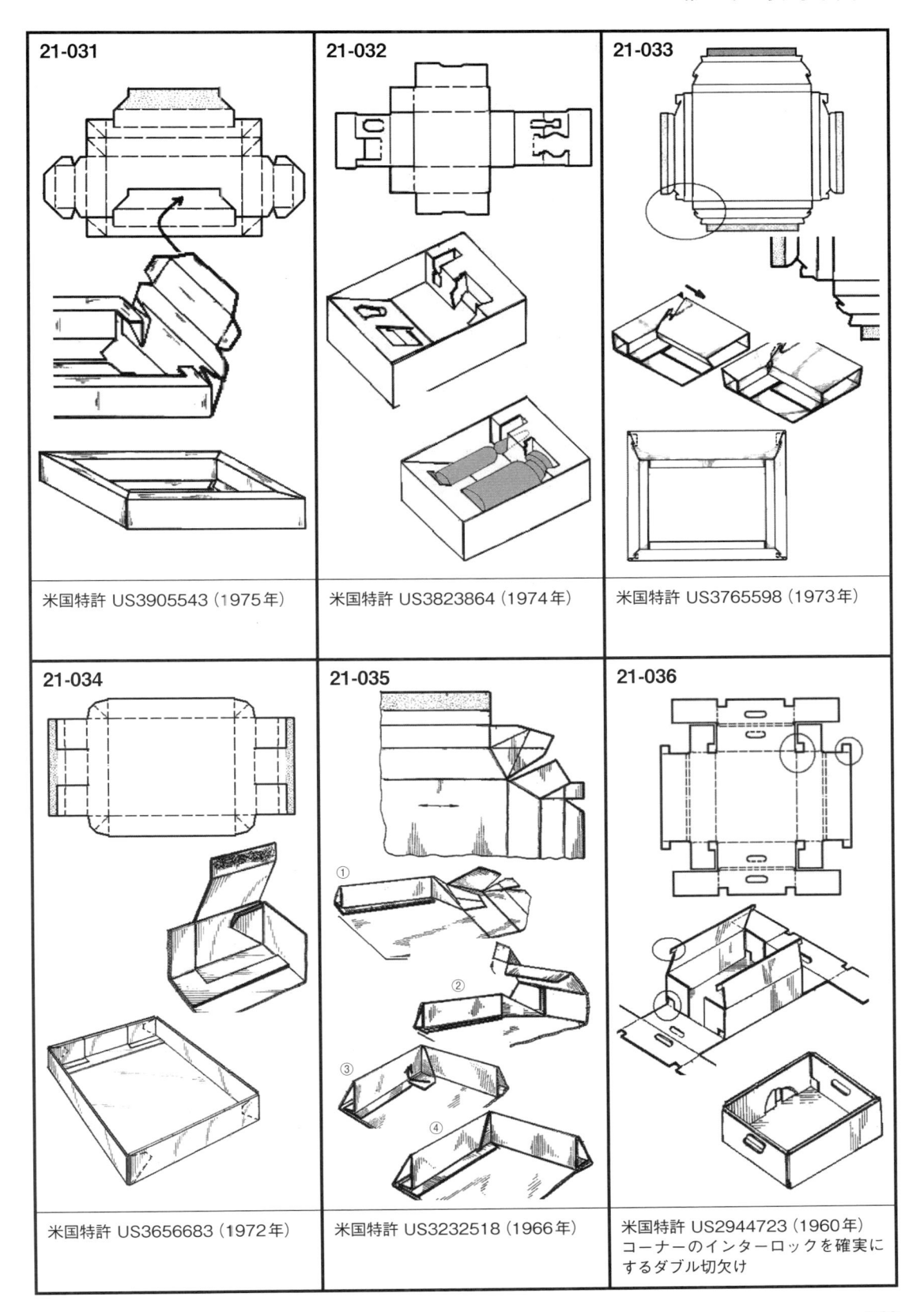

21-031

米国特許 US3905543（1975年）

21-032

米国特許 US3823864（1974年）

21-033

米国特許 US3765598（1973年）

21-034

米国特許 US3656683（1972年）

21-035

米国特許 US3232518（1966年）

21-036

米国特許 US2944723（1960年）
コーナーのインターロックを確実に
するダブル切欠け

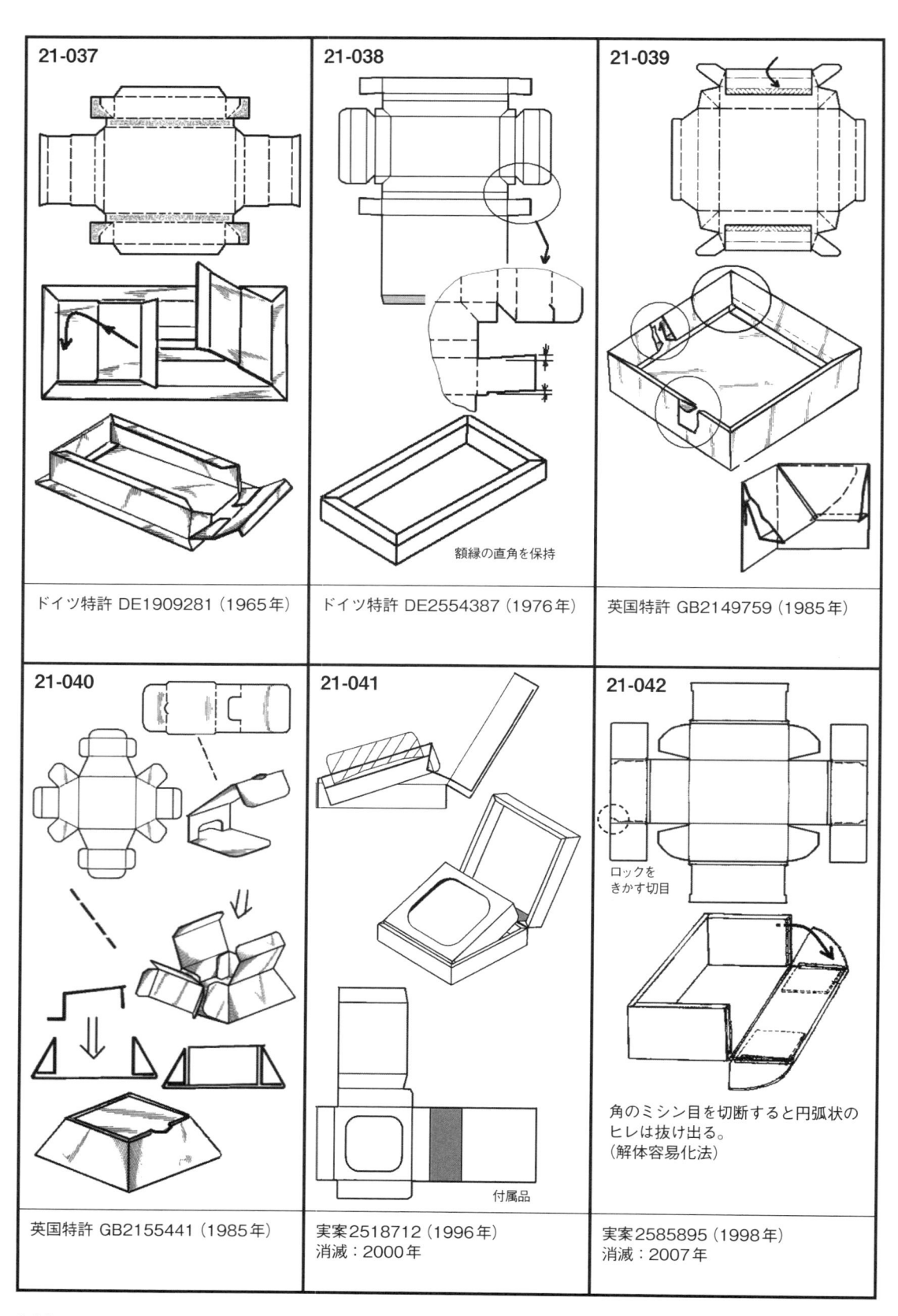

21-037	21-038	21-039
	額縁の直角を保持	
ドイツ特許 DE1909281（1965年）	ドイツ特許 DE2554387（1976年）	英国特許 GB2149759（1985年）

21-040	21-041	21-042
	付属品	ロックを きかす切目 角のミシン目を切断すると円弧状の ヒレは抜け出る。 （解体容易化法）
英国特許 GB2155441（1985年）	実案2518712（1996年） 消滅：2000年	実案2585895（1998年） 消滅：2007年

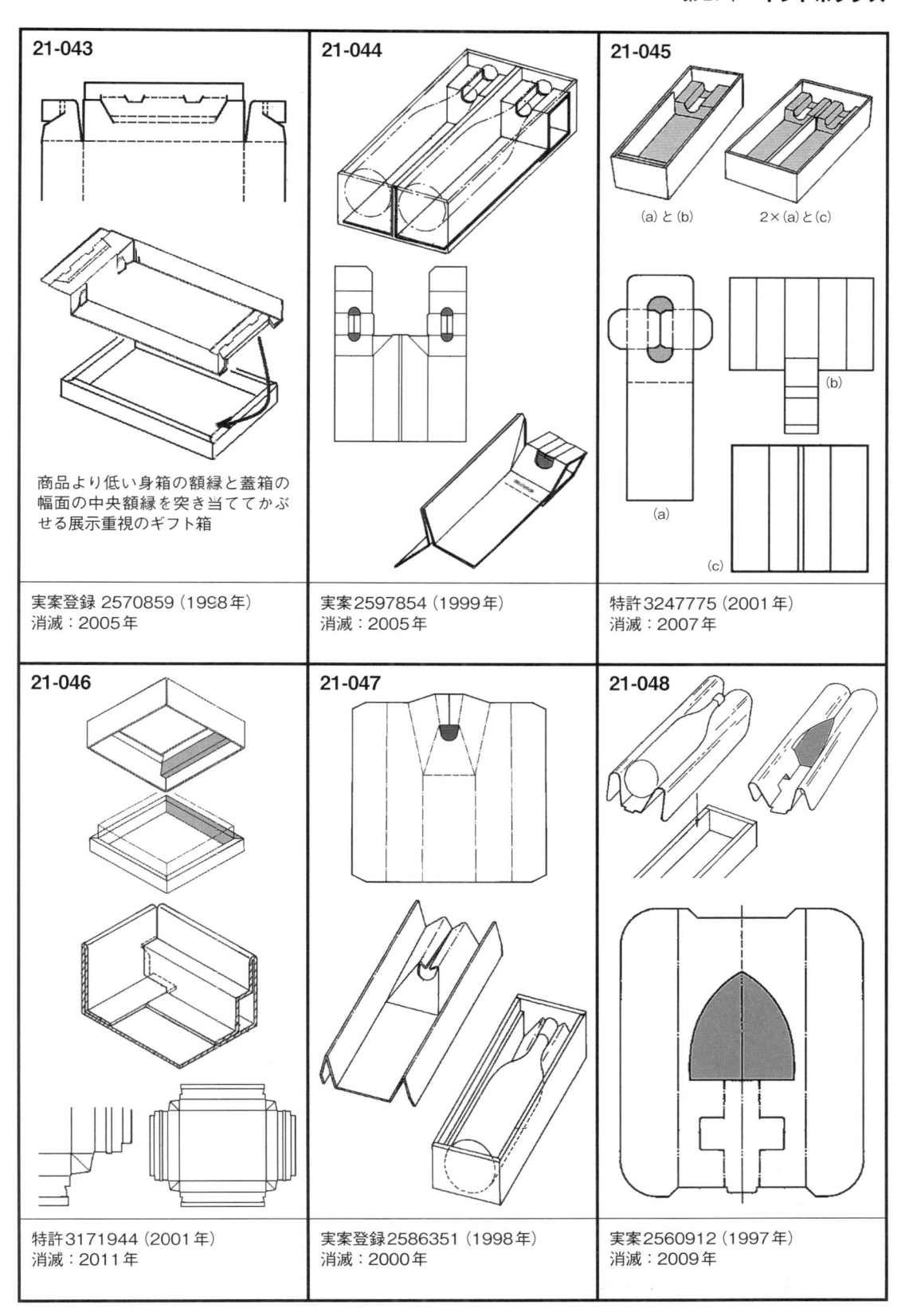

21-043

商品より低い身箱の額縁と蓋箱の
幅面の中央額縁を突き当ててかぶ
せる展示重視のギフト箱

実案登録 2570859（1998年）
消滅：2005年

21-044

実案2597854（1999年）
消滅：2005年

21-045

(a) と (b)　　　　2×(a) と (c)

(b)

(a)

(c)

特許3247775（2001年）
消滅：2007年

21-046

特許3171944（2001年）
消滅：2011年

21-047

実案登録2586351（1998年）
消滅：2000年

21-048

実案2560912（1997年）
消滅：2009年

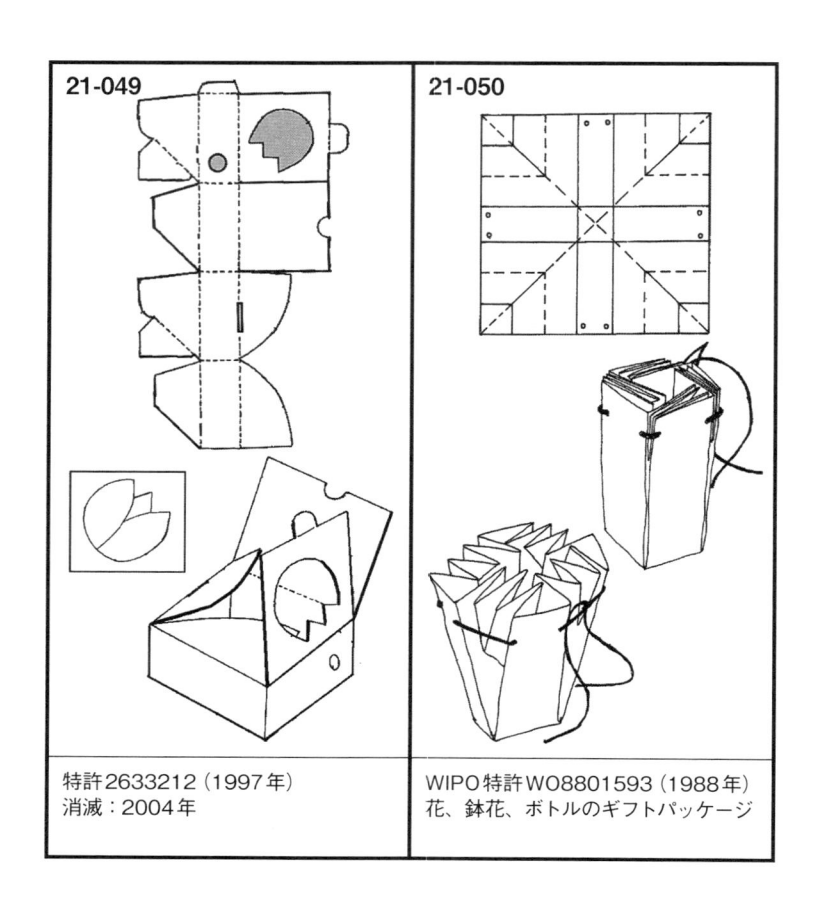

21-049	21-050
特許2633212（1997年） 消滅：2004年	WIPO 特許 WO8801593（1988年） 花、鉢花、ボトルのギフトパッケージ

21「ギフトボックス」関連リスト				
01-083	02-151	27-061	37-019	39-019
02-012	15-020	33-045	37-023	40-005
02-089	17-032	37-001	38-003	
02-135	23-017	37-002	39-006	
02-148	23-041	37-007	39-017	

22 ハンガーディスプレー

　ハンガーディスプレー、またはハンガーカートンとして、比較的小さな商品を販売棚の壁に下げる手法には3種類ある。一つは商品個々を個別のカートンに収納して、そのとび出したトップ（ヘッダー）に貫通穴を設けてフックバーに通して直列に並べておくタイプ。二番目はゴンドラのような吊り連結カートンに複数の商品を収納して壁に沿わせて下げるタイプ。三番目はやや大きめのシートを打ち抜いて多数の軽量フィルム袋のヘッドを提げるタイプである。

　基本機能の一つは、比較的多品種の小さな商品を集団として見せることで販促、または選択欲をわかせようとするもの。別の表現をすれば変形の商品を扱いやすい形状にし、また商品説明をつけて販促効果を高めること——ということができる。

　別の目的は、手のひらに収まるサイズの商品をフックバーを含めたディスプレー具にしっかり固定することで外す手間を生じさせ、店頭での盗難防止を図ることである。

　特許の出願内容としては、カートンのトップに種々の特徴をもたせたものが多い。

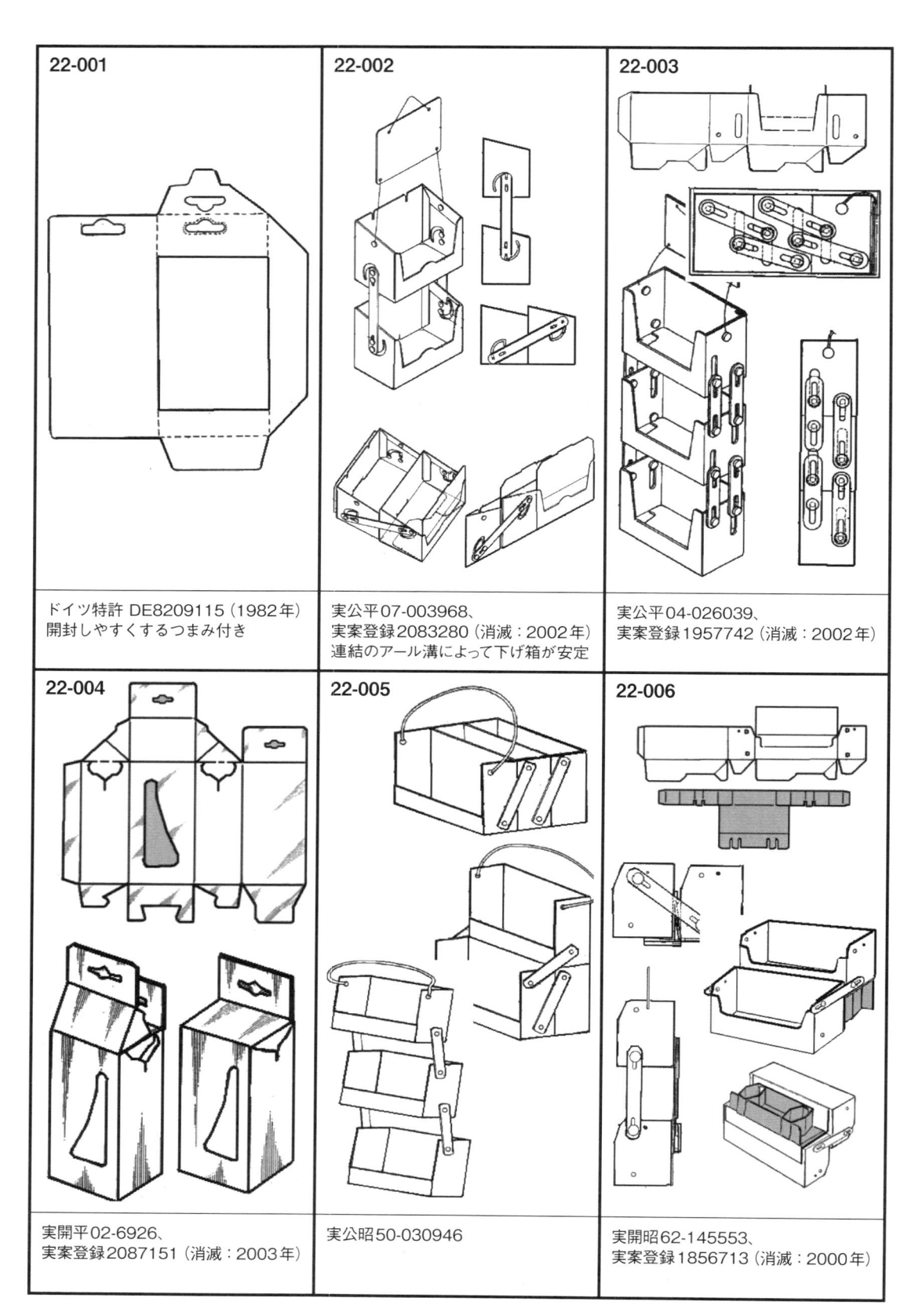

22-001	22-002	22-003
ドイツ特許 DE8209115（1982年） 開封しやすくするつまみ付き	実公平07-003968、 実案登録2083280（消滅：2002年） 連結のアール溝によって下げ箱が安定	実公平04-026039、 実案登録1957742（消滅：2002年）
22-004	22-005	22-006
実開平02-6926、 実案登録2087151（消滅：2003年）	実公昭50-030946	実開昭62-145553、 実案登録1856713（消滅：2000年）

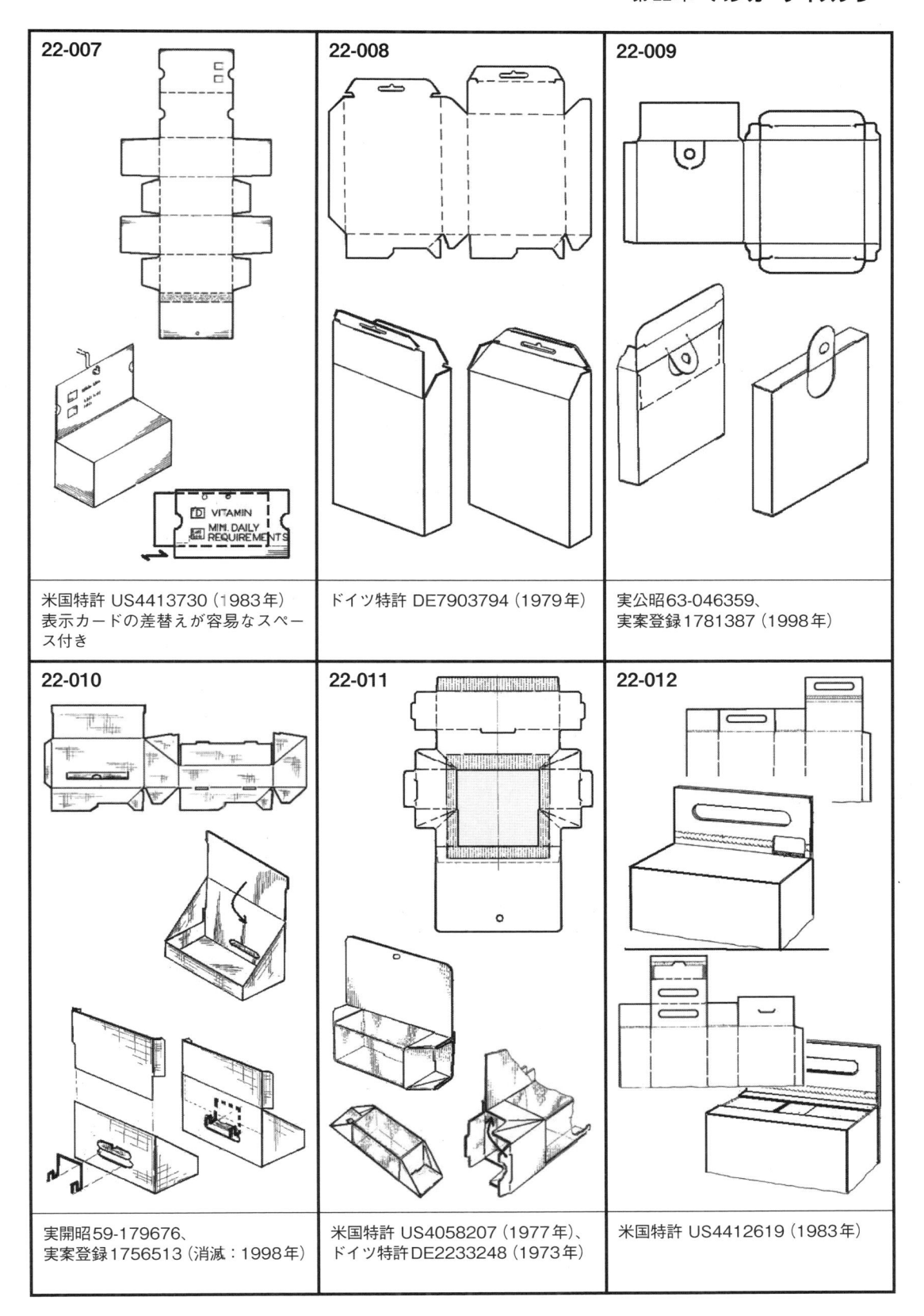

22-007	**22-008**	**22-009**
米国特許 US4413730（1983年）表示カードの差替えが容易なスペース付き	ドイツ特許 DE7903794（1979年）	実公昭63-046359、実案登録1781387（1998年）
22-010	**22-011**	**22-012**
実開昭59-179676、実案登録1756513（消滅：1998年）	米国特許 US4058207（1977年）、ドイツ特許 DE2233248（1973年）	米国特許 US4412619（1983年）

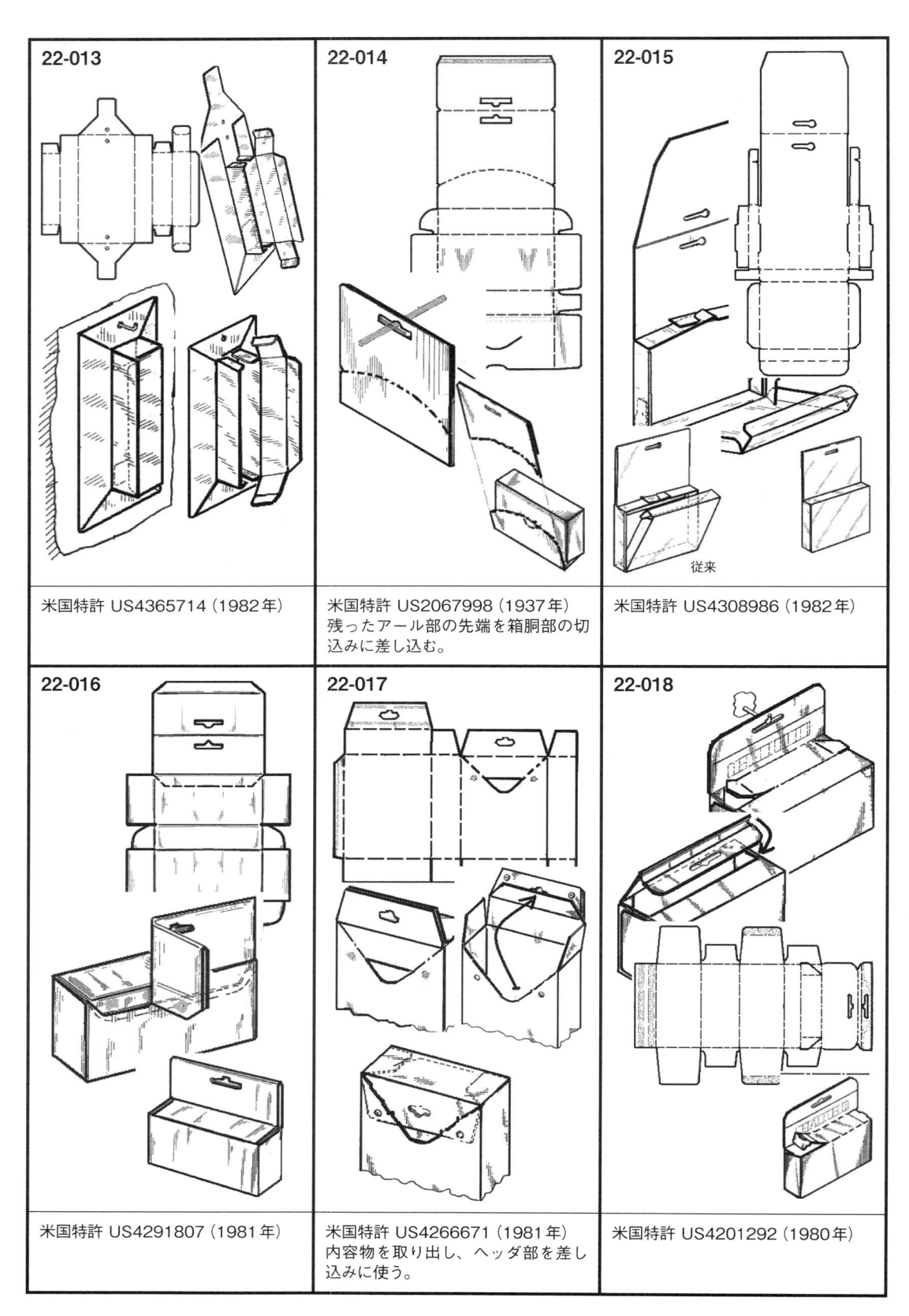

22-013	22-014	22-015
米国特許 US4365714（1982 年）	米国特許 US2067998（1937 年） 残ったアール部の先端を箱胴部の切込みに差し込む。	従来 米国特許 US4308986（1982 年）

22-016	22-017	22-018
米国特許 US4291807（1981 年）	米国特許 US4266671（1981 年） 内容物を取り出し、ヘッダ部を差し込みに使う。	米国特許 US4201292（1980年）

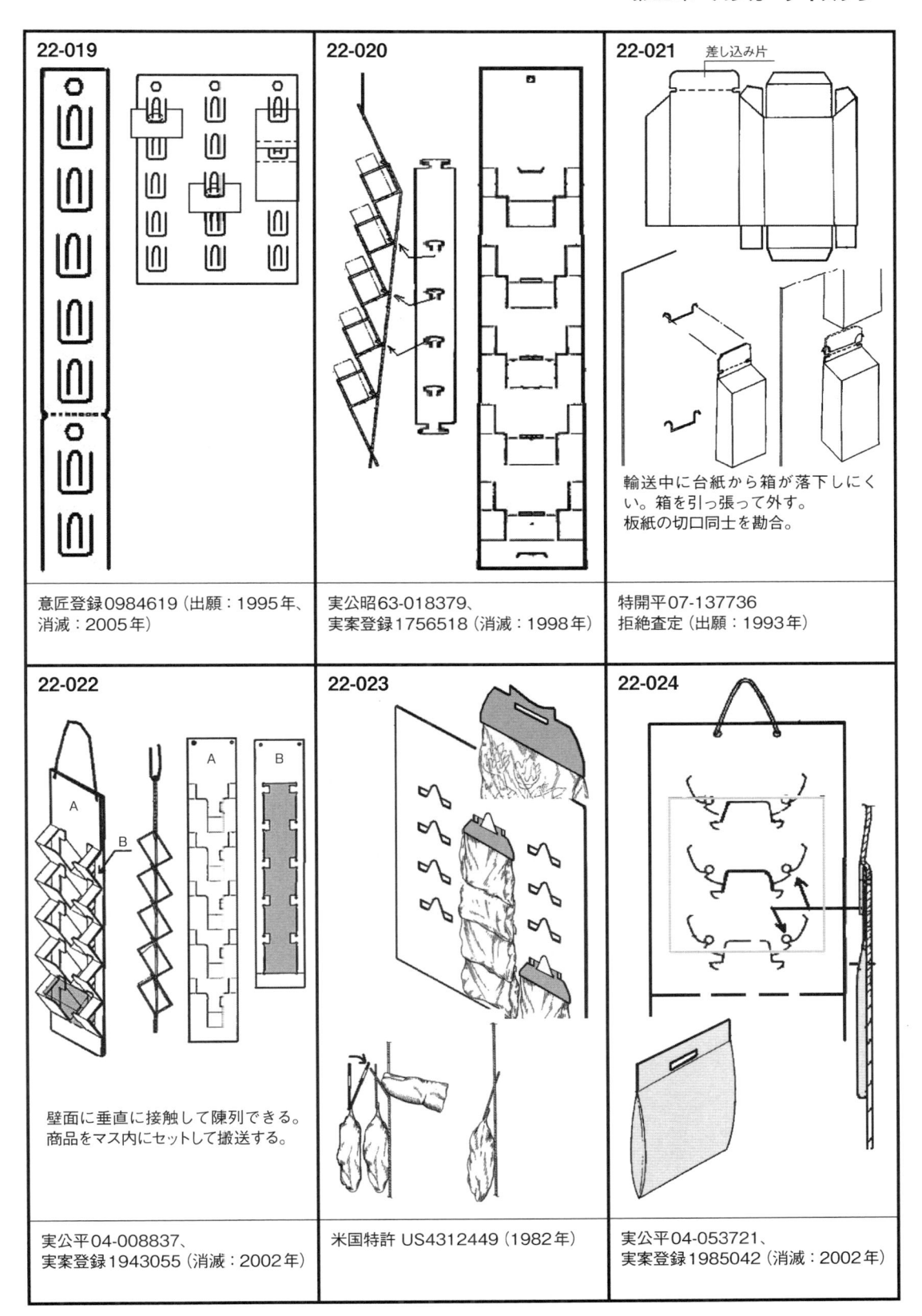

22-019

意匠登録0984619（出願：1995年、
消滅：2005年）

22-020

実公昭63-018379、
実案登録1756518（消滅：1998年）

22-021

差し込み片

輸送中に台紙から箱が落下しにくい。箱を引っ張って外す。
板紙の切口同士を勘合。

特開平07-137736
拒絶査定（出願：1993年）

22-022

壁面に垂直に接触して陳列できる。
商品をマス内にセットして搬送する。

実公平04-008837、
実案登録1943055（消滅：2002年）

22-023

米国特許 US4312449（1982年）

22-024

実公平04-053721、
実案登録1985042（消滅：2002年）

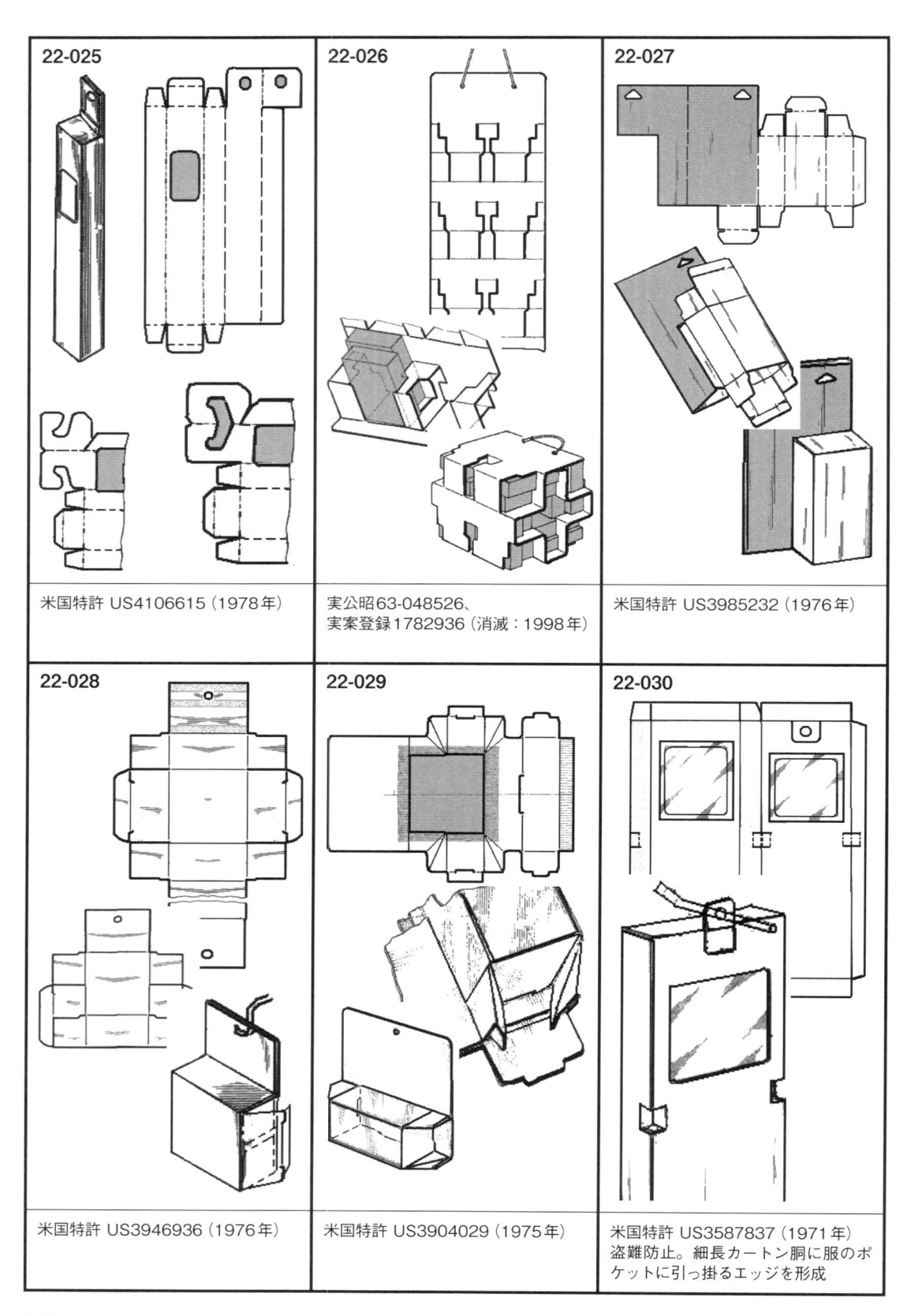

22-025

米国特許 US4106615（1978年）

22-026

実公昭63-048526、
実案登録1782936（消滅：1998年）

22-027

米国特許 US3985232（1976年）

22-028

米国特許 US3946936（1976年）

22-029

米国特許 US3904029（1975年）

22-030

米国特許 US3587837（1971年）
盗難防止。細長カートン胴に服のポ
ケットに引っ掛けるエッジを形成

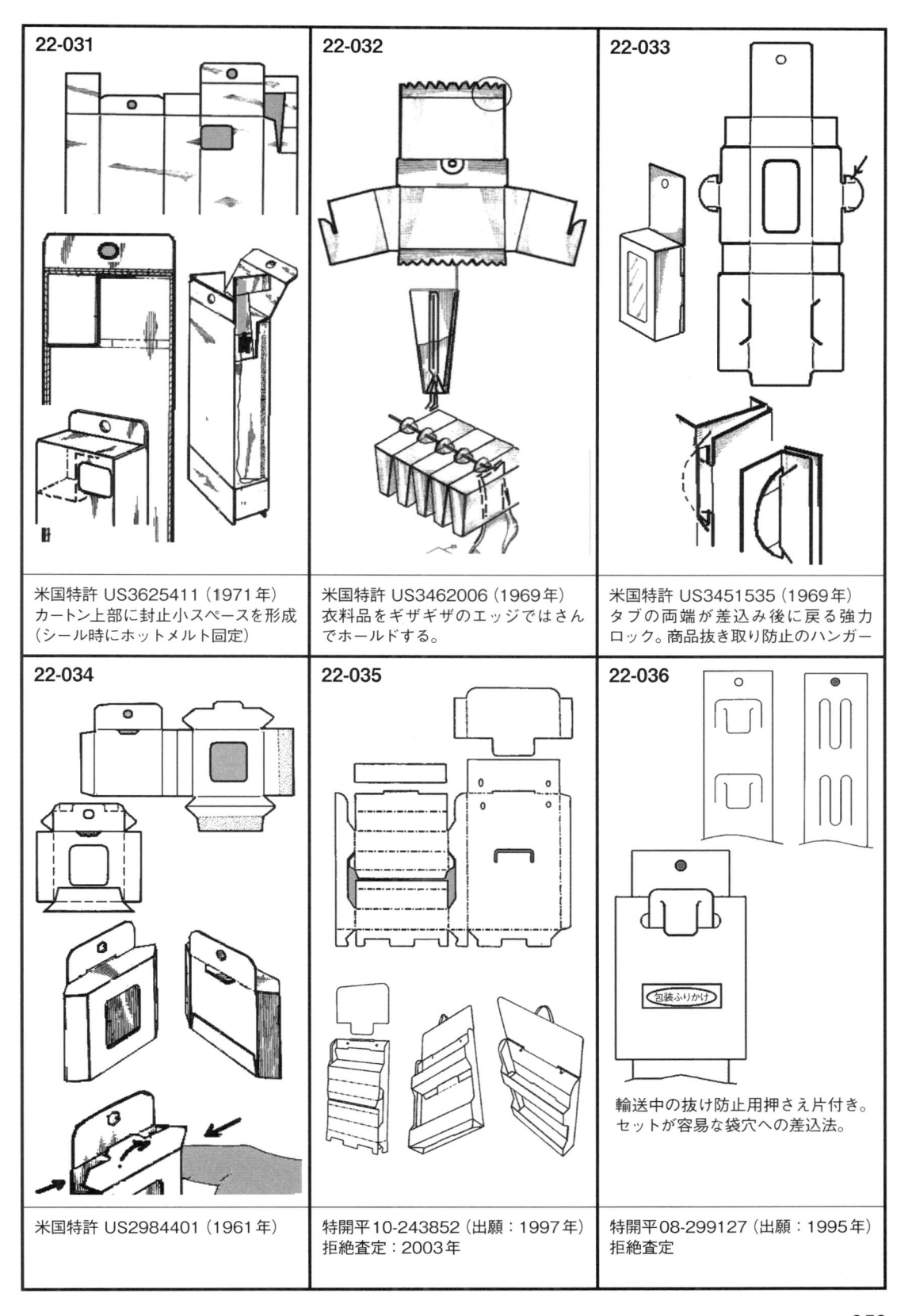

22-031

米国特許 US3625411 (1971年)
カートン上部に封止小スペースを形成
(シール時にホットメルト固定)

22-032

米国特許 US3462006 (1969年)
衣料品をギザギザのエッジではさん
でホールドする。

22-033

米国特許 US3451535 (1969年)
タブの両端が差込み後に戻る強力
ロック。商品抜き取り防止のハンガー

22-034

米国特許 US2984401 (1961年)

22-035

特開平10-243852 (出願：1997年)
拒絶査定：2003年

22-036

包装ふりかけ

輸送中の抜け防止用押さえ片付き。
セットが容易な袋穴への差込法。

特開平08-299127 (出願：1995年)
拒絶査定

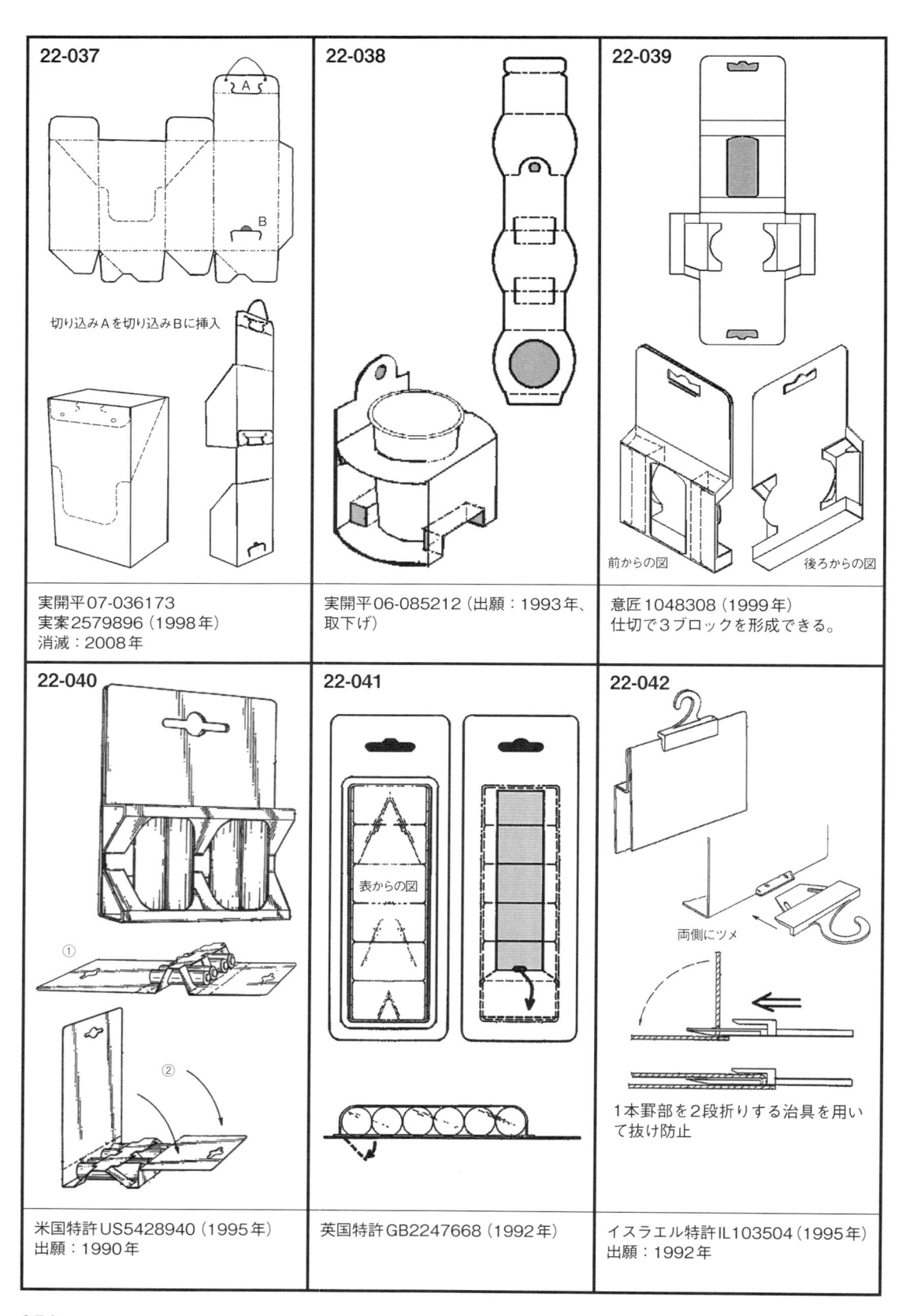

22-037

切り込みAを切り込みBに挿入

実開平07-036173
実案2579896（1998年）
消滅：2008年

22-038

実開平06-085212（出願：1993年、取下げ）

22-039

前からの図　　後ろからの図

意匠1048308（1999年）
仕切で3ブロックを形成できる。

22-040

① ②

米国特許US5428940（1995年）
出願：1990年

22-041

表からの図

英国特許GB2247668（1992年）

22-042

両側にツメ

1本罫部を2段折りする治具を用いて抜け防止

イスラエル特許IL103504（1995年）
出願：1992年

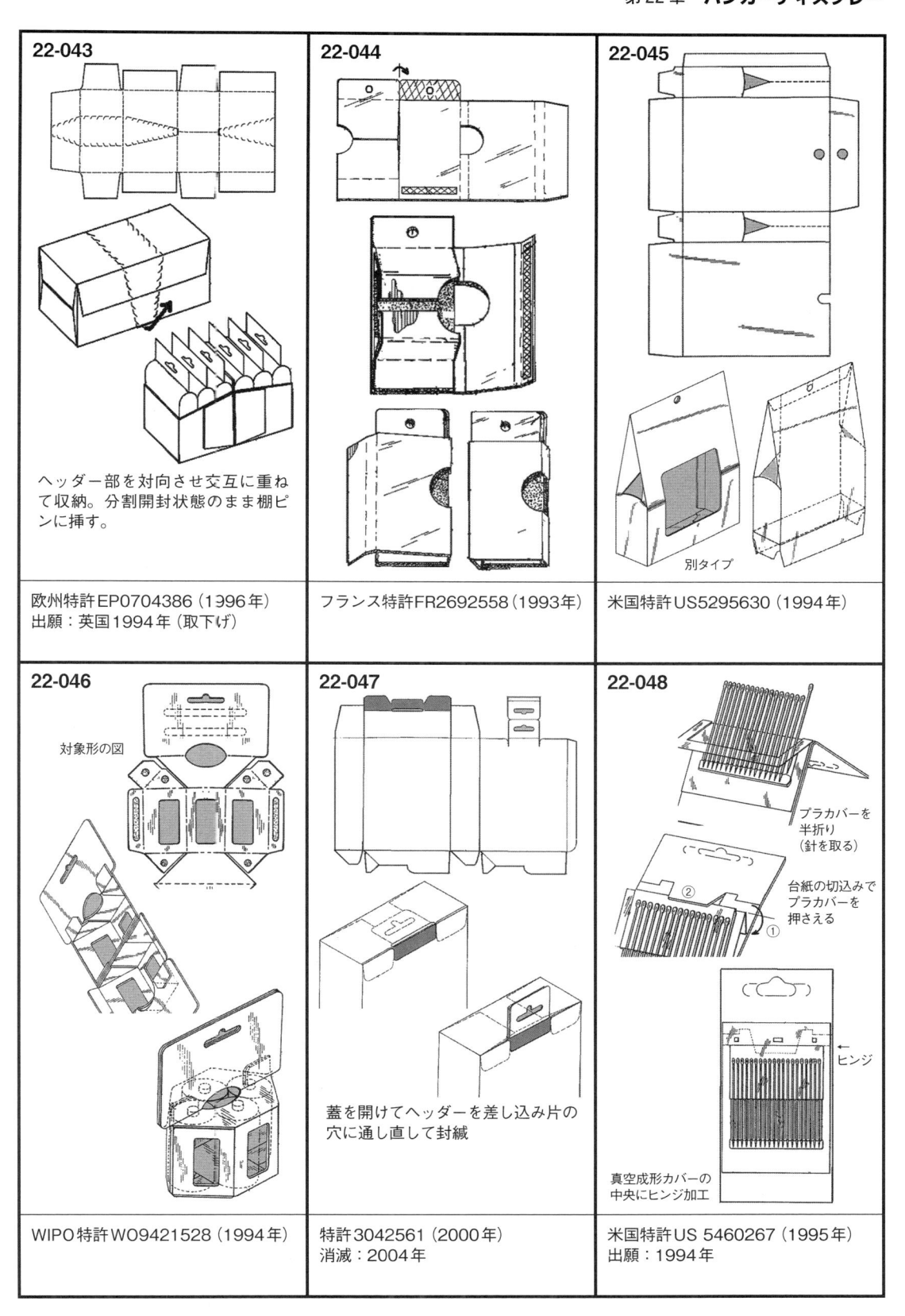

22-043

ヘッダー部を対向させ交互に重ねて収納。分割開封状態のまま棚ピンに挿す。

欧州特許EP0704386（1996年）
出願：英国1994年（取下げ）

22-044

フランス特許FR2692558（1993年）

22-045

別タイプ

米国特許US5295630（1994年）

22-046

対象形の図

WIPO特許WO9421528（1994年）

22-047

蓋を開けてヘッダーを差し込み片の穴に通し直して封緘

特許3042561（2000年）
消滅：2004年

22-048

プラカバーを半折り（針を取る）

台紙の切込みでプラカバーを押さえる

ヒンジ

真空成形カバーの中央にヒンジ加工

米国特許US 5460267（1995年）
出願：1994年

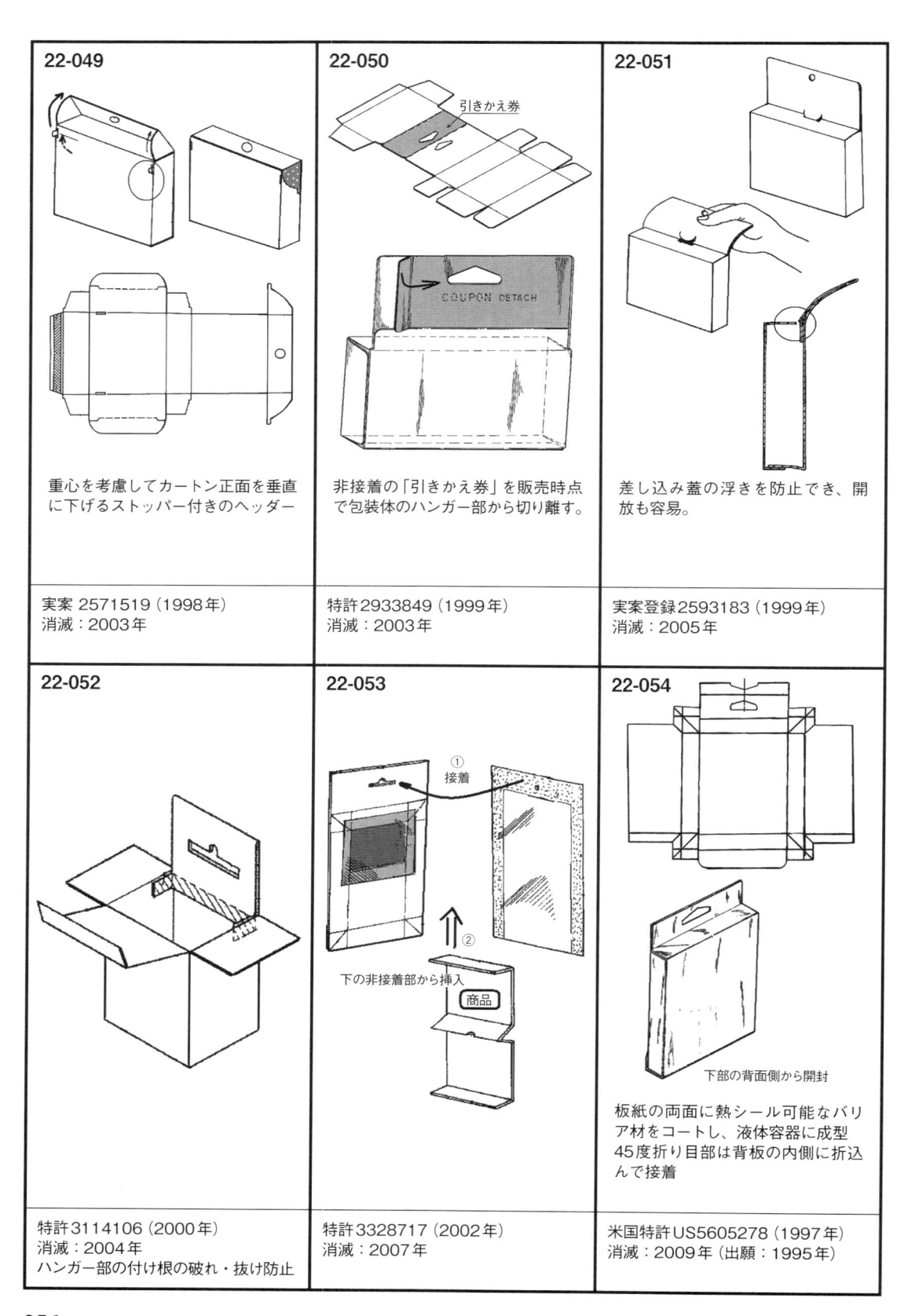

22-049

重心を考慮してカートン正面を垂直に下げるストッパー付きのヘッダー

実案 2571519（1998年）
消滅：2003年

22-050

引きかえ券

非接着の「引きかえ券」を販売時点で包装体のハンガー部から切り離す。

特許2933849（1999年）
消滅：2003年

22-051

差し込み蓋の浮きを防止でき、開放も容易。

実案登録2593183（1999年）
消滅：2005年

22-052

特許3114106（2000年）
消滅：2004年
ハンガー部の付け根の破れ・抜け防止

22-053

① 接着

下の非接着部から挿入

② 商品

特許3328717（2002年）
消滅：2007年

22-054

下部の背面側から開封

板紙の両面に熱シール可能なバリア材をコートし、液体容器に成型45度折り目部は背板の内側に折込んで接着

米国特許US5605278（1997年）
消滅：2009年（出願：1995年）

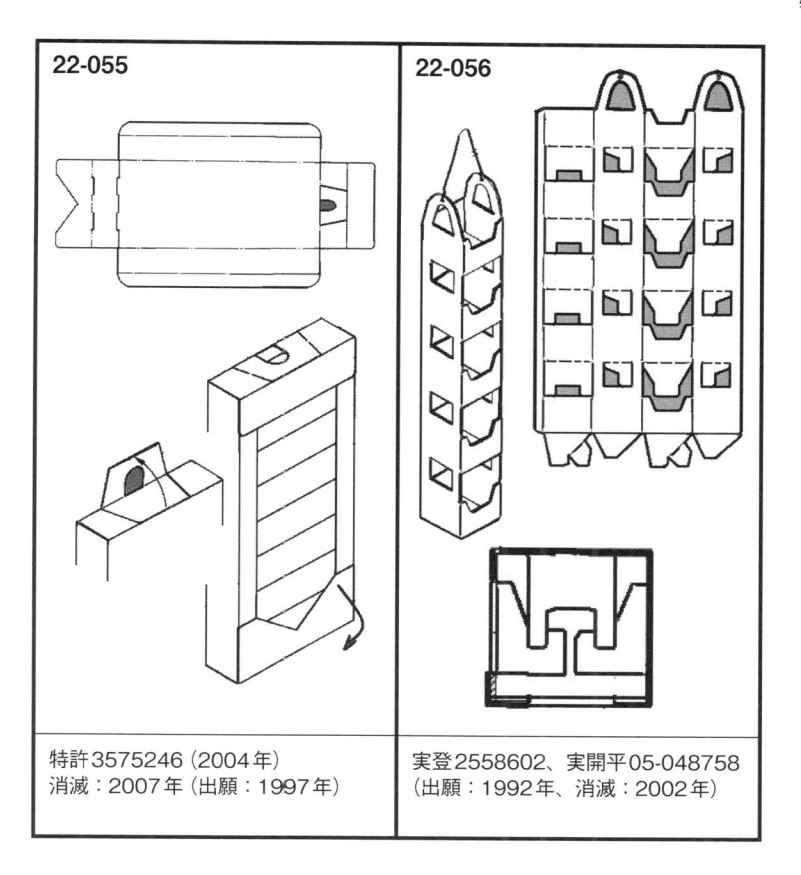

22-055

特許 3575246（2004 年）
消滅：2007 年（出願：1997 年）

22-056

実登 2558602、実開平 05-048758
（出願：1992 年、消滅：2002 年）

22「ハンガーディスプレー」関連リスト				
05-011	19-023	20-028	31-051	40-070
14-036	20-019	20-029	33-016	
19-022	20-021	23-038	36-028	

23

ディスプレー

　棚置きと床置きのディスプレーをまとめている。棚置きディスプレーは展示用の形態として開発されたものであるが、輸送箱としても機能する形態も含んでいる。一方の床置きディスプレーには、広告塔のサインもある。主として販売フロアのエンドに置かれ、目立つように大量の商品を陳列するものである。

　フロアディスプレーの形態は、別送の組立て専用台を用いる場合と輸送箱に同梱する比較的簡易な組立て台に分かれる。前者の専用台の構造はワンタッチに近い作業で済むように工夫したものが多い。後者には箱の一部を利用するタイプの「輸送兼用展示箱」に属するものも含まれている。

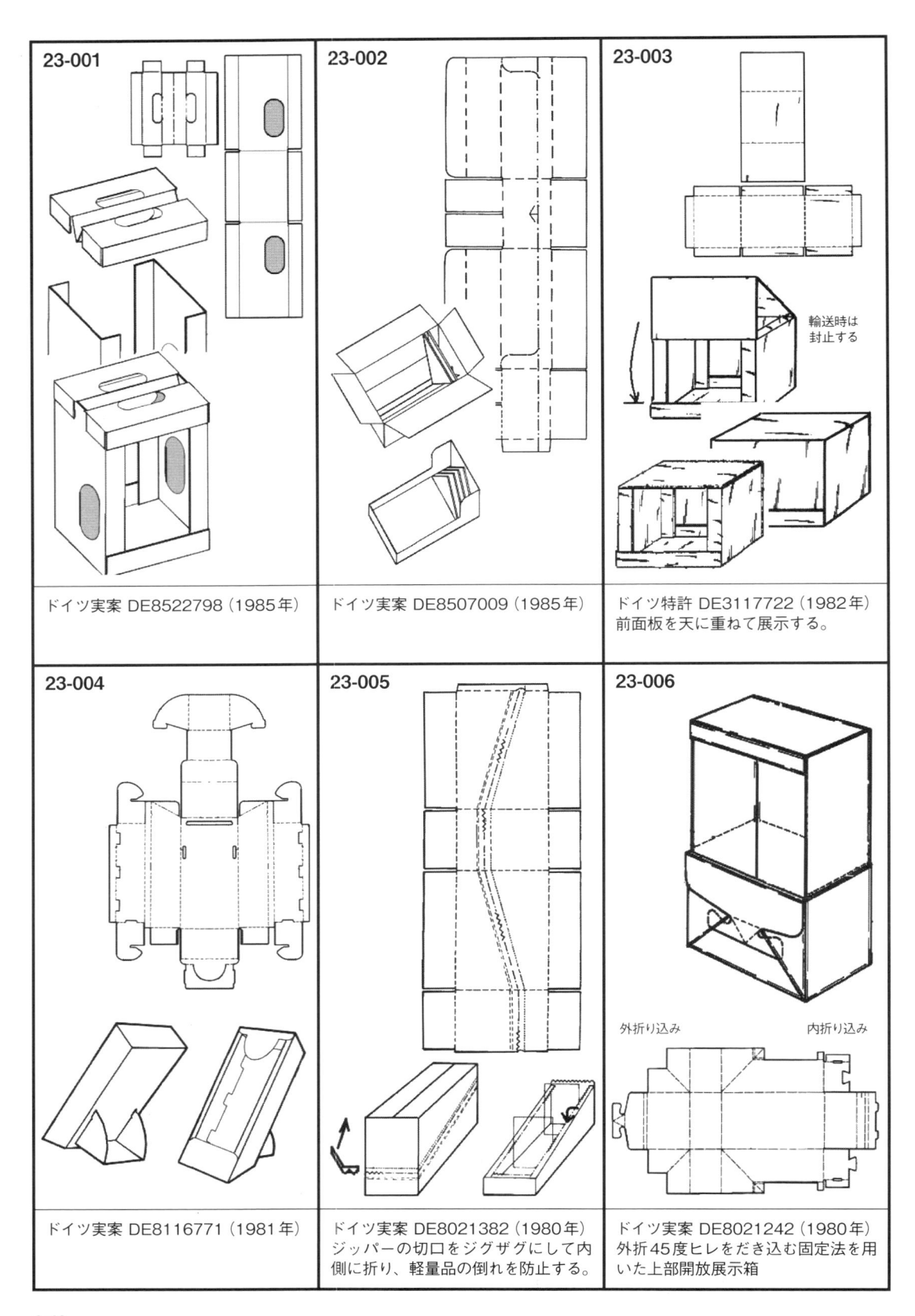

23-001

ドイツ実案 DE8522798（1985年）

23-002

ドイツ実案 DE8507009（1985年）

23-003

ドイツ特許 DE3117722（1982年）
前面板を天に重ねて展示する。

輸送時は
封止する

23-004

ドイツ実案 DE8116771（1981年）

23-005

ドイツ実案 DE8021382（1980年）
ジッパーの切口をジグザグにして内
側に折り、軽量品の倒れを防止する。

23-006

外折り込み　　　　　内折り込み

ドイツ実案 DE8021242（1980年）
外折45度ヒレをだき込む固定法を用
いた上部開放展示箱

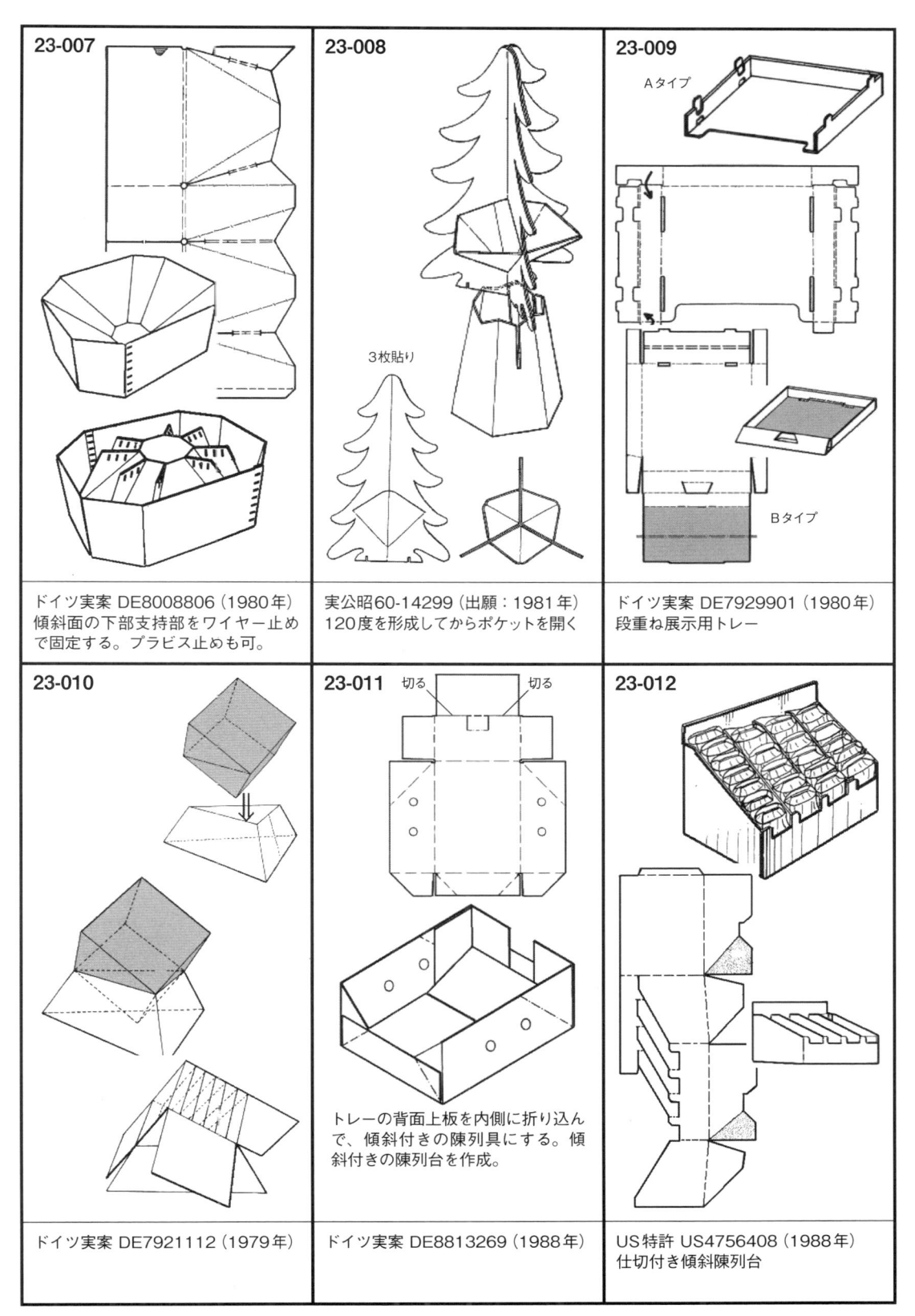

23-007

ドイツ実案 DE8008806（1980年）
傾斜面の下部支持部をワイヤー止め
で固定する。プラビス止めも可。

23-008

3枚貼り

実公昭60-14299（出願：1981年）
120度を形成してからポケットを開く

23-009

Aタイプ

Bタイプ

ドイツ実案 DE7929901（1980年）
段重ね展示用トレー

23-010

ドイツ実案 DE7921112（1979年）

23-011

切る　　切る

トレーの背面上板を内側に折り込ん
で、傾斜付きの陳列具にする。傾
斜付きの陳列台を作成。

ドイツ実案 DE8813269（1988年）

23-012

US特許 US4756408（1988年）
仕切付き傾斜陳列台

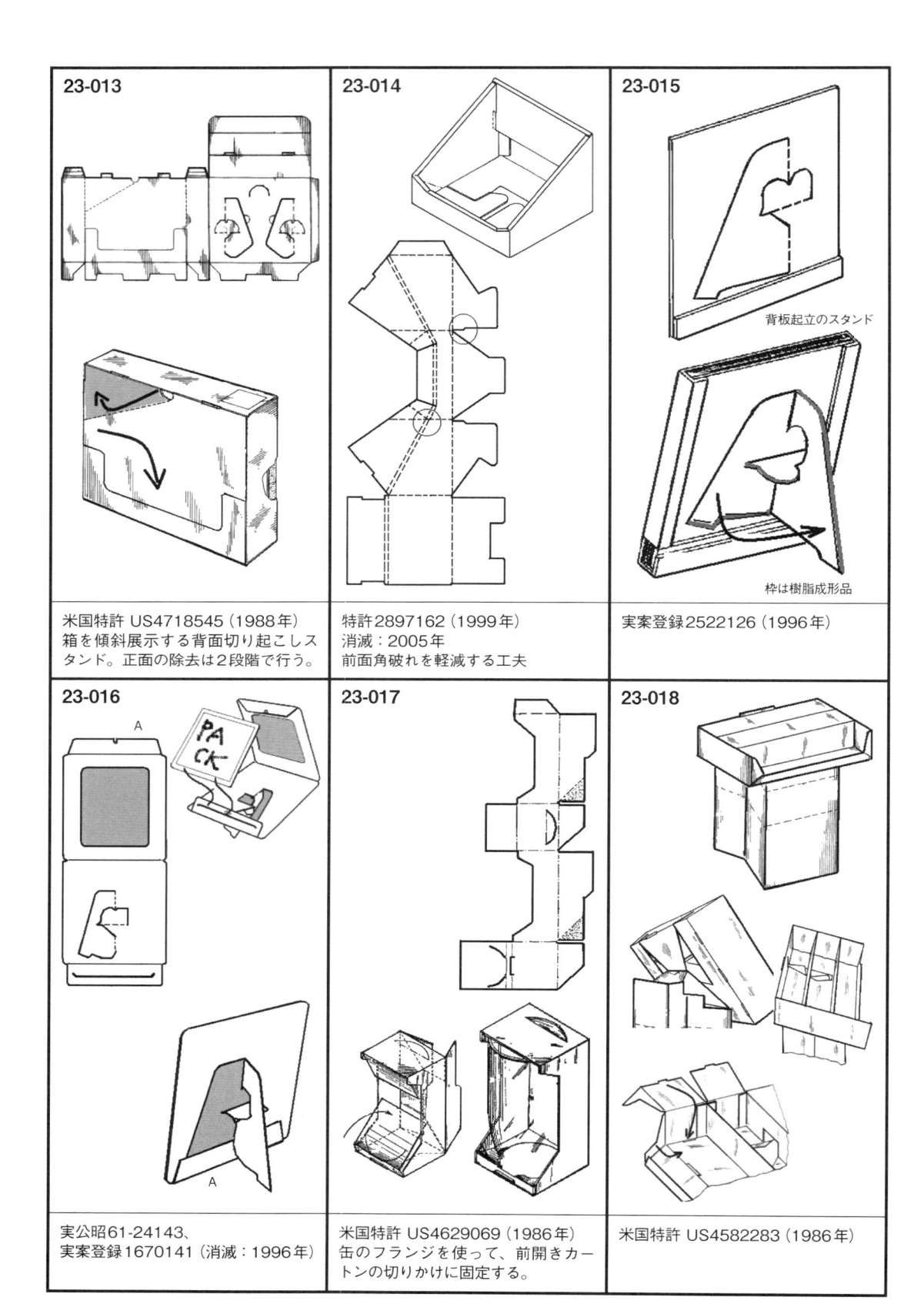

23-013	23-014	23-015
		背板起立のスタンド 枠は樹脂成形品
米国特許 US4718545 (1988年) 箱を傾斜展示する背面切り起こしスタンド。正面の除去は2段階で行う。	特許2897162 (1999年) 消滅：2005年 前面角破れを軽減する工夫	実案登録2522126 (1996年)

23-016	23-017	23-018
実公昭61-24143、 実案登録1670141（消滅：1996年）	米国特許 US4629069 (1986年) 缶のフランジを使って、前開きカートンの切りかけに固定する。	米国特許 US4582283 (1986年)

262

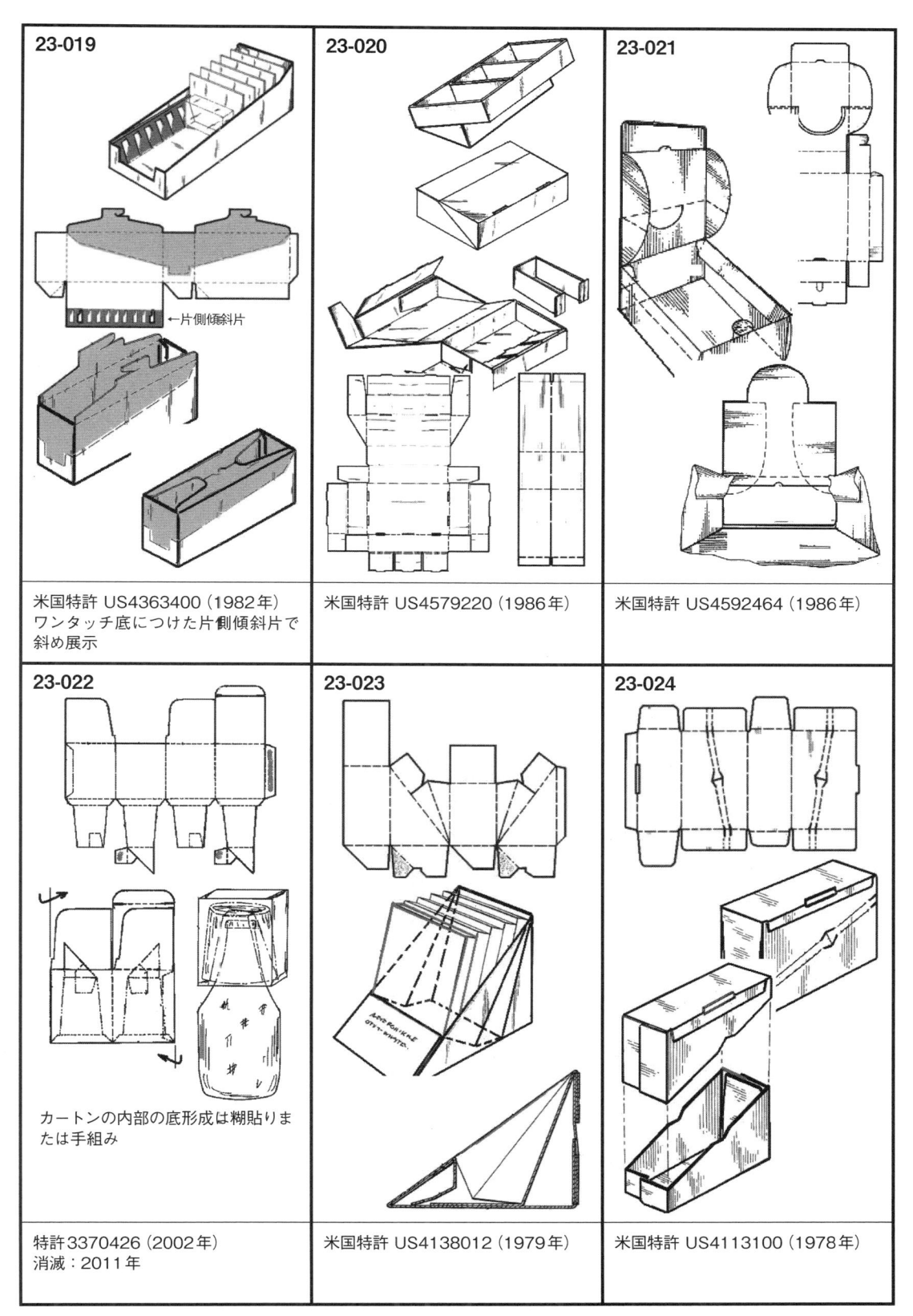

23-019

米国特許 US4363400（1982年）
ワンタッチ底につけた片側傾斜片で
斜め展示

←片側傾斜片

23-020

米国特許 US4579220（1986年）

23-021

米国特許 US4592464（1986年）

23-022

カートンの内部の底形成は糊貼りま
たは手組み

特許3370426（2002年）
消滅：2011年

23-023

米国特許 US4138012（1979年）

23-024

米国特許 US4113100（1978年）

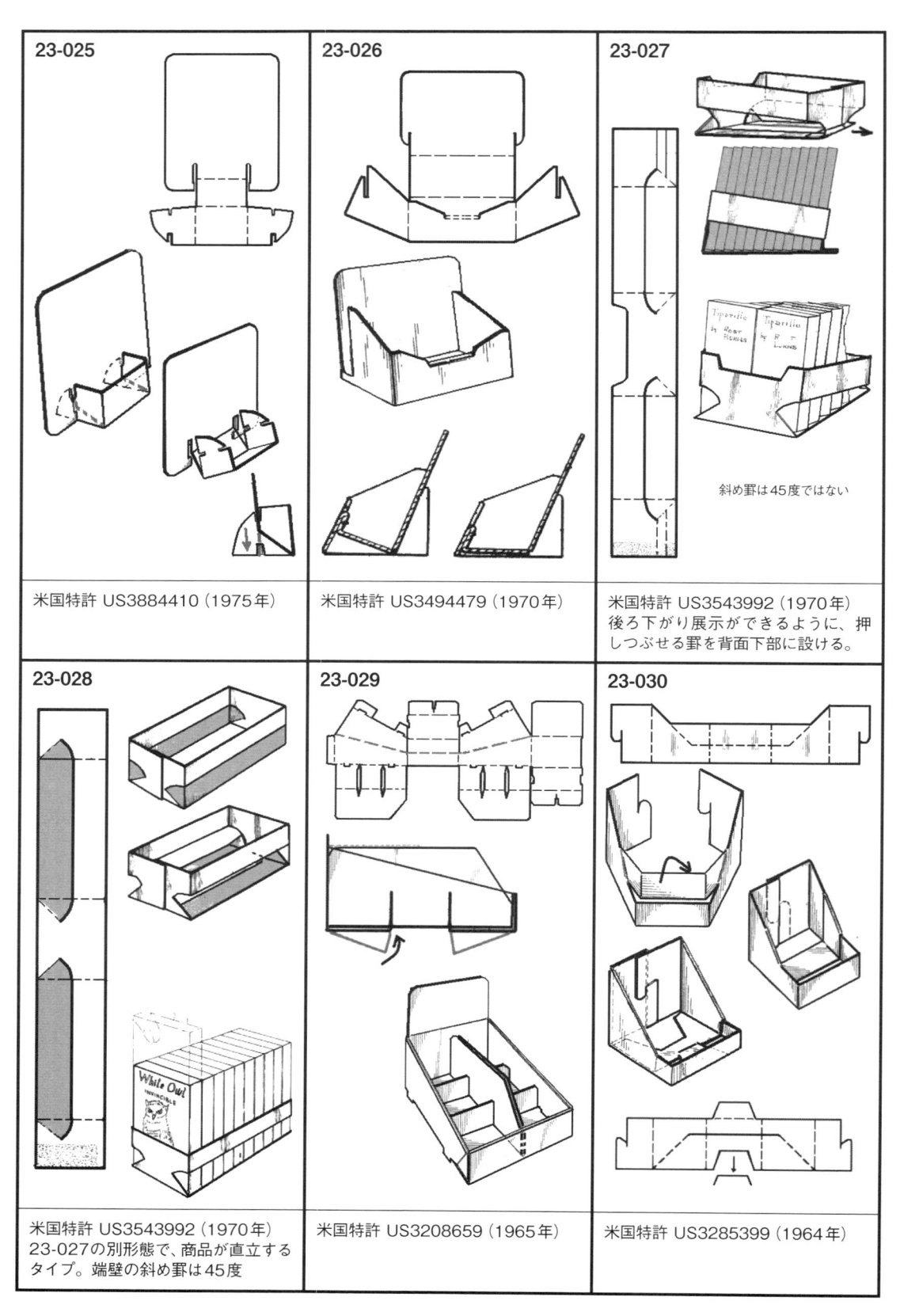

23-025

米国特許 US3884410（1975年）

23-026

米国特許 US3494479（1970年）

23-027

斜め罫は45度ではない

米国特許 US3543992（1970年）
後ろ下がり展示ができるように、押しつぶせる罫を背面下部に設ける。

23-028

米国特許 US3543992（1970年）
23-027の別形態で、商品が直立するタイプ。端壁の斜め罫は45度

23-029

米国特許 US3208659（1965年）

23-030

米国特許 US3285399（1964年）

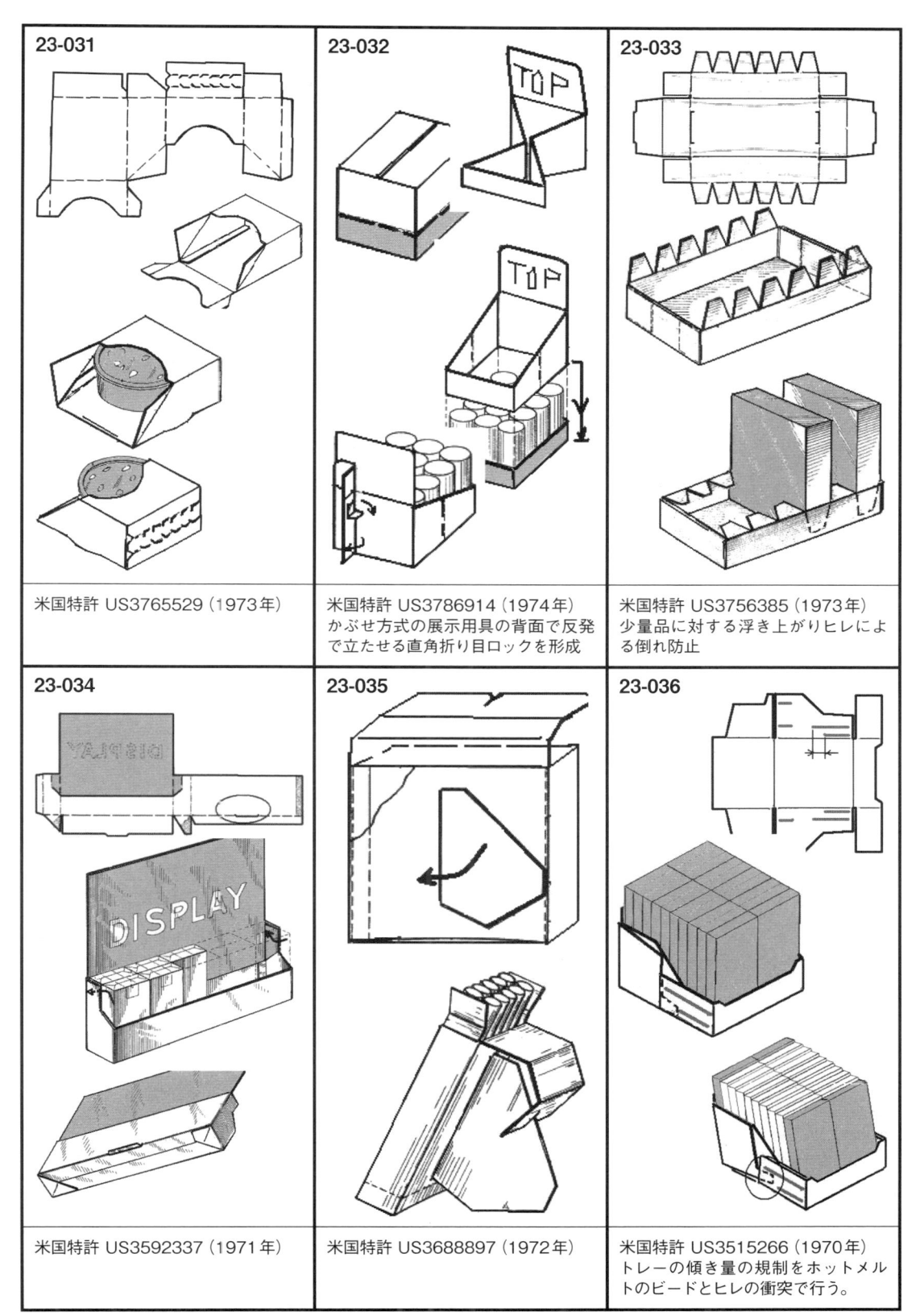

23-031

米国特許 US3765529（1973年）

23-032

米国特許 US3786914（1974年）
かぶせ方式の展示用具の背面で反発
で立たせる直角折り目ロックを形成

23-033

米国特許 US3756385（1973年）
少量品に対する浮き上がりヒレによ
る倒れ防止

23-034

米国特許 US3592337（1971年）

23-035

米国特許 US3688897（1972年）

23-036

米国特許 US3515266（1970年）
トレーの傾き量の規制をホットメル
トのビードとヒレの衝突で行う。

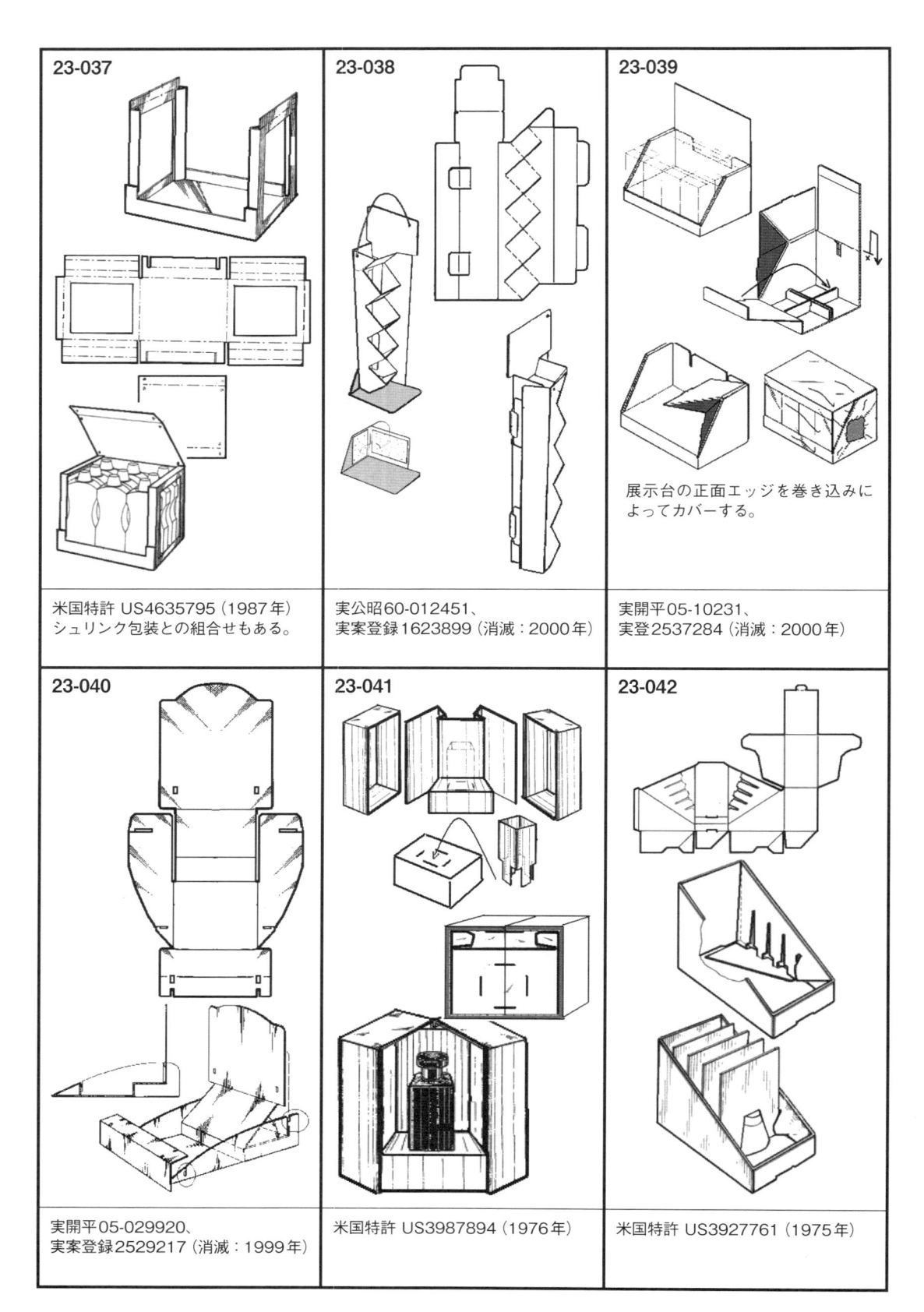

23-037	23-038	23-039
		展示台の正面エッジを巻き込みによってカバーする。
米国特許 US4635795（1987年） シュリンク包装との組合せもある。	実公昭60-012451、 実案登録1623899（消滅：2000年）	実開平05-10231、 実登2537284（消滅：2000年）
23-040	23-041	23-042
実開平05-029920、 実案登録2529217（消滅：1999年）	米国特許 US3987894（1976年）	米国特許 US3927761（1975年）

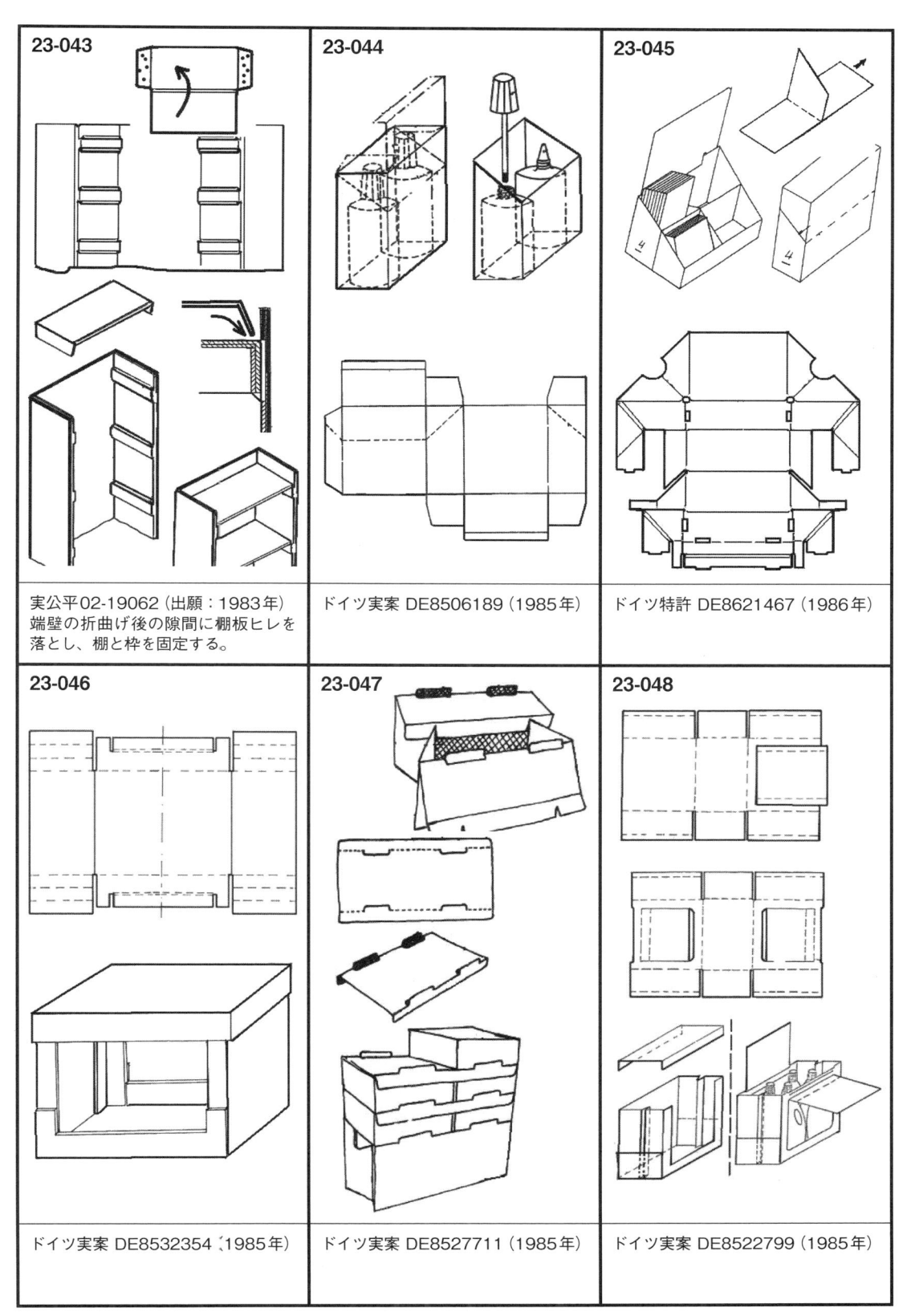

23-043	23-044	23-045
実公平02-19062（出願：1983年）端壁の折曲げ後の隙間に棚板ヒレを落とし、棚と枠を固定する。	ドイツ実案 DE8506189（1985年）	ドイツ特許 DE8621467（1986年）

23-046	23-047	23-048
ドイツ実案 DE8532354（1985年）	ドイツ実案 DE8527711（1985年）	ドイツ実案 DE8522799（1985年）

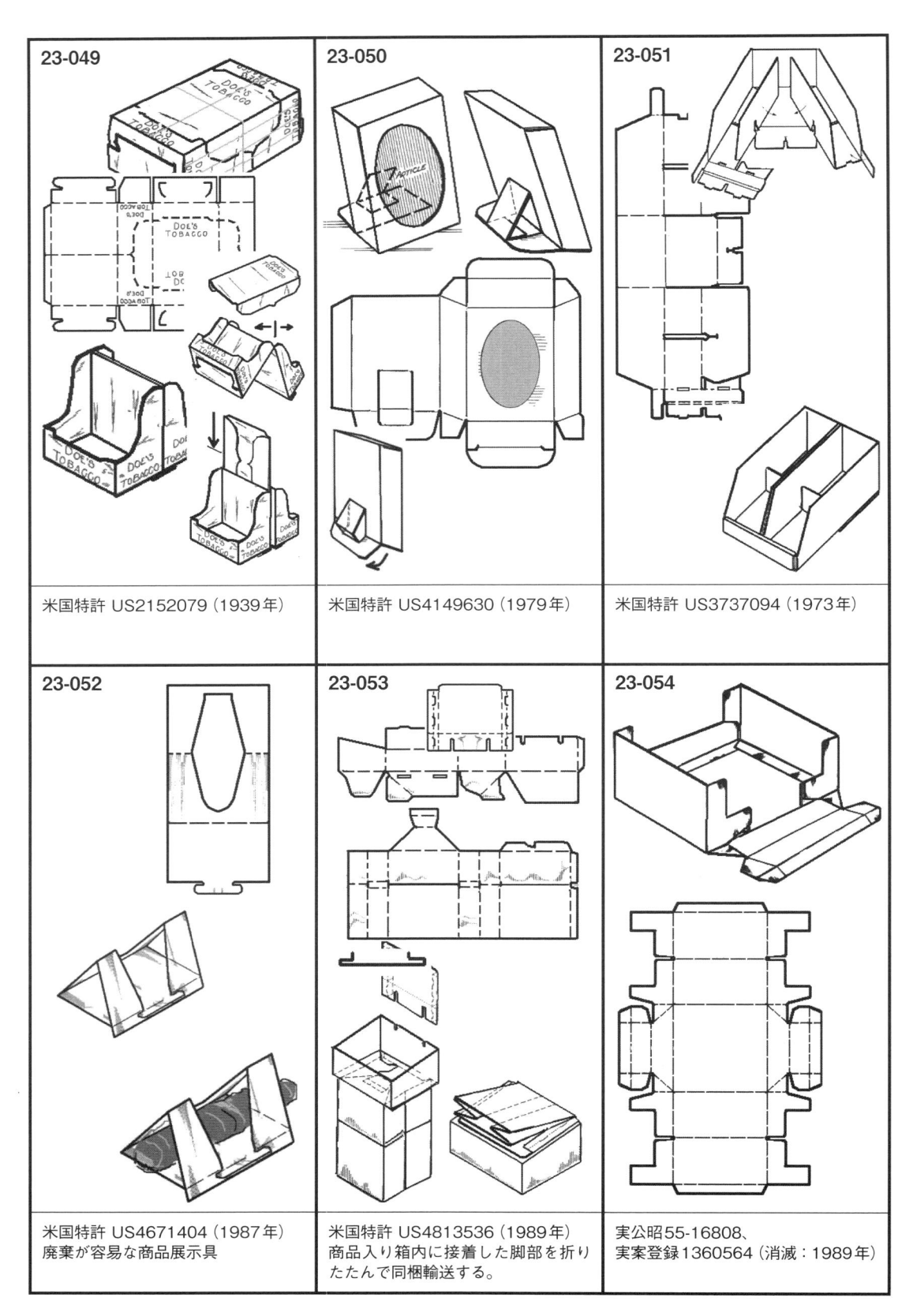

23-049	23-050	23-051
米国特許 US2152079（1939年）	米国特許 US4149630（1979年）	米国特許 US3737094（1973年）

23-052	23-053	23-054
米国特許 US4671404（1987年） 廃棄が容易な商品展示具	米国特許 US4813536（1989年） 商品入り箱内に接着した脚部を折り たたんで同梱輸送する。	実公昭55-16808、 実案登録1360564（消滅：1989年）

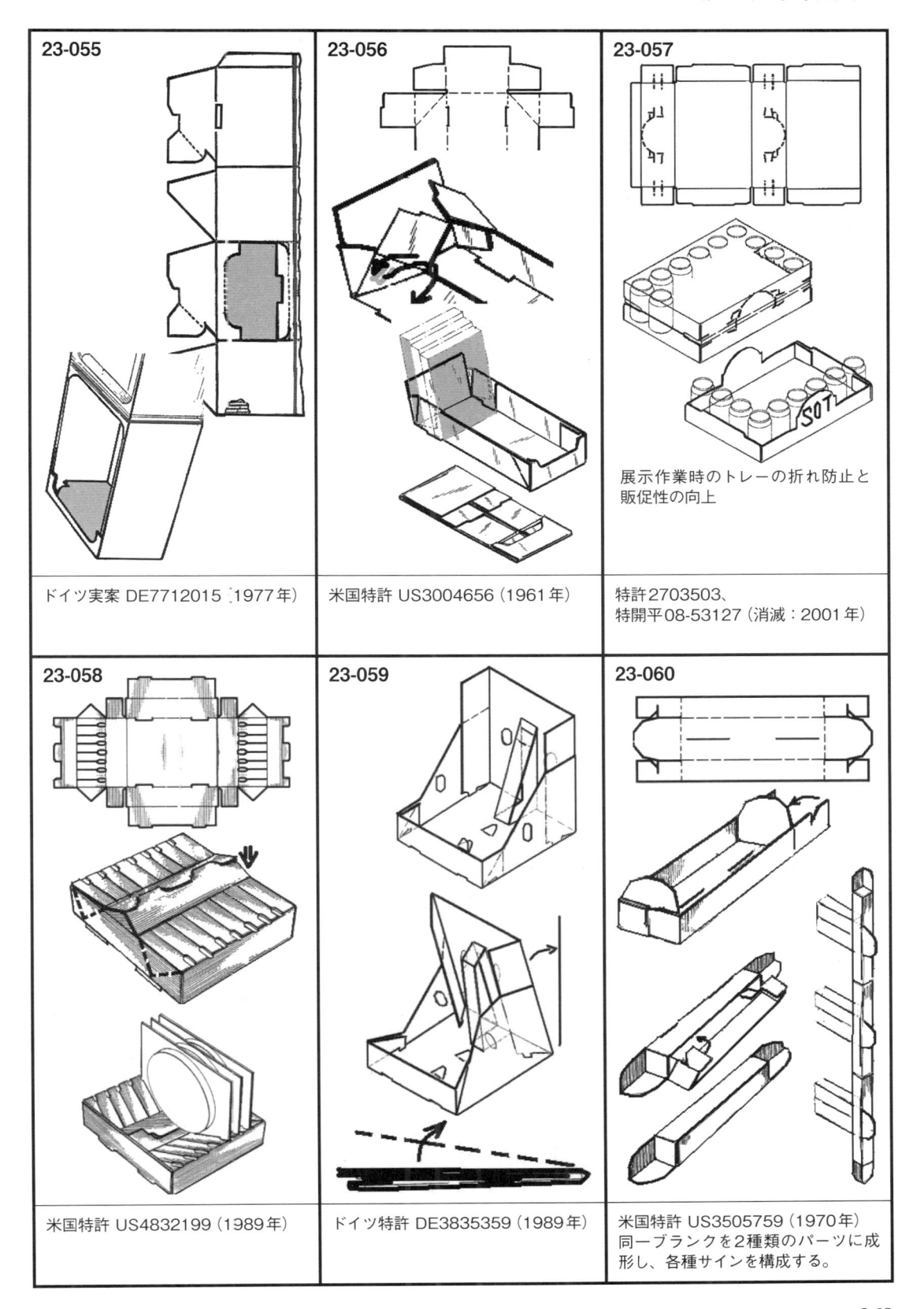

23-055

ドイツ実案 DE7712015（1977年）

23-056

米国特許 US3004656（1961年）

23-057

展示作業時のトレーの折れ防止と
販促性の向上

特許2703503、
特開平08-53127（消滅：2001年）

23-058

米国特許 US4832199（1989年）

23-059

ドイツ特許 DE3835359（1989年）

23-060

米国特許 US3505759（1970年）
同一ブランクを2種類のパーツに成
形し、各種サインを構成する。

269

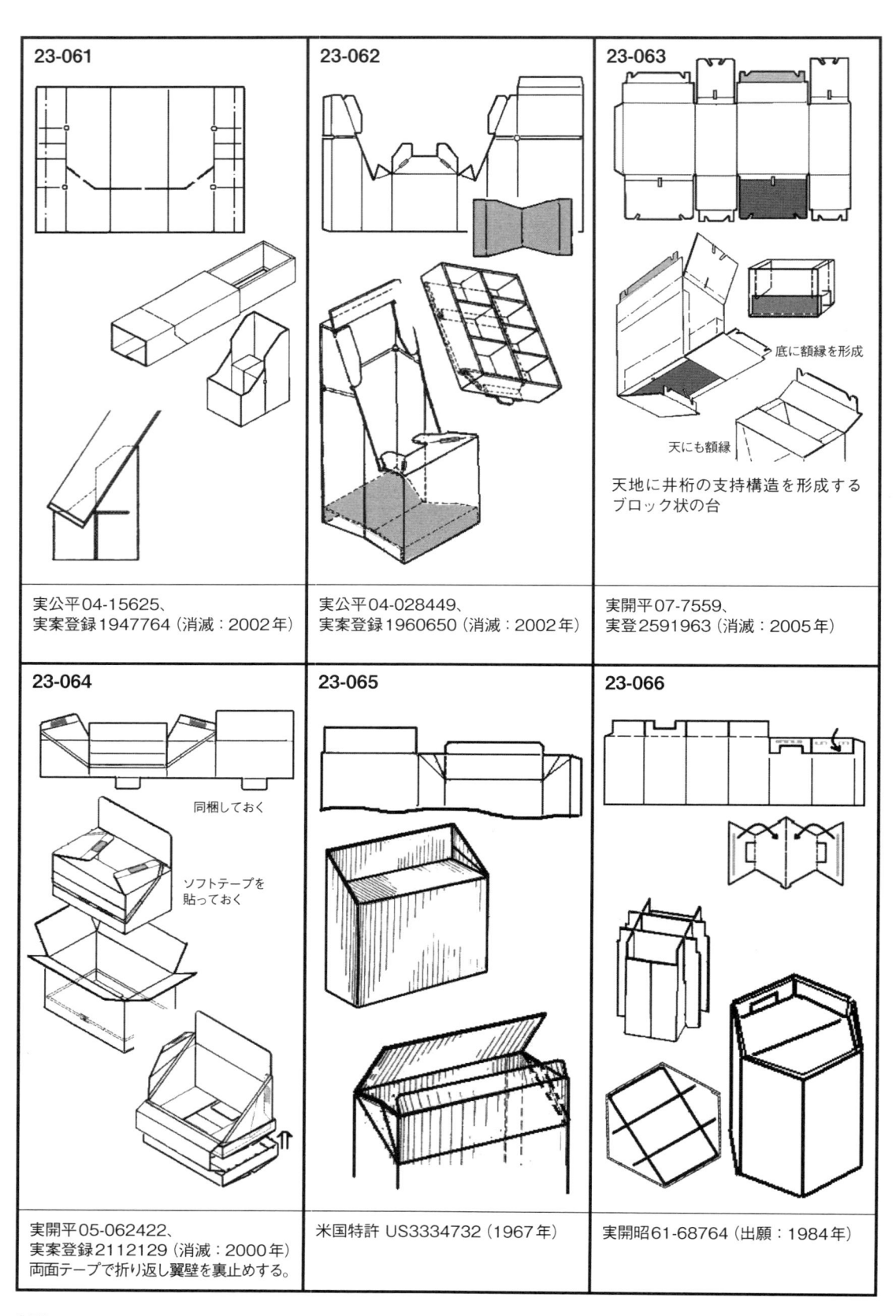

23-061

実公平04-15625、
実案登録1947764（消滅：2002年）

23-062

実公平04-028449、
実案登録1960650（消滅：2002年）

23-063

底に額縁を形成

天にも額縁

天地に井桁の支持構造を形成する
ブロック状の台

実開平07-7559、
実登2591963（消滅：2005年）

23-064

同梱しておく

ソフトテープを
貼っておく

実開平05-062422、
実案登録2112129（消滅：2000年）
両面テープで折り返し翼壁を裏止めする。

23-065

米国特許 US3334732（1967年）

23-066

実開昭61-68764（出願：1984年）

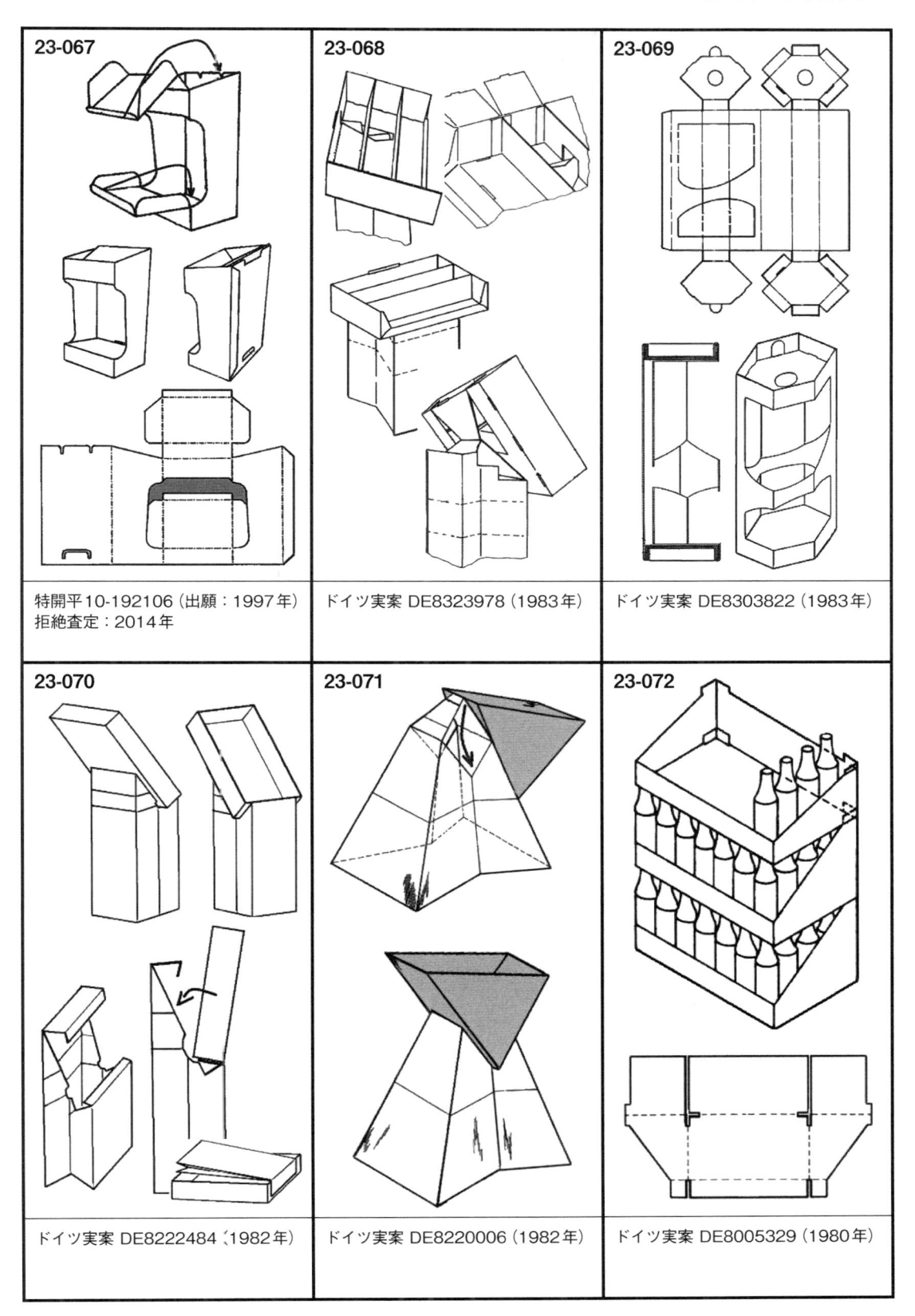

23-067

特開平10-192106（出願：1997年）
拒絶査定：2014年

23-068

ドイツ実案 DE8323978（1983年）

23-069

ドイツ実案 DE8303822（1983年）

23-070

ドイツ実案 DE8222484（1982年）

23-071

ドイツ実案 DE8220006（1982年）

23-072

ドイツ実案 DE8005329（1980年）

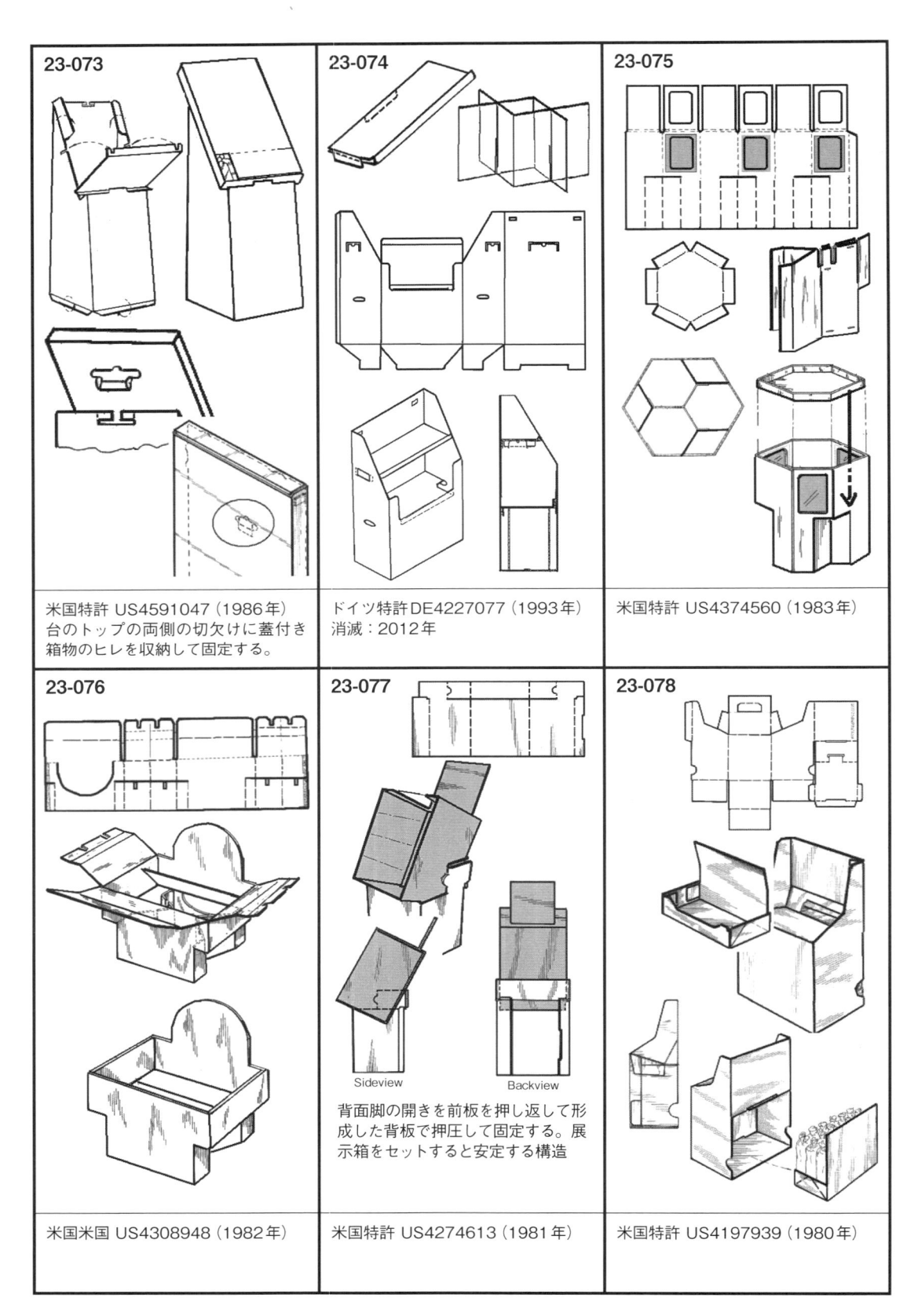

23-073

米国特許 US4591047（1986年）
台のトップの両側の切欠けに蓋付き
箱物のヒレを収納して固定する。

23-074

ドイツ特許 DE4227077（1993年）
消滅：2012年

23-075

米国特許 US4374560（1983年）

23-076

米国米国 US4308948（1982年）

23-077

Sideview　　　　Backview

背面脚の開きを前板を押し返して形
成した背板で押圧して固定する。展
示箱をセットすると安定する構造

米国特許 US4274613（1981年）

23-078

米国特許 US4197939（1980年）

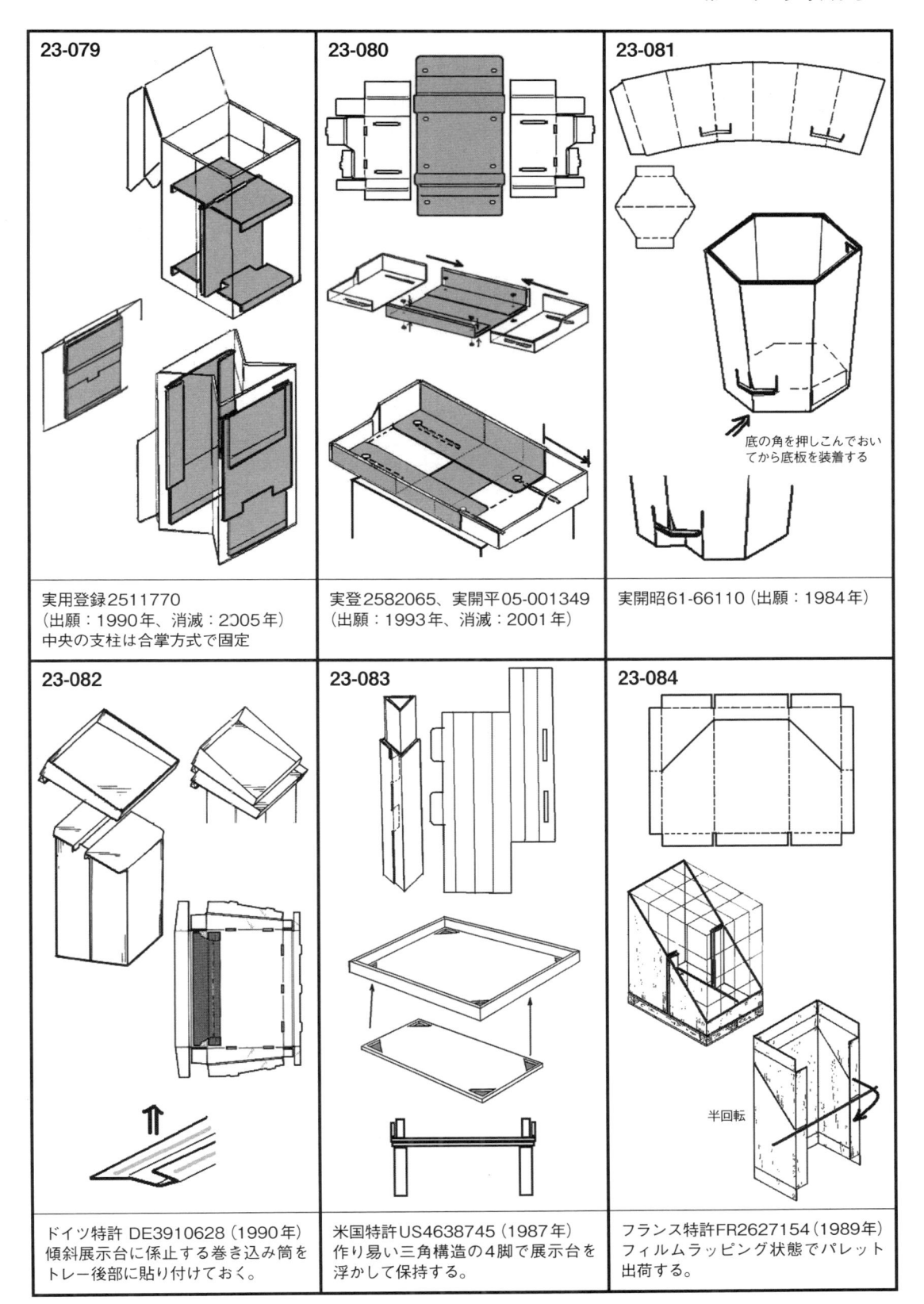

23-079

実用登録2511770
（出願：1990年、消滅：2005年）
中央の支柱は合掌方式で固定

23-080

実登2582065、実開平05-001349
（出願：1993年、消滅：2001年）

23-081

実開昭61-66110（出願：1984年）

底の角を押しこんでおい
てから底板を装着する

23-082

ドイツ特許 DE3910628（1990年）
傾斜展示台に係止する巻き込み筒を
トレー後部に貼り付けておく。

23-083

米国特許US4638745（1987年）
作り易い三角構造の4脚で展示台を
浮かして保持する。

23-084

フランス特許FR2627154（1989年）
フィルムラッピング状態でパレット
出荷する。

半回転

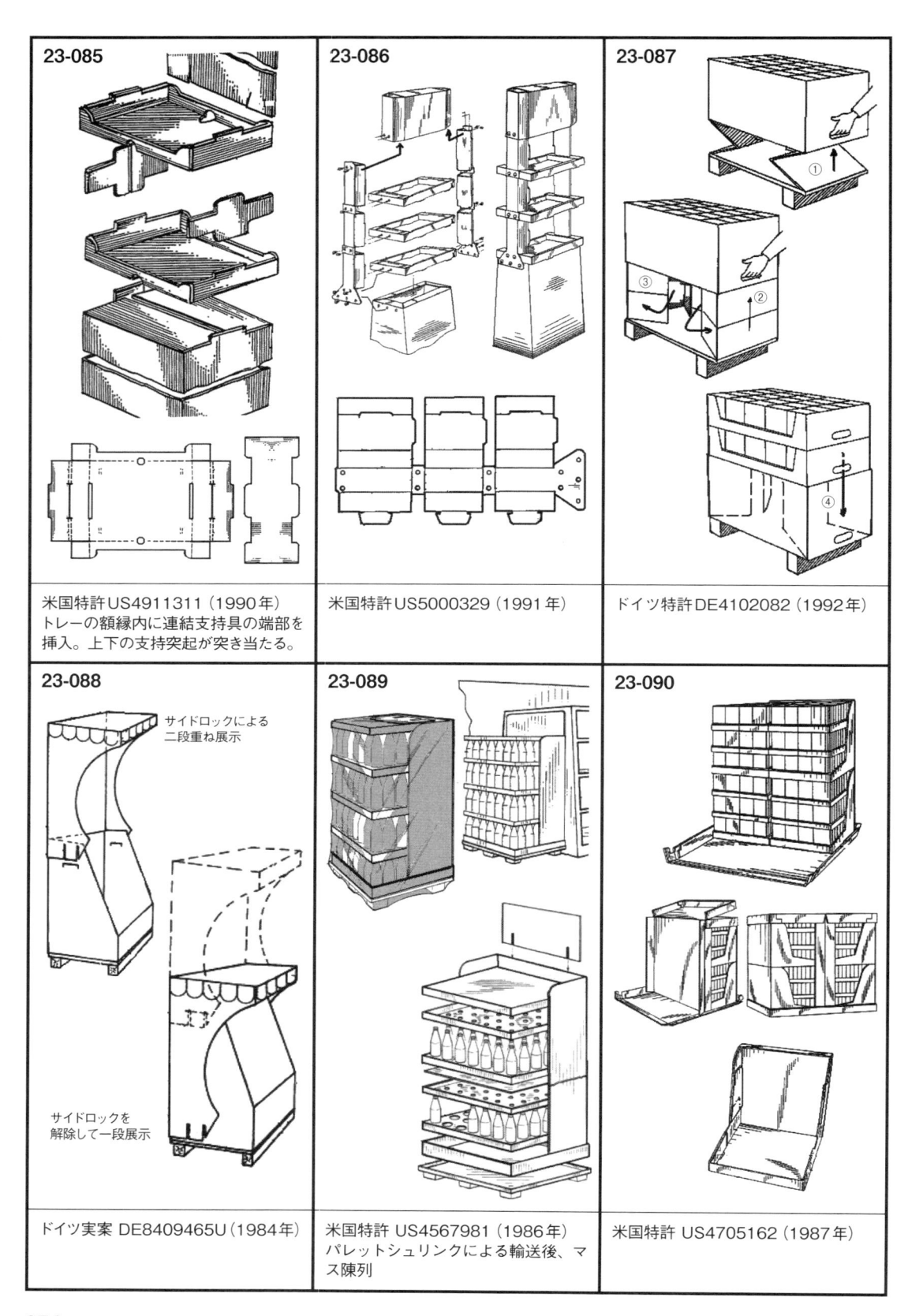

23-085

米国特許US4911311（1990年）
トレーの額縁内に連結支持具の端部を
挿入。上下の支持突起が突き当たる。

23-086

米国特許US5000329（1991年）

23-087

ドイツ特許DE4102082（1992年）

23-088

サイドロックによる
二段重ね展示

サイドロックを
解除して一段展示

ドイツ実案 DE8409465U（1984年）

23-089

米国特許 US4567981（1986年）
パレットシュリンクによる輸送後、マ
ス陳列

23-090

米国特許 US4705162（1987年）

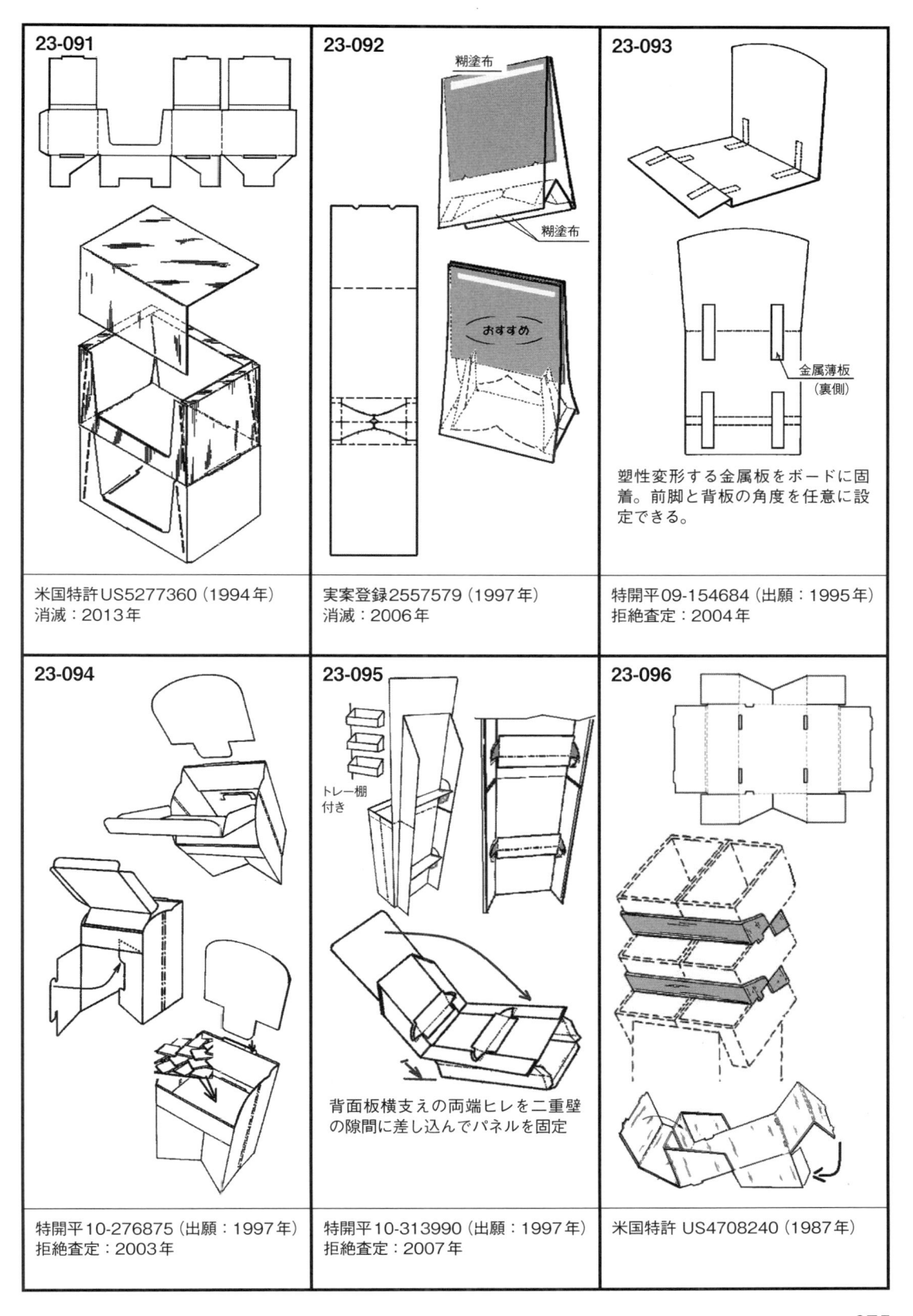

23-091

米国特許US5277360（1994年）
消滅：2013年

23-092

糊塗布

糊塗布

おすすめ

実案登録2557579（1997年）
消滅：2006年

23-093

金属薄板
（裏側）

塑性変形する金属板をボードに固着。前脚と背板の角度を任意に設定できる。

特開平09-154684（出願：1995年）
拒絶査定：2004年

23-094

特開平10-276875（出願：1997年）
拒絶査定：2003年

23-095

トレー棚
付き

背面板横支えの両端ヒレを二重壁の隙間に差し込んでパネルを固定

特開平10-313990（出願：1997年）
拒絶査定：2007年

23-096

米国特許 US4708240（1987年）

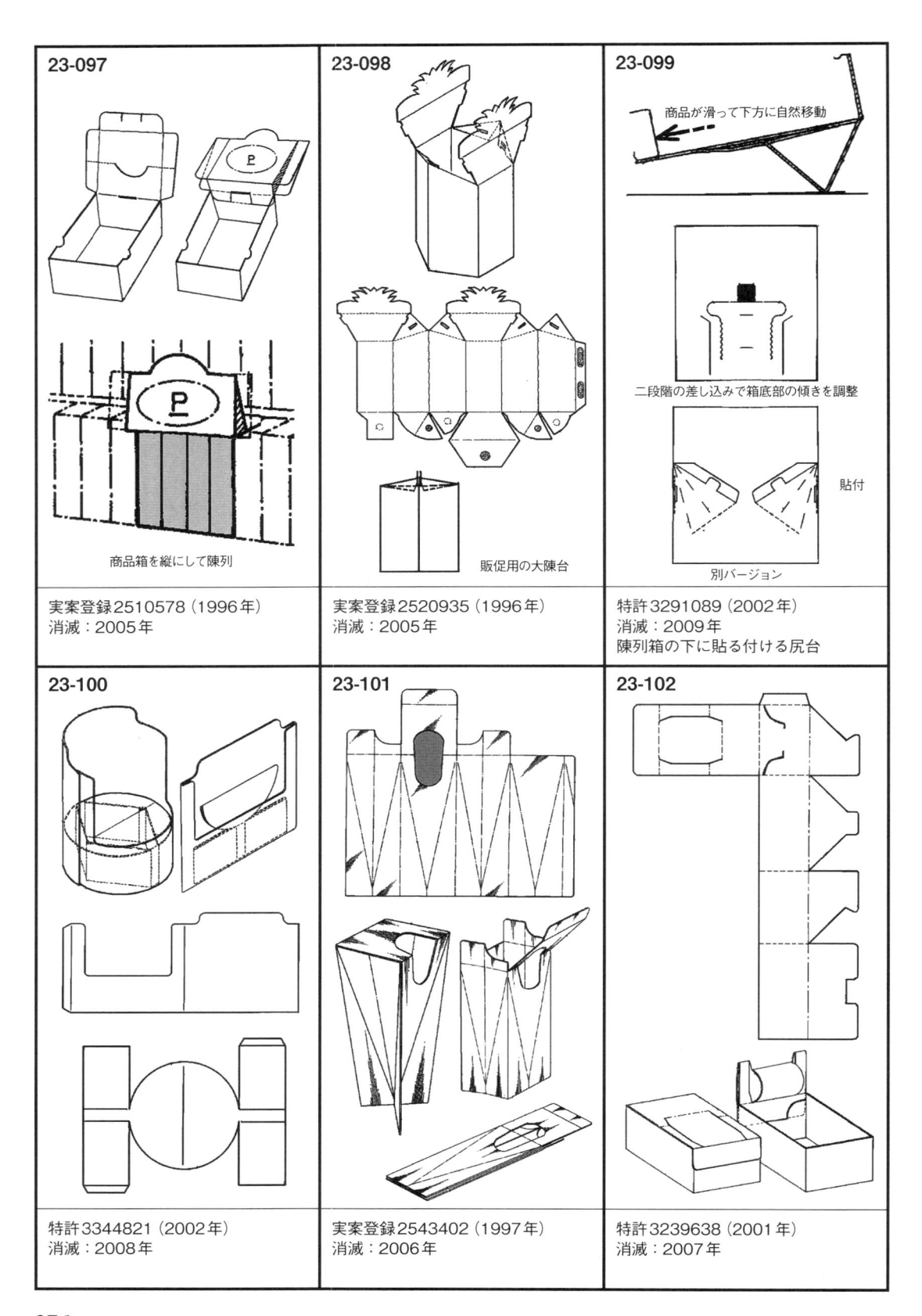

23-097

商品箱を縦にして陳列

実案登録2510578（1996年）
消滅：2005年

23-098

販促用の大陳台

実案登録2520935（1996年）
消滅：2005年

23-099

商品が滑って下方に自然移動

二段階の差し込みで箱底部の傾きを調整

貼付

別バージョン

特許3291089（2002年）
消滅：2009年
陳列箱の下に貼る付ける尻台

23-100

特許3344821（2002年）
消滅：2008年

23-101

実案登録2543402（1997年）
消滅：2006年

23-102

特許3239638（2001年）
消滅：2007年

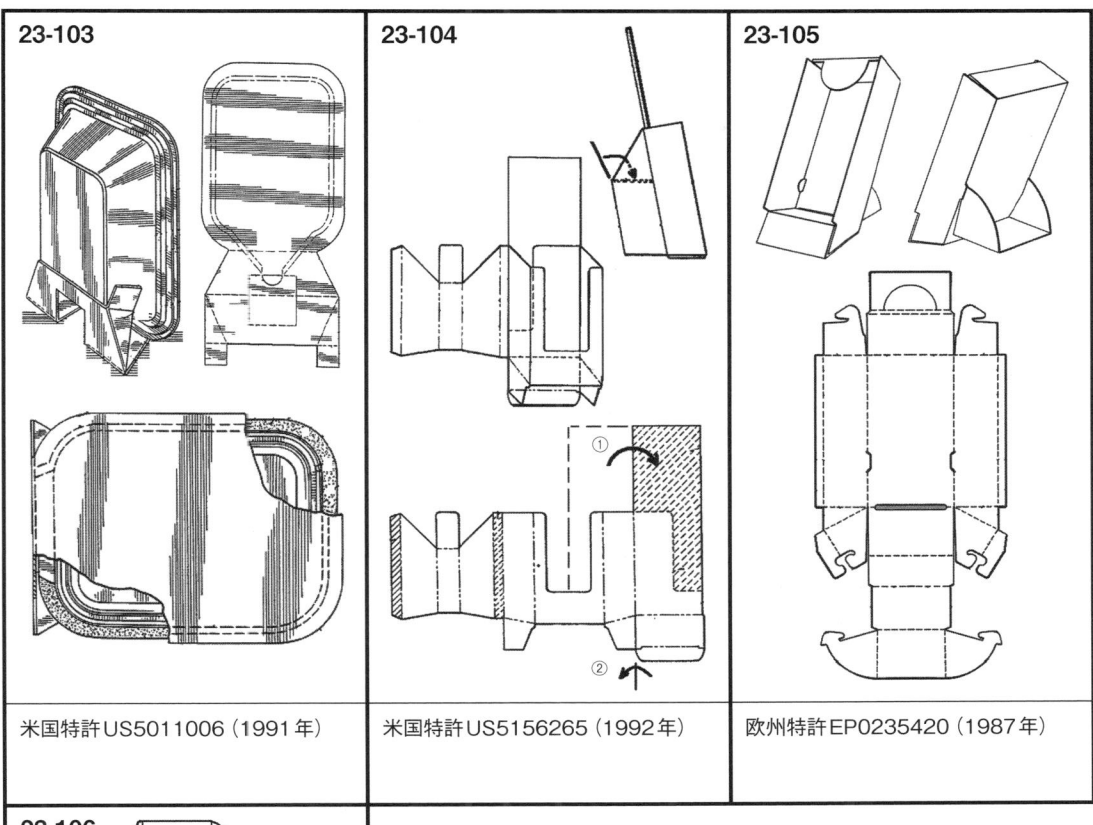

23-103	23-104	23-105
米国特許 US5011006（1991 年）	米国特許 US5156265（1992 年）	欧州特許 EP0235420（1987 年）

23-106

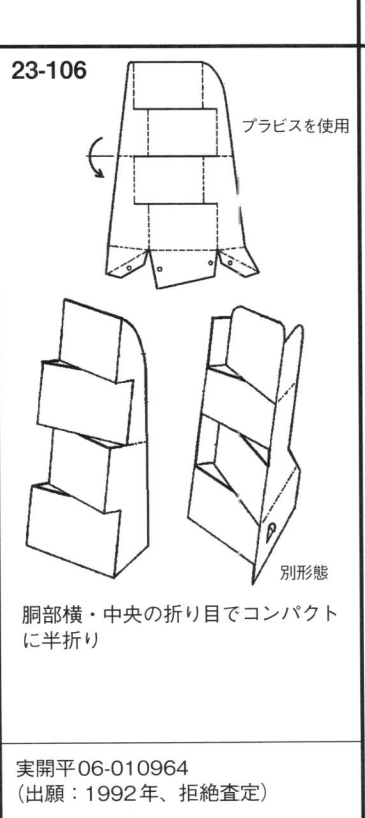

プラビスを使用

別形態

胴部横・中央の折り目でコンパクト
に半折り

実開平 06-010964
（出願：1992年、拒絶査定）

24 シュリンクパック箱

フィルムを用いた固定技法は米国で発達したが、特許数は少ない分野になっている。既成の形態に熱収縮フィルムを追加的に用いることが特徴になっているからである。

シュリンクパックの長所はシュリンクフィルムによる防湿効果とホコリの侵入防止、それとタイトパックによる積上げ強度の向上である。

もう一つの主要な効果は、フィルムを外すと、内部の包装物を即展示できることである。従って、内容物をかなり露出できる弱い構造の展示箱、またはトレーを組み合わせる特許が目立つ。

シュリンクパックの欠点は、静電気の発生によるホコリの付着と外したフィルムの廃棄処理の困難さである。

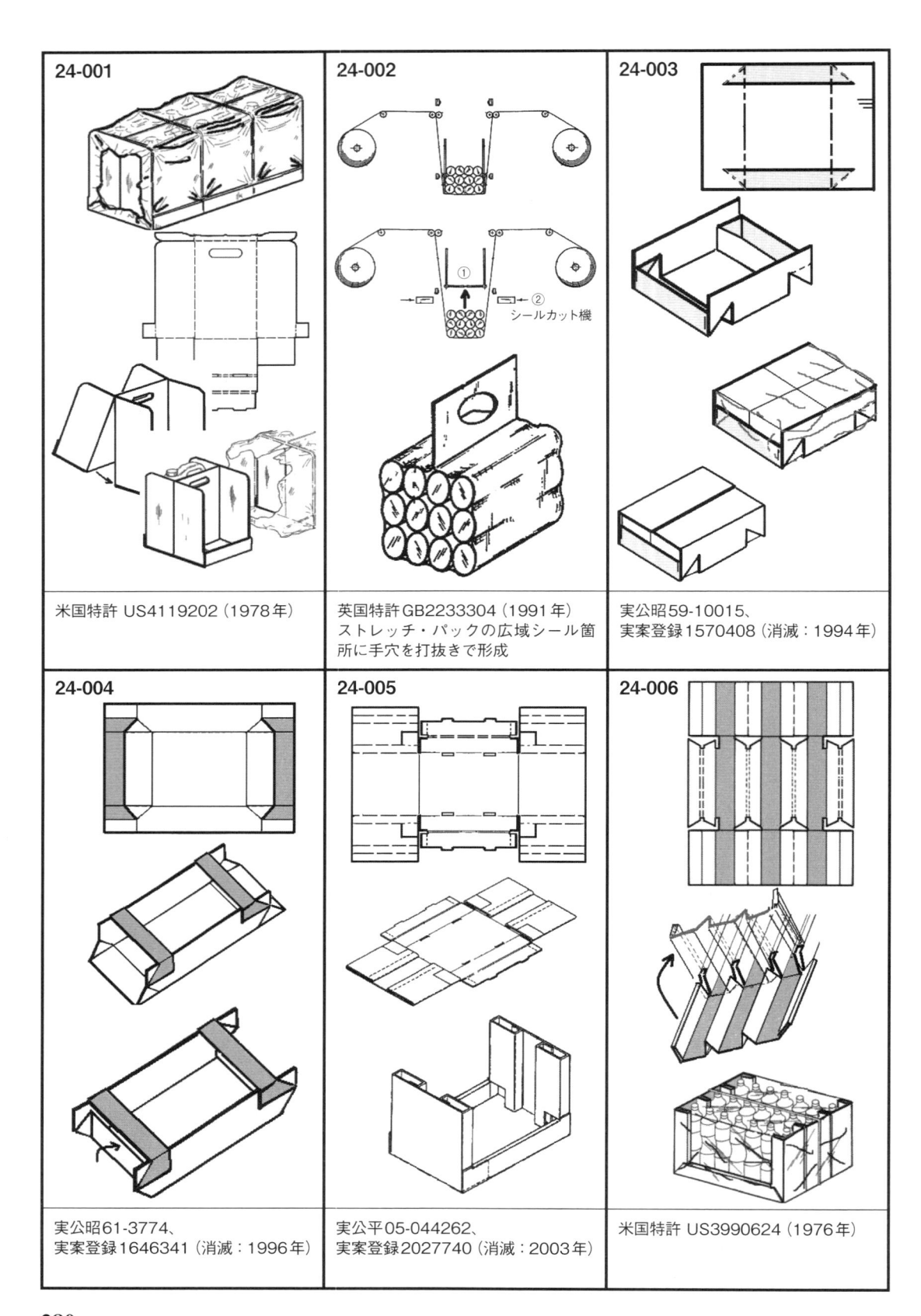

24-001	24-002	24-003
米国特許 US4119202（1978年）	英国特許 GB2233304（1991年） ストレッチ・パックの広域シール箇所に手穴を打抜きで形成	実公昭59-10015、 実案登録1570408（消滅：1994年）
24-004	24-005	24-006
実公昭61-3774、 実案登録1646341（消滅：1996年）	実公平05-044262、 実案登録2027740（消滅：2003年）	米国特許 US3990624（1976年）

シールカット機

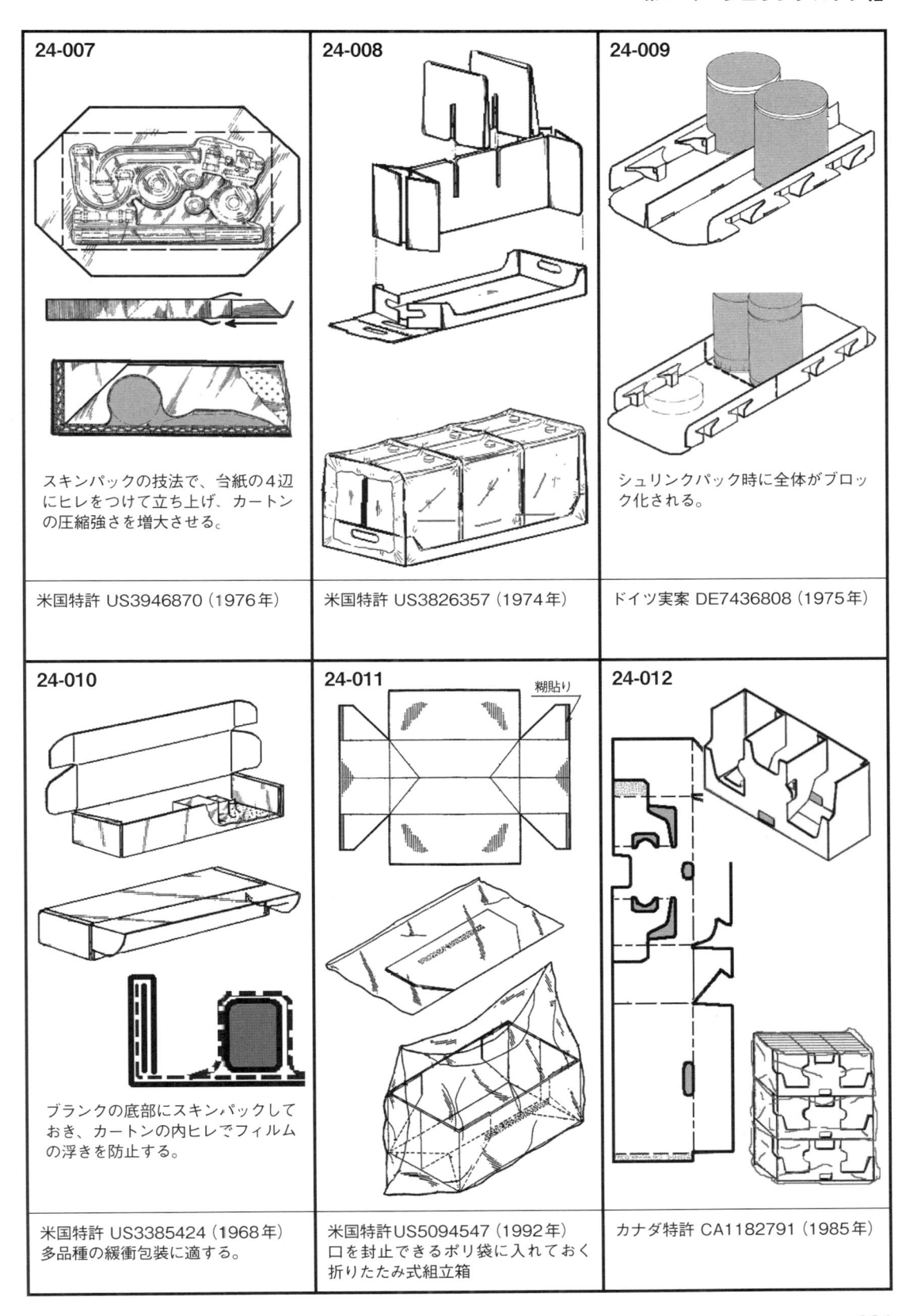

24-007

スキンパックの技法で、台紙の4辺にヒレをつけて立ち上げ、カートンの圧縮強さを増大させる。

米国特許 US3946870（1976年）

24-008

米国特許 US3826357（1974年）

24-009

シュリンクパック時に全体がブロック化される。

ドイツ実案 DE7436808（1975年）

24-010

ブランクの底部にスキンパックしておき、カートンの内ヒレでフィルムの浮きを防止する。

米国特許 US3385424（1968年）
多品種の緩衝包装に適する。

24-011

糊貼り

米国特許 US5094547（1992年）
口を封止できるポリ袋に入れておく
折りたたみ式組立箱

24-012

カナダ特許 CA1182791（1985年）

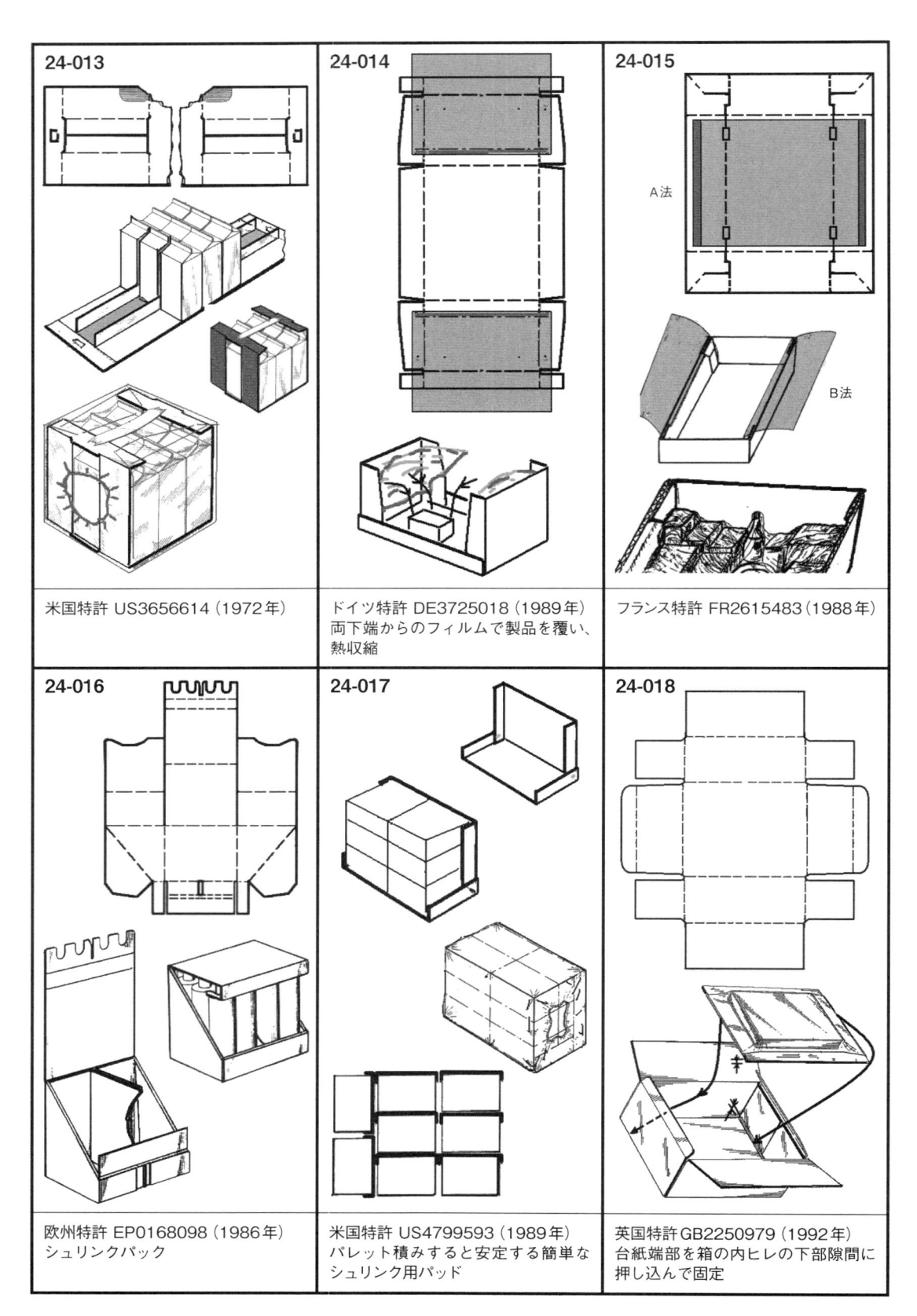

24-013

米国特許 US3656614 (1972年)

24-014

ドイツ特許 DE3725018 (1989年)
両下端からのフィルムで製品を覆い、
熱収縮

24-015

A法

B法

フランス特許 FR2615483 (1988年)

24-016

欧州特許 EP0168098 (1986年)
シュリンクパック

24-017

米国特許 US4799593 (1989年)
パレット積みすると安定する簡単な
シュリンク用パッド

24-018

英国特許 GB2250979 (1992年)
台紙端部を箱の内ヒレの下部隙間に
押し込んで固定

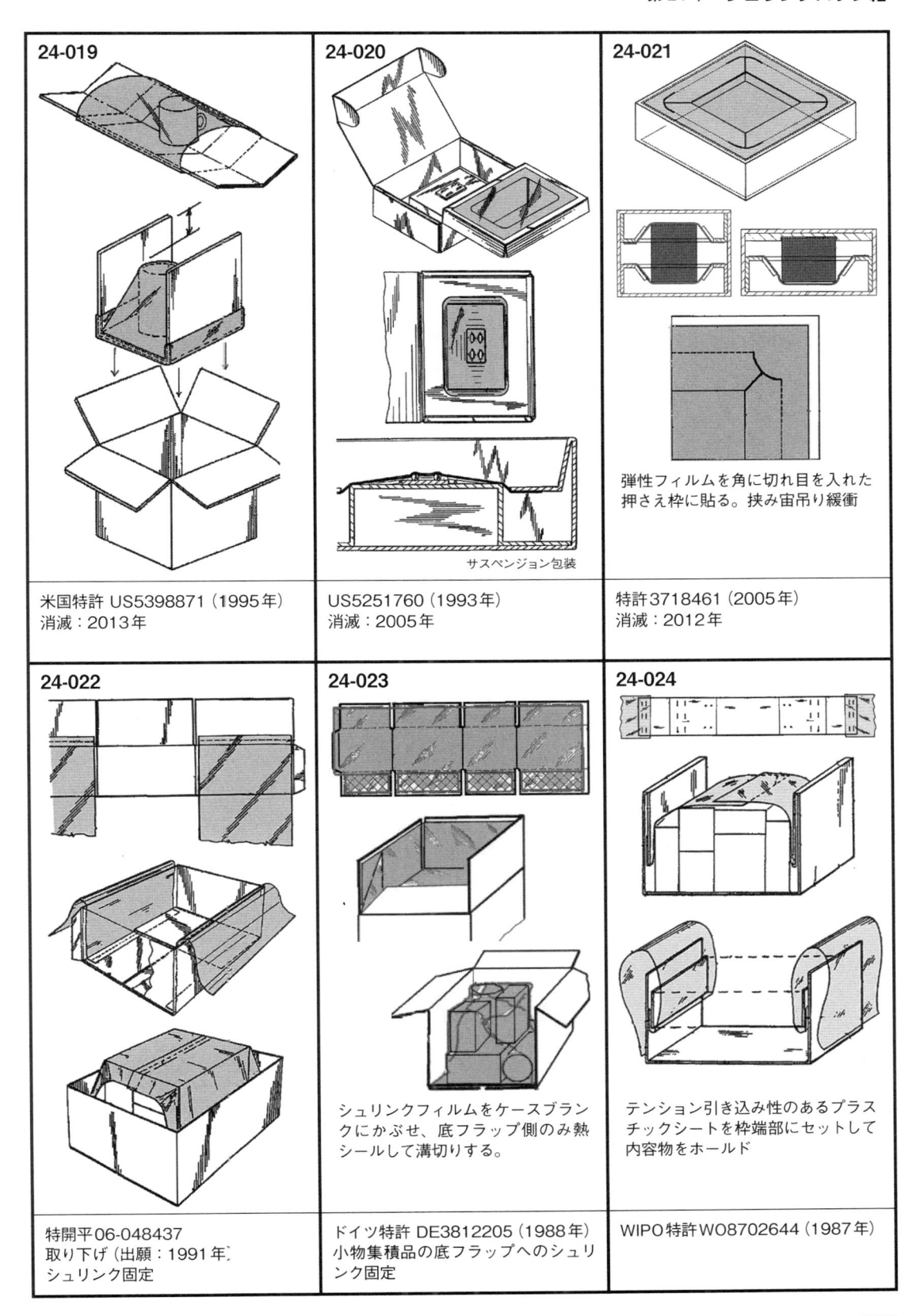

24-019

米国特許 US5398871（1995年）
消滅：2013年

24-020

サスペンジョン包装

US5251760（1993年）
消滅：2005年

24-021

弾性フィルムを角に切れ目を入れた
押さえ枠に貼る。挟み宙吊り緩衝

特許3718461（2005年）
消滅：2012年

24-022

特開平06-048437
取り下げ（出願：1991年）
シュリンク固定

24-023

シュリンクフィルムをケースブラン
クにかぶせ、底フラップ側のみ熱
シールして溝切りする。

ドイツ特許 DE3812205（1988年）
小物集積品の底フラップへのシュリ
ンク固定

24-024

テンション引き込み性のあるプラス
チックシートを枠端部にセットして
内容物をホールド

WIPO特許 WO8702644（1987年）

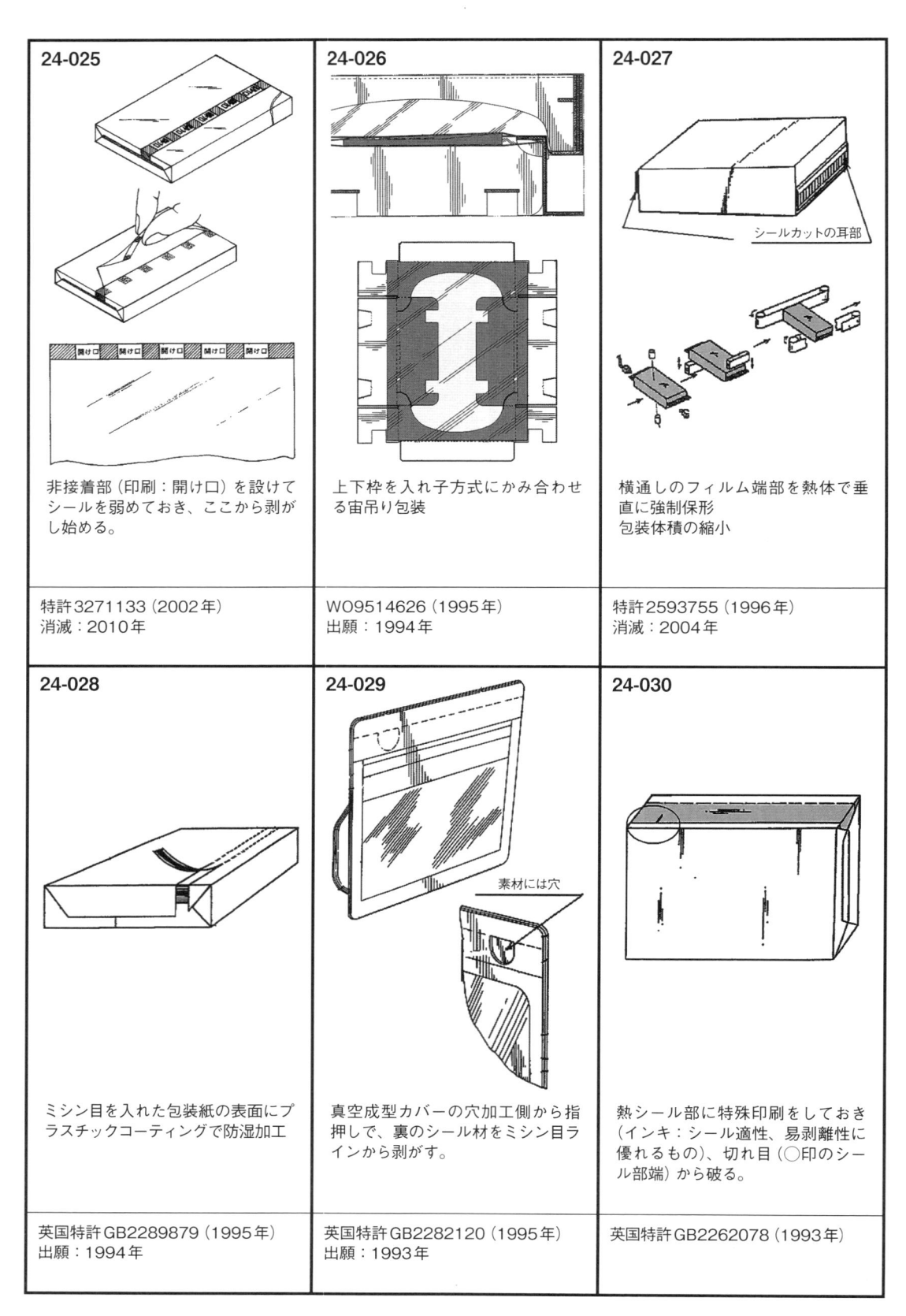

24-025	24-026	24-027
非接着部（印刷：開け口）を設けてシールを弱めておき、ここから剥がし始める。	上下枠を入れ子方式にかみ合わせる宙吊り包装	横通しのフィルム端部を熱体で垂直に強制保形 包装体積の縮小 シールカットの耳部
特許3271133（2002年） 消滅：2010年	WO9514626（1995年） 出願：1994年	特許2593755（1996年） 消滅：2004年
24-028	24-029	24-030
ミシン目を入れた包装紙の表面にプラスチックコーティングで防湿加工	真空成型カバーの穴加工側から指押しで、裏のシール材をミシン目ラインから剥がす。 素材には穴	熱シール部に特殊印刷をしておき（インキ：シール適性、易剥離性に優れるもの）、切れ目（○印のシール部端）から破る。
英国特許GB2289879（1995年） 出願：1994年	英国特許GB2282120（1995年） 出願：1993年	英国特許GB2262078（1993年）

24「シュリンクパック箱」関連リスト			
02-133	23-039	23-089	36-155
23-016	23-084	33-006	

25 ファストフード箱

この分野の紙製容器は、主としてファストフード店、およびスーパーの惣菜売り場で使圧されるものとして開発されている。従って、この業種の発祥である米国で盛んに開発がなされてきた。この容器開発は各種競技場で持ち運びに使用されるボトル用キャリー、穴つきトレーにも波及した。その後は電子レンジ用の加熱可能容器にも用途は拡大した。

専圧機械で量産されることを前提にした形態がほとんどであり、かつ蓋の開放・封止が容易な形態が好まれ、高度な設計テクニックが凝縮されている。中でもクラムシェルタイプは、材料の開発と形態開発が継続している。

この種の形態の出願数は食品包装関係の中では最も多いグループになっている。

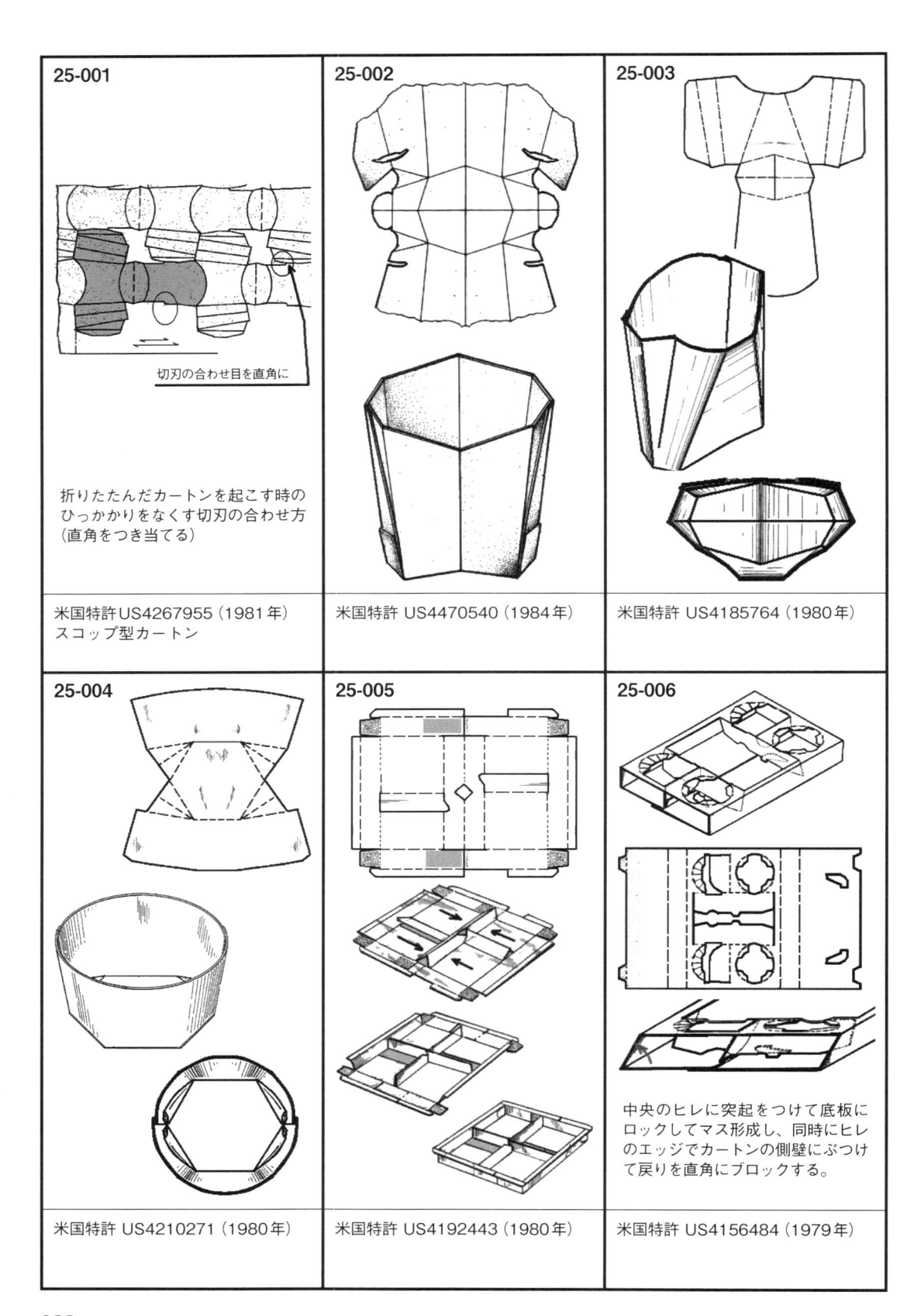

25-001	25-002	25-003
切刃の合わせ目を直角に 折りたたんだカートンを起こす時の ひっかかりをなくす切刃の合わせ方 （直角をつき当てる）		
米国特許US4267955（1981年） スコップ型カートン	米国特許 US4470540（1984年）	米国特許 US4185764（1980年）
25-004	25-005	25-006
		中央のヒレに突起をつけて底板に ロックしてマス形成し、同時にヒレ のエッジでカートンの側壁にぶつけ て戻りを直角にブロックする。
米国特許 US4210271（1980年）	米国特許 US4192443（1980年）	米国特許 US4156484（1979年）

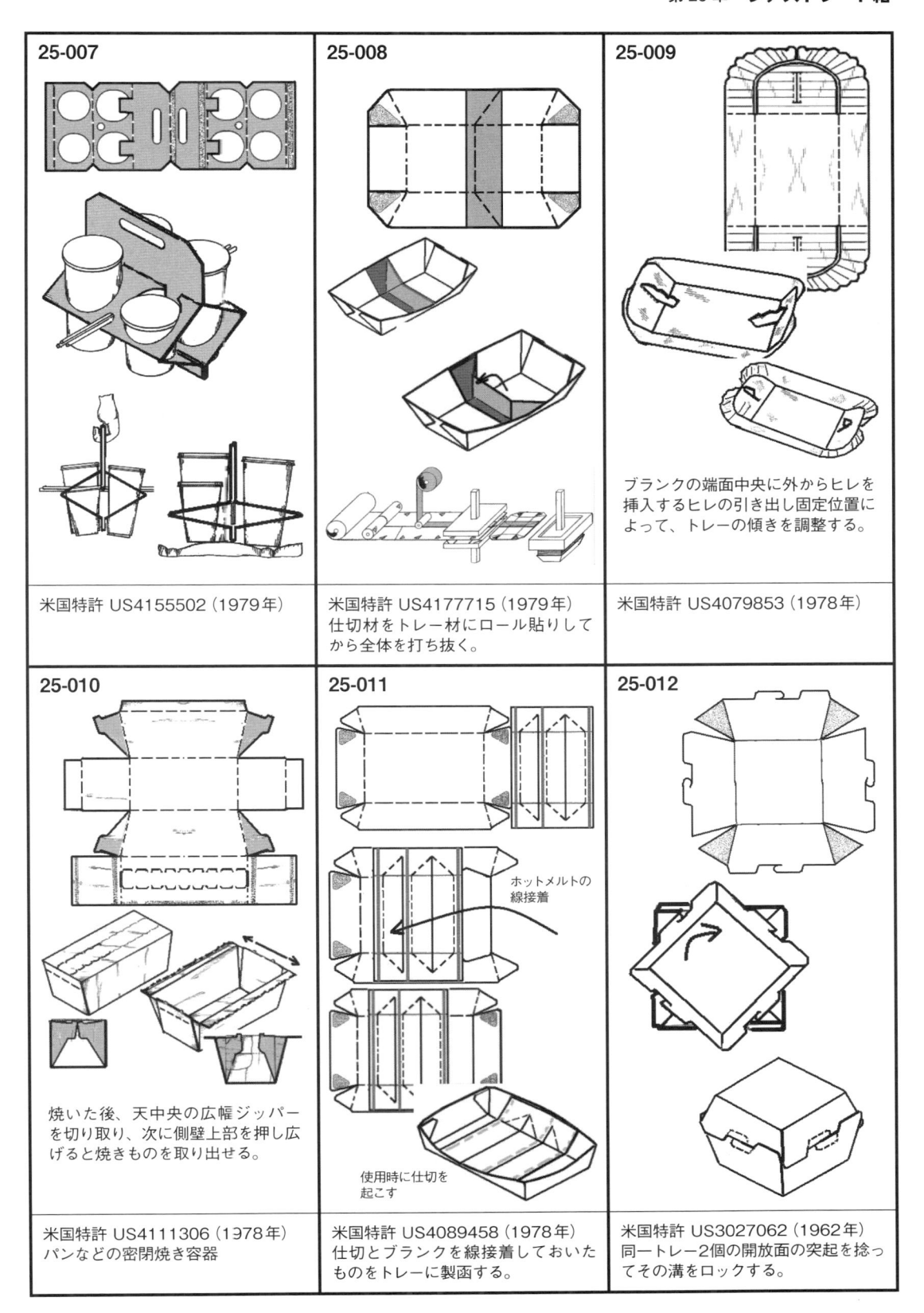

25-007

25-008

25-009

ブランクの端面中央に外からヒレを
挿入するヒレの引き出し固定位置に
よって、トレーの傾きを調整する。

米国特許 US4155502（1979年）

米国特許 US4177715（1979年）
仕切材をトレー材にロール貼りして
から全体を打ち抜く。

米国特許 US4079853（1978年）

25-010

25-011

ホットメルトの
線接着

25-012

焼いた後、天中央の広幅ジッパー
を切り取り、次に側壁上部を押し広
げると焼きものを取り出せる。

使用時に仕切を
起こす

米国特許 US4111306（1978年）
パンなどの密閉焼き容器

米国特許 US4089458（1978年）
仕切とブランクを線接着しておいた
ものをトレーに製函する。

米国特許 US3027062（1962年）
同一トレー2個の開放面の突起を捻っ
てその溝をロックする。

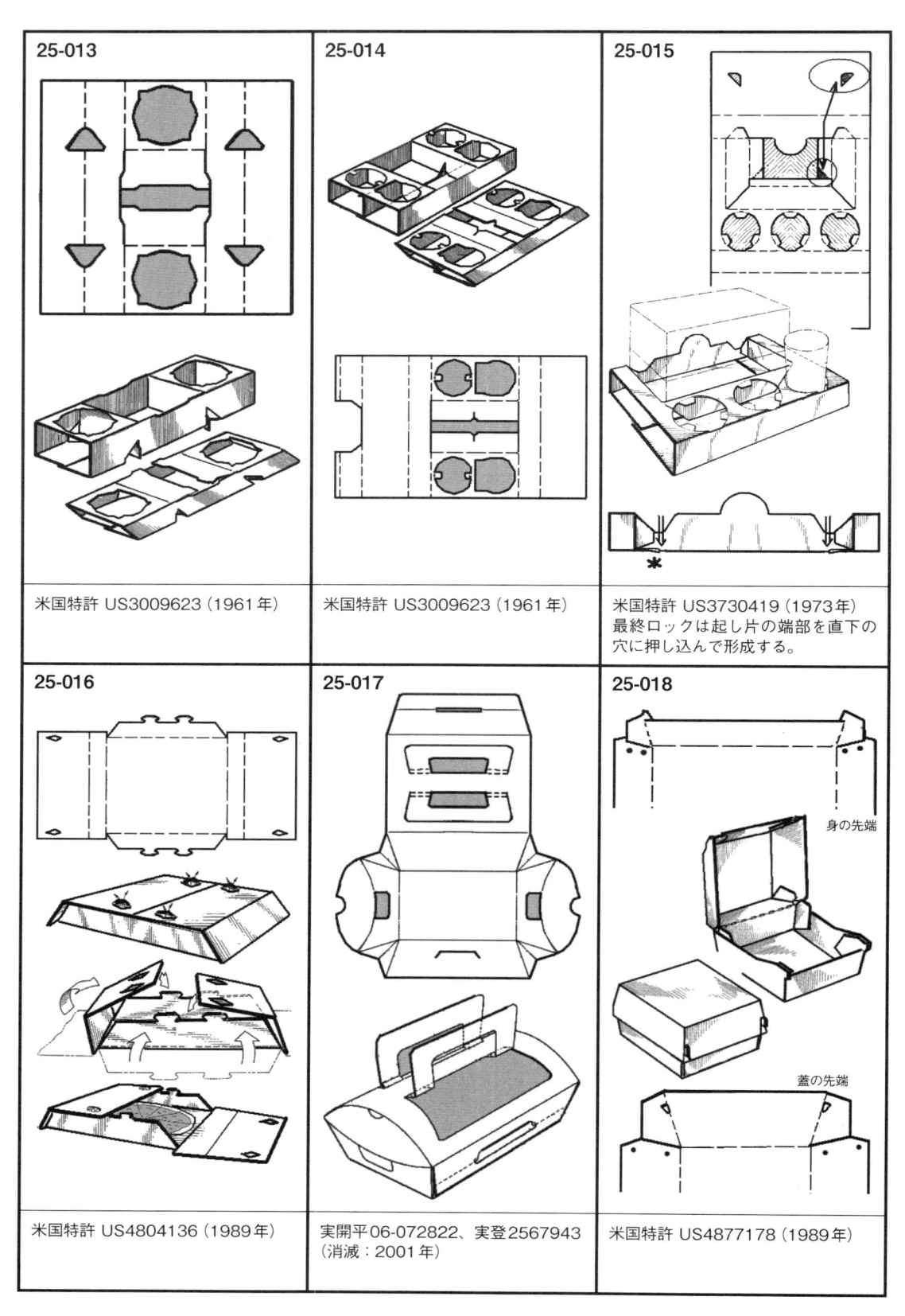

25-013	25-014	25-015
米国特許 US3009623（1961年）	米国特許 US3009623（1961年）	米国特許 US3730419（1973年） 最終ロックは起し片の端部を直下の穴に押し込んで形成する。
25-016	25-017	25-018
米国特許 US4804136（1989年）	実開平06-072822、実登2567943 （消滅：2001年）	米国特許 US4877178（1989年）

25-018内の図注：身の先端／蓋の先端

25-015内の図注：＊

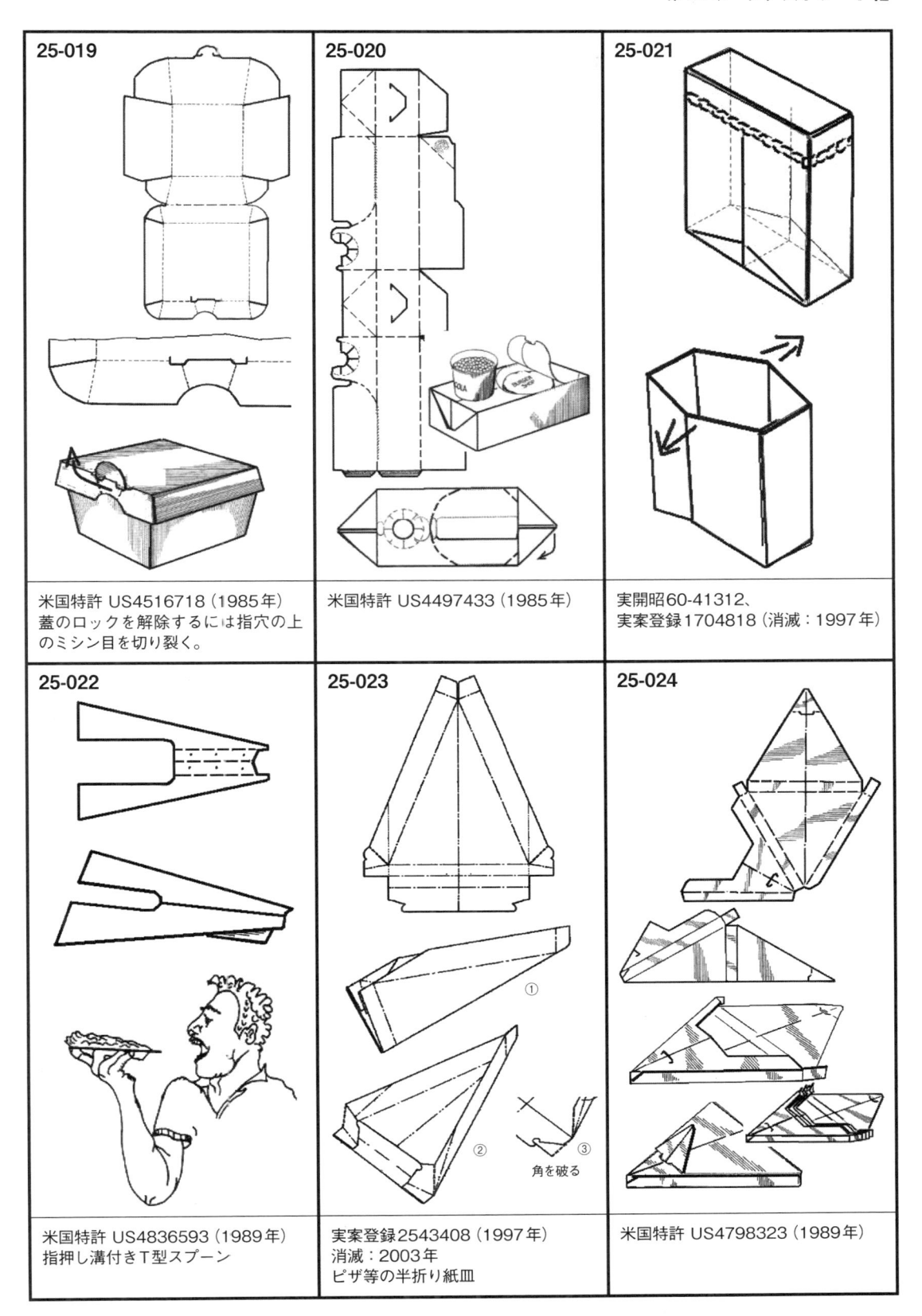

25-019

米国特許 US4516718（1985年）
蓋のロックを解除するには指穴の上
のミシン目を切り裂く。

25-020

米国特許 US4497433（1985年）

25-021

実開昭60-41312、
実案登録1704818（消滅：1997年）

25-022

米国特許 US4836593（1989年）
指押し溝付きT型スプーン

25-023

① ②
角を破る ③

実案登録2543408（1997年）
消滅：2003年
ピザ等の半折り紙皿

25-024

米国特許 US4798323（1989年）

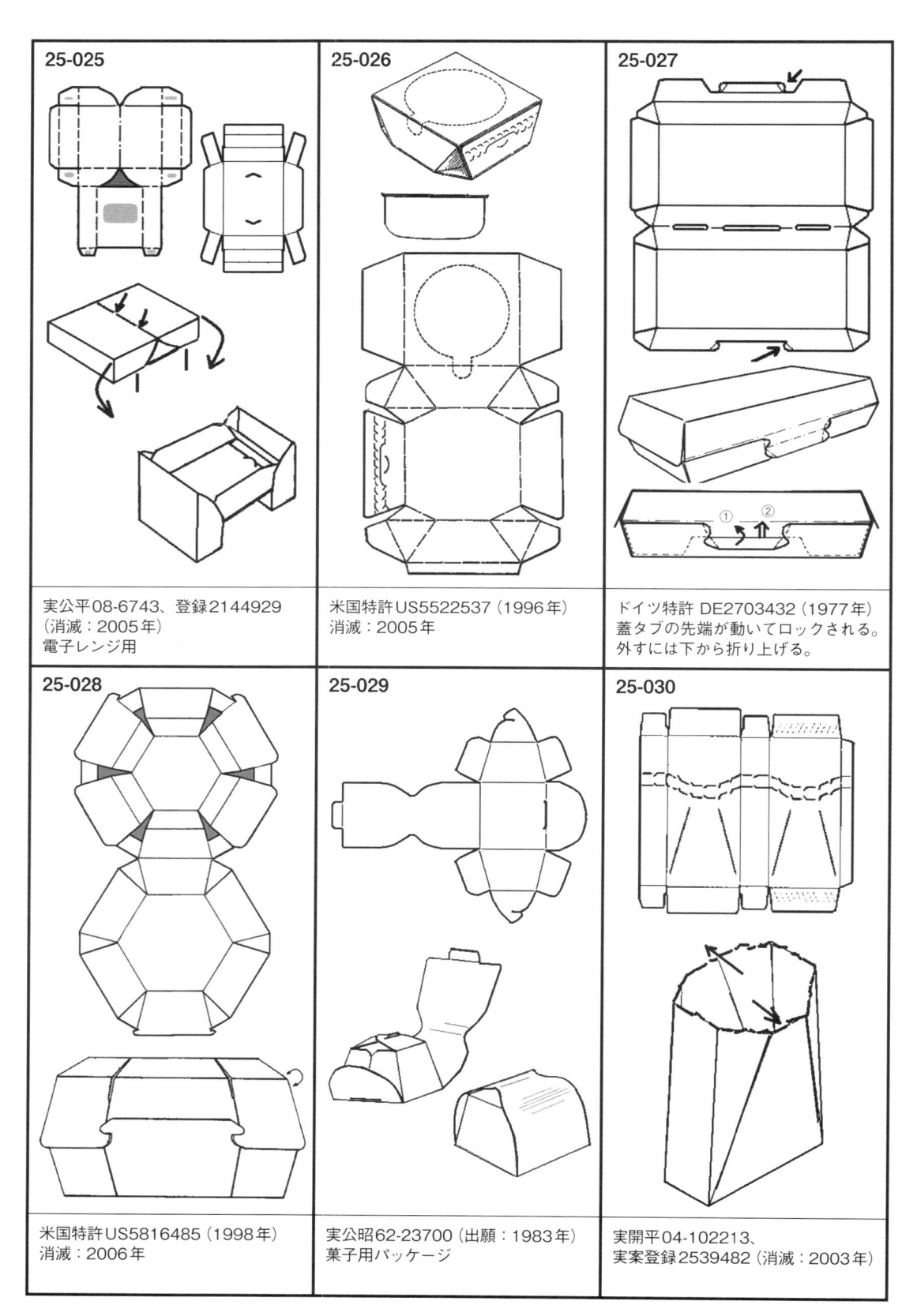

25-025

実公平08-6743、登録2144929
（消滅：2005年）
電子レンジ用

25-026

米国特許US5522537（1996年）
消滅：2005年

25-027

ドイツ特許 DE2703432（1977年）
蓋タブの先端が動いてロックされる。
外すには下から折り上げる。

25-028

米国特許US5816485（1998年）
消滅：2006年

25-029

実公昭62-23700（出願：1983年）
菓子用パッケージ

25-030

実開平04-102213、
実案登録2539482（消滅：2003年）

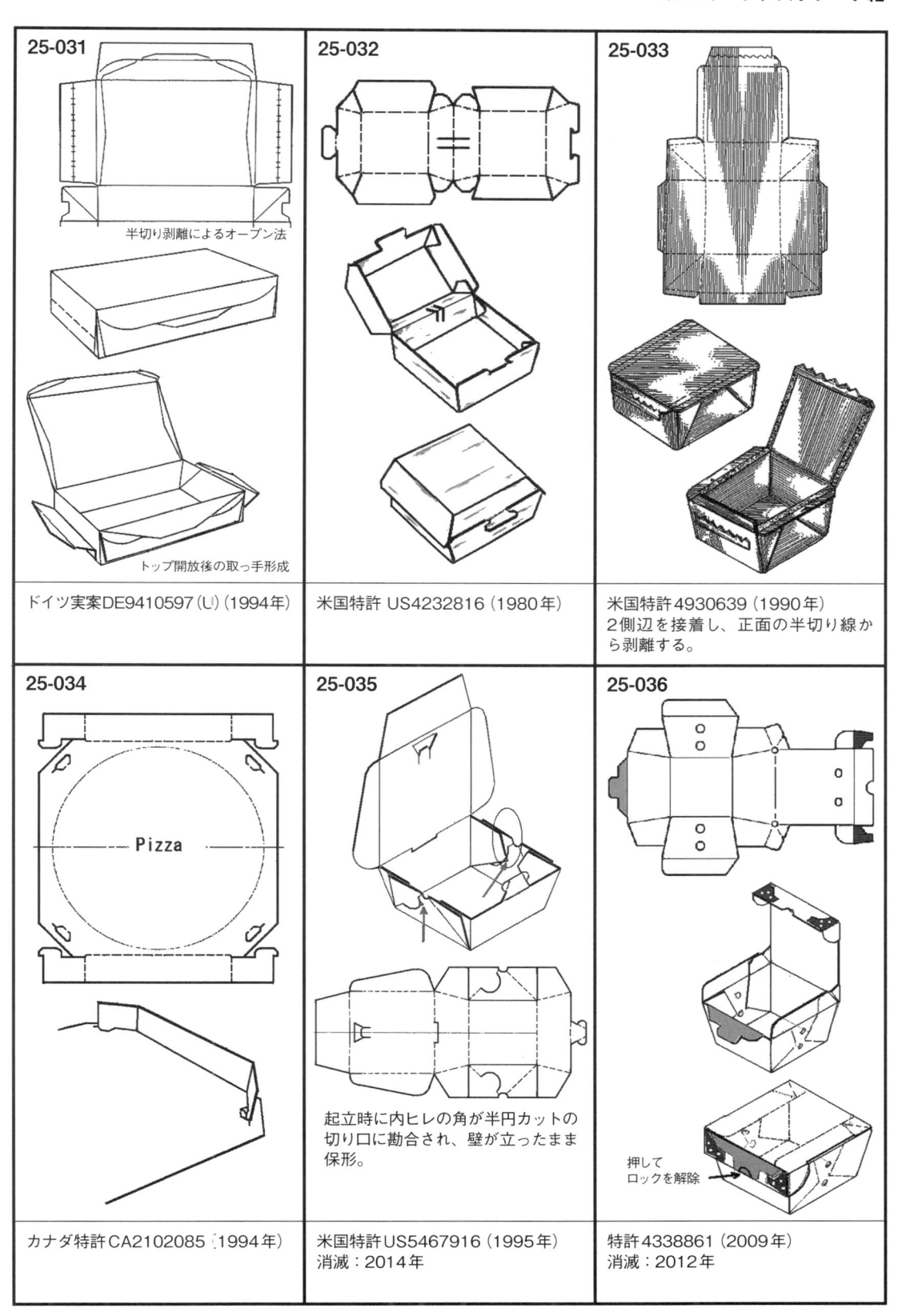

25-031

半切り剥離によるオープン法

トップ開放後の取っ手形成

ドイツ実案DE9410597（U）（1994年）

25-032

米国特許 US4232816（1980年）

25-033

米国特許4930639（1990年）
2側辺を接着し、正面の半切り線か
ら剥離する。

25-034

Pizza

カナダ特許CA2102085（1994年）

25-035

起立時に内ヒレの角が半円カットの
切り口に勘合され、壁が立ったまま
保形。

米国特許US5467916（1995年）
消滅：2014年

25-036

押して
ロックを解除

特許4338861（2009年）
消滅：2012年

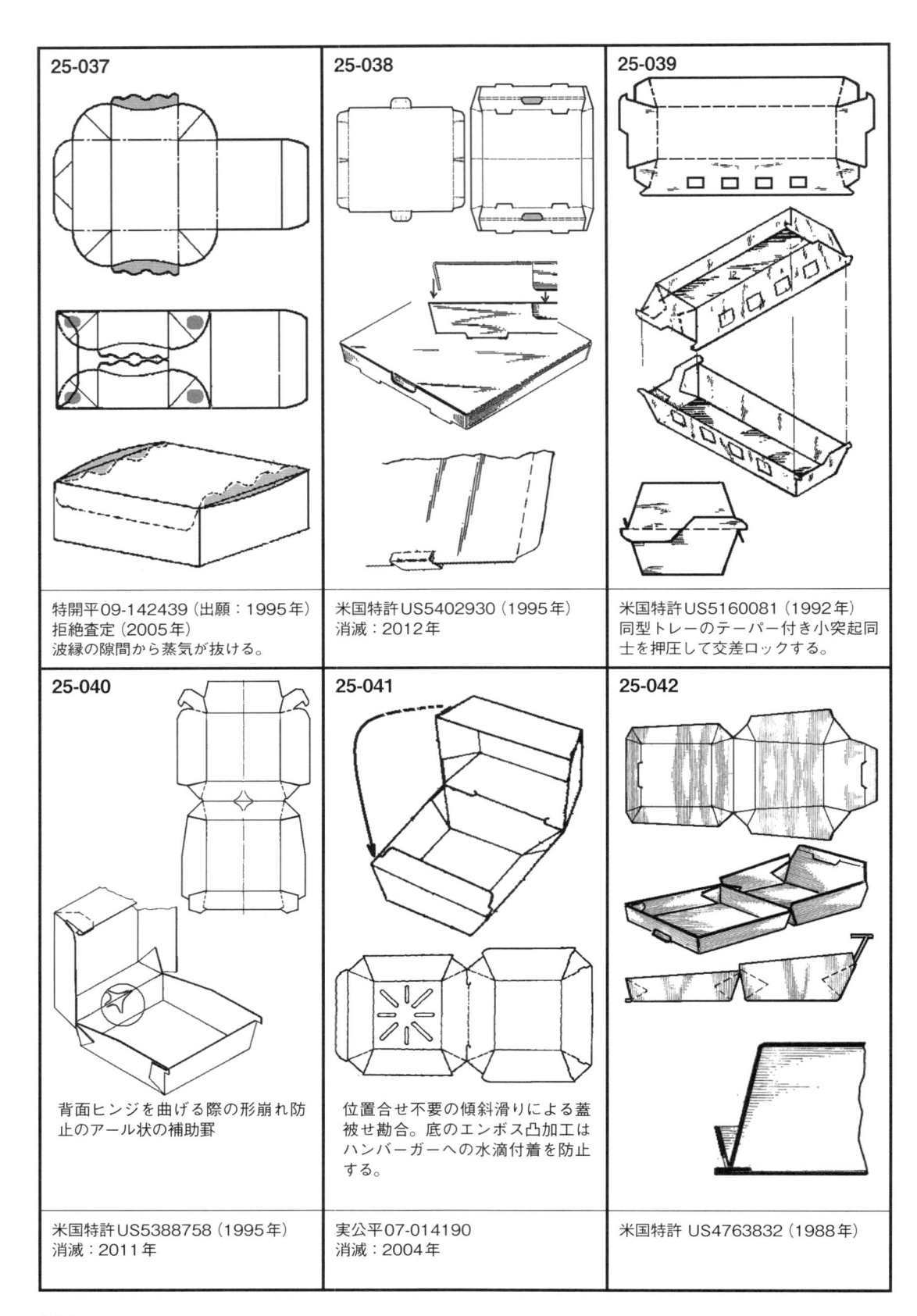

25-037

特開平09-142439（出願：1995年）
拒絶査定（2005年）
波縁の隙間から蒸気が抜ける。

25-038

米国特許US5402930（1995年）
消滅：2012年

25-039

米国特許US5160081（1992年）
同型トレーのテーパー付き小突起同
士を押圧して交差ロックする。

25-040

背面ヒンジを曲げる際の形崩れ防
止のアール状の補助罫

米国特許US5388758（1995年）
消滅：2011年

25-041

位置合せ不要の傾斜滑りによる蓋
被せ勘合。底のエンボス凸加工は
ハンバーガーへの水滴付着を防止
する。

実公平07-014190
消滅：2004年

25-042

米国特許 US4763832（1988年）

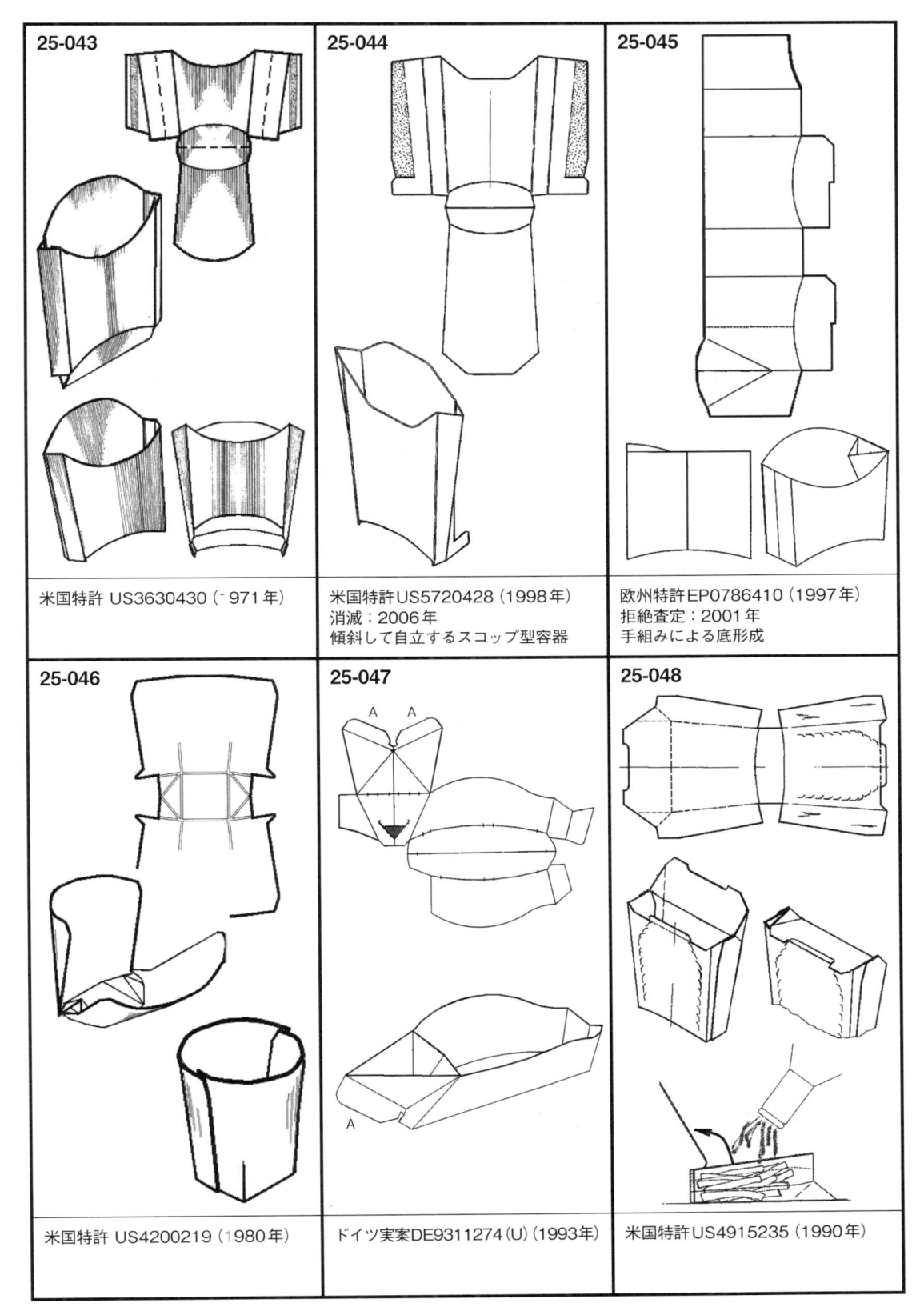

25-043

米国特許 US3630430（1971 年）

25-044

米国特許 US5720428（1998 年）
消滅：2006 年
傾斜して自立するスコップ型容器

25-045

欧州特許 EP0786410（1997 年）
拒絶査定：2001 年
手組みによる底形成

25-046

米国特許 US4200219（1980 年）

25-047

ドイツ実案 DE9311274（U）（1993 年）

25-048

米国特許 US4915235（1990 年）

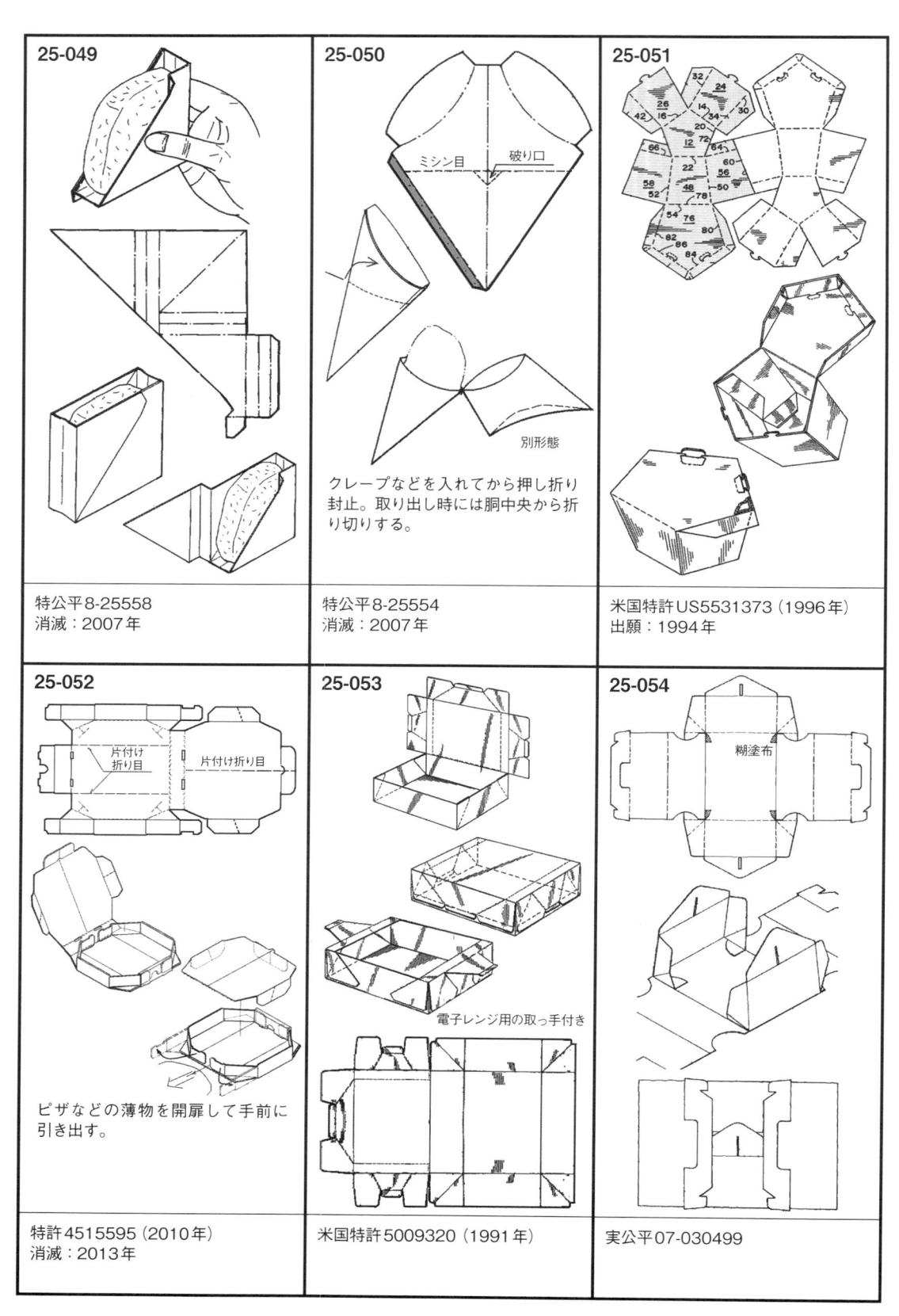

25-049

特公平8-25558
消滅：2007年

25-050

ミシン目　破り口

別形態

クレープなどを入れてから押し折り
封止。取り出し時には胴中央から折
り切りする。

特公平8-25554
消滅：2007年

25-051

米国特許US5531373（1996年）
出願：1994年

25-052

片付け折り目　片付け折り目

ピザなどの薄物を開扉して手前に
引き出す。

特許4515595（2010年）
消滅：2013年

25-053

電子レンジ用の取っ手付き

米国特許5009320（1991年）

25-054

糊塗布

実公平07-030499

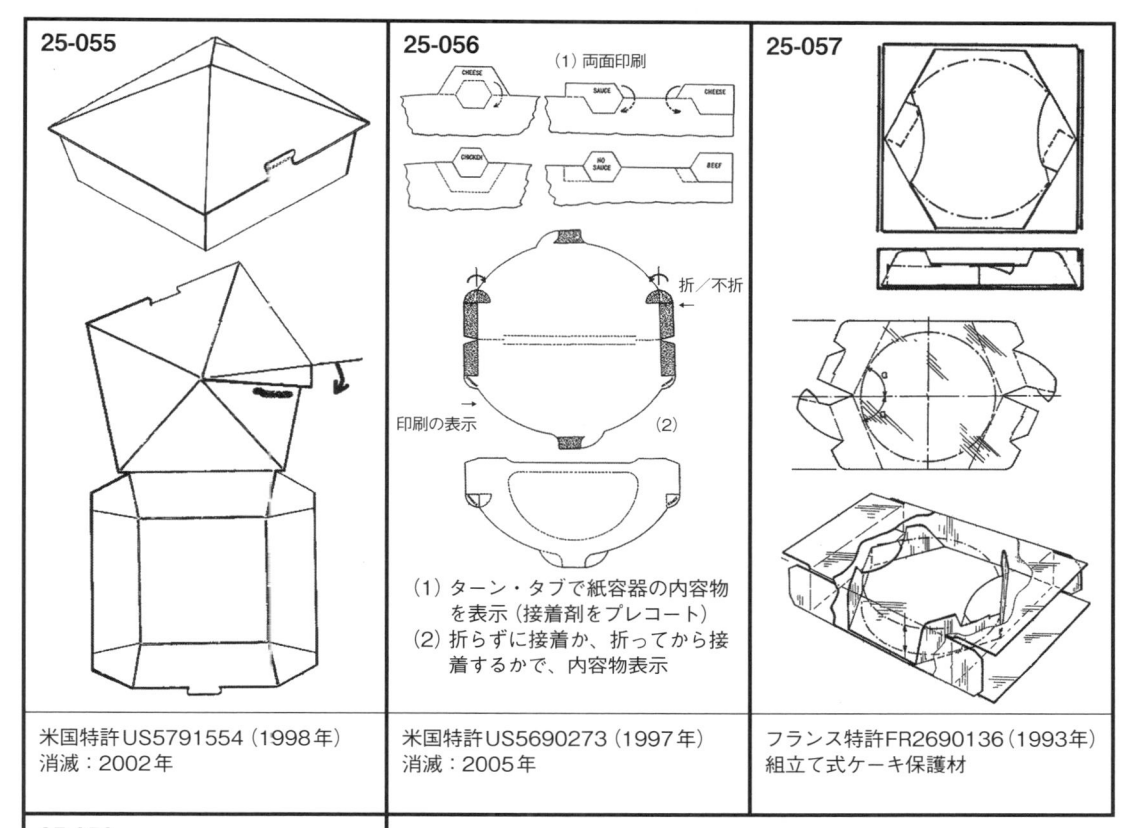

25-055

米国特許US5791554（1998年）
消滅：2002年

25-056

（1）両面印刷

折／不折

印刷の表示　（2）

（1）ターン・タブで紙容器の内容物を表示（接着剤をプレコート）
（2）折らずに接着か、折ってから接着するかで、内容物表示

米国特許US5690273（1997年）
消滅：2005年

25-057

フランス特許FR2690136（1993年）
組立て式ケーキ保護材

25-058

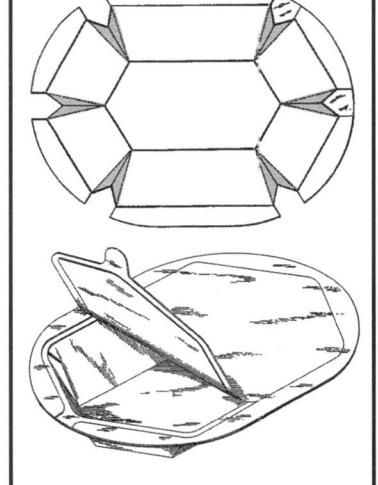

打ち抜きブランクの熱プレス成型時にバリアフィルムをラミネート。充填シールにはラミネート材でシール。

米国特許US5253801（1993年）

25「ファストフード箱」関連リスト	
01-071	39-018
01-085	39-024
01-112	39-027
03-034	39-028
14-043	39-031
18-041	39-036
23-031	40-008

26

マルチパック、キャリア

　板紙マルチパッケージの大部分の形態が米国で発明されている。現在もこの状況が継続している背景には、コストパフォーマンスに優れる強耐水仕様の板紙の多くが米国で生産され、世界中に輸出されていることが関係している。またパックする生産機械の多くが米国製であることも起因している。

　大別すると箱タイプ、スリーブタイプおよびバケットタイプに分けられる。日本で主流になっているのはスリーブタイプで、平のブランクでラインに供給される。この種のカートンは高速で包み込み、ロックされるため、性能アップを目指してロック機構の研究開発が行われた。

　欧米では手提げ式のバケットタイプも多く使用され、形態も多数発明されている。最近の開発傾向として、持ち運び適性を向上させるハンドル形成とその補強に焦点が当てられている。

　日本では食品カップの3〜5個パックの集合技法として簡易的マルチ手法の採用が盛んである。これにシュリンクフィルムを併用する例が多い。

　この分野の形態およびロック機構はマイクロフルートまたはミニフルートのダンボール包装にも応用可能なものも含まれている。

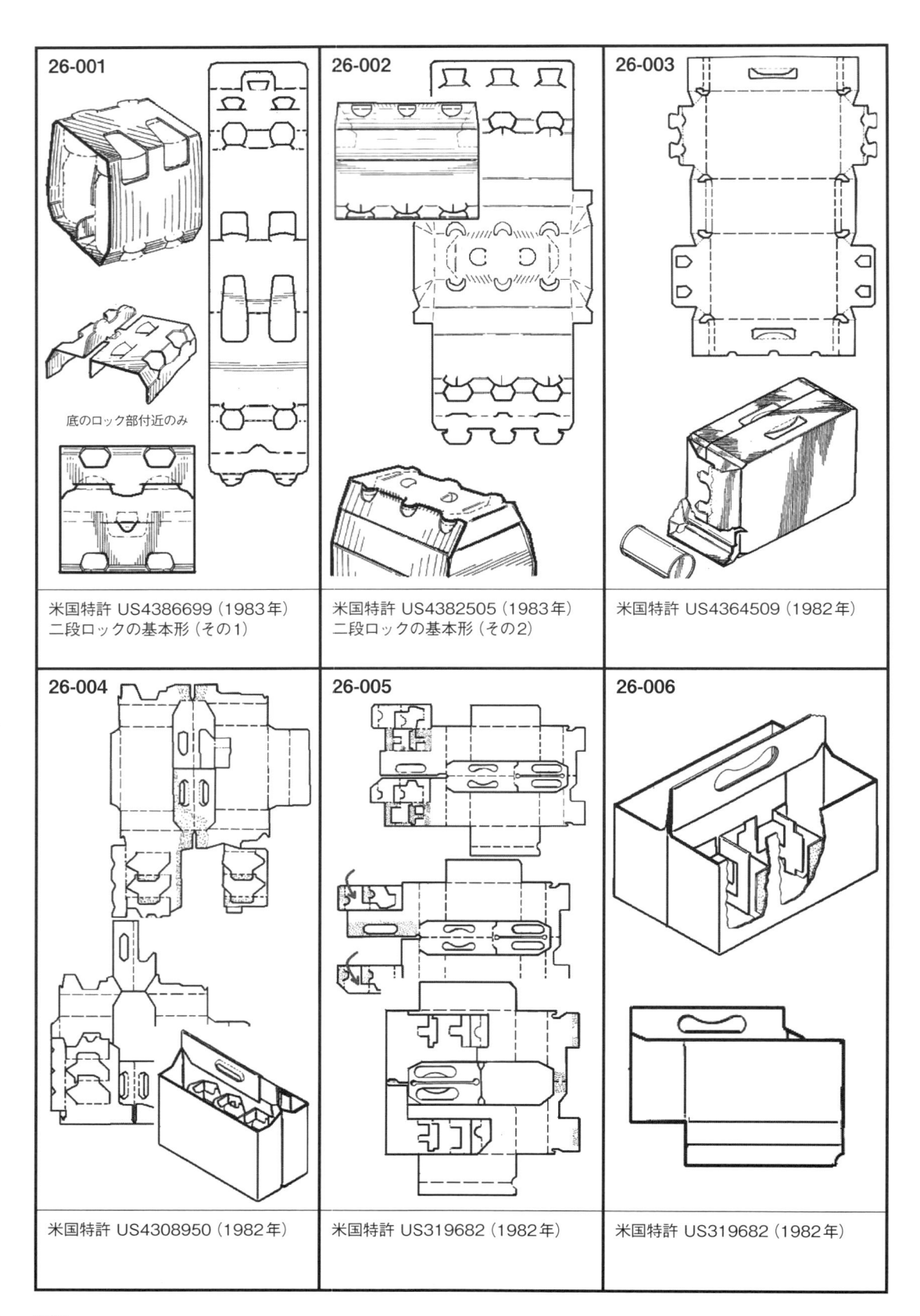

26-001

底のロック部付近のみ

米国特許 US4386699（1983年）
二段ロックの基本形（その1）

26-002

米国特許 US4382505（1983年）
二段ロックの基本形（その2）

26-003

米国特許 US4364509（1982年）

26-004

米国特許 US4308950（1982年）

26-005

米国特許 US319682（1982年）

26-006

米国特許 US319682（1982年）

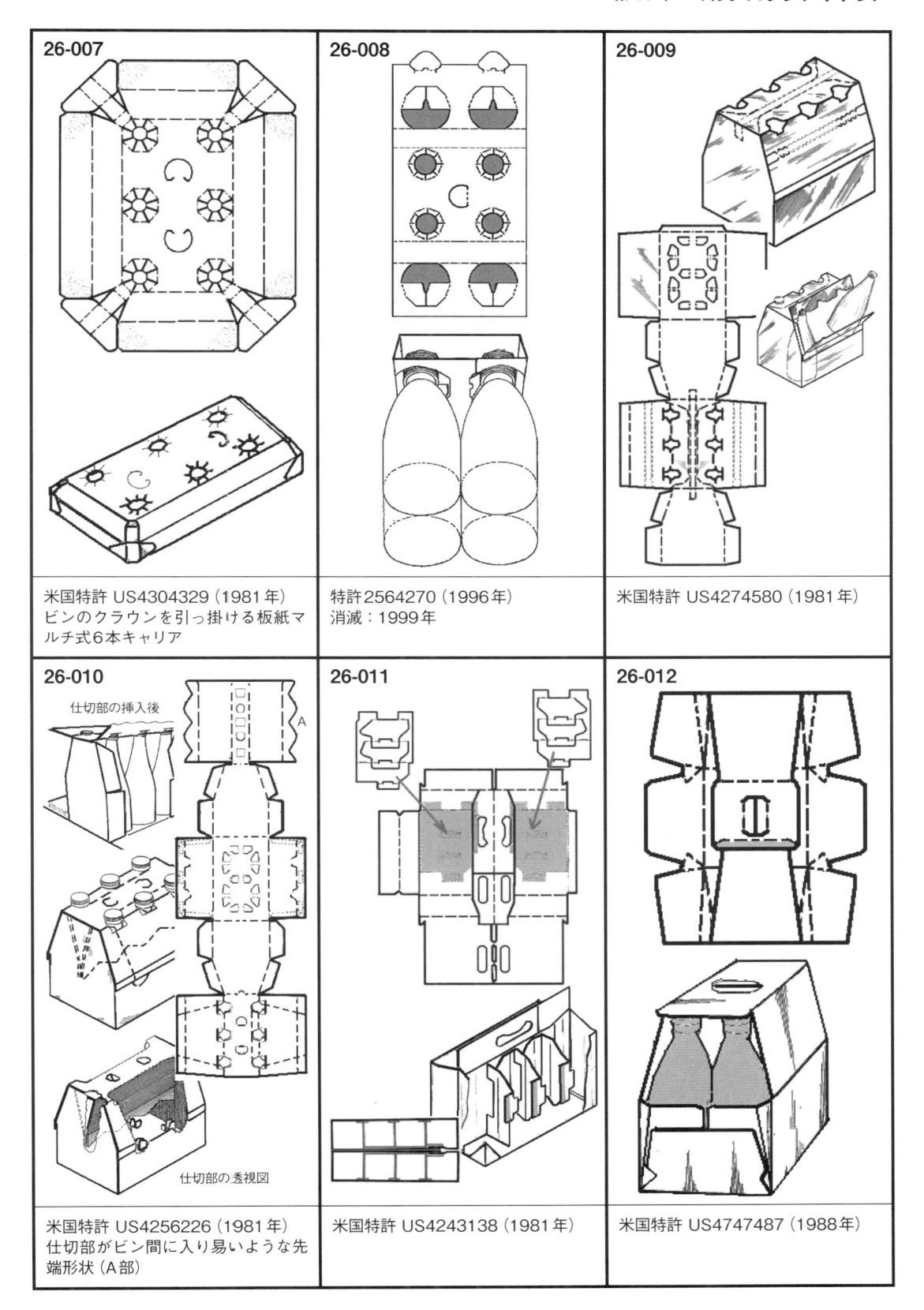

26-007

米国特許 US4304329（1981 年）
ビンのクラウンを引っ掛ける板紙マ
ルチ式 6 本キャリア

26-008

特許 2564270（1996 年）
消滅：1999 年

26-009

米国特許 US4274580（1981 年）

26-010

仕切部の挿入後

A

仕切部の透視図

米国特許 US4256226（1981 年）
仕切部がビン間に入り易いような先
端形状（A 部）

26-011

米国特許 US4243138（1981 年）

26-012

米国特許 US4747487（1988 年）

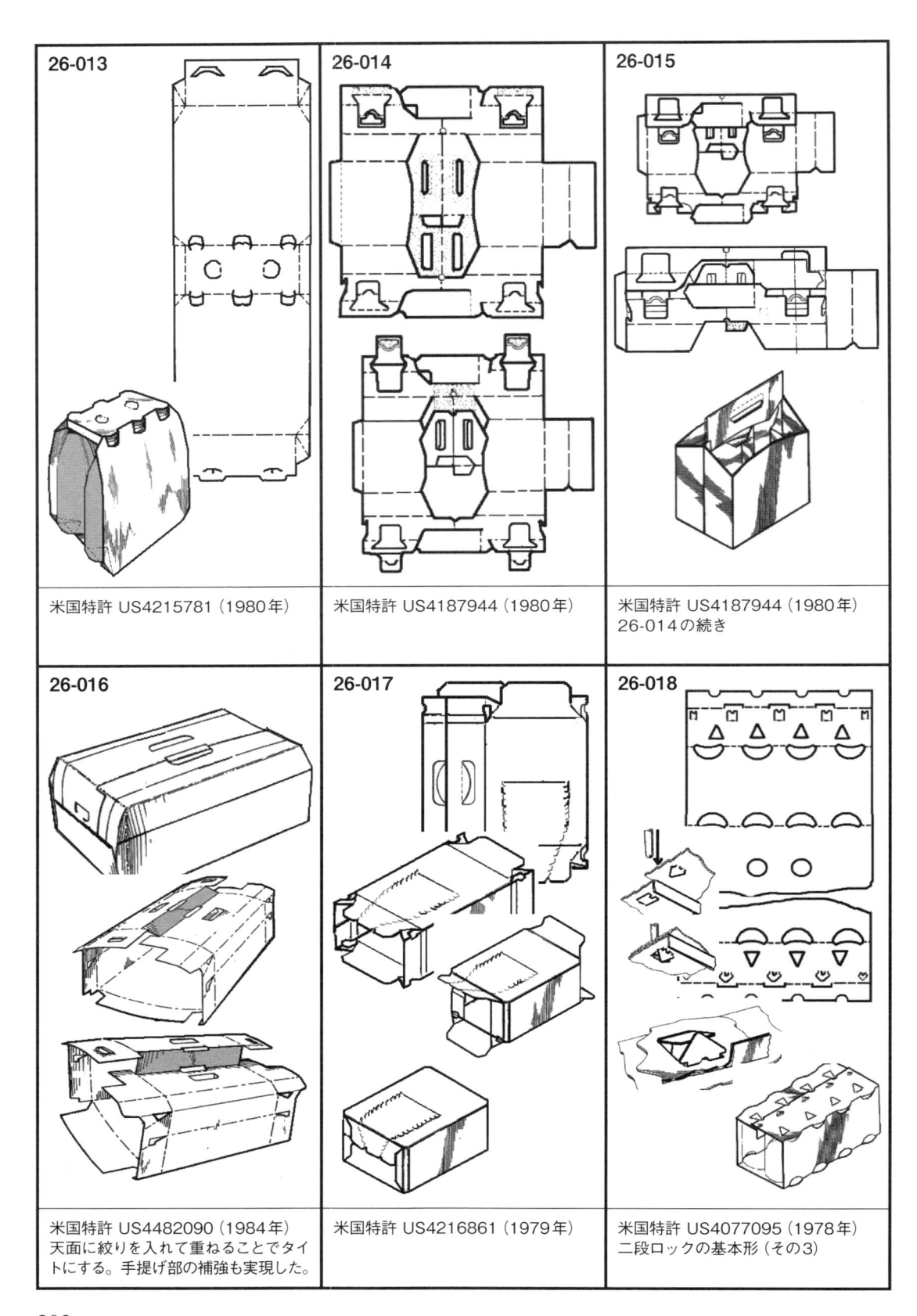

26-013	26-014	26-015
米国特許 US4215781（1980年）	米国特許 US4187944（1980年）	米国特許 US4187944（1980年） 26-014の続き

26-016	26-017	26-018
米国特許 US4482090（1984年） 天面に絞りを入れて重ねることでタイトにする。手提げ部の補強も実現した。	米国特許 US4216861（1979年）	米国特許 US4077095（1978年） 二段ロックの基本形（その3）

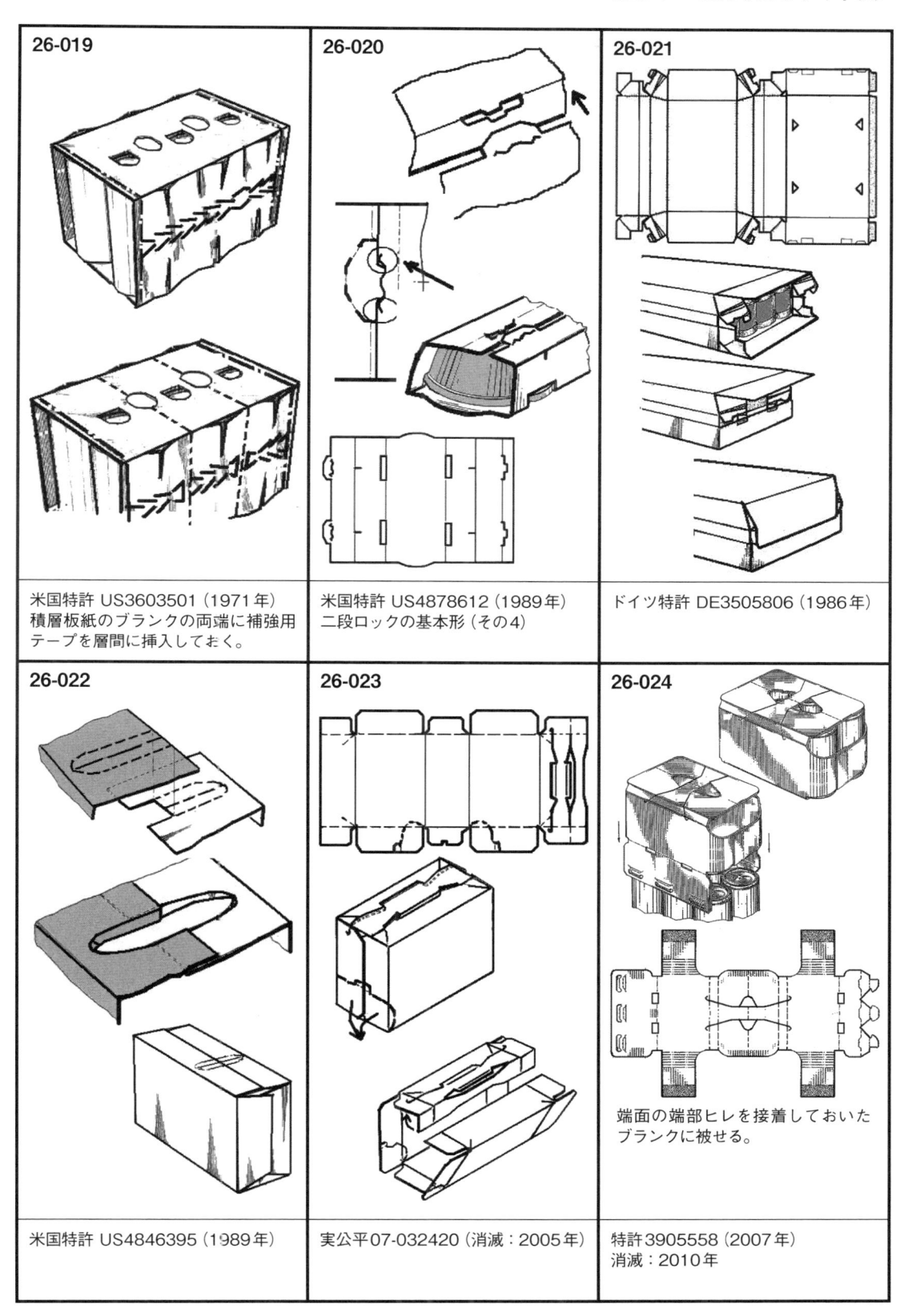

26-019

米国特許 US3603501（1971年）
積層板紙のブランクの両端に補強用
テープを層間に挿入しておく。

26-020

米国特許 US4878612（1989年）
二段ロックの基本形（その4）

26-021

ドイツ特許 DE3505806（1986年）

26-022

米国特許 US4846395（1989年）

26-023

実公平07-032420（消滅：2005年）

26-024

端面の端部ヒレを接着しておいた
ブランクに被せる。

特許3905558（2007年）
消滅：2010年

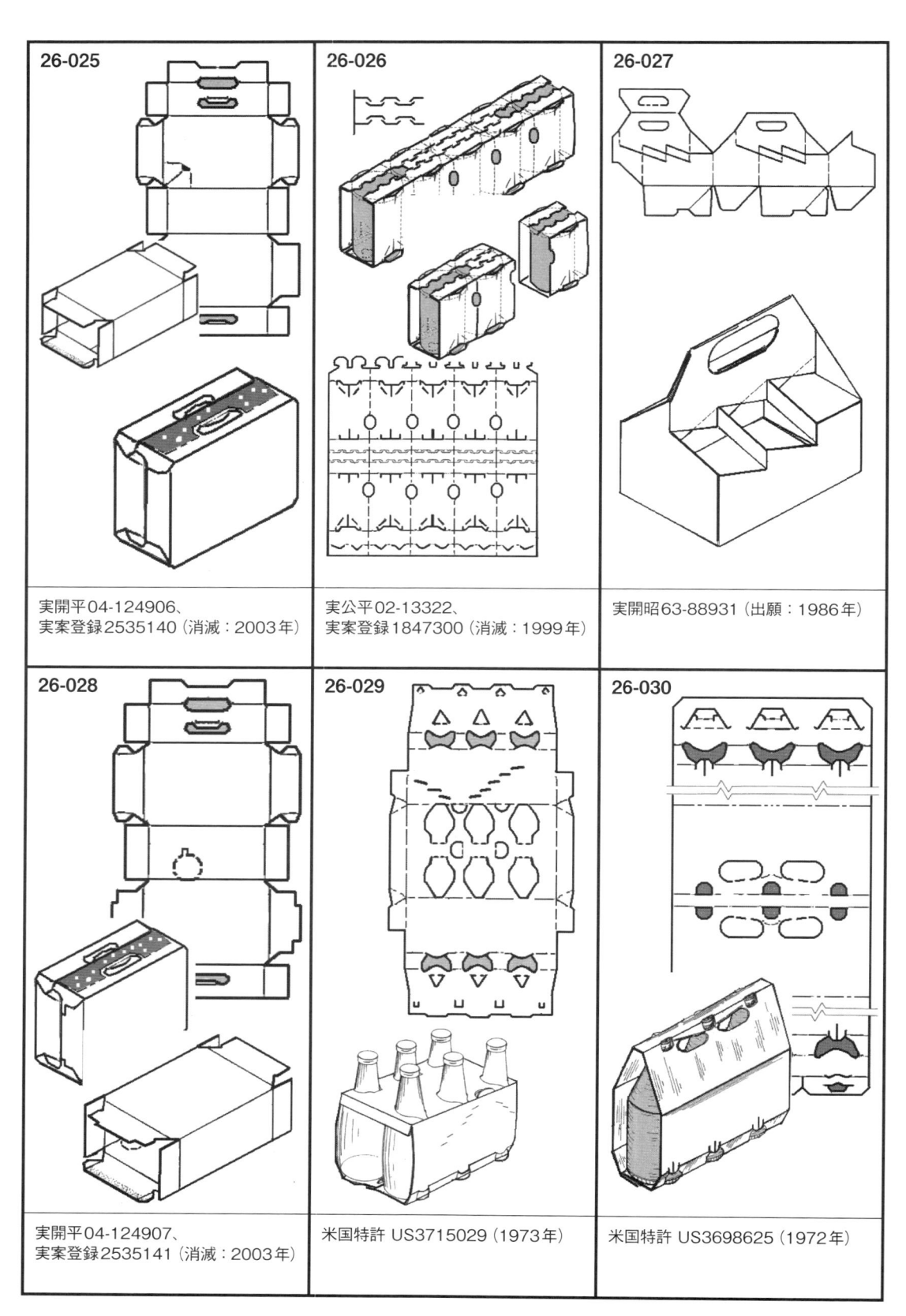

26-025 実開平04-124906、 実案登録2535140（消滅：2003年）	**26-026** 実公平02-13322、 実案登録1847300（消滅：1999年）	**26-027** 実開昭63-88931（出願：1986年）
26-028 実開平04-124907、 実案登録2535141（消滅：2003年）	**26-029** 米国特許 US3715029（1973年）	**26-030** 米国特許 US3698625（1972年）

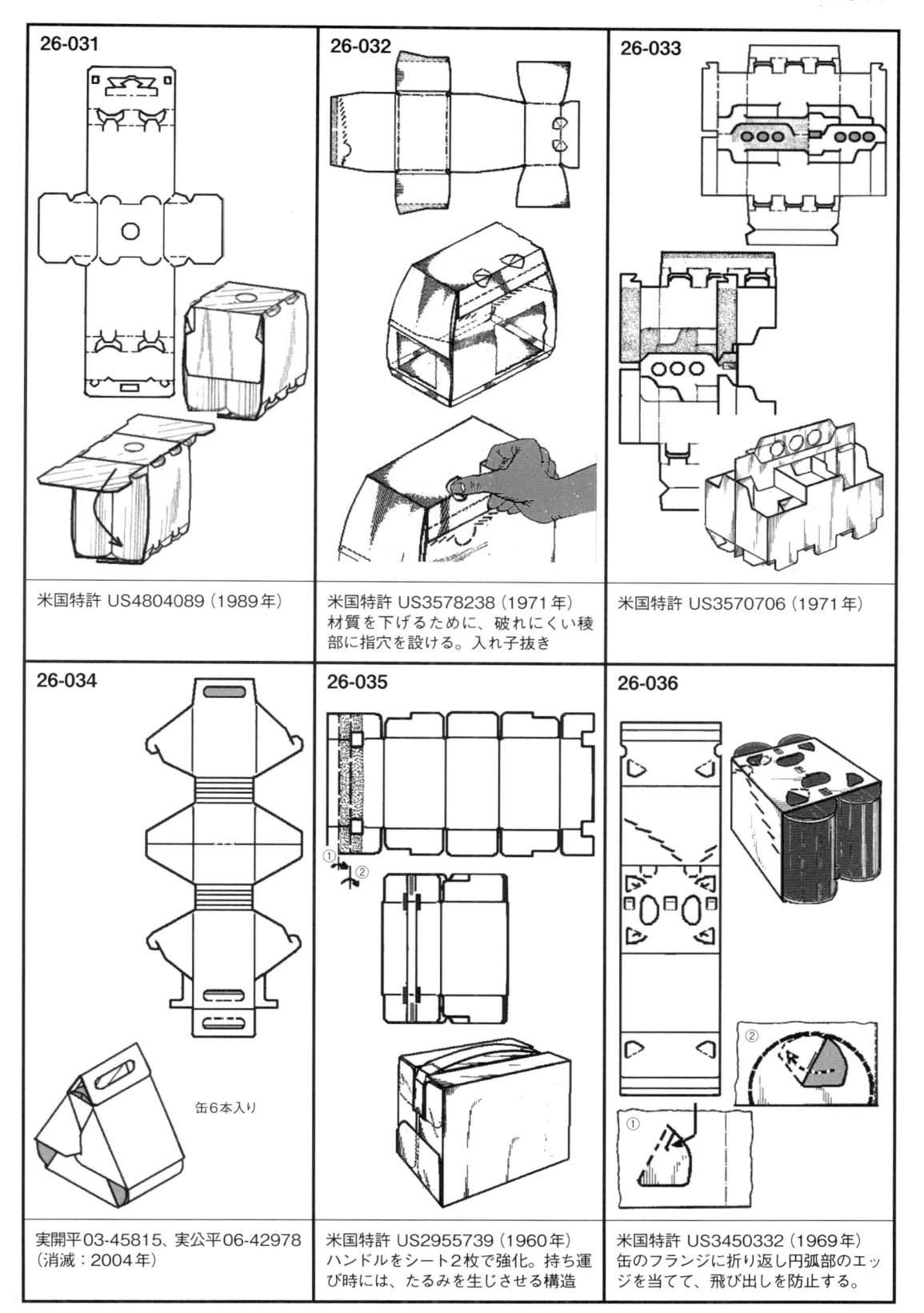

26-031

米国特許 US4804089（1989年）

26-032

米国特許 US3578238（1971年）
材質を下げるために、破れにくい稜
部に指穴を設ける。入れ子抜き

26-033

米国特許 US3570706（1971年）

26-034

実開平03-45815、実公平06-42978
（消滅：2004年）

缶6本入り

26-035

米国特許 US2955739（1960年）
ハンドルをシート2枚で強化。持ち運
び時には、たるみを生じさせる構造

26-036

米国特許 US3450332（1969年）
缶のフランジに折り返し円弧部のエッ
ジを当てて、飛び出しを防止する。

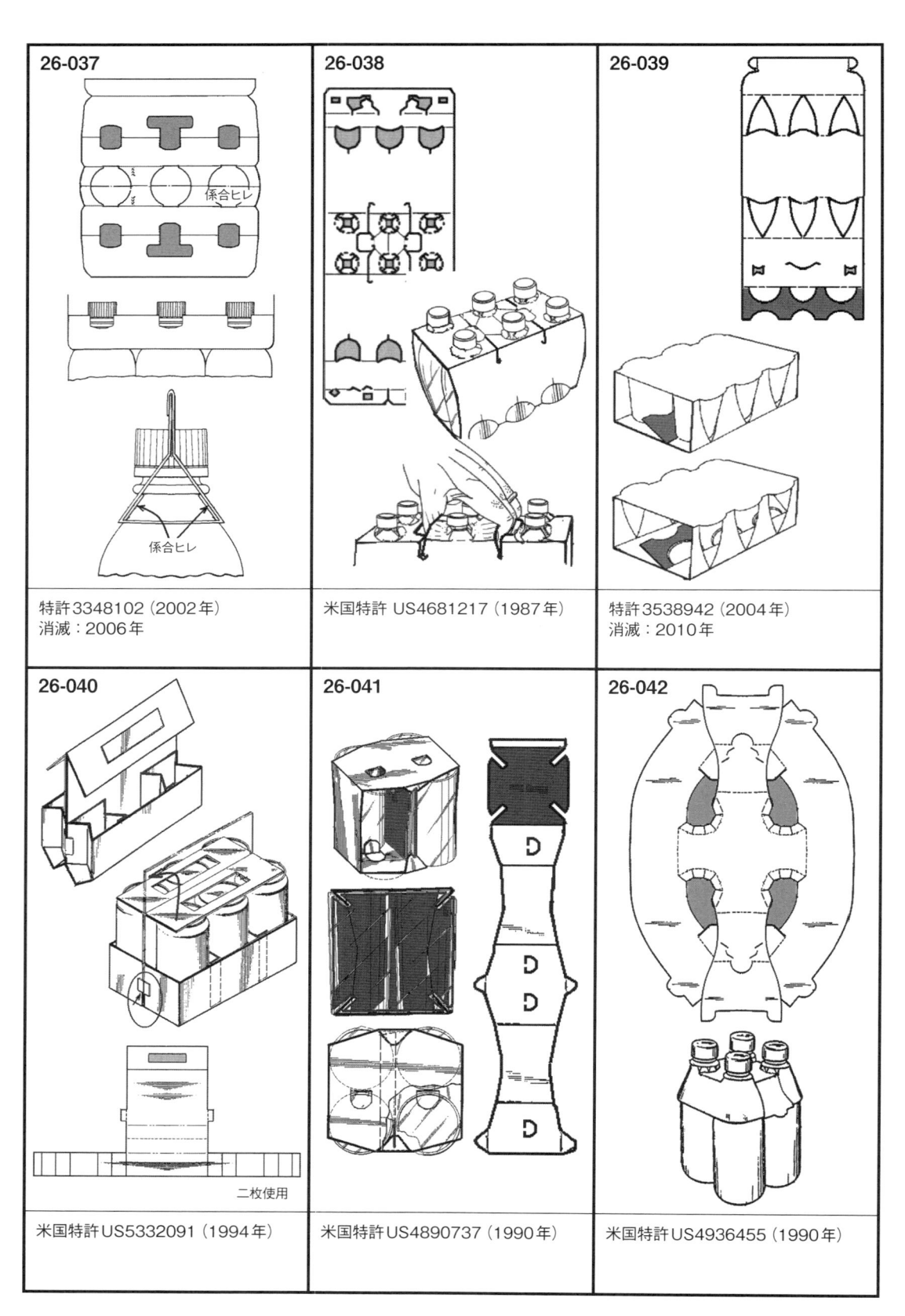

26-037	26-038	26-039
係合ヒレ 係合ヒレ		
特許3348102（2002年） 消滅：2006年	米国特許 US4681217（1987年）	特許3538942（2004年） 消滅：2010年
26-040	26-041	26-042
二枚使用		
米国特許 US5332091（1994年）	米国特許 US4890737（1990年）	米国特許 US4936455（1990年）

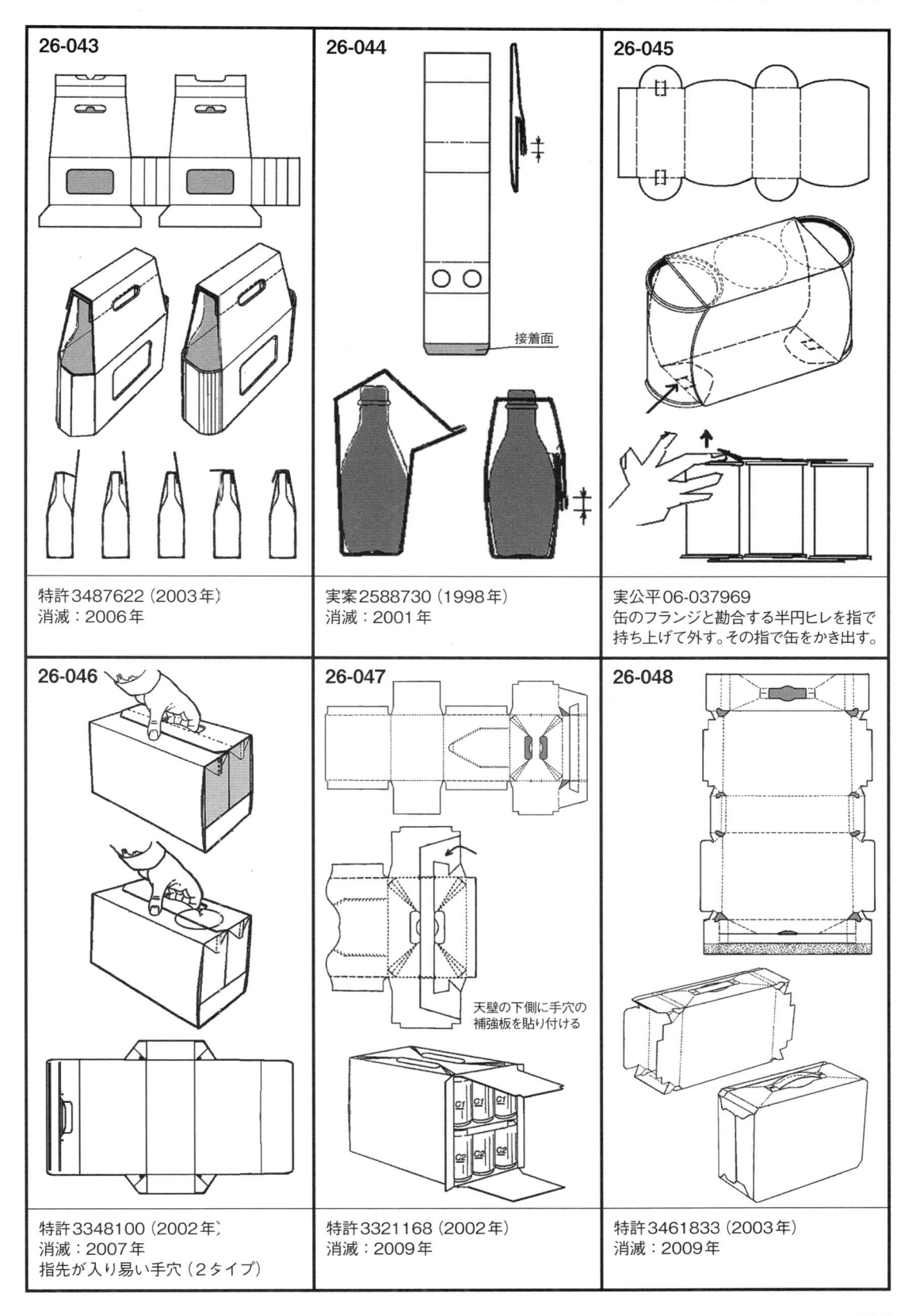

26-043

特許3487622（2003年）
消滅：2006年

26-044

接着面

実案2588730（1998年）
消滅：2001年

26-045

実公平06-037969
缶のフランジと勘合する半円ヒレを指で
持ち上げて外す。その指で缶をかき出す。

26-046

特許3348100（2002年）
消滅：2007年
指先が入り易い手穴（2タイプ）

26-047

天壁の下側に手穴の
補強板を貼り付ける

特許3321168（2002年）
消滅：2009年

26-048

特許3461833（2003年）
消滅：2009年

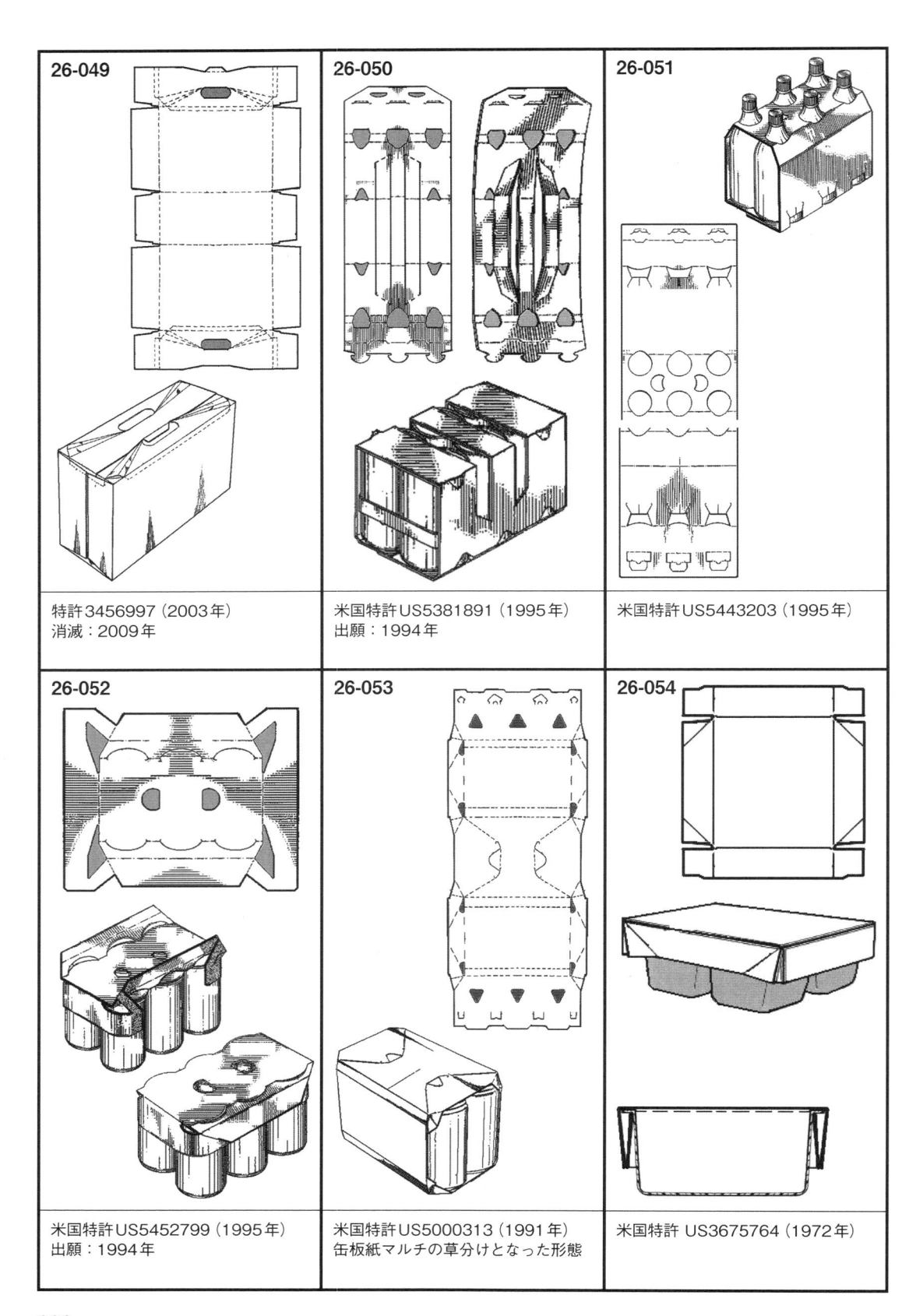

26-049

特許3456997（2003年）
消滅：2009年

26-050

米国特許US5381891（1995年）
出願：1994年

26-051

米国特許US5443203（1995年）

26-052

米国特許US5452799（1995年）
出願：1994年

26-053

米国特許US5000313（1991年）
缶板紙マルチの草分けとなった形態

26-054

米国特許 US3675764（1972年）

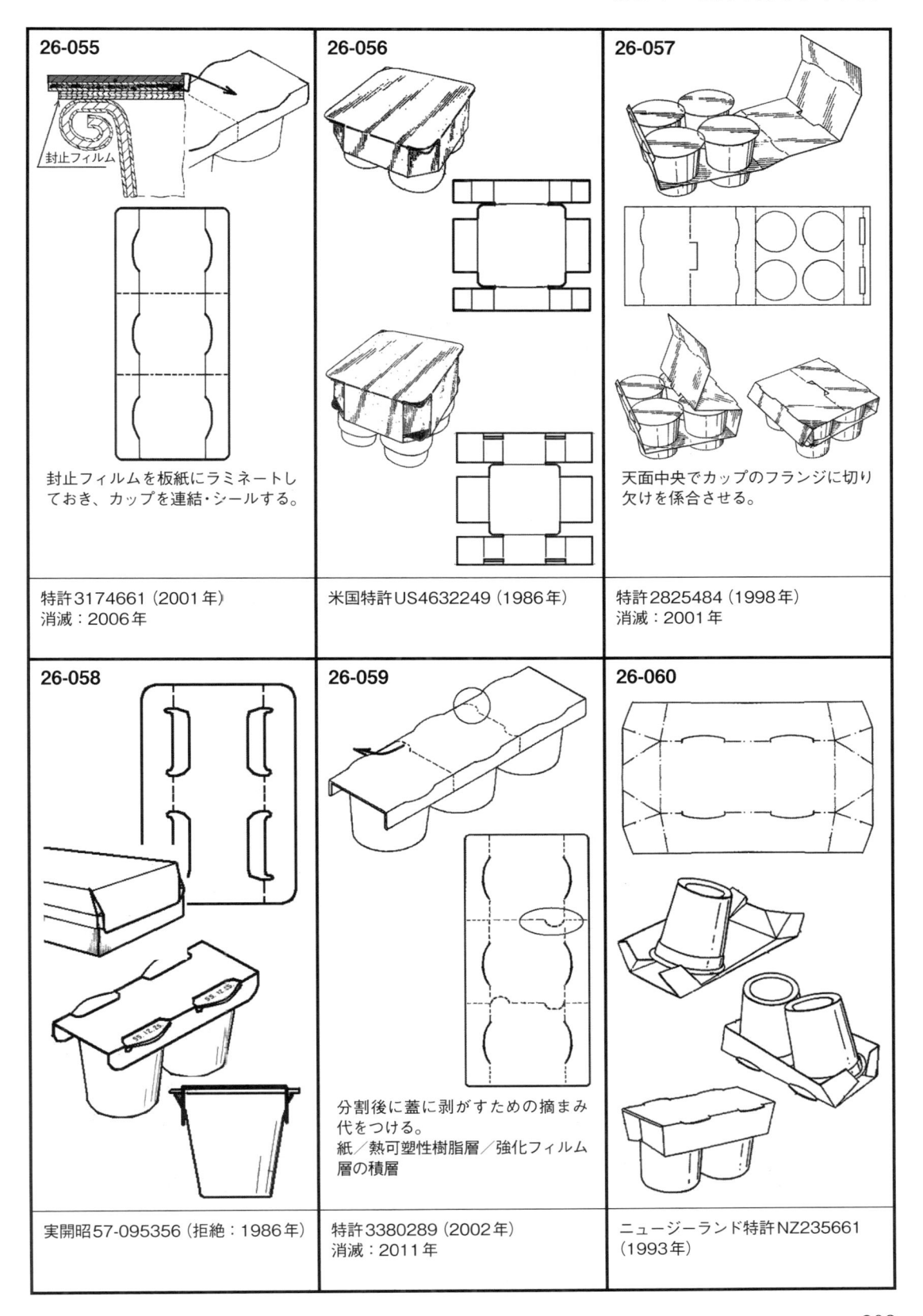

26-055

封止フィルム

封止フィルムを板紙にラミネートしておき、カップを連結・シールする。

特許3174661（2001年）
消滅：2006年

26-056

米国特許US4632249（1986年）

26-057

天面中央でカップのフランジに切り欠けを係合させる。

特許2825484（1998年）
消滅：2001年

26-058

実開昭57-095356（拒絶：1986年）

26-059

分割後に蓋に剥がすための摘まみ
代をつける。
紙／熱可塑性樹脂層／強化フィルム
層の積層

特許3380289（2002年）
消滅：2011年

26-060

ニュージーランド特許NZ235661
（1993年）

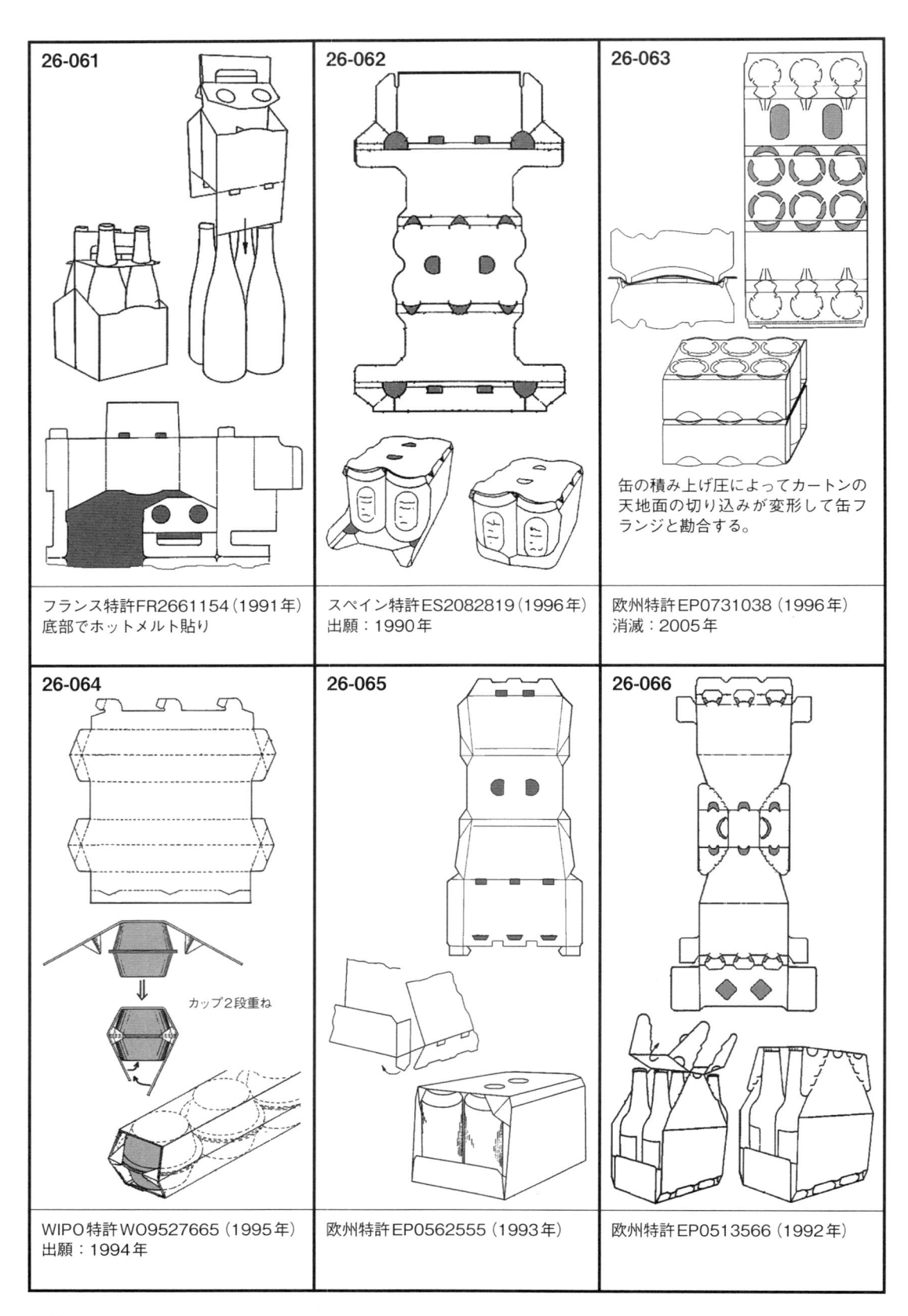

26-061	26-062	26-063
		缶の積み上げ圧によってカートンの天地面の切り込みが変形して缶フランジと勘合する。
フランス特許FR2661154（1991年）底部でホットメルト貼り	スペイン特許ES2082819（1996年）出願：1990年	欧州特許EP0731038（1996年）消滅：2005年

26-064	26-065	26-066
カップ2段重ね		
WIPO特許WO9527665（1995年）出願：1994年	欧州特許EP0562555（1993年）	欧州特許EP0513566（1992年）

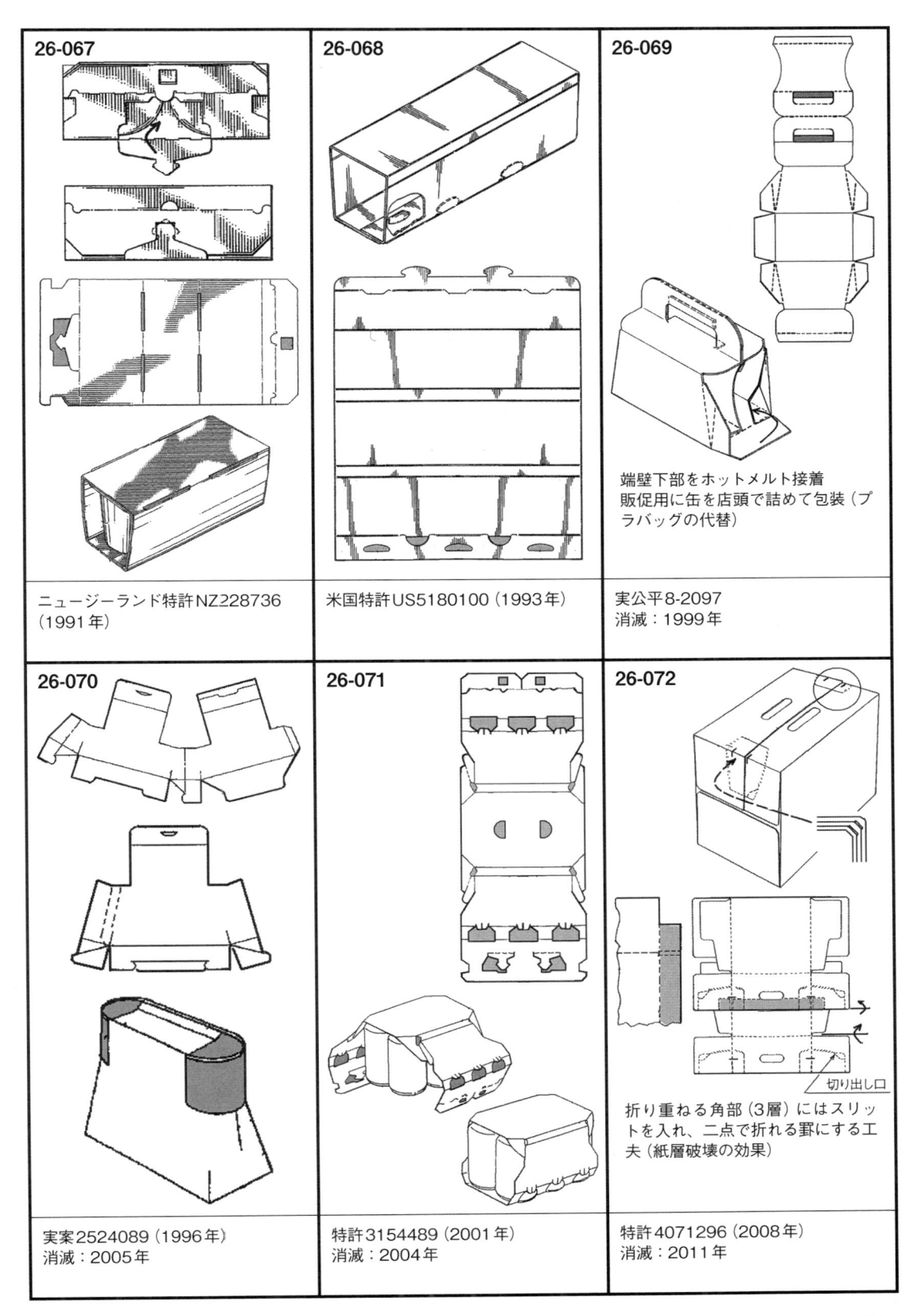

26-067

ニュージーランド特許NZ228736
（1991年）

26-068

米国特許US5180100（1993年）

26-069

端壁下部をホットメルト接着
販促用に缶を店頭で詰めて包装（プ
ラバッグの代替）

実公平8-2097
消滅：1999年

26-070

実案2524089（1996年）
消滅：2005年

26-071

特許3154489（2001年）
消滅：2004年

26-072

切り出し口

折り重ねる角部（3層）にはスリッ
トを入れ、二点で折れる罫にする工
夫（紙層破壊の効果）

特許4071296（2008年）
消滅：2011年

26「マルチパック、キャリア」関連リスト				
01-007	14-018	14-063	36-020	40-067
01-016	14-029	20-005	37-010	
01-072	14-034	25-007	39-001	
01-111	14-035	34-015	39-021	

27

仕切

　仕切を箱に挿入して用いる目的は、ビンや部品などの製品同士の接触による損傷防止、およびラベルの保護である。この仕切の形態開発においては、製品を投入するマスの確保と、輸送中・保管時における仕切の安定（箱強度への寄与も生じる）が重要になっている。

　細部の形状を検討する際には、マス数と折り目によるコーナーをどのように形成させるか、または作業性の難易がポイントになる。

　製品強度が十分であるガラス瓶の場合には、使用面積の最小化が重要なテーマになっている。

　形態としては、組仕切がポピュラーである。その基本的手法は、溝同士のかみ合わせ、穴と突起の勘合、一部のヒレの相互接着、突起とエッジのロックである。この分野の技術の蓄積には相当なものがある。

　なお、この分野には材料の平面を用いる仕切と、材料の断面を用いる仕切があるが、後者は第33章「製品固定法」の中にも含まれているものが多くある。

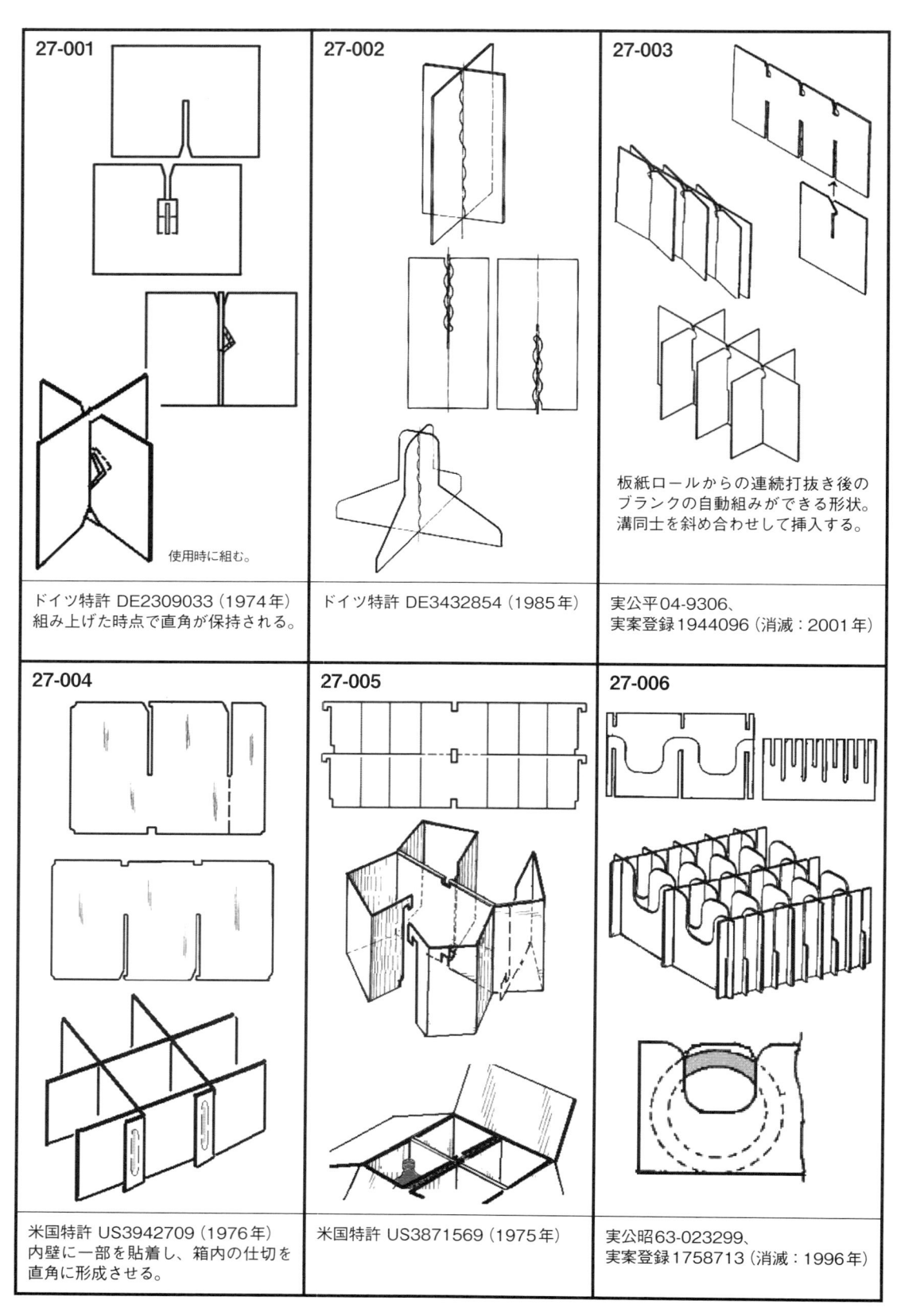

27-001

ドイツ特許 DE2309033（1974年）
組み上げた時点で直角が保持される。

使用時に組む。

27-002

ドイツ特許 DE3432854（1985年）

27-003

板紙ロールからの連続打抜き後の
ブランクの自動組みができる形状。
溝同士を斜め合わせして挿入する。

実公平04-9306、
実案登録1944096（消滅：2001年）

27-004

米国特許 US3942709（1976年）
内壁に一部を貼着し、箱内の仕切を
直角に形成させる。

27-005

米国特許 US3871569（1975年）

27-006

実公昭63-023299、
実案登録1758713（消滅：1996年）

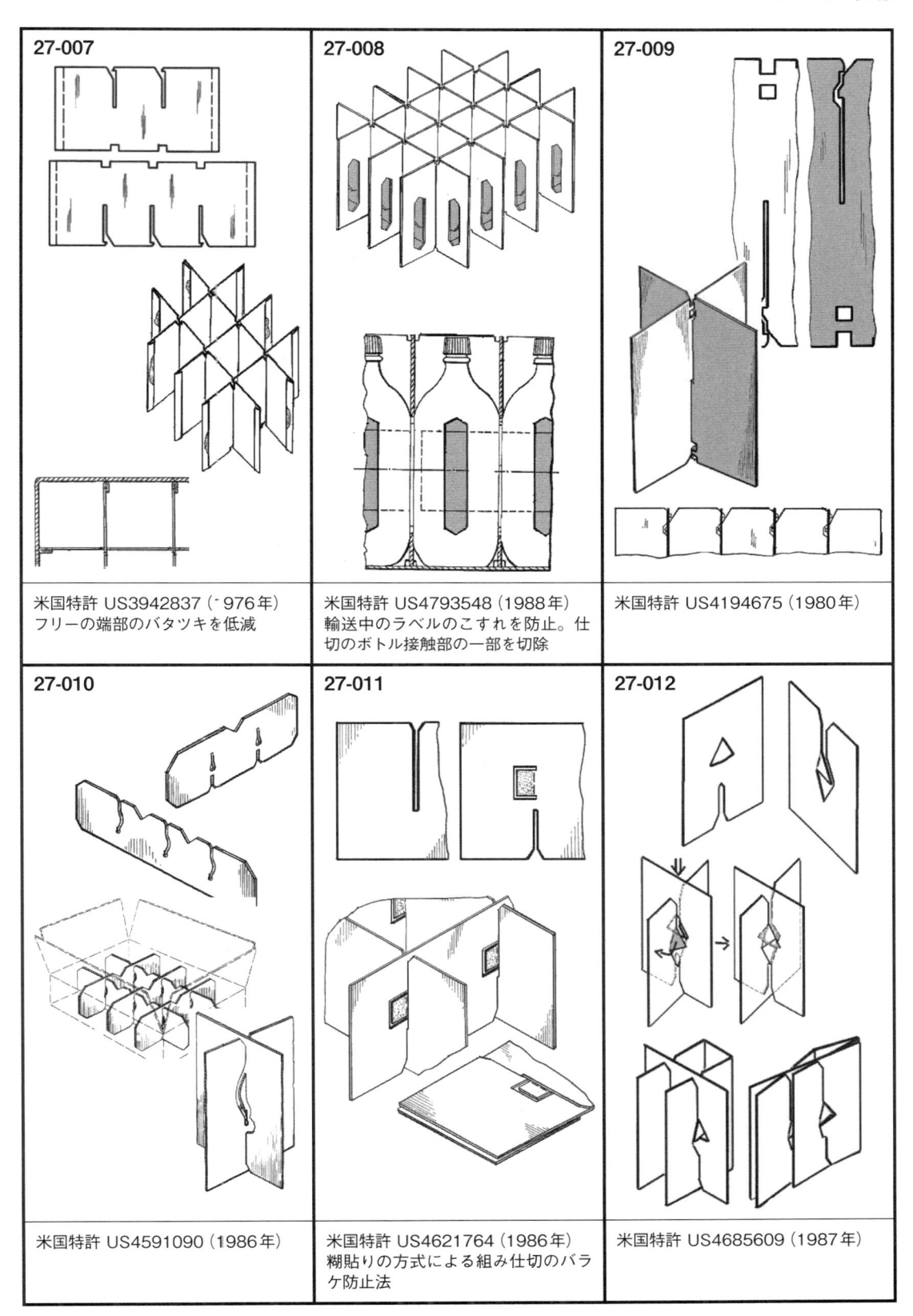

27-007

米国特許 US3942837（1976年）
フリーの端部のバタツキを低減

27-008

米国特許 US4793548（1988年）
輸送中のラベルのこすれを防止。仕
切のボトル接触部の一部を切除

27-009

米国特許 US4194675（1980年）

27-010

米国特許 US4591090（1986年）

27-011

米国特許 US4621764（1986年）
糊貼りの方式による組み仕切のバラ
ケ防止法

27-012

米国特許 US4685609（1987年）

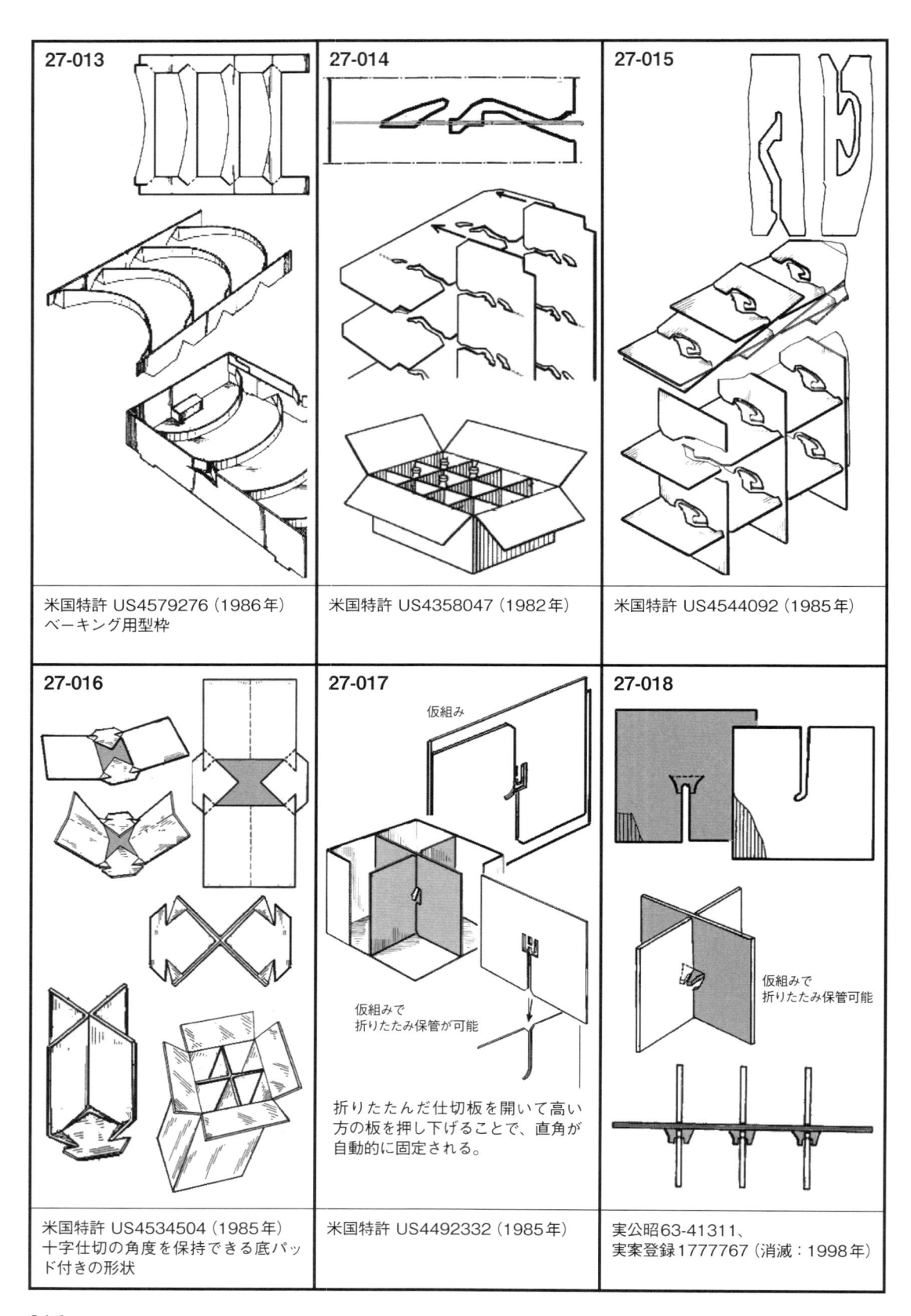

27-013

米国特許 US4579276（1986年）
ベーキング用型枠

27-014

米国特許 US4358047（1982年）

27-015

米国特許 US4544092（1985年）

27-016

米国特許 US4534504（1985年）
十字仕切の角度を保持できる底パッ
ド付きの形状

27-017

仮組み

仮組みで
折りたたみ保管が可能

折りたたんだ仕切板を開いて高い
方の板を押し下げることで、直角が
自動的に固定される。

米国特許 US4492332（1985年）

27-018

仮組みで
折りたたみ保管可能

実公昭63-41311、
実案登録1777767（消滅：1998年）

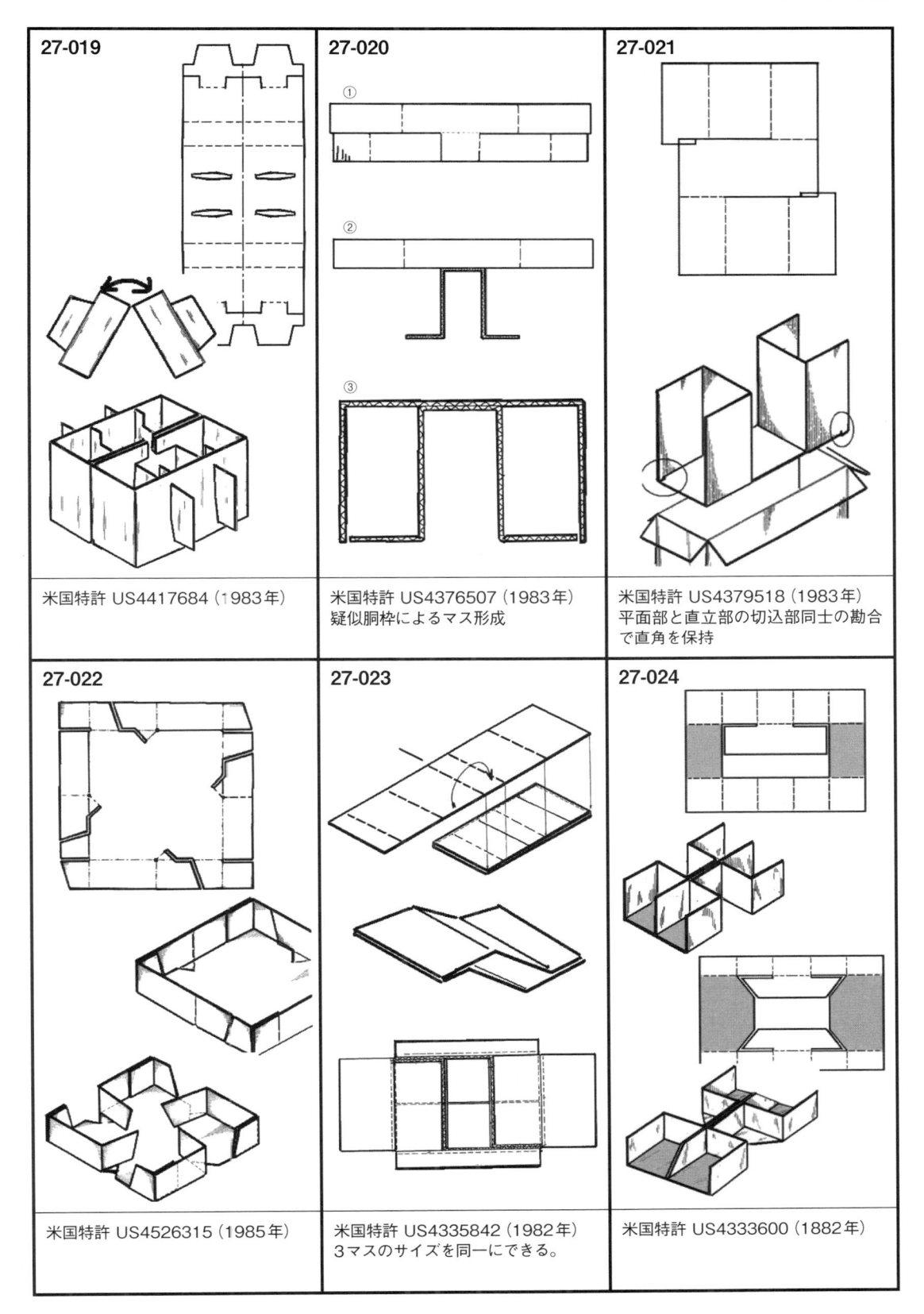

27-019

米国特許 US4417684（1983年）

27-020

① ② ③

米国特許 US4376507（1983年）
疑似胴枠によるマス形成

27-021

米国特許 US4379518（1983年）
平面部と直立部の切込部同士の勘合
で直角を保持

27-022

米国特許 US4526315（1985年）

27-023

米国特許 US4335842（1982年）
3マスのサイズを同一にできる。

27-024

米国特許 US4333600（1882年）

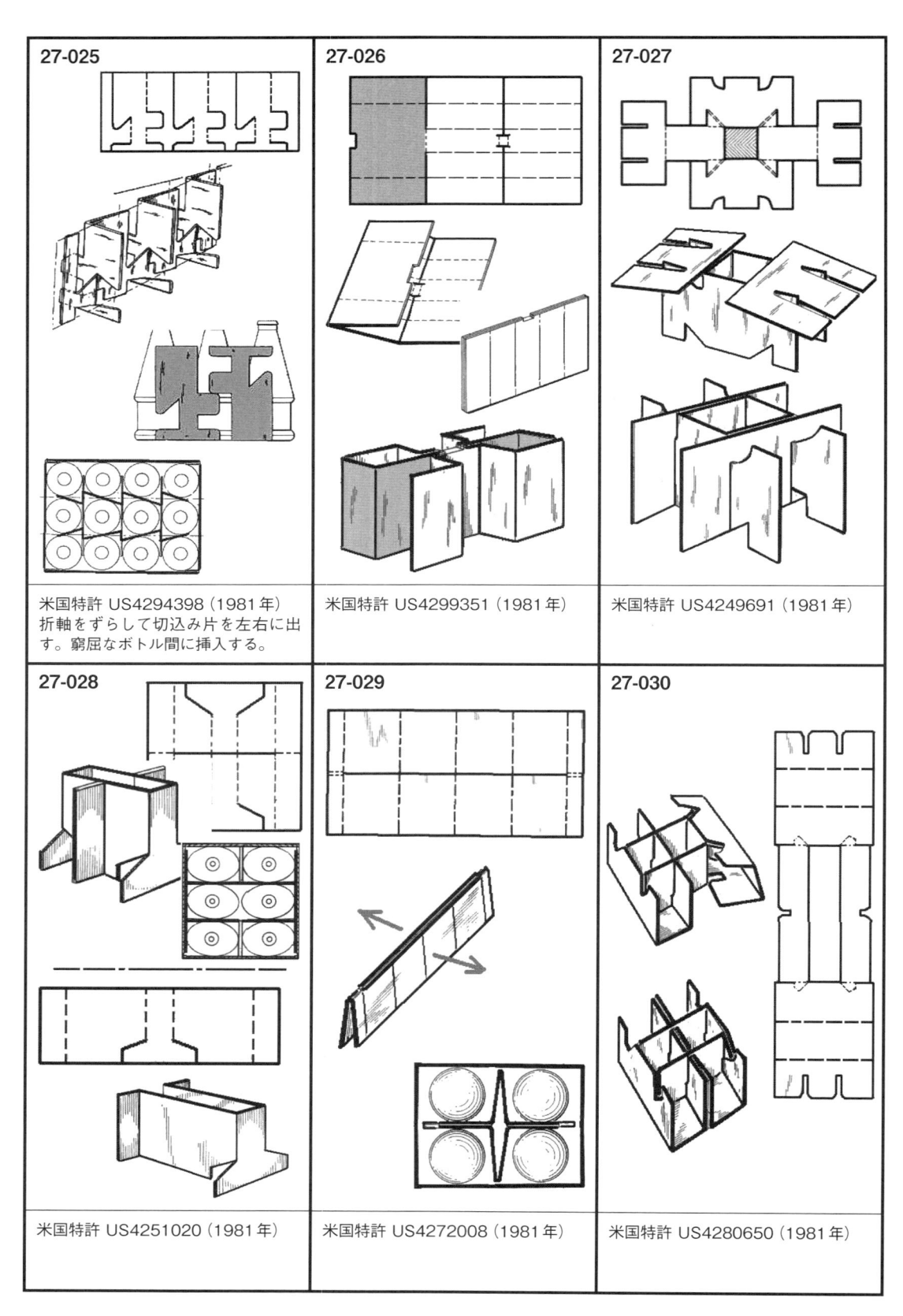

27-025

米国特許 US4294398（1981年）
折軸をずらして切込み片を左右に出す。窮屈なボトル間に挿入する。

27-026

米国特許 US4299351（1981年）

27-027

米国特許 US4249691（1981年）

27-028

米国特許 US4251020（1981年）

27-029

米国特許 US4272008（1981年）

27-030

米国特許 US4280650（1981年）

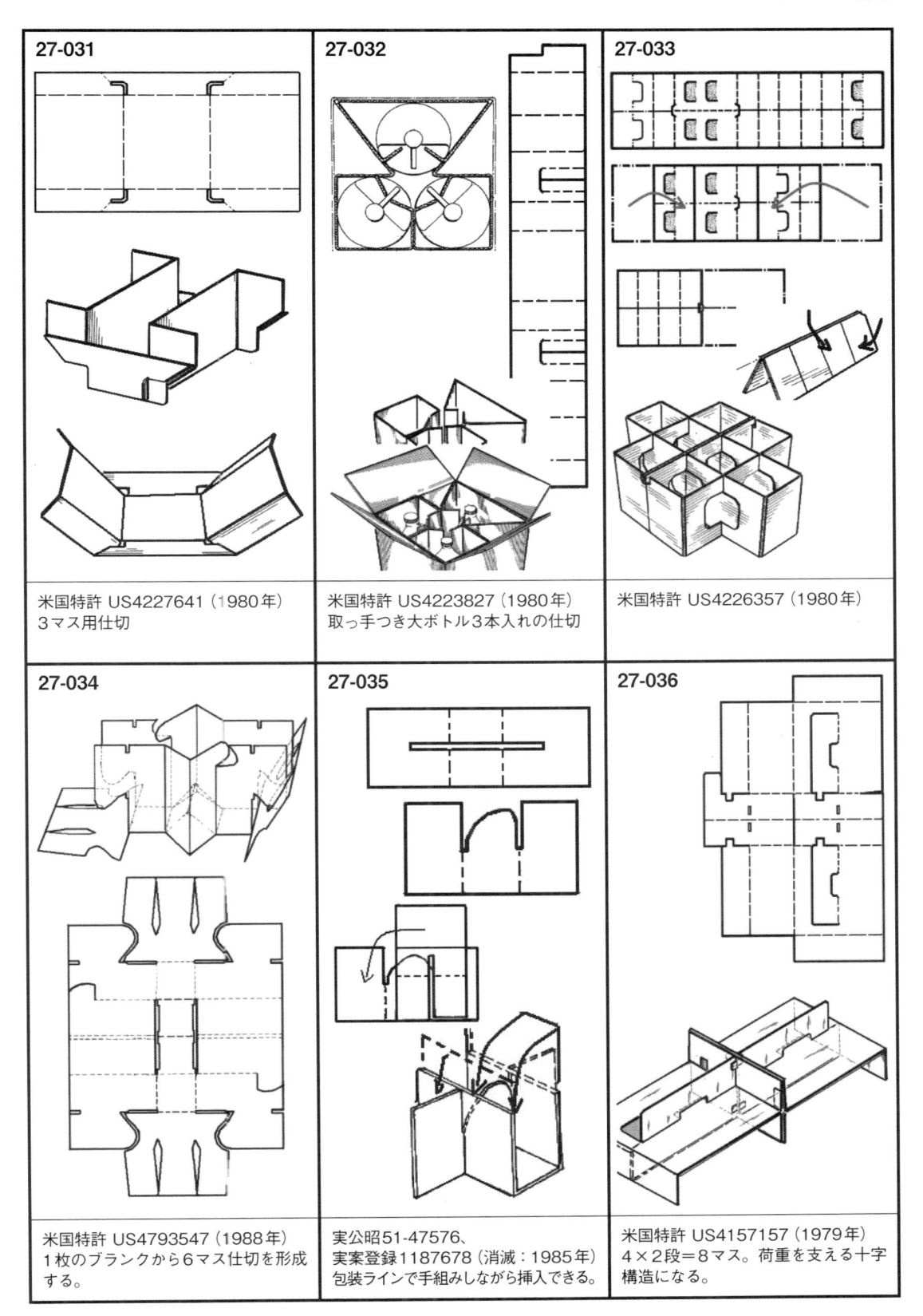

27-031

米国特許 US4227641（1980年）
3マス用仕切

27-032

米国特許 US4223827（1980年）
取っ手つき大ボトル3本入れの仕切

27-033

米国特許 US4226357（1980年）

27-034

米国特許 US4793547（1988年）
1枚のブランクから6マス仕切を形成
する。

27-035

実公昭51-47576、
実案登録1187678（消滅：1985年）
包装ラインで手組みしながら挿入できる。

27-036

米国特許 US4157157（1979年）
4×2段＝8マス。荷重を支える十字
構造になる。

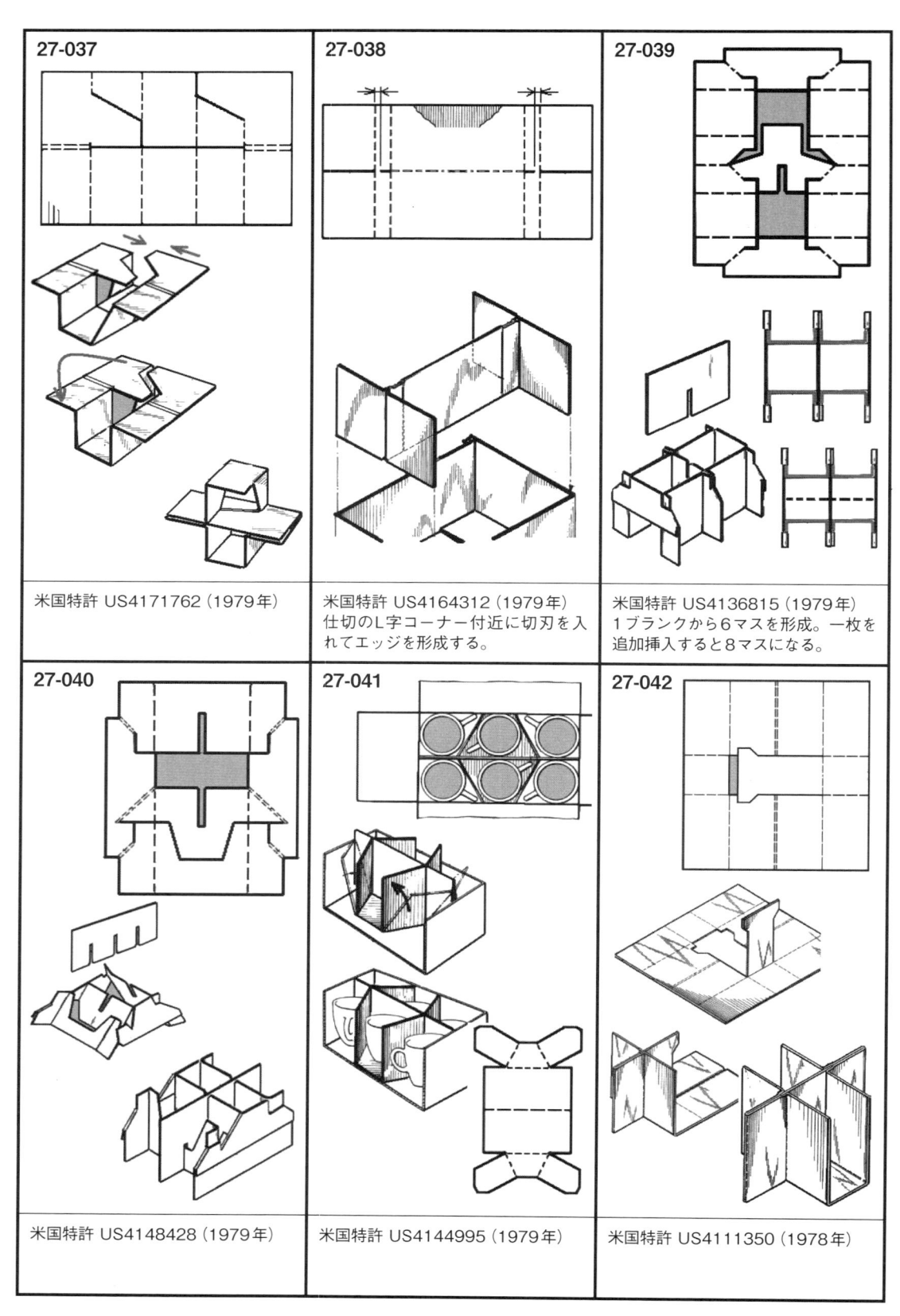

27-037	27-038	27-039
米国特許 US4171762（1979年）	米国特許 US4164312（1979年） 仕切のL字コーナー付近に切刃を入れてエッジを形成する。	米国特許 US4136815（1979年） 1ブランクから6マスを形成。一枚を追加挿入すると8マスになる。
27-040	27-041	27-042
米国特許 US4148428（1979年）	米国特許 US4144995（1979年）	米国特許 US4111350（1978年）

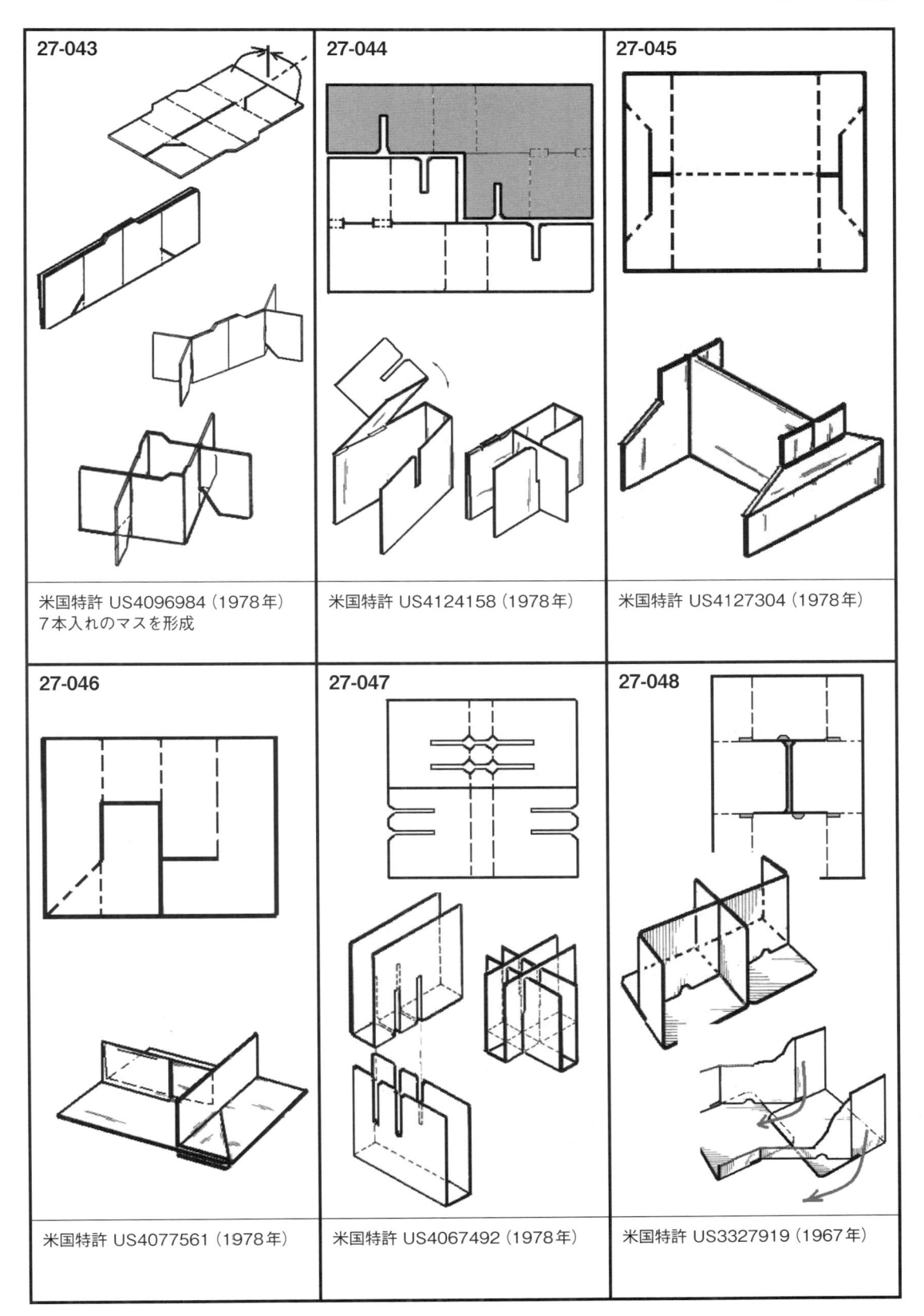

27-043

米国特許 US4096984（1978年）
7本入れのマスを形成

27-044

米国特許 US4124158（1978年）

27-045

米国特許 US4127304（1978年）

27-046

米国特許 US4077561（1978年）

27-047

米国特許 US4067492（1978年）

27-048

米国特許 US3327919（1967年）

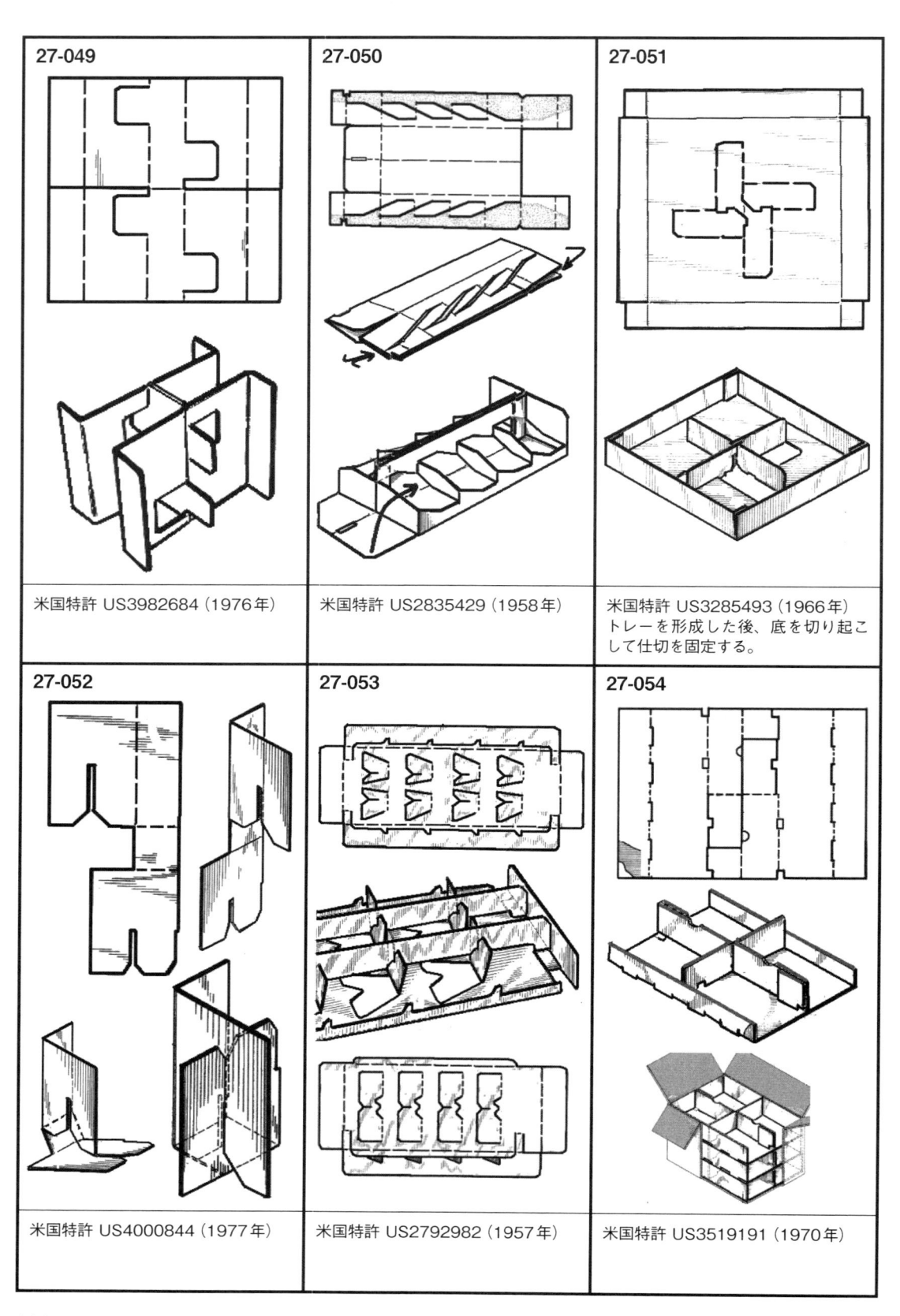

27-049	27-050	27-051
米国特許 US3982684 (1976年)	米国特許 US2835429 (1958年)	米国特許 US3285493 (1966年) トレーを形成した後、底を切り起こして仕切を固定する。
27-052	27-053	27-054
米国特許 US4000844 (1977年)	米国特許 US2792982 (1957年)	米国特許 US3519191 (1970年)

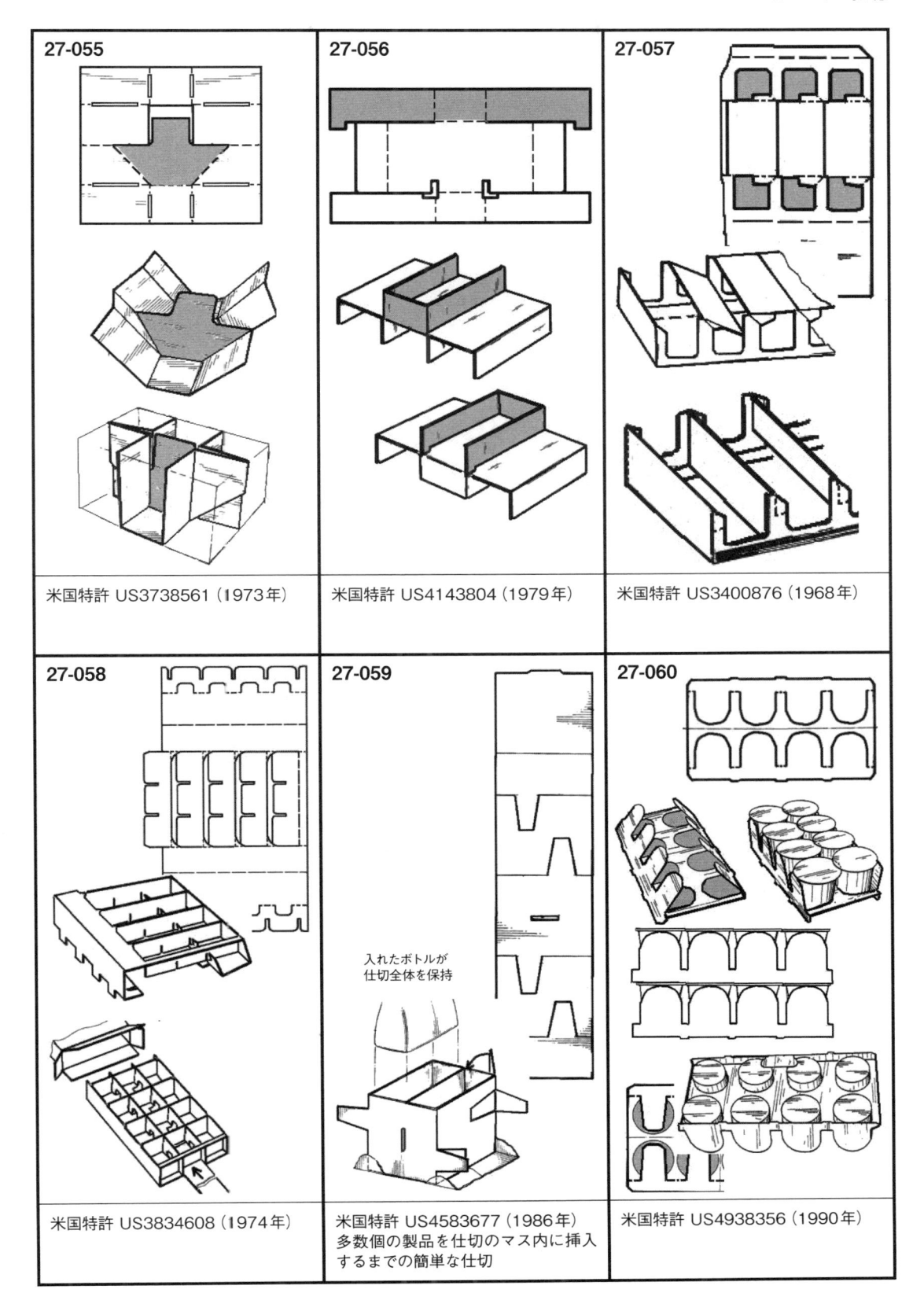

27-055

米国特許 US3738561（1973年）

27-056

米国特許 US4143804（1979年）

27-057

米国特許 US3400876（1968年）

27-058

米国特許 US3834608（1974年）

27-059

入れたボトルが
仕切全体を保持

米国特許 US4583677（1986年）
多数個の製品を仕切のマス内に挿入
するまでの簡単な仕切

27-060

米国特許 US4938356（1990年）

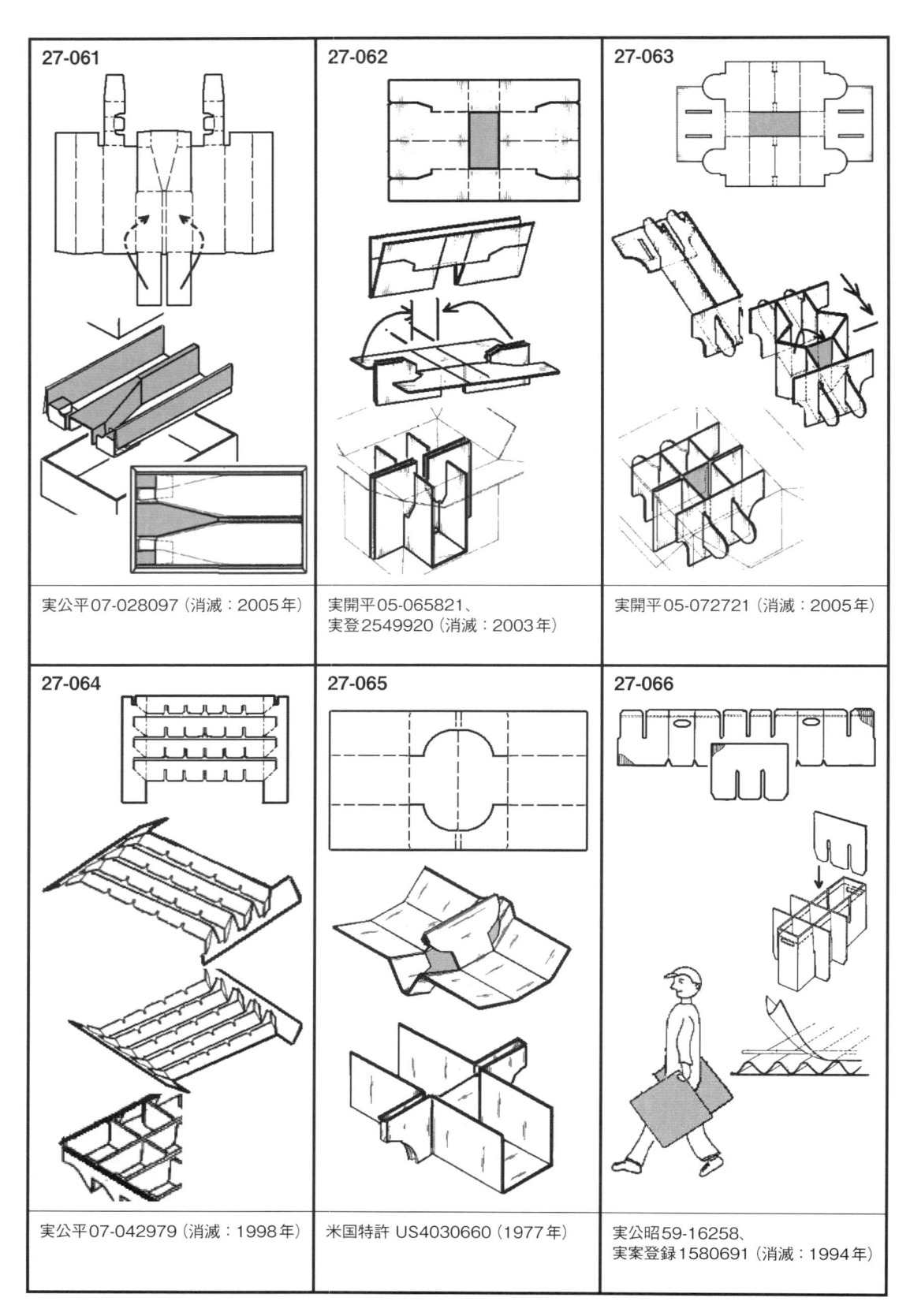

27-061	**27-062**	**27-063**
実公平07-028097（消滅：2005年）	実開平05-065821、 実登2549920（消滅：2003年）	実開平05-072721（消滅：2005年）
27-064	**27-065**	**27-066**
実公平07-042979（消滅：1998年）	米国特許 US4030660（1977年）	実公昭59-16258、 実案登録1580691（消滅：1994年）

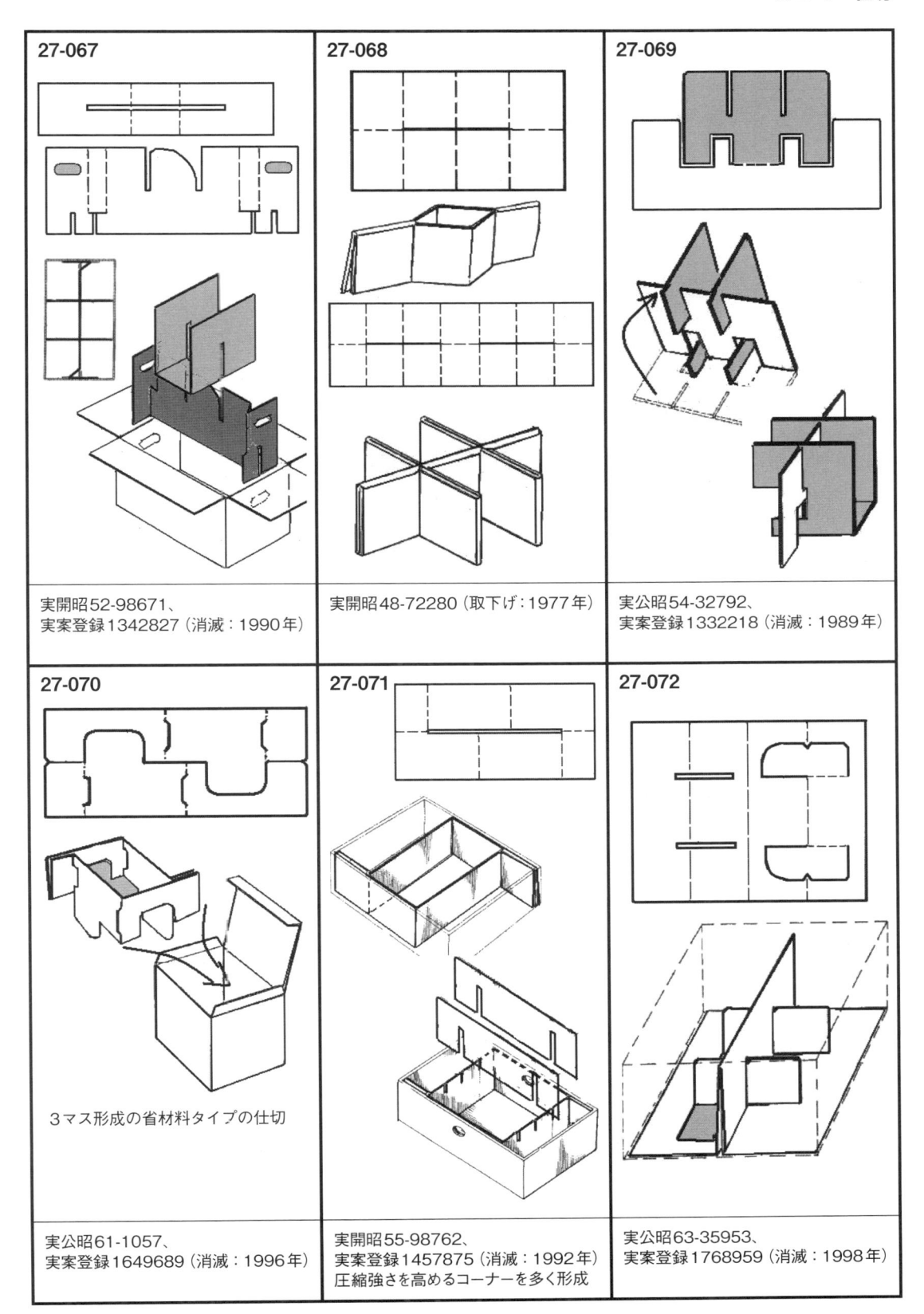

27-067

実開昭52-98671、
実案登録1342827（消滅：1990年）

27-068

実開昭48-72280（取下げ：1977年）

27-069

実公昭54-32792、
実案登録1332218（消滅：1989年）

27-070

３マス形成の省材料タイプの仕切

実公昭61-1057、
実案登録1649689（消滅：1996年）

27-071

実開昭55-98762、
実案登録1457875（消滅：1992年）
圧縮強さを高めるコーナーを多く形成

27-072

実公昭63-35953、
実案登録1768959（消滅：1998年）

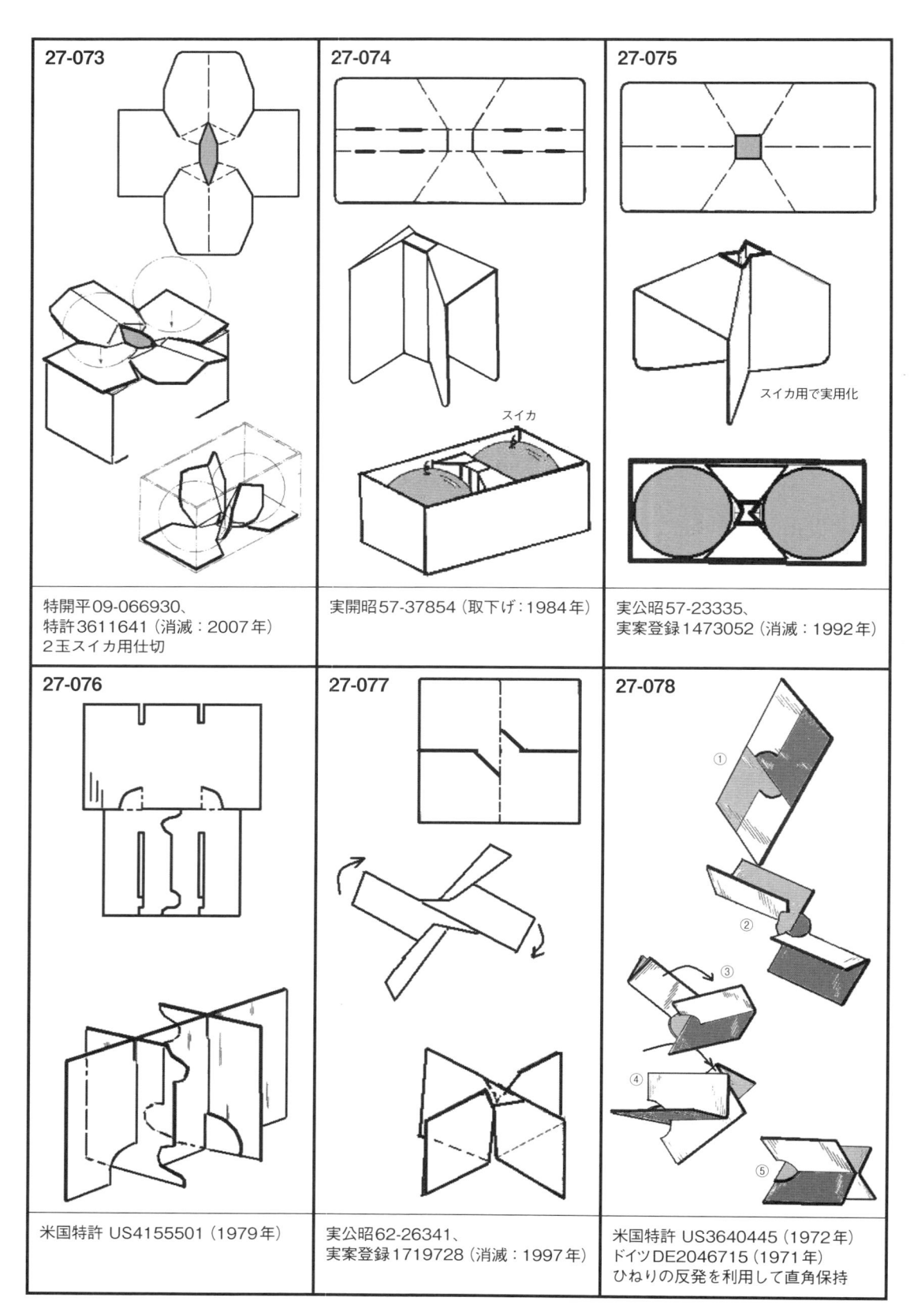

27-073

特開平09-066930、
特許3611641（消滅：2007年）
2玉スイカ用仕切

27-074

スイカ

実開昭57-37854（取下げ：1984年）

27-075

スイカ用で実用化

実公昭57-23335、
実案登録1473052（消滅：1992年）

27-076

米国特許 US4155501（1979年）

27-077

実公昭62-26341、
実案登録1719728（消滅：1997年）

27-078

① ② ③ ④ ⑤

米国特許 US3640445（1972年）
ドイツ DE2046715（1971年）
ひねりの反発を利用して直角保持

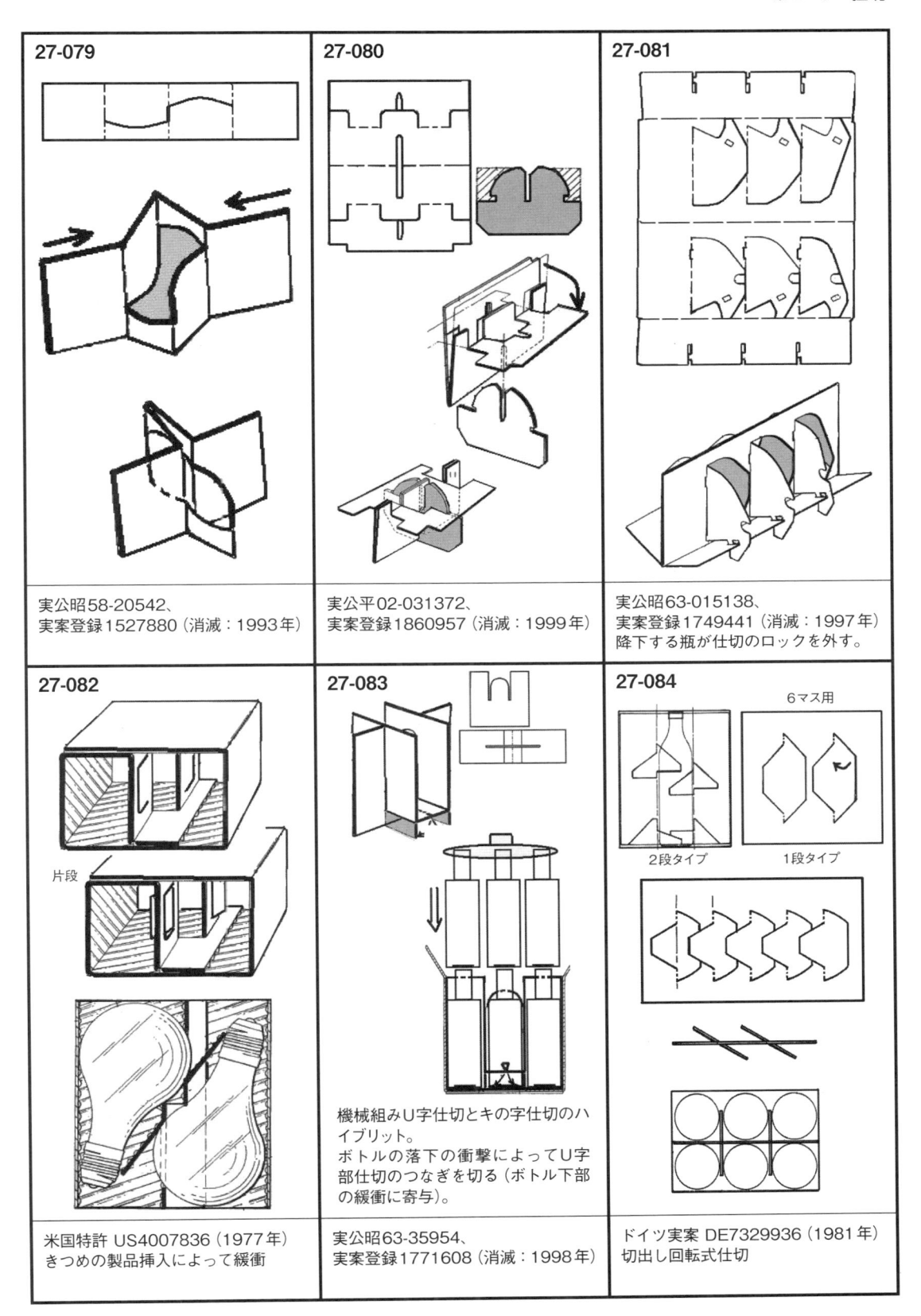

27-079

実公昭58-20542、
実案登録1527880（消滅：1993年）

27-080

実公平02-031372、
実案登録1860957（消滅：1999年）

27-081

実公昭63-015138、
実案登録1749441（消滅：1997年）
降下する瓶が仕切のロックを外す。

27-082

片段

米国特許 US4007836（1977年）
きつめの製品挿入によって緩衝

27-083

機械組みU字仕切とキの字仕切のハ
イブリット。
ボトルの落下の衝撃によってU字
部仕切のつなぎを切る（ボトル下部
の緩衝に寄与）。

実公昭63-35954、
実案登録1771608（消滅：1998年）

27-084

6マス用

2段タイプ　　　1段タイプ

ドイツ実案 DE7329936（1981年）
切出し回転式仕切

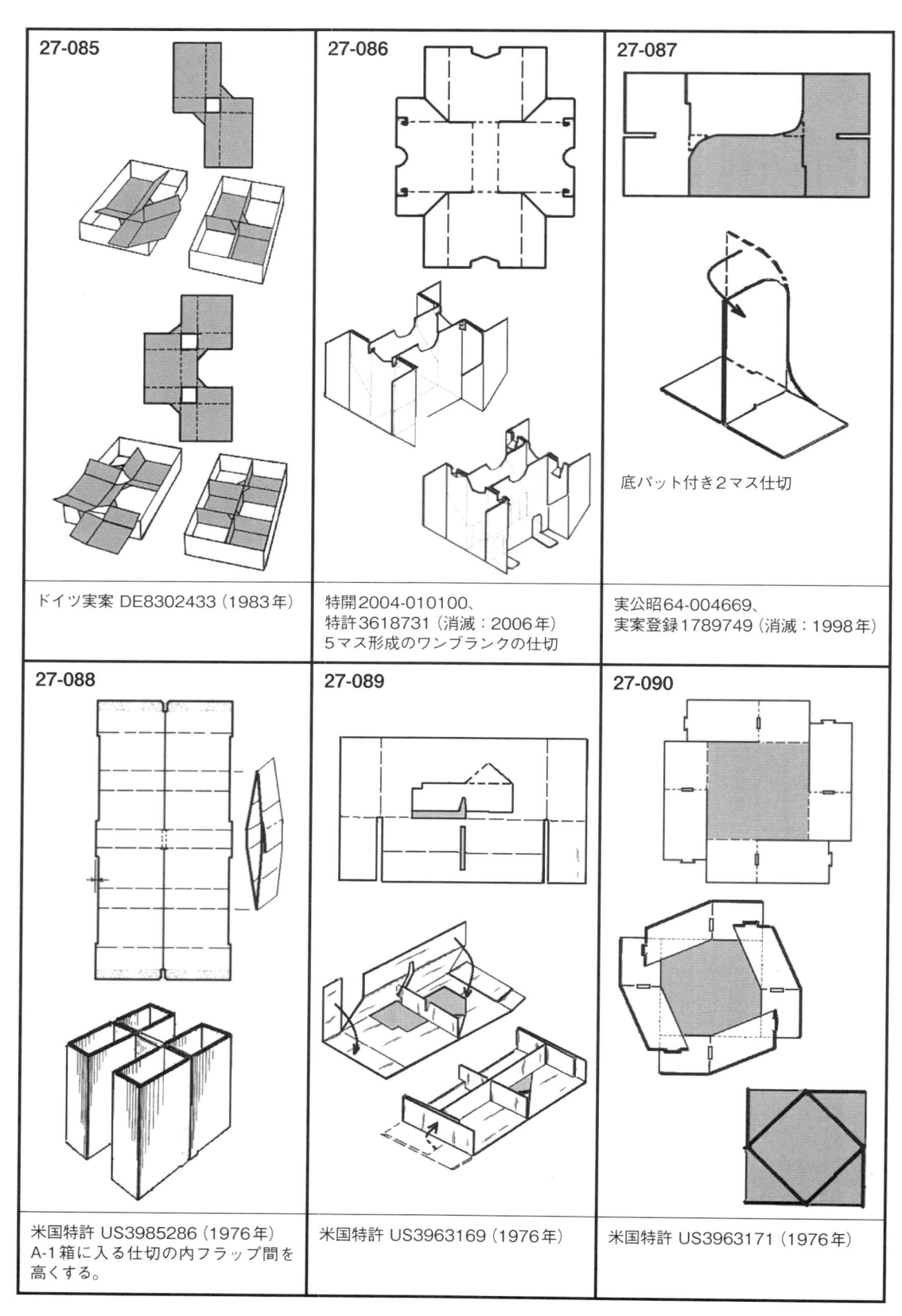

27-085	27-086	27-087
		底パット付き2マス仕切
ドイツ実案 DE8302433（1983年）	特開2004-010100、 特許3618731（消滅：2006年） 5マス形成のワンブランクの仕切	実公昭64-004669、 実案登録1789749（消滅：1998年）
27-088	27-089	27-090
米国特許 US3985286（1976年） A-1箱に入る仕切の内フラップ間を 高くする。	米国特許 US3963169（1976年）	米国特許 US3963171（1976年）

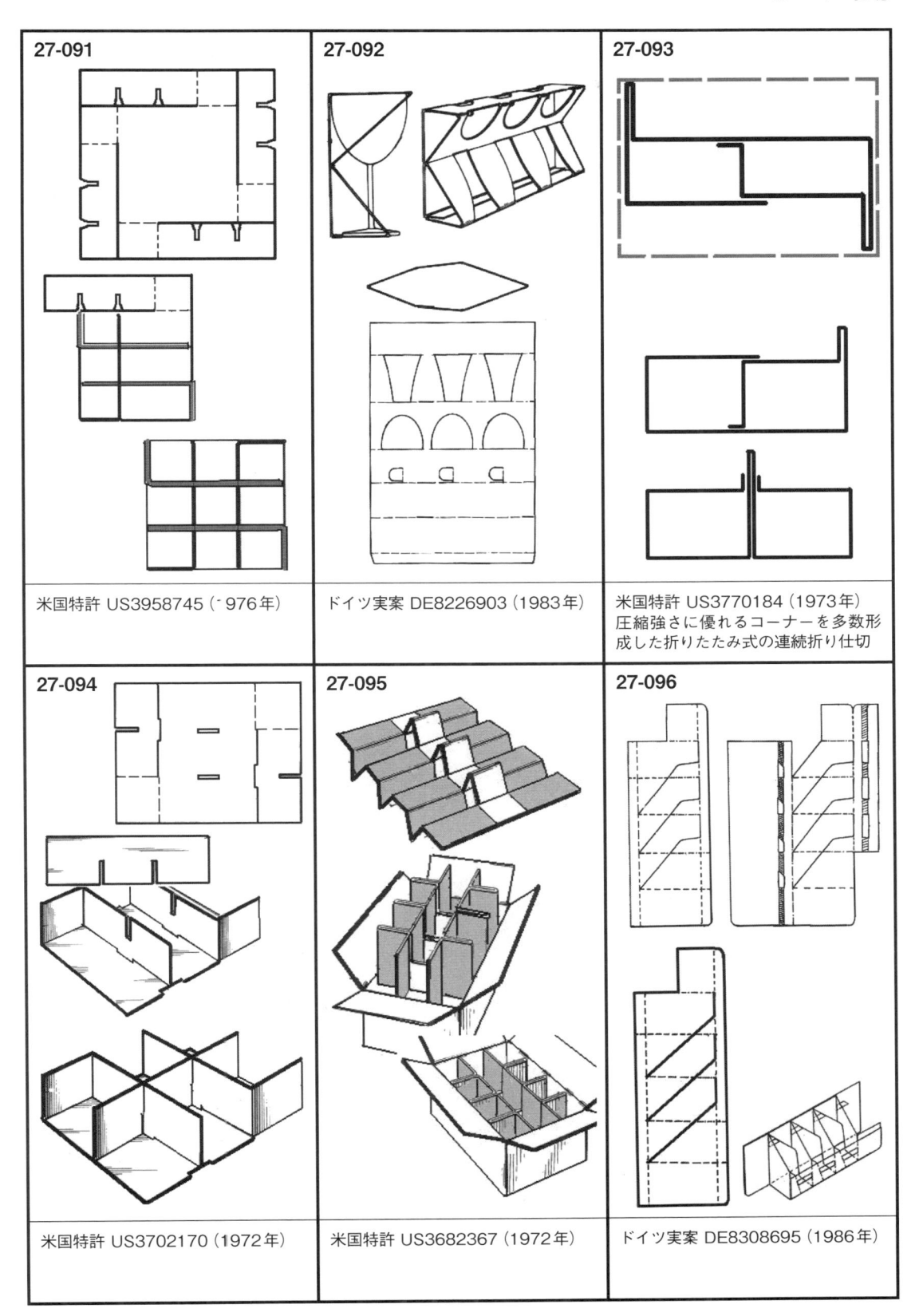

27-091 米国特許 US3958745（1976年）

27-092 ドイツ実案 DE8226903（1983年）

27-093 米国特許 US3770184（1973年）
圧縮強さに優れるコーナーを多数形
成した折りたたみ式の連続折り仕切

27-094 米国特許 US3702170（1972年）

27-095 米国特許 US3682367（1972年）

27-096 ドイツ実案 DE8308695（1986年）

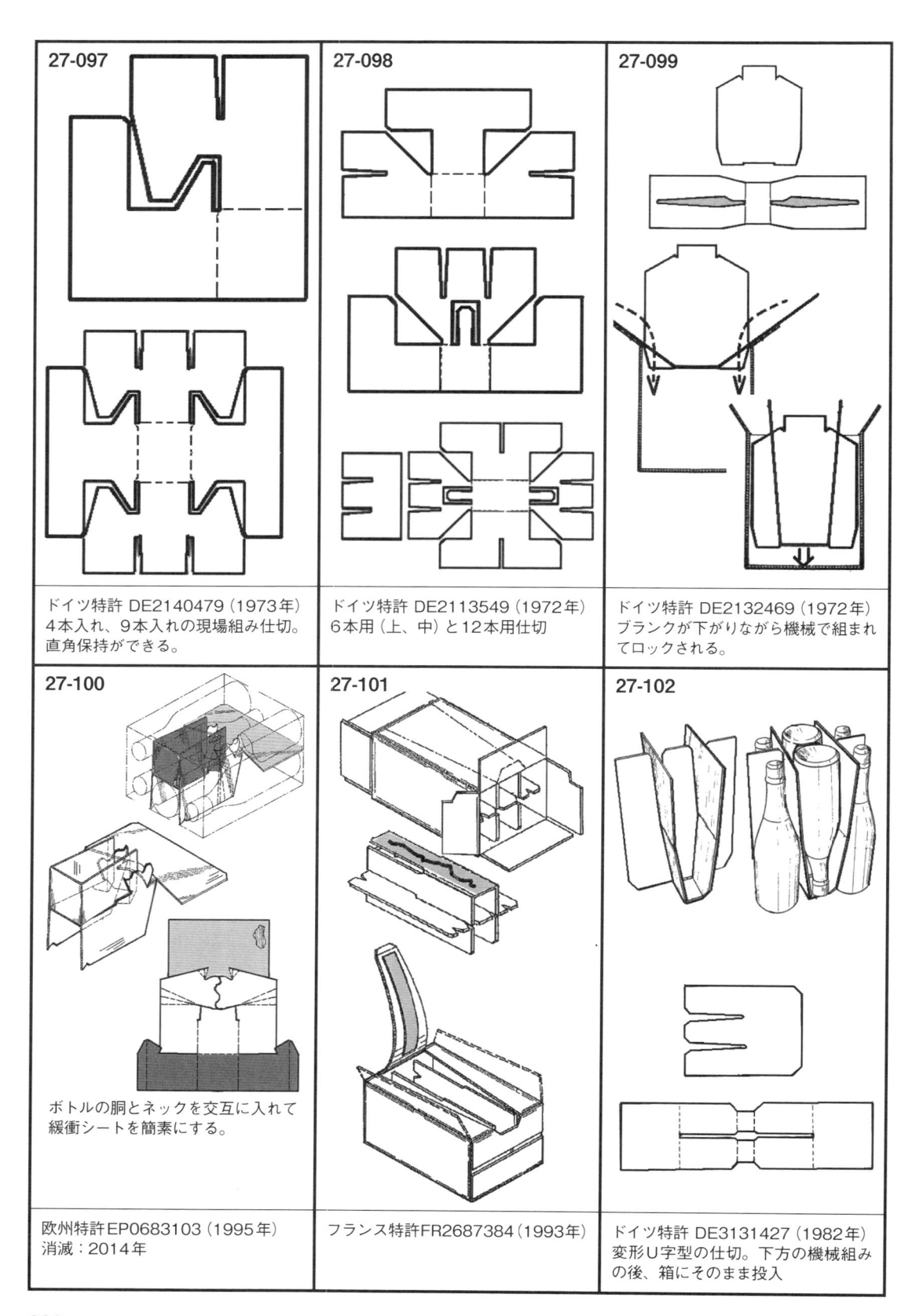

27-097

ドイツ特許 DE2140479（1973年）
4本入れ、9本入れの現場組み仕切。
直角保持ができる。

27-098

ドイツ特許 DE2113549（1972年）
6本用（上、中）と12本用仕切

27-099

ドイツ特許 DE2132469（1972年）
ブランクが下がりながら機械で組まれ
てロックされる。

27-100

ボトルの胴とネックを交互に入れて
緩衝シートを簡素にする。

欧州特許EP0683103（1995年）
消滅：2014年

27-101

フランス特許FR2687384（1993年）

27-102

ドイツ特許 DE3131427（1982年）
変形U字型の仕切。下方の機械組み
の後、箱にそのまま投入

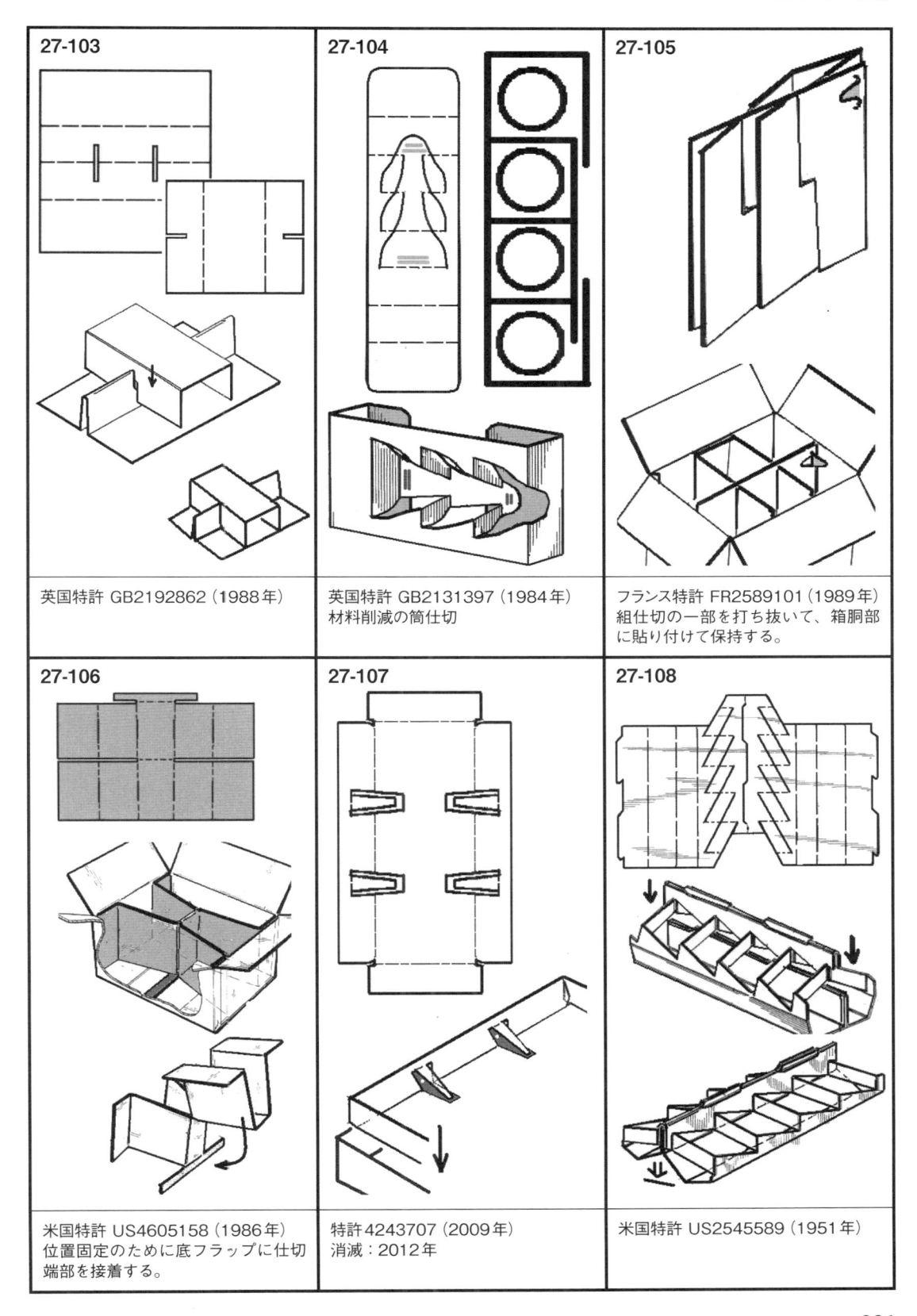

27-103

英国特許 GB2192862（1988 年）

27-104

英国特許 GB2131397（1984 年）
材料削減の筒仕切

27-105

フランス特許 FR2589101（1989 年）
組仕切の一部を打ち抜いて、箱胴部
に貼り付けて保持する。

27-106

米国特許 US4605158（1986 年）
位置固定のために底フラップに仕切
端部を接着する。

27-107

特許 4243707（2009 年）
消滅：2012 年

27-108

米国特許 US2545589（1951 年）

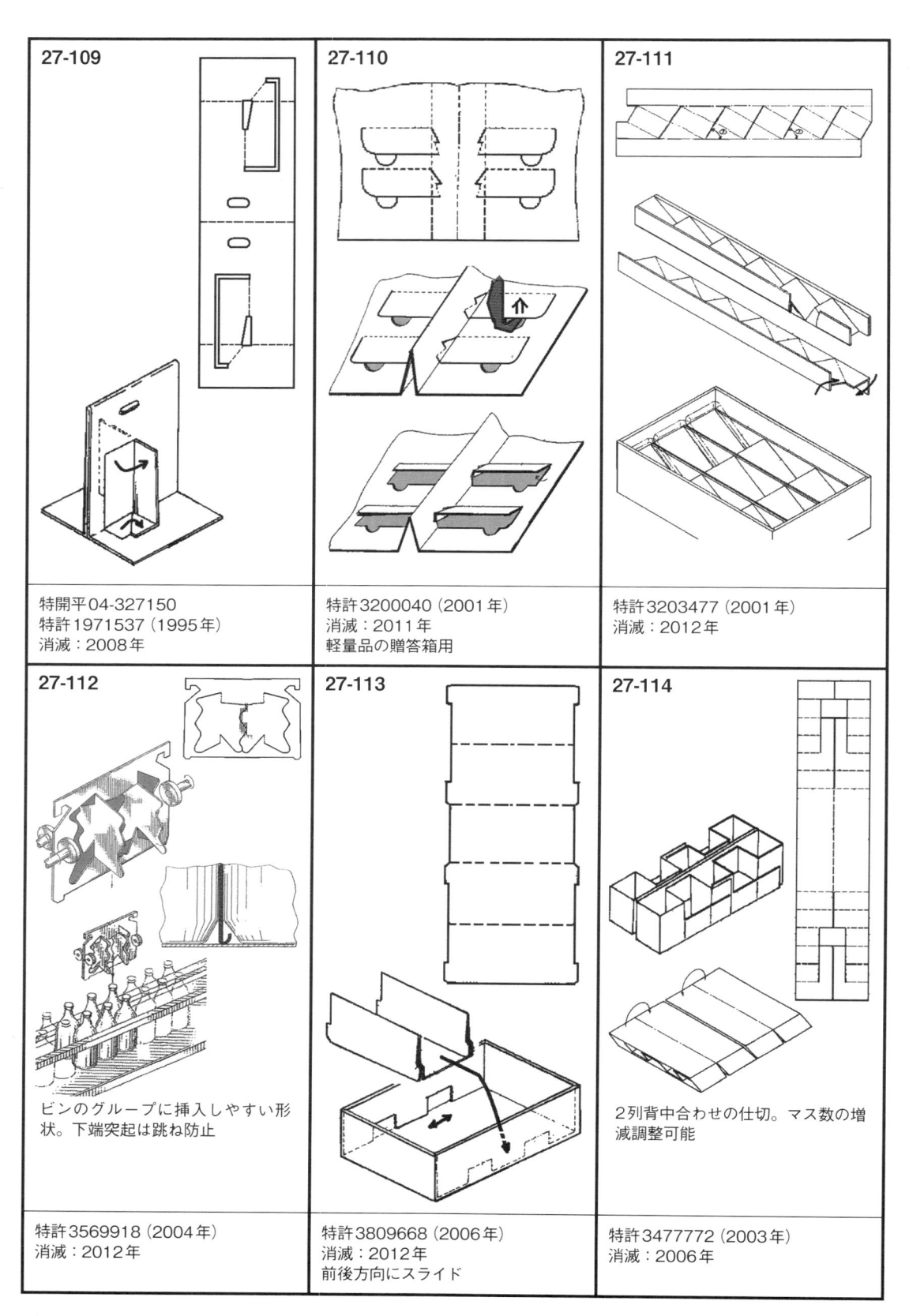

27-109

特開平04-327150
特許1971537（1995年）
消滅：2008年

27-110

特許3200040（2001年）
消滅：2011年
軽量品の贈答箱用

27-111

特許3203477（2001年）
消滅：2012年

27-112

ビンのグループに挿入しやすい形
状。下端突起は跳ね防止

特許3569918（2004年）
消滅：2012年

27-113

特許3809668（2006年）
消滅：2012年
前後方向にスライド

27-114

2列背中合わせの仕切。マス数の増
減調整可能

特許3477772（2003年）
消滅：2006年

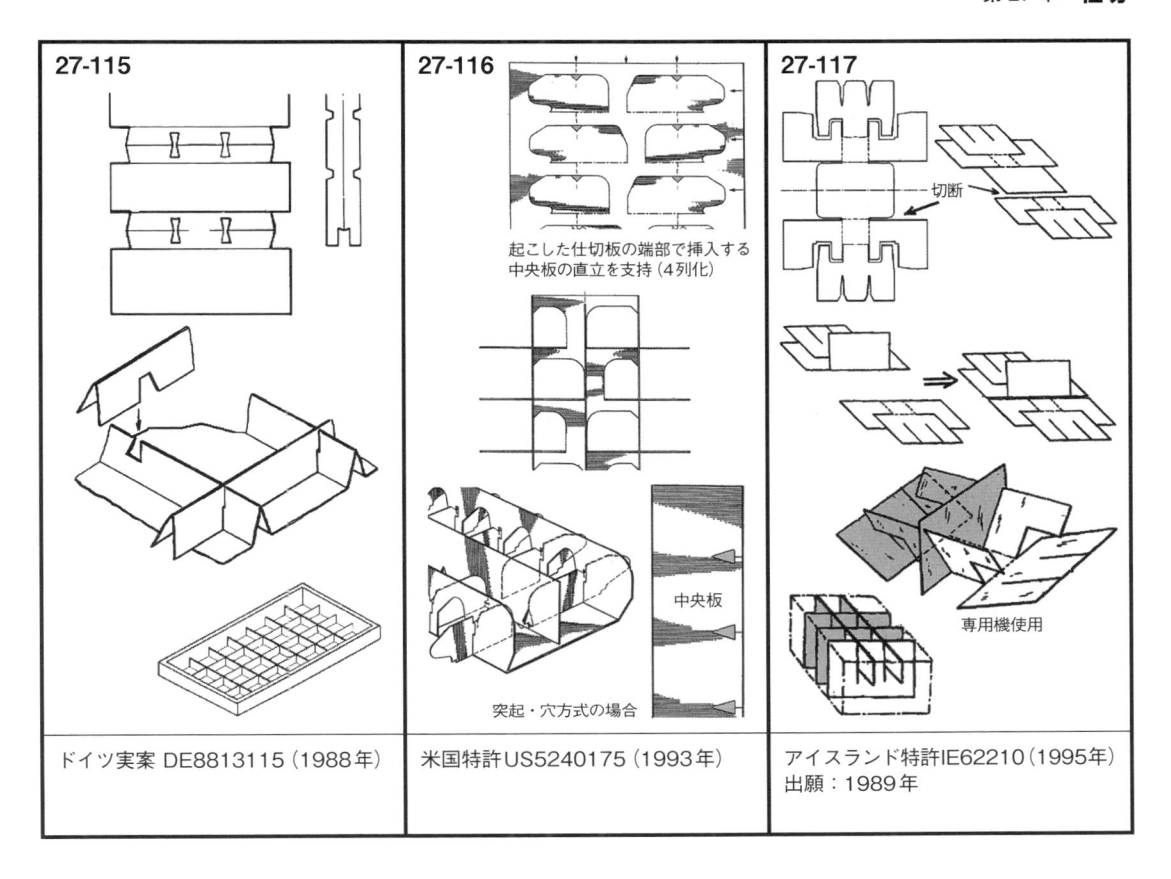

27-115	27-116	27-117
	起こした仕切板の端部で挿入する中央板の直立を支持（4列化）	切断
	突起・穴方式の場合　中央板	専用機使用
ドイツ実案 DE8813115（1988年）	米国特許US5240175（1993年）	アイスランド特許IE62210（1995年） 出願：1989年

27 「仕切」 関連リスト				
01-001	05-017	14-005	17-047	28-100
01-005	05-022	14-016	18-036	33-006
01-006	05-031	14-025	21-019	33-027
01-009	10-021	14-066	21-023	33-028
04-008	10-024	15-026	21-024	34-004

28 手提げ

　この分野は箱の端壁にあらかじめ開けられた手穴と、組み立てることで使用できる状態にする手提げ（ハンドル）を含む。例外的なものとして、トレー内部の仕切部に設けるものがある。荷扱いのし易さはカートン・ボックスの備えるべき基本的な機能であり、手穴・手提げは重要な分野になっている。

　手穴は荷扱い時に便利ではあるが、ホコリの侵入、箱強度の劣化などの欠点もある。これを補う発明が散見される。また、手穴は貨物の扱い方によっては亀裂が生じ、これが包装の外観不良に繋がる場合もある。従って手穴の補強の手法も多く出願されている。補強法はプラスチックテープの貼着、シート2枚、3枚を重ねる手穴形成（仕切材などのダンボールによる補強）、手穴の形状検討などである。

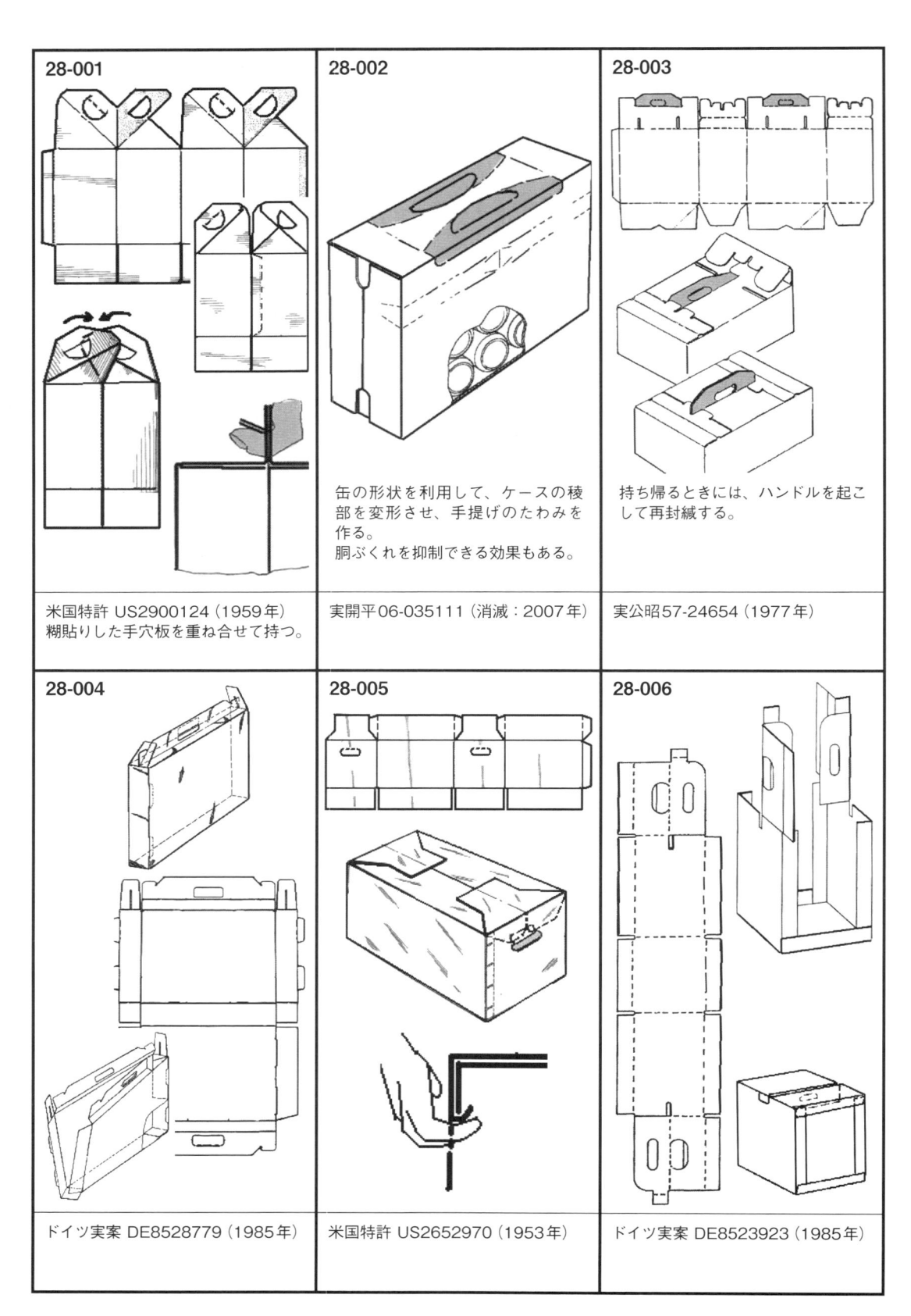

28-001

米国特許 US2900124（1959年）
糊貼りした手穴板を重ね合せて持つ。

28-002

缶の形状を利用して、ケースの稜部を変形させ、手提げのたわみを作る。
胴ぶくれを抑制できる効果もある。

実開平06-035111（消滅：2007年）

28-003

持ち帰るときには、ハンドルを起こして再封緘する。

実公昭57-24654（1977年）

28-004

ドイツ実案 DE8528779（1985年）

28-005

米国特許 US2652970（1953年）

28-006

ドイツ実案 DE8523923（1985年）

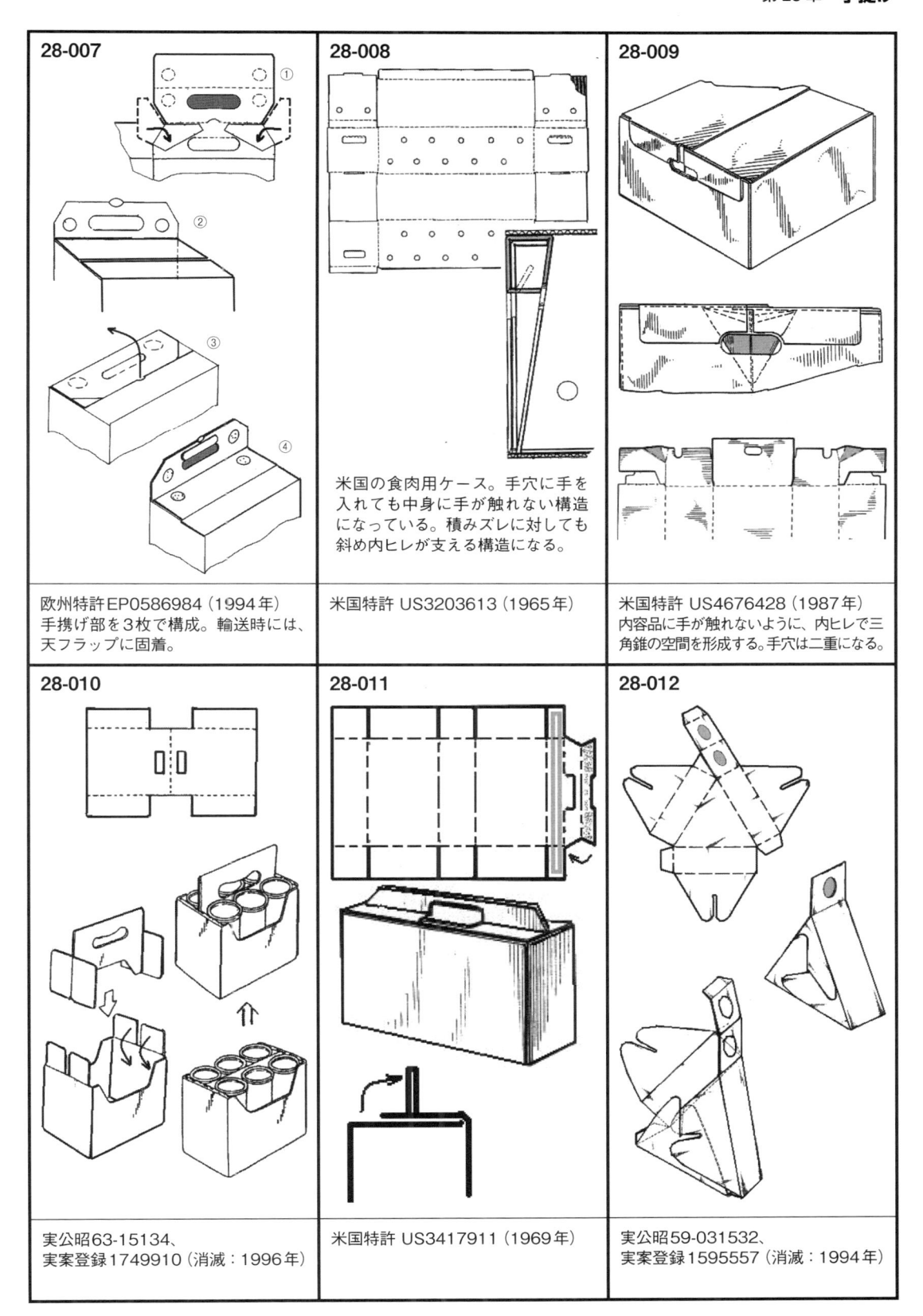

28-007

①
②
③
④

欧州特許EP0586984（1994年）
手携げ部を3枚で構成。輸送時には、
天フラップに固着。

28-008

米国の食肉用ケース。手穴に手を
入れても中身に手が触れない構造
になっている。積みズレに対しても
斜め内ヒレが支える構造になる。

米国特許 US3203613（1965年）

28-009

米国特許 US4676428（1987年）
内容品に手が触れないように、内ヒレで三
角錐の空間を形成する。手穴は二重になる。

28-010

実公昭63-15134、
実案登録1749910（消滅：1996年）

28-011

米国特許 US3417911（1969年）

28-012

実公昭59-031532、
実案登録1595557（消滅：1994年）

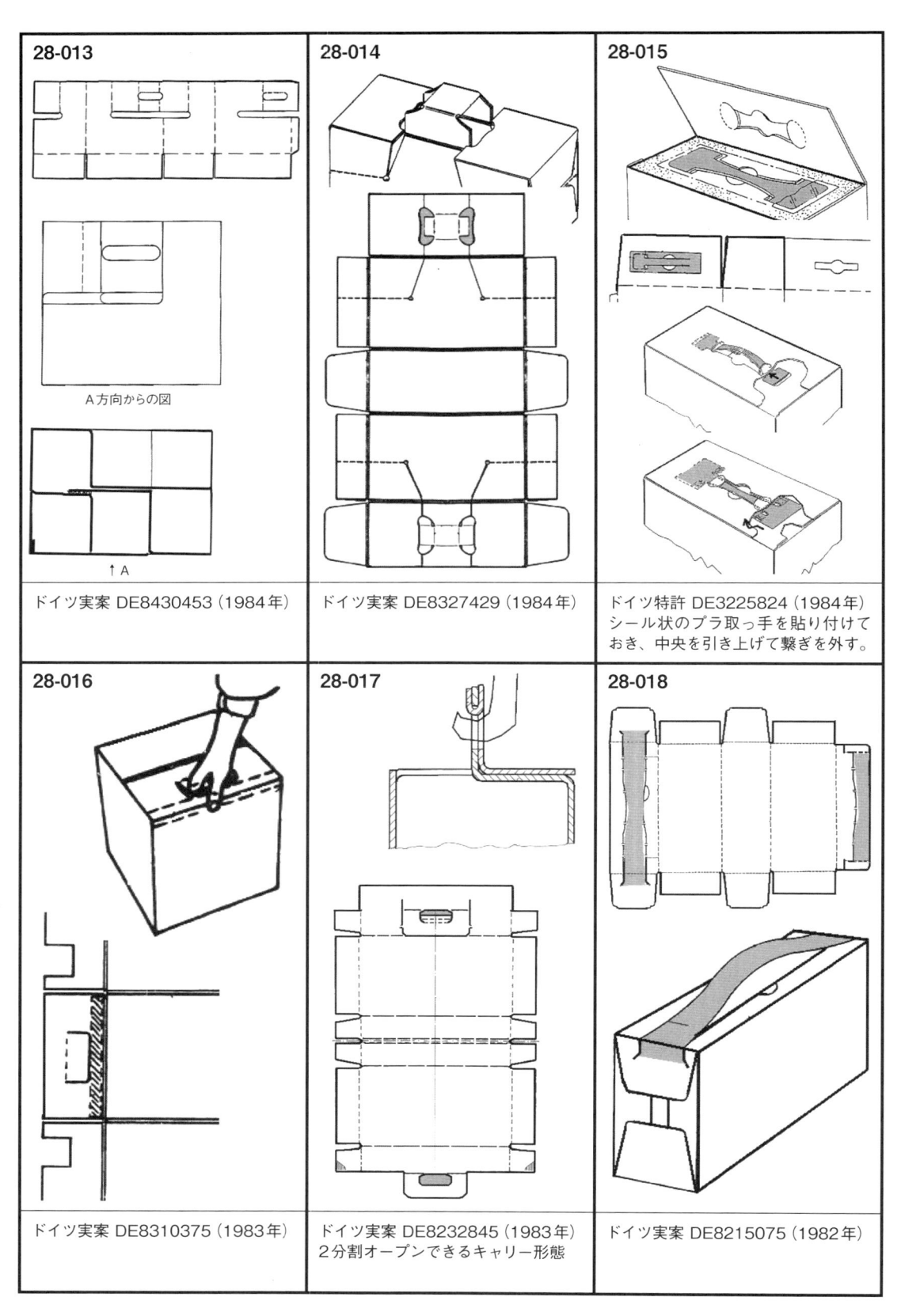

28-013	**28-014**	**28-015**
A方向からの図 ↑A		
ドイツ実案 DE8430453（1984年）	ドイツ実案 DE8327429（1984年）	ドイツ特許 DE3225824（1984年） シール状のプラ取っ手を貼り付けて おき、中央を引き上げて繋ぎを外す。
28-016	**28-017**	**28-018**
ドイツ実案 DE8310375（1983年）	ドイツ実案 DE8232845（1983年） ２分割オープンできるキャリー形態	ドイツ実案 DE8215075（1982年）

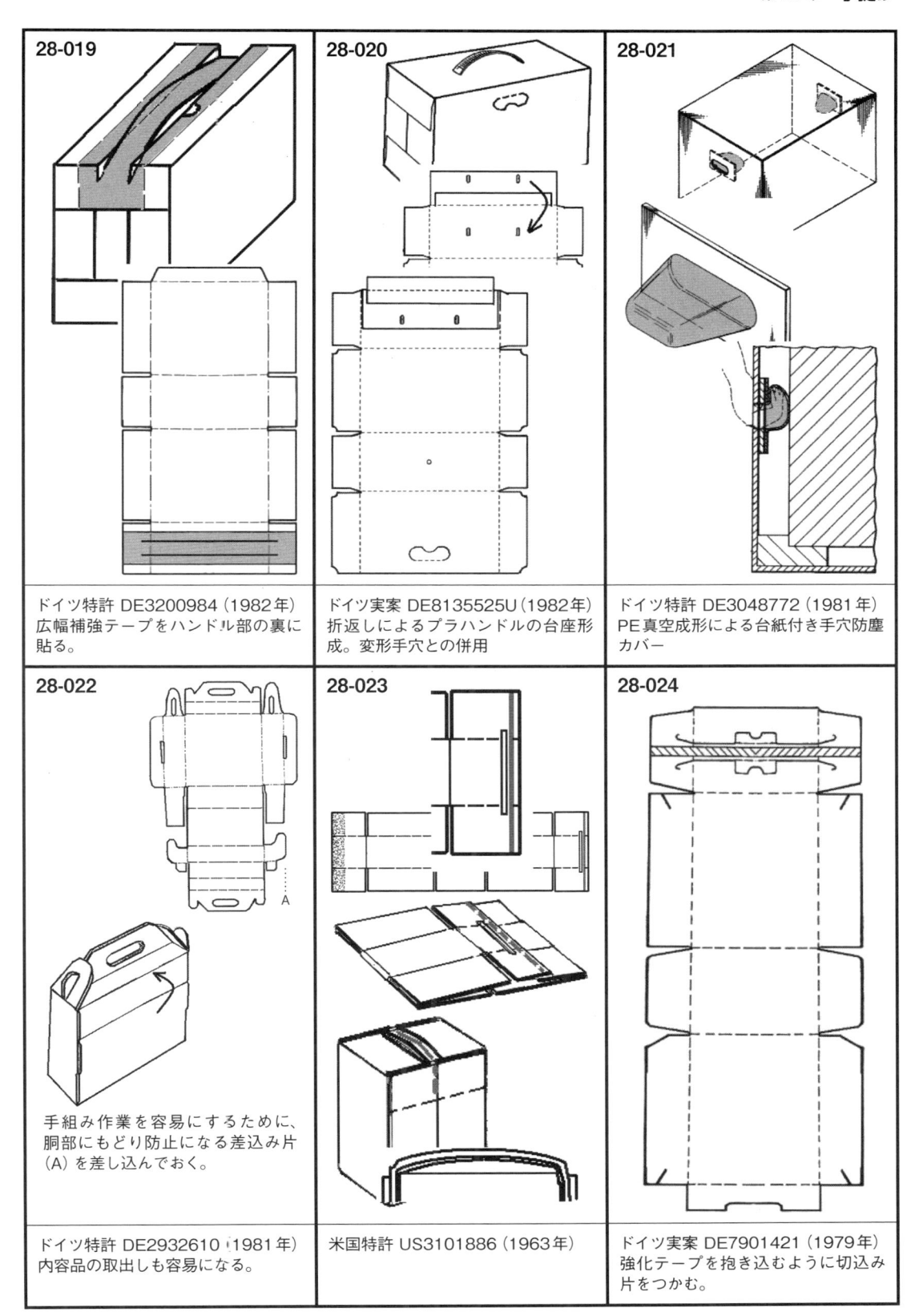

28-019

ドイツ特許 DE3200984（1982年）
広幅補強テープをハンドル部の裏に
貼る。

28-020

ドイツ実案 DE8135525U（1982年）
折返しによるプラハンドルの台座形
成。変形手穴との併用

28-021

ドイツ特許 DE3048772（1981年）
PE真空成形による台紙付き手穴防塵
カバー

28-022

手組み作業を容易にするために、
胴部にもどり防止になる差込み片
（A）を差し込んでおく。

ドイツ特許 DE2932610（1981年）
内容品の取出しも容易になる。

28-023

米国特許 US3101886（1963年）

28-024

ドイツ実案 DE7901421（1979年）
強化テープを抱き込むように切込み
片をつかむ。

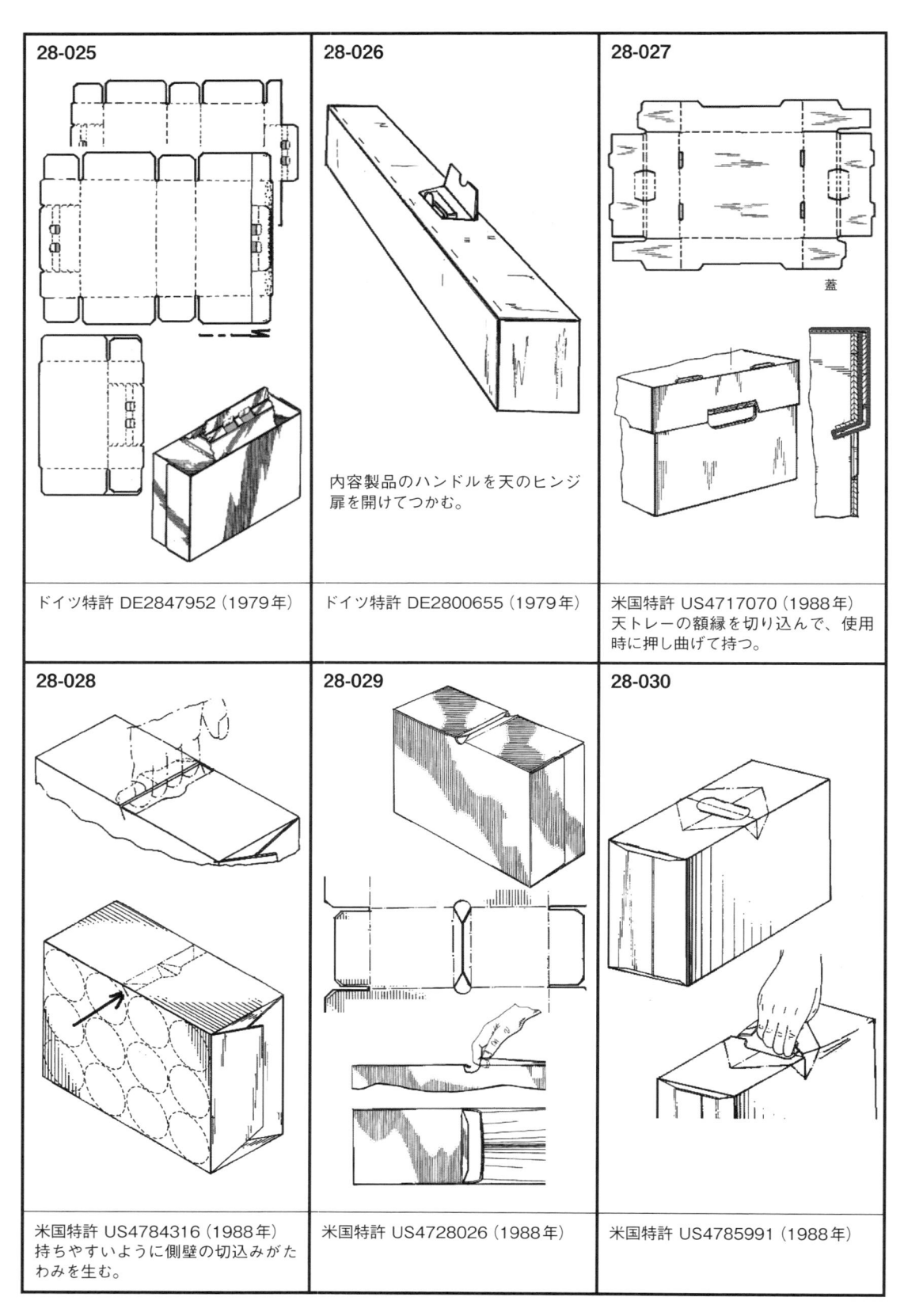

28-025	28-026	28-027
	内容製品のハンドルを天のヒンジ扉を開けてつかむ。	蓋
ドイツ特許 DE2847952 (1979年)	ドイツ特許 DE2800655 (1979年)	米国特許 US4717070 (1988年) 天トレーの額縁を切り込んで、使用時に押し曲げて持つ。

28-028	28-029	28-030
米国特許 US4784316 (1988年) 持ちやすいように側壁の切込みがたわみを生む。	米国特許 US4728026 (1988年)	米国特許 US4785991 (1988年)

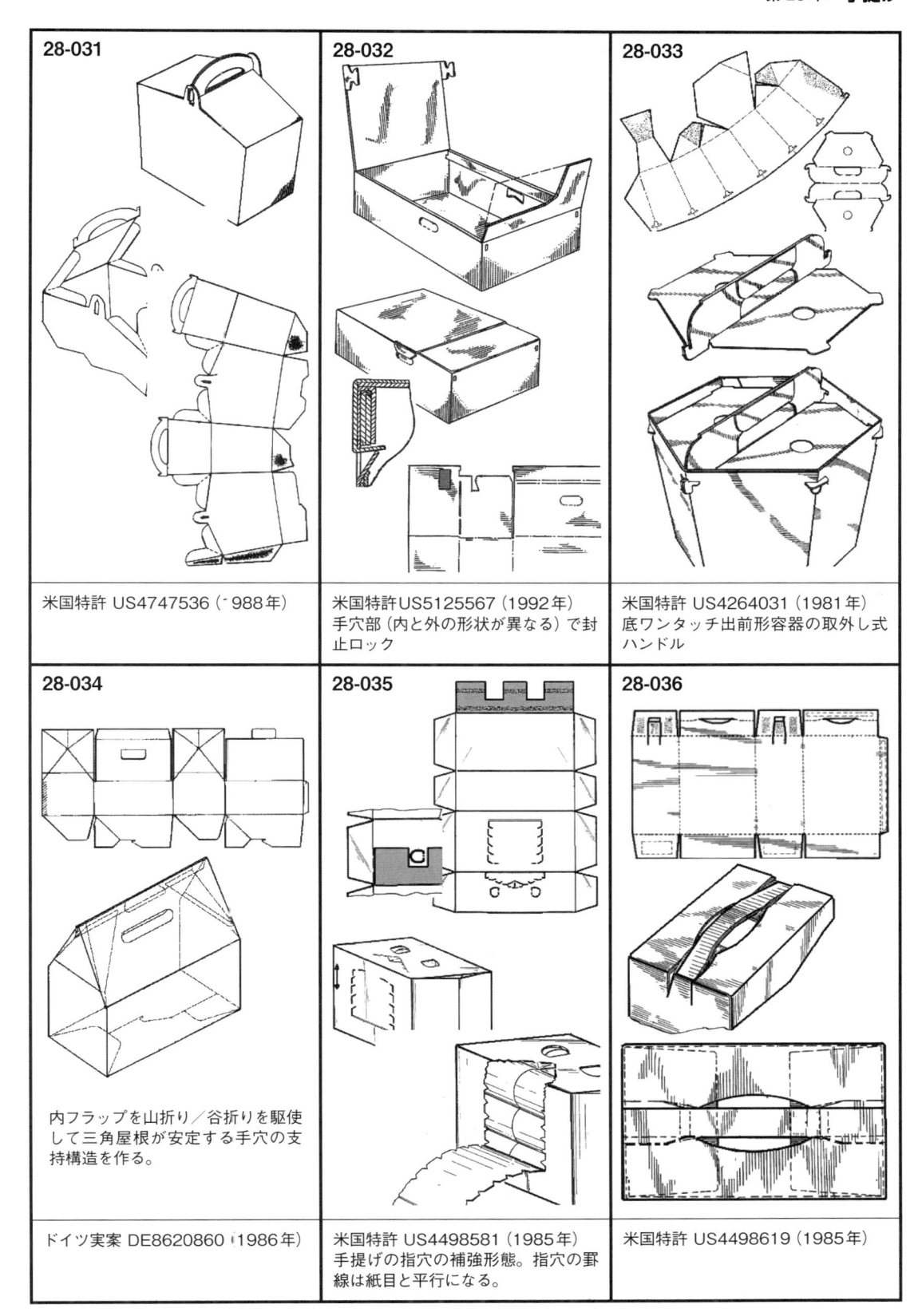

28-031	28-032	28-033
米国特許 US4747536（1988年）	米国特許 US5125567（1992年） 手穴部（内と外の形状が異なる）で封止ロック	米国特許 US4264031（1981年） 底ワンタッチ出前形容器の取外し式ハンドル
28-034	28-035	28-036
内フラップを山折り／谷折りを駆使して三角屋根が安定する手穴の支持構造を作る。 ドイツ実案 DE8620860（1986年）	米国特許 US4498581（1985年） 手提げの指穴の補強形態。指穴の罫線は紙目と平行になる。	米国特許 US4498619（1985年）

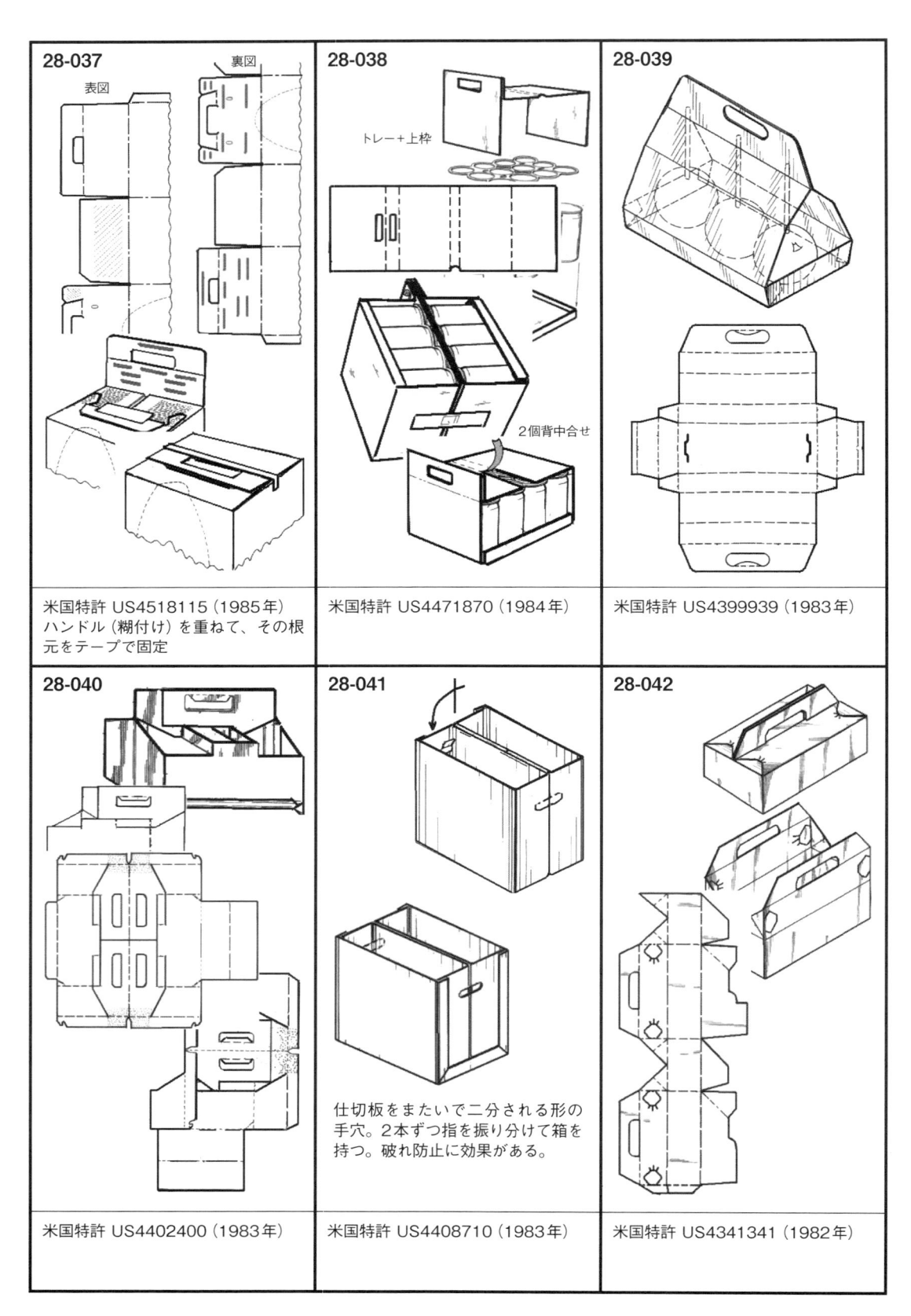

28-037

表図　裏図

米国特許 US4518115（1985年）
ハンドル（糊付け）を重ねて、その根元をテープで固定

28-038

トレー＋上枠

2個背中合せ

米国特許 US4471870（1984年）

28-039

米国特許 US4399939（1983年）

28-040

米国特許 US4402400（1983年）

28-041

仕切板をまたいで二分される形の手穴。2本ずつ指を振り分けて箱を持つ。破れ防止に効果がある。

米国特許 US4408710（1983年）

28-042

米国特許 US4341341（1982年）

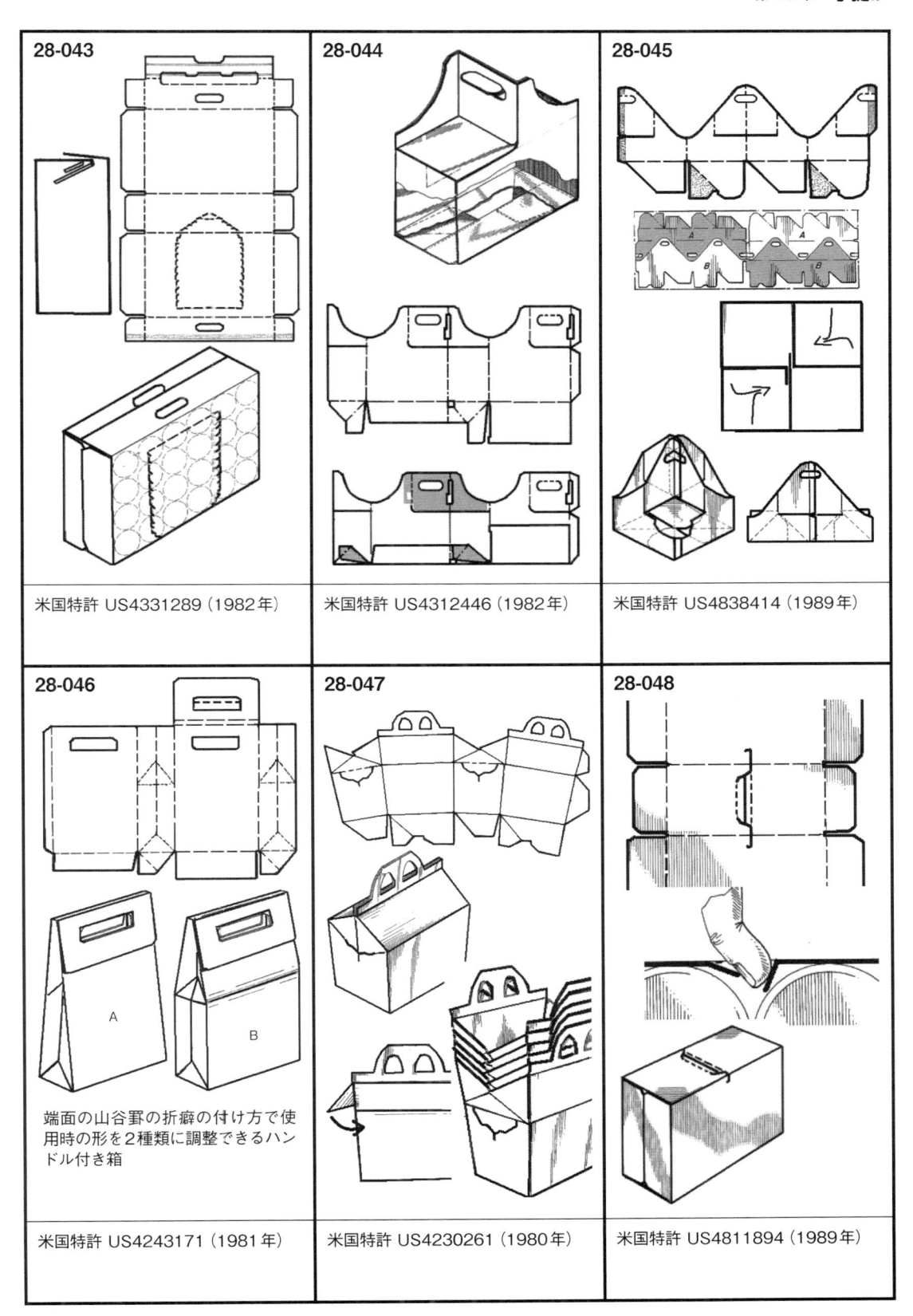

28-043

米国特許 US4331289 (1982年)

28-044

米国特許 US4312446 (1982年)

28-045

米国特許 US4838414 (1989年)

28-046

端面の山谷罫の折癖の付け方で使
用時の形を2種類に調整できるハン
ドル付き箱

米国特許 US4243171 (1981年)

28-047

米国特許 US4230261 (1980年)

28-048

米国特許 US4811894 (1989年)

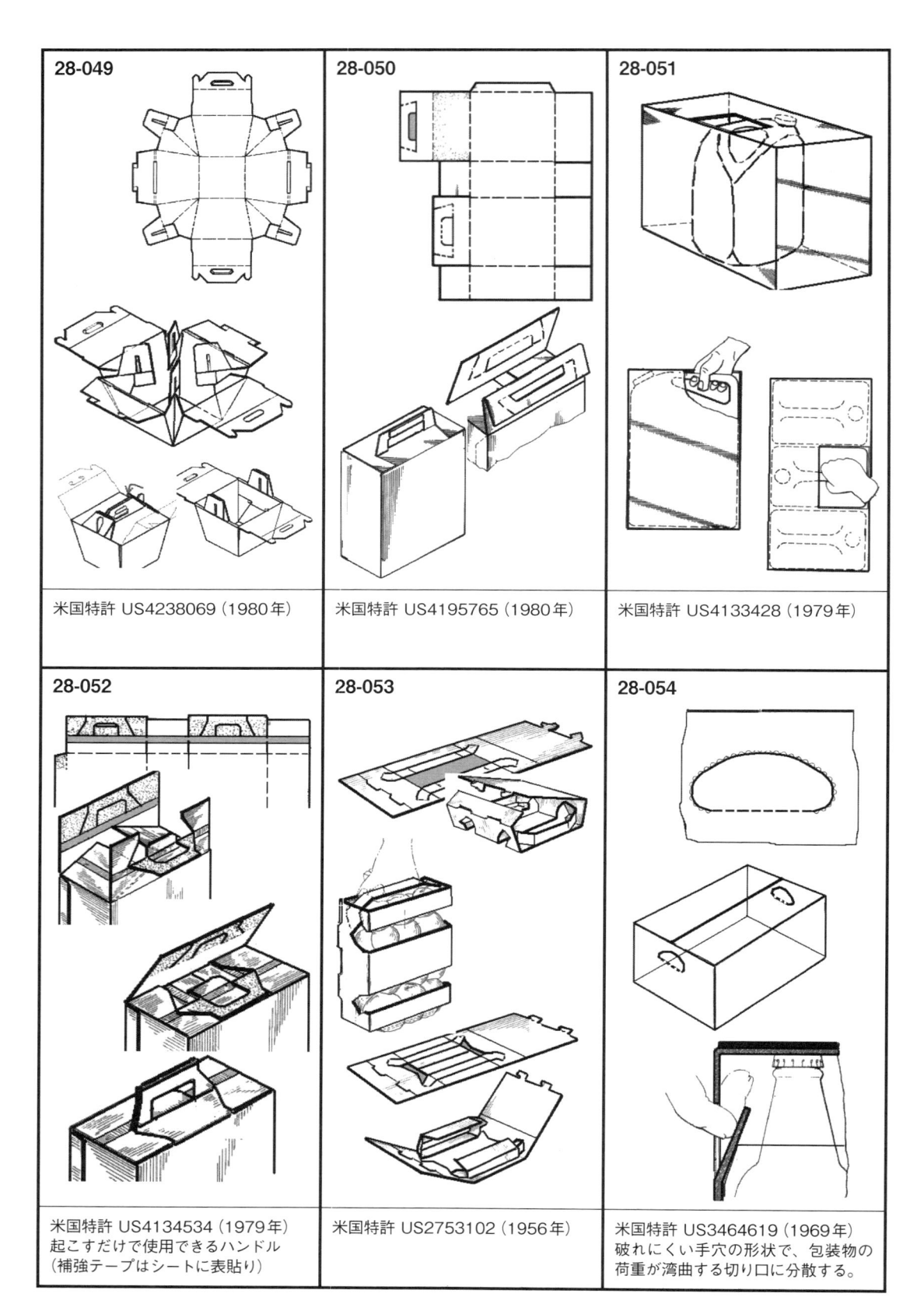

28-049	28-050	28-051
米国特許 US4238069（1980 年）	米国特許 US4195765（1980 年）	米国特許 US4133428（1979 年）

28-052	28-053	28-054
米国特許 US4134534（1979 年） 起こすだけで使用できるハンドル （補強テープはシートに表貼り）	米国特許 US2753102（1956 年）	米国特許 US3464619（1969 年） 破れにくい手穴の形状で、包装物の 荷重が湾曲する切り口に分散する。

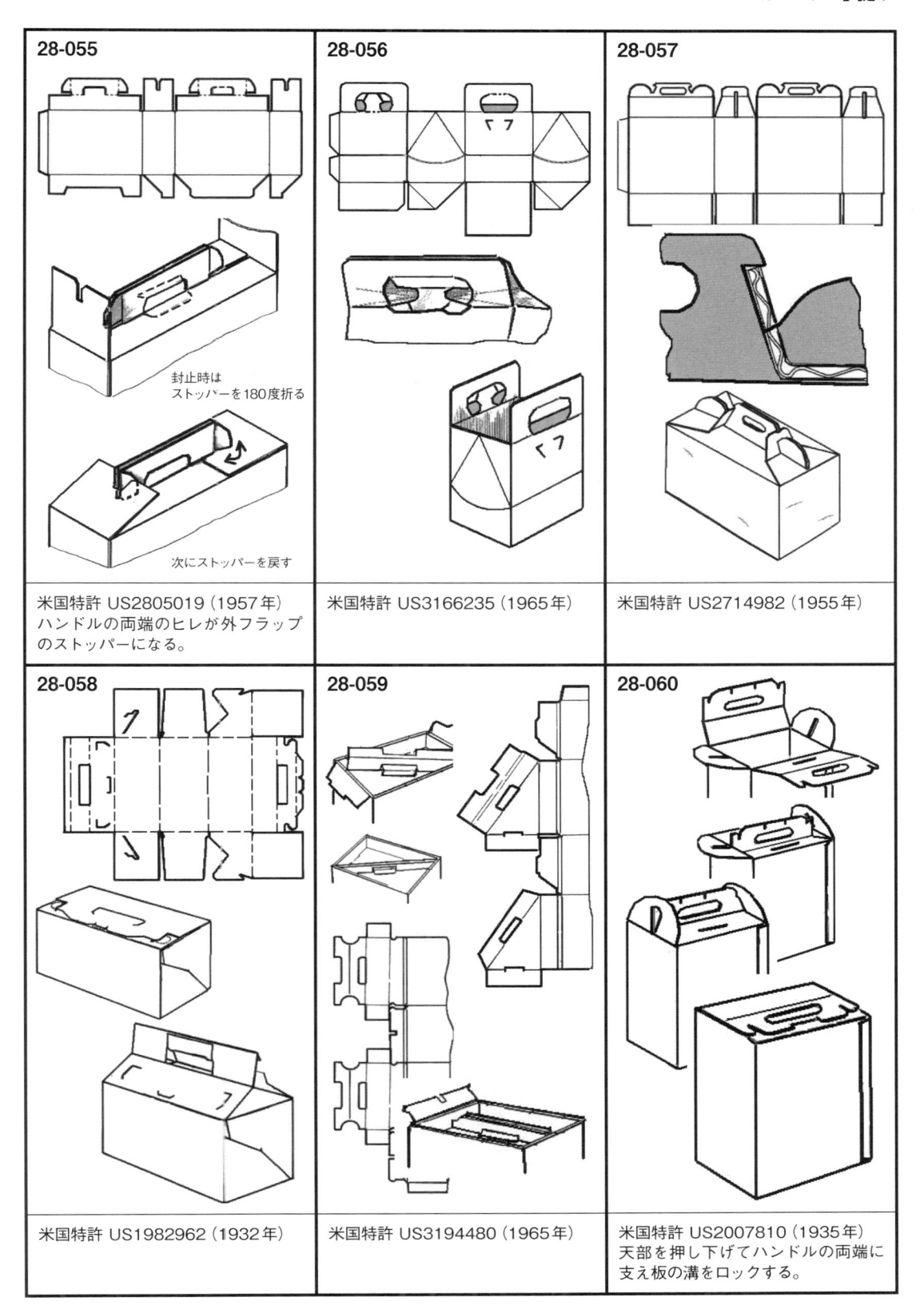

28-055	28-056	28-057
封止時は ストッパーを180度折る 次にストッパーを戻す		
米国特許 US2805019（1957年） ハンドルの両端のヒレが外フラップ のストッパーになる。	米国特許 US3166235（1965年）	米国特許 US2714982（1955年）
28-058	**28-059**	**28-060**
米国特許 US1982962（1932年）	米国特許 US3194480（1965年）	米国特許 US2007810（1935年） 天部を押し下げてハンドルの両端に 支え板の溝をロックする。

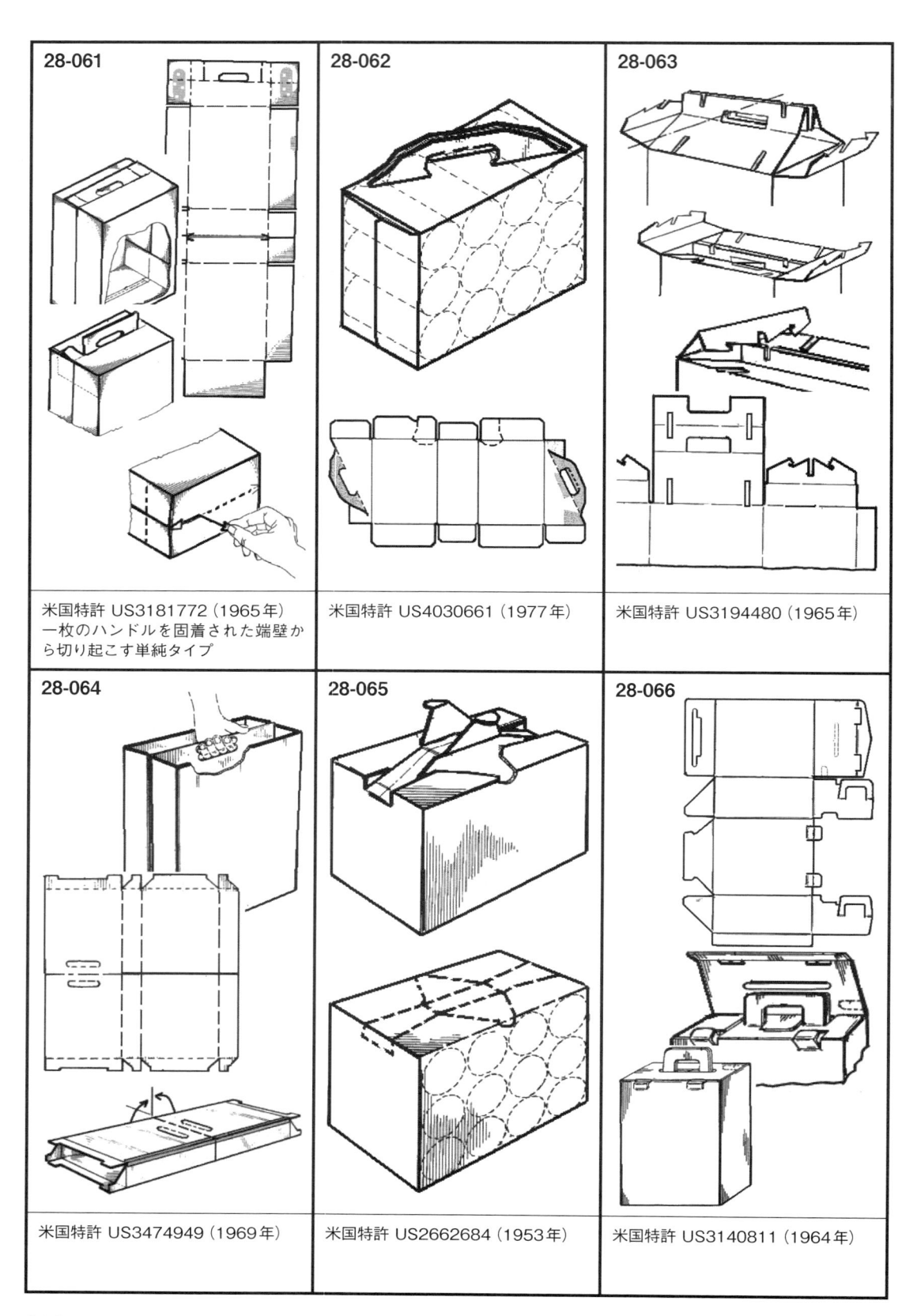

28-061	28-062	28-063
米国特許 US3181772 (1965年) 一枚のハンドルを固着された端壁か ら切り起こす単純タイプ	米国特許 US4030661 (1977年)	米国特許 US3194480 (1965年)
28-064	**28-065**	**28-066**
米国特許 US3474949 (1969年)	米国特許 US2662684 (1953年)	米国特許 US3140811 (1964年)

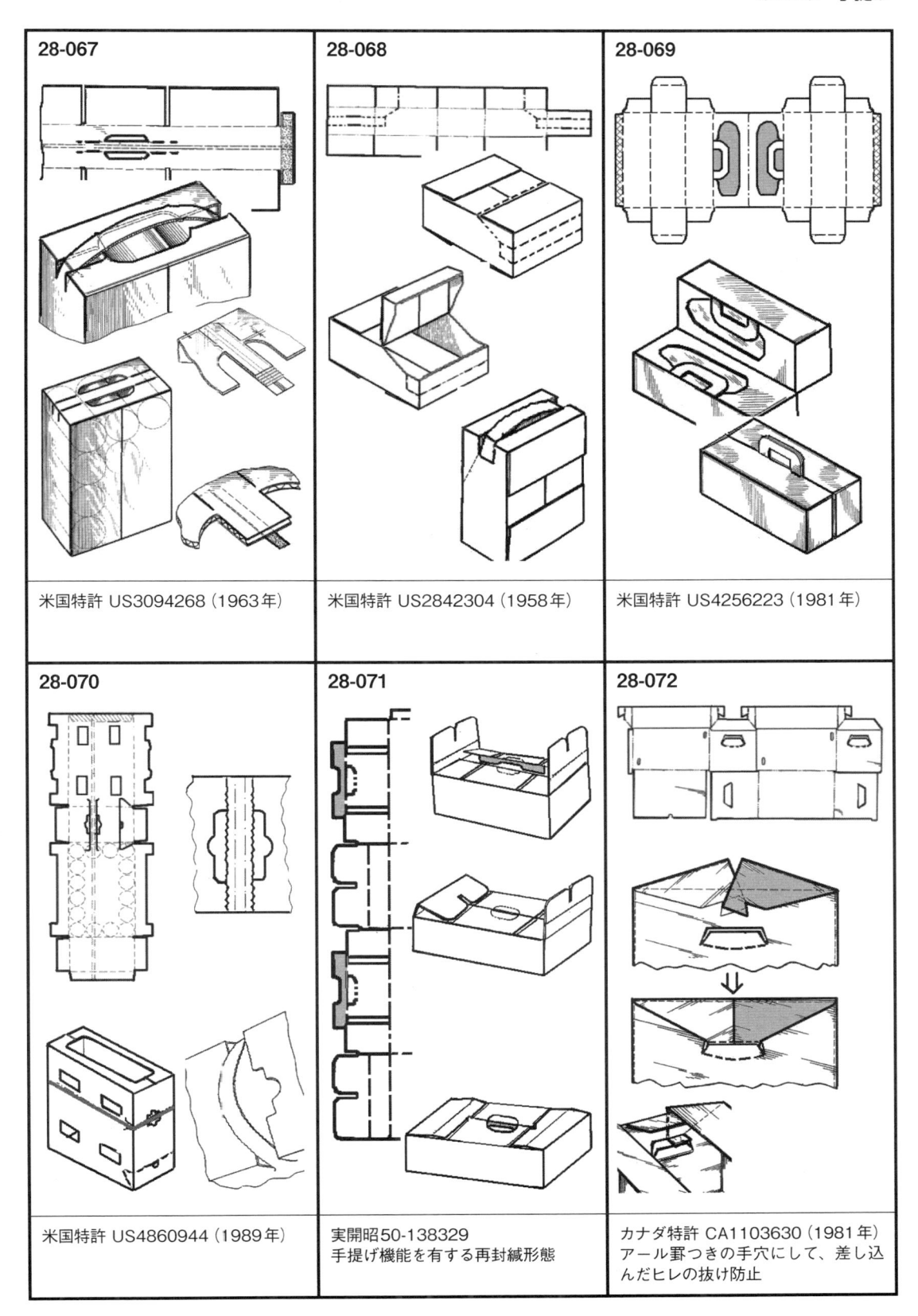

28-067

米国特許 US3094268（1963年）

28-068

米国特許 US2842304（1958年）

28-069

米国特許 US4256223（1981年）

28-070

米国特許 US4860944（1989年）

28-071

実開昭50-138329
手提げ機能を有する再封緘形態

28-072

カナダ特許 CA1103630（1981年）
アール罫つきの手穴にして、差し込
んだヒレの抜け防止

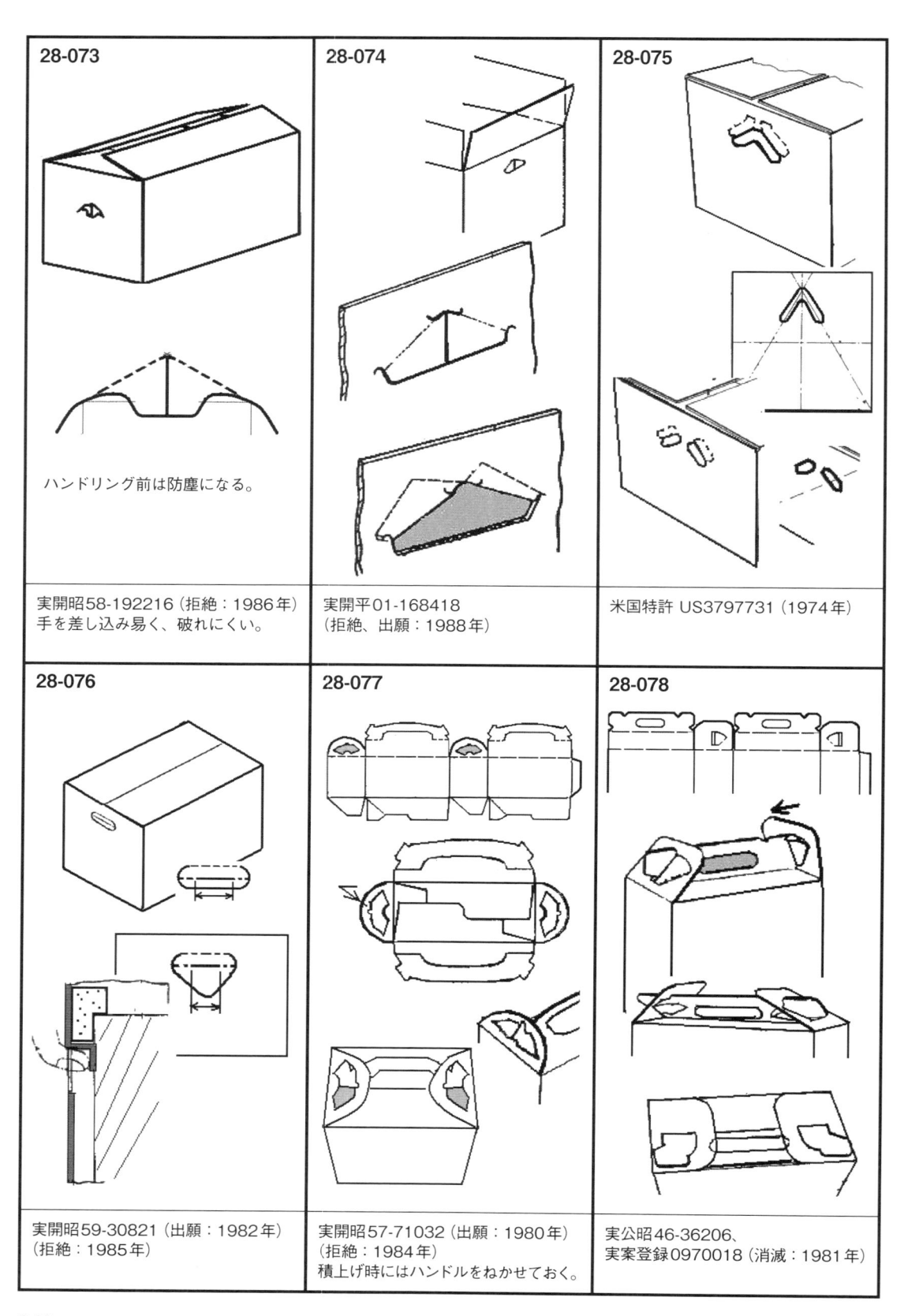

28-073

ハンドリング前は防塵になる。

実開昭58-192216（拒絶：1986年）
手を差し込み易く、破れにくい。

28-074

実開平01-168418
（拒絶、出願：1988年）

28-075

米国特許 US3797731（1974年）

28-076

実開昭59-30821（出願：1982年）
（拒絶：1985年）

28-077

実開昭57-71032（出願：1980年）
（拒絶：1984年）
積上げ時にはハンドルをねかせておく。

28-078

実公昭46-36206、
実案登録0970018（消滅：1981年）

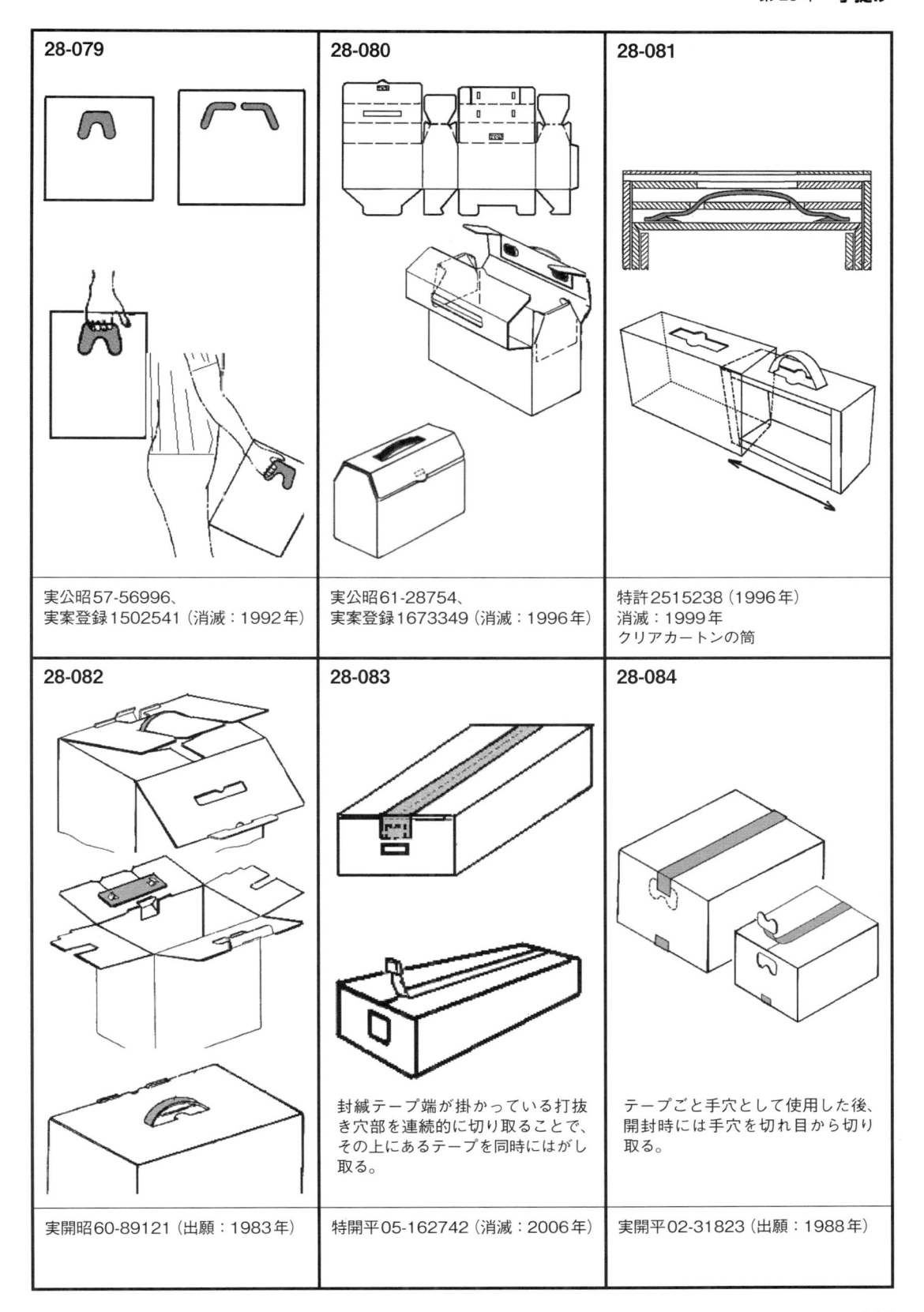

28-079	28-080	28-081
実公昭57-56996、 実案登録1502541（消滅：1992年）	実公昭61-28754、 実案登録1673349（消滅：1996年）	特許2515238（1996年） 消滅：1999年 クリアカートンの筒
28-082	28-083	28-084
	封緘テープ端が掛かっている打抜き穴部を連続的に切り取ることで、その上にあるテープを同時にはがし取る。	テープごと手穴として使用した後、開封時には手穴を切れ目から切り取る。
実開昭60-89121（出願：1983年）	特開平05-162742（消滅：2006年）	実開平02-31823（出願：1988年）

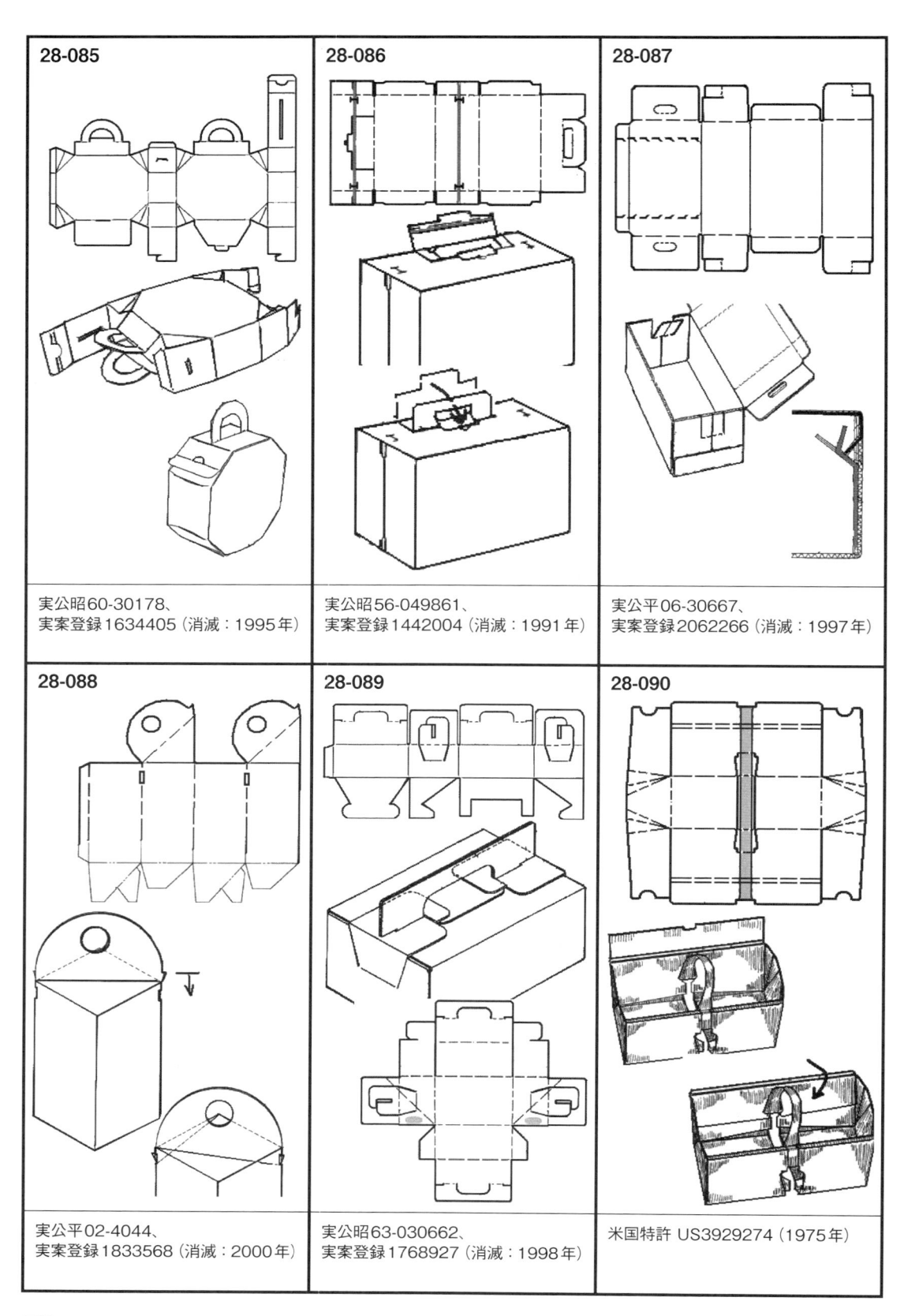

28-085	28-086	28-087
実公昭60-30178、 実案登録1634405（消滅：1995年）	実公昭56-049861、 実案登録1442004（消滅：1991年）	実公平06-30667、 実案登録2062266（消滅：1997年）
28-088	28-089	28-090
実公平02-4044、 実案登録1833568（消滅：2000年）	実公昭63-030662、 実案登録1768927（消滅：1998年）	米国特許 US3929274（1975年）

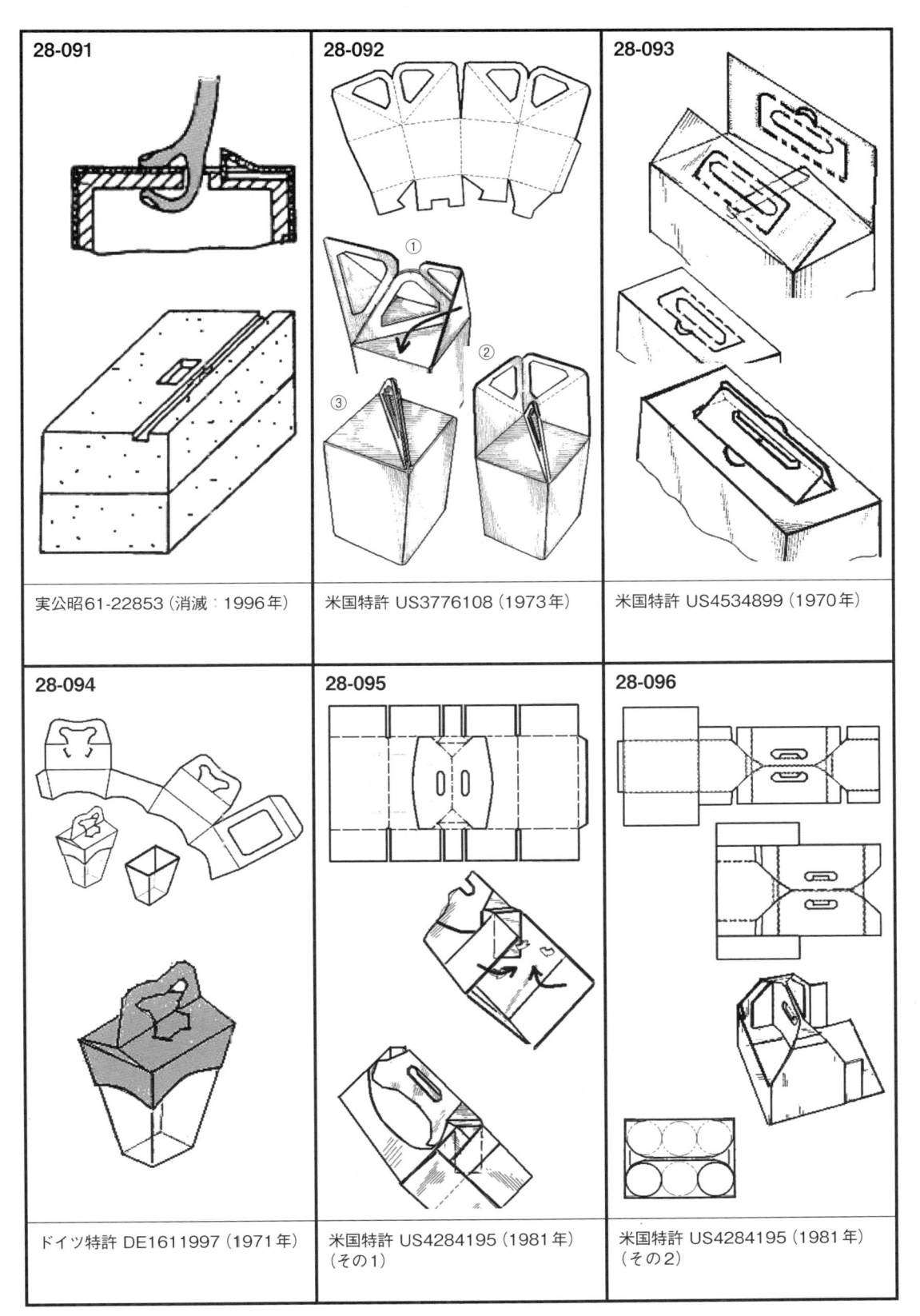

28-091	28-092	28-093
実公昭61-22853（消滅：1996年）	米国特許 US3776108（1973年）	米国特許 US4534899（1970年）

28-094	28-095	28-096
ドイツ特許 DE1611997（1971年）	米国特許 US4284195（1981年） （その1）	米国特許 US4284195（1981年） （その2）

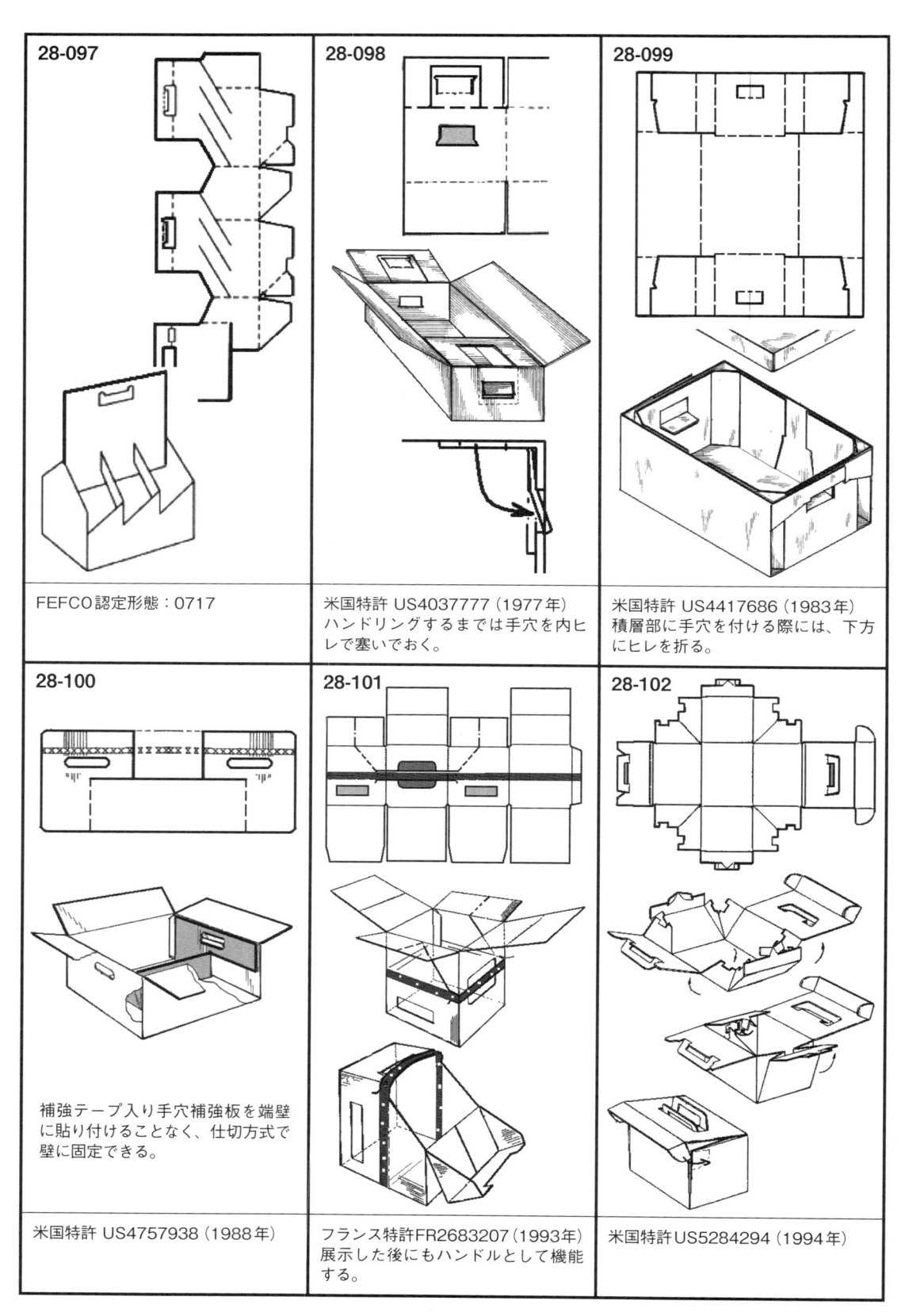

28-097	28-098	28-099
FEFCO認定形態：0717	米国特許 US4037777（1977年）ハンドリングするまでは手穴を内ヒレで塞いでおく。	米国特許 US4417686（1983年）積層部に手穴を付ける際には、下方にヒレを折る。
28-100	28-101	28-102
補強テープ入り手穴補強板を端壁に貼り付けることなく、仕切方式で壁に固定できる。		
米国特許 US4757938（1988年）	フランス特許FR2683207（1993年）展示した後にもハンドルとして機能する。	米国特許 US5284294（1994年）

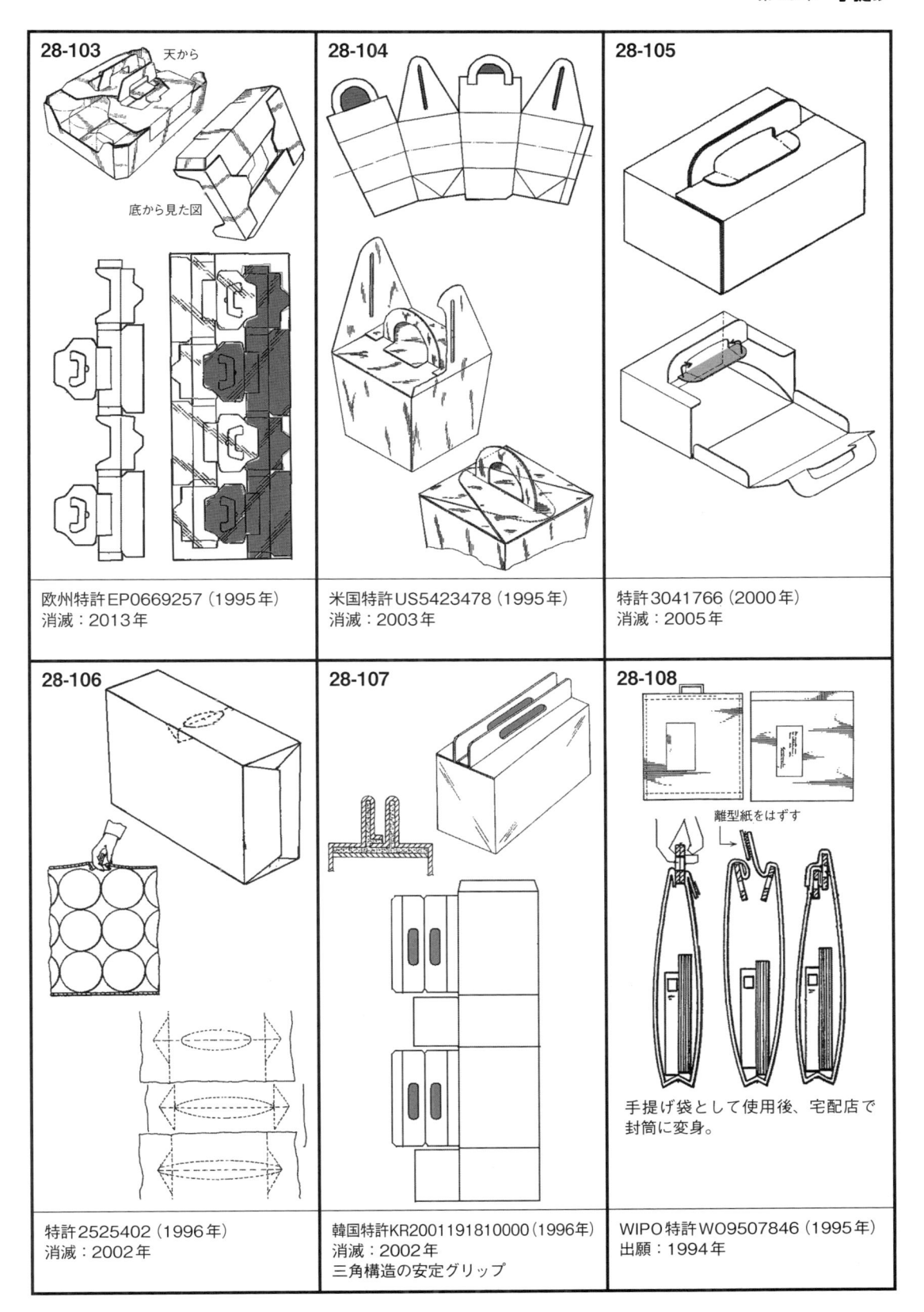

28-103

天から

底から見た図

欧州特許 EP0669257（1995年）
消滅：2013年

28-104

米国特許 US5423478（1995年）
消滅：2003年

28-105

特許 3041766（2000年）
消滅：2005年

28-106

特許 2525402（1996年）
消滅：2002年

28-107

韓国特許 KR2001191810000（1996年）
消滅：2002年
三角構造の安定グリップ

28-108

離型紙をはずす

手提げ袋として使用後、宅配店で
封筒に変身。

WIPO特許 WO9507846（1995年）
出願：1994年

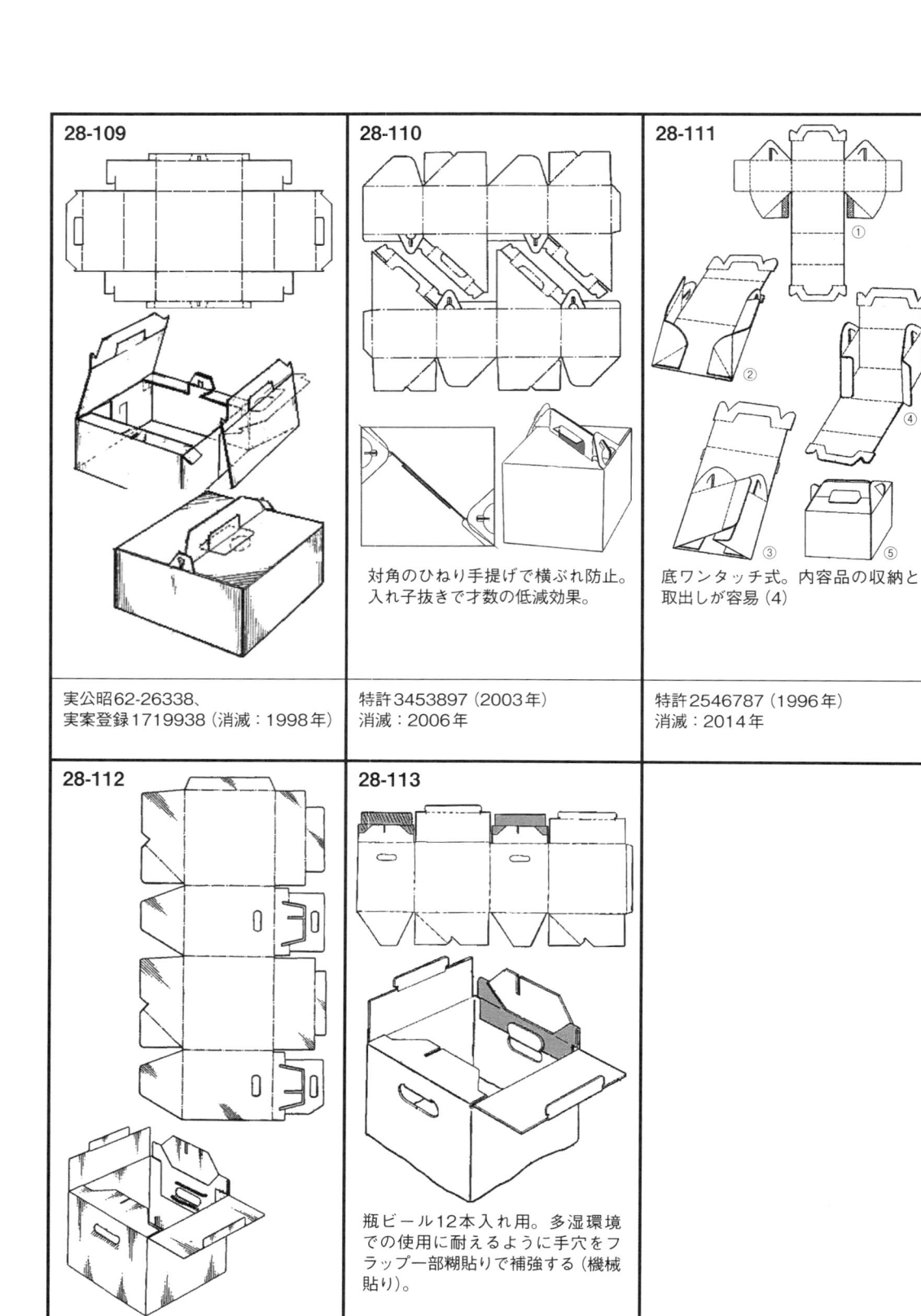

28-109

実公昭62-26338、
実案登録1719938（消滅：1998年）

28-110

対角のひねり手提げで横ぶれ防止。
入れ子抜きで才数の低減効果。

特許3453897（2003年）
消滅：2006年

28-111

底ワンタッチ式。内容品の収納と
取出しが容易（4）

特許2546787（1996年）
消滅：2014年

28-112

実公平07-047304
落ち代を用いて手穴の周囲を2重に
して補強

28-113

瓶ビール12本入れ用。多湿環境
での使用に耐えるように手穴をフ
ラップ一部糊貼りで補強する（機械
貼り）。

実公昭56-49866（出願：1977年）

28「手提げ」関連リスト				
01-068	10-025	15-004	25-017	28-100
04-013	11-017	15-005	25-053	31-013
04-031	12-022	15-030	26-027	31-076
05-004	12-030	17-005	26-028	34-018
08-003	12-046	20-019	26-035	40-007
10-003	13-037	20-033	27-066	40-030
10-006	14-018	24-002	27-067	

29 パレット

この分野にはダンボール製のパレット単体、および大型箱の底部にパレットの機能を組み込んだボックスパレットの形態を含んでいる。ダンボールパレットは手作りになるもの、および機械組立による量産タイプのものからなる。

ユニークな形状として、トリプルダンボールまたはプラスチック厚板を胴枠として国際物流の通い箱に用いる大型箱形態がある。天地スキッド内に設けるロック用の金属爪を胴枠の上下端部に差し込んでロックするタイプである。これは最も進化したボックスパレットの形態の一つである。

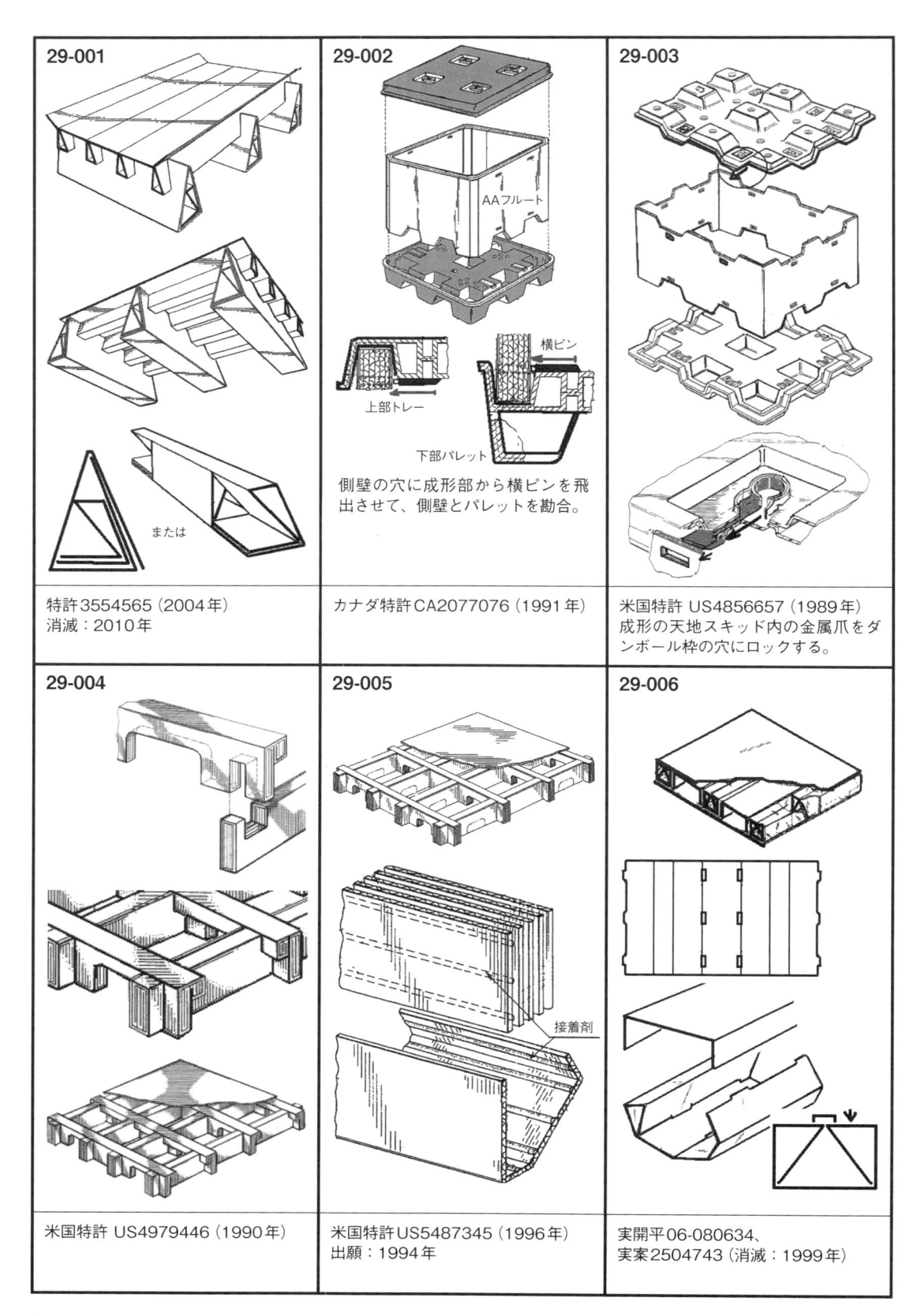

29-001

特許3554565（2004年）
消滅：2010年

29-002

AAフルート

横ピン

上部トレー

下部パレット

側壁の穴に成形部から横ピンを飛
出させて、側壁とパレットを勘合。

カナダ特許CA2077076（1991年）

29-003

米国特許 US4856657（1989年）
成形の天地スキッド内の金属爪をダ
ンボール枠の穴にロックする。

29-004

米国特許 US4979446（1990年）

29-005

接着剤

米国特許 US5487345（1996年）
出願：1994年

29-006

実開平06-080634、
実案2504743（消滅：1999年）

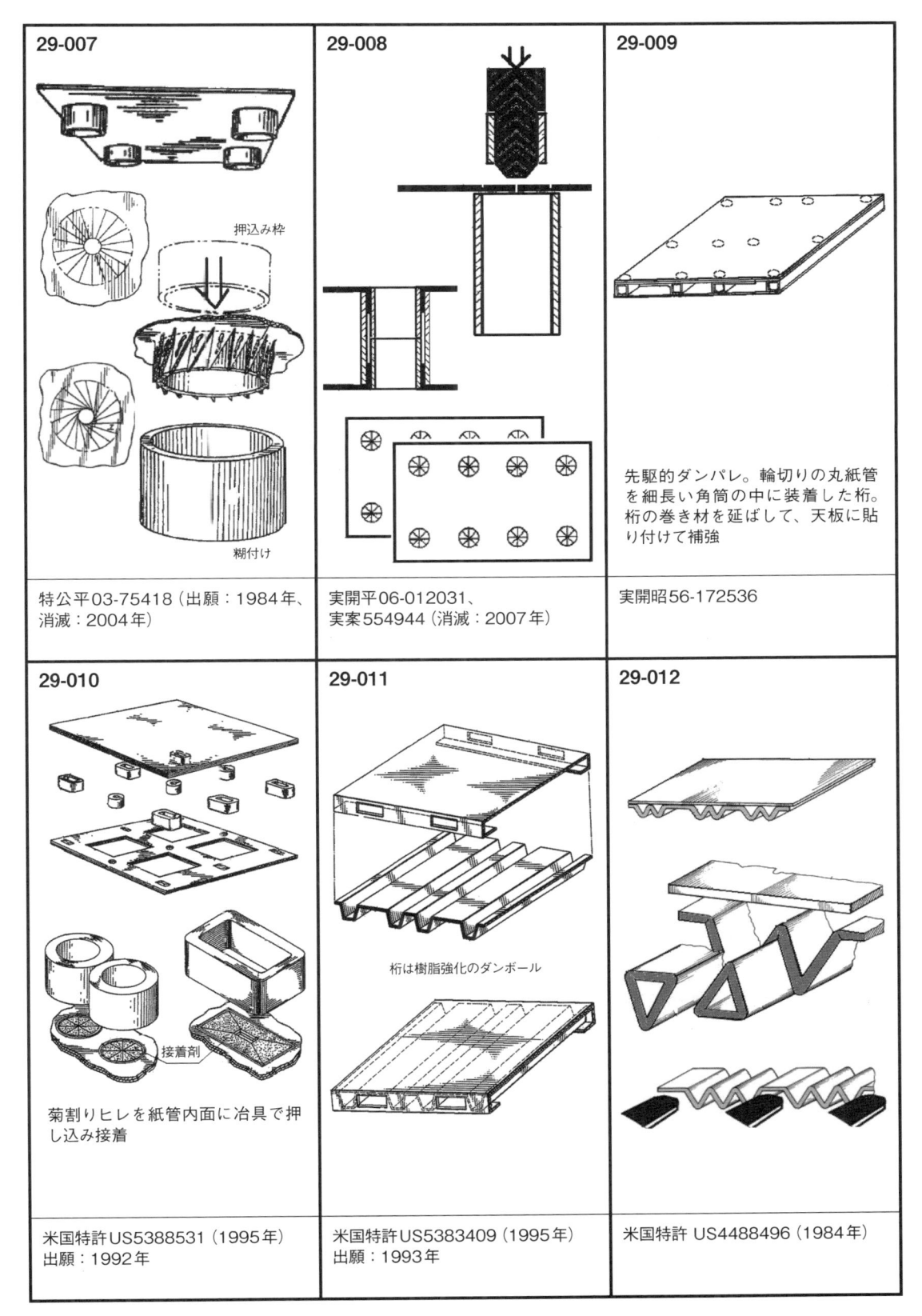

29-007

押込み枠

糊付け

特公平03-75418（出願：1984年、消滅：2004年）

29-008

実開平06-012031、実案554944（消滅：2007年）

29-009

先駆的ダンパレ。輪切りの丸紙管を細長い角筒の中に装着した桁。桁の巻き材を延ばして、天板に貼り付けて補強

実開昭56-172536

29-010

接着剤

菊割りヒレを紙管内面に冶具で押し込み接着

米国特許US5388531（1995年）出願：1992年

29-011

桁は樹脂強化のダンボール

米国特許US5383409（1995年）出願：1993年

29-012

米国特許 US4488496（1984年）

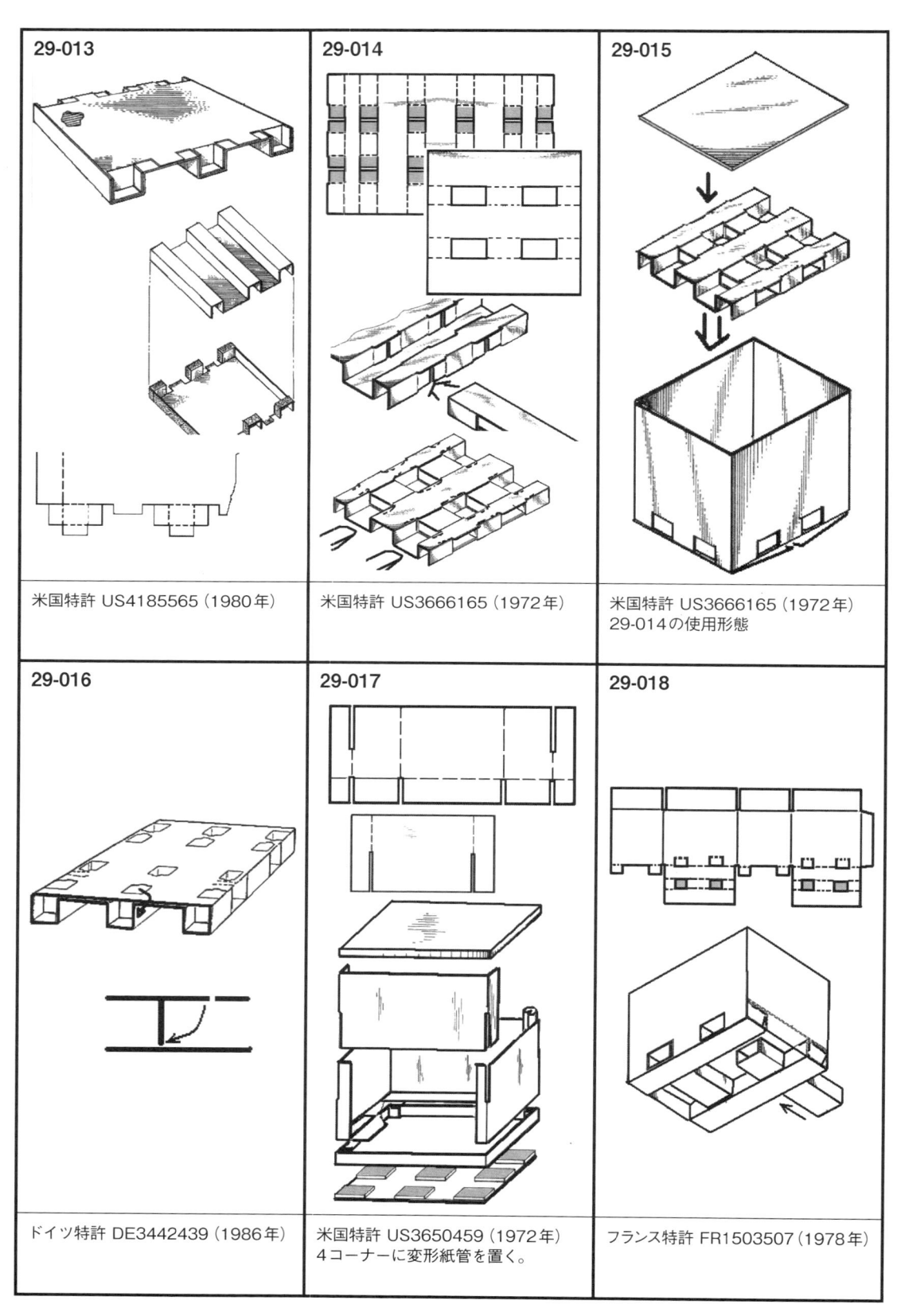

29-013 米国特許 US4185565（1980年）	**29-014** 米国特許 US3666165（1972年）	**29-015** 米国特許 US3666165（1972年） 29-014の使用形態
29-016 ドイツ特許 DE3442439（1986年）	**29-017** 米国特許 US3650459（1972年） 4コーナーに変形紙管を置く。	**29-018** フランス特許 FR1503507（1978年）

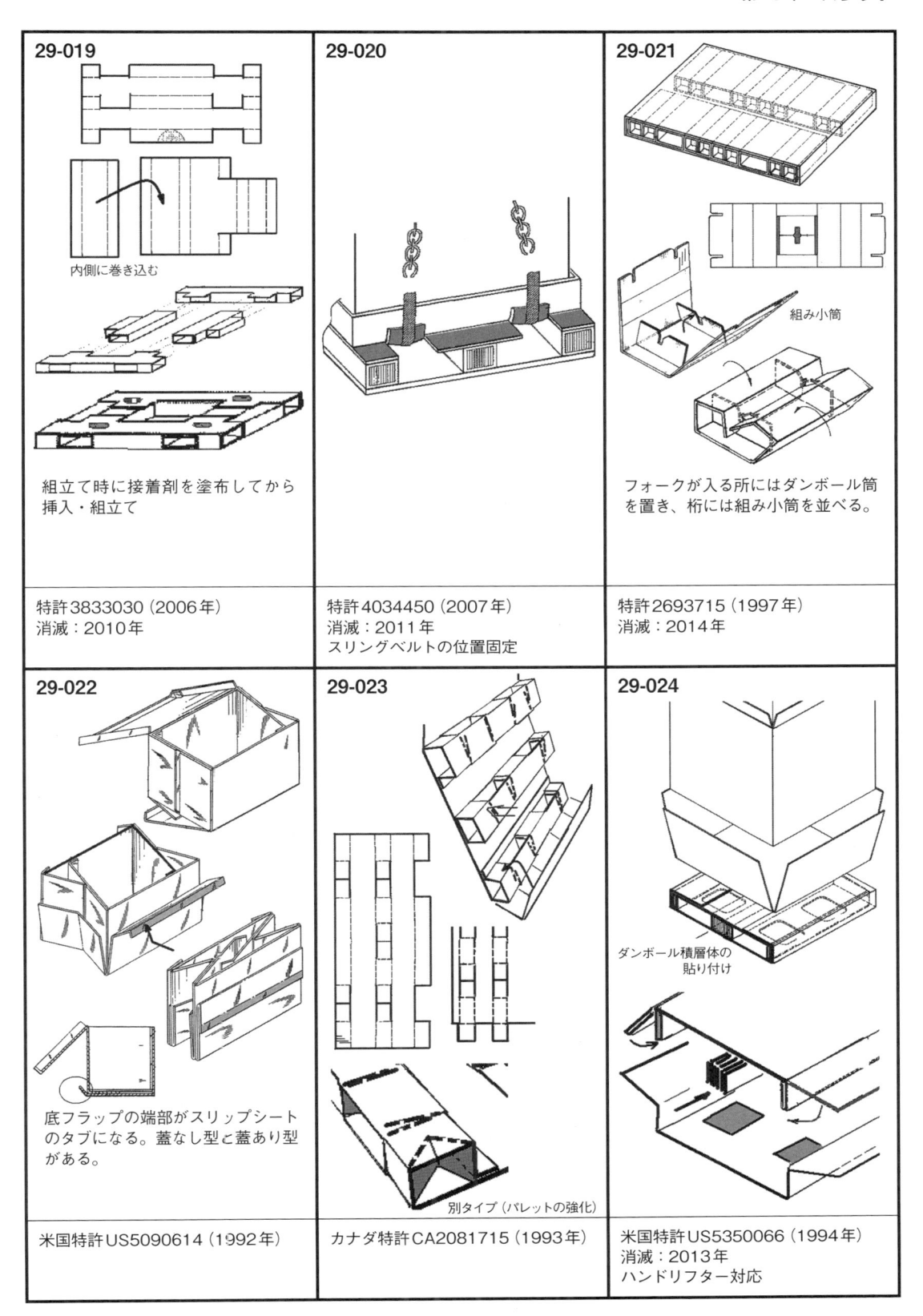

29-019

内側に巻き込む

組立て時に接着剤を塗布してから
挿入・組立て

特許 3833030 (2006 年)
消滅：2010 年

29-020

特許 4034450 (2007 年)
消滅：2011 年
スリングベルトの位置固定

29-021

組み小筒

フォークが入る所にはダンボール筒
を置き、桁には組み小筒を並べる。

特許 2693715 (1997 年)
消滅：2014 年

29-022

底フラップの端部がスリップシート
のタブになる。蓋なし型と蓋あり型
がある。

米国特許 US5090614 (1992 年)

29-023

別タイプ（パレットの強化）

カナダ特許 CA2081715 (1993 年)

29-024

ダンボール積層体の
貼り付け

米国特許 US5350066 (1994 年)
消滅：2013 年
ハンドリフター対応

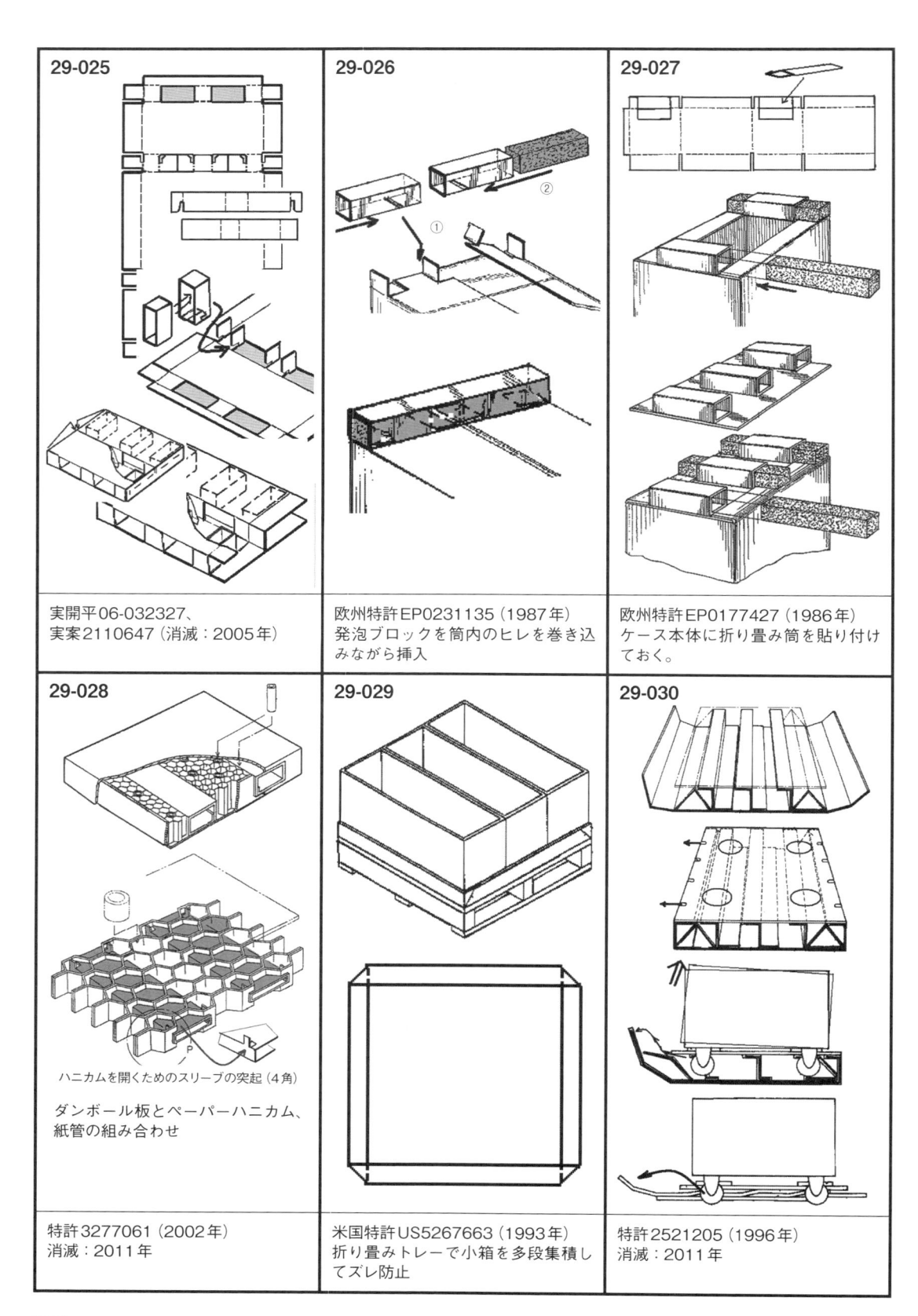

29-025

実開平06-032327、
実案2110647（消滅：2005年）

29-026

欧州特許EP0231135（1987年）
発泡ブロックを筒内のヒレを巻き込
みながら挿入

29-027

欧州特許EP0177427（1986年）
ケース本体に折り畳み筒を貼り付け
ておく。

29-028

ハニカムを開くためのスリーブの突起（4角）

ダンボール板とペーパーハニカム、
紙管の組み合わせ

特許3277061（2002年）
消滅：2011年

29-029

米国特許US5267663（1993年）
折り畳みトレーで小箱を多段集積し
てズレ防止

29-030

特許2521205（1996年）
消滅：2011年

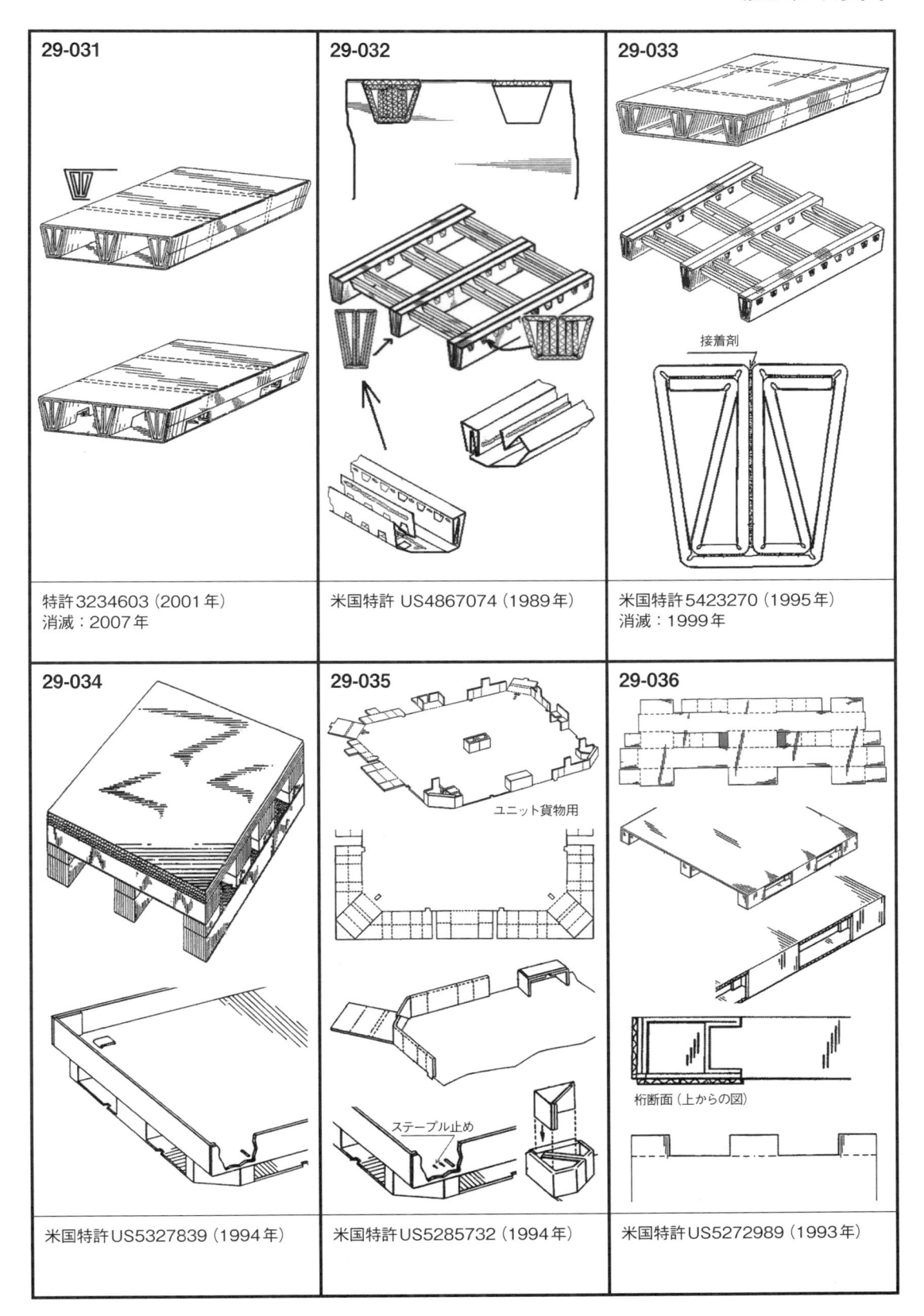

29-031

特許 3234603（2001 年）
消滅：2007年

29-032

米国特許 US4867074（1989年）

29-033

接着剤

米国特許 5423270（1995年）
消滅：1999年

29-034

米国特許 US5327839（1994年）

29-035

ユニット貨物用

ステープル止め

米国特許 US5285732（1994年）

29-036

桁断面（上からの図）

米国特許 US5272989（1993年）

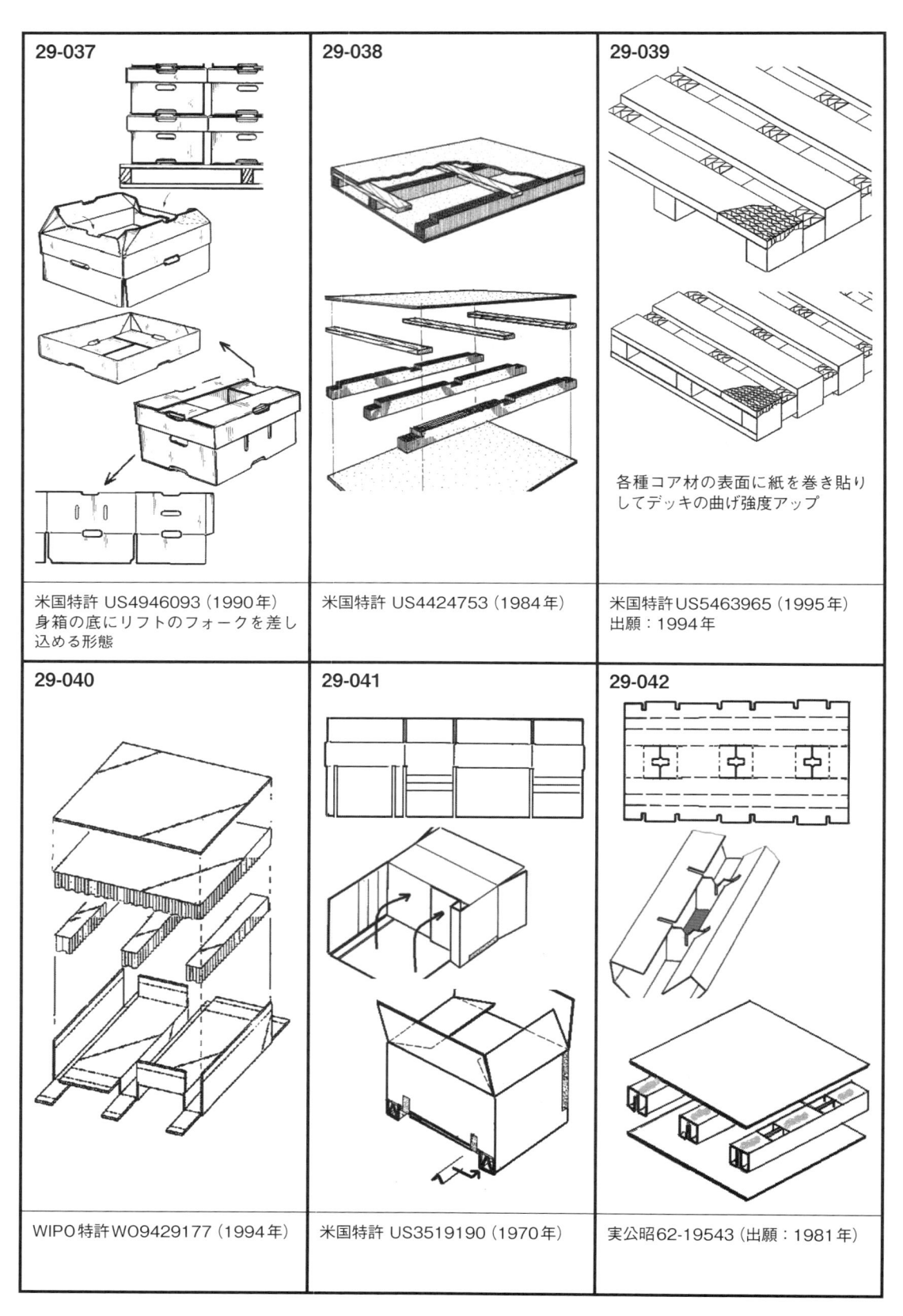

29-037	**29-038**	**29-039** 各種コア材の表面に紙を巻き貼りしてデッキの曲げ強度アップ
米国特許 US4946093（1990年）身箱の底にリフトのフォークを差し込める形態	米国特許 US4424753（1984年）	米国特許 US5463965（1995年）出願：1994年
29-040	**29-041**	**29-042**
WIPO特許 WO9429177（1994年）	米国特許 US3519190（1970年）	実公昭62-19543（出願：1981年）

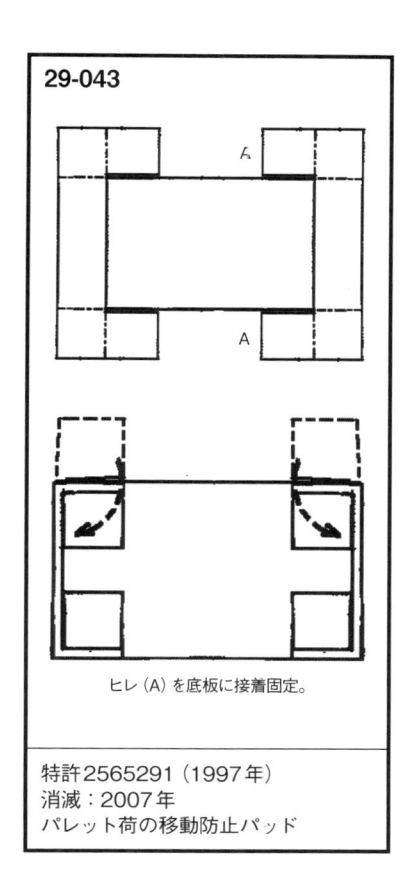

ヒレ（A）を底板に接着固定。

特許 2565291（1997 年）
消滅：2007 年
パレット荷の移動防止パッド

29「パレット」関連リスト				
07-023	07-031	07-034	07-045	39-045
07-026	07-032	07-036	07-046	
07-030	07-033	07-044	33-022	

30 緩衝体

　ダンボールをホットプレスする場合を除いて、ダンボール緩衝体はシートを打ち抜いて、直線と平面で構成されるのが通常である。よって制約の多いダンボールクッションであるが、たわみと塑性変形を利用する各種形状が考案された。例外的に、ハニカム構造のブロック材を打ち抜き、厚さ方向に凹凸を形成して製品収納空間を設けるものが存在する。

　脆弱な製品に対しては、罫線と切れ目を組み合わせた折りたたみ構造、または巻き込み構造を駆使して、必要な緩衝の厚みと緩衝性能を得ている。

　軽量のカップ、瓶に対してはシートを製品形状に合わせて打ち抜いて緩衝体にする出願も多い。

　概して、この分野は日本勢が欧米を圧倒している。環境問題に対する日本の包装業界の取組みの歴史と、構造設計・緩衝設計における細やかな配慮を良しとする文化があるためであろう。

　弾性フィルムで製品をサンドウィッチする宙吊り緩衝 (US4852743) は、米国が発祥である。日本にもこの分野の形態開発は活発に行われている。

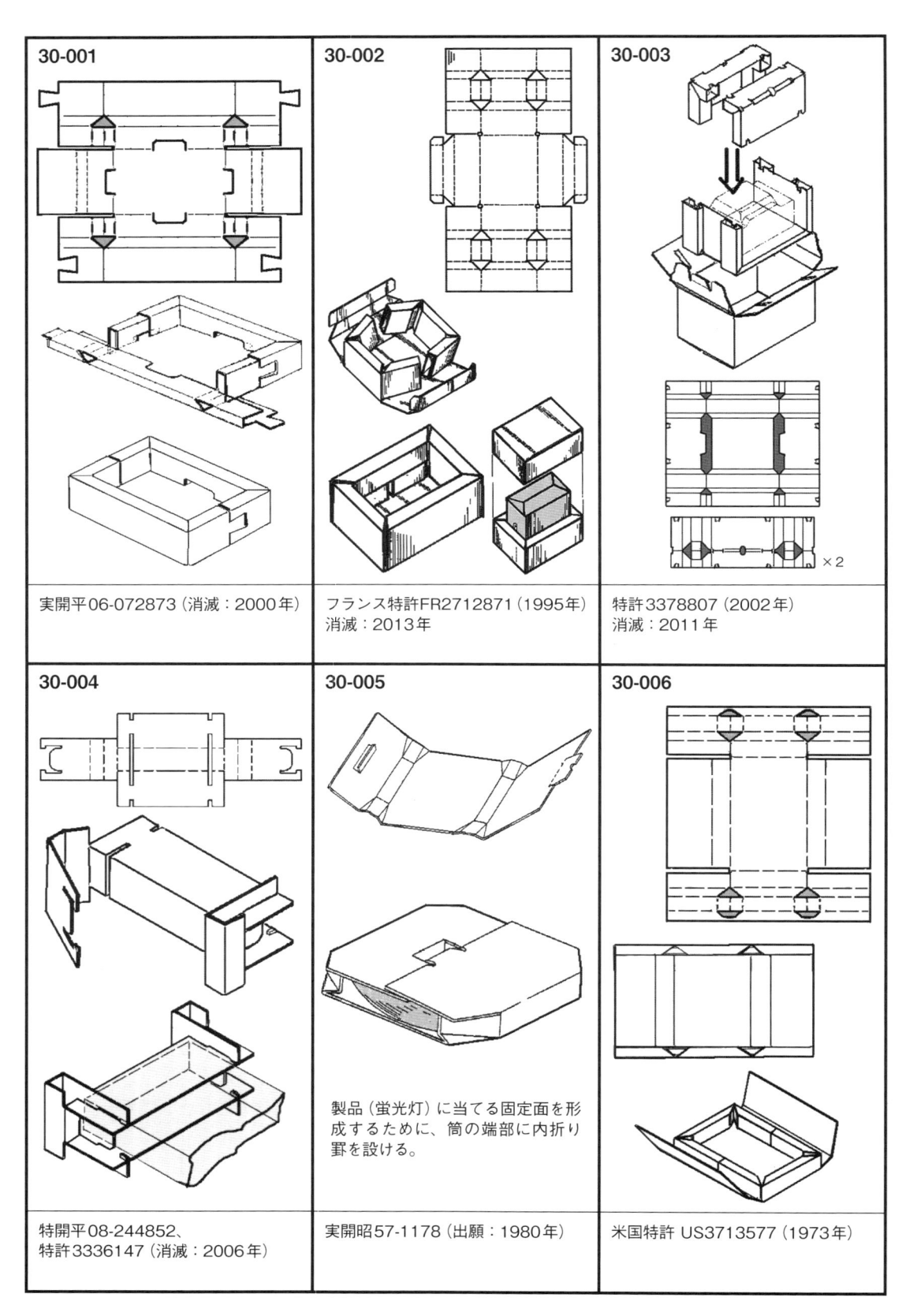

30-001

実開平06-072873（消滅：2000年）

30-002

フランス特許FR2712871（1995年）
消滅：2013年

30-003

特許3378807（2002年）
消滅：2011年

30-004

特開平08-244852、
特許3336147（消滅：2006年）

30-005

製品（蛍光灯）に当てる固定面を形
成するために、筒の端部に内折り
罫を設ける。

実開昭57-1178（出願：1980年）

30-006

米国特許 US3713577（1973年）

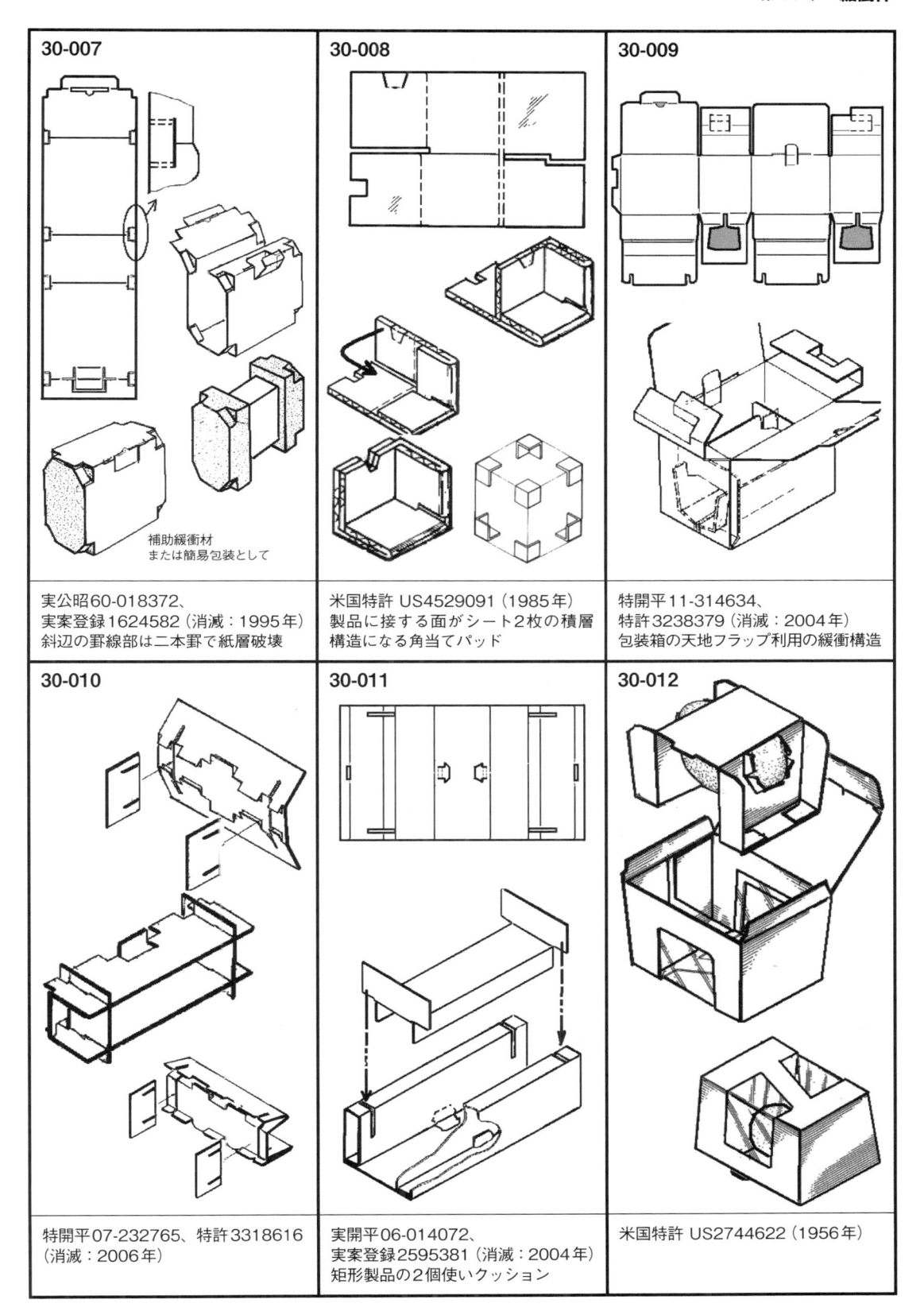

30-007

補助緩衝材
または簡易包装として

実公昭60-018372、
実案登録1624582（消滅：1995年）
斜辺の罫線部は二本罫で紙層破壊

30-008

米国特許 US4529091（1985年）
製品に接する面がシート2枚の積層
構造になる角当てパッド

30-009

特開平11-314634、
特許3238379（消滅：2004年）
包装箱の天地フラップ利用の緩衝構造

30-010

特開平07-232765、特許3318616
（消滅：2006年）

30-011

実開平06-014072、
実案登録2595381（消滅：2004年）
矩形製品の2個使いクッション

30-012

米国特許 US2744622（1956年）

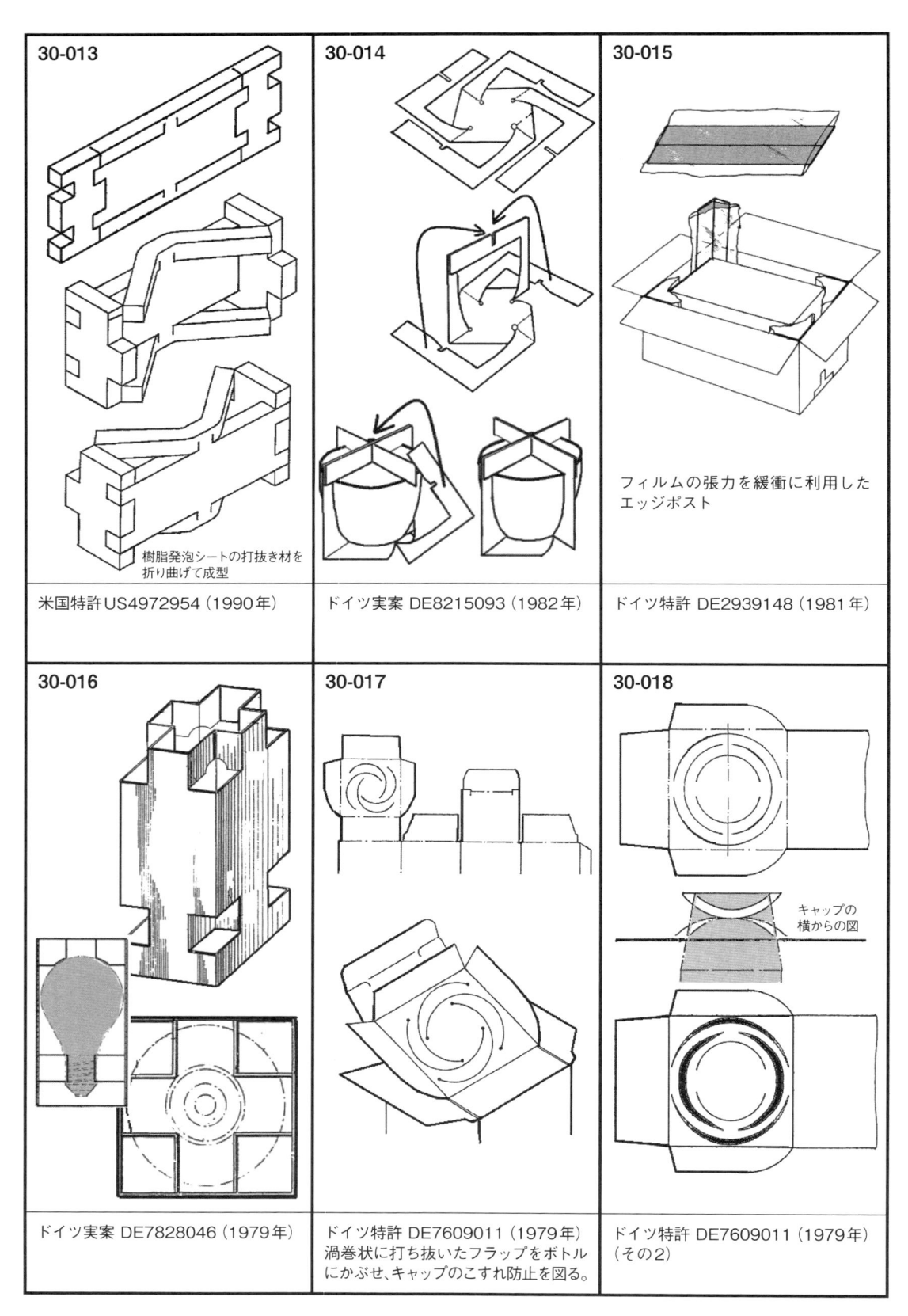

30-013

樹脂発泡シートの打抜き材を
折り曲げて成型

米国特許 US4972954 (1990年)

30-014

ドイツ実案 DE8215093 (1982年)

30-015

フィルムの張力を緩衝に利用した
エッジポスト

ドイツ特許 DE2939148 (1981年)

30-016

ドイツ実案 DE7828046 (1979年)

30-017

ドイツ特許 DE7609011 (1979年)
渦巻状に打ち抜いたフラップをボトル
にかぶせ、キャップのこすれ防止を図る。

30-018

キャップの
横からの図

ドイツ特許 DE7609011 (1979年)
(その2)

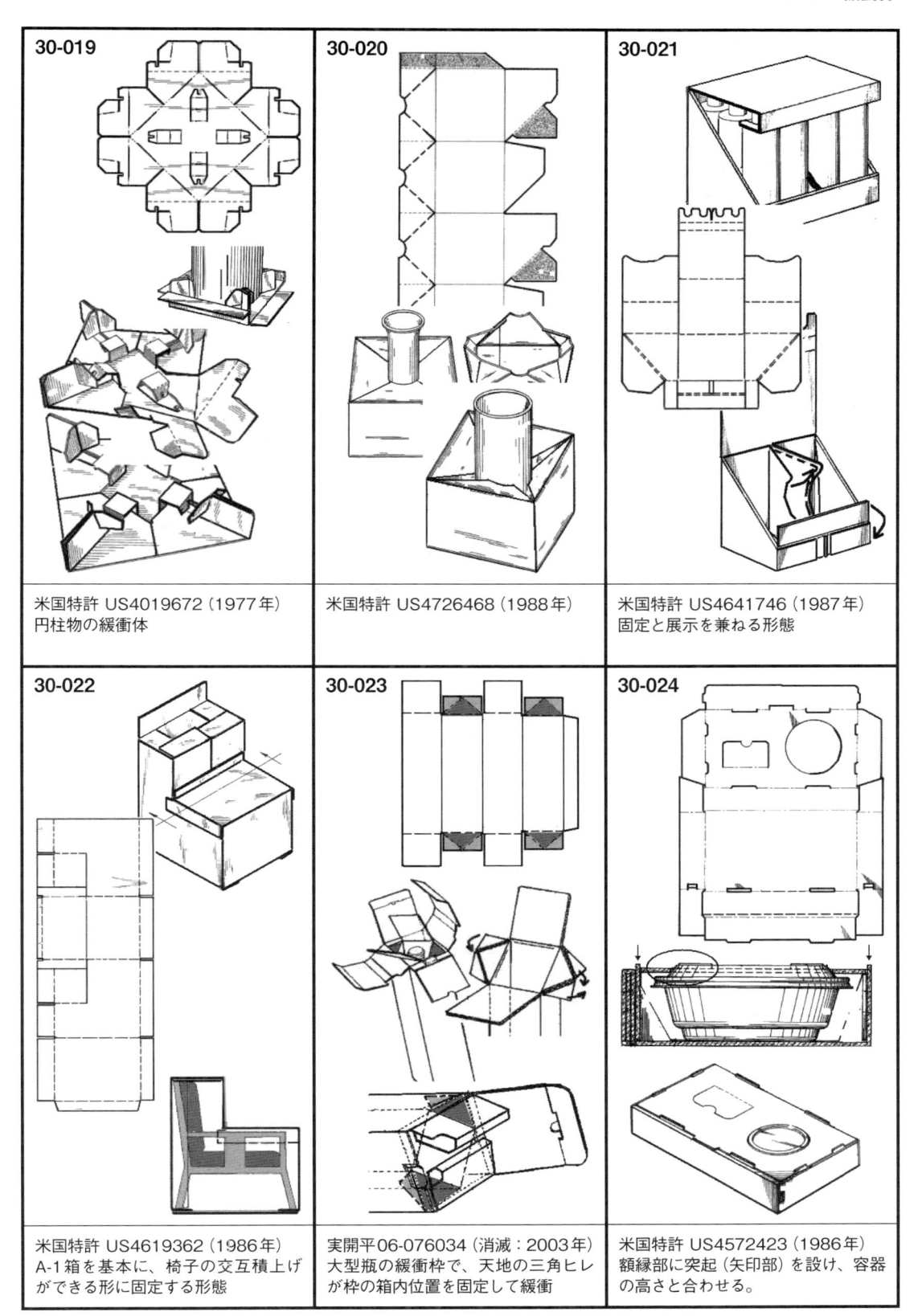

30-019

米国特許 US4019672（1977年）
円柱物の緩衝体

30-020

米国特許 US4726468（1988年）

30-021

米国特許 US4641746（1987年）
固定と展示を兼ねる形態

30-022

米国特許 US4619362（1986年）
A-1箱を基本に、椅子の交互積上げ
ができる形に固定する形態

30-023

実開平06-076034（消滅：2003年）
大型瓶の緩衝枠で、天地の三角ヒレ
が枠の箱内位置を固定して緩衝

30-024

米国特許 US4572423（1986年）
額縁部に突起（矢印部）を設け、容器
の高さと合わせる。

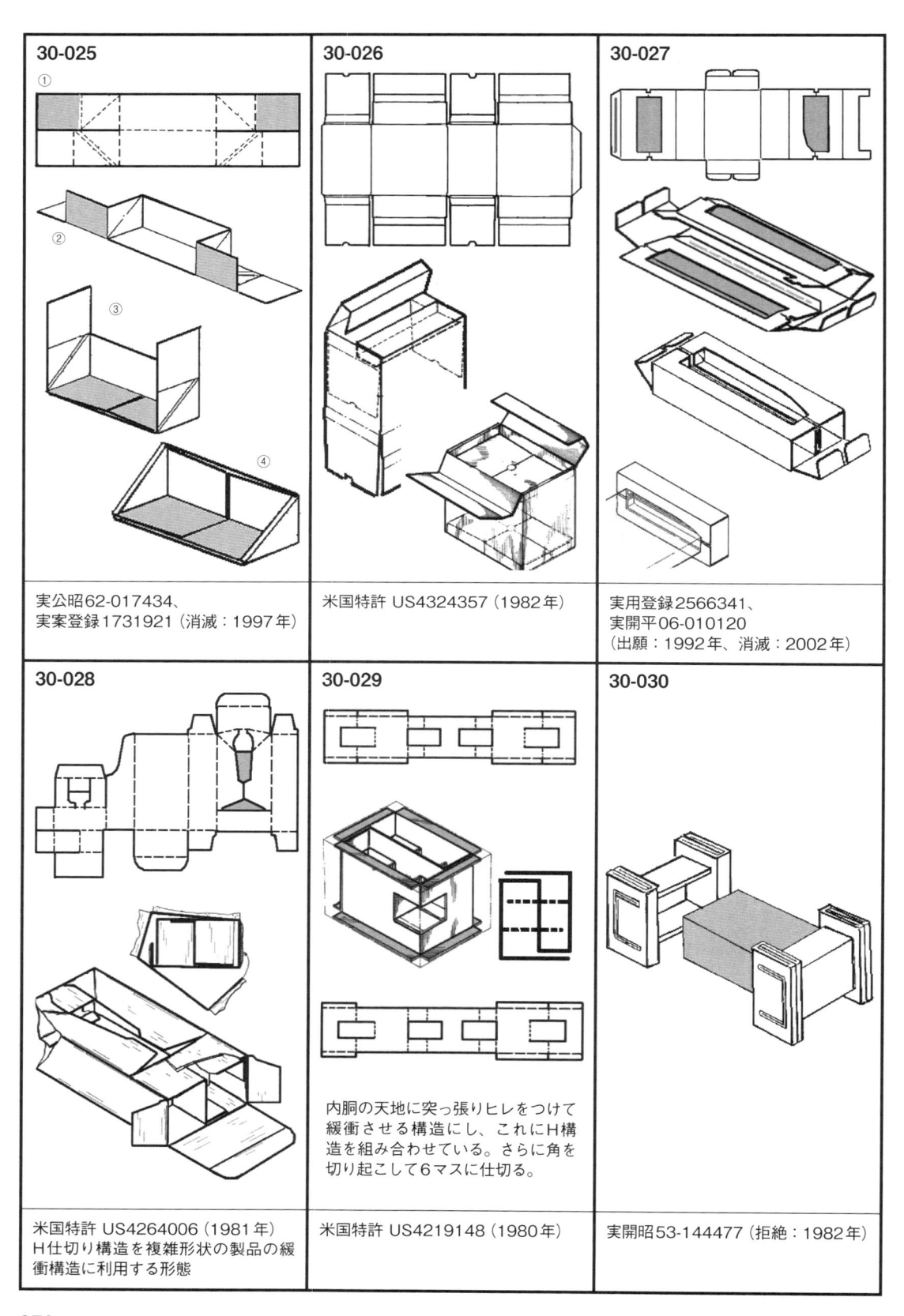

30-025	30-026	30-027
① ② ③ ④		
実公昭62-017434、 実案登録1731921（消滅：1997年）	米国特許 US4324357（1982年）	実用登録2566341、 実開平06-010120 （出願：1992年、消滅：2002年）
30-028	30-029	30-030
	内胴の天地に突っ張りヒレをつけて緩衝させる構造にし、これにH構造を組み合わせている。さらに角を切り起こして6マスに仕切る。	
米国特許 US4264006（1981年） H仕切り構造を複雑形状の製品の緩衝構造に利用する形態	米国特許 US4219148（1980年）	実開昭53-144477（拒絶：1982年）

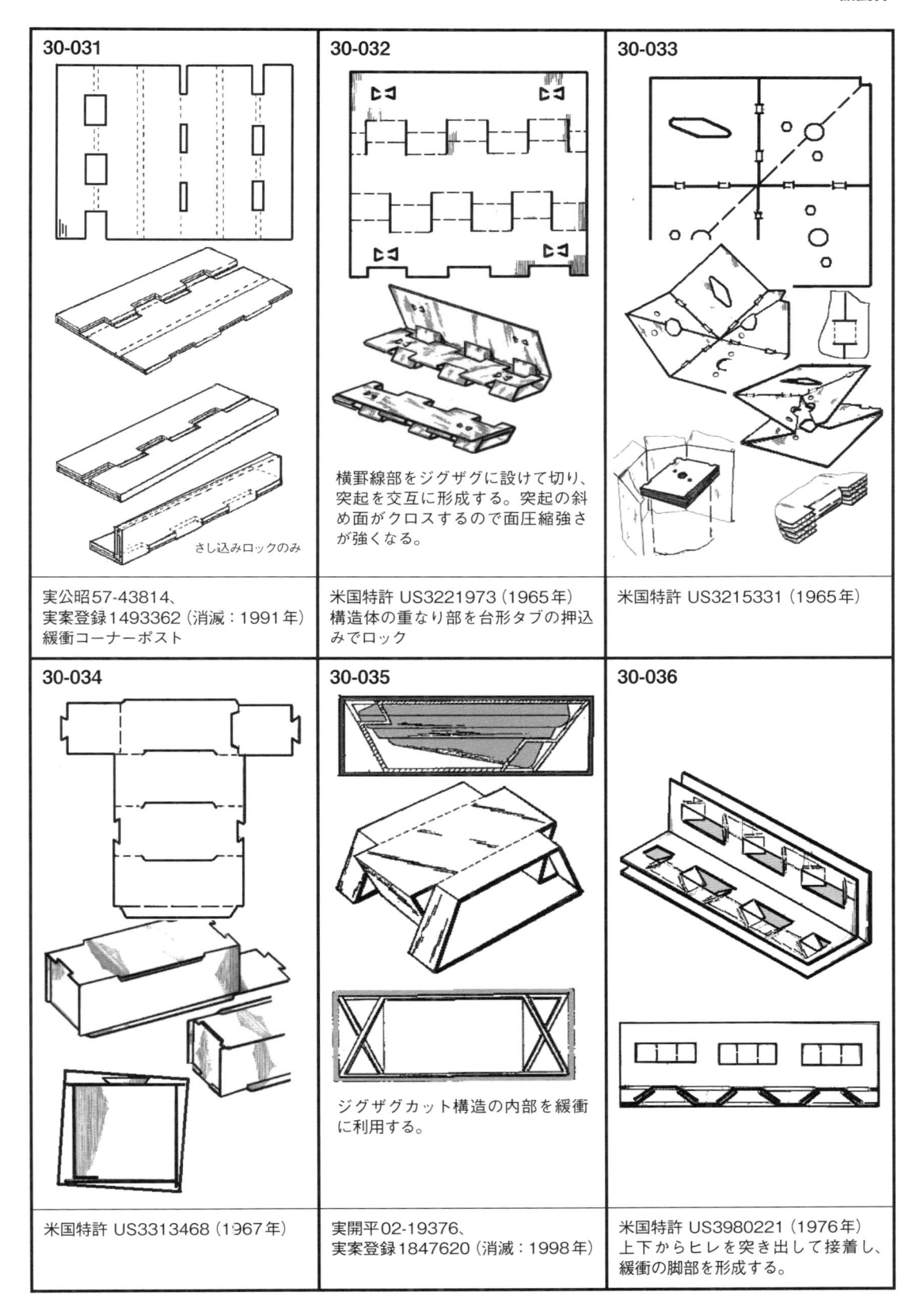

30-031

さし込みロックのみ

実公昭57-43814、
実案登録1493362（消滅：1991年）
緩衝コーナーポスト

30-032

横罫線部をジグザグに設けて切り、突起を交互に形成する。突起の斜め面がクロスするので面圧縮強さが強くなる。

米国特許 US3221973（1965年）
構造体の重なり部を台形タブの押込みでロック

30-033

米国特許 US3215331（1965年）

30-034

米国特許 US3313468（1967年）

30-035

ジグザグカット構造の内部を緩衝に利用する。

実開平02-19376、
実案登録1847620（消滅：1998年）

30-036

米国特許 US3980221（1976年）
上下からヒレを突き出して接着し、緩衝の脚部を形成する。

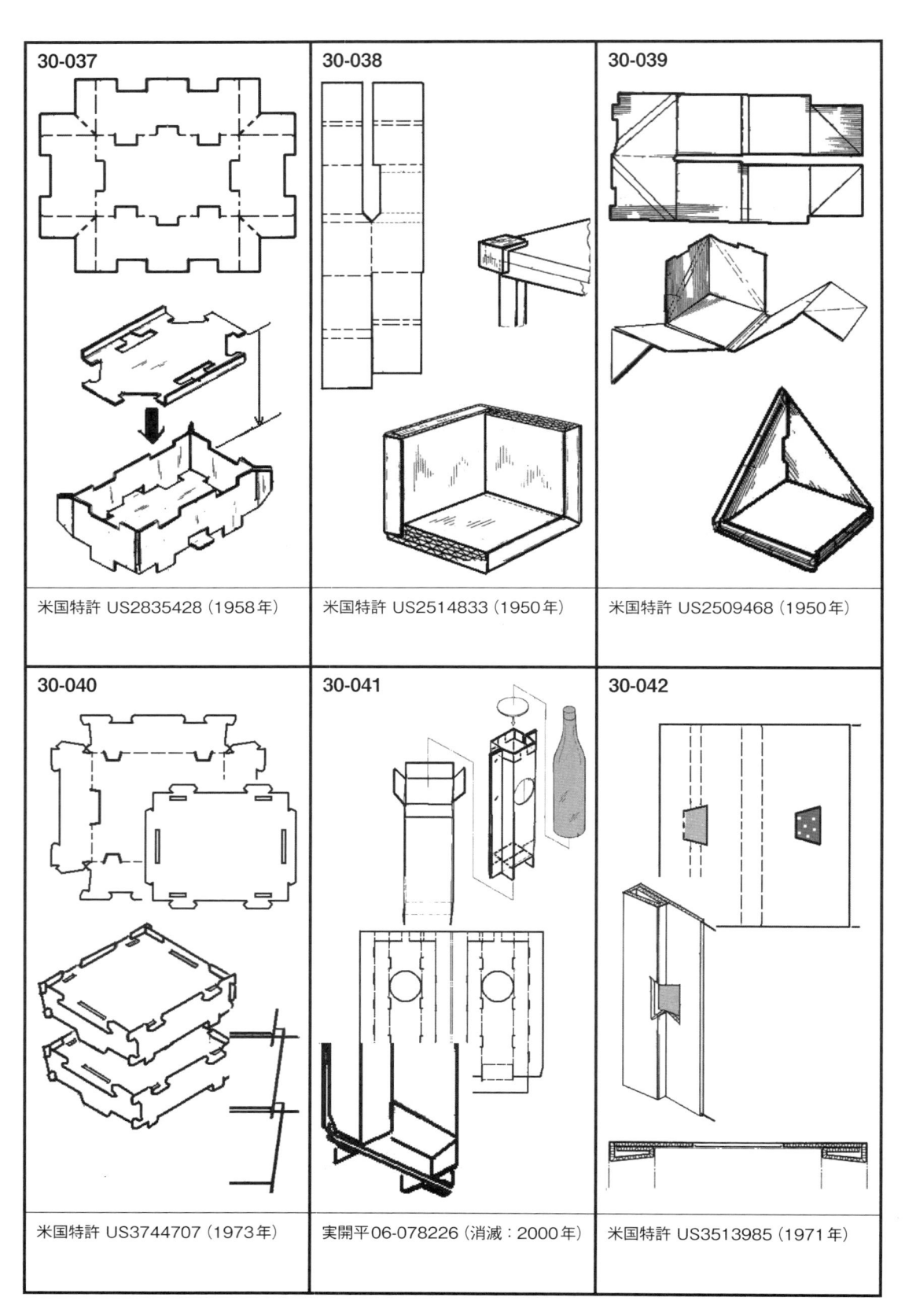

30-037	30-038	30-039
米国特許 US2835428（1958年）	米国特許 US2514833（1950年）	米国特許 US2509468（1950年）
30-040	30-041	30-042
米国特許 US3744707（1973年）	実開平06-078226（消滅：2000年）	米国特許 US3513985（1971年）

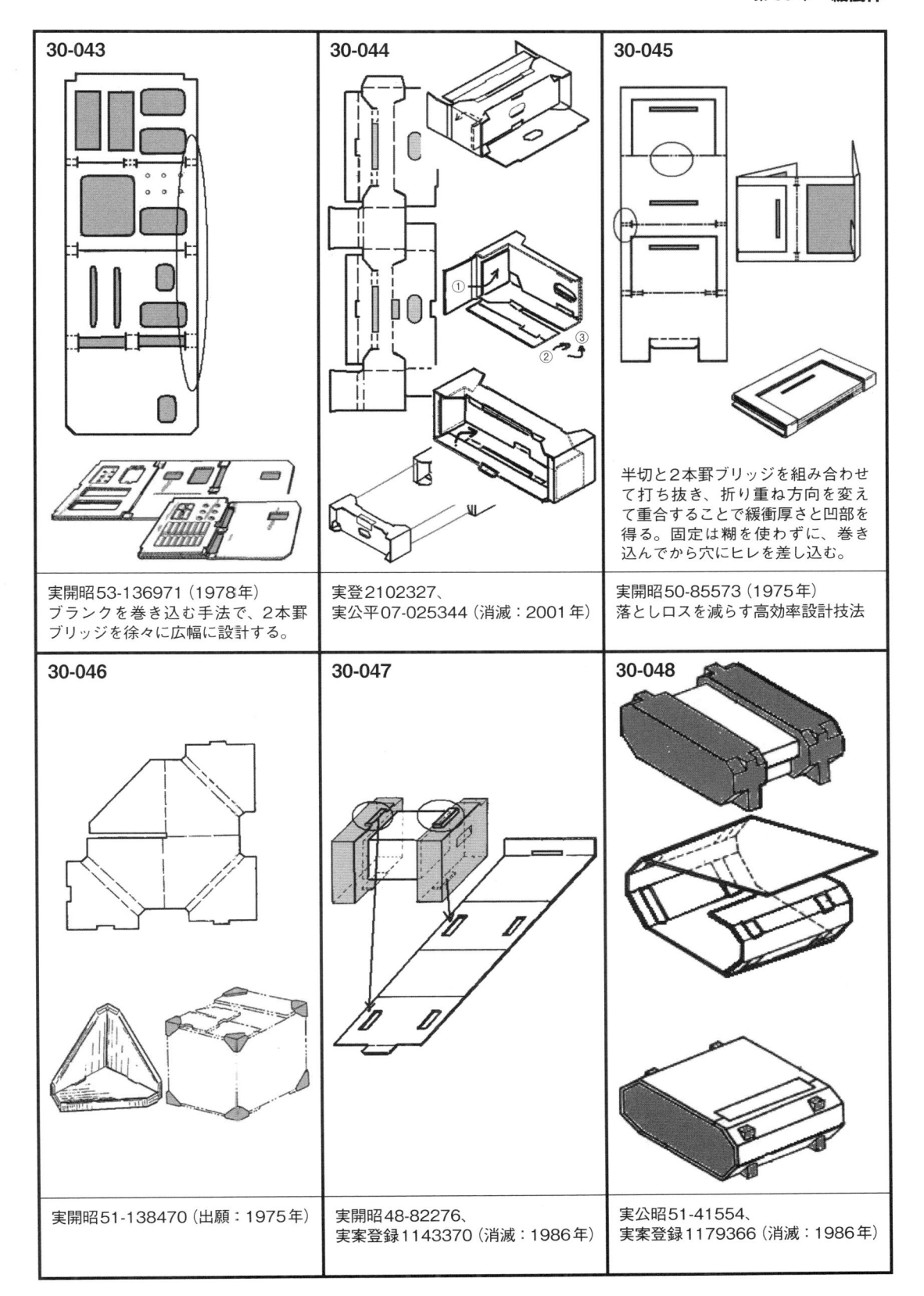

30-043

実開昭53-136971（1978年）
ブランクを巻き込む手法で、2本罫
ブリッジを徐々に広幅に設計する。

30-044

実登2102327、
実公平07-025344（消滅：2001年）

30-045

半切と2本罫ブリッジを組み合わせ
て打ち抜き、折り重ね方向を変え
て重合することで緩衝厚さと凹部を
得る。固定は糊を使わずに、巻き
込んでから穴にヒレを差し込む。

実開昭50-85573（1975年）
落としロスを減らす高効率設計技法

30-046

実開昭51-138470（出願：1975年）

30-047

実開昭48-82276、
実案登録1143370（消滅：1986年）

30-048

実公昭51-41554、
実案登録1179366（消滅：1986年）

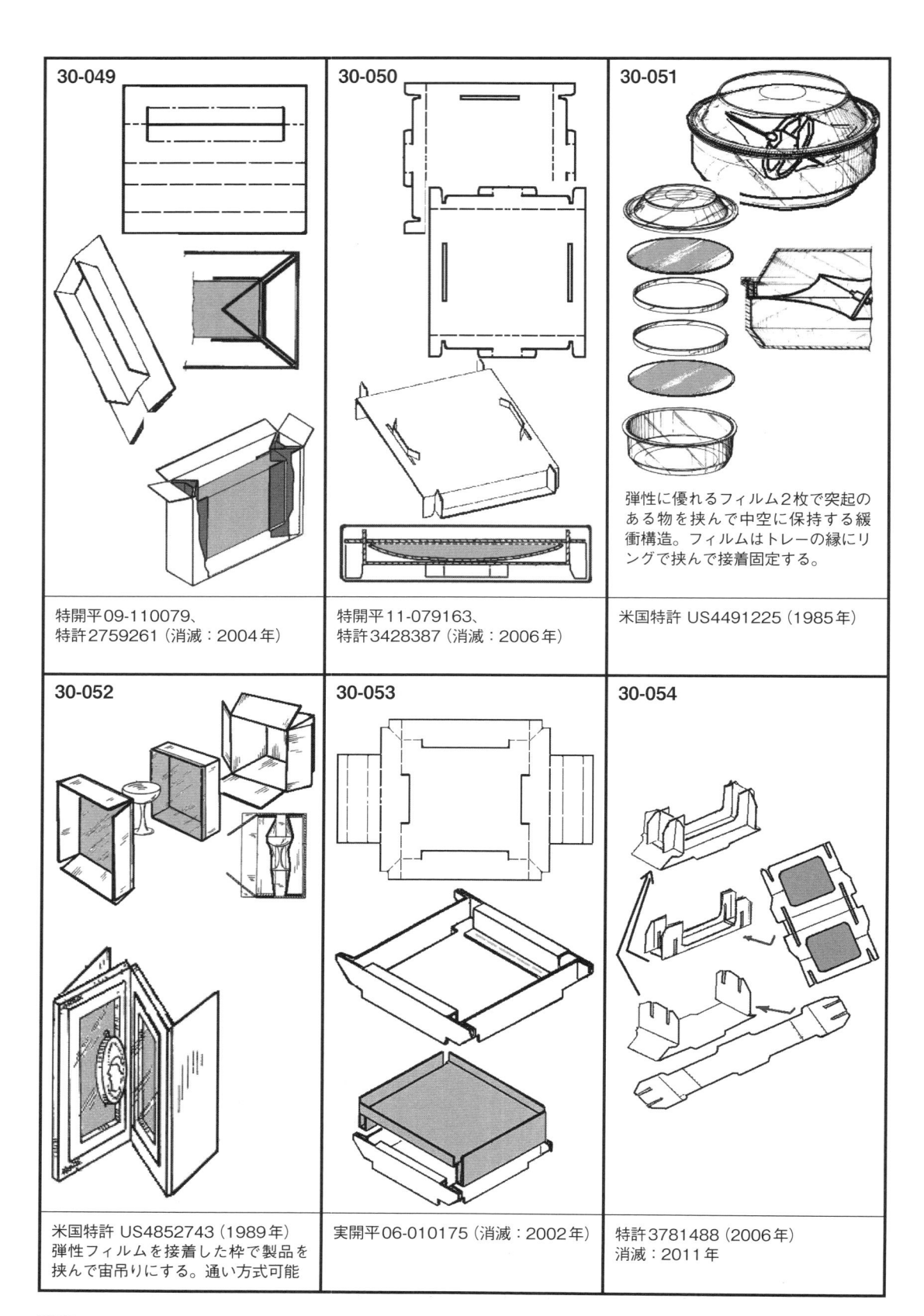

30-049

特開平09-110079、
特許2759261（消滅：2004年）

30-050

特開平11-079163、
特許3428387（消滅：2006年）

30-051

弾性に優れるフィルム2枚で突起の
ある物を挟んで中空に保持する緩
衝構造。フィルムはトレーの縁にリ
ングで挟んで接着固定する。

米国特許 US4491225（1985年）

30-052

米国特許 US4852743（1989年）
弾性フィルムを接着した枠で製品を
挟んで宙吊りにする。通い方式可能

30-053

実開平06-010175（消滅：2002年）

30-054

特許3781488（2006年）
消滅：2011年

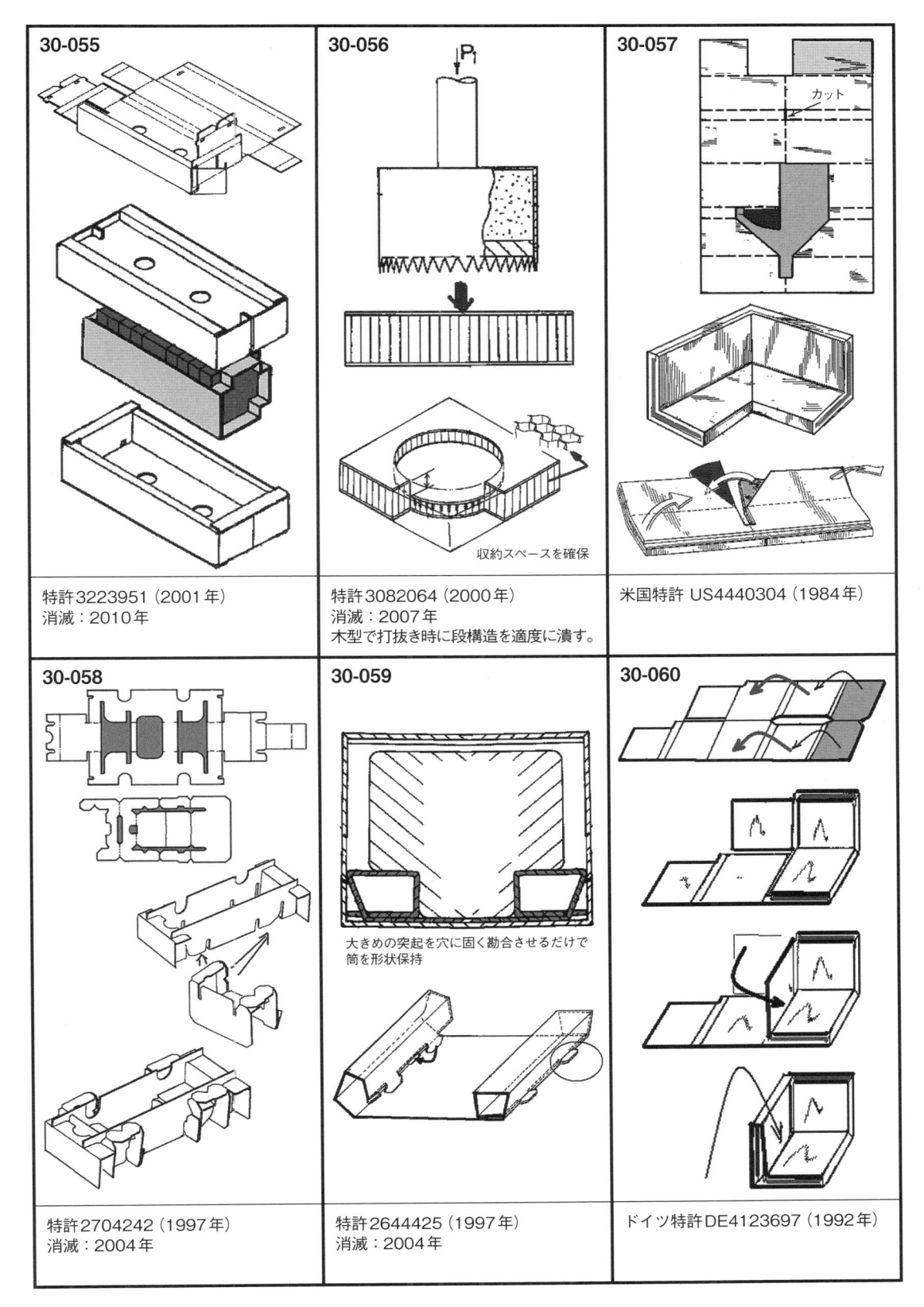

30-055

特許3223951（2001年）
消滅：2010年

30-056

P

収納スペースを確保

特許3082064（2000年）
消滅：2007年
木型で打抜き時に段構造を適度に潰す。

30-057

カット

米国特許 US4440304（1984年）

30-058

特許2704242（1997年）
消滅：2004年

30-059

大きめの突起を穴に固く勘合させるだけで
筒を形状保持

特許2644425（1997年）
消滅：2004年

30-060

ドイツ特許DE4123697（1992年）

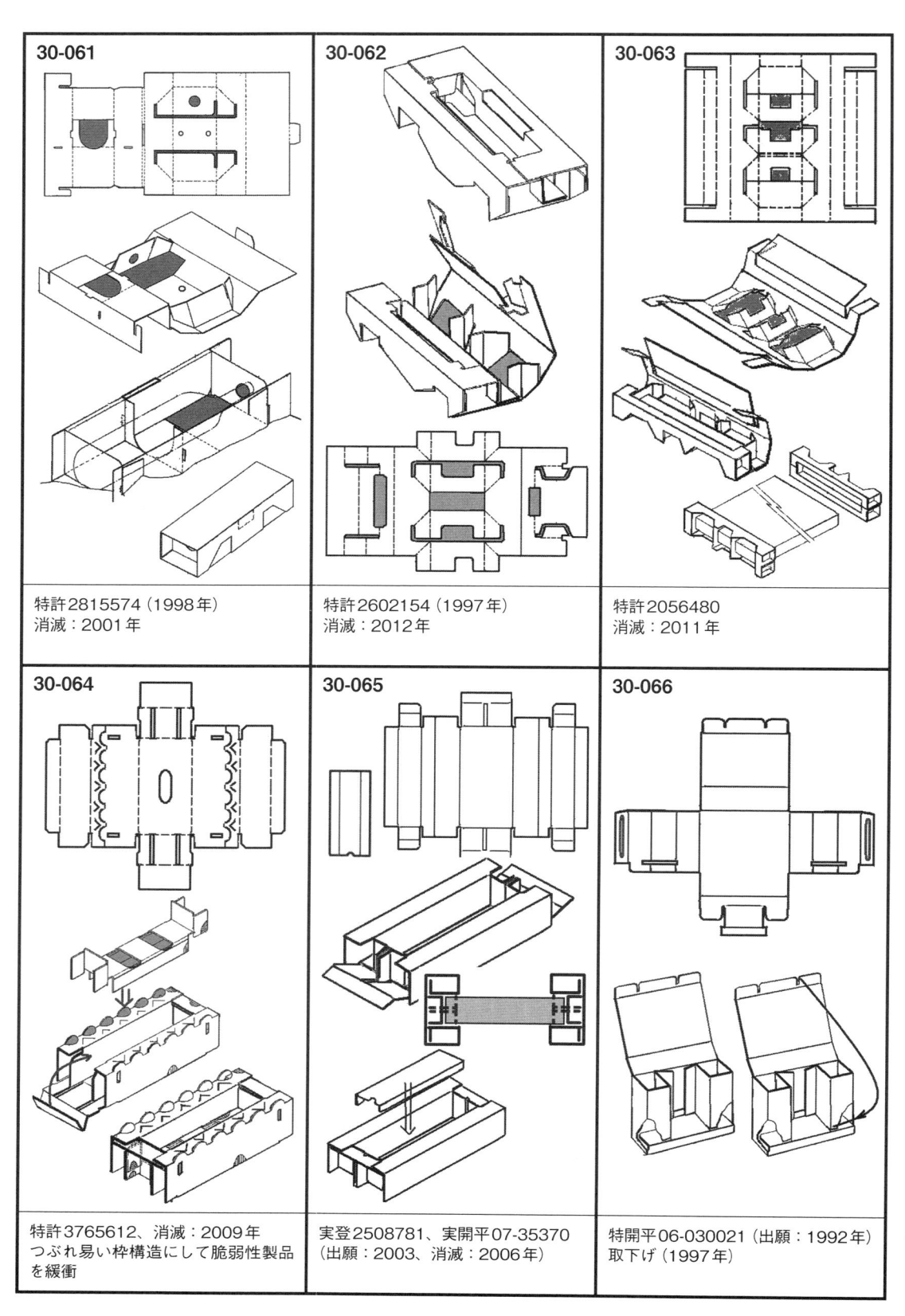

30-061 特許2815574（1998年） 消滅：2001年	**30-062** 特許2602154（1997年） 消滅：2012年	**30-063** 特許2056480 消滅：2011年
30-064 特許3765612、消滅：2009年 つぶれ易い枠構造にして脆弱性製品 を緩衝	**30-065** 実登2508781、実開平07-35370 （出願：2003、消滅：2006年）	**30-066** 特開平06-030021（出願：1992年） 取下げ（1997年）

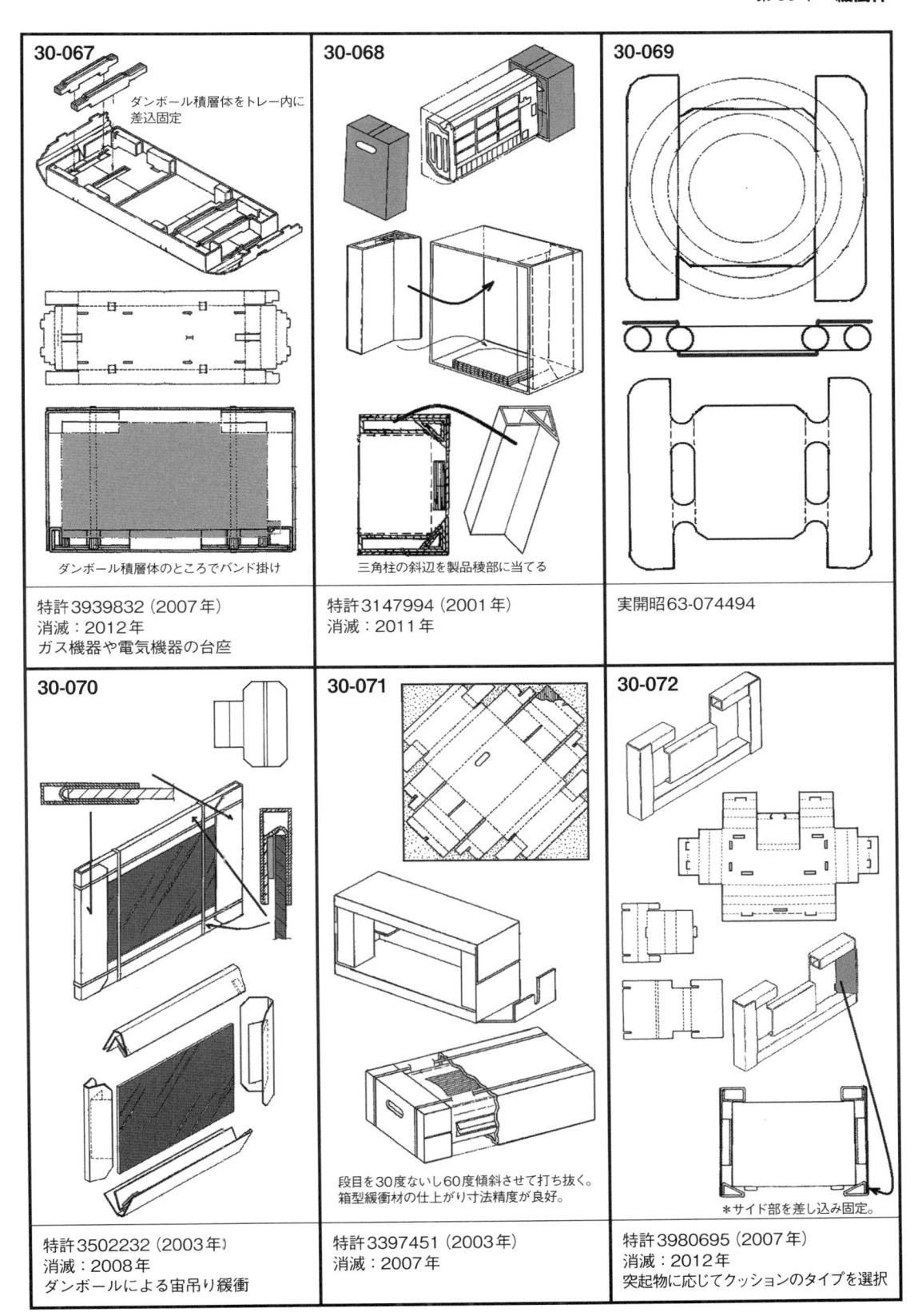

30-067

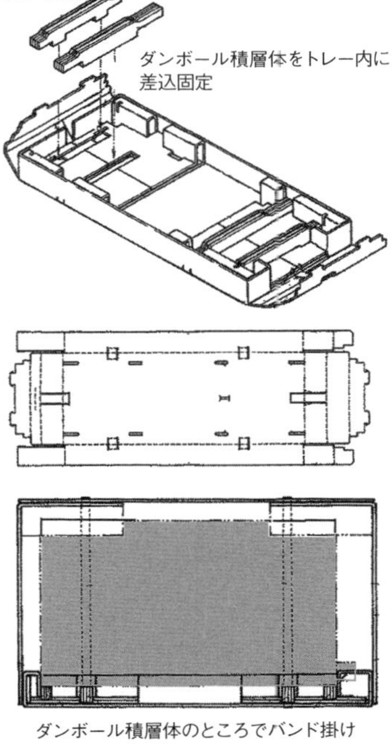
ダンボール積層体をトレー内に
差込固定
ダンボール積層体のところでバンド掛け

特許3939832（2007年）
消滅：2012年
ガス機器や電気機器の台座

30-068

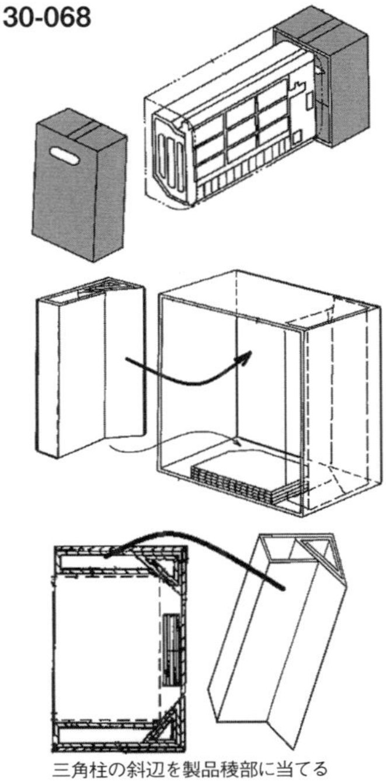
三角柱の斜辺を製品稜部に当てる

特許3147994（2001年）
消滅：2011年

30-069

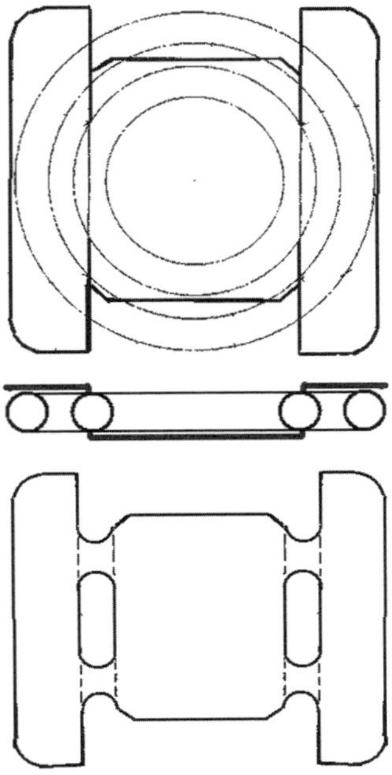

実開昭63-074494

30-070

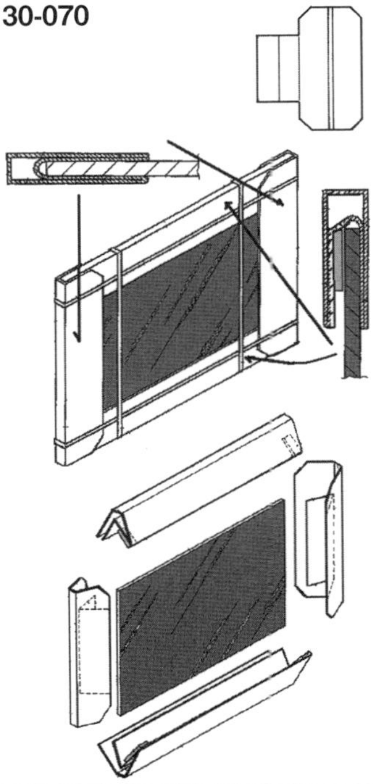

特許3502232（2003年）
消滅：2008年
ダンボールによる宙吊り緩衝

30-071

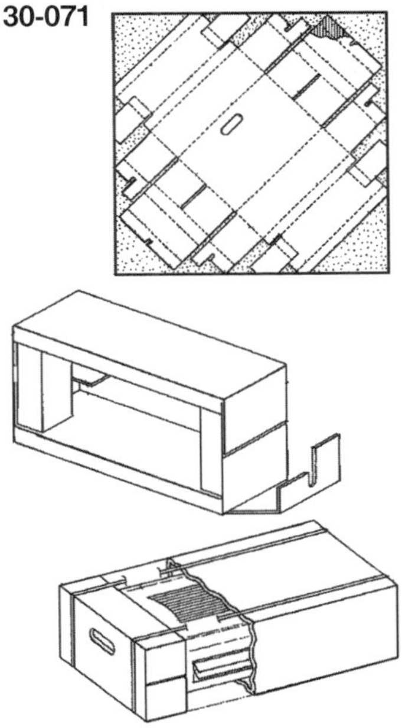
段目を30度ないし60度傾斜させて打ち抜く。
箱型緩衝材の仕上がり寸法精度が良好。

特許3397451（2003年）
消滅：2007年

30-072

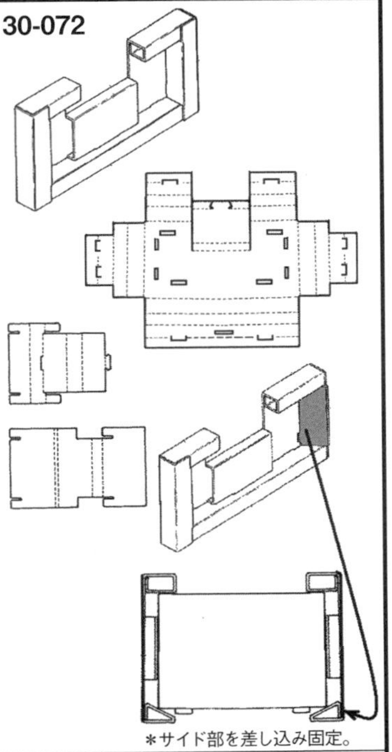
＊サイド部を差し込み固定。

特許3980695（2007年）
消滅：2012年
突起物に応じてクッションのタイプを選択

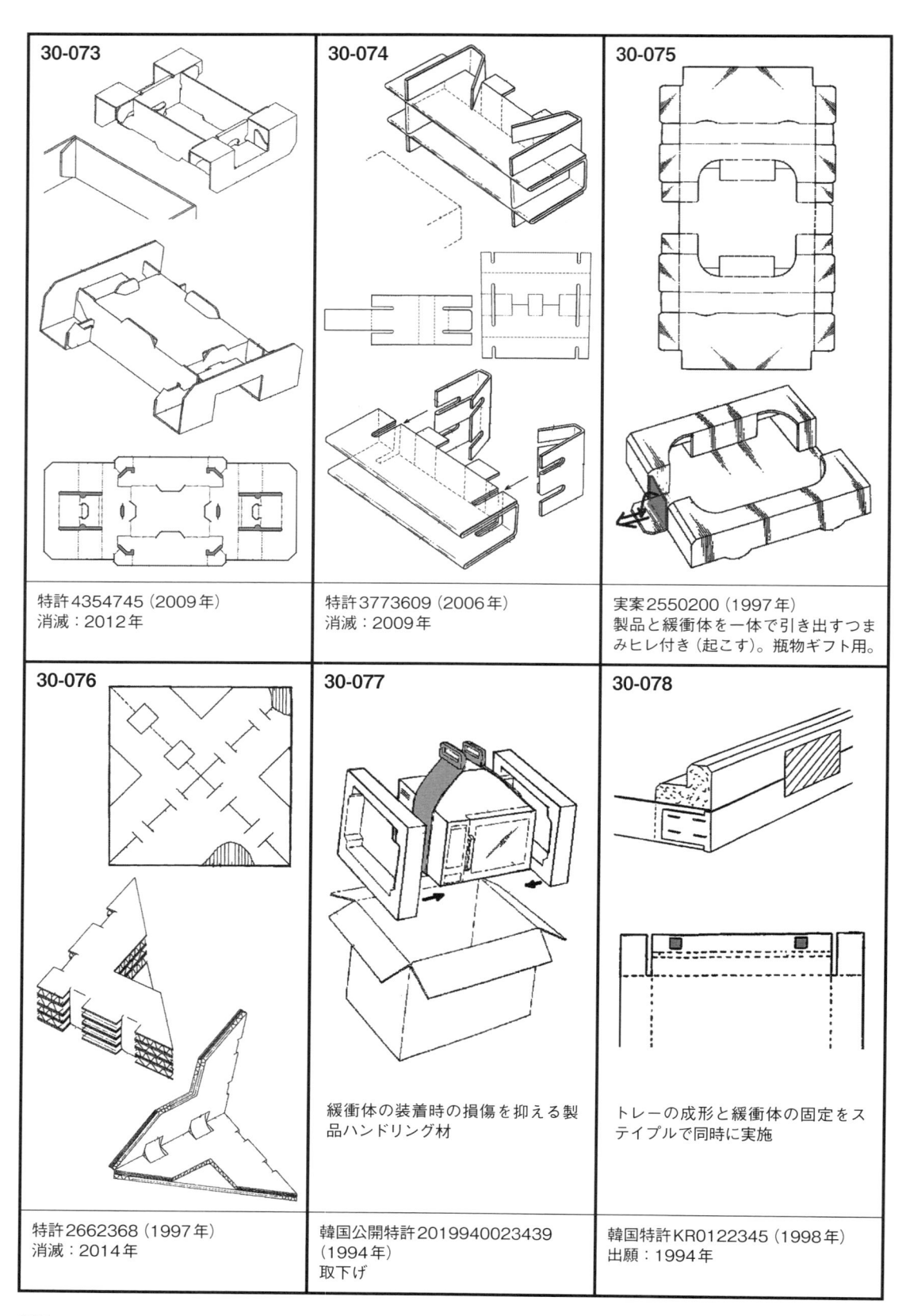

30-073

特許4354745（2009年）
消滅：2012年

30-074

特許3773609（2006年）
消滅：2009年

30-075

実案2550200（1997年）
製品と緩衝体を一体で引き出すつま
みヒレ付き（起こす）。瓶物ギフト用。

30-076

特許2662368（1997年）
消滅：2014年

30-077

緩衝体の装着時の損傷を抑える製
品ハンドリング材

韓国公開特許2019940023439
（1994年）
取下げ

30-078

トレーの成形と緩衝体の固定をス
テイプルで同時に実施

韓国特許KR0122345（1998年）
出願：1994年

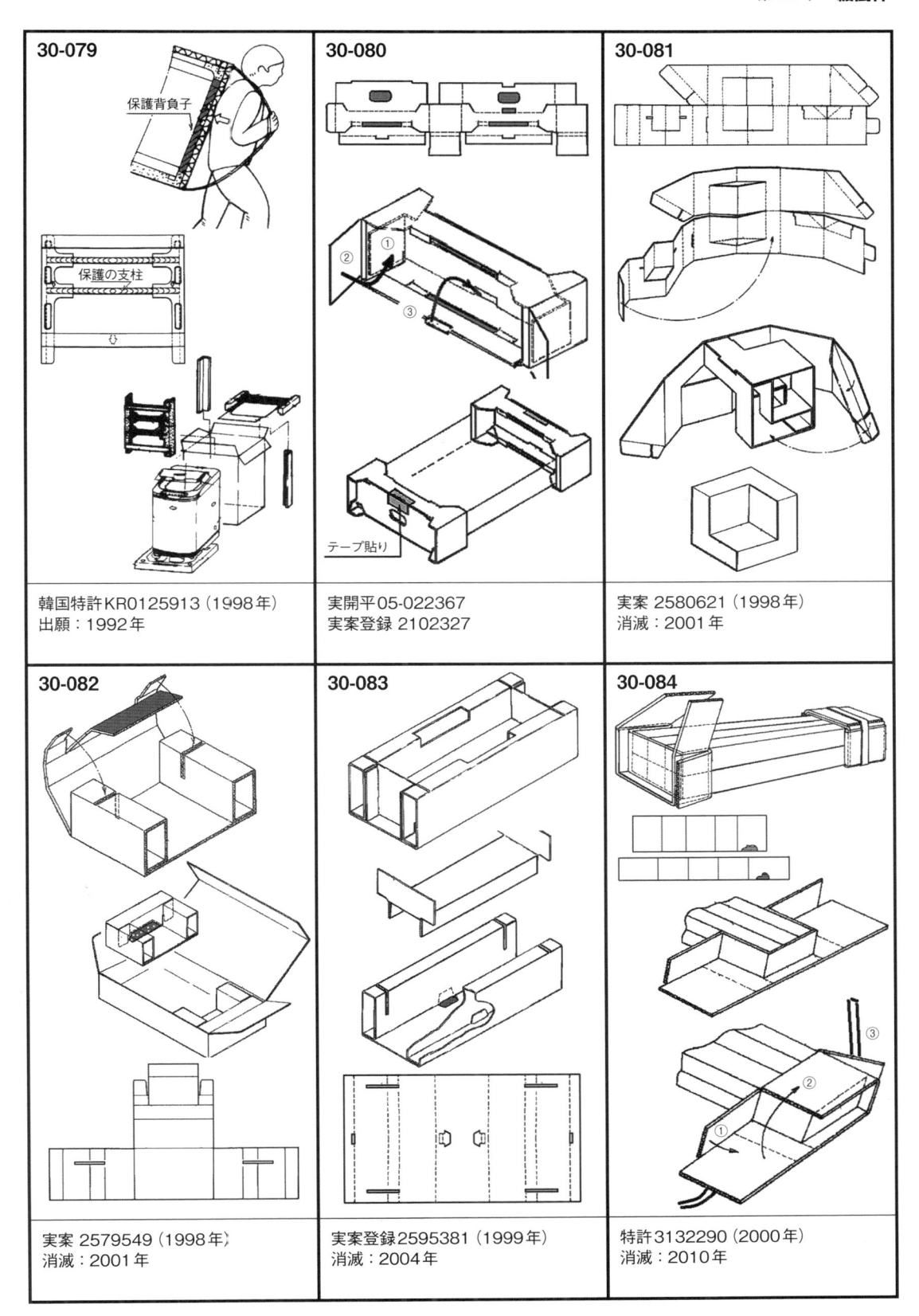

30-079

保護背負子

保護の支柱

韓国特許KR0125913（1998年）
出願：1992年

30-080

①
②
③

テープ貼り

実開平05-022367
実案登録 2102327

30-081

実案 2580621（1998年）
消滅：2001年

30-082

実案 2579549（1998年）
消滅：2001年

30-083

実案登録2595381（1999年）
消滅：2004年

30-084

①
②
③

特許3132290（2000年）
消滅：2010年

30「緩衝体」関連リスト			
01-029	12-052	24-019	24-021
01-063	21-050	24-020	

31

封緘法

　封緘には接着剤を用いる方法とダンボールまたは板紙を打ち抜いた部分を用いる差し込み方法および、類似の勘合方法がある。ここでは差し込み封緘を主にまとめる。

　差し込み封緘の形態においては、軽くロックする場合と、容易に外れないようにロックする場合とに分かれる。前者は差し込み片をシート間にスライド挿入する方法をとる。後者は打抜きエッジ同士を噛み合わせる方法をとる。

　封緘技法のポイントは、差し込みフラップの封緘後の戻り力をいかに抑え込むかである。ホットメルト封緘法を再封緘に採用するには、この塗布部分をジッパーなどで破壊し、残った部分で差し込みロックする方法が多く採用されている。

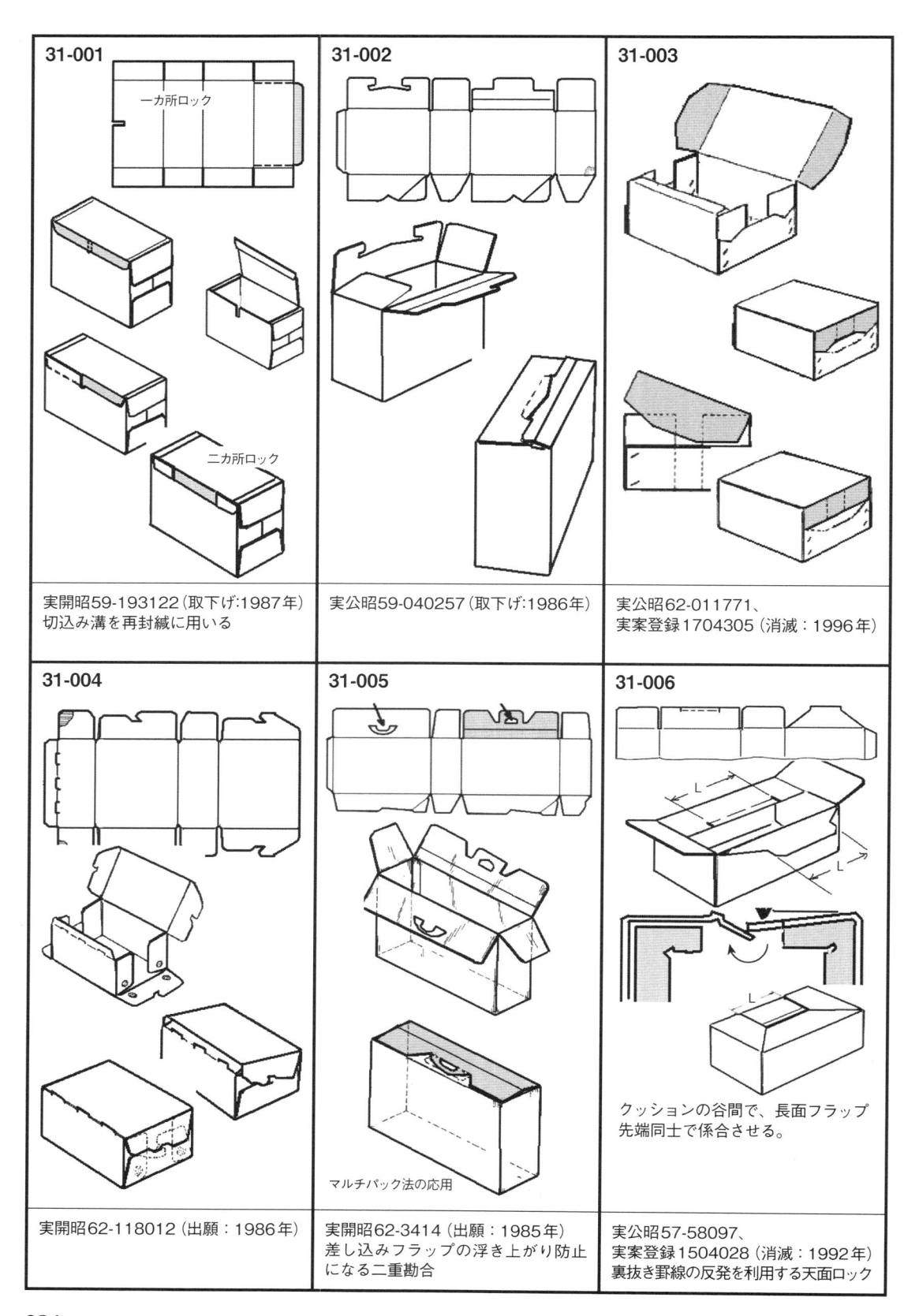

31-001

一カ所ロック

二カ所ロック

実開昭59-193122（取下げ:1987年）
切込み溝を再封緘に用いる

31-002

実公昭59-040257（取下げ:1986年）

31-003

実公昭62-011771、
実案登録1704305（消滅：1996年）

31-004

実開昭62-118012（出願：1986年）

31-005

マルチパック法の応用

実開昭62-3414（出願：1985年）
差し込みフラップの浮き上がり防止
になる二重勘合

31-006

クッションの谷間で、長面フラップ
先端同士で係合させる。

実公昭57-58097、
実案登録1504028（消滅：1992年）
裏抜き罫線の反発を利用する天面ロック

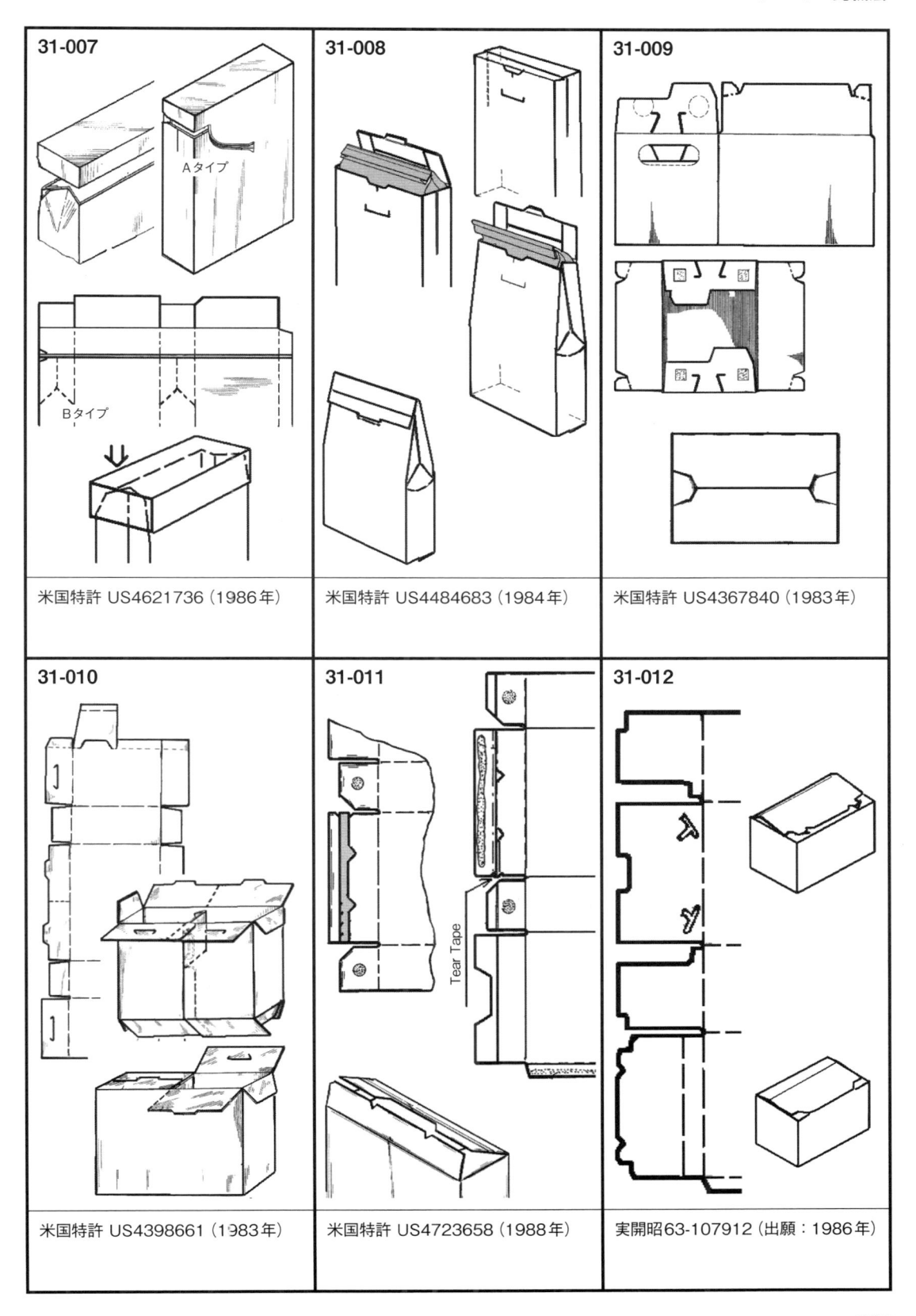

31-007　米国特許 US4621736（1986年）

Aタイプ

Bタイプ

31-008　米国特許 US4484683（1984年）

31-009　米国特許 US4367840（1983年）

31-010　米国特許 US4398661（1983年）

31-011　米国特許 US4723658（1988年）

Tear Tape

31-012　実開昭63-107912（出願：1986年）

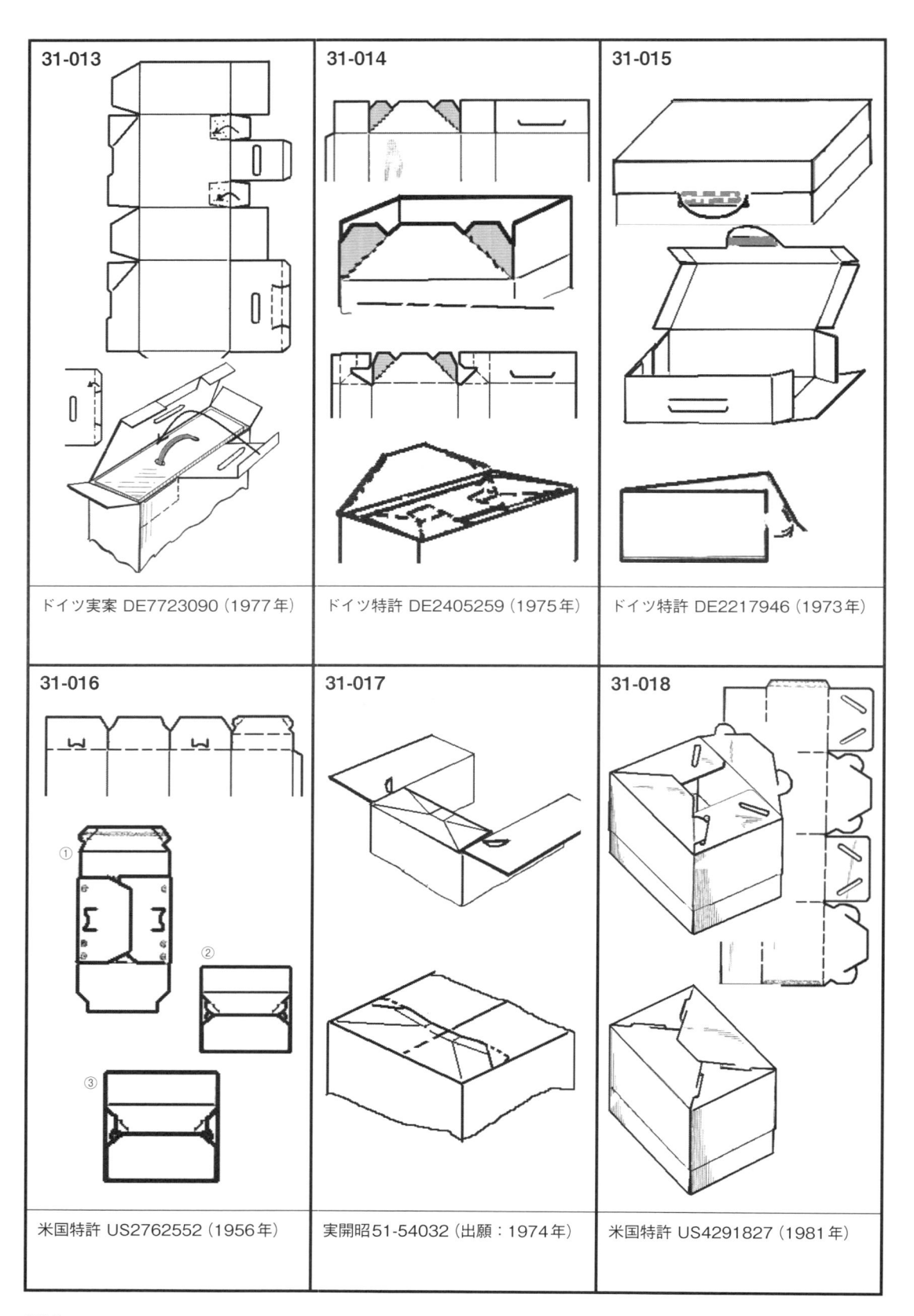

31-013	31-014	31-015
ドイツ実案 DE7723090（1977年）	ドイツ特許 DE2405259（1975年）	ドイツ特許 DE2217946（1973年）
31-016	31-017	31-018
米国特許 US2762552（1956年）	実開昭51-54032（出願：1974年）	米国特許 US4291827（1981年）

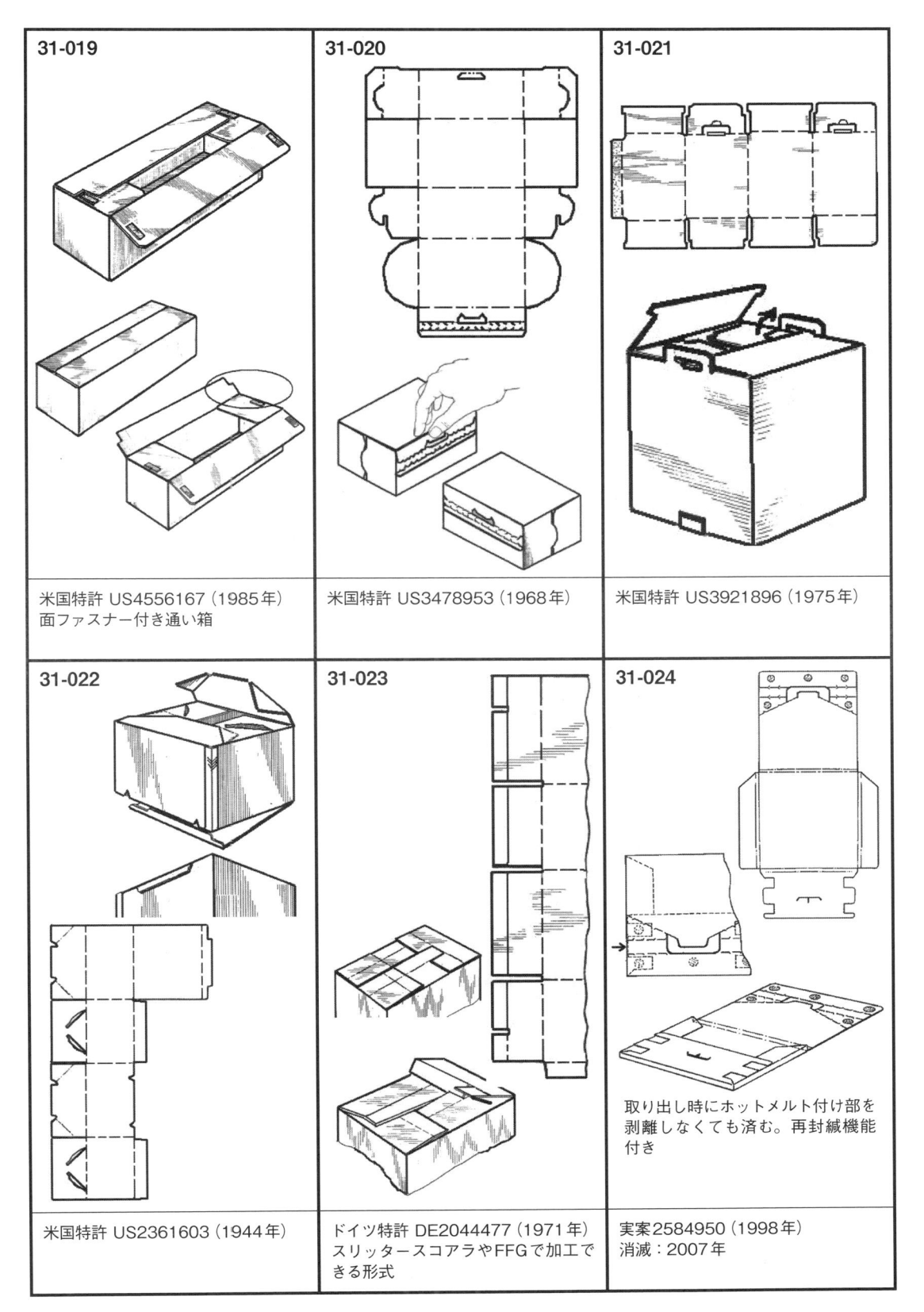

31-019	**31-020**	**31-021**
米国特許 US4556167（1985年） 面ファスナー付き通い箱	米国特許 US3478953（1968年）	米国特許 US3921896（1975年）
31-022	**31-023**	**31-024**
		取り出し時にホットメルト付け部を 剥離しなくても済む。再封緘機能 付き
米国特許 US2361603（1944年）	ドイツ特許 DE2044477（1971年） スリッタースコアラやFFGで加工で きる形式	実案2584950（1998年） 消滅：2007年

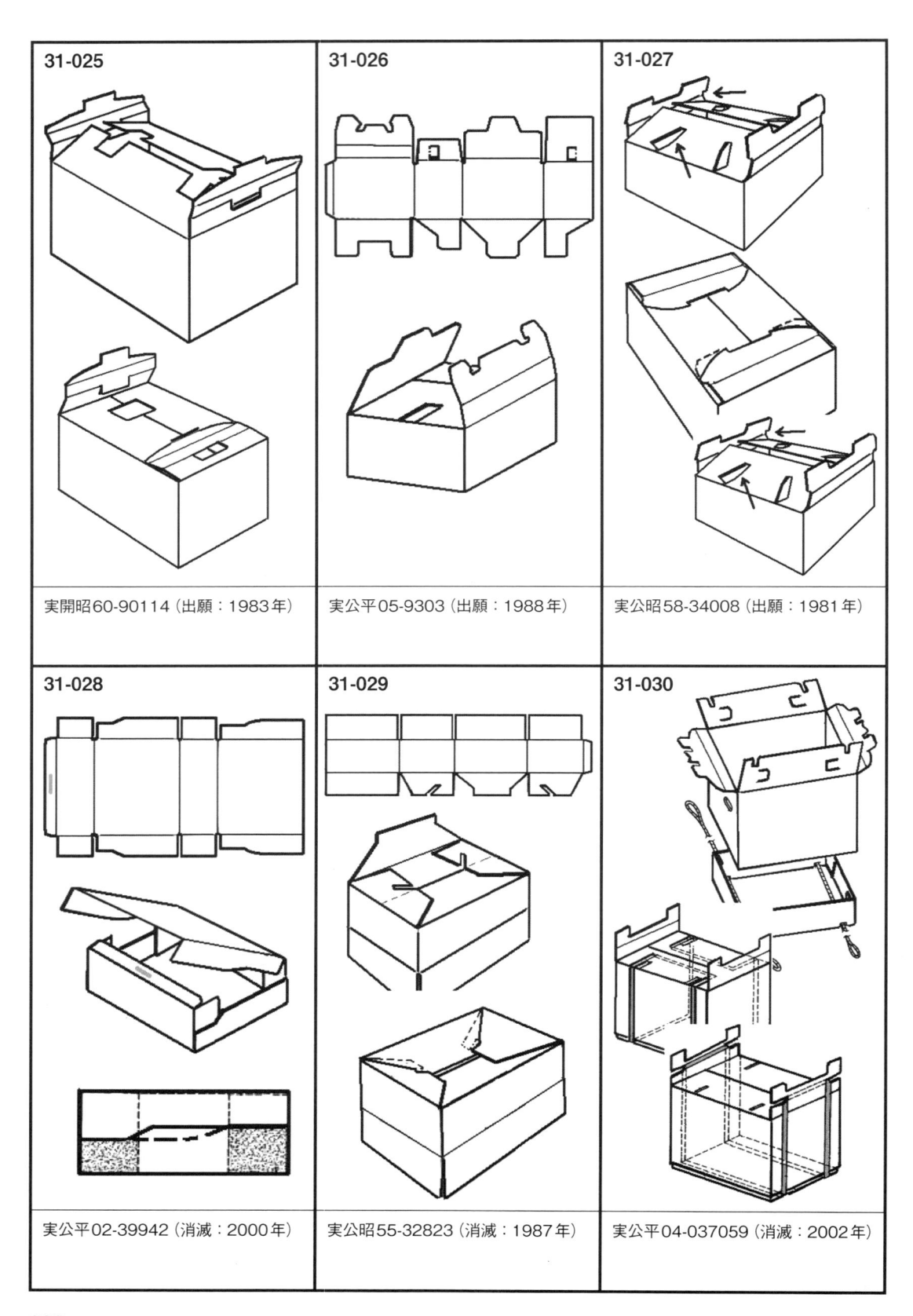

31-025	31-026	31-027
実開昭60-90114（出願：1983年）	実公平05-9303（出願：1988年）	実公昭58-34008（出願：1981年）
31-028	31-029	31-030
実公平02-39942（消滅：2000年）	実公昭55-32823（消滅：1987年）	実公平04-037059（消滅：2002年）

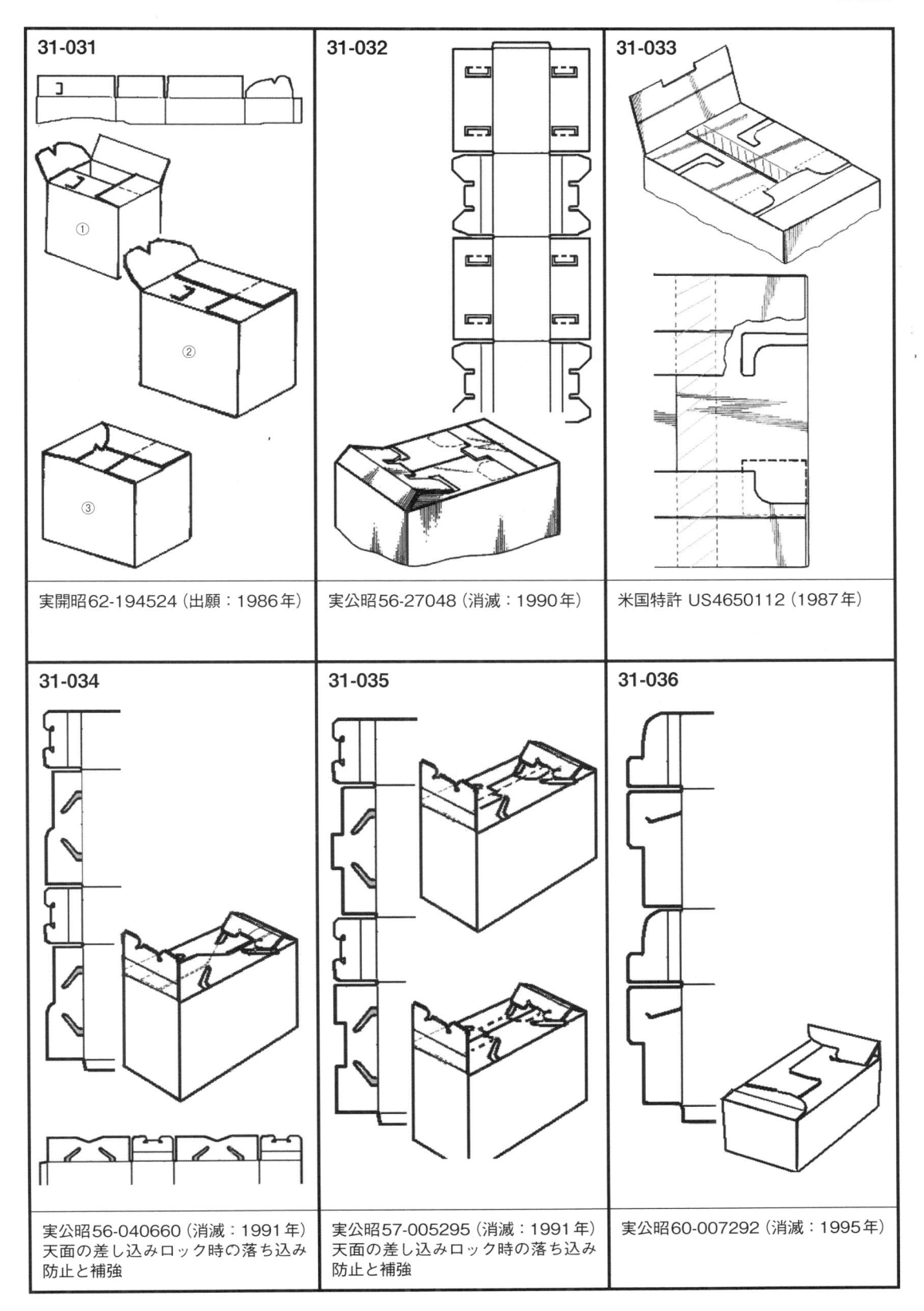

31-031

実開昭62-194524（出願：1986年）

31-032

実公昭56-27048（消滅：1990年）

31-033

米国特許 US4650112（1987年）

31-034

実公昭56-040660（消滅：1991年）
天面の差し込みロック時の落ち込み
防止と補強

31-035

実公昭57-005295（消滅：1991年）
天面の差し込みロック時の落ち込み
防止と補強

31-036

実公昭60-007292（消滅：1995年）

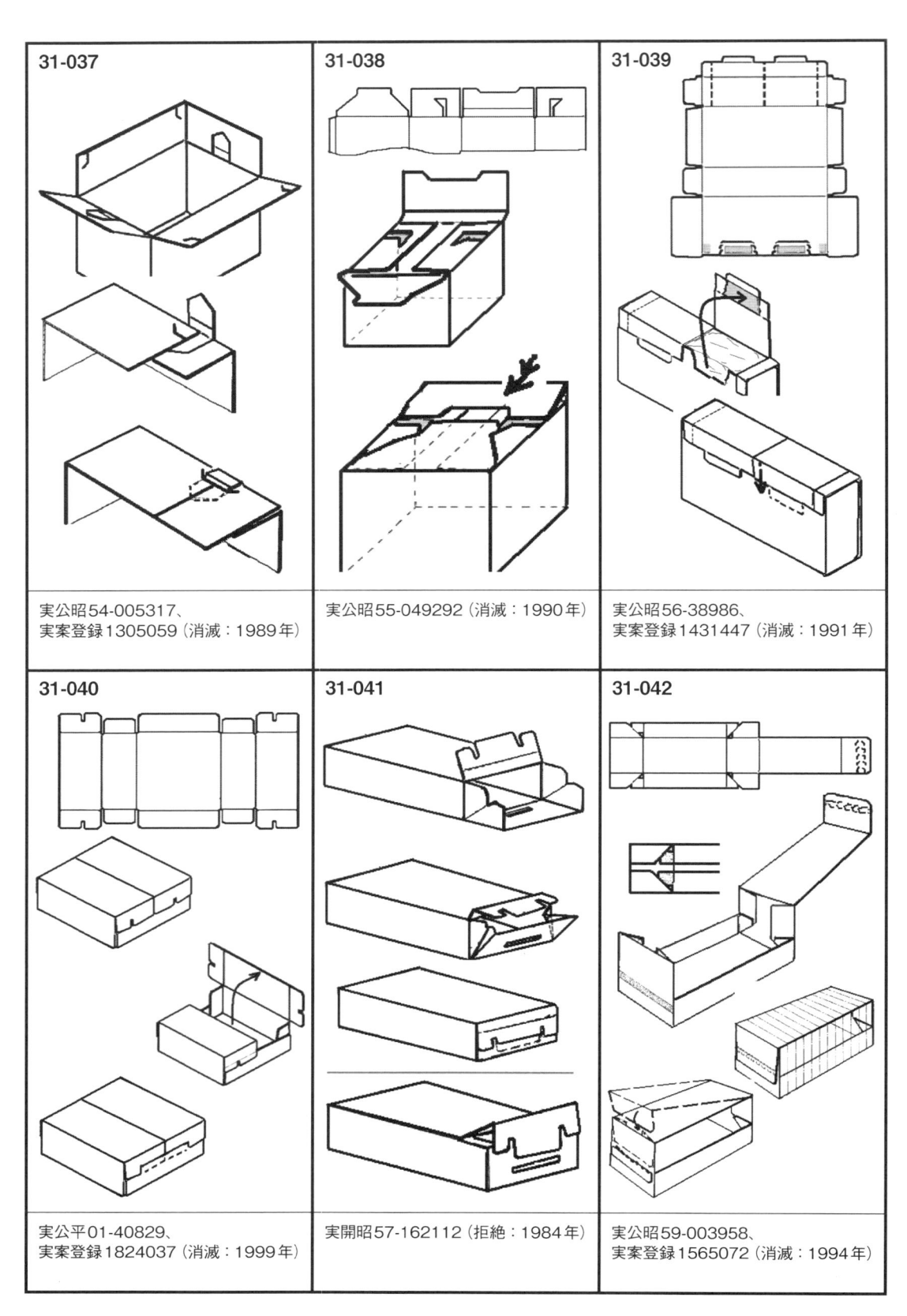

31-037	31-038	31-039
実公昭54-005317、 実案登録1305059（消滅：1989年）	実公昭55-049292（消滅：1990年）	実公昭56-38986、 実案登録1431447（消滅：1991年）
31-040	31-041	31-042
実公平01-40829、 実案登録1824037（消滅：1999年）	実開昭57-162112（拒絶：1984年）	実公昭59-003958、 実案登録1565072（消滅：1994年）

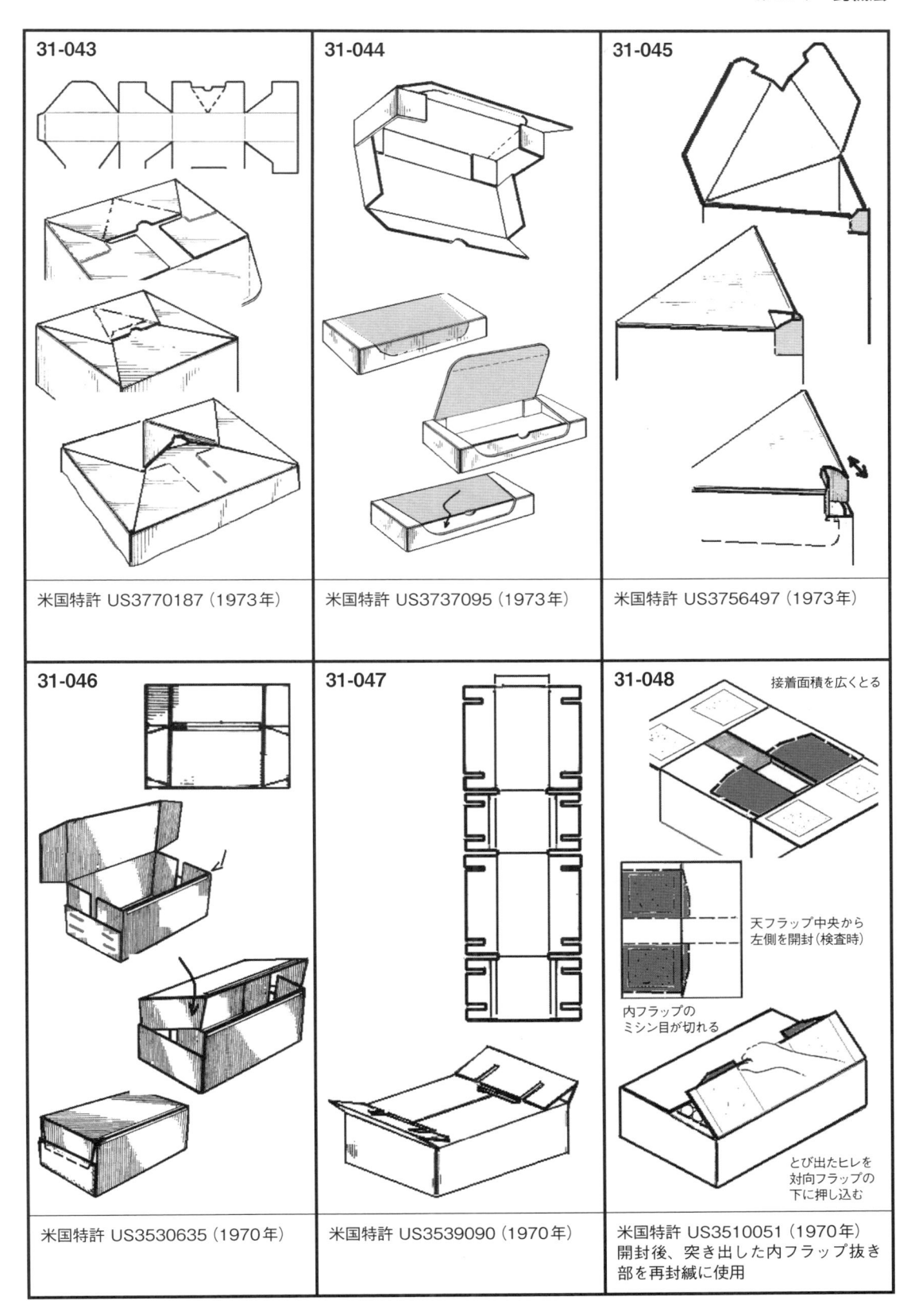

31-043

米国特許 US3770187（1973年）

31-044

米国特許 US3737095（1973年）

31-045

米国特許 US3756497（1973年）

31-046

米国特許 US3530635（1970年）

31-047

米国特許 US3539090（1970年）

31-048

接着面積を広くとる

天フラップ中央から
左側を開封（検査時）

内フラップの
ミシン目が切れる

とび出たヒレを
対向フラップの
下に押し込む

米国特許 US3510051（1970年）
開封後、突き出した内フラップ抜き
部を再封緘に使用

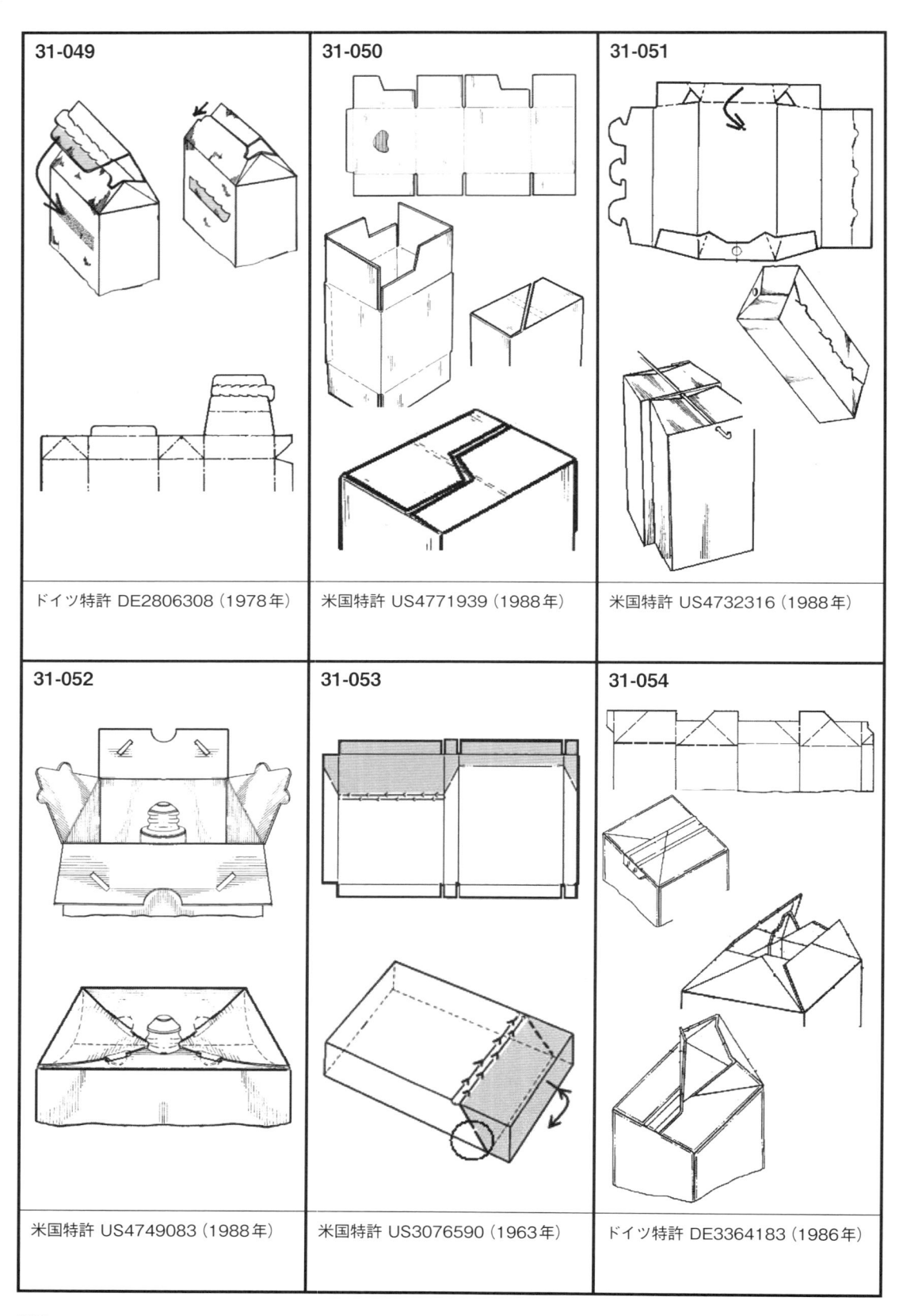

31-049	31-050	31-051
ドイツ特許 DE2806308 (1978年)	米国特許 US4771939 (1988年)	米国特許 US4732316 (1988年)
31-052	31-053	31-054
米国特許 US4749083 (1988年)	米国特許 US3076590 (1963年)	ドイツ特許 DE3364183 (1986年)

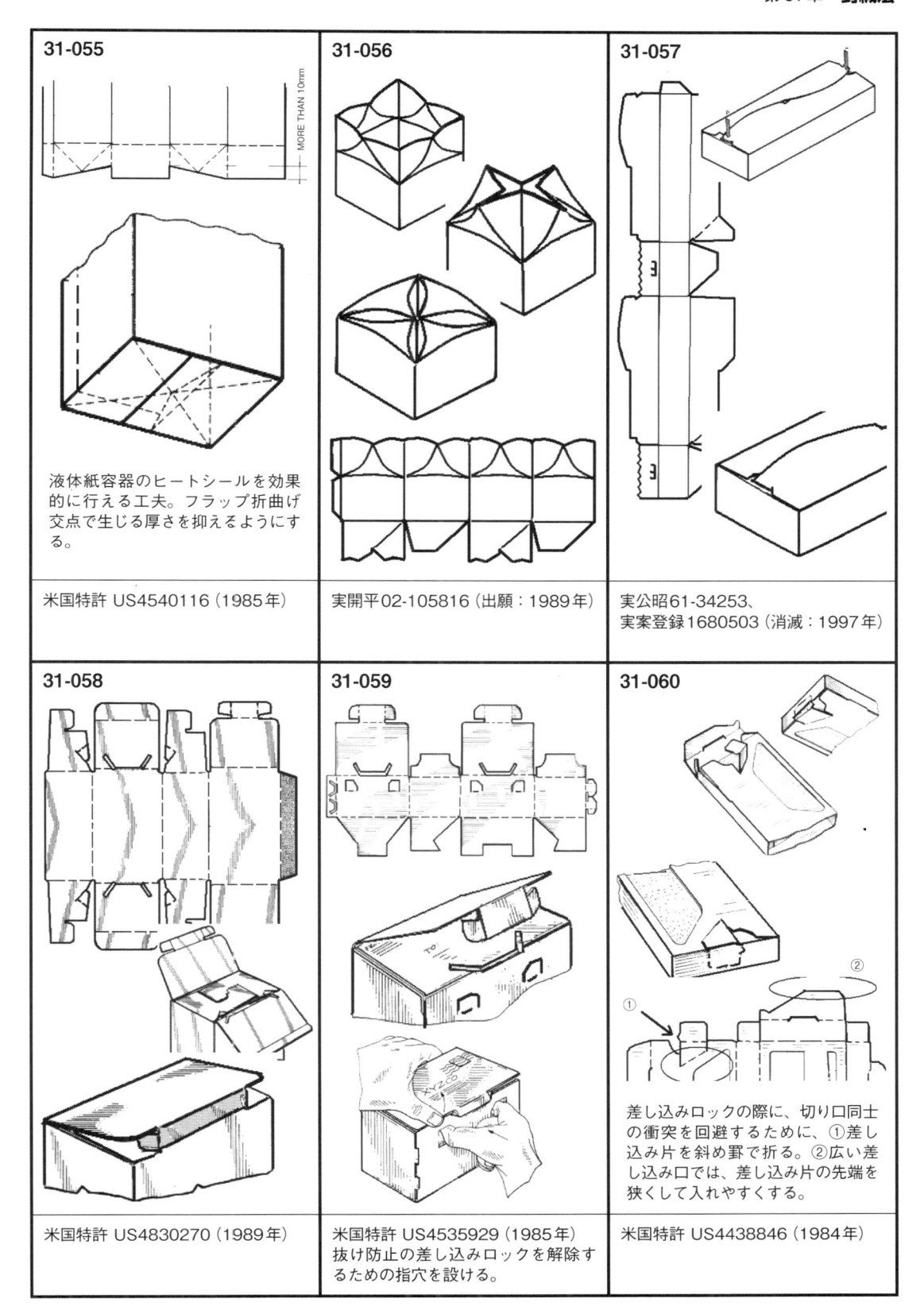

31-055

MORE THAN 10mm

液体紙容器のヒートシールを効果的に行える工夫。フラップ折曲げ交点で生じる厚さを抑えるようにする。

米国特許 US4540116（1985年）

31-056

実開平02-105816（出願：1989年）

31-057

実公昭61-34253、
実案登録1680503（消滅：1997年）

31-058

米国特許 US4830270（1989年）

31-059

米国特許 US4535929（1985年）
抜け防止の差し込みロックを解除するための指穴を設ける。

31-060

差し込みロックの際に、切り口同士の衝突を回避するために、①差し込み片を斜め罫で折る。②広い差し込み口では、差し込み片の先端を狭くして入れやすくする。

米国特許 US4438846（1984年）

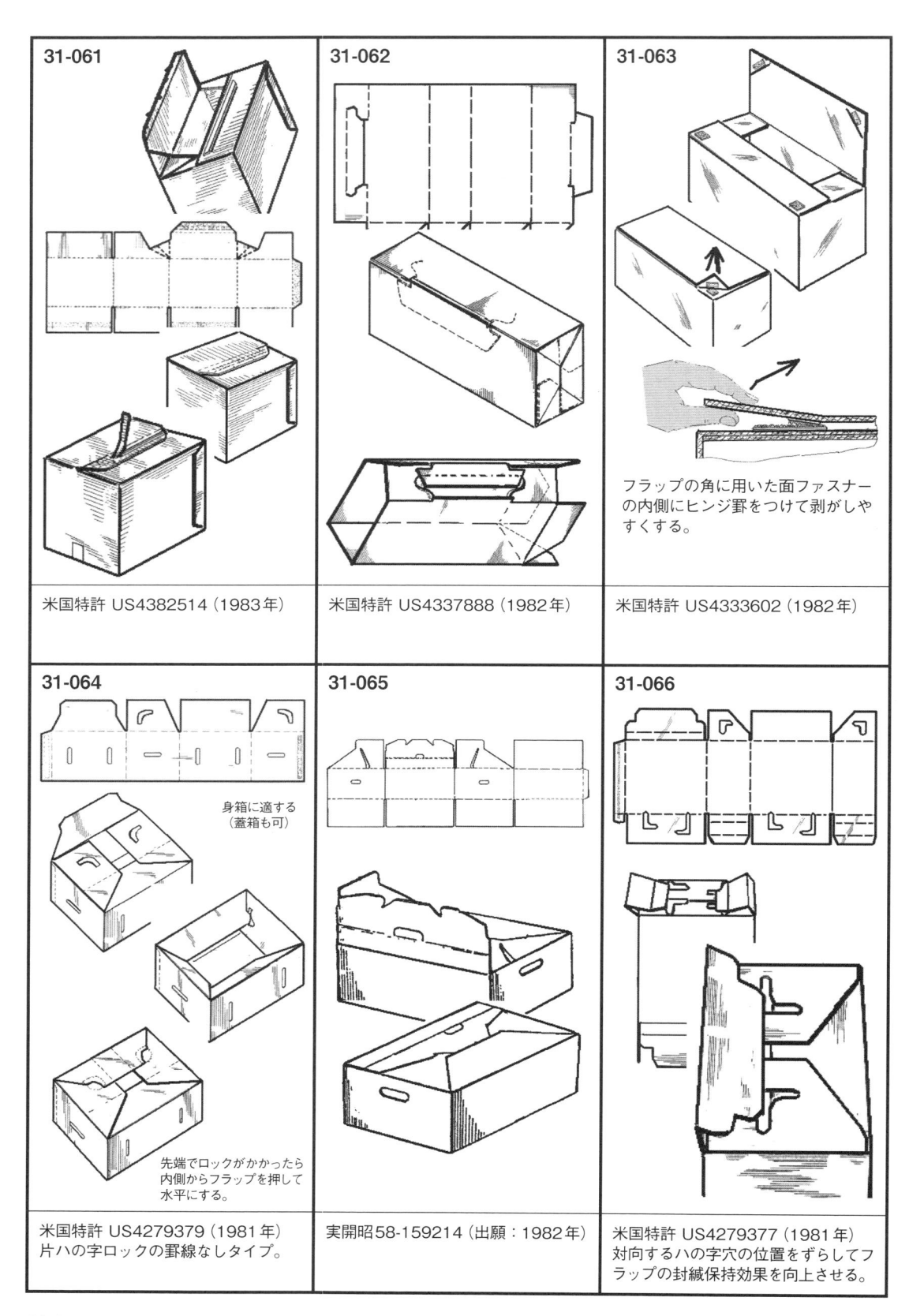

31-061	31-062	31-063
		フラップの角に用いた面ファスナーの内側にヒンジ罫をつけて剥がしやすくする。
米国特許 US4382514（1983年）	米国特許 US4337888（1982年）	米国特許 US4333602（1982年）

31-064	31-065	31-066
身箱に適する（蓋箱も可）		
先端でロックがかかったら内側からフラップを押して水平にする。		
米国特許 US4279379（1981年）片ハの字ロックの罫線なしタイプ。	実開昭58-159214（出願：1982年）	米国特許 US4279377（1981年）対向するハの字穴の位置をずらしてフラップの封緘保持効果を向上させる。

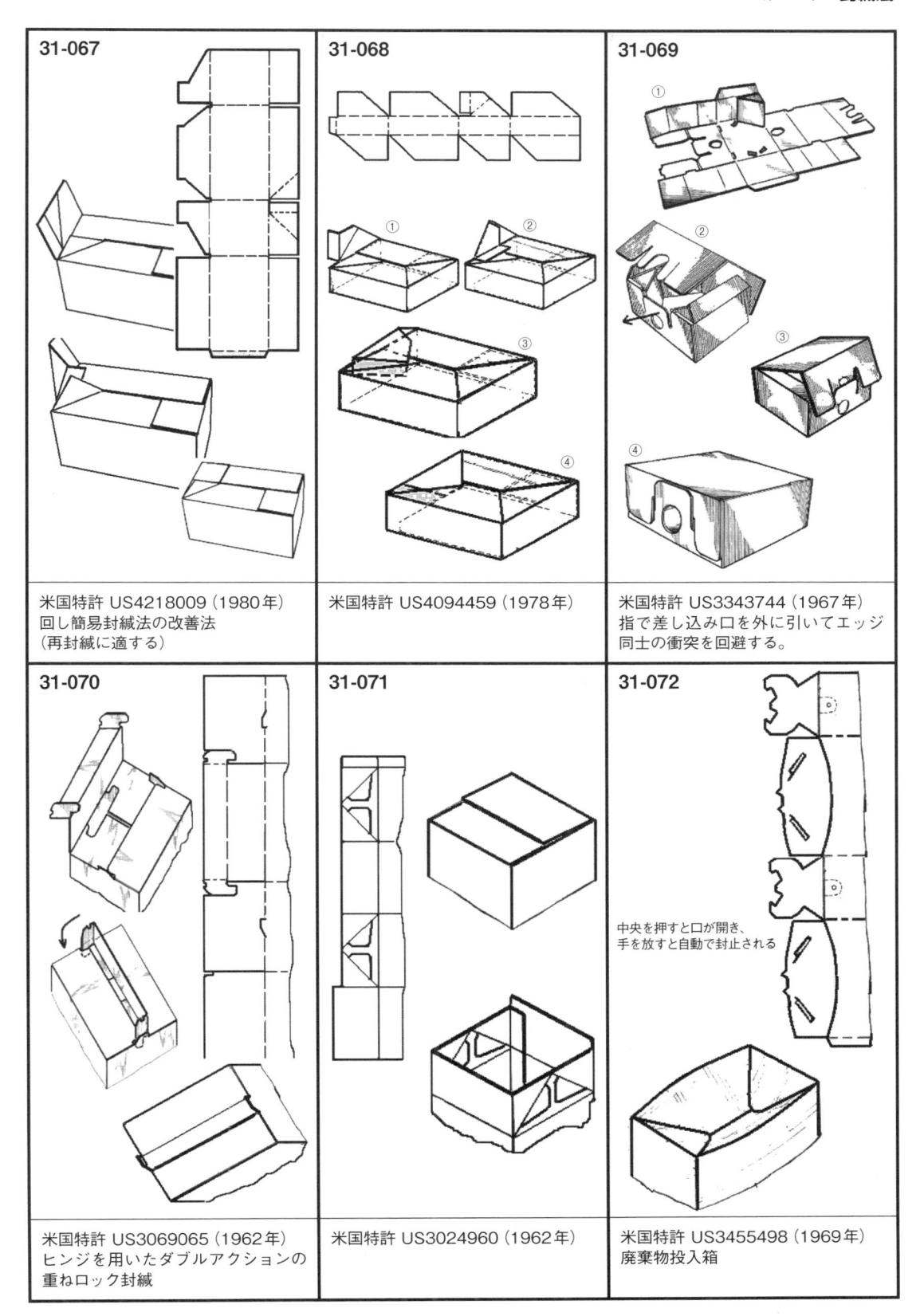

31-067

米国特許 US4218009（1980年）
回し簡易封緘法の改善法
（再封緘に適する）

31-068

米国特許 US4094459（1978年）

31-069

米国特許 US3343744（1967年）
指で差し込み口を外に引いてエッジ
同士の衝突を回避する。

31-070

米国特許 US3069065（1962年）
ヒンジを用いたダブルアクションの
重ねロック封緘

31-071

米国特許 US3024960（1962年）

31-072

中央を押すと口が開き、
手を放すと自動で封止される

米国特許 US3455498（1969年）
廃棄物投入箱

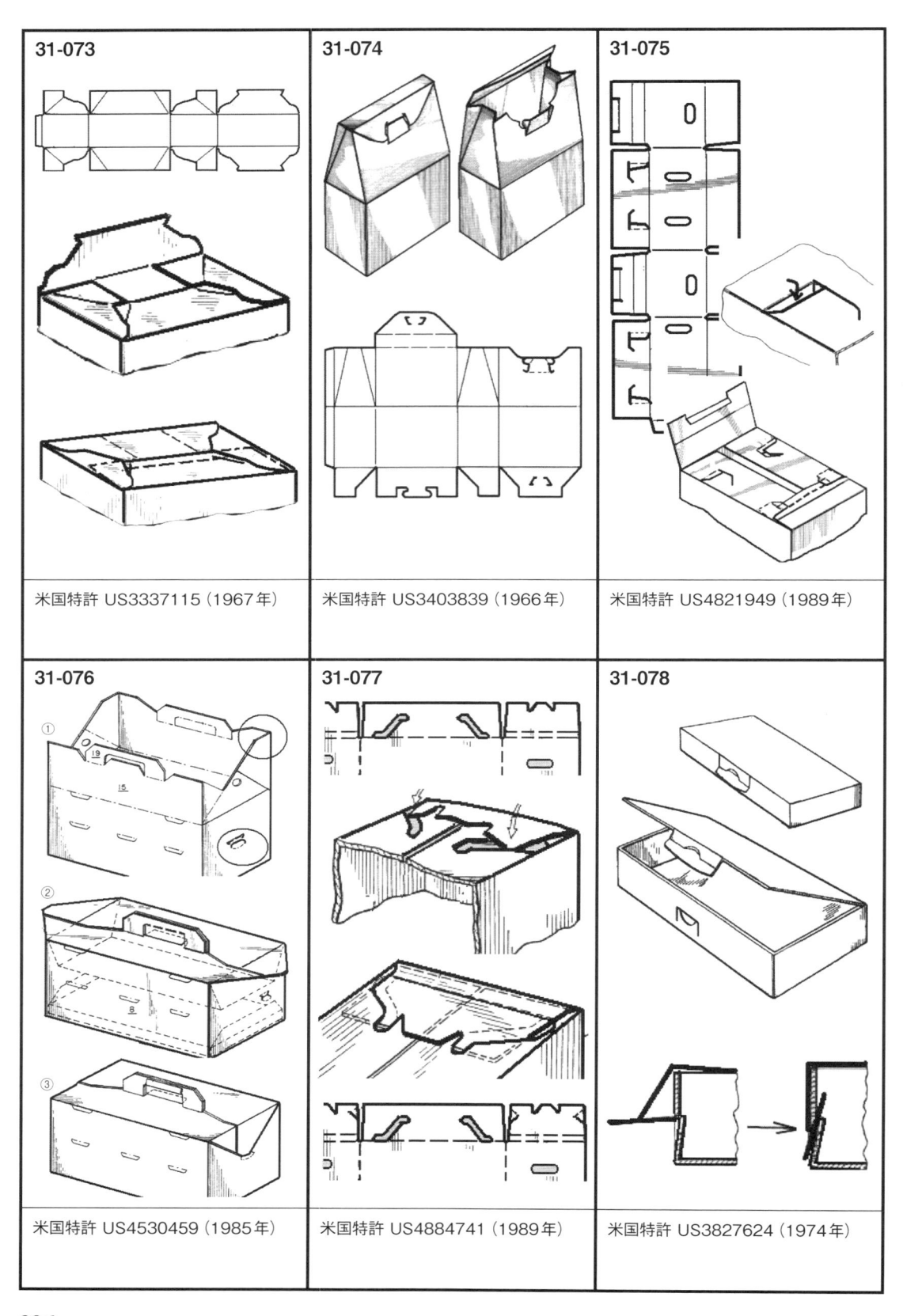

31-073	31-074	31-075
米国特許 US3337115 (1967年)	米国特許 US3403839 (1966年)	米国特許 US4821949 (1989年)

31-076	31-077	31-078
米国特許 US4530459 (1985年)	米国特許 US4884741 (1989年)	米国特許 US3827624 (1974年)

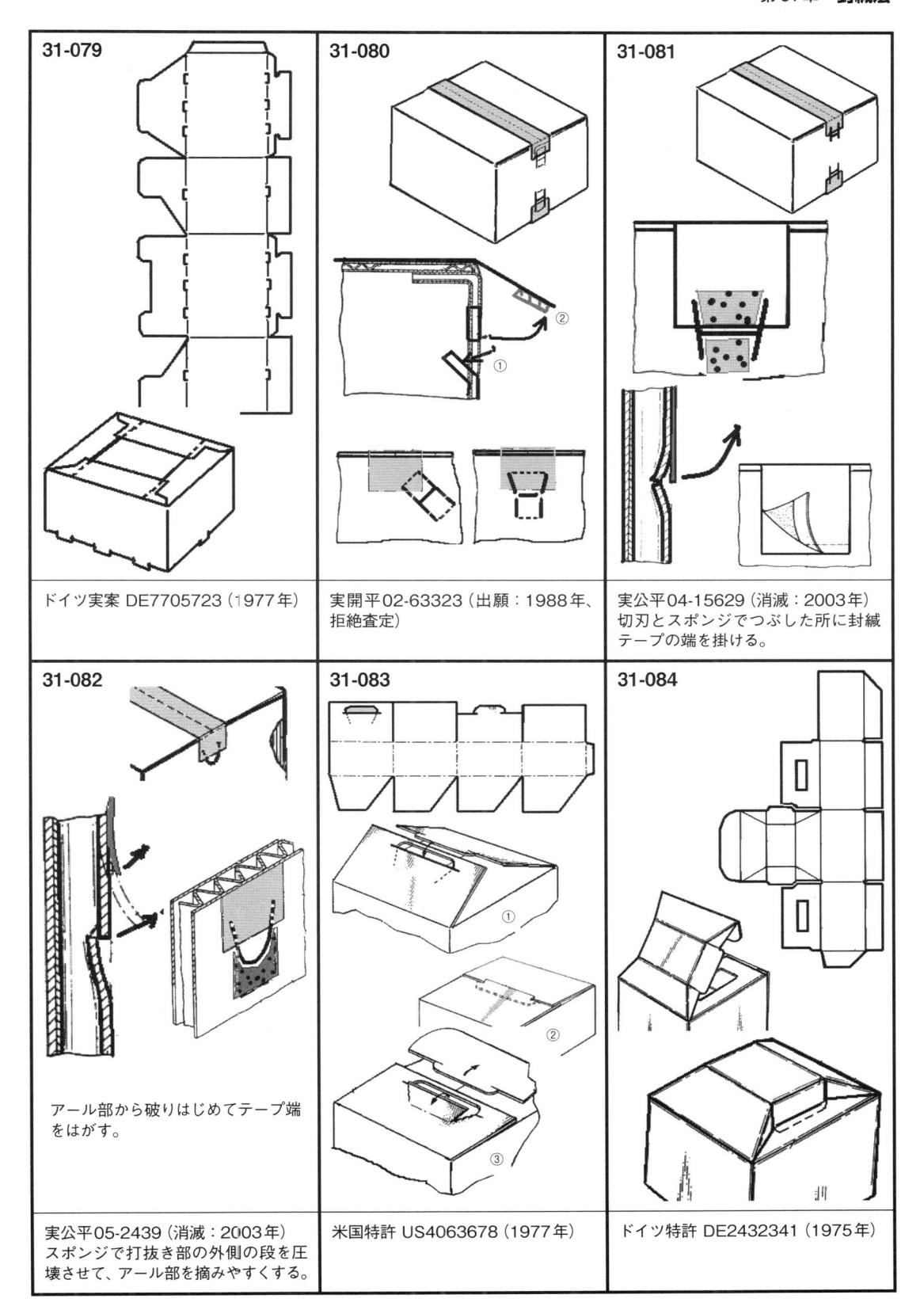

31-079

ドイツ実案 DE7705723（1977年）

31-080

実開平02-63323（出願：1988年、拒絶査定）

31-081

実公平04-15629（消滅：2003年）切刃とスポンジでつぶした所に封緘テープの端を掛ける。

31-082

アール部から破りはじめてテープ端をはがす。

実公平05-2439（消滅：2003年）スポンジで打抜き部の外側の段を圧壊させて、アール部を摘みやすくする。

31-083

米国特許 US4063678（1977年）

31-084

ドイツ特許 DE2432341（1975年）

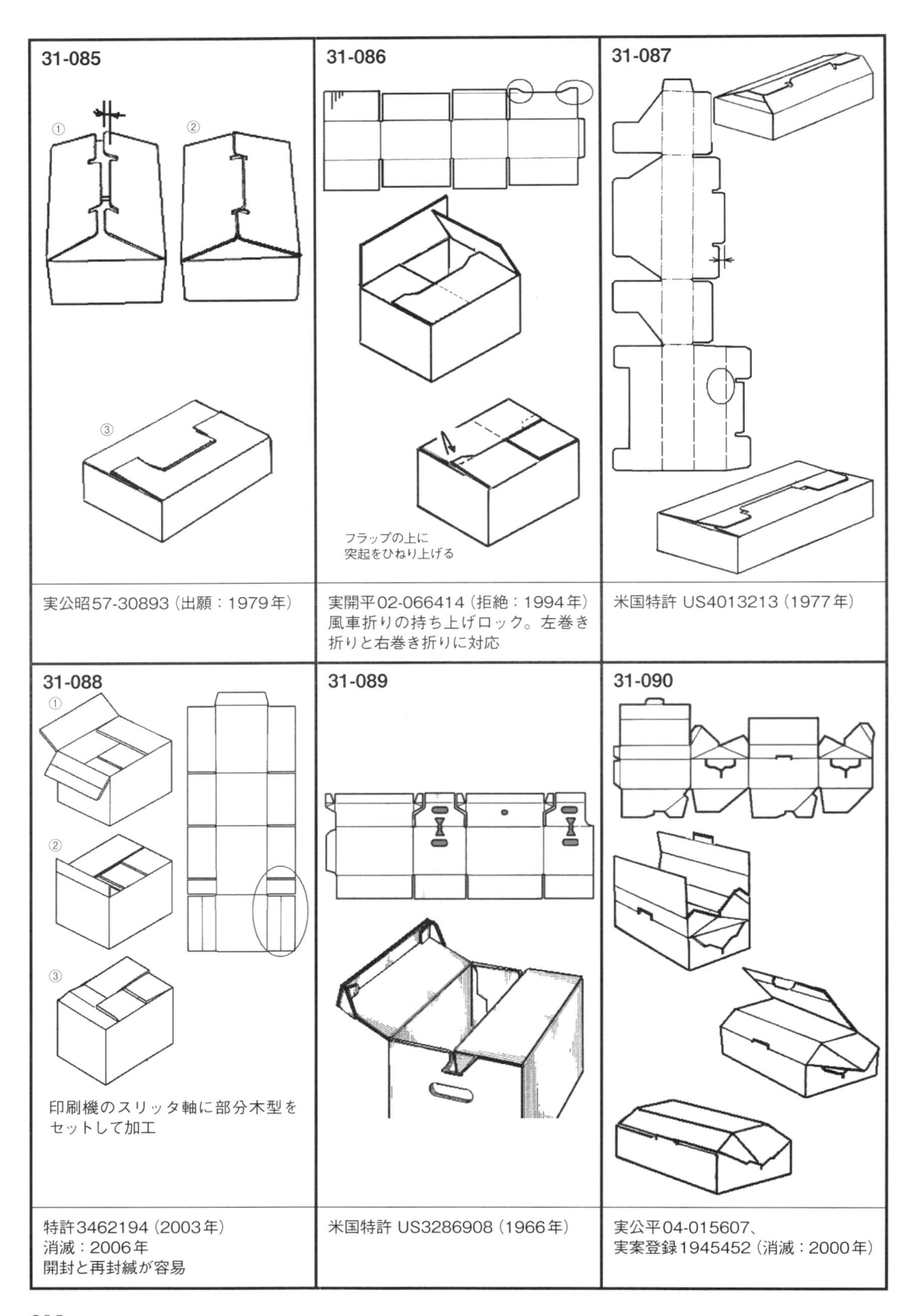

31-085	31-086	31-087
① ② ③	フラップの上に 突起をひねり上げる	
実公昭57-30893（出願：1979年）	実開平02-066414（拒絶：1994年） 風車折りの持ち上げロック。左巻き 折りと右巻き折りに対応	米国特許 US4013213（1977年）

31-088	31-089	31-090
① ② ③ 印刷機のスリッタ軸に部分木型を セットして加工		
特許3462194（2003年） 消滅：2006年 開封と再封緘が容易	米国特許 US3286908（1966年）	実公平04-015607、 実案登録1945452（消滅：2000年）

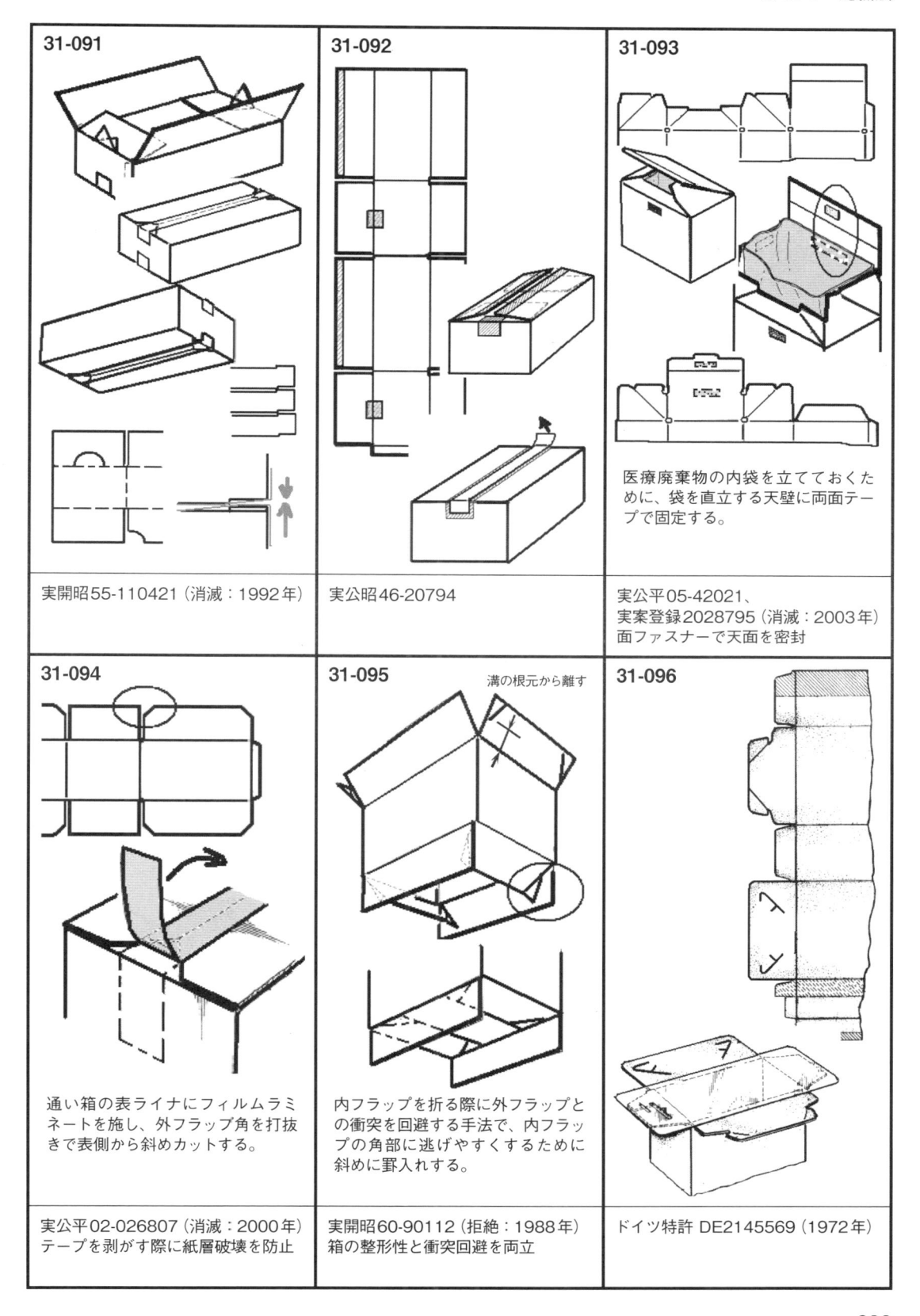

31-091

31-092

31-093

医療廃棄物の内袋を立てておくために、袋を直立する天壁に両面テープで固定する。

実開昭55-110421（消滅：1992年）

実公昭46-20794

実公平05-42021、
実案登録2028795（消滅：2003年）
面ファスナーで天面を密封

31-094

31-095

溝の根元から離す

31-096

通い箱の表ライナにフィルムラミネートを施し、外フラップ角を打抜きで表側から斜めカットする。

内フラップを折る際に外フラップとの衝突を回避する手法で、内フラップの角部に逃げやすくするために斜めに罫入れする。

実公平02-026807（消滅：2000年）
テープを剥がす際に紙層破壊を防止

実開昭60-90112（拒絶：1988年）
箱の整形性と衝突回避を両立

ドイツ特許 DE2145569（1972年）

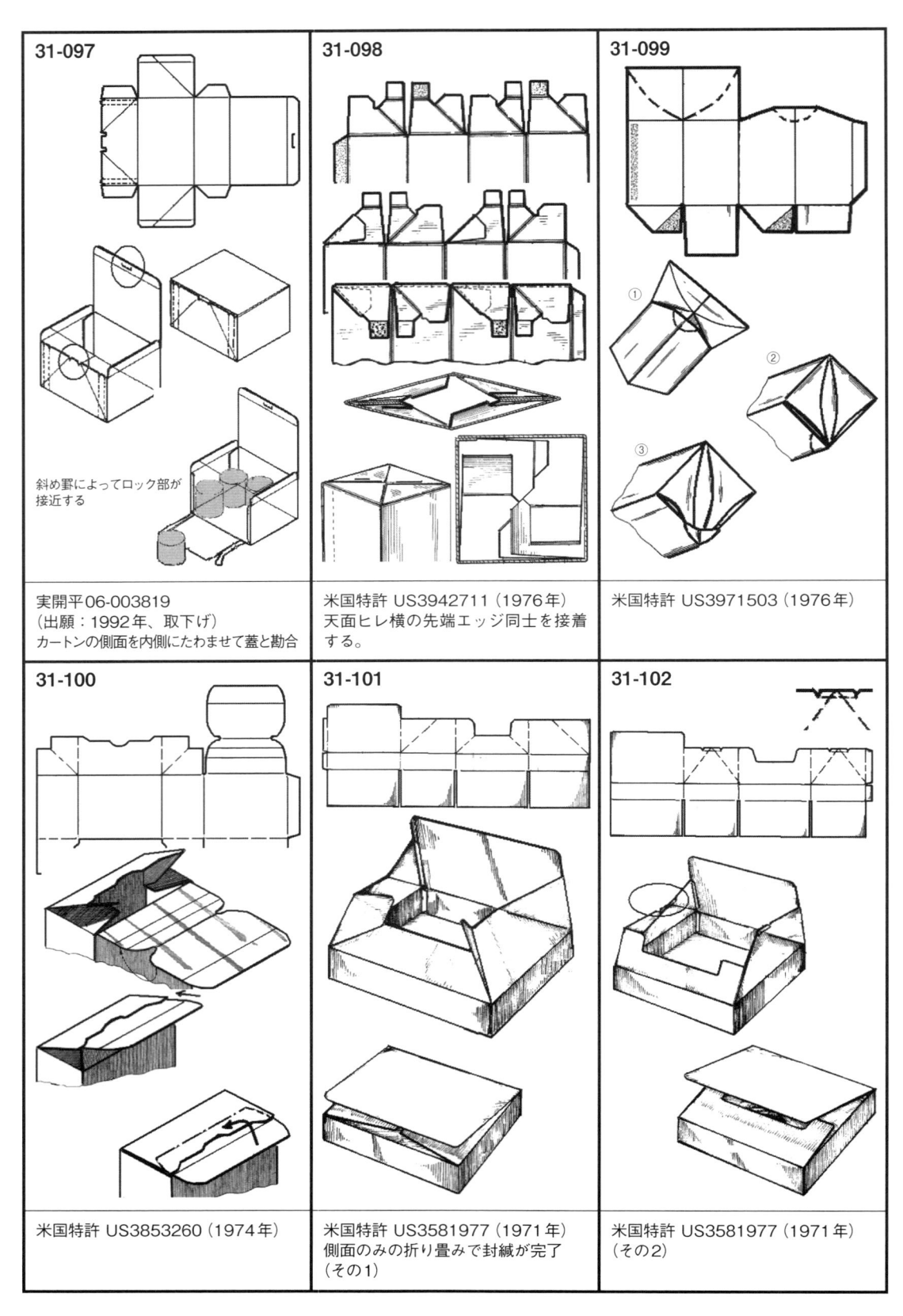

31-097

斜め罫によってロック部が
接近する

実開平06-003819
（出願：1992年、取下げ）
カートンの側面を内側にたわませて蓋と勘合

31-098

米国特許 US3942711（1976年）
天面ヒレ横の先端エッジ同士を接着
する。

31-099

① ② ③

米国特許 US3971503（1976年）

31-100

米国特許 US3853260（1974年）

31-101

米国特許 US3581977（1971年）
側面のみの折り畳みで封緘が完了
（その1）

31-102

米国特許 US3581977（1971年）
（その2）

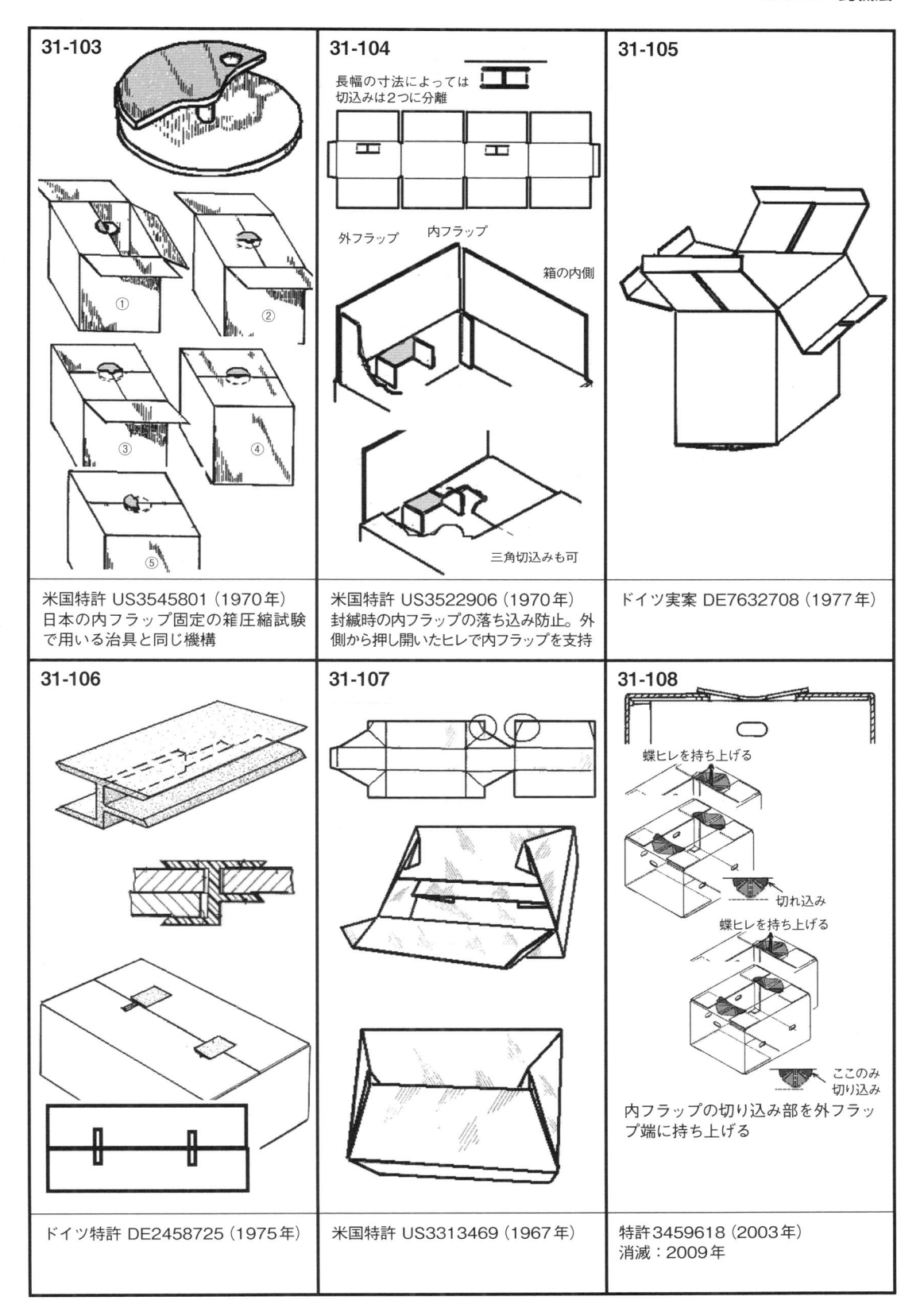

31-103

①　②　③　④　⑤

米国特許 US3545801（1970年）
日本の内フラップ固定の箱圧縮試験
で用いる治具と同じ機構

31-104

長幅の寸法によっては
切込みは2つに分離

外フラップ　内フラップ

箱の内側

三角切込みも可

米国特許 US3522906（1970年）
封緘時の内フラップの落ち込み防止。外
側から押し開いたヒレで内フラップを支持

31-105

ドイツ実案 DE7632708（1977年）

31-106

ドイツ特許 DE2458725（1975年）

31-107

米国特許 US3313469（1967年）

31-108

蝶ヒレを持ち上げる

切れ込み

蝶ヒレを持ち上げる

ここのみ
切り込み

内フラップの切り込み部を外フラッ
プ端に持ち上げる

特許 3459618（2003年）
消滅：2009年

401

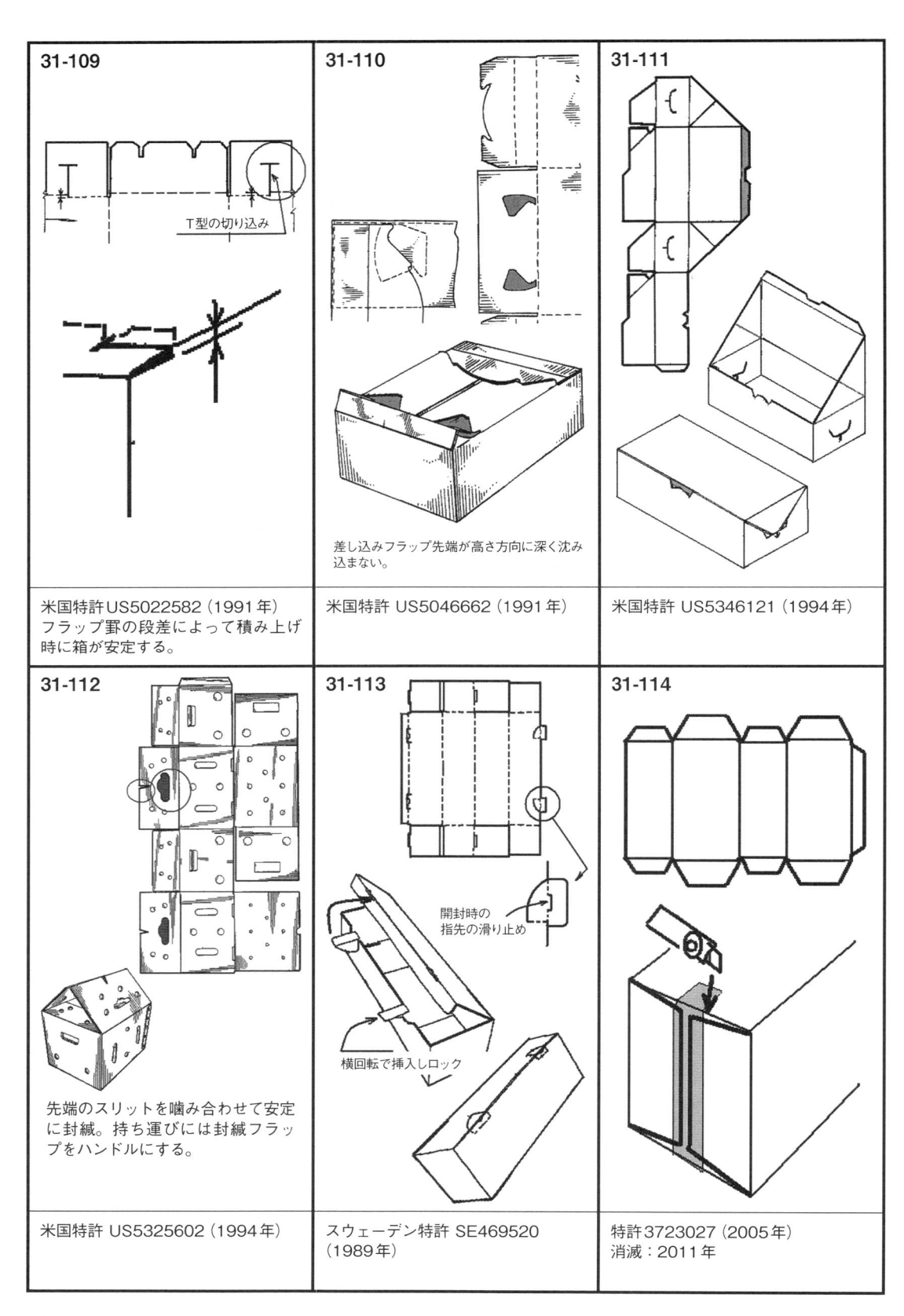

31-109	31-110	31-111

31-109

T型の切り込み

米国特許US5022582（1991年）
フラップ罫の段差によって積み上げ
時に箱が安定する。

31-110

差し込みフラップ先端が高さ方向に深く沈み
込まない。

米国特許 US5046662（1991年）

31-111

米国特許 US5346121（1994年）

31-112

先端のスリットを噛み合わせて安定
に封緘。持ち運びには封緘フラッ
プをハンドルにする。

米国特許 US5325602（1994年）

31-113

開封時の
指先の滑り止め

横回転で挿入しロック

スウェーデン特許 SE469520
（1989年）

31-114

特許3723027（2005年）
消滅：2011年

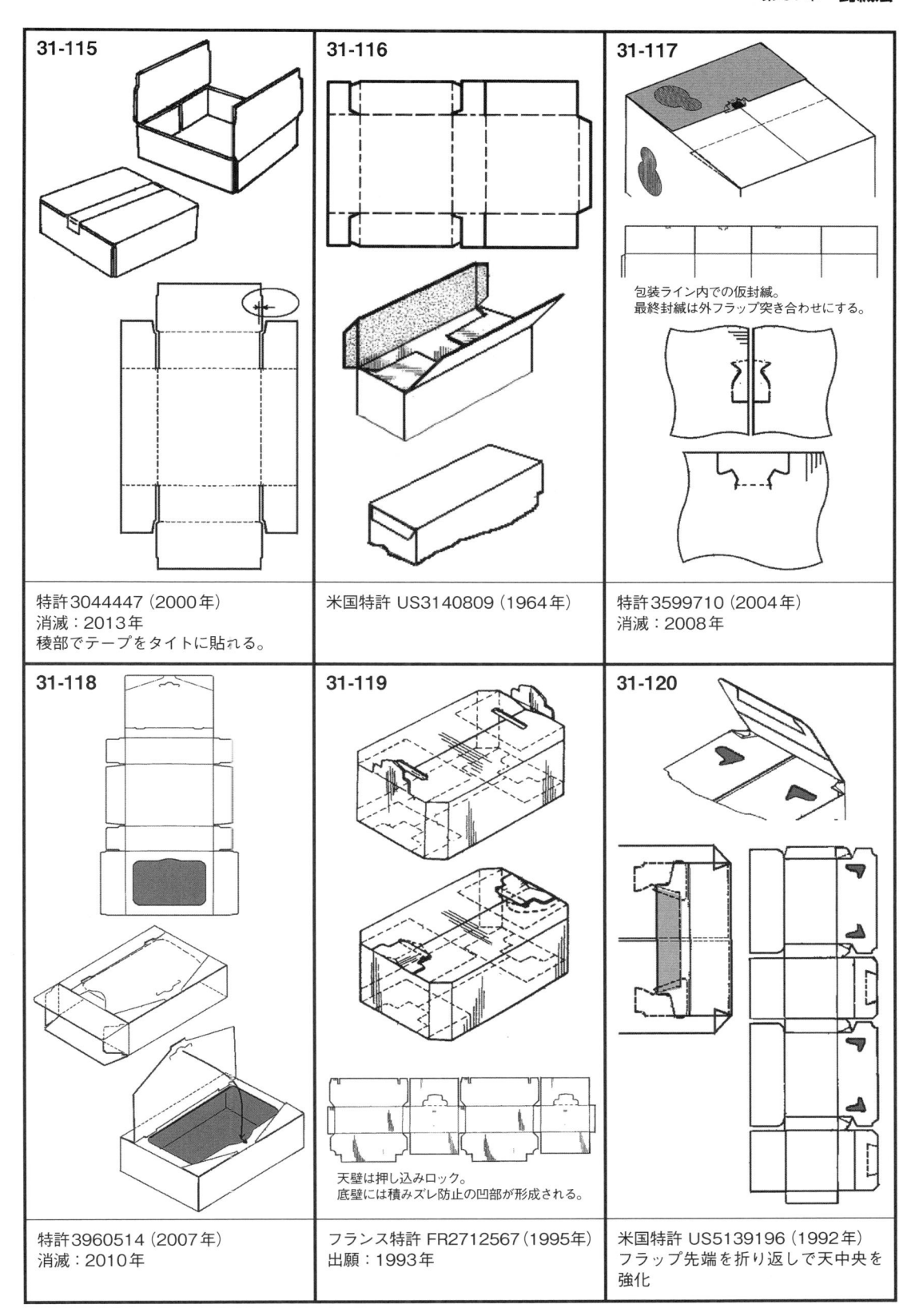

31-115

特許 3044447（2000 年）
消滅：2013 年
稜部でテープをタイトに貼れる。

31-116

米国特許 US3140809（1964 年）

31-117

包装ライン内での仮封緘。
最終封緘は外フラップ突き合わせにする。

特許 3599710（2004 年）
消滅：2008 年

31-118

特許 3960514（2007 年）
消滅：2010 年

31-119

天壁は押し込みロック。
底壁には積みズレ防止の凹部が形成される。

フランス特許 FR2712567（1995年）
出願：1993 年

31-120

米国特許 US5139196（1992 年）
フラップ先端を折り返しで天中央を
強化

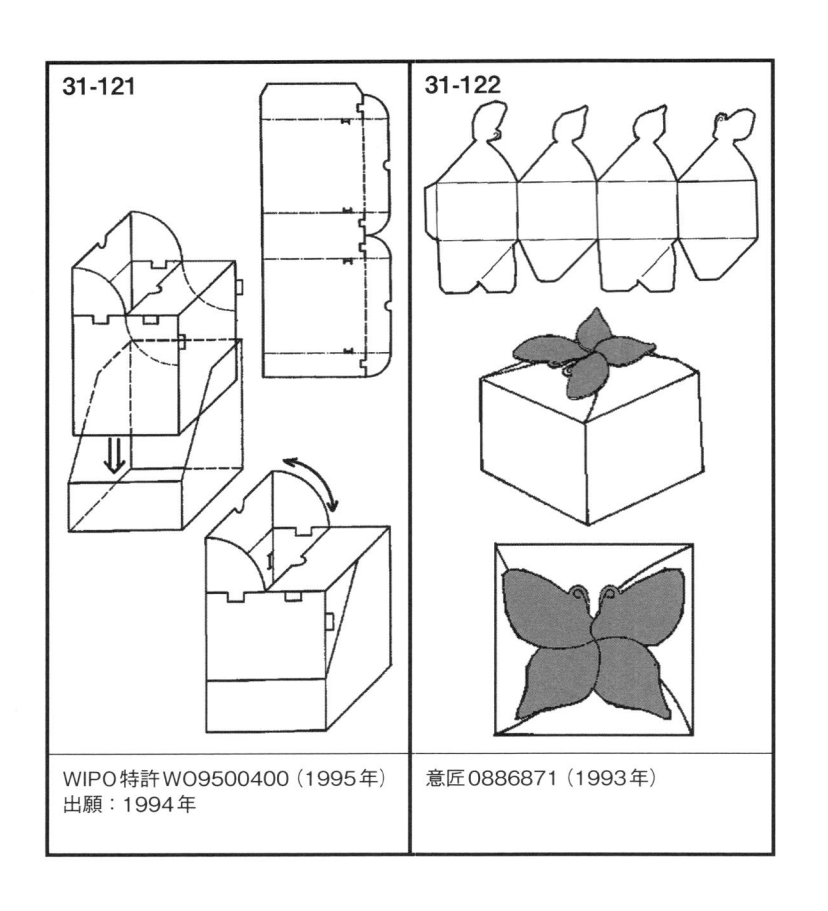

31-121

WIPO特許WO9500400（1995年）
出願：1994年

31-122

意匠0886871（1993年）

31 「封緘法」関連リスト				
01-008	04-003	11-023	18-013	25-012
01-010	04-005	12-063	19-001	26-001
01-011	04-007	13-038	19-009	26-002
01-019	04-014	14-060	20-016	26-003
01-041	04-023	17-022	20-018	26-020
01-045	04-030	17-023	21-008	32-015
01-053	06-016	17-028	21-010	34-016
01-071	08-015	17-060	21-012	37-025
01-109	09-003	17-067	21-049	37-026
04-002	11-003	17-069	23-019	39-029

32

書籍体固定法

　ここでは書籍大の製品の固定法をまとめている。この固定法は落下衝撃から製品を保護する技法である。比較的大きな製品についての固定法は、次章の「製品固定法」に組み込んでいる。

　欧米には、書籍体包装に関する出願が数多く存在する。欧米は書籍出版文化に対する思い入れの深い社会であり、これが書籍体包装の出願の多さにも反映されている。「製品固定法」のところにも書籍体固定法として適用できるものが多数含まれている。

　書籍体固定法の技法は、ダンボールの特徴をよく把握した構造になっており、ダンボール緩衝の基本的技法をみることができる。

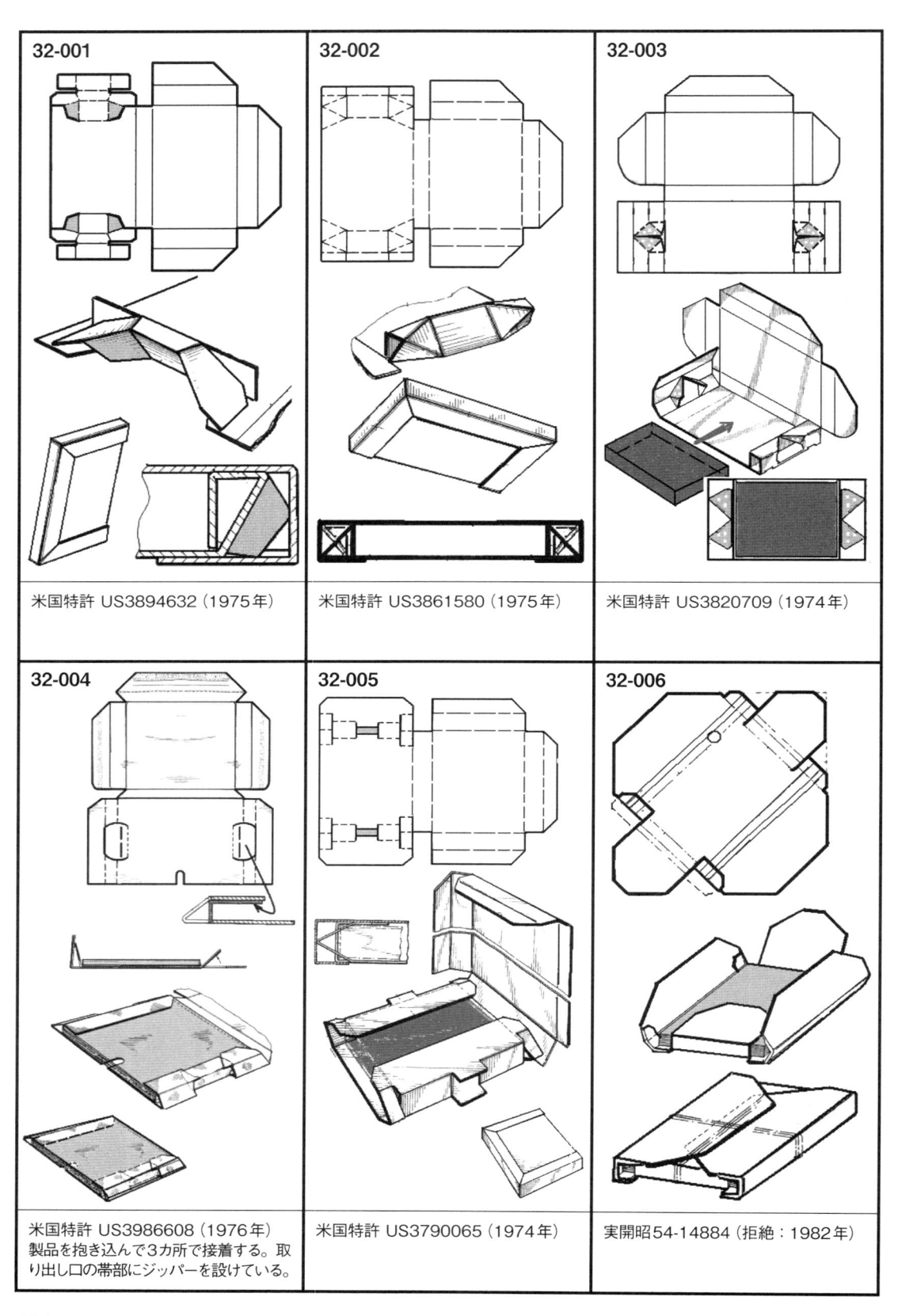

32-001 米国特許 US3894632（1975年）	**32-002** 米国特許 US3861580（1975年）	**32-003** 米国特許 US3820709（1974年）
32-004 米国特許 US3986608（1976年） 製品を抱き込んで3カ所で接着する。取り出し口の帯部にジッパーを設けている。	**32-005** 米国特許 US3790065（1974年）	**32-006** 実開昭54-14884（拒絶：1982年）

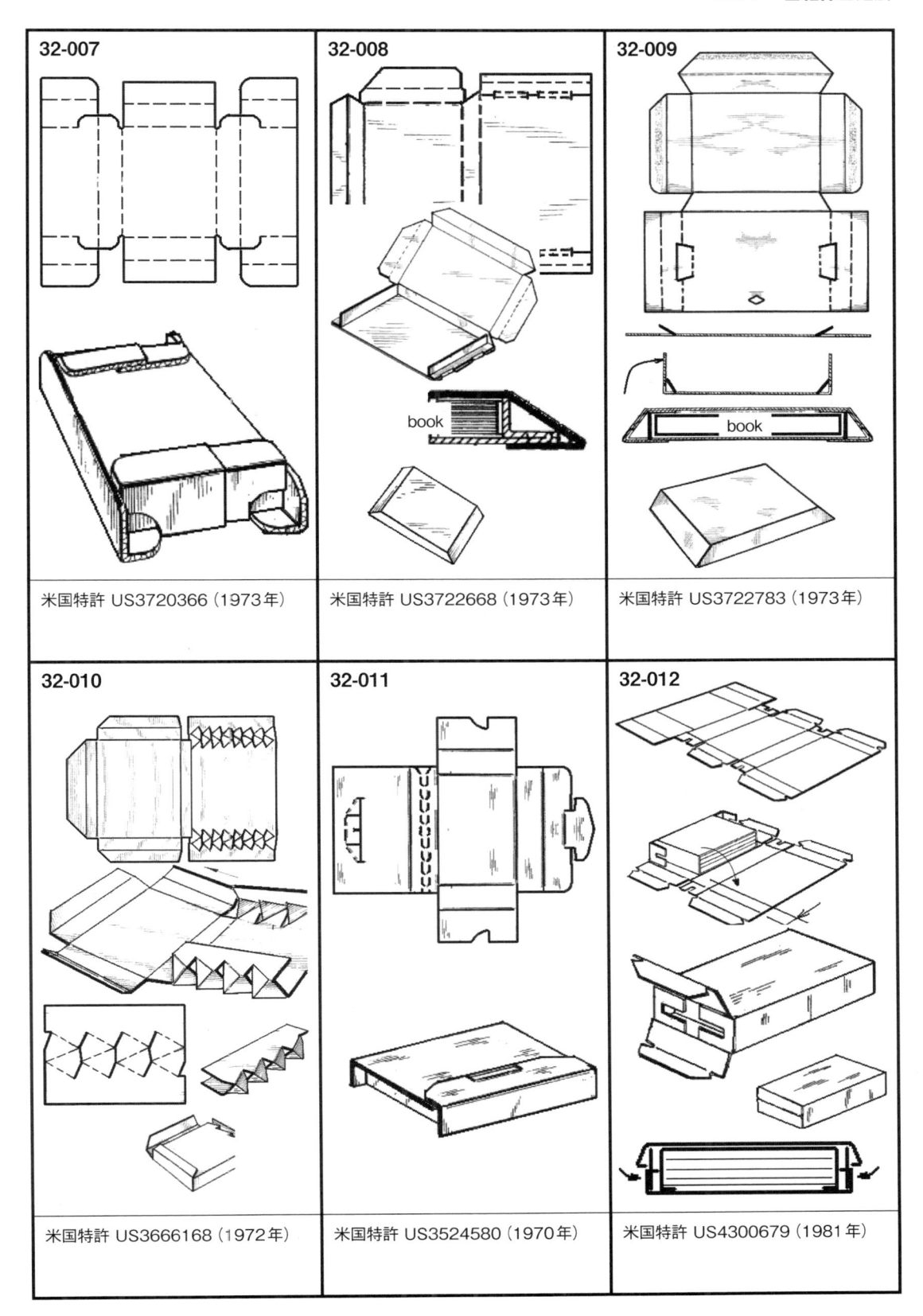

32-007

米国特許 US3720366（1973年）

32-008

book

米国特許 US3722668（1973年）

32-009

book

米国特許 US3722783（1973年）

32-010

米国特許 US3666168（1972年）

32-011

米国特許 US3524580（1970年）

32-012

米国特許 US4300679（1981年）

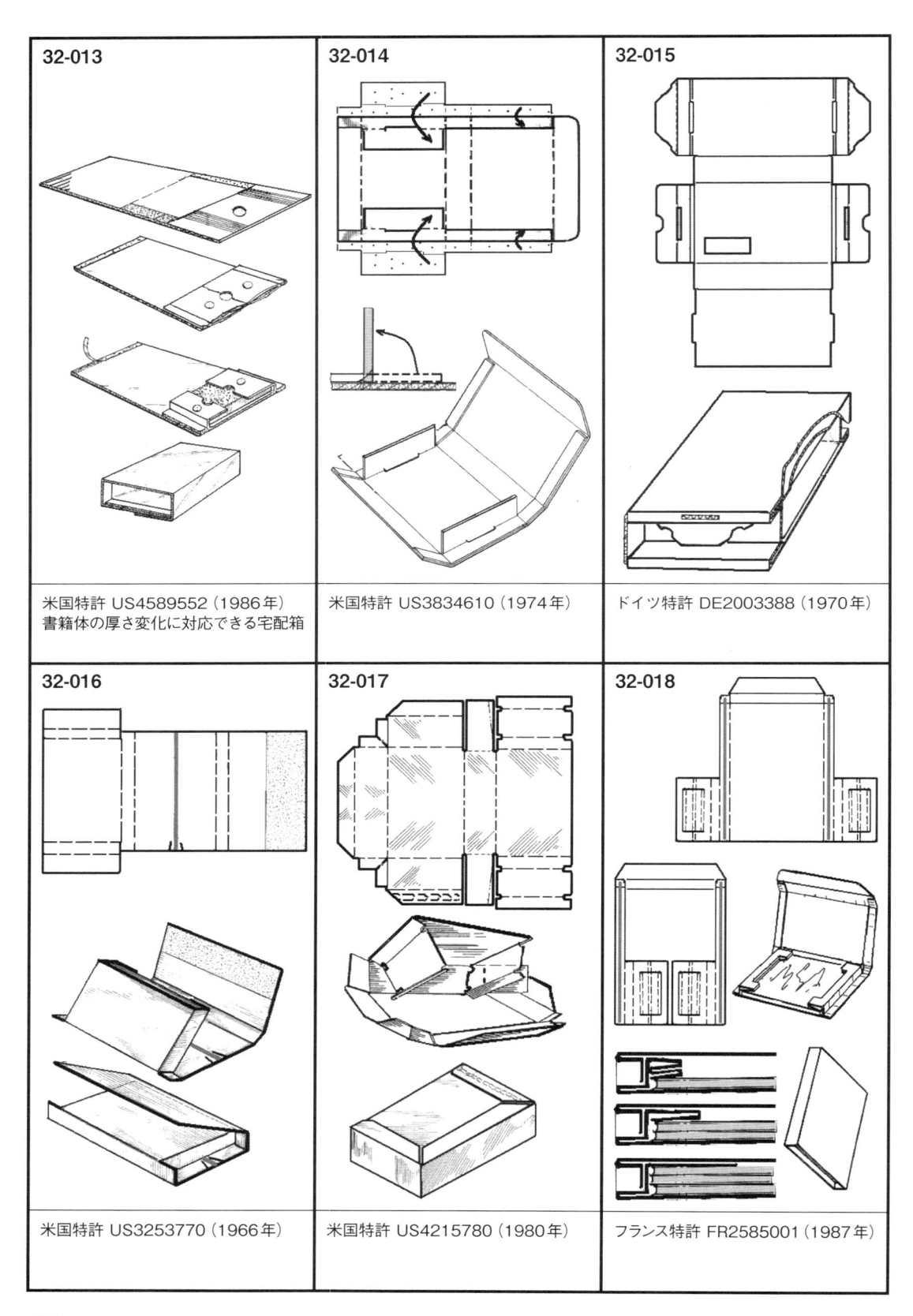

32-013	32-014	32-015
米国特許 US4589552（1986年） 書籍体の厚さ変化に対応できる宅配箱	米国特許 US3834610（1974年）	ドイツ特許 DE2003388（1970年）
32-016	32-017	32-018
米国特許 US3253770（1966年）	米国特許 US4215780（1980年）	フランス特許 FR2585001（1987年）

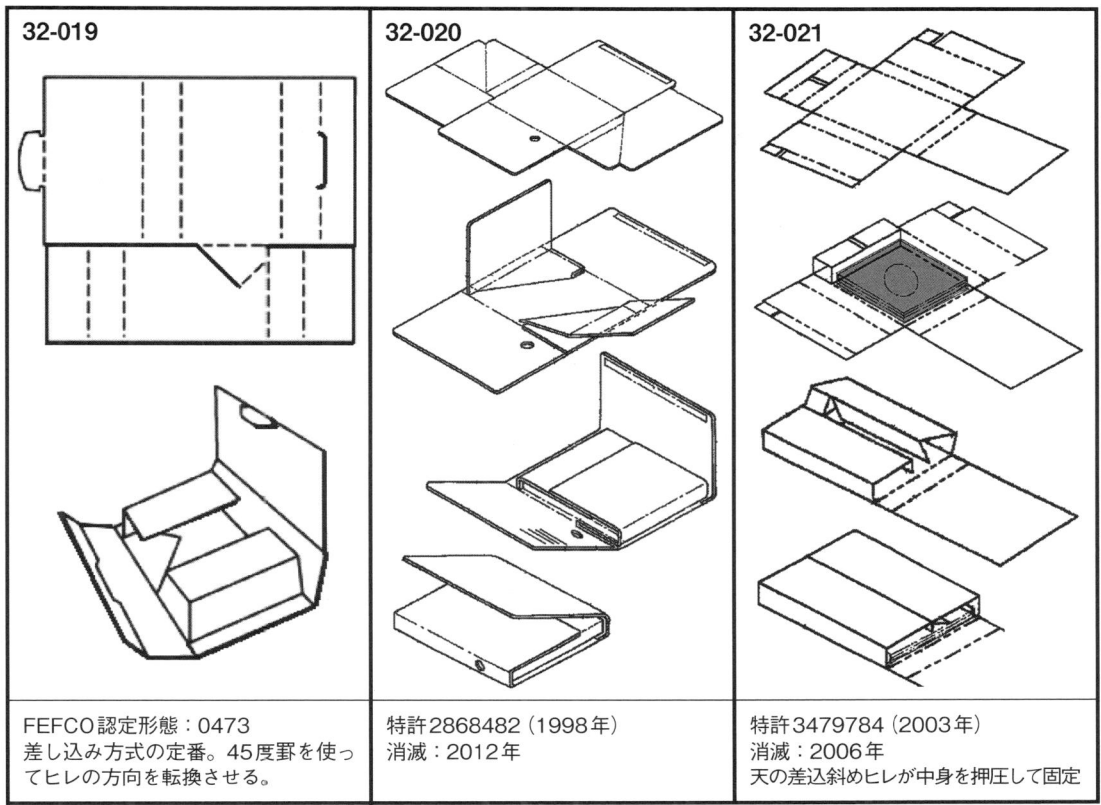

32-019	32-020	32-021

32-019

FEFCO認定形態：0473
差し込み方式の定番。45度罫を使っ
てヒレの方向を転換させる。

32-020

特許2868482（1998年）
消滅：2012年

32-021

特許3479784（2003年）
消滅：2006年
天の差込斜めヒレが中身を押圧して固定

32-022

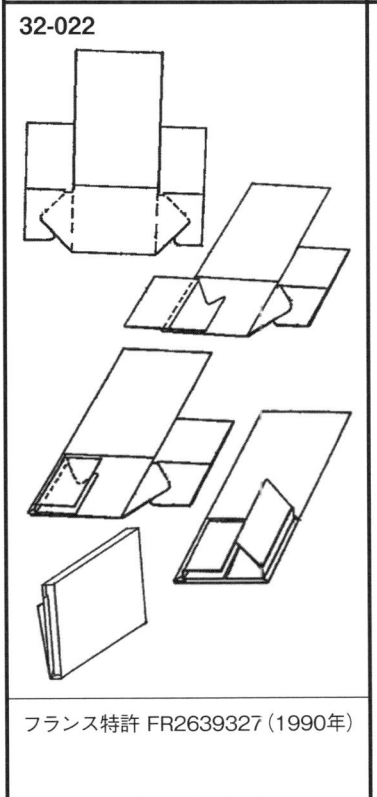

フランス特許 FR2639327（1990年）

32「書籍体固定法」関連リスト	
11-004	33-039
11-025	33-041
17-011	33-042
24-018	39-020
30-006	39-026
33-011	

33

製品固定法

　製品にダンボールを突き当て、または接触させておいて衝撃から製品を保護する製品固定は、ダンボール包装の最も基本的な設計技法で、日常的に実施しているものである。

　この分野の発明形態は、いわゆるダンボール箱に対する付属と言われる打ち抜きのパッド類、仕切などを用いていかにコストパフォーマンスに優れた設計をするかに関するものである。この検討ではライン生産性を高めていかに安価に生産できるか、そしていかに組みやすく、かついかに美的に仕上げるかに配慮する。

　製品固定を機能的に効果的に行うポイントの一つは、立体構造の中に斜めに支持の要素を加えることである。三角構造は安定し、圧縮強さも高くなり、材料も少なくて済む場合がある。

　なお、各特許形態の説明では、製品名を出して分かりやすくしているが、適用対象は広くあるはずである。

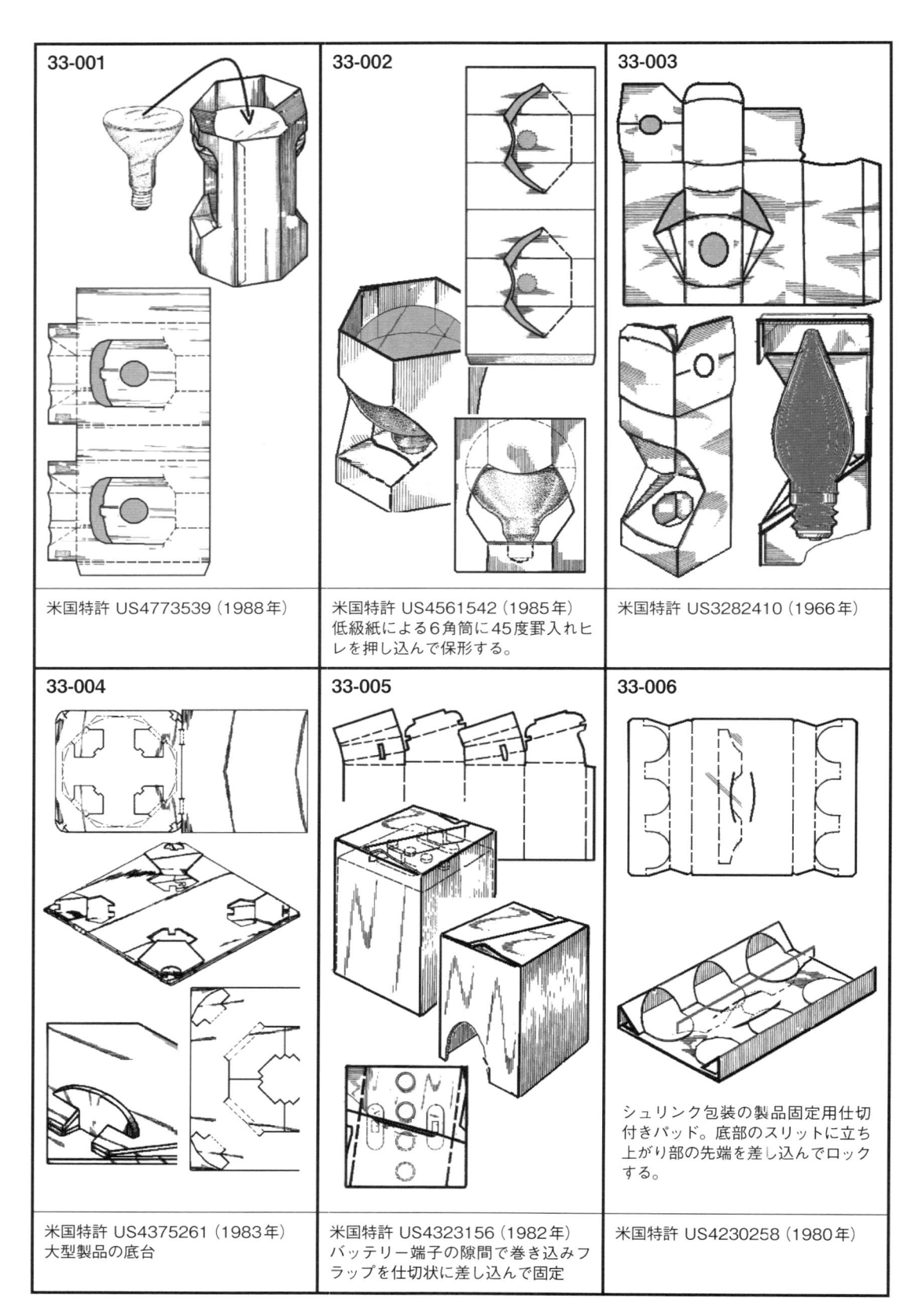

33-001

米国特許 US4773539（1988年）

33-002

米国特許 US4561542（1985年）
低級紙による6角筒に45度罫入れヒレを押し込んで保形する。

33-003

米国特許 US3282410（1966年）

33-004

米国特許 US4375261（1983年）
大型製品の底台

33-005

米国特許 US4323156（1982年）
バッテリー端子の隙間で巻き込みフラップを仕切状に差し込んで固定

33-006

シュリンク包装の製品固定用仕切付きパッド。底部のスリットに立ち上がり部の先端を差し込んでロックする。

米国特許 US4230258（1980年）

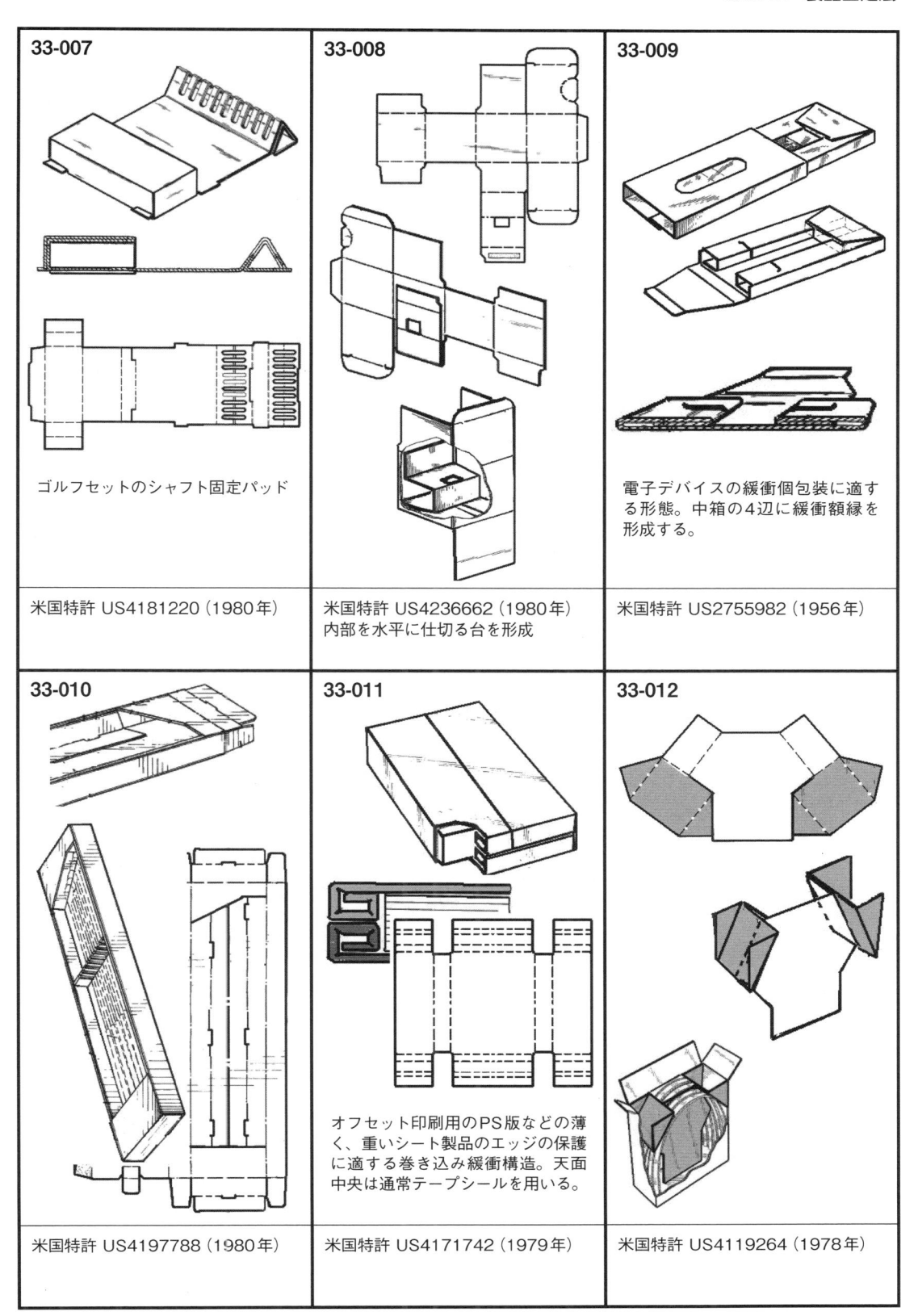

33-007

ゴルフセットのシャフト固定パッド

米国特許 US4181220（1980年）

33-008

米国特許 US4236662（1980年）
内部を水平に仕切る台を形成

33-009

電子デバイスの緩衝個包装に適する形態。中箱の4辺に緩衝額縁を形成する。

米国特許 US2755982（1956年）

33-010

米国特許 US4197788（1980年）

33-011

オフセット印刷用のPS版などの薄く、重いシート製品のエッジの保護に適する巻き込み緩衝構造。天面中央は通常テープシールを用いる。

米国特許 US4171742（1979年）

33-012

米国特許 US4119264（1978年）

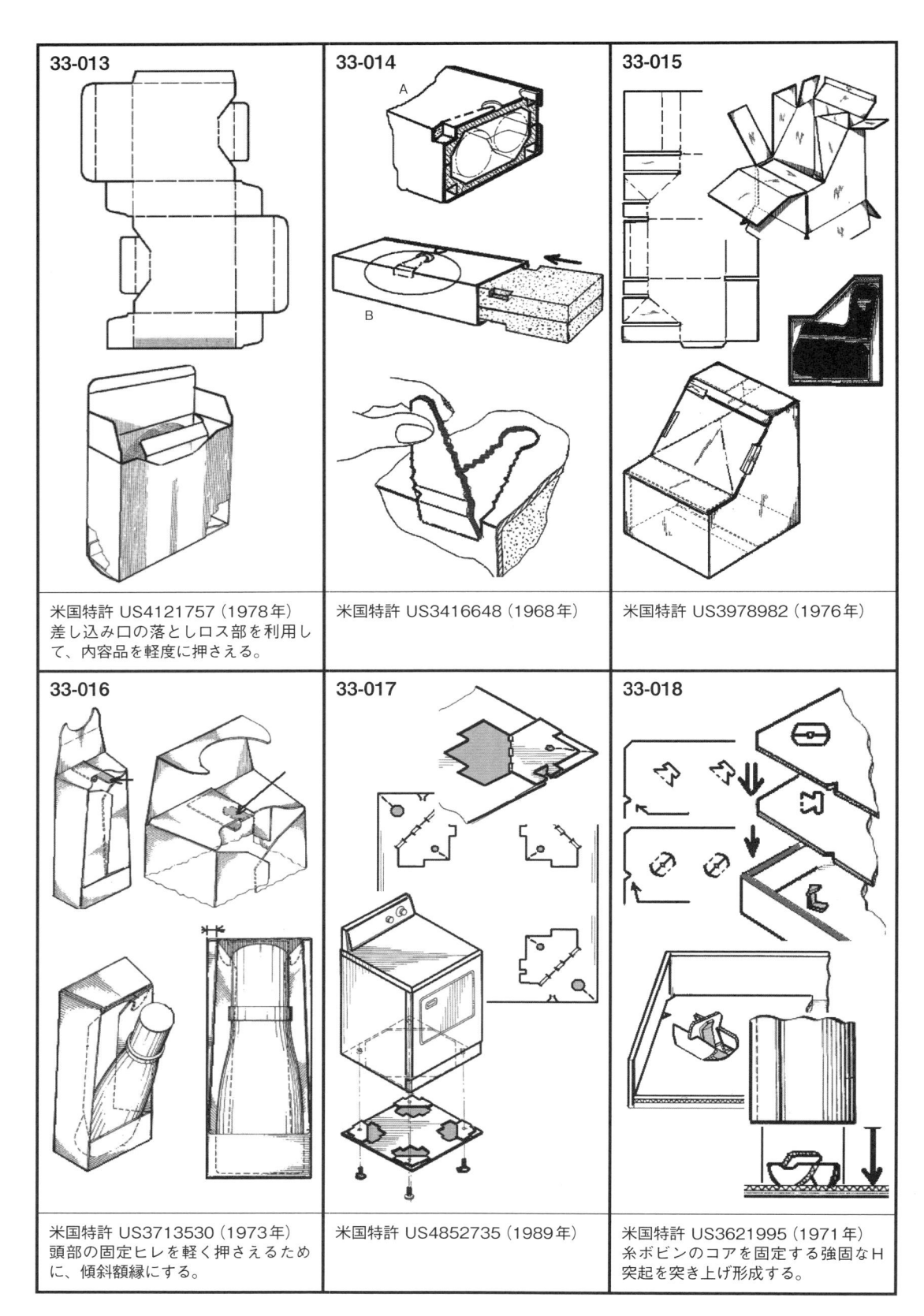

33-013

米国特許 US4121757（1978年）
差し込み口の落としロス部を利用して、内容品を軽度に押さえる。

33-014

米国特許 US3416648（1968年）

33-015

米国特許 US3978982（1976年）

33-016

米国特許 US3713530（1973年）
頭部の固定ヒレを軽く押さえるために、傾斜額縁にする。

33-017

米国特許 US4852735（1989年）

33-018

米国特許 US3621995（1971年）
糸ボビンのコアを固定する強固なH突起を突き上げ形成する。

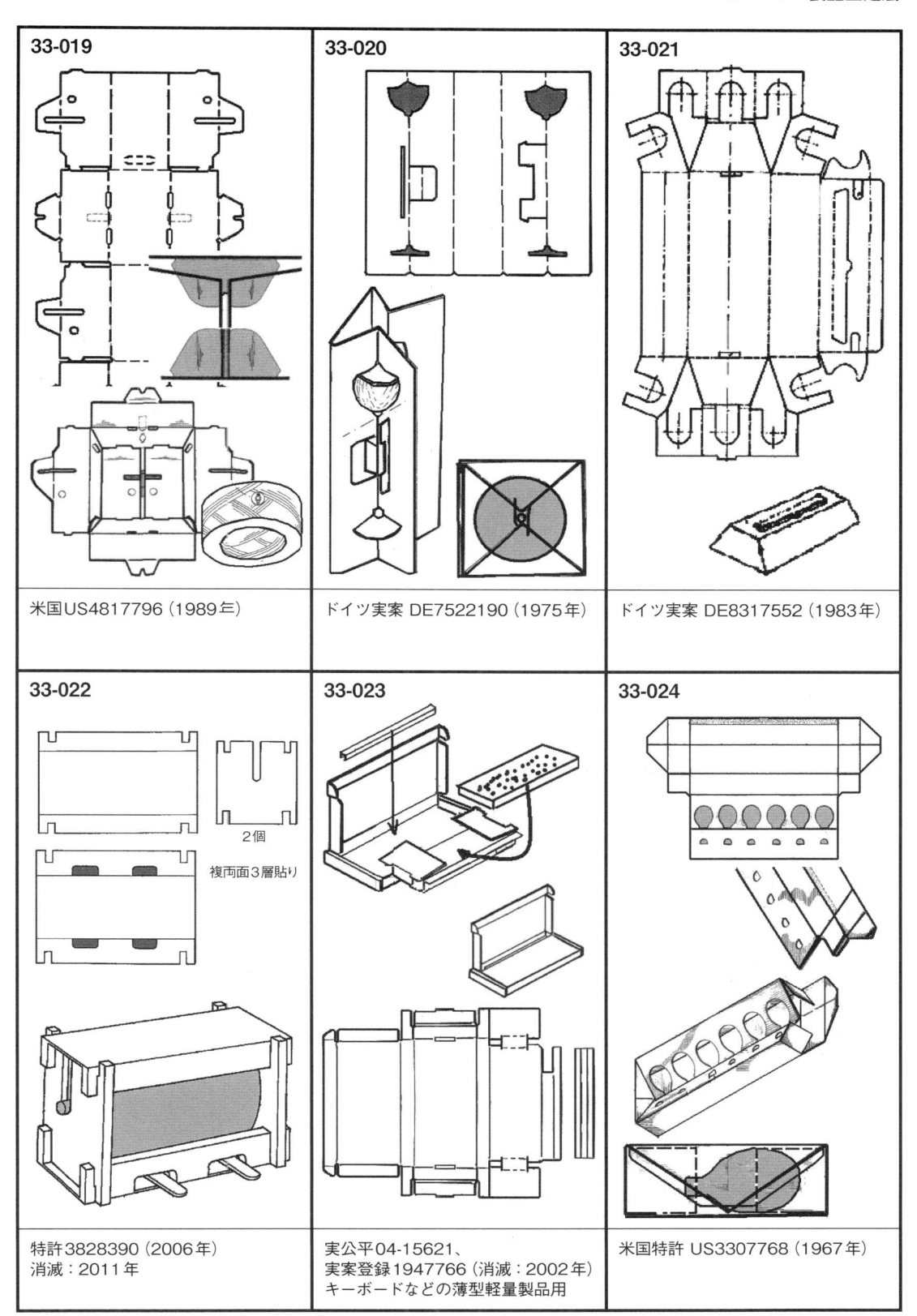

33-019

米国US4817796（1989年）

33-020

ドイツ実案 DE7522190（1975年）

33-021

ドイツ実案 DE8317552（1983年）

33-022

2個

複両面3層貼り

特許3828390（2006年）
消滅：2011年

33-023

実公平04-15621、
実案登録1947766（消滅：2002年）
キーボードなどの薄型軽量製品用

33-024

米国特許 US3307768（1967年）

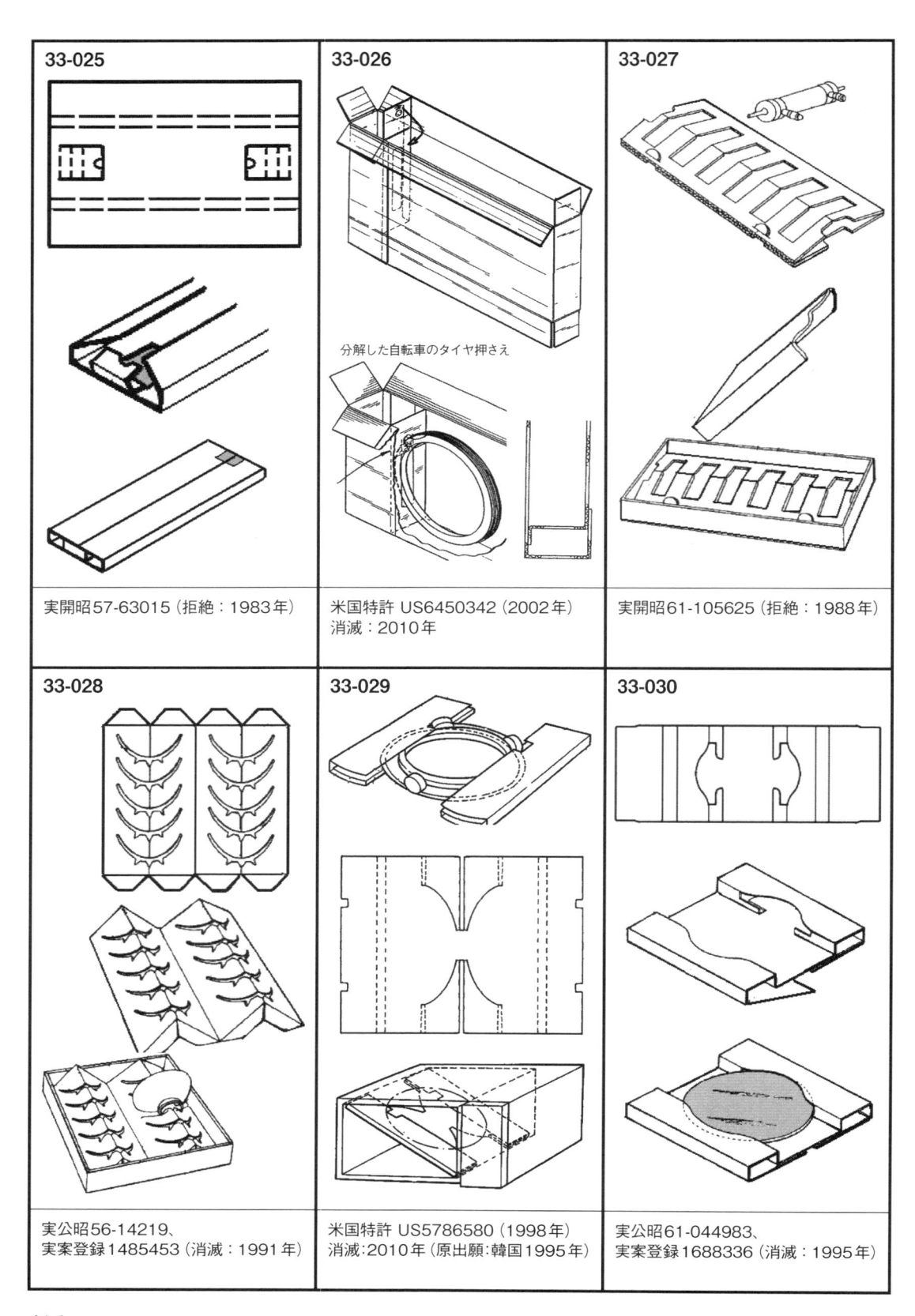

33-025	33-026	33-027
	分解した自転車のタイヤ押さえ	
実開昭57-63015（拒絶：1983年）	米国特許 US6450342（2002年） 消滅：2010年	実開昭61-105625（拒絶：1988年）

33-028	33-029	33-030
実公昭56-14219、 実案登録1485453（消滅：1991年）	米国特許 US5786580（1998年） 消滅：2010年（原出願：韓国1995年）	実公昭61-044983、 実案登録1688336（消滅：1995年）

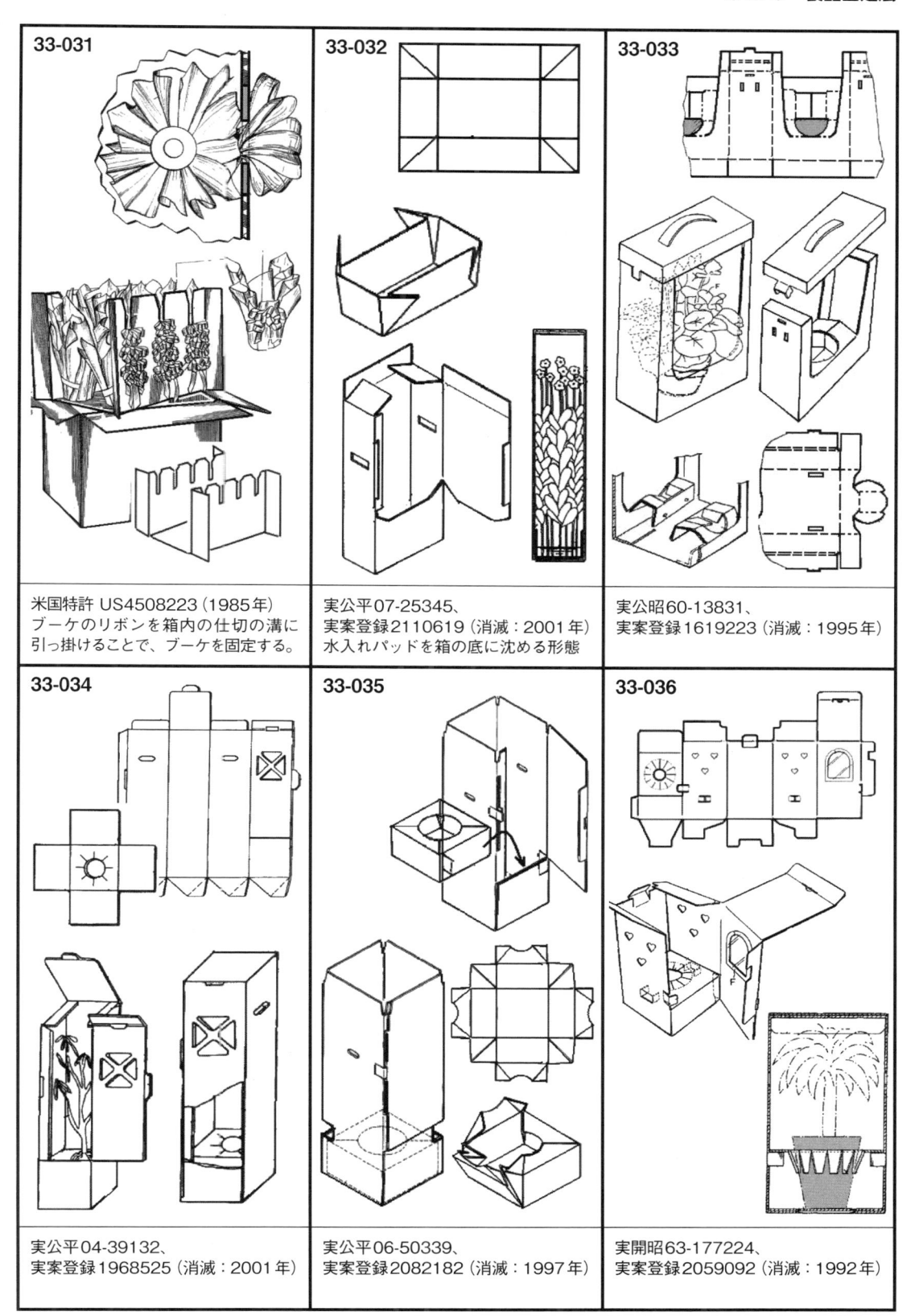

33-031

33-032

33-033

米国特許 US4508223（1985年）
ブーケのリボンを箱内の仕切の溝に
引っ掛けることで、ブーケを固定する。

実公平07-25345、
実案登録2110619（消滅：2001年）
水入れパッドを箱の底に沈める形態

実公昭60-13831、
実案登録1619223（消滅：1995年）

33-034

33-035

33-036

実公平04-39132、
実案登録1968525（消滅：2001年）

実公平06-50339、
実案登録2082182（消滅：1997年）

実開昭63-177224、
実案登録2059092（消滅：1992年）

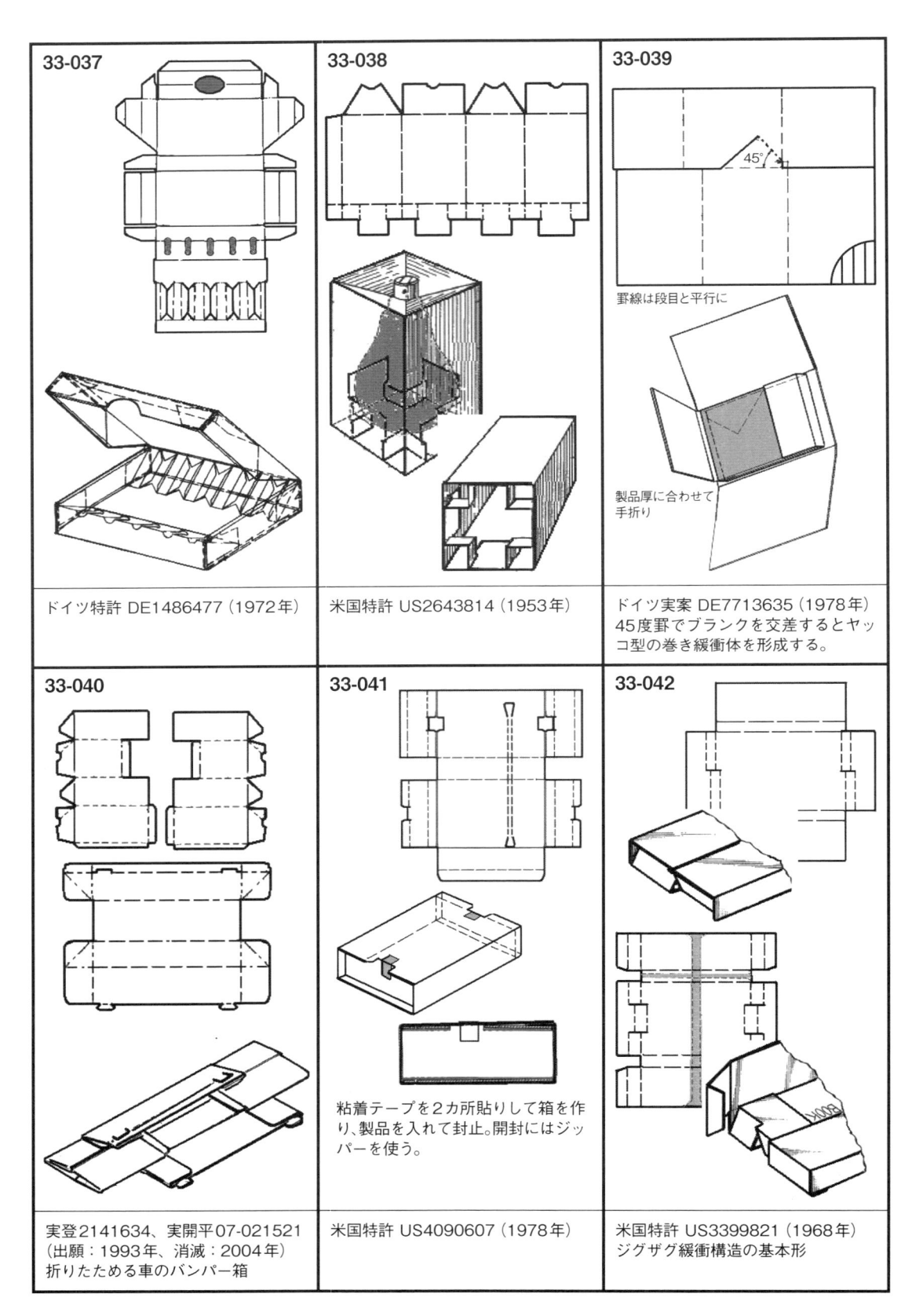

33-037

ドイツ特許 DE1486477（1972年）

33-038

米国特許 US2643814（1953年）

33-039

罫線は段目と平行に

製品厚に合わせて
手折り

ドイツ実案 DE7713635（1978年）
45度罫でブランクを交差するとヤッ
コ型の巻き緩衝体を形成する。

33-040

実登2141634、実開平07-021521
（出願：1993年、消滅：2004年）
折りたためる車のバンパー箱

33-041

粘着テープを2カ所貼りして箱を作
り、製品を入れて封止。開封にはジッ
パーを使う。

米国特許 US4090607（1978年）

33-042

米国特許 US3399821（1968年）
ジグザグ緩衝構造の基本形

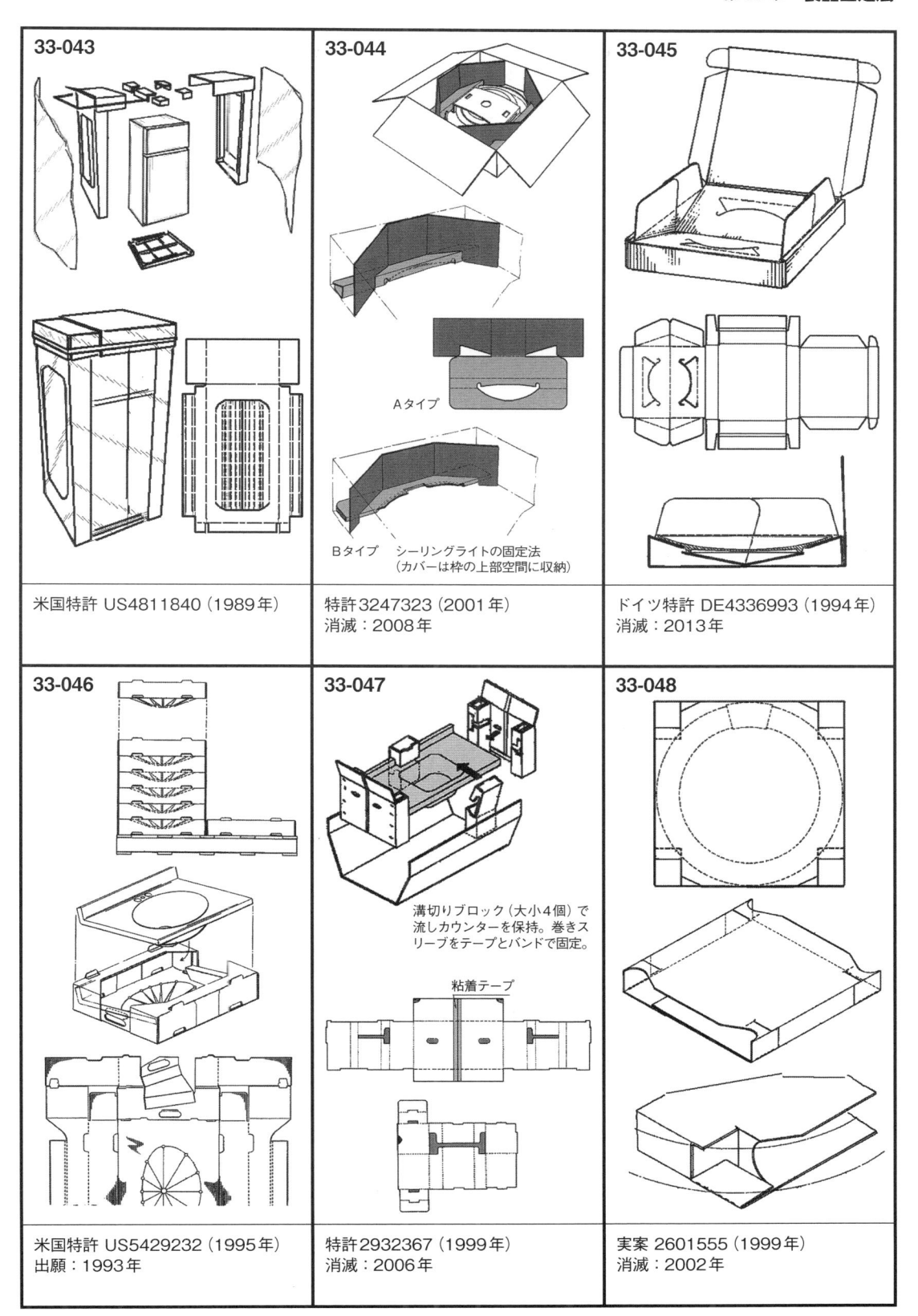

33-043

米国特許 US4811840（1989 年）

33-044

Aタイプ

Bタイプ　シーリングライトの固定法
（カバーは枠の上部空間に収納）

特許 3247323（2001 年）
消滅：2008 年

33-045

ドイツ特許 DE4336993（1994 年）
消滅：2013 年

33-046

米国特許 US5429232（1995 年）
出願：1993 年

33-047

溝切りブロック（大小4個）で
流しカウンターを保持。巻きス
リーブをテープとバンドで固定。

粘着テープ

特許 2932367（1999 年）
消滅：2006 年

33-048

実案 2601555（1999 年）
消滅：2002 年

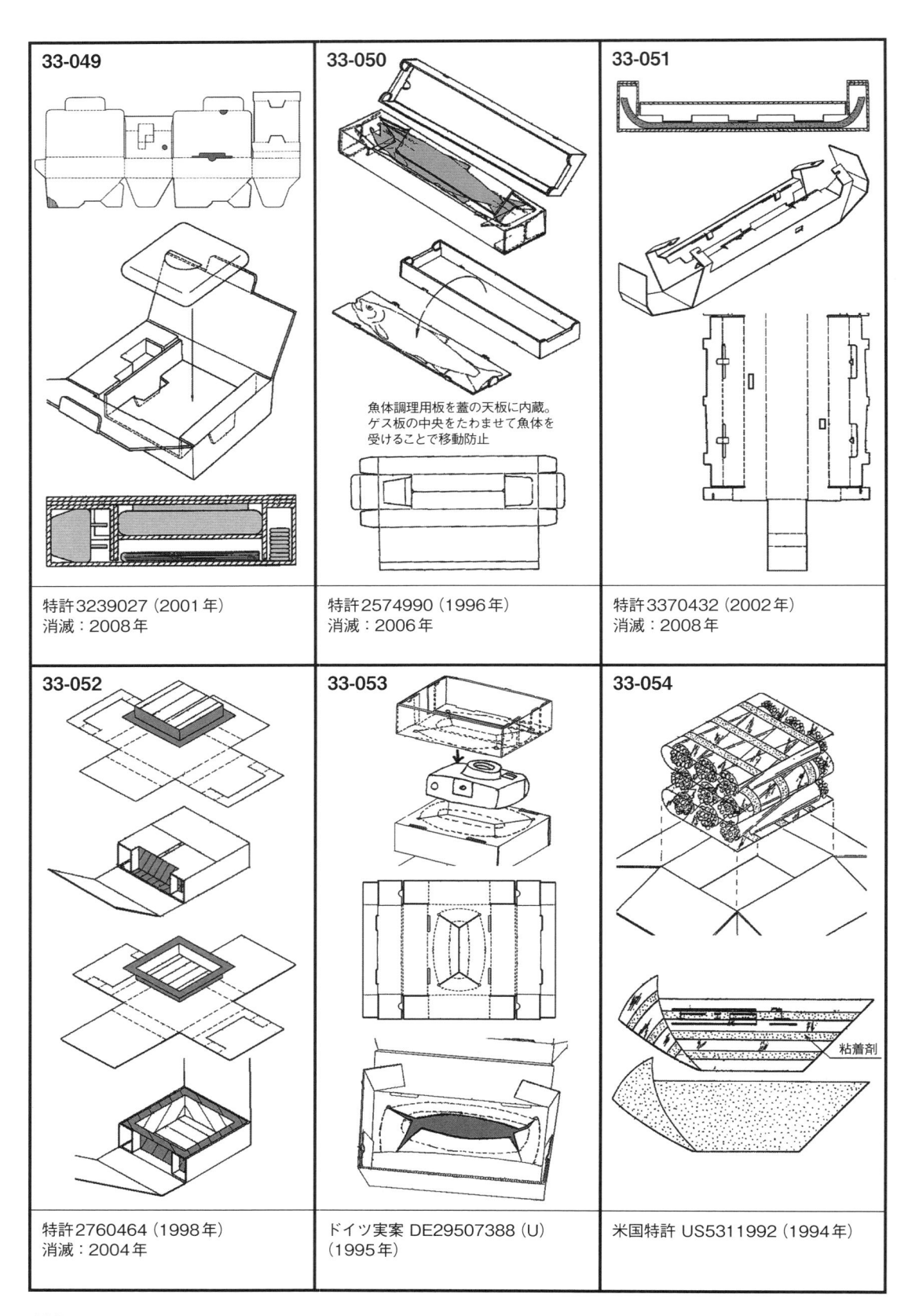

33-049

特許3239027（2001年）
消滅：2008年

33-050

魚体調理用板を蓋の天板に内蔵。
ゲス板の中央をたわませて魚体を
受けることで移動防止

特許2574990（1996年）
消滅：2006年

33-051

特許3370432（2002年）
消滅：2008年

33-052

特許2760464（1998年）
消滅：2004年

33-053

ドイツ実案 DE29507388（U）
（1995年）

33-054

粘着剤

米国特許 US5311992（1994年）

33-055

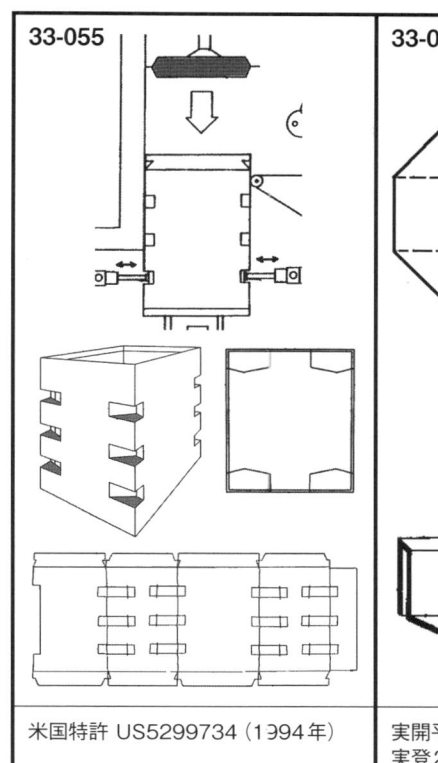

米国特許 US5299734（1994年）

33-056

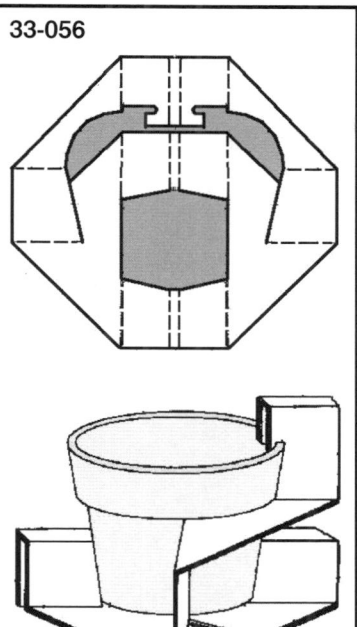

実開平07-028014、
実登2595168（消滅：2005年）

33-057

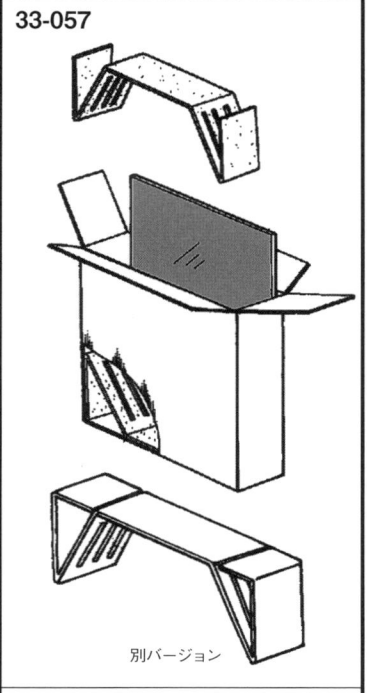

別バージョン

実案2508358（1996年）
消滅：2001年

33-058

部品の高密度固定

特許3347221（2002年）
消滅：2010年

33 「製品固定法」関連リスト		
01-007	17-012	27-092
01-009	17-030	27-100
01-016	19-010	27-102
01-099	21-003	30-020
03-013	21-032	30-022
04-035	26-030	31-033
04-036	26-034	36-154
06-019	26-036	39-041
12-002	26-053	39-046
14-010	26-054	39-050
14-013	27-060	40-006
14-027	27-073	40-061
14-037	27-074	
15-019	27-075	

34

小分け法

　小分け包装のルーツは米国にあるが、各種の形態開発が進展したのは日本であった。日本では通常の箱サイズで包装しておいて、物流工程で小箱に分割する方式、または小型箱を複数連結してハンドリングし、分割する方式が盛んに研究された。

　日本で実際に採用された普及形態は、特殊な機械を使用しないで、かつ複雑な組立てを要しない小ロット対応の形態であった。具体的には、粘着テープまたはラベルを使用する形態、またはホットメルト材を少量使用する形態である。連結材として別部材のダンボールを用いる形態は、部材の扱いと管理が煩雑になるために敬遠され、大きな流れにはならなかった。例外的に、専用機械を導入するに至った形態はイチゴ用の小分けトレーと、仕切入りラップラウンドなどがあった。

　小分け包装自体は少量単位の物流が進展する中で、次第に下火になっていった。その理由は、ダンボール工場が小型の箱を通常箱として生産できる体制を作り、またエンドユーザーも小型箱をハンドリングするようになったからであった。

　ちなみに、類似の用語として連結法があるが、小分け法と実質的には同一である。連結法は生産現場を中心にみた言葉である。「小分け法」で蓄積された分割する技法はや情報は他分野で応用可能である。

34-001 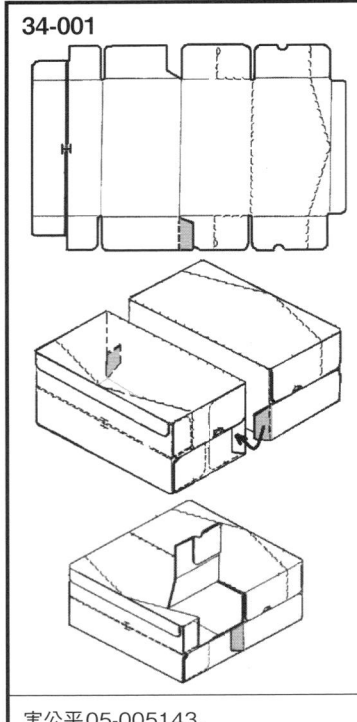	**34-002** 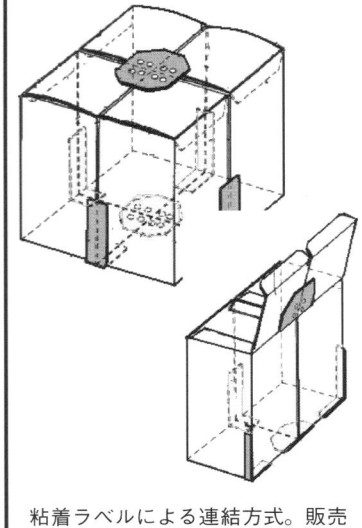 粘着ラベルによる連結方式。販売時にはカートンの合わせ目をナイフカットして小分けする。日本で最も量的には普及した小分け形態	**34-003** 側壁の折返しはミシン目でつなぎ、内ヒレ（センターにミシン目付）を左右にわたして外ヒレでこれを抱えて底でロック。分割する際には、これらミシン目を段差台を用いて割る。
実公平05-005143、 実案登録1991672（消滅：2003年）	実公昭58-16524、 実案登録1524406（消滅：1993年）	実公昭59-38335、 登録1597812（消滅：1994年）
34-004 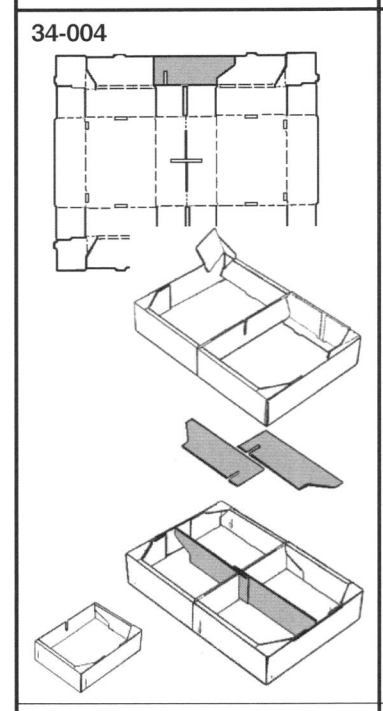	**34-005** 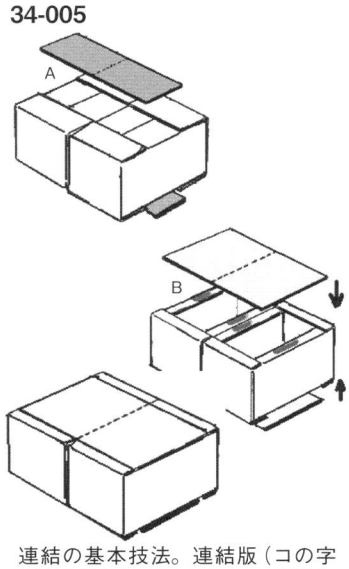 連結の基本技法。連結版（コの字板も可能）をホットメルトで開放部をふさぐように固定する。分割には、中央のジッパーを切る。重い箱には背中合わせ部にホットメルトを塗布	**34-006** 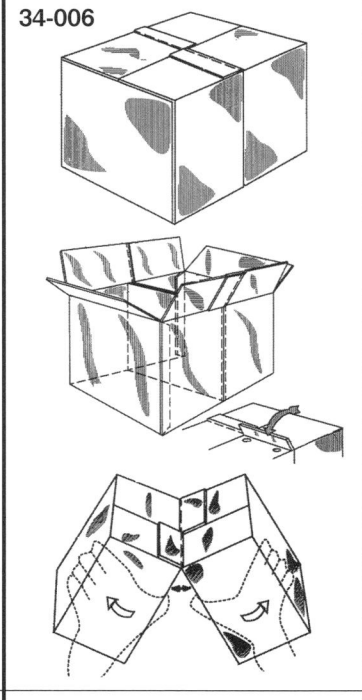
実公昭61-29620、 実案登録1673762（消滅：1996年）	実公昭62-036738、 実案登録1726396（消滅：1997年）	米国特許 US5197660（1993年）

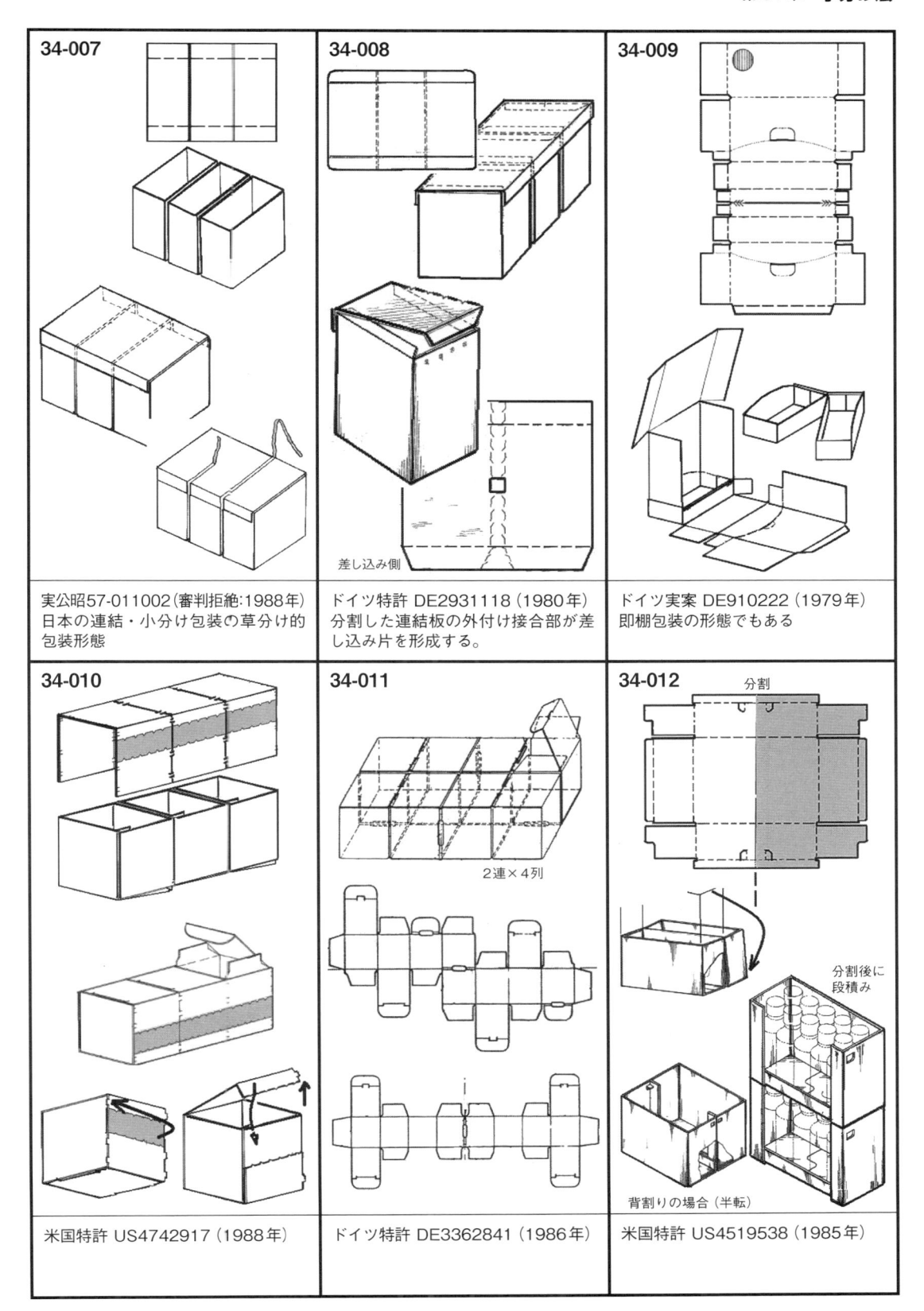

34-007

実公昭57-011002（審判拒絶：1988年）
日本の連結・小分け包装の草分け的
包装形態

34-008

差し込み側

ドイツ特許 DE2931118（1980年）
分割した連結板の外付け接合部が差
し込み片を形成する。

34-009

ドイツ実案 DE910222（1979年）
即棚包装の形態でもある

34-010

米国特許 US4742917（1988年）

34-011

2連×4列

ドイツ特許 DE3362841（1986年）

34-012

分割

分割後に
段積み

背割りの場合（半転）

米国特許 US4519538（1985年）

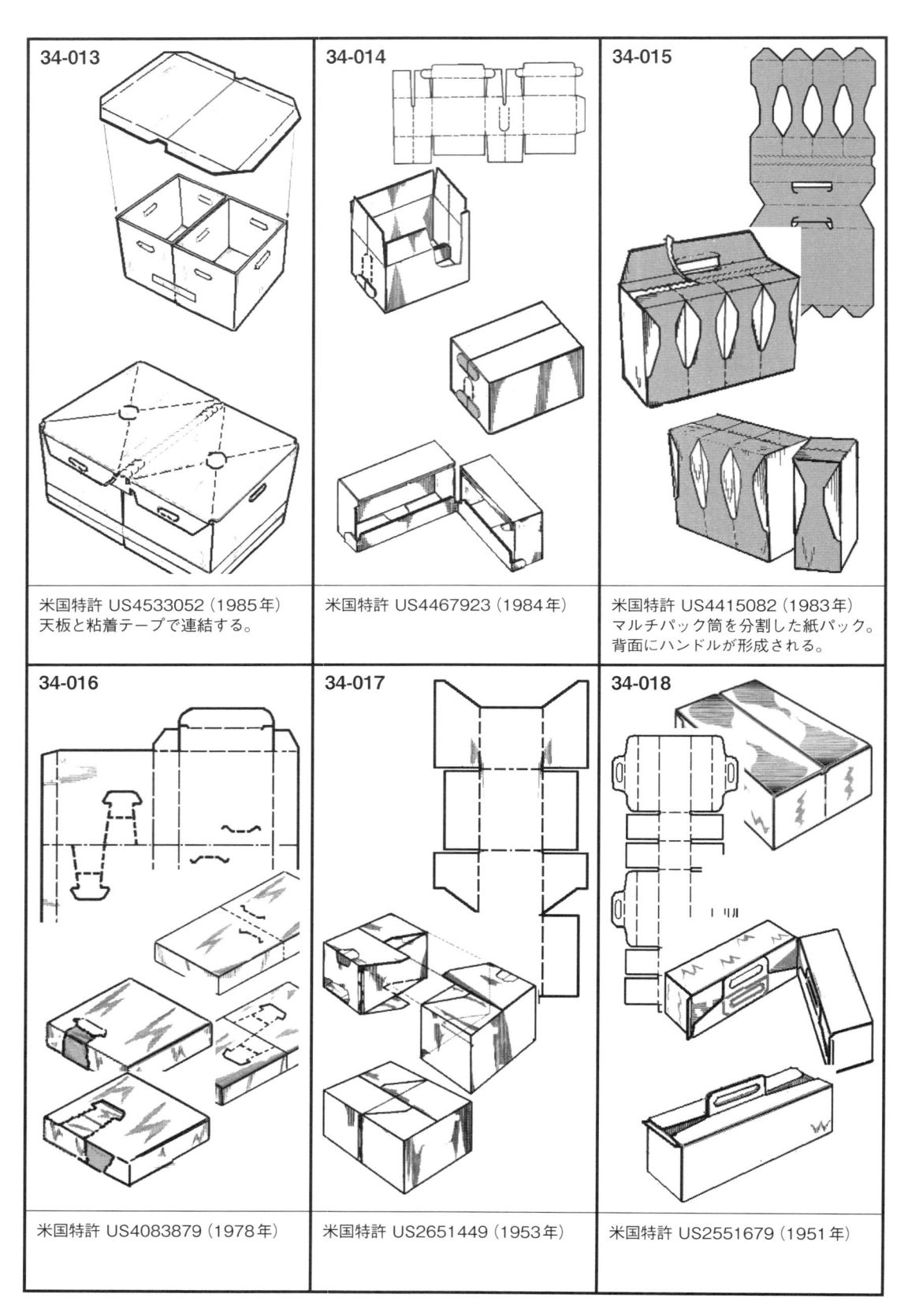

34-013	34-014	34-015
米国特許 US4533052（1985年） 天板と粘着テープで連結する。	米国特許 US4467923（1984年）	米国特許 US4415082（1983年） マルチパック筒を分割した紙パック。 背面にハンドルが形成される。
34-016	34-017	34-018
米国特許 US4083879（1978年）	米国特許 US2651449（1953年）	米国特許 US2551679（1951年）

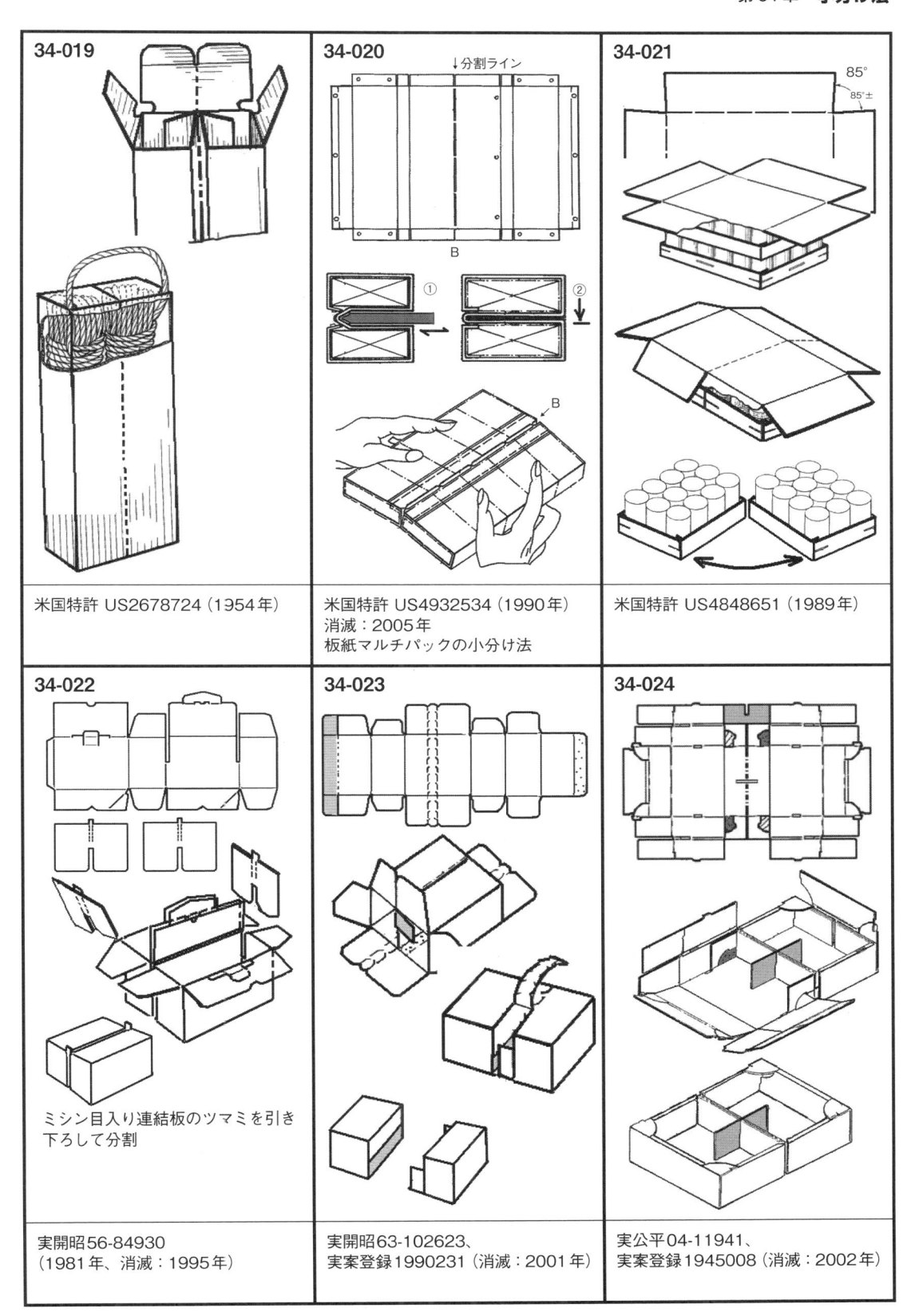

34-019

米国特許 US2678724（1954年）

34-020

↓分割ライン

B

①

②

B

米国特許 US4932534（1990年）
消滅：2005年
板紙マルチパックの小分け法

34-021

85°

85°±

米国特許 US4848651（1989年）

34-022

ミシン目入り連結板のツマミを引き
下ろして分割

実開昭56-84930
（1981年、消滅：1995年）

34-023

実開昭63-102623、
実案登録1990231（消滅：2001年）

34-024

実公平04-11941、
実案登録1945008（消滅：2002年）

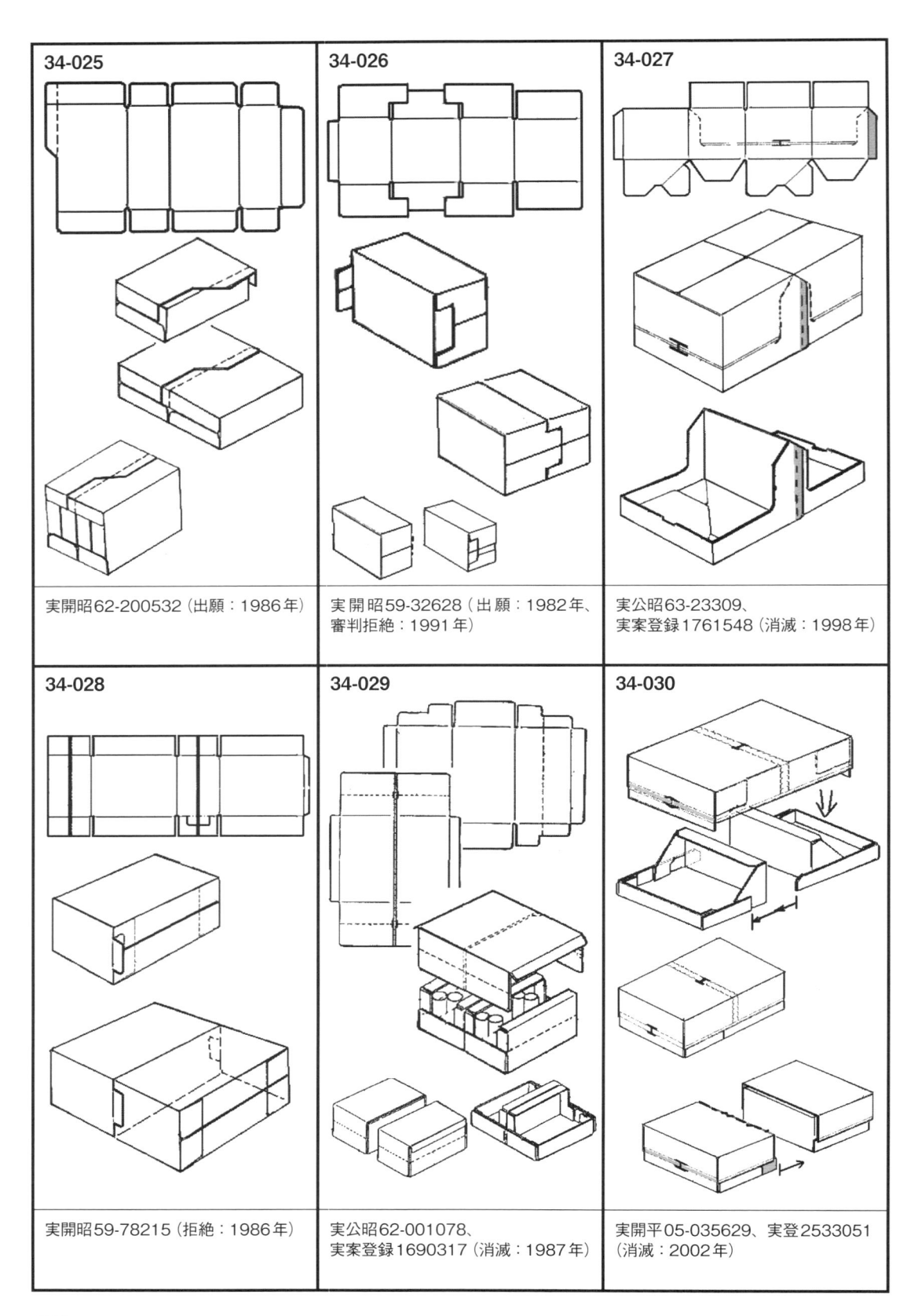

34-025	**34-026**	**34-027**
実開昭62-200532（出願：1986年）	実開昭59-32628（出願：1982年、審判拒絶：1991年）	実公昭63-23309、実案登録1761548（消滅：1998年）
34-028	**34-029**	**34-030**
実開昭59-78215（拒絶：1986年）	実公昭62-001078、実案登録1690317（消滅：1987年）	実開平05-035629、実登2533051（消滅：2002年）

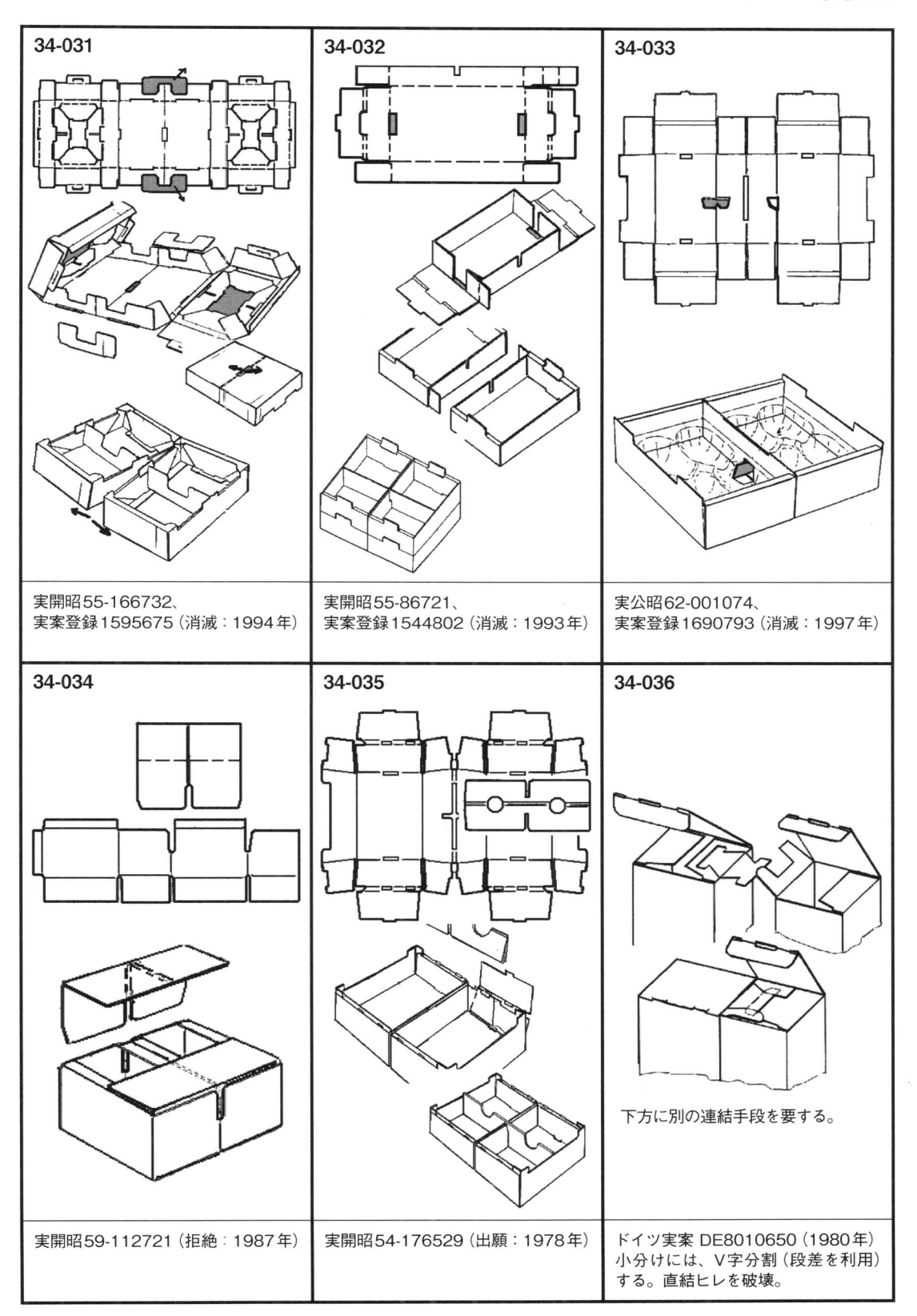

34-031	34-032	34-033
実開昭55-166732、 実案登録1595675（消滅：1994年）	実開昭55-86721、 実案登録1544802（消滅：1993年）	実公昭62-001074、 実案登録1690793（消滅：1997年）
34-034	34-035	34-036
実開昭59-112721（拒絶：1987年）	実開昭54-176529（出願：1978年）	ドイツ実案 DE8010650（1980年） 小分けには、V字分割（段差を利用） する。直結ヒレを破壊。

34-036欄：下方に別の連結手段を要する。

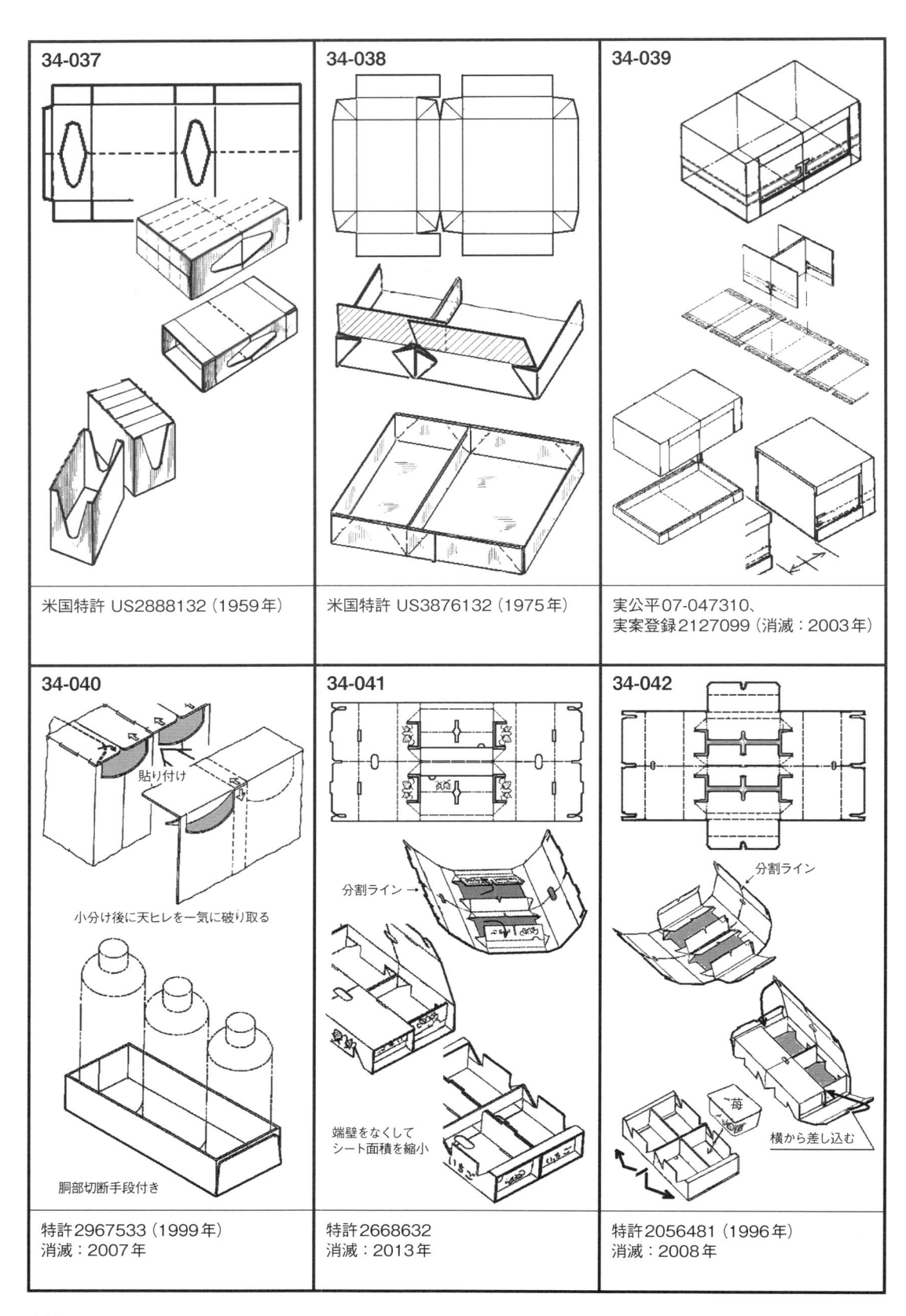

34-037

米国特許 US2888132（1959年）

34-038

米国特許 US3876132（1975年）

34-039

実公平07-047310、
実案登録2127099（消滅：2003年）

34-040

貼り付け

小分け後に天ヒレを一気に破り取る

胴部切断手段付き

特許2967533（1999年）
消滅：2007年

34-041

分割ライン →

端壁をなくして
シート面積を縮小

特許2668632
消滅：2013年

34-042

分割ライン

苺

横から差し込む

特許2056481（1996年）
消滅：2008年

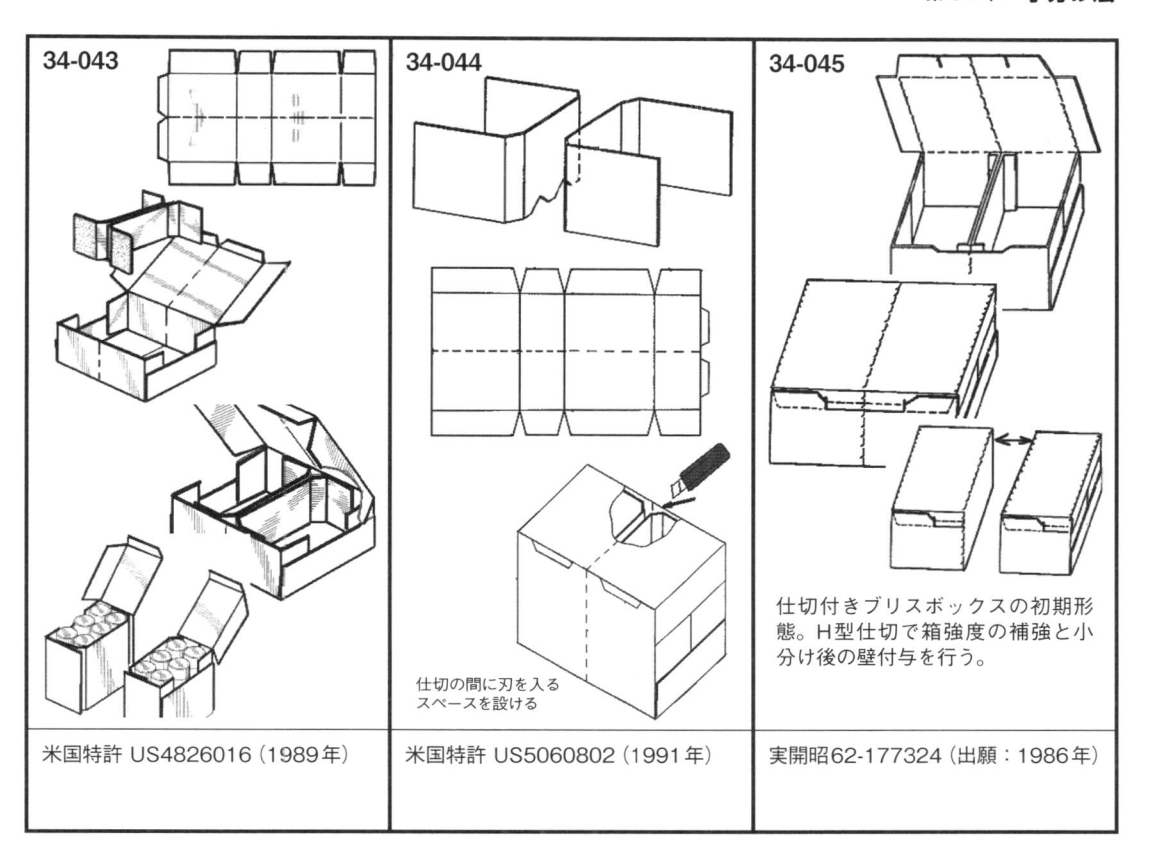

34-043	34-044	34-045

仕切の間に刃を入る
スペースを設ける

仕切付きブリスボックスの初期形
態。H型仕切で箱強度の補強と小
分け後の壁付与を行う。

米国特許 US4826016（1989年）	米国特許 US5060802（1991年）	実開昭62-177324（出願：1986年）

35

振り出し法

　振り出し法は、粉・粒体パックと液体パックが対象であり、これらの容器に注出口（スパウト）または振り出し口を形成する技法である。必要量を排出した後は、その口を簡便に封止できる。やや大きめの定形内容物の排出法は36章の『取り出し容易化法』の項に分類している。

　振り出しカートンは、板紙の特徴である適度なしなやかさ、破り易さと剥がし易さ、折り目の入れ易さと接着し易さ、それに印刷し易さを活用することで成立するパッケージである。この分野の形態は、機械製函が必須であり、フリックロックカートンと共に板紙カートンの機能美が凝縮した分野になっている。

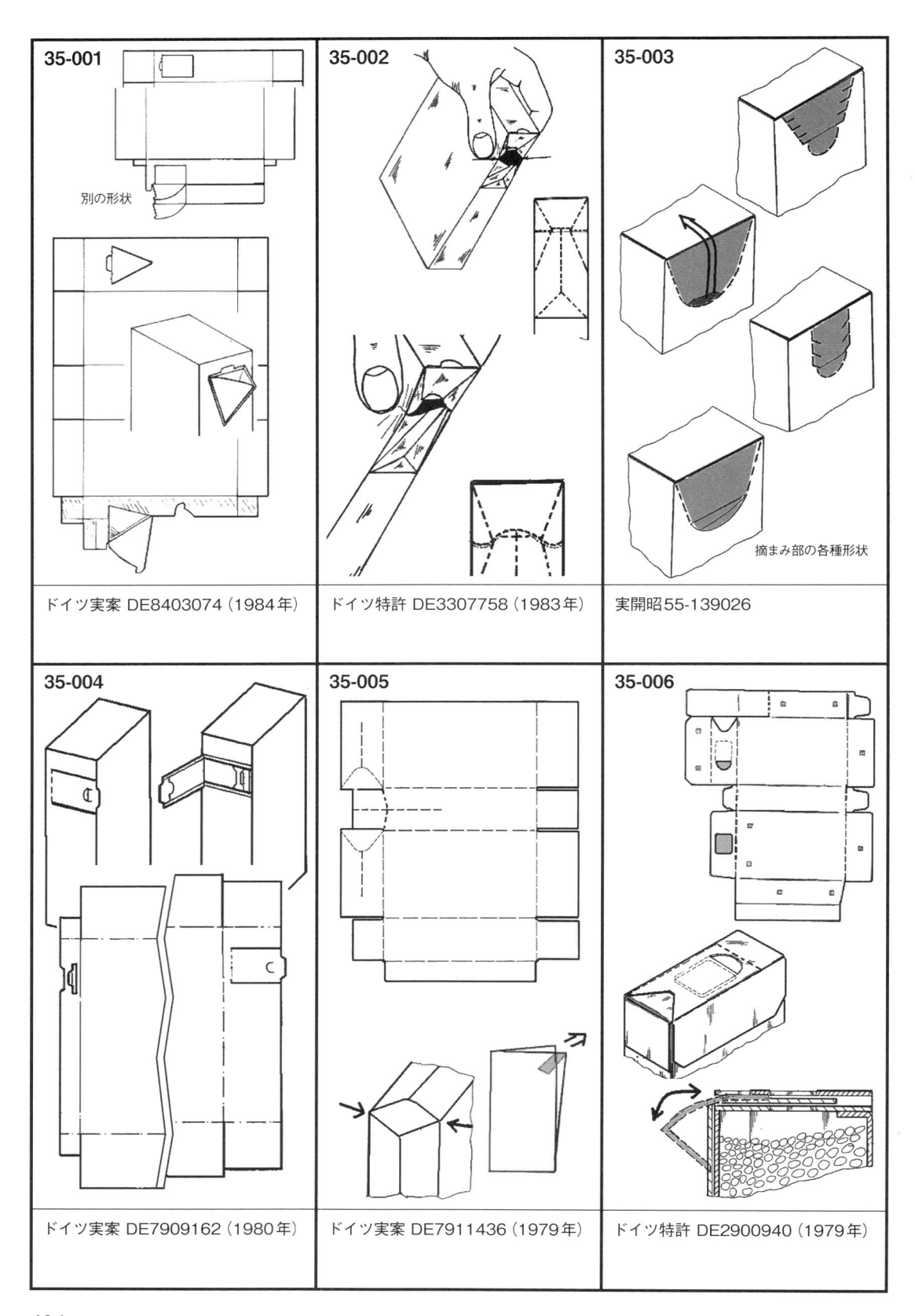

35-001	35-002	35-003
別の形状		摘まみ部の各種形状
ドイツ実案 DE8403074 (1984年)	ドイツ特許 DE3307758 (1983年)	実開昭55-139026

35-004	35-005	35-006
ドイツ実案 DE7909162 (1980年)	ドイツ実案 DE7911436 (1979年)	ドイツ特許 DE2900940 (1979年)

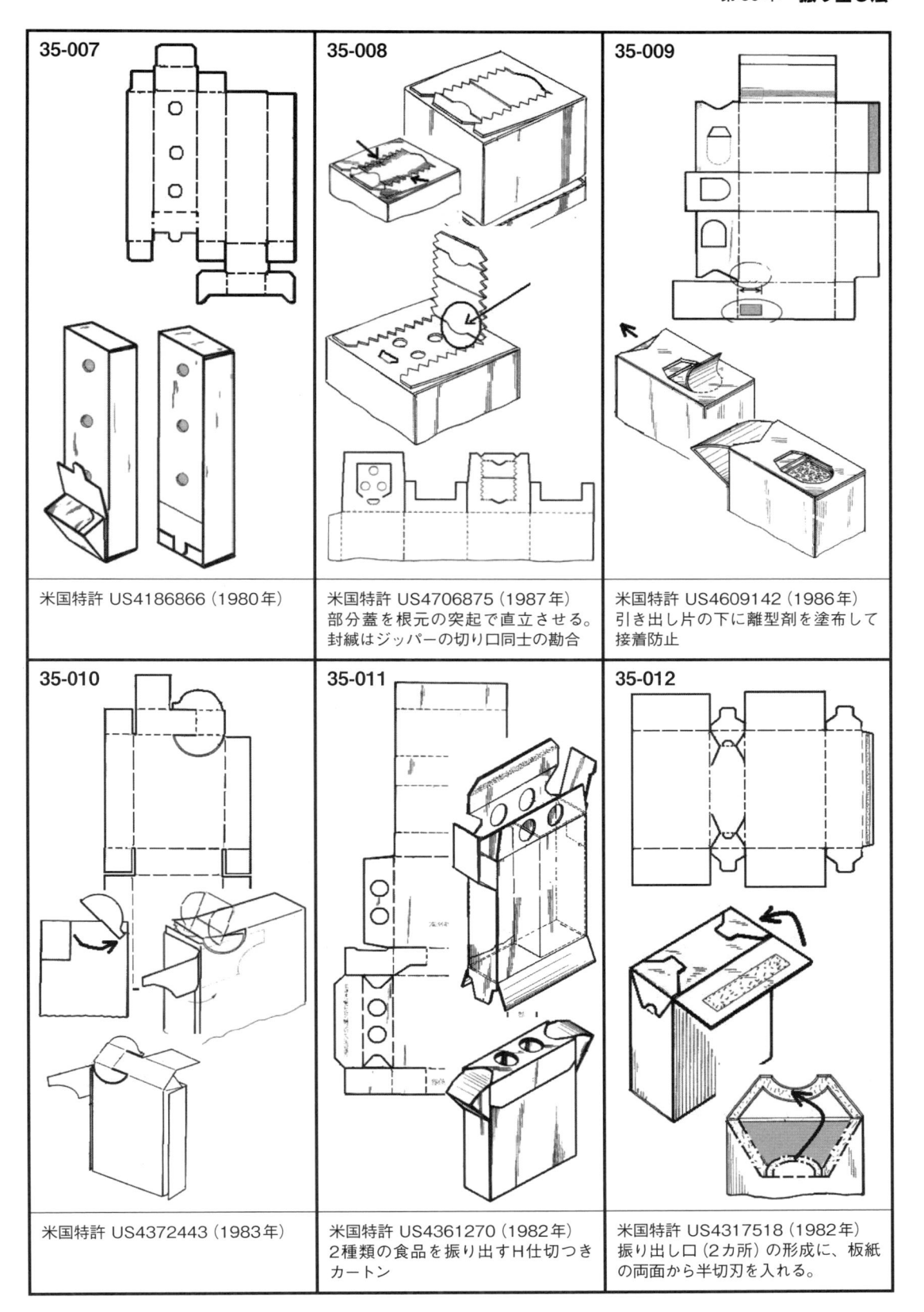

35-007

米国特許 US4186866（1980年）

35-008

米国特許 US4706875（1987年）
部分蓋を根元の突起で直立させる。
封緘はジッパーの切り口同士の勘合

35-009

米国特許 US4609142（1986年）
引き出し片の下に離型剤を塗布して
接着防止

35-010

米国特許 US4372443（1983年）

35-011

米国特許 US4361270（1982年）
2種類の食品を振り出すH仕切つき
カートン

35-012

米国特許 US4317518（1982年）
振り出し口（2カ所）の形成に、板紙
の両面から半切刃を入れる。

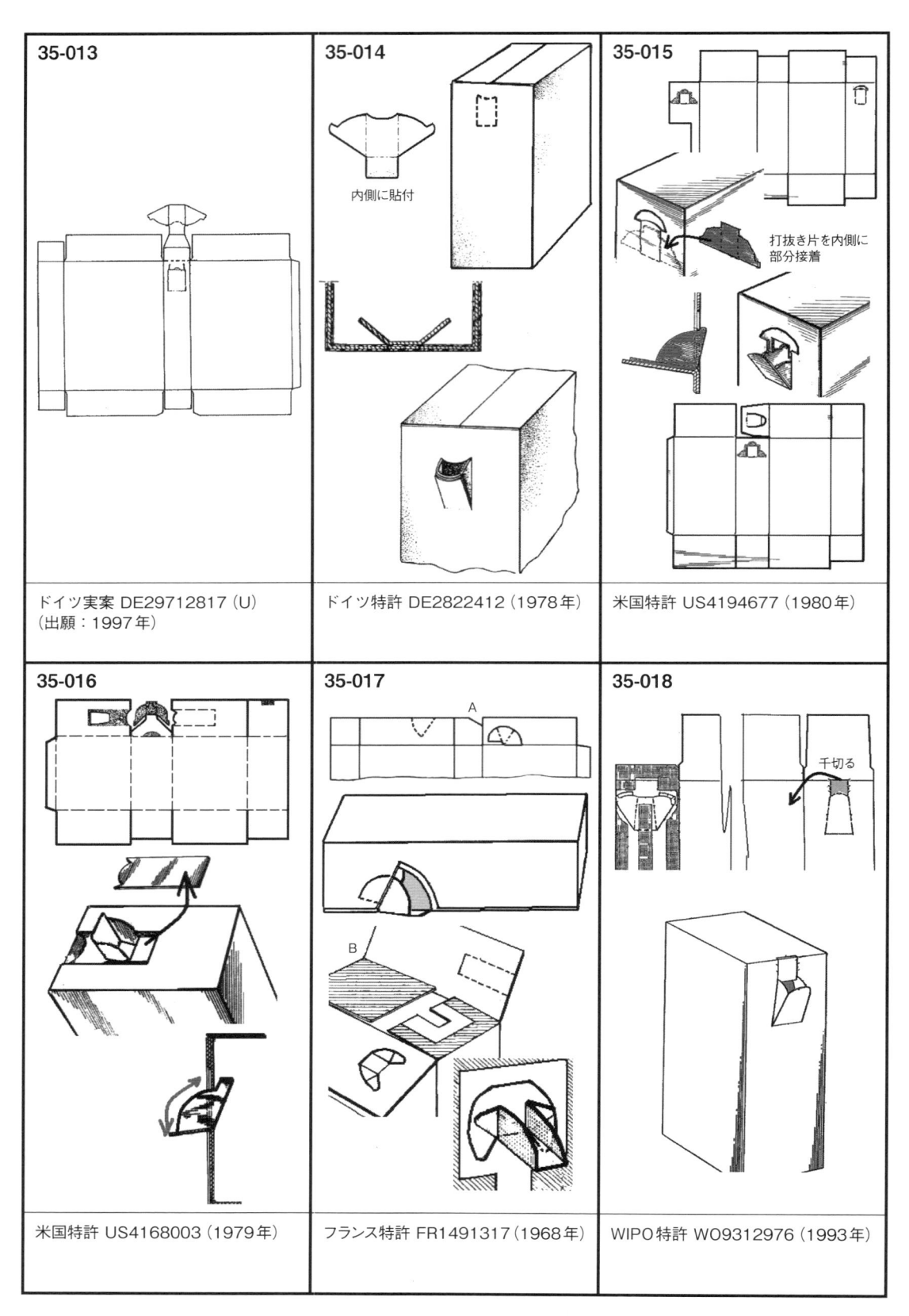

35-013 ドイツ実案 DE29712817 (U) (出願：1997年)	**35-014** 内側に貼付 ドイツ特許 DE2822412 (1978年)	**35-015** 打抜き片を内側に 部分接着 米国特許 US4194677 (1980年)
35-016 米国特許 US4168003 (1979年)	**35-017** A B フランス特許 FR1491317 (1968年)	**35-018** 千切る WIPO特許 WO9312976 (1993年)

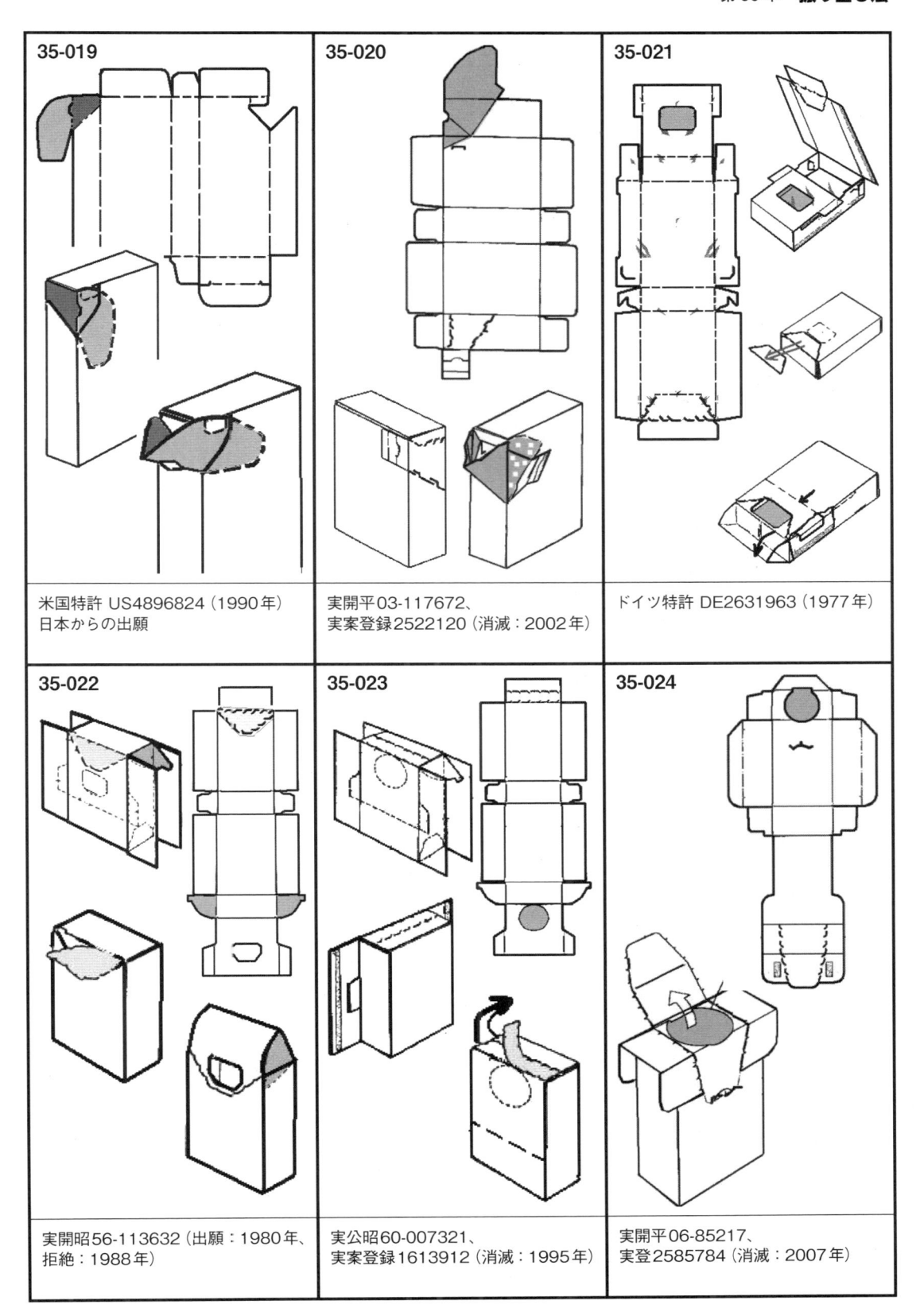

35-019

米国特許 US4896824（1990年）
日本からの出願

35-020

実開平03-117672、
実案登録2522120（消滅：2002年）

35-021

ドイツ特許 DE2631963（1977年）

35-022

実開昭56-113632（出願：1980年、
拒絶：1988年）

35-023

実公昭60-007321、
実案登録1613912（消滅：1995年）

35-024

実開平06-85217、
実登2585784（消滅：2007年）

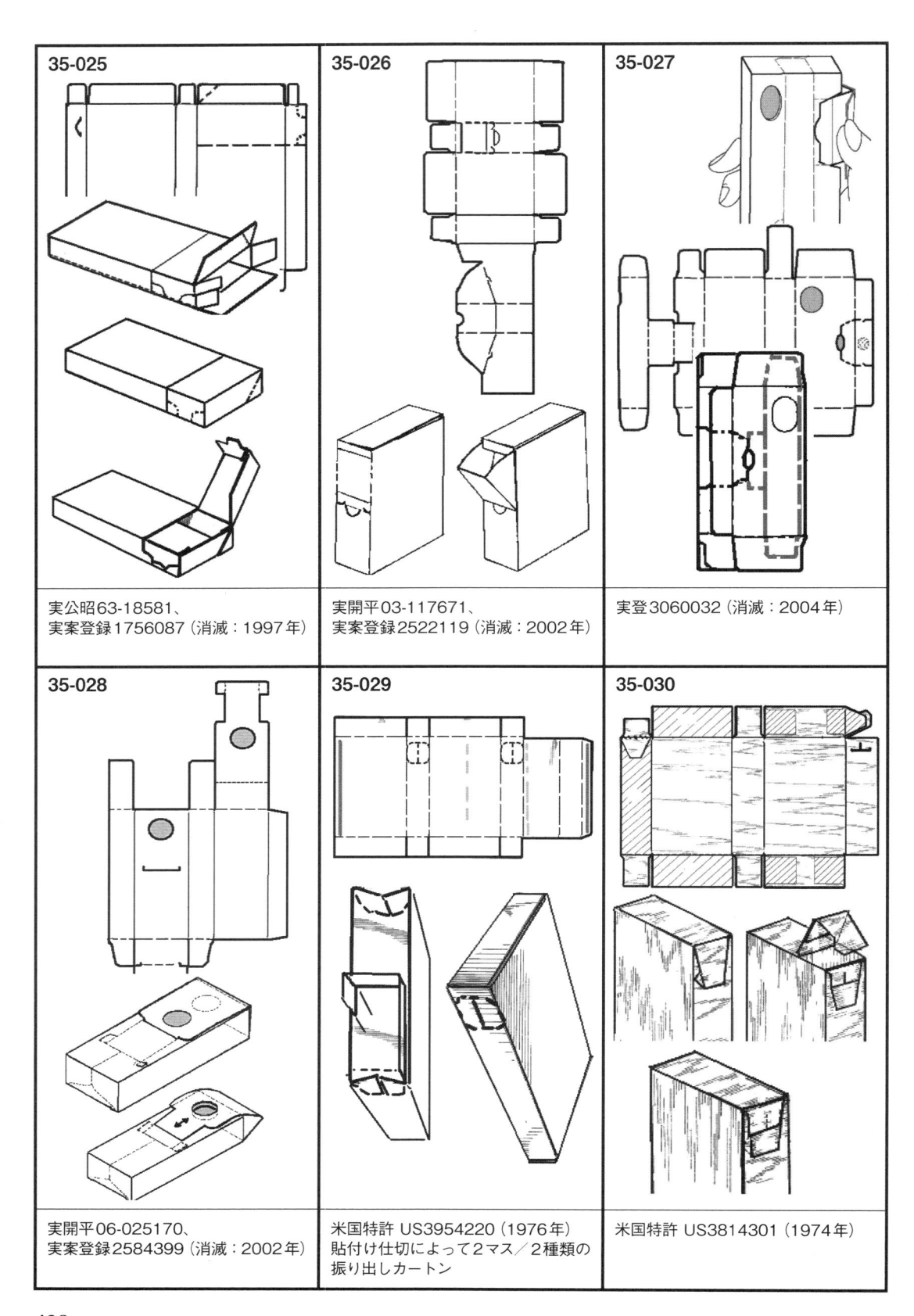

35-025	35-026	35-027
実公昭63-18581、 実案登録1756087（消滅：1997年）	実開平03-117671、 実案登録2522119（消滅：2002年）	実登3060032（消滅：2004年）
35-028	35-029	35-030
実開平06-025170、 実案登録2584399（消滅：2002年）	米国特許 US3954220（1976年） 貼付け仕切によって2マス／2種類の 振り出しカートン	米国特許 US3814301（1974年）

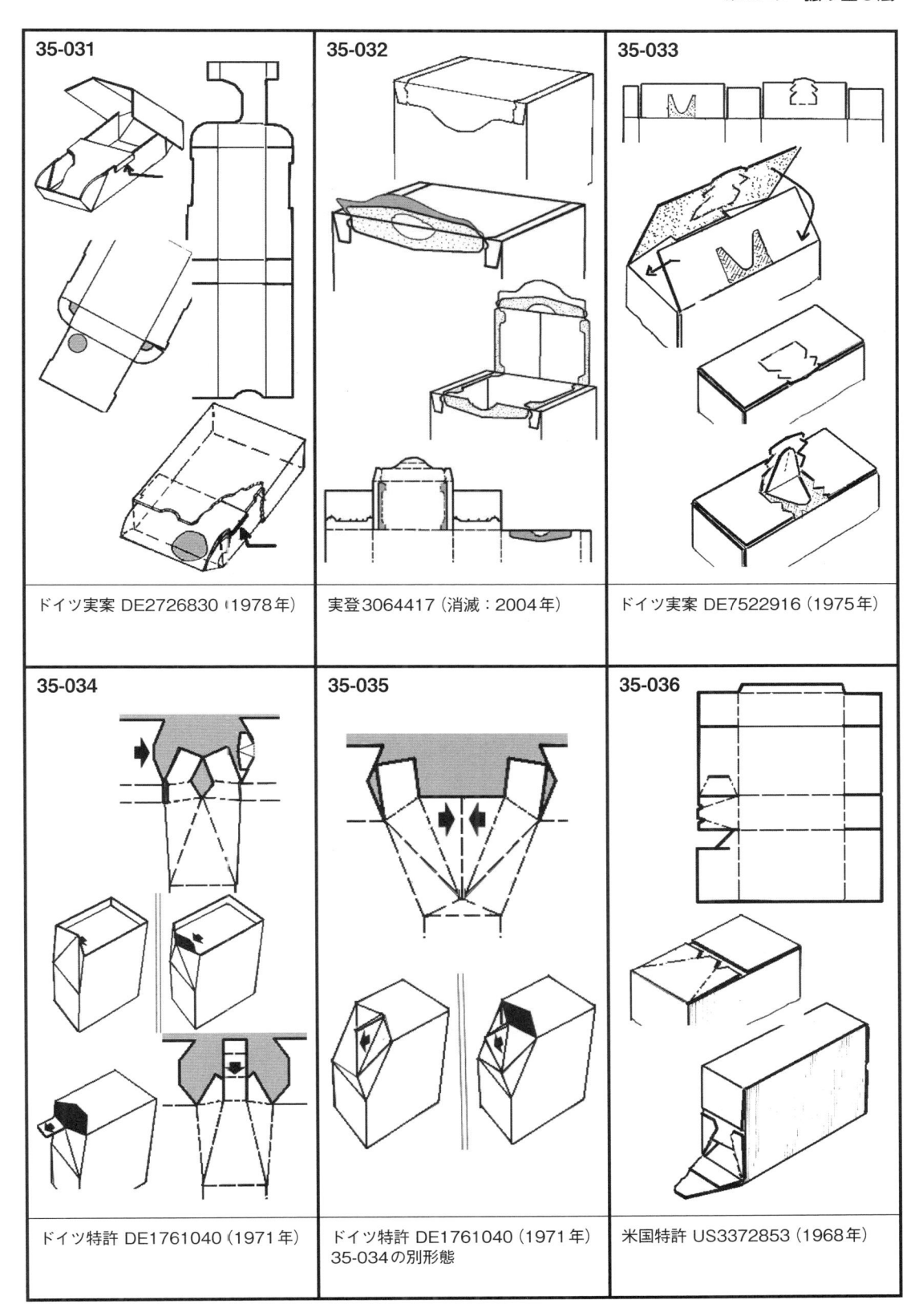

35-031　ドイツ実案 DE2726830（1978年）

35-032　実登3064417（消滅：2004年）

35-033　ドイツ実案 DE7522916（1975年）

35-034　ドイツ特許 DE1761040（1971年）

35-035　ドイツ特許 DE1761040（1971年）
35-034 の別形態

35-036　米国特許 US3372853（1968年）

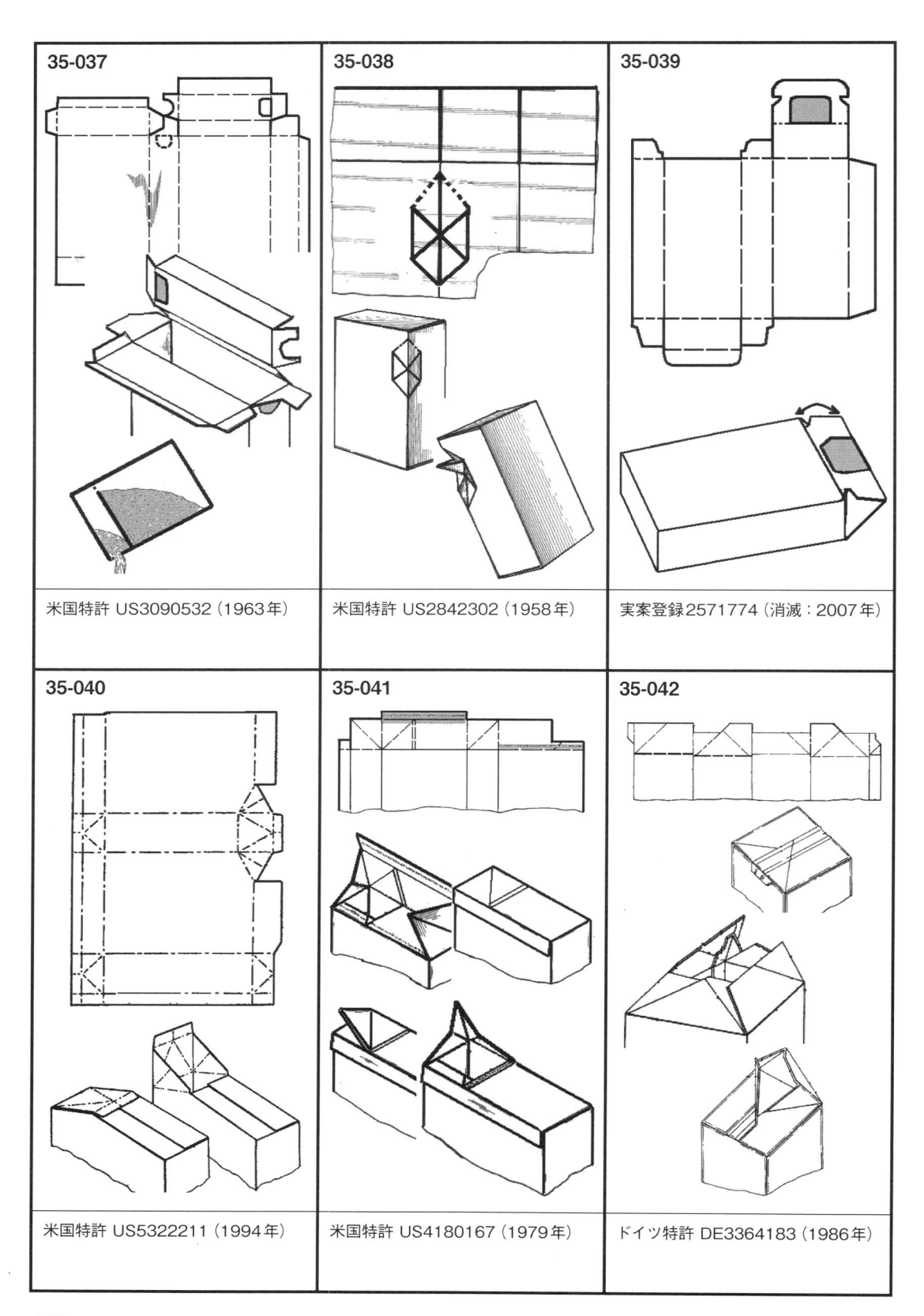

35-037	**35-038**	**35-039**
米国特許 US3090532（1963年）	米国特許 US2842302（1958年）	実案登録2571774（消滅：2007年）
35-040	**35-041**	**35-042**
米国特許 US5322211（1994年）	米国特許 US4180167（1979年）	ドイツ特許 DE3364183（1986年）

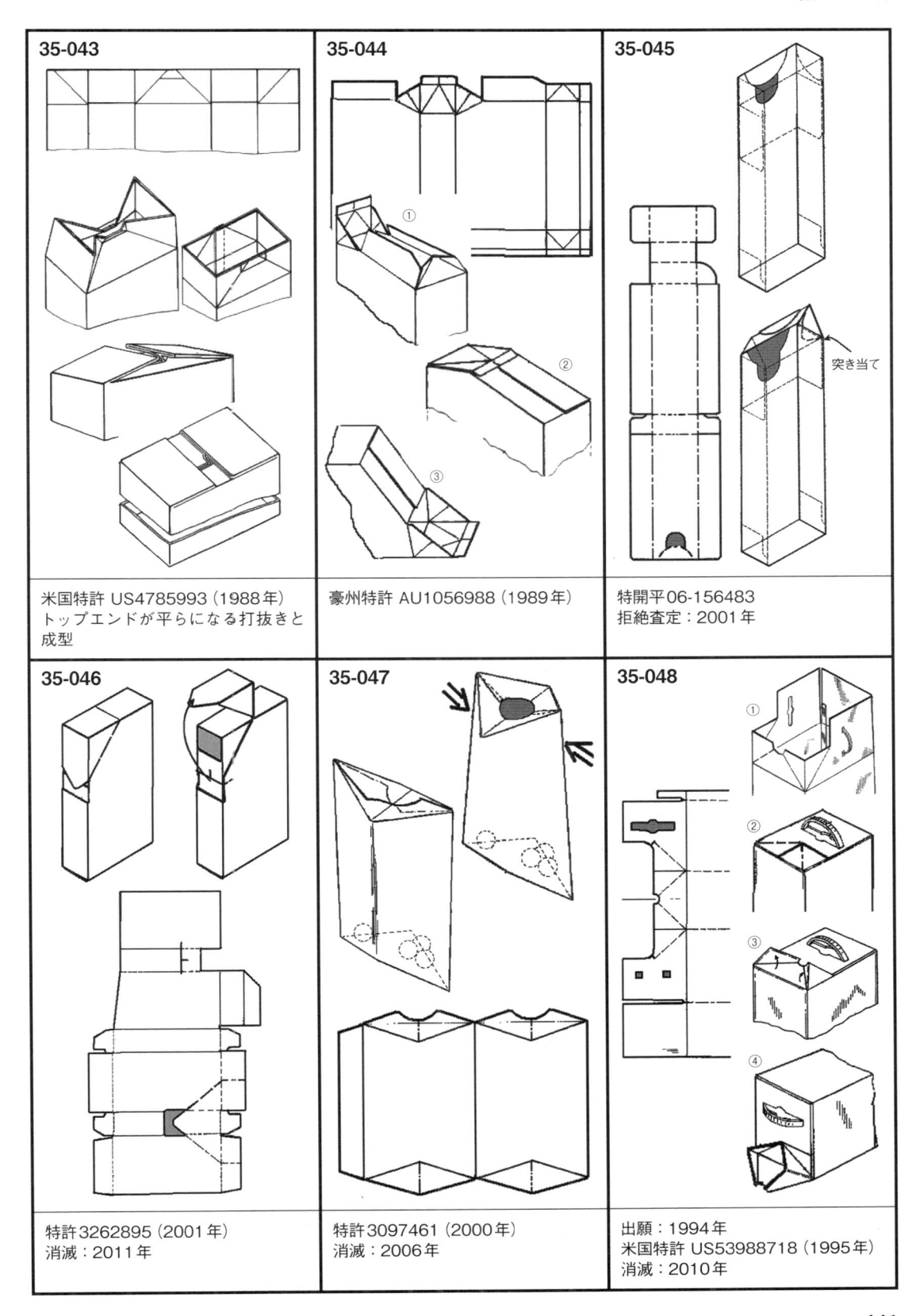

35-043

米国特許 US4785993（1988年）
トップエンドが平らになる打抜きと
成型

35-044

① ② ③

豪州特許 AU1056988（1989年）

35-045

突き当て

特開平06-156483
拒絶査定：2001年

35-046

特許 3262895（2001年）
消滅：2011年

35-047

特許 3097461（2000年）
消滅：2006年

35-048

① ② ③ ④

出願：1994年
米国特許 US53988718（1995年）
消滅：2010年

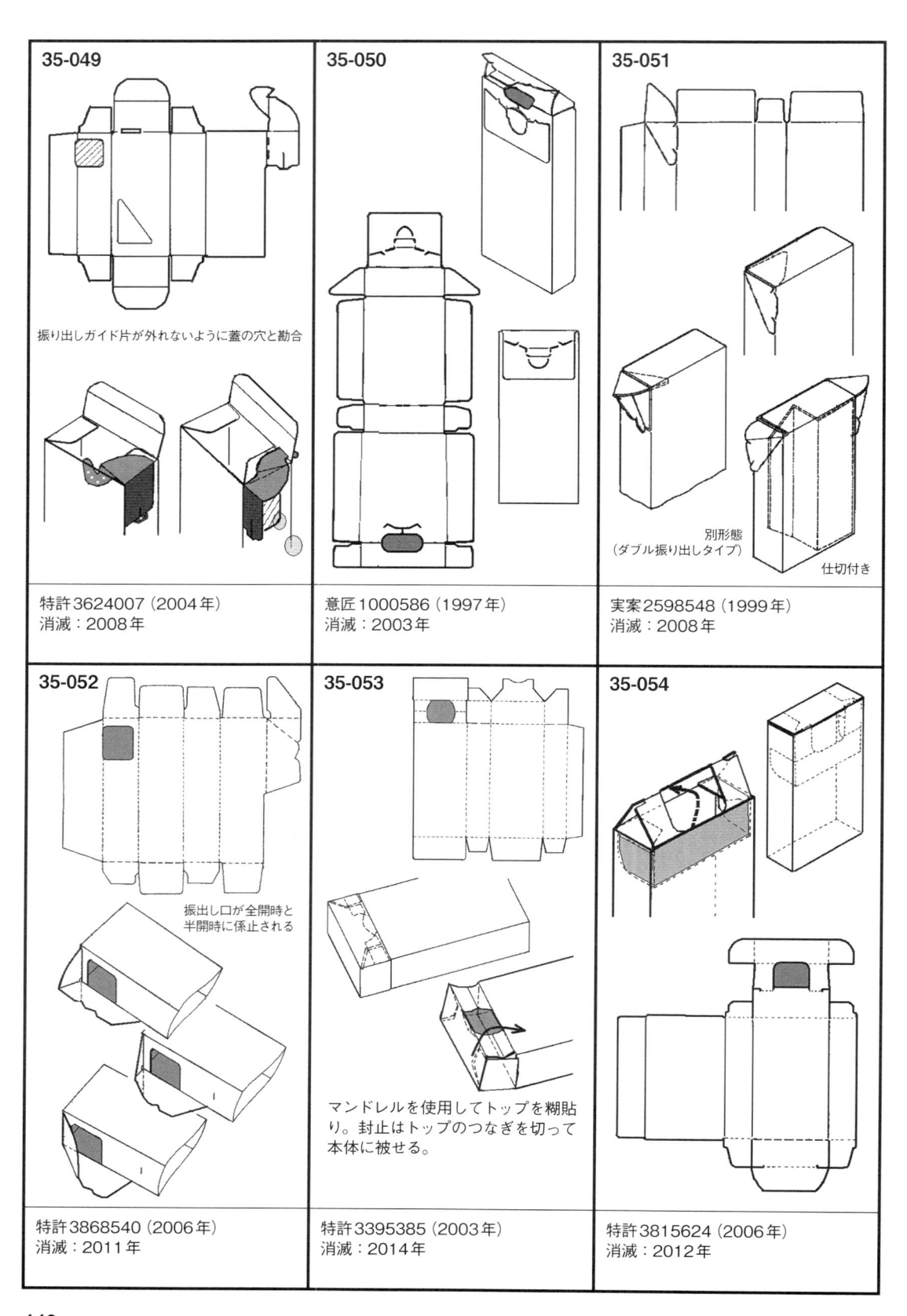

35-049

振り出しガイド片が外れないように蓋の穴と勘合

特許3624007（2004年）
消滅：2008年

35-050

意匠1000586（1997年）
消滅：2003年

35-051

別形態
（ダブル振り出しタイプ）

仕切付き

実案2598548（1999年）
消滅：2008年

35-052

振出し口が全開時と
半開時に係止される

特許3868540（2006年）
消滅：2011年

35-053

マンドレルを使用してトップを糊貼り。封止はトップのつなぎを切って本体に被せる。

特許3395385（2003年）
消滅：2014年

35-054

特許3815624（2006年）
消滅：2012年

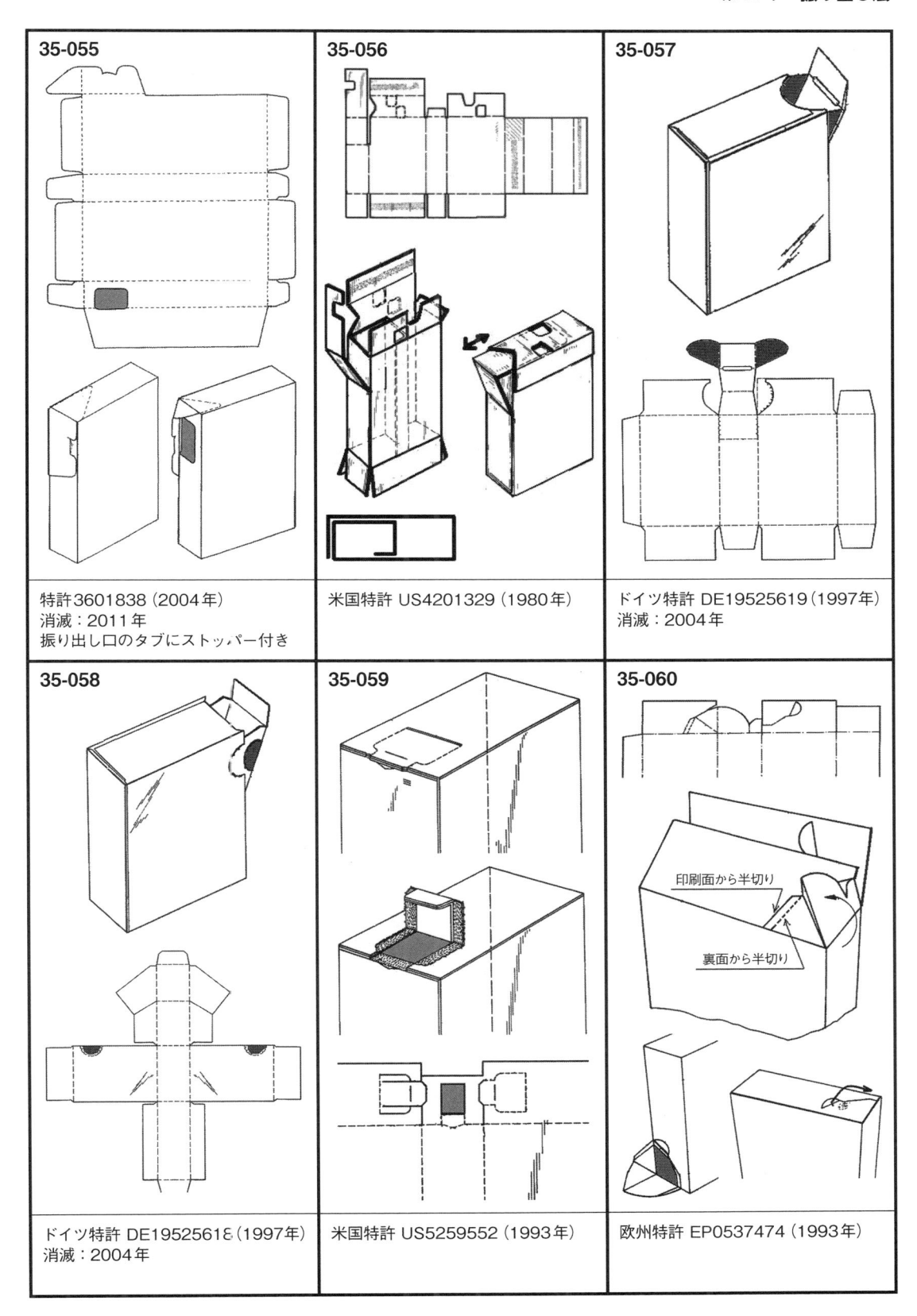

35-055

特許 3601838（2004年）
消滅：2011年
振り出し口のタブにストッパー付き

35-056

米国特許 US4201329（1980年）

35-057

ドイツ特許 DE19525619（1997年）
消滅：2004年

35-058

ドイツ特許 DE19525618（1997年）
消滅：2004年

35-059

米国特許 US5259552（1993年）

35-060

印刷面から半切り

裏面から半切り

欧州特許 EP0537474（1993年）

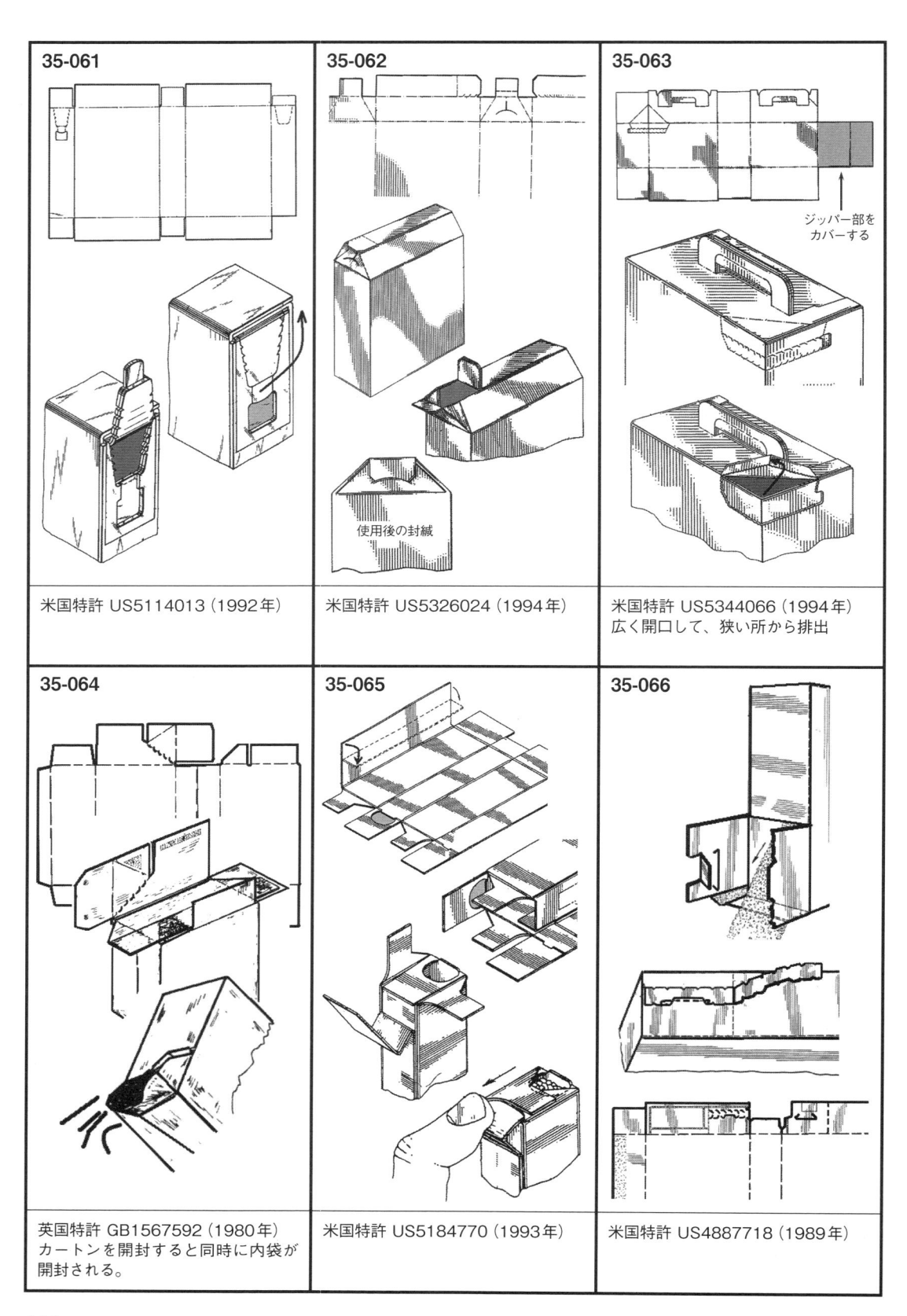

35-061	**35-062**	**35-063** ジッパー部を カバーする
米国特許 US5114013（1992年）	米国特許 US5326024（1994年）	米国特許 US5344066（1994年） 広く開口して、狭い所から排出
35-064	**35-065**	**35-066**
英国特許 GB1567592（1980年） カートンを開封すると同時に内袋が 開封される。	米国特許 US5184770（1993年）	米国特許 US4887718（1989年）

使用後の封緘

444

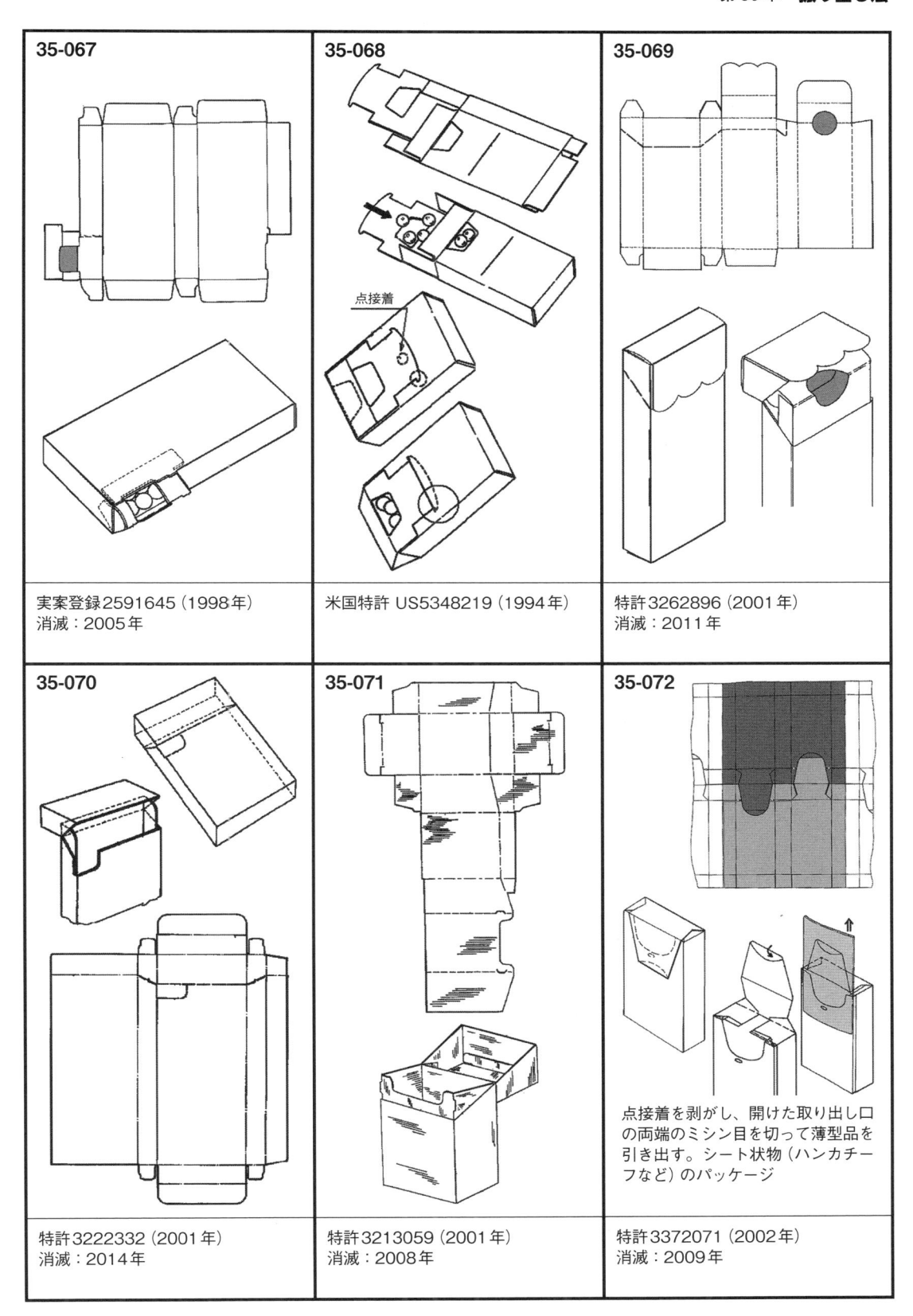

35-067

実案登録2591645（1998年）
消滅：2005年

35-068

点接着

米国特許 US5348219（1994年）

35-069

特許 3262896（2001年）
消滅：2011年

35-070

特許 3222332（2001年）
消滅：2014年

35-071

特許 3213059（2001年）
消滅：2008年

35-072

点接着を剥がし、開けた取り出し口の両端のミシン目を切って薄型品を引き出す。シート状物（ハンカチーフなど）のパッケージ

特許 3372071（2002年）
消滅：2009年

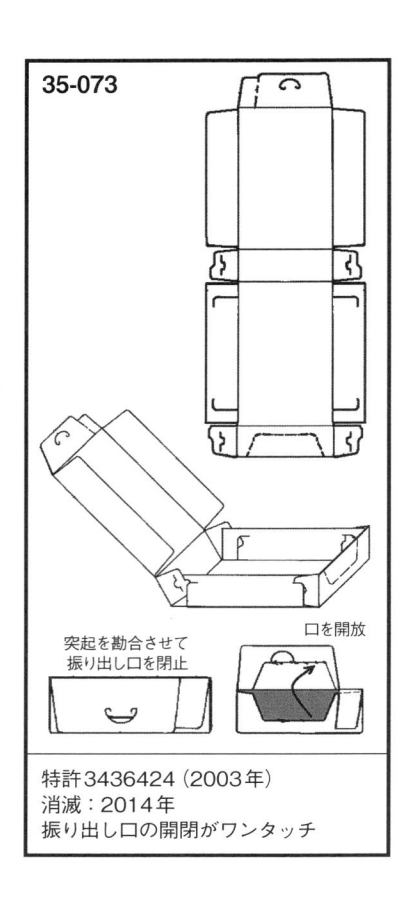

35-073

突起を勘合させて
振り出し口を閉止

口を開放

特許3436424（2003年）
消滅：2014年
振り出し口の開閉がワンタッチ

35「振り出し法」関連リスト			
01-023	18-023	18-033	31-054
01-084	18-024	18-034	36-157
16-022	18-031	19-013	

36 取り出し容易化法

　内容物の取り出しやすさは、固形でやや大きめの製品を、一個ないしは複数個取り出す際の利便性である。箱、カートンの差し込みシールを解除、またはホットメルト接着部をいかに簡便に壊すかを計画する分野でもある。後者については、封止近傍にミシン目、ジッパー、半切（片面、両面）、カットテープを配置し、これらの一つまたは複数の手法を用いて封止を解く方法に関する。

　この中にあっては、ジッパー形状の検討が最も進み、包装強度と取り出しやすさを両立させることに成功している。封緘テープに対しては剥がしやすくする種々の工夫が出願されている。

　製品の取り出しのために開封した後、開放部のパネルを展示パネルとして直立させて（または斜め保持）して活用する特許も目立つ。つまり即棚機能を持たせた形態も増えている。

　取り出しのために形成した扉、またはヒレを再度閉じて、再封緘を可能にするタイプにしている発明も多い。米国特許では取り出しを終えた段階で、完全な蓋を再度形成させるものが多い。これはシート面積を多く要するが、アフターユースまたは再封緘を高変に達成するものである。

　取り出しだけでなく、ジッパーなどを駆使して箱の解体までを簡便に済ませられる形態にまで仕上げるアイデアも提出されている。

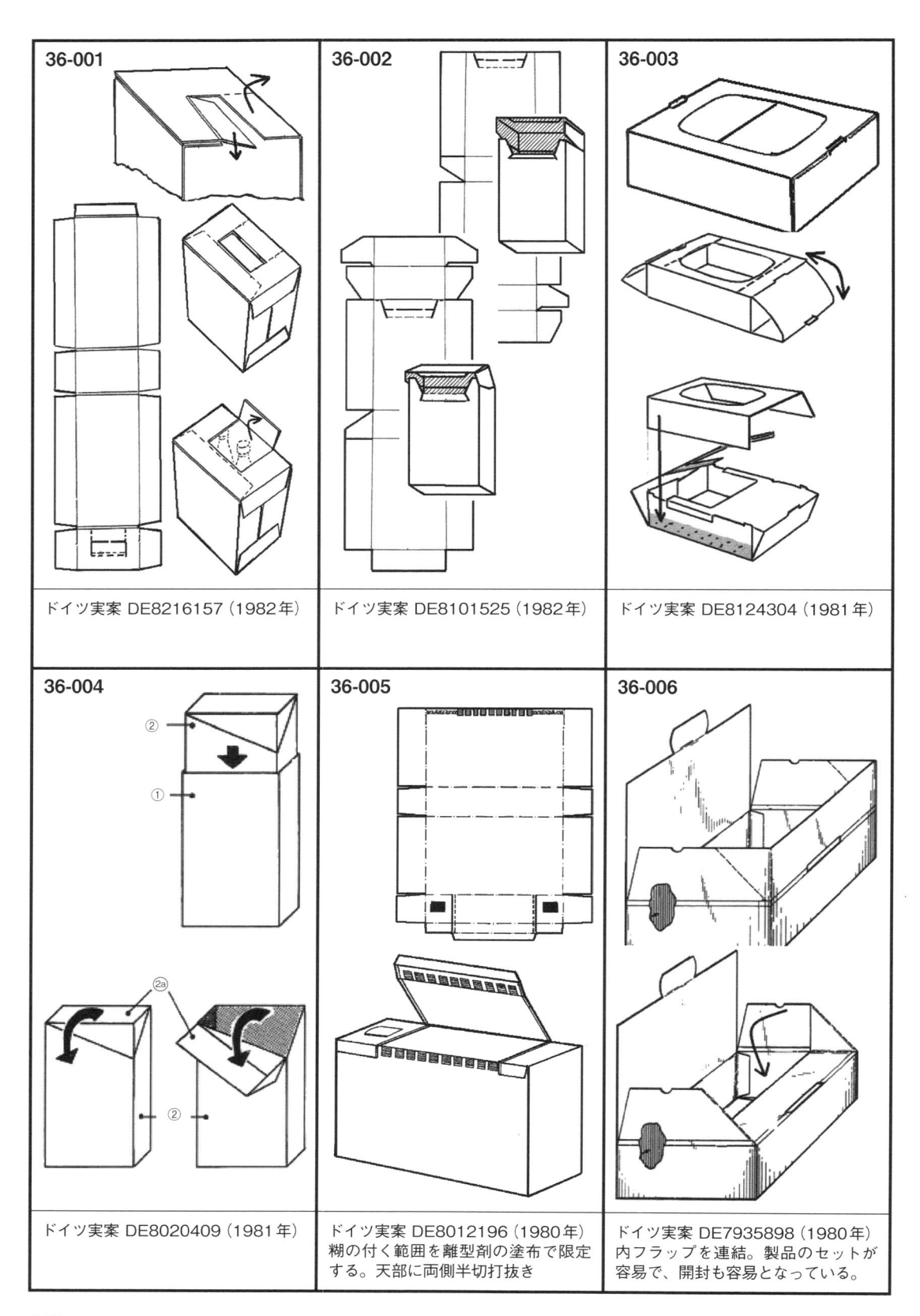

36-001

ドイツ実案 DE8216157 (1982年)

36-002

ドイツ実案 DE8101525 (1982年)

36-003

ドイツ実案 DE8124304 (1981年)

36-004

ドイツ実案 DE8020409 (1981年)

36-005

ドイツ実案 DE8012196 (1980年)
糊の付く範囲を離型剤の塗布で限定
する。天部に両側半切打抜き

36-006

ドイツ実案 DE7935898 (1980年)
内フラップを連結。製品のセットが
容易で、開封も容易となっている。

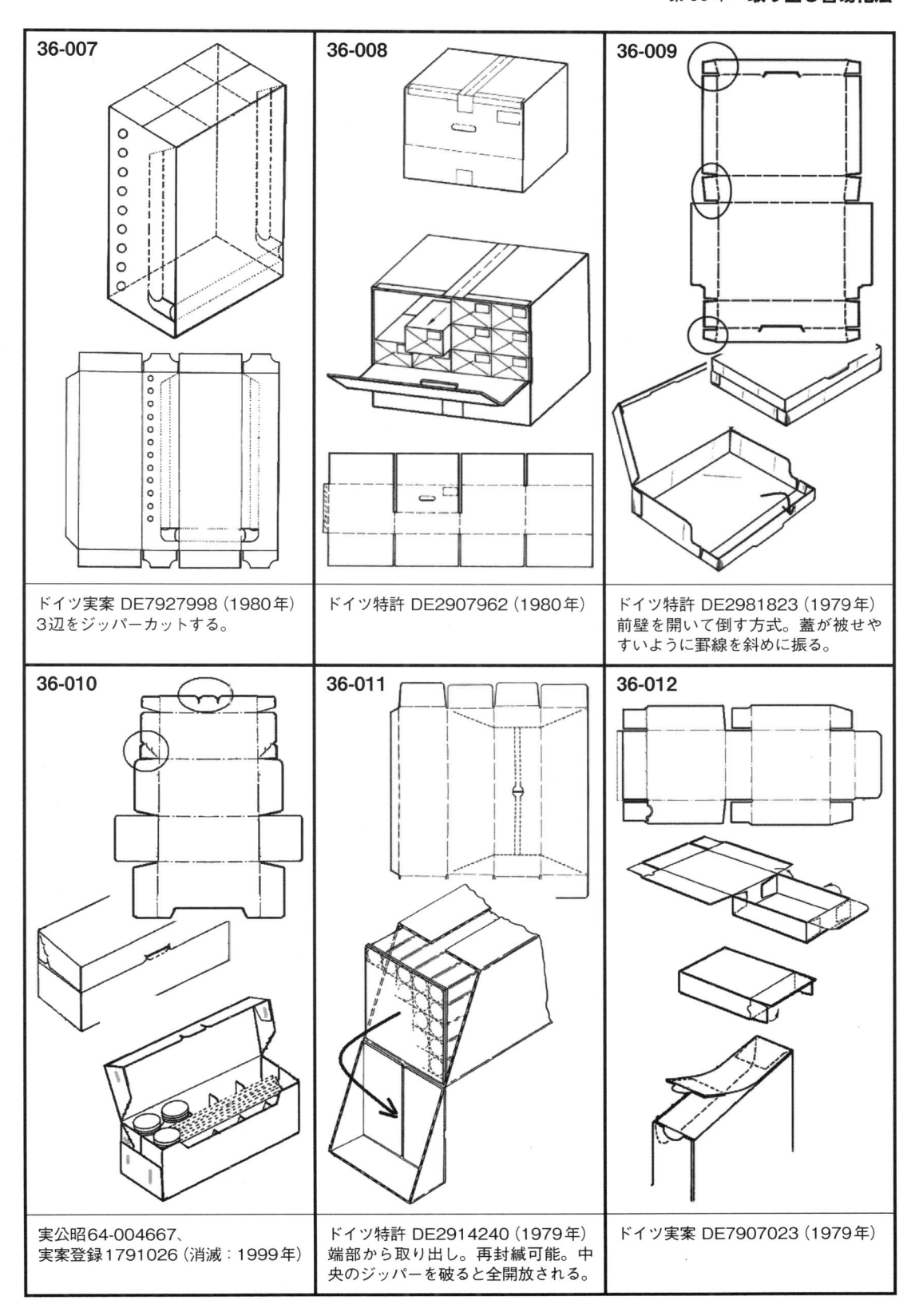

36-007

ドイツ実案 DE7927998（1980年）
3辺をジッパーカットする。

36-008

ドイツ特許 DE2907962（1980年）

36-009

ドイツ特許 DE2981823（1979年）
前壁を開いて倒す方式。蓋が被せや
すいように罫線を斜めに振る。

36-010

実公昭64-004667、
実案登録1791026（消滅：1999年）

36-011

ドイツ特許 DE2914240（1979年）
端部から取り出し。再封緘可能。中
央のジッパーを破ると全開放される。

36-012

ドイツ実案 DE7907023（1979年）

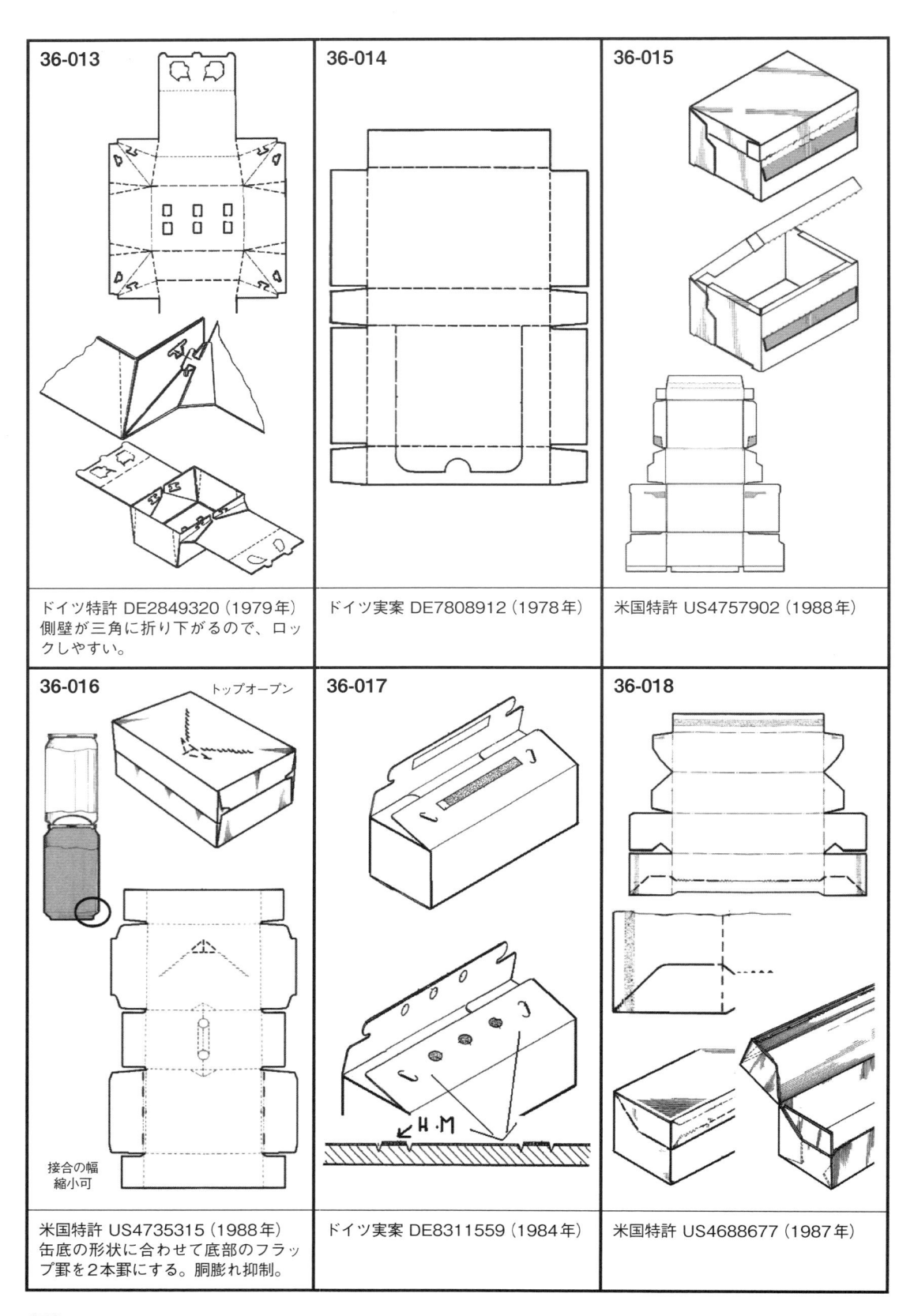

36-013	36-014	36-015
ドイツ特許 DE2849320（1979年）側壁が三角に折り下がるので、ロックしやすい。	ドイツ実案 DE7808912（1978年）	米国特許 US4757902（1988年）

36-016 トップオープン	36-017	36-018
接合の幅 縮小可		
米国特許 US4735315（1988年）缶底の形状に合わせて底部のフラップ罫を2本罫にする。胴膨れ抑制。	ドイツ実案 DE8311559（1984年）	米国特許 US4688677（1987年）

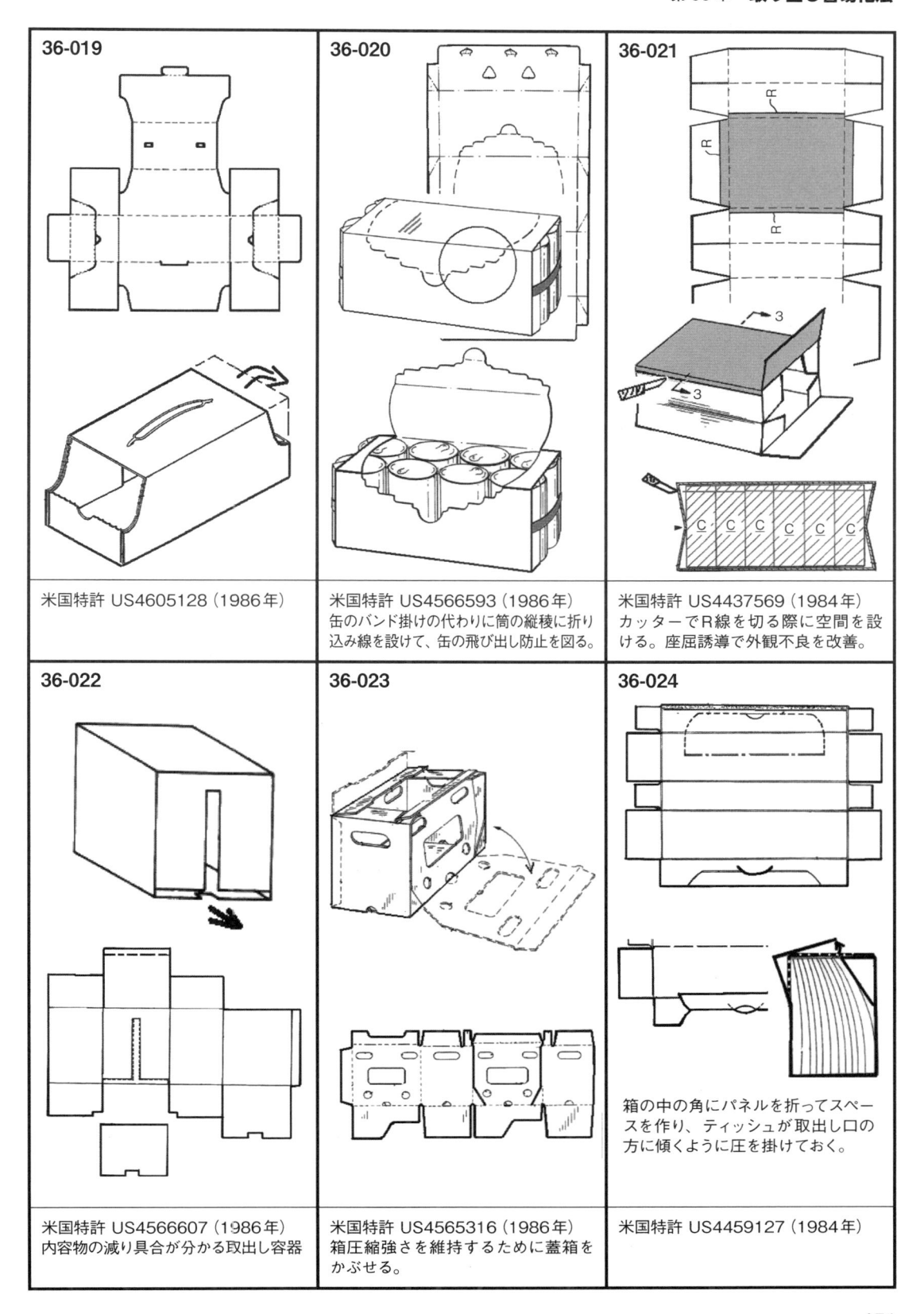

36-019

米国特許 US4605128（1986年）

36-020

米国特許 US4566593（1986年）
缶のバンド掛けの代わりに筒の縦稜に折り
込み線を設けて、缶の飛び出し防止を図る。

36-021

米国特許 US4437569（1984年）
カッターでR線を切る際に空間を設
ける。座屈誘導で外観不良を改善。

36-022

米国特許 US4566607（1986年）
内容物の減り具合が分かる取出し容器

36-023

米国特許 US4565316（1986年）
箱圧縮強さを維持するために蓋箱を
かぶせる。

36-024

箱の中の角にパネルを折ってスペー
スを作り、ティッシュが取出し口の
方に傾くように圧を掛けておく。

米国特許 US4459127（1984年）

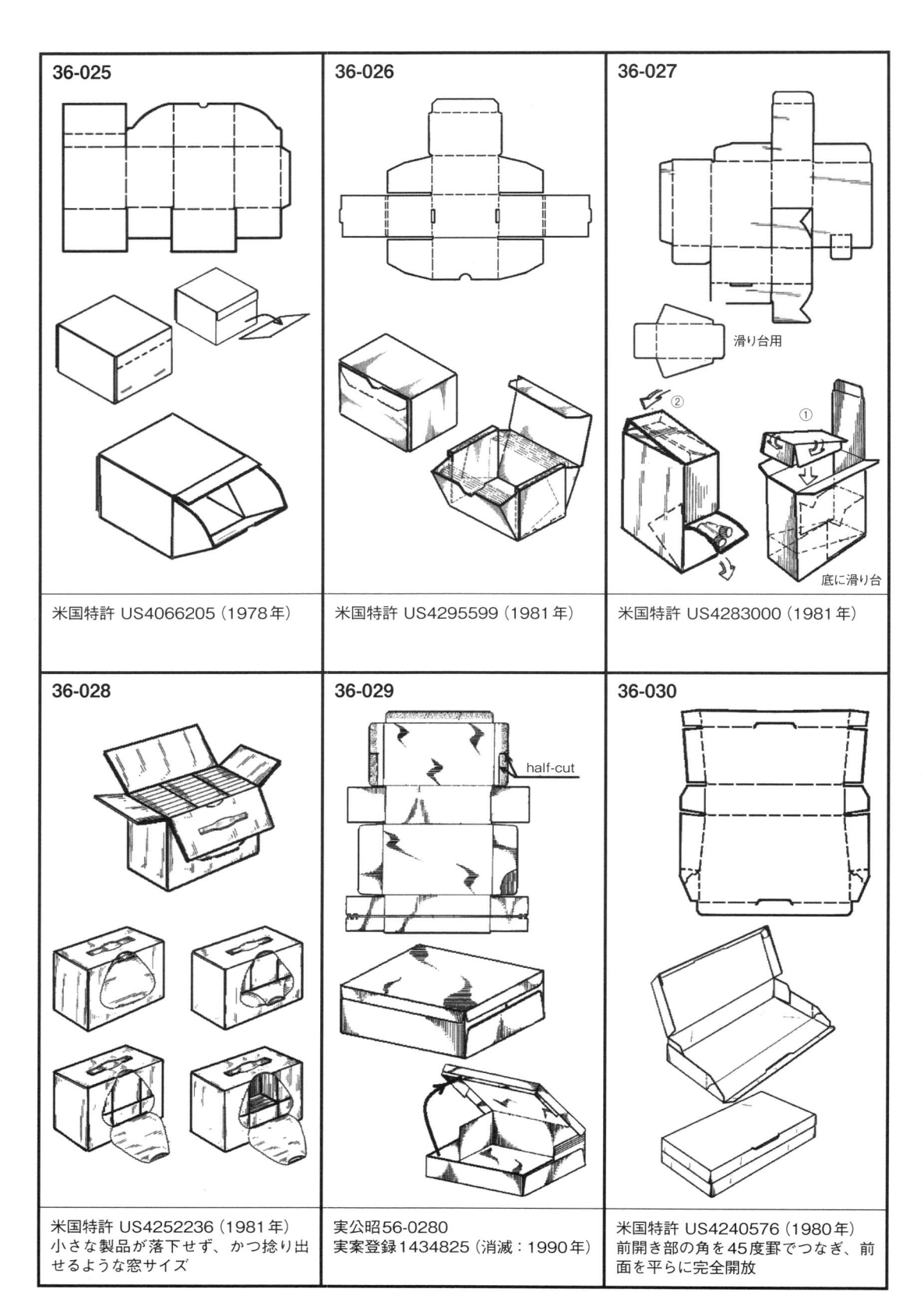

36-025

米国特許 US4066205（1978 年）

36-026

米国特許 US4295599（1981 年）

36-027

滑り台用

② ①

底に滑り台

米国特許 US4283000（1981 年）

36-028

米国特許 US4252236（1981 年）
小さな製品が落下せず、かつ捻り出
せるような窓サイズ

36-029

half-cut

実公昭56-0280
実案登録1434825（消滅：1990年）

36-030

米国特許 US4240576（1980 年）
前開き部の角を45度罫でつなぎ、前
面を平らに完全開放

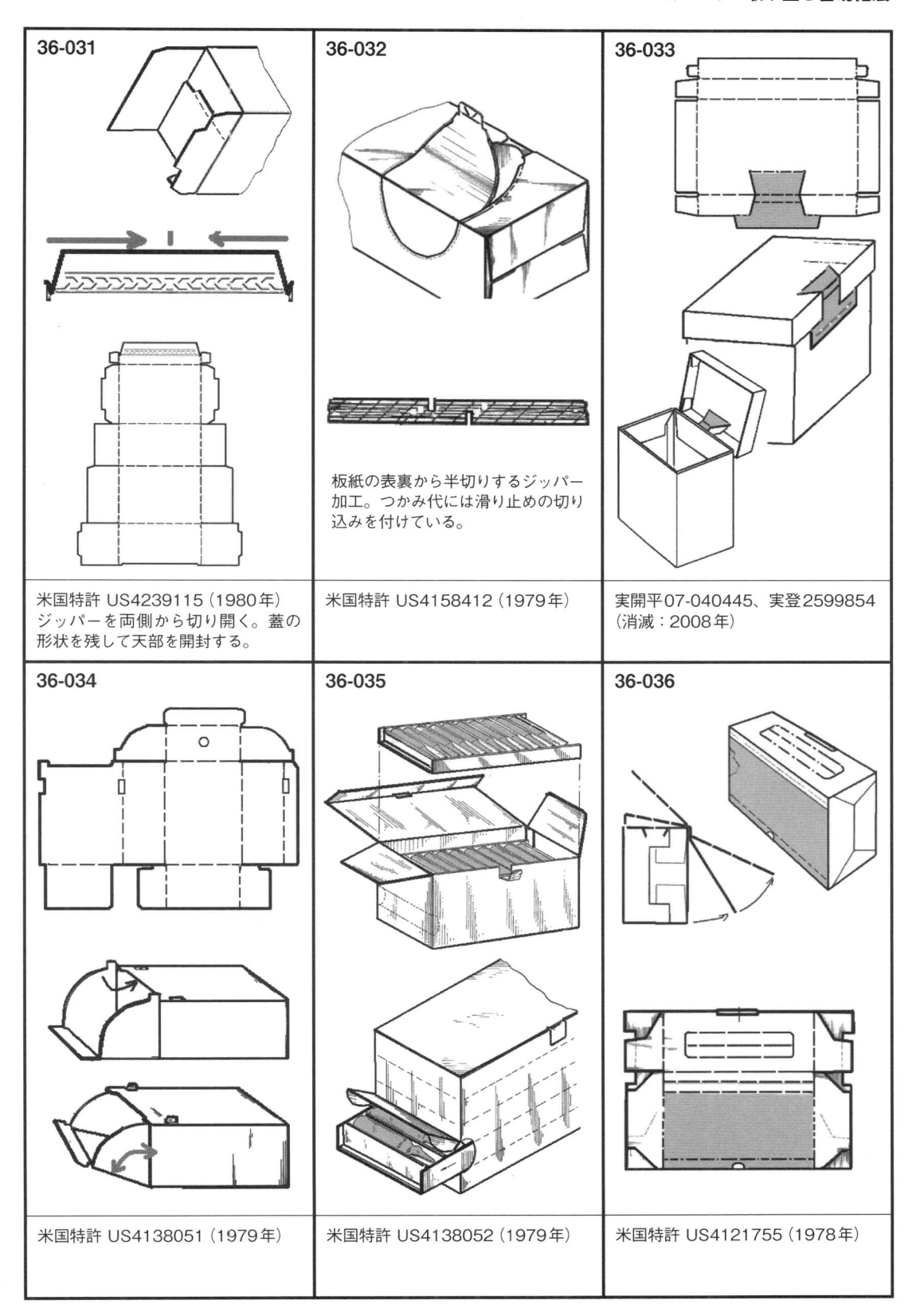

36-031

米国特許 US4239115（1980年）
ジッパーを両側から切り開く。蓋の
形状を残して天部を開封する。

36-032

板紙の表裏から半切りするジッパー
加工。つかみ代には滑り止めの切り
込みを付けている。

米国特許 US4158412（1979年）

36-033

実開平07-040445、実登2599854
（消滅：2008年）

36-034

米国特許 US4138051（1979年）

36-035

米国特許 US4138052（1979年）

36-036

米国特許 US4121755（1978年）

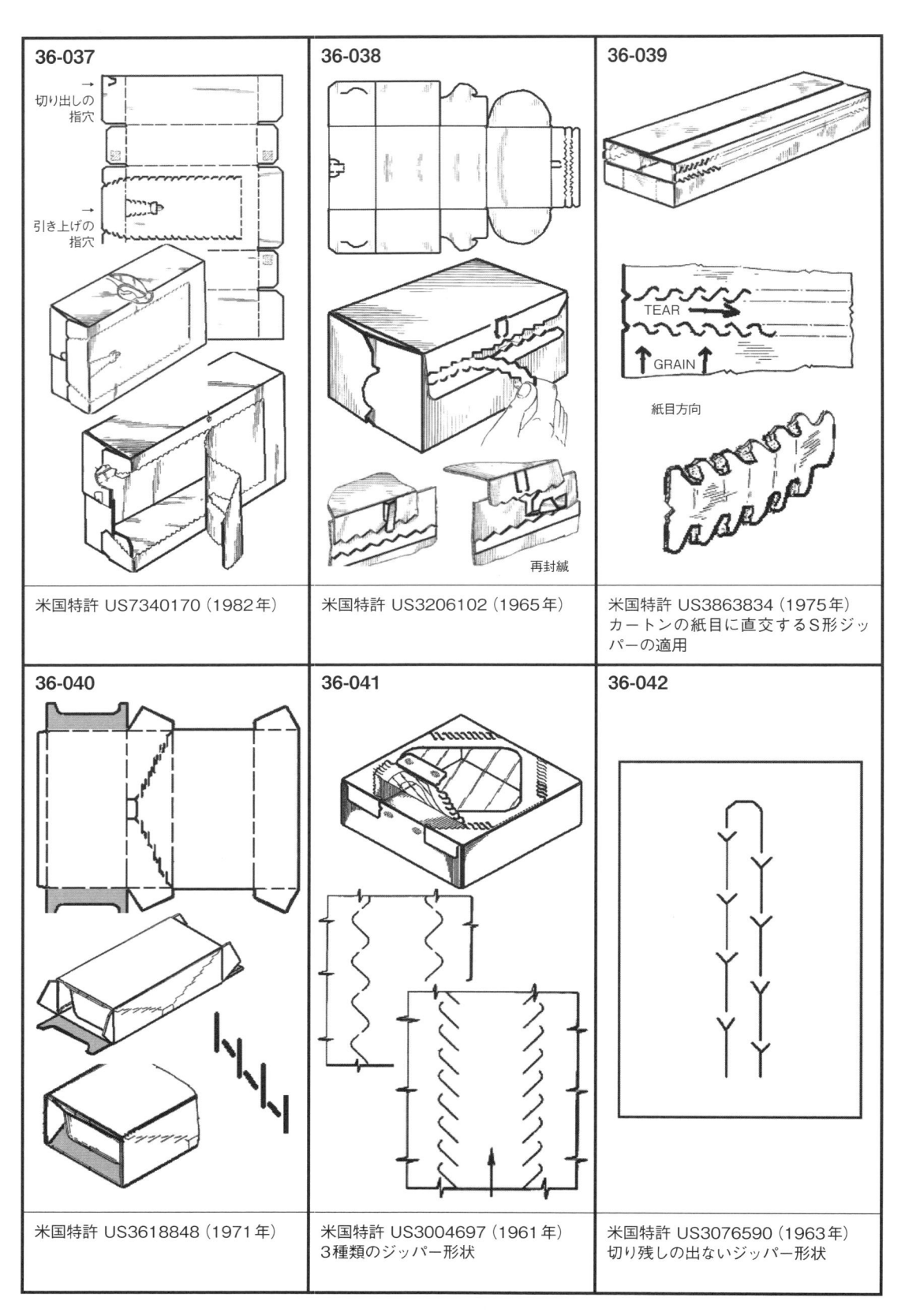

36-037

切り出しの
指穴

引き上げの
指穴

米国特許 US7340170（1982年）

36-038

再封緘

米国特許 US3206102（1965年）

36-039

TEAR

GRAIN

紙目方向

米国特許 US3863834（1975年）
カートンの紙目に直交するS形ジッパーの適用

36-040

米国特許 US3618848（1971年）

36-041

米国特許 US3004697（1961年）
3種類のジッパー形状

36-042

米国特許 US3076590（1963年）
切り残しの出ないジッパー形状

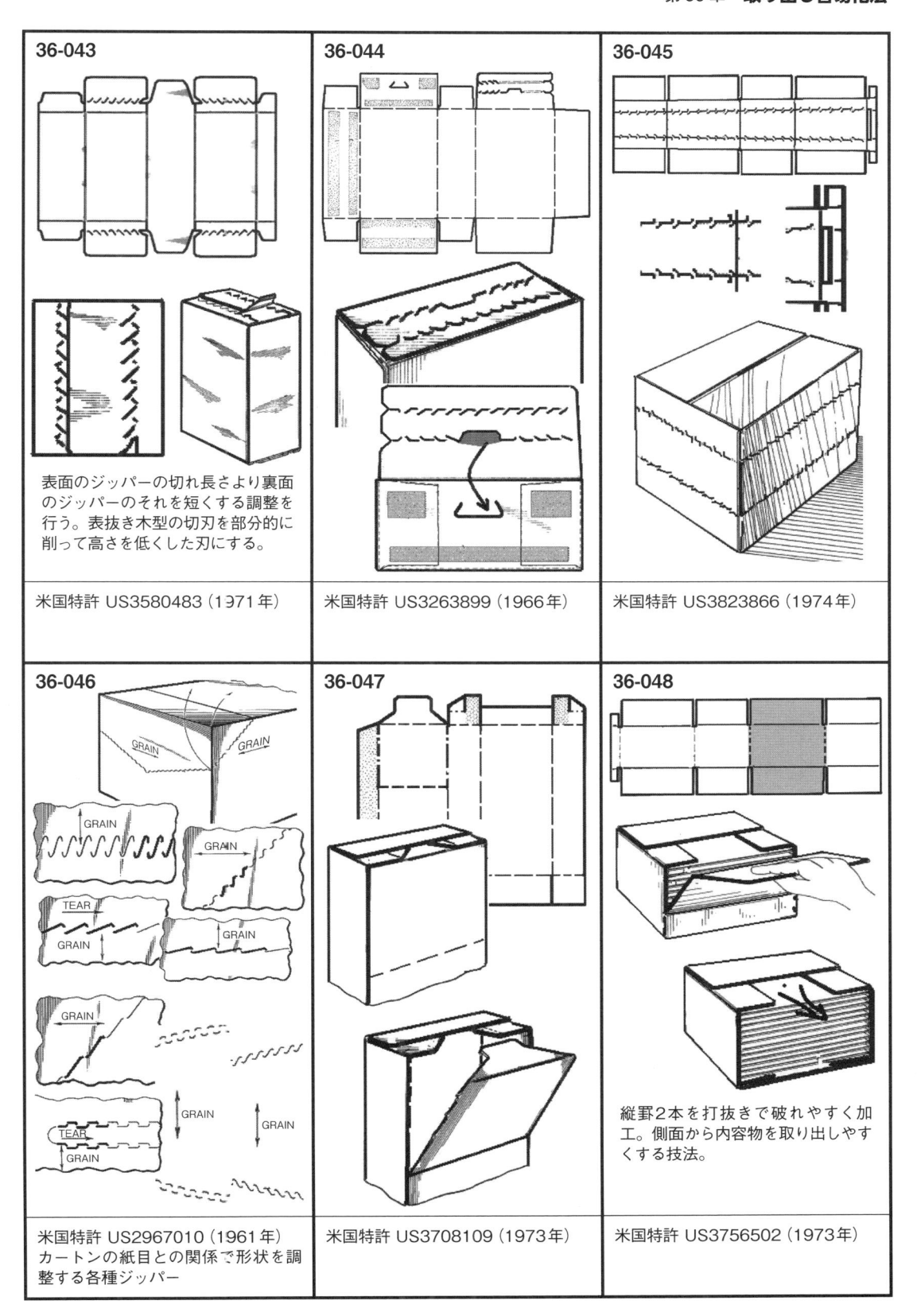

36-043

表面のジッパーの切れ長さより裏面のジッパーのそれを短くする調整を行う。表抜き木型の切刃を部分的に削って高さを低くした刃にする。

米国特許 US3580483（1971 年）

36-044

米国特許 US3263899（1966 年）

36-045

米国特許 US3823866（1974 年）

36-046

米国特許 US2967010（1961 年）
カートンの紙目との関係で形状を調整する各種ジッパー

36-047

米国特許 US3708109（1973 年）

36-048

縦罫2本を打抜きで破れやすく加工。側面から内容物を取り出しやすくする技法。

米国特許 US3756502（1973 年）

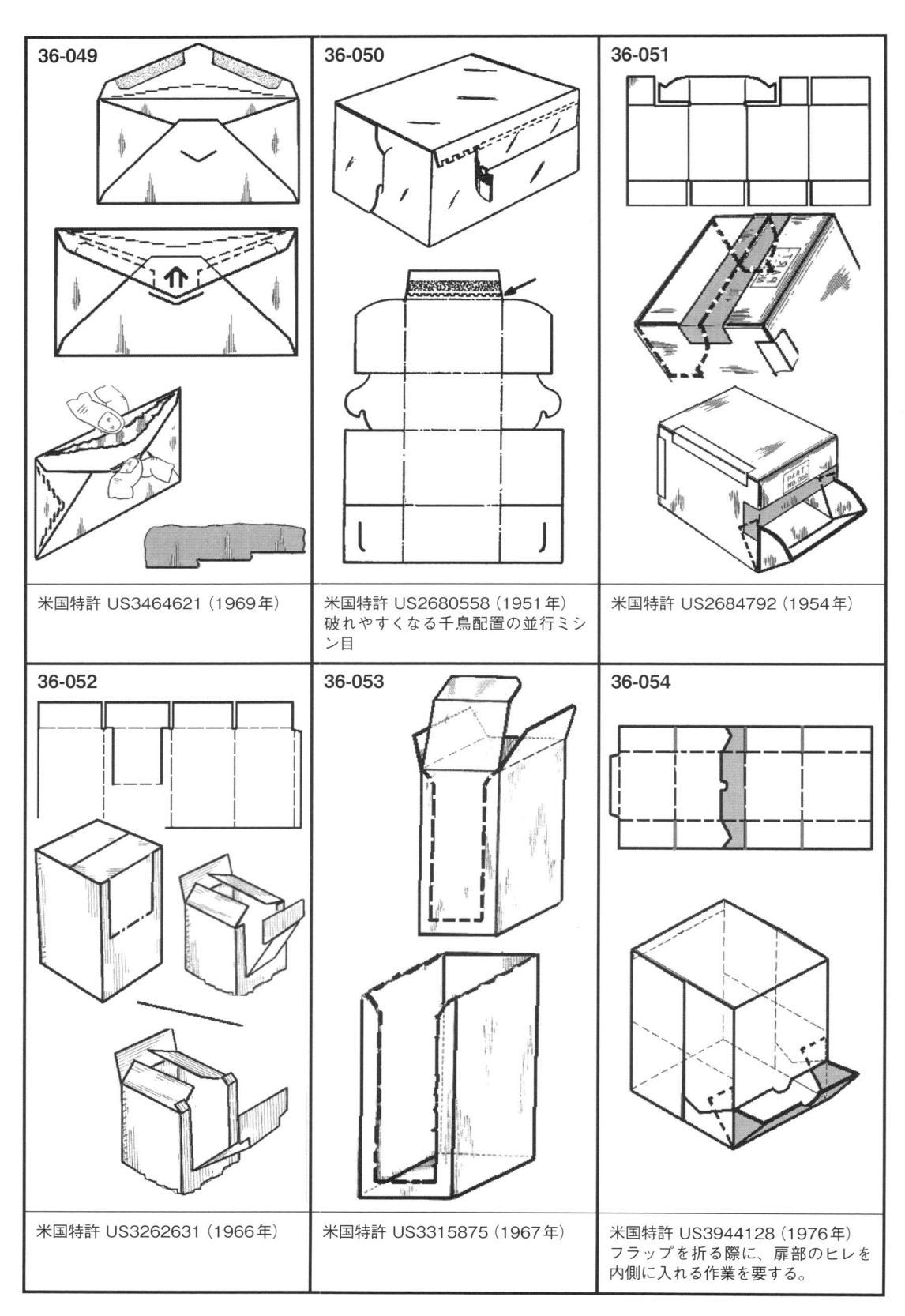

36-049 米国特許 US3464621（1969年）	**36-050** 米国特許 US2680558（1951年） 破れやすくなる千鳥配置の並行ミシン目	**36-051** 米国特許 US2684792（1954年）
36-052 米国特許 US3262631（1966年）	**36-053** 米国特許 US3315875（1967年）	**36-054** 米国特許 US3944128（1976年） フラップを折る際に、扉部のヒレを内側に入れる作業を要する。

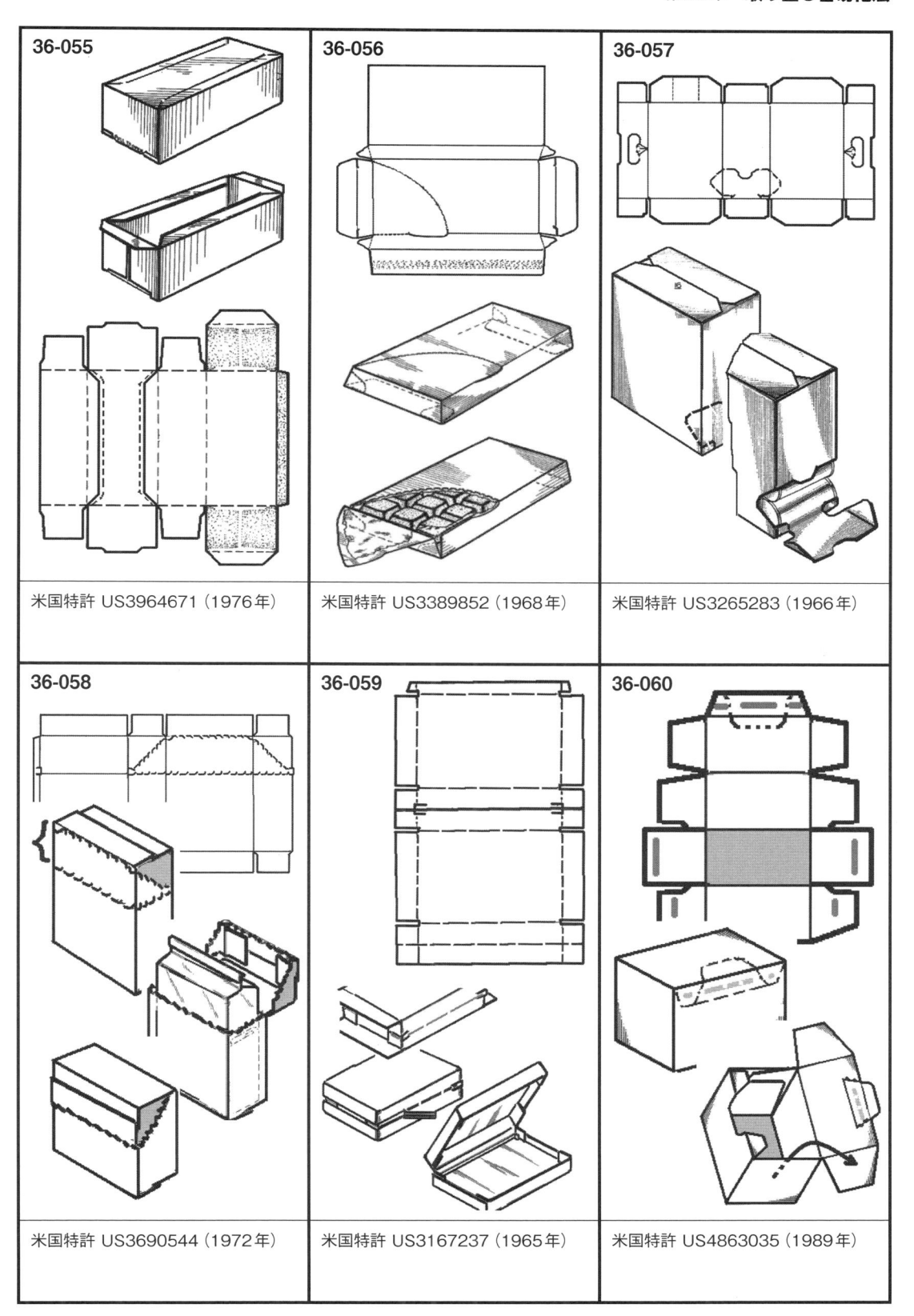

36-055

米国特許 US3964671（1976年）

36-056

米国特許 US3389852（1968年）

36-057

米国特許 US3265283（1966年）

36-058

米国特許 US3690544（1972年）

36-059

米国特許 US3167237（1965年）

36-060

米国特許 US4863035（1989年）

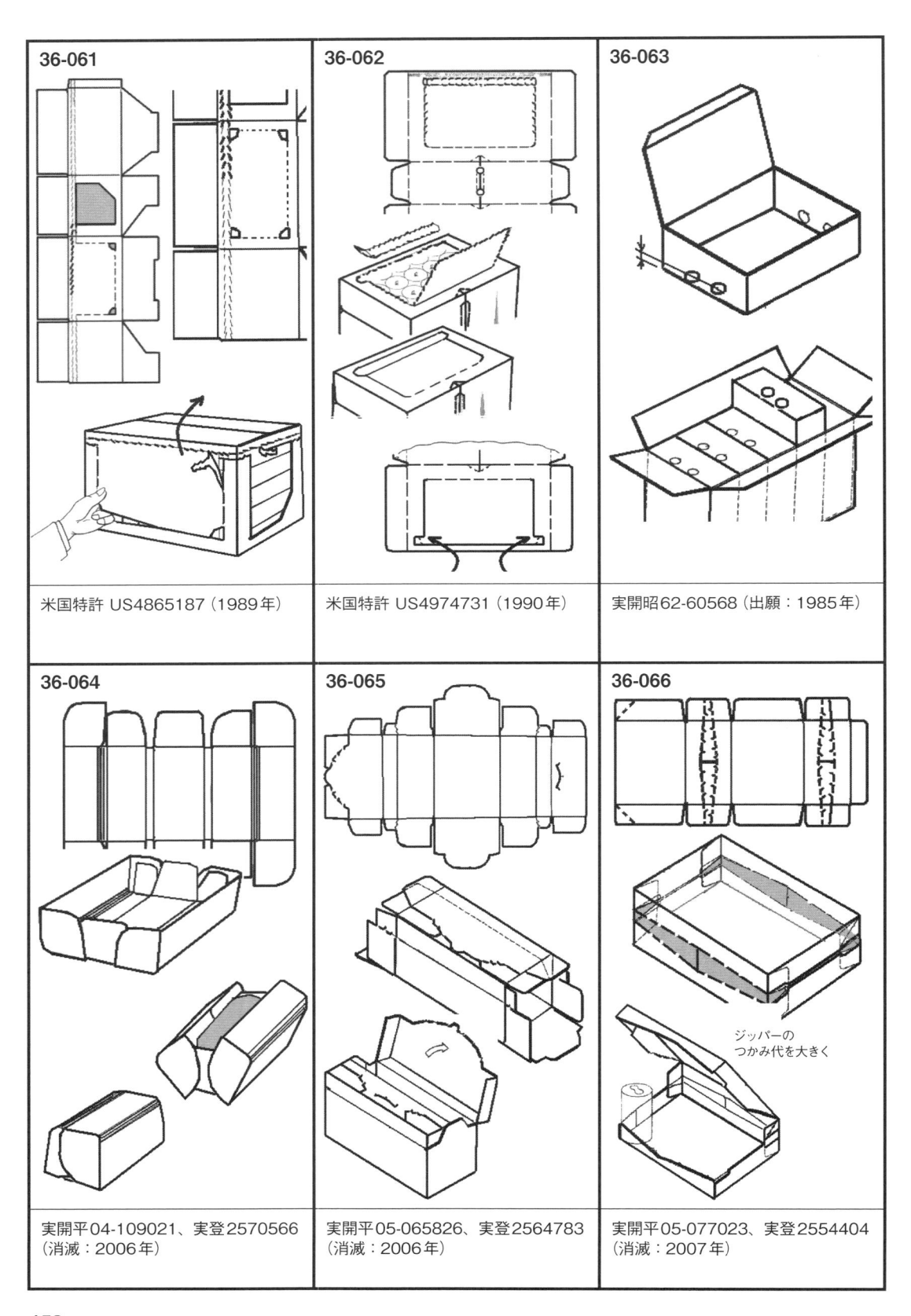

36-061	36-062	36-063
米国特許 US4865187（1989年）	米国特許 US4974731（1990年）	実開昭62-60568（出願：1985年）

36-064	36-065	36-066
		ジッパーの つかみ代を大きく
実開平04-109021、実登2570566 （消滅：2006年）	実開平05-065826、実登2564783 （消滅：2006年）	実開平05-077023、実登2554404 （消滅：2007年）

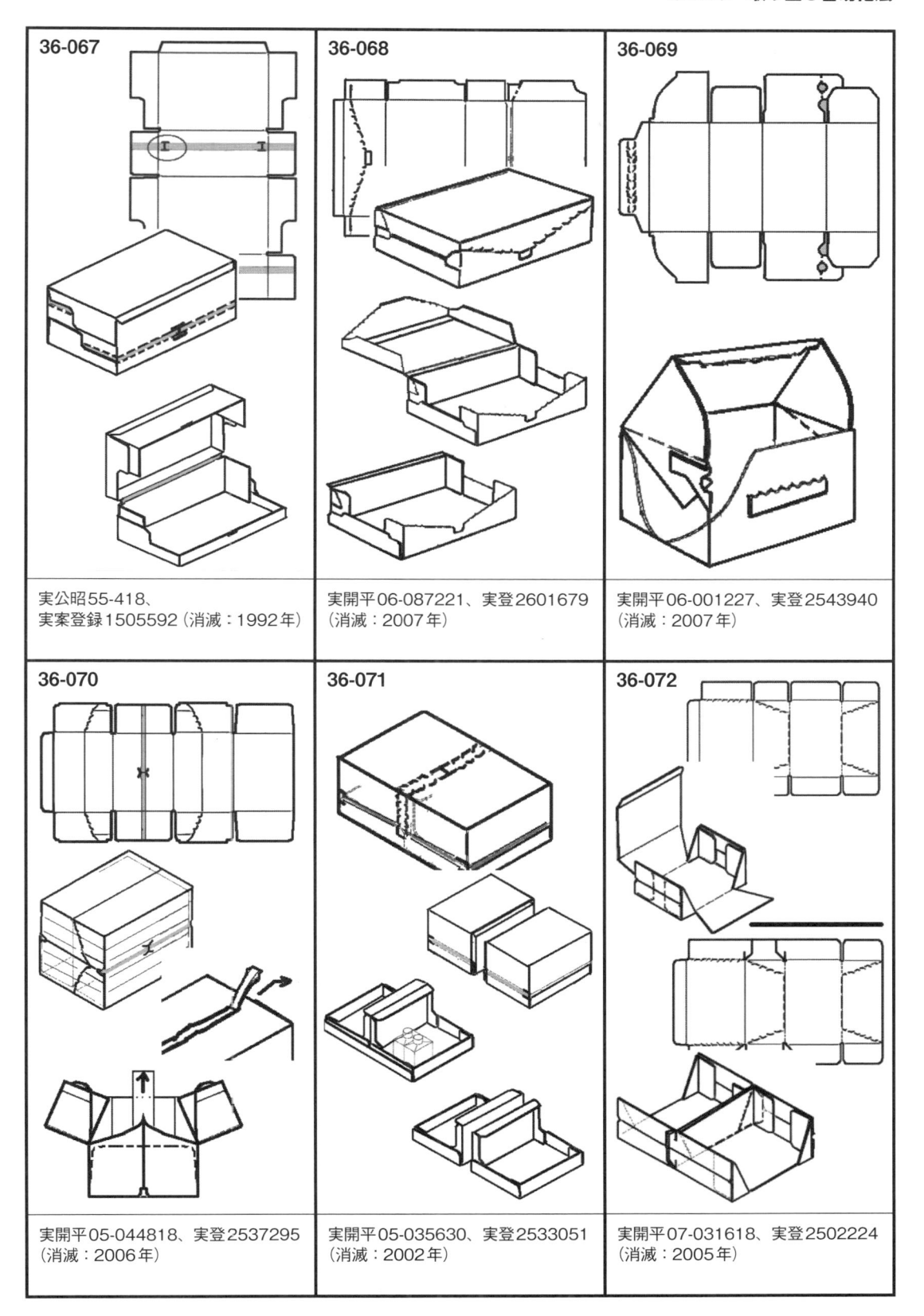

36-067

実公昭55-418、
実案登録1505592（消滅：1992年）

36-068

実開平06-087221、実登2601679
（消滅：2007年）

36-069

実開平06-001227、実登2543940
（消滅：2007年）

36-070

実開平05-044818、実登2537295
（消滅：2006年）

36-071

実開平05-035630、実登2533051
（消滅：2002年）

36-072

実開平07-031618、実登2502224
（消滅：2005年）

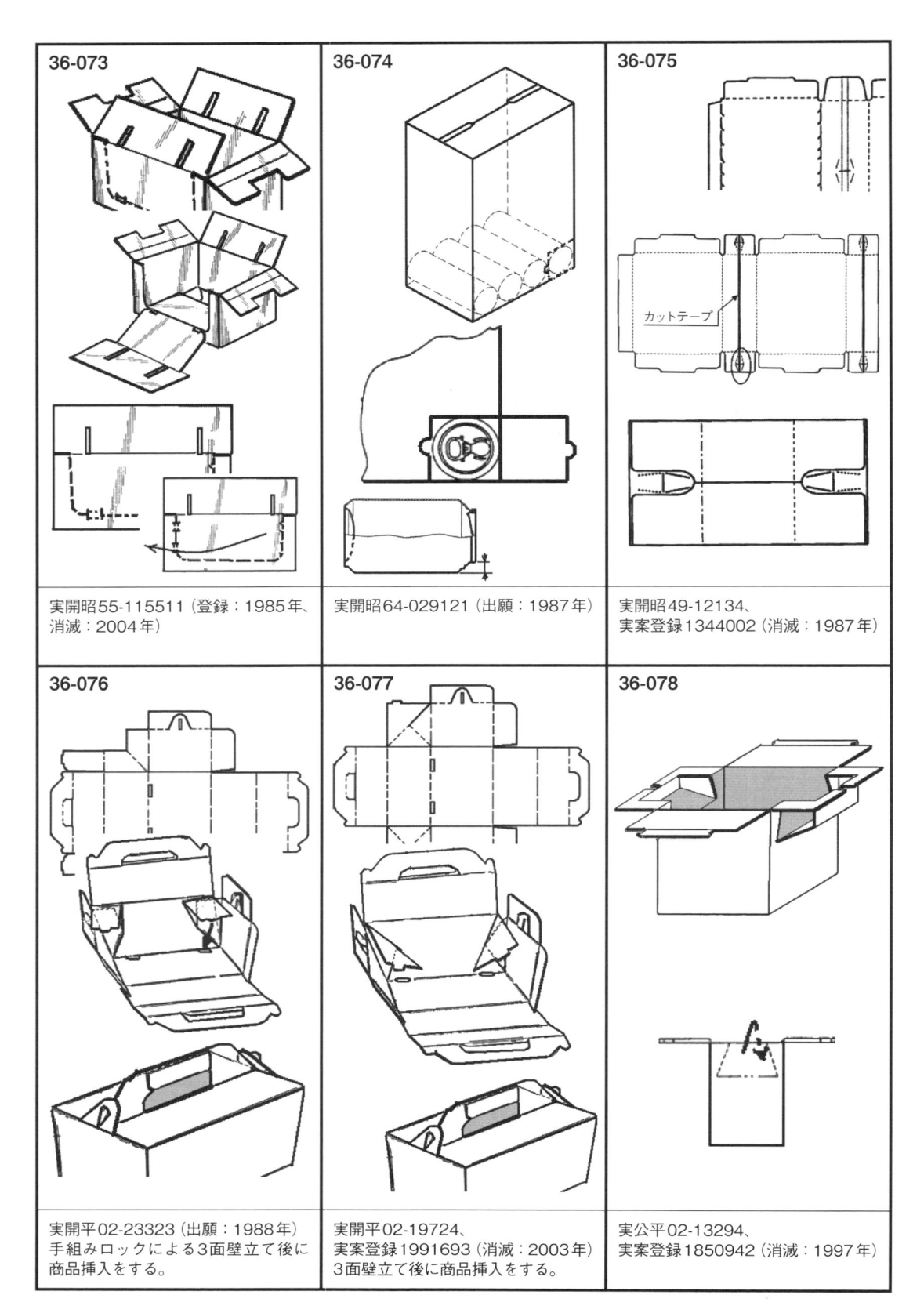

36-073

実開昭55-115511（登録：1985年、
消滅：2004年）

36-074

実開昭64-029121（出願：1987年）

36-075

カットテープ

実開昭49-12134、
実案登録1344002（消滅：1987年）

36-076

実開平02-23323（出願：1988年）
手組みロックによる3面壁立て後に
商品挿入をする。

36-077

実開平02-19724、
実案登録1991693（消滅：2003年）
3面壁立て後に商品挿入をする。

36-078

実公平02-13294、
実案登録1850942（消滅：1997年）

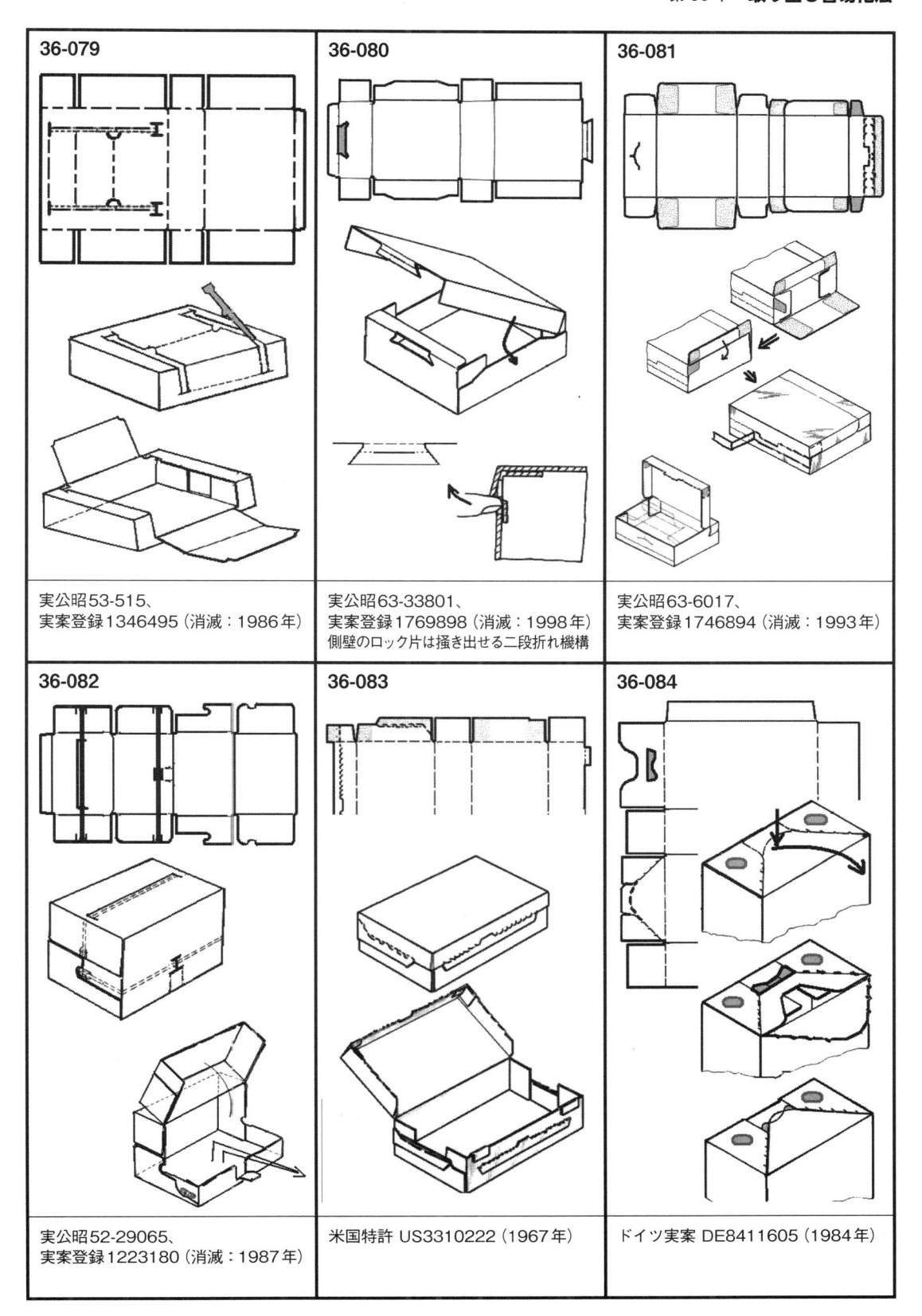

36-079

実公昭53-515、
実案登録1346495（消滅：1986年）

36-080

実公昭63-33801、
実案登録1769898（消滅：1998年）
側壁のロック片は掻き出せる二段折れ機構

36-081

実公昭63-6017、
実案登録1746894（消滅：1993年）

36-082

実公昭52-29065、
実案登録1223180（消滅：1987年）

36-083

米国特許 US3310222（1967年）

36-084

ドイツ実案 DE8411605（1984年）

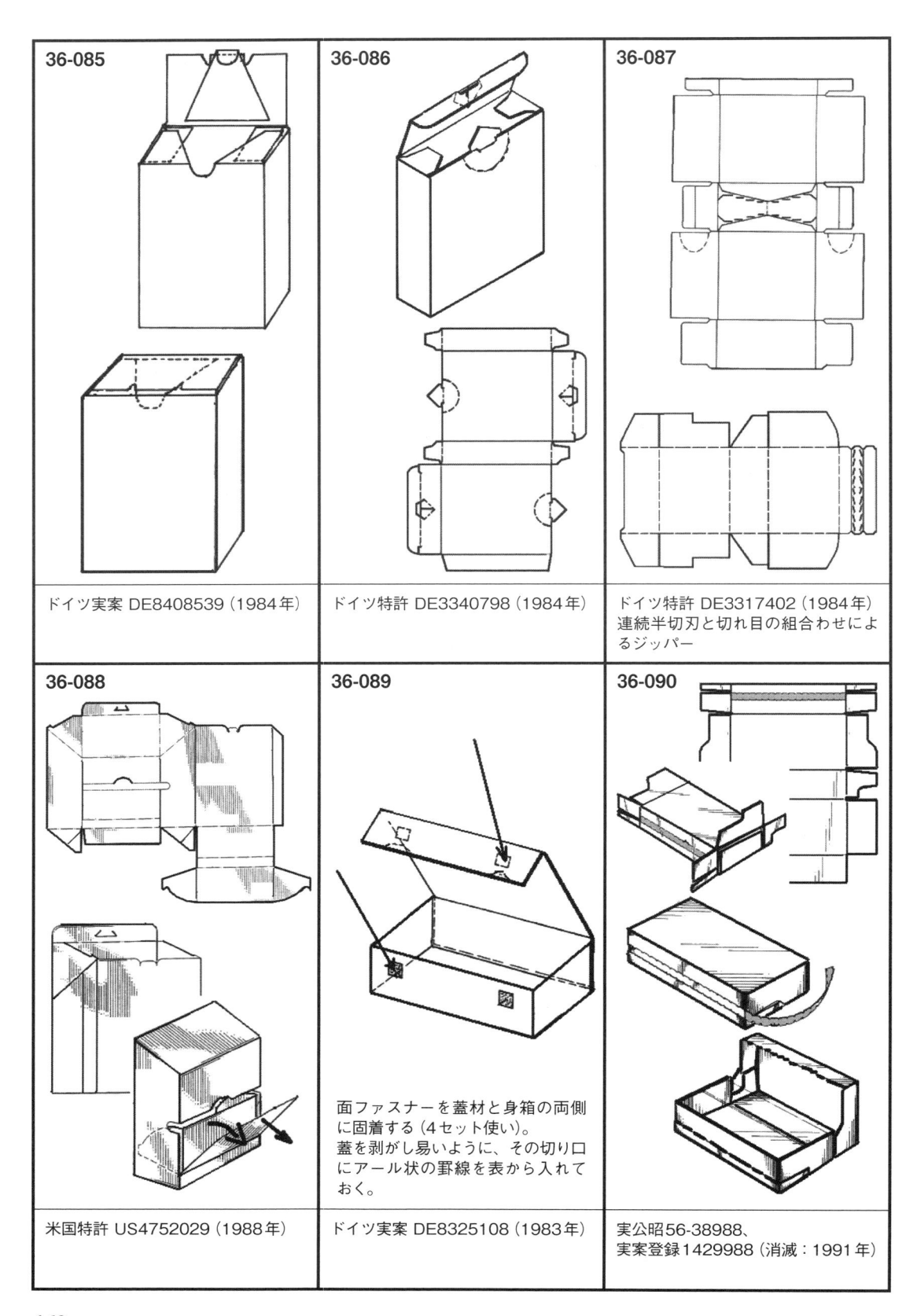

36-085	**36-086**	**36-087**
ドイツ実案 DE8408539（1984年）	ドイツ特許 DE3340798（1984年）	ドイツ特許 DE3317402（1984年）連続半切刃と切れ目の組合わせによるジッパー
36-088	**36-089** 面ファスナーを蓋材と身箱の両側に固着する（4セット使い）。 蓋を剥がし易いように、その切り口にアール状の罫線を表から入れておく。	**36-090**
米国特許 US4752029（1988年）	ドイツ実案 DE8325108（1983年）	実公昭56-38988、 実案登録1429988（消滅：1991年）

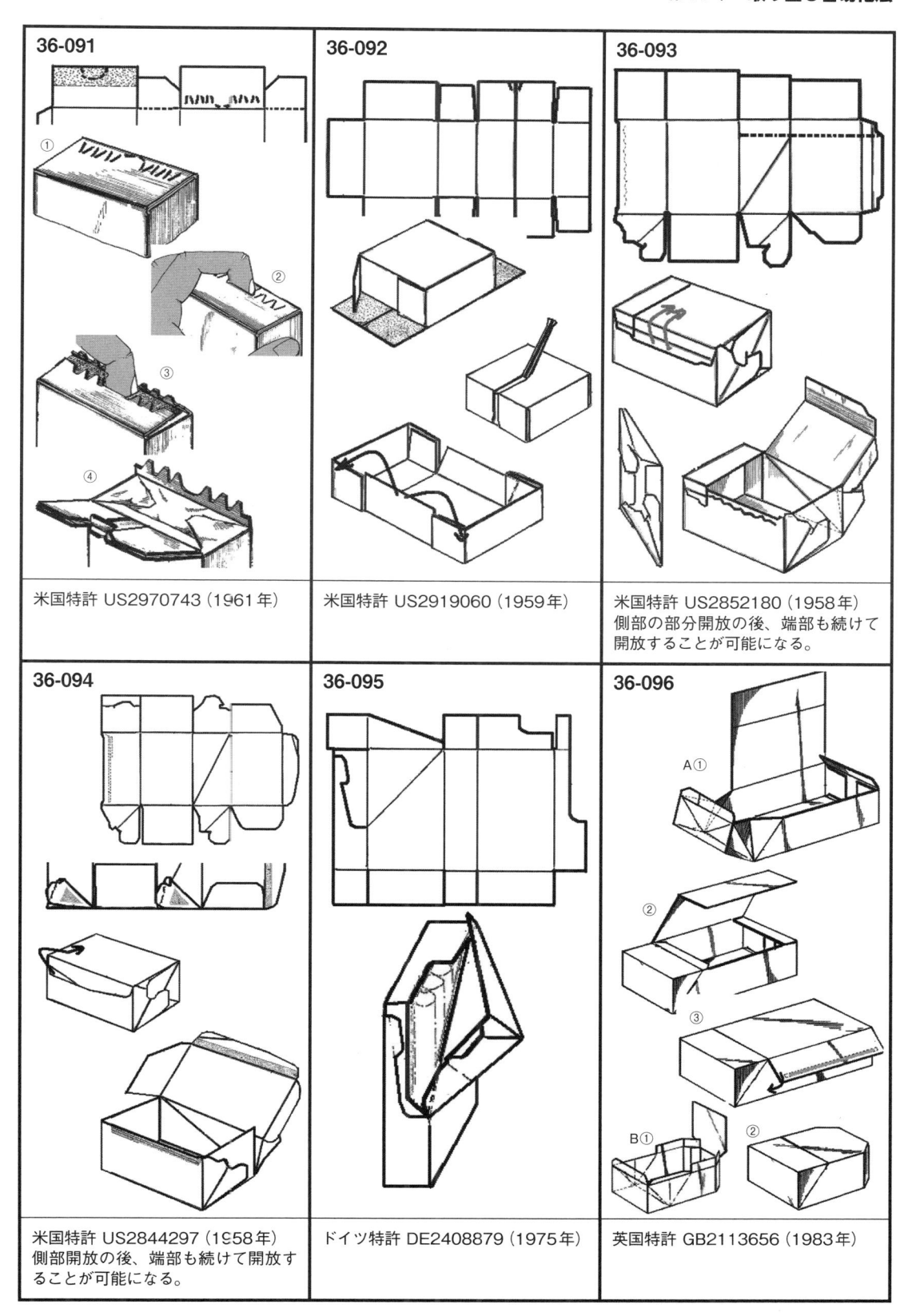

36-091

米国特許 US2970743（1961 年）

36-092

米国特許 US2919060（1959 年）

36-093

米国特許 US2852180（1958 年）
側部の部分開放の後、端部も続けて
開放することが可能になる。

36-094

米国特許 US2844297（1958 年）
側部開放の後、端部も続けて開放す
ることが可能になる。

36-095

ドイツ特許 DE2408879（1975 年）

36-096

英国特許 GB2113656（1983 年）

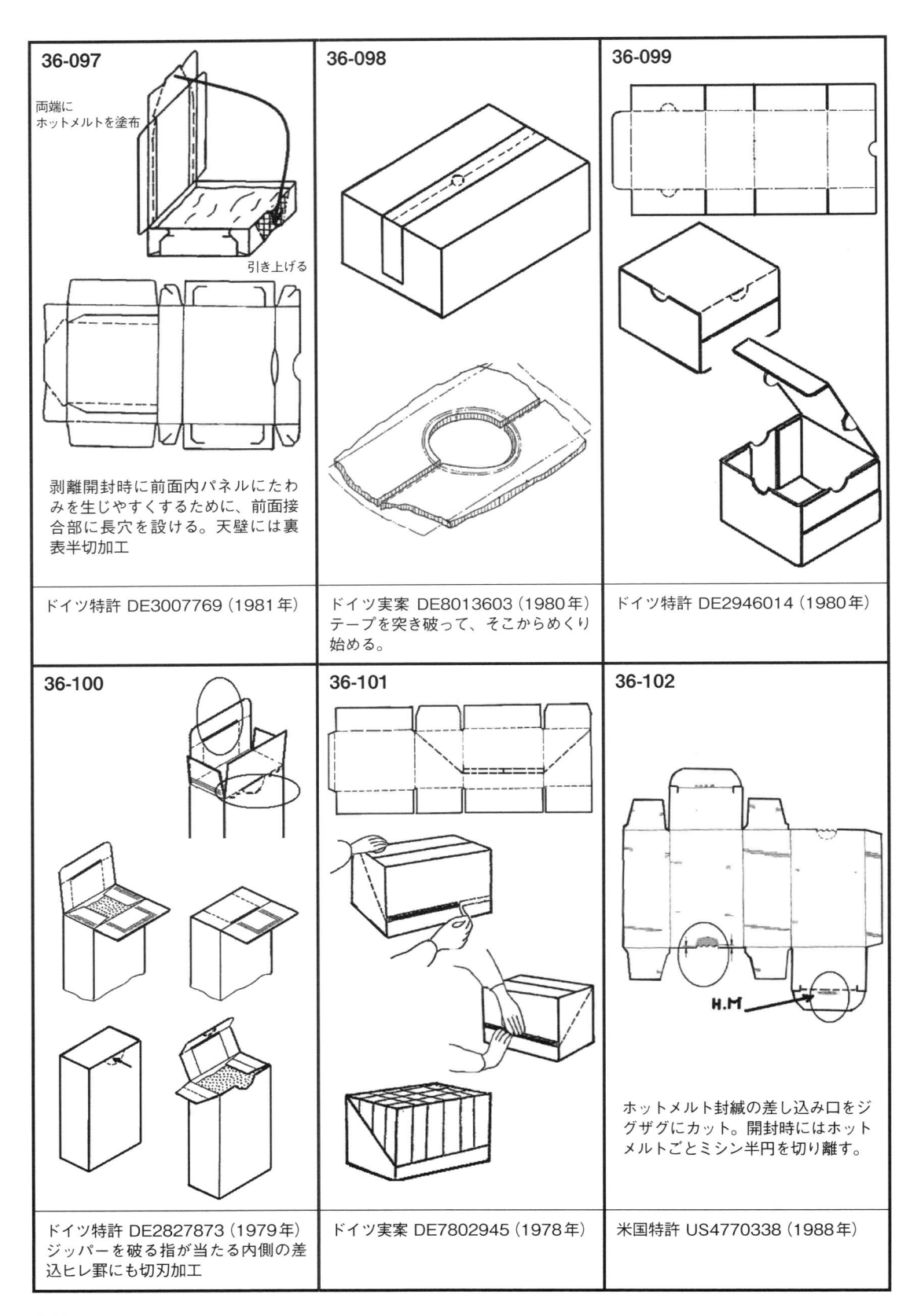

36-097

両端に
ホットメルトを塗布

引き上げる

剥離開封時に前面内パネルにたわみを生じやすくするために、前面接合部に長穴を設ける。天壁には裏表半切加工

ドイツ特許 DE3007769（1981 年）

36-098

ドイツ実案 DE8013603（1980 年）
テープを突き破って、そこからめくり始める。

36-099

ドイツ特許 DE2946014（1980 年）

36-100

ドイツ特許 DE2827873（1979 年）
ジッパーを破る指が当たる内側の差込ヒレ罫にも切刃加工

36-101

ドイツ実案 DE7802945（1978 年）

36-102

H.M

ホットメルト封緘の差し込み口をジグザグにカット。開封時にはホットメルトごとミシン半円を切り離す。

米国特許 US4770338（1988 年）

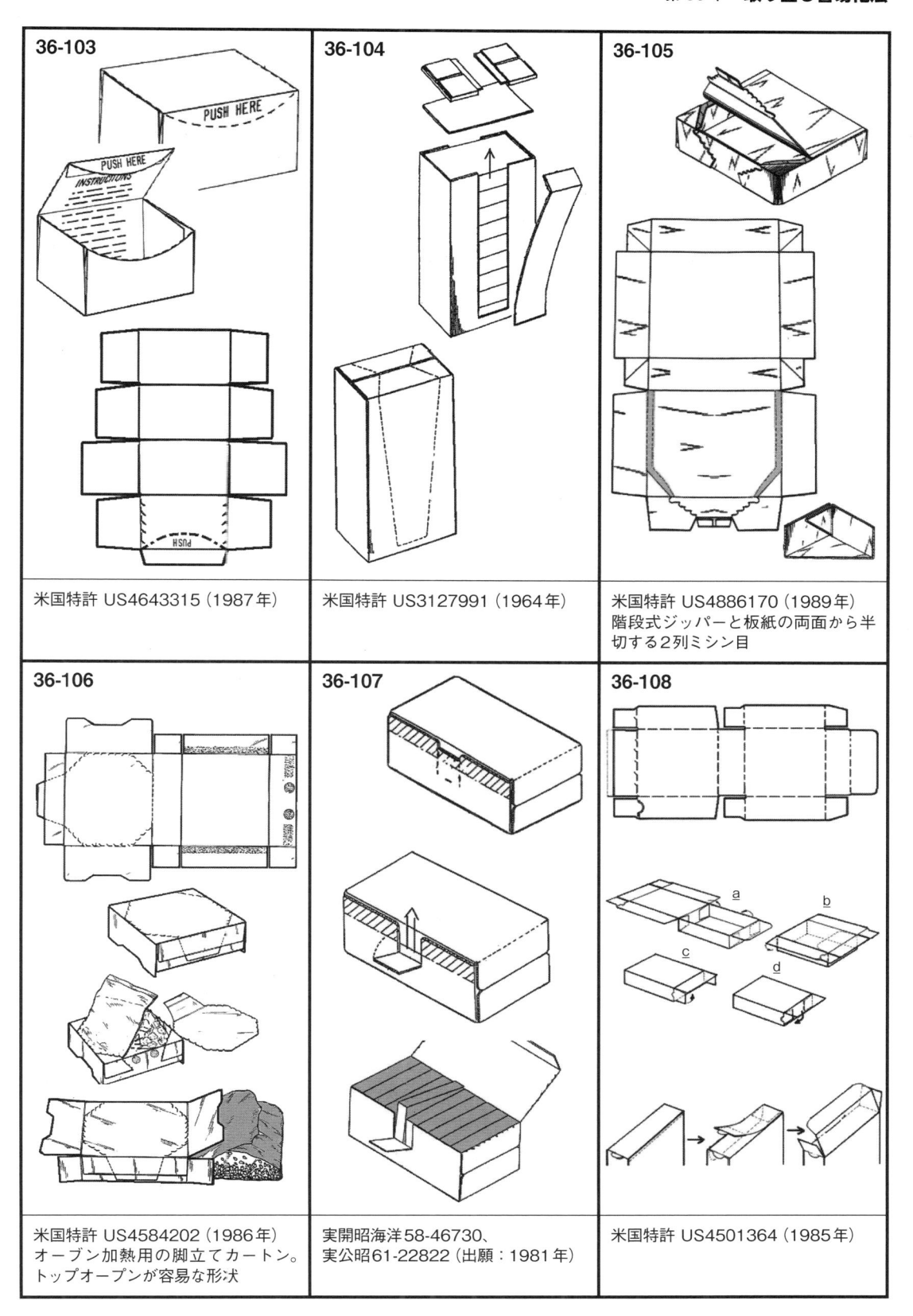

36-103

米国特許 US4643315（1987年）

36-104

米国特許 US3127991（1964年）

36-105

米国特許 US4886170（1989年）
階段式ジッパーと板紙の両面から半切する2列ミシン目

36-106

米国特許 US4584202（1986年）
オーブン加熱用の脚立てカートン。トップオープンが容易な形状

36-107

実開昭海洋58-46730、
実公昭61-22822（出願：1981年）

36-108

米国特許 US4501364（1985年）

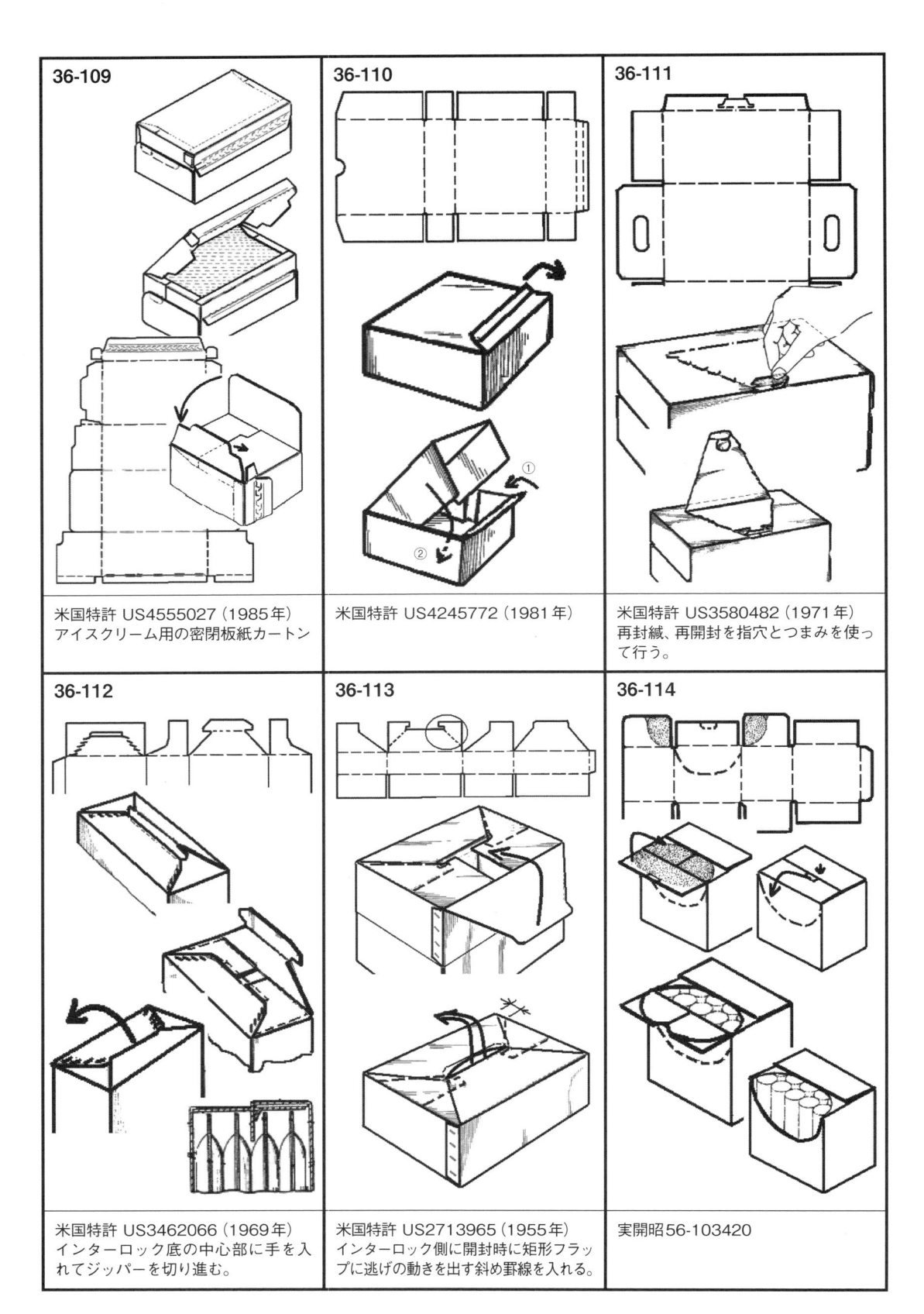

36-109

米国特許 US4555027（1985年）
アイスクリーム用の密閉板紙カートン

36-110

米国特許 US4245772（1981年）

36-111

米国特許 US3580482（1971年）
再封緘、再開封を指穴とつまみを使って行う。

36-112

米国特許 US3462066（1969年）
インターロック底の中心部に手を入れてジッパーを切り進む。

36-113

米国特許 US2713965（1955年）
インターロック側に開封時に矩形フラップに逃げの動きを出す斜め罫線を入れる。

36-114

実開昭56-103420

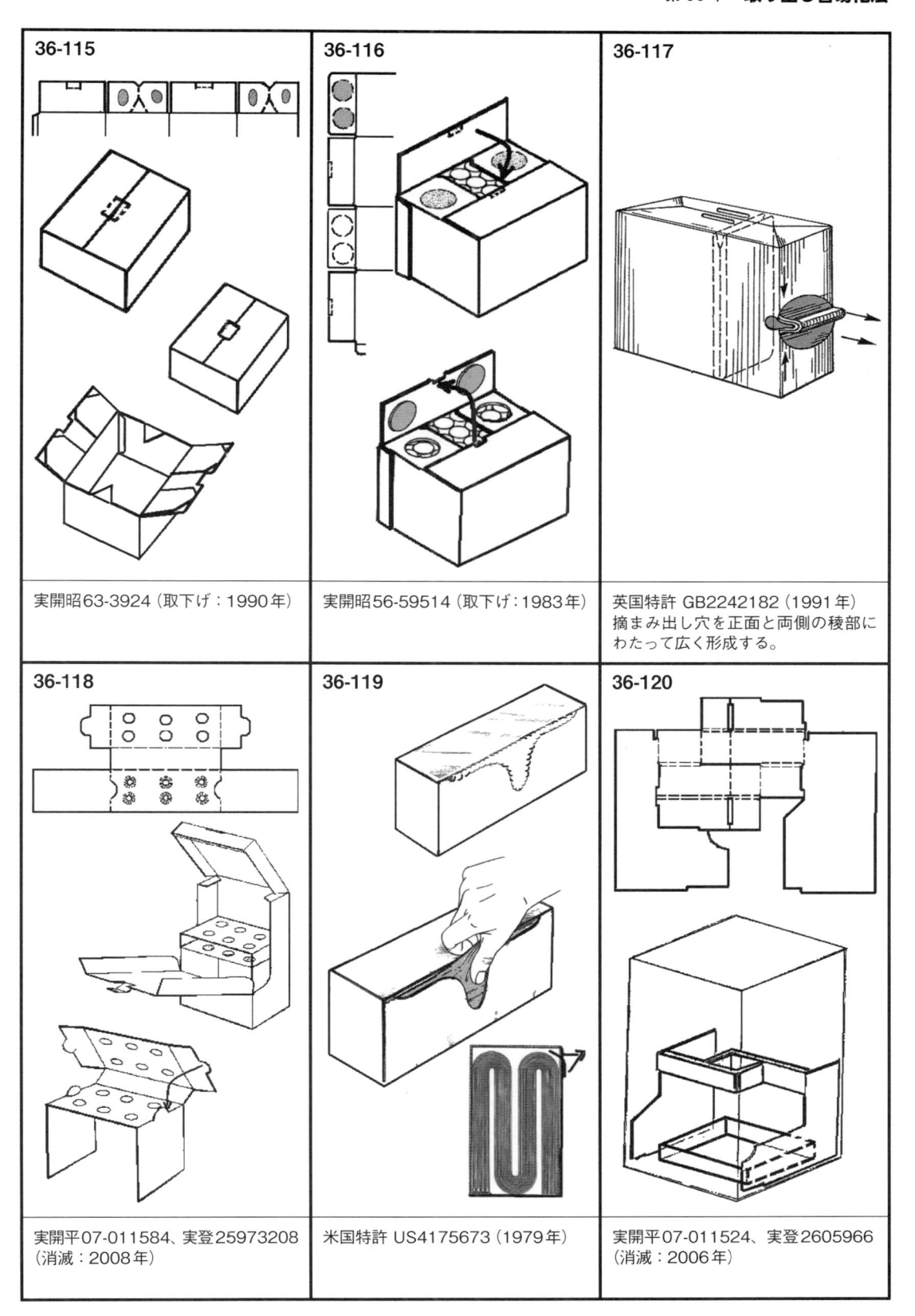

36-115

実開昭63-3924（取下げ：1990年）

36-116

実開昭56-59514（取下げ：1983年）

36-117

英国特許 GB2242182（1991年）
摘まみ出し穴を正面と両側の稜部に
わたって広く形成する。

36-118

実開平07-011584、実登25973208
（消滅：2008年）

36-119

米国特許 US4175673（1979年）

36-120

実開平07-011524、実登2605966
（消滅：2006年）

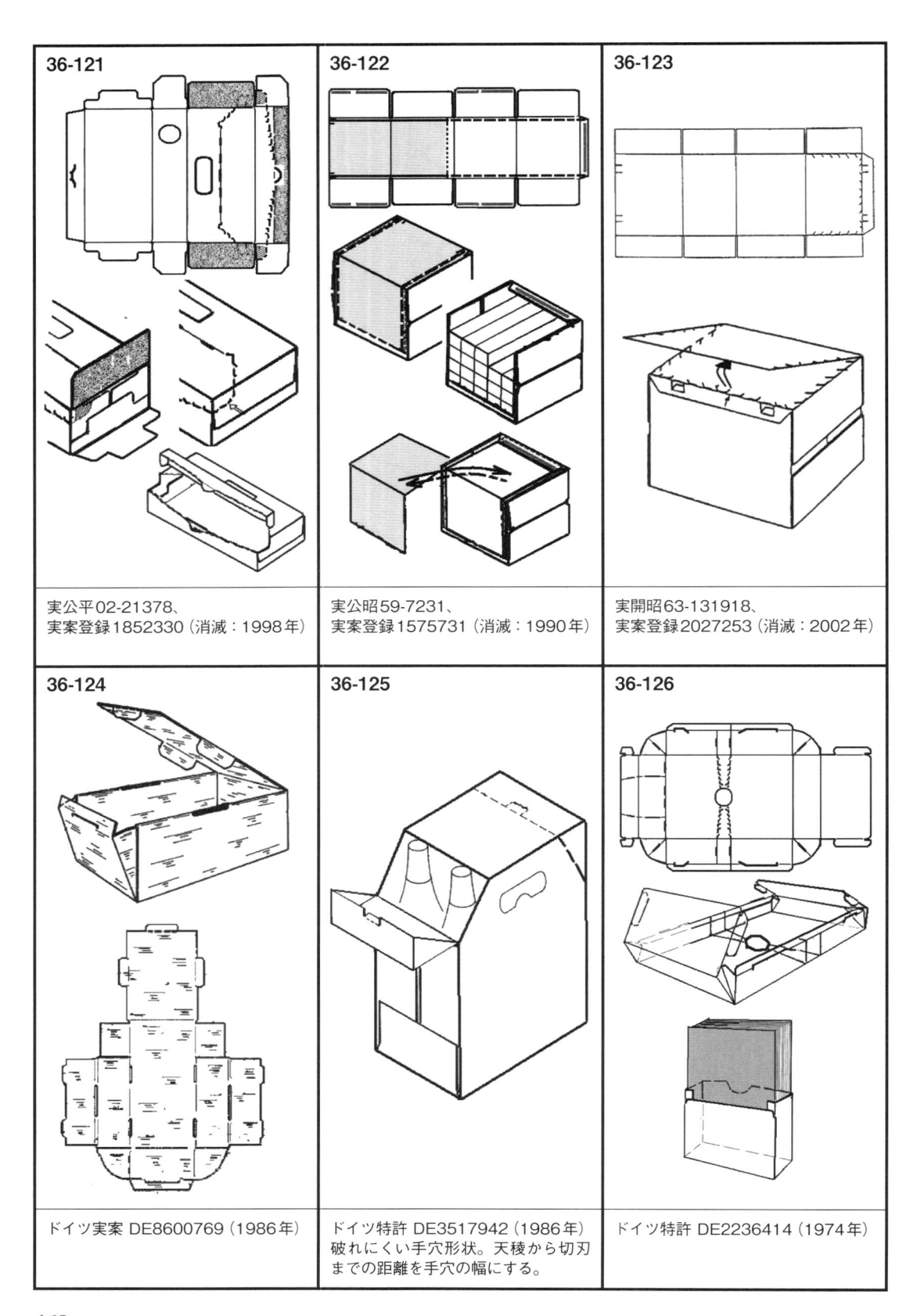

36-121

実公平02-21378、
実案登録1852330（消滅：1998年）

36-122

実公昭59-7231、
実案登録1575731（消滅：1990年）

36-123

実開昭63-131918、
実案登録2027253（消滅：2002年）

36-124

ドイツ実案 DE8600769（1986年）

36-125

ドイツ特許 DE3517942（1986年）
破れにくい手穴形状。天稜から切刃
までの距離を手穴の幅にする。

36-126

ドイツ特許 DE2236414（1974年）

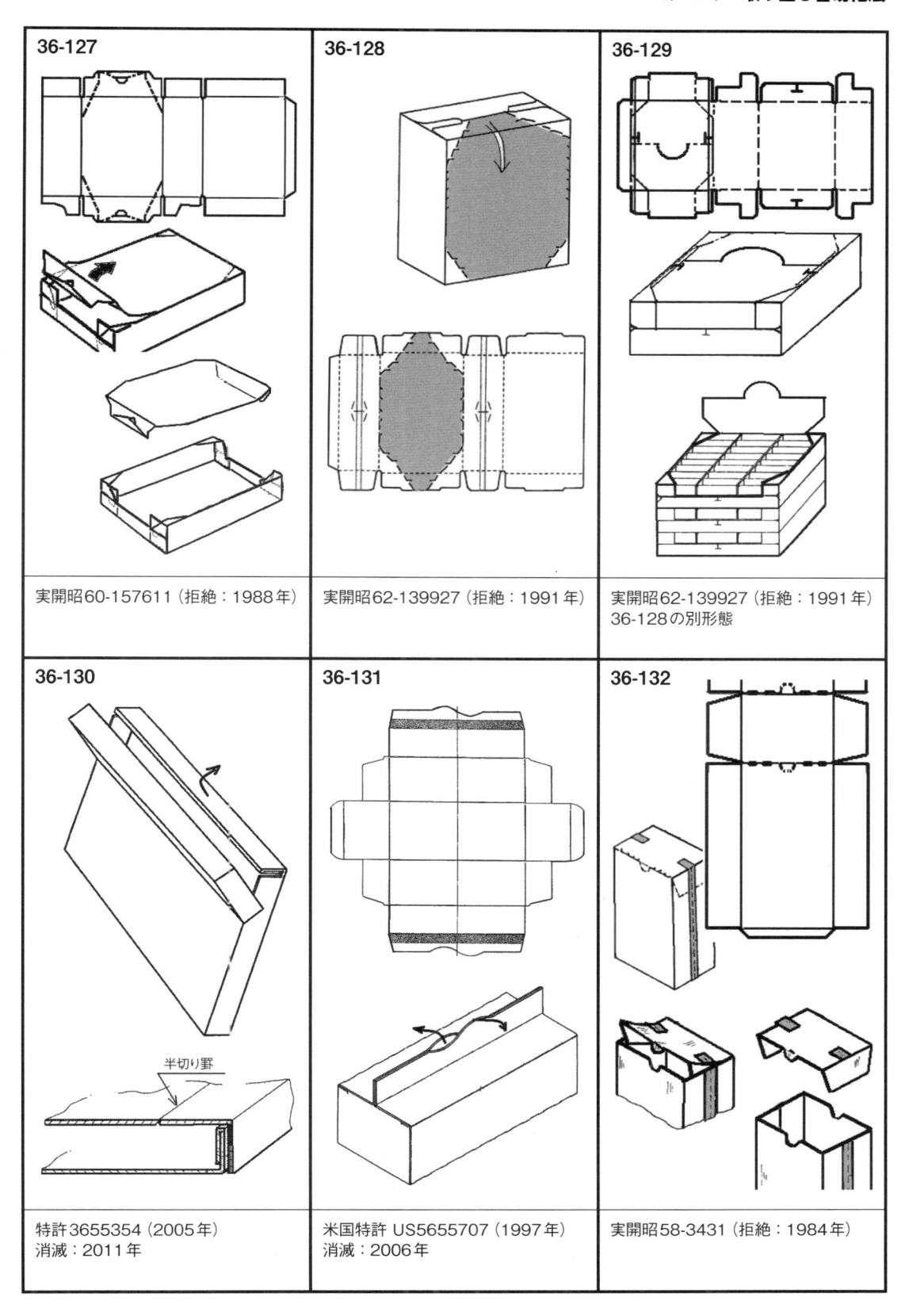

36-127	36-128	36-129
実開昭60-157611（拒絶：1988年）	実開昭62-139927（拒絶：1991年）	実開昭62-139927（拒絶：1991年） 36-128の別形態

36-130	36-131	36-132
特許3655354（2005年） 消滅：2011年	米国特許 US5655707（1997年） 消滅：2006年	実開昭58-3431（拒絶：1984年）

半切り罫

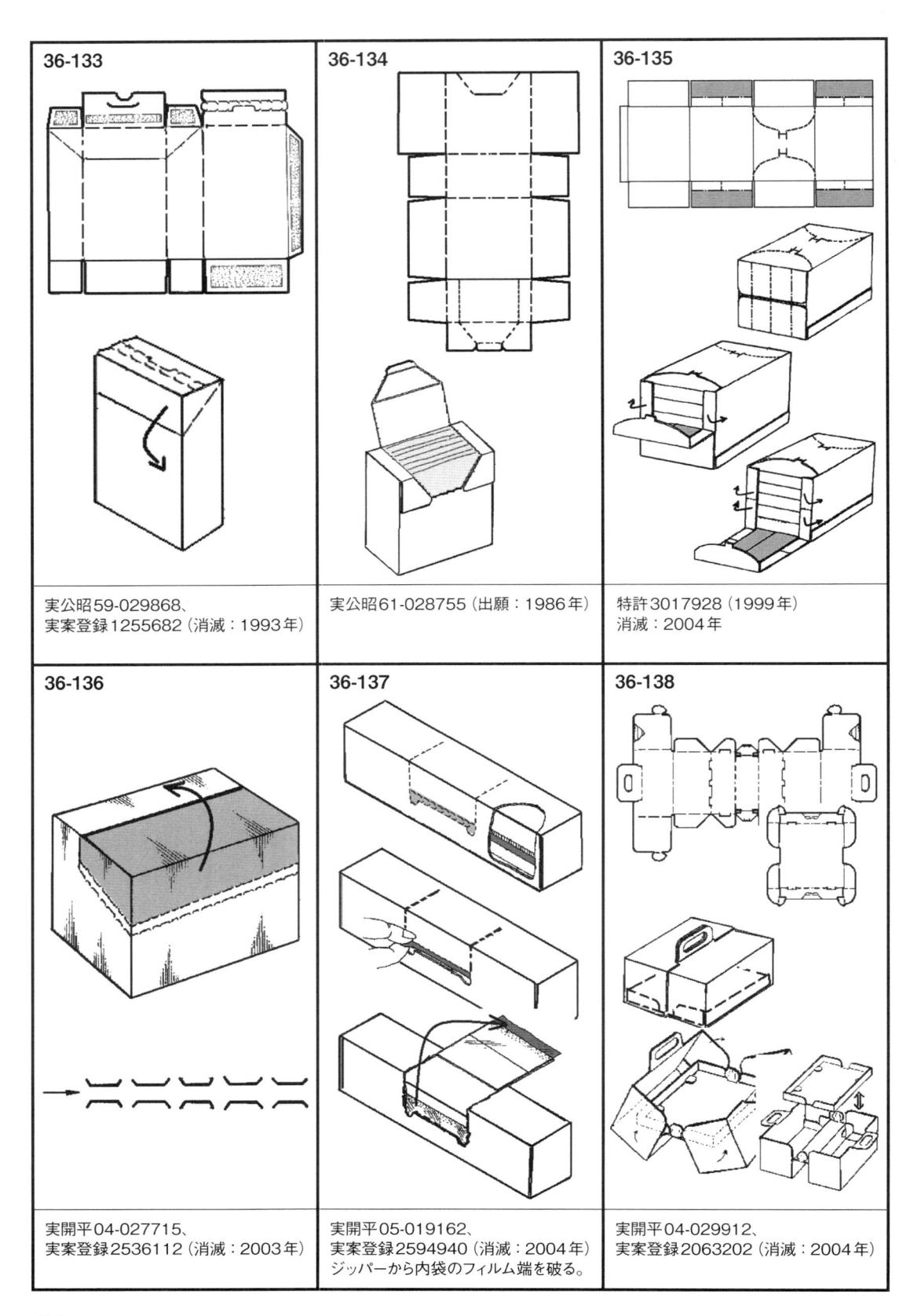

36-133	36-134	36-135
実公昭59-029868、 実案登録1255682（消滅：1993年）	実公昭61-028755（出願：1986年）	特許3017928（1999年） 消滅：2004年

36-136	36-137	36-138
実開平04-027715、 実案登録2536112（消滅：2003年）	実開平05-019162、 実案登録2594940（消滅：2004年） ジッパーから内袋のフィルム端を破る。	実開平04-029912、 実案登録2063202（消滅：2004年）

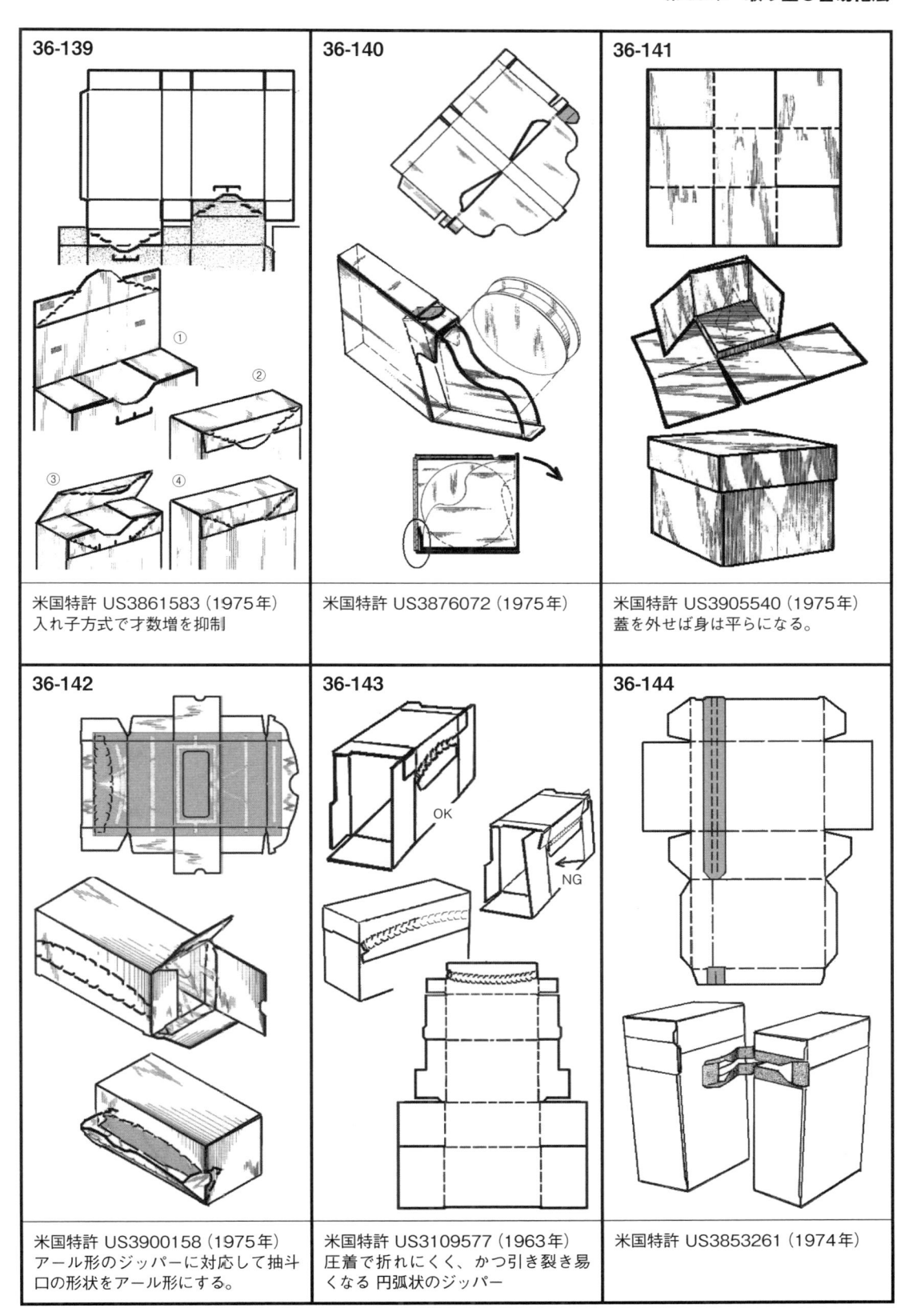

36-139

①　②　③　④

米国特許 US3861583（1975年）
入れ子方式で才数増を抑制

36-140

米国特許 US3876072（1975年）

36-141

米国特許 US3905540（1975年）
蓋を外せば身は平らになる。

36-142

米国特許 US3900158（1975年）
アール形のジッパーに対応して抽斗
口の形状をアール形にする。

36-143

OK

NG

米国特許 US3109577（1963年）
圧着で折れにくく、かつ引き裂き易
くなる 円弧状のジッパー

36-144

米国特許 US3853261（1974年）

36-145

米国特許 US3835989（1974年）
差込み片に折込み爪をつけて窓開け時に内フラップに掛かるストッパーにする。

36-146

米国特許 US3771714（1973年）
収納物の出し入れが容易になる。

36-147

折り返して製函

前面のシール部をジッパーカットしてオープン

米国特許 US3758023（1973年）
ジッパー端をつかみ易くする工夫

36-148

胴側からジッパーを引き上げ、トップ面を引き破ると、ホットメルト接着部が破壊されて、一つの動作で開封できる。

実開昭64-47669、
実案登録2021851（消滅：2002年）

36-149

米国特許 US3627541（1971年）
マンドレルを使用。天の差し込みを解除すると完全オープン

36-150

米国特許 US3625395（1971年）

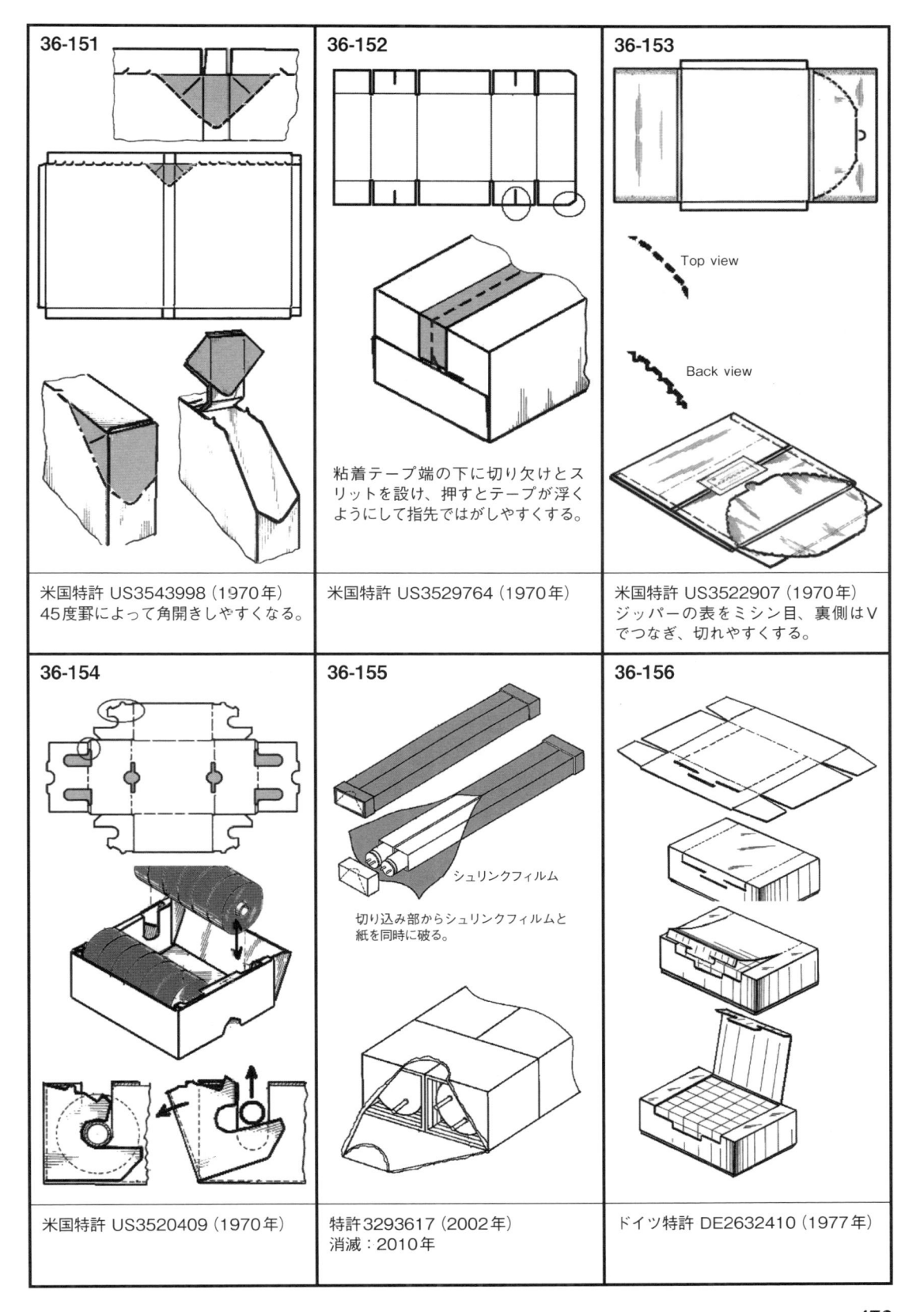

36-151

米国特許 US3543998（1970年）
45度罫によって角開きしやすくなる。

36-152

粘着テープ端の下に切り欠けとスリットを設け、押すとテープが浮くようにして指先ではがしやすくする。

米国特許 US3529764（1970年）

36-153

Top view

Back view

米国特許 US3522907（1970年）
ジッパーの表をミシン目、裏側はV
でつなぎ、切れやすくする。

36-154

米国特許 US3520409（1970年）

36-155

シュリンクフィルム

切り込み部からシュリンクフィルムと
紙を同時に破る。

特許 3293617（2002年）
消滅：2010年

36-156

ドイツ特許 DE2632410（1977年）

473

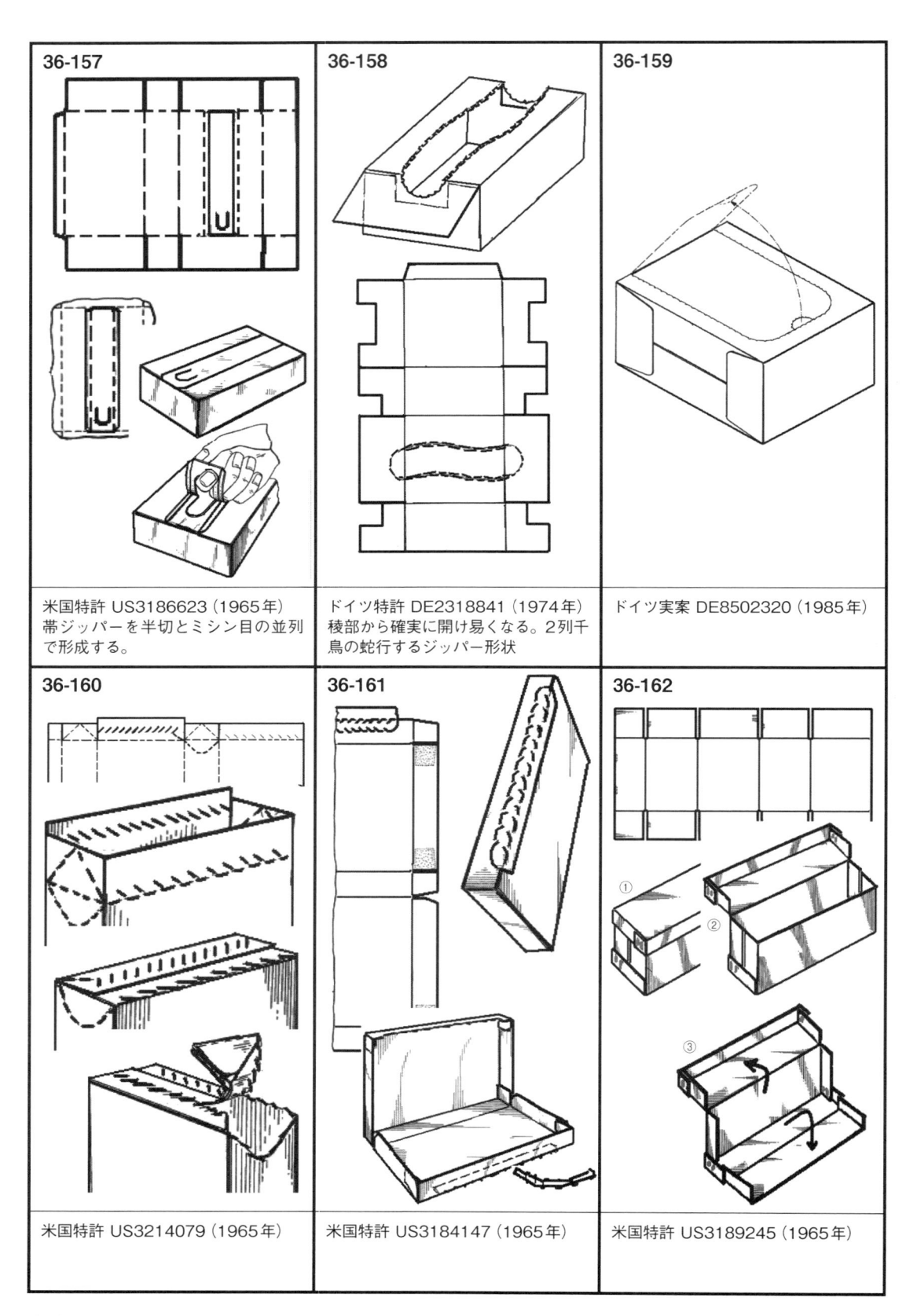

36-157

米国特許 US3186623（1965年）
帯ジッパーを半切とミシン目の並列
で形成する。

36-158

ドイツ特許 DE2318841（1974年）
稜部から確実に開け易くなる。2列千
鳥の蛇行するジッパー形状

36-159

ドイツ実案 DE8502320（1985年）

36-160

米国特許 US3214079（1965年）

36-161

米国特許 US3184147（1965年）

36-162

米国特許 US3189245（1965年）

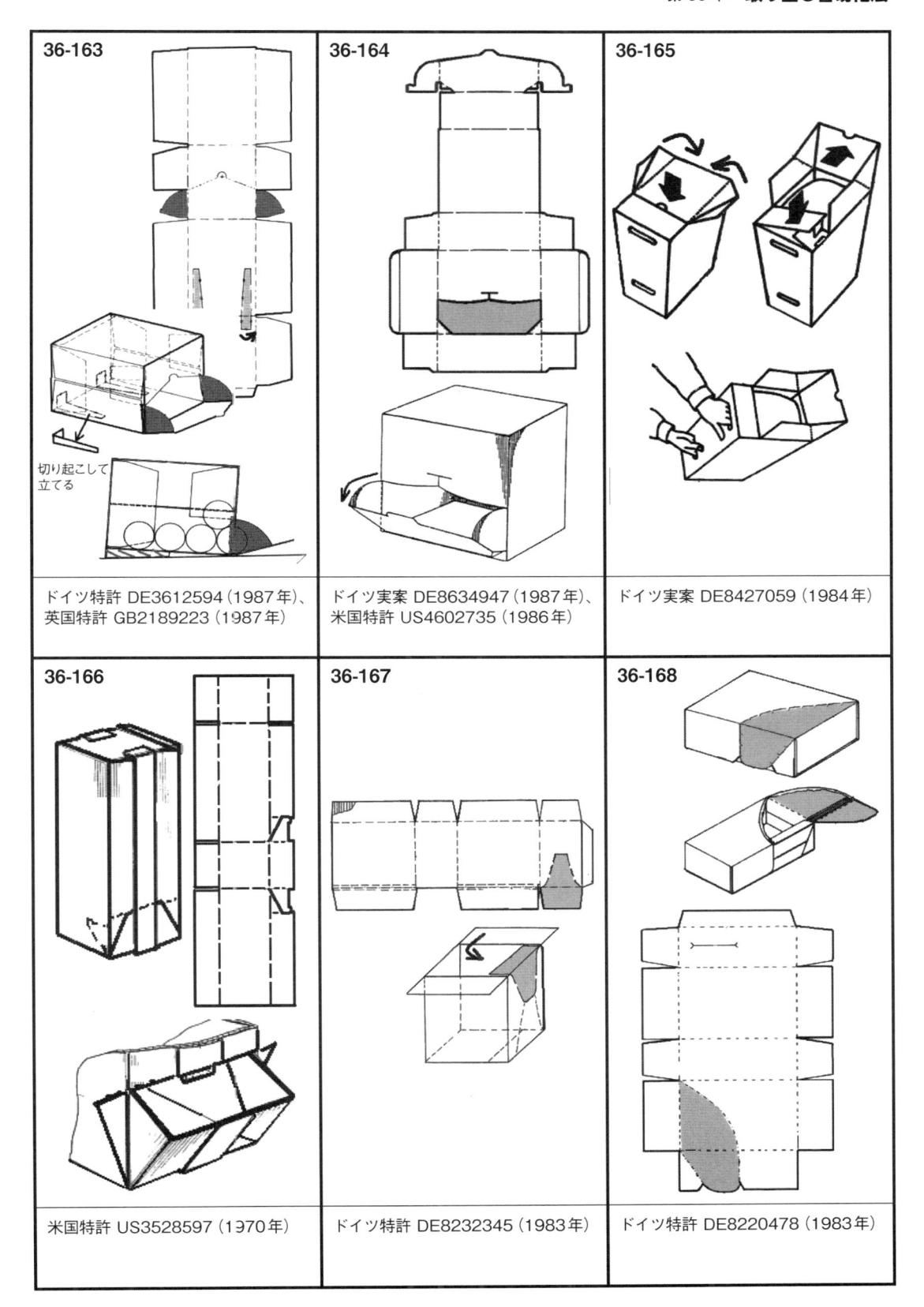

36-163

切り起こして
立てる

ドイツ特許 DE3612594（1987年）、
英国特許 GB2189223（1987年）

36-164

ドイツ実案 DE8634947（1987年）、
米国特許 US4602735（1986年）

36-165

ドイツ実案 DE8427059（1984年）

36-166

米国特許 US3528597（1970年）

36-167

ドイツ特許 DE8232345（1983年）

36-168

ドイツ特許 DE8220478（1983年）

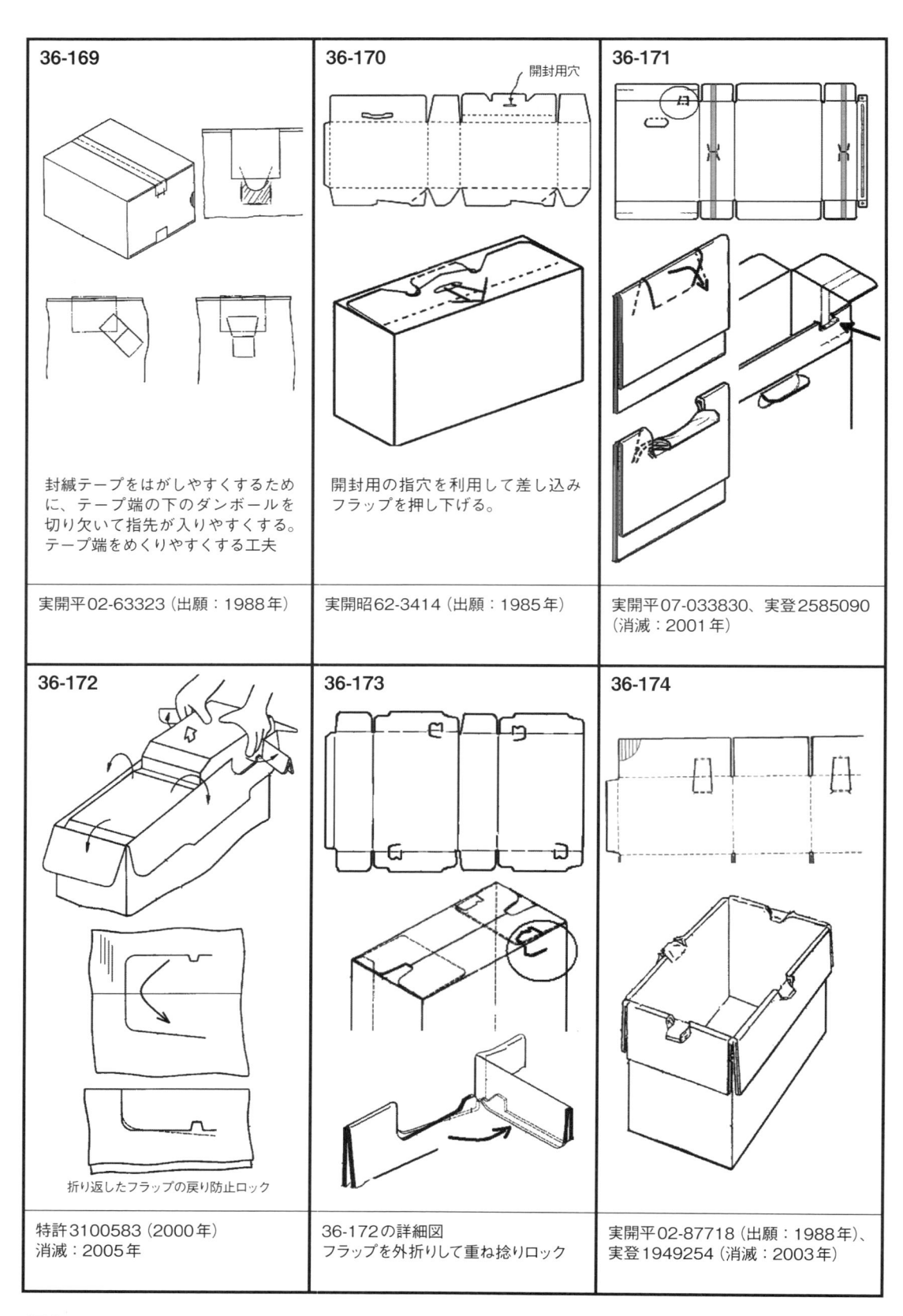

36-169

封緘テープをはがしやすくするために、テープ端の下のダンボールを切り欠いて指先が入りやすくする。テープ端をめくりやすくする工夫

実開平02-63323（出願：1988年）

36-170

開封用穴

開封用の指穴を利用して差し込みフラップを押し下げる。

実開昭62-3414（出願：1985年）

36-171

実開平07-033830、実登2585090
（消滅：2001年）

36-172

折り返したフラップの戻り防止ロック

特許3100583（2000年）
消滅：2005年

36-173

36-172の詳細図
フラップを外折りして重ね捻りロック

36-174

実開平02-87718（出願：1988年）、
実登1949254（消滅：2003年）

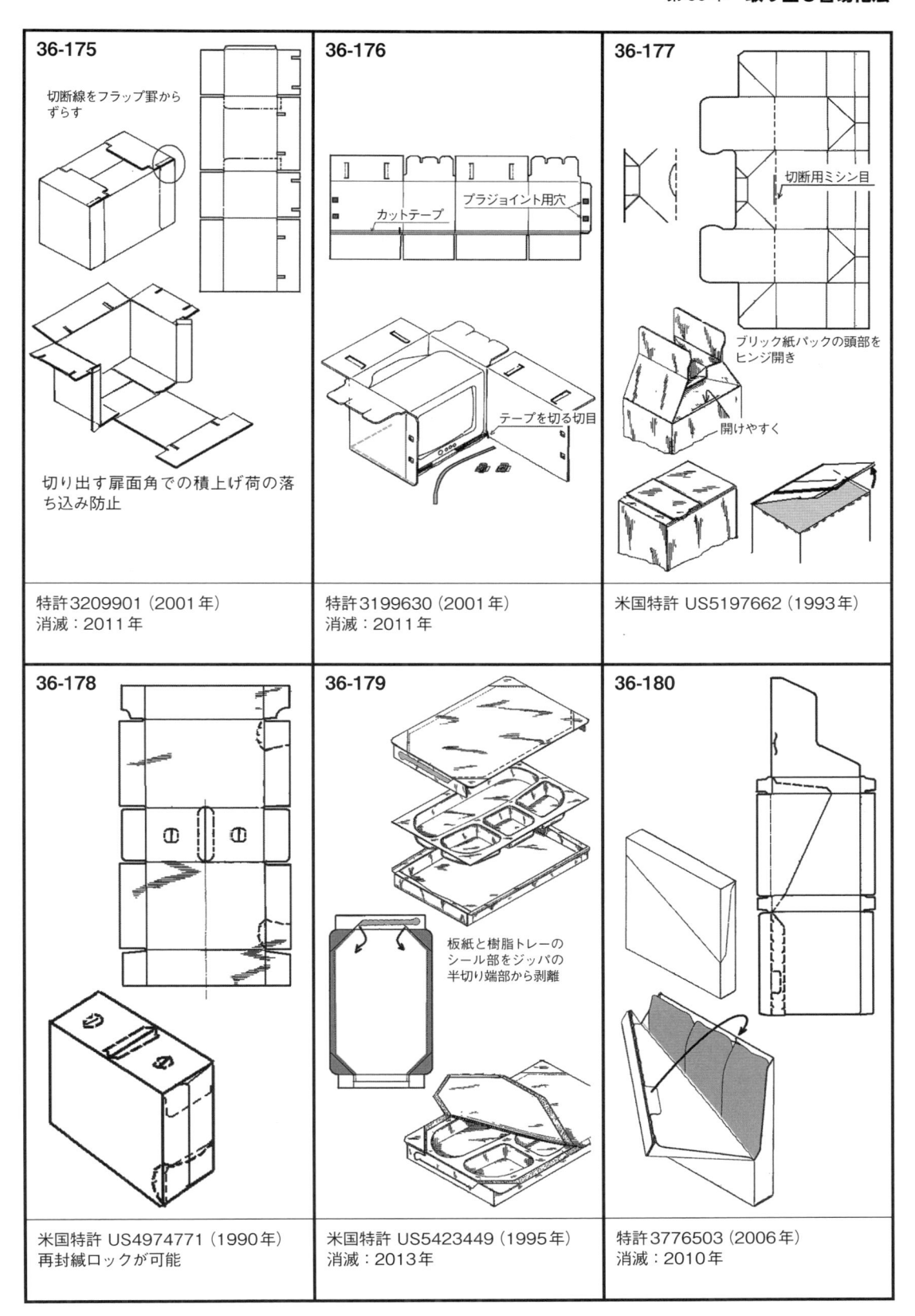

36-175

切断線をフラップ罫からずらす

切り出す扉面角での積上げ荷の落ち込み防止

特許 3209901（2001 年）
消滅：2011 年

36-176

プラジョイント用穴

カットテープ

テープを切る切目

特許 3199630（2001 年）
消滅：2011 年

36-177

切断用ミシン目

ブリック紙パックの頭部をヒンジ開き

開けやすく

米国特許 US5197662（1993 年）

36-178

米国特許 US4974771（1990 年）
再封緘ロックが可能

36-179

板紙と樹脂トレーのシール部をジッパの半切り端部から剥離

米国特許 US5423449（1995 年）
消滅：2013 年

36-180

特許 3776503（2006 年）
消滅：2010 年

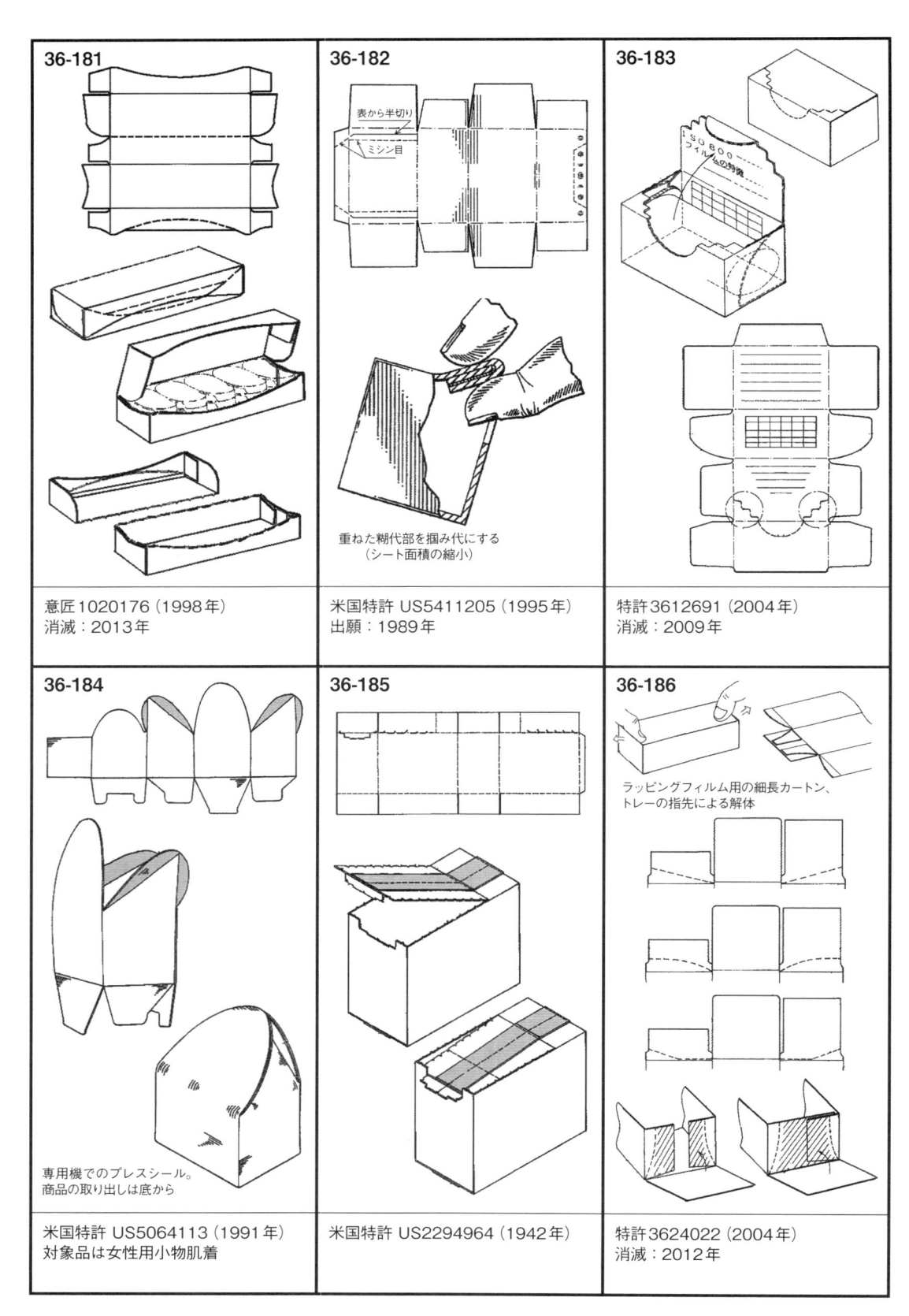

36-181

意匠 1020176（1998年）
消滅：2013年

36-182

表から半切り
ミシン目

重ねた糊代部を掴み代にする
（シート面積の縮小）

米国特許 US5411205（1995年）
出願：1989年

36-183

ISO800
フィルムの特質

特許 3612691（2004年）
消滅：2009年

36-184

専用機でのプレスシール。
商品の取り出しは底から

米国特許 US5064113（1991年）
対象品は女性用小物肌着

36-185

米国特許 US2294964（1942年）

36-186

ラッピングフィルム用の細長カートン、
トレーの指先による解体

特許 3624022（2004年）
消滅：2012年

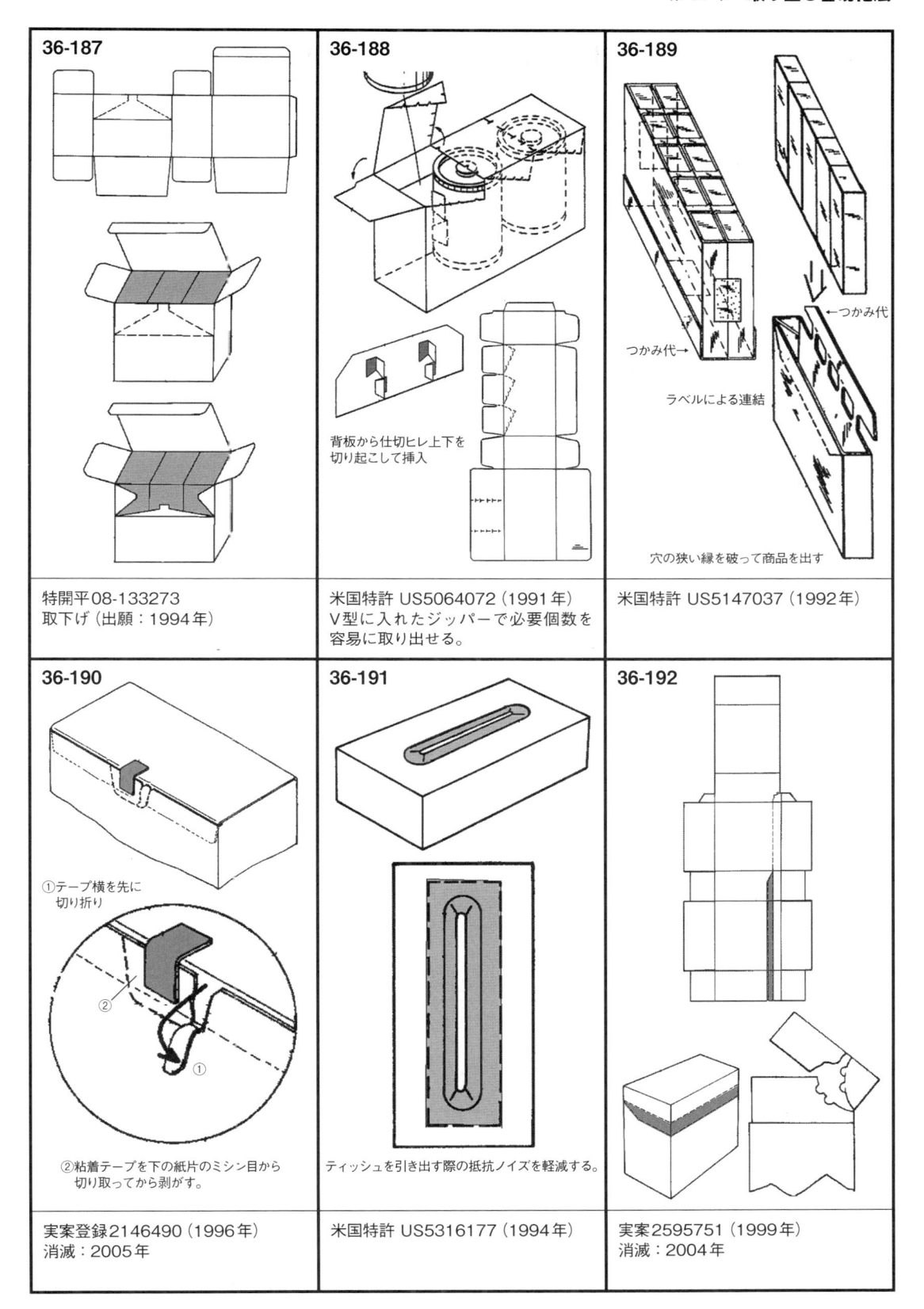

36-187

特開平08-133273
取下げ（出願：1994年）

36-188

背板から仕切ヒレ上下を
切り起こして挿入

米国特許 US5064072（1991年）
V型に入れたジッパーで必要個数を
容易に取り出せる。

36-189

つかみ代→

←つかみ代

ラベルによる連結

穴の狭い縁を破って商品を出す

米国特許 US5147037（1992年）

36-190

①テープ横を先に
　切り折り

②

①

②粘着テープを下の紙片のミシン目から
　切り取ってから剥がす。

実案登録2146490（1996年）
消滅：2005年

36-191

ティッシュを引き出す際の抵抗ノイズを軽減する。

米国特許 US5316177（1994年）

36-192

実案2595751（1999年）
消滅：2004年

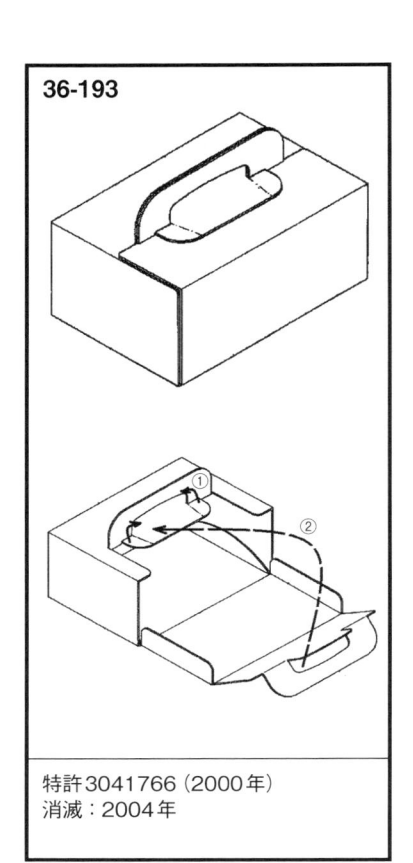

36-193

特許3041766（2000年）
消滅：2004年

36「取り出し容易化法」関連リスト					
01-012	04-007	05-021	12-046	22-016	33-014
01-014	04-010	05-034	15-001	22-043	34-013
01-022	04-011	07-005	17-020	25-010	35-025
01-040	04-012	07-028	17-081	25-036	35-032
01-052	04-013	07-043	18-009	26-018	35-070
01-088	04-014	08-024	18-018	26-023	35-072
01-089	04-015	09-010	18-022	27-101	37-009
01-105	04-020	09-013	18-024	28-068	37-013
01-106	04-022	09-024	18-026	28-084	38-017
01-117	04-023	09-002	18-027	31-048	39-004
04-003	04-038	09-019	19-012	31-073	39-044
04-004	04-049	09-042	19-016	31-080	
04-005	05-001	09-046	20-012	31-081	
04-006	05-020	10-005	20-033	31-121	

37

解体容易化法

　解体容易化の分野は、箱を平板の状態にまで簡便に解体できるものに絞ってまとめている。

　容器として完成している箱に対して折り畳むために補助罫を入れる、稜部を破る、またはパネル中央をジッパー等の手法で切り裂いて平面化する。この機能付与によって、解体された容器は再生資源として搬出まで束ねておけるようになる。

　これらの解体手法を採用すると箱強度はかなり低下するため、物流・保管を含めたトータルの包装設計を行って解体容易性とのバランスをいかにとるか、または部分的な補強を行うことがポイントになる。

　環境に配慮するパッケージを目指す方向性の中にあっては、この最終処理にまで目を配ることが求められる。ちなみにこの手法を検討する対象は、比較的解体が容易なワンタッチ箱、A-1箱、ラップラウンド箱を除く箱で、複雑な組立てを要するもの、または特殊な形状の箱になるであろう。

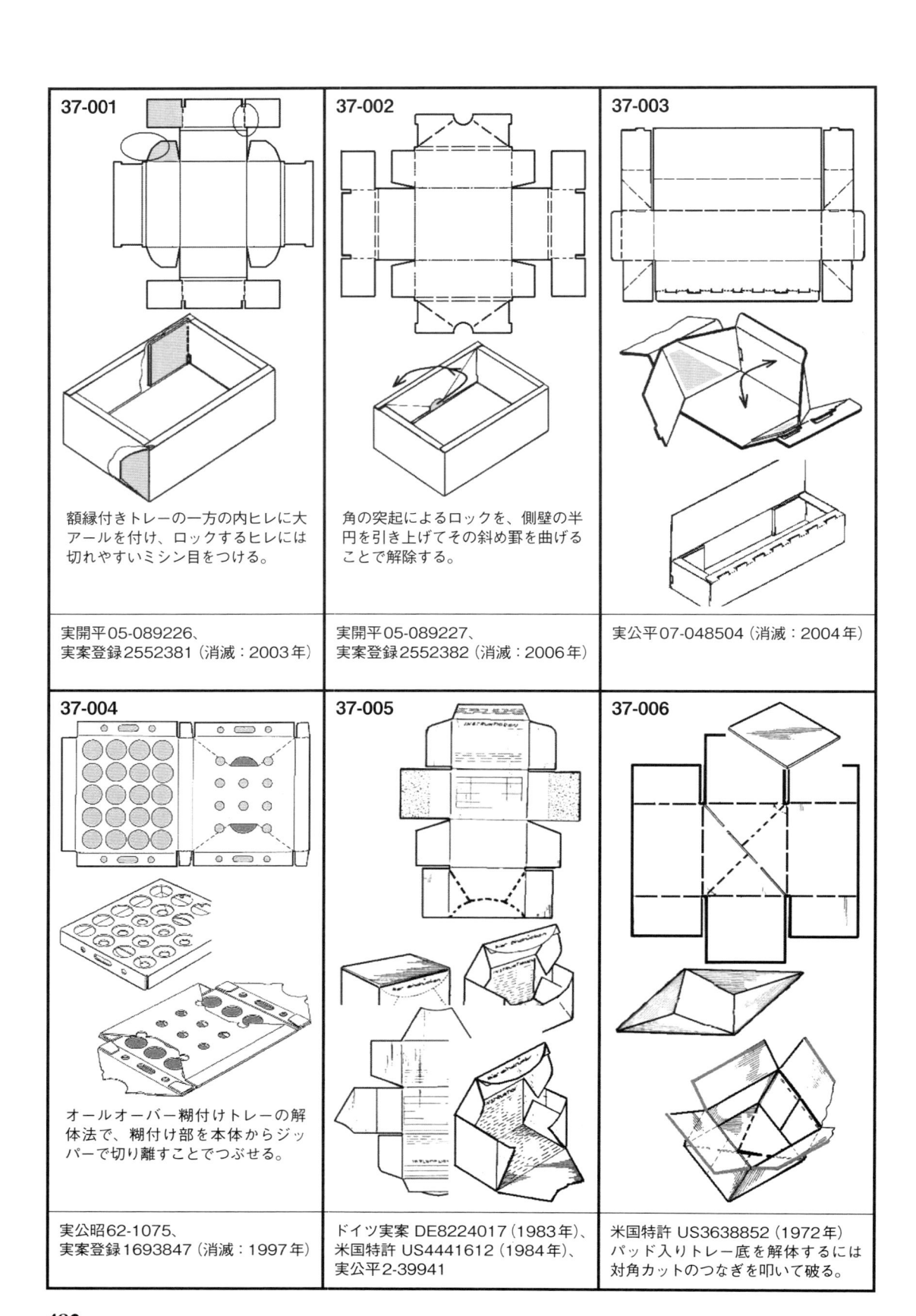

37-001

額縁付きトレーの一方の内ヒレに大アールを付け、ロックするヒレには切れやすいミシン目をつける。

実開平05-089226、
実案登録2552381（消滅：2003年）

37-002

角の突起によるロックを、側壁の半円を引き上げてその斜め罫を曲げることで解除する。

実開平05-089227、
実案登録2552382（消滅：2006年）

37-003

実公平07-048504（消滅：2004年）

37-004

オールオーバー糊付けトレーの解体法で、糊付け部を本体からジッパーで切り離すことでつぶせる。

実公昭62-1075、
実案登録1693847（消滅：1997年）

37-005

ドイツ実案 DE8224017（1983年）、
米国特許 US4441612（1984年）、
実公平2-39941

37-006

米国特許 US3638852（1972年）
パッド入りトレー底を解体するには対角カットのつなぎを叩いて破る。

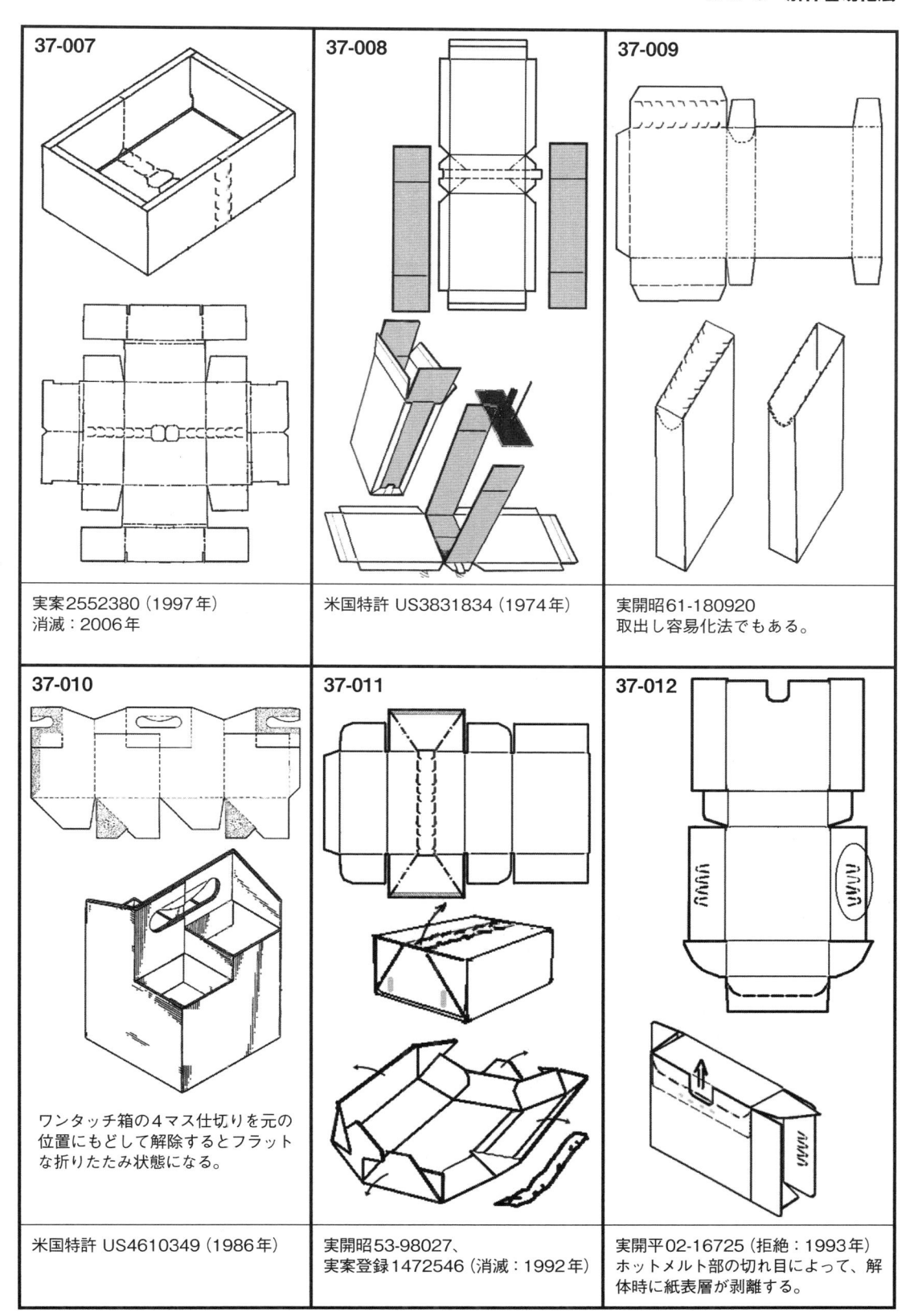

37-007

実案2552380（1997年）
消滅：2006年

37-008

米国特許 US3831834（1974年）

37-009

実開昭61-180920
取出し容易化法でもある。

37-010

ワンタッチ箱の4マス仕切りを元の
位置にもどして解除するとフラット
な折りたたみ状態になる。

米国特許 US4610349（1986年）

37-011

実開昭53-98027、
実案登録1472546（消滅：1992年）

37-012

実開平02-16725（拒絶：1993年）
ホットメルト部の切れ目によって、解
体時に紙表層が剥離する。

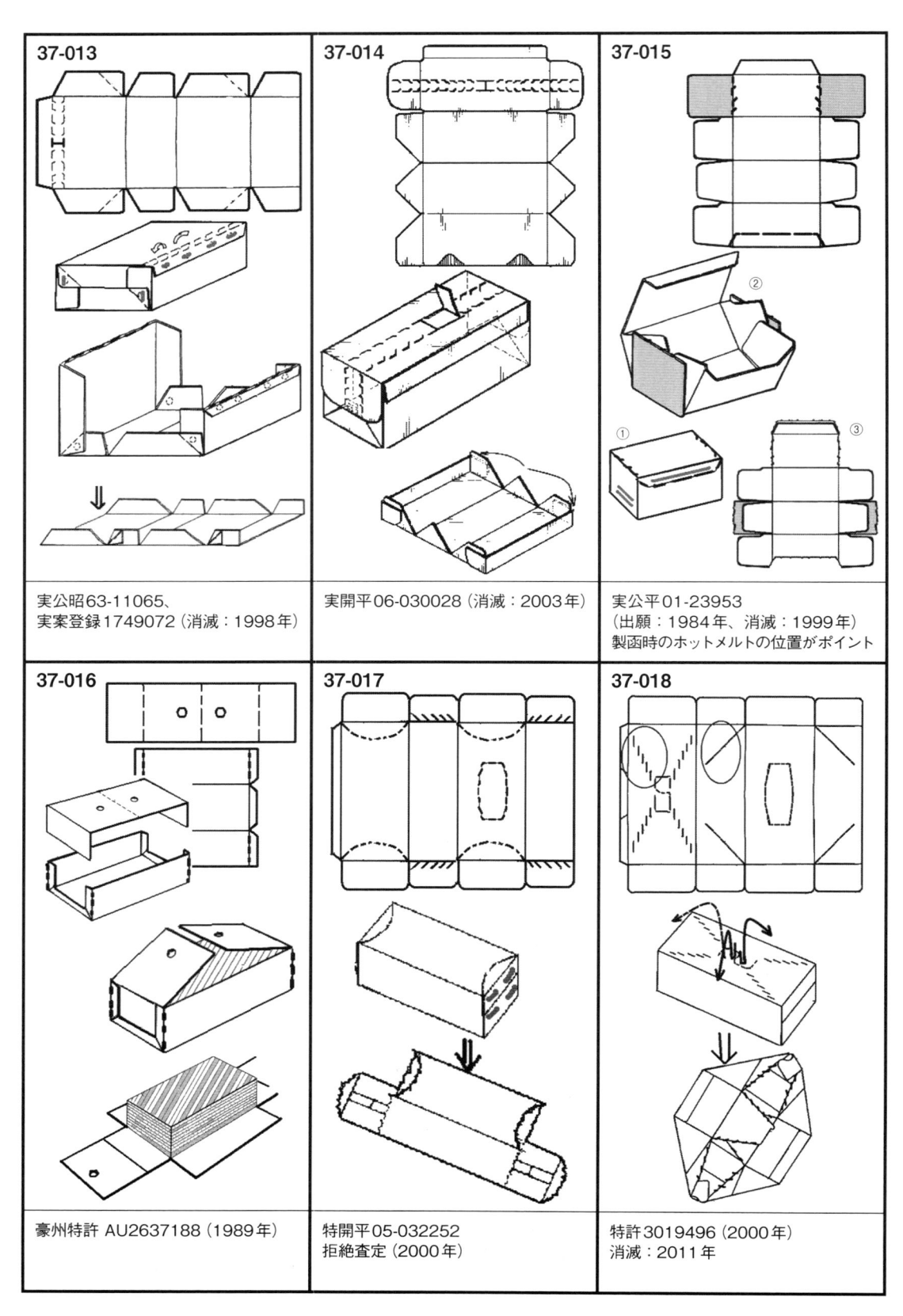

37-013

実公昭63-11065、
実案登録1749072（消滅：1998年）

37-014

実開平06-030028（消滅：2003年）

37-015

実公平01-23953
（出願：1984年、消滅：1999年）
製函時のホットメルトの位置がポイント

37-016

豪州特許 AU2637188（1989年）

37-017

特開平05-032252
拒絶査定（2000年）

37-018

特許3019496（2000年）
消滅：2011年

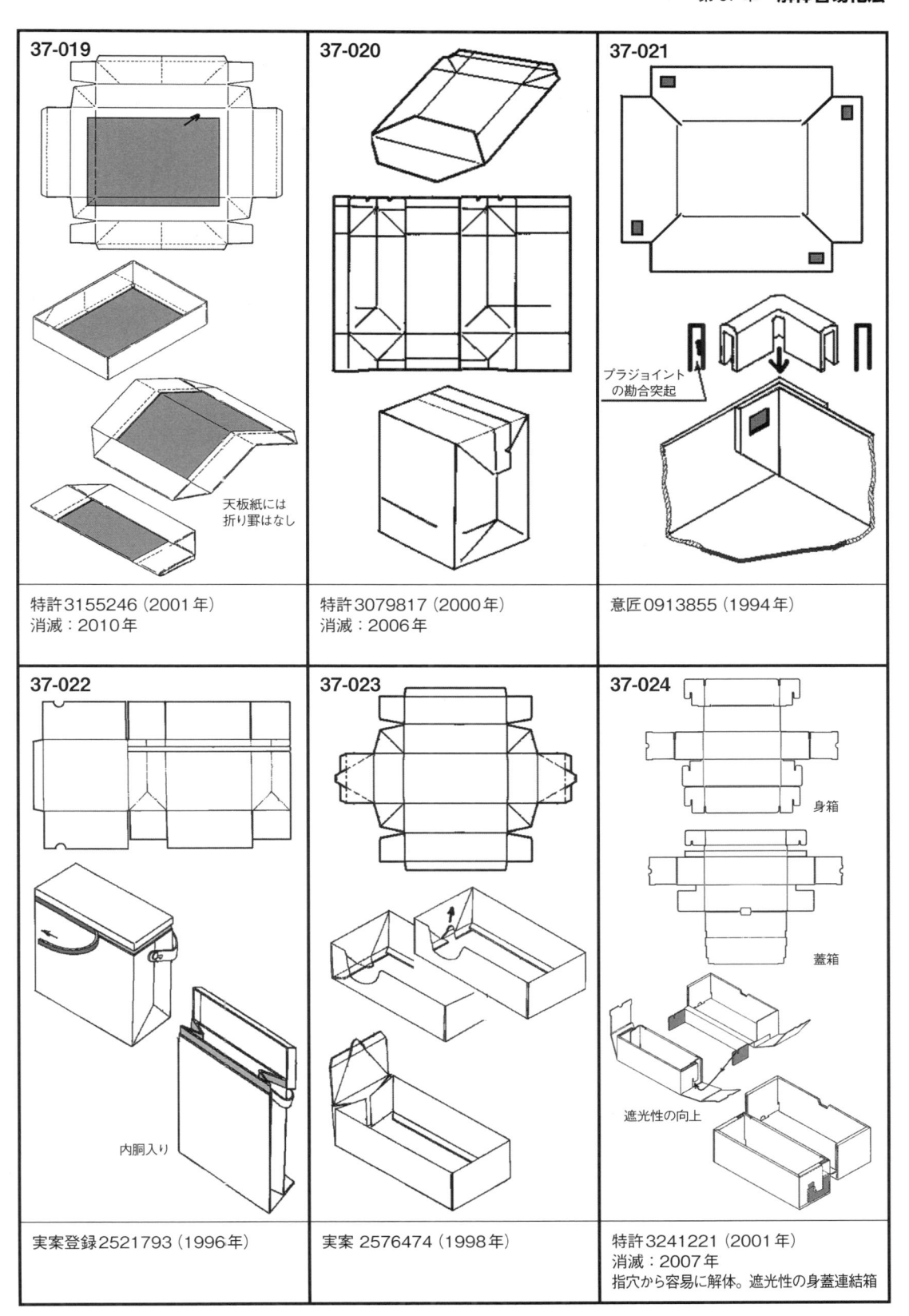

37-019

天板紙には
折り罫はなし

特許 3155246 (2001 年)
消滅：2010 年

37-020

特許 3079817 (2000 年)
消滅：2006 年

37-021

ブラジョイント
の勘合突起

意匠 0913855 (1994 年)

37-022

内胴入り

実案登録 2521793 (1996 年)

37-023

実案 2576474 (1998 年)

37-024

身箱

蓋箱

遮光性の向上

特許 3241221 (2001 年)
消滅：2007 年
指穴から容易に解体。遮光性の身蓋連結箱

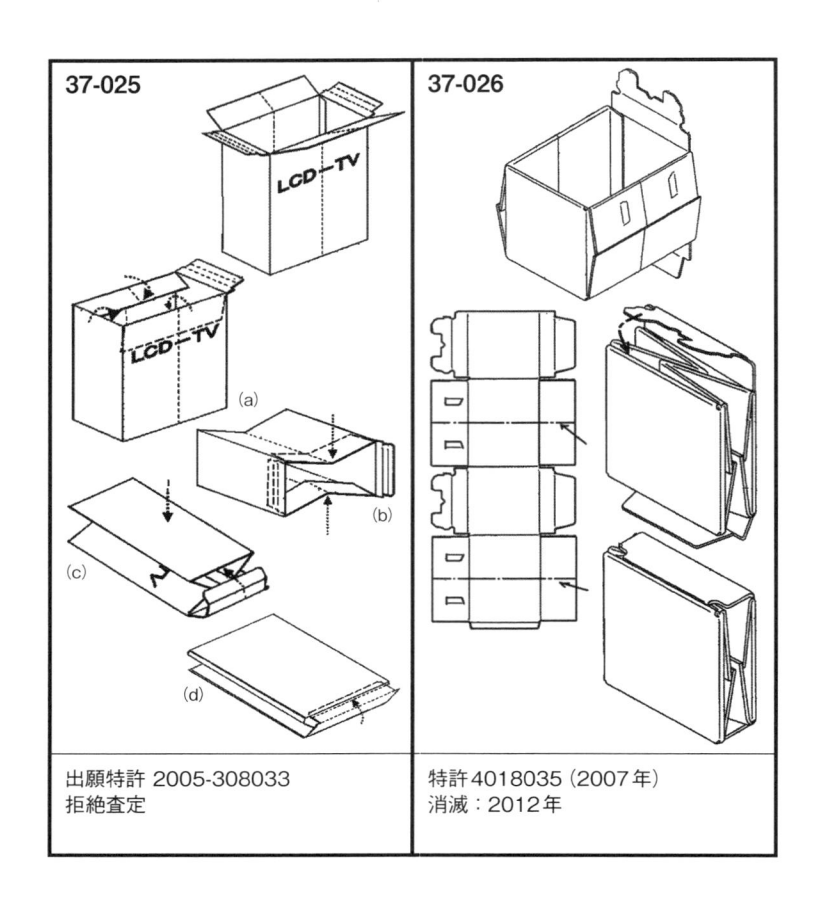

37-025	37-026
出願特許 2005-308033 拒絶査定	特許 4018035（2007年） 消滅：2012年

37「解体容易化法」関連リスト

01-091	04-024	10-023	21-028
02-073	04-027	17-027	21-029
04-006	04-037	21-026	21-042
04-009	10-014	21-027	38-003

38 いたずら防止法

消費者包装では、医薬品を筆頭にいたずら防止機能が求められている。購入時にカートンが既に開封されているか未開封であるかを確実に判断できる手段が必要になる。

通常は酢酸ビニル接着剤、ホットメルトを用いた封止部を開けると、カートン材料が一部破壊され、さらにはシール部の外観が変化することで開封されたことを判断できるようになる。

勘合部を無理に開けると周囲が大きく破れるように仕組んでいるものも多い。またユニークな手法として、製函時の接着部を強烈な全面接着にしておき、この部分の無理な開封をあきらめさせ、開けやすいジッパー部でしか開封できないようにする方法がある。

このいたずら防止法は、輸送箱から高額な商品だけが盗難されないようにするためにも適用できる。取り出し時の力によって、シートの破れが極端に増幅するようにする手法は有効である。

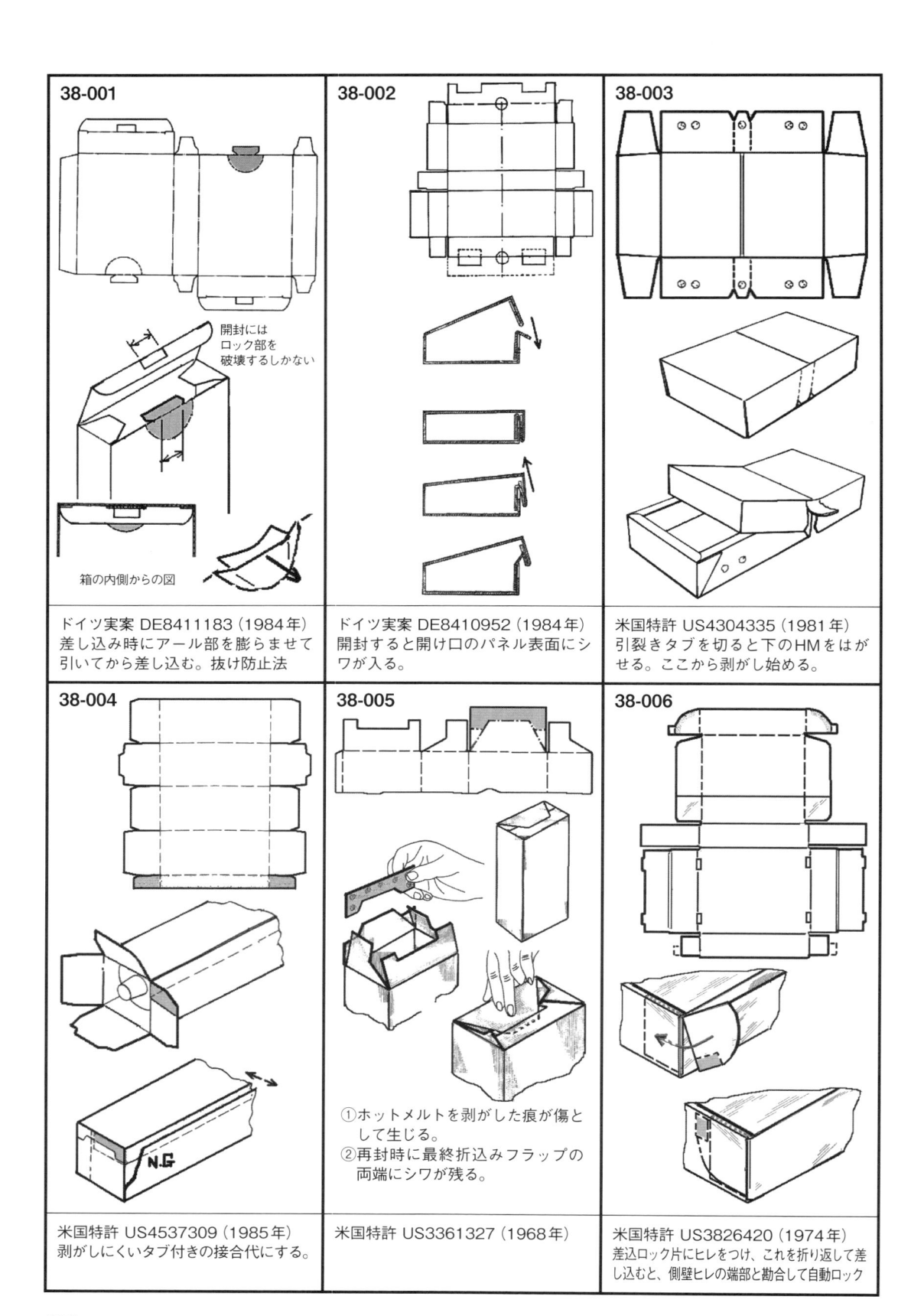

38-001

開封には
ロック部を
破壊するしかない

箱の内側からの図

ドイツ実案 DE8411183（1984年）
差し込み時にアール部を膨らませて
引いてから差し込む。抜け防止法

38-002

ドイツ実案 DE8410952（1984年）
開封すると開け口のパネル表面にシ
ワが入る。

38-003

米国特許 US4304335（1981年）
引裂きタブを切ると下のHMをはが
せる。ここから剥がし始める。

38-004

N.G

米国特許 US4537309（1985年）
剥がしにくいタブ付きの接合代にする。

38-005

①ホットメルトを剥がした痕が傷と
して生じる。
②再封時に最終折込みフラップの
両端にシワが残る。

米国特許 US3361327（1968年）

38-006

米国特許 US3826420（1974年）
差込ロック片にヒレをつけ、これを折り返して差
し込むと、側壁ヒレの端部と勘合して自動ロック

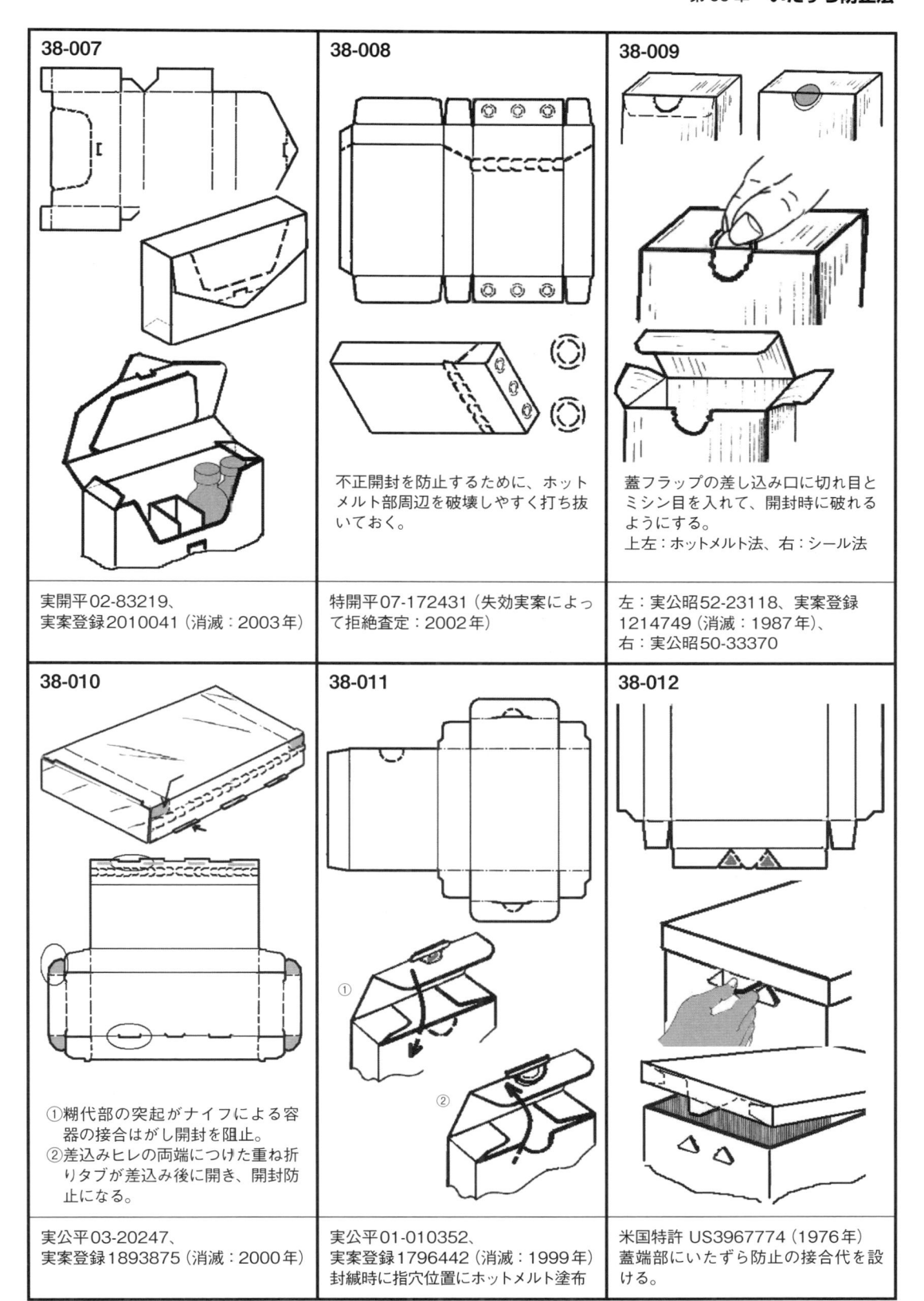

38-007

実開平02-83219、
実案登録2010041（消滅：2003年）

38-008

不正開封を防止するために、ホット
メルト部周辺を破壊しやすく打ち抜
いておく。

特開平07-172431（失効実案によっ
て拒絶査定：2002年）

38-009

蓋フラップの差し込み口に切れ目と
ミシン目を入れて、開封時に破れる
ようにする。
上左：ホットメルト法、右：シール法

左：実公昭52-23118、実案登録
1214749（消滅：1987年）、
右：実公昭50-33370

38-010

①糊代部の突起がナイフによる容
　器の接合はがし開封を阻止。
②差込みヒレの両端につけた重ね折
　りタブが差込み後に開き、開封防
　止になる。

実公平03-20247、
実案登録1893875（消滅：2000年）

38-011

実公平01-010352、
実案登録1796442（消滅：1999年）
封緘時に指穴位置にホットメルト塗布

38-012

米国特許 US3967774（1976年）
蓋端部にいたずら防止の接合代を設
ける。

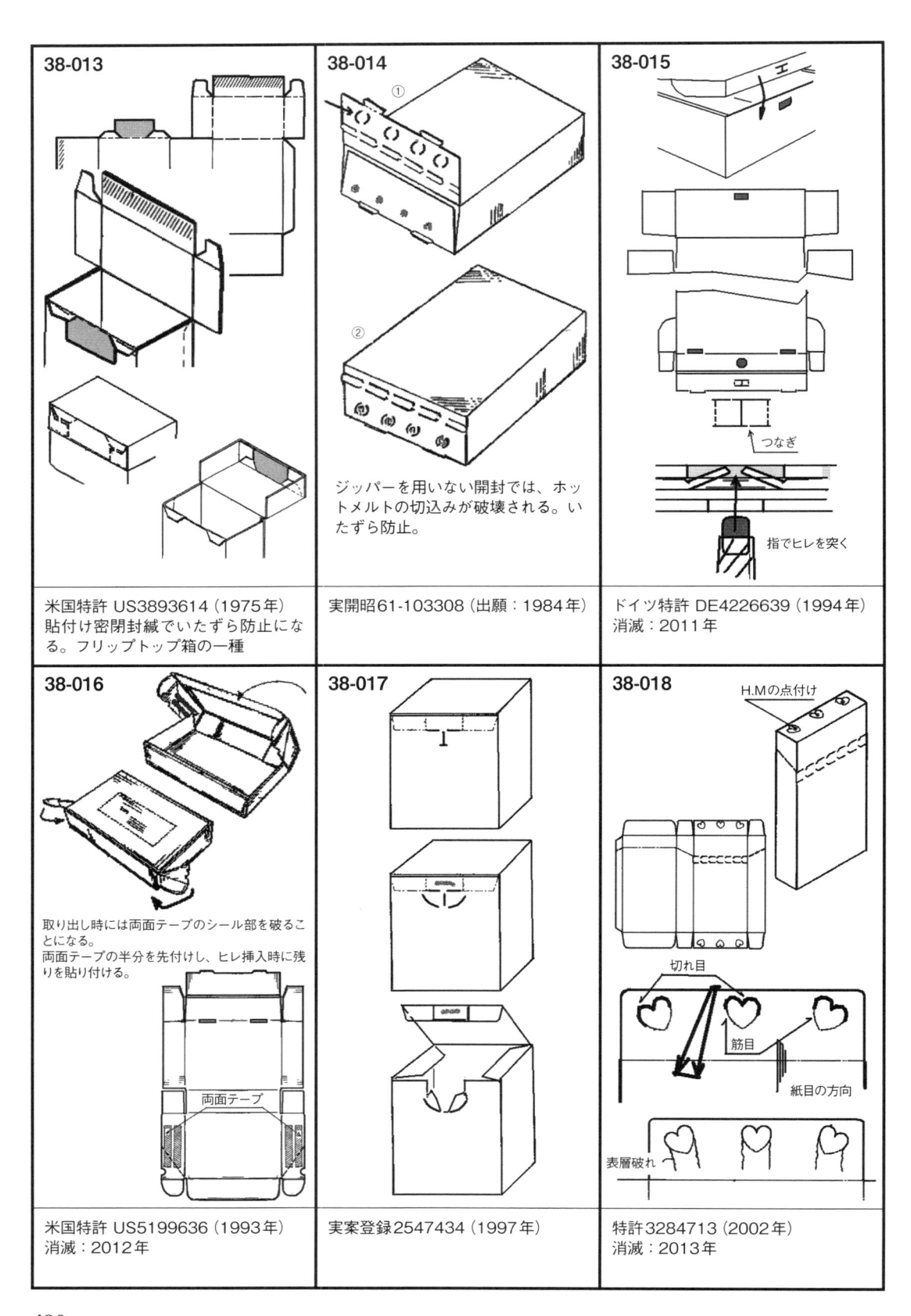

38-013

米国特許 US3893614（1975年）
貼付け密閉封緘でいたずら防止になる。フリップトップ箱の一種

38-014

ジッパーを用いない開封では、ホットメルトの切込みが破壊される。いたずら防止。

実開昭61-103308（出願：1984年）

38-015

つなぎ

指でヒレを突く

ドイツ特許 DE4226639（1994年）
消滅：2011年

38-016

取り出し時には両面テープのシール部を破ることになる。
両面テープの半分を先付けし、ヒレ挿入時に残りを貼り付ける。

両面テープ

米国特許 US5199636（1993年）
消滅：2012年

38-017

実案登録2547434（1997年）

38-018

H.Mの点付け

切れ目

筋目

紙目の方向

表層破れ

特許3284713（2002年）
消滅：2013年

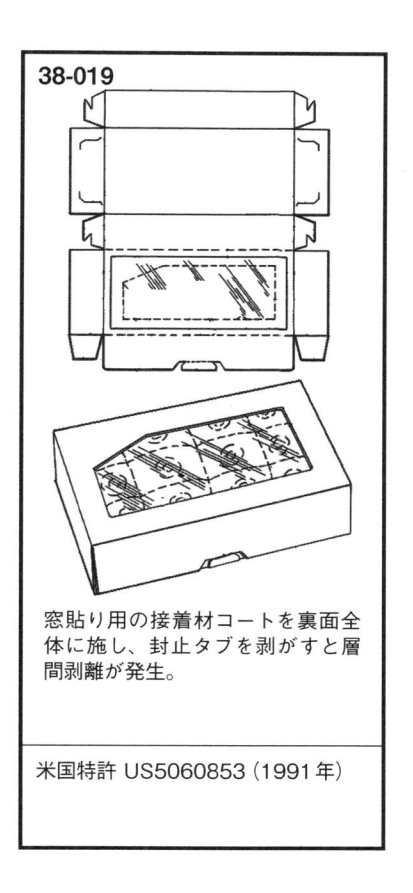

38-019

窓貼り用の接着材コートを裏面全体に施し、封止タブを剥がすと層間剥離が発生。

米国特許 US5060853（1991年）

38「いたずら防止法」関連リスト				
09-022	18-005	18-008	18-018	37-012
18-004	18-006	18-010	31-058	

39 ユニークな形態

この分野は、分類が難しいユニークな形態ばかりを収録している。
　生活関連のものが比較的多い。菓子パッケージやファストフード関連のものも多く
含まれている。

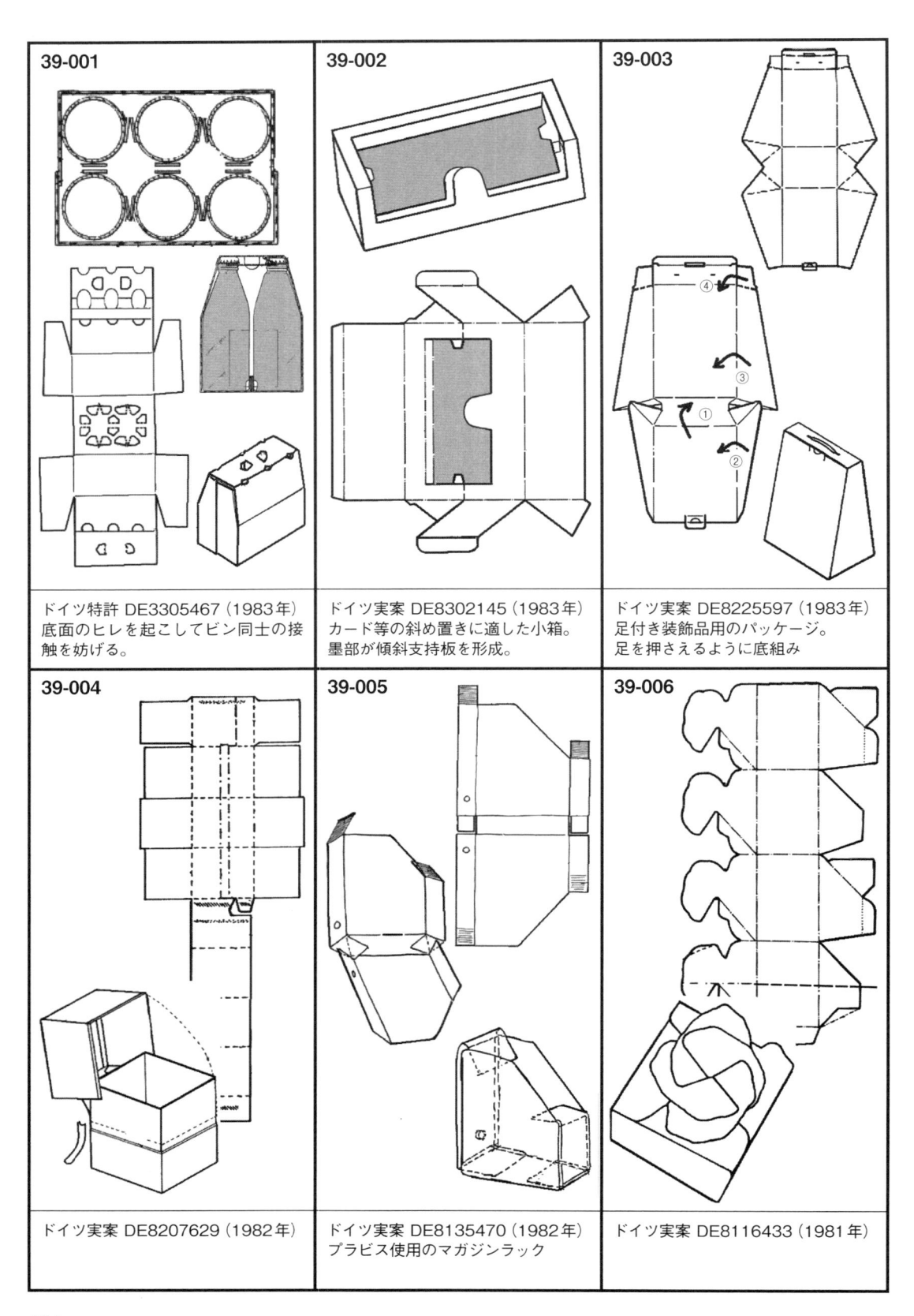

39-001

ドイツ特許 DE3305467（1983年）
底面のヒレを起こしてビン同士の接
触を妨げる。

39-002

ドイツ実案 DE8302145（1983年）
カード等の斜め置きに適した小箱。
墨部が傾斜支持板を形成。

39-003

ドイツ実案 DE8225597（1983年）
足付き装飾品用のパッケージ。
足を押さえるように底組み

39-004

ドイツ実案 DE8207629（1982年）

39-005

ドイツ実案 DE8135470（1982年）
プラビス使用のマガジンラック

39-006

ドイツ実案 DE8116433（1981年）

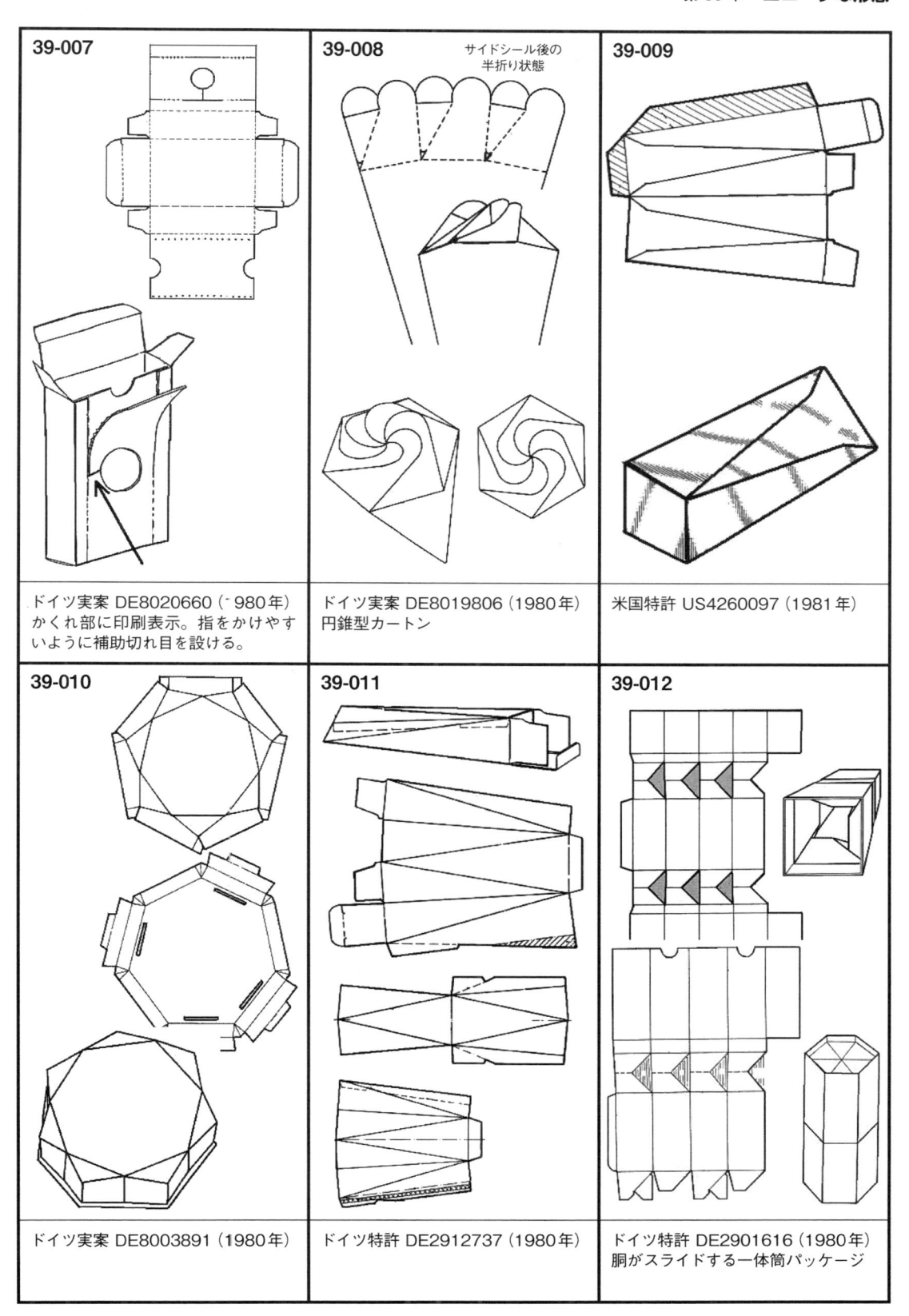

39-007

ドイツ実案 DE8020660（1980年）
かくれ部に印刷表示。指をかけやす
いように補助切れ目を設ける。

39-008　サイドシール後の
半折り状態

ドイツ実案 DE8019806（1980年）
円錐型カートン

39-009

米国特許 US4260097（1981年）

39-010

ドイツ実案 DE8003891（1980年）

39-011

ドイツ特許 DE2912737（1980年）

39-012

ドイツ特許 DE2901616（1980年）
胴がスライドする一体筒パッケージ

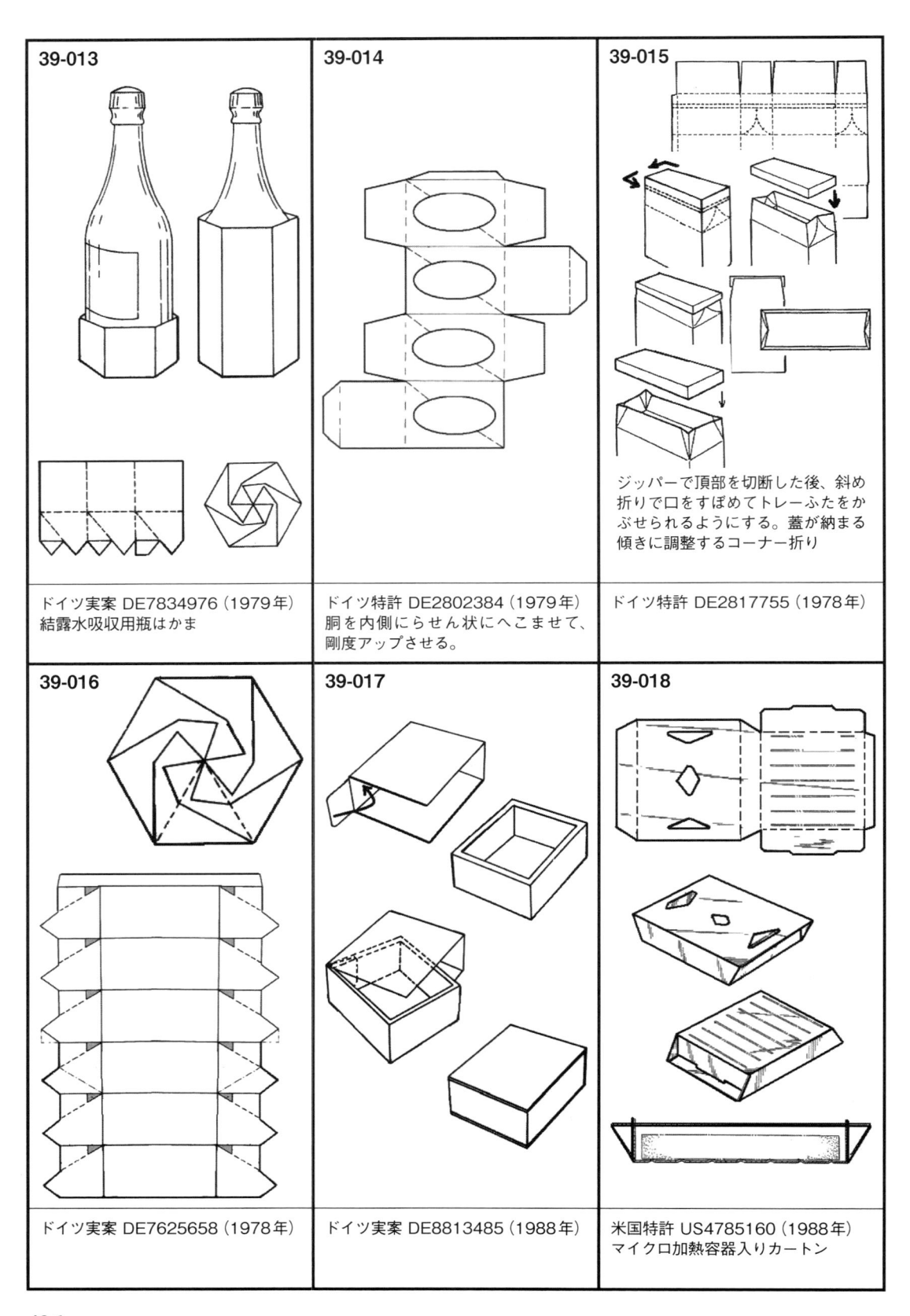

39-013

ドイツ実案 DE7834976（1979年）
結露水吸収用瓶はかま

39-014

ドイツ特許 DE2802384（1979年）
胴を内側にらせん状にへこませて、
剛度アップさせる。

39-015

ジッパーで頂部を切断した後、斜め
折りで口をすぼめてトレーふたをか
ぶせられるようにする。蓋が納まる
傾きに調整するコーナー折り

ドイツ特許 DE2817755（1978年）

39-016

ドイツ実案 DE7625658（1978年）

39-017

ドイツ実案 DE8813485（1988年）

39-018

米国特許 US4785160（1988年）
マイクロ加熱容器入りカートン

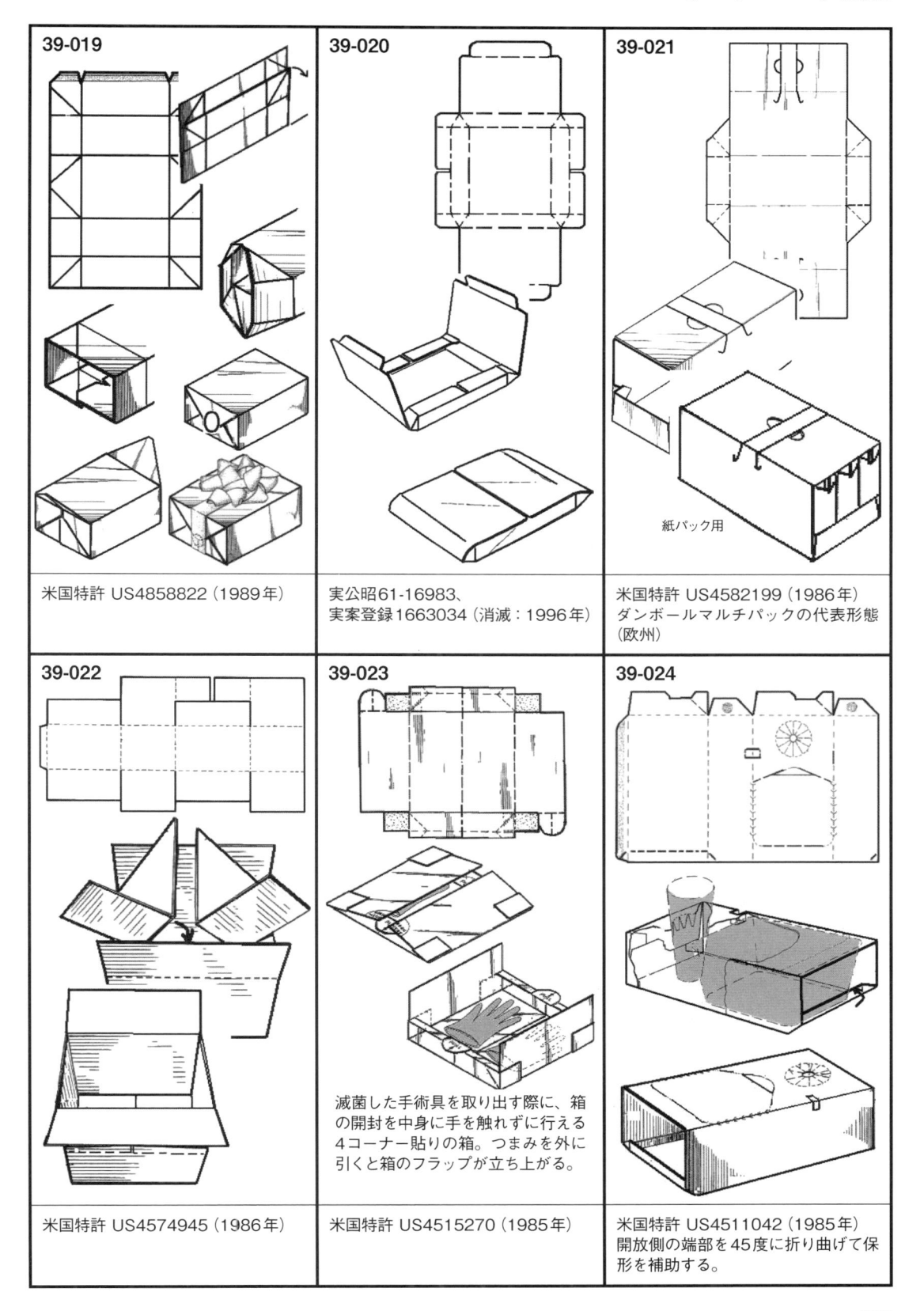

39-019

米国特許 US4858822（1989年）

39-020

実公昭61-16983、
実案登録1663034（消滅：1996年）

39-021

紙パック用

米国特許 US4582199（1986年）
ダンボールマルチパックの代表形態
（欧州）

39-022

米国特許 US4574945（1986年）

39-023

滅菌した手術具を取り出す際に、箱
の開封を中身に手を触れずに行える
4コーナー貼りの箱。つまみを外に
引くと箱のフラップが立ち上がる。

米国特許 US4515270（1985年）

39-024

米国特許 US4511042（1985年）
開放側の端部を45度に折り曲げて保
形を補助する。

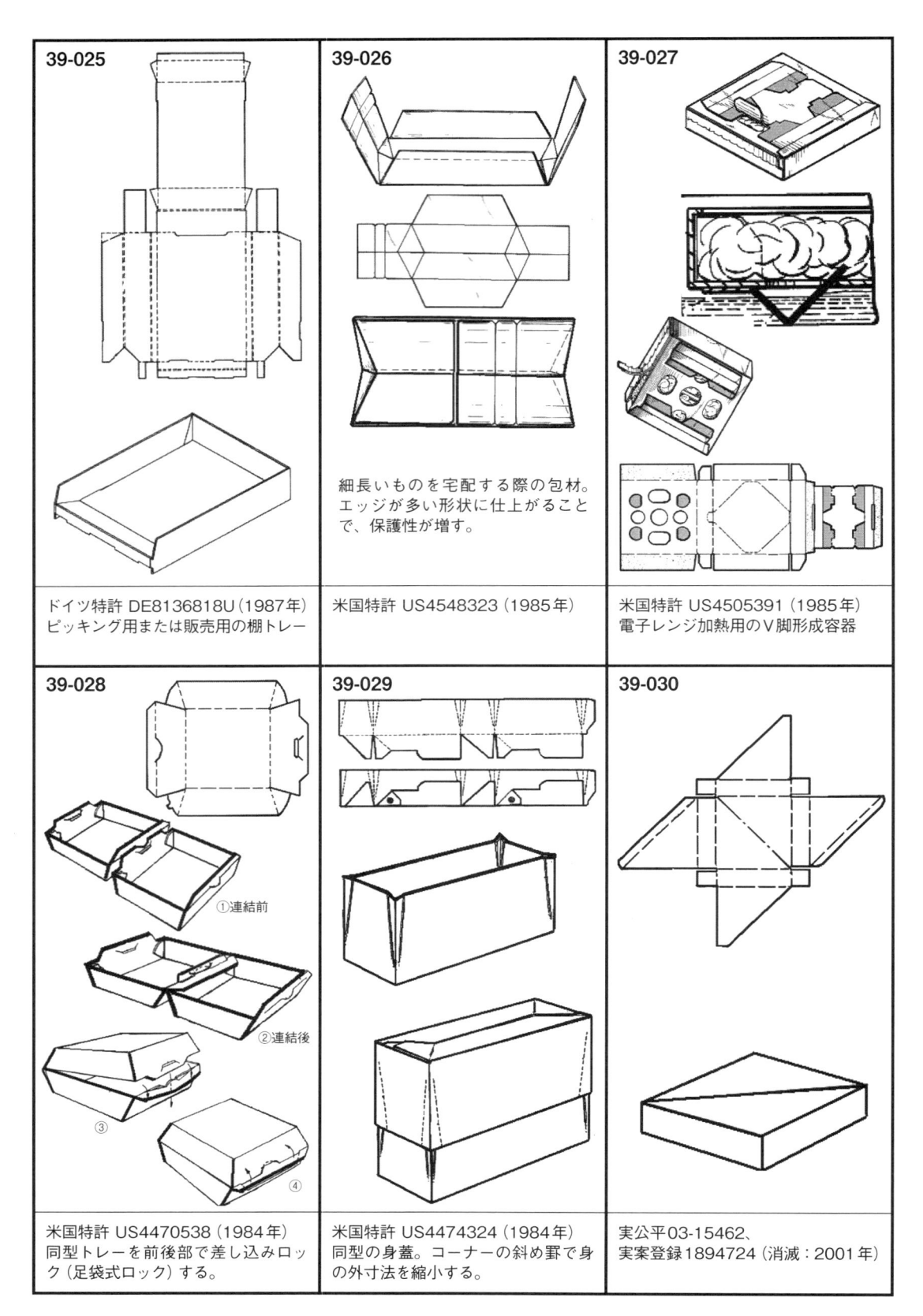

39-025

ドイツ特許 DE8136818U（1987年）
ピッキング用または販売用の棚トレー

39-026

細長いものを宅配する際の包材。
エッジが多い形状に仕上がること
で、保護性が増す。

米国特許 US4548323（1985年）

39-027

米国特許 US4505391（1985年）
電子レンジ加熱用のV脚形成容器

39-028

①連結前

②連結後

③

④

米国特許 US4470538（1984年）
同型トレーを前後部で差し込みロッ
ク（足袋式ロック）する。

39-029

米国特許 US4474324（1984年）
同型の身蓋。コーナーの斜め罫で身
の外寸法を縮小する。

39-030

実公平03-15462、
実案登録1894724（消滅：2001年）

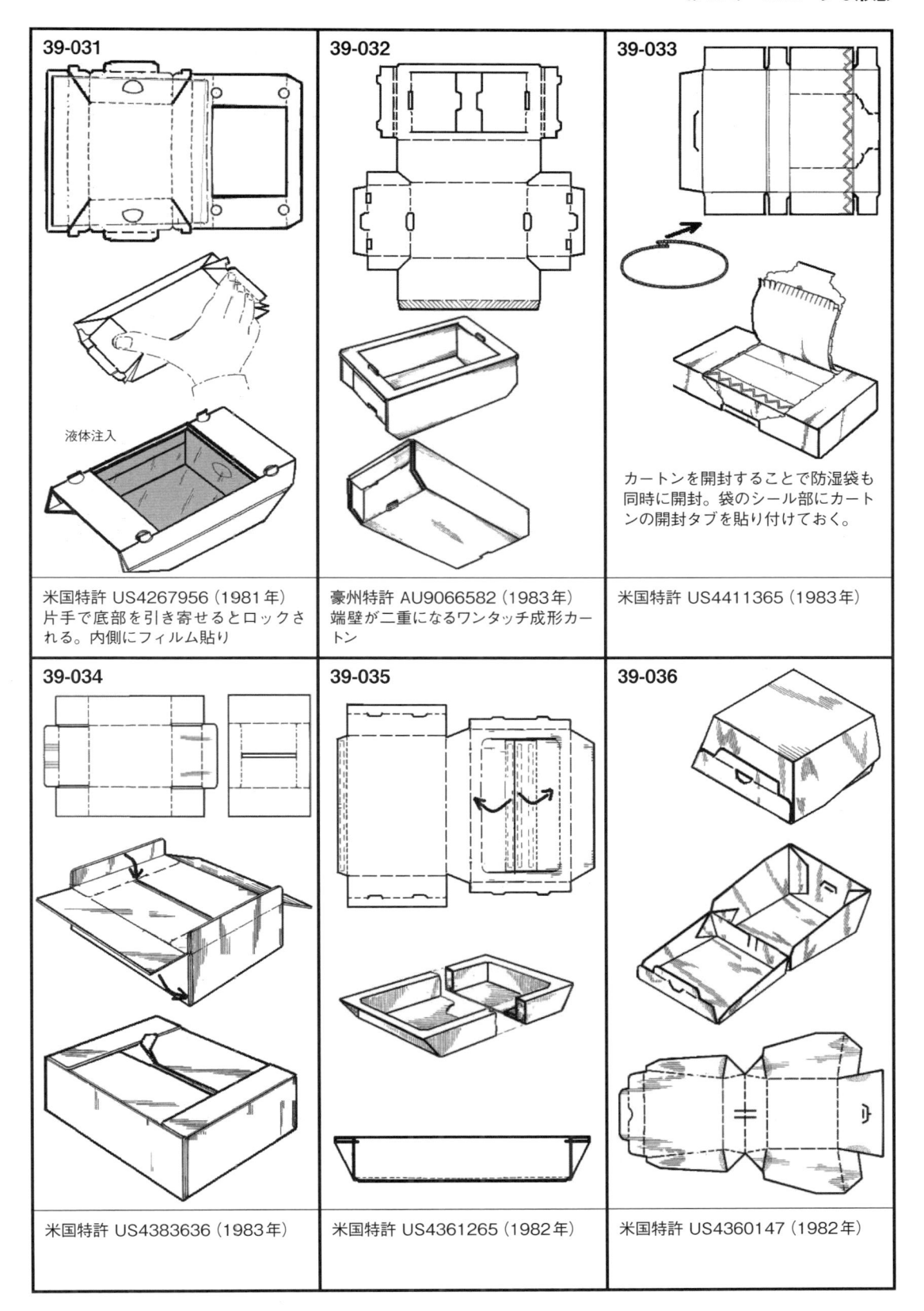

39-031

液体注入

米国特許 US4267956（1981年）
片手で底部を引き寄せるとロックされる。内側にフィルム貼り

39-032

豪州特許 AU9066582（1983年）
端壁が二重になるワンタッチ成形カートン

39-033

カートンを開封することで防湿袋も同時に開封。袋のシール部にカートンの開封タブを貼り付けておく。

米国特許 US4411365（1983年）

39-034

米国特許 US4383636（1983年）

39-035

米国特許 US4361265（1982年）

39-036

米国特許 US4360147（1982年）

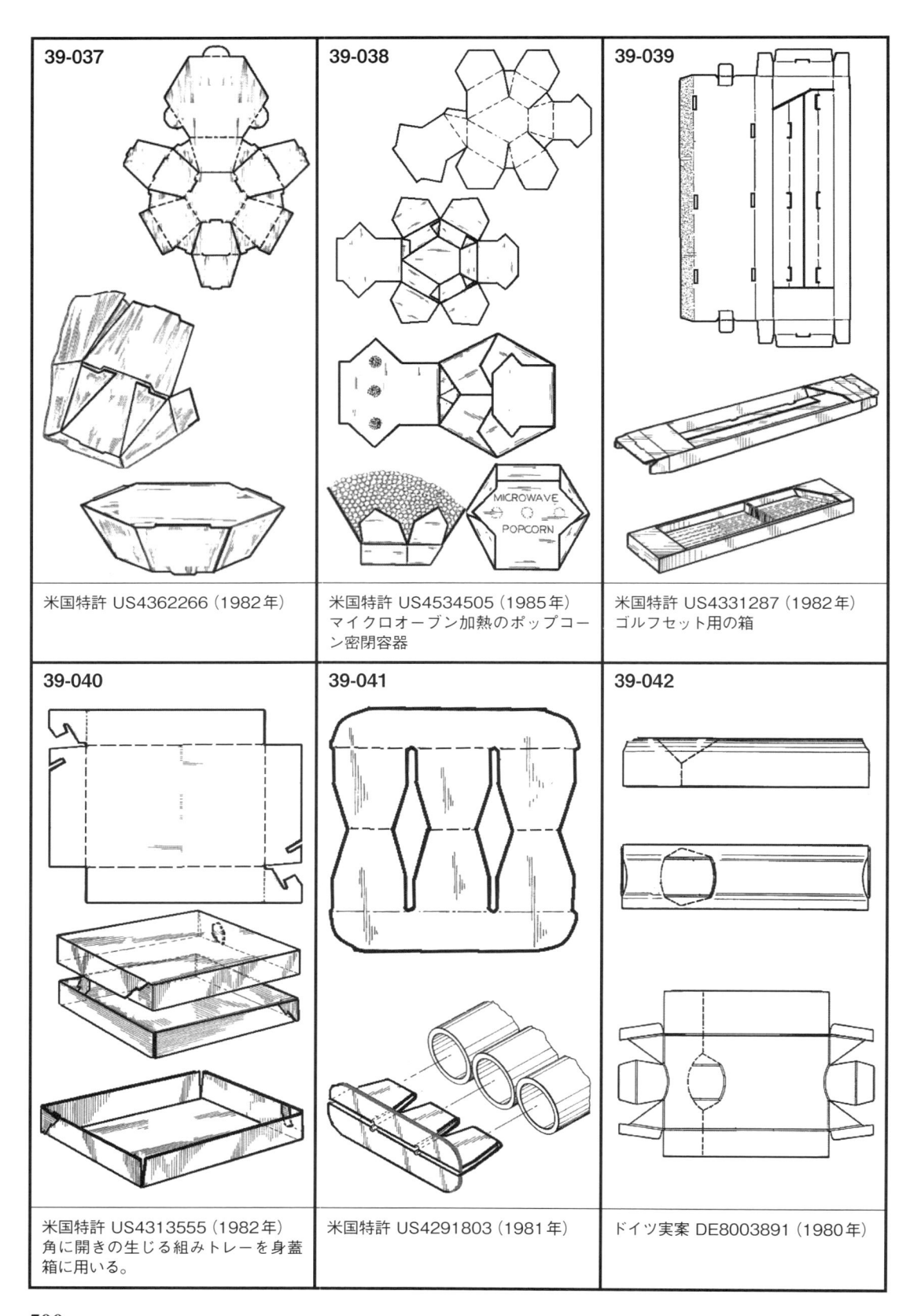

39-037

米国特許 US4362266（1982年）

39-038

米国特許 US4534505（1985年）
マイクロオーブン加熱のポップコーン密閉容器

39-039

米国特許 US4331287（1982年）
ゴルフセット用の箱

39-040

米国特許 US4313555（1982年）
角に開きの生じる組みトレーを身蓋箱に用いる。

39-041

米国特許 US4291803（1981年）

39-042

ドイツ実案 DE8003891（1980年）

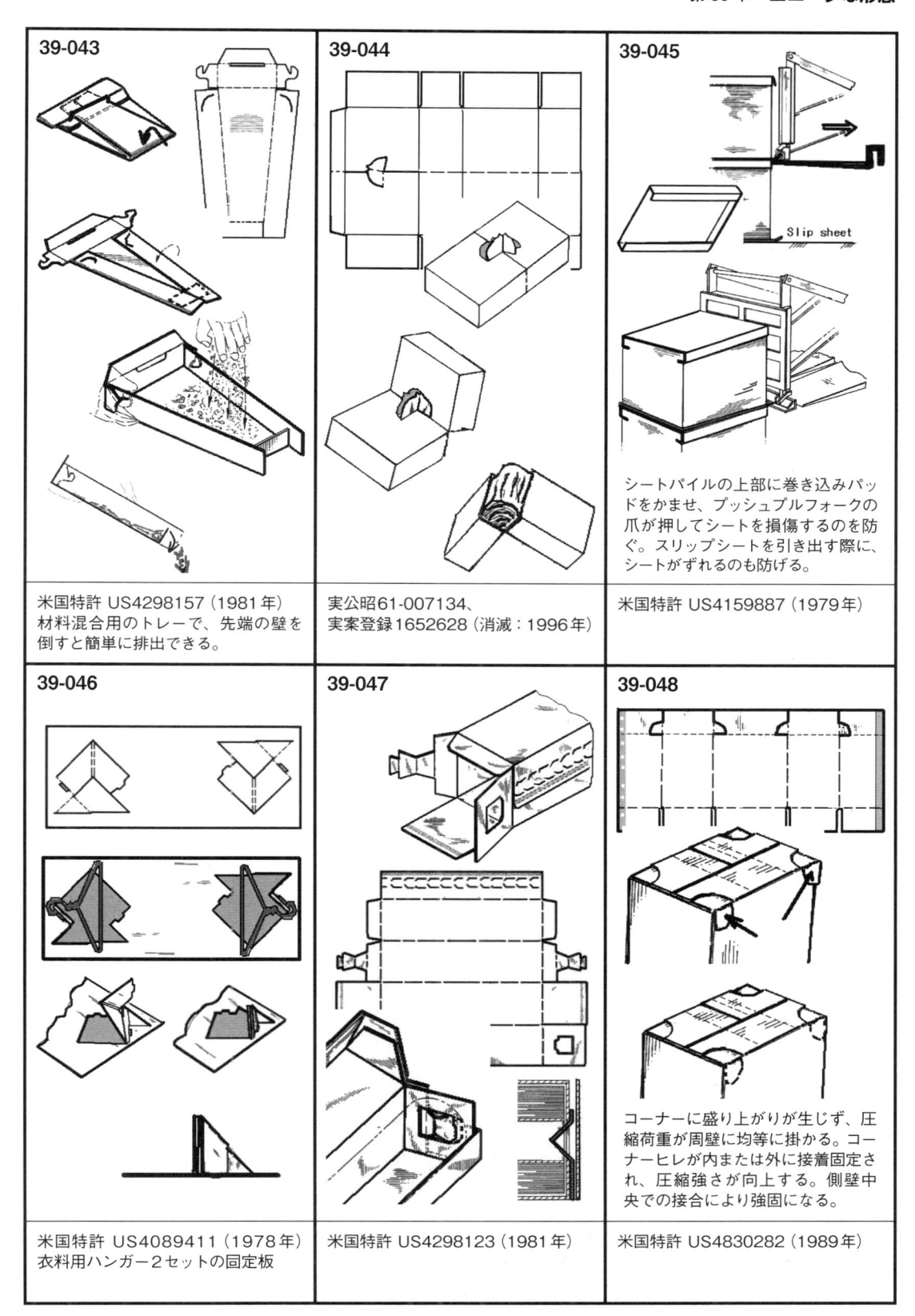

39-043

米国特許 US4298157（1981年）
材料混合用のトレーで、先端の壁を
倒すと簡単に排出できる。

39-044

実公昭61-007134、
実案登録1652628（消滅：1996年）

39-045

シートパイルの上部に巻き込みパッ
ドをかませ、プッシュプルフォークの
爪が押してシートを損傷するのを防
ぐ。スリップシートを引き出す際に、
シートがずれるのも防げる。

米国特許 US4159887（1979年）

39-046

米国特許 US4089411（1978年）
衣料用ハンガー2セットの固定板

39-047

米国特許 US4298123（1981年）

39-048

コーナーに盛り上がりが生じず、圧
縮荷重が周壁に均等に掛かる。コー
ナーヒレが内または外に接着固定さ
れ、圧縮強さが向上する。側壁中
央での接合により強固になる。

米国特許 US4830282（1989年）

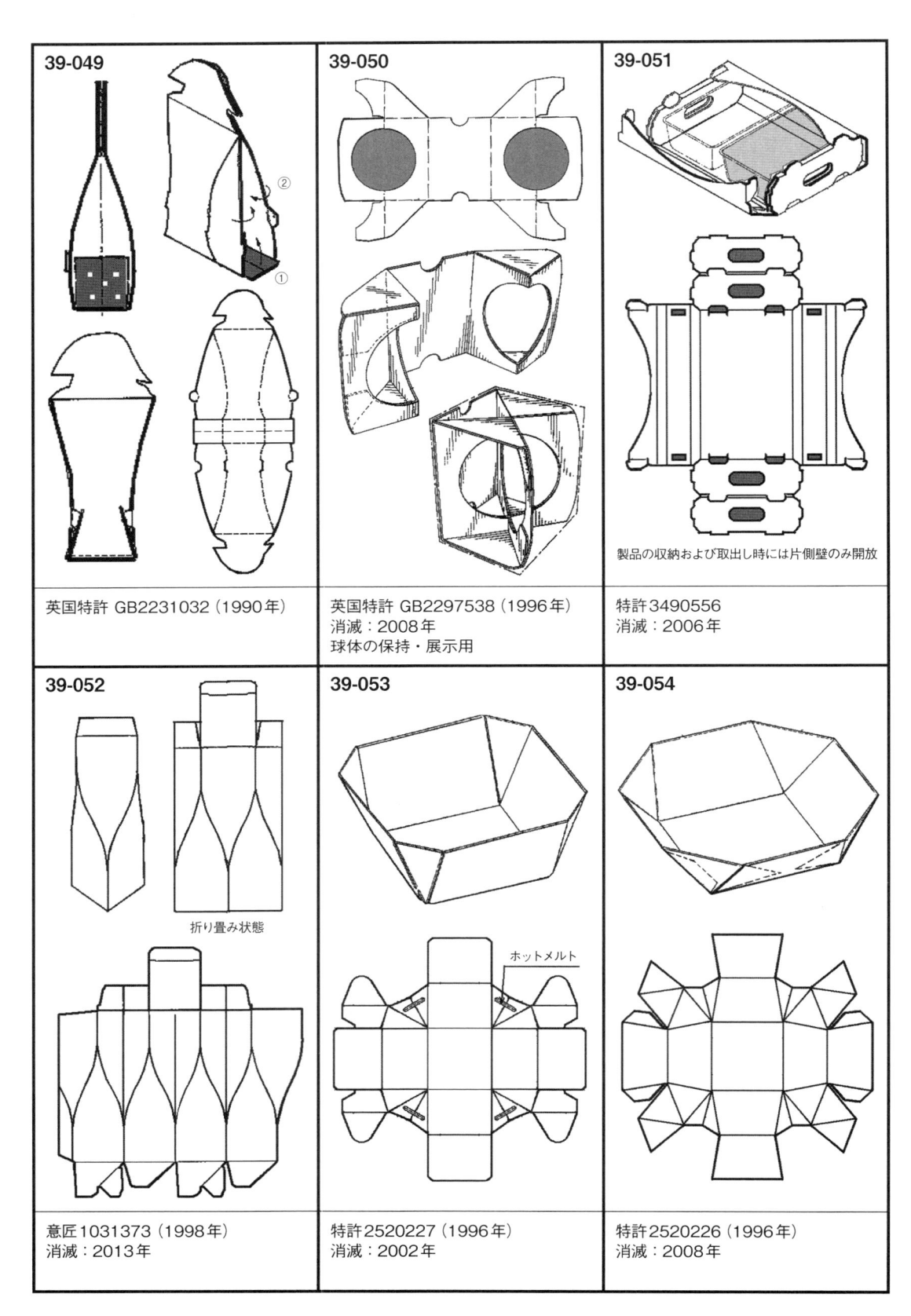

39-049	39-050	39-051
		製品の収納および取出し時には片側壁のみ開放
英国特許 GB2231032（1990年）	英国特許 GB2297538（1996年） 消滅：2008年 球体の保持・展示用	特許3490556 消滅：2006年

39-052	39-053	39-054
折り畳み状態	ホットメルト	
意匠1031373（1998年） 消滅：2013年	特許2520227（1996年） 消滅：2002年	特許2520226（1996年） 消滅：2008年

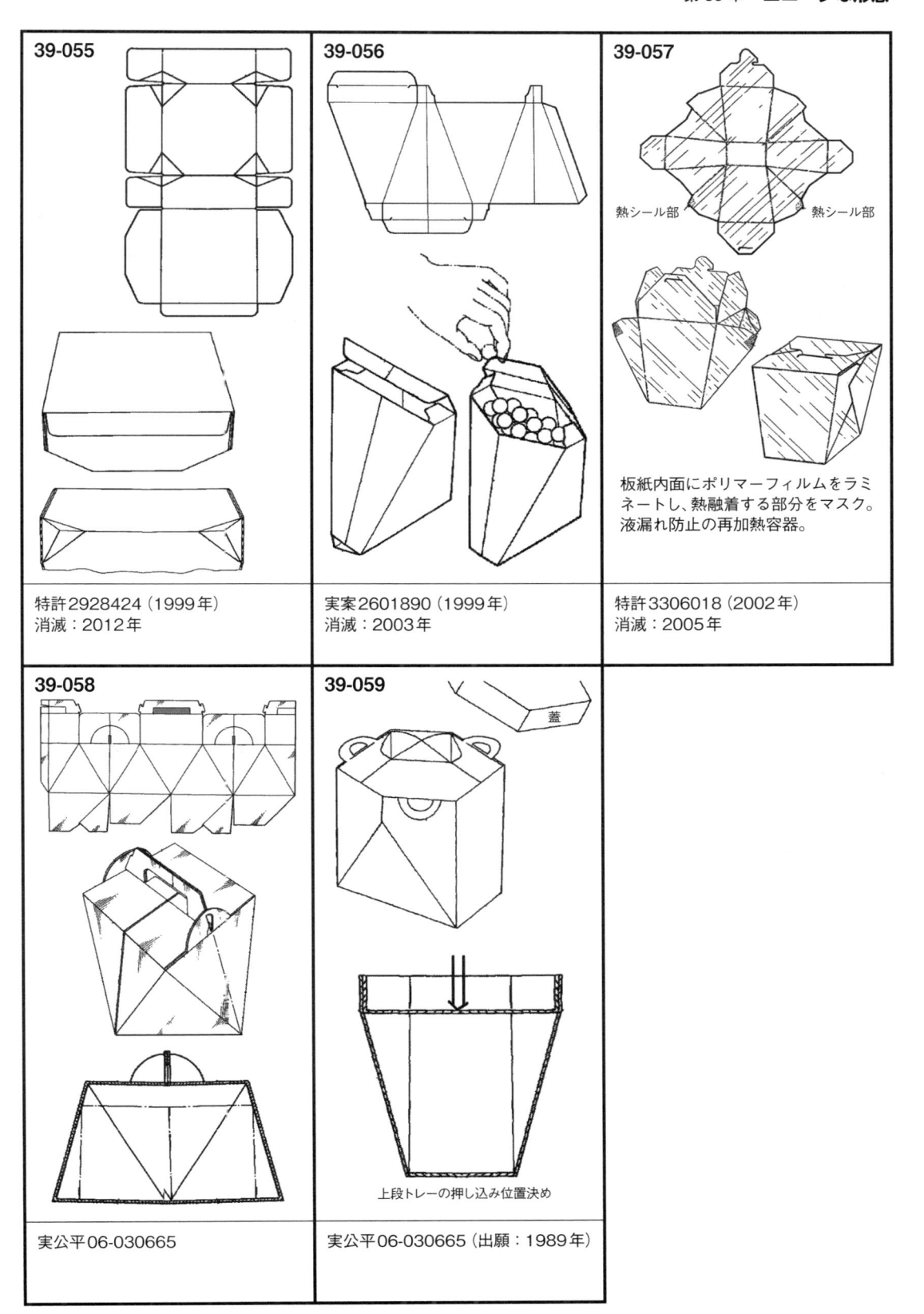

39-055

特許2928424（1999年）
消滅：2012年

39-056

実案2601890（1999年）
消滅：2003年

39-057

熱シール部　　　　　　　　熱シール部

板紙内面にポリマーフィルムをラミ
ネートし、熱融着する部分をマスク。
液漏れ防止の再加熱容器。

特許3306018（2002年）
消滅：2005年

39-058

実公平06-030665

39-059

蓋

上段トレーの押し込み位置決め

実公平06-030665（出願：1989年）

39「ユニークな形態」関連リスト				
04-021	08-014	12-063	20-017	33-021
04-043	08-017	13-013	20-030	36-184
07-015	08-018	16-012	20-041	40-014
08-007	08-022	17-064	21-035	
08-010	08-023	18-018	21-040	
08-011	12-014	19-004	23-101	
08-012	12-041	19-011	31-056	

40

特殊用途

使用する場所で組み立てられるゴミ箱、医療廃棄物箱、チリ取り、料理飾り、おもちゃなどの特殊な用途に対する包装形態に面白いアイデアが込められている。量産ラインで造られる製品用のパッケージにはない機能、または美しさを求めて創作が行われている。

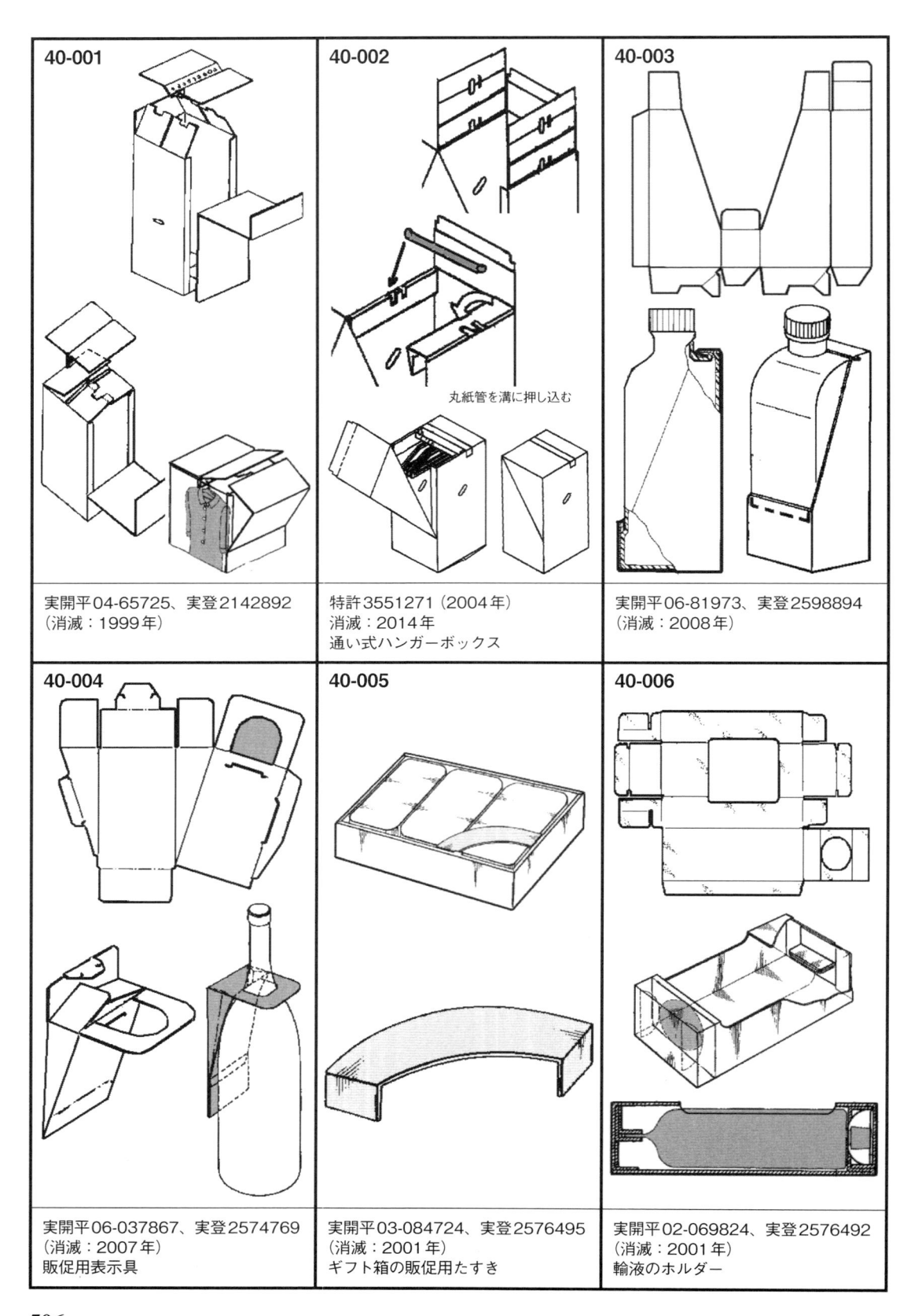

40-001

実開平04-65725、実登2142892
（消滅：1999年）

40-002

丸紙管を溝に押し込む

特許3551271（2004年）
消滅：2014年
通い式ハンガーボックス

40-003

実開平06-81973、実登2598894
（消滅：2008年）

40-004

実開平06-037867、実登2574769
（消滅：2007年）
販促用表示具

40-005

実開平03-084724、実登2576495
（消滅：2001年）
ギフト箱の販促用たすき

40-006

実開平02-069824、実登2576492
（消滅：2001年）
輸液のホルダー

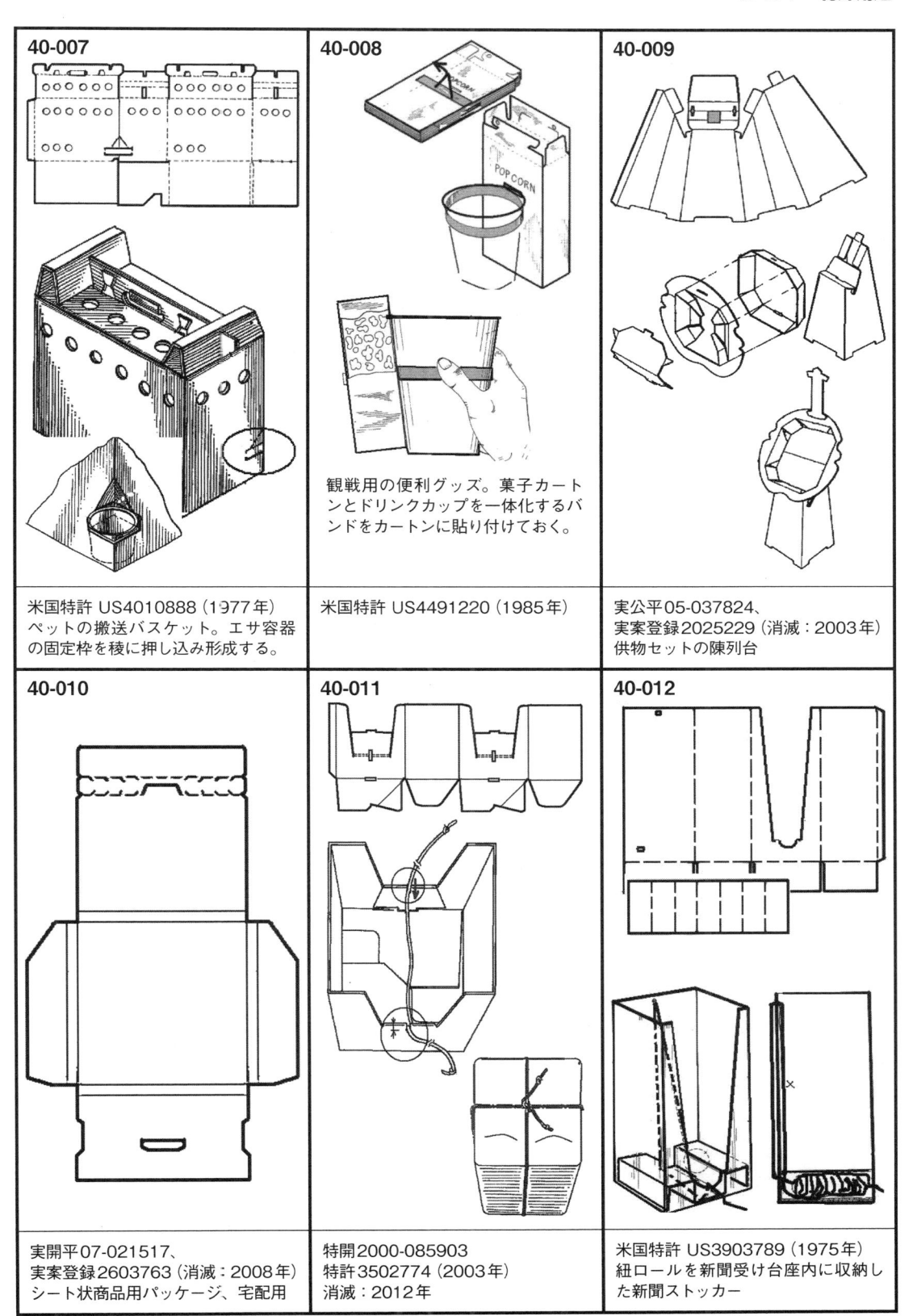

40-007

米国特許 US4010888（1977年）
ペットの搬送バスケット。エサ容器
の固定枠を稜に押し込み形成する。

40-008

観戦用の便利グッズ。菓子カート
ンとドリンクカップを一体化するバ
ンドをカートンに貼り付けておく。

米国特許 US4491220（1985年）

40-009

実公平05-037824、
実案登録2025229（消滅：2003年）
供物セットの陳列台

40-010

実開平07-021517、
実案登録2603763（消滅：2008年）
シート状商品用パッケージ、宅配用

40-011

特開2000-085903
特許3502774（2003年）
消滅：2012年

40-012

米国特許 US3903789（1975年）
紐ロールを新聞受け台座内に収納し
た新聞ストッカー

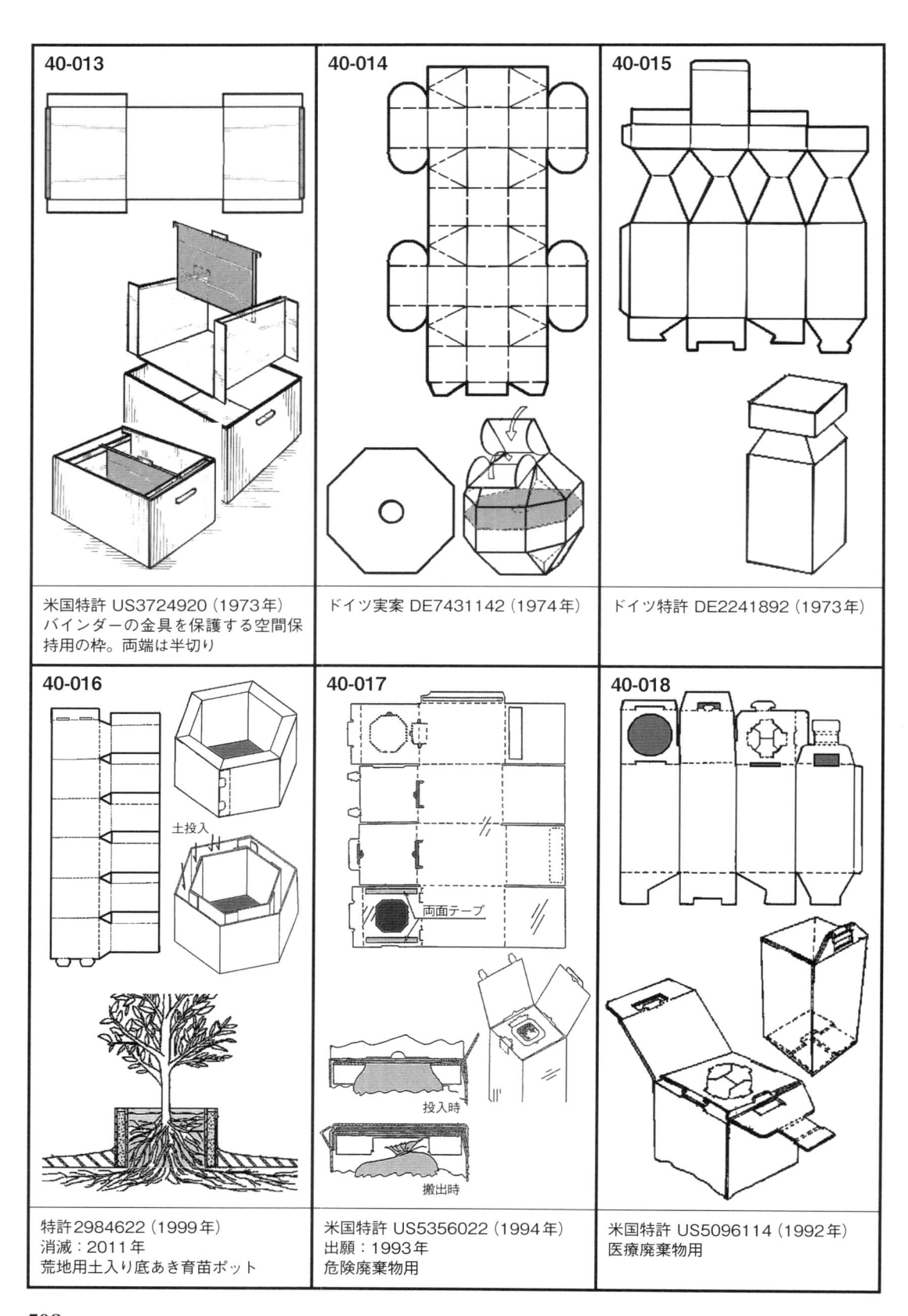

40-013

米国特許 US3724920 (1973年)
バインダーの金具を保護する空間保持用の枠。両端は半切り

40-014

ドイツ実案 DE7431142 (1974年)

40-015

ドイツ特許 DE2241892 (1973年)

40-016

土投入

特許2984622 (1999年)
消滅：2011年
荒地用土入り底あき育苗ポット

40-017

両面テープ

投入時

搬出時

米国特許 US5356022 (1994年)
出願：1993年
危険廃棄物用

40-018

米国特許 US5096114 (1992年)
医療廃棄物用

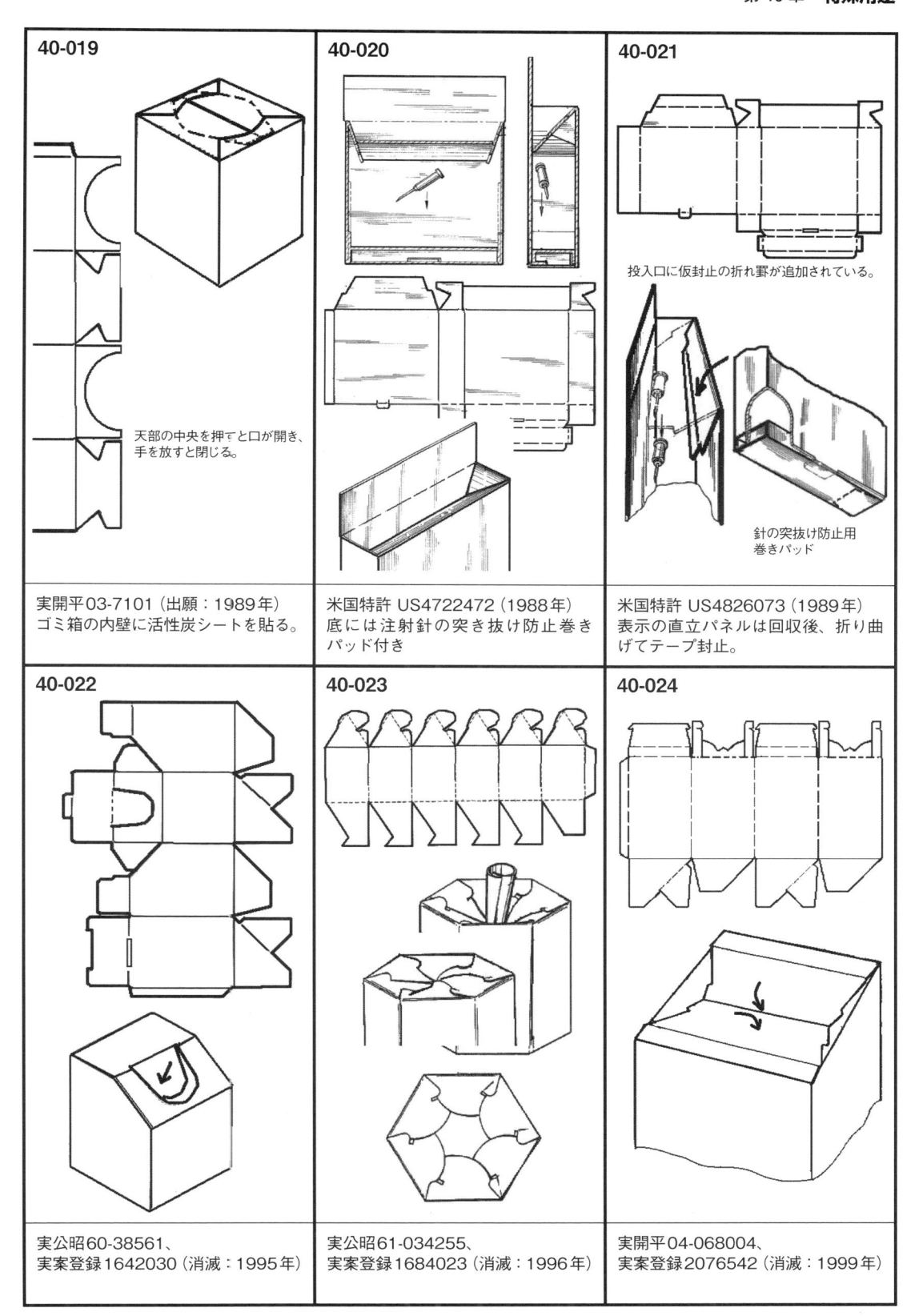

40-019

天部の中央を押すと口が開き、
手を放すと閉じる。

実開平03-7101（出願：1989年）
ゴミ箱の内壁に活性炭シートを貼る。

40-020

米国特許 US4722472（1988年）
底には注射針の突き抜け防止巻き
パッド付き

40-021

投入口に仮封止の折れ罫が追加されている。

針の突抜け防止用
巻きパッド

米国特許 US4826073（1989年）
表示の直立パネルは回収後、折り曲
げてテープ封止。

40-022

実公昭60-38561、
実案登録1642030（消滅：1995年）

40-023

実公昭61-034255、
実案登録1684023（消滅：1996年）

40-024

実開平04-068004、
実案登録2076542（消滅：1999年）

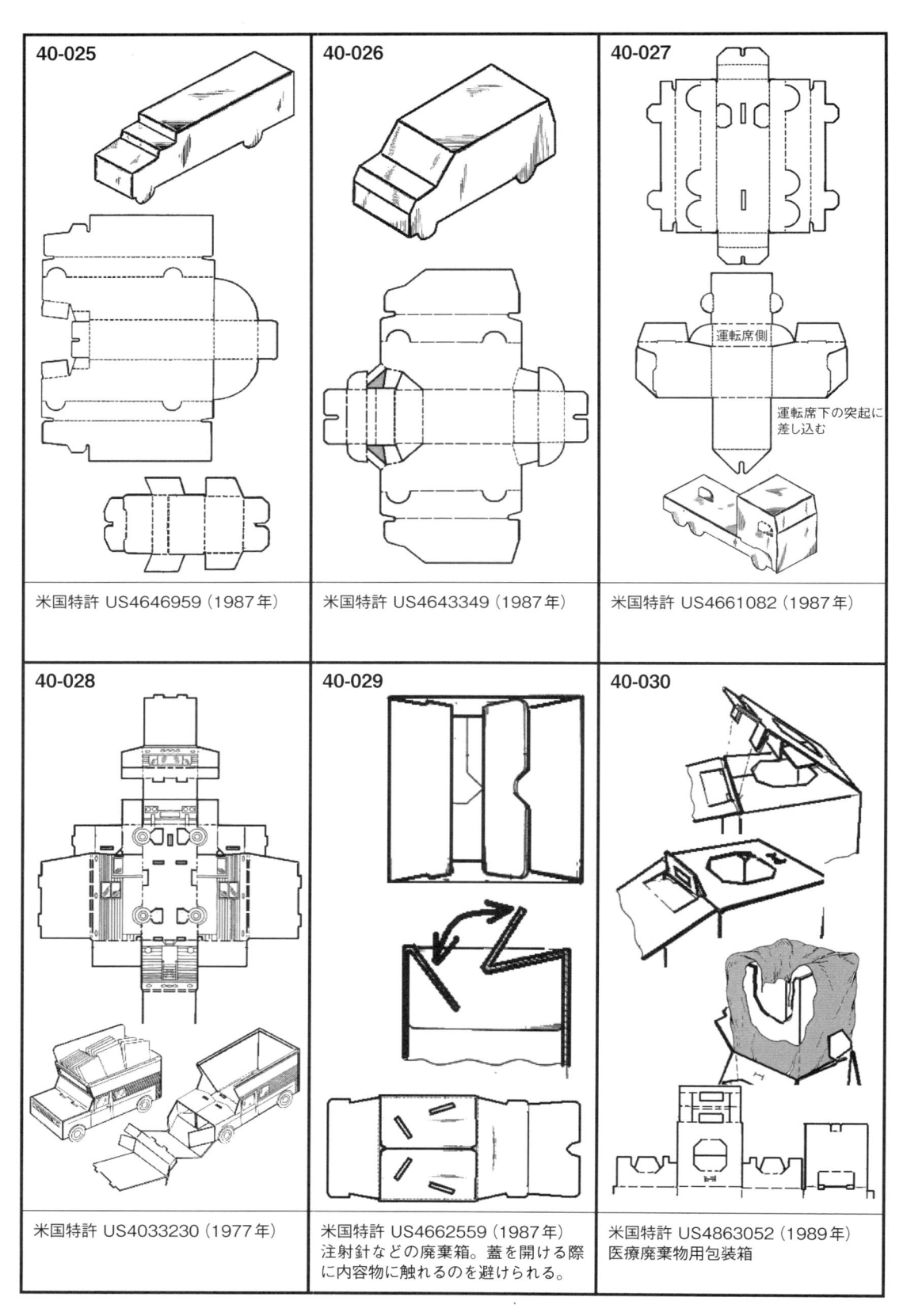

40-025	40-026	40-027
米国特許 US4646959（1987年）	米国特許 US4643349（1987年）	米国特許 US4661082（1987年）

40-027内の注記：運転席側／運転席下の突起に差し込む

40-028	40-029	40-030
米国特許 US4033230（1977年）	米国特許 US4662559（1987年）注射針などの廃棄箱。蓋を開ける際に内容物に触れるのを避けられる。	米国特許 US4863052（1989年）医療廃棄物用包装箱

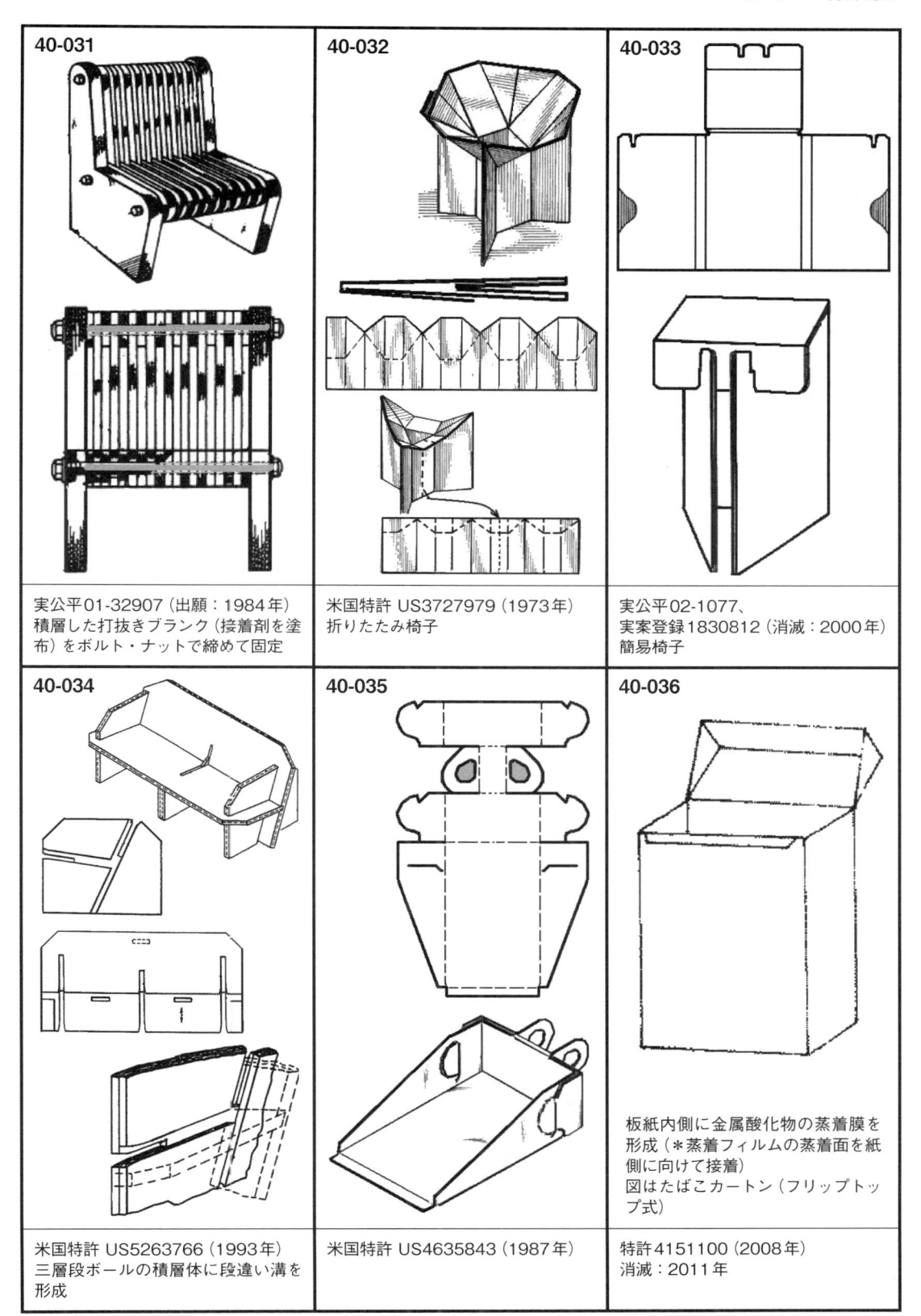

40-031

実公平01-32907（出願：1984年）
積層した打抜きブランク（接着剤を塗布）をボルト・ナットで締めて固定

40-032

米国特許 US3727979（1973年）
折りたたみ椅子

40-033

実公平02-1077、
実案登録1830812（消滅：2000年）
簡易椅子

40-034

米国特許 US5263766（1993年）
三層段ボールの積層体に段違い溝を
形成

40-035

米国特許 US4635843（1987年）

40-036

板紙内側に金属酸化物の蒸着膜を
形成（＊蒸着フィルムの蒸着面を紙
側に向けて接着）
図はたばこカートン（フリップトッ
プ式）

特許4151100（2008年）
消滅：2011年

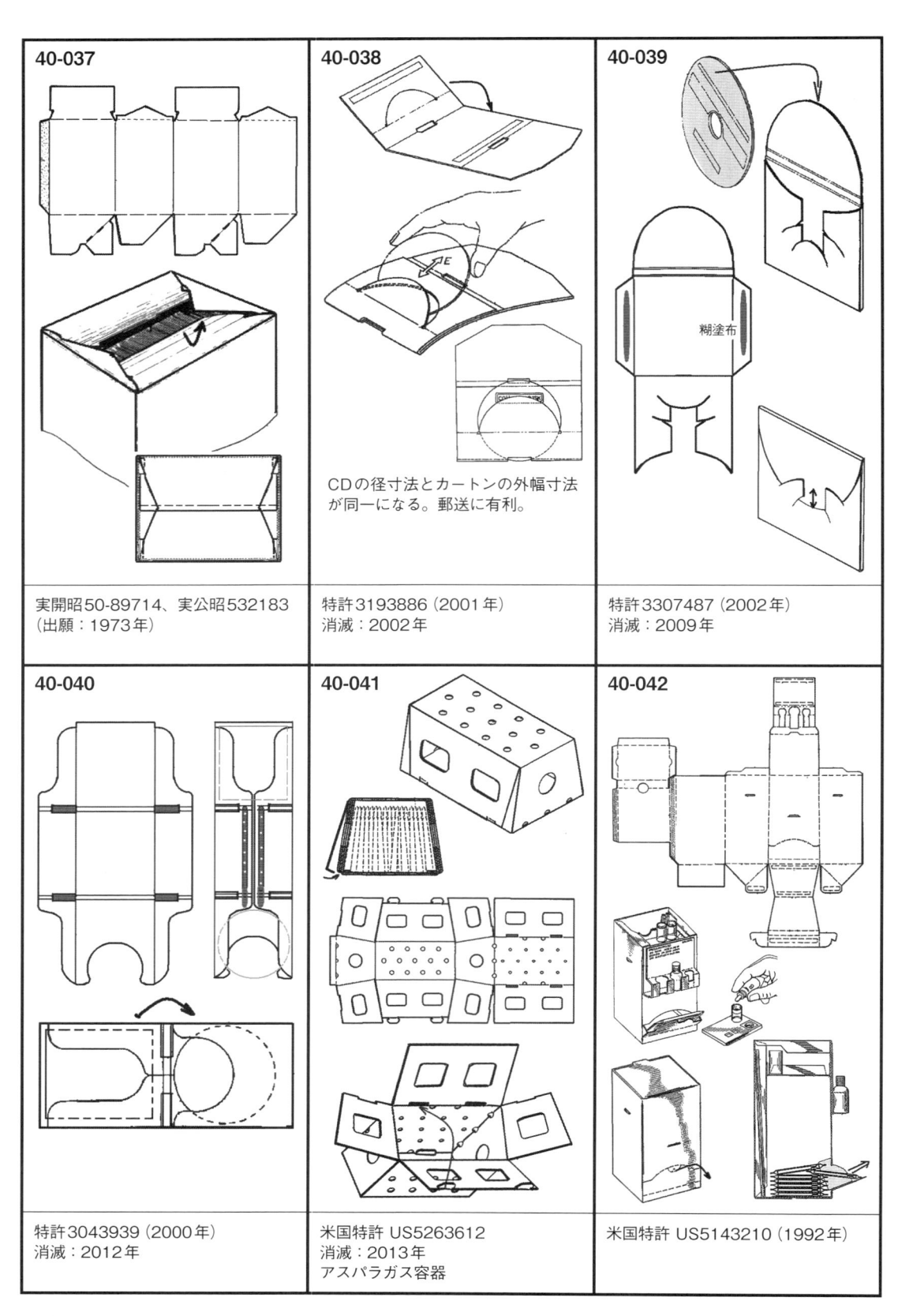

40-037

実開昭50-89714、実公昭532183
（出願：1973年）

40-038

CDの径寸法とカートンの外幅寸法
が同一になる。郵送に有利。

特許3193886（2001年）
消滅：2002年

40-039

糊塗布

特許3307487（2002年）
消滅：2009年

40-040

特許3043939（2000年）
消滅：2012年

40-041

米国特許 US5263612
消滅：2013年
アスパラガス容器

40-042

米国特許 US5143210（1992年）

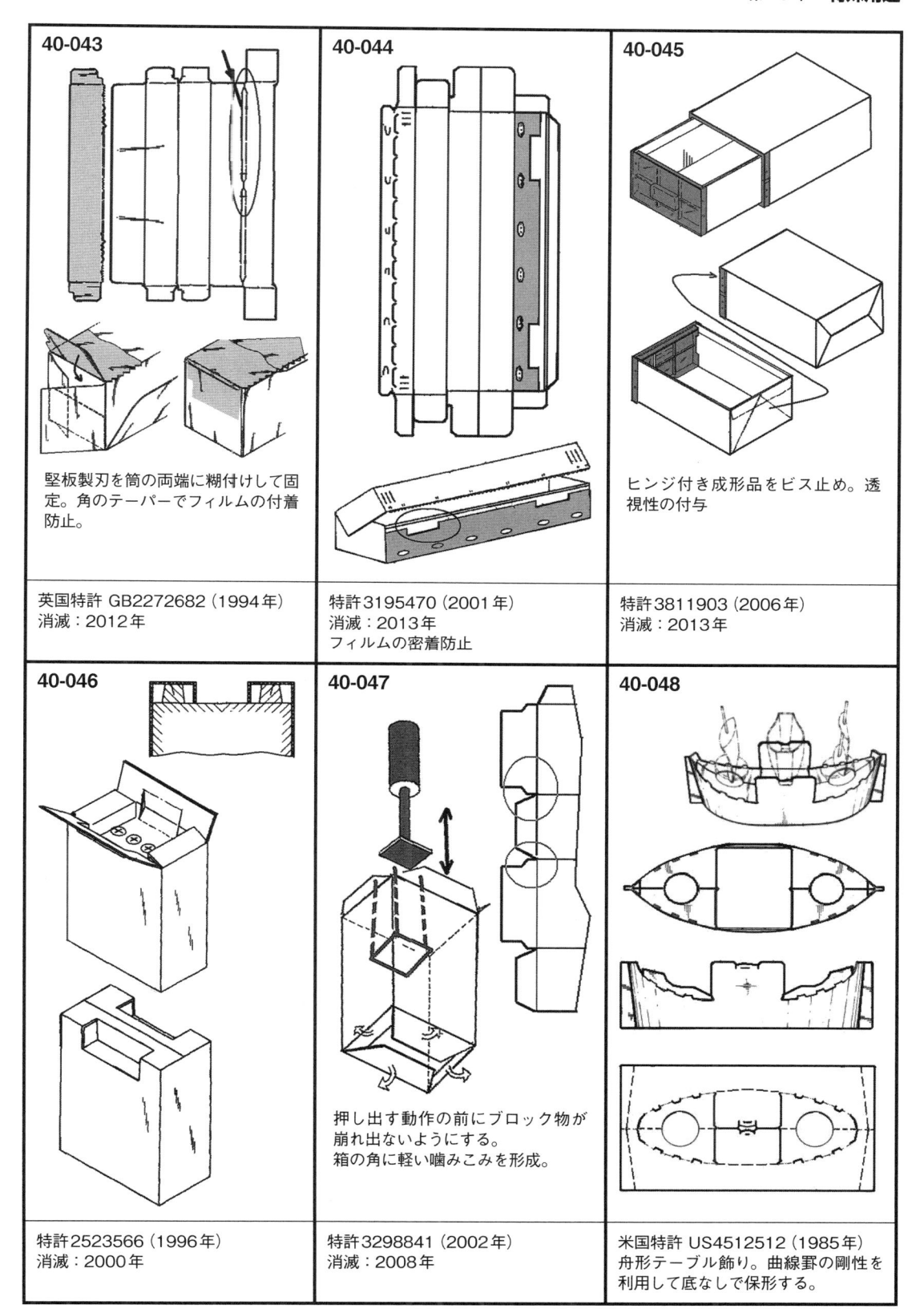

40-043

堅板製刃を筒の両端に糊付けして固定。角のテーパーでフィルムの付着防止。

英国特許 GB2272682（1994年）
消滅：2012年

40-044

特許3195470（2001年）
消滅：2013年
フィルムの密着防止

40-045

ヒンジ付き成形品をビス止め。透視性の付与

特許3811903（2006年）
消滅：2013年

40-046

特許2523566（1996年）
消滅：2000年

40-047

押し出す動作の前にブロック物が崩れ出ないようにする。
箱の角に軽い嚙みこみを形成。

特許3298841（2002年）
消滅：2008年

40-048

米国特許 US4512512（1985年）
舟形テーブル飾り。曲線罫の剛性を利用して底なしで保形する。

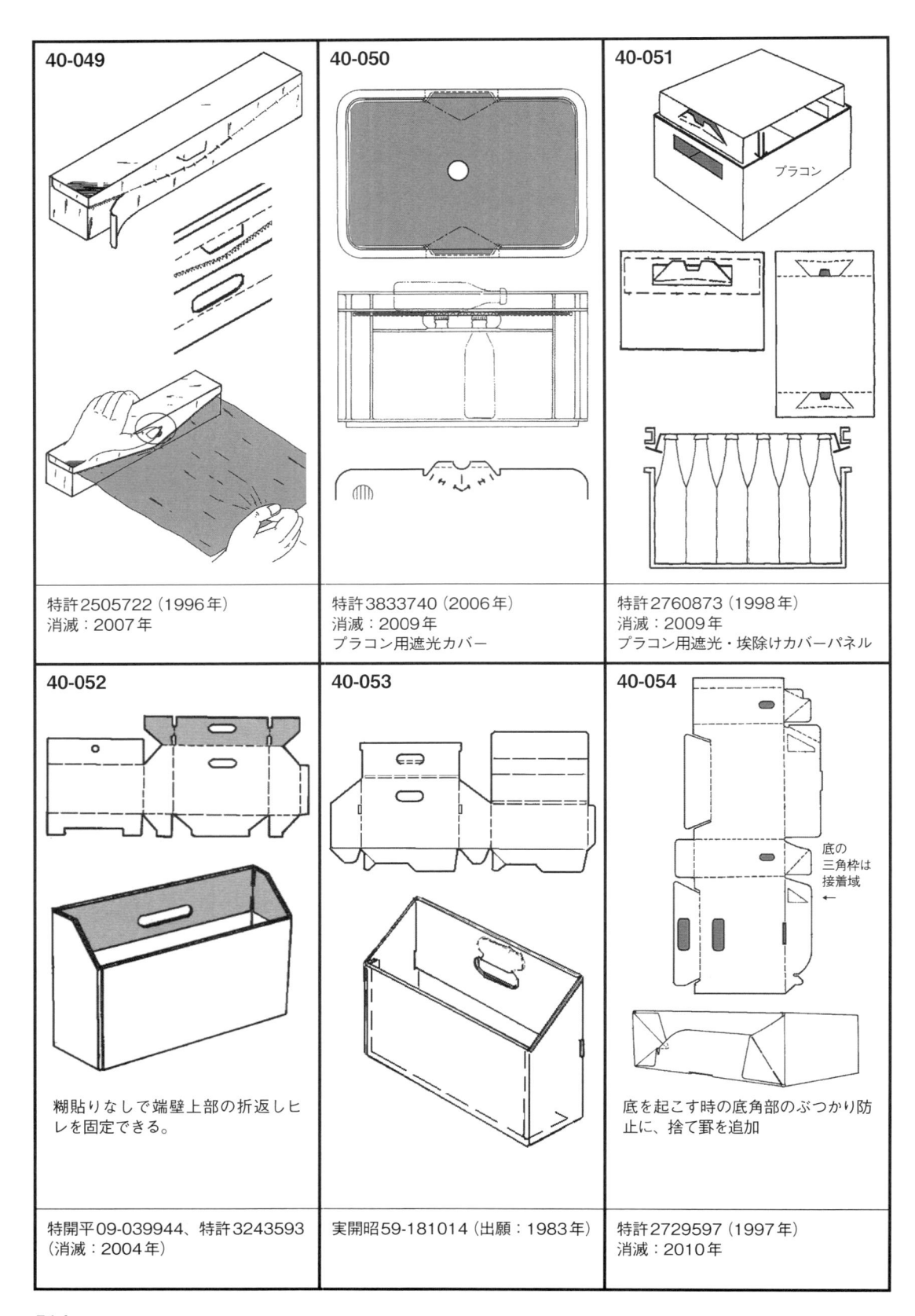

40-049

特許2505722（1996年）
消滅：2007年

40-050

特許3833740（2006年）
消滅：2009年
プラコン用遮光カバー

40-051

プラコン

特許2760873（1998年）
消滅：2009年
プラコン用遮光・埃除けカバーパネル

40-052

糊貼りなしで端壁上部の折返しヒレを固定できる。

特開平09-039944、特許3243593
（消滅：2004年）

40-053

実開昭59-181014（出願：1983年）

40-054

底の
三角枠は
接着域
←

底を起こす時の底角部のぶつかり防止に、捨て罫を追加

特許2729597（1997年）
消滅：2010年

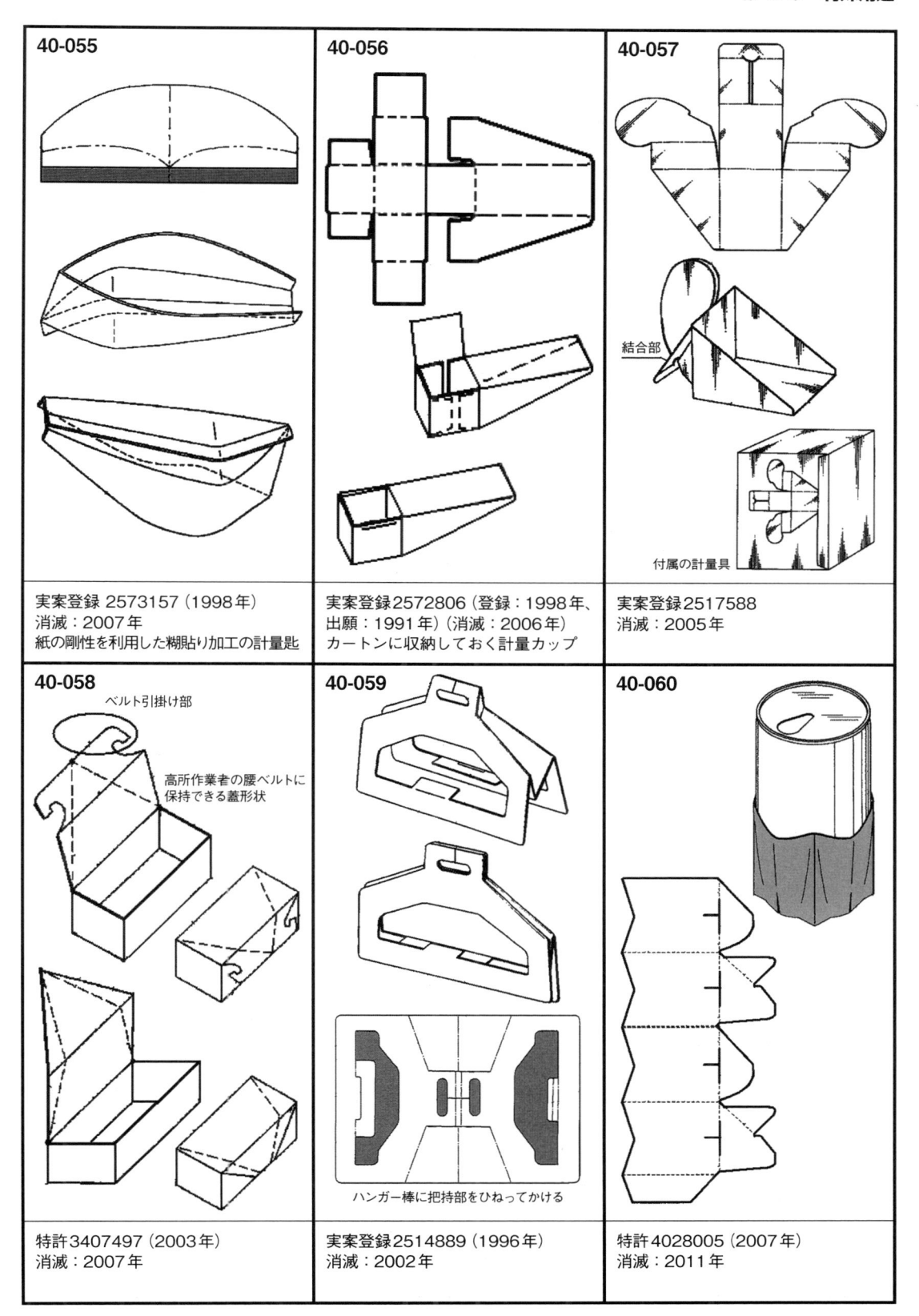

40-055

実案登録 2573157（1998年）
消滅：2007年
紙の剛性を利用した糊貼り加工の計量匙

40-056

実案登録2572806（登録：1998年、
出願：1991年）（消滅：2006年）
カートンに収納しておく計量カップ

40-057

結合部

付属の計量具

実案登録2517588
消滅：2005年

40-058

ベルト引掛け部

高所作業者の腰ベルトに
保持できる蓋形状

特許3407497（2003年）
消滅：2007年

40-059

ハンガー棒に把持部をひねってかける

実案登録2514889（1996年）
消滅：2002年

40-060

特許4028005（2007年）
消滅：2011年

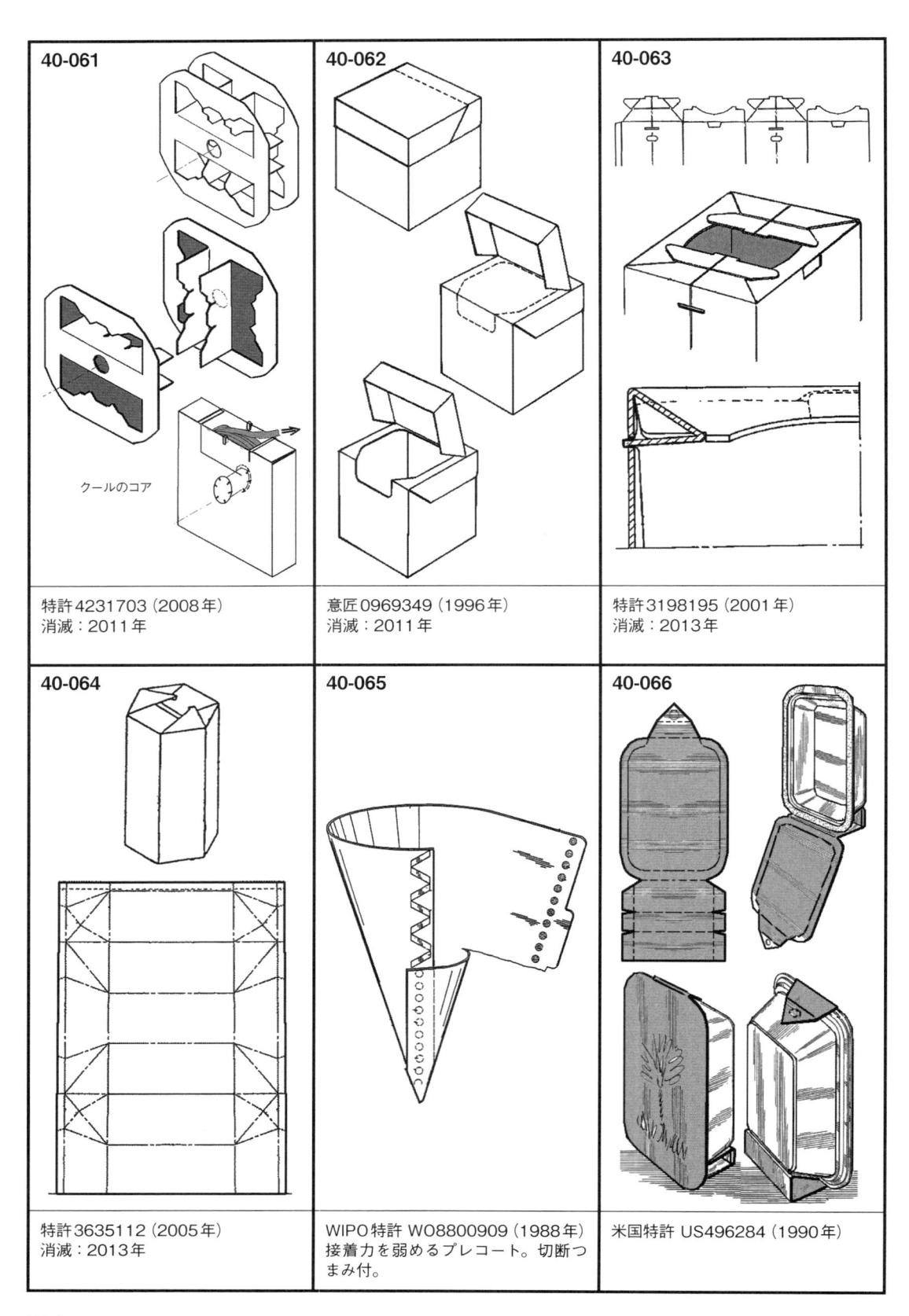

40-061	40-062	40-063
クールのコア		
特許4231703（2008年） 消滅：2011年	意匠0969349（1996年） 消滅：2011年	特許3198195（2001年） 消滅：2013年
40-064	40-065	40-066
特許3635112（2005年） 消滅：2013年	WIPO特許 WO8800909（1988年） 接着力を弱めるプレコート。切断つ まみ付。	米国特許 US496284（1990年）

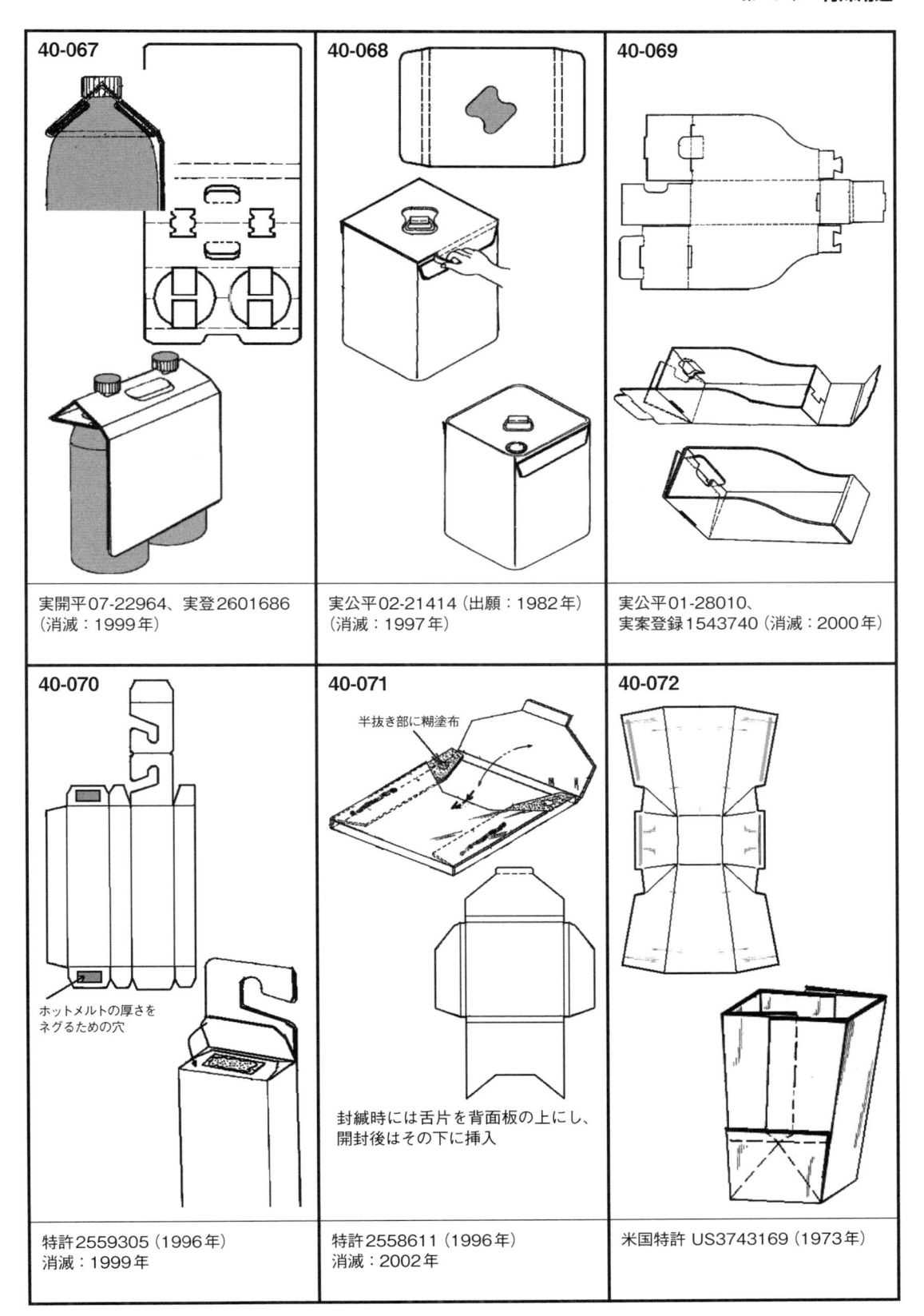

40-067

実開平07-22964、実登2601686
（消滅：1999年）

40-068

実公平02-21414（出願：1982年）
（消滅：1997年）

40-069

実公平01-28010、
実案登録1543740（消滅：2000年）

40-070

ホットメルトの厚さを
ネグるための穴

特許2559305（1996年）
消滅：1999年

40-071

半抜き部に糊塗布

封緘時には舌片を背面板の上にし、
開封後はその下に挿入

特許2558611（1996年）
消滅：2002年

40-072

米国特許 US3743169（1973年）

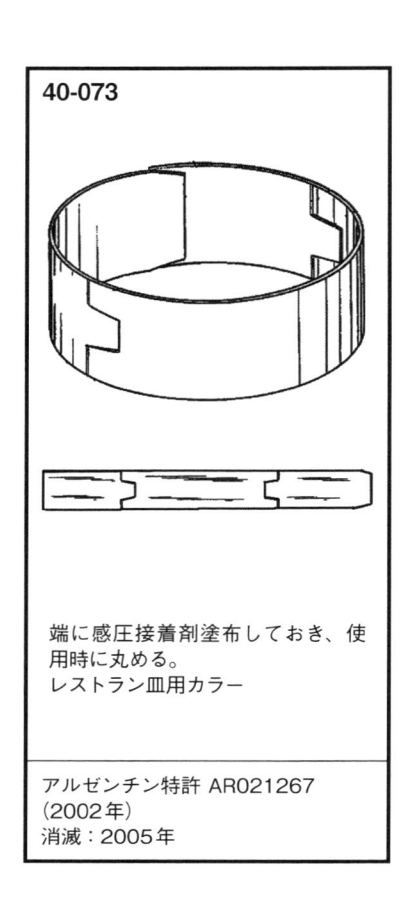

40-073

端に感圧接着剤塗布しておき、使用時に丸める。
レストラン皿用カラー

アルゼンチン特許 AR021267
（2002年）
消滅：2005年

40 「特殊用途」関連リスト				
01-025	13-006	20-006	33-031	36-186
01-035	16-002	20-009	33-033	36-191
04-028	16-019	20-016	33-035	37-020
05-015	17-015	20-024	33-036	37-024
05-038	17-016	20-025	33-040	39-005
07-004	17-026	20-026	33-047	39-023
07-005	17-053	21-030	33-049	39-025
08-016	17-054	30-023	33-050	39-038
08-021	17-078	30-041	36-049	39-043
09-005	19-021	31-072	36-119	

著者略歴

笹崎 達夫（ささざき たつお）

　1949年生まれ。栃木県塩谷郡喜連川町（現、さくら市）の出身。東京教育大学（現、筑波大学）農学部を卒業し、1972年にレンゴー株式会社に入社。1981年に技術士（物流包装分野）の資格取得。2003年に退社するまで31年間勤務。この間の主な業務はダンボール包装設計・形態開発、POP・紙器設計、材料開発、オフセット印刷の品質管理、クロレラ培養と商品開発、特許出願・管理、マレーシアの工場勤務（包装設計・営業支援を担当）。

　その後約1年間アサヒビール株式会社包装研究所に嘱託勤務した。

　2004年にパピプペ技術事務所を設立。包装関係のコンサルタント業務、カートンボックス誌への記事連載を継続した。この間、2006年から3年強の期間を要して「そのまま使える包装設計図鑑」作成のために国内外の特許データの収集・整理・編集を行い、2010年に発行にこぎつけた。次いで2015年からは本図鑑の改訂版作成の作業を行った。

趣味その1：絵画創作

　ダンボールと着物生地で作ったカンバスに紙・ダンボール、アクリル絵の具、他を用いたコラージュと彩色を行う。YouTubeに第11回個展と第12回個展の展示会風景の動画を掲載中。

趣味その2：俳句の創作と解釈

　自作の俳句集を自費出版で3冊出版。オンライン小説サイト（FC2）に夏目漱石と辻征夫の俳句解釈文、等を掲載中。

広告索引

増補版 そのまま使える包装設計図鑑
世界の「失効特許」包装形態集2500

2018年9月28日　第1刷

定　価　本体価格 11,112円＋税

著　者　笹崎 達夫
発行者　河村 勝志
発　行　株式会社クリエイト日報 出版部
　　　　東京　〒101-0061　東京都千代田区神田三崎町3-1-5
　　　　　　　　電話 03-3262-3465（代）
　　　　大阪　〒541-0054　大阪市中央区南本町1-5-11
　　　　　　　　電話 06-6262-2401（代）
編　集　日報ビジネス株式会社
印刷所　岡本印刷株式会社

NAKAYAMA's
ONLY ONE

最先端技術で高品質・高精度のトムソン刃を提供しているナカヤマ。

現状のテクノロジーだけでは叶わないリクエストにも挑戦し、新たな技術を次々と創出。

チャレンジングな企業姿勢、優れた製品開発力ともに"ONLY ONE"を自負しています。

NAKAYAMA's
PLUS ONE

お客様の訴える悩みはもちろん潜在的な課題を探り、解決する"ソリューション営業"を実践。

さらには納期厳守、迅速な対応、サービスの強化、膨大な情報をもとにした提案力。

期待通りの仕上がりはもちろん、期待以上の結果"PLUS ONE"を提供できると確信しています。

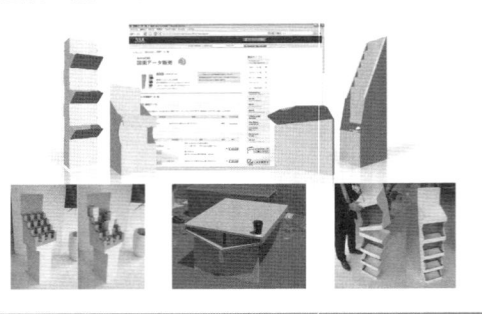

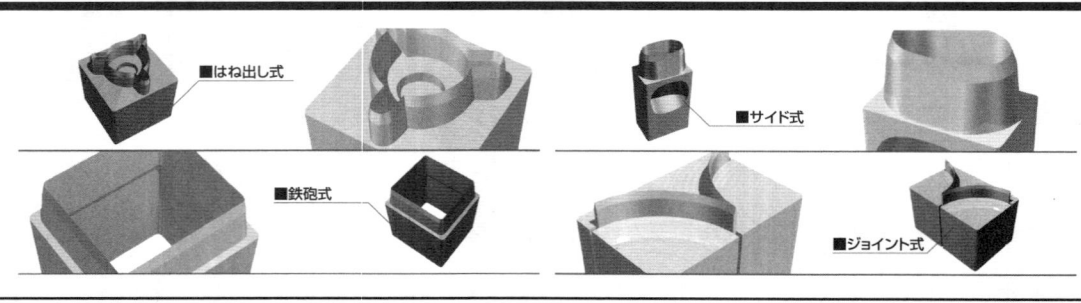